M. J. WYGODSKI

Höhere Mathematik griffbereit

M. J. WYGODSKI

Höhere Mathematik griffbereit

Definitionen
Theoreme
Beispiele

In deutscher Sprache herausgegeben und bearbeitet von
Ferdinand Cap, Innsbruck,
übersetzt von H.-Ass.-Dr. Gottfried Tinhofer, Innsbruck

Mit 486 Abbildungen und 15 Tabellen

2. Auflage,
bearbeitet und erweitert von
Wolfgang Hahn, Graz

Springer Fachmedien Wiesbaden GmbH

Titel der russischen Originalausgabe:

М. Я. Выгодский, Справочник по высшей математике

Erschienen 1969 im Verlag NAUKA, Moskau

ISBN 978-3-528-18309-7 ISBN 978-3-322-90113-2 (eBook)
DOI 10.1007/978-3-322-90113-2

1977

Copyright © 1973/76 der deutschen Ausgabe by Springer Fachmedien Wiesbaden

Ursprünglich erschienen bei Friedr. Vieweg & Sohn Verlagsgesellschaft 1976

Alle Rechte an der deutschen Ausgabe vorbehalten

Vorwort zur zweiten deutschen Auflage

Das Buch, dessen deutsche Bearbeitung hiermit in zweiter Auflage erscheint, hat eine zweifache Bestimmung. Im Vorwort zur russischen Ausgabe ist das wie folgt formuliert:

„Erstens übermittelt das Buch Auskünfte über sachgemäße Fragen: Was ist ein Vektorprodukt? Wie bestimmt man die Fläche eines Drehkörpers? Wie entwickelt man eine Funktion in eine trigonometrische Reihe? usw. Die entsprechenden Definitionen, Theoreme, Regeln und Formeln, begleitet von Beispielen und Hinweisen, findet man schnell. Zu diesem Zweck dient das detaillierte Inhaltsverzeichnis und der ausführliche alphabetische Index.

Zweitens ist das Buch für eine systematische Lektüre bestimmt. Es beansprucht nicht die Rolle eines Lehrbuches. Beweise werden daher nur in Ausnahmefällen vollständig gegeben. Jedoch kann das Buch als Hilfsmittel für eine erste Auseinandersetzung mit dem Gegenstand dienen. Zu diesem Zweck werden ausführliche Erklärungen der Grundbegriffe gebracht und alle Regeln durch zahlreiche Beispiele illustriert, die einen organischen Bestandteil dieses Buches bilden. Sie erklären die Anwendung der Regeln, wann eine Regel ihre Gültigkeit verliert, welche Fehler man zu vermeiden hat usw.“

Man erkennt aus dieser Darlegung, daß sich das Buch in erster Linie an Benutzer wendet, für die die Mathematik ein Werkzeug darstellt, also vorwiegend an Studierende der Ingenieur- und Naturwissenschaften in den Anfangssemestern. Es dürfte aber auch für Studierende der Mathematik an Universitäten nicht ohne Wert sein, obwohl dort die Zielsetzung derzeit anders ist. Aber gerade weil keine moderne Universitätsvorlesung und kein modernes Lehrbuch einem Gebiet wie z. B. der klassischen Geometrie der Kegelschnitte oder der Integration der rationalen Funktionen viel Platz einräumen kann, ist ein Werk nützlich, in dem man Einzelheiten über diese und ähnliche Gebiete, die ja schließlich auch zur Mathematik gehören, nachschlagen kann.

Die freundliche Aufnahme, die das Buch gefunden hat, läßt erkennen, daß seine Zielsetzung im großen und ganzen richtig ist.

Für die zweite Auflage wurden einige Abschnitte neugefaßt bzw. eingefügt. Erstens wurde im Abschnitt „analytische Geometrie“ durch Umstellungen und Ergänzungen erreicht, daß die Vektorrechnung, ihrer tatsächlichen Bedeutung entsprechend, stärker hervortritt. Zweitens wurde im Zusammenhang damit eine kurze Einführung in die Matrizenrechnung eingefügt. Drittens wurde in dem Abschnitt

„Grundbegriffe der Analysis" die Terminologie dem hierzulande üblichen Sprachgebrauch angepaßt. Eine vollständige Ersetzung der im russischen Original verwandten Ausdrücke erschien dabei nicht notwendig. Viertens bringt ein kleiner Anhang einiges über die Grundlagen der mathematischen Statistik (Bearbeiter Dozent Dr. H. STETTNER, Graz). Mit diesen Ergänzungen umfaßt das Buch den weitaus größten Teil des Stoffes, der im Grundkurs an den technischen Fachschulen und Hochschulen vorgetragen zu werden pflegt.

W. HAHN

Inhaltsverzeichnis

I. Analytische Geometrie in der Ebene

§ 1. Grundsätzliches über die analytische Geometrie

In der *elementaren* Schulgeometrie untersucht man die Eigenschaften von geradlinigen Figuren und Kreisen. Die Hauptrolle spielen darin die Konstruktionen. Die Berechnungen hingegen haben, obwohl ihre praktische Bedeutung sehr groß ist, nur eine untergeordnete Rolle. Die Wahl dieser oder jener Konstruktion verlangt meist etwas Erfindungskraft. Darin liegt die Hauptschwierigkeit bei der Lösung von Aufgaben mit den Methoden der elementaren Geometrie.

Die *analytische Geometrie* entstand aus dem Bedürfnis nach einheitlichen Mitteln zur Lösung geometrischer Probleme, die man bei der Untersuchung aller für die Praxis wichtigen Kurven verschiedener Form anwenden kann.

Dieses Ziel erreichte man durch die Erfindung der *Koordinaten* (s. §§ 2–4). Bei Verwendung von Koordinaten kommt der Berechnung die tragende Rolle zu, die Konstruktion hingegen hat die Bedeutung eines Hilfsmittels. Aus diesem Grunde erfordert die Lösung von Aufgaben nach der Methode der analytischen Geometrie bei weitem weniger Erfindungskraft.

Die Begründung der Koordinatenmethode wurde durch die Arbeiten der altgriechischen Mathematiker vorbereitet, insbesondere durch die Arbeiten von Apollonios (3. bis 2. Jahrhundert v. u. Z.). Eine systematische Entwicklung erfuhr die Koordinatenmethode in der ersten Hälfte des 17. Jahrhunderts durch die Arbeiten von Fermat[1]) und Descartes[2]). Diese Autoren betrachteten jedoch nur ebene Kurven. Zur systematischen Untersuchung von räumlichen Kurven und Flächen wurde die Koordinatenmethode zum ersten Mal von L. Euler[3]) herangezogen.

---

[1]) Pierre de Fermat (1601–1655), bedeutender französischer Mathematiker, war im Ausbau der Differentialrechnung ein Vorgänger von Newton und Leibniz. Er lieferte einen beachtlichen Beitrag zur Zahlentheorie. Der Großteil der Arbeiten Fermats (darunter auch Arbeiten über analytische Geometrie) wurde zu Lebzeiten des Autors nicht veröffentlicht.

[2]) René Descartes (1596–1650), bedeutender französischer Mathematiker und Philosoph. Die Veröffentlichung seiner „Geometrie" (eine der Anwendungen aus seiner philosophischen Schrift „Abhandlungen über die Methode") im Jahre 1637 erachtet man (mit Einschränkungen) als die Begründung der analytischen Geometrie.

[3]) Leonhard Euler (1707–1783) ist in der Schweiz geboren. 1727 kam er nach Rußland. Er arbeitete anfänglich als Adjunkt (wissenschaftlicher Mitarbeiter) an der Petersburger Akademie der Wissenschaften, später (ab 1733) war er Mitglied der Akademie. Er schrieb über 800 Arbeiten. Er machte neue Entdeckungen in allen physikalisch-mathematischen Wissenschaften. Er hat viel zur Entwicklung der russischen Wissenschaften beigetragen.

§ 2. Koordinaten

Als *Koordinaten* eines Punktes bezeichnet man jene Größen, welche die Lage dieses Punktes bestimmen (im Raum, in einer Ebene oder auf einer gekrümmten Fläche, auf einer Geraden oder auf einer gekrümmten Kurve). Wenn also zum Beispiel der Punkt M irgendwo auf der

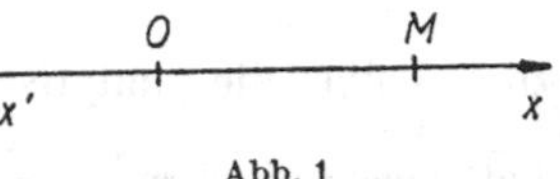

Abb. 1

Geraden XX' (Abb. 1) liegt, so läßt sich seine Lage durch eine einzige Zahl festlegen, z. B. etwa auf die folgende Art: Wir wählen auf XX' einen beliebigen Anfangspunkt O und messen den Abschnitt OM, etwa in Zentimetern. Wir erhalten so eine Zahl x, die positiv oder negativ ist, je nachdem, welche Richtung der Abschnitt OM besitzt (nach rechts oder nach links, wenn die Gerade horizontal verläuft). Die Zahl x ist die Koordinate des Punktes M.

§ 3. Rechtwinkliges Koordinatensystem

Die Lage eines Punktes in einer Ebene wird durch zwei Koordinaten festgelegt. Dazu führt man zwei zu einander senkrechte Gerade $X'X$, $Y'Y$ ein (Abb. 2) und bezeichnet sie als *Koordinatenachsen*. Die eine

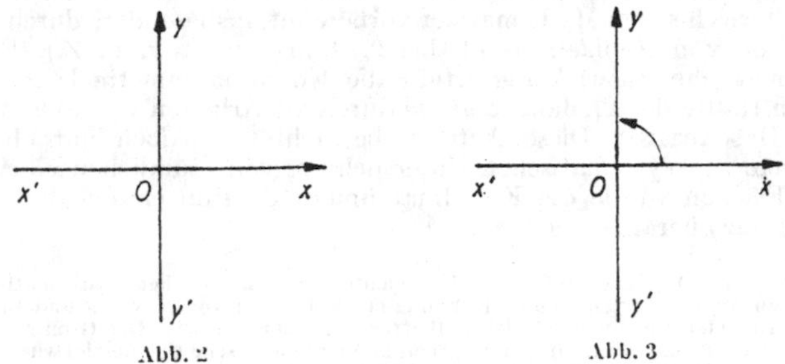

Abb. 2 Abb. 3

davon $X'X$ (die man gewöhnlich horizontal legt) heißt *Abszissenachse*, die andere $Y'Y$ *Ordinatenachse*. Ihr Schnittpunkt O heißt *Koordinatenursprung* oder kurz *Ursprung*. Zur Messung der Abschnitte auf den Koordinatenachsen wählt man willkürlich irgendeine Maßstabseinheit, jedoch meist für beide Achsen dieselbe.

Auf jeder Achse wählt man eine positive Richtung (durch Pfeile angedeutet). In Abb. 2 gibt der Strahl OX die positive Richtung auf der Abszissenachse an, der Strahl OY die positive Richtung auf der Ordinatenachse.

Gewöhnlich wählt man die positive Richtung so, daß der positive Strahl OX (Abb. 3) durch eine Drehung um 90° im Gegenuhrzeigersinn mit dem positiven Strahl OY zusammenfällt.

Die Koordinatenachsen $X'X$, $Y'Y$ (mit festgelegten positiven Richtungen und fest gewähltem Maßstab) bilden ein *rechtwinkliges Koordinatensystem.*

§ 4. Rechtwinklige Koordinaten

Die Lage eines Punktes M in der Ebene bestimmt man in einem rechtwinkligen Koordinatensystem (§ 3) auf die folgende Art. Man zieht eine Gerade MP parallel zu $Y'Y$ bis zum Schnitt mit der Achse $X'X$ im Punkte P (Abb. 4) und eine Gerade MQ parallel zu $X'X$ bis

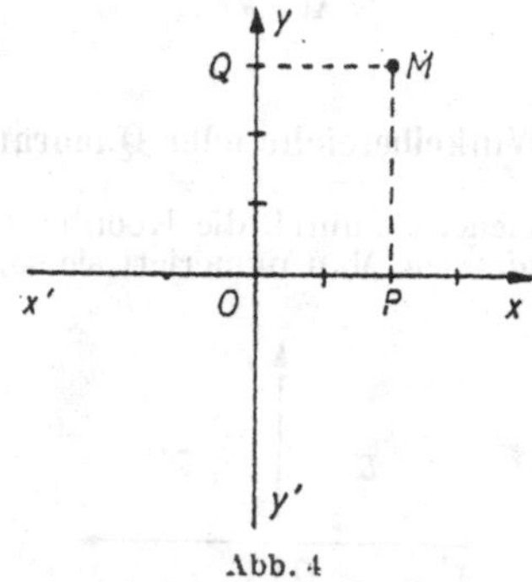

Abb. 4

zum Schnitt mit der Achse $Y'Y$ im Punkte Q. Die Maßzahlen x und y der Abschnitte OP und OQ im gegebenen Maßstab heißen *rechtwinklige Koordinaten* (kurz *Koordinaten*) des Punktes M. Diese Zahlen werden positiv oder negativ je nach der Richtung der Abschnitte OP und OQ. Die Zahl x heißt *Abszisse* des Punktes M, die Zahl y heißt *Ordinate*.

In Abb. 4 hat der Punkt M die Abszisse $x = 2$ und die Ordinate $y = 3$ (bei einer Maßstabseinheit von 0,4 cm). Man bezeichnet dies durch: $M(2; 3)$. Das allgemeine Symbol $M(a; b)$ bedeutet, daß der Punkt M die Abszisse $x = a$ und die Ordinate $y = b$ besitzt.

Beispiele. In Abb. 5 sind die folgenden Punkte eingetragen: $A_1(+2; +4)$, $A_2(-2; +4)$, $A_3(+2; -4)$, $A_4(-2; -4)$, $B_1(+5; 0)$; $B_2(0; -6)$, $O(0; 0)$.

Bemerkung. Die Koordinaten eines gegebenen Punktes M sind in einem anderen rechtwinkligen Koordinatensystem verschieden.

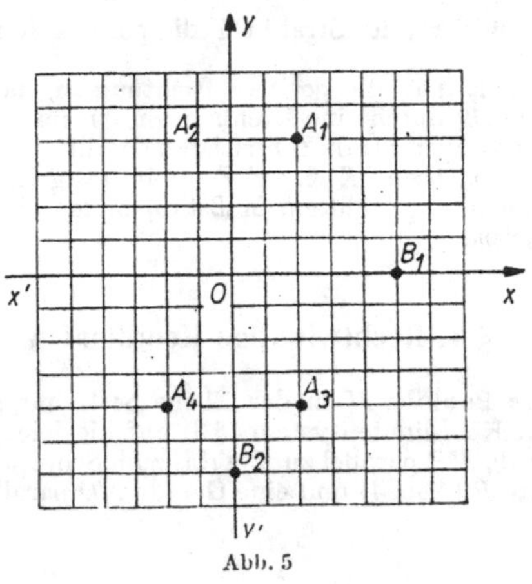

Abb. 5

§ 5. Winkelbereiche oder Quadranten

Die vier Winkelbereiche, die durch die Koordinatenachsen gebildet werden, heißen *Quadranten*. Man numeriert sie so, wie es in Abb. 6

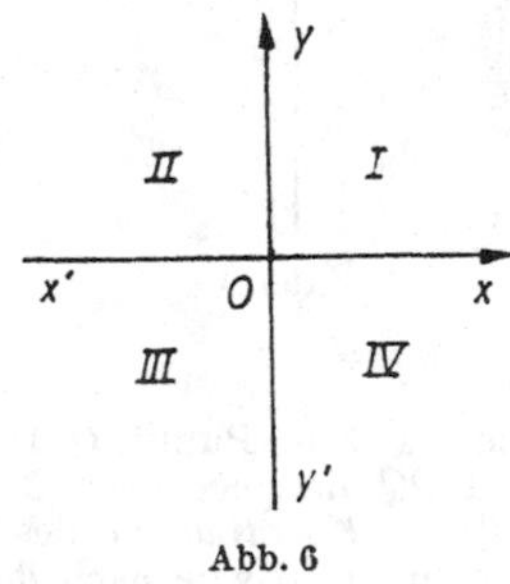

Abb. 6

angegeben wurde. Die folgende Tabelle zeigt, welches Vorzeichen die Koordinaten der Punkte in den einzelnen Quadranten besitzen:

Koordinaten	Quadrant			
	I	II	III	IV
Abszisse	+	−	−	+
Ordinate	+	+	−	−

In Abb. 5 liegt der Punkt A_1 im ersten Quadranten, der Punkt A_2 im zweiten, der Punkt A_4 im dritten und Punkt A_3 im vierten.
Wenn ein Punkt auf der Abszissenachse liegt (z. B. der Punkt B_1 in Abb. 5), so ist seine Ordinate y gleich 0. Wenn der Punkt auf der Ordinatenachse liegt (z. B. der Punkt B_2 in Abb. 5), so ist seine Abszisse gleich 0.

§ 6. Schiefwinkliges Koordinatensystem

Neben rechtwinkligen Koordinatensystemen verwendet man auch andere Systeme. Ein schiefwinkliges System (dem rechtwinkligen am ähnlichsten) konstruiert man so: Man zieht (Abb. 7) zwei Geraden

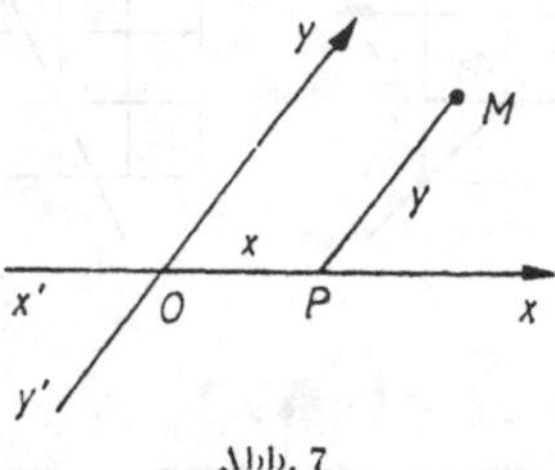

Abb. 7

$X'X$ und $Y'Y$ (die *Koordinatenachsen*) unter spitzem Winkel zu einander und verfährt dann genauso wie bei der Konstruktion eines rechtwinkligen Systems (§ 3). Die Koordinaten $x = OP$ (Abszisse) und $y = PM$ (Ordinate) bestimmt man genauso, wie es in § 4 dargelegt wurde.
Die rechtwinkligen und schiefwinkligen Systeme faßt man unter dem gemeinsamen Namen *kartesische Koordinatensysteme* zusammen.
Neben den kartesischen Systemen verwendet man auch andere Koordinatensysteme (sehr oft werden *Polarkoordinaten* verwendet, s. § 73).

§ 7. Die Geradengleichung

Wir betrachten die Gleichung $x + y = 3$, die die Abszisse x mit der Ordinate y in Beziehung setzt. Sie wird von einer Menge von Wertepaaren x, y erfüllt, z. B. von $x = 1$ und $y = 2$, $x = 2$ und $y = 1$, $x = 3$ und $y = 0$, $x = 4$ und $y = -1$ u.a.m. Jedes Koordinatenpaar entspricht (in einem gegebenen Koordinatensystem) einem Punkt (§ 4). In Abb. 8a wurden die Punkte A_1 (1; 2), A_2 (2; 1), A_3 (3; 0), A_4 (4; −1) aufgetragen. Sie liegen auf einer einzigen Geraden UV. Auf derselben Geraden liegen alle anderen Punkte, deren Koordinaten der Gleichung $x + y = 3$ genügen. Wenn umgekehrt ein Punkt auf der Geraden UV liegt, so erfüllen seine Koordinaten x, y die Gleichung $x + y = 3$.

In diesem Sinne kann man sagen: *die Gleichung* $x + y = 3$ *ist die Gleichung der Geraden* UV. Man sagt auch: *die Gleichung* $x + y = 3$ *stellt die Gerade* UV *dar.* In diesem Sinne ist auch der Ausdruck zu verstehen: „Die Gleichung der Geraden ST (Abb. 8b) ist $y = 2x$".

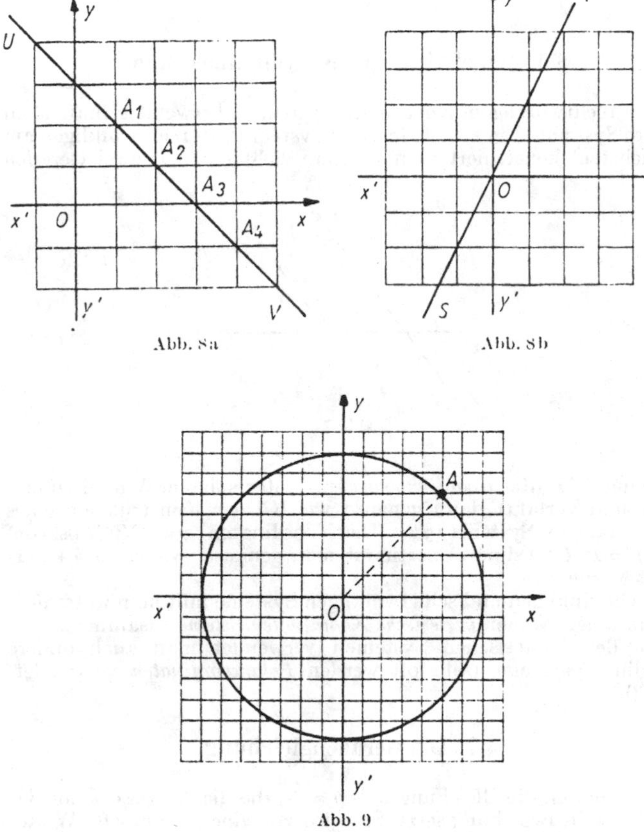

Abb. 8a

Abb. 8b

Abb. 9

Die Gleichung $x^2 + y^2 = 49$ stellt einen Kreis dar (Abb. 9), dessen Radius sieben Maßstabseinheiten umfaßt und dessen Mittelpunkt mit dem Koordinatenursprung zusammenfällt (s. § 38).
Im allgemeinen heißt eine *Gleichung zwischen den Koordinaten* x *und* y *die Gleichung der Kurve* L, wenn die folgenden zwei Bedingungen erfüllt sind: 1. *die Koordinaten* x, y *jedes Punktes* M *der Kurve* L *genügen dieser Gleichung,* 2. *die Koordinaten* x, y *jedes Punktes, der nicht auf der Kurve* L *liegt, genügen dieser Gleichung nicht.*

Die Koordinaten eines Punktes M auf einer Kurve L beliebiger Gestalt heißen *laufende Koordinaten*, da man sich die Kurve L durch Verschiebung des Punktes M („Ablaufen") gebildet denken kann.

Es seien $M_1, M_2, M_3, \ldots$ (Abb. 10) die aufeinanderfolgenden Lagen des Punktes M auf der Kurve L. Wir konstruieren eine Reihe von senkrechten Abschnitten M_1P_1, M_2P_2, $M_3P_3, \ldots$ auf die Achse OX. Auf der Achse OX schneiden wir dadurch die Abschnitte OP_1, OP_2, $OP_3, \ldots$ ab. Bei diesen handelt es sich um die Abszissen.

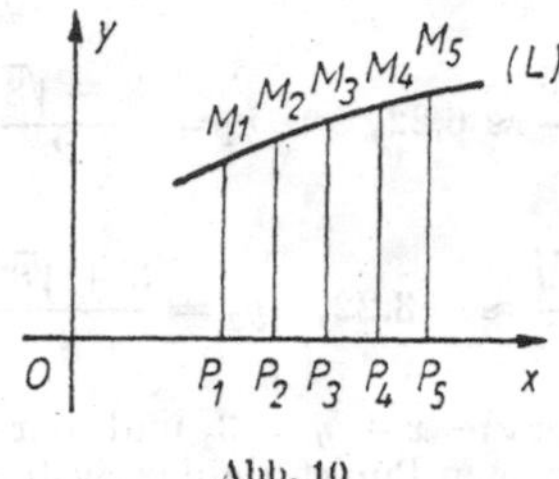

Abb. 10

Damit verbunden ist die Herkunft der Termini „Abszisse" und „Ordinate". Das lateinische Wort „abscissa" bedeutet übersetzt „das Abgeschnittene", das Wort „ordinata" ist die Abkürzung für „ordinatim ducta", was bedeutet „der Reihe nach angeordnet".

Indem wir jeden Punkt der Ebene durch seine Koordinaten und jede Kurve durch ihre Gleichung darstellen, die eine Beziehung zwischen ihren laufenden Koordinaten liefert, führen wir eine geometrische auf eine „analytische" Aufgabe zurück. Daher rührt der Name „*analytische Geometrie*".

§ 8. Gegenseitige Lage von Punkt und Kurve

Zur Beantwortung der Frage, ob ein Punkt M auf einer gewissen Kurve L liegt oder nicht, genügt es, daß man die Koordinaten des Punktes M und die Gleichung der Kurve L kennt. Wenn die Koordinaten des Punktes M der Gleichung der Kurve L genügen, so liegt M auf L, sonst nicht.

Beispiel. Liegt der Punkt M (5; 5) auf dem Kreis $x^2 + y^2 = 49$? (§ 7).

Lösung. Wir setzen die Werte $x = 5$, $y = 5$ in die Gleichung $x^2 + y^2 = 49$ ein. Die Gleichung ist nicht erfüllt, daher liegt der Punkt M nicht auf dem betrachteten Kreis.

§ 9. Gegenseitige Lage zweier Kurven

Zur Beantwortung der Frage, ob zwei Kurven einen gemeinsamen Punkt besitzen und wenn ja, wieviele, genügt es, daß man die Gleichungen dieser Kurven kennt. Wenn die Gleichungen verträglich sind, so existiert ein gemeinsamer Punkt, im anderen Falle nicht. Die Anzahl der gemeinsamen Punkte ist gleich der Anzahl der Lösungen des Gleichungssystems.

Beispiel 1. Die Gerade $x + y = 3$ (§ 7) und der Kreis $x^2 + y^2 = 49$ haben zwei gemeinsame Punkte, da das System

$$x + y = 3, \qquad x^2 + y^2 = 49$$

zwei Lösungen hat:

$$x_1 = \frac{3 + \sqrt{89}}{2} \approx 6{,}22, \qquad y_1 = \frac{3 - \sqrt{89}}{2} = -3{,}22$$

und

$$x_2 = \frac{3 - \sqrt{89}}{2} \approx -3{,}22, \quad y_2 = \frac{3 + \sqrt{89}}{2} \approx 6{,}22.$$

Beispiel 2. Die Gerade $x + y = 3$ und der Kreis $x^2 + y^2 = 4$ haben keinen gemeinsamen Punkt, da das System

$$x + y = 3, \qquad x^2 + y^2 = 4$$

keine (reellen) Lösungen besitzt.

§ 10. Der Abstand zwischen zwei Punkten

Der Abstand d zwischen zwei Punkten A_1 $(x_1; y_1)$ und A_2 $(x_2; y_2)$ ergibt sich durch die Formel

$$d = \sqrt{(x_2 - x_1)^2 + (y_2 - y_1)^2}. \tag{1}$$

Beispiel. Der Abstand zwischen den Punkten M $(-2{,}3; 4{,}0)$ und N $(8{,}5; 0{,}7)$ lautet

$$d = \sqrt{(8{,}5 + 2{,}3)^2 + (0{,}7 - 4)^2} = \sqrt{10{,}8^2 + 3{,}3^2} \approx 11{,}3$$

(Maßstabseinheiten).

Bemerkung 1. Die Reihenfolge der Punkte M und N spielt keine Rolle. Man darf auch N als ersten Punkt und M als zweiten nehmen.

Bemerkung 2. Den Abstand d faßt man als positive Größe auf. Man nimmt daher die Wurzel in Formel (1) stets positiv.

§ 11. Teilabschnitte mit gegebenem Verhältnis

Gegeben seien die Punkte A_1 $(x_1; y_1)$, A_2 $(x_2; y_2)$ (Abb. 11). Gesucht sind die Koordinaten x, y eines Punktes K, der die Verbindung A_1A_2 im Verhältnis

$$A_1K : KA_2 = m_1 : m_2$$

teilt. Als Lösung erhält man die Formeln

$$\left.\begin{aligned} x &= \frac{m_2 x_1 + m_1 x_2}{m_1 + m_2}, \\ y &= \frac{m_2 y_1 + m_1 y_2}{m_1 + m_2} \end{aligned}\right\}. \tag{1}$$

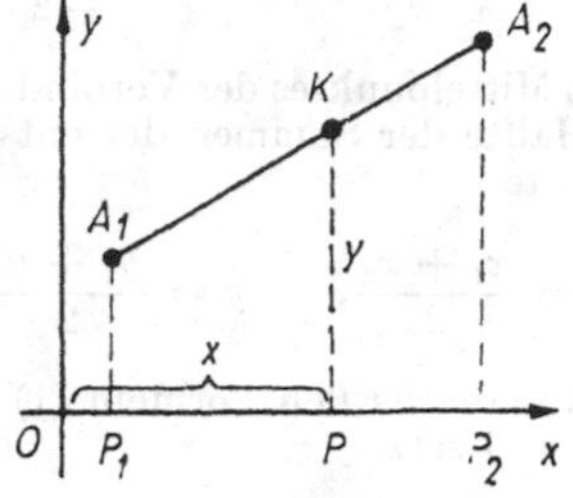

Abb. 11

Bezeichnet man das Verhältnis $m_1 : m_2$ mit λ, so erhalten die Formeln (1) die unsymmetrische Form

$$x = \frac{x_1 + \lambda x_2}{1 + \lambda}, \qquad y = \frac{y_1 + \lambda y_2}{1 + \lambda}. \tag{2}$$

Beispiel 1. Gegeben seien der Punkt B (6; −4) und der mit dem Koordinatenursprung zusammenfallende Punkt O. Man bestimme einen Punkt K, der die Strecke BO im Verhältnis 2:3 teilt.

Lösung. In den Formeln (1) hat man zu setzen:

$$m_1 = 2, \quad m_2 = 3, \quad x_1 = 6, \quad y_1 = -4, \quad x_2 = 0, \quad y_2 = 0.$$

Wir erhalten

$$x = \frac{18}{5} = 3{,}6, \qquad y = -\frac{12}{5} = -2{,}4.$$

Dies sind die Koordinaten des gesuchten Punktes K.

Bemerkung 1. Der Ausdruck „der Punkt K teilt den Abschnitt A_1A_2 im Verhältnis $m_1 : m_2$" bedeutet, daß das Verhältnis $m_1 : m_2$ gleich dem Verhältnis der Abschnitte $A_1K : KA_2$ ist, genommen in dieser (und nicht in entgegengesetzter) Reihenfolge. Im Beispiel 1 teilt der Punkt K (3,6; −2,4) den Abschnitt BO im Verhältnis 2:3, den Abschnitt OB jedoch im Verhältnis 3:2.

Bemerkung 2. Der Punkt K möge den Abschnitt A_1A_2 von außen teilen, d. h., er liege auf der Verlängerung von A_1A_2. Auch in diesem Falle gelten noch die Formeln (1) und (2), wenn man der Größe $\lambda = m_1 : m_2$ ein negatives Vorzeichen erteilt.

Beispiel 2. Gegeben seien die Punkte A_1 (1; 2) und A_2 (3; 3). Man bestimme auf der Verlängerung von A_1A_2 einen Punkt, der von A_1 doppelt so weit entfernt ist wie von A_2.

Lösung. Wir haben $\lambda = m_1 : m_2 = -2$ (so daß wir $m_1 = -2$, $m_2 = 1$ oder $m_1 = 2$, $m_2 = -1$ setzen dürfen). Mit Hilfe der Formel (1) erhalten wir:

$$x = \frac{1 \cdot 1 + (-2) \cdot 3}{-2 + 1} = 5, \quad y = \frac{1 \cdot 2 + (-2) \cdot 3}{-2 + 1} = 4.$$

Die Koordinaten des Mittelpunktes der Verbindung zwischen A_1 und A_2 sind gleich der Hälfte der Summen der entsprechenden Koordinaten der Endprodukte:

$$x = \frac{x_1 + x_2}{2}, \qquad y = \frac{y_1 + y_2}{2}.$$

Diese Formel erhält man aus den Formeln (1) und (2), wenn man $m_1 = m_2 = 1$ oder $\lambda = 1$ setzt.

§ 12. Die Determinante zweiter Ordnung[1]

Das Symbol $\begin{vmatrix} a & b \\ c & d \end{vmatrix}$ bedeutet dasselbe wie $ad - bc$.

Beispiel.

$$\begin{vmatrix} 2 & 7 \\ 3 & 5 \end{vmatrix} = 2 \cdot 5 - 3 \cdot 7 = -11;$$

$$\begin{vmatrix} 3 & -4 \\ 6 & 2 \end{vmatrix} = 3 \cdot 2 - 6 \cdot (-4) = 30.$$

Der Ausdruck $\begin{vmatrix} a & b \\ c & d \end{vmatrix}$ heißt *Determinante zweiter Ordnung.*

§ 13. Der Flächeninhalt eines Dreiecks

Die Punkte A_1 $(x_1; y_1)$, A_2 $(x_2; y_2)$, A_3 $(x_3; y_3)$ sollen die Ecken eines Dreiecks bilden. Dann bestimmt man dessen Flächeninhalt mit Hilfe der Formel

$$S = \pm \frac{1}{2} \begin{vmatrix} x_1 - x_3 & y_1 - y_3 \\ x_2 - x_3 & y_2 - y_3 \end{vmatrix}. \tag{1}$$

Auf der rechten Seite steht hier eine Determinante zweiter Ordnung (§ 12). Den Flächeninhalt des Dreiecks betrachten wir als positive Größe. Daher setzen wir also vor die Determinante das Pluszeichen, wenn ihr Wert positiv ist, das Minuszeichen, wenn dieser negativ ist.

[1]) Mehr über Determinanten findet man in § 182–185.

Beispiel. Man bestimme den Flächeninhalt des Dreiecks mit den Ecken A (1; 3), B (2; −5) und C (−8; 4).

Lösung. Nimmt man A als ersten, B als zweiten und C als dritten Punkt, so erhält man

$$\begin{vmatrix} x_1 - x_3 & y_1 - y_3 \\ x_2 - x_3 & y_2 - y_3 \end{vmatrix} = \begin{vmatrix} 1+8 & 3-4 \\ 2+8 & -5-4 \end{vmatrix} = \begin{vmatrix} 9 & -1 \\ 10 & -9 \end{vmatrix} = -81 + 10 = -71.$$

In Formel (1) ist also das Minuszeichen zu nehmen. Wir erhalten:

$$S = -\frac{1}{2} \cdot (-71) = 35{,}5.$$

Nimmt man A als ersten, C als zweiten und B als dritten Punkt, so ergibt sich

$$\begin{vmatrix} x_1 - x_3 & y_1 - y_3 \\ x_2 - x_3 & y_2 - y_3 \end{vmatrix} = \begin{vmatrix} 1-2 & 3+5 \\ -8-2 & 4+5 \end{vmatrix} = \begin{vmatrix} -1 & 8 \\ -10 & 9 \end{vmatrix} = 71.$$

In Formel (1) ist jetzt das Pluszeichen zu nehmen. Wir erhalten wieder $S = 35{,}5$.

Bemerkung. Wenn die Ecke A_3 mit dem Koordinatenursprung zusammenfällt, gilt für den Flächeninhalt des Dreiecks die Formel

$$S = \pm \frac{1}{2} \begin{vmatrix} x_1 & y_1 \\ x_2 & y_2 \end{vmatrix} \tag{2}$$

(Spezialfall von Formel (1) für $x_3 = y_3 = 0$).

§ 14. Die Geradengleichung in der nach y aufgelösten Form

Alle Geraden, die nicht parallel zur Ordinatenachse verlaufen, lassen sich durch eine Gleichung der Gestalt

$$y = ax + b \tag{1}$$

darstellen. Hier bedeutet a den Tangens des Winkels α, (Abb. 12) den die Gerade mit der positiven Richtung der Abszissenachse[1]) bildet, ($a = \tan\alpha = \tan \sphericalangle XLS$), der Absolutbetrag von b bedeutet die Länge der Strecke OK, welche die Gerade auf der Ordinatenachse

[1]) Als ersten Schenkel für den Winkel α nimmt man den Strahl OX. Auf der Geraden SS' kann man einen beliebigen der beiden Strahlen LS, LS' verwenden. Der Winkel OY ist positiv, wenn eine Drehung von OY in OY in derselben Richtung erfolgt wie eine Drehung von OX um 90° nach OY (d. h. bei der üblichen Anordnung im Gegenuhrzeigersinn).

abschneidet. b ist positiv oder negativ, je nach der Richtung von OK. Wenn die Gerade durch den Ursprung verläuft, so ist $b = 0$.
Die Größe a heißt *Steigung*, die Größe b heißt *Anfangsordinate*.

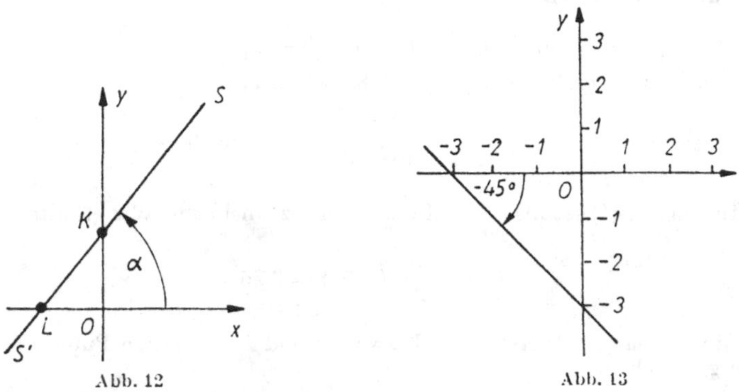

Abb. 12 Abb. 13

Beispiel 1. Man schreibe die Gleichung der Geraden (Abb. 13), die mit der Achse OX den Winkel $\alpha = -45°$ bildet und die Anfangsordinate $b = -3$ abschneidet.

Lösung. Die Steigung ist $a = \tan(-45°) = -1$. Die gesuchte Gleichung lautet $y = -x - 3$.

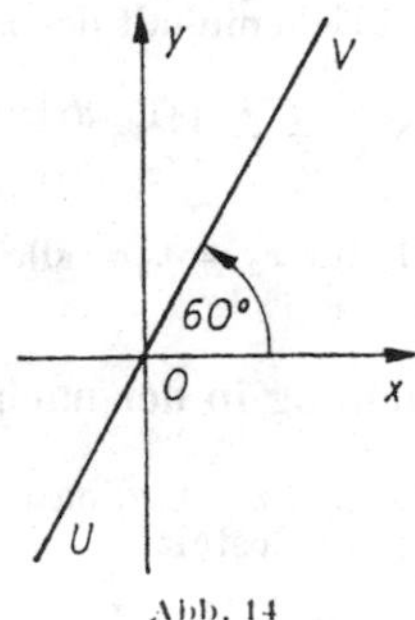

Abb. 14

Beispiel 2. Welche Kurve wird durch die Gleichung $3x = \sqrt{3}y$ dargestellt?

Lösung. Nach Auflösen der Gleichung bezüglich y erhalten wir $y = \sqrt{3}x$. Aus der Steigung $a = \sqrt{3}$ finden wir den Winkel α: da $\tan\alpha = \sqrt{3}$, so gilt $\alpha = 60°$ (oder $240°$). Die Anfangsordinate ist $b = 0$. Die gegebene Gleichung stellt daher die Gerade UV dar (Abb. 14), die durch den Ursprung geht und mit der Achse OX den Winkel $60°$ (oder $240°$) einschließt.

Bemerkung. Zum Unterschied von den übrigen Formen der Geradengleichung (s. weiter unten die § 30, § 33) nennt man Gleichung (1) die *nach y aufgelöste Geradengleichung*[1].

Bemerkung 2. Eine Gerade parallel zur Ordinatenachse läßt sich nicht durch eine Gleichung darstellen, die bezüglich der Ordinate aufgelöst ist (s. § 15).

§ 15. Achsenparallele Geraden

Eine Gerade, die parallel zur Abszissenachse verläuft (Abb. 15), stellt man durch eine Gleichung der Form[2]

$$y = b \tag{1}$$

dar, wobei der Absolutbetrag von b den Abstand zwischen der Abszissenachse und der Geraden angibt. Ist $b > 0$, so liegt die Gerade „über" der Abszissenachse (s. Abb. 15), wenn $b < 0$ gilt, so liegt sie „darunter". Die Achse selbst besitzt die Gleichung

$$y = 0. \tag{1a}$$

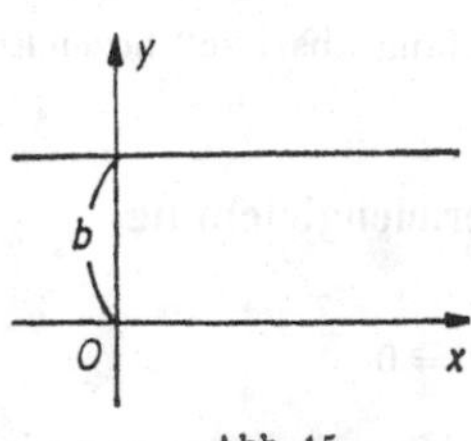

Abb. 15

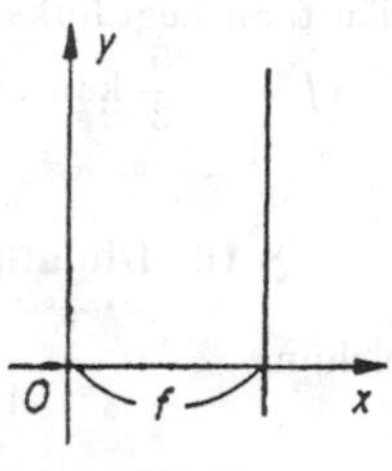

Abb. 16

Eine Gerade parallel zur Ordinatenachse (Abb. 16) beschreibt man durch eine Gleichung[3])

$$x = f. \tag{2}$$

Der Absolutbetrag der Größe f gibt den Abstand zwischen der Geraden und der Ordinatenachse an. Ist $f > 0$, so liegt die Gerade „rechts" von der Ordinatenachse (s. Abb. 16). Ist $f < 0$, so liegt sie „links" davon. Die Ordinatenachse selbst besitzt die Gleichung

$$x = 0. \tag{2a}$$

---

[1]) Eine Gleichung der Form $x = a'y + b'$ (nach der Abszisse aufgelöst) stellt ebenfalls eine Gerade dar (die nicht parallel zur Abszissenachse ist). Da die Koordinaten x und y gleichberechtigt sind, könnte man mit demselben Recht auch die Zahl a' als Steigung bezeichnen.

[2]) Gleichung (1) ist ein Spezialfall der Gleichung $y = ax + b$, aufgelöst bezüglich der Ordinate (§ 14). Die Steigung ist $a = 0$.

[3]) Gleichung (2) ist ein Spezialfall der Gleichung $x = a'y + b'$, aufgelöst nach der Abszisse (s. § 14, Fußnote). Die Steigung ist $a' = 0$.

Beispiel. Man gebe die Gleichung der Geraden an, die eine Anfangsordinate $b = 3$ besitzt und parallel zu Achse OX verläuft (Abb. 17).
Antwort. $y = 3$.

Beispiel 2. Welche Kurve wird durch die Gleichung $3x + 5 = 0$ dargestellt?

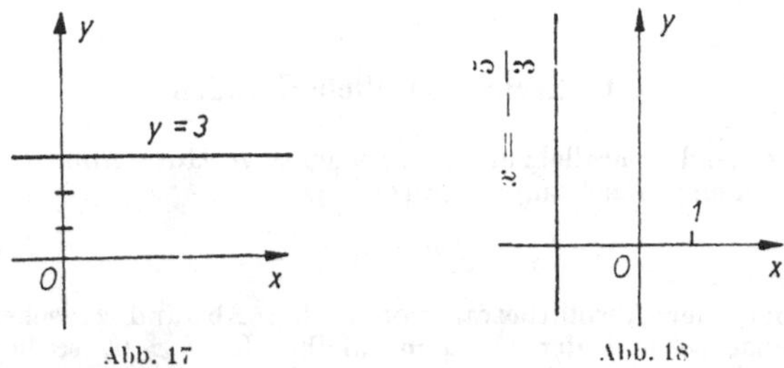

Abb. 17 Abb. 18

Lösung. Löst man die gegebene Gleichung nach x auf, so erhält man $x = -\frac{5}{3}$. Die Gleichung stellt eine Gerade dar, die parallel zur Achse OY verläuft. Sie liegt links von dieser Achse im Abstand $\frac{5}{3}$ (Abb. 18). Die Größe $f = -\frac{5}{3}$ kann man als „Anfangsabszisse" bezeichnen.

§ 16. Die allgemeine Geradengleichung

Die Gleichung

$$Ax + By + C = 0 \tag{1}$$

(worin A, B, C beliebige Werte haben können, wenn nur nicht die Koeffizienten A und B beide gleichzeitig Null sind[1])) stellt eine Gerade dar (s. §§ 14, 15). Jede Gerade läßt sich durch eine Gleichung dieser Form beschreiben. Man nennt diese Gleichung daher die *allgemeine Geradengleichung.*

Wenn $A = 0$, d. h., wenn die Gleichung (1) x nicht enthält, so stellt sie eine Gerade dar, die parallel[2]) zur Achse OY (§ 15) verläuft.

Wenn $B = 0$, d. h., wenn die Gleichung (1) y nicht enthält, so stellt sie eine Gerade dar, die parallel[2]) zur Achse OX verläuft.

Wenn B ungleich 0 ist, so kann man die Gleichung (1) nach y auflösen. Sie erhält dann die Form

$$y = ax + b \left(\text{wo } a = -\frac{A}{B}, \quad b = -\frac{C}{B}\right). \tag{2}$$

[1]) Für $A = B = 0$ erhält man entweder die Identität $0 = 0$ (wenn $C = 0$) oder etwas Sinnloses der Art $5 = 0$ (wenn $C \neq 0$).

[2]) Zu den Geraden, die parallel zur Achse OX verlaufen, zählt man auch diese Achse selbst. Ebenso zählt man die Achse OY zu den Geraden, die zu OY parallel verlaufen.

So ergibt sich zum Beispiel aus der Gleichung $2x - 4y + 5 = 0$ ($A = 2$, $B = -4$, $C = 5$) die Gleichung

$$y = 0{,}5x + 1{,}25$$

$\left(a = -\frac{2}{-4} = 0{,}5,\ b = \frac{-5}{-4} = 1{,}25\right)$, die bezüglich der Ordinate y aufgelöst ist (die Anfangsordinate ist $b = 1{,}25$, die Steigung ist $a = 0{,}5$, so daß $\alpha \approx 16°34'$. S. dazu § 14).
Analog dazu kann man bei $A \neq 0$ die Gleichung (1) nach x auflösen.
Wenn $C = 0$, d. h., wenn die Gleichung (1) kein freies Glied enthält, so stellt sie eine Gerade dar, die durch den Ursprung verläuft (§ 8).

§ 17. Konstruktion einer Geraden aus ihrer Gleichung

Zur Konstruktion einer Geraden genügt die Angabe von zwei Punkten. Zum Beispiel kann man ihre Schnittpunkte mit den Achsen verwenden (wenn die Gerade nicht parallel zu einer Achse oder durch den

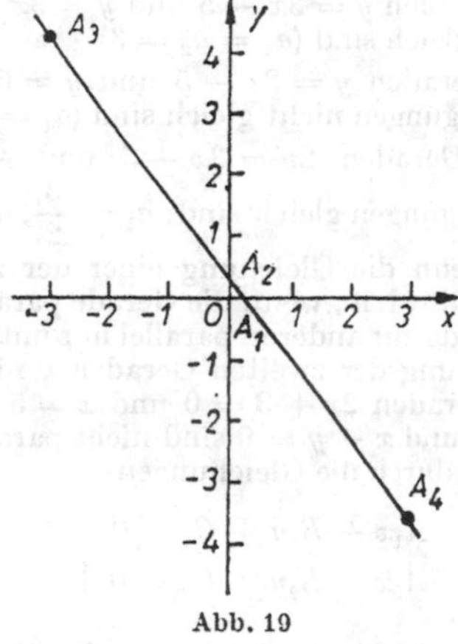

Abb. 19

Ursprung verläuft, in welchem Falle man nur einen Schnittpunkt erhält). Zur Erhöhung der Genauigkeit bestimmt man am besten noch einige Kontrollpunkte.
Beispiel. Man konstruiere die Gerade $4x + 3y = 1$. Nullsetzen von y (Abb. 19) liefert den Schnittpunkt mit der Abszissenachse: $A_1\left(\frac{1}{4}; 0\right)$. Nullsetzen von x ergibt den Schnittpunkt mit der Ordinatenachse: $A_2\left(0; \frac{1}{3}\right)$. Diese Punkte liegen zu nahe beieinander.

Daher wählen wir noch zwei Abszissenwerte, z. B. $x = -3$, $x = 3$. Wir erhalten die Punkte $A_3\left(-3; \frac{13}{3}\right)$, $A_4\left(3; -\frac{11}{3}\right)$ und ziehen nun die Gerade $A_4A_1A_2A_3$.

§ 18. Parallelitätsbedingung für Geraden

Die Bedingung dafür, daß zwei Geraden parallel sind, besteht bei gegebenen Gleichungen

$$y = a_1x + b_1, \tag{1}$$

$$y = a_2x + b_2 \tag{2}$$

in der Gleichheit der Steigungen

$$a_1 = a_2. \tag{3}$$

Die Geraden (1) und (2) sind also parallel, wenn ihre Steigungen gleich sind, sie sind nicht parallel, wenn ihre Steigungen verschieden sind[1]).

Beispiel 1. Die Geraden $y = 3x - 5$ und $y = 3x + 4$ sind parallel, da ihre Steigungen gleich sind ($a_1 = a_2 = 3$).

Beispiel 2. Die Geraden $y = 3x - 5$ und $y = 6x - 8$ sind nicht parallel, da ihre Steigungen nicht gleich sind ($a_1 = 3$, $a_2 = 6$).

Beispiel 3. Die Geraden $2y = 3x - 5$ und $4y = 6x - 8$ sind parallel, da ihre Steigungen gleich sind: $a_1 = \frac{3}{2}$, $a_2 = \frac{6}{4} = \frac{3}{2}$.

Bemerkung 1. Wenn die Gleichung einer der zwei Geraden die Ordinate nicht enthält (d. h., wenn die Gerade parallel zur Achse OY ist), so ist diese Gerade zur anderen parallel nur unter der Bedingung, daß auch die Gleichung der zweiten Geraden y nicht enthält. Zum Beispiel sind die Geraden $2x + 3 = 0$ und $x = 5$ parallel, aber die Geraden $x - 3 = 0$ und $x - y = 0$ sind nicht parallel.

Wenn zwei Geraden durch die Gleichungen

$$\left.\begin{aligned} A_1x + B_1y + C_1 &= 0, \\ A_2x + B_2y + C_2 &= 0 \end{aligned}\right\} \tag{4}$$

dargestellt werden, so lautet die Bedingung für die Parallelität

$$A_1B_2 - A_2B_1 = 0 \tag{5}$$

oder in anderer Form (§ 12)

$$\begin{vmatrix} A_1 & B_1 \\ A_2 & B_2 \end{vmatrix} = 0.$$

[1]) Zwei zusammenfallende Geraden betrachten wir hier wie im folgenden stets als parallel.

Beispiel 4. Die Geraden

$$2x - 7y + 12 = 0$$

und

$$x - 3{,}5y + 10 = 0$$

sind parallel, da

$$\begin{vmatrix} A_1 & B_1 \\ A_2 & B_2 \end{vmatrix} = \begin{vmatrix} 2 & -7 \\ 1 & -3{,}5 \end{vmatrix} = 2 \cdot (-3{,}5) - 1 \cdot (-7) = 0.$$

Bemerkung 3. Gleichung (5) kann man in der Form

$$\frac{A_1}{A_2} = \frac{B_1}{B_2} \tag{6}$$

schreiben, d. h., die Bedingung der Parallelität zweier Geraden liegt in der Proportionalität der Koeffizienten ihrer laufenden Koordinaten[1]). Man betrachte Beispiel 4. Wenn zudem noch die freien Glieder proportional sind, d. h., wenn

$$\frac{A_1}{A_2} = \frac{B_1}{B_2} = \frac{C_1}{C_2}, \tag{7}$$

so sind die Geraden (4) nicht nur parallel, sondern fallen sogar zusammen. So stellen die Gleichungen

$$3x + 2y - 6 = 0$$

und

$$6x + 4y - 12 = 0$$

dieselbe Gerade dar.

§ 19. Schnittpunkte von Geraden

Zur Bestimmung des Schnittpunktes der beiden Geraden

$$A_1x + B_1y + C_1 = 0 \tag{1}$$

und

$$A_2x + B_2y + C_2 = 0 \tag{2}$$

muß man das System der Gleichungen (1) und (2) lösen. Dieses System liefert in der Regel eine einzige Lösung, und wir erhalten den gesuchten Punkt (§ 9). Eine Ausnahme tritt nur bei Gleichheit der Verhältnisse A_1/A_2 und B_1/B_2 ein. In diesem Fall sind die beiden Geraden parallel (s. § 18, Bemerkung 2 und 3).

Bemerkung. Wenn die gegebenen Geraden parallel sind, aber nicht zusammenfallen, so besitzt das System (1) — (2) keine Lösung. Wenn sie zusammenfallen, so gibt es unendlich viele Lösungen.

---

[1]) Man kann zulassen, daß eine der beiden Größen A_2 oder B_2 (aber nicht beide zugleich, s. § 16) Null sind. Das Verhältnis in (6) ist dann so zu verstehen, daß der entsprechende Zähler auch Null sein muß. Dieselbe Bedeutung soll auch das Verhältnis in (7) bei $C_2 = 0$ haben.

Beispiel 1. Man bestimme den Schnittpunkt der beiden Geraden $y = 2x - 3$ und $y = -3x + 2$. Die Lösung des Gleichungssystems ist $x = 1$, $y = -1$. Die Geraden schneiden sich im Punkt (1; —1).

Beispiel 2. Die Geraden

$$2x - 7y + 12 = 0, \qquad x - 3{,}5y + 10 = 0$$

sind parallel, sie fallen aber nicht zusammen, da zwar die Verhältnisse 2:1 und (—7):(—3,5) untereinander gleich sind, das Verhältnis 12:10 aber davon verschieden ist (s. Beispiel 4, § 18). Das gegebene System von Gleichungen besitzt keine Lösung.

Beispiel 3. Die Geraden $3x + 2y - 6 = 0$; $6x + 4y - 12 = 0$ fallen zusammen, da die Verhältnisse 3:6, 2:4 und (—6):(—12) untereinander gleich sind. Die zweite Gleichung erhält man aus der ersten durch Multiplikation mit 2. Das gegebene System besitzt unendlich viele Lösungen.

§ 20. Bedingung für die Orthogonalität zweier Geraden

Die Bedingung dafür, daß zwei Geraden mit den Gleichungen

$$y = a_1x + b_1, \tag{1}$$

$$y = a_2x + b_2 \tag{2}$$

orthogonal sind, d. h. aufeinander senkrecht stehen, liegt in der Beziehung

$$a_1a_2 = -1. \tag{3}$$

Zwei Geraden sind also orthogonal, wenn das Produkt ihrer Steigungen gleich —1 ist. Sie sind nicht orthogonal, wenn dieses Produkt von —1 verschieden ist.

Beispiel 1. Die Geraden $y = 3x$ und $y = -\frac{1}{3}x$ sind orthogonal, da $a_1a_2 = 3\left(-\frac{1}{3}\right) = -1$.

Beispiel 2. Die Geraden $y = 3x$ und $y = \frac{1}{3}$ sind nicht orthogonal, da $a_1a_2 = 3 \cdot \frac{1}{3} = 1$.

Bemerkung 1. Wenn die Gleichung einer der zwei Geraden die Ordinate nicht enthält (d. h., wenn die Gerade parallel zur Achse OY ist), so ist die erste Gerade zur zweiten nur unter der Bedingung orthogonal, daß die Gleichung der zweiten Geraden die Abszisse nicht enthält (also parallel zur Achse OX ist). Zum Beispiel sind die Geraden $x = 5$ und $3y + 2 = 0$ orthogonal, aber die Geraden $x = 5$ und $y = 2x$ sind nicht orthogonal.

Bemerkung 2. Wenn zwei Gerade durch die Gleichungen

$$A_1x + B_1y + C_1 = 0, \quad A_2x + B_2y + C_2 = 0 \tag{4}$$

dargestellt werden, so lautet die Orthogonalitätsbedingung

$$A_1A_2 + B_1B_2 = 0. \tag{5}$$

§ 21. Der Winkel zwischen zwei Geraden

Zwei nicht orthogonale Geraden L_1, L_2 (in dieser Reihenfolge genommen) mögen durch die Gleichungen

$$y = a_1x + b_1, \tag{1}$$

$$y = a_2x + b_2 \tag{2}$$

dargestellt werden. Dann liefert die Formel[1])

$$\tan\theta = \frac{a_2 - a_1}{1 + a_1a_2} \tag{3}$$

den Winkel, um den man die erste Gerade drehen muß, damit sie zur zweiten parallel wird.

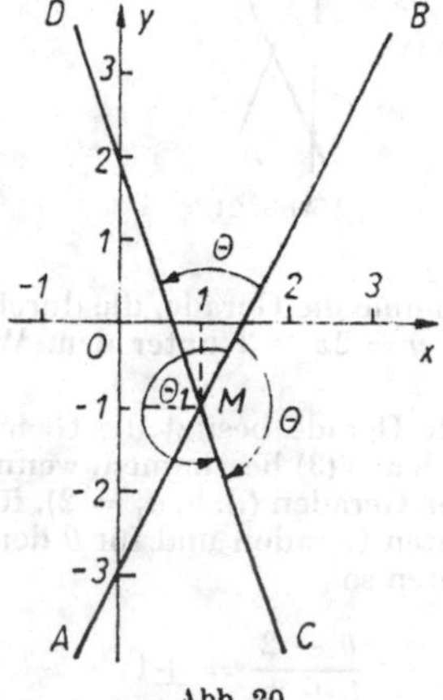

Abb. 20

Beispiel 1. Man bestimme den Winkel zwischen den Geraden $y = 2x - 3$ und $y = -3x + 2$ (Abb. 20).
Hier ist $a_1 = 2$, $a_2 = -3$. Aus Formel (3) erhalten wir

$$\tan\theta = \frac{-3 - 2}{1 + 2\cdot(-3)} = 1,$$

und somit $\theta = +45^\circ$. Das bedeutet, daß die Gerade $y = 2x - 3$ (AB in Abb. 20) mit der Geraden $y = -3x + 2$ (CD in Abb. 20) zusammenfällt, wenn man sie um $+45^\circ$ um den gemeinsamen Schnittpunkt M $(1; -1)$ (Beispiel 1, § 19) dreht. Man kann auch $\theta = 180^\circ$

1) Über die Anwendbarkeit dieser Formel in den Fällen, in denen L_1 und L_2 orthogonal sind, s. Bemerkung 1.

$+45° = 225°$, $\theta = -180° + 45° = -135°$ usw. nehmen. (Diese Winkel tragen in Abb. 20 die Bezeichnungen θ_1 und θ_2.)

Beispiel 2. Man bestimme den Winkel zwischen den Geraden $y = -3x + 2$ und $y = 2x - 3$.

Es handelt sich hier um dieselben Geraden wie in Beispiel 1, aber hier ist die Gerade CD (s. Abb. 20) die erste und die Gerade AB die zweite. Formel (3) liefert $\tan\theta = -1$, d. h. $\theta = -45°$ (oder $\theta = 135°$, oder $\theta = -225°$ usw.). Um diesen Winkel muß man die Gerade CD bis zur Überdeckung mit AB drehen.

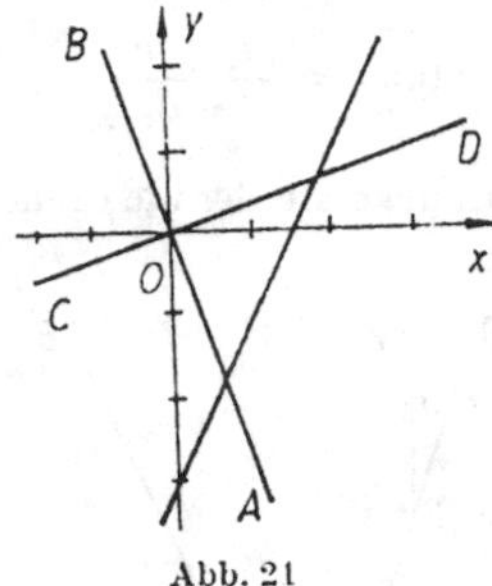

Abb. 21

Beispiel 3. Man bestimme die Gerade, die durch den Ursprung verläuft und die Gerade $y = 2x - 3$ unter dem Winkel 45° schneidet (Abb. 21).

Lösung. Die gesuchte Gerade besitzt die Gleichung $y = ax$ (§ 14). Die Steigung a läßt sich aus (3) bestimmen, wenn man dort für a_1 die Steigung der gegebenen Geraden (d. h. $a_1 = 2$), für a_2 die unbekannte Steigung a der gesuchten Geraden und für θ den Winkel $+45°$ oder $-45°$ setzt. Wir erhalten so

$$\frac{a - 2}{1 + 2a} = \pm 1.$$

Die Aufgabe hat zwei Lösungen: $y = -3x$ (Gerade AB in Abb. 21) und $y = \frac{1}{3} \cdot x$ (Gerade CD).

Bemerkung. Wenn die Geraden (1) und (2) orthogonal sind ($\theta = \pm 90°$), so wird der im Nenner von (3) stehende Ausdruck $1 + a_1 a_2$ gleich Null (§ 20) und der Bruch $\frac{a_2 - a_1}{1 + a_1 a_2}$ verliert seinen Sinn[1]). Gleichzeitig verliert auch $\tan\theta$ seinen Sinn („wird unendlich"). Wörtlich aufgefaßt verliert auch Formel (3) ihren Sinn. Wir vereinbaren jedoch, daß der Winkel θ gleich $\pm 90°$ sein soll, sofern der Nenner von

[1]) Der Zähler $a_2 - a_1$ ist ungleich Null, da nur bei parallelen Geraden die Steigungen a_1 und a_2 gleich sind (§ 18).

(3) Null ist (da sowohl eine Drehung um $+90°$ als auch eine Drehung um $-90°$ die beiden orthogonalen Geraden ineinander überführt).

Beispiel 4. Man bestimme den Winkel zwischen den Geraden $y = 2x - 3$ und $y = -\frac{1}{2}x + 7 \left(a_1 = 2, a_2 = -\frac{1}{2}\right)$. Fragen wir uns vorerst, ob diese Geraden orthogonal sind, so erhalten wir laut Merkmal (3) von § 20 eine bejahende Antwort, so daß wir auch ohne Formel (3) $\theta = \pm 90°$ erhalten. Dasselbe liefert auch die Formel (3). Wir erhalten

$$\tan \theta = \frac{-\frac{1}{2} - 2}{1 + \left(-\frac{1}{2}\right) \cdot 2} = \frac{-2\frac{1}{2}}{0}.$$

In Übereinstimmung mit Bemerkung 1 ist diese Gleichung so aufzufassen, daß $\theta = \pm 90°$.

Bemerkung 2. Wenn jedoch eine der Geraden L_1, L_2 (oder beide) parallel zur Achse OY wird, so ist Formel (3) völlig unanwendbar, aber in diesem Falle läßt sich eine der Geraden (oder beide) nicht durch eine Gleichung der Form (1) darstellen (§ 15). In diesem Falle bestimmt man den Winkel θ auf die folgende Art:

(a) Wenn die Gerade L_2 parallel zur Achse OY ist, wenn L_1 aber nicht parallel ist, so verwenden wir die Formel

$$\tan \theta = \frac{1}{a_1}.$$

b) Wenn die Geraden L_1 parallel zur Achse OY ist, L_2 aber nicht, so verwenden wir die Formel

$$\tan \theta = -\frac{1}{a_1}.$$

c) Wenn beide Geraden parallel zur Achse OY sind, so sind sie auch untereinander parallel, so daß $\tan \theta = 0$.

Bemerkung 3. Den Winkel zwischen den Geraden mit den Gleichungen

$$A_1x + B_1y + C_1 = 0 \tag{4}$$

und

$$A_2x + B_2y + C_2 = 0 \tag{5}$$

erhält man durch die Formel

$$\tan \theta = \frac{A_1B_2 - A_2B_1}{A_1A_2 + B_1B_2}. \tag{6}$$

Wenn $A_1A_2 + B_1B_2 = 0$, so ist Formel (6) so zu verstehen (s. Bemerkung (1)), daß $\theta = \pm 90°$. Siehe § 20, Formel (5).

§ 22. Bedingung dafür, daß drei Punkte auf einer Geraden liegen

Drei Punkte $A_1(x_1; y_1)$, $A_2(x_2; y_2)$, $A_3(x_3; y_3)$ liegen auf einer Geraden dann und nur dann, wenn[1])

$$\begin{vmatrix} x_2 - x_1 & y_2 - y_1 \\ x_3 - x_1 & y_3 - y_1 \end{vmatrix} = 0. \tag{1}$$

Diese Formel drückt aus (§ 13), daß der Flächeninhalt des „Dreiecks" $A_2A_3A_1$ gleich 0 ist.

Beispiel 1. Die Punkte $A_1\ (-2; 5)$, $A_2\ (4; 3)$, $A_3\ (16; -1)$ liegen auf einer Geraden, weil

$$\begin{vmatrix} x_2 - x_1 & y_2 - y_1 \\ x_3 - x_1 & y_3 - x_1 \end{vmatrix} = \begin{vmatrix} 4 + 2 & 3 - 5 \\ 16 + 2 & -1 - 5 \end{vmatrix}$$

$$= \begin{vmatrix} 6 & -2 \\ 18 & -6 \end{vmatrix} = 6 \cdot (-6) - (-2) \cdot 18 = 0.$$

Beispiel 2. Die Punkte $A_1\ (-2; 6)$, $A_2\ (2; 5)$, $A_3\ (5; 3)$ liegen nicht auf einer Geraden, weil

$$\begin{vmatrix} x_2 - x_1 & y_2 - y_1 \\ x_3 - x_1 & y_3 - y_1 \end{vmatrix} = \begin{vmatrix} 2 + 2 & 5 - 6 \\ 5 + 2 & 3 - 6 \end{vmatrix} = \begin{vmatrix} 4 & -1 \\ 7 & -3 \end{vmatrix} = -5.$$

§ 23. Gleichung einer Geraden durch zwei gegebene Punkte

Eine Gerade durch zwei gegebene Punkte $A_1\ (x_1; y_1)$ und $A_2\ (x_2; y_2)$ besitzt die Gleichung[2])

$$\begin{vmatrix} x_2 - x_1 & y_2 - y_1 \\ x - x_1 & y - y_1 \end{vmatrix} = 0. \tag{1}$$

Sie drückt aus, daß die gegebenen Punkte A_1A_2 und der „laufende" Punkt $A\ (x; y)$ auf einer Geraden liegen (§ 22).

Gleichung (1) läßt sich auf die Form

$$\frac{x - x_1}{x_2 - x_1} = \frac{y - y_1}{y_2 - y_1} \tag{2}$$

bringen (s. untenstehende Bemerkung).

Diese Gleichung beschreibt die Proportionalität der Katheten in den rechtwinkligen Dreiecken A_1RA und A_1SA_2 in Abb. 22, wobei gilt
$x_1 = OP_1$, $x_2 = OP_2$, $x = OP$, $x - x_1 = A_1R$, $x_2 - x_1 = A_1S$;
$y_1 = P_1A_1$, $y_2 = P_2A_2$, $y = PA$, $y - y_1 = RA$, $y_2 - y_1 = SA_2$.

---

[1]) Die linke Gleichungsseite von (1) hat die Form einer Determinante (s. § 12).
[2]) Die linke Seite von Gleichung (1) hat die Form einer Determinante (s. § 12).

Beispiel 1. Man stelle die Gleichung der Geraden auf, die durch die Punkte (1; 5) und (3; 9) verläuft.

Lösung. Formel (1) liefert

$$\begin{vmatrix} 3-1 & 9-5 \\ x-1 & y-5 \end{vmatrix} = 0, \text{ d. h. } \begin{vmatrix} 2 & 4 \\ x-1 & y-5 \end{vmatrix} = 0,$$

d. h. $2(y-5) - 4(x-1) = 0$ oder $2x - y + 3 = 0$.

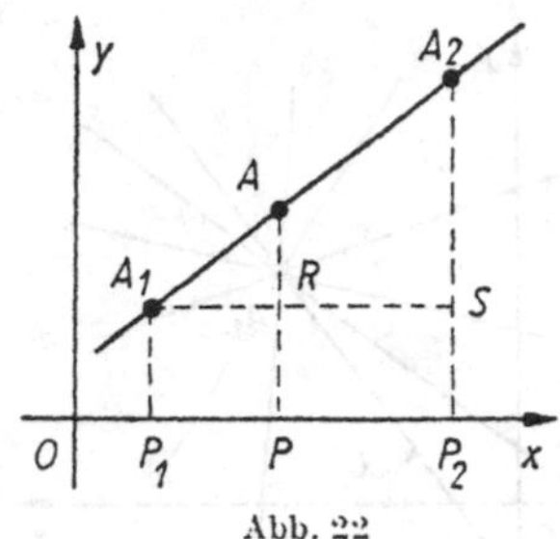

Abb. 22

Formel (2) liefert $\frac{x-1}{2} = \frac{y-5}{4}$. Somit erhalten wir aufs neue $2x - y + 3 = 0$.

Bemerkung. Für den Fall, daß $x_2 = x_1$ (oder $y_2 = y_1$), wird einer der Nenner in Gleichung (2) gleich 0. Gleichung (2) ist dann so zu verstehen, daß der entsprechende Zähler ebenfalls 0 ist. S. hierzu Beispiel 2 weiter unten (sowie die Fußnote auf S. 37).

Beispiel 2. Man stelle die Gleichung der Geraden auf, die durch die Punkte A_1 (4; −2) und A_2 (4; 5) verläuft. Gleichung (1) liefert

$$\begin{vmatrix} 0 & 7 \\ x-4 & y+2 \end{vmatrix} = 0, \tag{3}$$

d. h. $0(y+2) - 7(x-4) = 0$, d. h. $x - 4 = 0$.

Gleichung (2) erhält die Form

$$\frac{x-4}{0} = \frac{y+2}{7}. \tag{4}$$

Hier ist der Nenner der linken Gleichungsseite gleich 0. Im oben angegebenen Sinne ist daher in Gleichung (4) auch die linke Seite Null zu setzen. Wir erhalten das frühere Resultat $x - 4 = 0$.

Ausnahme derjenigen, die parallel zur y-Achse verlaufen, s. Bemerkung 1, besitzen eine Gleichung der Form

$$y - y_1 = k(x - x_1). \qquad (1)$$

Hier bedeutet k die Steigung der betrachteten Geraden ($k = \tan\alpha$). Gleichung (1) heißt *Büschelgleichung*. Die Größe k (der *Büschelparameter*) bestimmt die Richtung der Geraden, er ändert sich von der einen zur anderen.

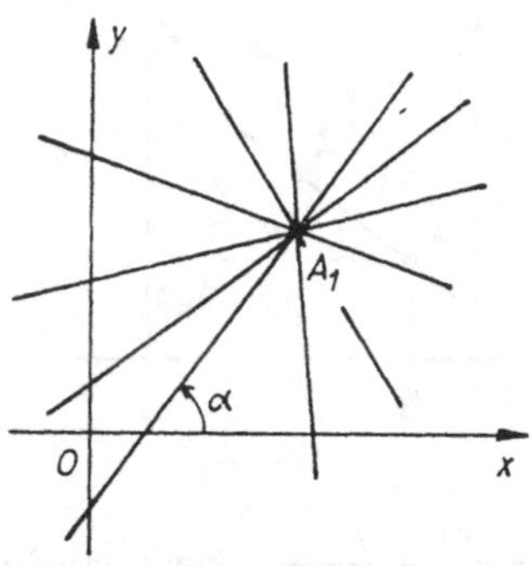

Abb. 23

Der Wert des Parameters k läßt sich bestimmen, wenn eine weitere beliebige Bedingung gegeben ist, die (zusammen mit der Zugehörigkeitsbedingung zum gegebenen Geradenbüschel) die Lage der Geraden festlegt (s. Beispiel 2).

Beispiel 1. Man stelle die Gleichung des Büschels mit dem Zentrum in A_1 $(-4; -8)$ auf.

Lösung. Gemäß (1) haben wir

$$y + 8 = k(x + 4).$$

Beispiel 2. Man bestimme die Gleichung der Geraden, die durch den Punkt A_1 $(1; 4)$ geht und orthogonal zur Geraden $3x - 2y = 12$ ist.

Lösung. Die gesuchte Gerade gehört dem Büschel mit dem Zentrum $(1; 4)$ an. Die Gleichung dieses Büschels lautet $y - 4 = k(x - 1)$. Zur Bestimmung des Wertes des Parameters k ziehen wir in Betracht, daß die gesuchte Gerade orthogonal zur Geraden $3x - 2y = 12$ sein soll. Die Steigung der letzteren ist $\frac{3}{2}$. Wir haben also (§ 20) $\frac{3}{2} \cdot k = -1$, d. h. $k = -\frac{2}{3}$. Die gesuchte Gerade besitzt also die Gleichung $y - 4 = \frac{2}{3}(x - 1)$ oder $y = -\frac{2}{3}x + 4\frac{2}{3}$.

Bemerkung 1. Eine Gerade aus dem Büschel mit dem Zentrum $A_1(x_1; y_1)$, die parallel zur Achse OY verläuft, hat die Gleichung $x - x_1 = 0$. Diese Gleichung erhält man nicht aus (1), und zwar für keinen Wert von k. Ausnahmslos alle Geraden des Büschels lassen sich jedoch durch eine Gleichung der Form

$$l(y - y_1) = m(x - x_1) \tag{2}$$

beschreiben, wobei l und m beliebige Zahlen bedeuten (die nicht gleichzeitig 0 sein dürfen). Falls $l \neq 0$, so können wir Gleichung (2) durch l dividieren. Bezeichnet man hierauf $\frac{m}{l}$ durch k, so erhalten wir (1). Wenn hingegen $l = 0$, so nimmt Gleichung (2) die Form $x - x_1 = 0$ an.

Bemerkung 2. Die Gleichung eines Büschels, dem zwei sich schneidende Geraden L_1, L_2 angehören, deren Gleichungen

$$A_1x + B_1y + C_1 = 0, \qquad A_2x + B_2y + C_2 = 0$$

bekannt sind, erhält die Form

$$m_1(A_1x + B_1y + C_1) + m_2(A_2x + B_2y + C_2) = 0. \tag{3}$$

Dabei bedeuten m_1, m_2 beliebige Zahlen (die nicht gleichzeitig 0 sind). Insbesondere erhalten wir für $m_1 = 0$ die Gerade L_2, bei $m_2 = 0$ die Gerade L_1. Anstelle von (3) können wir schreiben

$$A_1x + B_1y + C_1 + \lambda(A_2x + B_2y + C_2) = 0, \tag{4}$$

worin die eine Größe λ alle möglichen Werte durchlaufen darf. Aus (4) erhält man jedoch nicht die Gleichung der Geraden L_2.
Gleichung (1) ergibt sich als Spezialfall von Gleichung (4), wenn man für L_1 und L_2 die Gleichungen $y = y_1$, $x = x_1$ verwendet (die Parallelen zu den Koordinatenachsen).

Beispiel 3. Man stelle die Gleichung der Geraden auf, die durch den Schnittpunkt der Geraden $2x - 3y - 1 = 0$, $3x - y - 2 = 0$ geht und orthogonal zur Geraden $y = x$ ist.

Lösung. Die gesuchte Gerade (offensichtlich fällt sie nicht mit der Geraden $3x - y - 2 = 0$ zusammen) gehört dem Büschel

$$2x - 3y - 1 + \lambda(3x - y - 2) = 0 \tag{5}$$

an. Die Steigung der Geraden (5) ist $k = \frac{3\lambda + 2}{\lambda + 3}$. Da die gesuchte Gerade orthogonal zur Geraden $y = x$ sein soll, muß gelten $k = -1$ (§ 20). Daher gilt $\frac{3\lambda + 2}{\lambda + 3} = -1$, d. h. $\lambda = -\frac{5}{4}$. Setzt man $\lambda = -\frac{5}{4}$ in (5) ein, so erhält man nach Vereinfachung

$$7x + 7y - 6 = 0.$$

Bemerkung 3. Wenn die Geraden L_1, L_2 parallel sind (aber nicht zusammenfallen), so stellt Gleichung (3), wenn die Größen m_1, m_2 alle möglichen Werte durchlaufen, alle Geraden dar, die parallel zu den beiden gegebenen sind. Die Menge aller Geraden, die untereinander parallel sind, bezeichnet man als *Parallelenbüschel*. Auf diese Weise stellt (3) sowohl ein zentrales Büschel als auch ein Parallelenbüschel dar.

§ 25. Die Gleichung einer Geraden, die parallel zu einer gegebenen Geraden durch einen gegebenen Punkt verläuft

1. Eine Gerade, die durch den Punkt M_1 $(x_1; y_1)$ und parallel zur Geraden $y = ax + b$ verläuft, besitzt die Gleichung

$$y - y_1 = a(x - x_1). \tag{1}$$

S. § 24.

Beispiel 1. Man stelle die Gleichung der Geraden auf, die durch den Punkt $(-2; 5)$ geht und parallel zur Geraden

$$5x - 7y - 4 = 0$$

ist.

Lösung. Die gegebene Gerade wird durch die Gleichung $y = \frac{5}{7}x - \frac{4}{7}$ dargestellt (hier ist $a = \frac{5}{7}$.) Die Gleichung der gesuchten Geraden ist $y - 5 = \frac{5}{7}[x - (-2)]$, d. h. $7(y - 5) = 5(x + 2)$ oder $5x - 7y + 45 = 0$.

2. Eine Gerade durch den Punkt M_1 $(x_1; y_1)$ und parallel zur Geraden $Ax + By + C = 0$ besitzt die Gleichung

$$A(x - x_1) + B(y - y_1) = 0. \tag{2}$$

Beispiel 2. Man löse Beispiel (1) ($A = 5$, $B = -7$) mit Hilfe von Formel (2). Wir erhalten $5(x + 2) - 7(y - 5) = 0$.

§ 26. Die Gleichung einer Geraden durch einen gegebenen Punkt und orthogonal zu einer gegebenen Geraden

1. Die Gerade durch den Punkt M_1 $(x_1; y_1)$, die orthogonal zur Geraden $y = ax + b$ ist, wird durch die Gleichung

$$y - y_1 = -\frac{1}{a}(x - x_1) \tag{1}$$

dargestellt. S. § 24, Beispiel 2.

Beispiel 1. Man stelle die Gleichung der Geraden auf, die durch den Punkt $(2; -1)$ geht und orthogonal zur Geraden $4x - 9x = 3$ ist.

Lösung. Die gegebene Gerade kann man durch die Gleichung $y = \frac{4}{9}x - \frac{1}{3}\left(a = \frac{4}{9}\right)$ darstellen. Die Gleichung der gesuchten Geraden ist $y + 1 = -\frac{9}{4}(x - 2)$, d. h. $9x + 4y - 14 = 0$.

2. Eine Gerade durch den Punkt M_1 $(x_1; y_1)$, die orthogonal zur Geraden $Ax + By + C = 0$ ist, besitzt die Gleichung

$$A(y - y_1) - B(x - x_1) = 0. \qquad (2)$$

Beispiel 2. Man löse Beispiel 1 ($A = 4$, $B = -9$) nach Formel (2). Wir finden $4(y + 1) + 9(x - 2)$, d. h. $9x + 4y - 14 = 0$.

Beispiel 3. Man stelle die Gleichung der Geraden auf, die durch den Punkt $(-3; -2)$ geht und orthogonal zur Geraden $2y + 1 = 0$ ist.
Lösung. Hier gilt $A = 0$, $B = 2$. Formel (2) liefert $-2(x + 3) = 0$, d. h. $x + 3 = 0$. Formel (1) ist nicht anwendbar, da $a = 0$ (s. § 20, Bemerkung 1).

§ 27. Gegenseitige Lage einer Geraden und eines Punktepaares

Die gegenseitige Lage der Punkte $M_1(x_1; y_1)$, $M_2(x_2; y_2)$ und der Geraden

$$Ax + By + C = 0 \qquad (1)$$

kann man auf die folgende Art festlegen:

a) Die Punkte M_1 und M_2 liegen auf einer Seite der Geraden (1), wenn die Zahlen $Ax_1 + By_1 + C$, $Ax_2 + By_2 + C$ dasselbe Vorzeichen haben.

b) M_1 und M_2 liegen auf verschiedenen Seiten der Geraden (1), wenn diese Zahlen entgegengesetzte Vorzeichen haben.

c) Einer der Punkte M_1, M_2 (oder beide) liegt auf der Geraden (1), wenn eine dieser Zahlen (oder beide) gleich 0 ist.

Beispiel 1. Die Punkte $(2; -6)$, $(-4; -2)$ liegen auf einer Seite der Geraden

$$3x + 5y - 1 = 0,$$

da die Zahlen $3 \cdot 2 + 5 \cdot (-6) - 1 = -25$ und $3 \cdot (-4) + \cdot (-2) - 1 = -23$ beide negativ sind.

Beispiel 2. Der Koordinatenursprung $(0; 0)$ und der Punkt $(5; 5)$ liegen auf verschiedenen Seiten der Geraden $x + y - 8 = 0$, da die Zahlen $0 - 0 - 8 = -8$ und $5 + 5 - 8 = +2$ verschiedene Vorzeichen haben.

§ 28. Der Abstand eines Punktes von einer Geraden

Der Abstand d des Punktes $M_1(x_1; y_1)$ von der Geraden

$$Ax + By + C = 0 \qquad (1)$$

ist gleich dem Absolutbetrag der Größe

$$\delta = \frac{Ax_1 + By_1 + C}{\sqrt{A^2 + B^2}}, \qquad (2)$$

d. h.[1])

$$d = |\delta| = \left| \frac{Ax_1 + By_1 + C}{\sqrt{A^2 + B^2}} \right|. \tag{3}$$

Beispiel. Man bestimme den Abstand des Punktes $(-1; +1)$ von der Geraden

$$3x - 4y + 5 = 0.$$

Lösung.

$$\delta = \frac{3x_1 - 4y_1 + 5}{\sqrt{3^2 + 4^2}} = \frac{3 \cdot (-1) - 4 \cdot 1 + 5}{\sqrt{3^2 + 4^2}} = -\frac{2}{5},$$

$$d = |\delta| = \left| -\frac{2}{5} \right| = \frac{2}{5}.$$

Bemerkung 1. Die Gerade (1) möge nicht durch den Ursprung O verlaufen, d. h., es sei $C \neq 0$ (§ 16). Wenn dabei die Vorzeichen von δ und C gleich sind, so liegen die Punkte M_1 und O auf derselben Seite der Geraden (1). Wenn die Vorzeichen entgegengesetzt sind, so liegen sie auf verschiedenen Seiten (s. § 27). Wenn hingegen $\delta = 0$ (was nur bei $Ax_1 + By_1 + C = 0$ eintreten kann), so liegt M_1 auf der gegebenen Geraden (§ 8).

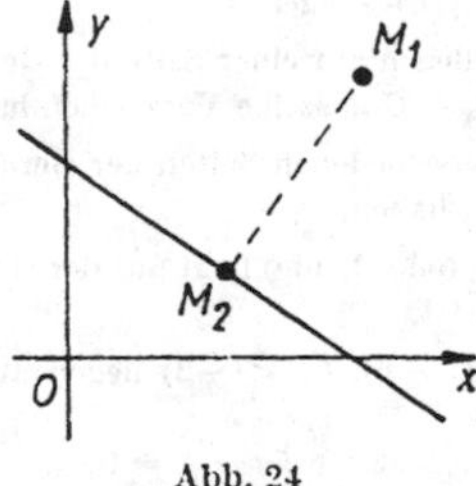

Abb. 24

Die Größe δ heißt *orientierter Abstand* des Punktes M_1 von der Geraden (1). Im betrachteten Beispiel war der orientierte Abstand δ gleich $-\frac{2}{5}$ und $C = 5$. Die Vorzeichen von δ und C sind entgegengesetzt, das bedeutet, daß die Punkte M_1 $(-1; +1)$ und O auf verschiedenen Seiten der Geraden $3x - 4y + 5 = 0$ liegen.

Bemerkung 2. Die Formel (3) leitet man leichter auf die folgende Art ab. $M_2(x_2; y_2)$ (Abb. 24) sei der Fußpunkt der Senkrechten vom Punkt $M_1(x_1; y_1)$ auf die Gerade (1). Dann gilt

$$d = \sqrt{(x_2 - x_1)^2 + (y_2 - y_1)^2}. \tag{4}$$

Die Koordinaten x_2, y_2 finden wir als Lösung des Systems

$$Ax + By + C = 0, \tag{1}$$

$$A(y - y_1) - B(x - x_1) = 0, \tag{5}$$

[1]) Formel (3) erhält man meist mit Hilfe einer Konstruktion. Weiter unten (Bemerkung 2) werden wir eine exakte analytische Herleitung geben.

wobei die zweite Gleichung die Gerade M_1M_2 darstellt (§ 26). Zur Erleichterung der Rechnung bringen wir das erste Gleichungssystem auf die Form

$$A(x - x_1) + B(y - y_1) + Ax_1 + By_1 + C = 0. \tag{6}$$

Nach Auflösen von (5) und (6) bezüglich $(x - x_1)$, $(y - y_1)$ erhalten wir

$$x - x_1 = -\frac{A}{A^2 + B^2}(Ax_1 + By_1 + C), \tag{7}$$

$$y - y_1 = -\frac{B}{A^2 + B^2}(Ax_1 + By_1 + C). \tag{8}$$

Setzt man (7) und (8) in (4) ein, so erhält man

$$d = \left|\frac{Ax_1 + By_1 + C}{\sqrt{A^2 + B^2}}\right|. \tag{9}$$

§ 29. Die Polarparameter der Geraden[1])

Die Lage einer Geraden in der Ebene wird durch zwei Zahlen bestimmt. Diese Zahlen nennt man die *Parameter* der Geraden. So erweisen sich die Zahl b (Anfangsordinate) und die Zahl a (Steigung) als Parameter der Geraden. Aber die Parameter b und a sind nicht für alle Geraden geeignet. Eine Parallele zur Achse OY läßt sich dadurch nicht festlegen (§ 15). Im Gegensatz dazu kann man (s. weiter unten) durch *Polarparameter* die Lage jeder Geraden festlegen.

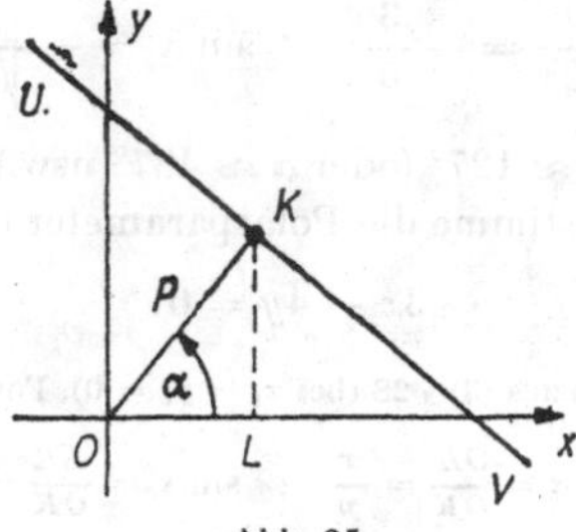

Abb. 25

Als *Polarabstand* der Geraden UV (Abb. 25) bezeichnet man die Länge p der Senkrechten OK von der Geraden zum Ursprung O. Der Polarabstand ist positiv oder gleich 0 ($p \geqq 0$).
Als Polarwinkel der Geraden UV bezeichnet man den Winkel $\alpha = \sphericalangle XOK$ zwischen den Schenkeln OX und OK (in dieser Reihenfolge genommen, s. § 21). Wenn die Gerade UV nicht durch den Ursprung geht (wie in Abb. 25), so ist die Richtung des zweiten Schenkels

[1]) Dieser Paragraph dient zur Einführung für § 30 und § 31.

vollkommen festgelegt (von O nach K). Wenn hingegen UV durch den Ursprung geht (so daß O und K zusammenfallen), so nimmt man als zweiten Schenkel senkrecht zu UV eine beliebige aus den zwei möglichen Richtungen.
Der Polarabstand und der Polarwinkel heißen *Polarparameter* der Geraden.
Wenn die Gerade UV durch die Gleichung

$$Ax + By + C = 0$$

gegeben ist, so bestimmt man ihren Polarabstand nach der Formel

$$p = \frac{|C|}{\sqrt{A^2 + B^2}} \tag{1}$$

und den Polarwinkel nach den Formeln

$$\cos\alpha = \mp\frac{A}{\sqrt{A^2 + B^2}}, \qquad \sin\alpha = \mp\frac{B}{\sqrt{A^2 + B^2}}, \tag{2}$$

wobei für $C > 0$ das obere Vorzeichen und für $C < 0$ das untere Vorzeichen zu nehmen ist. Wenn $C = 0$, so kann man beliebig nur die oberen oder nur die unteren Vorzeichen verwenden[1]).
Beispiel 1. Man bestimme die Polarparameter der Geraden

$$3x - 4y + 10 = 0.$$

Lösung. Formel (1) liefert $p = \frac{10}{\sqrt{3^2 + 4^2}} = 2$. Die Formel (2), bei der die oberen Vorzeichen zu nehmen sind (da $C = +10$), liefert

$$\cos\alpha = -\frac{3}{\sqrt{3^2 + 4^2}} = -\frac{3}{5}; \qquad \sin\alpha = -\frac{(-4)}{\sqrt{3^2 + 4^2}} = +\frac{4}{5}.$$

Infolgedessen gilt $\alpha \approx 127°$ (oder $\alpha \approx 487°$ usw.).
Beispiel 2. Man bestimme die Polarparameter der Geraden

$$3x - 4y = 0.$$

---

[1]) Formel (1) erhält man aus (3) § 28 (bei $x_1 = y_1 = 0$). Formeln (2) erhält man so: Aus Abb. 25 ergibt sich

$$\cos\alpha = \frac{OL}{OK} = \frac{x}{p}, \qquad \sin\alpha = \frac{LK}{OK} = \frac{y}{p}. \tag{3}$$

Gemäß (7), (8) § 28 (bei $x_1 = y_1 = 0$) haben wir

$$x = -\frac{AC}{A^2 + B^2}, \qquad y = -\frac{BC}{A^2 + B^2}. \tag{4}$$

Aus (1), (3) und (4) folgt

$$\cos\alpha = -\frac{C}{|C|}\frac{A}{\sqrt{A^2 + B^2}}, \qquad \sin\alpha = -\frac{C}{|C|}\frac{B}{\sqrt{A^2 + B^2}}. \tag{5}$$

Die Formeln (5) stimmen mit (2) überein, da $\frac{C}{|C|} = +1$ für $C > 0$ und $\frac{C}{|C|} = -1$ für $C < 0$.

Formel (1) liefert $p = 0$. In den Formeln (2) kann man entweder nur die oberen oder nur die unteren Vorzeichen verwenden. Im ersten Falle hat man $\cos\alpha = -\frac{3}{5}$ und somit $\alpha \approx 127°$. Im zweiten Falle ergibt sich $\cos\alpha = \frac{3}{5}$ und somit $\alpha \approx -53°$.

§ 30. Die Normalform der Geradengleichung

Die Geraden mit dem Polarabstand p (§ 29) und dem Polarwinkel α besitzt die Gleichung

$$x\cos\alpha + y\sin\alpha - p = 0. \tag{1}$$

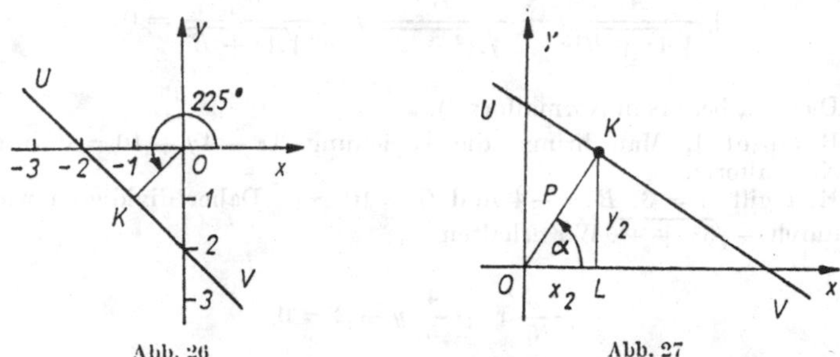

Abb. 26 Abb. 27

Diese nennt man die (Hessesche) *Normalform der Geradengleichung*.

Beispiel. Die Gerade UV soll vom Ursprung den Abstand $OK = \sqrt{2}$ haben (Abb. 26), und der Schenkel OK möge mit dem Schenkel OX den Winkel $\alpha = 225°$ bilden. Dann lautet die Gleichung der Geraden UV in Normalform

$$x\cos 225° + y\sin 225° - \sqrt{2} = 0,$$

d. h.

$$-\frac{\sqrt{2}}{2}x - \frac{\sqrt{2}}{2}y - \sqrt{2} = 0.$$

Multipliziert man mit $-\sqrt{2}$, so erhält man die Gleichung der Geraden UV in der Form $x + y + 2 = 0$. Diese Gleichung besitzt jedoch nicht mehr die Normalform.

Ableitung der Gleichung (1). Wir bezeichnen die Koordinaten des Punktes K (Abb. 27) mit x_2, y_2. Dann gilt $x_2 = OL = p\cos\alpha$, $y_2 = LK = p\sin\alpha$. Die Gerade OK durch die Punkte O (0; 0) und K $(x_2; y_2)$ besitzt (§ 23) die Gleichung $\begin{vmatrix} x_2 & y_2 \\ x & y \end{vmatrix} = 0$, d. h. $(\sin\alpha)\,x - (\cos\alpha)\,y = 0$. Die Gerade UV geht durch den Punkt $K(x_2; y_2)$ und ist orthogonal zur Geraden OK. Das bedeutet (§ 26, Pkt. 2), daß sie durch die Gleichung $\sin\alpha(y - y_2) - (-\cos\alpha)(x - x_2) = 0$ dargestellt wird. Setzt man hier $x_2 = p\cos\alpha$ und $y_2 = p\sin\alpha$, so erhält man $x\cos\alpha + y\sin\alpha - p = 0$.

§ 31. Die Bestimmung der Geradengleichung in Normalform

Zur Bestimmung der Normalform der Gleichung einer Geraden, die durch $Ax + By + C = 0$ gegeben ist, genügt es, die gegebene Gleichung durch $\mp\sqrt{A^2 + B^2}$ zu dividieren, wobei das obere Vorzeichen für $C > 0$ und das untere für $C < 0$ gilt. Wenn $C = 0$, so kann man das Vorzeichen beliebig wählen. Wir erhalten die Gleichung

$$\pm\frac{A}{\sqrt{A^2 + B^2}}x \pm \frac{B}{\sqrt{A^2 + B^2}}y - \frac{|C|}{\sqrt{A^2 + B^2}} = 0.$$

Diese ist bereits in Normalform[1]).

Beispiel 1. Man bringe die Gleichung $3x - 4y + 10 = 0$ auf Normalform.

Hier gilt $A = 3$, $B = -4$ und $C = 10 > 0$. Daher dividieren wir durch $-\sqrt{3^2 + 4^2}$. Wir erhalten

$$-\frac{3}{5}x + \frac{4}{5}y - 2 = 0.$$

Diese Gleichung hat die Form $x\cos\alpha + y\sin\alpha - p = 0$. Wir setzen $p = 2$, $\cos\alpha = -\frac{3}{5}$, $\sin\alpha = +\frac{4}{5}$ (also $\alpha \approx 127°$).

Beispiel 2. Man bringe die Gleichung $3x - 4y = 0$ auf Normalform.

Da hier $C = 0$, können wir entweder durch 5 oder durch -5 dividieren. Im ersten Fall erhalten wir

$$\frac{3}{5}x - \frac{4}{5}y = 0$$

($p = 0$, $\alpha \approx 307°$), im zweiten Fall haben wir

$$-\frac{3}{5}x + \frac{4}{5}y = 0$$

($p = 0$, $\alpha \approx 127°$). Den zwei Werten von α entsprechen die zwei Möglichkeiten für die Wahl der positiven Richtung auf dem Strahl OK (s. § 29).

---

[1]) Da die Koeffizienten von x, y auf Grund von (2) § 29 gleich $\cos\alpha$, $\sin\alpha$ sind und da das freie Glied auf Grund von (1) § 29 gleich $(-p)$ ist.

§ 32. Achsenabschnitte

Zur Bestimmung des Abschnitts $OL = a$ (Abb. 28), der von der Geraden UV und der Abszissenachse gebildet wird, genügt es, in der Geradengleichung $y = 0$ zu setzen und die Gleichung nach x aufzulösen. Auf analoge Weise bestimmt man den Abschnitt $ON = b$ auf der Ordinatenachse. Die Werte von a und b können sowohl positiv als auch negativ sein. Wenn die Gerade parallel zu einer der

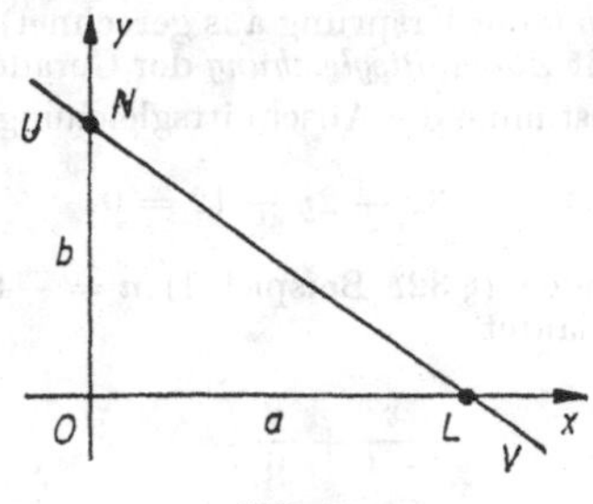

Abb. 28

Achsen verläuft, so existiert der entsprechende Abschnitt nicht („er wird unendlich"). Wenn die Gerade durch den Ursprung geht, so entarten beide Abschnitte in einen Punkt ($a = b = 0$).

Beispiel 1. Man bestimme die Abschnitte a, b der Geraden $3x - 2y + 12 = 0$ auf den beiden Achsen.

Lösung. Wir setzen $y = 0$ und erhalten aus der Gleichung $3x + 12 = 0$ den Wert $x = -4$. Setzen wir $x = 0$, so erhalten wir aus der Gleichung $-2y + 12 = 0$ den Wert $y = 6$. Somit gilt $a = -4$, $b = 6$.

Beispiel 2. Man bestimme die Achsenabschnitte der Geraden $5y + 15 = 0$.

Lösung. Diese Gerade ist parallel zur Abszissenachse (§ 15). Der Abschnitt a existiert nicht (setzt man $y = 0$, so erhält man die unerfüllbare Beziehung $15 = 0$). Es gilt Abschnitt $b = -3$.

Beispiel 3. Man bestimme die Achsenabschnitte der Geraden $3y - 2x = 0$.

Lösung. Nach der eben erklärten Methode finden wir $a = b = 0$. Die Enden beider „Abschnitte" fallen mit ihrem Anfang zusammen, d. h., die Abschnitte entarten zu einem Punkt. Die Gerade verläuft durch den Ursprung (s. § 14).

§ 33. Die Abschnittsgleichung der Geraden

Wenn die Gerade auf den Achsen die Abschnitte a, b bildet (die ungleich 0 seien), so lautet ihre Gleichung

$$\frac{x}{a} + \frac{y}{b} = 1. \tag{1}$$

Umgekehrt stellt Gleichung (1) eine Gerade dar, die mit den Achsen die Abschnitte a, b (vom Ursprung aus gerechnet) bildet.
Gleichung (1) heißt *Abschnittsgleichung* der Geraden.
Beispiel. Man bestimme die Abschnittsgleichung der Geraden

$$3x - 2y + 12 = 0. \tag{2}$$

Lösung. Wir finden (§ 32, Beispiel 1) $a = -4$, $b = 6$. Die Abschnittsgleichung lautet

$$\frac{x}{-4} + \frac{y}{6} = 1. \tag{3}$$

Sie ist gleichwertig mit Gleichung (2).
Bemerkung. Eine Gerade, deren Achsenabschnitte 0 sind (d. h., die durch den Ursprung geht, s. Beispiel 3, § 32) läßt sich nicht durch eine Abschnittsgleichung darstellen.

§ 34. Koordinatentransformation (Erläuterung der Methode)

Eine Kurve hat in verschiedenen Koordinatensystemen verschiedene Gleichungen. Oft möchte man von einer bekannten Gleichung einer gewissen Kurve in einem (dem „alten") Koordinatensystem ausgehend die Gleichung derselben Kurve in einem anderen (dem neuen) Koordinatensystem bestimmen. Diesem Zweck dienen die *Formeln für eine Koordinatentransformation.* Sie drücken den Zusammenhang zwischen den alten und den neuen Koordinaten eines beliebigen Punktes M aus.
Ein beliebiges neues rechtwinkliges Koordinatensystem $X'O'Y'$ erhält man aus einem beliebigen alten System XOY (Abb. 29) mit Hilfe von zwei Bewegungen: 1. durch eine Verschiebung des Ursprungs O in den Punkt O', wobei die Richtung der Achsen erhalten bleibt. Es ergibt sich ein Hilfssystem $\overline{X}O'\overline{Y}$ (punktiert eingezeichnet). 2. durch eine anschließende Drehung des Hilfssystems um den Punkt O' bis zur Überdeckung mit dem neuen System $X'O'Y'$.
Diese beiden Bewegungen darf man auch in umgekehrter Reihenfolge ausführen (zuerst eine Drehung um O, wodurch sich das Hilfssystem $\overline{X}O\overline{Y}$ ergibt, und eine anschließende Verschiebung des Ursprungs in den Punkt O', was das neue System $X'O'Y'$ liefert, Abb. 30).

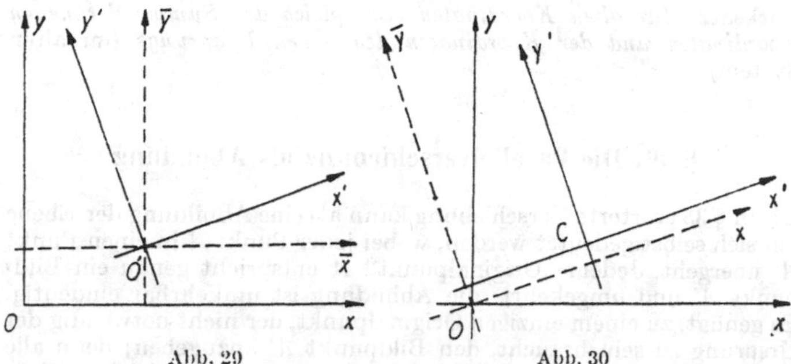

Abb. 29 Abb. 30

In Übereinstimmung damit genügt es, wenn man die Transformationsformeln der Koordinaten bei einer Verschiebung des Ursprungs (§ 35) und bei einer Drehung der Achsen (§ 58) kennt. Die genannten Bewegungen geben Anlaß zur Definition zweier grundlegender Begriffe. (Vgl. § 36 und § 59.)

§ 35. Verschiebung des Koordinatenursprungs*

Bezeichnungsweise (Abb. 31):
alte Koordinaten des Punktes M: $x = OP$, $y = PM$;
neue Koordinaten des Punktes M: $x' = O'P'$, $y' = P'M$
Koordinaten des neuen Ursprungs O' im alten System XOY:

$$X = OR, \quad Y_0 = RO'.$$

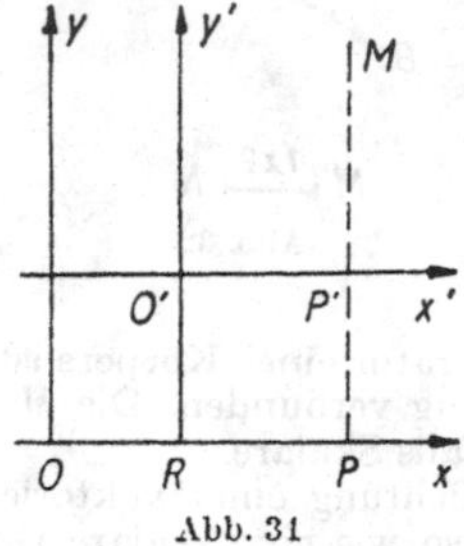

Abb. 31

Transformationsformeln:

$$x = x' + x_0, \qquad y = y' + y_0 \tag{1}$$

oder

$$x' = x - x_0, \qquad y' = y - y_0. \tag{2}$$

Merksatz: *Die alten Koordinaten sind gleich der Summe der neuen Koordinaten und der Koordinaten des neuen Ursprungs* (im alten System)[1].

§ 36. Die Parallelverschiebung als Abbildung

Die in § 35 erörterte Verschiebung kann als eine Abbildung der Ebene auf sich selbst gedeutet werden, wobei jeder Punkt A in einen Punkt A' übergeht. Jedem „Originalpunkt" A entspricht genau ein Bildpunkt A' und umgekehrt: die Abbildung ist umkehrbar eindeutig. Es genügt, zu einem einzigen Originalpunkt, der nicht notwendig der Ursprung zu sein braucht, den Bildpunkt A' anzugeben; denn alle Punkte werden um die gleiche Strecke AA' und in der gleichen Richtung verschoben. Die Bewegung ist daher durch die Angabe einer gerichteten Strecke, durch einen *Vektor*, gekennzeichnet.

§ 37. Grundsätzliches über Vektoren und Skalare

Als *vektorielle Größe* oder *Vektor* bezeichnet man alle Größen, die eine Richtung besitzen. *Skalare Größe* oder *Skalar* heißt jede Größe, die keine Richtung besitzt.

Beispiel 1. Die auf einen Massenpunkt wirkende Kraft ist ein Vektor, da sie eine Richtung besitzt. Die Geschwindigkeit eines Massenpunktes ist ebenfalls ein Vektor.

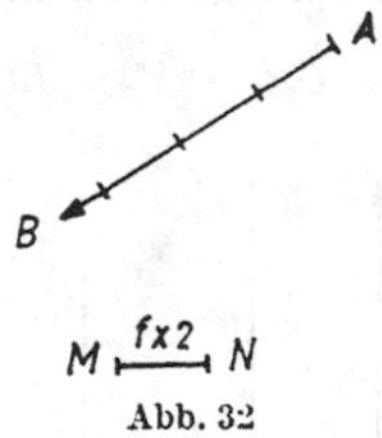

Abb. 32

Beispiel 2. Die Temperatur eines Körpers ist ein Skalar. Mit dieser Größe ist keine Richtung verbunden. Die Masse eines Körpers und seine Dichte sind ebenfalls Skalare.

Wenn man von der Richtung einer vektoriellen Größe absieht, so kann man diese genauso wie eine skalare Größe durch Wahl einer entsprechenden Maßeinheit messen. Aber die Zahl, die wir auf Grund dieser Messung erhalten, charakterisiert eine skalare Größe vollständig, einen Vektor jedoch nur teilweise.

Eine vektorielle Größe kann vollständig durch eine gerichtete Strecke

[1]) Zum Einprägen des Merksatzes lese man ihn ohne den Klammerzusatz. Dieser ist zwar wesentlich, er kann aber leicht rekonstruiert werden.

charakterisiert werden, die in einem linearen Maßstab vorgegeben wird.

Beispiel 3. Die gerichtete Strecke AB in Abb. 110 charakterisiert bei einem Maßstab MN, der eine Krafteinheit (1 kp) darstellt, eine Kraft von 3,5 kp. Die Richtung dieser Kraft fällt in die Richtung der Strecke AB (durch die Pfeilspitze angedeutet).

§ 38. Bezeichnungen für Vektoren

Einen Vektor, dessen Anfangspunkt A und dessen Endpunkt B ist, bezeichnen wir mit $\overrightarrow{AB}$ (Abb. 32).

Einen Vektor bezeichnet man oft auch durch einen einzigen Buchstaben wie in Abb. 33 gezeigt wird. Dieser Buchstabe wird halbfett

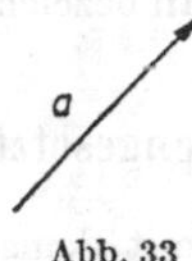

Abb. 33

gedruckt ($\boldsymbol{a}$), in handschriftlichen Angaben setzt man statt dessen einen Strich darüber ($\bar{a}$).

Die Länge eines Vektors bezeichnet man auch als seinen *Betrag*. Der Betrag ist eine skalare Größe.

Den Betrag eines Vektors kennzeichnet man dadurch, daß man links und rechts vom Symbol für den Vektor einen senkrechten Strich anbringt: $|\overrightarrow{AB}|$ oder $|\boldsymbol{a}|$ oder $|\bar{a}|$.

Bei der zweibuchstabigen Bezeichnungsweise für Vektoren verwendet man manchmal auch diese zwei Buchstaben zur Angabe ihres Betrages, aber ohne senkrechte Striche (AB — Betrag von $\overrightarrow{AB}$), bei der einbuchstabigen Bezeichnungsweise verwendet man manchmal denselben Buchstaben ohne Fettdruck (b — Betrag von $\boldsymbol{b}$).

§ 39. Kollineare Vektoren

Vektoren, die auf zueinander parallelen Geraden (oder in derselben Geraden) liegen heißen *kollinear*. Die Vektoren $\boldsymbol{a}$, $\boldsymbol{b}$, $\boldsymbol{c}$ in Abb. 34 sind kollinear. Die Vektoren $\overrightarrow{AC}$, $\overrightarrow{BD}$ und $\overrightarrow{CB}$ in Abb. 35 sind ebenfalls kollinear.

Abb. 34 Abb. 35

Kollineare Vektoren können dieselbe Richtung besitzen (*gleichsinnig parallele* Vektoren) oder die entgegengesetzte Richtung. So sind die Vektoren $\boldsymbol{a}$ und $\boldsymbol{c}$ (Abb. 34) gleichsinnig parallel, die Vektoren $\boldsymbol{a}$ und $\boldsymbol{b}$ (sowie $\boldsymbol{b}$ und $\boldsymbol{c}$) ungleichsinnig parallel. Die Vektoren $\overrightarrow{AC}$ und $\overrightarrow{BD}$ in Abb. 35 sind gleichsinnig parallel, die Vektoren $\overrightarrow{AC}$ und $\overrightarrow{BC}$ sind ungleichsinnig parallel.

§ 40. Der Nullvektor

Zu den durch eine Parallelverschiebung erklärten Abbildungen muß man auch die sogenannte *identische Abbildung* rechnen, bei der Originalpunkt und Bildpunkt zusammenfallen, mithin alle Punkte in Ruhe bleiben. Man ordnet dieser „Bewegung" den *Nullvektor* zu. Er hat die Länge Null und keine definierte Richtung, kann daher zu jedem Vektor kollinear sein. Man bezeichnet ihn durch das Symbol $\mathbf{0}$.

§ 41. Entgegengesetzte Vektoren

Definition. Zwei Vektoren mit demselben Betrag aber mit entgegengesetzter Richtung heißen *entgegengesetzt.*

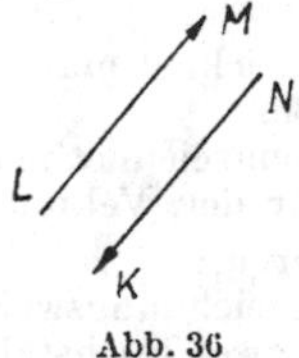

Abb. 36

Der dem Vektor $\boldsymbol{a}$ entgegengesetzte Vektor heißt $-\boldsymbol{a}$.

Beispiel 1. Die Vektoren $\overrightarrow{LM}$ und $\overrightarrow{NK}$ in Abb. 36 sind entgegengesetzt.

Beispiel 2. Wenn man den Vektor $\overrightarrow{LM}$ (Abb. 36) durch $\boldsymbol{a}$ bezeichnet, so gilt $\overrightarrow{NK} = -\boldsymbol{a}$, bezeichnet man ihn durch $-\boldsymbol{a}$ so gilt $\overrightarrow{NK} = \boldsymbol{a}$.
Aus der Definition folgt: $-(-\boldsymbol{a}) = \boldsymbol{a}$, $|-\boldsymbol{a}| = |\boldsymbol{a}|$.

Daneben ist auch die Sprechweise „$\overrightarrow{LM}$ und $\overrightarrow{NK}$ haben gleiche Richtung, aber verschiedene *Orientierung*" üblich. Wenn man diesen Begriff benutzt, muß man sagen, daß ein Vektor durch *Größe, Richtung* und *Orientierung* bestimmt ist.

§ 42. Die Gleichheit von Vektoren

Vektoren, die dieselbe Verschiebung (§ 36) festlegen, betrachten wir als gleich. Es gilt daher die folgende Definition. Zwei (von Null verschiedene) Vektoren $\boldsymbol{a}$ und $\boldsymbol{b}$ sind gleich, wenn sie gleichsinnig parallel sind und gleichen Betrag besitzen. Alle Nullvektoren betrachtet man als gleich. In allen anderen Fällen sind zwei Vektoren nicht gleich.

Beispiel 1. Die Vektoren $\overrightarrow{AB}$ und $\overrightarrow{CD}$ (Abb. 37) sind gleich.

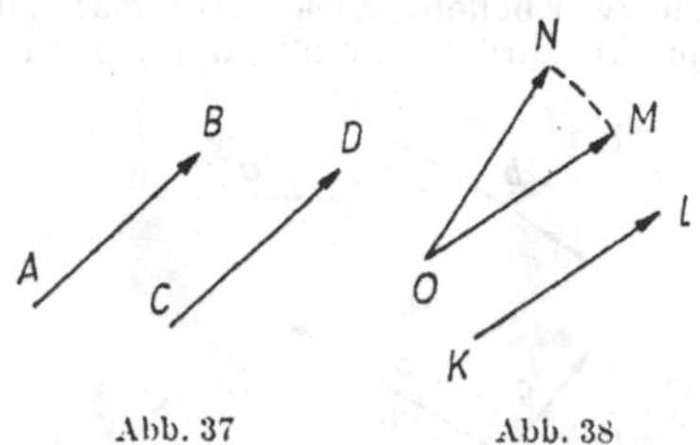

Abb. 37 Abb. 38

Beispiel 2. Die Vektoren $\overrightarrow{OM}$ und $\overrightarrow{ON}$ (Abb. 38) sind nicht gleich (wenn auch ihre Längen übereinstimmen), da ihre Richtungen verschieden sind. Die Vektoren $\overrightarrow{ON}$ und $\overrightarrow{KL}$ sind ebenfalls ungleich, aber die Vektoren $\overrightarrow{OM}$ und $\overrightarrow{KL}$ sind gleich.

Warnung. Man darf den Begriff der „Gleichheit von Vektoren" nicht mit dem Begriff der „Gleichheit von Strecken" verwechseln. Durch die Aussage „die Strecken ON und KL sind gleich" behaupten wir, daß wir die beiden Strecken zur Überdeckung bringen können. Dazu kann aber eine Drehung einer der Strecken notwendig sein (wie bei der Anordnung in Abb. 38). In diesem Fall sind gemäß Definition die Vektoren $\overrightarrow{ON}$ und $\overrightarrow{KL}$ *nicht gleich. Zwei Vektoren sind nur dann gleich, wenn sie ohne Drehung zur Überdeckung gebracht werden können.*

Bezeichnungsweise. Das Symbol $\boldsymbol{a} = \boldsymbol{b}$ drückt aus, daß die Vektoren $\boldsymbol{a}$ und $\boldsymbol{b}$ gleich sind. Das Symbol $\boldsymbol{a} \neq \boldsymbol{b}$ drückt aus, daß die Vektoren $\boldsymbol{a}$ und $\boldsymbol{b}$ nicht gleich sind. Das Symbol $|\boldsymbol{a}| = |\boldsymbol{b}|$ drückt aus, daß die Beträge (Längen) der Vektoren $\boldsymbol{a}$ und $\boldsymbol{b}$ gleich sind, auch wenn sie untereinander nicht gleich sind.

Beispiel 3. $\overrightarrow{AB} = \overrightarrow{CD}$ (Abb. 37), $\overrightarrow{ON} \neq \overrightarrow{KL}$ (Abb. 38), $\overline{ON} = \overline{KL}$ (Abb. 38), $\overrightarrow{OM} = \overrightarrow{KL}$ (Abb. 38).

§ 43. Freie und gebundene Vektoren

Die auf einen Massepunkt durch das (als homogen angenommene) Schwerefeld der Erde ausgeübte Kraft ist nach Definition ein Vektor. Sie wirkt in gleicher Weise auf den verschobenen Punkt. Bisweilen ist es jedoch zweckmäßig, sich die Kraft als gerichtete Größe mit *festem* Angriffspunkt oder Endpunkt vorzustellen. (Beispielsweise hängt die Wirkung der auf einen Hebel ausgeübten Kraft vom Angriffspunkt ab.) Man kommt auf diese Weise zum Begriff des *gebundenen* Vektors im Unterschied zu dem oben (§ 36, § 37) definierten freien Vektor. Ein gebundener Vektor, dessen Anfangspunkt der Koordinatenursprung ist, wird *Radiusvektor* oder *Ortsvektor* genannt. Er ist durch seinen Endpunkt gekennzeichnet.

§ 44. Die Rückführung von Vektoren auf einen gemeinsamen Anfangspunkt

Alle Vektoren (und zwar beliebig viele) kann man „auf einen gemeinsamen Anfangspunkt zurückführen", d. h., man kann Vektoren

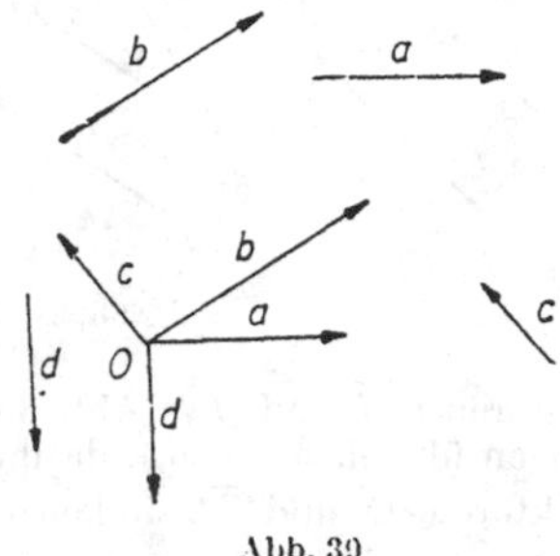

Abb. 39

konstruieren, die gleich den gegebenen Vektoren sind und die alle in einem gewissen gemeinsamen Anfangspunkt O beginnen. Diese Rückführung ist in Abb. 39 dargestellt.
Die verschobenen Vektoren sind Ortsvektoren im Sinne von § 43.

§ 45. Vektoraddition

Führt man die durch den Vektor $\boldsymbol{a}$ definierte Verschiebung aus und danach die Verschiebung, die durch den Vektor $\boldsymbol{b}$ definiert ist, so läßt sich das Ergebnis auch durch eine einzige Verschiebung erreichen. Der diese resultierende Verschiebung kennzeichnende Vektor entsteht durch *Addition* von $\boldsymbol{a}$ und $\boldsymbol{b}$. Dementsprechend gilt die Definition. Als *Summe* der Vektoren $\boldsymbol{a}$ und $\boldsymbol{b}$ bezeichnet man einen Vektor $\boldsymbol{c}$, den man durch die folgende Konstruktion erhält: Von einem beliebigen Anfangspunkt O aus (Abb. 40) zeichne man den Vektor $\overrightarrow{OL} = \boldsymbol{a}$ (§ 42). Vom Punkt L als Anfangspunkt aus trage man den Vektor $\overrightarrow{LM} = \boldsymbol{b}$ auf. Der Vektor $\boldsymbol{c} = \overrightarrow{OM}$ ist die Summe der Vektoren $\boldsymbol{a}$ und $\boldsymbol{b}$ (Dreiecksregel).

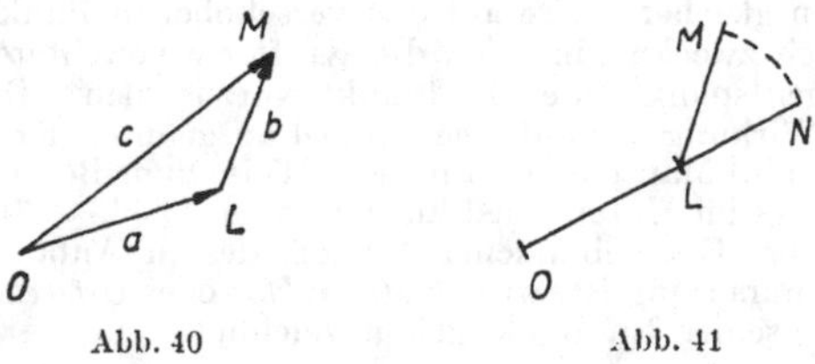

Abb. 40 Abb. 41

Bezeichnungsweise: $\boldsymbol{a} + \boldsymbol{b} = \boldsymbol{c}$.
Warnung. Man darf die Begriffe „Summe von Strecken" und „Summe von Vektoren" nicht verwechseln. Die Summe der Strecken OL und LM erhält man auf die folgende Weise: man verlängert die Gerade OL (Abb. 41) und trägt auf ihr die Strecke $LN = LM$ auf. Die Strecke ON ist die Summe der Strecken OL und LM. Die Summe der Vektoren $\overrightarrow{OL}$ und $\overrightarrow{LM}$ konstruiert man anders (s. Definition).
Für die Summe von Vektoren gelten die folgenden Ungleichungen

$$|\boldsymbol{a} + \boldsymbol{b}| \leqq |\boldsymbol{a}| + |\boldsymbol{b}|, \tag{1}$$

$$|\boldsymbol{a} + \boldsymbol{b}| \geqq ||\boldsymbol{a}| - |\boldsymbol{b}||, \tag{2}$$

die zum Ausdruck bringen, daß die Seite OM des Dreiecks OML (Abb. 43) kleiner ist als die Summe und größer als die Differenz der beiden anderen Dreiecksseiten. In Formel (1) gilt das Gleichheits-

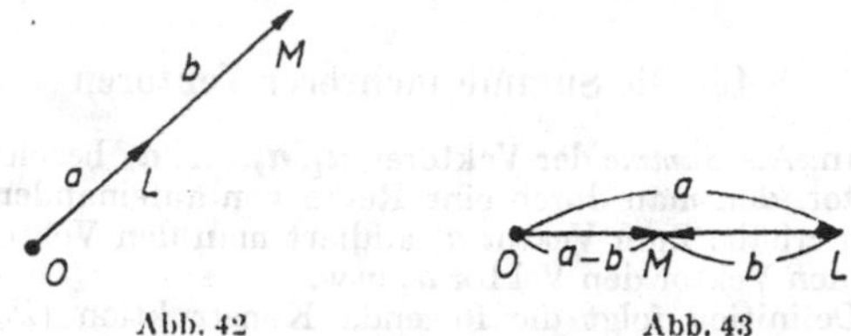

Abb. 42 Abb. 43

zeichen nur für den Fall von gleichsinnig gerichteten Vektoren (Abb. 42), in Formel (2) nur für ungleichsinnig gerichtete Vektoren (Abb. 43).
Die Summe entgegengesetzter Vektoren. Aus der Definition folgt, daß die Summe entgegengesetzter Vektoren den Nullvektor ergibt:

$$\boldsymbol{a} + (-\boldsymbol{a}) = \boldsymbol{0}.$$

Die Kommutativität der Vektoraddition. *Bei einer Vertauschung der Summanden ändert sich die Vektorsumme nicht:*

$$\boldsymbol{a} + \boldsymbol{b} = \boldsymbol{b} + \boldsymbol{a}.$$

Parallelogrammregel. Wenn die Summanden $\boldsymbol{a}$ und $\boldsymbol{b}$ *nicht kollinear* sind, so erhält man die Summe $\boldsymbol{a} + \boldsymbol{b}$ durch folgende Konstruktion: Aus einem beliebigen Anfangspunkt O (Abb. 44) zeichne man die Vektoren $\overrightarrow{OA} = \boldsymbol{a}$ und $\overrightarrow{OB} = \boldsymbol{b}$ und ziehe die Parallelen zu den Strecken OA und OB zum Parallelogramm $OACB$. Der Diagonalenvektor $\overrightarrow{OC} = \boldsymbol{c}$ ist die Summe der Vektoren $\boldsymbol{a}$ und $\boldsymbol{b}$ (da $\overrightarrow{AC} = \overrightarrow{OB} = \boldsymbol{b}$ und $\overrightarrow{OC} = \overrightarrow{OA} + \overrightarrow{AC}$).
Bei kollinearen Vektoren ist diese Konstruktion (Abb. 42 und Abb. 43) *nicht anwendbar.*

Bemerkung. Die Definition der Vektoraddition steht in Übereinstimmung mit den physikalischen Gesetzen über die Addition von vektoriellen Größen (z. B. der auf einen Massenpunkt wirkenden Kräften).

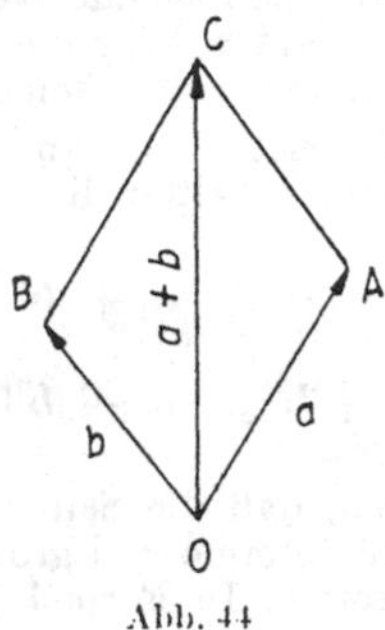

Abb. 44

§ 46. Die Summe mehrerer Vektoren

Definition. Als *Summe* der Vektoren $\boldsymbol{a}_1, \boldsymbol{a}_2, \ldots, \boldsymbol{a}_n$ bezeichnet man einen Vektor, den man durch eine Reihe von aufeinanderfolgenden Additionen erhält: Zum Vektor $\boldsymbol{a}_1$ addiert man den Vektor $\boldsymbol{a}_2$, zum resultierenden Vektor den Vektor $\boldsymbol{a}_3$ usw.

Aus der Definition folgt die folgende Konstruktion (*Polygonregel* oder *Kettenregel*);

Aus einem beliebigen Anfangspunkt O (Abb. 45) zeichnen wir den Vektor $\overrightarrow{OA_1} = \boldsymbol{a}_1$, aus dem Punkt A_1 als neuen Anfang den Vektor $\overrightarrow{A_1A_2} = \boldsymbol{a}_2$, aus dem Punkt A_2 den Vektor $\overrightarrow{A_2A_3} = \boldsymbol{a}_3$ usw. Der Vektor $\overrightarrow{OA_n}$ (in Abb. 45 gilt $n = 4$) ist die Summe der Vektoren $\boldsymbol{a}_1, \boldsymbol{a}_2, \ldots, \boldsymbol{a}_n$.

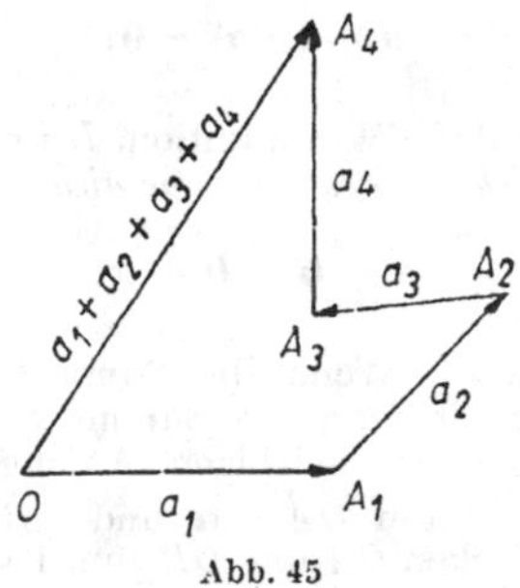

Abb. 45

Die Assoziativität der Vektoraddition. Die zu summierenden Vektoren darf man beliebig zusammenfassen. Wenn man also zuerst die Summe der Vektoren $\boldsymbol{a}_2 + \boldsymbol{a}_3 + \boldsymbol{a}_4$ bildet (gleich dem Vektor

$\overrightarrow{A_1A_4}$ in der Abbildung in Abb. 45) und dann erst den Vektor $\boldsymbol{a}_1$ ($= \overrightarrow{OA_1}$) addiert, so erhält man denselben Vektor $\boldsymbol{a}_1 + \boldsymbol{a}_2 + \boldsymbol{a}_3 + \boldsymbol{a}_4$ ($= \overrightarrow{OA_4}$):

$$\boldsymbol{a}_1 + (\boldsymbol{a}_2 + \boldsymbol{a}_3 + \boldsymbol{a}_4) = \boldsymbol{a}_1 + \boldsymbol{a}_2 + \boldsymbol{a}_3 + \boldsymbol{a}_4.$$

§ 47. Die Vektorsubtraktion

Definition. Die Subtraktion des Vektors $\boldsymbol{a}_1$ (Subtrahend) vom Vektor $\boldsymbol{a}_2$ (Diminuend) bedeutet die Bestimmung eines neuen Vektors $\boldsymbol{x}$ (Differenz), dessen Summe mit dem Vektor $\boldsymbol{a}_1$ den Vektor $\boldsymbol{a}_2$ liefert.
Kürzer: Die Subtraktion eines Vektors ist die zur Addition entgegengesetzte (inverse) Operation.
Bezeichnungsweise: $\boldsymbol{a}_2 - \boldsymbol{a}_1$.
Aus der Definition folgt die folgende Konstruktion: Aus einem beliebigen Anfangspunkt O (Abb. 46, 47) zeichnen wir die Vektoren $\overrightarrow{OA_1} = \boldsymbol{a}_1$, $\overrightarrow{OA_2} = \boldsymbol{a}_2$. Der Vektor $\overrightarrow{A_1A_2}$ (vom Ende des abzuziehenden Vektors zum Ende des zu vermindernden Vektors) ist die Differenz $\boldsymbol{a}_2 - \boldsymbol{a}_1$:

$$\overrightarrow{A_1A_2} = \overrightarrow{OA_2} - \overrightarrow{OA_1}.$$

In der Tat ist die Summe $\overrightarrow{OA_1} + \overrightarrow{A_1A_2}$ gleich $\overrightarrow{OA_2}$.

Bemerkung. Der Betrag der Differenz (Länge des Vektors $\overrightarrow{A_1A_2}$) kann kleiner oder größer sein als der Betrag des „Diminuenden", er kann aber auch gleich dessen Betrag sein. Diese drei Fälle sind in den Abb. 46, 47, 48 dargestellt.

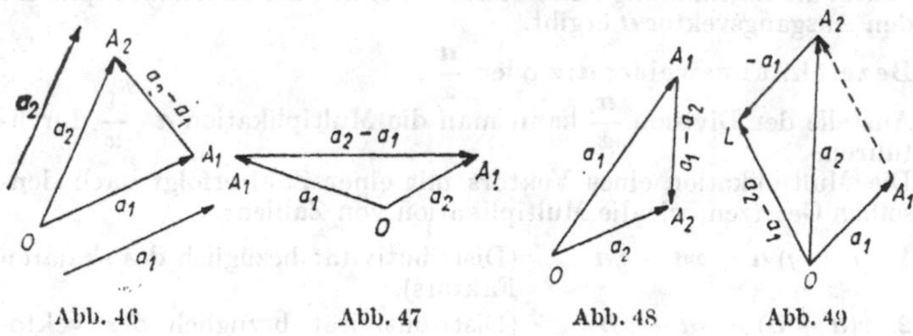

Abb. 46 Abb. 47 Abb. 48 Abb. 49

Andere Konstruktion. Zur Konstruktion der Differenz $\boldsymbol{a}_2 - \boldsymbol{a}_1$ aus den Vektoren $\boldsymbol{a}_2$ und $\boldsymbol{a}_1$ kann man die Konstruktion der Summe der Vektoren $\boldsymbol{a}_2$ und $-\boldsymbol{a}_1$ verwenden, d. h.

$$\boldsymbol{a}_2 - \boldsymbol{a}_1 = \boldsymbol{a}_2 + (-\boldsymbol{a}_1).$$

Beispiel. Man soll die Differenz $\boldsymbol{a}_2 - \boldsymbol{a}_1$ (Abb. 49) bestimmen. Gemäß der ersten Konstruktion gilt $\boldsymbol{a}_2 - \boldsymbol{a}_1 = \overrightarrow{A_1A_2}$. Wir zeichnen nun den Vektor $\overrightarrow{A_2L} = -\boldsymbol{a}_1$ und addieren dazu den Vektor $\overrightarrow{OA_2}$

$= \boldsymbol{a}_2$. Wir erhalten (§ 45, Definition) den Vektor $\overrightarrow{OL}$. Aus der Abbildung ist zu sehen, daß $\overrightarrow{OL} = \overrightarrow{A_1A_2}$.

§ 48. Die Multiplikation eines Vektors mit einer Zahl

Definition 1. Die Multiplikation eines Vektors $\boldsymbol{a}$ (erster Faktor) mit einer Zahl x (zweiter Faktor) bedeutet die Konstruktion eines neuen Vektors (Produkt), dessen Betrag man durch Multiplikation des Betrages von $\boldsymbol{a}$ mit dem Absolutwert der Zahl x erhält und dessen Richtung mit der Richtung von $\boldsymbol{a}$ zusammenfällt oder dieser Richtung entgegengesetzt ist, je nachdem ob die Zahl x positiv oder negativ ist. Wenn $x = 0$, so ist das Produkt der Nullvektor.
Bezeichnungsweise: $\boldsymbol{a}x$ oder $x\boldsymbol{a}$.

Beispiel. $\overrightarrow{OB} = \overrightarrow{OA} \cdot 4$ oder $\overrightarrow{OB} = 4\overrightarrow{OA}$ (Abb. 50), $\overrightarrow{OC} = 3\frac{1}{2}\overrightarrow{OA}$, $\overrightarrow{OD} = -2\,\overrightarrow{OA}$, $OE = -1{,}5\,\overrightarrow{OA}$ (Abb. 51).

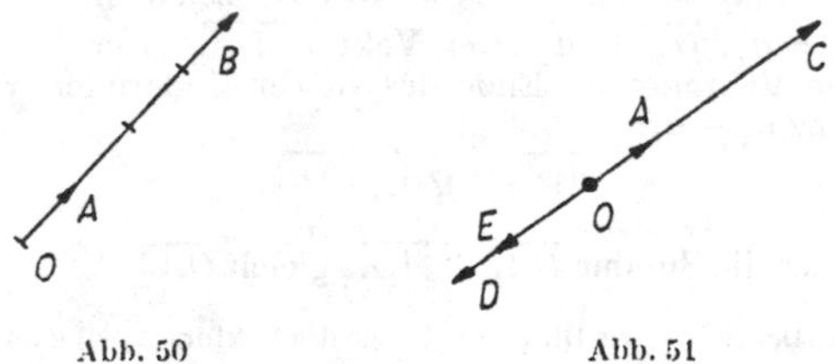

Abb. 50 Abb. 51

Definition 2. Die Division eines Vektors $\boldsymbol{a}$ durch die Zahl x bedeutet die Bestimmung eines Vektors, der mit der Zahl x multipliziert den Ausgangsvektor $\boldsymbol{a}$ ergibt.

Bezeichnungsweise: $\boldsymbol{a}:x$ oder $\dfrac{\boldsymbol{a}}{x}$.

Anstelle der Division $\dfrac{\boldsymbol{a}}{x}$ kann man die Multiplikation $\boldsymbol{a} \cdot \dfrac{1}{x}$ durchführen.

Die Multiplikation eines Vektors mit einer Zahl erfolgt nach denselben Gesetzen, wie die Multiplikation von Zahlen:

1. $(x + y)\,\boldsymbol{a} = x\boldsymbol{a} + y\boldsymbol{a}$ (Distributivität bezüglich des skalaren Faktors),
2. $x(\boldsymbol{a} + \boldsymbol{b}) = x\boldsymbol{a} + x\boldsymbol{b}$ (Distributivität bezüglich des vektoriellen Faktors),
3. $x(y\boldsymbol{a}) = (xy)\,\boldsymbol{a}$ (Assoziativität).

Auf Grund dieser Eigenschaften kann man Vektorausdrücke bilden, die dieselbe äußere Form besitzen wie die Polynome ersten Grades in der Algebra, und man kann diese Ausdrücke genau so behandeln wie die entsprechenden algebraischen Ausdrücke (gleichartige Glieder zusammenfassen, Klammern ausrechnen, in Klammern setzen, Glieder mit geändertem Vorzeichen auf verschiedene Seiten der Gleichung bringen usw.).

Beispiel. $2\boldsymbol{a} + 3\boldsymbol{a} = 5\boldsymbol{a}$ (wegen Eigenschaft 1),
$2(\boldsymbol{a} + \boldsymbol{b}) = 2\boldsymbol{a} + 2\boldsymbol{b}$ (wegen Eigenschaft 2),
$5 \cdot 12\boldsymbol{c} = 60\boldsymbol{c}$ (wegen Eigenschaft 3).

$$4(2\boldsymbol{a} - 3\boldsymbol{b}) = 4[2\boldsymbol{a} + (-3\boldsymbol{b})] = 4[2\boldsymbol{a} + (-3)\,\boldsymbol{b}]$$
$$= 4 \cdot 2\boldsymbol{a} + 4(-3)\,\boldsymbol{b} = 8\boldsymbol{a} + (-12)\,\boldsymbol{b} = 8\boldsymbol{a} - 12\boldsymbol{b},$$

$$2(3\boldsymbol{a} - 4\boldsymbol{b} + \boldsymbol{c}) - 3(2\boldsymbol{a} + \boldsymbol{b} - 3\boldsymbol{c}) = 6\boldsymbol{a} - 8\boldsymbol{b} + 2\boldsymbol{c} - 6\boldsymbol{a} - 3\boldsymbol{b}$$
$$+ 9\boldsymbol{c} = -11\boldsymbol{b} + 11\boldsymbol{c} = 11(\boldsymbol{c} - \boldsymbol{b}).$$

Bemerkung. Eine Menge von Objekten, für die eine Addition sowie die Multiplikation mit einem Skalar erklärt ist, wobei die angeführten Rechenregeln gültig sind, nennt man einen *linearen Vektorraum*. Die Bezeichnung wird auch dann verwandt, wenn die Objekte keine Vektoren im Sinne der Definition des § 37 sind.

§ 49. Beziehungen zwischen kollinaren Vektoren

Wenn der Vektor $\boldsymbol{a}$ von 0 verschieden ist, so kann jeder dazu kollineare Vektor $\boldsymbol{b}$ in der Form $x\boldsymbol{a}$ dargestellt werden, wobei man die Zahl x auf die folgende Weise bestimmt:

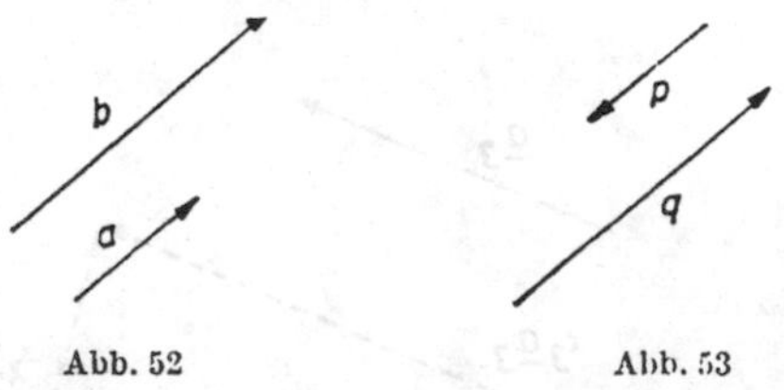

Abb. 52 Abb. 53

Ihr Absolutbetrag ist $|\boldsymbol{b}| : |\boldsymbol{a}|$ (Quotient aus den Beträgen). Sie ist positiv, wenn $\boldsymbol{b}$ und $\boldsymbol{a}$ gleich gerichtet sind, sie ist negativ, wenn $\boldsymbol{b}$ und $\boldsymbol{a}$ entgegengesetzt gerichtet sind. Sie ist 0, wenn $\boldsymbol{b}$ der Nullvektor ist.

Beispiele. Für die Vektoren $\boldsymbol{a}$ und $\boldsymbol{b}$ in Abb. 52 haben wir $\boldsymbol{b} = 2\boldsymbol{a}$ $(x = 2)$, für die Vektoren in Abb. 53 gilt $\boldsymbol{q} = -2\boldsymbol{p}$.

Zwei kollineare Vektoren nennt man auch linear abhängig im Sinne der folgenden *Definition*: Vektoren $\boldsymbol{a}_1, \boldsymbol{a}_2, \ldots, \boldsymbol{a}_m$ heißen *linear abhängig*, wenn es Zahlen $x_1, x_2, \ldots, x_m$, die nicht alle gleich Null sind, derart gibt, daß die Gleichung

$$x_1\boldsymbol{a}_1 + x_2\boldsymbol{a}_2 + \cdots + x_m\boldsymbol{a}_m = 0$$

besteht.

Satz. Je drei Vektoren in der Ebene sind linear abhängig.

Beweis. Sind $\boldsymbol{a}_1$ und $\boldsymbol{a}_2$ kollinear (Abb. 54), so ist mit passendem $x \neq 0$

$$\boldsymbol{a}_1 + x\boldsymbol{a}_2 + 0 \cdot \boldsymbol{a}_3 = \boldsymbol{0}.$$

Sind die drei Vektoren paarweise nicht kollinear, so kann man aus ihnen durch Verschiebung und Längenänderung (Abb. 55) ein

Dreieck bilden. Es ist dann

$$\boldsymbol{a}_1 + x_2\boldsymbol{a}_2 = x_3\boldsymbol{a}_3 \quad \text{bzw.} \quad \boldsymbol{a}_1 + x_2\boldsymbol{a}_2 + (-x_3)\,\boldsymbol{a}_3 = 0.$$

Ist einer der drei Vektoren, etwa $\boldsymbol{a}_1$, der Nullvektor, so gilt

$$x_1\boldsymbol{a}_1 + 0\boldsymbol{a}_2 + 0\cdot\boldsymbol{a}_3 = 0$$

mit beliebigem $x_1 \neq 0$.

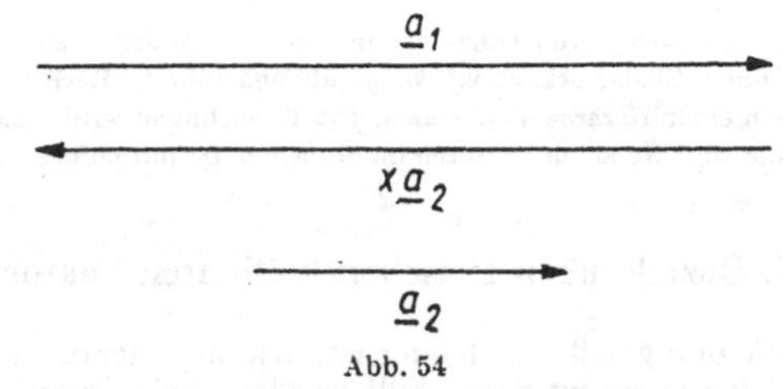

Abb. 54

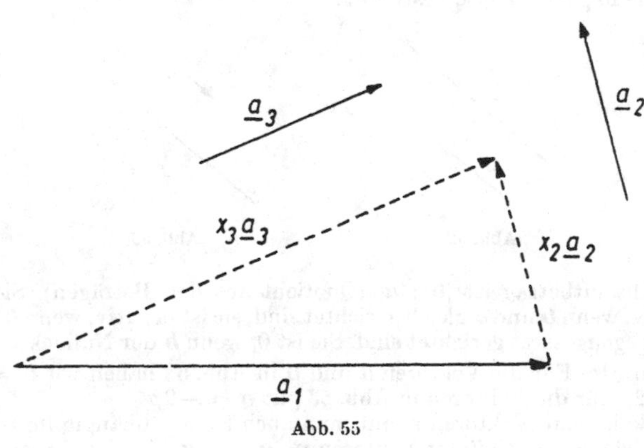

Abb. 55

§ 50. Die Projektion eines Punktes auf eine Achse

Als *Achse* bezeichnet man jede Gerade, die mit einer Richtung versehen ist (gleichgültig auf welche Art). Diese Richtung heißt *positiv* (in der Abbildung durch eine Pfeilspitze angedeutet). Die entgegengesetzte Richtung heißt *negativ*.

Jede Achse kann durch einen beliebigen Vektor bestimmt werden, der in ihr liegt und dieselbe Richtung besitzt. Die Achse in Abb. 56 kann man daher durch den Vektor $\overrightarrow{AB}$ oder durch den Vektor $\overrightarrow{AC}$ (aber nicht durch den Vektor $\overrightarrow{BA}$) festlegen.

Gegeben sei die Achse OX (Abb. 57) und ein gewisser Punkt M (außerhalb der Achse oder auf ihr). Wir legen durch M eine Gerade senkrecht zur Achse. Sie schneidet die Achse in einem gewissen Punkt M'. Der Punkt M' heißt *Projektion des Punktes M auf die Achse OX* (wenn der Punkt M auf der Achse liegt, so stellt er seine eigene Projektion dar).

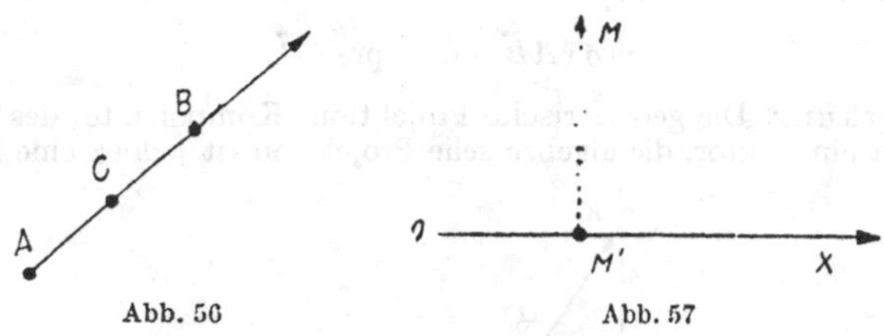

Abb. 56 Abb. 57

§ 51. Die Projektion eines Vektors auf eine Achse

Den Ausdruck „Projektion eines Vektors $\overrightarrow{AB}$ auf eine Achse OX" verwendet man in zwei verschiedenen Bedeutungen, in einer geometrischen und einer algebraischen (arithmetischen) Bedeutung.

1. Als (*geometrische*) *Projektion* des Vektors $\overrightarrow{AB}$ auf die Achse OX bezeichnet man einen Vektor $\overrightarrow{A'B'}$ (Abb. 58), dessen Anfang A' die Projektion des Anfangs A auf die Achse OX ist, während B' die Projektion des Endpunktes B bedeutet.

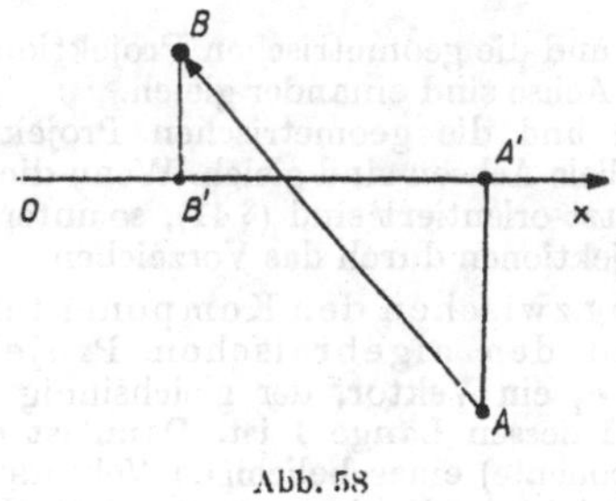

Abb. 58

Bezeichnungsweise. $\text{Pr}_{OX}\overrightarrow{AB}$ oder kürzer $\text{Pr}\,\overrightarrow{AB}$.

Wenn die Achse OX durch den Vektor **c** gegeben ist, so heißt der Vektor $\overrightarrow{A'B'}$ auch *Projektion des Vektors $\overrightarrow{AB}$ auf die Richtung des Vektors* **c** und wird mit $\text{Pr}_{\mathbf{c}}\,\overrightarrow{AB}$ bezeichnet.

Die geometrische Projektion des Vektors auf die Achse OX heißt auch *Komponente des Vektors längs der Achse OX*.

2. Als (*algebraische*) *Projektion* des Vektors $\overrightarrow{AB}$ auf die Achse OX (oder auf die Richtung des Vektors $\boldsymbol{c}$) bezeichnet man die *Länge* des Vektors $\overrightarrow{A'B'}$, genommen mit dem Vorzeichen $+$ oder $-$, je nachdem ob der Vektor $\overrightarrow{A'B'}$ dieselbe Richtung hat wie die Achse OX (Vektor $\boldsymbol{c}$) oder nicht.
Bezeichnungsweise:

$$\mathrm{pr}_{OX}\overrightarrow{AB} \quad \text{oder} \quad \mathrm{pr}_{\boldsymbol{c}}\overrightarrow{AB}.$$

Bemerkung. Die geometrische Projektion (Komponente) des Vektors ist ein Vektor, die algebraische Projektion ist jedoch eine Zahl.

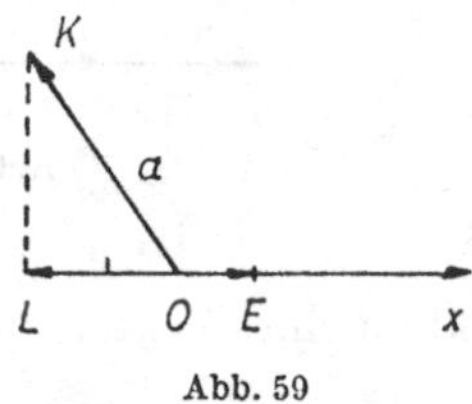

Abb. 59

Beispiel 1. Die geometrische Projektion des Vektors $\overrightarrow{OK} = \boldsymbol{a}$ (Abb. 59) auf die Achse OX ist der Vektor $\overrightarrow{OL}$. Seine Richtung ist zur Richtung der Achse entgegengesetzt, seine Länge ist (bei der Maßeinheit OE) gleich 2. Das bedeutet, daß die algebraische Projektion des Vektors $\overrightarrow{OK}$ auf die Achse OX die negative Zahl -2 ist:

$$\mathrm{Pr}\,\overrightarrow{OK} = \overrightarrow{OL}, \quad \mathrm{pr}\,\overrightarrow{OK} = -2.$$

Die algebraischen und die geometrischen Projektionen gleicher Vektoren auf dieselbe Achse sind einander gleich.
Die algebraischen und die geometrischen Projektionen auf zwei gleichsinnige parallele Achsen sind gleich. Wenn die Achsen parallel, aber entgegengesetzt orientiert sind (§ 41), so unterscheiden sich die algebraischen Projektionen durch das Vorzeichen.
3. Die Beziehung zwischen den Komponenten (geometrischen Projektionen) und den algebraischen Projektionen eines Vektors. Es sei $\boldsymbol{c}_1$ ein Vektor, der gleichsinnig parallel mit der Achse OX ist und dessen Länge 1 ist. Dann ist die geometrische Projektion (Komponente) eines beliebigen Vektors $\boldsymbol{a}$ auf die Achse OX gleich dem Produkt des Vektors $\boldsymbol{c}_1$ mit der algebraischen Projektion des Vektors $\boldsymbol{a}$ auf dieselbe Achse:

$$\mathrm{Pr}\,\boldsymbol{a} = \mathrm{pr}\,\boldsymbol{a} \cdot \boldsymbol{c}_1.$$

Beispiel 2. Mit der Bezeichnungsweise in Abb. 59 haben wir $\boldsymbol{c}_1 = \overrightarrow{OE}$. Die geometrische Projektion des Vektors $\overrightarrow{OK} = \boldsymbol{a}$ auf die Achse OX ist der Vektor $\overrightarrow{OL}$, die algebraische Projektion desselben Vektors ist die Zahl -2 (s. Beispiel 1). Wir haben $\overrightarrow{OL} = -2\overrightarrow{OE}$.

§ 52. Grundlegende Theoreme über die Projektionen eines Vektors

Theorem 1. Die Projektion einer Summe von Vektoren auf eine beliebige Achse ist gleich der Summe der Projektionen der einzelnen Summanden auf dieselbe Achse.

Das Theorem gilt für beide Bedeutungen des Wortes „Projektion" eines Vektors und für eine beliebige Zahl von Summanden. Bei drei Summanden gilt

$$\mathrm{Pr}\,(\boldsymbol{a}_1 + \boldsymbol{a}_2 + \boldsymbol{a}_3) = \mathrm{Pr}\,\boldsymbol{a}_1 + \mathrm{Pr}\,\boldsymbol{a}_2 + \mathrm{Pr}\,\boldsymbol{a}_3, \tag{1}$$

$$\mathrm{pr}\,(\boldsymbol{a}_1 + \boldsymbol{a}_2 + \boldsymbol{a}_3) = \mathrm{pr}\,\boldsymbol{a}_1 + \mathrm{pr}\,\boldsymbol{a}_2 + \mathrm{pr}\,\boldsymbol{a}_3. \tag{2}$$

Formel (1) folgt aus der Definition der Vektorsumme. Formel (2) aus den Regeln für die Addition von positiven und negativen Zahlen.

Beispiel 1. Der Vektor $\overrightarrow{AC}$ (Abb. 60) ist die Summe der Vektoren $\overrightarrow{AB}$ und $\overrightarrow{BC}$. Die geometrische Projektion des Vektors $\overrightarrow{AC}$ auf die Achse OX ist der Vektor $\overrightarrow{AC'}$, die geometrischen Projektionen der Vektoren $\overrightarrow{AB}$ und $\overrightarrow{BC}$ sind die Vektoren $\overrightarrow{AB'}$ und $\overrightarrow{B'C'}$. Dabei ist

$$\overrightarrow{AC'} = \overrightarrow{AB'} + \overrightarrow{B'C'},$$

so daß

$$\mathrm{Pr}\,(\overrightarrow{AB} + \overrightarrow{BC}) = \mathrm{Pr}\,\overrightarrow{AB} + \mathrm{Pr}\,\overrightarrow{BC}.$$

Beispiel 2. Es sei OE (Abb. 60) die Maßstabseinheit. Dann ist die algebraische Projektion des Vektors $\overrightarrow{AB}$ auf die Achse OX gleich

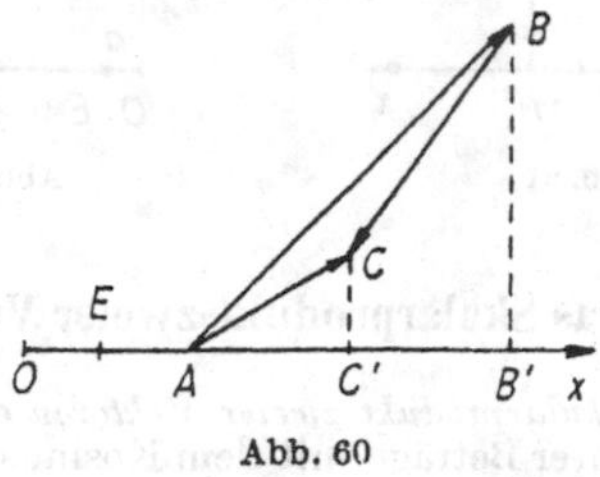

Abb. 60

4 (die Länge von $\overrightarrow{AB'}$ ist positiv zu nehmen). d. h., $\mathrm{pr}\,\overrightarrow{AB} = 4$. Weiterhin ist $\mathrm{pr}\,\overrightarrow{BC} = -2$ (die Länge von $\overrightarrow{B'C'}$ ist negativ zu nehmen und $\mathrm{pr}\,\overrightarrow{AC} = +2$ (die Länge von $\overrightarrow{AC'}$, positiv genommen). Wir haben

$$\mathrm{pr}\,\overrightarrow{AB} + \mathrm{pr}\,\overrightarrow{BC} = 4 - 2 = 2$$

und andererseits

$$\mathrm{pr}\,(\overrightarrow{AB} + \overrightarrow{BC}) = \mathrm{pr}\,\overrightarrow{AC} = 2,$$

so daß

$$\text{pr}\,(\overrightarrow{AB} + \overrightarrow{BC}) = \text{pr}\,\overrightarrow{AB} + \text{pr}\,\overrightarrow{BC}.$$

Theorem 2. Die algebraische Projektion eines Vektors auf eine beliebige Achse ist gleich dem Produkt aus der Länge des Vektors und dem Kosinus des Winkels zwischen der Achse und dem Vektor:

$$\text{pr}_{\mathbf{a}}\mathbf{b} = |\mathbf{b}| \cos(\mathbf{a}, \mathbf{b}). \tag{3}$$

Beispiel 3. Der Vektor $\mathbf{b} = \overrightarrow{MN}$ (Abb. 61) bildet mit der Achse OX (gegeben durch den Vektor $\mathbf{a}$) den Winkel 60°. Wenn OE die Maßstabseinheit ist, so ist $|\mathbf{b}| = 4$, so daß

$$\text{pr}_{\mathbf{a}}\mathbf{b} = 4 \cdot \cos 60^\circ = 4 \cdot \frac{1}{2} = 2.$$

In der Tat ist die Länge des Vektors $\overrightarrow{M'N'}$ (geometrische Projektion des Vektors $\mathbf{b}$) gleich 2, und seine Richtung fällt mit der Achsenrichtung OX zusammen (vgl. § 51, Beispiel 2).

Beispiel 4. Der Vektor $\mathbf{b} = \overrightarrow{UV}$ in Abb. 62 bildet mit der Achse OX (mit dem Vektor $\mathbf{a}$) den Winkel $(\widehat{\mathbf{a}, \mathbf{b}}) = 120^\circ$. Die Länge $|\mathbf{b}|$ des Vektors $\mathbf{b}$ ist gleich 4. Daher gilt $\text{pr}_{\mathbf{a}}\mathbf{b} = 4 \cdot \cos 120^\circ = -2$. In der Tat ist die Länge des Vektors $\overrightarrow{U'V'}$ gleich 2, seine Richtung ist zur Richtung der Achse entgegengesetzt.

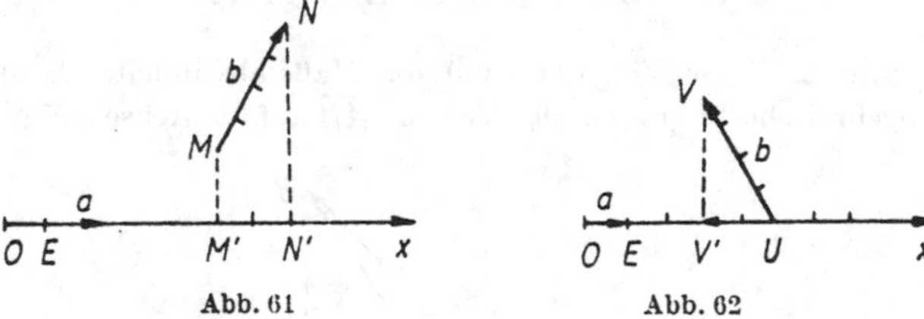

Abb. 61 Abb. 62

§ 53. Das Skalarprodukt zweier Vektoren

Definition. Als *Skalarprodukt zweier Vektoren* $\mathbf{a}$ und $\mathbf{b}$ bezeichnet man das Produkt ihrer Beträge mit dem Kosinus des von ihnen eingeschlossenen Winkels.

Bezeichnungsweise: $\mathbf{a} \cdot \mathbf{b}$ oder $\mathbf{ab}$.

Gemäß Definition gilt

$$\mathbf{ab} = |\mathbf{a}| \cdot |\mathbf{b}| \cos(\widehat{\mathbf{a}, \mathbf{b}}). \tag{1}$$

Auf Grund von Theorem 2, § 52 ist

$$|\mathbf{b}| \cos(\widehat{\mathbf{a}, \mathbf{b}}) = \text{pr}_{\mathbf{a}}\mathbf{b},$$

so daß wir statt (1) schreiben dürfen

$$\boldsymbol{ab} = |\boldsymbol{a}| \operatorname{pr}_{\boldsymbol{a}} \boldsymbol{b}. \tag{2}$$

Analog gilt

$$\boldsymbol{ab} = |\boldsymbol{b}| \operatorname{pr}_{\boldsymbol{b}} \boldsymbol{a}.$$

Merksatz: *Das Skalarprodukt zweier Vektoren ist gleich dem Betrag des einen Vektors multipliziert mit der algebraischen Projektion des zweiten Vektors auf die Richtung des ersten.*

Wenn die beiden Vektoren einen spitzen Winkel bilden, so ist $\boldsymbol{ab} > 0$. Bilden sie einen stumpfen Winkel, so ist $\boldsymbol{ab} < 0$. Wenn sie einen rechten Winkel bilden, so gilt $\boldsymbol{ab} = 0$. (Diese Tatsachen folgen aus Formel (1).)

Beispiel. Die Längen der Vektoren $\boldsymbol{a}$ und $\boldsymbol{b}$ seien $2m$ bzw. $1m$, der Winkel zwischen ihnen sei 120°. Man bestimme das Skalarprodukt $\boldsymbol{ab}$.

Nach Formel (1) gilt $\boldsymbol{ab} = 2 \cdot 1 \cdot \cos 120° = -1\ (m^2)$.

Wir berechnen dieselbe Größe nach Formel (2). Die algebraische Projektion des Vektors $\boldsymbol{b}$ (Abb. 63) auf die Richtung des Vektors $\boldsymbol{a}$ ist gleich $|\overrightarrow{OB}| \cos 120° = -\frac{1}{2}$ (Länge des Vektors $\overrightarrow{OB'}$, negativ genommen). Wir haben:

$$\boldsymbol{ab} = |\boldsymbol{a}| \operatorname{pr}_{\boldsymbol{a}} \boldsymbol{b} = 2 \cdot \left(-\frac{1}{2}\right) = -1\ (m^2).$$

Bemerkung 1. Im Ausdruck „Skalarprodukt" deutet der erste Teil darauf hin, daß das Ergebnis der Operation ein Skalar ist und nicht ein Vektor (im Gegensatz zum *vektoriellen Produkt,* s. weiter

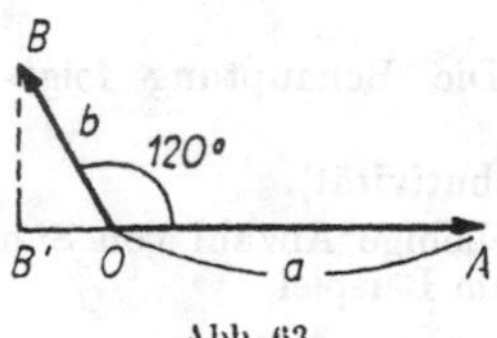

Abb. 63

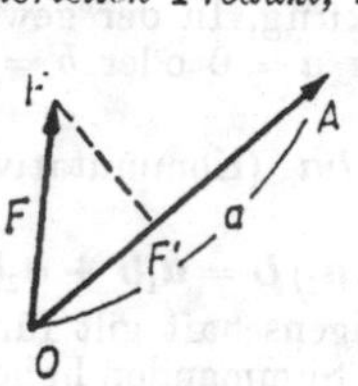

Abb. 64

unten, § 111). Der zweite Teil betont, daß für die betrachtete Operation die üblichen Gesetze der Multiplikation gelten (§ 54).

Bemerkung 2. Das Skalarprodukt läßt sich nicht auf den Fall von drei Faktoren verallgemeinern.

In der Tat, das Skalarprodukt zweier Vektoren $\boldsymbol{a}$ und $\boldsymbol{b}$ ist eine Zahl. Multipliziert man diese Zahl mit einem Vektor $\boldsymbol{c}$ (§ 48), so ist das Ergebnis ein Vektor

$$(\boldsymbol{ab})\,\boldsymbol{c} = |\boldsymbol{a}| \cdot |\boldsymbol{b}| \cos (\widehat{\boldsymbol{a}, \boldsymbol{b}})\, \boldsymbol{c},$$

der kollinear mit dem Vektor $\boldsymbol{c}$ ist.

Die physikalische Bedeutung des skalaren Produktes. Wenn der Vektor $\boldsymbol{a} = \overrightarrow{OA}$ (Abb. 64) die Verschiebung eines Massenpunktes beschreibt und der Vektor $\boldsymbol{F} = \overrightarrow{OF}$ die auf diesen Punkt wirkende Kraft, so bedeutet das Skalarprodukt $\boldsymbol{aF}$ den Betrag der von der Kraft $\boldsymbol{F}$ geleisteten Arbeit.

Tatsächlich leistet Arbeit nur die Komponente $\overrightarrow{OF'}$. Das bedeutet, daß die Arbeit dem absoluten Betrag nach gleich dem Produkt aus der Länge der Vektoren $\boldsymbol{a}$ und $\overrightarrow{OF'}$ ist. Dabei zählt man die Arbeit positiv, wenn die Vektoren $\overrightarrow{OF'}$ und $\boldsymbol{a}$ gleichsinnig parallel sind, und negativ im andern Fall. Es ist also die Arbeit gleich dem Betrag des Vektors $\boldsymbol{a}$ multipliziert mit der algebraischen Projektion des Vektors $\boldsymbol{F}$ auf die Richtung von $\boldsymbol{a}$, d. h., die Arbeit ist gleich dem Skalarprodukt $\boldsymbol{aF}$.

Beispiel. Der Kraftvektor $\boldsymbol{F}$ habe den Betrag von 5 *kp*. Die Länge des Verschiebungsvektors $\boldsymbol{a}$ sei 4 *m*. Die Kraft $\boldsymbol{F}$ wirke unter einem Winkel $\alpha = 45°$ zur Verschiebung $\boldsymbol{a}$. Dann ist die von $\boldsymbol{F}$ geleistete Arbeit

$$\boldsymbol{Fa} = |F| \cdot |\boldsymbol{a}| \cos\alpha = 5 \cdot 4 \cdot \frac{\sqrt{2}}{2} = 10\sqrt{2} \approx 14{,}1 \text{ (kpm)}.$$

§ 54. Eigenschaften des Skalarprodukts

1. Das Skalarprodukt $\boldsymbol{ab}$ ist Null, wenn einer der Faktoren der Nullvektor ist oder wenn die Vektoren $\boldsymbol{a}$ und $\boldsymbol{b}$ senkrecht aufeinander stehen. (Diese Behauptung folgt aus (1), § 53.)

Bemerkung. In der gewöhnlichen Algebra folgt aus $ab = 0$, daß entweder $a = 0$ oder $b = 0$. Beim Skalarprodukt gilt diese Regel nicht.

2. $\boldsymbol{ab} = \boldsymbol{ba}$ (Kommutativität). (Die Behauptung folgt aus (1), § 53.)

3. $(\boldsymbol{a}_1 + \boldsymbol{a}_2)\,\boldsymbol{b} = \boldsymbol{a}_1\boldsymbol{b} + \boldsymbol{a}_2\boldsymbol{b}$ (Distributivität).

Diese Eigenschaft gilt für eine beliebige Anzahl von Summanden. Für drei Summanden haben wir zum Beispiel

$$(\boldsymbol{a}_1 + \boldsymbol{a}_2 + \boldsymbol{a}_3)\,\boldsymbol{b} = \boldsymbol{a}_1\boldsymbol{b} + \boldsymbol{a}_2\boldsymbol{b} + \boldsymbol{a}_3\boldsymbol{b}.$$

Diese Behauptung folgt aus (2), § 53 und aus (3), § 52.

4. $(m\boldsymbol{a})\boldsymbol{b} = m(\boldsymbol{ab})$ (Assoziativität bezüglich eines skalaren Faktors)[1]).

Beispiele.

$$(2\boldsymbol{a})\,\boldsymbol{b} = 2\boldsymbol{ab}, \quad (-3\boldsymbol{a})\,\boldsymbol{b} = -3\boldsymbol{ab}, \quad \boldsymbol{p}(-6\boldsymbol{q}) = -6\boldsymbol{pq}.$$

Die Eigenschaft 4 leitet man aus (1), § 53 ab (man betrachtet die Fälle $m > 0$ und $m < 0$ gesondert).

4a. $(m\boldsymbol{a})\,(n\boldsymbol{b}) = (mn)\,\boldsymbol{ab}$.

---

[1]) Bezüglich eines vektoriellen Faktors gilt die Assoziativität nicht: Der Ausdruck $(\boldsymbol{cb})\,\boldsymbol{a}$ ist ein zu $\boldsymbol{a}$ (§ 53) kollinearer Vektor, der Vektor $\boldsymbol{c}(\boldsymbol{ba})$ hingegen ist kollinear mit $\boldsymbol{c}$, so daß $(\boldsymbol{cb})\,\boldsymbol{a} \neq \boldsymbol{c}(\boldsymbol{ba})$ ist.

Beispiele.

$$(2\boldsymbol{a})(-3\boldsymbol{b}) = -6\boldsymbol{ab}, \quad (-5\boldsymbol{p})\left(-\frac{2}{3}\boldsymbol{q}\right) = \frac{10}{3}\boldsymbol{pq}.$$

Die Eigenschaft 4a folgt aus den vorhergehenden Eigenschaften. Auf Grund der Eigenschaften 2, 3, 4a darf man bei einem Skalarprodukt dieselben Umformungen vornehmen wie in der Algebra bei einem Produkt von Polynomen.

Beispiel 1.

$$2\boldsymbol{ab} + 3\boldsymbol{ac} = \boldsymbol{a}(2\boldsymbol{b} + 3\boldsymbol{c})$$

(infolge der Eigenschaften 3 und 4).

Beispiel 2.

$$(2\boldsymbol{a} - 3\boldsymbol{b})(\boldsymbol{c} + 5\boldsymbol{d}) = 2\boldsymbol{ac} + 10\boldsymbol{ad} - 3\boldsymbol{bc} - 15\boldsymbol{bd}$$

(infolge der Eigenschaften 3 und 4a).

5. Wenn die Vektoren $\boldsymbol{a}$ und $\boldsymbol{b}$ kollinear sind, so ist $\boldsymbol{ab} = \pm|\boldsymbol{a}|\cdot|\boldsymbol{b}|$; (Vorzeichen +, wenn $\boldsymbol{a}$ und $\boldsymbol{b}$ dieselbe Richtung besitzen, das Vorzeichen —, wenn sie entgegengesetzt gerichtet sind).

5a. Insbesondere gilt $\boldsymbol{aa} = |\boldsymbol{a}|^2$.

Das Skalarprodukt $\boldsymbol{aa}$ bezeichnet man durch $\boldsymbol{a}^2$ (*Skalarquadrat* des Vektors $\boldsymbol{a}$), so daß gilt

$$\boldsymbol{a}^2 = |\boldsymbol{a}|^2. \tag{1}$$

(*Das Skalarquadrat eines Vektors ist gleich dem Quadrat seines Betrages.*)

Bemerkung 1. Höhere skalare Potenzen gibt es in der Vektoralgebra nicht (s. § 53, Bemerkung 2).

Bemerkung 2. $\boldsymbol{a}^2$ ist eine positive Zahl (als Quadrat der Länge eines Vektors). Man kann daher daraus die Wurzel ziehen (beliebigen Grades), insbesondere existiert die Quadratwurzel $\sqrt{\boldsymbol{a}^2}$ (Länge des Vektors $\boldsymbol{a}$). Jedoch darf man für $\sqrt{\boldsymbol{a}^2}$ nicht $\boldsymbol{a}$ schreiben. $\boldsymbol{a}$ ist ein Vektor, $\sqrt{\boldsymbol{a}^2}$ jedoch eine Zahl. Das wirkliche Ergebnis lautet

$$\sqrt{\boldsymbol{a}^2} = |\boldsymbol{a}|. \tag{2}$$

§ 55. Behandlung geometrischer Probleme mit Hilfe von Vektoren

Beispiel 1. Man beweise den elementargeometrischen Lehrsatz: Die Mittellinien eines Dreiecks schneiden sich in einem Punkt (dem Schwerpunkt), und dieser teilt die Mittellinien im Verhältnis 1 : 2.

Lösung. Es sei (Abb. 65) OAB das Dreieck. Die Seiten werden durch die Vektoren $\overrightarrow{OA} = \boldsymbol{a}$, $\overrightarrow{OB} = \boldsymbol{b}$, $\overrightarrow{AB} = \boldsymbol{b} - \boldsymbol{a}$ gebildet. Es ist ferner $\overrightarrow{OM_1} = \boldsymbol{a} + \frac{1}{2}(\boldsymbol{b} - \boldsymbol{a}) = \frac{1}{2}(\boldsymbol{a} + \boldsymbol{b})$, $\overrightarrow{AM_2} = \frac{1}{2}\boldsymbol{b} - \boldsymbol{a}$. Der Ortsvektor $\overrightarrow{OS}$ des Schnittpunkts der beiden Mittellinien läßt sich auf zwei verschiedene Weisen darstellen. Es ist

$$\overrightarrow{OS} = x \cdot \overrightarrow{OM_1} = \overrightarrow{OA} + y \cdot \overrightarrow{AM_2}$$

mit gewissen Zahlen x und y, also auch $\frac{x}{2}(\boldsymbol{a} + \boldsymbol{b}) = \boldsymbol{a} + y\left(\frac{1}{2}\boldsymbol{b} - \boldsymbol{a}\right)$ oder $\left(\frac{x}{2} - \frac{y}{2}\right)\boldsymbol{b} = \left(\frac{x}{2} - y + 1\right)\boldsymbol{a}$.
Da die Vektoren $\boldsymbol{a}$ und $\boldsymbol{b}$ linear unabhängig sind, müssen die Koeffizienten einzeln gleich null sein (§ 49). Mithin ist

$$x = y, 1 = y + \frac{1}{2}x = \frac{3}{2}x; x = y = \frac{2}{3}$$

Also ist $\overrightarrow{OS} = \frac{1}{3}(\boldsymbol{a} + \boldsymbol{b})$. Vertauscht man die Rollen von A und B, so erkennt man, daß S auch auf der dritten Mittellinie liegt.

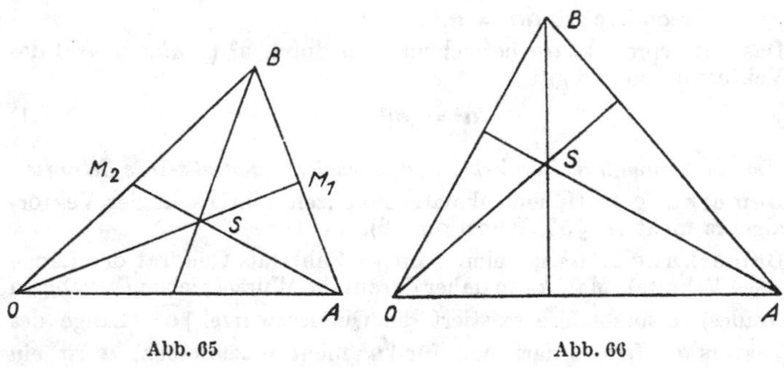

Abb. 65 Abb. 66

Beispiel 2. Man beweise den Satz: Die drei Höhen eines Dreiecks schneiden sich in einem Punkt.

Beweis. Es sei (Abb. 66) OAB das Dreieck. Die den Höhen von A und B aus entsprechenden Vektoren seien mit $\boldsymbol{h}_a$ und $\boldsymbol{h}_b$ bezeichnet. S sei ihr Schnittpunkt. Es ist dann ähnlich wie im Beispiel 1

$$\overrightarrow{OS} = \boldsymbol{a} + x\boldsymbol{h}_a = \boldsymbol{b} + y\boldsymbol{h}_b$$

mit gewissen Zahlen x und y. Die Skalarprodukte $\boldsymbol{b} \cdot \boldsymbol{h}_a$ und $\boldsymbol{a} \cdot \boldsymbol{h}_b$ sind gleich Null (§ 54, 1). Daher ist

$$\boldsymbol{b} \cdot \overrightarrow{OS} = \boldsymbol{b} \cdot \boldsymbol{a} + x\boldsymbol{b} \cdot \boldsymbol{h}_a = \boldsymbol{b} \cdot \boldsymbol{b} + y\boldsymbol{b} \cdot \boldsymbol{h}_b$$

und daraus

$$y\boldsymbol{b} \cdot \boldsymbol{h}_b = \boldsymbol{b}(\boldsymbol{a} - \boldsymbol{b}) \tag{1}$$

Um zu zeigen, daß auch die dritte Höhe durch S geht, hat man nachzuweisen, daß $\overrightarrow{OS}$ auf $\overrightarrow{AB}$ senkrecht steht, d. h. daß

$$\overrightarrow{OS} \cdot (\boldsymbol{b} - \boldsymbol{a}) = 0 \tag{2}$$

ist. Es ist aber

$$\overrightarrow{OS} \cdot (\boldsymbol{b} - \boldsymbol{a}) = (\boldsymbol{b} + y \cdot \boldsymbol{h}_b)(\boldsymbol{b} - \boldsymbol{a}) = \boldsymbol{b}(\boldsymbol{b} - \boldsymbol{a}) + y \cdot \boldsymbol{h}_b \cdot \boldsymbol{b}, \tag{3}$$

da $\boldsymbol{a} \cdot \boldsymbol{h}_b = 0$ ist. Setzt man (1) in (3) ein, so folgt (2).

§ 56. Vektorielle Darstellung einer Geraden

a) Die Gerade sei dadurch bestimmt, daß sie durch einen Punkt A mit dem Ortsvektor $\boldsymbol{a}$ geht und daß ihre Richtung mit der des Vektors $\boldsymbol{b}$ übereinstimmt. Dann ist der Ortsvektor $\boldsymbol{r}$ eines beliebigen Punktes R auf der Geraden durch die Gleichung

$$\boldsymbol{r} = \boldsymbol{a} + t\boldsymbol{b} \tag{1}$$

bestimmt, wobei t eine beliebige reelle Zahl bezeichnet. Dem Wert $t = 0$ entspricht der Punkt R; t-Werten verschiedenen Vorzeichens entsprechen Punkte zu verschiedenen Seiten von A. Gleichung (1) heißt eine *Parameterdarstellung* der Geraden.

b) Es sei $\boldsymbol{p}$ ein zu $\boldsymbol{b}$ senkrechter Vektor. Aus (1) folgt dann

$$\boldsymbol{r} \cdot \boldsymbol{p} = \boldsymbol{a} \cdot \boldsymbol{p} \quad \text{oder} \quad (\boldsymbol{r} - \boldsymbol{a}) \cdot \boldsymbol{p} = 0. \tag{2}$$

Das ist ebenfalls eine Darstellung der Geraden.

§ 57. Darstellung eines Vektors in einem rechtwinkligen Koordinatensystem

Auf den Koordinatenachsen des in § 3 behandelten rechtwinkligen Koordinatensystems trägt man die Strecken OA und OB ab (Abb. 67), deren Länge gleich der Maßeinheit sei, und erhält dadurch die *Basisvektoren* $\overrightarrow{OA}$ und $\overrightarrow{OB}$, die üblicherweise durch $\boldsymbol{i}$ und $\boldsymbol{j}$ bezeichnet werden. (Oft wird auch die Bezeichnung $\boldsymbol{e}_1$ und $\boldsymbol{e}_2$ verwandt.)
Es gilt dabei

$$\boldsymbol{i} \cdot \boldsymbol{i} = \boldsymbol{j} \cdot \boldsymbol{j} = 1, \qquad \boldsymbol{i} \cdot \boldsymbol{j} = 0. \tag{1}$$

Als *Koordinaten* eines Vektors $\boldsymbol{a}$ im gegebenen Koordinatensystem bezeichnet man die (algebraischen) Projektionen (§ 51) X und Y des Vektors auf die Achsen.
Symbol:

$$\boldsymbol{a} = (X, Y).$$

Die *Komponenten* von $\boldsymbol{a}$ sind dagegen die Vektoren $X\boldsymbol{i}$ und $Y\boldsymbol{j}$, so daß

$$\boldsymbol{a} = X\boldsymbol{i} + Y\boldsymbol{j}.$$

Aus § 53 folgt unter Berücksichtigung von (1)

$$X = \boldsymbol{a} \cdot \boldsymbol{i}, \qquad Y = \boldsymbol{a} \cdot \boldsymbol{j}.$$

Ist $\boldsymbol{a}$ durch Anfangs- und Endpunkt bestimmt und haben diese die Koordinaten (x_1, y_1) und (x_2, y_2), so sind die Koordinaten des Vektors

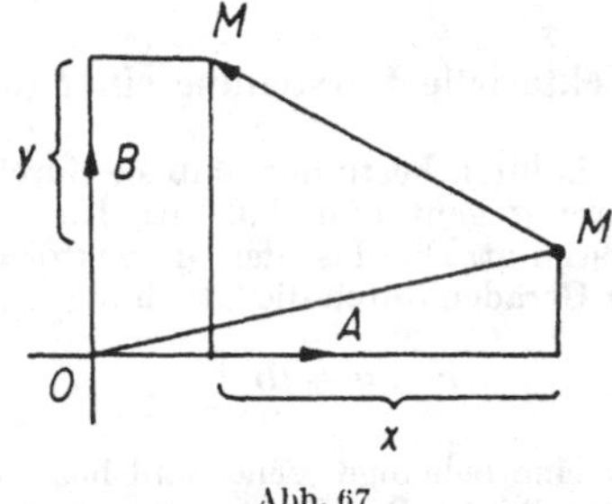

Abb. 67

gleich den Differenzen der entsprechenden Punktkoordinaten

$$X = x_2 - x_1, \qquad Y = y_2 - y_1,$$

woraus folgt

$$\boldsymbol{a} = (x_2 - x_1)\,\boldsymbol{i} + (y_2 - y_1)\,\boldsymbol{j}. \tag{2}$$

Die Koordinaten X, Y eines Ortsvektors (Radiusvektors) $\overrightarrow{OM}$ sind daher zahlenmäßig gleich den Koordinaten (x, y) des Endpunkts M. Aus § 54 folgt für die Länge des Vektors (2) unter Beachtung von (1)

$$\boldsymbol{a}^2 = |\boldsymbol{a}|^2 = (x_2 - x_1)^2 + (y_2 - y_1)^2$$

in Übereinstimmung mit § 10.

Beispiel. $A_1 = (3; -5)$, $A_2 = (2; -1)$, $X = 2 - 3 = -1$, $Y = -1 - (-5) = 4$

$$\boldsymbol{a} = \overrightarrow{A_1A_2} = -\boldsymbol{i} + 4\boldsymbol{j}$$

$$|\boldsymbol{a}| = \sqrt{(-1)^2 + 4^2} = \sqrt{17}.$$

Teilung einer Strecke. Aus den Formeln (1) von § 11 ergibt sich: Der Radiusvektor $\boldsymbol{r}$ eines Punktes K, der die Strecke A_1A_2 im Verhältnis $A_1K : KA_2 = m_1 : m_2$ teilt, ist durch

$$\boldsymbol{r} = \frac{m_2\boldsymbol{r}_1 + m_1\boldsymbol{r}_2}{m_1 + m_2}$$

bestimmt. $\boldsymbol{r}_1$ und $\boldsymbol{r}_2$ sind die Ortsvektoren von A_1 bzw. A_2. (Vgl. Abb. 11.)

§ 58. Achsendrehung

(vgl. § 34) Bezeichnungsweise (Abb. 68):
alte Koordinaten des Punktes M: $x = OP$, $y = PM$;
neue Koordinaten des Punktes M: $x' = OP'$, $y' = P'M$;
Drehwinkel der Achsen[1]) $\alpha = \sphericalangle XOX' = \sphericalangle YOY'$.

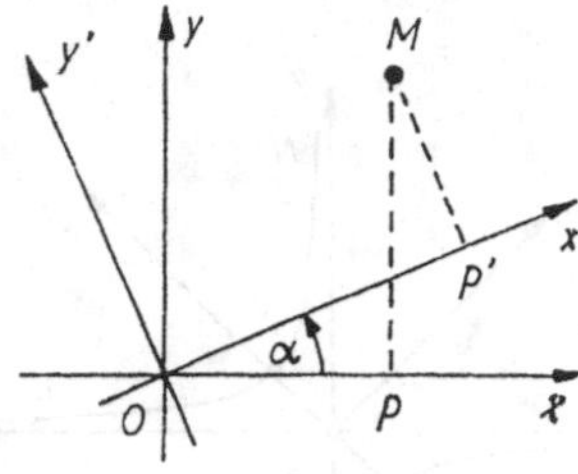

Abb. 68

Formeln für die Drehung[2]):

$$\left.\begin{aligned} x &= x' \cos\alpha - y' \sin\alpha, \\ y &= x' \sin\alpha + y' \cos\alpha \end{aligned}\right\} \qquad (1)$$

oder

$$\left.\begin{aligned} x' &= x \cos\alpha + y \sin\alpha, \\ y' &= -x \sin\alpha + y \cos\alpha. \end{aligned}\right\} \qquad (2)$$

Beispiel 1. Die Gleichung $2xy = 49$ stellt eine Kurve dar, die aus den zwei Ästen LAN und $L'A'N'$ (Abb. 69) besteht (man bezeichnet sie als gleichseitige Hyperbel). Man bestimme die Gleichung dieser Kurve nach einer Drehung der Achsen um den Winkel 45°.

Lösung. Bei $\alpha = 45°$ erhalten die Formeln (1) die Gestalt

$$x = x' \frac{\sqrt{2}}{2} - y' \frac{\sqrt{2}}{2},$$

$$y = x' \frac{\sqrt{2}}{2} + y' \frac{\sqrt{2}}{2}.$$

---

[1]) Über das Vorzeichen von α s. § 14, Fußnote.

[2]) Zur Einprägung von Formel (1) bemerke man, daß der Ausdruck für x in „völliger Unordnung" ist (Kosinus vor Sinus, zwischen den Gliedern der rechten Seite steht ein Minuszeichen). Im Gegensatz dazu haben wir im Ausdruck für y „völlige Ordnung" (Sinus vor Kosinus, zwischen den Gliedern steht ein Pluszeichen). Formeln (2) erhält man aus (1), wenn man α mit $-\alpha$ vertauscht und die Bezeichnungen x, y in x', y' und umgekehrt abändert.

Wir setzen diese Ausdrücke in die gegebene Gleichung ein und erhalten

$$2 \cdot \frac{\sqrt{2}}{2} \cdot \frac{\sqrt{2}}{2} (x' - y')(x' + y') = 49$$

oder nach Vereinfachung

$$x'^2 - y'^2 = 49.$$

Beispiel 2. Vor einer Drehung der Achsen um den Winkel $-20°$ hatte der Punkt M die Abszisse $x = 6$ und die Ordinate $y = 0$.

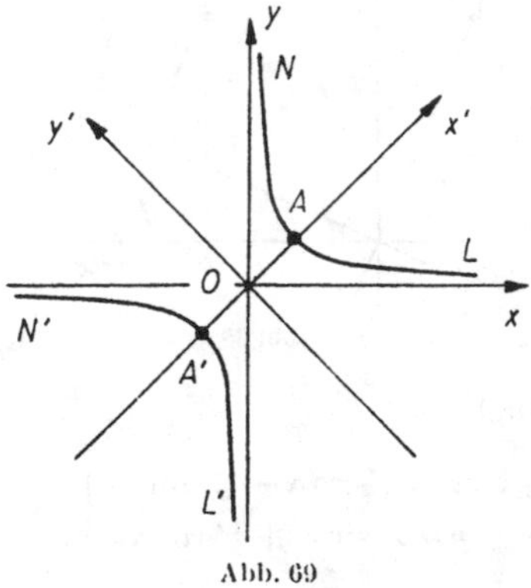

Abb. 69

Man bestimme die Koordinaten des Punktes M nach der Drehung der Achsen.

Lösung. Die neuen Koordinaten x', y' des Punktes M bestimmt man gemäß Formel (2), in der man $x = 6$, $y = 0$, $\alpha = -20°$ zu setzen hat. Wir erhalten

$$x' = 6 \cos(-20°) \approx 5{,}64,$$

$$y' = -6 \sin(-20°) \approx 2{,}05.$$

§ 59. Darstellung einer Drehung durch eine Matrix

Eine Drehung kann man ebenso wie eine Verschiebung als eine Abbildung der Ebene auf sich selbst auffassen. Der Punkt M (Abb. 70) geht dabei in einen Bildpunkt M' über; nur der Ursprung bleibt in Ruhe. Die Beziehung zwischen den Koordinaten der beiden Punkte wird durch die Formeln (1) und (2), § 58, vermittelt, die jetzt aber anders zu interpretieren sind: Hatte M die Koordinaten x und y, so hat der Bildpunkt M' die Koordinaten x' und y'. Aus

Abb. 70 folgt

$$x' = OM' \cos(\alpha + \varphi) = OM(\cos\alpha \cdot \cos\varphi - \sin\alpha \sin\varphi)$$
$$= x\cos\alpha - y\sin\alpha \qquad (1)$$
$$y' = OM' \sin(\alpha + \varphi) = x\sin\alpha + y\cos\alpha .$$

Die Beziehung zwischen (x, y) und (x', y') wird durch das Koeffizientenschema

$$\begin{pmatrix} \cos\alpha & -\sin\alpha \\ \sin\alpha & \cos\alpha \end{pmatrix} \qquad (2)$$

beschrieben. Das ist das gleiche Schema wie in (1), § 58; doch sind jetzt die Rollen der gestrichenen und der ungestrichenen Größen

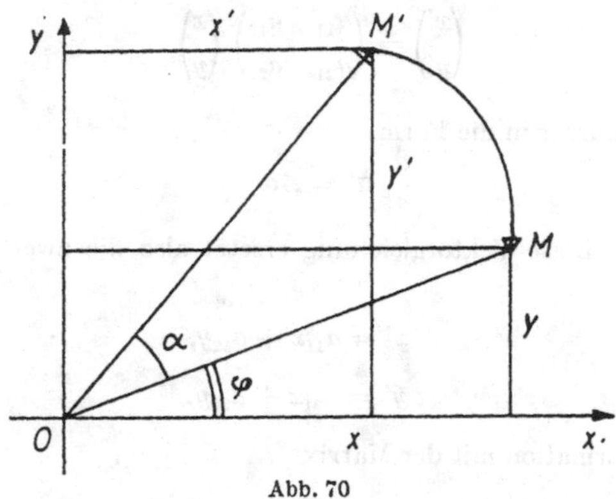

Abb. 70

vertauscht. Man nennt ein solches Schema eine (quadratische) *Matrix*. Faßt man M und M' als Endpunkte von Ortsvektoren auf, so besagen die Gleichungen (1), daß der Vektor OM' aus OM durch *Transformation* mit der Matrix (2) hervorgeht. Jede quadratische Matrix definiert eine Abbildung von Vektoren, auch wenn sie nicht die spezielle Form (2) hat.

Beispiel. Der Vektor sei durch (5; —1) gegeben, die Matrix sei

$$\begin{pmatrix} 2 & 3 \\ -1 & 4 \end{pmatrix}.$$

Dann hat der Bildvektor die Koordinaten[1])

$$x' = 2x + 3y = 2 \cdot 5 + 3(-1) = 7,$$
$$y' = (-1)\,x + 4(-1) = -5 - 4 = -9.$$

[1]) Die in § 57 eingeführte Unterscheidung zwischen Vektor- und Punktkoordinaten durch Groß- bzw. Kleinbuchstaben wird im folgenden beim Arbeiten mit Matrizen nicht eingehalten.

Die Abbildung ist keine Drehung, da der Bildvektor nicht die Länge des Originalvektors besitzt $(\sqrt{26} \neq \sqrt{130})$.
Man bezeichnet die Elemente einer Matrix meist durch Doppelindizes und schreibt z. B.

$$A = \begin{pmatrix} a_{11} & a_{12} \\ a_{21} & a_{22} \end{pmatrix}.$$

Der erste Index bezeichnet die *Zeile*, der zweite die *Spalte* der Matrix. Im Beispiel ist $a_{12} = 3$, $a_{21} = -1$.
Es empfiehlt sich, die Koordinaten der beteiligten Vektoren untereinander zu schreiben und die Transformationsgleichung in die Form

$$\begin{pmatrix} x' \\ y' \end{pmatrix} = \begin{pmatrix} a_{11} & a_{12} \\ a_{21} & a_{22} \end{pmatrix} \begin{pmatrix} x \\ y \end{pmatrix} \tag{3}$$

oder noch kürzer in die Form

$$\boldsymbol{a}' = \boldsymbol{A}\boldsymbol{a} \tag{4}$$

zu bringen. Diese Vektorgleichung ersetzt also die zwei (skalaren) Gleichungen

$$\begin{aligned} x' &= a_{11}x + a_{12}y, \\ y' &= a_{21}x + a_{22}y. \end{aligned} \tag{5}$$

Die Transformation mit der Matrix

$$\boldsymbol{E} = \begin{pmatrix} 1 & 0 \\ 0 & 1 \end{pmatrix}$$

führt jeden Vektor in sich selbst über. Sie heißt ***Einheitsmatrix*** und wird i. a. mit $\boldsymbol{E}$ bezeichnet.
Die Transformation eines Vektors mit der Matrix

$$\begin{pmatrix} 0 & 1 \\ 1 & 0 \end{pmatrix}$$

bewirkt eine Vertauschung der Koordinaten x und y.

§ 60. Das Rechnen mit Matrizen

1. Addition und Subtraktion. Die Summe zweier Matrizen ist die Matrix, deren Elemente durch Addition der entsprechenden Elemente der Summanden entsteht.

Beispiel 1.

$$\begin{pmatrix}2 & 3\\ 5 & 6\end{pmatrix} + \begin{pmatrix}-1 & 2\\ 3 & -6\end{pmatrix} = \begin{pmatrix}1 & 5\\ 8 & 0\end{pmatrix}$$

Die Subtraktion wird analog definiert. Die Operation $\boldsymbol{A} - \boldsymbol{A}$ liefert die Nullmatrix $\boldsymbol{0}$, deren sämtliche Elemente gleich Null sind.

2. **Multiplikation mit einer Zahl** (einem Skalar). Man multipliziert eine Matrix mit einer Zahl, indem man jedes Element multipliziert.

Beispiel 2.

$$5 \cdot \begin{pmatrix}2 & -1\\ 0 & 6\end{pmatrix} = \begin{pmatrix}10 & -5\\ 0 & 30\end{pmatrix}$$

3. **Multiplikation von zwei Matrizen.** Der Vektor $\boldsymbol{a}$ möge durch Transformation mit $\boldsymbol{A}$ in $\boldsymbol{a}'$ übergehen, und $\boldsymbol{a}'$ werde durch Transformation mit $\boldsymbol{B}$ in $\boldsymbol{a}''$ übergeführt. Neben die Gleichungen (4) und (5), § 59 treten dann noch

$$\boldsymbol{a}'' = \boldsymbol{B}\boldsymbol{a}' \quad \text{bzw.} \quad \begin{aligned} x'' &= b_{11}x' + b_{12}y' \\ y'' &= b_{21}x' + b_{22}y'. \end{aligned}$$

Man stellt fest, daß $\boldsymbol{a}''$ durch Transformation mit der Matrix

$$\boldsymbol{C} = \begin{pmatrix} b_{11}a_{11} + b_{12}a_{21}, & b_{11}a_{12} + b_{12}a_{22} \\ b_{21}a_{11} + b_{22}a_{21}, & b_{21}a_{12} + b_{22}a_{22} \end{pmatrix}$$

entsteht, $\boldsymbol{a}'' = \boldsymbol{C}\boldsymbol{a}$. Man nennt diese Matrix der *Produkt* von $\boldsymbol{B}$ und $\boldsymbol{A}$ und schreibt $\boldsymbol{C} = \boldsymbol{B} \cdot \boldsymbol{A}$ oder einfach $\boldsymbol{C} = \boldsymbol{B}\boldsymbol{A}$.

Regel für die Bildung des Matrizenprodukts. Man kombiniert die Zeilen ersten Faktors mit den Spalten des zweiten Faktors nach folgendem Schema:

$$\begin{array}{ll} i\text{-te Zeile des 1. Faktors} & b_{i1} \quad b_{i2} \\ k\text{-te Spalte des 2. Faktors} & a_{1k} \quad a_{2k} \end{array}$$

„Komposition" $b_{i1}a_{ik} + b_{i2}a_{2k}$ liefert das Element c_{ik} von $\boldsymbol{B}\boldsymbol{A}$.

Beispiel 3. Multipliziert man zwei Matrizen (2), § 59, die zu den Drehwinkeln α und β gehören, so entsteht die zu $\alpha + \beta$ gehörende Matrix.

Beispiel 4.

$$\boldsymbol{A} = \begin{pmatrix}1 & 2\\ 3 & -1\end{pmatrix}, \quad \boldsymbol{B} = \begin{pmatrix}-1 & -2\\ -1 & 3\end{pmatrix},$$

$$\boldsymbol{B}\boldsymbol{A} = \begin{pmatrix}(-1)\cdot 1 + (-2)\cdot 3, & (-1)\cdot 2 + (-2)(-1) \\ (-1)\cdot 1 + 3\cdot 3, & (-1)\cdot 2 + 3\cdot(-1)\end{pmatrix} = \begin{pmatrix}-7 & 0\\ 8 & -5\end{pmatrix},$$

$$\boldsymbol{A}\boldsymbol{B} = \begin{pmatrix}-3 & 4\\ -2 & -9\end{pmatrix}.$$

4. Regeln für die Multiplikation.

a) Es gilt das assoziative Gesetz: $(\boldsymbol{AB})\,\boldsymbol{C} = \boldsymbol{A}(\boldsymbol{BC}) = \boldsymbol{ABC}$.

b) Das kommutative Gesetz gilt nicht allgemein, d. h. $\boldsymbol{AB}$ ist i. a. von $\boldsymbol{BA}$ verschieden (vgl. Beispiel 3).

c) Für die Multiplikation mit Skalaren gilt das distributive Gesetz: $\alpha(\boldsymbol{A} + \boldsymbol{B}) = \alpha\boldsymbol{A} + \alpha\boldsymbol{B}$.

d) Die rechte Seite von (4), § 59, kann man als Multiplikation der Matrix $\boldsymbol{A}$ mit dem Vektor $\boldsymbol{a}$ auffassen. Für diese Multiplikation gilt das distributive Gesetz: $\boldsymbol{A}(\boldsymbol{a} + \boldsymbol{b}) = \boldsymbol{Aa} + \boldsymbol{Ab}$.

Zu jeder quadratischen Matrix gehört eine Determinante (§ 12). Man schreibt $\det \boldsymbol{A}$ oder $\det (a_{ik})$ oder auch $|a_{ik}|$ für den Ausdruck

$$a_{11}a_{22} - a_{12}a_{21}.$$

e) $\det (\boldsymbol{AB}) = \det (\boldsymbol{BA}) = \det \boldsymbol{A} \cdot \det \boldsymbol{B}$.

Im Beispiel 4 ist

$$\det \boldsymbol{A} = -7, \quad \det \boldsymbol{B} = -5, \quad \det \boldsymbol{AB} = \det \boldsymbol{BA} = 35.$$

f) Für alle Matrizen $\boldsymbol{A}$ ist $\boldsymbol{EA} = \boldsymbol{AE} = \boldsymbol{A}$.

§ 61. Die transponierte und die inverse Matrix

1. Vertauscht man in einer Matrix $\boldsymbol{A}$ die Zeilen mit den Spalten, so entsteht die *transponierte* Matrix. Sie wird meist durch $\boldsymbol{A}'$ bezeichnet. Beispiel:

$$\begin{pmatrix} 1 & 2 \\ 3 & -4 \end{pmatrix}' = \begin{pmatrix} 1 & 3 \\ 2 & -4 \end{pmatrix}.$$

Gilt $\boldsymbol{A} = \boldsymbol{A}'$, d. h. stimmt die Matrix mit ihrer Transponierten überein, so heißt sie *symmetrisch*.

Regel für das Produkt: $(\boldsymbol{AB})' = \boldsymbol{B}'\boldsymbol{A}'$, d. h. die Reihenfolge der Faktoren ändert sich.

2. Es sei $\boldsymbol{A}$ gegeben. Man sucht eine Matrix $\boldsymbol{X}$, die der Gleichung $\boldsymbol{AX} = \boldsymbol{E}$ genügt. Nach Regel e), § 60, ist $\det \boldsymbol{A} \cdot \det \boldsymbol{X} = \det \boldsymbol{E} = 1$. Mithin ist $\det \boldsymbol{A} \neq 0$ eine für die Lösbarkeit der Gleichung notwendige Bedingung. Diese Bedingung ist auch hinreichend.

Satz. Hat die Matrix $\boldsymbol{A}$ eine von Null verschiedene Determinante, so existiert die *inverse* Matrix $\boldsymbol{A}^{-1}$. Sie genügt der Gleichung

$$\boldsymbol{AA}^{-1} = \boldsymbol{A}^{-1}\boldsymbol{A} = \boldsymbol{E}.$$

Ist $d = a_{11}a_{22} - a_{21}a_{21} \neq 0$, so ist

$$\begin{pmatrix} a_{11} & a_{12} \\ a_{21} & a_{22} \end{pmatrix}^{-1} = \frac{1}{d}\begin{pmatrix} a_{22} & -a_{12} \\ -a_{21} & a_{11} \end{pmatrix}.$$

(Bezüglich der rechten Seite vgl. § 60, 2.)

Beispiel.

$$\begin{pmatrix}1 & 2\\ 3 & -1\end{pmatrix}^{-1} = \frac{1}{-7}\begin{pmatrix}-1 & -2\\ -3 & 1\end{pmatrix} = \begin{pmatrix}\frac{1}{7} & \frac{2}{7}\\ \frac{3}{7} & -\frac{1}{7}\end{pmatrix}.$$

3. Es sei $\det \boldsymbol{A} \neq 0$ und $\boldsymbol{AB} = \boldsymbol{C}$. Dann folgt durch „Linksmultiplikation" mit $\boldsymbol{A}^{-1}$ und Regel a, § 60

$$\boldsymbol{A}^{-1}\boldsymbol{AB} = (\boldsymbol{A}^{-1}\boldsymbol{A})\boldsymbol{B} = \boldsymbol{B} = \boldsymbol{A}^{-1}\boldsymbol{C}.$$

Ist $\det \boldsymbol{B} \neq 0$, so folgt durch Rechtsmultiplikation $\boldsymbol{A} = \boldsymbol{CB}^{-1}$.
4. Regel. $(\boldsymbol{AB})^{-1} = \boldsymbol{B}^{-1}\boldsymbol{A}^{-1}$ (vgl. oben 1.)
5. Ist $\boldsymbol{A}' = \boldsymbol{A}^{-1}$, also $\boldsymbol{AA}' = \boldsymbol{E}$, so heißt die Matrix *orthogonal*.
Beispiel. Die Matrix (2), § 59, ist orthogonal.

§ 62. Eigenwerte und Eigenvektoren

Ein Vektor $\boldsymbol{a} \neq 0$, der bei der Transformation mit der Matrix $\boldsymbol{A}$ der Gleichung

$$\boldsymbol{a}' = \boldsymbol{Aa} = \lambda\boldsymbol{a} \tag{1}$$

genügt (d. h. Bildvektor und Originalvektor sind kollinear), heißt *Eigenvektor* der Matrix $\boldsymbol{A}$. Der Proportionalitätsfaktor λ heißt Eigenwert der Matrix. Aus (1) folgt

$$(\boldsymbol{A} - \lambda\boldsymbol{E})\,\boldsymbol{a} = 0. \tag{2}$$

(Bei der „Ausklammerung" des Vektors $\boldsymbol{a}$ muß man bedenken, daß $\lambda\boldsymbol{a} = \lambda\boldsymbol{Ea}$ ist. Die formale Bildung $\boldsymbol{A} - \lambda$ ist sinnlos.)
Die Vektorgleichung (1) entspricht nach (5), § 59, dem homogenen Gleichungssystem

$$\begin{aligned}(a_{11} - \lambda)\,x + a_{12}y &= 0,\\ a_{21}x + (a_{22} - \lambda)\,y &= 0,\end{aligned} \tag{3}$$

das (vgl. § 187) nur dann von Null verschiedene Lösungen x, y hat, wenn seine Determinante gleich Null ist. Die Gleichung

$$\det(\boldsymbol{A} - \lambda\boldsymbol{E}) = \lambda^2 - (a_{11} + a_{22})\,\lambda + a_{11}a_{22} - a_{12}a_{21} = 0$$

heißt die *charakteristische Gleichung* der Matrix $\boldsymbol{A}$. Ihre Wurzeln λ_1, λ_2 sind die oben definierten Eigenwerte.
Beispiel 1.

$$\boldsymbol{A} = \begin{pmatrix}1 & 2\\ 4 & -1\end{pmatrix}$$

Die charakteristische Gleichung ist

$$\lambda^2 - (1 + (-1))\,\lambda + (-1 - 8) = 0.$$

Die Wurzeln, d. h. die Eigenwerte, sind $+3$ und -3. Setzt man in (3) $\lambda = \lambda_1 = 3$, so wird das System lösbar. Es ergibt sich $x = t$, $y = t$, wobei t ein Parameter ist. Der entsprechende Eigenvektor ist daher $t(1; 1)$. (Da die Eigenvektoren durch ein homogenes System bestimmt sind, gehören zu jedem Eigenwert unendlich viele, zueinander kollineare Eigenvektoren.) Zu $\lambda_2 = -3$ gehört der Eigenvektor $t(1; -2)$.

Beispiel 2.

$$A = \begin{pmatrix} 2 & -8 \\ 3 & 4 \end{pmatrix}$$

Die charakteristische Gleichung ist $\lambda^2 - 6\lambda + 32 = 0$. Ihre beiden Wurzeln sind nicht reell. Die Matrix hat keine reellen Eigenelemente.

Es gilt: Die Eigenwerte einer symmetrischen Matrix (§ 61) sind reell. Ferner gilt: Ist $\boldsymbol{P}$ orthogonal (d. h. ist $\boldsymbol{P}\boldsymbol{P}' = \boldsymbol{E}$, § 61), so haben $\boldsymbol{A}$ und $\boldsymbol{P}'\boldsymbol{A}\boldsymbol{P}$ die gleiche charakteristische Gleichung, mithin auch die gleichen Eigenwerte.

Beweis: Es ist $\boldsymbol{P}'(\boldsymbol{A} - \lambda\boldsymbol{E})\,\boldsymbol{P} = \boldsymbol{P}'\boldsymbol{A}\boldsymbol{P} - \lambda\boldsymbol{P}'\boldsymbol{E}\boldsymbol{P} = \boldsymbol{P}'\boldsymbol{A}\boldsymbol{P} - \lambda\boldsymbol{E}$, daher

$$\det(\boldsymbol{P}'\boldsymbol{A}\boldsymbol{P} - \lambda\boldsymbol{E}) = \det\boldsymbol{P}' \cdot \det(\boldsymbol{A} - \lambda\boldsymbol{E}) \cdot \det\boldsymbol{P},$$

und da $\det\boldsymbol{P}' \cdot \det\boldsymbol{P} = 1$ (§ 60, e), folgt

$$\det(\boldsymbol{A} - \lambda\boldsymbol{E}) = \det(\boldsymbol{P}'\boldsymbol{A}\boldsymbol{P} - \lambda\boldsymbol{E}).$$

§ 63. Matrizen höherer Ordnung

Eine Matrix n-ter Ordnung ist ein quadratisches Zahlenschema von $n \cdot n$ Elementen a_{ik}, $i = 1, \ldots, n$; $k = 1, \ldots, n$.

Bezeichnung: $\boldsymbol{A} = (a_{ik})_n$.

Der Index n kann entfallen, wenn keine Unklarheit besteht. Die in den vorigen Paragraphen formulierten Rechenregeln gelten für Matrizen beliebiger Ordnung mit folgenden (selbstverständlichen) Modifikationen:

Die Kompositionsregel (3, § 60) lautet für $\boldsymbol{C} = \boldsymbol{B}\boldsymbol{A}$

$$c_{ik} = b_{i1}a_{1k} + b_{i2}a_{2k} + \cdots + b_{in}a_{nk}.$$

Die charakteristische Gleichung $\det(\boldsymbol{A} - \lambda\boldsymbol{E}) = 0$ ist von n-ter Ordnung. Die Matrix hat daher n Eigenwerte.

Beispiel ($n = 3$).

$$\begin{pmatrix} 1 & 2 & 3 \\ 2 & 3 & 1 \\ 3 & 1 & 2 \end{pmatrix}\begin{pmatrix} 1 & 3 & 2 \\ 3 & 2 & 1 \\ 2 & 1 & 3 \end{pmatrix} = \begin{pmatrix} 13 & 10 & 13 \\ 13 & 13 & 10 \\ 10 & 13 & 13 \end{pmatrix}.$$

Die charakteristische Gleichung des ersten Faktors lautet (§ 118)

$$\det\begin{pmatrix} 1-\lambda & 2 & 3 \\ 2 & 3-\lambda & 1 \\ 3 & 1 & 2-\lambda \end{pmatrix} = \lambda^3 - 6\lambda^2 - 3\lambda - 18 = 0.$$

§ 64. Quadratische Formen

Ein Ausdruck der Form

$$F(x, y) = Ax^2 + 2Bxy + Cy^2 \quad \text{bzw.} \quad a_{11}x^2 + 2a_{12}xy + a_{22}y^2 \tag{1}$$

heißt *quadratische Form* der Veränderlichen x und y. Man ordnet ihm die symmetrische Matrix

$$\begin{pmatrix} A & B \\ B & C \end{pmatrix} \text{ bzw. } \begin{pmatrix} a_{11} & a_{12} \\ a_{21} & a_{22} \end{pmatrix} \quad (\text{mit } a_{12} = a_{21})$$

zu. Wenn man x, y als Koordinaten eines Vektors auffaßt und mit der Matrix $\boldsymbol{P} = (p_{ik})$ durch die Gleichungen

$$x = p_{11}x' + p_{12}y', \qquad y = p_{21}x' + p_{22}y' \tag{2}$$

einen neuen Vektor (x', y') einführt, so geht (1) in eine quadratische Form

$$a'_{11}x'^2 + 2a'_{12}x'y' + a'_{22}y'^2$$

über. Dieser Form ist die Matrix $\boldsymbol{P'AP}$ zugeordnet. Dabei gilt folgender **Satz**: Zu jeder symmetrischen Matrix $\boldsymbol{A}$ läßt sich eine orthogonale Matrix $\boldsymbol{P}$ so finden, daß die Matrix $\boldsymbol{P'AP}$ die Gestalt

$$\begin{pmatrix} \lambda_1 & 0 \\ 0 & \lambda_2 \end{pmatrix}$$

erhält. Die Zahlen λ_1 und λ_2 sind die Eigenwerte von $\boldsymbol{A}$. Man kann also die quadratische Form (1) mit Hilfe einer passenden Transformation (2) auf die *Hauptachsenform*

$$\lambda_1 x'^2 + \lambda_2 y'^2 \tag{3}$$

bringen.

Bemerkung. Die Transformation (2) mit orthogonalem $\boldsymbol{P}$ kann gemäß § 58 als Drehung des Koordinatensystems aufgefaßt werden; denn die in § 58, (1) und (2) auftretenden „Drehmatrizen" sind orthogonal.

Eine quadratische Form in drei Veränderlichen schreibt man gewöhnlich in der Form

$$Ax^2 + 2Bxy + Cy^2 + 2Dxz + 2Eyz + Fz^2 \tag{4}$$

und ordnet ihr die symmetrische Matrix

$$\boldsymbol{A} = \begin{pmatrix} A & B & D \\ B & C & E \\ D & E & F \end{pmatrix}$$

zu. (Man kann natürlich die Elemente auch durch Doppelindizes bezeichnen; dann ist z. B. $D = a_{13} = a_{31}$ und $F = a_{33}$ zu setzen.) Der Satz von der Hauptachsentransformation bleibt unverändert gültig: Man kann durch eine Variablentransformation die Form (4) auf die Gestalt

$$\lambda_1 x'^2 + \lambda_2 y'^2 + \lambda_3 z'^2 \tag{5}$$

bringen, wobei die Zahlen λ die Eigenwerte von $\boldsymbol{A}$ sind. (Diese sind wegen der Symmetrie von $\boldsymbol{A}$ reell.) Die Matrix $\boldsymbol{P}$ ist orthogonal.

§ 65. Algebraische Kurven und ihr Grad

Eine Gleichung der Form

$$Ax + By + C = 0, \tag{1}$$

worin wenigstens eine der Größen A oder B von Null verschieden ist, ist eine *algebraische Gleichung ersten Grades* (mit zwei Veränderlichen x und y). Sie stellt immer eine Gerade dar.

Als *algebraische Gleichung zweiten Grades* bezeichnet man jede Gleichung der Form

$$Ax^2 + Bxy + Cy^2 + Dx + Ey + F = 0, \tag{2}$$

wobei wenigstens eine der Größen A, B oder C von 0 verschieden ist. Eine Gleichung, die mit Gleichung (2) gleichwertig ist, heißt ebenfalls algebraisch.

Beispiel 1. Die Gleichung $y = 5x^2$ ist gleichwertig mit der Gleichung $5x^2 - y = 0$. Sie ist daher eine algebraische Gleichung zweiten Grades ($A = 5$, $B = 0$, $C = 0$, $D = 0$, $E = -1$, $F = 0$).

Beispiel 2. Die Gleichung $xy = 1$ ist gleichwertig der Gleichung $xy - 1 = 0$ und ist daher ebenfalls eine algebraische Gleichung zweiten Grades ($A = 0$, $B = 1$, $C = 0$, $D = 0$, $E = 0$, $F = -1$).

Beispiel 3. Die Gleichung $(x + y + 2)^2 - (x + y + 1)^2 = 0$ ist eine Gleichung ersten Grades, da sie gleichwertig ist mit der Gleichung $2x + 2y + 3 = 0$.

Analog definiert man eine algebraische Gleichung dritten, vierten, fünften usw. Grades. Die Größen A, B, C, D usw. (darunter auch das freie Glied) heißen die Koeffizienten der algebraischen Gleichung.

Wenn eine gewisse Kurve L in einem beliebigen kartesischen Koordinatensystem durch eine algebraische Gleichung n-ten Grades dargestellt wird, so wird sie auch in jedem anderen kartesischen

Koordinatensystem durch eine algebraische Gleichung desselben Grades dargestellt. Dabei ändern jedoch die Koeffizienten der Gleichung (alle oder nur einige) ihren Wert. Insbesondere können einige davon verschwinden.

Eine Kurve L, die (in einem kartesischen System) durch eine algebraische Gleichung n-ten Grades dargestellt wird, heißt *algebraische Kurve n-ten Grades.*

Beispiel 4. Eine Gerade besitzt in einem rechtwinkligen Koordinatensystem eine algebraische Gleichung ersten Grades der Form $Ax + By + C = 0$ (§ 16). Daher ist eine Gerade eine algebraische Kurve ersten Grades. Die Koeffizienten A, B, C haben für dieselbe Gerade in verschiedenen Koordinatensystemen verschiedene Werte. So werde etwa im „alten" System eine Gerade durch die Gleichung $2x + 3y - 5 = 0$ ($A = 2$, $B = 3$, $C = -5$) dargestellt. Dreht man die Achsen um den Winkel 45°, so erhält (§ 58) dieselbe Gerade im „neuen" System die Gleichung

$$2\left(x'\frac{\sqrt{2}}{2} - y'\frac{\sqrt{2}}{2}\right) + 3\left(x'\frac{\sqrt{2}}{2} + y'\frac{\sqrt{2}}{2}\right) - 5 = 0,$$

d. h.

$$\frac{5\sqrt{2}}{2}x' + \frac{\sqrt{2}}{2}y' - 5 = 0 \left(A = \frac{5\sqrt{2}}{2},\ B = \frac{\sqrt{2}}{2},\ C = -5\right).$$

Beispiel 5. Wenn der Koordinatenursprung mit dem Mittelpunkt eines Kreises vom Radius $R = 3$ zusammenfällt, so besitzt der Kreis die Gleichung (§ 66) $x^2 + y^2 - 9 = 0$. Dies ist eine algebraische Gleichung zweiten Grades ($A = 1$, $B = 0$, $C = 1$, $D = 0$, $E = 0$, $F = -9$). Das bedeutet, daß der Kreis eine Kurve zweiten Grades ist. Führt man den Koordinatenursprung in den Punkt $(-5; -2)$ über, so erhält im neuen System derselbe Kreis (§ 35) die Gleichung $(x' - 5)^2 + (y' - 2)^2 - 9 = 0$, d. h. $x'^2 + y'^2 - 10x' - 4y' - 20 = 0$. Auch das ist eine Gleichung zweiten Grades. Die Koeffizienten A, B und C sind dieselben wie früher, aber D, E und F haben sich geändert.

Beispiel 6. Die Kurve, die durch die Gleichung $y = \sin x$ dargestellt wird (Sinus-Kurve), ist keine algebraische Kurve.

§ 66. Der Kreis

Ein Kreis vom Radius R mit dem Zentrum im Koordinatenursprung besitzt die Gleichung

$$x^2 + y^2 = R^2.$$

Sie drückt aus, daß das Quadrat des Abstandes OA (s. Abb. 9 auf Seite 26) zwischen dem Koordinatenursprung und einem beliebigen Punkt A auf dem Kreis gleich R^2 ist.

Ein Kreis vom Radius R mit dem Zentrum im Punkte $C(a; b)$ besitzt die Gleichung

$$(x - a)^2 + (y - b)^2 = R^2. \tag{1}$$

Sie drückt aus, daß das Quadrat des Abstandes MC (Abb. 71) zwischen den Punkten $M(x; y)$ und $C(a; b)$ (§ 10) gleich R^2 ist.
Gleichung (1) kann man auf die Form

$$x^2 + y^2 - 2ax - 2by + a^2 + b^2 - R^2 = 0 \tag{2}$$

bringen.
Gleichung (2) darf man mit einer beliebigen Zahl A multiplizieren. Sie erhält dann die Form

$$Ax^2 + Ay^2 - 2Aax - 2Aby + A(a^2 + b^2 - R^2) = 0. \tag{3}$$

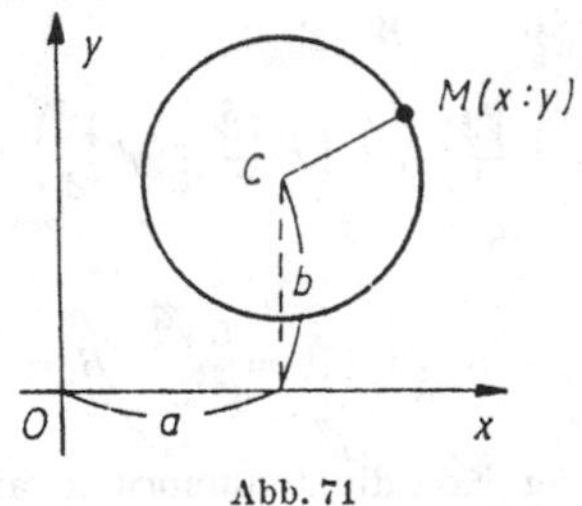

Abb. 71

Beispiel 1. Der Kreis vom Radius $R = 7$ mit dem Zentrum C $C(4; -6)$ besitzt die Gleichung

$$(x - 4)^2 + (y + 6)^2 = 49 \quad \text{oder} \quad x^2 + y^2 - 8x + 12y + 3 = 0$$

oder (nach Multiplikation mit 3)

$$3x^2 + 3y^2 - 24x + 36y + 9 = 0.$$

Bemerkung. Der Kreis ist eine Kurve zweiten Grades (§ 65), da er durch eine Gleichung zweiten Grades dargestellt wird. Jedoch nicht jede Gleichung zweiten Grades stellt auch einen Kreis dar. Dafür ist notwendig:

1. daß sie das Produkt xy nicht enthält,
2. daß die Koeffizienten von x^2 und y^2 gleich sind (s. Gleichung (3)).

Diese Bedingungen sind jedoch nicht hinreichend (s. § 67).

Beispiel 2. Die Gleichung zweiten Grades $x^2 + 3xy + y^2 = 1$ stellt keinen Kreis dar; sie enthält das Glied $3xy$.

Beispiel 3. Die Gleichung zweiten Grades $9x^2 + 4y^2 = 49$ stellt keinen Kreis dar: die Koeffizienten von x^2 und y^2 sind nicht gleich.

§ 67. Bestimmung des Mittelpunktes und des Radius eines Kreises

Die Gleichung

$$Ax^2 + Bx + Ay^2 + Cy + D = 0 \tag{1}$$

(die die Bedingungen (1) und (2) aus § 66 erfüllt) stellt einen Kreis dar, falls die Koeffizienten A, B, C, D der Ungleichung

$$B^2 + C^2 - 4AD > 0 \tag{2}$$

genügen. In diesem Fall bestimmt man den Mittelpunkt $(a; b)$ und den Radius R durch die Formeln

$$a = -\frac{B}{2A}, \quad b = -\frac{C}{2A}, \quad R^2 = \frac{B^2 + C^2 - 4AD}{4A^2}. \tag{3}$$

Bemerkung. Die Ungleichung (2) drückt aus, daß das Quadrat des Radius eine positive Zahl sein muß. S. hierzu die folgende Formel (3). Wenn die Ungleichung (2) nicht erfüllt ist, so stellt Gleichung (1) keine Kurve dar (s. weiter unten Beispiel 2).

Beispiel 1. Die Gleichung

$$5x^2 - 10x + 5y^2 + 20y - 20 = 0 \tag{4}$$

besitzt die Form (1). Hier gilt

$$A = 5, \quad B = -10, \quad C = 20, \quad D = -20.$$

Die Ungleichung (2) ist erfüllt. Das bedeutet, daß Gleichung (4) einen Kreis darstellt. Aus den Formeln (3) erhalten wir

$$a = 1, \quad b = -2, \quad R^2 = 9,$$

d. h., der Mittelpunkt ist $(1; -2)$ und der Radius $R = 3$.

Zweite Methode. Wir dividieren Gleichung (4) durch den Koeffizienten der Glieder zweiten Grades, d. h. durch 5, und erhalten

$$x^2 - 2x + y^2 + 4y - 4 = 0.$$

Wir ergänzen die Summen $x^2 - 2x$ und $y^2 + 4y$ zu einem Quadrat. Zu diesem Zwecke addieren wir zur ersten Summe 1 und zur zweiten Summe 4. Zum Ausgleich addieren wir dieselben Zahlen auch auf der rechten Gleichungsseite. Wir erhalten

$$(x^2 - 2x + 1) + (y^2 + 4y + 4) - 4 = 1 + 4,$$

d. h.

$$(x - 1)^2 + (y + 2)^2 = 9.$$

Beispiel 2. Die Gleichung

$$x^2 - 2x + y^2 + 2 = 0 \tag{5}$$

besitzt die Form (1), aber die Ungleichung (2) ist nicht erfüllt. Das bedeutet, daß Gleichung (5) keine Kurve darstellt.
Um dies zu zeigen, kann man etwa so vorgehen (s. Beispiel 1):
Wir ergänzen die Summe $x^2 - 2x$ durch Addition von 1 zu einem Quadrat. Zum Ausgleich addieren wir 1 auch auf der rechten Gleichungsseite. Wir erhalten $(x - 1)^2 + y^2 + 2 = 1$, d. h. $(x - 1)^2 + y^2 = -1$. Aber die Summe von Quadraten von (reellen) Zahlen kann nicht gleich einer negativen Zahl sein. Es gibt daher keinen Punkt, dessen Koordinaten der gegebenen Gleichung genügen.

§ 68. Die Ellipse als gestauchter Kreis

Durch den Mittelpunkt O eines Kreises mit dem Radius a (Abb. 72) ziehen wir zwei zueinander senkrechte Durchmesser $A'A$ und $D'D$. Auf den Halbmessern OD, OD' tragen wir vom Punkt O ausgehend

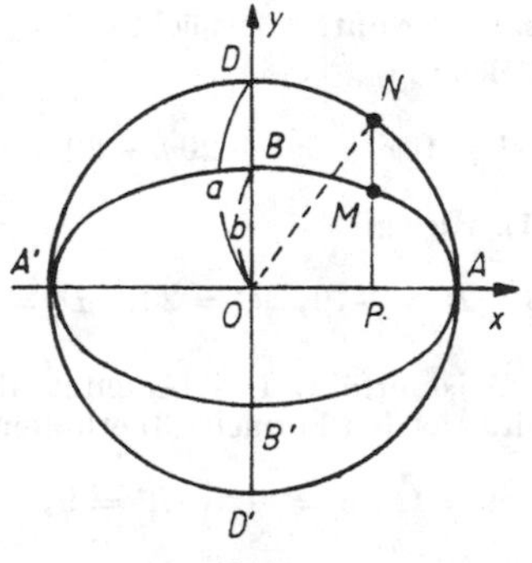

Abb. 72

gleiche Abschnitte OB, OB' der Länge b (kleiner als a) auf. Von jedem Punkt N des Kreises aus fällen wir das Lot NP auf den Durchmesser $A'A$ und tragen von seinem Fußpunkt P den Abschnitt PM senkrecht nach oben in einer Weise auf, daß

$$PM : PN = b : a. \tag{1}$$

Diese Konstruktion bildet jeden Punkt N in einen ihm entsprechenden Punkt M ab, der auf derselben Senkrechten NP liegt, wobei man PM aus PN durch Verkleinerung im festen Verhältnis $k = \dfrac{b}{a}$ erhält. Diese Abbildung bezeichnet man als *gleichmäßige Stauchung*.

Die Gerade $A'A$ nennt man *Stauchachse*. Die Kurve $ABA'B'$, in die der Kreis bei der gleichmäßigen Stauchung abgebildet wird, nennt man *Ellipse*[1]).

Den Abschnitt $A'A = 2a$ (und oft auch die Gerade $A'A$, d. h. die Stauchachse) nennt man *große Achse der Ellipse*.

Den Abschnitt $B'B = 2b$ (oft auch die Gerade $B'B$) nennt man *kleine Achse der Ellipse* (gemäß Konstruktion gilt $2a > 2b$). Der Punkt O heißt Mittelpunkt der Ellipse. Die Punkte A, A', B, B' heißen *Scheitel* der Ellipse.

Das Verhältnis $k = b:a$ heißt *Stauchkoeffizient* der Ellipse. Die Größe $1 - k = \frac{(a-b)}{a}$ (d. h. das Verhältnis $BD:OD$) heißt *Stauchung* der Ellipse. Man bezeichnet sie mit dem Buchstaben α.

Die Ellipse ist symmetrisch bezüglich der großen und kleinen Achsen und somit auch bezüglich des Mittelpunktes.

Ein Kreis läßt sich als Ellipse mit dem Stauchkoeffizienten $k = 1$ auffassen.

Die kanonische Gleichung der Ellipse. Nimmt man die Achsen der Ellipse als Koordinatenachsen, so genügt diese der Gleichung[2])

$$\frac{x^2}{a^2} + \frac{y^2}{b^2} = 1, \tag{2}$$

die als *kanonische*[3]) *Gleichung* (*Normalform*) der Ellipse bezeichnet wird.

Beispiel 1. Ein Kreis mit dem Radius $a = 10$ cm werde gleichmäßig mit dem Stauchkoeffizienten $3:5$ gestaucht. Nach der Abbildung erhält man eine Ellipse mit einer großen Achse $2a = 20$ cm und einer kleinen Achse $2b = 12$ cm (Halbachsen $a = 10$ cm und $b = 6$ cm). Die Stauchung dieser Ellipse ist $1 - k = \alpha = \frac{10-6}{10} = 0{,}4$. Ihre kanonische Gleichung lautet

$$\frac{x^2}{100} + \frac{y^2}{36} = 1.$$

---

1) Eine andere Definition der Ellipse findet man in § 69.

2) Wir haben

$$OP^2 + PN^2 = ON^2 = a^2. \tag{3}$$

Auf Grund von (1) gilt

$$PN = \frac{a}{b} PM. \tag{4}$$

Einsetzen in (3) liefert

$$OP^2 + \frac{a^2}{b^2} PM^2 = a^2, \tag{5}$$

d. h.

$$x^2 + \frac{a^2}{b^2} y^2 = a^2. \tag{6}$$

Dividiert man durch a^2, so erhält man Gleichung (2). Wenn also $M(x; y)$ auf der Ellipse $ABA'B'$ liegt, so genügen x, y der Gleichung (2). Wenn hingegen M nicht auf dieser Ellipse liegt, so ist Gleichung (4) und damit Gleichung (6) nicht erfüllt (vgl. § 7).

3) Vom griechischen Wort „kanon", das Richtschnur bedeutet. „Kanonisch" heißt somit soviel wie „vorschriftsmäßig".

Beispiel 2. Durch Projektion eines Kreises auf eine beliebige Ebene P parallel zum Durchmesser $A_1'A_1$ (Abb. 73) bleibt dieser Durchmesser in natürlicher Größe erhalten, aber alle Strecken senkrecht dazu verkürzen sich im Verhältnis $\cos\varphi$, wobei φ der Winkel zwischen der Kreisebene P_1 und der Ebene P ist. Die Projektion des Kreises ist

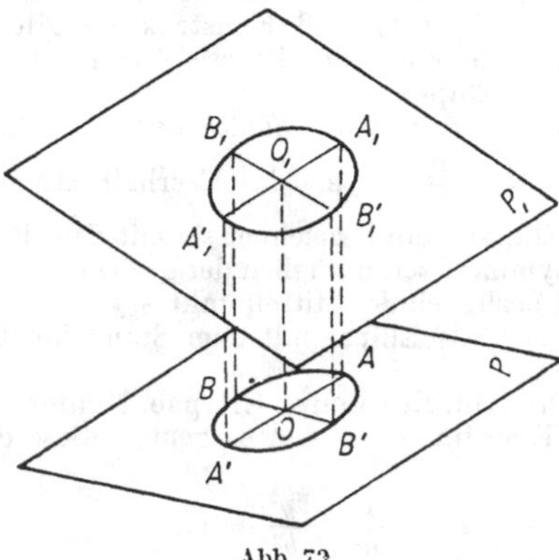

Abb. 73

daher eine Ellipse mit der großen Achse $2a = A'A$ und einem Stauchkoeffizienten $k = \cos\varphi$.

Beispiel 3. Ein Erdmeridian stellt genau genommen keinen Kreis, sondern eine Ellipse dar. Die Erdachse ist die kleine Achse dieser Ellipse. Ihre Länge ist (ungefähr) 12712 km. Die Länge der großen Achse ist (ungefähr) 12754 km. Man bestimme den Stauchkoeffizienten k und die Stauchung α dieser Ellipse.

Lösung.

$$\alpha = \frac{a-b}{a} = \frac{2a-2b}{2a} = \frac{12754-12712}{12754} \approx 0{,}003,$$

$$k = 1 - \alpha \approx 0{,}997.$$

§ 69. Eine zweite Definition der Ellipse

Definition. Eine Ellipse ist der geometrische Ort aller Punkte (M), für die die Summe der Abstände von zwei gegebenen Punkten F', F (Abb. 74) stets denselben Wert $2a$ ergibt:

$$F'M + FM = 2a. \tag{1}$$

Die Punkte F' und F heißen *Brennpunkte* der Ellipse, der Abstand $F'F$ heißt doppelte *Brennweite*. Man bezeichnet ihn mit $2c$:

$$F'F = 2c. \tag{2}$$

Wegen $F'F < F'M + FM$ gilt $2c < 2a$, d. h.

$$c < a. \tag{3}$$

Die Definition in diesem Paragraphen ist gleichwertig mit der Definition in § 68 (vgl. Gleichung (7) mit Gleichung (2) § 68).

Die kanonische Gleichung der Ellipse. Nimmt man die Gerade $F'F$ (Abb. 75) als Abszissenachse und den Mittelpunkt O des Abschnitts $F'F$ als Koordinatenursprung, so erhalten wir gemäß Definition der Ellipse und gemäß (1) § 10 die Punkte F' $(-c; 0)$ und F $(c; 0)$. Gemäß § 10 gilt

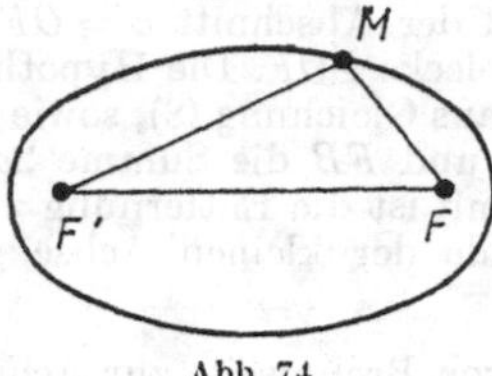

Abb. 74

$$\sqrt{(x+c)^2 + y^2} + \sqrt{(x-c)^2 + y^2} = 2a. \tag{4}$$

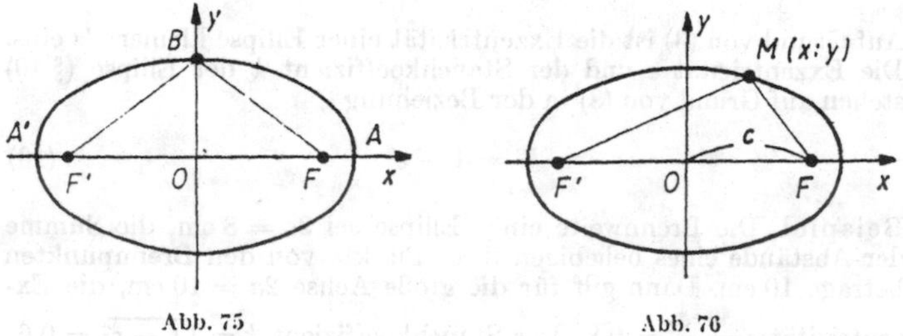

Abb. 75 Abb. 76

Entfernt man die Wurzeln, so erhält man die gleichwertige Gleichung

$$(a^2 - c^2)\, x^2 + a^2 y^2 = a^2(a^2 - c^2) \tag{5}$$

oder

$$\frac{x^2}{a^2} + \frac{y^2}{a^2 - c^2} = 1. \tag{6}$$

Wegen (3) ist die Größe $a^2 - c^2$ *positiv*. Wir dürfen (6) daher in der Form

$$\frac{x^2}{a^2} + \frac{y^2}{b^2} = 1 \tag{7}$$

schreiben, wobei

$$b^2 = a^2 - c^2. \tag{8}$$

Gleichung (7) stimmt mit Gleichung (2) aus § 68 überein. Das bedeutet, daß die in diesem Paragraphen als Ellipse bezeichnete Kurve mit der in § 68 definierten Kurve identisch ist. Dabei zeigt sich, daß der Mittelpunkt O der Ellipse (Abb. 76) mit dem Mittelpunkt des Abschnittes $F'F$ zusammenfällt, d. h., $OF = c$. Die große Achse $A'A = 2a$ der Ellipse ist gemäß Gleichung (1) gleich der konstanten Abstandssumme $F'M + FM$ (Abb. 75). Die kleine Halbachse $b = OB$ (Abb. 76) und der Abschnitt $c = OF$ bilden die Katheten des rechtwinkligen Dreiecks BOF. Die Hypothenuse dieses Dreiecks ist gleich a. Dies folgt aus Gleichung (8), sowie daraus, daß die gleich langen Abstände $F'B$ und FB die Summe $2a$ ergeben (nach Definition der Ellipse). Somit ist die Entfernung zwischen einem Brennpunkt und einem Ende der kleinen Achse gleich der Länge der großen Halbachse.

Das Verhältnis $\frac{F'F}{A'A}$ von Brennweite zur Achse, d. h. die Größe $\frac{c}{a}$, heißt *Exzentrizität* der Ellipse. Die Exzentrizität bezeichnet man mit dem griechischen Buchstaben ε („Epsilon"):

$$\varepsilon = \frac{c}{a}. \tag{9}$$

Auf Grund von (3) ist die Exzentrizität einer Ellipse kleiner als eins. Die Exzentrizität ε und der Stauchkoeffizient k der Ellipse (§ 40) stehen auf Grund von (8) in der Beziehung

$$k^2 = 1 - \varepsilon^2. \tag{10}$$

Beispiel. Die Brennweite einer Ellipse sei $2c = 8$ cm, die Summe der Abstände eines beliebigen ihrer Punkte von den Brennpunkten betrage 10 cm. Dann gilt für die große Achse $2a = 10$ cm, die Exzentrizität $\varepsilon = \frac{c}{a} = 0{,}8$. Der Stauchkoeffizient $k = \sqrt{1 - \varepsilon^2} = 0{,}6$. Die kleine Achse $2b = 2ak = 2\sqrt{a^2 - c^2} = 6$ cm. Die kanonische Gleichung der Ellipse lautet

$$\frac{x^2}{25} + \frac{y^2}{9} = 1.$$

Bemerkung. Faßt man einen Kreis als Spezialfall einer Ellipse mit $b = a$ auf, so räumt man ein, daß die Brennpunkte F' und F zusammenfallen dürfen. Die Exzentrizität des Kreises ist Null.

§ 70. Konstruktion einer Ellipse aus ihren Achsen

Erste Methode. Auf zwei zueinander senkrechten Geraden $X'X$ und $Y'Y$ (Abb. 77) trage man die Abschnitte $OA' = OA = a$ und $OB' = OB = b$ auf (die Hälfte der gegebenen Achsen $2a$, $2b$ $(a > b)$). Die Punkte A', A, B' und B bilden die Scheitel der Ellipse.
Vom Punkt B aus schlage man mit dem Radius a einen Bogen uw. Er schneidet die Strecke $A'A$ in den Punkten F' und F. Diese bilden

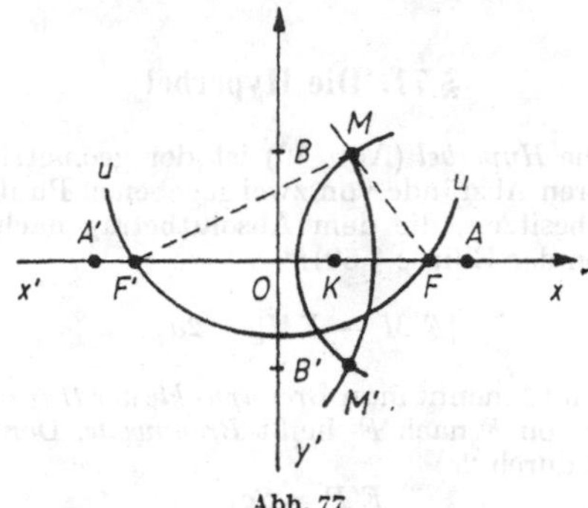

Abb. 77

die Brennpunkte der Ellipse (gemäß (8) § 69). Man unterteile nun die Strecke $A'A = 2a$ beliebig in zwei Teile: $A'K = r'$ und $KA = r$, so daß $r' + r = 2a$. Aus dem Punkt F ziehe man einen Kreis mit dem Radius r, aus F' einen Kreis mit dem Radius r'. Diese Kreise schneiden sich in zwei Punkten M und M', wobei gemäß Konstruktion $F'M + FM = 2a$ und $F'M' + FM' = 2a$ gilt. Nach der Definition aus § 69 liegen die Punkte M und M' auf der Ellipse. Durch Änderung von r erhält man weitere Ellipsenpunkte.

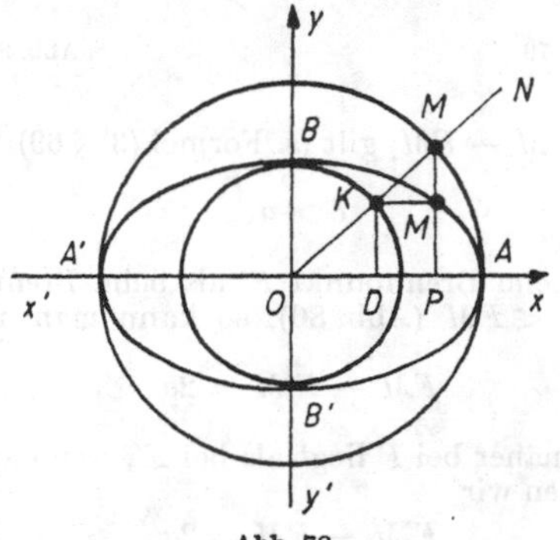

Abb. 78

Zweite Methode. Man ziehe zwei konzentrische Kreise mit den Radien $OA = a$ und $OB = b$ (Abb. 78). Durch den Mittelpunkt O lege man einen beliebigen Strahl ON. Durch die Punkte K und M_1, in welchen ON die zwei Kreise schneidet, lege man zu den Achsen $X'X$ und $Y'Y$ parallele Geraden. Diese Geraden schneiden sich im Punkt M, dessen Ordinate PM $(= KD)$ kürzer ist als die Ordinate PM_1 des Punktes M_1 auf dem Kreis mit dem Radius a. Es gilt $PM:PM_1 = b:a$. Das bedeutet (§ 68), daß der Punkt M auf der gesuchten Ellipse liegt. Ändert man die Richtung des Strahls ON, so erhält man weitere Ellipsenpunkte.

§ 71. Die Hyperbel

Definition. Die *Hyperbel* (Abb. 79) ist der geometrische Ort aller Punkte (M), deren Abstände von zwei gegebenen Punkten F und F' eine Differenz besitzen, die dem Absolutbetrag nach konstant ist (s. die Definition der Ellipse § 69):

$$|F'M - FM| = 2a. \tag{1}$$

Die Punkte F' und F nennt man *Brennpunkte der Hyperbel*, die Hälfte der Entfernung von F nach F' heißt *Brennweite*. Den Abstand FF' bezeichnet man durch $2c$:

$$F'F = 2c. \tag{2}$$

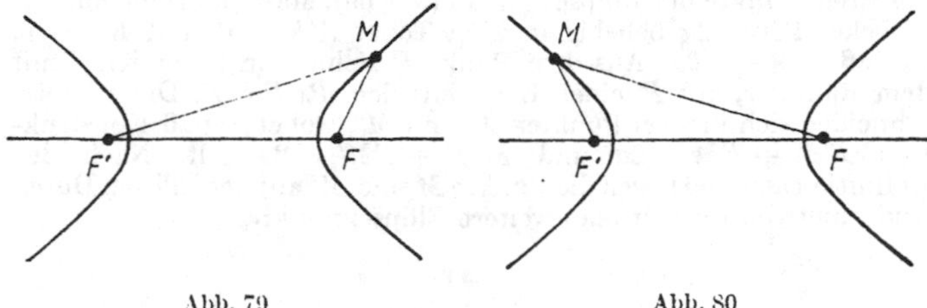

Abb. 79 Abb. 80

Wegen $F'F > |F'M - FM|$ gilt (s. Formel (3) § 69)

$$c > a. \tag{3}$$

Wenn M näher beim Brennpunkt F' als beim Brennpunkt F liegt, d. h., wenn $F'M < FM$ (Abb. 80), so kann man anstelle von (1) schreiben:

$$FM - F'M = 2a. \tag{1a}$$

Wenn jedoch M näher bei F liegt als bei F', wenn also $F'M > FM$ (Abb. 79), so haben wir

$$F'M - FM = 2a. \tag{1b}$$

Die Punkte, für die $F'M - FM = 2a$ gilt, bilden einen Ast der Hyperbel (bei der üblichen Darstellung, den „rechten" Ast). Die Punkte, für die $FM - F'M = 2a$, bilden den zweiten Ast (den „linken").

Die kanonische Gleichung der Hyperbel. Wir wählen als Achse OX (Abb. 81) die Gerade $F'F$ und als Koordinatenursprung den Mittelpunkt O auf der Strecke $F'F$. Gemäß (2) haben wir $F\ (c; 0)$,

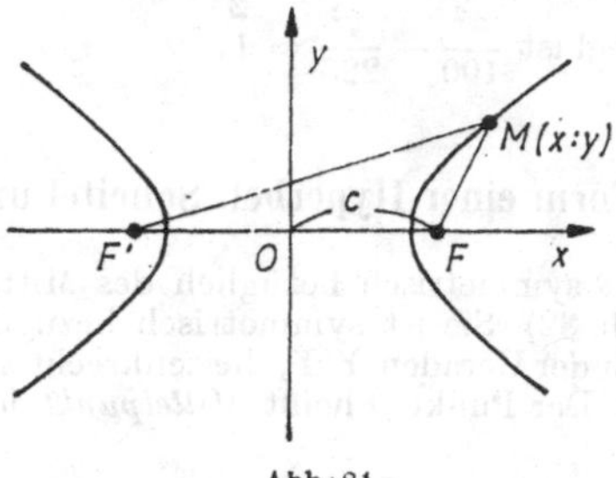

Abb. 81

$F'\ (-c; 0)$. Der rechte Ast wird gemäß (1b) und § 10 durch die Gleichung

$$\sqrt{(x+c)^2+y^2} - \sqrt{(x-c)^2+y^2} = 2a \tag{4a}$$

dargestellt.

Für den linken Ast hingegen haben wir gemäß (1a) und § 10 die Gleichung

$$\sqrt{(x-c)^2+y^2} - \sqrt{(x+c)^2+y^2} = 2a. \tag{4b}$$

Entfernt man die Wurzeln, so erhält man in beiden Fällen

$$(a^2 - c^2)\,x^2 + a^2y^2 = a^2(a^2 - c^2) \tag{5}$$

oder

$$\frac{x^2}{a^2} + \frac{y^2}{a^2 - c^2} = 1. \tag{6}$$

Diese Gleichung ist gleichwertig zu dem Gleichungspaar (4a) und (4b). Sie gilt für beide Hyperbeläste zugleich[1]).

Gleichung (6) hat dieselbe äußere Form wie die Ellipsengleichung (s. (6) § 69), aber diese Ähnlichkeit ist irreführend. Hier ist nämlich auf Grund von (3) die Größe $a^2 - c^2$ negativ, so daß $\sqrt{a^2 - c^2}$ eine imaginäre Größe wird. Daher bezeichnen wir hier die Größe $+\sqrt{c^2 - a^2}$ durch b, so daß[2])

$$b^2 = c^2 - a^2. \tag{7}$$

[1]) Man könnte auch annehmen, daß die beiden Äste nicht eine einzige Kurve, sondern deren zwei bilden. Doch dann wird keine der beiden Kurven für sich allein durch eine algebraische Gleichung zweiten Grades dargestellt.

[2]) Über die geometrische Bedeutung der Größe b s. § 74.

Aus (6) erhalten wir sodann die *kanonische*[1]) *Gleichung* der Hyperbel

$$\frac{x^2}{a^2} - \frac{y^2}{b^2} = 1. \tag{8}$$

Beispiel. Wenn die Abstandsdifferenz $F'M - FM$ dem Absolutbetrag nach gleich $2a = 20$ cm ist und die doppelte Brennweite $2c = 25$ cm, so gilt $b = \sqrt{c^2 - a^2} = \frac{15}{2}$ (cm). Die kanonische Gleichung der Hyperbel ist $\frac{x^2}{100} - \frac{y^2}{225} = 1$.

§ 72. Die Form einer Hyperbel. Scheitel und Achsen

Eine Hyperbel ist symmetrisch bezüglich des Mittelpunktes O der Strecke $F'F$ (Abb. 82). Sie ist symmetrisch bezüglich der Geraden $F'F$ und bezüglich der Geraden $Y'Y$, die senkrecht zu $F'F$ durch den Punkt O verläuft. Der Punkt O heißt *Mittelpunkt* der Hyperbel. Die

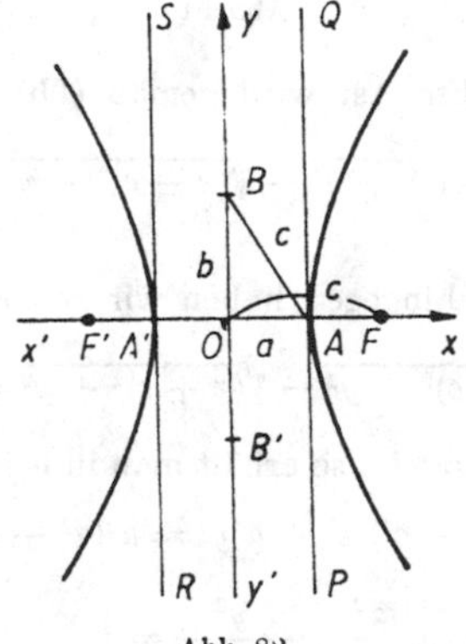

Abb. 82

Gerade $F'F$ schneidet die Hyperbel in zwei Punkten A $(+a; 0)$ und A' $(-a; 0)$. Diese Punkte heißen die *Scheitel* der Hyperbel. Die Strecke $A'A = 2a$ (und oft auch die Gerade $A'A$ selbst) nennt man *reelle Achse* der Hyperbel.

Die Gerade $Y'Y$ schneidet die Hyperbel nicht. Trotzdem trägt man auf ihr die Strecken $B'O = OB = b$ auf und bezeichnet den Abschnitt $B'B = 2b$ (und oft auch die Gerade $Y'Y$ selbst) als *imaginäre Achse* der Hyperbel.

Wegen $AB^2 = OA^2 + OB^2 = a^2 + b^2$ folgt aus (7) § 71, daß $AB = c$, d. h., der Abstand zwischen dem Scheitel der Hyperbel und dem Ende der imaginären Achse ist gleich der Brennweite.

[1]) Siehe Fußnote 3 auf S. 91.

Die imaginäre Achse kann größer (Abb. 82), kleiner (Abb. 83) oder gleich groß (Abb. 84) wie die reelle Achse sein. Wenn beide Achsen gleich lang sind ($a = b$), so spricht man von einer *gleichseitigen* Hyperbel.

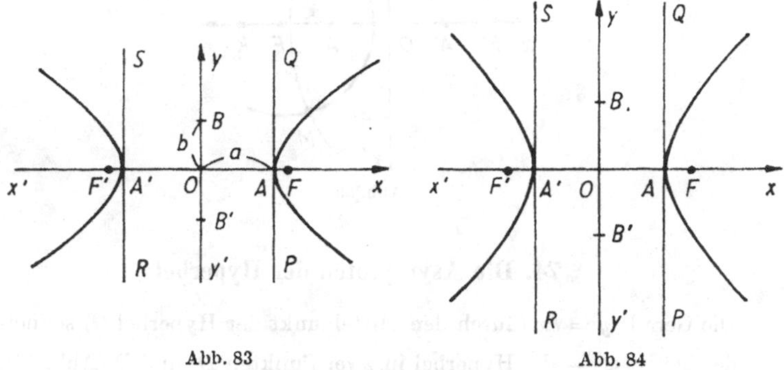

Abb. 83 Abb. 84

Das Verhältnis $\frac{F'F}{A'A} = \frac{c}{a}$ von Brennweite zur reellen Achse heißt *Exzentrizität* der Hyperbel und wird mit ε bezeichnet (vgl. (9) § 69). Wegen (3) § 71 ist die Exzentrizität der Hyperbel größer als eins. Die Exzentrizität einer gleichseitigen Hyperbel ist $\sqrt{2}$.

Die Hyperbel liegt ganz außerhalb des Bereiches, der von den Geraden PQ und RS parallel zu $Y'Y$ begrenzt wird. Diese Geraden haben vom Ursprung O den Abstand $AO = A'O = a$ (Abb. 82, 83, 84). Rechts und links von diesem Bereich erstreckt sich die Hyperbel bis ins Unendliche.

§ 73. Konstruktion einer Hyperbel aus ihren Achsen

Auf den zueinander senkrechten Geraden $X'X$ und $Y'Y$ (Abb. 85) tragen wir die Strecken $OA = OA' = a$ und $OB = OB' = b$ (reelle und imaginäre Halbachsen) auf. Hierauf tragen wir die Strecken OF und OF' auf, die gleich AB sind. Die Punkte F' und F sind gemäß (7) § 71 die Brennpunkte. Auf der Verlängerung von $A'A$ wählen wir hinter A einen beliebigen Punkt K und schlagen von F aus mit dem Radius $AK = r$ einen Kreis. Aus F' schlagen wir mit dem Radius $A'K = r' = 2a + r$ einen weiteren Kreis. Diese Kreise schneiden sich in zwei Punkten M und M', wobei gemäß Konstruktion $F'M - FM = 2a$ und $F'M' - FM' = 2a$. Nach Definition (§ 71) liegen die Punkte M und M' auf der Hyperbel. Durch Änderung von r erhalten wir neue Punkte der Hyperbel auf dem rechten Ast. Eine analoge Konstruktion liefert auch den „linken" Ast.

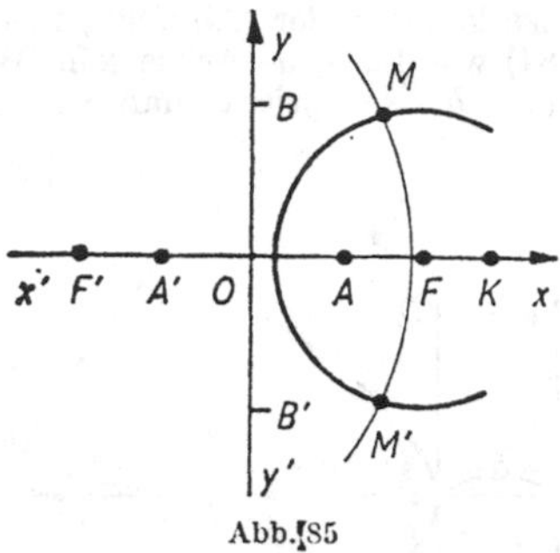

Abb. 85

§ 74. Die Asymptoten der Hyperbel

Die Gerade $y = kx$ (durch den Mittelpunkt der Hyperbel O) schneidet bei $|k| < \frac{b}{a}$ die Hyperbel in zwei Punkten D' und D (Abb. 86), die bezüglich O symmetrisch liegen. Wenn hingegen $|k| > \frac{b}{a}$, so hat die Gerade $y = kx$ ($E'E$ in Abb. 87) mit der Hyperbel keinen Punkt gemeinsam.

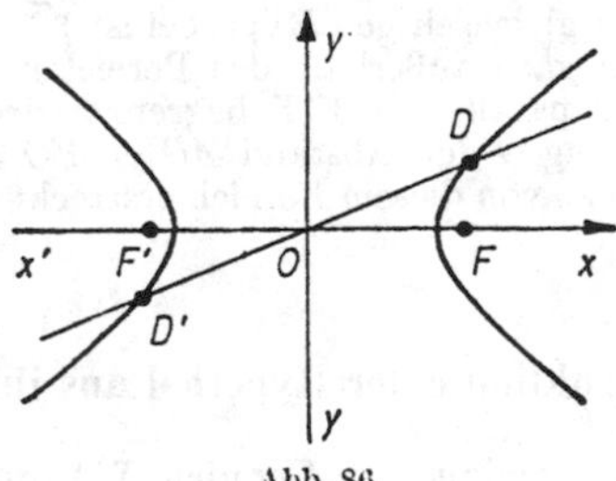

Abb. 86

Die Geraden $y = \frac{b}{a} \cdot x$ und $y = -\frac{b}{a} \cdot x$ ($U'U$ und $V'V$ in Abb. 88) für die $|k| = \frac{b}{a}$ besitzen die folgenden (nur ihnen eigenen) Eigenschaften: bei unbegrenzter Verlängerung nähern sie sich der Hyperbel unbegrenzt.

Exakt ausgedrückt heißt das: *Wenn man die Gerade $Q'Q$, die parallel zur Ordinatenachse verläuft, unbegrenzt vom Mittelpunkt O* (nach rechts oder nach links) *entfernt, so werden die Längen der Strecken QS, $Q'S'$ zwischen der Hyperbel und den beiden Geraden $U'U$ und $V'V$ unbegrenzt klein.*

Die Geraden $y = \frac{b}{a} \cdot x$ und $y = -\frac{b}{a} \cdot x$ nennt man *Asymptoten* der Hyperbel[1]).
Die Asymptoten einer gleichseitigen Hyperbel stehen senkrecht aufeinander.
Geometrische Bedeutung der imaginären Achse. Durch den Scheitel A der Hyperbel (Abb. 88) ziehen wir eine Gerade $L'L$, senk-

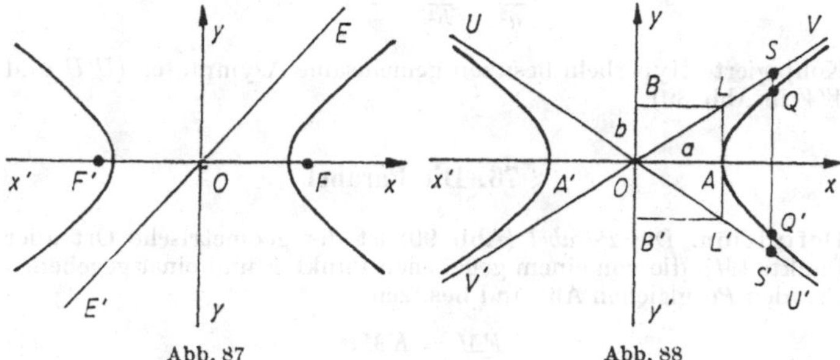

Abb. 87 Abb. 88

recht zur reellen Achse. Dann ist der Abschnitt dieser Geraden zwischen den beiden Asymptoten der Hyperbel genauso lang wie die imaginäre Achse der Hyperbel $B'B = 2b$.

§ 75. Konjugierte Hyperbeln

Zwei Hyperbeln heißen *konjugiert* (Abb. 89), wenn sie einen gemeinsamen Mittelpunkt O und gemeinsame Achsen besitzen, wobei die reelle Achse der einen die imaginäre Achse der anderen Hyperbel bildet.
In Abb. 89 ist $A'A$ die reelle Achse der Hyperbel I und die imaginäre Achse der Hyperbel II, während $B'B$ die reelle Achse der Hyperbel II und die imaginäre Achse der Hyperbel I darstellt.

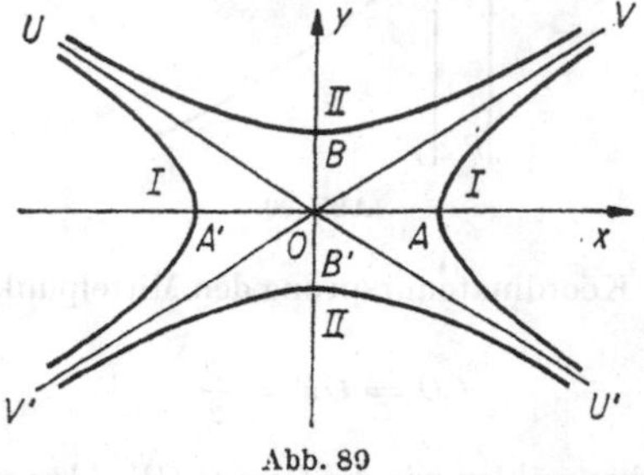

Abb. 89

[1]) „asymptota" ist ein griechisches Wort. Es bedeutet „sich nicht berührend".

Wenn

$$\frac{x^2}{a^2} - \frac{y^2}{b^2} = 1$$

die Gleichung der einen Hyperbel ist, besitzt die zweite der konjugierten Hyperbeln die Gleichung

$$\frac{x^2}{a^2} - \frac{y^2}{b^2} = -1.$$

Konjugierte Hyperbeln besitzen gemeinsame Asymptoten ($U'U$ und $V'V$ in Abb. 89).

§ 76. Die Parabel

Definition. Die *Parabel* (Abb. 90) ist der geometrische Ort aller Punkte (M), die von einem gegebenen Punkt F und einer gegebenen Geraden PQ gleichen Abstand besitzen:

$$FM = KM. \tag{1}$$

Der Punkt F heißt *Brennpunkt*, die Gerade PQ heißt *Leitlinie* der Parabel. Der Abstand $FC = p$ zwischen Brennpunkt und Leitlinie heißt *Parameter* der Parabel.

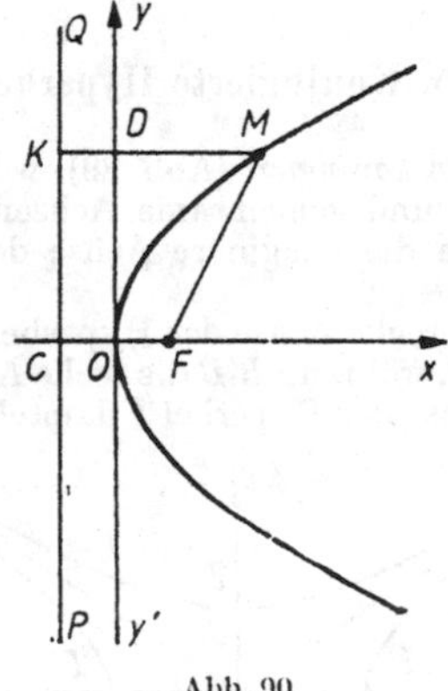

Abb. 90

Wir nehmen als Koordinatenursprung den Mittelpunkt O der Strecke FC, so daß

$$CO = OF = \frac{p}{2}. \tag{2}$$

Als Abszissenachse wählen wir die Gerade CF. Als positive Richtung zählen wir die Richtung von O nach F.

Wir haben sodann: $F\left(\frac{p}{2}; 0\right)$, $KM = KD + DM = \frac{p}{2} + x$ und (§ 10) $FM = \sqrt{\left(\frac{p}{2} - x\right)^2 + y^2}$. Auf Grund von (1) haben wir

$$\sqrt{\left(\frac{p}{2} - x\right)^2 + y^2} = \frac{p}{2} + x. \tag{3}$$

Durch Quadrieren erhält man die gleichwertige Gleichung

$$y^2 = 2px. \tag{4}$$

Dies ist die *kanonische*[1]) *Gleichung* (Normalform) der Parabel.

Die Gleichung der Leitlinie PQ (im selben Koordinatensystem) ist $x + \frac{p}{2} = 0$.

Die Parabel ist symmetrisch bezüglich der Geraden FC (Abszissenachse bei unserer Wahl des Koordinatensystems). Diese Gerade bezeichnet man als Achse der Parabel. Die Parabel verläuft durch den Mittelpunkt O der Strecke FC. Der Punkt O heißt *Scheitel* der Parabel (er dient uns auch als Koordinatenursprung).

Die Parabel liegt vollkommen auf einer Seite der Geraden $Y'Y$ (Tangente zum Scheitel). Sie erstreckt sich auf dieser Seite bis ins Unendliche.

§ 77. Konstruktion einer Parabel bei gegebenem Parameter p

Wir ziehen (Abb. 91) eine Gerade PQ (Leitlinie der Parabel) und wählen in gegebenem Abstand $p = CF$ davon einen Punkt F (Brennpunkt). Der Mittelpunkt O der Strecke CF bildet den Scheitel, die

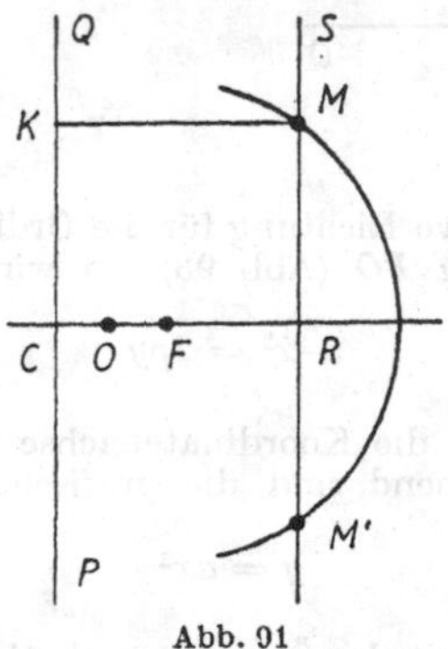

Abb. 91

[1]) Siehe Fußnote 3 auf S. 91.

Gerade CF die Achse der Parabel. Auf dem Strahl OF wählen wir einen beliebigen Punkt R und ziehen durch ihn senkrecht zur Achse eine Gerade RS. Um den Brennpunkt F als Mittelpunkt schlagen wir je einen Kreis mit dem Radius CR. Dieser schneidet RS in zwei Punkten M und M'. Die Punkte M und M' gehören zur gesuchten Parabel, da gemäß Konstruktion $FM = CR = KM$ (s. Definition § 76). Durch Änderung der Lage des Punktes R erhalten wir neue Punkte der Parabel.

§ 78. Die Parabel als Kurve mit der Gleichung $y = ax^2 + bx + c$

Die Gleichung

$$x^2 = 2py \tag{1}$$

stellt dieselbe Parabel dar wie die Gleichung $y^2 = 2px$ (vgl. § 76), jedoch fällt hier die Achse der Parabel mit der Ordinatenachse zusammen. Der Koordinatenursprung liegt wie früher im Scheitel der Parabel (Abb. 92). Der Brennpunkt liegt im Punkt $F\left(0; \frac{p}{2}\right)$. Die Leitlinie PQ besitzt die Gleichung $y + \frac{p}{2} = 0$.

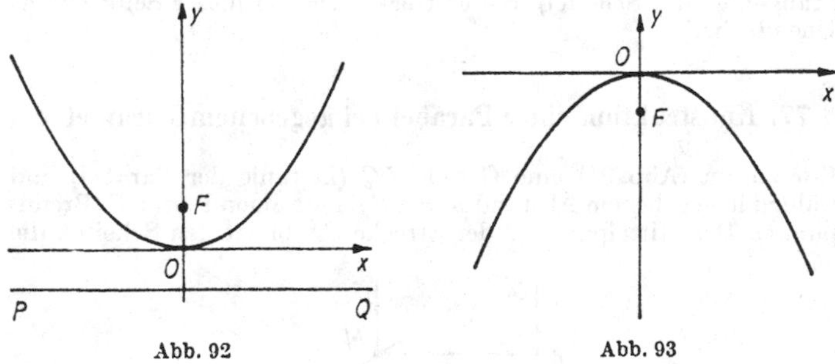

Abb. 92 Abb. 93

Nimmt man als positive Richtung für die Ordinatenachse nicht OF, sondern die Richtung FO (Abb. 93), so wird die Gleichung der Parabel

$$-x^2 = 2py \tag{2}$$

(s. in Abb. 93, in der die Koordinatenachse die übliche Richtung haben). Dementsprechend sind die grafischen Darstellungen der Funktionen

$$y = ax^2 \tag{3}$$

Parabeln, und zwar mit der Öffnung nach oben, wenn $a > 0$, und mit der Öffnung nach unten, wenn $a < 0$. Je kleiner der Absolutbetrag von a ist (in Abb. 94 gilt $a = 2$, $a = \pm 1$, $a = \pm \frac{1}{2}$, $a = \frac{1}{5}$), um so näher liegt der Brennpunkt beim Scheitel, und um so „offener“ sind die Parabeln.

Jede der Gleichungen

$$y = ax^2 + bx + c \tag{4}$$

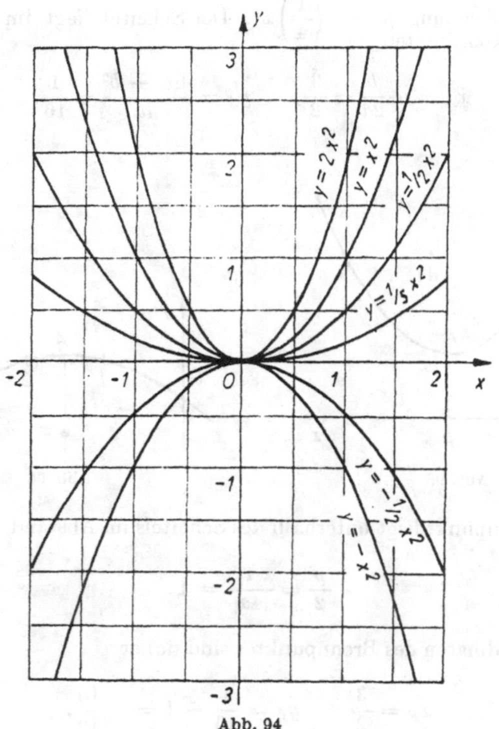

Abb. 94

hat als grafische Darstellung dieselbe Parabel wie die Gleichung $y = ax^2$ (für beide Parabeln ist der Abstand $\frac{p}{2}$ vom Scheitel bis zum Brennpunkt gleich $\frac{1}{|4a|}$). Beide sind konkav nach derselben Richtung. Jedoch liegt der Scheitel der Parabel (4) nicht im Ursprung, sondern im Punkt A (Abb. 95) mit den Koordinaten

$$x_A = OP = -\frac{b}{2a}, \qquad y_A = PA = \frac{4ac - b^2}{4a}. \tag{5}$$

Beispiel. Die Gleichung

$$y = -\frac{1}{4}x^2 + \frac{3}{4}x - \frac{1}{2} \tag{4a}$$

$\left(a = -\frac{1}{4},\ b = \frac{3}{4},\ c = -\frac{1}{2}\right)$ stellt dieselbe Parabel dar (Abb. 96) wie die Gleichung $y = -\left(\frac{1}{4}\right)x^2$. Der Scheitel liegt im Punkt A mit den Koordinaten

$$x_A = -\frac{b}{2a} = \frac{3}{2}, \qquad y_A = \frac{4ac - b^2}{4a} = \frac{1}{16}. \tag{5a}$$

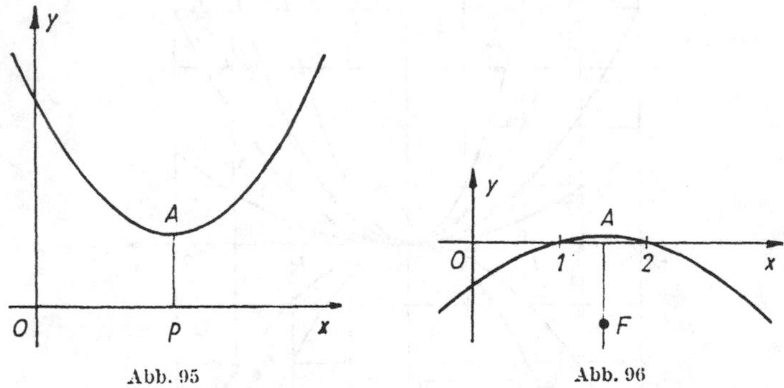

Abb. 95 Abb. 96

Der Brennpunkt liegt unterhalb des Scheitels im Abstand

$$\frac{p}{2} = \frac{1}{|4a|} = 1.$$

Die Koordinaten des Brennpunktes sind daher

$$x_F = \frac{3}{2}, \qquad y_F = \frac{1}{16} - 1 = -\frac{15}{16}.$$

Bemerkung 1. Die Formeln (5) braucht man sich nicht zu merken. Zur Berechnung von x_A, y_A kann man das folgende Verfahren anwenden. Gleichung (4a) schreibt man in der Form

$$y + \frac{1}{2} = -\frac{1}{4}(x^2 - 3x). \tag{6}$$

Wir vervollständigen den Klammerausdruck zu einem Quadrat indem wir $\frac{9}{4}$ addieren. Zum Ausgleich addieren wir $-\frac{1}{4}\cdot\frac{9}{4} = -\frac{9}{16}$

zur linken Seite und erhalten

$$y - \frac{1}{16} = -\frac{1}{4}\left(x - \frac{3}{2}\right)^2. \tag{7}$$

Gleichung (7) erhält die Form

$$y' = -\frac{1}{4}x'^2, \tag{8}$$

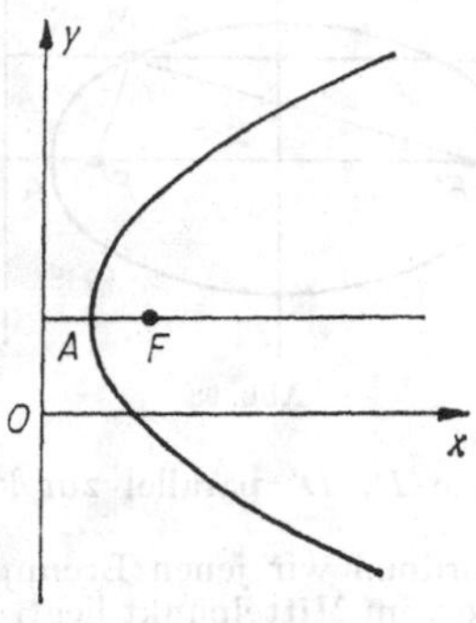

Abb. 97

wenn man die folgende Achsenverschiebung (Abb. 97) ausführt (§ 35):

$$y' = y - \frac{1}{16}, \quad x' = x - \frac{3}{2}. \tag{9}$$

Der Scheitel der Parabel (d. h. der Punkt $x' = 0$, $y' = 0$) hat die Koordinaten $x = \frac{3}{2}$, $y = \frac{1}{16}$.

Bemerkung 2. Die allgemeine Formel (5) kann man aus (4) durch dasselbe Verfahren herleiten, das wir in Bemerkung 1 auf Gleichung (4a) angewandt haben.

Bemerkung 3. Die Gleichung

$$x = ay^2 + by + c \tag{10}$$

stellt eine Parabel dar (Abb. 97), deren Scheitel im Punkt $\left(\frac{4ac - b^2}{4a}; -\frac{b}{2a}\right)$ liegt. Die Achse ist parallel zur Abszissenachse. Die Parabel ist konkav nach „rechts", wenn $a > 0$, und nach „links", wenn $a < 0$.

§ 79. Die Leitlinien einer Ellipse und einer Hyperbel

1. Die Leitlinien einer Ellipse. Gegeben sei eine Ellipse (Abb. 98) mit der großen Achse $A'A = 2a$ und der Exzentrizität (§ 69)

$\frac{OF}{OA} = \frac{c}{a} = \varepsilon$. Es sei $\varepsilon \neq 0$ (d. h., die Ellipse soll nicht in einen Kreis entarten). Wir tragen vom Mittelpunkt der Ellipse O auf ihrer großen Achse die Strecken $OD = OD'$ auf, deren Längen gleich $\frac{a}{\varepsilon}$ seien (d. h., $OD : OA = OA : OF$). Die Geraden PQ, $P'Q'$ durch die

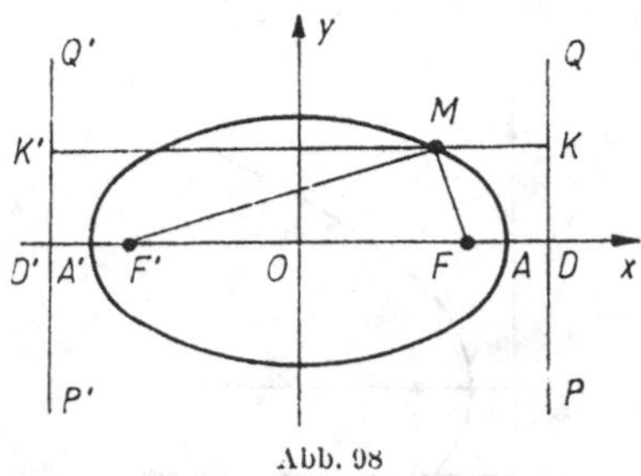

Abb. 68

entsprechenden Punkte D, D' parallel zur kleinen Achse heißen *Leitlinien* der Ellipse.

Jeder der Leitlinien ordnen wir jenen Brennpunkt der Ellipse zu, der auf derselben Seite vom Mittelpunkt liegt, d. h. der Leitlinie PQ den Brennpunkt F und der Leitlinie $P'Q'$ den Brennpunkt F'. *Dann ist für einen beliebigen Punkt M der Ellipse das Verhältnis seines Abstands vom Brennpunkt zu seinem Abstand von der entsprechenden Leitlinie gleich der Exzentrizität ε*, d. h.

$$MF : MK = MF' : MK' = \varepsilon. \tag{1}$$

Da für eine Ellipse $\varepsilon < 1$, so liegt jeder Ellipsenpunkt näher am Brennpunkt als an der entsprechenden Leitlinie.

Läßt man die große Achse der Ellipse konstant und läßt man die Exzentrizität gegen Null streben (d. h., die Ellipse nähert sich immer mehr einem Kreis), so entfernt sich die Leitlinie vom Mittelpunkt weg bis ins Unendliche.

Ein Kreis besitzt keine Leitlinie.

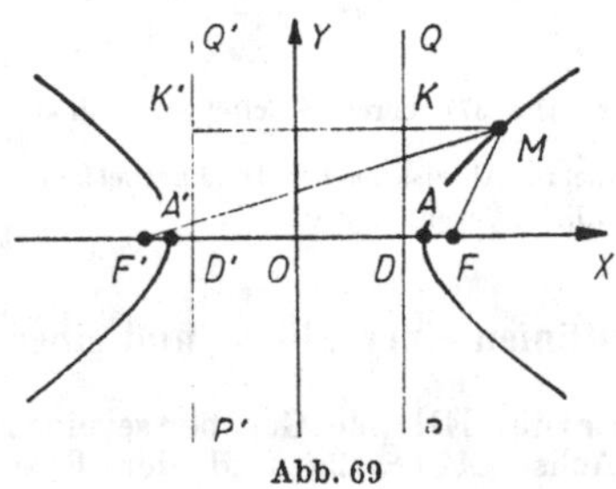

Abb. 69

2. **Die Leitlinie einer Hyperbel.** Die Strecke $A'A$ (Abb. 69) sei die reelle Achse einer Hyperbel und $\varepsilon = \frac{OF}{OA} = \frac{c}{a}$ ihre Exzentrizität (§ 72). Wir tragen die Strecken $OD = OD' = \frac{a}{\varepsilon}$ auf (d. h., $OD:OA = OA:OF$). Die Geraden PQ und $P'Q'$ durch die Punkte D und D' und parallel zur imaginären Achse heißen *Leitlinien* der Hyperbel. *Für einen beliebigen Punkt M auf der Hyperbel ist das Verhältnis seines Abstands vom Brennpunkt zum Abstand von der entsprechenden Leitlinie* (s. Pkt. 1.) *gleich der Exzentrizität* ε, d. h.

$$MF:MK = MF':MK' = \varepsilon. \tag{2}$$

Da für eine Hyperbel $\varepsilon > 1$, so liegt jeder Hyperbelpunkt näher an der Leitlinie als am entsprechenden Brennpunkt.

§ 80. Allgemeine Definition von Ellipse, Hyperbel und Parabel

Alle Ellipsen[1]), Hyperbeln und Parabeln besitzen die folgende Eigenschaft: Für alle diese Kurven ist das Verhältnis (Abb. 100)

$$FM:MK \tag{1}$$

eine Konstante, wobei FM den Abstand eines beliebigen Kurvenpunkts zu einem gegebenen Punkt F (Brennpunkt) und MK der Abstand von einer gegebenen Geraden PQ (der Leitlinie) ist.

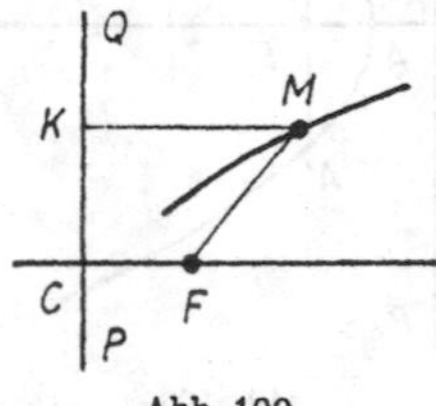

Abb. 100

Für eine Ellipse ist dieses Verhältnis kleiner als 1 (Abb. 101) (sein Wert ist gleich der Exzentrizität der Ellipse $\frac{c}{a}$, vgl. § 69 u. 79). Für eine Hyperbel (Abb. 102) ist es größer als 1 (ebenfalls gleich der Exzentrizität $\frac{c}{a}$, vgl. § 71 u. 79). Für eine Parabel (Abb. 103) ist das Verhältnis gleich 1 (§ 76).

Umgekehrt ist jede Linie, die diese Eigenschaft aufweist, entweder eine Ellipse (wenn $FM:MK < 1$) oder eine Hyperbel (wenn $FM:MK > 1$) oder eine Parabel (wenn $FM:MK = 1$). Die erwähnte Eigenschaft kann daher als allgemeine Definition von Ellipse, Hyperbel und Parabel dienen und das konstante Verhältnis $FM:MK = \varepsilon$ als *Exzentrizität* bezeichnet werden. Die Exzentrizität einer Parabel ist gleich 1, die einer Ellipse $\varepsilon < 1$ und die einer Hyperbel $\varepsilon > 1$.

[1]) Außer den Kreisen.

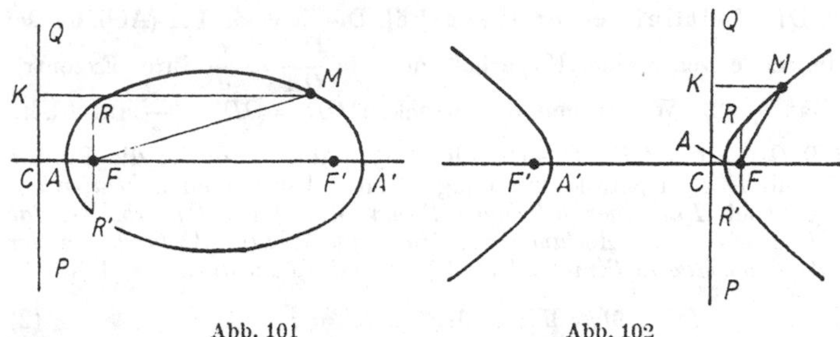

Abb. 101 Abb. 102

Bei gegebener Exzentrizität und bei gegebenem Abstand $FC = d$ zwischen Brennpunkt und Leitlinie ist die Größe und Form der Ellipse, Hyperbel oder Parabel vollkommen bestimmt. Ändert man bei festem ε den Wert von d, so erhält man alle untereinander ähnlichen Kurven.

Die Sehne RR' einer Ellipse, Hyperbel oder Parabel (Abb. 101, 102, 103) durch den Brennpunkt F und senkrecht zur Achse FC heißt *Fokalsehne*, und man bezeichnet

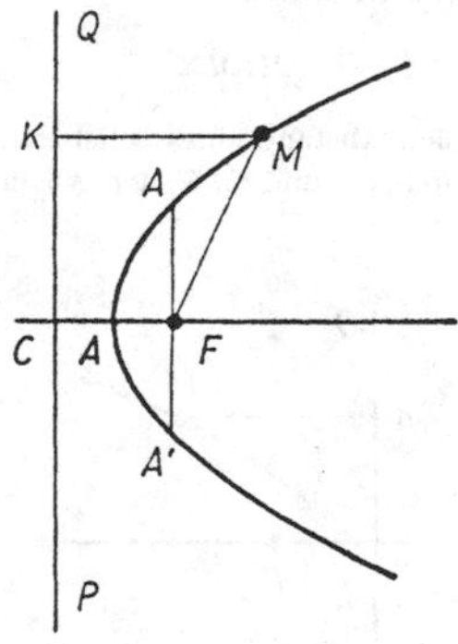

Abb. 103

sie mit $2p$:

$$RR' = 2p. \tag{2}$$

Die Größe $p = FR = FR'$ (d. h. die Länge der Fokalhalbsehne) heißt *Parameter* der Ellipse, Hyperbel oder Parabel. Sie steht mit d in der Beziehung

$$p = d\varepsilon, \tag{3}$$

so daß für eine Parabel gilt ($\varepsilon = 1$)

$$p = d. \tag{3a}$$

Der Scheitel der Ellipse, Hyperbel oder Parabel (A in Abb. 101, 102, 103) teilt die Strecke FC im Verhältnis $FA : AC = \varepsilon$. Der zweite Scheitel der Ellipse oder Hyperbel (A' in Abb. 101, 102) teilt FC im selben Verhältnis von außen (§ 11).

In Übereinstimmung mit der neuen Definition von Ellipse, Hyperbel und Parabel werden diese Kurven auch durch eine einheitliche Gleichung dargestellt. Nimmt man als Ursprung den Scheitel A (Abb. 104) und richtet die Achse längs AF, so lautet diese Gleichung

$$y^2 = 2px - (1 - \varepsilon^2)\,x^2. \tag{4}$$

Hier bedeuten p den Parameter und ε die Exzentrizität.

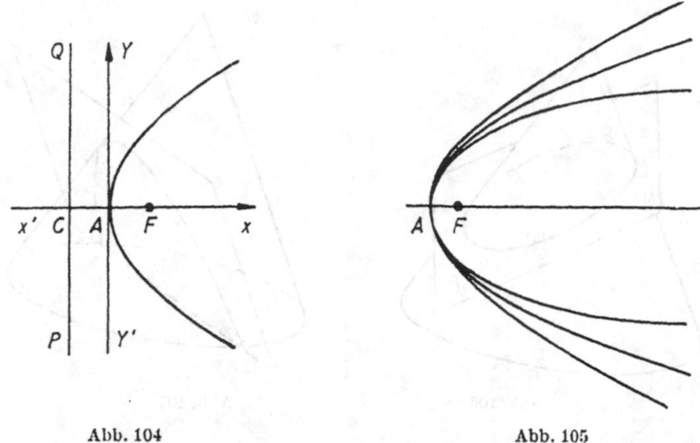

Abb. 104 Abb. 105

In der Nähe des Scheitels unterscheidet sich die Parabel sehr wenig von einer Ellipse oder Hyperbel, deren Exzentrizitäten nahe bei 1 liegen. In Abb. 105 sind eine Ellipse mit der Exzentrizität $\varepsilon = 0{,}9$, eine Hyperbel[1]) mit der Exzentrizität $\varepsilon = 1{,}1$ und eine Parabel ($\varepsilon = 1$) dargestellt, alle mit dem Brennpunkt F und dem Scheitel A. Die Halbachsen a und b und die Brennweite c einer Ellipse oder Hyperbel stehen mit ε in der Beziehung:

Ellipse	$a = \dfrac{p}{1 - \varepsilon^2}$	$b = \dfrac{p}{\sqrt{1 - \varepsilon^2}}$	$c = a\varepsilon = p\,\dfrac{\varepsilon}{1 - \varepsilon^2}$
Hyperbel	$a = \dfrac{p}{\varepsilon^2 - 1}$	$b = \dfrac{p}{\sqrt{\varepsilon^2 - 1}}$	$c = a\varepsilon = p\,\dfrac{\varepsilon}{\varepsilon^2 - 1}$

Der Abstand $\delta = AF$ zwischen Brennpunkt und Scheitel A ergibt sich in allen drei Fällen durch die Formel

$$\delta = \frac{d\varepsilon}{1 + \varepsilon} = \frac{p}{1 + \varepsilon}. \tag{5}$$

[1]) Der zweite Scheitel der Ellipse oder Hyperbel (und gleichzeitig auch der zweite Hyperbelast) ist um so weiter vom ersten Scheitel entfernt, je näher ε bei 1 liegt.

§ 81. Kegelschnitte

Eine Ellipse, eine Hyperbel und eine Parabel bezeichnet man als *Kegelschnitte,* da man sie als Schnitt der Fläche eines Kreiskegels mit einer Ebene P erhält[1]), die nicht durch die Spitze des Kegels verläuft.

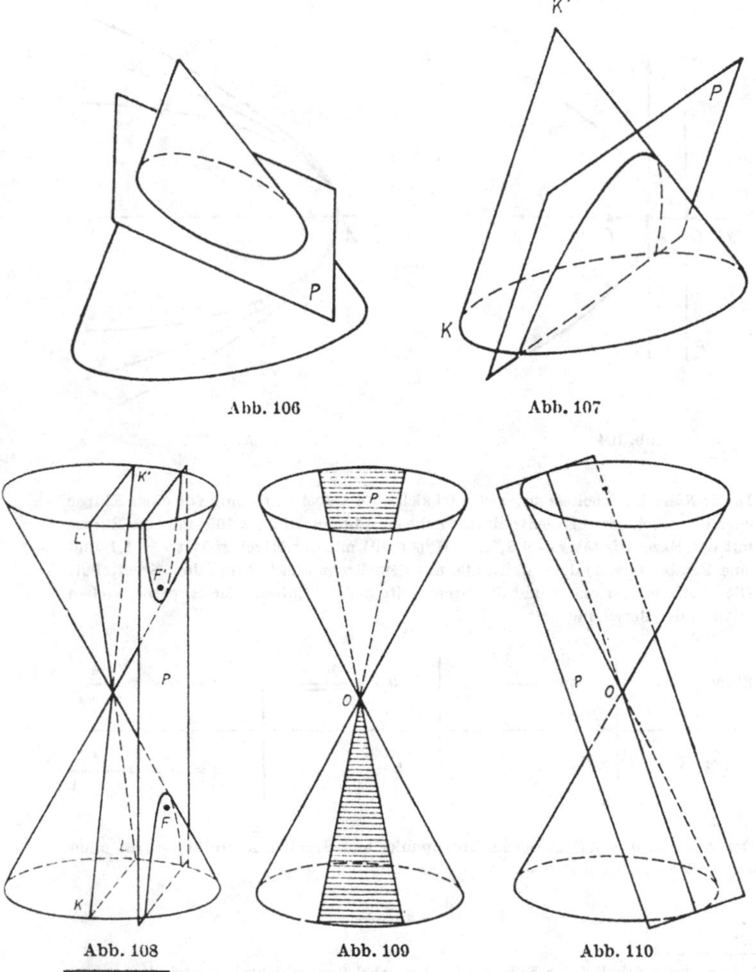

Abb. 106 Abb. 107

Abb. 108 Abb. 109 Abb. 110

[1]) Oder auch als Schnitt mit der Fläche eines allgemeinen Kegels.

Wenn die Ebene P nicht parallel zu einer der Erzeugenden des Kegels ist (Abb. 106), so ist der Kegelschnitt eine Ellipse[1]).

Wenn die Ebene P nur zu einer der Erzeugenden des Kegels (KK' in Abb. 107) parallel ist, so ist der Kegelschnitt eine Parabel.

Wenn die Ebene P parallel zu zwei Erzeugenden des Kegels verläuft (KK' und LL' in Abb. 108), so ist der Kegelschnitt eine Hyperbel.

Wenn die Ebene P durch die Kegelspitze geht, so erhalten wir statt einer Ellipse einen Punkt, statt einer Hyperbel ein Paar von sich schneidenden Geraden (Abb. 109) und statt einer Parabel eine Gerade, in der die Ebene P den Kegel berührt (Abb. 110). Diese Gerade kann man auch als zwei zusammenfallende Geraden auffassen.

§ 82. Die Durchmesser eines Kegelschnitts

Die Mittelpunkte paralleler Sehnen liegen bei allen Kegelschnitten auf einer Geraden. Diese Gerade bezeichnet man als *Durchmesser* des Kegelschnitts. Zu jeder Richtung paralleler Sehnen gehört ein Durchmesser (der zur gegebenen Richtung „*konjugierte*" Durchmesser). In Abb. 111 ist einer der Durchmesser $U'U$ einer Ellipse dargestellt.

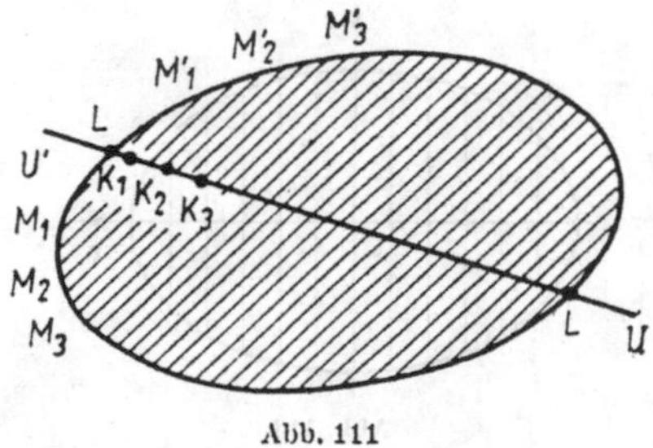

Abb. 111

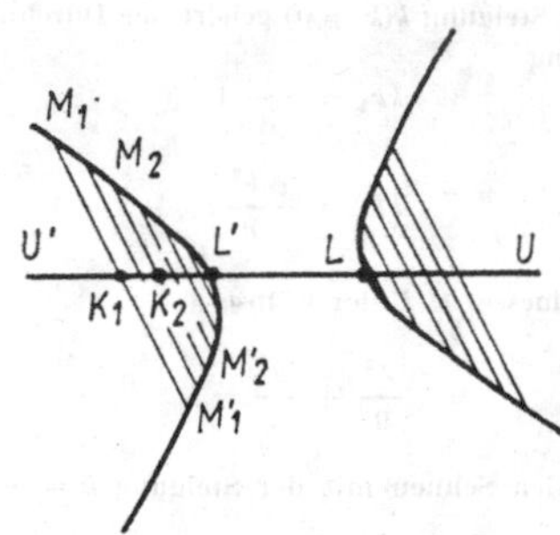

Abb. 112

[1]) Die Ellipse kann insbesondere zu einem Kreis entarten. Bei einem Kreiskegel liefern nur die Schnittebenen parallel zur Grundfläche einen Kreis. Ein allgemeiner Kegel hingegen kann mehr als eine Familie von kreisförmigen Schnitten besitzen.

Auf ihm liegen die Mittelpunkte K_1, K_2, der parallelen Sehnen M_1M_1', M_2M_2', ... Der geometrische Ort dieser Mittelpunkte ist der Abschnitt $L'L$ des Durchmessers $U'U$. In Abb. 112 ist der Durchmesser $U'U$ einer Hyperbel dargestellt, der den parallelen Sehnen M_1M_1', M_2M_2' usw. entspricht. Auf ihm liegen die Mittelpunkte K_1, K_2, ... dieser Sehnen. Der geometrische Ort der Punkte K_1, K_2, ... ist das Strahlenpaar $L'U'$ und LU.

Bemerkung. In der elementaren Geometrie versteht man unter dem Durchmesser eines Kreises eine Strecke (größte Sehne). In der analytischen Geometrie verwendet man das Wort „Durchmesser" manchmal ebenfalls zur Bezeichnung der Strecken LL' (Abb. 111, 112). Meist aber versteht man darunter die Gerade $L'L$.

§ 83. Die Durchmesser der Ellipse

Alle Durchmesser einer Ellipse gehen durch ihren Mittelpunkt.
Der Durchmesser, der den zur kleinen Achse parallelen Sehnen entspricht, ist die große Achse (Abb. 113). Der Durchmesser, der den zur großen Achse parallelen Sehnen entspricht, ist die kleine Achse.

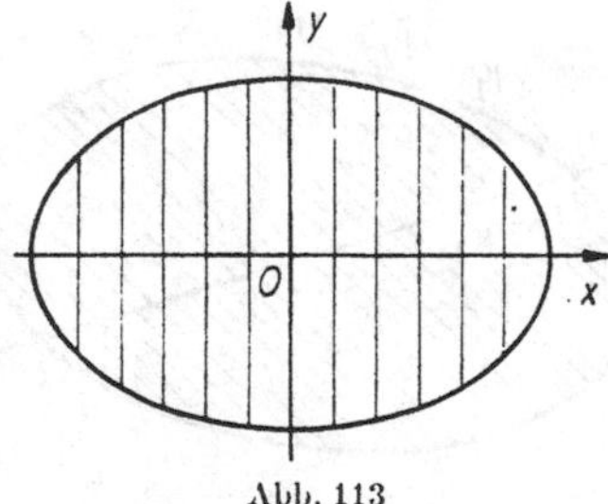

Abb. 113

Zu den Sehnen mit der Steigung $k (k \neq 0)$ gehört der Durchmesser $y = k_1x$, wobei sich k_1 aus der Beziehung

$$kk_1 = \varepsilon^2 - 1 \tag{1}$$

ergibt, d. h. aus

$$kk_1 = -\frac{b^2}{a^2}. \tag{1a}$$

Beispiel 1. Der Durchmesser $U'U$ der Ellipse

$$\frac{x^2}{9} + \frac{y^2}{4} = 1$$

(Abb. 114) gehört zu den Sehnen mit der Steigung $k = -\frac{8}{9}$ und besitzt eine Gleichung $y = k_1x$. Der Wert von k_1 ergibt sich aus der Beziehung $-\frac{8}{9}k_1 = -\frac{4}{9}$, so daß die Gleichung des Durchmessers $U'U$ lautet

$$y = \frac{1}{2}x.$$

Beispiel 2. Der Durchmesser $V'V$ (Abb. 114) derselben Ellipse, der den Sehnen mit der Steigung $k = \frac{1}{2}$ entspricht, besitzt die Gleichung $y = -\frac{8}{9}x$.
Wenn der Durchmesser $U'U$ der Ellipse die Sehnen halbiert, die parallel zum Durchmesser $V'V$ verlaufen, so halbiert der Durchmesser $V'V$ die Sehnen, die parallel zum Durchmesser $U'U$ sind.

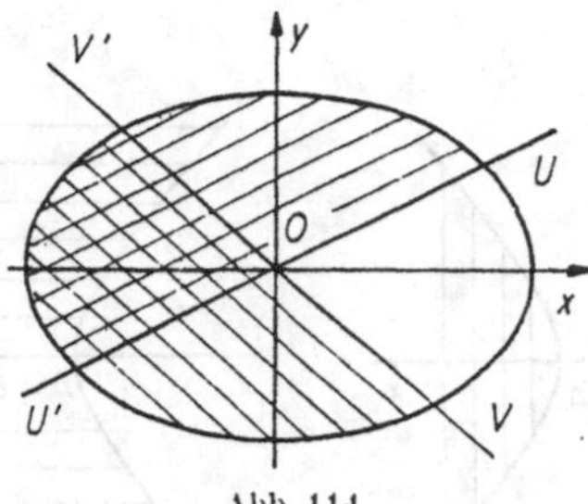

Abb. 114

Beispiel 3. Der Durchmesser $y = -\frac{8}{9}x$ der Ellipse $\frac{x^2}{9} + \frac{y^2}{4} = 1$ (vgl. Beispiel 1 und 2) halbiert die Sehnen, die parallel zum Durchmesser $y = \frac{x}{2}$ sind. Andererseits halbiert der Durchmesser $y = \frac{x}{2}$ die Sehnen, welche parallel zum Durchmesser $y = -\frac{8}{9}x$ sind. Durchmesser, von denen jeder die zum anderen parallelen Sehnen halbiert, heißen *zueinander konjugiert.*
Zwei zueinander konjugierte Durchmesser, die gleichzeitig senkrecht aufeinander stehen, heißen *Hauptdurchmesser.* Bei einem Kreis ist jeder Durchmesser ein Hauptdurchmesser. Bei einer Ellipse gibt es zum Unterschied vom Kreis nur ein Paar von Hauptdurchmessern, nämlich die große und die kleine Achse.
Die Steigungen konjugierter Richtungen, die nicht zu Hauptdurchmessern gehören, haben gemäß (1a) entgegengesetztes Vorzeichen, d. h. zwei konjugierte Durchmesser der Ellipse gehören stets zwei verschiedenen Paaren von Winkelbereichen an, die von den Achsen gebildet werden (in Abb. 114 liegt der Durchmesser $V'V$ im zweiten und vierten Quadranten, und $U'U$ im ersten und dritten Quadranten). Bei einer Drehung des Durchmessers $U'U$ dreht sich der Durchmesser $V'V$ in dieselbe Richtung wie $U'T$.

§ 84. Die Durchmesser der Hyperbel

Alle Durchmesser einer Hyperbel gehen durch ihren Mittelpunkt. Der Durchmesser, der den zur imaginären Achse parallelen Sehnen entspricht (Abb. 115), ist die reelle Achse (der geometrische Ort der Mittelpunkte der Sehnen ist das Strahlenpaar $A'X'$ und AX). Der Durchmesser, der den zur reellen Achse parallelen Sehnen entspricht (Abb. 116), ist die imaginäre Achse (die Mittelpunkte der Sehnen erfüllen die gesamte Achse $Y'Y$). Bei einer Hyperbel stehen wie bei der Ellipse die Steigung k paralleler Sehnen ($k \neq 0$) und (die Steigung k_1 des entsprechenden Durchmessers) in der Beziehung

$$kk_1 = \varepsilon^2 - 1, \tag{1}$$

aber die Beziehung (1a) § 83 besitzt jetzt die Gestalt

$$kk_1 = +\frac{b^2}{a^2}. \tag{1b}$$

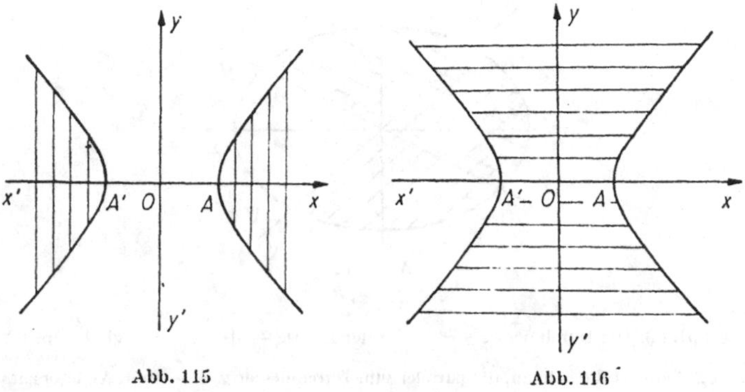

Abb. 115 Abb. 116

Beispiel 1. Der Durchmesser $U'U$ der Hyperbel $\frac{x^2}{9} - \frac{y^2}{4} = 1$ (Abb. 117), der den Sehnen mit der Steigung $k = \frac{10}{9}$ entspricht, besitzt die Gleichung $y = k_1 x$. Den Wert von k_1 bestimmt man aus der Beziehung $kk_1 = \frac{4}{9}$, so daß die Gleichung des Durchmessers $U'U$ lautet $y = \frac{2}{5}x$.

Beispiel 2. Der Durchmesser $V'V$ (Abb. 117) derselben Hyperbel, der den Sehnen mit der Steigung $k = \frac{2}{5}$ entspricht, besitzt die Gleichung $y = \frac{10}{9}x$.

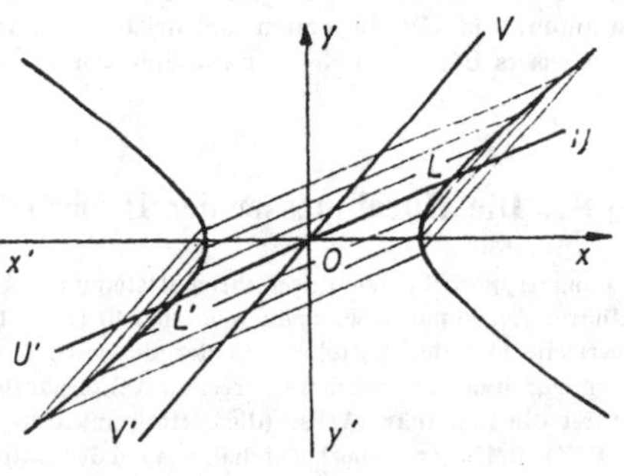

Abb. 117

Wenn ein Durchmesser $U'U$ die zum Durchmesser $V'V$ parallelen Sehnen halbiert, so halbiert der Durchmesser $V'V$ stets die zum Durchmesser $U'U$ parallelen Sehnen. Zwei derartige Durchmesser heißen *zueinander konjugiert*. Bei jeder Hyperbel gibt es nur ein Paar von Hauptdurchmessern (d. h. von konjugierten Durchmessern, die aufeinander senkrecht stehen). Es sind dies die reelle und die imaginäre Achse. Wenn die Steigung der parallelen Sehnen dem absoluten Betrag nach größer ist als die Steigung der Asymptoten, d. h., wenn

$$|k| > \frac{b}{a}$$

(s. Beispiel 1, bei dem $\frac{b}{a} = \frac{2}{3}$), so ist der geometrische Ort der Mittelpunkte der Sehnen das Strahlenpaar $L'U'$ und LU. Wenn hingegen

$$|k| < \frac{b}{a}$$

(s. Beispiel 2), so bilden die Mittelpunkte der Sehnen eine durchlaufende Gerade ($V'V$ in Abb. 117). Von zwei konjugierten Durchmessern gehört einer immer zum ersten Typ, der andere zum zweiten.

Bemerkung 1. Die Steigung paralleler Sehnen kann absolut genommen nicht $\frac{b}{a}$ sein, da die Gerade $y = \pm \frac{b}{a} x$ (Asymptote) die Hyperbel nicht schneidet und da die zur Asymptoten parallelen Geraden die Hyperbel nur in einem Punkt schneiden. Die Steigungen von konjugierten Richtungen, die nicht zu Hauptdurchmessern gehören, besitzen gemäß (1b) dasselbe Vorzeichen, d. h., zwei konjugierte Durchmesser der Hyperbel liegen stets im selben von den Achsen gebildeten Quadrantenpaar. Bezüglich der Asymptoten liegen zwei konjugierte Durchmesser jedoch stets in verschiedenen Winkelbereichen.

Bemerkung 2. Bei einer Drehung des Durchmessers $U'U$ der Hyperbel dreht sich der konjugierte Durchmesser $V'V$ in die entgegengesetzte Richtung. Wenn sich dabei $U'U$ der Asymptote unbegrenzt nähert, so nähert sich auch $V'V$ unbegrenzt derselben Asymptote. Man faßt daher auch die Asymptoten als Durchmesser auf, die zu sich selbst konjugiert sind. Dies ist eine Vereinbarung, da eine Asymptote in Wirklichkeit keinen Durchmesser darstellt (vgl. Bemerkung 1). Außer den Asymptoten bildet jede andere Gerade, die durch den Mittelpunkt der Hyperbel verläuft, einen ihrer Durchmesser.

§ 85. Die Durchmesser der Parabel

Alle Durchmesser einer Parabel sind parallel zu ihrer Achse, s. Abb. 118 und 119 (der geometrische Ort der Mittelpunkte paralleler Sehnen der Parabel ist der Strahl LU). Der Durchmesser, der den zur Achse parallelen Sehnen entspricht, ist die Achse selbst (Abb. 120).

Der Durchmesser der Parabel $y^2 = 2px$, der den Sehnen mit der Steigung $k (k \neq 0)$ entspricht, besitzt die Gleichung

$$y = \frac{p}{k}$$

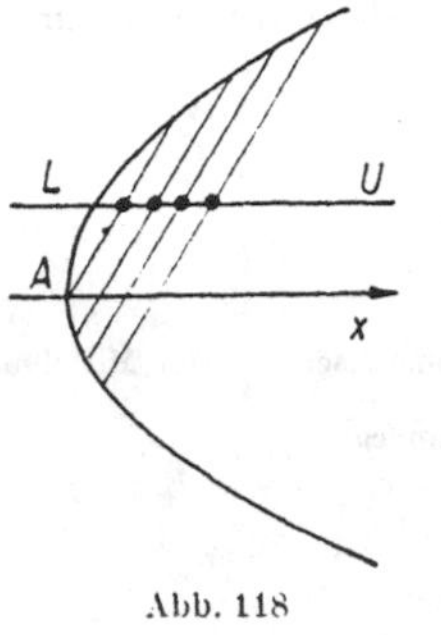

Abb. 118

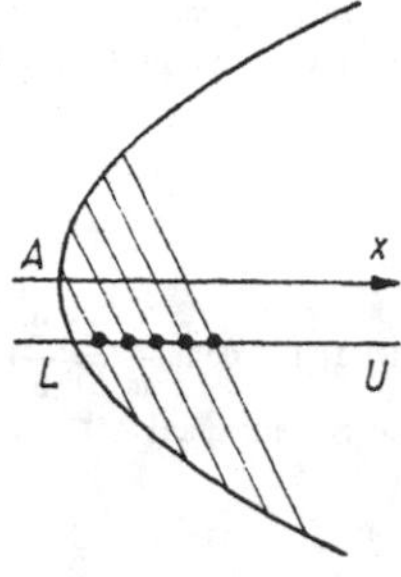

Abb. 119

(je größer die Neigung der Sehne zur Achse ist, um so weiter ist der Durchmesser von der Achse entfernt[1])).

Beispiel. Der Durchmesser der Parabel $y^2 = 2px$, der den unter 45° zur Achse geneigten Sehnen entspricht ($k = 1$), besitzt die Gleichung $y = p$, d. h., sein Abstand von der Achse AX (Abb. 121) ist gleich der Fokalhalbsehne FR (§ 80). Das

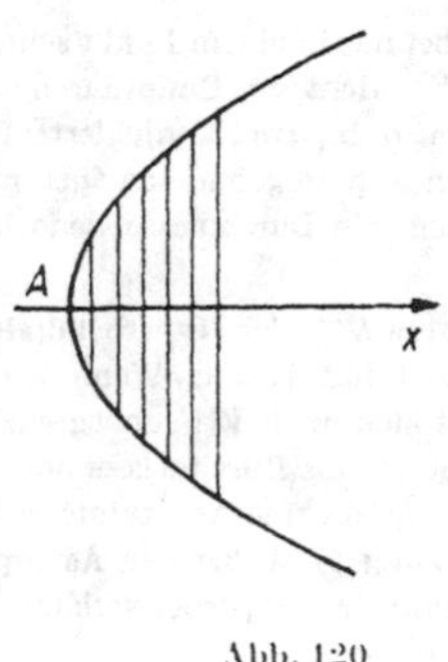

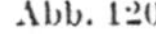
Abb. 120

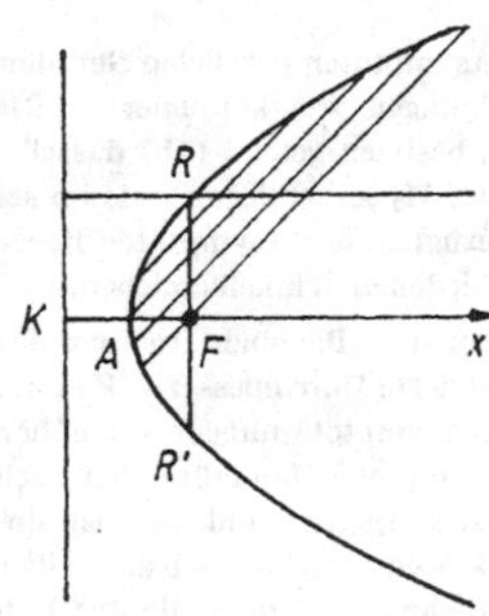

Abb. 121

bedeutet, daß der Durchmesser die Parabel im Punkt R schneidet, der über dem Brennpunkt F liegt.

Alle Geraden, die parallel zu einem beliebigen Parabeldurchmesser sind, schneiden die Parabel nur in einem Punkt. Die Parabel besitzt daher keine konjugierten Durchmesser.

[1]) Die Steigung aller Durchmesser der Parabel ist gleich Null, d. h., sie genügt der Gleichung $kk_1 = \varepsilon^2 - 1$, die sich im Falle der Ellipse und der Hyperbel (§ 83, 84) ergab (für die Parabel ist $\varepsilon = 1$).

§ 86. Kurven zweiten Grades

Eine Ellipse (und insbesondere ein Kreis), eine Hyperbel und eine Parabel bilden Kurven zweiten Grades, d. h., in jedem kartesischen Koordinatensystem ist ihre Gleichung vom zweiten Grade. Jedoch nicht jede Gleichung zweiten Grades stellt eine der erwähnten Kurven dar. Es kann zum Beispiel vorkommen, daß eine Gleichung zweiten Grades ein Geradenpaar beschreibt.

Beispiel 1. Die Gleichung

$$4x^2 - 9y^2 = 0 \tag{1}$$

zerfällt in zwei Gleichungen $2x - 3y = 0$ und $2x + 3y = 0$, die ein Geradenpaar darstellen, das sich im Ursprung schneidet.

Beispiel 2. Die Gleichung

$$x^2 - 2xy + y^2 - 9 = 0 \tag{2}$$

zerfällt in die Gleichungen $x - y + 3 = 0$ und $y - x + 3 = 0$. Es handelt sich um ein Paar paralleler Geraden.

Beispiel 3. Die Gleichung

$$x^2 - 2xy + y^2 = 0, \tag{3}$$

d. h. $(x - y)^2 = 0$, stellt eine Gerade $y - x = 0$ dar. Da jedoch auf der linken Gleichungsseite von (3) das Binom $x - y$ zweimal als Faktor auftritt, spricht man in diesem Fall von zwei zusammenfallenden Geraden.

Es kann auch vorkommen, daß eine Gleichung zweiten Grades nur einen einzigen Punkt darstellt.

Beispiel 4. Die Gleichung

$$x^2 + \frac{1}{4}y^2 = 0 \tag{4}$$

besitzt nur eine einzige reelle Lösung, nämlich $x = y = 0$. Sie stellt daher den Punkt (0; 0) dar. Im übrigen zerfällt (4) in die beiden Gleichungen $x + \frac{iy}{2} = 0$ und $x - \frac{iy}{2} = 0$ mit imaginären Koeffizienten. Man spricht daher in diesem Fall von einem „Paar imaginärer Geraden, die sich in einem reellen Punkt schneiden".

Schließlich kann es vorkommen, daß eine Gleichung zweiten Grades überhaupt keine reelle Lösung besitzt und daher keinen geometrischen Ort darstellt.

Beispiel 5. Die Gleichung

$$\frac{x^2}{-9} + \frac{y^2}{-16} = 1 \tag{5}$$

stellt keine Kurve dar und auch keinen Punkt, da die Größe $\frac{x^2}{-9} + \frac{y^2}{-16}$ keine positiven Werte annehmen kann. Wegen der äußerlichen Ähnlichkeit der Gleichung (5) mit der Ellipsengleichung spricht man in diesem Fall von einer „imaginären Ellipse".

Beispiel 6. Die Gleichung

$$x^2 - 2xy + y^2 + 9 = 0 \tag{6}$$

stellt ebenso weder eine Kurve noch einen Punkt dar. Da sie jedoch in die beiden Gleichungen $x - y + 3i = 0$ und $x - y - 3i = 0$ zerfällt, spricht man in diesem Fall (vgl. Beispiel 2) von einem Paar „imaginärer paralleler Geraden".

Die Kegelschnitte und die Geradenpaare erschöpfen alle Kurven, die man in einem kartesischen Koordinatensystem durch eine Gleichung zweiten Grades darstellen kann. Mit anderen Worten, wir haben das folgende

Theorem. *Jede Kurve zweiten Grades ist entweder eine Ellipse oder ein Hyperbel oder eine Parabel oder ein Paar von Geraden* (die sich schneiden, zu einander parallel sind oder zusammenfallen).

Skizze des Beweises. Mit Hilfe einer Koordinatentransformation bringen wir die gegebene Gleichung zweiten Grades auf die einfachste Form. Dadurch erhalten wir eine der drei kanonischen Gleichungen

$$\frac{x^2}{a^2} + \frac{y^2}{b^2} = \pm 1 \text{ (Ellipse, reell oder imaginär)},$$

$$\frac{x^2}{a^2} - \frac{y^2}{b^2} = 1 \text{ (Hyperbel)}, \quad y^2 = 2px \text{ (Parabel)}$$

oder wir stellen fest, daß die Gleichung zweiten Grades in zwei Gleichungen ersten Grades zerfällt. Gleichzeitig finden wir auch die Abmessungen der Kurve zweiter Ordnung und ihre Lage bezüglich des ursprünglichen Koordinatensystems (für eine Ellipse z. B. die Länge ihrer Achsen, ihre Gleichung, die Lage ihres Mittelpunktes usw.).

In den §§ 89–90 werden wir die erwähnten Transformationen durchführen.

§ 87. Die Form der allgemeinen Gleichung zweiten Grades

Die allgemeine Gleichung zweiten Grades schreibt man im allgemeinen in der Form

$$Ax^2 + 2Bxy + Cy^2 + 2Dx + 2Ey + F = 0. \tag{1}$$

Die Bezeichnungen $2B$, $2D$, $2E$ (und nicht B, D, E) wurden gewählt, weil in vielen Formeln die Hälfte der Koeffizienten von xy, x und y auftritt. Bei Verwendung der Bezeichnungen $2B$, $2C$, $2D$ vermeidet man daher Brüche.

Beispiel. Für die Gleichung

$$x^2 + xy - 2y^2 + 2x + 4y + 4 = 0$$

haben wir

$$A = 1,\ B = 12,\ C = -2,\ D = 1,\ E = 2,\ F = 4.$$

Beispiel 2. Für die Gleichung $2xy + x + 5 = 0$ haben wir

$$A = 0,\ B = 1,\ C = 0,\ D = \frac{1}{2},\ E = 0,\ F = 5.$$

Bemerkung. Die Größen A, B, C, D, E, F dürfen beliebige Werte annehmen, nur sollen die Größen A, B und C nicht gleichzeitig 0 sein, da sonst (1) eine Gleichung ersten Grades wird.

§ 88. Vereinfachung der Gleichung zweiten Grades. Allgemeine Bemerkungen

Die Transformation der Gleichung zweiten Grades

$$Ax^2 + 2Bxy + Cy^2 + 2Dx + 2Ey + F = 0 \tag{1}$$

auf ihre einfachste Form (s. § 86) führen wir nach dem folgenden Schema durch[1]):

1. **Vorläufige Transformation.** Mit ihrer Hilfe entfernen wir Glieder, die zu einem Produkt von verschiedenen Koordinaten gehören (dies erreicht man durch eine Drehung der Achsen, s. § 89).
2. **Endgültige Transformation.** Mit ihrer Hilfe entfernen wir dann die Glieder, die Ausdrücke ersten Grades bilden (dies erreicht man durch eine Verschiebung des Ursprungs, s. § 90).

§ 89. Vorläufige Transformation der Gleichung zweiten Grades

(Wenn $B = 0$, so wird diese Transformation überflüssig.)
Wir drehen das Koordinatensystem um den Winkel α, der der Bedingung[2])

$$\tan 2\alpha = \frac{2B}{A - C} \tag{2}$$

genügt.
Die Transformationsformeln lauten (§ 58)

$$x = x' \cos\alpha - y' \sin\alpha, \qquad y = x' \sin\alpha + y' \cos\alpha. \tag{3}$$

---

[1]) Wir erklären das Verfahren hier etwas umständlich, benötigen dafür aber keine Hilfssätze. Ein anderes Verfahren, das schneller zum Ziel führt, wird in den §§ 95, 96 angegeben.

[2]) Wenn $A = C$ (die Größe $\frac{2B}{A - C}$ wird „unendlich"), so (§ 21, Bemerkung) soll gelten $2\alpha = \pm 90°$, d. h., $\alpha = \pm 45°$.

Die Glieder in $x'y'$ heben sich gegenseitig weg[1]), und die neue Gleichung hat die Form

$$A'x'^2 + C'y'^2 + 2D'x' + 2E'y' + F' = 0. \tag{4}$$

Beispiel 1. Gegeben sei die Gleichung

$$2x^2 - 4xy + 5y^2 - x + 5y - 4 = 0. \tag{1a}$$

Hier ist $A = 2$, $B = -2$, $C = 5$, $D = -\frac{1}{2}$, $E = \frac{5}{2}$, $F = -4$. Aus Bedingung (2) erhalten wir

$$\tan 2\alpha = \frac{-4}{-3} = \frac{4}{3}. \tag{2a}$$

Nimmt man den Winkel 2α im ersten Quadranten ($2\alpha \approx 58°8'$, $\alpha \approx 26°34'$), so erhält man

$$\cos 2\alpha = \frac{1}{\sqrt{1 + \tan 2\alpha}} = \frac{3}{5},$$

$$\sin \alpha = \sqrt{\frac{1 - \cos 2\alpha}{2}} = \frac{1}{\sqrt{5}},$$

$$\cos \alpha = \sqrt{\frac{1 + \cos 2\alpha}{2}} = \frac{2}{\sqrt{5}}.$$

Die Formeln (3) erhalten die Form

$$\left.\begin{aligned} x &= \frac{2}{\sqrt{5}} x' - \frac{1}{\sqrt{5}} y', \\ y &= \frac{1}{\sqrt{5}} x' + \frac{2}{\sqrt{5}} y'. \end{aligned}\right\} \tag{3a}$$

Durch Einsetzen in (1a) erhalten wir die neue Gleichung

$$x'^2 + 6y'^2 + \frac{3}{\sqrt{5}} x' + \frac{11}{\sqrt{5}} y' - 4 = 0, \tag{4a}$$

wobei

$$A' = 1,\ B' = 0,\ C' = 6,\ D' = \frac{3}{2\sqrt{5}},\ E' = \frac{11}{2\sqrt{5}},\ F' = -4.$$

---

[1]) Der Koeffizient von $x'y'$ hat die Form

$$2B' = (C - A)\, 2 \sin\alpha \cos\alpha + 2B(\cos^2\alpha - \sin^2\alpha)$$
$$= (C - A) \sin 2\alpha + 2B \cos 2\alpha.$$

Auf Grund von (2) ist dieser Koeffizient 0.

Nimmt man den Winkel 2α im dritten Quadranten ($2\alpha \approx 233°8'$, $\alpha \approx 116°34'$), so erhält man eine analoge Gleichung

$$6x'^2 + y'^2 + \frac{11}{\sqrt{5}}x' - \frac{3}{\sqrt{5}}y' - 4 = 0,$$

wobei

$$A' = 6, \quad B' = 0, \quad C' = 1, \quad D' = \frac{11}{2\sqrt{5}}, \quad E' = -\frac{3}{2\sqrt{5}},$$
$$F' = -4.$$

Beispiel 2. Gegeben sei die Gleichung

$$x^2 + 2xy + y^2 + 2x + y = 0. \tag{1b}$$

Hier gilt

$$A = 1, \quad B = 1, \quad C = 1, \quad D = 1, \quad E = \frac{1}{2}, \quad F = 0.$$

Wegen $A = C$ können wir (s. Fußnote [1]) auf Seite 121) $\alpha = 45°$ nehmen. Durch Einsetzen der Ausdrücke

$$\left.\begin{aligned} x &= x'\cos 45° - y'\sin 45° = \frac{1}{\sqrt{2}}(x' - y') \\ y &= x'\sin 45° + y'\cos 45° = \frac{1}{\sqrt{2}}(x' + y') \end{aligned}\right\} \tag{3b}$$

in (1b) erhalten wir

$$2x'^2 + \frac{3}{\sqrt{2}}x' - \frac{1}{\sqrt{2}}y' = 0. \tag{4b}$$

Hier ist

$$A' = 2, \; B' = 0, \; C' = 0, \; D' = \frac{3}{2\sqrt{2}}, \; E' = -\frac{1}{2\sqrt{2}}, \; F' = 0.$$

Mit $\alpha = -45°$ erhält man

$$2y'^2 + \frac{1}{\sqrt{2}}x' + \frac{3}{\sqrt{2}}y' = 0. \tag{4b'}$$

Hier ist

$$A' = 0, \quad B' = 0, \quad C' = 2, \quad D' = \frac{1}{2\sqrt{2}}, \quad E' = \frac{3}{2\sqrt{2}}, \quad F' = 0.$$

Beispiel 3. Gegeben sei die Gleichung

$$2x^2 - 4xy + 2y^2 + 8x - 8y - 17 = 0. \tag{1c}$$

Wegen $A = C$, können wir $\alpha = 45°$ nehmen. Setzt man die Ausdrücke (3b) in (1c) ein, so gilt

$$4y'^2 - 8\sqrt{2}\,y' - 17 = 0. \tag{4c}$$

Mit $\alpha = -45°$ erhält man

$$4x'^2 + 8\sqrt{2}\,x' - 17 = 0. \tag{4c'}$$

§ 90. Endgültige Transformation der Gleichung zweiten Grades

Hier muß man zwei Fälle unterscheiden:

1. Keiner der Koeffizienten A', C' in der Gleichung

$$A'x'^2 + C'y'^2 + 2D'x' + 2E'y' + F' = 0 \tag{4}$$

ist 0 (wie es in Beispiel 1 der Fall war).

2. Einer der Koeffizienten A', C' ist 0 (wie in den Beispielen 2 und 3)[1].

Fall 1. Die Gleichung

$$A'x'^2 + C'y'^2 + 2D'x' + 2E'y' + F' = 0 \tag{4}$$

transformieren wir so: Wir ergänzen die Summe $A'x'^2 + 2D'x' = A'\left(x'^2 + 2\,\frac{D'}{A'}x'\right)$ durch das Glied $\frac{D'^2}{A'}$ und erhalten $A'\left(x' + \frac{D'}{A'}\right)^2$. Die Summe $C'y'^2 + 2E'y'$ ergänzen wir durch das Glied $\frac{E'^2}{C'}$ und erhalten $C'\left(y' + \frac{E'}{C'}\right)^2$. Auf der rechten Seite von (4) addieren wir zum Ausgleich $\frac{D'^2}{A'} + \frac{E'^2}{C'}$. Wir erhalten eine Gleichung der Form

$$A'\left(x' + \frac{D'}{A'}\right)^2 + C'\left(y' + \frac{E'}{C'}\right)^2 = K', \tag{5}$$

wobei

$$K' = \frac{D'^2}{A'} + \frac{E'^2}{C'} - F'.$$

Wir verschieben nun den Ursprung in den Punkt $\left(-\frac{D'}{A'};\ -\frac{E'}{C'}\right)$, d. h., wir transformieren die Koordinaten (§ 35) gemäß den Formeln

$$x' = \bar{x} - \frac{D'}{A'}, \quad y' = \bar{y} - \frac{E'}{C'}. \tag{6}$$

Wir erhalten die Gleichung

$$A'\bar{x}^2 + C'\bar{y}^2 = K' \quad (A' \neq 0, \quad C' \neq 0). \tag{7}$$

---

[1]) Die Koeffizienten A' und C' können nicht gleichzeitig verschwinden (sonst wäre die Gleichung (4) von erstem Grad).

Wenn $K' \neq 0$, so dividieren wir diese Gleichung durch K' und erhalten so

$$\frac{\bar{x}^2}{\frac{K'}{A'}} + \frac{\bar{y}^2}{\frac{K'}{C'}} = 1. \tag{8}$$

a) Wenn beide Größen $\frac{K'}{A'}$, $\frac{K'}{C'}$ positiv sind, so liegt eine Ellipse vor.

b) Wenn beide Größen $\frac{K'}{A'}$, $\frac{K'}{C'}$ negativ sind, so handelt es sich um eine imaginäre Ellipse (vgl. Beispiel 5, § 86).

c) Wenn eine dieser Größen (gleich welche) positiv, die andere aber negativ ist, so handelt es sich um eine Hyperbel.

Wenn hingegen $K' = 0$, so hat die Gleichung (7) die Gestalt

$$A'\bar{x}^2 + C'\bar{y}^2 = 0. \tag{7'}$$

Es sind zwei Fälle möglich:

d) Wenn A' und C' verschiedenes Vorzeichen haben, so zerfällt $A'\bar{x}^2 + C'\bar{y}^2$ als Differenz zweier Quadrate in Faktoren ersten Grades. In beiden Faktoren sind die Koeffizienten reell. Wir haben daher zwei sich schneidende Geraden (vgl. Beispiel 1, § 86).

e) Wenn A' und C' gleiches Vorzeichen haben, so zerfällt $A'\bar{x}^2 + C\bar{y}'^2$ ebenfalls in Faktoren ersten Grades, aber nun enthalten beide Faktoren Glieder mit imaginären Koeffizienten. Wir haben daher zwei imaginäre sich schneidende Geraden, d. h. einen einzigen reellen Punkt (vgl. § 86, Beispiel 4).

Beispiel 1. Die Gleichung (1a) aus Beispiel 1, § 89, hat nach der Achsentransformation die Gestalt

$$x'^2 + 6y'^2 + \frac{3}{\sqrt{5}}x' + \frac{11}{\sqrt{5}}y' - 4 = 0. \tag{4a}$$

Diese Gleichung schreiben wir in der Form

$$\left(x' + \frac{3}{2\sqrt{5}}\right)^2 + 6\left(y' + \frac{11}{12\sqrt{5}}\right)^2 = \left(\frac{3}{2\sqrt{5}}\right)^2 + 6\left(\frac{11}{12\sqrt{5}}\right)^2 + 4, \tag{5a}$$

d. h.

$$\left(x' + \frac{3}{2\sqrt{5}}\right)^2 + 6\left(y' + \frac{11}{12\sqrt{5}}\right)^2 = \frac{131}{24}.$$

Geht man mit Hilfe der Formeln

$$x' = \bar{x} - \frac{3}{2\sqrt{5}}, \qquad y' = \bar{y} - \frac{11}{12\sqrt{5}} \tag{6a}$$

zu einem System mit dem Ursprung im Punkt $\left(-\frac{3}{2\sqrt{5}}; -\frac{11}{12\sqrt{5}}\right)$ über, so erhält man

$$\overline{x}^2 + 6\overline{y}^2 = \frac{131}{24} \tag{7a}$$

oder

$$\frac{\overline{x}^2}{\frac{131}{24}} + \frac{\overline{y}^2}{\frac{131}{144}} = 1. \tag{8a}$$

Die letzte Gleichung stellt eine Ellipse mit den Halbachsen $a = \sqrt{\frac{131}{24}} \approx 2{,}3$, $b = \sqrt{\frac{131}{144}} \approx 1$ dar. In Abb. 122 gilt $a = O'A$, $b = O'B$ (mit der Maßeinheit OE).

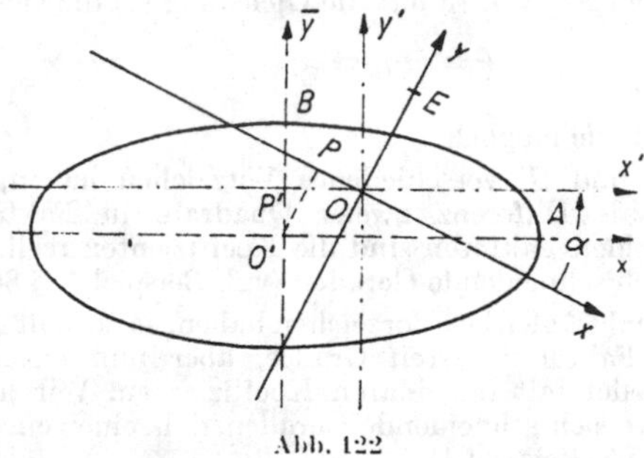

Abb. 122

Der Mittelpunkt der Ellipse liegt in dem Punkt mit den Koordinaten $\overline{x} = \overline{y} = 0$. Mit Hilfe der Formeln (6a) erhalten wir die Koordinaten des Mittelpunkts im Zwischensystem $X'OY$:

$$x' = -\frac{3}{2\sqrt{5}} \approx -0{,}7,$$

$$y' = -\frac{11}{12\sqrt{5}} \approx -0{,}4.$$

In Abb. 122 gilt $x' = OP'$, $y' = P'O'$.
Aus den Formeln (3a) § 89 erhalten wir die Koordinaten des Mittelpunkts im ursprünglichen System XOY:

$$x_M = \frac{2}{\sqrt{5}}\left(-\frac{3}{2\sqrt{5}}\right) - \frac{1}{\sqrt{5}}\left(-\frac{11}{12\sqrt{5}}\right) = -\frac{5}{12} \approx -0{,}4,$$

$$y_M = \frac{1}{\sqrt{5}}\left(-\frac{3}{2\sqrt{5}}\right) + \frac{2}{\sqrt{5}}\left(-\frac{11}{12\sqrt{5}}\right) = -\frac{2}{3} \approx -0{,}7.$$

In Abb. 122 gilt $x_M = OP$, $y_M = PO'$.

Wir wollen die Gleichungen der Ellipsenachsen im ursprünglichen System bestimmen. Im System $\overline{X}O'\overline{Y}$ besitzt die große Achse die Gleichung $\overline{y} = 0$, im System $X'OY'$ hat dieselbe Achse auf Grund der zweiten Gleichung aus (6a) die Gleichung $y' = -\frac{11}{12\sqrt{5}}$. Auflösen des Systems (3a) nach x' und y' liefert

$$x' = \frac{2}{\sqrt{5}}x + \frac{1}{\sqrt{5}}y,$$

$$y' = \frac{2}{\sqrt{5}}y - \frac{1}{\sqrt{5}}x.$$

Wir benötigen nur die zweite dieser Gleichungen. Durch Einsetzen in $y' = -\frac{11}{12\sqrt{5}}$ erhalten wir die Gleichung der großen Achse im ursprünglichen System XOY, nämlich

$$\frac{2}{\sqrt{5}}y - \frac{1}{\sqrt{5}}x = -\frac{11}{12\sqrt{5}}$$

oder

$$12x - 24y - 11 = 0.$$

Durch dasselbe Verfahren ergibt sich die Gleichung der kleinen Achse

$$4x + 2y + 3 = 0.$$

Fall 2. Einer der Koeffizienten A' oder C' ist 0. Die Gleichung (4) hat die Form

$$A'x'^2 + 2D'x' + 2E'y' + F' = 0 \tag{9}$$

oder

$$C'y'^2 + 2D'x' + 2E'y' + F' = 0. \tag{9'}$$

Wir betrachten die Gleichung von der Form (9). (Für (9') gilt dasselbe, man hat nur x' mit y' zu vertauschen.)

a) Wenn $E' \neq 0$, so kann man die Gleichung (9) bezüglich y' auflösen und erhält

$$y' = -\frac{A'}{2E'}x'^2 - \frac{D'}{E'}x' - \frac{F'}{2E'}. \tag{10}$$

Es handelt sich um eine Parabel. Die Koordinaten des Scheitels bestimmt man aus den Formeln (5) § 78 mit

$$a = -\frac{A'}{2E'}, \quad b = -\frac{D'}{E'}, \quad c = -\frac{F'}{2E'}.$$

b) Wenn $E' = 0$, so hat Gleichung (9) die Form

$$A'x'^2 + 2D'x' + F' = 0. \tag{11}$$

Man zerlegt daher den linken Teil von (1) in zwei Faktoren ersten Grades und erhält

$$A'\left(x' - \frac{\sqrt{D'^2 - A'F'} - D'}{A'}\right) x' + \frac{\sqrt{D'^2 - A'F'} + D'}{A'} = 0. \qquad (12)$$

Die Größen $\frac{\sqrt{D'^2 - A'F'} - D'}{A'}$ und $\frac{-\sqrt{D'^2 - A'F'} - D'}{A'}$ sind die Wurzeln der Gleichung (11). Die Gleichung (12) (und damit (11)) stellt bei $D'^2 - A'F' > 0$ ein Paar von parallelen Geraden dar, bei $D'^2 - A'F' < 0$ ein Paar von imaginären Geraden und bei $D'^2 - A'F' = 0$ zwei zusammenfallende Geraden (§ 86, Beispiele 2,6 und 3).

Beispiel 2. Die Gleichung (1b) aus Beispiel 2, § 89, erhält nach einer Drehung der Achsen um 45° die Form

$$2x'^2 + \frac{3}{\sqrt{2}}x' - \frac{1}{\sqrt{2}}y' = 0. \qquad (4b)$$

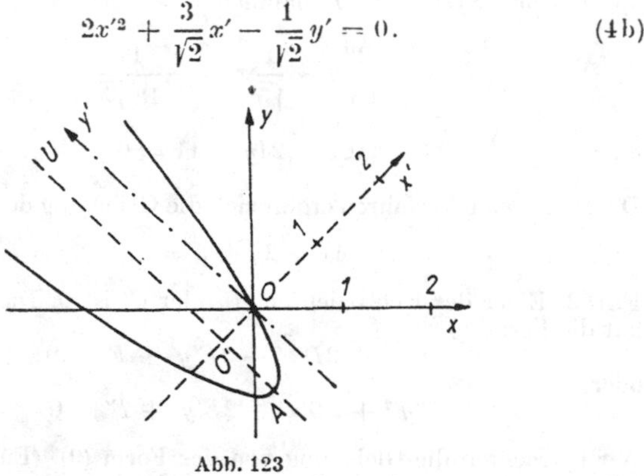

Abb. 123

Nach Auflösen bezüglich y' ergibt sich

$$y' - = 2\sqrt{2}\,x'^2 + 3x'. \qquad (10b)$$

Die Gleichung (10b) (und damit auch (1b)) stellt eine Parabel dar (Abb. 123). Die Koordinaten x', y' ihres Scheitels A erhält man aus den Formeln (5) § 78:

$$x'_A = -\frac{3}{4\sqrt{2}} \approx -0{,}5, \quad y'_A = -\frac{9}{8\sqrt{2}} \approx -0{,}8.$$

Die Koordinaten des Scheitels erhält man auch ohne Verwendung der Formeln (5) § 78 (s. § 78, Bemerkung 1).

Aus den Formeln (3b) § 89 gewinnen wir die Koordinaten des Scheitels im ursprünglichen System:

$$x_A = \frac{\sqrt{2}}{2}(x' - y') = \frac{\sqrt{2}}{2}\left(-\frac{3}{4\sqrt{2}} + \frac{9}{8\sqrt{2}}\right) = \frac{3}{16} \approx 0{,}2,$$

$$y_A = \frac{\sqrt{2}}{2}(x' + y') = \frac{\sqrt{2}}{2}\left(-\frac{3}{4\sqrt{2}} - \frac{9}{8\sqrt{2}}\right) = -\frac{15}{16} \approx -0{,}9.$$

Wir wollen die Gleichung der Achse der Parabel bestimmen. Im neuen System besitzt diese Achse die Gleichung

$$x' = -\frac{3}{4\sqrt{2}}.$$

Durch Auflösen der Gleichung (3b) nach x' und y' ergibt sich

$$x' = \frac{\sqrt{2}}{2}(x + y),$$

$$y' = \frac{\sqrt{2}}{2}(y - x).$$

Setzt man in die erste von diesen Gleichungen $x' = -\frac{3}{4\sqrt{2}}$ ein (die zweite Gleichung benötigen wir nicht), so erhalten wir

$$-\frac{3}{4\sqrt{2}} = \frac{\sqrt{2}}{2}(x + y)$$

oder

$$4x + 4y + 3 = 0.$$

Das ist die Gleichung der Parabelachse im ursprünglichen System.

Beispiel 3. Die Gleichung (1c) aus Beispiel 3, § 89, erhält nach einer Drehung der Achsen um $-45°$ die Form

$$4x'^2 + 8\sqrt{2}\,x' - 17 = 0. \tag{4c'}$$

Nach einer Faktorenzerlegung der linken Seite von (4c') finden wir

$$4\left(x' - \frac{5 - 2\sqrt{2}}{2}\right)\left(x' + \frac{5 + 2\sqrt{2}}{2}\right) = 0, \tag{12c}$$

d. h., wir haben ein Paar von parallelen Geraden (UV und $U'V'$ in Abb. 124)

$$x' = \frac{5 - 2\sqrt{2}}{2}, \quad x' = -\frac{5 + 2\sqrt{2}}{2}. \tag{13}$$

Wir wollen die Gleichungen dieser Geraden im System XOY bestimmen. Da man das System XOY aus $X'OY'$ durch eine Drehung um $+45°$ erhält, gilt

$$x' = \frac{\sqrt{2}}{2}(x - y), \quad y' = \frac{\sqrt{2}}{2}(x + y). \tag{14}$$

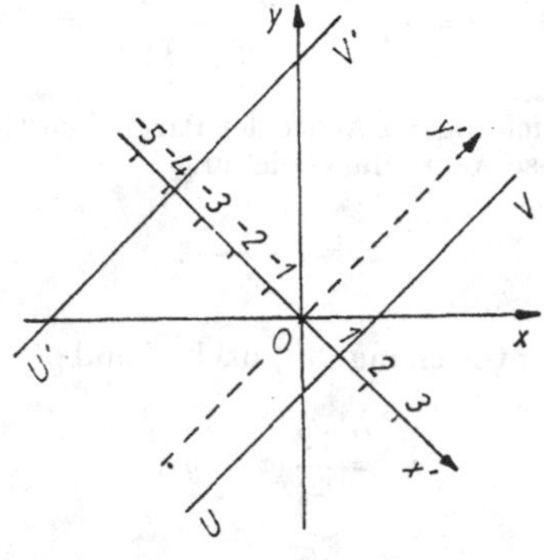

Abb. 124

Setzen wir in die erste dieser Gleichungen zuerst den ersten und dann den zweiten Wert aus (13) ein, so finden wir

$$\frac{5 - 2\sqrt{2}}{2} = \frac{\sqrt{2}}{2}(x - y), \quad -\frac{5 + 2\sqrt{2}}{2} = \frac{\sqrt{2}}{2}(x - y)$$

oder

$$\sqrt{2}\,x - \sqrt{2}\,y - 5 + 2\sqrt{2} = 0,$$

$$\sqrt{2}\,x - \sqrt{2}\,y + 5 + 2\sqrt{2} = 0.$$

Diese Gleichungen stellen die Geraden UV und $U'V'$ im ursprünglichen System dar (Abb. 124).

§ 91. Über Verfahren zur Erleichterung der Vereinfachung von Gleichungen zweiten Grades

Das in den §§ 89–90 dargelegte Verfahren zur Vereinfachung von Gleichungen zweiten Grades hat gegenüber anderen Verfahren zwei Vorteile: 1. es liefert eine vollständige Klassifikation der Kurven zweiten Grades (Theorem in § 86); 2. es ist einheitlich und dem Grundgedanken nach einfach. Allerdings erfordert das Verfahren ziemlich langwierige Rechnungen.

In vielen Fällen kann man die Durchführung der Berechnungen erleichtern.

1. Bei einer Kurve zweiten Grades, die in ein Geradenpaar zerfällt (§ 86, Beispiel 2, 3, 4, 6), kann man die Gleichungen der beiden Geraden leicht ohne Heranziehung einer Koordinatentransformation finden. Das entsprechende Verfahren erklären wir in § 93. In § 92 behandeln wir vorerst das Merkmal für den Zerfall.

2. Eine nicht zerfallende Kurve zweiter Ordnung kann eine Ellipse oder eine Hyperbel oder eine Parabel sein. Eine Ellipse und eine Hyperbel besitzen einen Mittelpunkt, eine Parabel nicht. Daher führt man bei der Vereinfachung der Gleichungen der Ellipse und der Hyperbel bequemerweise zuerst eine Verschiebung des Ursprungs in den Mittelpunkt durch. Man kann frühzeitig erkennen, zu welchem von diesen drei Typen die Kurve zweiter Ordnung gehört. Das entsprechende Unterscheidungsmerkmal wird in § 92 angegeben, in § 94 präzisieren wir den Begriff des Mittelpunkts, und in § 95 erklären wir, wie man die Koordinaten des Mittelpunkts erhält, § 96 enthält ein Verfahren zur Vereinfachung der Gleichungen für Ellipse und Hyperbel.

3. Für die Parabel erweist sich das in § 89 angegebene Vereinfachungsverfahren als das beste. Im übrigen findet man die Abmessungen der Parabel (d. h. die Größe des Parameters p) leicht mit Hilfe der sogenannten Invarianten. Über diese berichtet § 92.

§ 92. Bestimmung des Typs einer Kurve zweiten Grades

1. Es sei die Gleichung

$$Ax^2 + 2Bxy + Cy^2 + 2Dx + 2Ey + F = 0 \qquad (1)$$

zu untersuchen. Man bildet die zum quadratischen Teil gehörende charakteristische Gleichung (§ 62) $\lambda^2 - (A + C)\lambda + AC - B^2 = 0$.

a) Ist die (kleine) Diskriminante[1]) $\delta = AC - B^2$ gleich Null, so ist ein Eigenwert Null. Die Hauptachsenform (§ 64, (3)) enthält nur ein Glied: die Kurve ist vom Parabeltyp. Zu ihm gehören außer der Parabel das Paar von parallelen Geraden (reell oder imaginär). Die Geraden dürfen auch zusammenfallen.

b) Ist $\delta = AC - B^2 \neq 0$, so sind beide Eigenwerte von Null verschieden, und es handelt sich um eine Mittelpunktskurve. Ist dabei $\delta > 0$, so sind beide Eigenwerte von gleichem Vorzeichen und die Kurve ist vom elliptischen Typ. Dazu gehört neben der reellen Ellipse auch die imaginäre Ellipse (§ 86, Beispiel 5) und das Paar von imaginären Geraden, die sich in einem reellen Punkt schneiden (§ 86, Beispiel 4). Ist $\delta < 0$, so haben die Eigenwerte ungleiches Zeichen, und die Kurve ist vom hyperbolischen Typ. Dazu gehören die Hyperbel und die sich schneidenden reellen Geraden.

[1]) Das Wort *Diskriminante* kommt aus dem Lateinischen und bedeutet „Unterscheidungsmerkmal".

2. Dann und nur dann, wenn die sogenannte große Diskriminante

$$\Delta = \begin{vmatrix} A & B & D \\ B & C & E \\ D & E & F \end{vmatrix}$$

verschwindet, zerfällt die Kurve in zwei Gerade. Man kann die linke Seite von (1) als quadratische Form in x, y, z mit $z = 1$ auffassen (vgl. (4), § 64). Diese läßt sich auf die Hauptachsenform ((5), § 64)

$$\mu_1 x'^2 + \mu_2 y'^2 + \mu_3 z'^2 \tag{3}$$

bringen, wobei die Zahlen μ_i die Eigenwerte der 3.3-Matrix bezeichnen, die von den Wurzeln von (2) wohl zu unterscheiden sind. Ist $\Delta = 0$, so ist $\mu_3 = 0$; die transformierte Form zerfällt:

$$\mu_1 x'^2 + \mu_2 y'^2 = (\sqrt{\mu_1}\, x' + \sqrt{\mu_2}\, y')\,(\sqrt{\mu_1}\, x' - \sqrt{\mu_2}\, y') \tag{4}$$

Die Linearfaktoren sind je nach dem Vorzeichen der μ_i reell oder nicht reell. Setzt man diese Ausdrücke in (4) ein und beachtet, daß $z = 1$ ist, so nehmen die Faktoren die Gestalt der linken Seite von (1) § 16 an, stellen also, gleich Null gesetzt, Geraden dar.

$$x' = p_{11}x + p_{21}y + p_{31}z, \qquad y' = p_{21}x + p_{22}y + p_{32}z.$$

Damit ist das Zerfallskriterium bewiesen.

3. Ist $A > 0$, $\delta > 0$, $\Delta > 0$, so sind alle Zahlen μ_i positiv. Der Ausdruck (3) ist dann bei reellen Variablen stets positiv und kann nie verschwinden. Es folgt der

Satz. Ist $A > 0$, $\delta > 0$, $\Delta > 0$, so stellt die Gleichung (1) kein reelles geometrisches Gebilde dar.

Bemerkung. Die Transformationsmatrix

$$\begin{pmatrix} \cos\alpha & -\sin\alpha & 0 \\ \sin\alpha & \cos\alpha & 0 \\ 0 & 0 & 1 \end{pmatrix}$$

ist orthogonal bezüglich x, y und bezüglich x, y, z. Sie läßt daher die charakteristische Gleichung der 3.3-Matrix und die der 2.2-Matrix ungeändert (§ 63). Unter den Koeffizienten der erstgenannten Gleichung befindet sich die Größe Δ, die der zweiten Gleichung sind $-(A + C)$ und δ. Diese drei Größen bleiben daher bei einer Drehung des Koordinatensystems ungeändert; sie sind Invarianten der Gleichung zweiten Grades (invariant (lat.) = unveränderlich).
Es läßt sich zeigen, daß diese drei Größen auch Invarianten bezüglich einer Parallelverschiebung sind.

Beispiel 1. Die Gleichung

$$x^2 + 2xy + y^2 + 2x + y = 0 \tag{1}$$

gehört zum parabolischen Typ, da

$$\delta = AC - B^2 = 1 \cdot 1 - 1^2 = 0.$$

Da die große Diskriminante

$$\Delta = \begin{vmatrix} 1 & 1 & 1 \\ 1 & 1 & \frac{1}{2} \\ 1 & \frac{1}{2} & 0 \end{vmatrix} = -\frac{1}{4}$$

nicht verschwindet, stellt Gleichung (1) eine nicht zerfallende Kurve dar, d. h. eine Parabel (vgl. §§ 89—90, Beispiel 2).

Beispiel 2. Die Gleichung

$$8x^2 + 24xy + y^2 - 56x + 18y - 55 = 0 \tag{2}$$

gehört zum hyperbolischen Typ, da

$$\delta = AC - B^2 = 8 \cdot 1 - 12^2 = -136 < 0.$$

Wegen

$$\Delta = \begin{vmatrix} 8 & 12 & -28 \\ 12 & 1 & 9 \\ -28 & 9 & -55 \end{vmatrix} = 0$$

stellt (2) zwei sich schneidende Gerade dar. Ihre Gleichungen lassen sich durch das Verfahren in § 93 finden.

Beispiel 3. Die Gleichung

$$2x^2 - 4xy + 5y^2 - x + 5y - 4 = 0$$

gehört zum elliptischen Typ, da

$$\delta = AC - B^2 = 5 \cdot 2 - 2^2 = 6 > 0.$$

Wegen

$$\Delta = \begin{vmatrix} 2 & -2 & -\frac{1}{2} \\ -2 & 5 & \frac{5}{2} \\ -\frac{1}{2} & \frac{5}{2} & -4 \end{vmatrix} \neq 0$$

zerfällt die Kurve nicht, und es handelt sich daher um eine Ellipse.

Bemerkung. Die Kurven eines Typs stehen zueinander in der folgenden geometrischen Beziehung: Ein Paar von sich schneidenden imaginären Geraden (d. h. ein reeller Punkt) ist der Grenzfall einer Ellipse, die „bis auf einen Punkt zusammengeschnürt" wurde (Abb. 124). Ein Paar von sich schneidenden reellen Geraden bildet

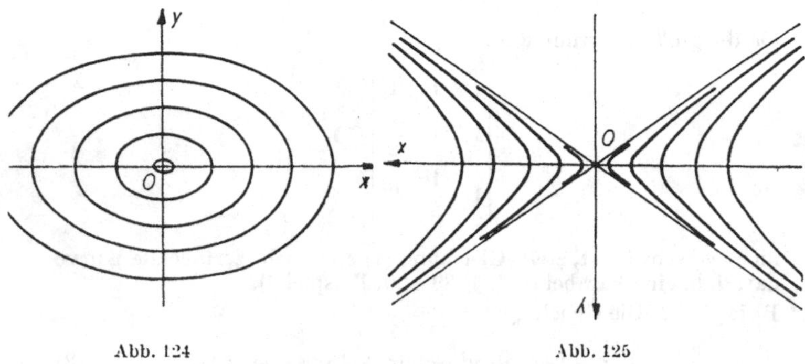

Abb. 124 Abb. 125

den Grenzfall einer Hyperbel bei Annäherung an die Asymptoten (Abb. 125). Ein Paar von parallelen Geraden bildet den Grenzfall einer Parabel, bei der die Achse und ein Punktepaar M, M' symmetrisch zur Achse unbewegt bleibt, während man den Scheitel ins Unendliche entfernt (Abb. 126).

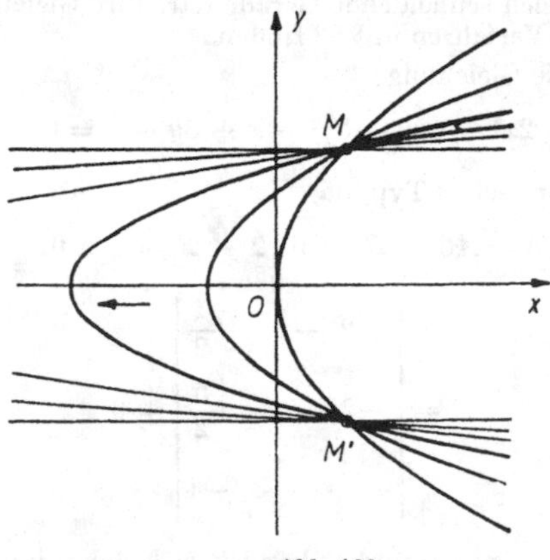

Abb. 126

§ 93. Die Bestimmung der Geraden, aus denen eine zerfallende Kurve zweiter Ordnung besteht

Zur Bestimmung der zwei Geraden, aus denen die Kurve zweiter Ordnung

$$Ax^2 + 2Bxy + Cy^2 + 2Dx + 2Ey + F = 0 \tag{1}$$

besteht (über das Zerfallskriterium s. § 92), genügt es, wenn man die linke Seite von (1) in Faktoren ersten Grades zerlegt. Auch wenn keiner der Koeffizienten A oder C verschwindet, löst man am besten Gleichung (1) nach einer der Variablen x oder y auf, die in zweiter Potenz in die Gleichung eingehen. Die zwei Lösungen (die zusammenfallen können) bilden die zwei gesuchten Geraden.

Beispiel 1. Die Kurve zweiten Grades

$$2x^2 - 4xy + 2y^2 + 8x - 8y - 17 = 0 \tag{2}$$

zerfällt, da die große Diskriminante

$$\Delta = \begin{vmatrix} 2 & -2 & 4 \\ -2 & 2 & -4 \\ 4 & -4 & -17 \end{vmatrix}$$

verschwindet. Die Gleichung (2) kann man entweder nach x oder nach y auflösen (beide sind in zweiter Potenz vorhanden). Wir stellen (2) in der Form

$$y^2 - 2(x + 2)\,y + \left(x^2 + 4x - \frac{17}{2}\right) = 0$$

dar und lösen nach y auf. So erhalten wir

$$y = x + 2 \pm \sqrt{(x + 2)^2 - \left(x^2 + 4x - \frac{17}{2}\right)},$$

d. h.

$$y = x + 2 \pm \frac{5}{\sqrt{2}}.$$

Die eine Gerade besitzt die Gleichung $y = x + 2 + \frac{5}{\sqrt{2}}$, die andere die Gleichung $y = x + 2 - \frac{5}{\sqrt{2}}$. Die beiden Geraden sind parallel (s. Beispiel 3, §§ 89–90).

Beispiel 2. Die Kurve zweiten Grades

$$2x^2 + 7xy - 15y^2 - 10x + 54y - 48 = 0 \tag{3}$$

zerfällt, da

$$\Delta = \begin{vmatrix} 2 & \frac{7}{2} & -5 \\ \frac{7}{2} & -15 & 27 \\ -5 & 27 & -48 \end{vmatrix} = 0.$$

Durch Umformung von (3) zu

$$15y^2 - (7x + 54)\,y - (2x^2 - 10x - 48) = 0$$

erhalten wir

$$y = \frac{7x + 54 \pm \sqrt{(7x + 54)^2 + 4 \cdot 15(2x^2 - 10x - 48)}}{30}.$$

Der Radikand hat den Wert $169x^2 + 156x + 36 = (13x + 6)^2$. Daher gilt $y = \frac{7x + 54 \pm (13x + 6)}{30}$. Eine der Geraden besitzt die Gleichung $y = \frac{2x + 6}{3}$, die andere die Gleichung $y = \frac{-x + 8}{5}$. Diese Geraden schneiden sich im Punkt $\left(-\frac{6}{13}, \frac{22}{13}\right)$.

Beispiel 3. Die Kurve

$$10xy - 14x + 15y - 21 = 0 \tag{4}$$

zerfällt, da

$$\Delta = \begin{vmatrix} 0 & 5 & -7 \\ 5 & 0 & \frac{15}{2} \\ -7 & \frac{15}{2} & -21 \end{vmatrix} = 0.$$

In Gleichung (4) kommt sowohl x als auch y nur in erster Potenz vor. Daher zerlegen wir die linke Gleichungsseite von (4) in Faktoren, indem wir die einzelnen Glieder entsprechend zusammenfassen. Wir erhalten

$$\begin{aligned} 10xy - 14x + 15y - 21 &= 2x(5y - 7) + 3(5y - 7) \\ &= (2x + 3)(5y - 7). \end{aligned}$$

Die Kurve (4) zerfällt in die Geraden $2x + 3 = 0$ und $5y - 7 = 0$.

Bemerkung 1. Auch im Falle $A = C = 0$ kann man die gegebene Gleichung nach x oder y auflösen. In Beispiel 3 erhalten wir auf diese Weise $(10x + 15)\,y = 14x + 21$. Jedoch darf man nun beide Gleichungsseiten nur dann durch $10x + 15$ dividieren, wenn dieser Ausdruck ungleich Null ist. Für diesen Fall erhalten wir $y = \frac{14x + 21}{10x + 15}$ $= \frac{7(2x + 3)}{5(2x + 3)} = \frac{7}{5}$, und die Gleichung der einen Geraden ist $y = \frac{7}{5}$,

d. h. $5y - 7 = 0$. Für den Fall, daß $10x + 15 = 0$ gilt, d. h. $x = -\frac{3}{2}$ ist die Gleichung $(10x + 15)\,y = 14x + 21$ für beliebige Werte von y erfüllt. Wir erhalten somit die zweite Gerade $x = -\frac{3}{2}$, d. h. $2x + 3 = 0$.

Bemerkung 2. Die in den Beispielen 2 und 3 durchgeführten Rechnungen kann man auch für die allgemeine Form der Gleichung (1) ausführen, wenn $C \neq 0$ ist. Man erhält dabei als Radikand den quadratischen Ausdruck

$$(B^2 - AC)\,x^2 + 2(BE - CD)\,x + E^2 - CF. \tag{5}$$

Dieser bildet ein vollständiges Quadrat dann und nur dann, wenn

$$(BE - CD)^2 - (B^2 - AC)\,(E^2 - CF) = 0. \tag{6}$$

Nach einer einfachen Umformung erkennt man, daß die linke Seite von Gleichung (6) gleich $C\Delta$ ist, wobei Δ die große Diskriminante bedeutet. Wegen der Voraussetzung $C \neq 0$ ist daher das Kriterium für den Zerfall $\Delta = 0$. Wenn $C = 0$, aber $A \neq 0$ gilt, erhalten wir dasselbe Ergebnis, wenn wir die Rollen von x und y vertauschen. Eine Ausnahme bildet der Fall $A = C = 0$ (wobei dann $B \neq 0$). Hier hat die linke Seite von Gleichung (1) die Form

$$2Bxy + 2Dx + 2Ey + F.$$

Wir stellen dieses Polynom in der Form $2x(By + D) + (2Ey + F)$ dar. Dieser Ausdruck zerfällt in zwei Faktoren ersten Grades dann und nur dann, wenn die den Gliedern $By + D$ und $2Ey + F$ entsprechenden Koeffizienten gleich oder zueinander proportional sind (s. Beispiel 3), d. h., wenn $2DE - BF = 0$. Aber in dem betrachteten Fall lautet die große Diskriminante $\Delta = \begin{vmatrix} 0 & B & D \\ B & 0 & E \\ D & E & F \end{vmatrix}$, woraus folgt, daß $2DE - BF = \frac{\Delta}{B}$.

Somit ist das Kriterium in § 92 erneut bewiesen.

§ 94. Zentralsymmetrische und nichtzentralsymmetrische Kurven zweiten Grades

Definition. Die Punkte A und B heißen *symmetrisch* (Abb. 127) bezüglich des Punktes C, wenn C die Strecke AB halbiert. Der Punkt C heißt *Symmetriezentrum* (oder kurz *Zentrum*) der Figur, wenn es zu jedem Punkt M der Figur auch einen zu C symmetrischen Punkt N auf der Figur gibt.

Die in § 68 als Mittelpunkt der Ellipse und in § 72 als Mittelpunkt der Hyperbel bezeichneten Punkte fallen offensichtlich unter diese Definition. Das Zentrum einer Kurve zweiter Ordnung, die in zwei sich schneidende Geraden zerfällt (§ 86), ist der Schnittpunkt dieser Geraden (L in Abb. 128).

Jede der eben erwähnten Kurven zweiten Grades besitzt ein einziges Symmetriezentrum. Besteht jedoch die Kurve zweiter Ordnung aus zwei parallelen Geraden (AB und CD in Abb. 129), so kann nach der obigen Definition ein beliebiger Punkt der Geraden MN, die von AB und CD denselben Abstand besitzt, als Zentrum dienen.

Eine Parabel besitzt überhaupt kein Zentrum.

Die Kurven zweiter Ordnung mit einem einzigen Zentrum (Ellipse, Hyperbel, ein Paar von sich schneidenden Geraden) heißen *zentral-*

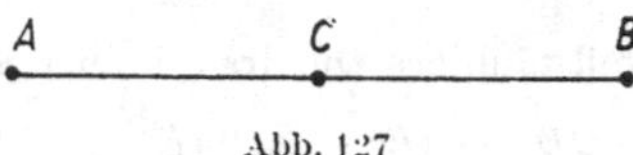

Abb. 127

symmetrisch. Die Kurven zweiten Grades mit mehreren Zentren und die Kurven ohne Zentrum heißen *nichtzentralsymmetrisch* (Parabel, Paare von parallelen Geraden).

Bemerkung. Eine imaginäre Ellipse und ein Paar von imaginären Geraden, die sich in einem reellen Punkt schneiden (s. § 86), zählt man zu den zentralsymmetrischen Kurven. Was die imaginäre Ellipse betrifft, so ist dies eine Vereinbarung. Die aus einem einzigen

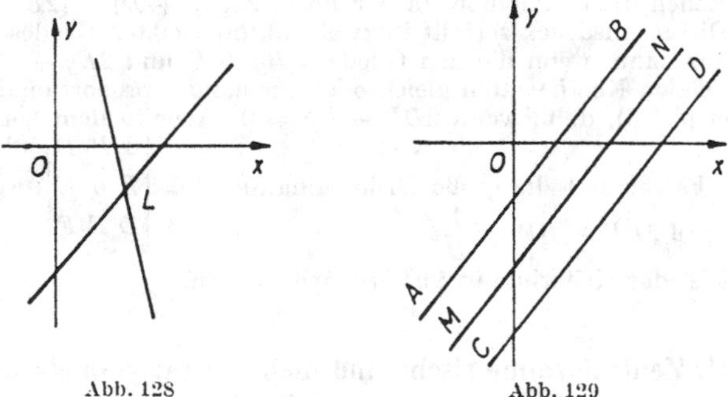

Abb. 128 Abb. 129

reellen Punkt bestehende Figur fällt jedoch unter die Definition der zentralsymmetrischen „Kurven" (dieser Punkt ist selbst sein Zentrum). Die Paare von imaginären parallelen Geraden zählt man zu den nichtzentralsymmetrischen Kurven.

Somit sind die Kurven zweiter Ordnung vom elliptischen und vom hyperbolischen Typ (für die $AC - B^2 \neq 0$, s. § 92) zentralsymmetrisch, die Kurven vom parabolischen Typ ($AC - B^2 = 0$) nichtzentralsymmetrisch.

§ 95. Die Bestimmung des Zentrums zentralsymmetrischer Kurven zweiter Ordnung

Zur Bestimmung des Zentrums x_0, y_0 von zentralsymmetrischen Kurven

$$Ax^2 + 2Bxy + Cy^2 + 2Dx + 2Ey + F = 0 \tag{1}$$

hat man das Gleichungssystem

$$\left.\begin{aligned} Ax_0 + By_0 + D = 0, \\ Bx_0 + Cy_0 + E = 0 \end{aligned}\right\} \tag{2}$$

zu lösen.

Dieses System ist konsistent und besitzt eine eindeutige Lösung (§ 187)

$$x_0 = -\frac{\begin{vmatrix} D & B \\ E & C \end{vmatrix}}{\begin{vmatrix} A & B \\ B & C \end{vmatrix}}, \qquad y_0 = -\frac{\begin{vmatrix} A & D \\ B & E \end{vmatrix}}{\begin{vmatrix} A & B \\ B & C \end{vmatrix}}, \tag{3}$$

wenn $\begin{vmatrix} A & B \\ B & C \end{vmatrix} \neq 0$ (dies ist die Bedingung für die Zentralsymmetrie, § 94).

Beispiel 1. Das Zentrum der Kurve (Beispiel 2, § 92)

$$8x^2 + 24xy + y^2 - 56x + 18y - 55 = 0 \tag{4}$$

erhalten wir durch Auflösen des Systems

$$8x_0 + 12y_0 - 28 = 0,$$

$$12x_0 + y_0 + 9 = 0.$$

Wir erhalten

$$x_0 = -\frac{\begin{vmatrix} -28 & 12 \\ 9 & 1 \end{vmatrix}}{\begin{vmatrix} 8 & 12 \\ 12 & 1 \end{vmatrix}} = -1, \qquad y_0 = -\frac{\begin{vmatrix} 8 & -28 \\ 12 & 9 \end{vmatrix}}{\begin{vmatrix} 8 & 12 \\ 12 & 1 \end{vmatrix}} = 3.$$

Da (4) eine zerfallende Kurve vom hyperbolischen Typ darstellt, handelt es sich um den Schnittpunkt $(-1; 3)$ der die Kurve (4) bildenden Geraden.

Beispiel 2. Das Zentrum der Kurve (Beispiel 1, § 89)

$$2x^2 - 4xy + 5y^2 - x + 5y - 4 = 0 \tag{5}$$

erhalten wir durch Auflösen des Systems

$$2x_0 - 2y_0 - \frac{1}{2} = 0,$$

$$-2x_0 + 5y_0 + \frac{5}{2} = 0.$$

Es ergibt sich

$$x_0 = -\frac{5}{12}, \qquad y_0 = -\frac{2}{3}.$$

Die Kurve (5) ist eine Ellipse (da $\delta > 0$ und $\Delta \neq 0$).

Herleitung der Gleichung (2). Verschiebt man den Ursprung in das gesuchte Zentrum $C(x_0; y_0)$, so geht Gleichung (1) mit Hilfe der Transformationsformeln

$$x = x_0 + x', \qquad y = y_0 + y' \tag{6}$$

über in

$$\begin{aligned} &Ax'^2 + 2Bx'y' + Cy'^2 + 2(Ax_0 + By_0 + D)\,x' \\ &+ 2(Bx_0 + Cy_0 + E)\,y' + F' = 0, \end{aligned} \tag{7}$$

wobei wir zur Abkürzung

$$F' = Ax_0^2 + 2Bx_0y_0 + Cy_0^2 + 2Dx_0 + 2Ey_0 + F$$

gesetzt haben. Wenn x_0, y_0 der Bedingung (2) genügen, so erhält (7) die Form

$$Ax'^2 + 2Bx'y' + Cy'^2 + F' = 0. \tag{8}$$

Diese Gleichung kann man auch in der Form

$$A(-x')^2 + 2B(-x')(-y') + C(-y')^2 + F' = 0$$

schreiben. Daher enthält die Kurve (8) mit jedem Punkt $M(x'; y')$ auch den bezüglich C symmetrischen Punkt. Gemäß § 94 ist C somit das Zentrum der Kurve (8).

§ 96. Die Vereinfachung der Gleichung einer zentralsymmetrischen Kurve zweiter Ordnung

Die Transformation der Gleichung einer zentralsymmetrischen Kurve auf ihre einfachste Form gelingt wesentlich schneller als mit dem in § 88 angegebenen Verfahren, wenn man zuerst den Ursprung in das Zentrum verschiebt (wodurch die linearen Glieder verschwinden, s. § 95) und dann erst die Achsen dreht (wodurch das Glied in xy verschwindet). Den Winkel α dieser Drehung kann man im voraus bestimmen (§ 89). Er genügt der Gleichung

$$\tan 2\alpha = \frac{2B}{A - C}. \tag{1}$$

Bemerkung. Dieses Verfahren läßt sich auf alle zentralsymmetrischen Kurven zweiter Ordnung anwenden, bei zerfallenden Kurven verwendet man jedoch am besten das in § 93 angegebene Verfahren.

Beispiel. Gegeben sei die Gleichung (Beispiel 1, §§ 89—90)

$$2x^2 - 4xy + 5y^2 - x + 5y - 4 = 0. \tag{2}$$

Wir verschieben den Ursprung in das Zentrum $x_0 = -\frac{5}{12}$, $y_0 = -\frac{2}{3}$ (§ 95, Beispiel 2).
Aus den Transformationsformeln

$$x = x_0 + x', \qquad y = y_0 + y' \tag{3}$$

erhalten wir (s. (8), § 95)

$$2x'^2 - 4x'y' + 5y'^2 - \frac{131}{24} = 0 \tag{4}$$

Aus (1) finden wir $\tan 2\alpha = \frac{4}{3}$. Nimmt man den Winkel im ersten Quadranten (vgl. § 89), so erhält man als Formeln für die Drehung

$$\left.\begin{aligned} x' &= \frac{2}{\sqrt{5}}\,\bar{x} - \frac{1}{\sqrt{5}}\,\bar{y}, \\ y' &= \frac{1}{\sqrt{5}}\,\bar{x} + \frac{2}{\sqrt{5}}\,\bar{y}. \end{aligned}\right\} \tag{5}$$

Durch Einsetzen in (4) erhalten wir

$$\bar{x}^2 + 6\bar{y}^2 = \frac{131}{24} \tag{6}$$

oder

$$\frac{\bar{x}^2}{\frac{131}{24}} + \frac{\bar{y}^2}{\frac{131}{144}} = 1. \tag{7}$$

Die gegebene Kurve ist eine Ellipse mit den Halbachsen $a = \sqrt{\frac{131}{24}} \approx 2{,}3$ und $b = \sqrt{\frac{131}{144}} \approx 1{,}0$. Im ursprünglichen System besitzt ihr Zentrum die Koordinaten $x_0 = -\frac{5}{12}$, $y_0 = -\frac{2}{3}$, die große Achse (Abszissenachse im System $\bar{x}$, $\bar{y}$) hat die Gleichung

$y - y_0 = \tan\alpha(x - x_0)$ oder $y + \frac{2}{3} = \frac{1}{2}\left(x + \frac{5}{12}\right)$, d. h. $12x - 24y - 11 = 0$ (vgl. § 90, Beispiel 1).

Bemerkung. Die Abmessungen der Ellipse findet man auch, ohne die Koordinatentransformation durchzuführen. Wir wissen im voraus, daß wir als Ergebnis der Transformation eine Gleichung der Form $\bar{A}x^2 + \bar{C}y^2 + \bar{F} = 0$ erhalten müssen. Die Größen $\bar{A}$, $\bar{C}$ und $\bar{F}$ kann man auch aus den Invarianten (§ 92) bestimmen. In der ursprünglichen Gleichung lauten diese

$$A + C = 2 + 5 = 7, \qquad \delta = AC - B^2 = 2 \cdot 5 - (-2)^2 = 6,$$

$$\Delta = \begin{vmatrix} A & B & D \\ B & C & E \\ D & E & F \end{vmatrix} = -\frac{131}{4}.$$

Dieselben Werte müssen diese auch für die vereinfachte Gleichung besitzen. Also gilt

$$\bar{A} + \bar{C} = 7, \qquad \bar{A}\bar{C} = 6,$$

$$\begin{vmatrix} \bar{A} & 0 & 0 \\ 0 & \bar{C} & 0 \\ 0 & 0 & \bar{F} \end{vmatrix} = \bar{A}\bar{C}\bar{F} = -\frac{131}{4}$$

und somit

$$\bar{A} = 1, \quad \bar{C} = 6, \quad \bar{F} = -\frac{131}{24},$$

und wir erhalten wieder die Gleichung (6).

§ 97. Die gleichseitige Hyperbel als grafische Darstellung der Gleichung $y = \frac{k}{x}$

Die Gleichung

$$y = \frac{k}{x} \tag{1}$$

($k \neq 0$) stellt eine gleichseitige Hyperbel dar (§ 72), deren Asymptoten mit den Koordinatenachsen zusammenfallen. Ihre Halbachsen sind

$$a = b = \sqrt{2\,|k|}. \tag{2}$$

Wenn $k > 0$, so liegt der eine Ast der Hyperbel im ersten, der zweite Ast im dritten Quadranten. Wenn hingegen $k < 0$, so liegen

die beiden Äste im zweiten und im vierten Quadranten (Abb. 130). Im ersten Fall bildet die reelle Achse der Hyperbel mit der Abszissenachse den Winkel 45°, im zweiten Fall den Winkel −45°.
Alle diese Aussagen lassen sich mit dem Verfahren von § 89 ableiten

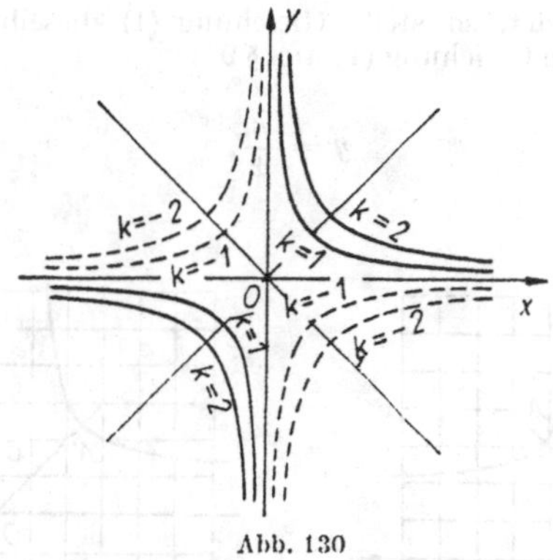

Abb. 130

für den Fall, daß die Gleichung (1) die Form

$$xy = k \tag{3}$$

besitzt.

Bemerkung. Im Falle $k = 0$ stellt Gleichung (3) das Geradenpaar $y = 0$ (Abszissenachse) und $x = 0$ (Ordinatenachse) dar. Wenn $|k|$ unbegrenzt klein wird, so schmiegt sich die Hyperbel (3) immer näher an diese Geraden an (so daß man dieses Geradenpaar als Entartung einer gleichseitigen Hyperbel betrachten kann).
Die Gleichung (1) stellt bei $k = 0$ nur die eine Gerade $y = 0$ (Abszissenachse) dar, und diese nicht vollständig, da bei $k = 0$ für $x = 0$ der Ausdruck $y = \frac{k}{x}$ unbestimmt wird. Gibt man dieser unbestimmten Größe alle möglichen Werte, so erhält man die „verlorene" Ordinatenachse wieder.

§ 98. Die gleichseitige Hyperbel als grafische Darstellung der Gleichung $y = \dfrac{mx + n}{px + q}$

Wir betrachten die Gleichung

$$y = \frac{mx + n}{px + q} \tag{1}$$

bei $p \neq 0$ (für $p = 0$ haben wir die Gerade $y = \frac{m}{q}x + \frac{n}{q}$.)

Wenn die Determinante

$$D = \begin{vmatrix} m & n \\ p & q \end{vmatrix} = mq - np$$

nicht verschwindet, so stellt Gleichung (1) dieselbe gleichseitige Hyperbel dar wie Gleichung (1) aus § 97:

$$y = \frac{k}{x},$$

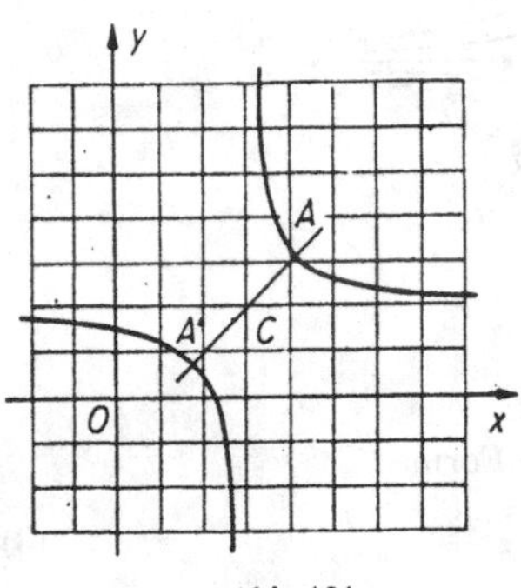

Abb. 131

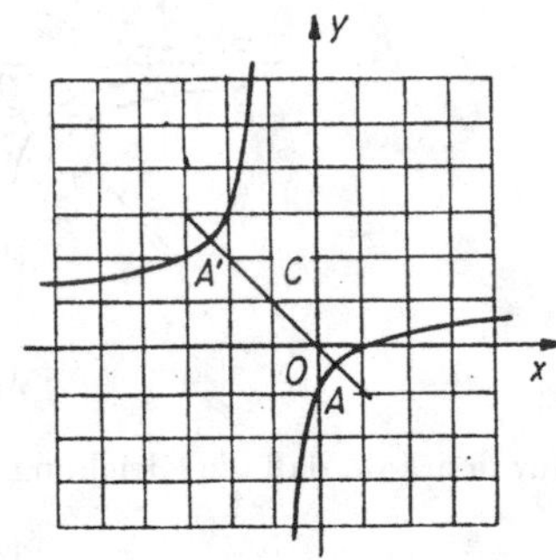

Abb. 132

wobei $k = -\frac{D}{p^2}$, mit dem Unterschied, daß das Zentrum aus dem Ursprung in den Punkt $C\left(-\frac{q}{p}; \frac{m}{p}\right)$ (Abb. 131, 132) verschoben wurde. Die Halbachsen sind (§ 97) $a = b = \sqrt{\frac{2\,|D|}{p^2}}$.

Wenn $D < 0$ (also $k > 0$), so bildet die reelle Achse mit der Abszissenachse den Winkel 45° (Abb. 131), wenn $D > 0$, so bildet sie den Winkel −45° (Abb. 132).

Beispiel 1. Die Gleichung

$$y = \frac{4x - 9}{2x - 6}$$

(hier ist $m + 4$, $n = -9$, $p = 2$, $q = -6$, $D = \begin{vmatrix} 4 & -9 \\ 2 & -6 \end{vmatrix} = -6$) stellt eine gleichseitige Hyperbel mit dem Zentrum C (3; 2) und den Halbachsen $a = b = \sqrt{\frac{2 \cdot 6}{2^2}} = \sqrt{3} \approx 1{,}73$ dar. Die Achse $A'A$ bildet mit OX den Winkel 45°, da $D < 0$. Die Koordinaten des Scheitels A sind:

$$x_A = x_c + a \cos 45° = 3 = + \sqrt{3}\,\frac{\sqrt{2}}{2} \approx 4{,}2,$$

$$y_A = y_c + a \sin 45° = 2 + \sqrt{3}\,\frac{\sqrt{2}}{2} \approx 3{,}2.$$

Wir haben also

$$x_{A'} = 3 - \sqrt{3}\,\frac{\sqrt{2}}{2} \approx 1{,}8, \quad y_{A'} = 2 - \sqrt{3}\,\frac{\sqrt{2}}{2} \approx 0{,}8.$$

Beispiel 2. Die Gleichung

$$y = \frac{x-1}{x+1}$$

(hier ist $m = 1$, $n = -1$, $p = 1$, $q = 1$, $D = 2$) stellt eine gleichseitige Hyperbel (Abb. 132) mit dem Zentrum $C\,(-1;\,1)$ und den Halbachsen $a = b = \sqrt{\frac{2 \cdot 2}{1^2}} = 2$ dar. Die Achse $A'A$ bildet mit OX den Winkel $-45°$, da $D > 0$.

Bemerkung 1. Wenn die Determinante $D = \begin{vmatrix} m & n \\ p & q \end{vmatrix}$ verschwindet, so sind die Größen m, n und p, q proportional $\left(\frac{m}{p} = \frac{n}{q}\right)$, so daß $mx + n$ durch $px + q$ teilbar ist. Der Bruch ist dann gleich $\frac{m}{p}$. Gleichung (1) stellt in diesem Fall die Gerade $y = \frac{m}{p}$ dar, ausgenommen der Fall, daß $x = -\frac{q}{p}$ (bei $x = -\frac{q}{p}$ wird der Ausdruck (1) unbestimmt, s. § 97, Bemerkung).

Zum Beispiel stellt die Gleichung $y = \frac{3x+6}{x+2}$ $\left(m = 3,\ n = 6,\ p = 1,\ q = 2.\ D = \begin{vmatrix} 3 & 6 \\ 1 & 2 \end{vmatrix} = 0\right)$ die Gerade $y = 3$ dar, wenn nicht $x = -2$ gilt (Abb. 133).

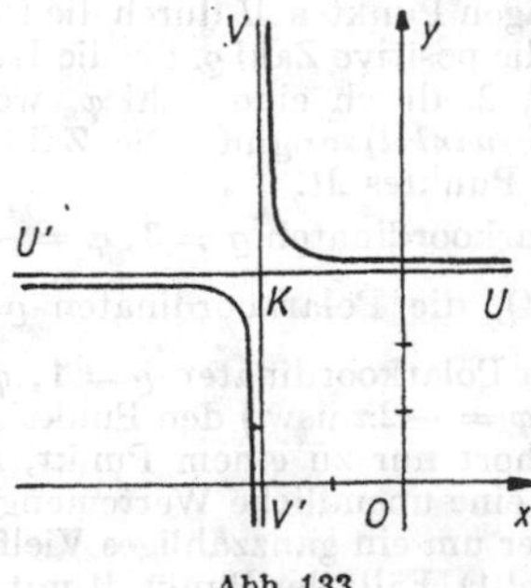

Abb. 133

Gibt man im letzteren Fall dem unbestimmten Ausdruck alle möglichen Werte, so erhalten wir neben der Geraden $y = 3$ auch die Gerade $x = -2$.

Bemerkung 2. Das „Fehlen" des Punktes $x = -2$ in der Geraden $y = 3$ kann man auf die folgende Weise anschaulich deuten. Wir betrachten die Gleichung $y = \frac{3x + 6\beta}{x + 2}$. Hier gilt $D = \begin{vmatrix} 3 & 6\beta \\ 1 & 2 \end{vmatrix} = 6(1 - \beta)$, so daß wir bei $\beta \neq 1$ eine Hyperbel mit den Asymptoten $x = -2$ und $y = 3$ haben. Wenn die Größe β nahe bei 1 liegt, so schmiegt sich diese Hyperbel (Abb. 133, wo $\beta = 1{,}1$) sehr nahe an ihre Asymptoten $U'U$ und $V'V$ an, die sich im Punkte $K(-2; 3)$ schneiden. Man darf daher erwarten, daß man für $\beta = 1$ das Geradenpaar $U'U(y = 3)$ und $V'V$ $(x = -2)$ erhält. Die Gerade $V'V$ fehlt jedoch, da sie parallel zur Achse OY verläuft und sich daher (§ 14, Bemerkung 2) nicht durch eine nach y aufgelöste Gleichung darstellen läßt. Mit der Geraden $V'V$ fehlt auch der auf ihr liegende Punkt K.

§ 99. Polarkoordinaten

Wir wählen in der Ebene (Abb. 134) einen beliebigen Punkt O (Pol) und ziehen einen Strahl OX (*Polarachse*). Den beliebigen Abschnitt OA wählen wir als Längeneinheit und einen beliebigen Winkel (gewöhnlich nimmt man ein Radian) als Winkeleinheit. Dann wird

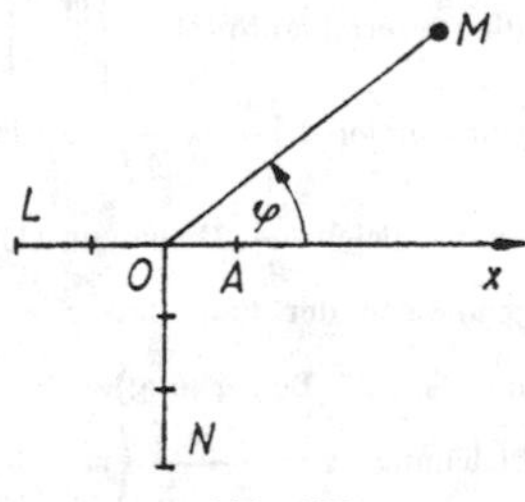

Abb. 134

die Lage eines beliebigen Punktes M durch die folgenden zwei Zahlen festgelegt: 1. durch die positive Zahl ϱ, die die Länge der Strecke OM (*Polarradius*) angibt, 2. durch eine Zahl φ, welche die Größe des Winkels XOM (*Polarwinkel*) angibt. Die Zahlen ϱ und φ heißen *Polarkoordinaten* des Punktes M.

Beispiel 1. Die Polarkoordinaten $\varrho = 3$, $\varphi = -\frac{\pi}{2}$ bestimmen den Punkt M (Abb. 134), die Polarkoordinaten $\varrho = 3$, $\varphi = \frac{3\pi}{2}$ denselben Punkt N, die Polarkoordinaten $\varrho = 1$, $\varphi = 0$ (sowie $\varrho = 1$, $\varphi = 2\pi$ oder $\varrho = 1$, $\varphi = -2\pi$ usw.) den Punkt A.

Jedes Wertepaar gehört nur zu einem Punkt, aber einem einzigen Punkt M entspricht eine unendliche Wertemenge von Polarwinkeln, die sich untereinander um ein ganzzahliges Vielfaches von 2π unterscheiden (vgl. Beispiel 1). Fällt der Punkt M mit dem Pol zusammen, so ist der Wert seines Polarwinkels vollkommen willkürlich (Abb. 135). Man kann die Bedingung stellen, nur einen Wert als Polarwinkel zuzulassen, z. B. den Wert φ im Bereich

$$-\pi < \varphi \leqq \pi. \tag{1}$$

Dieser Wert des Polarwinkels heißt *Hauptwert.*

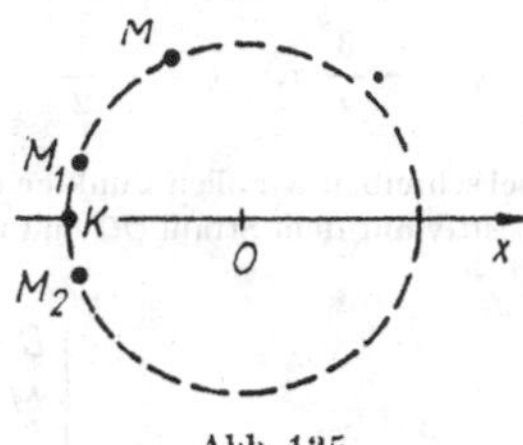

Abb. 135

Beispiel 2. Der Punkt N (Abb. 134) entspricht den Polarkoordinaten $\varrho = 3$, $\varphi = -\frac{\pi}{2} + 2k\pi$. Der Hauptwert für den Polarwinkel ist $-\frac{\pi}{2}$.

Der Punkt L gehört zu den Polarkoordinaten $\varrho = 2$, $\varphi = \pi + 2k\pi$. Der Hauptwert von φ ist gemäß Bedingung (1) π (und nicht $-\pi$). Bei Verwendung des Hauptwertes gehört zu jedem Punkt (der Ursprung ausgenommen) genau ein Paar von Polarkoordinaten. Für den Pol hingegen gilt $\varrho = 0$, und der Wert für φ ist willkürlich.

Bemerkung 1. Wenn der Punkt M, der den Kreis mit dem Mittelpunkt im Pol O (Abb. 135) durchläuft, die Verlängerung der Polarachse im Punkt K schneidet, so erfährt der Hauptwert des Polarwinkels einen Sprung (im Punkt M_1 ist sein Wert nahezu π, im Punkt M_2 nahezu $-\pi$). Daher erweist sich die Einschränkung auf die Hauptwerte von φ in vielen Fällen als unzweckmäßig.

Bemerkung 2. Wenn der Punkt M, der die Gerade PQ (Abb. 136) beschreibt, durch den Pol O geht, so ändert sich der Wert von φ sprunghaft. Wenn z. B. $\sphericalangle XOP = \frac{\varphi}{4}$, so gilt für den Punkt M_1 (auf dem Strahl OP) $\varphi = \frac{\pi}{4} + 2k\pi$, und für den Punkt M_2 (auf dem Strahl OQ) $\varphi = -\frac{3\pi}{4} + 2n\pi$ (wobei k und n ganze Zahlen sind). Zur Vermeidung dieser Situation kann man alle Punkte der Geraden PQ durch denselben Wert von φ beschreiben, z. B. durch $\varphi = \sphericalangle XOP$, und den Polarradius auf dem Halbstrahl OP positiv und auf dem Halbstrahl OQ negativ zählen. Zum Beispiel bestimmen die Polarkoordinaten

$$\varphi = \frac{\pi}{4}, \quad \varrho = \frac{1}{2}$$

den Punkt M_1 und die Polarkoordinaten

$$\varphi = \frac{\pi}{4}, \qquad \varrho = -\frac{1}{2}$$

den Punkt M_2.
Dieselben Punkte kann man auch durch die Koordinaten

$$\varphi = -\frac{3}{4}\pi, \qquad \varrho = \frac{1}{2}$$

(Punkt M_2) und

$$\varphi = -\frac{3}{4}\pi, \qquad \varrho = -\frac{1}{2}$$

(Punkt M_1) darstellen. Dabei schreiben wir allen Punkten der Geraden PQ den Wert $\varphi = \sphericalangle XOQ$ zu, so daß ϱ positiv auf dem Strahl OQ und negativ auf OP ist.

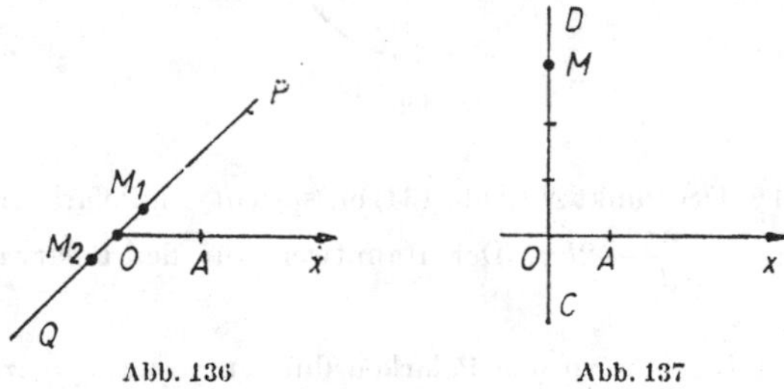

Abb. 136 Abb. 137

Beispiel 3. Man konstruiere den Punkt M mit den Polarkoordinaten

$$\varrho = -3, \qquad \varphi = -\frac{\pi}{2}.$$

Der Polarwinkel $\varphi = -\frac{\pi}{2}$ entspricht dem Strahl OC (Abb. 137). Auf seiner Verlängerung OD tragen wir den Abstand $OM = 3OA$ auf. Wir erhalten den gesuchten Punkt M. Derselbe Punkt entspricht den Polarkoordinaten $\varrho = 3$, $\varphi = \frac{\pi}{2}$.

§ 100. Die Beziehung zwischen Polarkoordinaten und rechtwinkligen Koordinaten

Der Pol O (Abb. 138) eines Polarkoordinatensystems falle mit dem Ursprung eines rechtwinkligen Systems und die Polarachse OX mit der positiven Richtung der Abszissenachse zusammen. Es sei M ein beliebiger Punkt der Ebene, x und y seine rechtwinkligen Koordinaten und ϱ, φ seine Polarkoordinaten. Dann gilt

$$x = \varrho\cos\varphi, \qquad y = \varrho\sin\varphi. \tag{1}$$

Umgekehrt ist[1])

$$\varrho = \sqrt{x^2 + y^2}, \tag{2}$$

$$\cos\varphi = \frac{x}{\sqrt{x^2 + y^2}}, \quad \sin\varphi = \frac{y}{\sqrt{x^2 + y^2}} \tag{3}$$

und

$$\tan\varphi = \frac{y}{x}. \tag{4}$$

Aber Formel (4) (oder eine der Formeln (3)) genügt zur Festlegung des Winkels φ (s. Beispiel 1).

Beispiel 1. Die rechtwinkligen Koordinaten eines Punktes seien $x = 2$, $y = -2$. Man bestimme ihre Polarkoordinaten (bei der oben beschriebenen gegenseitigen Lage der beiden Systeme).

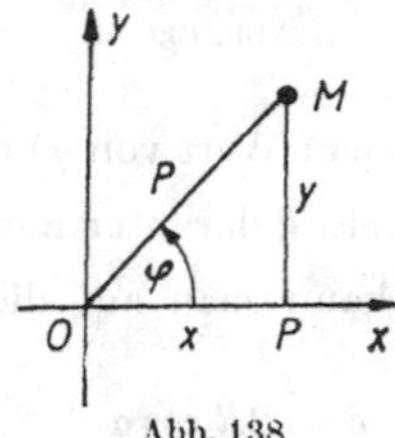

Abb. 138

Lösung. Nach Formel (2) haben wir

$$\varrho = \sqrt{2^2 + (-2)^2} = 2\sqrt{2},$$

nach Formel (4) $\tan\varphi = \frac{-2}{2} = -1$. Das bedeutet, daß entweder $\varphi = -\frac{\pi}{4} + 2k\pi$ oder $\varphi = \frac{3\pi}{4} + 2k\pi$. Da der Punkt im vierten Quadranten liegt, gilt nur das erste Vorzeichen. Der Hauptwert von φ ist also $-\frac{\pi}{4}$.

Verwendet man die Formel $\cos\varphi = \frac{x}{\sqrt{x^2 + y^2}}$, so erhält man $\cos\varphi = \frac{2}{2\sqrt{2}} = \frac{\sqrt{2}}{2}$. Infolgedessen gilt entweder $\varphi = \frac{\pi}{4} + 2k\pi$ oder $\varphi = -\frac{\pi}{4} + 2k\pi$. Nur der zweite Wert ist richtig.

[1]) In den Formeln (2) und (3) wurde vorausgesetzt, daß der Polarradius ϱ stets positiv ist. Wenn man auch negative Werte von ϱ (§ 99, Bemerkung 2) betrachtet, muß man anstelle von (2) und (3) setzen $\varrho = \pm\sqrt{x^2 + y^2}$, $\cos\varphi = \frac{x}{\pm\sqrt{x^2 + y^2}}$, $\sin\varphi = \frac{y}{\pm\sqrt{r^2 + y^2}}$ (es gelten entweder immer die oberen oder immer die unteren Vorzeichen). Die Formeln (1) und (4) bleiben unverändert.

Beispiel 2. In einem rechtwinkligen System XOY wird der in Abb. 139 dargestellte Kreis durch die Gleichung (§ 139) $(x - R)^2 + y^2 = R^2$ dargestellt. Die Formeln (1) und (2) erlauben die Bestimmung seiner Gleichung im Polarkoordinatensystem (O als Pol, OX als Polarachse). Wir erhalten $\varrho^2 - 2R\varrho \cos\varphi = 0$. Dieser Ausdruck zerfällt in zwei Gleichungen: 1. $\varrho = 0$, 2. $\varrho - 2R\cos\varphi = 0$.

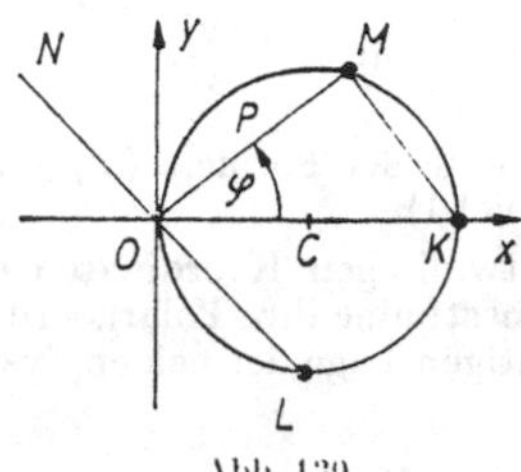

Abb. 139

Die erste stellt (bei beliebigem Wert von φ) den Pol dar. Die zweite liefert alle Punkte des Kreises, darunter auch den Pol (bei $\varphi = \frac{\pi}{2}$ und $\varphi = -\frac{\pi}{2}$). Daher kann man auf die erste Gleichung verzichten. Wir erhalten

$$\varrho = 2R\cos\varphi. \tag{5}$$

Diese Gleichung erhält man unmittelbar aus dem Dreieck OMK mit einem rechten Winkel an der Ecke M ($OK = 2R$, $OM = \varrho$, $\sphericalangle KOM = \varphi$).

Bemerkung. Wenn man keine negativen Werte für φ zuläßt, so kann nach Gleichung (5) der Winkel φ im ersten und vierten Quadranten liegen, im zweiten und dritten jedoch nicht. Zum Beispiel liefert $\varphi = \frac{3}{4}\pi$ in Gleichung (5) $\varrho = -R\sqrt{2}$. In der Tat hat der Strahl ON (Abb. 139) außer dem Pol keinen Punkt mit dem Kreis gemeinsam. Führt man hingegen negative Werte für ϱ ein (§ 99, Bemerkung 2), so geben die Koordinaten $\varrho = -R\sqrt{2}$, $\varphi = \frac{3}{4}\pi$ den Punkt L auf der Verlängerung der Geraden ON.

Beispiel 3. Man gebe an, welche Kurve durch die Gleichung

$$\varrho = 2a\sin\varphi \tag{6}$$

dargestellt wird.

Lösung. Bei Übergang zu einem rechtwinkligen System haben wir

$$\sqrt{x^2 + y^2} = 2a\frac{y}{\sqrt{x^2 + y^2}},$$

d. h.

$$x^2 + y^2 - 2ay = 0$$

oder

$$x^2 + (y - a)^2 = a^2.$$

Gleichung (6) stellt einen Kreis mit dem Radius a (Abb. 140) dar, der durch den Pol geht und die Polarachse OX berührt.

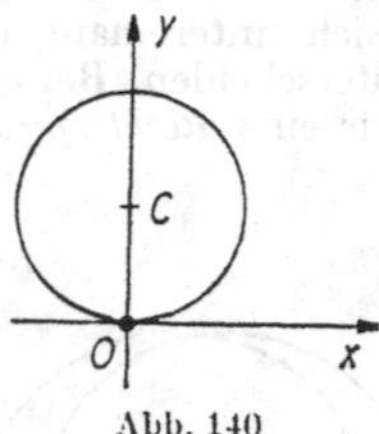

Abb. 140

§ 101. Die Archimedische Spirale[1])

1. Definition. Eine Gerade UV (Abb. 141) durch den Ursprung O werde von der Anfangslage $X'X$ ausgehend gleichförmig um den unbewegten Punkt O gedreht. Ein Punkt M bewege sich dabei, ausgehend vom Ursprung O gleichmäßig längs UV. Die vom Punkt M beschriebene Kurve heißt *Archimedische Spirale*, zu Ehren des

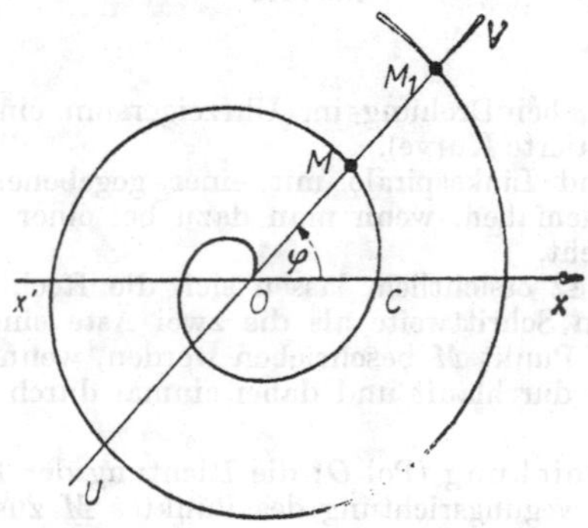

Abb. 141

großen altgriechischen Gelehrten Archimedes (3. Jh. v. u. Z.), der diese Kurve als erster untersuchte.

Bemerkung. Den in die Definition eingehenden kinematischen Begriff kann man vermeiden, indem man die Bedingung heranzieht, daß der Abstand $\varrho = OM$ proportional dem Drehwinkel φ der Geraden UV sei.

---

[1]) Eine ausführliche Behandlung der Archimedischen Spirale findet man auf S. 741

Der Drehung der Geraden UV aus einer beliebigen Lage um einen gegebenen Winkel entspricht stets derselbe Zuwachs des Abstandes ϱ. Insbesondere entspricht einer vollen Drehung immer dieselbe Verschiebung $MM_1 = a$. Die Strecke a heißt *Schrittweite* der Archimedischen Spirale.

Zu einer gegebenen Schrittweite a gibt es zwei verschiedene Archimedische Spiralen, die sich untereinander durch die Bewegungsrichtung der Geraden unterscheiden. Bei einer Drehung im Gegenuhrzeigersinn erhalten wir eine *Rechtsspirale* (Abb. 142, stark aus-

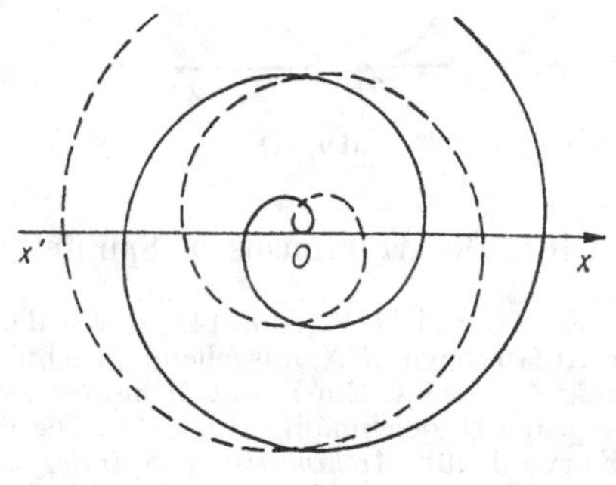

Abb. 142

gezogene Linie), bei Drehung im Uhrzeigersinn eine *Linksspirale* (Abb. 142, punktierte Kurve).

Die Rechts- und Linksspirale mit einer gegebenen Schrittweite können zusammenfallen, wenn man dazu bei einer von ihnen die Stirnseite umdreht.

Wie aus Abb. 142 ersichtlich, lassen sich die Rechts- und Linksspirale derselben Schrittweite als die zwei Äste einer Kurve auffassen, die vom Punkt M beschrieben werden, wenn er einmal die gesamte Gerade durchläuft und dabei einmal durch den Ursprung kommt.

2. Die Polargleichung (Pol O; die Richtung der Polarachse OX fällt mit der Bewegungsrichtung des Punktes M zusammen, wenn dieser durch den Punkt O läuft; a ist die Schrittweite):

$$\frac{\varrho}{a} = \frac{\varphi}{2\pi}. \qquad (1)$$

Ein positiver Wert von φ entspricht dem rechten Ast, ein negativer dem linken.

Gleichung (1) schreibt man in der Form

$$\varrho = k\varphi,$$

wobei k (der *Parameter* der Archimedischen Spirale) die Verschiebung $\frac{a}{2\pi}$ des Punktes M längs der Geraden UV bedeutet, wenn man diese um einen Winkel von einem Radian dreht.

§ 102. Die Polargleichung der Geraden

Die nicht durch den Pol verlaufende Gerade AB (Abb. 143) besitzt in Polarkoordinaten die Gleichung

$$\varrho = \frac{p}{\cos(\varphi - \alpha)}, \tag{1}$$

wobei $p = OK$ und $\alpha = \sphericalangle XOK$ die Polarparameter der Geraden AB sind (§ 29).
Gleichung (1) erhält man aus dem Dreieck OKM (wobei $OM = \varrho$ und $\sphericalangle KOM = \varphi - \alpha$).

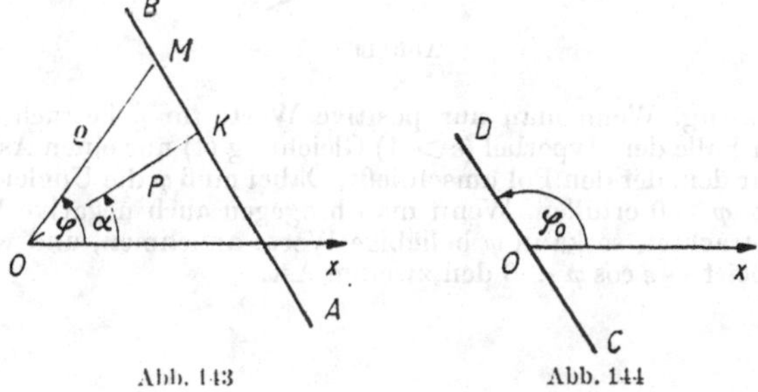

Abb. 143 Abb. 144

Eine durch den Pol verlaufende Gerade CD (Abb. 144) besitzt keine Gleichung der Form (1) (für eine derartige Gerade gilt $p = 0$ und $\varphi - \alpha = \pm\frac{\pi}{2}$, so daß $\cos(\varphi - \alpha) = 0$). Ihr Halbstrahl besitzt die Gleichung $\varphi = \varphi_0$ (wobei $\varphi_0 = \sphericalangle XOD$), der Halbstrahl OC besitzt die Gleichung $\varphi = \varphi_1$ (wobei $\varphi_1 = \sphericalangle XOC$). Jede dieser beiden Gleichungen stellt die gesamte Gerade dar, wenn man negative Werte für ϱ einführt (§ 99, Bemerkung 2).

schnitt besitzt dann die Gleichung

$$\varrho = \frac{p}{1 - \varepsilon \cos \varphi}, \tag{1}$$

wobei p der Parameter und ε die Exzentrizität des Kegelschnitts sind (§ 80).

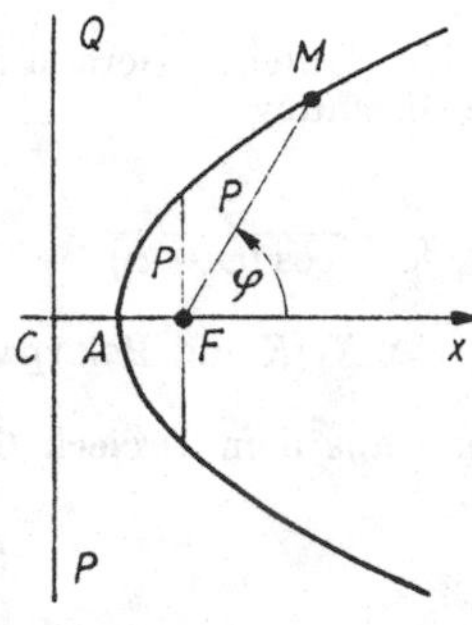

Abb. 145

Bemerkung. Wenn man nur positive Werte für ϱ betrachtet, so stellt im Falle der Hyperbel ($\varepsilon > 1$) Gleichung (1) nur einen Ast dar, und zwar den, der den Pol umschließt. Dabei muß φ die Ungleichung $1 - \varepsilon \cos \varphi > 0$ erfüllen. Wenn man hingegen auch negative Werte für ϱ betrachtet, so kann φ beliebige Werte annehmen, und wir erhalten bei $1 - \varepsilon \cos \varphi < 0$ den zweiten Ast.

II. Analytische Geometrie im Raum

§ 104. Räumliche Vektoren

In § 36 wurde der Vektor als Kennzeichnung einer Parallelverschiebung, d. h. als gerichtete Strecke, definiert. Die Definition und die aus ihr gezogenen Folgerungen bleiben sinnvoll, wenn man Parallelverschiebungen des Raumes betrachtet, denn auch diese werden durch eine gerichtete orientierte Strecke gekennzeichnet. Die in den §§ 37ff. aufgestellten Gesetze der Vektoralgebra bleiben für räumliche Vektoren unverändert gültig. Es sind lediglich einige Ergänzungen notwendig, die sich daraus ergeben, daß drei räumliche Vektoren i. a. nicht in einer Ebene liegen.

1. Die Ausführungen über die Addition von Vektoren sind durch die folgende Regel zu erweitern:

P a r a l l e l e p i p e d r e g e l. Wenn drei Vektoren $\boldsymbol{a}$, $\boldsymbol{b}$ und $\boldsymbol{c}$ nach der Rückführung zu einem gemeinsamen Anfangspunkt O nicht in einer Ebene liegen, so kann man die Summe $\boldsymbol{a} + \boldsymbol{b} + \boldsymbol{c}$ durch die folgende Konstruktion erhalten. Aus einem beliebigen Anfang O (Abb. 146) zeichnen wir die Vektoren $\overrightarrow{OA} = \boldsymbol{a}$, $\overrightarrow{OB} = \boldsymbol{b}$ und $\overrightarrow{OC} = \boldsymbol{c}$. Zu den Strecken OA, OB und OC als Kanten zeichnen wir die Parallelen. Der Diagonalenvektor OD ist die Summe der Vektoren $\boldsymbol{a}$, $\boldsymbol{b}$ und $\boldsymbol{c}$ (da $\overrightarrow{OA} = \boldsymbol{a}$, $\overrightarrow{AK} = \overrightarrow{OB} = \boldsymbol{b}$, $\overrightarrow{KD} = \overrightarrow{OC} = \boldsymbol{c}$ und $\overrightarrow{OD} = \overrightarrow{OA} + \overrightarrow{AK} + \overrightarrow{KD}$).

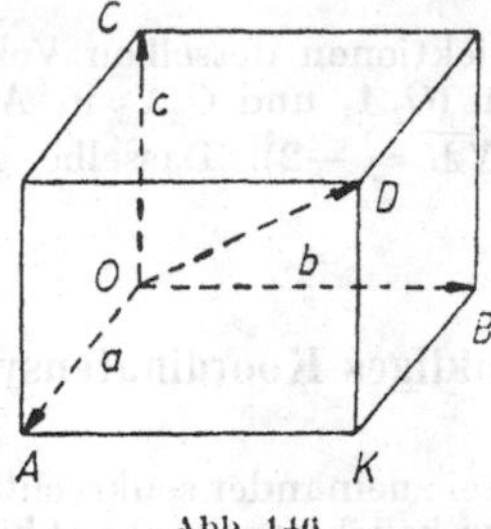

Abb. 146

Bei Vektoren, die nach der Rückführung auf einen gemeinsamen Anfang in einer Ebene liegen, ist diese Konstruktion nicht anwendbar.

2. Projektionen auf eine Achse (§ 50 und 51) werden durch eine zur Achse senkrechte Ebene vermittelt. Abb. 147 zeigt die Projektion

eines Punktes auf eine Achse. Die Projektion von Vektoren auf die Achse entspricht der Projektion der Endpunkte (Abb. 148a u. 148b).

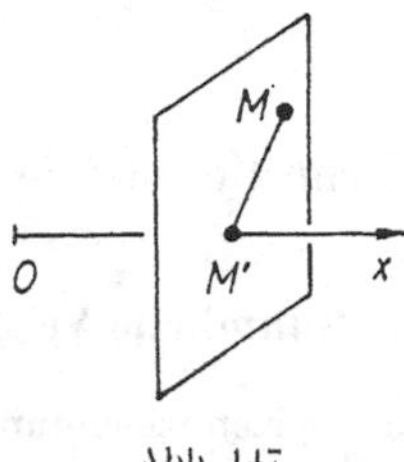

Abb. 147

Wie im ebenen Fall gilt:
Wenn die Vektoren $\overrightarrow{AB}$ und $\overrightarrow{CD}$ (Abb. 148a) gleich sind, so sind auch ihre algebraischen Projektionen auf dieselbe Achse gleich ($\text{pr}\,\overrightarrow{AB} = \text{pr}\,\overrightarrow{CD} = -\frac{1}{2}$). Dasselbe gilt für die geometrischen Projektionen.

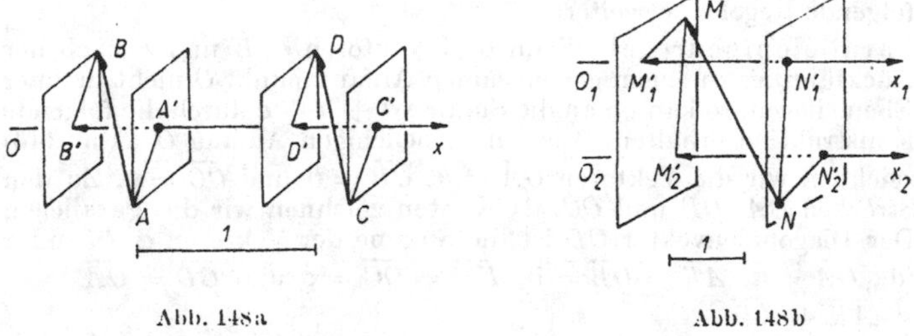

Abb. 148a Abb. 148b

Die algebraischen Projektionen desselben Vektors auf zwei gleichsinnig parallele Achsen (O_1A_1 und O_2X_2 in Abb. 148b sind gleich[1]) ($\text{pr}_{O_1X_1}\,\overrightarrow{NM} = \text{pr}_{O_2X_2}\,\overrightarrow{NM} = -2$). Dasselbe gilt für die geometrischen Projektionen.

§ 105. Rechtwinkliges Koordinatensystem im Raum

Achsenvektoren. Drei zueinander senkrechte Achsen OX, OY, OZ (Abb. 149a) durch einen beliebigen Punkt O bilden ein *rechtwinkliges Koordinatensystem.* Der Punkt O heißt *Koordinatenursprung,* die Geraden OX, OY und OZ heißen *Koordinatenachsen* (OX — *Abszissenachse,* OY — *Ordinatenachse.* OZ — *Applikatenachse*[1]), die Ebenen

[1]) Über die Herkunft des Ausdrucks „Applikate" s. § 106.

XOY, YOZ und ZOX heißen *Koordinatenebenen.* Eine beliebige Strecke UV dient als Maßstabseinheit für alle drei Achsen.

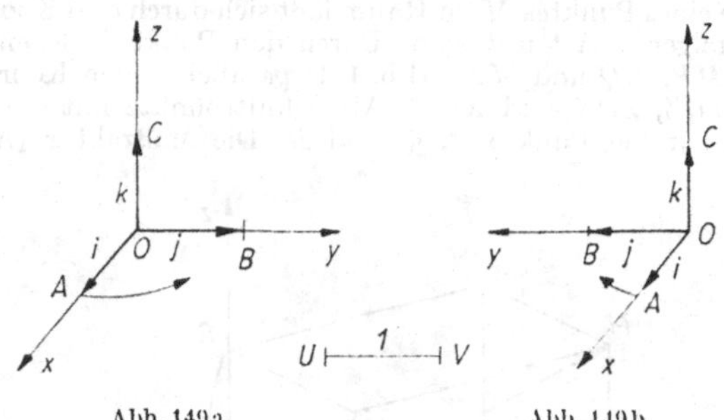

Abb. 149a Abb. 149b

Wir tragen auf den Achsen OX, OY, OZ in der positiven Richtung die drei Strecken OA, OB und OC auf, deren Länge gleich der Maßstabseinheit sei, und erhalten dadurch drei Vektoren $\overrightarrow{OA}$, $\overrightarrow{OB}$ und $\overrightarrow{OC}$. Sie heißen *Achsenvektoren* (auch *Basisvektoren*), und wir bezeichnen sie entsprechend durch $\boldsymbol{i}$, $\boldsymbol{j}$ und $\boldsymbol{k}$.

Die positive Richtung der Achsen wählen wir so, daß eine Drehung der Achsen OX und OY um 90° (Abb. 149a) vom Strahl OZ aus als Drehung gegen Uhrzeigersinn gesehen wird. Ein derartiges Koordinatensystem heißt *Rechtssystem.* Manchmal verwendet man auch *Linkssysteme.* Dabei erblickt man die oben erwähnte Drehung als Drehung im Uhrzeigersinn (Abb. 149b).

Bemerkung 1. Die von den Strahlen OX, OY und OZ im Falle eines Links- und im Falle eines Rechtssystems gebildeten Dreibeine kann man nicht so zur Überdeckung bringen, daß entsprechende Achsen aufeinander zu liegen kommen.

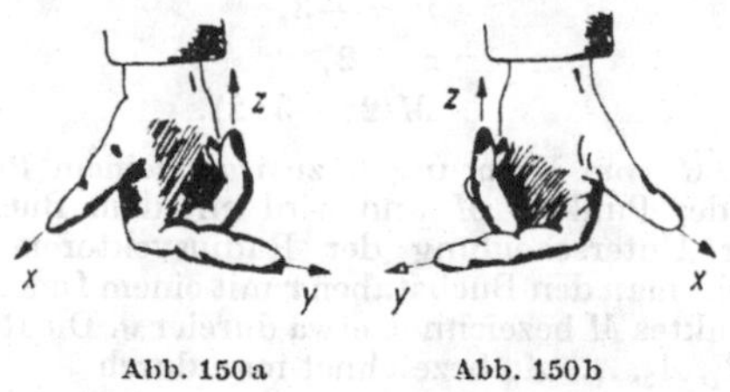

Abb. 150a Abb. 150b

Bemerkung 2. Die Bezeichnung „Rechts-" und „Linkssystem" kommt daher, daß der Daumen, der Zeigefinger und der Mittelfinger der rechten Hand, wenn man sie in Richtung der Achsen OX, OY und OZ legt (Abb. 50a) ein Rechtssystem bilden. Die Finger der linken Hand (Abb. 50b) ergeben aber ein Linkssystem.

§ 106. Die Koordinaten eines Punktes

Die Lage eines Punktes M im Raum läßt sich durch drei Koordinaten auf die folgende Art festlegen. Durch den Punkt M legen wir die Ebenen MP, MQ und MR (Abb. 151) parallel zu den Koordinatenebenen YOZ, ZOX und XOY. Als Schnittpunkte mit den Achsen erhalten wir die Punkte P, Q und R. Die Maßzahl x (Abszisse),

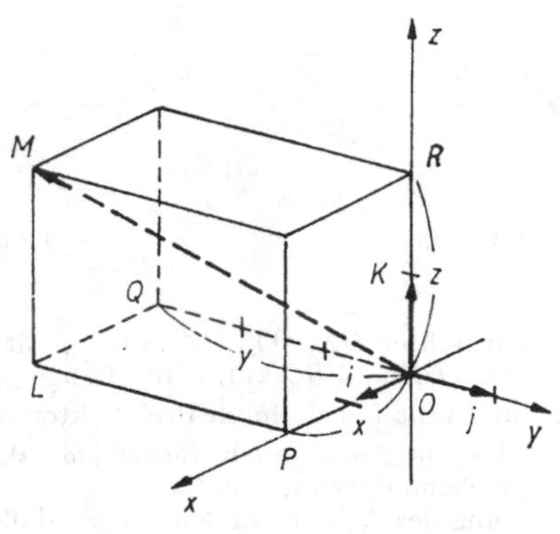

Abb. 151

y (Ordinate) und z (Applikate)[1]) der Strecken OP, OQ und OR im gewählten Maßstab heißen (*rechtwinklige*) *Koordinaten* des Punktes M. Man nimmt sie positiv oder negativ, je nachdem ob die Vektoren $\overrightarrow{OP}$, $\overrightarrow{OQ}$ und $\overrightarrow{OR}$ dieselbe Richtung haben wie die entsprechenden Achsenvektoren $\boldsymbol{i}$, $\boldsymbol{j}$ und $\boldsymbol{k}$ oder nicht.

B e i s p i e l. Die Koordinaten des Punktes M in Abb. 151 seien

Abszisse	$x = 2$,
Ordinate	$y = -3$,
Applikate	$z = 2$,
S y m b o l:	$M(2; -3; 2)$.

Der Vektor $\overrightarrow{OM}$ vom Ursprung O zu irgendeinem Punkt M heißt *Radiusvektor* des Punktes M und wird mit dem Buchstaben $\boldsymbol{r}$ bezeichnet. Zur Unterscheidung der Radiusvektoren verschiedener Punkte versieht man den Buchstaben $\boldsymbol{r}$ mit einem Index: den Radiusvektor des Punktes M bezeichnet etwa durch $\boldsymbol{r}_M$. Die Radiusvektoren der Punkte $A_1, A_2, \ldots, A_n$ bezeichnet man durch

$$\boldsymbol{r}_1, \boldsymbol{r}_2, \ldots, \boldsymbol{r}_n.$$

[1]) Das lateinische Wort „Applikate" bedeutet übersetzt „angewandte" (den Punkt M kann man auf die folgende Weise konstruieren: Man nimmt zuerst in der Ebene XOY den Punkt L mit den Koordinaten $x = OP$ und $y = OQ$, hierauf „wendet" man die Strecke $LM = z$ senkrecht zur Ebene XOY an).

§ 107. Die Koordinaten eines Vektors

1. Definition. Die algebraischen Projektionen (§ 51) des Vektors $\boldsymbol{m}$ auf die Koordinatenachsen bezeichnet man als *rechtwinklige Koordinaten* (Betrag der Vektorkomponenten bei senkrechter Projektion) des Vektors $\boldsymbol{m}$. Die Koordinaten eines Vektors bezeichnet man durch

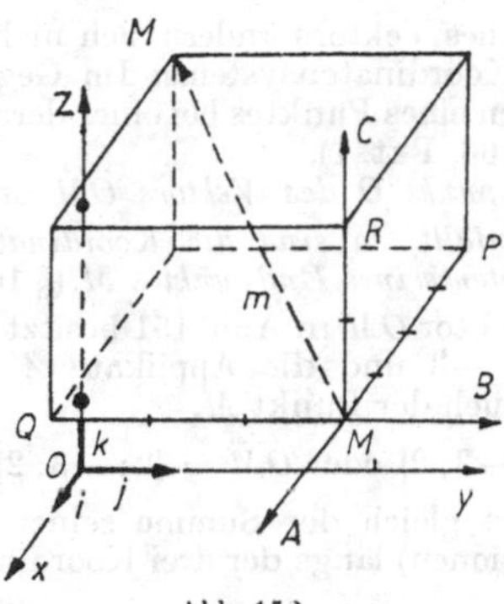

Abb. 152

die Großbuchstaben X, Y, Z (die Koordinaten eines Punktes bezeichnet man durch kleine Buchstaben).

Symbol:

$$\boldsymbol{m}\{X, Y, Z\} \quad \text{oder} \quad \boldsymbol{m} = \{X, Y, Z\}.$$

Anstatt den Vektor $\boldsymbol{m}$ auf die Achsen OX, OY, OZ zu projizieren, kann man auch seine Projektionen auf die Achsen M_1A, M_1B, M_1C (Abb. 152) betrachten, die durch den Anfangspunkt M_1 des Vektors $\boldsymbol{m}$ verlaufen und parallel zu den Koordinatenachsen sind (§ 51, Beispiel 2).

Beispiel 1. Man bestimme die Koordinaten des Vektors M_1M_2 (Abb. 152) in Bezug auf das Koordinatensystem $OXYZ$.

Wir legen durch den Punkt M_1, die den Achsen OX, OY, OZ entsprechenden gleichsinnig parallelen Achsen M_1A, M_1B, M_1C.

Durch den Punkt M_2 legen wir die Ebenen M_2P, M_2Q, M_2R, parallel zu den Koordinatenebenen. Die Ebenen M_2P, M_2Q, M_2R schneiden die Achsen M_1A, M_1B, M_1C in den Punkten P, Q, R. Die Abszisse X des Vektors M_1M_2 ist die Länge des Vektors M_1B, negativ genommen (§ 51, Pkt. 2). Die Ordinate Y des Vektors $\boldsymbol{m}$ ist die Länge des Vektors M_1Q ebenfalls negativ genommen. Die Applikate Z ist die Länge des Vektors M_1R, positiv genommen. Bei einem Maßstab wie in Abb. 152 gilt $X = 4$, $Y = -3$, $Z = 2$ (vgl. auch § 57).

Symbol:

$$\overrightarrow{M_1M_2}\,\{-4; -3; 2\}$$

oder

$$\overrightarrow{M_1M_2} = \{-4; -3; 2\}.$$

Wenn zwei Vektoren $\boldsymbol{m}_1$ und $\boldsymbol{m}_2$ gleich sind, so sind ihre entsprechenden Koordinaten gleich:

$$X_1 = X_2, \qquad Y_1 = Y_2, \qquad Z_1 = Z_2$$

(vgl. § 51, Pkt. 2).

Die Koordinaten eines Vektors ändern sich nicht bei einer Parallelverschiebung des Koordinatensystems. Im Gegensatz dazu ändern sich die Koordinaten eines Punktes bei einer derartigen Verschiebung (s. weiter unten § 166, Pkt. 1).

Wenn der Anfangspunkt O des Vektors $\overrightarrow{OM}$ mit dem Koordinatenursprung zusammenfällt, so sind die Koordinaten des Vektors $\overrightarrow{OM}$ gleich den Koordinaten seines Endpunktes M (§ 106).

Beispiel 2. Der Vektor OM in Abb. 151 besitzt die Abszisse $X = 2$, die Ordinate $Y = -3$ und die Applikate $Z = 2$. Dieselben Koordinaten besitzt auch der Punkt M.

Symbol: $\overrightarrow{OM}\ \{2; -3; 2\}$ oder $\overrightarrow{OM} = \{2; -3; 2\}$.

2. Jeder Vektor ist gleich der Summe seiner Komponenten (geometrischen Projektionen) längs der drei Koordinatenachsen:

$$\boldsymbol{m} = \mathrm{Pr}_{OX}\boldsymbol{m} + \mathrm{Pr}_{OY}\boldsymbol{m} + \mathrm{Pr}_{OZ}\boldsymbol{m}. \tag{1}$$

Beispiel 2. Bei der Bezeichnungsweise wie in Abb. 152 haben wir

$$\overrightarrow{M_1M_2} = \overrightarrow{M_1P} + \overrightarrow{M_1Q} + \overrightarrow{M_1R}.$$

3. Jeder Vektor $\boldsymbol{m}$ ist gleich der Summe aus den Produkten der drei Achsenvektoren mit den entsprechenden Koordinaten des Vektors $\boldsymbol{m}$:

$$\boldsymbol{m} = X\boldsymbol{i} + Y\boldsymbol{j} + Z\boldsymbol{k}. \tag{2}$$

Beispiel 3. Bei der Bezeichnungsweise wie in Abb. 152 haben wir

$$\overrightarrow{M_1M_2} = -4\boldsymbol{i} - 3\boldsymbol{j} + 2\boldsymbol{k}.$$

4. Die Länge des Vektors $\boldsymbol{a}$ $\{X, Y, Z\}$ ergibt sich aus seinen Koordinaten mit Hilfe der Formel

$$|\boldsymbol{a}| = \sqrt{X^2 + Y^2 + Z^2}. \tag{3}$$

Beispiel 4. Die Länge des Vektors $\boldsymbol{a}$ $\{-4, -3, 2\}$ ist gleich (vgl. Abb. 152)

$$|\boldsymbol{a}| = \sqrt{(-4)^2 + (-3)^2 + 2^2} = \sqrt{29} \approx 5{,}4.$$

Der Abstand d zwischen den Punkten $A_1\,(x_1; y_1; z_1)$ und $A_2\,(x_2; y_2; z_2)$ ergibt sich mit Hilfe der Formel

$$d = \sqrt{(x_2 - x_1)^2 + (y_2 - y_1)^2 + (z_2 - z_1)^2}. \tag{4}$$

Beispiel 5. Der Abstand zwischen den Punkten A_1 (8; −3; 8) und A_2 (6; −1; 9) ist $d = \sqrt{(6-8)^2 + (-1+3)^2 + (9-8)^2} = 3$.

§ 108. Der Winkel zwischen den Koordinatenachsen und einem Vektor

Die Winkel α, β, γ (Abb. 152) zwischen dem Vektor $\boldsymbol{a}$ $\{X, Y, Z\}$ und den positiven Richtungen von OX, OY, OZ erhält man durch die Formeln[1])

$$\cos\alpha = \frac{X}{\sqrt{X^2+Y^2+Z^2}} \left(= \frac{X}{|\boldsymbol{a}|}\right), \tag{1}$$

$$\cos\beta = \frac{Y}{\sqrt{X^2+Y^2+Z^2}} \left(= \frac{Y}{|\boldsymbol{a}|}\right), \tag{2}$$

$$\cos\gamma = \frac{Z}{\sqrt{X^2+Y^2+Z^2}} \left(= \frac{Z}{|\boldsymbol{a}|}\right). \tag{3}$$

Wenn der Vektor $\boldsymbol{a}$ eine Länge besitzt, die gleich der Maßstabseinheit ist, d. h., wenn $|\boldsymbol{a}| = 1$, so gilt

$$\cos\alpha = X, \quad \cos\beta = Y, \quad \cos\gamma = Z.$$

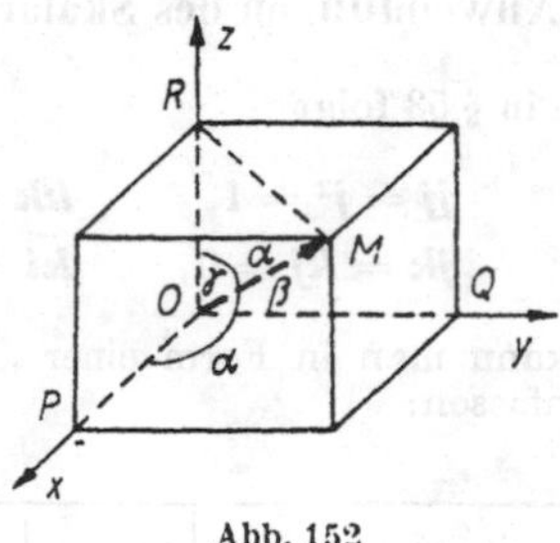

Abb. 152

Aus (1), (2), (3) folgt

$$\cos^2\alpha + \cos^2\beta + \cos^2\gamma = 1. \tag{4}$$

[1]) Aus dem rechtwinkligen Dreieck erhalten wir

$$\cos\gamma = \frac{OR}{|\overrightarrow{OM}|} \frac{Z}{|\boldsymbol{a}|} = \frac{Z}{\sqrt{X^2+Y^2+Z^2}}.$$

Auf analoge Weise erhält man die Formeln (1) und (2).

Beispiel. Man bestimme die Winkel zwischen den Koordinatenachsen und dem Vektor $\{2, -2, -1\}$.

Lösung. $\cos\alpha = \dfrac{2}{\sqrt{2^2 + (-2)^2 + 1}} = \dfrac{2}{3}$, $\cos\beta = -\dfrac{2}{3}$, $\cos\gamma = -\dfrac{1}{3}$, und daraus $\alpha \approx 48°11'$, $\beta \approx 131°49'$, $\gamma \approx 109°28'$.

Kollineare Vektoren bilden mit den Koordinatenachsen gleiche Winkel. Aus den Formeln (1) bis (3) folgt daher:

Wenn die Vektoren $\boldsymbol{a}_1\ \{X_1, Y_1, Z_1\}$ und $\boldsymbol{a}_2\ \{X_2, Y_2, Z_2\}$ kollinear sind, so sind ihre Koordinaten proportional

$$X_2 : X_1 = Y_2 : Y_1 = Z_2 : Z_1 \tag{1}$$

und umgekehrt.

Wenn die Proportionalitätskonstante $\lambda = \dfrac{X_2}{X_1} = \dfrac{Y_2}{Y_1} = \dfrac{Z_2}{Z_1}$ positiv ist, so sind die Vektoren $\boldsymbol{a}_1$ und $\boldsymbol{a}_2$ gleichsinnig parallel, wenn sie negativ ist, so sind sie ungleichsinnig parallel. Der absolute Betrag von λ gibt das Verhältnis der Längen $|\boldsymbol{a}_2| : |\boldsymbol{a}_1|$.

Bemerkung. Wenn eine der Koordinaten des Vektors $\boldsymbol{a}_1$ Null ist, so ist die Proportionalität (1) so zu verstehen, daß die entsprechende Koordinate des Vektors $\boldsymbol{a}_2$ ebenfalls Null ist.

Beispiel. Die Vektoren $\{-2, 1, 3\}$ und $\{4, -2, -6\}$ sind kollinear und ungleichsinnig parallel ($\lambda = -2$). Der zweite Vektor ist doppelt so lang wie der erste.

§ 109. Anwendungen des Skalarprodukts

1. Aus der Definition in § 53 folgt

$$\boldsymbol{ii} = \boldsymbol{i}^2 = 1, \quad \boldsymbol{jj} = \boldsymbol{j}^2 = 1, \quad \boldsymbol{kk} = \boldsymbol{k}^2 = 1,$$
$$\boldsymbol{ij} = \boldsymbol{ji} = 0, \quad \boldsymbol{jk} = \boldsymbol{kj} = 0, \quad \boldsymbol{ki} = \boldsymbol{ik} = 0.$$

Diese Beziehungen kann man in Form einer „Tabelle der Skalarprodukte“ zusammenfassen:

Zweiter Faktor → Erster Faktor ↓	$\boldsymbol{i}$	$\boldsymbol{j}$	$\boldsymbol{k}$
$\boldsymbol{i}$	1	0	0
$\boldsymbol{j}$	0	1	0
$\boldsymbol{k}$	0	0	1

2. Wenn $\boldsymbol{a}_1 = \{X_1, Y_1, Z_1\}$ und $\boldsymbol{a}_2 = \{X_2, Y_2, Z_2\}$, so

$$\boldsymbol{a}_1\boldsymbol{a}_2 = X_1X_2 + Y_1Y_2 + Z_1Z_2. \tag{1}$$

Wir haben $a_1 = X_1 i + Y_1 j + Z_1 k$, $a_2 = X_2 i + Y_2 j + Z_2 k$. Beim Ausmultiplizieren verwenden wir die Eigenschaften 3 und 4, § 54, und die Tabelle.
Insbesondere gilt für $m = \{X, Y, Z\}$

$$m^2 = X^2 + Y^2 + Z^2, \tag{2}$$

und daraus folgt

$$\sqrt{m^2} = |m| = \sqrt{X^2 + Y^2 + Z^2} \tag{2a}$$

(vgl. § 53, Bemerkung 2 und § 107).
Beispiel 1. Man bestimme die Länge der Vektoren a_1 {3, 2, 1}. a_2 {2, −3, 0} und ihr Skalarprodukt.

Lösung. Die gesuchten Längen sind

$$\sqrt{a_1^2} = \sqrt{3^2 + 2^2 + 1^2} = \sqrt{14},$$

$$\sqrt{a_2^2} = \sqrt{2^2 + (-3)^2 + 0^2} = \sqrt{13}.$$

Das Skalarprodukt lautet

$$a_1 a_2 = 3 \cdot 2 + 2(-3) + 1 \cdot 0 = 0.$$

Das bedeutet (§ 53, Pkt. 1), daß die Vektoren a_1 und a_2 senkrecht aufeinander stehen.
Beispiel 2. Man bestimme den Winkel zwischen den Vektoren

$$a_1 \{-2, 1, 2\} \quad \text{und} \quad a_2 \{-2, -2, 1\}.$$

Lösung. Die Länge der Vektoren ist

$$|a_1| = \sqrt{(-2)^2 + 1^2 + 2^2} = 2,$$

$$|a_2| = \sqrt{(-2)^2 + (-2)^2 + 1^2} = 3.$$

Für das Skalarprodukt $a_1 a_2$ finden wir $a_1 a_2 = (-2)(-2) + 1(-2) + 2 \cdot 1 = 4$. Wegen $a_1 a_2 = |a_1|\,|a_2| \cos\left(\widehat{a_1, a_2}\right)$, erhalten wir

$$\cos\left(\widehat{a_1, a_2}\right) = \frac{a_1 a_2}{|a_1| \cdot |a_2|} = \frac{4}{3 \cdot 3} = \frac{4}{9},$$

d. h.

$$\left(\widehat{a_1, a_2}\right) \approx 63°37'.$$

3. Wenn die Vektoren a_1 $\{X_1, Y_1, Z_1\}$, a_2 $\{X_2, Y_2, Z_2\}$ zueinander orthogonal sind, so gilt

$$X_1 X_2 + Y_1 Y_2 + Z_1 Z_2 = 0.$$

Wenn umgekehrt $X_1 X_2 + Y_1 Y_2 + Z_1 Z_2 = 0$, so sind die Vektoren a_1 und a_2 zueinander orthogonal, oder einer von ihnen (z. B. a_1)

ist der Nullvektor[1]) (also $X_1 = Y_1 = Z_1 = 0$). (Diese Behauptung folgt aus Pkt. 1, § 53 und aus (1).)

4. Den Winkel φ zwischen den Vektoren $\boldsymbol{a}_1\{X_1, Y_1, Z_1\}$, $\boldsymbol{a}_2\{X_2, Y_2, Z_2\}$ erhält man mit Hilfe der Formel (s. Beispiel 2)

$$\cos\varphi = \frac{\boldsymbol{a}_1\boldsymbol{a}_2}{|\boldsymbol{a}_1|\cdot|\boldsymbol{a}_2|} = \frac{X_1X_2 + Y_1Y_2 + Z_1Z_2}{\sqrt{X_1^2 + Y_1^2 + Z_1^2}\cdot\sqrt{X_2^2 + Y_2^2 + Z_2^2}}. \qquad (1)$$

Diese Behauptung folgt aus (1) und (2a).)

Beispiel 3. Man bestimme den Winkel zwischen den Vektoren $\{1, 1, 1\}$ und $\{2, 0, 3\}$.

Lösung.

$$\cos\varphi = \frac{1\cdot 2 + 1\cdot 0 + 1\cdot 3}{\sqrt{1^2 + 1^2 + 1^2}\cdot\sqrt{2^2 + 3^2}} \frac{5}{\sqrt{3}\cdot\sqrt{13}} \approx 0{,}8006,$$

also $\varphi \approx 36°50'$.

Beispiel 2. Die Ecken eines Dreiecks ABC seien

$$A\,(1;\, 2;\, -3);\quad B\,(0;\, 1;\, 2);\quad C\,(2;\, 1;\, 1).$$

Man bestimme die Längen der Seiten AB und AC, sowie den Winkel bei A.

Lösung.

$$\overrightarrow{AB} = \{(0-1), (1-2), (2+3)\} = \{-1, -1, 5\},$$

$$\overrightarrow{AC} = \{(2-1), (1-2), (1+3)\} = \{1, -1, 4\}.$$

$$|\overrightarrow{AB}| = \sqrt{(-1)^2 + (-1)^2 + 5^2} = 3\sqrt{3},$$

$$|\overrightarrow{AC}| = \sqrt{1^2 + (-1)^2 + 4^2} = 3\sqrt{2},$$

$$\cos A = \frac{\overrightarrow{AB}\cdot\overrightarrow{AC}}{|\overrightarrow{AB}|\cdot|\overrightarrow{AC}|} = \frac{(-1)\cdot 1 + (-1)\cdot(-1) + 5\cdot 4}{9\sqrt{6}} = \frac{20}{9\sqrt{6}}.$$

Bemerkung. Die Formeln (1)—(3) in § 108 sind Spezialfälle der Formel 1 in diesem Paragraphen.

§ 110. Rechts- und Linkssysteme von drei Vektoren

Es seien $\boldsymbol{a}$, $\boldsymbol{b}$ und $\boldsymbol{c}$ drei (von Null verschiedene) Vektoren, die nicht parallel zu einer einzigen Ebene sind und die in der angegebenen Reihenfolge genommen werden (d. h., $\boldsymbol{a}$ sei der erste, $\boldsymbol{b}$ der zweite und $\boldsymbol{c}$ der dritte Vektor). Führt man die drei Vektoren auf einen

[1]) Den Nullvektor kann man als orthogonal zu jedem anderen Vektor betrachten, vgl. § 50.

gemeinsamen Anfang O zurück, so erhält man die Vektoren (Abb. 153 a) $\overrightarrow{OA}$, $\overrightarrow{OB}$ und $\overrightarrow{OC}$, die nicht in einer Ebene liegen.
Das System der drei Vektoren $\boldsymbol{a}$, $\boldsymbol{b}$, $\boldsymbol{c}$ heißt ein *Rechtssystem* (Abb. 153a), wenn man vom Punkt C aus eine Drehung des Vektors $\overrightarrow{OA}$ auf dem kürzeren Wege bis zur Überdeckung mit dem Vektor $\overrightarrow{OB}$ als Drehung im Gegenuhrzeigersinn sieht.
Wenn dagegen die erwähnte Drehung als Drehung im Uhrzeigersinn (Abb. 153b) erscheint, so bezeichnet man das System aus den drei Vektoren $\boldsymbol{a}$, $\boldsymbol{b}$ und $\boldsymbol{c}$ als *Linkssystem*[1]).

Beispiel 1. Die Achsenvektoren $\boldsymbol{i}$, $\boldsymbol{j}$ und $\boldsymbol{k}$ in einem Rechtskoordinatensystem (§ 105) bilden ein Rechtssystem. Das System $\boldsymbol{j}$, $\boldsymbol{i}$, $\boldsymbol{k}$ (in dieser Reihenfolge) bildet ein Linkssystem.

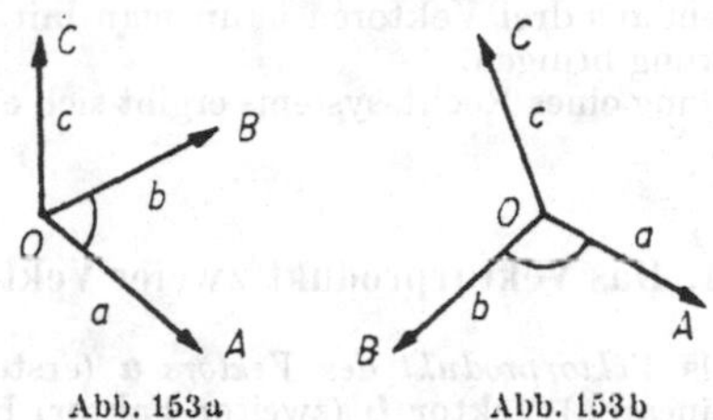

Abb. 153a Abb. 153b

Wenn wir zwei Systeme von drei Vektoren vorliegen haben und beide sind Rechtssysteme oder beide Linkssysteme, so sagen wir, daß diese Systeme *gleich orientiert* sind. Wenn hingegen eines der Systeme ein Rechtssystem, das andere aber ein Linkssystem ist, so sprechen wir von einer *entgegengesetzten Orientierung*.
Bei einer Vertauschung von zwei Vektoren ändert das System seine Orientierung (vgl. Beispiel 1).

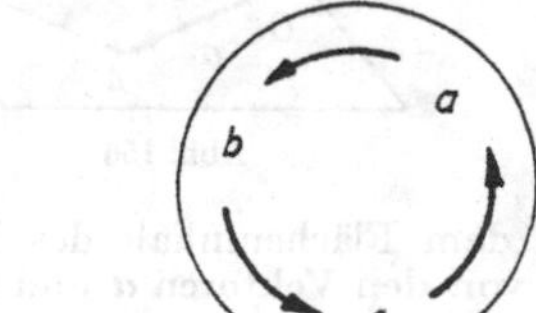

Abb. 154

Das System behält seine Orientierung bei einer *zyklischen Vertauschung* der Vektoren, wie sie in Abb. 154 dargestellt ist (der zweite Vektor geht über in den ersten, der dritte in den zweiten und der erste in den dritten, d. h., anstelle von $\boldsymbol{a}$, $\boldsymbol{b}$, $\boldsymbol{c}$ haben wir das System $\boldsymbol{b}$, $\boldsymbol{c}$, $\boldsymbol{a}$).

[1]) Über die Herkunft der Namen „Rechtssystem" und „Linkssystem" s. § 105, Bemerkung 2.

Beispiel 2. Aus dem Rechtssystem $\boldsymbol{i}, \boldsymbol{j}, \boldsymbol{k}$ erhält man durch zyklische Vertauschung das Rechtssystem $\boldsymbol{j}, \boldsymbol{k}, \boldsymbol{i}$, aus diesem wieder das Rechtssystem $\boldsymbol{k}, \boldsymbol{i}, \boldsymbol{j}$.

Beispiel 3. Wenn die Vektoren $\boldsymbol{a}, \boldsymbol{b}, \boldsymbol{c}$ ein Rechtssystem bilden, so sind die drei folgenden Systeme ebenfalls Rechtssysteme:

$$\boldsymbol{a}, \boldsymbol{b}, \boldsymbol{c}, \qquad \boldsymbol{b}, \boldsymbol{c}, \boldsymbol{a}, \qquad \boldsymbol{c}, \boldsymbol{a}, \boldsymbol{b} \qquad \text{(vgl. Abb. 154)}.$$

Die drei Systeme

$$\boldsymbol{b}, \boldsymbol{a}, \boldsymbol{c}, \qquad \boldsymbol{a}, \boldsymbol{c}, \boldsymbol{b}, \qquad \boldsymbol{c}, \boldsymbol{b}, \boldsymbol{a}$$

hingegen, die aus denselben drei Vektoren bestehen, sind Linkssysteme.

Ein Rechtssystem aus drei Vektoren kann man mit keinem Linkssystem zur Deckung bringen.

Bei einer Spiegelung eines Rechtssystems ergibt sich ein Linkssystem und umgekehrt.

§ 111. Das Vektorprodukt zweier Vektoren

Definition. Als *Vektorprodukt des Vektors* $\boldsymbol{a}$ (erster Faktor) mit dem (nicht kollinearen) Vektor $\boldsymbol{b}$ (zweiter Faktor) bezeichnet man einen dritten Vektor $\boldsymbol{c}$ (Produkt), der auf die folgende Weise gebildet wird:

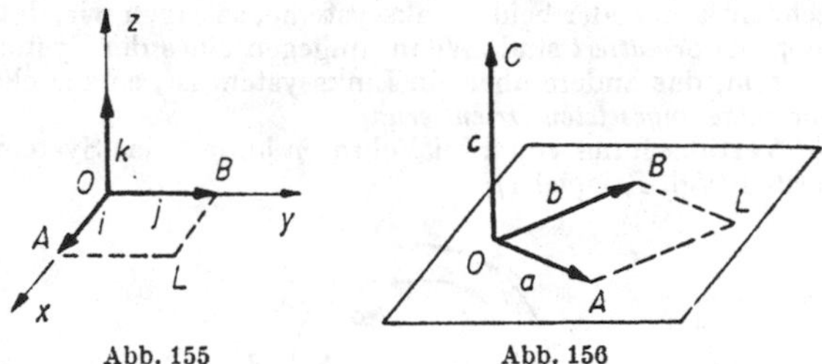

Abb. 155 Abb. 156

1. Sein Betrag ist gleich dem Flächeninhalt des Parallelogramms (*AOBL* in Abb. 155), das von den Vektoren $\boldsymbol{a}$ und $\boldsymbol{b}$ gebildet wird, d. h. gleich $|\boldsymbol{a}| \cdot |\boldsymbol{b}| \sin(\widehat{\boldsymbol{a}, \boldsymbol{b}})$.

2. Seine Richtung ist senkrecht zur Ebene des erwähnten Parallelogramms.

3. Dabei wählt man die Richtung des Vektors $\boldsymbol{c}$ (unter den zwei Möglichkeiten) so, daß die Vektoren $\boldsymbol{a}, \boldsymbol{b}, \boldsymbol{c}$ ein Rechtssystem bilden (§ 110).

Bezeichnungsweise: $\boldsymbol{c} = \boldsymbol{a} \times \boldsymbol{b}$ oder $\boldsymbol{c} = [\boldsymbol{a}\boldsymbol{b}]$.

Zusatz zur Definition. Wenn die Vektoren $\boldsymbol{a}$ und $\boldsymbol{b}$ kollinear sind, so schreibt man natürlich der Figur *AOBL*, (die man vereinbarungs-

gemäß zu den Parallelogrammen zählt, den Flächeninhalt 0 zu. Daher ordnet man dem Vektorprodukt zweier kollinearer Vektoren den Nullvektor zu.
Da man einem Nullvektor jede beliebige Richtung zuordnen darf, steht diese Übereinkunft nicht im Widerspruch zu den Punkten 2 und 3 der Definition.

Bemerkung 1. Im Ausdruck „Vektorprodukt" weist der erste Teil darauf hin, daß das Ergebnis der Operation ein Vektor ist (im Gegensatz zum Skalarprodukt, vgl. § 104, Bemerkung 1).

Beispiel. Man bestimme das Vektorprodukt $\boldsymbol{i} \times \boldsymbol{j}$, wobei $\boldsymbol{i}$ und $\boldsymbol{j}$ zwei Achsenvektoren eines Rechtssystems sind (Abb. 156).

Lösung. 1. Da die Länge der Achsenvektoren gleich der Maßstabseinheit ist, so ist der Inhalt des Parallelogramms $AOBL$ (Quadrat) dem Betrag nach gleich 1. Das bedeutet, daß der Betrag des gesuchten Vektorprodukts gleich 1 ist.

2. Da die Achse OZ senkrecht auf der Ebene $AOBL$ steht, ist das gesuchte Vektorprodukt kollinear mit dem Vektor $\boldsymbol{k}$. Da beide Vektoren den Betrag 1 besitzen, ist das gesuchte Vektorprodukt entweder $\boldsymbol{k}$ oder $-\boldsymbol{k}$.

3. Von diesen zwei Möglichkeiten kommt nur die erste in Frage, da die Vektoren $\boldsymbol{i}, \boldsymbol{j}, \boldsymbol{k}$ ein Rechtssystem bilden (die Vektoren $\boldsymbol{i}, \boldsymbol{j}, -\boldsymbol{k}$ hingegen ein Linkssystem).
Somit gilt

$$\boldsymbol{i} \times \boldsymbol{j} = \boldsymbol{k}.$$

Beispiel 2. Man bestimme das Vektorprodukt $\boldsymbol{j} \times \boldsymbol{i}$.

Lösung. Wie in Beispiel 1 schließen wir, daß der Vektor $\boldsymbol{j} \times \boldsymbol{i}$ gleich $\boldsymbol{k}$ oder $-\boldsymbol{k}$ sein muß. Hier müssen wir jedoch $-\boldsymbol{k}$ wählen, da die Vektoren $\boldsymbol{j}, \boldsymbol{i}, -\boldsymbol{k}$ ein Rechtssystem bilden (die Vektoren $\boldsymbol{j}, \boldsymbol{i}, \boldsymbol{k}$ dagegen ein Linkssystem).
Somit gilt

$$\boldsymbol{j} \times \boldsymbol{i} = \boldsymbol{k}.$$

Beispiel 3. Die Länge der Vektoren $\boldsymbol{a}$ und $\boldsymbol{b}$ sei 80 cm und 50 cm. Der Winkel zwischen ihnen betrage 30°. Mit der Maßeinheit von einem Meter bestimme man die Länge des Vektorprodukts $\boldsymbol{a} \times \boldsymbol{b}$.

Lösung. Der Flächeninhalt des Parallelogramms, das von den Vektoren $\boldsymbol{a}$ und $\boldsymbol{b}$ gebildet wird, beträgt $80 \cdot 50 \cdot \sin 30° = 2000$ (cm²), d. h. 0,2 m². Die Länge des gesuchten Vektorprodukts ist daher 0,2 m.

Beispiel 4. Man bestimme die Länge desselben Vektorprodukts bei Verwendung einer Maßeinheit von 1 cm.

Lösung. Da der Flächeninhalt des von den Vektoren $\boldsymbol{a}$ und $\boldsymbol{b}$ gebildeten Parallelogramms 2000 cm² beträgt, ist die Länge des gesuchten Vektorprodukts 2000 cm, d. h. 20 m.
Aus dem Vergleich der Ergebnisse in den Beispielen 3 und 4 erkennt man, daß die Länge des Vektors $\boldsymbol{a} \times \boldsymbol{b}$ nicht nur von der Länge der

Faktoren $\boldsymbol{a}$ und $\boldsymbol{b}$ abhängt, sondern auch von der Wahl der Längeneinheit.

Die physikalische Bedeutung des Vektorprodukts. Aus der Vielzahl von physikalischen Größen, die durch ein Vektorprodukt dargestellt werden, betrachten wir nur das Drehmoment.

Es sei A der Angriffspunkt der Kraft F. Als *Drehmoment* der Kraft F bezüglich des Punktes O bezeichnet man das Vektorprodukt $\overrightarrow{OA} \times F$. Da der Betrag dieses Vektorproduktes gleich dem Inhalt des Parallelogramms $AFLO$ (Abb. 157) ist, ist der Betrag des Momentes gleich dem Produkt aus der Grundlinie AF mit der Höhe OK, d. h. gleich der Kraft, multipliziert mit dem Abstand vom Punkt O zu der Geraden, längs der die Kraft wirkt.

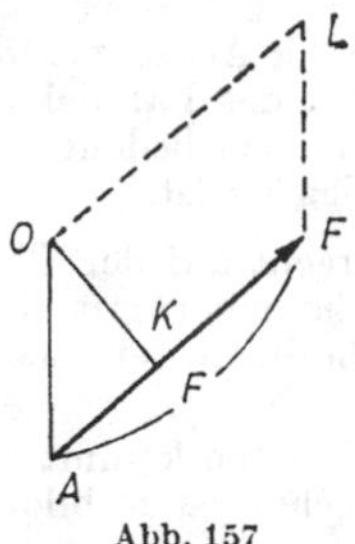

Abb. 157

In der Mechanik beweist man, daß für das Gleichgewicht eines starren Körpers notwendig ist, daß neben der Vektorsumme der Kräfte, die auf den Körper einwirken, auch die Summe der Momente verschwindet. Wenn alle Kräfte parallel zu einer festen Ebene wirken, so erhält man die Summe der Vektoren, die die Momente darstellen, durch Addition oder Subtraktion ihrer Beträge. Bei beliebigen nichtparallelen Kräften gilt dies jedoch nicht, weil das Vektorprodukt als Vektor und nicht als eine Zahl anzusehen ist.

§ 112. Die Eigenschaften des Vektorprodukts

1. Das Vektorprodukt $\boldsymbol{a} \times \boldsymbol{b}$ ist dann und nur dann Null, wenn die Vektoren $\boldsymbol{a}$ und $\boldsymbol{b}$ kollinear sind (insbesondere wenn einer davon der Nullvektor ist). (Diese Behauptung folgt aus dem ersten Punkt der Definition in § 111.)

1a. $\boldsymbol{a} \times \boldsymbol{a} = \boldsymbol{0}$.

Die Gleichung $\boldsymbol{a} \times \boldsymbol{a} = 0$ macht die Einführung des Begriffes „Vektorquadrat“ unnötig (vgl. § 54, Pkt. 5a).

2. Ein Vertauschen der Faktoren des Vektorproduktes bewirkt die Multiplikation mit -1 („ das Vorzeichen wird ausgetauscht“):

$$\boldsymbol{b} \times \boldsymbol{a} = -(\boldsymbol{a} \times \boldsymbol{b})$$

(vgl. Beispiel 1 und 2, § 111).

Das Vektorprodukt ist daher nicht kommutativ (vgl. § 54, Pkt. 2).

3. $(\boldsymbol{a} + \boldsymbol{b}) \times \boldsymbol{l} = \boldsymbol{a} \times \boldsymbol{l} + \boldsymbol{b} \times \boldsymbol{l}$ (Distributivität).

Diese Eigenschaft gilt für beliebig viele Summanden. Für drei Summanden haben wir zum Beispiel

$$(\boldsymbol{a}+\boldsymbol{b}+\boldsymbol{c})\times\boldsymbol{l}=\boldsymbol{a}\times\boldsymbol{l}+\boldsymbol{b}\times\boldsymbol{l}+\boldsymbol{c}\times\boldsymbol{l}.$$

4. $(m\boldsymbol{a})\times\boldsymbol{b}=m(\boldsymbol{a}\times\boldsymbol{b})$ (Assoziativität bezüglich eines skalaren Faktors).

4a. $(m\boldsymbol{a})\times(n\boldsymbol{b})=mn(\boldsymbol{a}\times\boldsymbol{b})$.

Beispiele: 1. $-3\boldsymbol{a}\times\boldsymbol{b}=-3(\boldsymbol{a}\times\boldsymbol{b})$.

2. $0{,}3\boldsymbol{a}\times 4\boldsymbol{b}=1{,}2(\boldsymbol{a}\times\boldsymbol{b})$.

3. $(2\boldsymbol{a}-3\boldsymbol{b})\times(\boldsymbol{c}+5\boldsymbol{d})$

$$=2(\boldsymbol{a}\times\boldsymbol{c})+10(\boldsymbol{a}\times\boldsymbol{d})-3(\boldsymbol{b}\times\boldsymbol{c})-15(\boldsymbol{b}\times\boldsymbol{d})$$
$$=2(\boldsymbol{a}\times\boldsymbol{c})+10(\boldsymbol{a}\times\boldsymbol{d})+3(\boldsymbol{c}\times\boldsymbol{b})+15(\boldsymbol{d}\times\boldsymbol{b})$$
$$=2(\boldsymbol{a}\times\boldsymbol{c})-10(\boldsymbol{d}\times\boldsymbol{a})+3(\boldsymbol{c}\times\boldsymbol{b})+15(\boldsymbol{d}\times\boldsymbol{b}).$$

4. $(\boldsymbol{a}+\boldsymbol{b})\times(\boldsymbol{a}-\boldsymbol{b})=\boldsymbol{a}\times\boldsymbol{a}-\boldsymbol{a}\times\boldsymbol{b}+\boldsymbol{b}\times\boldsymbol{a}-\boldsymbol{b}\times\boldsymbol{b}$.

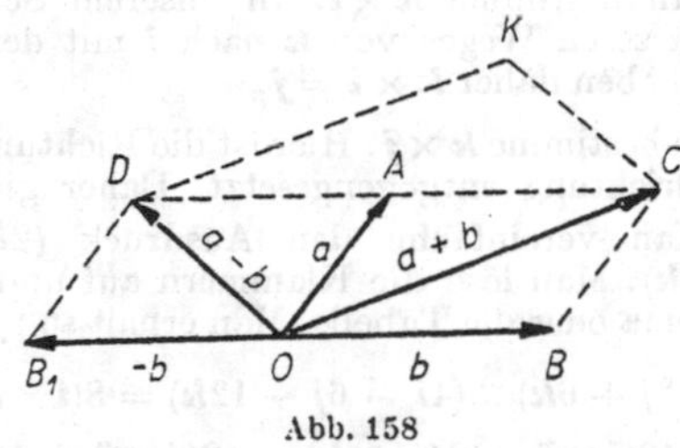

Abb. 158

Der erste und der vierte Summand sind gleich Null (Pkt. 1). Außerdem gibt $\boldsymbol{b}\times\boldsymbol{a}=-\boldsymbol{a}\times\boldsymbol{b}$ (Pkt. 2). Damit haben wir

$$(\boldsymbol{a}+\boldsymbol{b})\times(\boldsymbol{a}-\boldsymbol{b})=-2(\boldsymbol{a}\times\boldsymbol{b})=2(\boldsymbol{b}\times\boldsymbol{a}).$$

Folglich ist die Fläche $OCKD$ (Abb. 158) doppelt so groß wie die Fläche $OACB$.

§ 113. Die Vektorprodukte der Achsenvektoren

Aus der Definition in § 111 folgt, daß

$$\begin{aligned}
&\boldsymbol{i}\times\boldsymbol{i}=0, && \boldsymbol{i}\times\boldsymbol{j}=\boldsymbol{k}, && \boldsymbol{i}\times\boldsymbol{k}=-\boldsymbol{j},\\
&\boldsymbol{j}\times\boldsymbol{i}=-\boldsymbol{k}, && \boldsymbol{j}\times\boldsymbol{j}=0, && \boldsymbol{j}\times\boldsymbol{k}=\boldsymbol{i},\\
&\boldsymbol{k}\times\boldsymbol{i}=\boldsymbol{j}, && \boldsymbol{k}\times\boldsymbol{j}=-\boldsymbol{i}, && \boldsymbol{k}\times\boldsymbol{k}=0.
\end{aligned}$$

Um bei der Wahl der Vorzeichen keinen Fehler zu machen, kann man sich das folgende Schema (Abb. 159) einprägen. Man verwendet es in der folgenden Art:

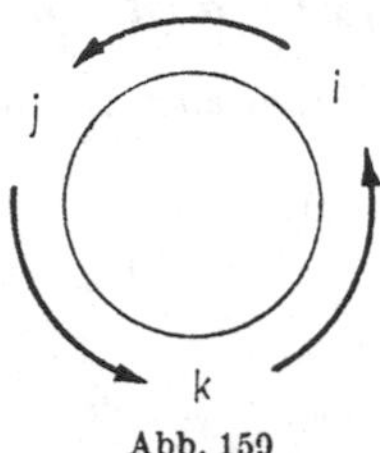

Abb. 159

Wenn die Richtung des kürzeren Weges vom ersten Vektor (ersten Faktor) zum zweiten Vektor (zweiten Faktor) mit der Pfeilrichtung zusammenfällt, so ist das Produkt gleich dem dritten Vektor. Wenn diese Richtungen nicht dieselben sind, so ist der dritte Vektor mit einem Minuszeichen zu nehmen.

Beispiel 1. Man bestimme $\boldsymbol{k} \times \boldsymbol{i}$. In unserem Schema fällt die Richtung des kürzeren Weges von $\boldsymbol{k}$ nach $\boldsymbol{i}$ mit der Pfeilrichtung zusammen. Wir haben daher $\boldsymbol{k} \times \boldsymbol{i} = \boldsymbol{j}$.

Beispiel 2. Man bestimme $\boldsymbol{k} \times \boldsymbol{j}$. Hier ist die Richtung des kürzeren Weges zur Pfeilrichtung entgegengesetzt. Daher gilt $\boldsymbol{k} \times \boldsymbol{j} = -\boldsymbol{i}$.

Beispiel 3. Man vereinfache den Ausdruck $(2\boldsymbol{i} - 3\boldsymbol{j} + 6\boldsymbol{k}) \times$ $\times (4\boldsymbol{i} - 6\boldsymbol{j} + 12\boldsymbol{k})$. Man löse die Klammern auf und verwende das angegebene Schema oder die Tabelle. Man erhält so

$$\begin{aligned}(2\boldsymbol{i} - 3\boldsymbol{j} + 6\boldsymbol{k}) \times (4\boldsymbol{i} - 6\boldsymbol{j} + 12\boldsymbol{k}) &= 8(\boldsymbol{i} \times \boldsymbol{i}) \\ - 12(\boldsymbol{i} \times \boldsymbol{j}) + 24(\boldsymbol{i} \times \boldsymbol{k}) &- 12(\boldsymbol{j} \times \boldsymbol{i}) + 18(\boldsymbol{j} \times \boldsymbol{j}) \\ -36(\boldsymbol{j} \times \boldsymbol{k}) + 24(\boldsymbol{k} \times \boldsymbol{i}) &- 36(\boldsymbol{k} \times \boldsymbol{j}) + 72(\boldsymbol{k} \times \boldsymbol{k}) \\ = -12\boldsymbol{k} - 24\boldsymbol{j} + 12\boldsymbol{k} &- 36\boldsymbol{i} + 24\boldsymbol{j} + 36\boldsymbol{i} = \boldsymbol{0}.\end{aligned}$$

Da das Vektorprodukt nur dann Null wird, wenn die Faktoren kollinear sind (§ 112, Pkt. 1), folgt daraus die Kollinarität der Vektoren $2\boldsymbol{i} - 3\boldsymbol{j} + 6\boldsymbol{k}$ und $4\boldsymbol{i} - 6\boldsymbol{j} + 12\boldsymbol{k}$. Dies zeigt auch das Kriterium in § 51.

§ 114. Die Darstellung des Vektorprodukts durch die Koordinaten der Faktoren

Wenn $\boldsymbol{a}_1 = \{X_1, Y_1, Z_1\}$ und $\boldsymbol{a}_2 = \{X_2, Y_2, Z_2\}$, so gilt[1])

$$\boldsymbol{a}_1 \times \boldsymbol{a}_2 = \left\{\begin{vmatrix} Y_1 Z_1 \\ Y_2 Z_2 \end{vmatrix}, \begin{vmatrix} Z_1 X_1 \\ Z_2 X_2 \end{vmatrix}, \begin{vmatrix} X_1 Y_1 \\ X_2 Y_2 \end{vmatrix}\right\}. \tag{1}$$

[1]) Wir erhalten das Vektorprodukt $(X_1\boldsymbol{i} + Y_1\boldsymbol{j} + Z_1\boldsymbol{k}) \times (X_2\boldsymbol{i} + Y_2\boldsymbol{j} + Z_2\boldsymbol{k})$ unter Verwendung der Tabelle in § 113 und mit Hilfe der Eigenschaften 2, 3 und 4 aus § 112 (vgl. Beispiel 3, § 113).

Die durch senkrechte Striche zusammengefaßten Ausdrücke bedeuten Determinanten zweiten Grades (§ 12).

Merksatz. Zur Bestimmung der Koordinaten des Vektors $\boldsymbol{a}_1 \times \boldsymbol{a}_2$ bildet man die Tabelle

$$\begin{matrix} X_1 Y_1 Z_1 \\ X_2 Y_2 Z_2 . \end{matrix} \tag{2}$$

Durch Streichen der ersten Spalte erhalten wir die erste Koordinate

$$\begin{vmatrix} Y_1 Z_1 \\ Y_2 Z_2 \end{vmatrix}.$$

Durch Streichen der zweiten Spalte und *Multiplikation der Determinante mit* -1 $\left(-\begin{vmatrix} X_1 Z_1 \\ X_2 Z_2 \end{vmatrix}\right.$ oder, was daselbe ist, $\left.\begin{vmatrix} Z_1 X_1 \\ Z_2 X_2 \end{vmatrix}\right)$, erhalten wir die zweite Koordinate).

Durch Streichen der dritten Spalte erhalten wir die dritte Koordinate.

Beispiel 1. Man bestimme das Vektorprodukt der Vektoren $\boldsymbol{a}_1 \{3, -4, -8\}$ und $\boldsymbol{a}_2 \{-5, 2, -1\}$.

Lösung. Wir bilden die Tabelle

$$\begin{matrix} 3 & -4 & -8 \\ -5 & 2 & -1 . \end{matrix}$$

Streichen der ersten Spalte liefert die erste Koordinate

$$\begin{vmatrix} -4 & -8 \\ 2 & -1 \end{vmatrix} = (-4)\cdot(-1) - 2\cdot(-8) = 20.$$

Streichen der zweiten Spalte liefert die Determinante

$$\begin{vmatrix} 3 & -8 \\ -5 & -1 \end{vmatrix}.$$

Wir vertauschen darin die Spalten (dabei ändert sich das Vorzeichen der Determinante) und erhalten die zweite Koordinate $\begin{vmatrix} -8 & 3 \\ -1 & -5 \end{vmatrix} = 43.$

Durch Streichen der dritten Spalte erhalten wir die dritte Koordinate $\begin{vmatrix} 3 & -4 \\ -5 & 2 \end{vmatrix} = -14.$

Somit gilt $\boldsymbol{a}_1 \times \boldsymbol{a}_2 = \{20, 43, -14\}$.

Bemerkung.

Man erhält das Vektorprodukt auch auf folgende Weise. Man bildet eine Determinante 3. Ordnung (vgl. § 118 und 183), in deren erster und zweiter Zeile die Komponenten von $\boldsymbol{a}_1$ und $\boldsymbol{a}_2$ stehen, während die dritte Zeile von den drei Basisvektoren gebildet wird, und entwickelt diese Determinante

$$\begin{vmatrix} X_1 & Y_1 & Z_1 \\ X_2 & Y_2 & Z_2 \\ \boldsymbol{i} & \boldsymbol{j} & \boldsymbol{k} \end{vmatrix}$$

nach den Elementen der dritten Zeile.

Beispiel 2. Man bestimme die Fläche S des Dreiecks mit den Ecken $A_1\,(3;\,4;\,-1)$, $A_2\,(2;\,0;\,4)$, $A_3\,(-3;\,5;\,4)$.

Lösung. Der gesuchte Flächeninhalt ist gleich der Hälfte des Flächeninhalts des von den Vektoren $\overrightarrow{A_1A_2}$ und $\overrightarrow{A_1A_3}$ gebildeten Parallelogramms. Wir erhalten (§ 99) $\overrightarrow{A_1A_2} = \{(2-3),\ (0-4),\ (4+1)\} = \{-1,\ -4,\ 5\}$ und $\overrightarrow{A_1A_2} = \{-6,\ 1,\ 5\}$. Die Fläche des Parallelogramms ist gleich dem Betrag des Vektorprodukts $\overrightarrow{A_1A_2} \times \overrightarrow{A_1A_3}$, und dafür erhält man $\{25,\ -25,\ -25\}$. Daher gilt

$$S = \frac{1}{2}\left|\overrightarrow{A_1A_2} \times \overrightarrow{A_1A_3}\right| = \frac{1}{2}\sqrt{(-25)^2 + (-25)^2 + (-25)^2}$$

$$= \frac{1}{2}\sqrt{1875} \approx 21{,}7.$$

§ 115. Komplanare Vektoren

Drei (oder mehr) Vektoren heißen *komplanar*, wenn sie nach Rückführung zu einem gemeinsamen Anfangspunkt in einer Ebene liegen. Drei Vektoren betrachtet man auch als komplanar, wenn einer davon der Nullvektor ist.

Komplanare Vektoren sind im Sinne der Definition von § 49 linear abhängig.

Über ein Kriterium für die Komplanarität s. §§ 116, 120.

§ 116. Das gemischte Produkt

Als *gemischtes Produkt* (oder *Vektorskalarprodukt*) dreier Vektoren $\boldsymbol{a}$, $\boldsymbol{b}$ und $\boldsymbol{c}$ (in dieser Reihenfolge) bezeichnet man das Skalarprodukt des Vektors $\boldsymbol{a}$ mit dem Vektorprodukt $\boldsymbol{b} \times \boldsymbol{c}$, d. h. also die Zahl $\boldsymbol{a}(\boldsymbol{b} \times \boldsymbol{c})$, oder, was dasselbe ist, die Zahl $(\boldsymbol{b} \times \boldsymbol{c})\,\boldsymbol{a}$.

Bezeichnungsweise: $\boldsymbol{abc}$

Kriterium für die Komplanarität. Wenn das System $\boldsymbol{a}$, $\boldsymbol{b}$, $\boldsymbol{c}$ ein Rechtssystem ist, so gilt $\boldsymbol{abc} > 0$, wenn es ein Linkssystem ist, so gilt $\boldsymbol{abc} < 0$. Wenn dagegen die Vektoren $\boldsymbol{a}$, $\boldsymbol{b}$, $\boldsymbol{c}$ komplanar sind (§ 115), so gilt $\boldsymbol{abc} = 0$. Mit anderen Worten: *Das Verschwinden des gemischten Produktes* $\boldsymbol{abc}$ *ist ein Kriterium für die Komplanarität der Vektoren* $\boldsymbol{a}$, $\boldsymbol{b}$, $\boldsymbol{c}$.

Geometrische Deutung des gemischten Produkts. Das gemischte Produkt $\boldsymbol{abc}$ dreier nichtkomplanarer Vektoren $\boldsymbol{a}$, $\boldsymbol{b}$, $\boldsymbol{c}$ ist gleich dem Volumen des Parallelepipeds, das von den Vektoren $\boldsymbol{a}$, $\boldsymbol{b}$, $\boldsymbol{c}$ gebildet wird, positiv genommen, wenn $\boldsymbol{a}$, $\boldsymbol{b}$, $\boldsymbol{c}$ ein Rechtssystem bildet, negativ genommen, wenn $\boldsymbol{a}$, $\boldsymbol{b}$, $\boldsymbol{c}$ ein Linkssystem ist.

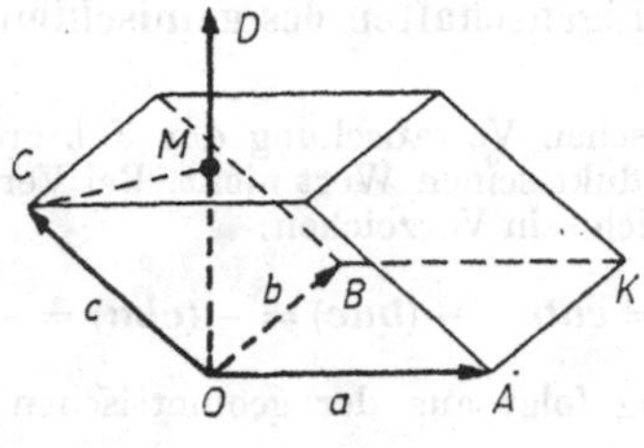

Abb. 160

Erklärung. Wir konstruieren (Abb. 160, 161) den Vektor

$$\overrightarrow{OD} = \boldsymbol{a} \times \boldsymbol{b}. \tag{1}$$

Dann ist der Inhalt der Grundfläche $OAKB$ gleich

$$S = |\overrightarrow{OD}|. \tag{2}$$

Die Höhe H (Länge des Vektors $\overrightarrow{OM}$), positiv oder negativ genommen, ist (§ 51, Pkt. 2) die algebraische Projektion des Vektors $\boldsymbol{c}$ auf die Richtung $\overrightarrow{OD}$, d. h.

$$H = \pm \operatorname{pr}_{\overrightarrow{OD}} \boldsymbol{c}. \tag{3}$$

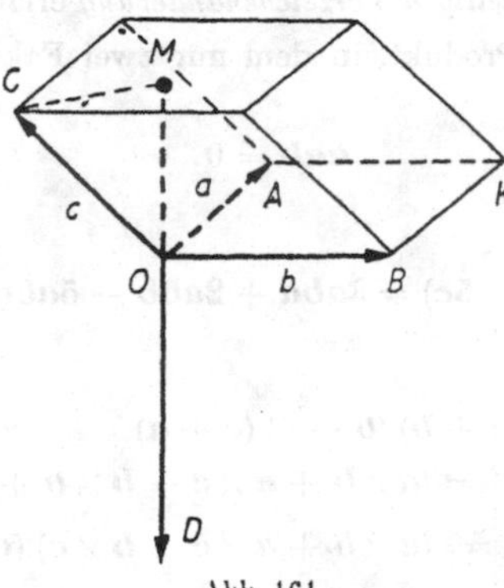

Abb. 161

Das Pluszeichen gilt, wenn $\overrightarrow{OM}$ und $\overrightarrow{OD}$ gleichsinnig parallel sind (Abb. 160). Dies ist der Fall, wenn $\boldsymbol{a}$, $\boldsymbol{b}$, $\boldsymbol{c}$ ein Rechtssystem darstellt. Das Minuszeichen gehört zu einem Linkssystem (Abb. 161). Aus (2) und (3) erhalten wir

$$V = SH = \pm |\overrightarrow{OD}| \operatorname{pr}_{\overrightarrow{OD}} \boldsymbol{c},$$

$|\overrightarrow{OD}|\, \mathrm{pr}_{\overrightarrow{OD}}\, \boldsymbol{c}$ ist jedoch das Skalarprodukt $\overrightarrow{OD} \cdot \boldsymbol{c}$ (§ 53), d. h. $(\boldsymbol{a} \times \boldsymbol{b})\, \boldsymbol{c}$. Somit gilt

$$V = \pm(\boldsymbol{a} \times \boldsymbol{b})\, \boldsymbol{c}.$$

§ 117. Die Eigenschaften des gemischten Produktes

1. Bei einer zyklischen Vertauschung der Faktoren (§ 110) ändert das gemischte Produkt seinen Wert nicht. Bei Vertauschung zweier Faktoren ändert sich sein Vorzeichen:

$$\boldsymbol{abc} = \boldsymbol{acb} = \boldsymbol{cab} = -(\boldsymbol{bac}) = -(\boldsymbol{cba}) = -(\boldsymbol{acb}).$$

(Diese Behauptung folgt aus der geometrischen Deutung (§ 116) und aus § 110.)

2. $(\boldsymbol{a} + \boldsymbol{b})\, \boldsymbol{cd} = \boldsymbol{acd} + \boldsymbol{bcd}$ (Distributivität)
Diese Eigenschaft gilt für beliebig viele Summanden.
(Die Behauptung folgt aus der Definition des gemischten Produkts und § 112, Pkt. 3.)

3. $(m\boldsymbol{a})\, \boldsymbol{bc} = m(\boldsymbol{abc})$
(Assoziativität bezüglich eines skalaren Faktors).
(Diese Behauptung folgt aus der Definition des gemischten Produkts und aus § 112, Pkt. 4.)
Diese Eigenschaften erlauben Umformungen gemischter Produkte, die sich von den gewöhnlichen algebraischen Umformungen nur dadurch unterscheiden, daß eine *Vertauschung der Reihenfolge der Faktoren nur mit einer gleichzeitigen Vorzeichenänderung* erlaubt ist (Pkt. 1).

4. Das gemischte Produkt, in dem nur zwei Faktoren verschieden sind, ist 0:

$$\boldsymbol{aab} = 0.$$

Beispiel 1.

$$\boldsymbol{ab}(3\boldsymbol{a} - 2\boldsymbol{b} - 5\boldsymbol{c}) = 3\boldsymbol{aba} + 2\boldsymbol{abb} - 5\boldsymbol{abc} = -5\boldsymbol{abc}.$$

Beispiel 2.

$$\begin{aligned}
&(\boldsymbol{a} + \boldsymbol{b})\, (\boldsymbol{b} + \boldsymbol{c})\, (\boldsymbol{c} + \boldsymbol{a}) \\
&\quad = (\boldsymbol{a} \times \boldsymbol{b} + \boldsymbol{a} \times \boldsymbol{c} + \boldsymbol{b} \times \boldsymbol{b} + \boldsymbol{b} \times \boldsymbol{c})\, (\boldsymbol{c} + \boldsymbol{a}) \\
&\quad = (\boldsymbol{a} \times \boldsymbol{b} + \boldsymbol{a} \times \boldsymbol{c} + \boldsymbol{b} \times \boldsymbol{c})\, (\boldsymbol{c} + \boldsymbol{a}) \\
&\quad = \boldsymbol{abc} + \boldsymbol{acc} + \boldsymbol{aca} + \boldsymbol{aba} + \boldsymbol{bcc} + \boldsymbol{bca}.
\end{aligned}$$

Außer dem ersten und dem letzten sind alle Glieder 0. Außerdem gilt $\boldsymbol{bca} = \boldsymbol{abc}$ (Eigenschaft 1). Daher gilt

$$(\boldsymbol{a} + \boldsymbol{b})\, (\boldsymbol{b} + \boldsymbol{c})\, (\boldsymbol{c} + \boldsymbol{a}) = 2\boldsymbol{abc}.$$

§ 118. Die Determinante dritter Ordnung[1])

In vielen Fällen, insbesondere bei der Berechnung des gemischten Produktes, verwendet man bequemerweise das Symbol

$$\begin{vmatrix} a_1 & b_1 & c_1 \\ a_2 & b_2 & c_2 \\ a_3 & b_3 & c_3 \end{vmatrix}. \tag{1}$$

Es stellt die Abkürzung für den folgenden Ausdruck dar

$$a_1 \begin{vmatrix} b_2 & c_2 \\ b_3 & c_3 \end{vmatrix} - b_1 \begin{vmatrix} a_2 & c_2 \\ a_3 & c_3 \end{vmatrix} + c_1 \begin{vmatrix} a_2 & b_2 \\ a_3 & b_3 \end{vmatrix}. \tag{2}$$

Der Ausdruck (1) heißt *Determinante dritter Ordnung.*
Die in (2) auftretenden Determinanten zweiter Ordnung bildet man auf die folgende Weise. Man streicht aus der Tabelle (1) die Zeile und die Spalte, die a_1 enthalten, wie es in dem Schema

$$\begin{array}{ccc} a_1 \cdots & b_1 \cdots & c_1 \\ \vdots & & \\ a_2 & b_2 & c_2 \\ \vdots & & \\ a_3 & b_3 & c_3 \end{array}$$

angedeutet ist. Die verbleibende Determinante geht in (2) als Faktor bei dem gestrichenen Buchstaben a_1 ein. Auf analoge Weise erhalten wir die zwei anderen Determinanten aus Formel (2):

$$\begin{array}{ccc} a_1 \cdots & b_1 \cdots & c_1 \\ & \vdots & \\ a_2 & b_2 & c_2 \\ & \vdots & \\ a_3 & b_3 & c_3 \end{array} \quad \text{und} \quad \begin{array}{ccc} a_1 \cdots & b_1 \cdots & c_1 \\ & & \vdots \\ a_2 & b_2 & c_2 \\ & & \vdots \\ a_3 & b_3 & c_3 \end{array}$$

Achtung: ***Das mittlere Glied in Formel*** **(2)** ***erhält ein negatives Vorzeichen!***

Beispiel 1. Man berechne die Determinante

$$\begin{vmatrix} -2 & -1 & -3 \\ -1 & 4 & 6 \\ 1 & 5 & 9 \end{vmatrix}.$$

Wir haben

$$\begin{vmatrix} -2 & -1 & -3 \\ -1 & 4 & 6 \\ 1 & 5 & 9 \end{vmatrix} = -2 \begin{vmatrix} 4 & 6 \\ 5 & 9 \end{vmatrix} + 1 \begin{vmatrix} -1 & 6 \\ 1 & 9 \end{vmatrix} - 3 \begin{vmatrix} -1 & 4 \\ 1 & 5 \end{vmatrix}$$

$$= -2 \cdot 6 + 1 \cdot (-15) - 3 \cdot (-9) = 0.$$

---

[1]) Ausführlicheres über Determinanten findet man in §§ 182–185.

Bemerkung 1. Wegen $\begin{vmatrix} a_2 & c_2 \\ a_3 & c_3 \end{vmatrix} = -\begin{vmatrix} c_2 & a_2 \\ c_3 & a_3 \end{vmatrix}$ kann man die Determinante dritter Ordnung auch so schreiben:

$$\begin{vmatrix} a_1 & b_1 & c_1 \\ a_2 & b_2 & c_2 \\ a_3 & b_3 & c_3 \end{vmatrix} = a_1 \begin{vmatrix} b_2 & c_2 \\ b_3 & c_3 \end{vmatrix} + b_1 \begin{vmatrix} c_2 & a_2 \\ c_3 & a_3 \end{vmatrix} + c_1 \begin{vmatrix} a_2 & b_2 \\ a_3 & b_3 \end{vmatrix}. \qquad (3)$$

Hier sind alle Determinanten zweiter Ordnung mit einem positiven Vorzeichen versehen.

Bemerkung 2. Die Berechnung gemäß Formel (3) läßt sich auf die folgende Weise mechanisieren. Wir fügen an die Tabelle (1) die zwei ersten Spalten nochmals an und erhalten dadurch die Tabelle

$$\begin{matrix} a_1 & b_1 & c_1 & a_1 & b_1 \\ a_2 & b_2 & c_2 & a_2 & b_2 \\ a_3 & b_3 & c_3 & a_3 & b_3 \end{matrix} \qquad (4)$$

Wir beginnen in der ersten Zeile mit dem Buchstaben a_1 und gehen von ihm aus längs der Diagonalen nach rechts unten, wie es durch den Pfeil in Tabelle (5) angedeutet ist:

$$\begin{matrix} a_1 & b_1 & c_1 & a_1 & b_1 \\ & \searrow & & & \\ a_2 & \begin{vmatrix} b_2 & c_2 \\ b_3 & c_3 \end{vmatrix} & & \begin{matrix} a_2 & b_2 \\ a & b_3 \end{matrix} \\ a_3 & & & \end{matrix} \qquad (5)$$

Die Determinante zweiter Ordnung, auf die der Pfeil hinweist, multiplizieren wir mit a_1 und erhalten $\begin{vmatrix} b_2 & c_2 \\ b_3 & c_3 \end{vmatrix}$.

Nun streichen wir die erste Spalte, nehmen aus der ersten Zeile den Buchstaben b_1 (den ersten unter den restlichen Buchstaben) und gehen analog vor, wie es in Tabelle (6) angedeutet ist:

$$\begin{matrix} b_1 & c_1 & a_1 & b_1 \\ & \searrow & & \\ b_2 & \begin{vmatrix} c_2 & a_2 \\ c_3 & a_3 \end{vmatrix} & & b_2 \\ b_3 & & & b_3 \end{matrix} \qquad (6)$$

Wir erhalten $b_1 \begin{vmatrix} c_2 & a_2 \\ c_3 & a_3 \end{vmatrix}$.

Schließlich streichen wir die zweite Spalte und erhalten $c_1 \begin{vmatrix} a_2 & b_2 \\ a_3 & b_3 \end{vmatrix}$.

Beispiel 2. Man berechne die Determinante

$$D = \begin{vmatrix} 1 & 2 & 3 \\ -1 & 3 & 4 \\ 2 & 5 & 2 \end{vmatrix}.$$

Wir stellen die Tabelle (4) auf

$$\begin{matrix} 1 & 2 & 3 & 1 & 2 \\ -1 & 3 & 4 & -1 & 3 \\ 2 & 5 & 2 & 2 & 5 \end{matrix}$$

und erhalten

$$D = 1 \cdot \begin{vmatrix} 3 & 4 \\ 5 & 2 \end{vmatrix} + 2 \begin{vmatrix} 4 & -1 \\ 2 & 2 \end{vmatrix} + 3 \begin{vmatrix} -1 & 3 \\ 2 & 5 \end{vmatrix}$$

$$= -14 + 20 - 33 = -27.$$

§ 119. Die Darstellung des gemischten Produktes durch die Koordinaten seiner Faktoren

Wenn die Vektoren $\boldsymbol{a}_1, \boldsymbol{a}_2, \boldsymbol{a}_3$ durch ihre Koordinaten gegeben sind,

$$\boldsymbol{a}_1 = \{X_1, Y_1, Z_1\}, \quad \boldsymbol{a}_2 = \{X_2, Y_2, Z_2\}, \quad \boldsymbol{a}_3 = \{X_3, Y_3, Z_3\},$$

so berechnet man das gemischte Produkt $\boldsymbol{a}_1\boldsymbol{a}_2\boldsymbol{a}_3$ nach der Formel

$$\boldsymbol{a}_1\boldsymbol{a}_2\boldsymbol{a}_3 = \begin{vmatrix} X_1 & Y_1 & Z_1 \\ X_2 & Y_2 & Z_2 \\ X_3 & Y_3 & Z_3 \end{vmatrix}. \tag{1}$$

(Dies folgt aus Formel (1), § 54 und aus (1), § 114.)

Beispiel 1. Das gemischte Produkt $\boldsymbol{a}_1\boldsymbol{a}_2\boldsymbol{a}_3$ der Vektoren $\boldsymbol{a}_1\,\{-2, -1, -3\}$, $\boldsymbol{a}_2\{-1, 4, 6\}$, $\boldsymbol{a}_3\{1, 5, 9\}$ lautet

$$\begin{vmatrix} -2 & -1 & -3 \\ -1 & 4 & 6 \\ 1 & 5 & 9 \end{vmatrix} = 0$$

(vgl. § 118, Beispiel 1). Das bedeutet (§ 116), daß die Vektoren $\boldsymbol{a}, \boldsymbol{b}, \boldsymbol{c}$ komplanar sind.

Beispiel 2. Die Vektoren $\{1, 2, 3\}$, $\{-1, 3, 4\}$, $\{2, 5, 2\}$ bilden ein Linkssystem, da ihr gemischtes Produkt (§ 118, Beispiel 2)

$$\begin{vmatrix} 1 & 2 & 3 \\ -1 & 3 & 4 \\ 2 & 5 & 2 \end{vmatrix} = -27$$

negativ ist (s. § 116).

Nach § 116 ist der Absolutbetrag der Determinante (1) gleich dem Volumen des von den drei Vektoren aufgespannten Parallelepipeds (*Spat*). Das gemischte Produkt heißt deshalb manchmal auch *Spatprodukt*.

Beispiel 2. Man bestimme das Volumen V der Dreieckspyramide $ABCD$ mit den Ecken A (2; −1; 1), B (5; 5; 4), C (3; 2; −1), D (4; 1; 3).

Lösung. Wir erhalten

$$\overrightarrow{AB} = \{(5-2), (5+1), (4-1)\} = \{3, 6, 3\}.$$

Genauso erhalten wir auch $\overrightarrow{AC} = \{1, 3, -2\}$, $\overrightarrow{AD} = \{2, 2, 2\}$. Das gesuchte Volumen ist gleich $\frac{1}{6}$ des Volumens des Parallelepipeds, das von den Vektoren $\overrightarrow{AB}$, $\overrightarrow{AC}$ und $\overrightarrow{AD}$ aufgespannt wird. Daher gilt

$$V = \pm\frac{1}{6}\begin{vmatrix} 3 & 6 & 3 \\ 1 & 3 & -2 \\ 2 & 2 & 2 \end{vmatrix},$$

so daß $V = 3$.

Das von drei komplanaren Vektoren „aufgespannte" Parallelepiped hat das Volumen Null. Daraus folgt:

Eine (notwendige und hinreichende) Bedingung für die Komplanarität der Vektoren $\boldsymbol{a}_1$ $\{X_1, Y_1, Z_1\}$, $\boldsymbol{a}_2$ $\{X_2, Y_2, Z_2\}$, $\boldsymbol{a}_3$ $\{X_3, Y_3, Z_3\}$ ist (vgl. Beispiel 1)

$$\begin{vmatrix} X_1 & Y_1 & Z_1 \\ X_2 & Y_2 & Z_2 \\ X_3 & Y_3 & Z_3 \end{vmatrix} = 0.$$

§ 120. Das doppelte Vektorprodukt

Unter dem *doppelten Vektorprodukt* verstehen wir einen Ausdruck der Form

$$\boldsymbol{a} \times (\boldsymbol{b} \times \boldsymbol{c}).$$

Das doppelte Vektorprodukt ist ein Vektor, der mit den Vektoren $\boldsymbol{b}$ und $\boldsymbol{c}$ komplanar ist. Es läßt sich durch die Vektoren $\boldsymbol{b}$ und $\boldsymbol{c}$ in der folgenden Weise ausdrücken:

$$\boldsymbol{a} \times (\boldsymbol{b} \times \boldsymbol{c}) = \boldsymbol{b}(\boldsymbol{ac}) - \boldsymbol{c}(\boldsymbol{ab}). \tag{1}$$

§ 121. Die Gleichung einer Ebene

1. Eine durch den Punkt M_0 $(x_0; y_0; z_0)$ (Abb. 162) verlaufende Ebene senkrecht zum Vektor $\boldsymbol{n}$ $\{A, B, C\}$ besitzt die Gleichung ersten Grades[1])

$$A(x - x_0) + B(y - y_0) + C(z - z_0) = 0 \tag{1}$$

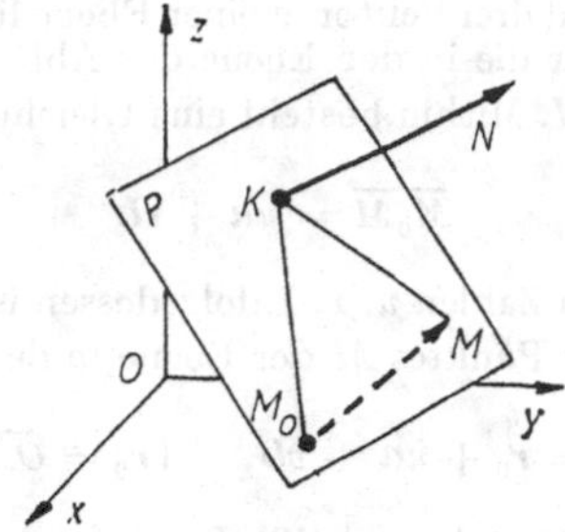

Abb. 162

oder

$$Ax + By + Cz + D = 0, \tag{2}$$

wobei D für die Größe $-(Ax_0 + By_0 + Cz_0)$ steht.
Der Vektor $\boldsymbol{n}$ heißt *Normalenvektor* der Ebene P.

Bemerkung 1. Der Ausdruck „die Ebene P besitzt die Gleichung (1)“ bedeutet, daß: a) die Koordinaten x, y, z aller Punkte M der Ebene P der Gleichung (1) genügen; b) die Koordinaten x, y, z aller Punkte, die nicht auf der Ebene liegen, diese Gleichung nicht erfüllen (vgl. § 8).

2. Jede Gleichung ersten Grades $Ax + By + Cz + D = 0$ (in der A, B und C nicht gleichzeitig 0 sind) stellt eine Ebene dar.
Die Gleichungen (1) und (2) erhalten in Vektorform das Aussehen

$$\boldsymbol{n}(\boldsymbol{r} - \boldsymbol{r}_0) = 0, \tag{1a}$$

$$\boldsymbol{n}\boldsymbol{r} + D = 0 \tag{2a}$$

($\boldsymbol{r}$ und $\boldsymbol{r}_0$ sind die Radiusvektoren der Punkte M und M_0. $D = -\boldsymbol{n}\boldsymbol{r}_0$).
Beispiel. Die durch den Punkt (2; 1; −1) gehende Ebene senkrecht zum Vektor {−2, 4, 3} besitzt die Gleichung

$$-2(x - 2) + 4(y - 1) + 3(z + 1) = 0$$

oder

$$-2x + 4y + 3z + 3 = 0.$$

[1]) Die Gleichung (1) stellt die Bedingung für die Orthogonalität der Vektoren $\boldsymbol{n} = \{A, B, C\}$ und $\overrightarrow{M_0M} = \{x - x_0, y - y_0, z - z_0\}$ dar. Siehe § 109.

Bemerkung 2. Eine Ebene läßt sich durch beliebig viele verschiedene Gleichungen darstellen, deren Koeffizienten, das freie Glied eingeschlossen, zueinander proportional sind (siehe weiter unten § 125, Bemerkung).

§ 122. Parameterdarstellung einer Ebene

Es seien $\boldsymbol{a}$ und $\boldsymbol{b}$ zwei nicht kollineare in einer Ebene gelegene Vektoren. Nach § 49 sind drei Vektoren einer Ebene linear abhängig. Dies gilt insbesondere für die in der Ebene der Abb. 162 gelegenen Vektoren $\boldsymbol{a}$, $\boldsymbol{b}$ und $\overrightarrow{M_0M}$. Mithin besteht eine Gleichung

$$\overrightarrow{M_0M} = u\boldsymbol{a} + v\boldsymbol{b}$$

mit gewissen reellen Zahlen u, v. Infolgedessen ist der Radiusvektor $\boldsymbol{r} = \overrightarrow{OM}$ eines jeden Punktes M der Ebene in der Gestalt

$$\boldsymbol{r} = \boldsymbol{r}_0 + u\boldsymbol{a} + v\boldsymbol{b} \qquad (\boldsymbol{r}_0 = \overrightarrow{OM_0}) \tag{1}$$

darstellbar. Diese Darstellung heißt *Parameterdarstellung* der Ebene. Die Parameter u und v sind beliebige reelle Zahlen. (Vgl. dazu § 56). Multipliziert man die Gleichung (1) skalar mit dem Normalvektor $\boldsymbol{n}$ (§ 121), der auf $\boldsymbol{a}$ und $\boldsymbol{b}$ senkrecht steht, so folgt $\boldsymbol{r}\boldsymbol{n} = \boldsymbol{r}_0\boldsymbol{n}$, d. h. Gl. 1a, § 121.

§ 123. Ermittlung der Parameterdarstellung einer Ebene aus ihrer linearen Gleichung

Die Parameterdarstellung einer Ebene, deren Gleichung in der Form

$$ax + by + cz = d$$

vorgelegt ist, findet man wie folgt: Man bestimmt mittels der Gleichung drei Punkte $M_i = (x_i, y_i, z_i)$, $i = 0, 1, 2$, der Ebene und setzt dann z. B. $\boldsymbol{r}_0 = \overrightarrow{OM_0}$, $\boldsymbol{a} = \overrightarrow{M_0M_1}$, $\boldsymbol{b} = \overrightarrow{M_1M_2}$.

Beispiel. Die Ebenengleichung sei $2x + 4y + 5z = 6$. Man wählt z. B.

$$M_0 = \left(0; 0; \frac{6}{5}\right), \quad M_1 = (3; 0; 0), \quad M_2 = \left(0; \frac{3}{2}; 0\right), \text{ also}$$

$$\boldsymbol{a} = \left(3; 0; -\frac{6}{5}\right), \quad \boldsymbol{b} = \left(-3; \frac{3}{2}; 0\right)$$

und

$$\boldsymbol{r} = \boldsymbol{r}_0 + u\boldsymbol{a} + v\boldsymbol{b} = \left(3u - 3v; \frac{3}{2}v; \frac{6}{5} - \frac{6}{5}u\right).$$

Man kann natürlich auch $\boldsymbol{r}_0 = OM_1$, $\boldsymbol{a} = \overrightarrow{M_2M_0}$, $\boldsymbol{b} = \overrightarrow{M_1M_0}$ wählen. Dann lautet die Parameterdarstellung

$$\boldsymbol{r} = \left(3 - 3v;\ \frac{3}{2}u;\ -\frac{6}{5}u + \frac{6}{5}v\right).$$

§ 124. Spezialfälle der Lage von Ebenen bezüglich des Koordinatensystems

1. Die Gleichung $Ax + By + Cz = 0$ (freies Glied $D = 0$) stellt eine Ebene durch den Ursprung dar.

2. Die Gleichung $Ax + By + D = 0$ (Koeffizient $C = 0$) stellt eine zur Achse OZ parallele Ebene dar, die Gleichung $Ax + Cz + D = 0$ eine zur Achse OY parallele Ebene, die Gleichung $By + Cz + D = 0$ eine zur Achse OX parallele Ebene.

Man sollte sich merken: *Wenn in der Gleichung der Buchstabe z nicht auftritt, so ist die Ebene parallel zur Achse OZ, usw.*

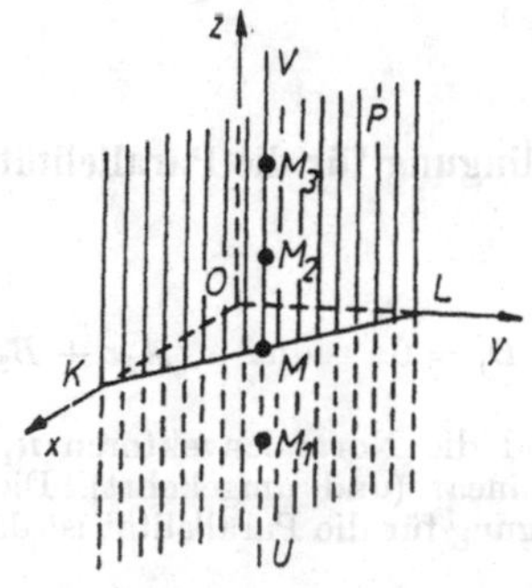

Abb. 163

Beispiel. Die Gleichung

$$x + y - 1 = 0$$

stellt eine zur Achse OZ (Abb. 163) parallele Ebene dar.

Bemerkung. In der analytischen Geometrie der Ebene ist $x + y - 1 = 0$ die Gleichung einer Geraden (KL in Abb. 163). Wir wollen erläutern, warum dieselbe Gleichung in der räumlichen Geometrie eine Ebene darstellt.

Wir wählen auf der Geraden KL einen beliebigen Punkt M. Da M auf der Ebene XOY liegt, gilt für ihn $z = 0$. Im System XOY besitze der Punkt M die Koordinaten $x = \frac{1}{2}$, $y = \frac{1}{2}$ (welche die Gleichung $x + y - 1 = 0$ erfüllen). Dann sind die Koordinaten des Punkts M im räumlichen System $OXYZ$ $x = \frac{1}{2}$, $y = \frac{1}{2}$,

$z = 0$. Diese Koordinaten genügen der Gleichung $x + y - 1 = 0$ (der Deutlichkeit halber schreiben wir diese in der Form $1x + 1y + 0 \cdot z - 1 = 0$).

Wir betrachten nun Punkte, deren Koordinaten $x = \frac{1}{2}$, $y = \frac{1}{2}$, aber $z \neq 0$ sind, zum Beispiel die Punkte $M_1\left(\frac{1}{2}; \frac{1}{2}; -\frac{1}{2}\right)$, $M_2\left(\frac{1}{2}; \frac{1}{2}; \frac{1}{2}\right)$, $M_3\left(\frac{1}{2}; \frac{1}{2}; 1\right)$. usw. (s. Abb. 163). Auch deren Koordinaten erfüllen die Gleichung $x + y + 0 \cdot z - 1 = 0$. Diese Punkte erfüllen die „vertikale" Gerade UV durch den Punkt M. Auf diese Art kann man sich alle vertikalen Geraden durch sämtliche Punkte der Geraden KL konstruiert denken. In ihrer Gesamtheit bilden diese die Ebene P.

Über die Darstellung einer Geraden in einem räumlichen Koordinatensystem wird weiter unten (§ 140, Beispiel 4) gesprochen.

3. Die Gleichung $Ax + D = 0$ $(B = 0,\ C = 0)$ stellt eine Ebene dar, die sowohl parallel zur Achse OZ als auch parallel zur Achse OY verläuft (s. Pkt. 2) und daher parallel zur Ebene YOZ ist.
Analog dazu stellt die Gleichung $By + D = 0$ eine zur Ebene XOZ parallele Ebene, die Gleichung $Cz + D = 0$ eine zur Ebene XOY parallele Ebene dar (vgl. § 15).
4. Die Gleichungen $x = 0$, $y = 0$, $z = 0$ stellen die Ebenen YOZ, XOZ und XOY dar.

§ 125. Die Bedingung für die Parallelität von Ebenen

Wenn die Ebenen

$$A_1x + B_1y + C_1z + D_1 = 0 \quad \text{und} \quad A_2x + B_2y + C_2z + D_2 = 0$$

parallel sind, so sind die Normalenvektoren $\boldsymbol{n}_1\ \{A_1, B_1, C_1\}$ und $\boldsymbol{n}_2\ \{A_2, B_2, C_2\}$ kollinear (und umgekehrt). Die (notwendige und hinreichende) Bedingung für die Parallelität ist daher (§ 108)

$$\frac{A_2}{A_1} = \frac{B_2}{B_1} = \frac{C_2}{C_1}.$$

Beispiel 1. Die Ebenen

$$2x - 3y - 4z + 11 = 0 \quad \text{und} \quad -4x + 6y + 8z + 36 = 0$$

sind parallel, da

$$\frac{-4}{2} = \frac{6}{-3} = \frac{8}{-4}.$$

Beispiel 2. Die Ebenen $2x - 3z - 12 = 0$ $(A_1 = 2,\ B_1 = 0,\ C_1 = -3)$ und $4x + 4y - 6z + 7 = 0$ $(A_2 = 4,\ B_2 = 4,\ C_2 = -6)$ sind nicht parallel, da $B_1 = 0$, aber $B_2 \neq 0$ (§ 108, Bemerkung).

Bemerkung. Wenn nicht nur die Koeffizienten der Koordinaten sondern auch die freien Glieder proportional sind, d. h. wenn

$$\frac{A_2}{A_1} = \frac{B_2}{B_1} = \frac{C_2}{C_1} = \frac{D_2}{D_1},$$

so fallen die beiden Ebenen zusammen. Die Gleichungen

$$3x + 7y - 5z + 4 = 0 \quad \text{und} \quad 6x + 14y - 10z + 8 = 0$$

stellen daher dieselbe Ebene dar. Vgl. § 18, Bemerkung 3.

§ 126. Die Bedingung für die Orthogonalität zweier Ebenen

Wenn die Ebenen

$$A_1x + B_1y + C_1z + D_1 = 0 \qquad \text{und} \qquad A_2x + B_2y + C_2z + D_2 = 0$$

zueinander orthogonal sind, so sind ihre Normalenvektoren $\boldsymbol{n}_1 \{A_1, B_1, C_1\}$, $\boldsymbol{n}_2 \{A_2, B_2, C_2\}$ zueinander orthogonal (und umgekehrt). Die (notwendige und hinreichende) Bedingung für die Orthogonalität zweier Ebenen ist daher (§ 109)

$$A_1A_2 + B_1B_2 + C_1C_2 = 0.$$

Beispiel 1. Die Ebenen

$$3x - 2y - 2z + 7 = 0 \quad \text{und} \quad 2x + 2y + z + 4 = 0$$

sind zueinander orthogonal, da $3 \cdot 2 + (-2) \cdot 2 + (-2) \cdot 1 = 0$.

Beispiel 2. Die Ebenen

$$3x - 2y = 0 \; (A_1 = 3, B_1 = -2, C_1 = 0)$$

und

$$z = 4 \; (A_2 = 0, B_2 = 0, C_2 = 1)$$

sind nicht orthogonal.

§ 127. Der Winkel zwischen zwei Ebenen

Zwei Ebenen

$$A_1x + B_1y + C_1z + D_1 = 0 \tag{1}$$

und

$$A_2x + B_2y + C_2z + D_2 = 0 \tag{2}$$

bilden vier ebene Winkel, die paarweise gleich groß sind. Einer davon ist gleich dem Winkel zwischen den Normalenvektoren $\boldsymbol{n}_1 \{A_1, B_1, C_1\}$ und $\boldsymbol{n}_2 \{A_2, B_2, C_2\}$. Bezeichnet man einen beliebigen von diesen ebenen Winkeln durch φ, so haben wir

$$\cos\varphi = \pm\frac{A_1A_2 + B_1B_2 + C_1C_2}{\sqrt{A_1^2 + B_1^2 + C_1^2}\,\sqrt{A_2^2 + B_2^2 + C_2^2}}.$$

Wählt man das obere Vorzeichen, so erhält man $\cos(\widehat{\boldsymbol{n}_1, \boldsymbol{n}_2})$, wählt man das untere, so erhält man $\cos\left(180° - (\widehat{\boldsymbol{n}_1, \boldsymbol{n}_2})\right)$.

Beispiel. Der Winkel zwischen den Ebenen

$$x - y + \sqrt{2}z + 2 = 0 \quad \text{und} \quad x + y + \sqrt{2}z - 3 = 0$$

ergibt sich aus der Beziehung

$$\cos\varphi = \pm\frac{1\cdot 1 + (-1)\cdot 1 + \sqrt{2}\cdot\sqrt{2}}{\sqrt{1 + 1 + (\sqrt{2})^2}\,\sqrt{1 + 1 + (\sqrt{2})^2}} = \pm\frac{1}{2}.$$

Wir erhalten $\varphi = 60°$ oder $\varphi = 120°$.

Wenn der Vektor $\boldsymbol{n}_1$ mit den Achsen OX, OY und OZ die Winkel $\alpha_1, \beta_1, \gamma_1$ bildet, der Vektor $\boldsymbol{n}_2$ die Winkel $\alpha_2, \beta_2, \gamma_2$, so gilt

$$\cos\varphi = \pm(\cos\alpha_1\cos\alpha_2 + \cos\beta_1\cos\beta_2 + \cos\gamma_1\cos\gamma_2) \qquad (4)$$

(Die Behauptung folgt aus (3) und aus den Formeln (1)—(3), § 108.)

§ 128. Die Gleichung einer Ebene durch einen gegebenen Punkt und parallel zu einer gegebenen Ebene

Die Gleichung einer Ebene durch den Punkt M_1 $(x_1; y_1; z_1)$, die parallel zur Ebene $Ax + By + Cz + D = 0$ verläuft, lautet

$$A(x - x_1) + B(y - y_1) + C(z - z_1) = 0.$$

(Die Behauptung folgt aus §§ 121 und 125.)

Beispiel. Die Ebene durch den Punkt (2; —1; 6) und parallel zur Ebene $x + y - 2z + 5 = 0$ besitzt die Gleichung $(x - 2) + (y + 1) - 2(z - 6) = 0$, d. h. $x + y - 2z + 11 = 0$.

§ 129. Bestimmung einer Ebene durch drei Punkte

Wenn die Punkte M_0 $(x_0; y_0; z_0)$, M_1 $(x_1; y_1; z_1)$, M_2 $(x_2; y_2; z_2)$ nicht auf einer Geraden liegen, so gehören sie einer Ebene an (Abb. 164), die die Gleichung

$$\begin{vmatrix} x - x_0 & y - y_0 & z - z_0 \\ x_1 - x_0 & y_1 - y_0 & z_1 - z_0 \\ x_2 - x_0 & y_2 - y_0 & z_2 - z_0 \end{vmatrix} = 0 \qquad (1)$$

besitzt.

Die Gleichung drückt die Komplanarität der Vektoren $\overrightarrow{M_0M}$, $\overrightarrow{M_0M_1}$, $\overrightarrow{M_0M_2}$ aus (s. § 119).

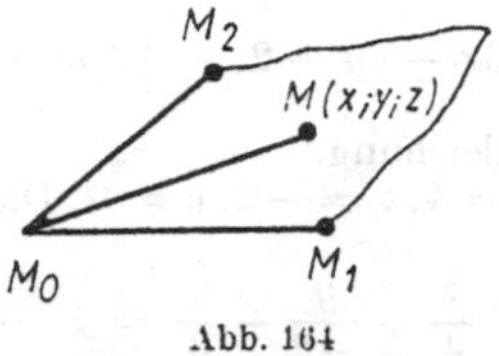

Abb. 164

Beispiel. Die Punkte M_0 (1; 2; 3), M_1 (2; 1; 2), M_2 (3; 3; 1) liegen nicht auf einer Geraden, da die Vektoren $\overrightarrow{M_0M_1}$ {1, −1, −1} und $\overrightarrow{M_0M_2}$ {2, 1, −2} nicht kollinear sind. Die Ebene $M_0M_1M_2$ besitzt die Gleichung

$$\begin{vmatrix} x-1 & y-2 & z-3 \\ 1 & -1 & -1 \\ 2 & 1 & -2 \end{vmatrix} = 0,$$

d. h.

$$z + x - 4 = 0.$$

Bemerkung. Wenn die Punkte M_0, M_1, M_2 auf einer Geraden liegen, so ist (1) identisch erfüllt.

§ 130. Achsenabschnitte

Wenn die Ebene $Ax + By + Cz + D = 0$ nicht parallel zur Achse OX ist (d. h. wenn $A \neq 0$, § 124), so schneidet sie von dieser Achse die Strecke $a = -\frac{D}{A}$ ab. Analog ergeben sich die Achsenabschnitte $b = -\frac{D}{B}$ auf der Achse OY (wenn $B \neq 0$) und $c = -\frac{D}{C}$ auf der Achse OZ (wenn $C \neq 0$) (s. § 32).

Beispiel. Die Ebene $3x + 5y - 4z - 3 = 0$ bildet die Achsenabschnitte $a = \frac{3}{3} = 1$, $b = \frac{3}{5}$, $c = -\frac{3}{4}$.

§ 131. Die Abschnittsgleichung einer Ebene

Wenn eine Ebene die Achsenabschnitte a, b, c bildet (die von Null verschieden seien), so besitzt sie die Gleichung

$$\frac{x}{a} + \frac{y}{b} + \frac{z}{c} = 1, \tag{1}$$

die man als „Abschnittsgleichung" bezeichnet.

Gleichung (1) erhält man als Gleichung einer Ebene, die durch die Punkte $(a; 0; 0)$, $(0; b; 0)$, $(0; 0; c)$ geht (vgl. § 129).

Beispiel. Man beschreibe die Ebene

$$3x - 6y + 2z - 12 = 0$$

durch ihre Abschnittsgleichung.

Wir erhalten (§ 130) $a = 4$, $b = -2$, $c = 6$. Die Abschnittsgleichung lautet

$$\frac{x}{4} + \frac{y}{-2} + \frac{z}{6} = 1.$$

Bemerkung 1. Eine Ebene durch den Koordinatenursprung läßt sich nicht durch eine Abschnittsgleichung darstellen (vgl. § 33, Bemerkung 1).

Bemerkung 2. Eine Ebene parallel zur Achse OX, die jedoch nicht parallel zu den beiden anderen Achsen ist, besitzt die Gleichung $\frac{y}{b} + \frac{z}{c} = 1$, wobei b und c die Abschnitte auf den Achsen OY und OZ sind. Eine Ebene, die parallel zur Abszissen- und zur Ordinatenachse verläuft, besitzt die Gleichung $\frac{z}{c} = 1$. Analog stellt man Ebenen dar, die parallel zu den anderen Achsen sind, zu einer davon oder zu beiden (vgl. § 33, Bemerkung 2).

§ 132. Die Gleichung einer Ebene durch zwei Punkte und orthogonal zu einer gegebenen Ebene

Eine Ebene P (Abb. 165), die durch die zwei Punkte M_0 $(x_0; y_0; z_0)$ und M_1 $(x_1; y_1; z_1)$ geht und die orthogonal zur Ebene $Ax + By + Cz + D = 0$ ist, besitzt die Gleichung

$$\begin{vmatrix} x - x_0 & y - y_0 & z - z_0 \\ x_1 - x_0 & y_1 - y_0 & z_1 - z_0 \\ A & B & C \end{vmatrix} = 0. \qquad (1)$$

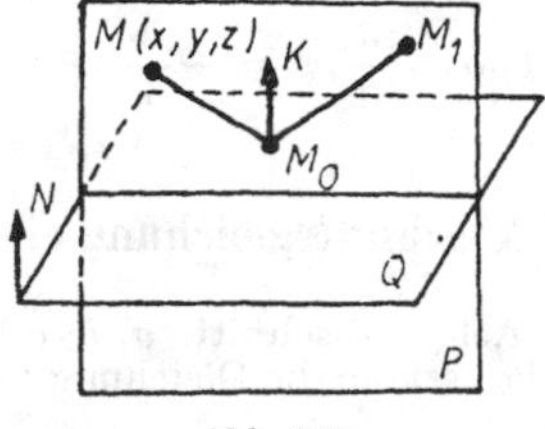

Abb. 165

Sie bringt die Komplanarität (§ 119) der Vektoren $\overrightarrow{M_0M}$, $\overrightarrow{M_0M_1}$ und $\boldsymbol{n}\{A, B, C\} = \overrightarrow{M_0K}$ zum Ausdruck.

Beispiel. Die Ebene durch die beiden Punkte M_0 (1; 2; 3) und M_1 (2; 1; 1) senkrecht zur Ebene $3x + 4y + z - 6 = 0$ besitzt die Gleichung

$$\begin{vmatrix} x-1 & y-2 & z-3 \\ 2-1 & 1-4 & 1-3 \\ 3 & 4 & 1 \end{vmatrix} = 0,$$

d. h. $x - y + z - 2 = 0$.

Bemerkung. Wenn die Gerade M_0M_1 senkrecht zur Ebene Q verläuft, so ist die Ebene P nicht festgelegt. In Übereinstimmung damit stellt (1) in diesem Fall die Identität dar.

§ 133. Die Gleichung einer Ebene durch einen gegebenen Punkt und orthogonal zu zwei Ebenen

Die Ebene P durch den Punkt M_0 $(x_0; y_0; z_0)$ und orthogonal zu zwei (nichtparallelen) Ebenen Q_1 und Q_2

$$A_1x + B_1y + C_1z + D_1 = 0, \qquad A_2x + B_2y + C_2z + D_2 = 0$$

besitzt die Gleichung

$$\begin{vmatrix} x-x_0 & y-y_0 & z-z_0 \\ A_1 & B_1 & C_1 \\ A_2 & B_2 & C_2 \end{vmatrix} = 0. \tag{1}$$

Sie drückt die Komplanarität (Abb. 166) der Vektoren

$$\overrightarrow{M_0M},\ \boldsymbol{n}_1\{A_1, B_1, C_1\},\ \boldsymbol{n}_2\{A_2, B_2, C_2\}$$

aus.[1])

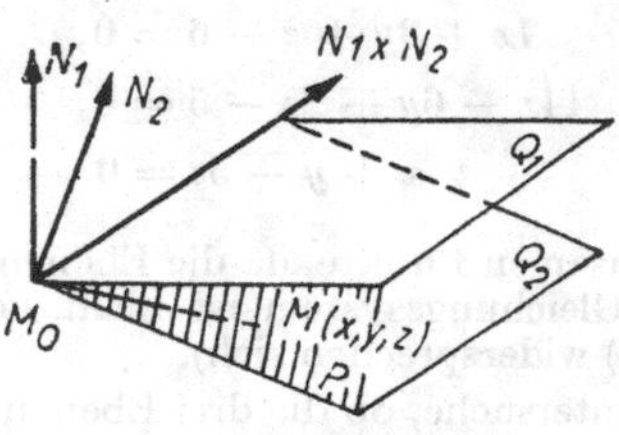

Abb. 166

Beispiel. Die Ebene durch den Punkt (1; 3; 2) und orthogonal zu den Ebenen $x + 2y + z = 4 = 0$ und $2x + y + 3z + 5 = 0$ be-

[1]) Das Vektorprodukt $\boldsymbol{n}_1 \times \boldsymbol{n}_2$ ist normal zur Ebene P. Die Gleichung dieser Ebene ist daher nach § 121 durch $(\boldsymbol{n}_1 \times \boldsymbol{n}_2)(\boldsymbol{r} - \boldsymbol{r}_0) = 0$ gegeben, so daß man wieder Gleichung (1) erhält.

sitzt die Gleichung

$$\begin{vmatrix} x-1 & y-3 & z-2 \\ 1 & 2 & 1 \\ 2 & 1 & 3 \end{vmatrix} = 0,$$

d. h.

$$5x - y - 3z + 4 = 0.$$

Bemerkung. Wenn die Ebenen Q_1 und Q_2 parallel sind, so ist die Ebene P nicht bestimmt. In Übereinstimmung damit ergibt sich in (1) in diesem Fall die Identität.

§ 134. Der Schnittpunkt dreier Ebenen

Es kann sein, daß drei Ebenen keinen gemeinsamen Punkt besitzen (wenn wenigstens zwei davon parallel sind, oder wenn ihre Schnittgeraden parallel sind), daß sie unendlich viele gemeinsame Punkte besitzen (wenn sie durch eine gemeinsame Gerade verlaufen) und daß sie genau einen Punkt gemeinsam haben. Im ersten Fall besitzt das Gleichungssystem

$$\begin{aligned} A_1x + B_1y + C_1z + D_1 &= 0, \\ A_2x + B_2y + C_2z + D_2 &= 0, \\ A_3x + B_3y + C_3z + D_3 &= 0 \end{aligned}$$

keine Lösung, im zweiten Fall besitzt es unendlich viele Lösungen. im dritten Fall genau eine Lösung. Zur bequemen Untersuchung des Systems verwendet man die Determinante (§ 183, 190). Man kann damit jedoch auch mit den Mitteln der elementaren Algebra fertig werden.

Beispiel 1. Die Ebenen

$$7x + 3y + z - 6 = 0, \tag{1}$$

$$14x - 6y + 2z - 5 = 0, \tag{2}$$

$$x + y - 5z = 0 \tag{3}$$

haben keine gemeinsamen Punkte, da die Ebenen (1) und (2) parallel sind (§ 125). Das Gleichungssystem ist nicht konsistent (die Gleichungen (1) und (2) widersprechen sich).

Beispiel 2. Man untersuche, ob die drei Ebenen

$$x + y + z = 1, \tag{4}$$

$$x - 2y - 3z = 5, \tag{5}$$

$$2x - y - 2z = 8 \tag{6}$$

gemeinsame Punkte besitzen.

Wir suchen die Lösungen des Systems (4)—(6). Durch Elimination von z aus (4) und (5) erhalten wir $4x + y = 8$, durch Elimination von z aus (4) und (6) hingegen $4x + y = 10$. Diese zwei Gleichungen sind unverträglich. Das bedeutet, daß die drei Ebenen keinen gemeinsamen Punkt besitzen. Da die Ebenen untereinander nicht parallel sind, müssen die Geraden, in denen sich je zwei Ebenen schneiden, parallel sein.

Beispiel 3. Man untersuche, ob die Ebenen

$$x + y + z = 1, \qquad x - 2y - 3z = 5, \qquad 2x - y - 2z = 6,$$

gemeinsame Punkte besitzen.

Bei derselben Vorgangsweise wie in Beispiel 2 erhalten wir zweimal $4x + y = 8$, d. h. anstelle von zwei Gleichungen nur eine. Diese besitzt unendlich viele Lösungen. Das bedeutet, daß die drei Ebenen unendlich viele Punkte gemeinsam haben. Sie schneiden sich also in einer Geraden.

Beispiel 4. Die Ebenen

$$x - y + 2 = 0, \qquad x + 2y - 1 = 0, \qquad x + y - z + 2 = 0$$

besitzen einen gemeinsamen Punkt $(-1; 1; 2)$, da das Gleichungssystem eine eindeutige Lösung $x = -1$, $y = 1$, $z = 2$ besitzt.

§ 135. Gegenseitige Lage von Ebene und Punktepaar

Die gegenseitige Lage der Punkte $M_1(x_1; y_1; z_1)$ und $M_2(x_2; y_2; z_2)$ und der Ebene

$$Ax + By + Cz + D = 0 \tag{1}$$

bestimmt man mit Hilfe der folgenden Kriterien (vgl. § 27):

1) Die Punkte M_1 und M_2 liegen auf einer Seite der Ebene (1), wenn die Zahlen $Ax_1 + By_1 + Cz_1 + D$ und $Ax_2 + By_2 + Cz_2 + D$ dasselbe Vorzeichen haben. 2) M_2 und M_1 liegen auf verschiedenen Seiten der Ebene (1), wenn diese Zahlen entgegengesetztes Vorzeichen haben.

3) Einer der Punkte M_1 oder M_2 (oder beide) liegt auf dieser Ebene, wenn eine dieser Zahlen (oder beide) Null ist.

Beispiel 1. Die Punkte $(2; 3; 3)$ und $(1; 2; -1)$ liegen auf einer Seite der Ebene $6x + 3y + 2z - 6 = 0$, da die Zahlen $6 \cdot 2 + 3 \cdot 3 + 2 \cdot 3 - 6 = 21$ und $6 \cdot 1 + 3 \cdot 2 + 2(-1) - 6 = 4$ beide positiv sind.

Beispiel 2. Der Koordinatenursprung $(0; 0; 0)$ und der Punkt $(2; 1; 1)$ liegen auf verschiedenen Seiten der Ebene $5x + 3y - 2z - 5 = 0$, da die Zahlen $5 \cdot 0 + 3 \cdot 2 - 2 \cdot 0 - 5 = -5$ und $5 \cdot 2 + 3 \cdot 1 - 2 \cdot 1 - 5 = 6$ entgegengesetztes Vorzeichen haben.

§ 136. Der Abstand zwischen Punkt und Ebene

Der Abstand d des Punktes $M_1\,(x_1; y_1; z_1)$ von der Ebene

$$Ax + By + Cz + D = 0 \tag{1}$$

ist (vgl. § 28) gleich dem absoluten Betrag von

$$\delta = \frac{Ax_1 + By_1 + Cz_1 + D}{\sqrt{A^2 + B^2 + C^2}}, \tag{2}$$

d. h.

$$d = |\delta| = \frac{|Ax_1 + By_1 + Cz_1 + D|}{\sqrt{A^2 + B^2 + C^2}}. \tag{3}$$

Beispiel. Man bestimme den Abstand des Punktes (3; 9; 1) von der Ebene $x - 2y + 2z - 3 = 0$.

Lösung.

$$\delta = \frac{x_1 - 2y_1 + 2z_1 - 3}{\sqrt{1^2 + (-2)^2 + 2^2}} = \frac{1 \cdot 3 - 2 \cdot 9 + 2 \cdot 1 - 3}{3} = -5\frac{1}{3},$$

$$d = |\delta| = 5\frac{1}{3}.$$

Bemerkung 1. Das Vorzeichen der Größe δ richtet sich nach der gegenseitigen Lage des Punktes M_1 und des Ursprungs O bezüglich der Ebene (1) (vgl. § 28, Bemerkung 1).

Bemerkung 2. Die Formel (3) läßt sich ähnlich wie in Bemerkung 2, § 28, auf analytischem Wege herleiten. Die Gleichung der Geraden durch den Punkt M_1 und senkrecht zur Ebene (1) nimmt man bequemerweise in parametrischer Form (s. §§ 153, 156).

§ 137. Die Polarparameter der Ebene

Als *Polarabstand* der Ebene UVW (Abb. 167) bezeichnet man die Länge p der Senkrechten OK von der Ebene zum Ursprung O. Der Polarabstand ist größer oder gleich Null.

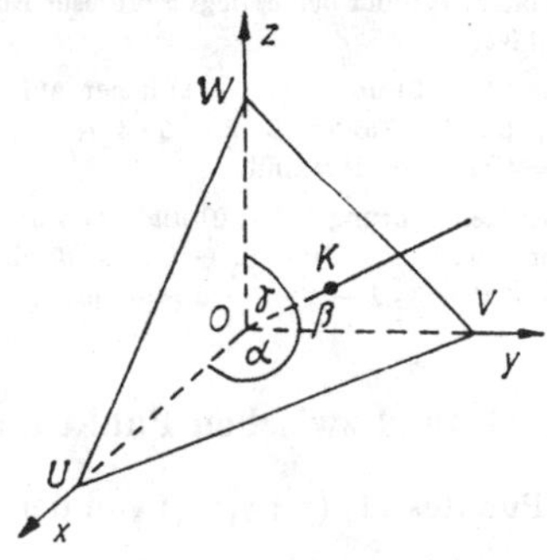

Abb. 167

Wenn die Ebene UVW nicht durch den Ursprung geht, so nimmt man auf der Senkrechten OK als positive Richtung die Richtung des Vektors $\overrightarrow{OK}$. Wenn dagegen UVW durch den Ursprung geht, so wählt man als positive Richtung der Senkrechten eine der beiden Möglichkeiten beliebig.

Unter den *Polarwinkeln* der Ebene UVW versteht man die Winkel

$$\alpha = \sphericalangle XOK, \quad \beta = \sphericalangle YOK, \quad \gamma = \sphericalangle ZOK$$

zwischen der positiven Richtung der Geraden OK und den Koordinatenachsen (diese Winkel zählt man positiv und wählt sie so, daß sie kleiner als 180° sind). Die Winkel α, β, γ (§ 108) erfüllen die Beziehung

$$\cos^2\alpha + \cos^2\beta + \cos^2\gamma = 1.$$

Der Polarabstand p und die Polarwinkel α, β, γ heißen *Polarparameter* der Ebene UVW.

Wenn die Ebene UVW durch die Gleichung $Ax + By + Cz + D = 0$ gegeben ist, so findet man ihre Polarparameter mit Hilfe der Formeln

$$p = \frac{|D|}{\sqrt{A^2 + B^2 + C^2}}, \tag{1}$$

$$\left.\begin{aligned} \cos\alpha &= \pm\frac{A}{\sqrt{A^2 + B^2 + C^2}}, \\ \cos\beta &= \pm\frac{B}{\sqrt{A^2 + B^2 + C^2}} \\ \cos\gamma &= \pm\frac{C}{\sqrt{A^2 + B^2 + C^2}}, \end{aligned}\right\} \tag{2}$$

wobei das obere Vorzeichen gilt, wenn $D > 0$, und das untere, wenn $D < 0$. Wenn hingegen $D = 0$, so wähle man willkürlich entweder immer das obere oder immer das untere Vorzeichen.

Beispiel 1. Man bestimme die Polarparameter der Ebene

$$x - 2y + 2z - 3 = 0 \quad (A = 1, \quad B = -2, \quad C = 2, \quad D = -3).$$

Lösung. Die Formel (1) liefert

$$p = \frac{|-3|}{\sqrt{1^2 + (-2)^2 + 2^2}} = \frac{3}{3} = 1.$$

Die Formeln (1) ergeben mit dem unteren Vorzeichen (da $D = -3 < 0$):

$$\cos\alpha = \frac{1}{\sqrt{1^2 + (-2)^2 + 2^2}} = \frac{1}{3},$$

$$\cos\beta = \frac{-2}{\sqrt{1^2 + (-2)^2 + 2^2}} = -\frac{2}{3},$$

$$\cos\gamma = \frac{2}{\sqrt{1^2 + (-2)^2 + 2^2}} = \frac{2}{3}.$$

Somit gilt

$$\alpha \approx 70°32', \quad \beta \approx 131°49', \quad \gamma \approx 48°11'.$$

Beispiel 2. Man bestimme die Polarparameter der Ebene

$$x - 2y + 2z = 0.$$

Formel (1) liefert $p = 0$ (die Ebene geht durch den Ursprung). In den Formeln (2) nehmen wir entweder nur das obere Vorzeichen oder nur das untere Vorzeichen. Im ersten Fall gilt

$$\cos\alpha = -\frac{1}{3}, \quad \cos\beta = +\frac{2}{3}, \quad \cos\gamma = -\frac{2}{3},$$

also

$$\alpha \approx 109°28', \quad \beta \approx 48°11', \quad \gamma \approx 131°49'.$$

Im zweiten Fall ergibt sich

$$\alpha \approx 70°32', \quad \beta \approx 131°49', \quad \gamma \approx 48°11'.$$

§ 138. Die Normalform der Ebenengleichung

Eine Ebene mit dem Polarabstand p (§ 137) und den Polarwinkeln α, β, γ ($\cos^2\alpha + \cos^2\beta + \cos^2\gamma = 1$; § 108) besitzt die Gleichung

$$x\cos\alpha + y\cos\beta + z\cos\gamma - p = 0. \tag{1}$$

Dies bezeichnet man als die *Normalform der Ebenengleichung.*

Beispiel 1. Man bestimme die Normalform der Gleichung einer Ebene mit dem Polarabstand $\frac{1}{\sqrt{3}}$ und drei stumpfen und gleich großen Polarwinkeln.

Lösung. Bei $\alpha = \beta = \gamma$ liefert die Bedingung $\cos^2\alpha + \cos^2\beta + \cos^2\gamma = 1$ gerade $\cos\alpha = \cos\beta = \cos\gamma = \pm\frac{1}{\sqrt{3}}$. Da es sich um stumpfe Winkel handelt, muß man das negative Vorzeichen nehmen. Die gesuchte Gleichung lautet $-\frac{1}{\sqrt{3}}x - \frac{1}{\sqrt{3}}y - \frac{1}{\sqrt{3}}z - \frac{1}{\sqrt{3}} = 0$.

Bemerkung. Dieselbe Ebene besitzt die Gleichung

$$x + y + z + 1 = 0$$

(wenn man beide Seiten der früheren Gleichung mit $-\sqrt{3}$ multipliziert), aber diese Gleichung ist nicht in Normalform, da die Koeffizienten der Koordinaten nicht die Kosinusfunktionen der Polarwinkel sind (ihre Quadratsumme ist ungleich 1) und da noch dazu das freie Glied positiv ist.

Beispiel 2. Die Gleichung $\frac{1}{3}x + \frac{2}{3}y - \frac{2}{3}z + 5 = 0$ ist nicht in Normalform, wenn auch $\left(\frac{1}{3}\right)^2 + \left(\frac{2}{3}\right)^2 + \left(-\frac{2}{3}\right)^2 = 1$ gilt. Das freie Glied ist nämlich positiv.

Beispiel 3. Die Gleichung $-\frac{1}{3}x + \frac{2}{3}y - \frac{2}{3}z - 5 = 0$ ist in Normalform. $\cos\alpha = -\frac{1}{3}$, $\cos\beta = \frac{2}{3}$, $\cos\gamma = -\frac{2}{3}$, $p = 5$ ($\alpha \approx 109°28'$, $\beta \approx 48°11'$, $\gamma \approx 131°49'$).

Herleitung der Gleichung (1). Wir betrachten eine Ebene (UVW in Abb. 167) die durch den Punkt $K(p\cos\alpha,\ p\cos\beta,\ p\cos\gamma)$ geht und senkrecht zum Vektor $\overrightarrow{OK}$ ist. Anstatt $\overrightarrow{OK}$ kann man auch den Vektor $\boldsymbol{a}$ verwenden, der dieselbe Richtung hat wie $\overrightarrow{OK}$, dessen Länge aber 1 ist. Die Koordinaten des Vektors $\boldsymbol{a}$ sind $\cos\alpha$, $\cos\beta$, $\cos\gamma$ (§ 108). Mit Hilfe von Gleichung (1), § 108, erhalten wir die Normalform (1).

§ 139. Die Bestimmung der Ebenengleichung in Normalform

Zur Bestimmung der Normalform der Gleichung einer durch $Ax + By + Cz + D = 0$ gegebenen Ebene genügt es, wenn man beide Seiten der gegebenen Gleichung durch $\pm\sqrt{A^2 + B^2 + C^2}$ dividiert, wobei für $D > 0$ das obere, für $D < 0$ das untere Vorzeichen zu nehmen ist. Wenn $D = 0$, so ist das Vorzeichen *beliebig wählbar.* Wir erhalten die Gleichung

$$\pm\frac{A}{\sqrt{A^2 + B^2 + C^2}}x \pm \frac{B}{\sqrt{A^2 + B^2 + C^2}}y$$

$$\pm\frac{C}{\sqrt{A^2 + B^2 + C^2}}z - \frac{|D|}{\sqrt{A^2 + B^2 + C^2}} = 0.$$

Diese Gleichung ist in Normalform, da die Koeffizienten bei x, y und z auf Grund von (2), § 137, gleich $\cos\alpha$, $\cos\beta$ und $\cos\gamma$ sind, und da das freie Glied wegen (1), § 137, gleich $-p$ ist.

Beispiel 1. Man gebe die Normalform der Gleichung der Ebene

$$x - 2y + 2z - 6 = 0 \tag{1}$$

an.
Wir dividieren beide Gleichungsseiten durch $+\sqrt{1^2 + (-2)^2 + 2^2} = 3$ (die Wurzel ist positiv zu nehmen, da das freie Glied negativ ist). Wir erhalten

$$\frac{1}{3}x - \frac{2}{3}y + \frac{2}{3}z - 2 = 0.$$

Daher gilt $p = 2$, $\cos\alpha = \frac{1}{3}$, $\cos\beta = -\frac{2}{3}$, $\cos\gamma = \frac{2}{3}$ ($\alpha \approx 70°32'$, $\beta \approx 131°49'$, $\gamma \approx 48°11'$).

Beispiel 2. Man gebe die Normalform der Gleichung

$$x - 2y + 2z + 6 = 0 \tag{2}$$

an. Das freie Glied ist hier positiv. Daher dividieren wir durch $-\sqrt{1^2 + (-2)^2 + 2^2} = -3$ und erhalten

$$-\frac{1}{3}x + \frac{2}{3}y - \frac{2}{3}z - 2 = 0.$$

Somit gilt $p = 2$, $\cos\alpha = -\frac{1}{3}$, $\cos\beta = \frac{2}{3}$, $\cos\gamma = -\frac{2}{3}$ ($\alpha \approx 109°28'$, $\beta \approx 48°11'$, $\gamma \approx 131°49'$).

Beispiel 3. Man gebe die Normalform der Gleichung

$$x - 2y + 2z = 0$$

an. Wegen $D = 0$ (Ebene durch den Ursprung) darf man entweder durch $+3$ oder durch -3 dividieren. Wir erhalten entweder $\frac{1}{3}x - \frac{2}{3}y + \frac{2}{3}z = 0$ oder $-\frac{1}{3}x + \frac{2}{3}y - \frac{2}{3}z = 0$. In beiden Fällen ist $p = 0$. Die Größen α, β, γ sind im ersten Fall dieselben wie in Beispiel 1, im zweiten Fall dieselben wie in Beispiel 2.

Bemerkung. Wenn in der Gleichung $Ax + By + Cz + D = 0$ das freie Glied negativ ist und $A^2 + B^2 + C^2 = 1$ gilt, so ist diese Gleichung bereits in Normalform (§ 138, Beispiel 3), und eine Umformung ist nicht notwendig.

§ 140. Die Gleichung einer Geraden im Raum

Jede Gerade (Abb. 168) wird durch ein System von zwei Gleichungen

$$A_1x + B_1y + C_1z + D_1 = 0, \tag{1}$$

$$A_2x + B_2y + C_2z + D_2 = 0 \tag{2}$$

dargestellt, die (wenn man sie getrennt betrachtet) je eine Ebene P_1 und P_2 durch UV darstellen. Die Gleichungen (1) und (2) (gemeinsam betrachtet) heißen Gleichungen der Geraden UV.

Bemerkung. Die Redeweise „die Gerade UV wird durch das System (1)–(2) dargestellt" bedeutet, daß 1. die Koordinaten x, y, z jedes Punktes M auf der Geraden UV beide Gleichungen (1) und (2) erfüllen und daß 2. die Koordinaten aller Punkte, die nicht auf UV liegen, nicht gleichzeitig beide Gleichungen (1) und (2) erfüllen, wenn auch eine davon erfüllt sein mag.

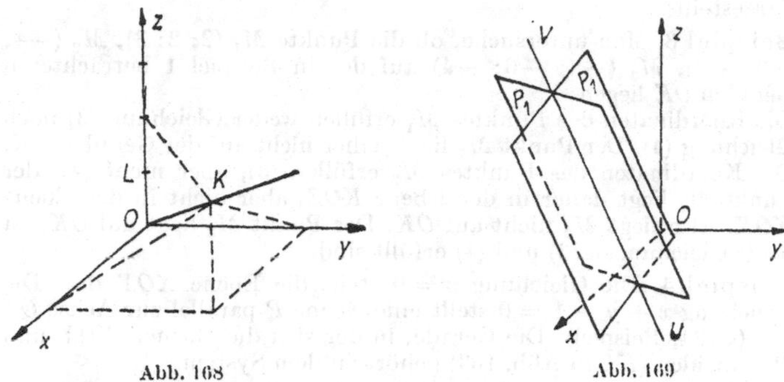

Abb. 168 Abb. 169

Beispiel 1. Man bestimme die Gleichungen der Geraden OK (Abb. 169), die durch den Ursprung O und durch den Punkt K (4; 3; 2) geht.

Lösung. Die Gerade OK ist der Schnitt der Ebenen KOZ und KOX. Wir wählen auf der Achse OZ einen beliebigen Punkt, z. B. den Punkt L (0; 0; 1) und bilden die Ebene KOZ (als Ebene durch die drei Punkte O, K, L, § 129). Wir erhalten

$$\begin{vmatrix} x & y & z \\ 4 & 3 & 2 \\ 0 & 0 & 1 \end{vmatrix} = 0, \quad \text{d. h.} \quad 3x - 4y = 0. \tag{3}$$

Auf dieselbe Weise finden wir die Gleichung

$$2y + 3z = 0 \tag{4}$$

der Ebene KOX. Die Gerade OK wird durch das System (3)–(4) dargestellt.

In der Tat, jeder Punkt M der Geraden OK liegt sowohl in der Ebene KOZ als auch in der Ebene KOX. Das heißt, daß seine Koordinaten gleichzeitig beide Gleichungen (3) und (4) erfüllen. Andererseits kann ein Punkt N, der nicht auf der Geraden OK liegt, nicht gleichzeitig beiden Ebenen KOZ und KOX angehören, seine Koordinaten können also nicht gleichzeitig beide Gleichungen (3) und (4) erfüllen.

Beispiel 2. Die Gerade OK aus Beispiel 1 kann man auch durch das System

$$\begin{cases} 3x - 4y = 0, & (3) \\ 2x - 4z = 0 & (5) \end{cases}$$

darstellen. Die erste Gleichung gehört zur Ebene KOZ, die zweite zur Ebene KOY.

Dieselbe Gerade wird auch durch das System

$$2y - 3z = 0, \qquad 2x - 4z = 0$$

dargestellt.

Beispiel 3. Man untersuche, ob die Punkte M_1 (2; 2; 3), M_2 (−4; −3; −3), M_3 (−8; −6; −4) auf der in Beispiel 1 betrachteten Geraden OK liegen.

Die Koordinaten des Punktes M_1 erfüllen weder Gleichung (3) noch Gleichung (4). Der Punkt M_1 liegt daher nicht auf der Geraden OK. Die Koordinaten des Punktes M_2 erfüllen (3), aber nicht (4), der Punkt M_2 liegt daher in der Ebene KOZ, aber nicht in der Ebene KOX. Also liegt M_2 nicht auf OK. Der Punkt M_3 liegt auf OK, da beide Gleichungen (3) und (4) erfüllt sind.

Beispiel 4. Die Gleichung $z = 0$ stellt die Ebene XOY dar. Die Gleichung $x + y - 1 = 0$ stellt eine Ebene P parallel zur Achse OZ dar (§ 124, Beispiel). Die Gerade, in der sich die Ebenen XOY und P schneiden (KL in Abb. 163) gehört zu dem System

$$x + y - 1 = 0, \quad z = 0.$$

§ 141. Bedingung dafür, daß zwei Gleichungen ersten Grades eine Gerade darstellen

Das System

$$\begin{cases} A_1x + B_1y + C_1z + D_1 = 0, & (1) \\ A_2x + B_2y + C_2z + D_2 = 0 & (2) \end{cases}$$

stellt eine Gerade dar, wenn die Koeffizienten A_1, B_1, C_1 nicht proportional den Koeffizienten A_2, B_2, C_2 sind (in diesem Fall sind die Ebenen (1) und (2) nicht parallel (§ 125)).

Wenn die Koeffizienten A_1, B_1, C_1 proportional zu A_2, B_2, C_2 sind, die freien Glieder aber nicht in demselben Verhältnis stehen, d. h., wenn

$$A_2 : A_1 = B_2 : B_1 = C_2 : C_1 \neq D_2 : D_1,$$

so ist das System inkonsistent und stellt keinen geometrischen Ort dar (die Ebenen (1) und (2) sind parallel und fallen nicht zusammen).

Wenn alle vier Größen A_1, B_1, C_1, D_1 proportional zu den Koeffizienten A_2, B_2, C_2, D_2 sind,

$$A_2 : A_1 = B_2 : B_1 = C_2 : C_1 = D_2 : D_1,$$

so geht eine der Gleichungen (1) und (2) aus der anderen hervor, und das System stellt eine einzige Ebene dar (die Ebenen (1) und (2) fallen zusammen).

Beispiel 1. Das System

$$2x - 7y + 12z - 4 = 0, \qquad 4x - 14y + 36z - 8 = 0$$

stellt eine Gerade dar (in der zweiten Gleichung sind die Koeffizienten A und B zweimal so groß wie in der ersten, der Koeffizient C ist jedoch dreimal so groß).

Beispiel 2. Das System

$$2x - 7y + 12z - 4 = 0, \qquad 4x - 14y + 24z - 8 = 0$$

stellt eine Ebene dar (alle vier Koeffizienten A, B, C und D sind proportional).

Beispiel 3. Das System

$$2x - 7y + 12z - 4 = 0, \qquad 4x - 14y + 24z - 12 = 0$$

stellt keinen geometrischen Ort dar (die Größen A, B, C sind proportional, die Koeffizienten D stehen jedoch nicht im selben Verhältnis; das System ist inkonsistent).

§ 142. Schnittpunkt einer Geraden mit einer Ebene

Es kann sein, daß die Gerade L

$$\begin{cases} A_1x + B_1y + C_1z + D_1 = 0, & (1) \\ A_2x + B_2y + C_2z + D_2 = 0 & (2) \end{cases}$$

und die Ebene P

$$Ax + By + Cz + D = 0 \qquad (3)$$

keinen gemeinsamen Punkt besitzen (wenn $L \| P$) oder daß sie unendlich viele gemeinsame Punkte besitzen (wenn L in P liegt) oder daß sie genau einen Punkt gemeinsam haben. Die Frage führt[1]) auf die Bestimmung der gemeinsamen Punkte der drei Ebenen (1), (2) und (3) (s. § 134).

Beispiel 1. Die Gerade

$$x + y + z - 1 = 0, \qquad x - 2y - 3z - 5 = 0$$

---

[1]) Die Rechnung wird einfacher, wenn man die Gleichung der Geraden in parametrischer Form angibt (§ 152 und Bemerkung in § 153).

hat mit der Ebene

$$2x - y - 2z - 8 = 0$$

keine Punkte gemeinsam (sie sind parallel) (s. Beispiel 2, § 134).

Beispiel 2. Die Gerade

$$x + y - z + 2 = 0, \qquad x - y + 2 = 0$$

schneidet die Ebene

$$x + 2y - 1 = 0$$

im Punkt $(-1; 1; 2)$ (s. Beispiel 4, § 134).

Beispiel 3. Man bestimme die Koordinaten eines beliebigen Punktes auf der Geraden L:

$$\begin{cases} 2x - 3y - z + 3 = 0, \\ 5x - y + z - 8 = 0. \end{cases}$$

Wir geben der Koordinate x einen beliebigen Wert, zum Beispiel $x = 3$. Wir erhalten das System $-3y - z + 9 = 0, -y + z + 7 = 0$ Durch Auflösen erhält man: $y = 4$, $z = -3$. Der Punkt $(3; 4; -3)$ liegt auf der Geraden L (Schnittpunkt mit der Ebene $x = 3$ parallel zur Ebene YOZ). Setzen wir $x = 0$, so erhalten wir auf dieselbe Weise den Punkt $\left(0; -\frac{5}{4}; \frac{27}{4}\right)$ als Schnittpunkt von L mit der Ebene YOZ usw. Man kann auch die Werte der Koordinaten y oder z vorgeben.

Beispiel 4. Man bestimme die Koordinaten eines beliebigen Punkts auf der Geraden L:

$$\begin{cases} 5x - 3y + 2z - 4 = 0, \\ 8x - 6y + 4z - 3 = 0. \end{cases}$$

Im Gegensatz zum früheren Beispiel darf man hier der Koordinate x nicht beliebige Werte erteilen. Bei $x = 0$ erhalten wir nämlich das inkonsistente System $-3y + 2z - 4 = 0$, $-6y + 4z - 3 = 0$. Die Gerade L ist parallel zur Ebene ZOY. Der Koordinate y (oder z) darf man beliebige Werte geben. Setzt man zum Beispiel $z = 0$, so findet man den Punkt $\left(\frac{5}{2}; \frac{17}{6}; 0\right)$. Für x erhält man immer denselben Wert $x = \frac{5}{2}$, so daß die Gerade L in der zur Ebene ZOY parallelen Ebene $x = \frac{5}{2}$ liegt.

§ 143. Richtungsvektoren

1. Jeder (vom Nullvektor verschiedene) Vektor $\boldsymbol{a}\ \{l, m, n\}$, der in der Geraden UV liegt (oder parallel dazu ist), heißt *Richtungsvektor* dieser Geraden. Die Koordinaten l, m, n eines Richtungsvektors heißen *Richtungskoeffizienten* dieser Geraden.

Bemerkung. Multipliziert man die Richtungskoeffizienten l, m, n alle mit derselben (von Null verschiedenen) Zahl k, so erhält man die Zahlen kl, km, kn, die wieder als Richtungskoeffizienten dienen können (es handelt sich um die Koordinaten eines Vektors $k\boldsymbol{a}$, der kollinear mit $\boldsymbol{a}$ ist).

2. Als Richtungsvektor der Geraden

$$\begin{cases} A_1x + B_1y + C_1z + D_1 = 0, & (1) \\ A_2x + B_2y + C_2z + D_2 = 0 & (2) \end{cases}$$

kann man das Vektorprodukt $\boldsymbol{n}_1 \times \boldsymbol{n}_2$ verwenden, wobei $\boldsymbol{n}_1 = \{A_1, B_1, C_1\}$ und $\boldsymbol{n}_2 = \{A_2, B_2, C_2\}$ die Normalenvektoren der Ebene P_1 und P_2 sind (Abb. 170), die durch die Gleichungen (1) und (2) dargestellt werden. In der Tat ist die Gerade UV senkrecht zu den Normalenvektoren $\boldsymbol{n}_1$ und $\boldsymbol{n}_2$.

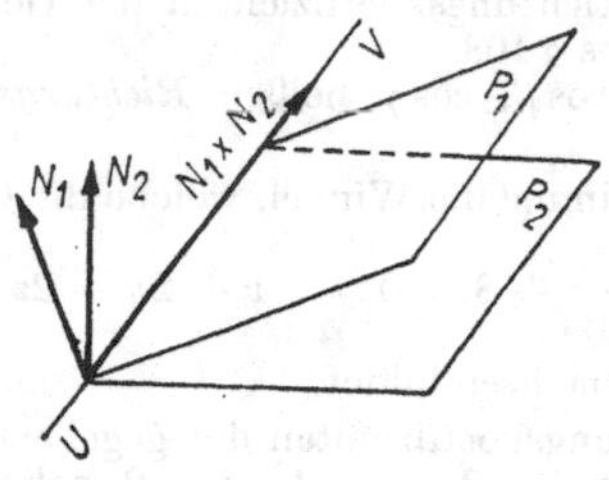

Abb. 170

Beispiel. Man bestimme die Richtungskoeffizienten der Geraden

$$2x - 2y - z + 8 = 0, \quad x + 2y - 2z + 1 = 0.$$

Lösung. Wir nehmen $\boldsymbol{n}_1 = \{2, -2, -1\}$, $\boldsymbol{n}_2 = \{1, 2, -2\}$ und verwenden $\boldsymbol{a} = \boldsymbol{n}_1 \times \boldsymbol{n}_2$ als Richtungsvektor für die gegebene Gerade. Wir erhalten

$$\boldsymbol{a} = \left\{ \begin{vmatrix} -2 & -1 \\ 2 & -2 \end{vmatrix}, \begin{vmatrix} -1 & 2 \\ -2 & 1 \end{vmatrix}, \begin{vmatrix} 2 & -2 \\ 1 & 2 \end{vmatrix} \right\} = \{6, 3, 6\}.$$

Die Richtungskoeffizienten sind also $l = 6$, $m = 3$, $n = 6$.

Bemerkung. Multipliziert man diese Zahlen mit $\frac{1}{3}$, so erhalten wir als neue Koeffizienten $l' = 2$, $m' = 1$, $n' = 2$. Als Richtungskoeffizienten könnte man auch die Zahlen -2; -1; -2 verwenden usw.

§ 144. Der Winkel zwischen einer Geraden und den Koordinatenachsen

Die Winkel α, β, γ, welche die Gerade L (oder eine ihrer Richtungen) mit den Koordinatenachsen bildet, findet man mit Hilfe der Beziehungen

$$\cos\alpha = \frac{l}{\sqrt{l^2 + m^2 + n^2}},$$

$$\cos\beta = \frac{m}{\sqrt{l^2 + m^2 + n^2}},$$

$$\cos\gamma = \frac{n}{\sqrt{l^2 + m^2 + n^2}},$$

wobei l, m, n die Richtungskoeffizienten der Geraden L sind. Die Behauptung folgt aus § 108.

Die Größen $\cos\alpha$, $\cos\beta$, $\cos\gamma$ heißen *Richtungskosinusse* der Geraden L.

Beispiel. Man bestimme die Winkel, welche die Gerade

$$2x - 2y - z + 8 = 0, \qquad x + 2y - 2z + 1 = 0$$

mit den Koordinatenachsen bildet.

Lösung. Als Richtungskoeffizienten der gegebenen Geraden (§ 143, Beispiel) kann man $l = 2$, $m = 1$, $n = 2$ nehmen. Daraus folgt $\cos\alpha = \frac{2}{\sqrt{2^2 + 1^2 + 2^2}} = \frac{2}{3}$, $\cos\beta = \frac{1}{3}$, $\cos\gamma = \frac{2}{3}$; so daß $\alpha \approx 48°11'$, $\beta \approx 70°32'$, $\gamma \approx 48°11'$.

§ 145. Der Winkel zwischen zwei Geraden

Den Winkel φ zwischen den Geraden L und L' (genauer, einen der Winkel zwischen ihnen) findet man mit Hilfe der Formel

$$\cos\varphi = \frac{ll' + mm' + nn'}{\sqrt{l^2 + m^2 + n^2}\,\sqrt{l'^2 + m'^2 + n'^2}}, \tag{1}$$

wobei l, m, n, l', n', m' die Richtungskoeffizienten der Geraden L und L' sind. Oder man verwendet die Formel

$$\cos\varphi = \cos\alpha\cos\alpha' + \cos\beta\cos\beta' + \cos\gamma\cos\gamma'. \tag{2}$$

Die Formel folgt aus § 109.

Beispiel. Man bestimme den Winkel zwischen den Geraden

$$\begin{cases} 2x - 2y - z + 8 = 0, \\ x + 2y - 2z + 1 = 0, \end{cases} \quad \begin{cases} 4x + y + 3z - 21 = 0, \\ 2x + 2y - 3z + 15 = 0. \end{cases}$$

Lösung. Die Richtungskoeffizienten der ersten Geraden sind (§ 143, Beispiel) $l = 2$, $m = 1$, $n = 2$. Nimmt man als Richtungsvektor für die zweite Gerade das Vektorprodukt $\{4, 1, 3\} \times \{2, 2, -3\}$, so ergeben sich die Richtungskoeffizienten -9, 18, 6. Multipliziert man diese (um mit kleineren Zahlen arbeiten zu können) mit $\frac{1}{3}$ (§ 143, Bemerkung), so erhält man $l = -3$, $m = 6$, $n = 2$. Wir haben somit

$$\cos\varphi = \frac{2 \cdot (-3) + 1 \cdot 6 + 2 \cdot 2}{\sqrt{2^2 + 1^2 + 2^2}\,\sqrt{(-3)^2 + 6^2 + 2^2}} = \frac{4}{21}$$

und daher $\varphi \approx 79°01'$.

§ 146. Der Winkel zwischen einer Geraden und einer Ebene

Der Winkel ψ zwischen einer Geraden L (mit Richtungskoeffizienten l, m, n) und der Ebene $Ax + By + Cz = D = 0$ ergibt sich durch die Formel

$$\sin\psi = \frac{|Al + Bm + Cn|}{\sqrt{A^2 + B^2 + C^2}\,\sqrt{l^2 + m^2 + n^2}}.$$

Die Behauptung folgt aus § 145 (wenn φ der Winkel zwischen der Geraden L und dem Normalenvektor $\{A, B, C\}$ ist, so gilt $\varphi = 90° \pm \psi$).

Beispiel. Man bestimme den Winkel zwischen den Geraden

$$3x - 2y = 24, \quad 3x - z = -4$$

und der Ebene $6x + 15y - 10z + 31 = 0$. Wir haben $l = 2$, $m = 3$, $n = 6$ (§ 143). Wir finden

$$\sin\varphi = \frac{|6 \cdot 2 + 15 \cdot 3 + (-10) \cdot 6|}{\sqrt{6^2 + 15^2 + (-10)^2}\,\sqrt{2^2 + 3^2 + 6^2}} = \frac{3}{133}$$

und daher $\varphi = 1°18'$.

§ 147. Die Bedingungen für die Parallelität und Orthogonalität zwischen Gerade und Ebene

Die Bedingung dafür, daß eine Gerade mit den Richtungskoeffizienten l, m, n zur Ebene $Ax + By + Cz + D = 0$ parallel ist, lautet

$$Al + Bm + Cn = 0. \tag{1}$$

Die Gleichung ist ein Ausdruck für die Orthogonalität zwischen der Geraden und dem Normalenvektor $\{A, B, C\}$.
Die Bedingung dafür, daß die Gerade zur Ebene senkrecht steht, lautet (bei derselben Bezeichnungsweise)

$$\frac{l}{A} = \frac{m}{B} = \frac{n}{C}. \tag{2}$$

Die Gleichung drückt aus, daß die Gerade und der Normalenvektor parallel sind.

§ 148. Ebenenbüschel[1])

Die Menge aller Ebenen, die durch eine gemeinsame Gerade UV gehen, bezeichnet man als *Ebenenbüschel*. Die Gerade UV heißt *Büschelachse*. Kennt man die Gleichungen von zwei verschiedenen dem Büschel angehörenden Ebenen P_1 und P_2

$$A_1x + B_1y + C_1z + D_1 = 0, \tag{1}$$

$$A_2x + B_2y + C_2z + D_2 = 0 \tag{2}$$

(d. h. die Gleichungen der Büschelachse, s. § 140), so kann man jede Ebene des Büschels durch eine Gleichung der Form

$$m_1(A_1x + B_1y + C_1z + D_1) + m_2(A_2x + B_2y + C_2z + D_2) = 0 \tag{3}$$

darstellen. Umgekehrt stellt Gleichung (3) für beliebige Werte von m_1 und m_2 (die nicht gleichzeitig 0 sind) eine Ebene dar, die dem Büschel mit der Achse UV angehört[2]). Insbesondere erhalten wir für $m_1 = 0$ die Ebene P_2 und für $m_2 = 0$ die Ebene P_1. Die Gleichung (3) heißt *Gleichung* des *Ebenenbüschels*[3]).
Wenn $m_1 \neq 0$, so kann man die Gleichung (3) durch m_1 dividieren. Bezeichnet man $m_2 : m_1$ durch λ, so erhält man die Gleichung

$$A_1x + B_1y + C_1z + D_1 + \lambda(A_2x + B_2y + C_2z + D_2) = 0. \tag{4}$$

Hier durchläuft nur eine Größe alle möglichen Werte, nämlich λ. Aber aus dieser Gleichung erhält man nicht die Gleichung der Ebenen P_2.
Beispiel 1. Gegeben seien die Gleichungen

$$5x - 3y = 0, \tag{5}$$

$$3z - 4x = 0 \tag{6}$$

[1]) Vgl. § 24.
[2]) Wenn die Ebenen (1) und (2) parallel sind (aber nicht zusammenfallen), so stellt Gleichung (3), wenn m_1 und m_2 alle möglichen Werte durchlaufen, alle Ebenen dar, die parallel zu den zwei gegebenen sind (*Büschel paralleler Ebenen*).
[3]) Siehe weiter unten die Erklärung zu Beispiel 1.

zweier Ebenen des Büschels, d. h. die Gleichungen der Büschelachse. Die Gleichung des Büschels lautet dann

$$m_1(5x - 3y) + m_2(3z - 4x) = 0. \tag{7}$$

Mit $m_1 = 2$, $m_2 = -3$ erhalten wir zum Beispiel

$$2(5x - 3y) + (-3)(3z - 4x) = 0. \tag{8}$$

Gleichung (8) oder

$$22x - 6y - 9z = 0$$

stellt eine von den Büschelebenen dar.

Erklärung. Wir wählen auf der Geraden UV irgendeinen beliebigen Punkt $M(x; y; z)$. Seine Koordinaten x, y, z genügen den Gleichungen (5) und (6), und damit der Gleichung (8). Das heißt, die Ebene (8) geht durch jeden Punkt der Geraden UV und gehört daher dem Büschel an.

Beispiel 2. Man bestimme die Gleichung der Ebene, die durch die Gerade aus Beispiel 1 und durch den Punkt (1; 0; 0) geht.

Lösung. Die gesuchte Ebene besitzt eine Gleichung der Form (7), die von $x = 1$, $y = 0$, $z = 0$ erfüllt sein muß. Setzt man diese Werte in (7) ein, so erhält man $5m_1 - 4m_2 = 0$, d. h. $m_1 : m_2 = 4 : 5$. Wir erhalten die Gleichung

$$4(5x - 3y) + 5(3z - 4x) = 0,$$

d. h.

$$5z - 4y = 0.$$

Beispiel 3. Man bestimme die Gleichung der Projektion der Geraden L

$$\left.\begin{array}{l} 2x + 3y + 4z + 5 = 0, \\ x - 6y + 3z - 7 = 0 \end{array}\right\} \tag{9}$$

auf die Ebene

$$2x + 2y + z + 15 = 0. \tag{10}$$

Lösung. Die gesuchte Projektion L' (Abb. 171) ist die Gerade, in der sich die Ebenen P und Q schneiden (Q ist eine Ebene durch L senkrecht zu P). Die Ebene Q gehört zu dem Büschel mit der Achse L und besitzt daher eine Gleichung der Form

$$(2x + 3y + 4z + 5) + \lambda(x - 6y + 3z - 7) = 0. \tag{11}$$

Zur Bestimmung von λ schreiben wir (11) in der Form

$$(2 + \lambda)x + (3 - 6\lambda)y + (4 + 3\lambda)z + 5 - 7\lambda = 0 \tag{11a}$$

und geben die Bedingung für die Orthogonalität der Ebenen (10) und (11a) an:

$$2(2+\lambda)+2(3-6\lambda)+1\cdot(4+3\lambda)=0.$$

Daraus folgert man $\lambda=2$. Nach Einsetzen in (11a) erhalten wir die Gleichung der Ebene Q. Die gesuchte Projektion besitzt das Gleichungssystem

$$\begin{cases} 4x-9y+10z-9=0, \\ 2x+2y+z+15=0. \end{cases}$$

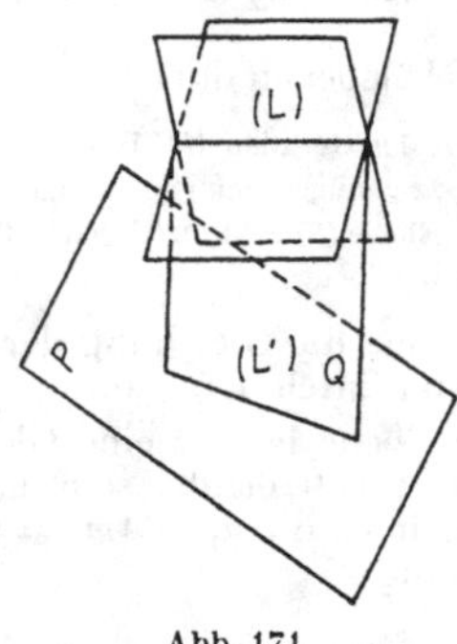

Abb. 171

§ 149. Die Projektionen einer Geraden auf die Koordinatenebenen

Eine Gerade werde durch das Gleichungssystem

$$\begin{cases} A_1x+B_1y+C_1z+D_1=0, & (1)\\ A_2x+B_2y+C_2z+D_2=0 & (2) \end{cases}$$

dargestellt, worin C_1 und C_2 nicht gleichzeitig 0 seien (den Fall $C_1=C_2=0$ betrachten wir weiter unten in Beispiel 3). Zur Bestimmung der Projektion der Geraden auf die Ebene XOY braucht man nur die Variable z aus den Gleichungen (1)—(2) zu eliminieren. Die erhaltene Gleichung (zusammen mit der Gleichung $z=0$) stellt die gesuchte Projektion dar. Auf analoge Weise findet man die Projektionen auf die Ebene YOZ und ZOX.

Beispiel 1. Man bestimme die Projektion der Geraden L

$$\begin{cases} 2x+4y-3z-12=0, & (3)\\ x-2y+4z-10=0 & (4) \end{cases}$$

auf die Ebene XOY.

Lösung. Zur Elimination von z multiplizieren wir die erste der gegebenen Gleichungen mit 4, die zweite mit -3 und addieren sie. Wir erhalten

$$4(2x + 4y - 3z - 12) + 3(x - 2y + 4z - 10) = 0, \tag{5}$$

d. h.

$$11x + 10y - 78 = 0. \tag{6}$$

Diese Gleichung zusammen mit der Gleichung

$$z = 0 \tag{7}$$

stellt die Projektion L' der Geraden L auf die Ebene XOY dar.

Erklärung. Die Ebene (5) geht durch die Gerade L (§ 148). Andererseits ist sie, wie man aus (6) erkennt (in der z nicht mehr vorkommt), orthogonal (§ 124, Pkt. 2) zur Ebene XOY. Also ist die Gerade, in der sich die Ebenen (6) und (7) schneiden, die Projektion der Geraden L auf die Ebene (7) (vgl. § 148, Beispiel 3).

Beispiel 2. Die Projektion der Geraden L

$$\begin{cases} 3x - 5y + 4z - 12 = 0, & (8) \\ 2x - 5y - 4 = 0 & (9) \end{cases}$$

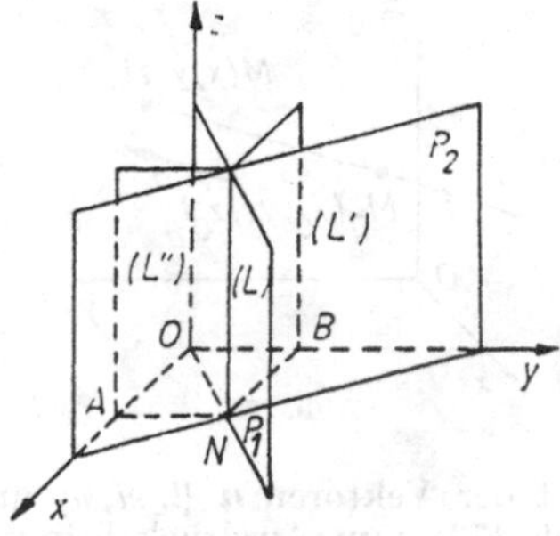

Abb. 172

auf die Ebene $z = 0$ wird (im ebenen Koordinatensystem XOY) durch Gleichung (9) dargestellt. Eine Elimination der Koordinate z ist nicht nötig, da diese in Gleichung (9) gar nicht auftritt. Die Ebene (9) ist orthogonal zur Ebene XOY. Sie projiziert die Gerade L auf XOY (Abb. 172).

Beispiel 3. Man bestimme die Projektion der Geraden L

$$\begin{cases} 2x - 3y = 0, & (10) \\ x + y - 4 = 0 & (11) \end{cases}$$

auf die Koordinatenebenen.

Lösung. In beiden Gleichungen fehlt z, so daß beide Ebenen P_1 und P_2 (Abb. 172) orthogonal zur Ebene XOY verlaufen. Die Gerade L ist ebenfalls orthogonal zu XOY, und ihre Projektion auf diese Ebene ist der Punkt N mit der Koordinate $z_N = 0$. Aus dem System (10)+(11) findet man $x_N = \frac{12}{5}$, $y_N = \frac{8}{5}$.

Die Gleichung der Projektion L' auf die Ebene YOZ findet man mit Hilfe des allgemeinen Verfahrens durch Elimination von x aus (107) und (11). Man findet $y = \frac{8}{5}$, d. h. denselben Wert, der sich früher für y_N ergeben hat (aus der Abb. 172 ist ersichtlich, daß die Gerade L' von OZ den Abstand OB hat, der gleich y_N ist). Die Gleichung der Projektion L'' auf die Ebene XOZ ist $x = \frac{12}{5}$.

§ 150. Die symmetrischen Geradengleichungen

Eine Gerade L durch den Punkt $M_0(x_0; y_0; z_0)$ mit dem Richtungsvektor $\boldsymbol{a}$ $\{l, m, n\}$ (§ 143) besitzt die Gleichungen

$$\frac{x - x_0}{l} = \frac{y - y_0}{m} = \frac{z - z_0}{n}, \tag{1}$$

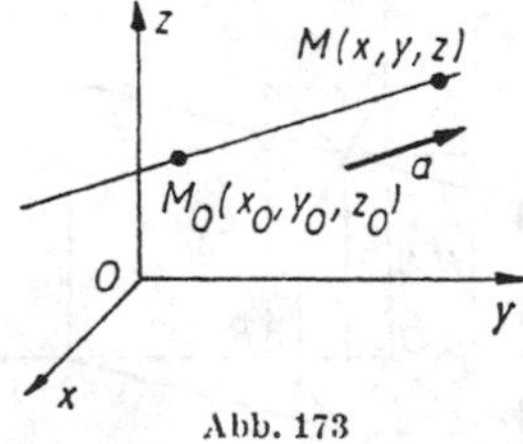

Abb. 173

die die Kollinearität der Vektoren $\boldsymbol{a}$ $\{l, m, n\}$ und $\overrightarrow{M_0M}$ $\{x - x_0, y - y_0, z - z_0\}$ (Abb. 173) zum Ausdruck bringen. Man nennt sie die *symmetrischen* (oder *kanonischen*) *Geradengleichungen*.

Bemerkung 1. Da man für M_0 einen beliebigen Punkt der Geraden L nehmen darf und anstelle von $\boldsymbol{a}$ auch $k\boldsymbol{a}$ als Richtungsvektor dienen kann (§ 143), kann jede der Größen x_0, y_0, z_0, l, m, n für sich betrachtet jeden beliebigen Wert annehmen.

Beispiel 1. Man gebe die symmetrischen Gleichungen einer Geraden an, die durch die Punkte A (5; −3; 2) und B (3; 1; −2) geht. Als M_0 nehmen wir den Punkt A, als Richtungsvektor $\boldsymbol{a}$ den Vektor $\overrightarrow{AB} = \{-2, 4, -4\}$. Die symmetrischen Gleichungen lauten

$$\frac{x - 5}{-2} = \frac{y + 3}{4} = \frac{z - 2}{-4}. \tag{2}$$

Nimmt man hingegen B als M_0 und für $\boldsymbol{a}$ den Vektor $-\frac{1}{2}\overrightarrow{AB} = \{1, -2, 2\}$, so lauten die symmetrischen Gleichungen

$$\frac{x-3}{1} = \frac{y-1}{-2} = \frac{z+2}{2} \tag{3}$$

Bemerkung. Von den drei

$$\frac{x-5}{-2} = \frac{y+3}{4}, \quad \frac{x-5}{-2} = \frac{z-2}{-4}, \quad \frac{y+3}{4} = \frac{z-2}{-4} \tag{4}$$

in (2) enthaltenen Gleichungen sind *nur zwei* (beliebig ausgewählte) unabhängig. Die dritte ist eine Folgerung daraus. Zieht man z. B. von der ersten Gleichung die zweite ab, so erhält man die dritte. Jede Gleichung in (2) stellt eine Ebene dar, die durch die Gerade AB verläuft und senkrecht zu einer der Koordinatenebenen ist. Gleichzeitig damit stellen sie die Projektionen der Geraden AB auf die entsprechende Koordinatenebene dar (§ 149).

Beispiel 2. Die symmetrischen Gleichungen der durch die Punkte M_0 (5; 0; 1) und M_1 (5; 6; 5) gehenden Geraden lauten

$$\frac{x-5}{0} = \frac{y-0}{6} = \frac{z-1}{4}. \tag{4}$$

Der Ausdruck $\frac{x-5}{0}$ bedeutet vereinbarungsgemäß (§ 102, Bemerkung), daß $x - 5 = 0$, so daß wir anstelle von (4) schreiben dürfen

$$x = 5, \frac{y}{6} = \frac{z-1}{4}. \tag{5}$$

Die Gerade M_0M_1 ist orthogonal zur y–z-Ebene (da $l = 0$).

Beispiel 3. Die symmetrischen Gleichungen der Geraden durch die Punkte A (2; 4; 3) und B (2; 4; 5) lauten

$$\frac{x-2}{0} = \frac{y-4}{0} = \frac{z-3}{2}.$$

Diese Ausdrucksweise bedeutet dasselbe wie $x = 2$ und $y = 4$. Die Größe z nimmt für die verschiedenen Punkte der Geraden AB verschiedene Werte an, und zwar jeden einmal. Die Gerade AB ist parallel zur Achse OZ (da $l = m = 0$).

§ 151. Die Bestimmung der Geradengleichungen in symmetrischer Form

Zur Bestimmung der Gleichungen der Geraden

$$A_1x + B_1y + C_1z + D_1 = 0, \tag{1}$$

$$A_2x + B_2y + C_2z + D_2 = 0 \tag{2}$$

in symmetrischer Form (§ 150) muß man die Koordinaten x_0, y_0, z_0 eines beliebigen Punktes auf der Geraden (Beispiel 4 und 5, § 142) und die Richtungskoeffizienten l, m, n (§ 143) finden.

Beispiel 1. Man bestimme die Gleichungen der Geraden

$$2x - 3y - z + 3 = 0, \quad 5x - y + z - 8 = 0$$

in symmetrischer Form.

Lösung. Wie in § 142 (Beispiel 4) erhalten wir auf der gegebenen Geraden den Punkt M_0 (3; 4; −3), $x_0 = 3$, $y_0 = 4$, $z_0 = -3$. Wir berechnen die Richtungskoeffizienten

$$l = \begin{vmatrix} -3 & -1 \\ -1 & 1 \end{vmatrix} = -4; \quad m = \begin{vmatrix} -1 & 2 \\ 1 & 5 \end{vmatrix} = -7, \quad n = \begin{vmatrix} 2 & -3 \\ 5 & -1 \end{vmatrix} = 13$$

und erhalten die symmetrischen Gleichungen

$$\frac{x-3}{-4} = \frac{y-4}{-7} = \frac{z+3}{13}$$

Beispiel 2. Man bestimme die symmetrischen Gleichungen der Geraden

$$x + 2y - 3z - 2 = 0, \quad -3x + 4y - 6z + 21 = 0.$$

Wir geben der Koordinate y oder z einen beliebigen Wert (der Koordinate x darf man nicht willkürliche Werte zuordnen, vgl. § 142, Beispiel 5). Zum Beispiel setzen wir $y = 0$. Wir erhalten den Punkt M_0 (5; 0; 1). Die Richtungskoeffizienten sind $l = 0$, $m = 15$, $n = 10$ oder $\left(\text{mit } \frac{1}{5} \text{ multipliziert}\right)$ $l = 0$, $m = 3$, $n = 2$. Wir erhalten die symmetrischen Gleichungen

$$\frac{x-5}{0} = \frac{y}{3} = \frac{z-1}{2}$$

(vgl. § 150, Beispiel 2).

Beispiel 3. Man führe dasselbe für die Gerade

$$x + y - 6 = 0, \quad x - y + 2 = 0 \tag{3}$$

durch.

Die Werte für x_0 und y_0 sind durch Gleichung (3) vollkommen bestimmt: $x_0 = 2$, $y_0 = 4$. Der Koordinate z darf man beliebige Werte erteilen, $z_0 = 3$. Weiter erhalten wir die Richtungskoeffizienten $l = 0$, $m = 0$, $n = 2$ und damit die symmetrischen Gleichungen (vgl. § 150, Beispiel 3)

$$\frac{x-2}{0} = \frac{y-4}{0} = \frac{z-3}{2}.$$

§ 152. Die Parameterdarstellung der Geraden

Jedes der Verhältnisse $\frac{x-x_0}{l}, \frac{y-y_0}{m}, \frac{z-z_0}{n}$ (§ 150) ist gleich dem Quotienten (§ 90) bei der Division des Vektors

$$\overrightarrow{M_0M}\,\{x-x_0,\ y-y_0,\ z-z_0\}$$

durch den (kollinearen) Vektor $\boldsymbol{a}$ $\{l, m, n\}$. Wir bezeichnen diesen Quotienten durch t. Dann gilt

$$\left.\begin{aligned} x &= x_0 + lt, \\ y &= y_0 + mt, \\ z &= z_0 + nt. \end{aligned}\right\} \tag{1}$$

Diese Gleichungen heißen die *Parameterdarstellung* der Geraden. Wenn die Größe t (der *Parameter*) variiert, so wandert der Punkt M $(x; y; z)$ auf der Geraden. Bei $t = 0$ fällt er mit M_0 zusammen. Den positiven und negativen Werten von t entsprechen Punkte, die auf der Geraden auf verschiedenen Seiten von M_0 liegen.
In Vektorform hat man statt der drei Gleichungen (1) eine einzige Gleichung

$$\boldsymbol{r} = \boldsymbol{r}_0 + \boldsymbol{a}t. \tag{2}$$

§ 153. Der Schnitt einer Ebene mit einer Geraden in Parameterform

Die gemeinsamen Punkte (wenn solche existieren) der Ebene P

$$Ax + By + Cz + D = 0 \tag{1}$$

und der Geraden L

$$x = x_0 + lt,\ y = y_0 + mt,\ z = z_0 + nt \tag{2}$$

bestimmt man aus den Formeln (2), wenn man darin den aus der Gleichung[1])

$$(Al + Bm + Cn)t + Ax_0 + By_0 + Cz_0 + D = 0 \tag{3}$$

für t gefundenen Wert einsetzt. Diese Gleichung ergibt sich durch Einsetzen der Ausdrücke (2) in (1).
Beispiel 1. Man bestimme den Schnittpunkt der Ebene

$$2x + 3y + 3z - 8 = 0$$

[1]) Die Gleichung (3) hat in Ausnahmefällen keine Lösung (s. unten Beispiel 2). Sie kann aber auch unendlich viele Lösungen haben (s. unten Beispiel 3).

mit der Geraden

$$\frac{x+5}{3} = \frac{y-3}{-1} = \frac{z+3}{2}.$$

Lösung. Die Parametergleichungen der Geraden sind

$$x = -5 + 3t,\ y = 3 - t,\ z = -3 + 2t. \tag{4}$$

Durch Einsetzen in $2x + 3y - 8 = 0$ erhalten wir $9t - 18 = 0$, also $t = 2$. Setzen wir diesen Wert in (4) ein, so finden wir $x = 1$, $y = 1$, $z = 1$. Der gesuchte Punkt ist (1; 1; 1).

Beispiel 2. Man bestimme den Schnittpunkt der Ebene $3x + y - 4z - 7 = 0$ mit der Geraden aus Beispiel 1.

Lösung. Auf dieselbe Weise erhalten wir $0 \cdot t - 7 = 0$. Diese Gleichung hat keine Lösung. Es gibt keinen Schnittpunkt (die Gerade ist parallel zur Ebene).

Beispiel 3. Man bestimme den Schnittpunkt der Ebene $3x + y - 4z = 0$ mit der Geraden aus Beispiel 1.

Lösung. Auf dieselbe Weise erhalten wir $0 \cdot t + 0 = 0$. Diese Gleichung hat unendlich viele Lösungen (die Gerade liegt in der Ebene).

Bemerkung. Bei Verwendung der Parameterdarstellung (4) führen wir eine vierte Größe t ein und erhalten vier Gleichungen (statt drei). Man erkauft sich dadurch gewisse Erleichterungen bei der Lösung des Systems.

§ 154. Die Gleichung einer Geraden durch zwei gegebene Punkte

Eine Gerade durch die Punkte $M_1(x_1; y_1; z_1)$ und $M_2(x_2; y_2; z_2)$ besitzt die Gleichungen

$$\frac{x - x_1}{x_2 - x_1} = \frac{y - y_1}{y_2 - y_1} = \frac{z - z_1}{z_2 - z_1}. \tag{1}$$

Beispiele s. §. 150. Ihre Parameterdarstellung ist z. B. $\boldsymbol{r} = \boldsymbol{r}_1 + v(\boldsymbol{r}_2 - \boldsymbol{r}_1)$.

§ 155. Die Gleichung einer Ebene durch einen gegebenen Punkt senkrecht zu einer gegebenen Geraden

Eine Ebene durch den Punkt $M_0(x_0; y_0; z_0)$ und senkrecht zur Geraden

$$\frac{x - x_1}{l_1} = \frac{y - y_1}{m_1} = \frac{z - z_1}{n_1}$$

besitzt den Normalenvektor $\{l_1, m_1, n_1\}$ und daher die Gleichung

$$l_1(x - x_0) + m_1(y - y_0) + n_1(z - z_0) = 0$$

oder in Vektorform

$$\boldsymbol{a}(\boldsymbol{r} - \boldsymbol{r}_0) = 0.$$

Beispiel. Die Ebene durch den Punkt $(-1; -5; 8)$ und senkrecht zur Geraden $\frac{x}{0} = \frac{y}{2} = \frac{z-3}{5}$ besitzt die Gleichung $2(y + 5) + 5(z - 8) = 0$, d. h.

$$2y + 5z - 30 = 0.$$

§ 156. Die Gleichung einer Geraden durch einen gegebenen Punkt senkrecht zu einer gegebenen Ebene

Die Gerade durch den Punkt $M_0(x_0; y_0; z_0)$ und senkrecht zur Ebene $Ax + By + Cz + D = 0$ hat den Richtungsvektor $\{A, B, C\}$ und besitzt daher die symmetrischen Gleichungen (§ 150)

$$\frac{x - x_0}{A} = \frac{y - y_0}{B} = \frac{z - z_0}{C}. \tag{1}$$

Beispiel. Die Gerade durch den Koordinatenursprung senkrecht zur Ebene $3x + 5z - 5 = 0$ besitzt die symmetrischen Gleichungen $\frac{x}{3} = \frac{y}{0} = \frac{z}{5}$ und die parametrischen Gleichungen (§ 152) $x = 3t$, $y = 0$, $z = 5t$.

§ 157. Die Gleichung einer Ebene durch einen gegebenen Punkt und durch eine gegebene Gerade

Die Ebene durch den Punkt $M_0\ (x_0; y_0; z_0)$ und durch die Gerade L,

$$\frac{x - x_1}{l} = \frac{y - y_1}{m} = \frac{z - z_1}{n}, \tag{1}$$

die nicht durch M_0 gehen soll (Abb. 174), besitzt die Gleichung

$$\begin{vmatrix} x - x_0 & y - y_0 & z - z_0 \\ x_1 - x_0 & y_1 - y_0 & z_1 - z_0 \\ l & m & n \end{vmatrix} = 0 \tag{2}$$

oder in Vektorform

$$(\boldsymbol{r} - \boldsymbol{r}_0)\,(\boldsymbol{r}_1 - \boldsymbol{r}_0)\,\boldsymbol{a} = 0. \tag{2a}$$

Gleichung (2) und Gleichung (2a) drücken die Komplanarität der Vektoren (Abb. 174) $\overrightarrow{M_0M}$, $\overrightarrow{M_0M_1}$ und $\boldsymbol{a}\,\{l, m, n\}$ aus.

Beispiel. Die Ebene durch den Punkt M_0 (5; 2; 3) und durch die Gerade

$$\frac{x+1}{2} = \frac{y+1}{1} = \frac{z-5}{3}$$

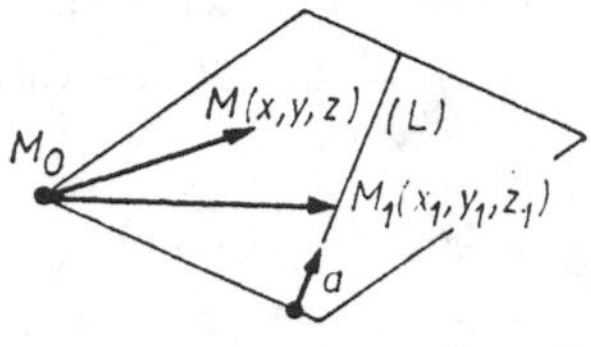

Abb. 174

besitzt die Gleichung

$$\begin{vmatrix} x-5 & y-2 & z-3 \\ -6 & -3 & 2 \\ 2 & 1 & 3 \end{vmatrix} = 0,$$

d. h. $x - 2y - 1 = 0$.

Bemerkung. Wenn die Gerade (1) durch den Punkt M_0 geht, so liefert Gleichung (2) die Identität, und die Aufgabe besitzt unendlich viele Lösungen (wir erhalten das Ebenbüschel mit der Achse L; § 148).

§ 158. Die Gleichung einer Ebene durch einen gegebenen Punkt und parallel zu zwei gegebenen Geraden

Die Ebene durch den Punkt M_0 (x_0, y_0; z_0), die parallel zu zwei gegebenen (nicht gegenseitig parallelen) Geraden L_1 und L_2 (oder Vektoren $\boldsymbol{a}_1$ und $\boldsymbol{a}_2$) ist, besitzt die Gleichung

$$\begin{vmatrix} x-x_0 & y-y_0 & z-z_0 \\ l_1 & m_1 & n_1 \\ l_2 & m_2 & n_2 \end{vmatrix} = 0, \tag{1}$$

wobei l_1, m_1, n_1 und l_2, m_2, n_2 die Richtungskoeffizienten der gegebenen Geraden (oder die Koordinaten der gegebenen Vektoren) sind. In Vektorform

$$(\boldsymbol{r} - \boldsymbol{r}_0)\,\boldsymbol{a}_1\boldsymbol{a}_2 = 0. \tag{1a}$$

Gleichung (1) und Gleichung (1a) drücken die Komplanarität der Vektoren $\overrightarrow{M_0M}$, $\boldsymbol{a}_1$, $\boldsymbol{a}_2$ aus (M bedeute einen beliebigen Punkt der gesuchten Ebene).

Bemerkung. Wenn die Geraden L_1 und L_2 parallel sind, d. h. wenn $\boldsymbol{a}_1$ und $\boldsymbol{a}_2$ kollinear sind, so liefert Gleichung (1) die Identität, und die Aufgabe besitzt unendlich viele Lösungen (wir erhalten ein Ebenenbüschel, dessen Achse durch den Punkt M_0 geht und parallel zu den gegebenen Geraden ist).

§ 159 Die Gleichung einer Ebene durch eine gegebene Gerade und parallel zu einer anderen gegebenen Geraden

Die Geraden L_1 und L_2 seien nicht parallel. Dann besitzt die Ebene durch die Gerade L_1, die parallel zu der Geraden L_1 ist, die Gleichung

$$\begin{vmatrix} x - x_1 & y - y_1 & z - z_1 \\ l_1 & m_1 & n_1 \\ l_2 & m_2 & n_2 \end{vmatrix} = 0, \tag{1}$$

wobei x_1, y_1, z_1 die Koordinaten eines beliebigen Punktes M_1 der Geraden L_1 sind. Wir haben hier einen Sonderfall von § 158 (die Rolle des Punktes M_0 spielt M_1). Die Bemerkung zu § 158 gilt ebenfalls.

§ 160. Die Gleichung einer Ebene durch eine gegebene Gerade senkrecht zu einer gegebenen Ebene

Die Ebene P, die durch die gegebene Gerade L_1

$$\frac{x - x_1}{l_1} = \frac{y - y_1}{m_1} = \frac{z - z_1}{n_1} \tag{1}$$

verläuft und senkrecht zur gegebenen Ebene Q,

$$Ax + By + Cz + D = 0, \tag{2}$$

ist (Q sei nicht orthogonal zu L_1), besitzt die Gleichung

$$\begin{vmatrix} x - x_1 & y - y_1 & z - z_1 \\ l_1 & m_1 & n_1 \\ A & B & C \end{vmatrix} = 0. \tag{3}$$

In Vektorform

$$(\boldsymbol{r} - \boldsymbol{r}_1)\,\boldsymbol{a}_1\boldsymbol{n} = 0. \tag{3a}$$

Erklärung. Die Ebene P geht durch die Gerade L_1 und ist parallel zur Normalen $\boldsymbol{n}$ $\{A, B, C\}$ der Ebene Q (vgl. § 159).

Bemerkung. Wenn die Ebene (2) orthogonal zur Geraden (1) ist, so liefert Gleichung (3) die Identität, und die Aufgabe besitzt unendlich viele Lösungen (§ 158, Bemerkung).

Die Projektion einer Geraden auf eine beliebige Ebene. Die Ebene (3) projiziert die Gerade L_1 auf die Ebene Q. Also wird die Gerade L', die Projektion der Geraden L_1 auf die Ebene Q, durch das Gleichungssystem (2)—(3) dargestellt (vgl. § 149).

§ 161. Die Gleichung der Senkrechten von einem gegebenen Punkt auf eine gegebene Gerade

Die Senkrechte vom Punkt $M_0(x_0; y_0; z_0)$ auf die Gerade L_1

$$\frac{x - x_1}{l_1} = \frac{y - y_1}{m_1} = \frac{z - z_1}{n_1} \tag{1}$$

(nicht durch M_0) besitzt die Gleichungen

$$\left\{\begin{aligned} & l_1(x - x_0) + m_1(y - y_0) + n_1(z - z_0) = 0, && (2) \\ & \begin{vmatrix} x - x_0 & y - y_0 & z - z_0 \\ x_1 - x_0 & y_1 - y_0 & z_1 - z_0 \\ l_1 & m_1 & n_1 \end{vmatrix} = 0 && (3) \end{aligned}\right.$$

oder in Vektorform

$$\left\{\begin{aligned} & \boldsymbol{a}_1(\boldsymbol{r} - \boldsymbol{r}_0) = 0, && (2\text{a}) \\ & (\boldsymbol{r} - \boldsymbol{r}_0)(\boldsymbol{r}_1 - \boldsymbol{r}_0)\boldsymbol{a}_1 = 0. && (3\text{a}) \end{aligned}\right.$$

Getrennt betrachtet stellt Gleichung (2) eine Ebene Q dar (Abb. 175), die durch den Punkt M_0 geht und senkrecht zu L_1 ist (§ 155). Glei-

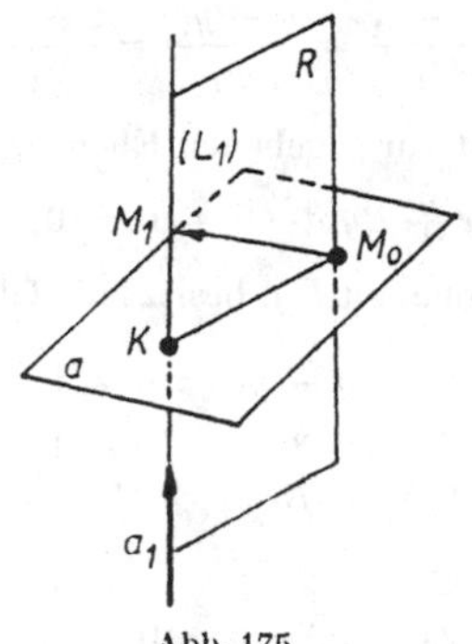

Abb. 175

chung (3) stellt eine Ebene R durch den Punkt M_0 und durch die Gerade L_1 dar (§ 157).

Bemerkung. Wenn die Gerade L_1 durch den Punkt M_0 geht, so liefert Gleichung (3) die Identität (§ 120) (durch den Punkt auf der Geraden lassen sich unendlich viele Gerade senkrecht zu L ziehen).

Beispiel. Man bestimme die Gleichung der Senkrechten aus dem Punkt (1; 0; 1) auf die Gerade

$$x = 3z + 2, \quad y = 2z. \tag{1a}$$

Man bestimme auch den Fußpunkt der Senkrechten.

Lösung. Die Gleichungen (1a) lauten in symmetrischer Form (§ 151)

$$\frac{x-2}{3} = \frac{y}{2} = \frac{z}{1}. \tag{1b}$$

Die gesuchte Gerade besitzt die Gleichungen

$$\begin{cases} 3(x-1) + 2(y-0) + 1(z-1) = 0. & (2\text{b}) \\ \begin{vmatrix} x-1 & y & z-1 \\ 2-1 & 0 & 0-1 \\ 3 & 2 & 1 \end{vmatrix} = 0 & (3\text{b}) \end{cases}$$

oder nach Vereinfachung

$$3x + 2y + z - 4 = 0, \tag{2c}$$

$$x - 2y + z - 2 = 0. \tag{3c}$$

Die Koordinanten des Fußpunktes der Senkrechten erhalten wir durch Lösung des Systems der drei Gleichungen (1b), (2c). Die Gleichung (3c) muß dann von selbst erfüllt sein. Wir erhalten $K\left(\frac{11}{7}; -\frac{2}{7}; -\frac{1}{7}\right)$.

Bemerkung. Das System der drei Gleichungen (1b), (3c) besitzt unendlich viele Lösungen (da die Ebene R durch die Gerade L_1 geht und diese nicht schneidet).

§. 162. Die Länge der Senkrechten von einem gegebenen Punkt auf eine gegebene Gerade

Gegeben seien der Punkt M_0 $(x_0; y_0; z_0)$ und die Gerade L_1, die durch die Gleichungen (1) in § 161 dargestellt werde. Es werde der Abstand vom Punkt M_0 zur Geraden L_1 gesucht, d. h. die Länge der Senkrechten M_0K (Abb. 175) vom Punkt M_0 auf die Gerade L_1.

Man kann vorerst den Fußpunkt K der Senkrechten (§ 161) bestimmen und dann die Länge der Strecke M_0K berechnen. Einfacher verwendet man jedoch die Formel (Bezeichnungsweise wie in § 161)

$$d = \frac{\sqrt{\begin{vmatrix} y_0 - y_1 & z_0 - z_1 \\ m_1 & n_1 \end{vmatrix}^2 + \begin{vmatrix} z_0 - z_1 & x_0 - x_1 \\ n_1 & l_1 \end{vmatrix}^2 + \begin{vmatrix} x_0 - x_1 & y_0 - y_1 \\ l_1 & m_1 \end{vmatrix}^2}}{\sqrt{l_1^2 + m_1^2 + n_1^2}} \tag{1}$$

oder in Vektorform

$$d = \frac{\sqrt{[(\boldsymbol{r}_0 - \boldsymbol{r}_1) \times \boldsymbol{a}_1]^2}}{\sqrt{\boldsymbol{a}_1^2}} \tag{1a}$$

Der Zähler des Ausdrucks (1a) ist (§ 111) der Flächeninhalt des Parallelogramms M_1M_0BA (Abb. 176 mit $M_1A = \boldsymbol{a}_1$), der Nenner ist die Länge der Grundlinie M_1A. Der Bruch ist daher gleich der Höhe M_0K des Parallelogramms.

Beispiel. Man bestimme die Länge der Senkrechten vom Punkt $M_0(1; 0; 1)$ auf die Gerade $x = 3z + 2$, $y = 2z$.

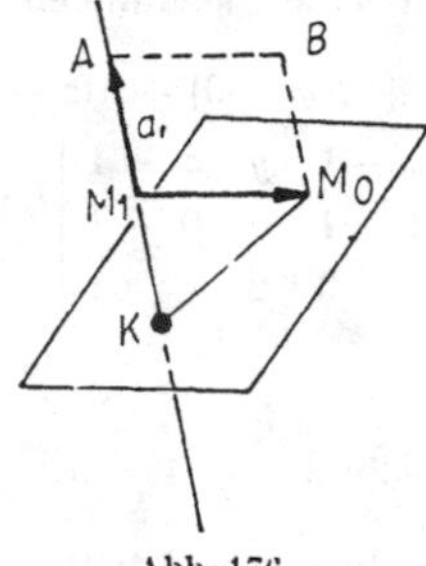

Abb. 176

Lösung. Im Beispiel aus § 161 erhielten wir

$$K\left(\frac{11}{7}; -\frac{2}{7}; -\frac{1}{7}\right).$$

Also gilt

$$d = |M_0K| = \sqrt{\left(\frac{11}{7} - 1\right)^2 + \left(-\frac{2}{7}\right)^2 + \left(-\frac{1}{7} - 1\right)^2} = 2\sqrt{\frac{3}{7}}.$$

Wir verwenden nun Formel (1). Gemäß (1b) § 161 haben wir $x_1 = 2$, $y_1 = 0$, $z_1 = 0$, $l_1 = 3$, $m_1 = 2$, $n_1 = 1$, so daß

$$\begin{vmatrix} y_0 - y_1 & z_0 - z_1 \\ m_1 & n_1 \end{vmatrix} = \begin{vmatrix} 0 & 1 \\ 2 & 1 \end{vmatrix} = -2, \quad \begin{vmatrix} z_0 - z_1 & x_0 - x_1 \\ n_1 & l_1 \end{vmatrix}$$

$$= \begin{vmatrix} 1 & -1 \\ 1 & 3 \end{vmatrix} = 4, \quad \begin{vmatrix} x_0 - x_1 & y_0 - y_1 \\ l_1 & m_1 \end{vmatrix} = \begin{vmatrix} -1 & 0 \\ 3 & 2 \end{vmatrix} = -2.$$

Wir erhalten

$$d = \frac{\sqrt{(-2)^2 + 4^2 + (-2)^2}}{\sqrt{3^2 + 2^2 + 1^2}} = 2\sqrt{\frac{3}{7}}.$$

§ 163. Die Bedingungen dafür, daß sich zwei Geraden schneiden oder in einer Ebene liegen

Zwei Geraden, die nicht in einer Ebene liegen, heißen *windschief*. Wenn die Geraden

$$\frac{x - x_1}{l_1} = \frac{y - y_1}{m_1} = \frac{z - z_1}{n_1}, \tag{1}$$

$$\frac{x - x_2}{l_2} = \frac{y - y_2}{m_2} = \frac{z - z_2}{n_2} \tag{2}$$

auf einer Ebene liegen, so gilt

$$\begin{vmatrix} x_2 - x_1 & y_2 - y_1 & z_2 - z_1 \\ l_1 & m_1 & n_1 \\ l_2 & m_2 & n_2 \end{vmatrix} = 0 \tag{3}$$

oder in Vektorform

$$(\boldsymbol{r}_2 - \boldsymbol{r}_1)\,\boldsymbol{a}_1\boldsymbol{a}_2 = 0. \tag{3a}$$

Wenn umgekehrt Bedingung (3) erfüllt ist, so liegen die Geraden in einer Ebene.

Erklärung. Wenn die Geraden (1) und (2) in einer Ebene liegen, so liegt dort auch die Gerade M_1M_2 (Abb. 177), d. h., die Vektoren $\overrightarrow{M_1M_2}$, $\boldsymbol{a}_1$, $\boldsymbol{a}_2$ sind komplanar (und umgekehrt). Dies wird durch Gleichung (3) ausgedrückt (s. § 120).

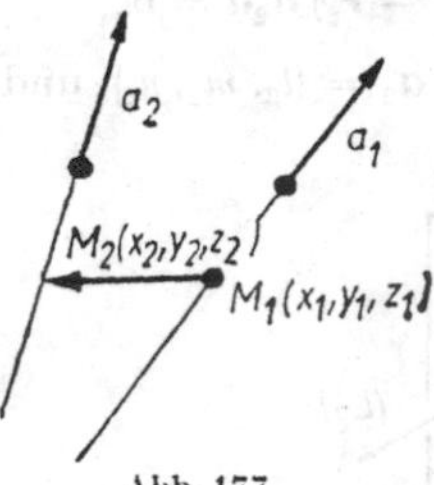

Abb. 177

Bemerkung. Wenn $\frac{l_1}{l_2} = \frac{m_1}{m_2} = \frac{n_1}{n_2}$ (dabei ist (3) offensichtlich erfüllt), so sind die Geraden parallel. Im anderen Fall schneiden sich die Geraden, für die Bedingung (3) erfüllt ist.

Beispiel. Man stelle fest, ob sich die Geraden

$$\frac{x}{1} = \frac{y}{2} = \frac{z}{3}, \tag{1}$$

$$\frac{x + 1}{2} = \frac{y - 1}{1} = \frac{z + 1}{4} \tag{2}$$

schneiden, und wenn ja, in welchem Punkt.

Lösung. Die Geraden (1) und (2) liegen in einer Ebene, da die Determinante (3) verschwindet. Diese Determinante lautet $\begin{vmatrix} 1 & 2 & 3 \\ -1 & 1 & -1 \\ 2 & 1 & 4 \end{vmatrix}$.
Die beiden Geraden sind nicht parallel (ihre Richtungskoeffizienten sind nicht proportional). Zur Bestimmung ihres Schnittpunkts hat man das System der vier Gleichungen (1) und (2) mit drei Unbekannten aufzulösen. In der Regel hat dieses homogene System keine Lösung, dort existiert im gegebenen Fall (da Bedingung (3) erfüllt ist) eine Lösung. Nimmt man drei beliebige Gleichungen und löst das entsprechende System, so erhält man $x = 1$, $y = 2$, $z = 3$. Die vierte Gleichung ist erfüllt. Der Schnittpunkt ist (1; 2; 3).

§ 164. Die Gleichung einer Geraden, die senkrecht zu zwei gegebenen Geraden ist

Eine Gerade UV, die zwei (nichtparallele) Gerade L_1 und L_2 (Abb. 178) schneidet und zu diesen Geraden orthogonal ist, besitzt die Gleichungen (in Vektorform)

$$\frac{x - x_1}{l_1} = \frac{y - y_1}{m_1} = \frac{z - z_1}{n_1}, \quad \frac{x - x_2}{l_2} = \frac{y - y_2}{m_2} = \frac{z - z_1}{n_2},$$

$$(\boldsymbol{r} - \boldsymbol{r}_1)\,\boldsymbol{a}_1\boldsymbol{a} = 0, \tag{1}$$

$$(\boldsymbol{r} - \boldsymbol{r}_2)\,\boldsymbol{a}_2\boldsymbol{a} = 0, \tag{2}$$

wobei $\boldsymbol{a}_1 = \{l_1, m_1, n_1\}$, $\boldsymbol{a}_2 = \{l_2, m_2, n_2\}$ und $\boldsymbol{a} = \boldsymbol{a}_1 \times \boldsymbol{a}_2$.

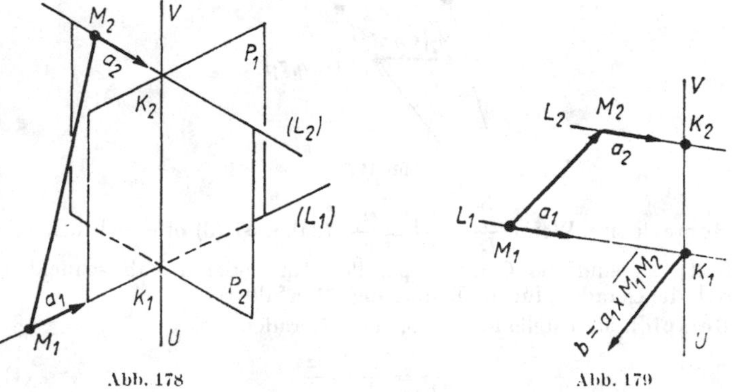

Abb. 178 Abb. 179

Getrennt betrachtet stellt Gleichung (1) eine Ebene P_1 dar, die durch die Gerade L_1 geht und parallel zu $\boldsymbol{a} = \boldsymbol{a}_1 \times \boldsymbol{a}_2$ ist (§ 159). Analog stellt Gleichung (2) eine Ebene P_2 dar, die durch L_2 geht und parallel zu $\boldsymbol{a}$ ist.

Der Punkt K_1, in dem UV die Gerade L_1 schneidet, ergibt sich als Schnittpunkt von L_1 mit der Ebene P_2. Analog findet man den Punkt K_2, worauf man die Länge der gemeinsamen Senkrechten K_1K_2 bestimmen kann.

Bemerkung. Wenn L_1 und L_2 parallel sind (wobei $\boldsymbol{a} = 0$ gilt und die Gleichungen (1) und (2) die Identität liefern), hat man unendlich viele Lösungen für die Gerade UV. Um eine davon zu erhalten, nehmen wir auf L_1 (Abb. 179) einen beliebigen Punkt K_1 und suchen die Gleichung der Geraden, die durch K_1 geht und die Richtung des Vektors $\boldsymbol{a}_1 \times \boldsymbol{b}$ besitzt, wobei $\boldsymbol{b} = \boldsymbol{a}_1 \times (\boldsymbol{r}_2 - \boldsymbol{r}_1)$.

Beispiel 1. Man bestimme die Gleichung der gemeinsamen Senkrechten zu den Geraden

$$x = 2 + 2t, \qquad y = 1 + 4t, \qquad z = -1 - t, \tag{3}$$

$$x = -31 + 3t', \quad y = 6 + 2t', \quad z = 3 + 6t'. \tag{4}$$

Lösung. Wir haben $\boldsymbol{a}_1 = \{2, 4, -1\}$, $\boldsymbol{a}_2 = \{3, 2, 6\}$, $\boldsymbol{a} = \boldsymbol{a}_1 \times \boldsymbol{a}_2 = \{26, -15, -8\}$.

Die gesuchte Senkrechte besitzt die Gleichungen

$$\begin{vmatrix} x-2 & y-1 & z+1 \\ 2 & 4 & -1 \\ 26 & -15 & -8 \end{vmatrix} = 0, \qquad \begin{vmatrix} x+31 & y-6 & z-3 \\ 3 & 2 & 6 \\ 26 & -15 & -8 \end{vmatrix} = 0$$

oder nach Vereinfachung

$$\begin{cases} 47x + 10y + 134z + 30 = 0, & (5) \\ 74x + 180y - 97z + 1505 = 0. & (6) \end{cases}$$

Der Schnittpunkt K_1 der gemeinsamen Senkrechten mit der Geraden (3) ergibt sich aus dem System (5)–(6). Wir erhalten $K_1\,(-2; -7; 1)$. Analog erhalten wir $K_2\,(-28; 8; 9)$. Die Länge d der gemeinsamen Senkrechten ist gleich

$$d = \sqrt{(-2+28)^2 + (-7-8)^2 + (1-9)^2} = \sqrt{965}.$$

Beispiel 2. Man bestimme die Gleichung der gemeinsamen Senkrechten zu den Geraden

$$x = 2 + 2t, \quad y = 3 + 2t, \quad z = t, \tag{7}$$

$$x = 5 + 2t', \quad y = 4 + 2t', \quad z = 1 + t'. \tag{8}$$

Die Geraden sind parallel: $\boldsymbol{a}_1 = \boldsymbol{a}_2 = \{2, 2, 1\}$, $\boldsymbol{r}_2 - \boldsymbol{r}_1 = \{3, 1, 1\}$, $\boldsymbol{b} = \boldsymbol{a}_1 \times (\boldsymbol{r}_2 - \boldsymbol{r}_1) = \{1, 1, -4\}$. Der Richtungsvektor der gemeinsamen Senkrechten ist $\boldsymbol{a}_1 \times \boldsymbol{b} = \{-9, 9, 0\}$ oder nach Multiplikation mit $\frac{1}{9}$ $\{-1, 1, 0\}$. Als Anfangspunkt nehmen wir einen beliebigen

Punkt $K_1(2 + 2t;\ 3 + 2t; t)$ der Geraden (7). Wir erhalten die Gleichungen der gemeinsamen Senkrechten

$$\frac{x-(2+2t)}{-1}=\frac{y-(3+2t)}{1}=\frac{z-t}{0}, \tag{9}$$

wobei t eine beliebige Zahl ist. Um den Schnittpunkt K_2 der gemeinsamen Senkrechten (9) mit der Geraden (8) zu finden, muß man die Ausdrücke (8) in die Gleichungen (9) einsetzen. Wir erhalten

$$\frac{3+2(t'-t)}{-1}=\frac{1+2(t'-t)}{1}=\frac{1+(t'-t)}{0}.$$

Eine beliebige der hier zusammenfallenden Gleichungen liefert $t' = t - 1$. Durch Einsetzen in (8) erhalten wir $K_2(3 + 2t; 2 + 2t; t)$, so daß

$$d = |K_1K_2|$$
$$= \sqrt{[(3+2t)-(2+2t)]^2+[(2+2t)-(3+2t)]^2+[t-t]^2}=\sqrt{2}.$$

§ 165. Der kürzeste Abstand zwischen zwei Geraden.

1. Der kürzeste Abstand zwischen zwei Geraden L_1 und L_2 ist gleich der Länge d ihrer gemeinsamen Senkrechten. Man findet ihn durch die Aufstellung der Gleichungen der gemeinsamen Senkrechten (§ 164, Beispiele 1 und 2). d läßt sich schneller jedoch unmittelbar bestimmen.

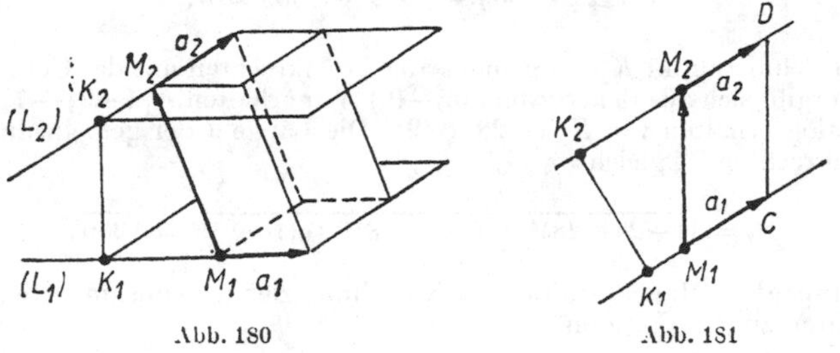

Abb. 180 Abb. 181

1) Wenn die zwei Geraden L_1 und L_2 nicht parallel sind (Abb. 180), so gilt

$$d=\frac{|(\boldsymbol{r}_2-\boldsymbol{r}_1)\,\boldsymbol{a}_1\boldsymbol{a}_2|}{|\boldsymbol{a}_1\times\boldsymbol{a}_2|}=\frac{|(\boldsymbol{r}_2-\boldsymbol{r}_1)\,\boldsymbol{a}_1\boldsymbol{a}_2|}{\sqrt{(\boldsymbol{a}_1\times\boldsymbol{a}_2)^2}} \tag{1}$$

($\boldsymbol{r}_1, \boldsymbol{r}_2$ sind die Radiusvektoren der Punkte M_1 und M_2, und $\boldsymbol{a}_1$, $\boldsymbol{a}_2$ die Richtungsvektoren der Geraden L_1, L_2).

Der Zähler des Bruchs (1) ist (§ 119) das Volumen des von den Vektoren $\overrightarrow{M_1M_2}$, $\boldsymbol{a}_1$, $\boldsymbol{a}_2$ aufgespannten Parallelepipeds, der Nenner ist der Flächeninhalt der Grundfläche (§ 111). Der Bruch liefert daher die Höhe $K_1K_2 = d$.

Für zwei sich schneidende Gerade $(\overrightarrow{K_1K_2}, \boldsymbol{a}_1, \boldsymbol{a}_2$ komplanar$)$ liefert Formel (1) $d = 0$. Für parallele Gerade (die Vektoren $\boldsymbol{a}_1$, $\boldsymbol{a}_2$ kollinear) ist sie nicht anwendbar, sie liefert $\left(\frac{0}{0}\right)$.

2) Wenn die Geraden L_1 und L_2 parallel sind (Abb. 181), so gilt

$$d = \frac{|(\boldsymbol{r}_2 - \boldsymbol{r}_1) \times \boldsymbol{a}_1|}{|\boldsymbol{a}_1|} = \frac{\sqrt{[(\boldsymbol{r}_2 - \boldsymbol{r}_1) \times \boldsymbol{a}_1]^2}}{\sqrt{\boldsymbol{a}_1^2}} \tag{2}$$

(statt $\boldsymbol{a}_1$ kann man $\boldsymbol{a}_2$ nehmen).

Der Zähler des Bruchs (2) ist der Flächeninhalt des Parallelogramms M_1M_2DC, der Nenner die Länge der Grundlinie M_1C. Also liefert der Bruch die Höhe $K_1K_2 = d$.

Beispiel 1. Man bestimme den kürzesten Abstand zwischen den Geraden aus Beispiel 1, § 164 [$\boldsymbol{r}_1 = \{2, 1, -1\}$, $\boldsymbol{r}_2 = \{-31, 6, 3\}$, $\boldsymbol{a}_1 = \{2, 4, -1\}$, $\boldsymbol{a}_2 = \{3, 2, 6\}$].

Lösung. Die gegebenen Geraden sind nicht parallel. Wir haben

$$\boldsymbol{a}_1 \times \boldsymbol{a}_2 = \left\{\begin{vmatrix} 4 & -1 \\ 2 & 6 \end{vmatrix}, \begin{vmatrix} -1 & 2 \\ 6 & 3 \end{vmatrix}, \begin{vmatrix} 2 & 4 \\ 3 & 2 \end{vmatrix}\right\}$$

$$= \{26, -15, -8\},$$

$$(\boldsymbol{r}_2 - \boldsymbol{r}_1)\, \boldsymbol{a}_1 \boldsymbol{a}_2 = -33 \cdot 26 + 5 \cdot (-15) + 4 \cdot (-8) = -965.$$

Die Formel (1) ergibt

$$d = \frac{965}{\sqrt{26^2 + (-15)^2 + (-8)^2}} = \frac{965}{\sqrt{965}} = \sqrt{965}.$$

Beispiel 2. Man bestimme den kürzesten Abstand zwischen den Geraden aus Beispiel 2, § 164 [$\boldsymbol{a}_1 = \boldsymbol{a}_2 = \{2, 2, 1\}$, $\boldsymbol{r}_2 - \boldsymbol{r}_1 = \{3, 1, 1\}$].

Lösung. Die Geraden sind parallel. Die Formel ergibt

$$d = \frac{\sqrt{\begin{vmatrix} 1 & 1 \\ 2 & 1 \end{vmatrix}^2 + \begin{vmatrix} 1 & 3 \\ 1 & 2 \end{vmatrix}^2 + \begin{vmatrix} 3 & 1 \\ 2 & 2 \end{vmatrix}^2}}{\sqrt{2^2 + 2^2 + 1}} = \sqrt{2}.$$

Bemerkung. Dem kürzesten Abstand zwischen zwei Geraden kann man (wenn die Geraden weder orthogonal noch parallel sind) ein Vorzeichen zuschreiben (s. unten).

2. Definition. Ein Paar von windschiefen nicht orthogonalen Geraden L_1 und L_2 heißt *rechtsgerichtet*, wenn ein Beobachter auf der Verlängerung einer beliebigen Sekante K_1K_2 hinter der Geraden L_2

die Drehung der Geraden L_1 auf dem kürzeren Wege in eine Lage parallel zu L_2 als Drehung im Gegenuhrzeigersinn sieht. Im anderen Fall heißt das Geradenpaar *linksgerichtet.*

Bemerkung 1 Ein Geradenpaar erweist sich als rechtsgerichtet oder linksgerichtet unabhängig von der Wahl der Punkte K_1 und K_2 und unabhängig von der Bezeichnungsweise (man kann auch die erste Gerade durch L_2 und die zweite durch L_1 bezeichnen). Zwar ändert sich nun die Drehrichtung, aber der Beobachter befindet sich jetzt auf der Verlängerung der Sekante hinter L_1, so daß für ihn der Drehsinn unverändert bleibt.

Bemerkung 2. Für ein Paar von Geraden, die in einer Ebene liegen oder die orthogonal sind, verlieren die Attribute rechts- oder linksgerichtet ihren Sinn.

Beispiel. Wenn man den Handgriff eines Korkenziehers beim Hineinoder Herausschrauben um 60° dreht, so bilden die Achsen des Handgriffs in der Anfangs- und Endlage ein rechtsgerichtetes Geradenpaar (bezeichnet man mit L_1 die Achse in der höheren Lage, so muß der Beobachter, von dem in der Definition die Rede ist, von unten nach oben schauen, im anderen Fall von oben nach unten). Bei einer Drehung des Korkenziehergriffs um 120° bilden die Achsen in der Anfangs- und Endlage ein linksgerichtetes Geradenpaar.

Kriterium für die Rechts- oder Linksgerichtetheit. Es seien $\boldsymbol{a}_1, \boldsymbol{a}_2$ beliebige (vom Nullvektor verschiedene) Vektoren, die mit den Geraden L_1, L_2 kollinear sind. Wenn das gemischte Produkt $\overrightarrow{K_1K_2}\,\boldsymbol{a}_1\boldsymbol{a}_2$ dasselbe Vorzeichen hat wie das Skalarprodukt $\boldsymbol{a}_1\boldsymbol{a}_2$, so ist das Paar $\boldsymbol{a}_1, \boldsymbol{a}_2$ rechtsgerichtet, wenn das Vorzeichen entgegengesetzt ist, so ist das Paar linksgerichtet.

Wenn $\overrightarrow{K_1K_2}\boldsymbol{b}_1\boldsymbol{b}_2 = 0$, so liegen die Geraden L_1 und L_2 in einer Ebene. Wenn $\boldsymbol{a}_1\boldsymbol{a}_2 = 0$, so sind die Geraden L_1 und L_2 zueinander orthogonal. In beiden Fällen ist das Paar L_1, L_2 weder rechts- noch linksgerichtet (s. Bemerkung 2).

3. Das Vorzeichen des kürzesten Abstands zwischen zwei Geraden. Dem kürzesten Abstand zwischen zwei windschiefen, aber nicht zueinander orthogonalen Geraden kann man ein Vorzeichen zuordnen. Man zählt diesen Abstand positiv, wenn das Geradenpaar rechtsgerichtet ist, und negativ, wenn es linksgerichtet ist.

Bezeichnet man den mit einem Vorzeichen versehenen kürzesten Abstand zwischen den Geraden mit δ, so hat man anstelle von (1), § 165, die folgende Formel:

$$\delta = \frac{\boldsymbol{a}_1\boldsymbol{a}_2}{|\boldsymbol{a}_1\boldsymbol{a}_2|} \cdot \frac{(\boldsymbol{r}_2 - \boldsymbol{r}_1)\,\boldsymbol{a}_1\boldsymbol{a}_2}{|\boldsymbol{a}_1 \times \boldsymbol{a}_2|}. \tag{1}$$

Diese Formel gilt auch für sich schneidende (aber nicht orthogonale) Gerade und liefert in diesem Fall $\delta = 0$. Bei zueinander orthogonalen Geraden ist die Formel (1) nicht anwendbar, da dafür der erste Faktor die unbestimmte Form $\frac{0}{0}$ annimmt (wenn die Geraden nicht zueinander orthogonal sind, so ist der erste Faktor $+1$ oder -1). Für parallele Geraden ist Formel (1) ebenfalls nicht verwendbar, da in diesem Fall der zweite Faktor unbestimmt wird. Siehe dazu Bemerkung 2.

§ 166. Koordinatentransformation

1. **Verschiebung des Ursprungs.** Tauscht man das alte Koordinatensystem $OXYZ$ gegen ein neues achsenparalleles System $O'X'Y'Z'$ aus, so lauten die alten Koordinaten eines Punktes $(x; y; z)$ in Abhängigkeit von den neuen Koordinaten

$$x = a + x', \; y = b + y', \; z = c + z', \tag{1}$$

wobei a, b, c die Koordinaten des neuen Ursprungs im alten System sind (vgl. § 35). Die Koordinaten eines Vektors bleiben bei dieser Transformation unverändert.

2. **Drehung der Achsen.** Führt man das System $OXYZ$ in ein System $OX'Y'Z'$ über, das denselben Ursprung besitzt, so erhält man die alten Koordinaten eines Punktes in Abhängigkeit von den neuen durch die Formeln

$$\left.\begin{aligned} x &= x'\cos\left(\widehat{i', i}\right) + y'\cos\left(\widehat{j', i}\right) + z'\cos\left(\widehat{k', i}\right),\\ y &= x'\cos\left(\widehat{i', j}\right) + y'\cos\left(\widehat{j', j}\right) + z'\cos\left(\widehat{k', j}\right),\\ z &= x'\cos\left(\widehat{i', k}\right) + y'\cos\left(\widehat{j', k}\right) + z'\cos\left(\widehat{k', k}\right), \end{aligned}\right\} \tag{2}$$

wobei $\left(\widehat{i', i}\right)$ der Winkel zwischen den Vektoren i' und i bedeutet, d. h. zwischen der neuen und der alten Abszissenachse, $\left(\widehat{j', i}\right)$ den Winkel zwischen der neuen Ordinatenachse und der alten Abszissenachse usw.[1]).
Die Koordinaten eines Vektors ändern sich bei dieser Transformation nach denselben Formeln.

Bemerkung. Aus den neun Größen $\cos\left(\widehat{i', i}\right)$, $\cos\left(\widehat{j', j}\right)$ usw. brauchen nur drei beliebige gegeben zu sein. Die übrigen sechs findet man aus den Bedingungen

$$\left.\begin{aligned} \cos^2\left(\widehat{i, i'}\right) + \cos^2\left(\widehat{i, j'}\right) + \cos^2\left(\widehat{j, k'}\right) &= 1,\\ \cos^2\left(\widehat{j, i'}\right) + \cos^2\left(\widehat{j, j'}\right) + \cos^2\left(\widehat{j, k'}\right) &= 1,\\ \cos^2\left(\widehat{k, i'}\right) + \cos^2\left(\widehat{k, j'}\right) + \cos^2\left(\widehat{k, k'}\right) &= 1 \end{aligned}\right\} \tag{3}$$

und

$$\left.\begin{aligned} \cos\left(\widehat{i, i'}\right)\cos\left(\widehat{j, i'}\right) + \cos\left(\widehat{j, j'}\right)\cos\left(\widehat{j', j'}\right) + \cos\left(\widehat{i, k'}\right)\cos\left(\widehat{j, k'}\right) &= 0,\\ \cos\left(\widehat{i, i'}\right)\cos\left(\widehat{k, i'}\right) + \cos\left(\widehat{i, j'}\right)\cos\left(\widehat{k, j'}\right) + \cos\left(\widehat{i, k'}\right)\cos\left(\widehat{k, k'}\right) &= 0,\\ \cos\left(\widehat{j, i'}\right)\cos\left(\widehat{k, i'}\right) + \cos\left(\widehat{j, j'}\right)\cos\left(\widehat{k, j'}\right) + \cos\left(\widehat{j' k'}\right)\cos\left(\widehat{k, k'}\right) &= 0. \end{aligned}\right\} \tag{4}$$

Die Beziehungen (3) ergeben sich aus (4), § 108, die Beziehungen (4) aus (2), § 145. Sie besagen, daß die Matrix in (2) rechts orthogonal ist (§ 62).

---

[1]) Jeder Koeffizient bei den neuen Koordinaten ist der Kosinus des Winkels zwischen der entsprechenden neuen Achse und der alten Achse, zu der die auf der linken Gleichungsseite stehende Koordinate gehört.

§ 167. Die Gleichung einer Fläche

Eine Gleichung zwischen den Koordinaten x, y und z bezeichnet man als *Gleichung einer Fläche S*, wenn die folgenden Bedingungen erfüllt sind: 1) Die Koordinaten x, y, z aller Punkte der Fläche S erfüllen die Gleichung, 2) die Koordinaten aller Punkte, die nicht auf der Fläche S liegen, erfüllen die Gleichung nicht (vgl. § 7).

Bemerkung. Bei einer Änderung des Koordinatensystems ändert sich auch die Gleichung einer Fläche (die neue Gleichung erhält man aus der alten mit Hilfe der Formeln für die Koordinatentransformation, § 166).

Beispiel 1. Die Gleichung $x + y + z - 1 = 0$ ist die Gleichung einer ebenen Fläche. Dieselbe Fläche kann man bei entsprechender Wahl eines rechtwinkligen Koordinatensystems durch eine beliebige andere Gleichung ersten Grades darstellen.

Beispiel 2. Eine Kugelfläche mit dem Radius R und dem Mittelpunkt im Koordinatenursprung besitzt die Gleichung

$$x^2 + y^2 + z^2 = R^2. \tag{1}$$

Wenn nämlich der Punkt $M(x; y; z)$ auf dieser Fläche liegt, so ist sein Abstand $OM = \sqrt{x^2 + y^2 + z^2}$ gleich dem Radius R, d. h., Gleichung (1) ist erfüllt. Wenn aber M nicht auf dieser Fläche liegt, so ist $OM \neq R$, und Gleichung (1) ist nicht erfüllt.

Beispiel 3. Die Kugelfläche mit dem Radius R und dem Mittelpunkt $C(a; b; c)$ besitzt die Gleichung

$$(x - a)^2 + (y - b)^2 + (z - c)^2 = R^2. \tag{2}$$

Eine Gleichung zwischen den Koordinaten kann außer einer Fläche auch ein anderes geometrisches Gebilde darstellen, oder sie stellt überhaupt kein geometrisches Gebilde dar (vgl. § 58).

Beispiel 4. Die Gleichung $x^2 + y^2 + z^2 + 1 = 0$ stellt kein geometrisches Gebilde dar, da sie keine (reelle) Lösung besitzt.

Beispiel 5. Die Gleichung $x^2 + y^2 + z^2 = 0$ besitzt eine einzige Lösung, nämlich $x = 0$, $y = 0$, $z = 0$. Sie stellt daher einen Punkt dar.

§ 168. Zylinderflächen, deren Erzeugende parallel zu einer der Koordinatenachsen sind

Eine Fläche, die durch die Bewegung einer Geraden parallel zu einer ruhenden Geraden erzeugt wird, heißt *Zylinderfläche*. Eine Kurve, welche die erzeugende Gerade in jeder ihrer Lagen schneidet, heißt *Richtkurve*.

Jede Gleichung, welche die Koordinate z nicht enthält und in der Ebene XOY irgendeine Kurve L darstellt, gehört im Raum zu einer

Zylinderfläche, bei der die Erzeugenden parallel zur Achse OZ verlaufen und als deren Richtkurve die Kurve L dient.

Beispiel 1. Die Gleichung

$$\frac{x^2}{a^2} + \frac{y^2}{b^2} = 1 \tag{1}$$

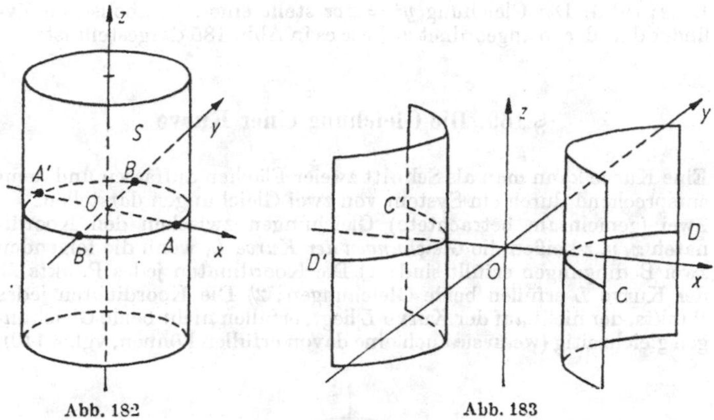

Abb. 182 Abb. 183

stellt in der Ebene XOY die Ellipse $ABA'B'$ (Abb. 182) mit den Halbachsen $a = OA$, $b = OB$ dar. Im Raum beschreibt sie die Zylinderfläche S, deren Erzeugende parallel zur Achse OZ sind und als deren Richtkurve die Ellipse $ABA'B'$ dient (*elliptischer Zylinder*).

Beispiel 2. Die Gleichung $\frac{x^2}{a^2} - \frac{y^2}{b^2} = 1$ stellt eine Zylinderfläche

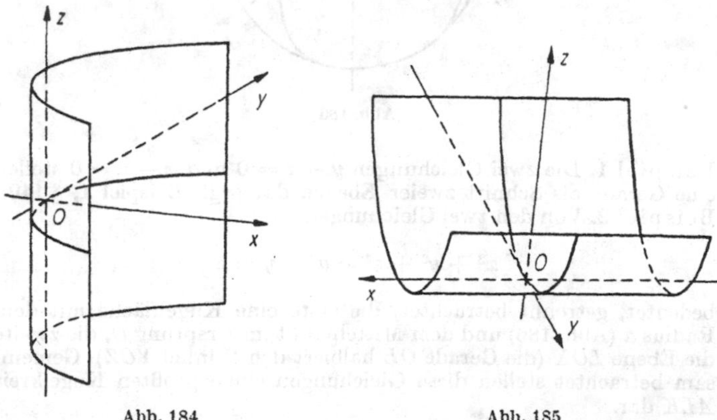

Abb. 184 Abb. 185

dar (Abb. 183), deren Erzeugenden parallel zu OZ sind und als deren Richtkurve die Hyperbel $CDC'D'$ dient (*hyperbolischer Zylinder*).

Beispiel 3. Die Gleichung $y^2 = 2px$ stellt einen *parabolischen Zylinder* dar (Abb. 184).

Eine Gleichung, die die Koordinate x oder y) nicht enthält, stellt eine Zylinderfläche dar, deren Erzeugende parallel zur Achse OX (oder OY) verlaufen.

Beispiel 4. Die Gleichung $y^2 = 2pz$ stellt einen parabolischen Zylinder dar, der so angeordnet ist, wie es in Abb. 185 dargestellt ist.

§ 169. Die Gleichung einer Kurve

Eine Kurve kann man als Schnitt zweier Flächen auffassen und dementsprechend durch ein System von zwei Gleichungen darstellen. Zwei (gemeinsam betrachtete) Gleichungen zwischen den Koordinaten x, y, z heißen die *Gleichungen der Kurve L*, wenn die folgenden zwei Bedingungen erfüllt sind: 1) Die Koordinaten jedes Punkts M der Kurve L erfüllen beide Gleichungen; 2) Die Koordinaten jedes Punkts, der nicht auf der Kurve L liegt, erfüllen nicht beide Gleichungen gleichzeitig (wenn sie auch eine davon erfüllen können, vgl. § 140).

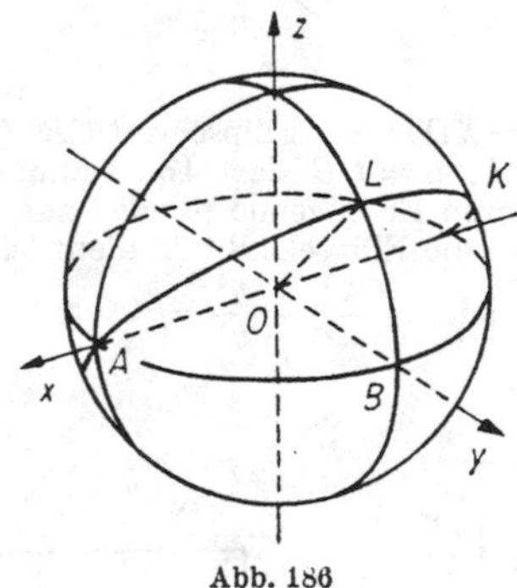

Abb. 186

Beispiel 1. Die zwei Gleichungen $y - z = 0$ und $x - z = 0$ stellen eine Gerade als Schnitt zweier Ebenen dar (vgl. Beispiel 1, § 140).

Beispiel 2. Von den zwei Gleichungen

$$x^2 + y^2 + z^2 = a^2, \quad y = z$$

bedeutet, getrennt betrachtet, die erste eine Kugelfläche mit dem Radius a (Abb. 186) und dem Mittelpunkt im Ursprung O, die zweite die Ebene LOX (die Gerade OL halbiert den Winkel YOZ). Gemeinsam betrachtet stellen diese Gleichungen einen größten Kugelkreis ALK dar.

Bemerkung 1. Eine Kurve kann man durch verschiedene (untereinander gleichwertige) Gleichungssysteme darstellen, da man sie als Schnitt verschiedener Flächen erhalten kann.

Bemerkung 2. Ein System von zwei Gleichungen kann außer einer Kurve auch ein anderes geometrisches Gebilde darstellen. Es ist auch möglich, daß das System überhaupt kein geometrisches Gebilde darstellt.

Beispiel 3. Das Gleichungssystem $x^2 + y^2 + z^2 = 25$, $z = 5$ stellt den Punkt $(0;\ 0;\ 5)$ dar. Das Gleichungssystem $x^2 + y^2 + z^2 = 0$, $x + y + z = 1$ stellt keinen geometrischen Ort dar, da es keine reelle Lösung besitzt.

§ 170. Die Projektion einer Kurve auf eine Koordinatenebene

1. Eine Kurve L werde durch zwei Gleichungen dargestellt, von denen eine z enthält, die andere nicht[1]). Dann stellt die zweite Gleichung eine vertikale Zylinderfläche dar, deren Richtkurve in der Ebene XOY eine Kurve L_1 sei (§ 168). Die Projektion der Kurve L auf die Ebene XOY liegt auf der Kurve L_1 (und überdeckt diese ganz oder teilweise).

Beispiel 1. Die Gleichungen

$$z = y + \frac{3}{2}, \quad x^2 + y^2 = 1$$

stellen eine Kurve ABA_1B_1 (Ellipse, Abb. 187) dar, in der die Ebene $z = y + \frac{3}{2}$ (Ebene P in Abb. 187) den Kreiszylinder $x^2 + y^2 = 1$

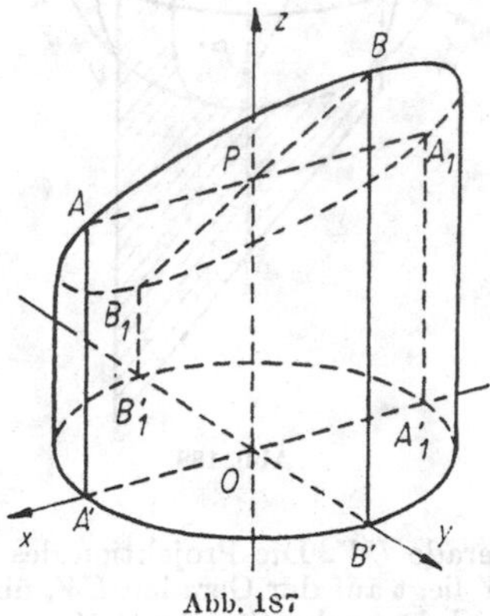

Abb. 187

[1]) Wenn beide Gleichungen z nicht enthalten, so ist die Kurve L eine vertikale Gerade (oder sie besteht aus mehreren solchen Geraden). Ihre Projektion auf XOY ist ein Punkt (vgl. § 149, Beispiel 3).

schneidet. In der Ebene XOY beschreibt die Gleichung $x^2 + y^2 = 1$ den Kreis $A'B'A_1'B_1'$. Die Projektion der Kurve ABA_1A_1 fällt mit der Kurve $A'B'A_1'B_1'$ zusammen.

Beispiel 2. Die Gleichungen

$$x^2 + y^2 + z^2 = a^2, \quad y = mx$$

stellen (Abb. 188) den größten Kugelkreis (Meridian) $APA'P'$ der Kugelfläche O als Schnitt dieser Kugelfläche mit der Ebene $y = mx$ (Ebene R in Abb. 188) dar. Die Gleichung $y = mx$ beschreibt in der

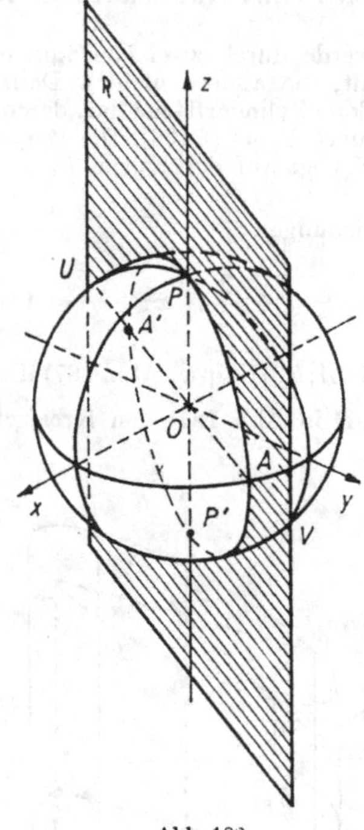

Abb. 188

Ebene XOY die Gerade UV. Die Projektion des Meridians $APA'P'$ auf die Ebene XOY liegt auf der Geraden UV, überdeckt diese aber nur zum Teil, nämlich längs der Strecke AA'.

2. Es sollen nun beide Gleichungen, die zur Darstellung der Kurve L dienen, die Koordinate z enthalten. Dann muß man zur Bestimmung der Projektion der Kurve L auf die Ebene XOY z aus den gegebenen

Gleichungen eliminieren[1]). Die Gleichung, die sich als Resultat der Elimination ergibt, stellt in der Ebene XOY eine Kurve L' dar, in der die gesuchte Projektion liegt (die Projektion überdeckt diese Kurve ganz oder nur teilweise). Analog findet man die Projektionen der Kurve

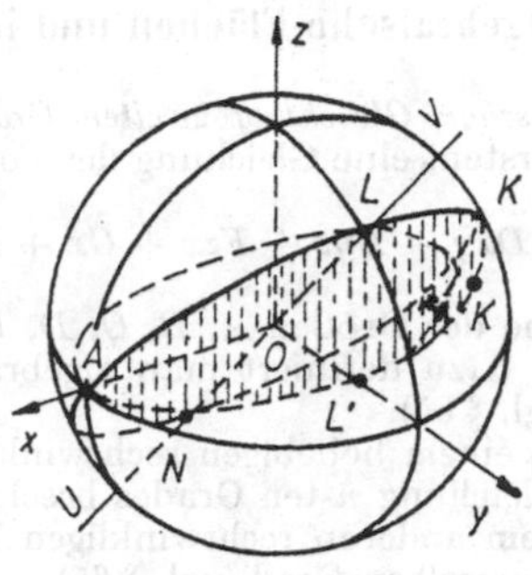

Abb. 189

auf die Ebenen XOZ und YOZ. (Die Behauptung folgt aus Pkt 1.)

Beispiel 3. Wir betrachten einen Kreis (AKL in Abb. 189), der von den Gleichungen (vgl. § 169, Beispiel 2)

$$x^2 + y^2 + z^2 = a^2, \quad (1)$$
$$y = z.$$

dargestellt wird.

Zur Bestimmung seiner Projektion auf die Ebene XOY eliminieren wir z aus (1) und (2) und erhalten die Gleichung

$$x^2 + 2y^2 = a^2. \quad (3)$$

Diese Gleichung beschreibt in der Ebene XOY die Ellipse $AL'K'$ mit den Halbachsen $OA = a$, $OL' = \frac{a}{\sqrt{2}}$. Die Projektion des Kreises ALK überdeckt die Ellipse $AL'K'$ vollständig.

Zur Berechnung der Projektion des Kreises ALK auf die Ebene XOZ muß man aus (1) und (2) die Koordinate y eliminieren. Man erhält die Gleichung

$$x^2 + 2z^2 = a^2, \quad (4)$$

die in der Ebene XOZ eine Ellipse mit denselben Abmessungen wie bei $AL'K'$ beschreibt. Die Projektion des Kreises überdeckt auch diese Ellipse zur Gänze.

Zur Bestimmung der Projektion des Kreises ALK auf die Ebene YOZ braucht man x nicht zu eliminieren, da eine der Gleichungen

[1]) Die Elimination von z aus zwei Gleichungen bedeutet das Aufsuchen einer dritten Gleichung, welche z nicht enthält und die von allen Werten für x und y erfüllt wird, die dem System der zwei gegebenen Gleichungen genügen.

$(y = z)$ x ohnedies nicht enthält. Die Gleichung $y = z$ beschreibt in der Ebene YOZ die gesamte Gerade UV, die gesuchte Projektion überdeckt jedoch nur die Strecke NL.

§ 171. Algebraische Flächen und ihr Grad

Unter einer *algebraischen Gleichung zweiten Grades* (mit den Unbekannten x, y, z) versteht eine Gleichung der Form

$$Ax^2 + By^2 + Cz^2 + Dxy + Eyz + Fzx + Gx + Hy + Kz + L = 0,$$

worin wenigstens eine der Größen A, B, C, D, E, F von Null verschieden ist. Analog dazu definiert man algebraische Gleichungen beliebigen Grades (vgl. § 65).

Wenn eine Fläche in einem beliebigen rechtwinkligen Koordinatensystem durch eine Gleichung n-ten Grades beschrieben wird, so besitzt sie auch in jedem anderen rechtwinkligen Koordinatensystem eine Gleichung von demselben Grad (vgl. § 65).

Eine Fläche, die durch eine Gleichung n-ten Grades dargestellt wird, heißt *algebraische Fläche n-ten Grades.* Jede Fläche ersten Grades ist eine Ebene. Flächen zweiten Grades wollen wir in den nächsten Paragraphen betrachten.

§ 172. Die Kugelfläche

Die Gleichung zweiten Grades

$$x^2 + y^2 + z^2 = R^2 \tag{1}$$

stellt (§ 167, Beispiel 2) eine Kugelfläche mit dem Radius R und dem Mittelpunkt im Koordinatenursprung dar. Auch wenn der Ursprung nicht mit dem Mittelpunkt der Kugelfläche zusammenfällt, besitzt diese Fläche eine Gleichung zweiten Grades, nämlich

$$(x - a)^2 + (y - b)^2 + (z - c)^2 = R^2. \tag{2}$$

wobei a, b, c die Koordinaten des Mittelpunkts sind (vgl. § 66). Die Gleichung zweiten Grades

$$Ax^2 + By^2 + Cz^2 + Dxy + Eyz + Fzx + Gx + Hy + Kz + L = 0 \tag{3}$$

beschreibt eine Kugelfläche nur unter den Bedingungen

$$A = B = C, \tag{4}$$

$$D = 0, \quad E = 0, \quad F = 0, \tag{5}$$

$$G^2 + H^2 + K^2 - 4AL > 0 \tag{6}$$

(vgl. § 39). Unter diesen Bedingungen haben wir

$$a = -\frac{G}{2A}, \quad b = -\frac{H}{2A}, \quad c = -\frac{K}{2A}, \quad R^2 = \frac{G^2 + H^2 + K^2 - 4AL}{4A^2}. \tag{7}$$

Beispiel. Die Gleichung

$$x^2 + y^2 + z^2 - 2x - 4y - 4 = 0$$
$$(A = B = C = 1, \quad D = E = F = 0,$$
$$G = -2, \; H = -4, \; K = 0, \; L = -4)$$

stellt eine Kugelfläche dar. Ergänzt man die Ausdrücke $x^2 - 2x$ und $y^2 - 4y$ zu einem vollständigen Quadrat und addiert man zum Ausgleich auf der rechten Seite die Zahlen 1^2 und 2^2, so erhält man die Gleichung

$$(x - 1)^2 + (y - 2)^2 + z^2 = 9,$$

d. h. $a = 1$, $b = 2$, $c = 0$, $R = 3$.
Dasselbe Ergebnis erhält man mit Hilfe der Formeln (7).

§ 173. Das Ellipsoid

Eine Fläche, die durch eine Gleichung der Form[1])

$$\frac{x^2}{a^2} + \frac{y^2}{b^2} + \frac{z^2}{c^2} = 1 \tag{1}$$

dargestellt wird, heißt *Ellipsoid*[2]) (Abb. 190). Die Schnittkurve $ABA'B'$ des Ellipsoids (1) mit der Ebene XOY wird durch das System (§ 169)

$$\frac{x^2}{a^2} + \frac{y^2}{b^2} + \frac{z^2}{c^2} = 1, \quad z = 0$$

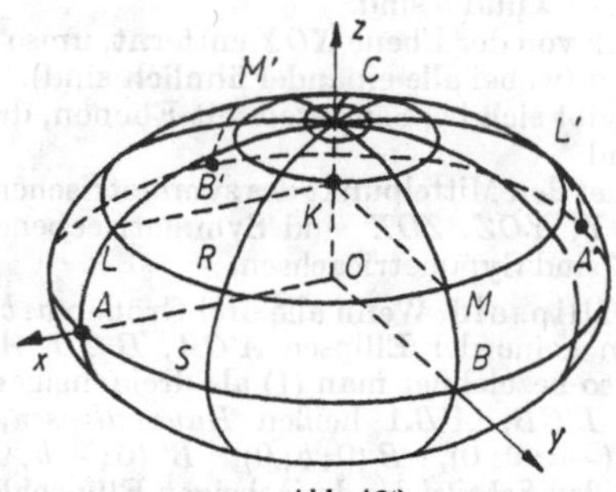

Abb. 190

[1]) Hier und im folgenden bedeuten die Buchstaben a, b, c die Längen von gewissen Strecken, so daß die Zahlen a, b, c positiv sind.

[2]) Das griechische Wort „Ellipsoid" bedeutet „eine Ellipse zeigend". Es eignet sich wenig zur Benennung einer Fläche, ist aber doch sehr verbreitet. Die altgriechischen Geometer bezeichneten das Rotationsellipsoid (andere betrachteten sie nicht) als *Sphäroid* (d. h. „eine Kugelfläche zeigend"). Diese Bezeichnung verwendet man auch noch heute.

dargestellt, das gleichwertig ist mit dem System

$$\frac{x^2}{a^2} + \frac{y^2}{b^2} = 1, \quad z = 0,$$

so daß $ABA'B'$ eine Ellipse mit den Halbachsen $OA = a$ und $OB = b$ ist.

Die Schnitte des Ellipsoids (1) mit den Ebenen YOZ und XOZ sind die Ellipsen $M'CMB$ mit den Halbachsen[1]) $OB = b$, $OC = c$ und $L'CLA$ mit den Halbachsen $OA = a$ und $OC = c$.

Der Schnitt des Ellipsoids mit der Ebene $z = h$ ($LML'M'$ in Abb. 190) besitzt das Gleichungssystem

$$\frac{x^2}{a^2} + \frac{y^2}{b^2} = 1 - \frac{h^2}{c^2}, \tag{2}$$

$$z = h. \tag{3}$$

Wenn jedoch $|h| > c$, so stellt Gleichung (2) keinen geometrischen Ort dar („imaginärer elliptischer Zylinder", vgl. § 58, Beispiel 5). In diesem Fall schneidet die Ebene das Ellipsoid nicht. Bei $|h| = c$ stellt Gleichung (2) die Achse OZ dar ($x = 0$, $y = 0$, vgl. § 58, Beispiel 4). Das bedeutet, daß die Ebene $z = c$ mit dem Ellipsoid einen einzigen Punkt gemeinsam hat, nämlich $C(0; 0; c)$ (Berührungspunkt). Genauso berührt auch die Ebene $z = -c$ das Ellipsoid im Punkt $C'(0; 0; -c)$ (in der Abb. nicht eingetragen).

Wenn hingegen $|h| < c$, so ist der gesuchte Schnitt eine Ellipse mit den Halbachsen

$$KL = a\sqrt{1 - \frac{h^2}{c^2}}, \quad KM = b\sqrt{1 - \frac{h^2}{c^2}}, \tag{4}$$

die proportional zu a und b sind.

Je weiter man sich von der Ebene XOY entfernt, umso kleiner werden die Schnittkurven (wobei alle einander ähnlich sind).

Dasselbe Bild ergibt sich bei Schnitten mit Ebenen, die zu YOZ oder ZOX parallel sind.

Der Punkt O bildet den Mittelpunkt des symmetrischen Ellipsoids (1). Die Ebenen XOY, YOZ, ZOX sind Symmetrieebenen, die Achsen OX, OY und OZ sind Symmetrieachsen.

Dreiachsiges Ellipsoid. Wenn alle drei Größen a, b, c verschieden sind (d. h., wenn keine der Ellipsen $A'CA$, $B'CB$, ABA' zu einem Kreis entartet), so bezeichnet man (1) als dreiachsiges Ellipsoid. Die Ellipsen $A'CA$, $B'CB$, $A'BA$ heißen *Hauptellipsen*, ihre Scheitel [$A(a; 0; 0)$, $A'(-a; 0; 0)$, $B(0; b; 0)$, $B'(0; -b; 0)$, $C(0; 0; c)$, $C'(0; 0; -c)$] heißen *Scheitel* des dreiachsigen Ellipsoids. Die Strecken AA', BB', CC' (Hauptachsen der Ellipsen), oder auch deren Längen, heißen *Achsen des Ellipsoids*. Wenn $a > b > c$, so nennt man $2a$ die *große*, $2b$ die *mittlere* und $2c$ die *kleine Hauptachse*.

---

[1]) Früher bezeichneten wir mit dem Buchstaben c (§ 41) die Brennweite ($c = \sqrt{a^2 - b^2}$, so daß $c < a$). Hier hat c eine andere Bedeutung und kann daher beliebige Werte annehmen.

Das Rotationsellipsoid. Wenn beliebige zwei der Größen a, b, c, zum Beispiel a und b, untereinander gleich sind, so entarten die entsprechenden Hauptellipsen $A'BA$ und alle dazu parallelen Schnitte in einen Kreis. Einen beliebigen Schnitt durch die Achse OZ kann man durch eine Drehung der Ellipse CLA um OZ erhalten, d. h., das Ellipsoid ist eine Rotationsfläche (die Ellipsen CLA, CRS, CMB usw. sind *Meridiane*, der Kreis $A'BA$ ist der *Äquator*). Solche Ellipsoide heißen *Rotationsellipsoide*. Ihre Gleichung hat die Form

$$\frac{x^2}{a^2} + \frac{y^2}{a^2} + \frac{z^2}{c^2} = 1. \tag{5}$$

Wenn $a > c$, so heißt das Rotationsellipsoid *gestaucht* (Abb. 191, a), wenn $a < c$, so heißt es *gezogen* (Bild 191, b). Bei einem Rotationsellipsoid ist die Lage zweier seiner Achsen undefiniert.

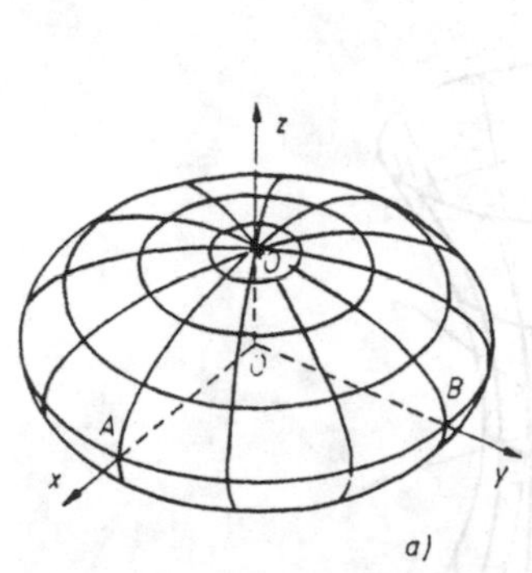

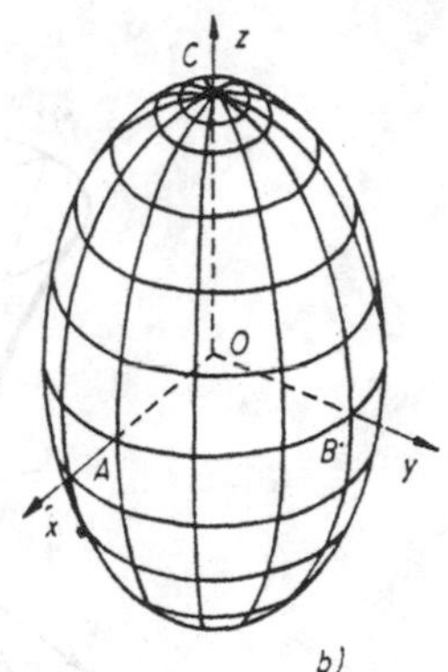

Abb. 191

Wenn $a = b = c$, so geht das Ellipsoid in eine Kugelfläche über, und die Lage aller drei Achsen wird undefiniert.

Bemerkung. Das Ellipsoid wird durch eine Gleichung der Form (1) nur dann dargestellt, wenn seine Achsen mit den Koordinatenachsen zusammenfallen. Wenn dies nicht der Fall ist, so lautet seine Gleichung anders.

Beispiel 1. Man untersuche, welche Fläche durch die Gleichung

$$16x^2 + 3y^2 + 16z^2 - 48 = 0$$

dargestellt wird.

Lösung. Die gegebene Gleichung hat die Gestalt

$$\frac{x^2}{3} + \frac{y^2}{16} + \frac{z^2}{3} = 1.$$

Sie stellt ein gezogenes Rotationsellipsoid mit den Halbachsen $a = c = \sqrt{3}$, $b = 4$ dar. Als Rotationsachse dient OY.

Beispiel 2. Man untersuche, welche Fläche durch die Gleichung $x^2 - 6x + 4y^2 + 9z^2 + 36z - 99 = 0$ dargestellt wird.

Lösung. Wir bringen die gegebene Gleichung auf die Form

$$(x - 3)^2 + 4y^2 + 9(z + 2)^2 = 144.$$

Nun verschieben wir den Ursprung in den Punkt (3; 0; −2). Dadurch (§ 166) erhalten wir die Gleichung $x'^2 + 4y'^2 + 9z'^2 = 144$ oder

$$\frac{x'^2}{144} + \frac{y'^2}{36} + \frac{z'^2}{16} = 1.$$

Die gegebene Gleichung stellt ein dreiachsiges Ellipsoid mit den Halbachsen $a = 12$, $b = 6$, $c = 4$ dar, dessen Mittelpunkt im Punkt (3; 0; −2) liegt und dessen Achsen parallel zu den Koordinatenachsen sind.

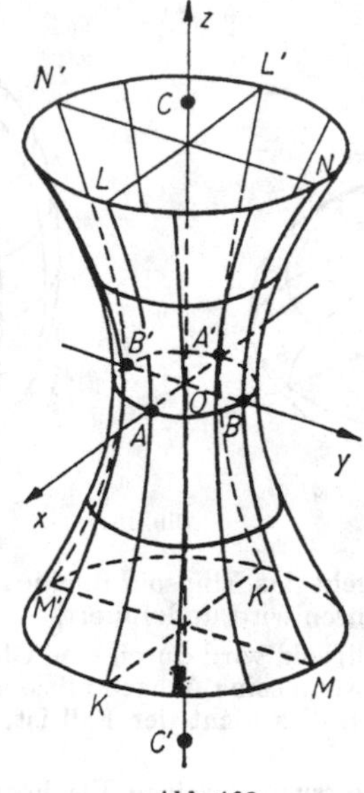

Abb. 192

§ 174. Das einschalige Hyperboloid

Eine Fläche, welche durch eine Gleichung der Form

$$\frac{x^2}{a^2} + \frac{y^2}{b^2} + \frac{z^2}{c^2} = 1 \tag{1}$$

beschrieben wird, heißt *einschaliges Hyperboloid* (Abb. 192).

Die Bezeichnung „Hyperboloid“[1]) stammt daher, daß unter den Schnitten dieser Fläche eine Hyperbel ist. Eine solche ist insbesondere der Schnitt mit der Ebene $x = 0$ ($MNN'M'$ in Abb. 192) oder mit der Ebene $y = 0$ ($KLL'K'$). Diese Schnitte besitzen die Gleichungen

$$\frac{y^2}{b^2} - \frac{z^2}{c^2} = 1, \tag{2}$$

$$\frac{x^2}{a^2} - \frac{z^2}{c^2} = 1. \tag{3}$$

Die Bezeichnung „einschalig“ bedeutet, daß die Fläche (1) im Gegensatz zum *zweischaligen Hyperboloid* (s. § 175) nicht in zwei „Schalen“, zerfällt, sondern eine geschlossene unbegrenzte Röhre darstellt, die sich längs der Achse OZ erstreckt.
Die Ebene

$$z = h \tag{4}$$

liefert als Schnitt mit der Fläche (1) bei beliebigem Wert von h (vgl. § 173) eine Ellipse[2])

$$\frac{x^2}{a^2} + \frac{y^2}{b^2} = 1 + \frac{h^2}{c^2} \tag{5}$$

mit den Halbachsen $a\sqrt{1 + \frac{h^2}{c^2}}$, $b\sqrt{1 + \frac{h^2}{c^2}}$. Alle Ellipsen (5) sind untereinander ähnlich, ihre Scheitel liegen auf den Hyperbeln (2) und (3). Die Ausmaße der Ellipsen werden umso größer, je weiter der Schnitt von der Ebene XOY entfernt ist. Der Schnitt mit der Ebene XOY ist die Ellipse

$$\frac{x^2}{a^2} + \frac{y^2}{b^2} = 1 \tag{5'}$$

(*Kehlellipse* $ABA'B'$).
Die Hyperbeln (2) und (3) aber auch die Ellipse (5′) heißen *Hauptschnitte*, ihre Scheitel A $(a; 0; 0)$, A' $(-a; 0; 0)$, B $(0; b; 0)$, B' $(0; -b; 0)$ bezeichnet man als *Scheitel* des einschaligen Hyperboloids. Die Strecken $AA' = 2a$, $BB' = 2b$ (die reellen Achsen der Haupthyperbeln) und oft auch die Geraden AA' und BB' heißen *Querachsen*. Die Strecke $CC' = 2OC = 2c$ auf der Achse OZ (die imaginäre Achse der Haupthyperbeln) heißt *Längsachse* des einschaligen Hyperboloids.
Der Punkt O ist ein Symmetriezentrum für das einschalige Hyperboloid (1), die Ebenen XOY, YOZ, ZOX sind Symmetrieebenen, die Achsen OX, OY, OZ sind Symmetrieachsen.
Das einschalige Rotationshyperboloid. Wenn $a = b$, so hat Gleichung (1) die Form

$$\frac{x^2}{a^2} + \frac{y^2}{a^2} - \frac{z^2}{c^2} = 1. \tag{6}$$

---

[1]) Soviel wie „eine Hyperbel zeigend“. Siehe Fußnote 2, S. 231.
[2]) Hier ist vorausgesetzt, daß $a \neq b$. Bei $a = b$ entartet die Ellipse in einen Kreis, s. unten die Gleichung (6).

Die Kehlellipse $ABA'B'$ ist hier ein Kreis mit dem Radius a. Alle Schnitte parallel zu XOY sind ebenfalls Kreise. Die Schnitte $KLL'K'$ und $MNN'M'$ (und überhaupt alle Schnitte durch die Längsachse) sind dieselben Hyperbeln. Man kann sich daher die Fläche (6) durch Rotation der Hyperbel $KLL'K'$ um die Längsachse erzeugt denken. Die Fläche (6) heißt *einschaliges Rotationshyperboloid.* Die Lage zweier seiner Achsen (der Querachsen) ist undefiniert. Die dritte Achse (die Längsachse) fällt mit der imaginären Achse der rotierenden Hyperbel zusammen. Zum Unterschied vom Rotationshyperboloid ($a = b$) heißt das einschalige Hyperboloid (1) bei $a \neq b$ *dreiachsig.*

Beispiel. Man untersuche die Form der Fläche

$$x^2 - 4y^2 - 4z^2 + 16 = 0.$$

Lösung. Die gegebene Gleichung bringen wir auf die Form

$$-\frac{x^2}{4^2} + \frac{y^2}{2^2} + \frac{z^2}{2^2} = 1.$$

Sie stellt ein einschaliges Rotationshyperboloid mit dem Mittelpunkt (0; 0; 0) dar, wobei OX als Drehachse dient (so daß das Minuszeichen bei x^2 auftritt). Der Radius des Kehlreises ist $r = 2$, die Längsachse ist gleich 4.

§ 175. Das zweischalige Hyperboloid

Eine Fläche, die durch eine Gleichung der Form

$$\frac{x^2}{a^2} + \frac{y^2}{b^2} - \frac{z^2}{c^2} = -1 \tag{1}$$

beschrieben wird, heißt *zweischaliges Hyperboloid* (Abb. 193).

Die Schnitte mit den Ebenen XOZ und YOZ besitzen die Gleichungen

$$\frac{z^2}{c^2} - \frac{x^2}{a^2} = 1, \tag{2}$$

$$\frac{z^2}{c^2} - \frac{y^2}{b^2} = 1. \tag{3}$$

Es handelt sich dabei um Hyperbeln ($KK'L'L$ und $MM'N'N$ in Abb. 193). Für beide dient die Achse OZ als reelle Achse (vgl. § 174). Die Ebene $z = h$ trifft für $|h| < c$ das Hyperboloid nicht (vgl. § 174). Bei $|h| = \pm c$ berührt sie das Hyperboloid in den Punkten C (0; 0; c) und C' (0; 0; $-c$). Bei $|h| > c$ ergeben sich als Schnitte die Ellipsen[1])

$$\frac{x^2}{a^2} + \frac{y^2}{b^2} = \frac{h^2}{c^2} - 1, \tag{4}$$

[1]) Siehe die Fußnote 2 auf Seite 235.

die untereinander ähnlich sind ($KMK'M'$, $LNL'N'$ usw.). Die Ausmaße dieser Ellipse werden um so größer, je weiter sie von der Ebene XOY entfernt sind.

Da die Fläche (1) aus zwei verschiedenen Schalen besteht, nennt man sie *zweischaliges Hyperboloid*.

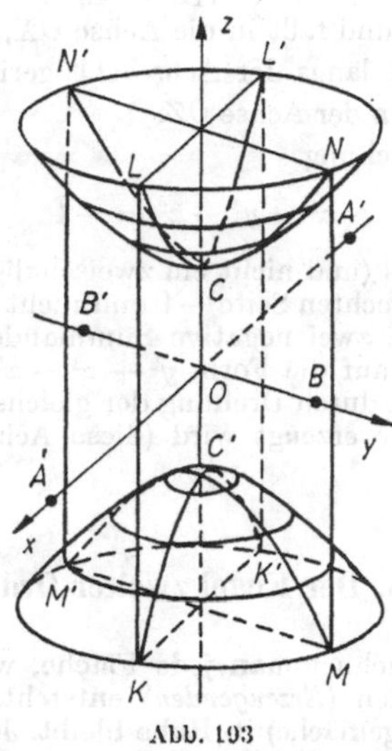

Abb. 193

Die Hyperbeln (2) und (3) heißen Hauptschnitte, ihre gemeinsamen Scheitel C und C' heißen *Scheitel* des zweischaligen Hyperboloids, die reelle Achse CC' heißt *Längsachse* des Hyperboloids, die imaginären Achsen $AA' = 2a$ und $BB' = 2b$ heißen *Querachsen der Symmetrie*.

Das zweischalige Hyperboloid hat das Symmetriezentrum O, die Symmetrieachsen OX, OY und OZ und die Symmetrieebenen XOY, YOZ und ZOX. Die zwei Schalen des Hyperboloids liegen bezüglich der Ebene XOY symmetrisch.

Das zweischalige Rotationshyperboloid. Die Gleichung (1) nimmt bei $a = b$ die Form

$$\frac{x^2}{a^2} + \frac{y^2}{a^2} - \frac{z^2}{c^2} = -1$$

an und stellt eine Fläche dar, die durch Rotation einer Hyperbel um ihre reelle Achse entsteht. Sie heißt zweischaliges Rotationshyperboloid. Das zweischalige Hyperboloid mit verschiedenen Querhalbachsen a und b heißt *dreiachsig*.

Beispiel 1. Man untersuche die Form der Fläche

$$3x^2 - 5y^2 - 2z^2 - 30 = 0.$$

Lösung. Die gegebene Gleichung bringt man auf die Form

$$\frac{y^2}{6} + \frac{z^2}{15} - \frac{x^2}{10} = -1.$$

Man erhält ein zweischaliges Hyperboloid (dreiachsig). Die Längsachse ist gleich $\sqrt{10}$ und fällt in die Achse OX, eine der Querachsen ist gleich $\sqrt{6}$ und ist längs der Achse OY gerichtet, die andere ist gleich $\sqrt{15}$ und liegt in der Achse OZ.

Beispiel 2. Die Gleichung

$$x^2 - y^2 - z^2 = -1$$

stellt ein einschaliges (und nicht ein zweischaliges) Hyperboloid dar (wenn auch auf der rechten Seite -1 und nicht $+1$ steht, dafür sind auf der linken Seite zwei negative Summanden). Bringt man die gegebene Gleichung auf die Form $y^2 + z^2 - x^2 = 1$, so sieht man, daß das Hyperboloid durch Drehung der gleichseitigen Hyperbel um ihre imaginäre Achse erzeugt wird (diese Achse fällt mit OX zusammen).

§ 176. Der Kegel zweiter Ordnung

Als *Kegelfläche* bezeichnet man jede Fläche, welche durch die Bewegung einer Geraden (*Erzeugenden*) entsteht, bei der ein Punkt (der Scheitel der Kegelfläche) in Ruhe bleibt. Jede (nicht durch den Scheitel gehende) Kurve, die von der Erzeugenden in jeder beliebigen Lage geschnitten wird, heißt *Richtkurve*.

Die Fläche

$$\frac{x^2}{a^2} + \frac{y^2}{b^2} - \frac{z^2}{c^2} = 0, \tag{1}$$

die sich, wie weiter unten gezeigt wird, als Kegelfläche erweist, heißt *Kegel zweiter Ordnung* (Abb. 194).

Der Schnitt dieser Fläche mit der Ebene XOZ ($y = 0$) besitzt die Gleichung

$$\frac{x^2}{a^2} - \frac{z^2}{c^2} = 0,$$

d. h.

$$\left(\frac{x}{a} + \frac{z}{c}\right)\left(\frac{x}{a} - \frac{z}{c}\right) = 0. \tag{2}$$

Dies ist ein Geradenpaar (KL und $K'L'$), das durch den Ursprung geht (§ 58). Als Schnitt mit der Ebene YOZ erhalten wir das Geradenpaar (MN und $M'N'$)

$$\left(\frac{y}{b} + \frac{z}{c}\right)\left(\frac{y}{b} - \frac{z}{c}\right) = 0. \tag{3}$$

Der Schnitt mit jeder anderen Ebene $y = kx$ durch die Achse OZ wird durch ein System der Form (§ 169)

$$y = kx, \quad \frac{x^2}{a^2} + \frac{k^2x^2}{b^2} - \frac{z^2}{c^2} = 0 \tag{4}$$

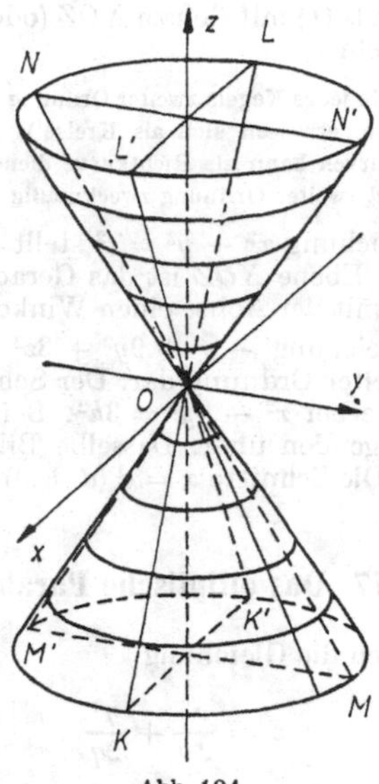

Abb. 194

dargestellt. Auch hier handelt es sich um ein Geradenpaar

$$y = kx, \quad x\sqrt{\frac{1}{a^2} + \frac{k^2}{b^2}} + \frac{z}{c} = 0 \tag{5}$$

und

$$y = kx, \quad x\sqrt{\frac{1}{a^2} + \frac{k^2}{b^2}} - \frac{z}{c} = 0, \tag{6}$$

das durch den Ursprung geht. Die Fläche (1) ist also eine Kegelfläche, der Punkt O ist ihr Scheitel.

Der Schnitt des Kegels (1) mit der Ebene $z = h$ (bei $h \neq 0$) ist die Ellipse

$$\frac{x^2}{a^2} + \frac{y^2}{b^2} = \frac{h^2}{c^2}. \tag{7}$$

Für $h = 0$ geht sie in den Punkt O (0; 0; 0) über. Alle Ellipsen (7) sind untereinander ähnlich, ihre Scheitel liegen auf den Schnitten (2) und (3).

Bei $a = b$ wird aus der Ellipse (7) ein Kreis. Der Kegel zweiter Ordnung heißt in diesem Fall *Kreiskegel*. Seine Gleichung ist

$$\frac{x^2}{a^2} + \frac{y^2}{a^2} - \frac{z^2}{c^2} = 0. \tag{8}$$

Die Schnitte des Kegels (1) mit den zu XOZ (oder zu YOZ) parallelen Ebenen sind Hyperbeln.

Bemerkung. Die Schnitte jedes Kegels zweiter Ordnung mit den Ebenen, die nicht durch den Scheitel gehen, erweisen sich als Kreise[1]), Ellipsen, Hyperbeln oder Parabeln. Jede dieser Kurven kann als Richtkurve dienen. Angesichts dessen bezeichnet man einen Kegel zweiter Ordnung zweckmäßig als „elliptisch", vgl. § 81.

Beispiel 1. Die Gleichung $x^2 + y^2 = z^2$ stellt einen Kreiskegel dar. Sein Schnitt mit der Ebene XOZ ist das Geradenpaar $x = \pm z$. Die Erzeugenden bilden mit der Achse einen Winkel von 45°.

Beispiel 2. Die Gleichung $-x^2 + 9y^2 + 3z^2 = 0$ stellt einen (allgemeinen) Kegel zweiter Ordnung dar. Der Schnitt der Ebene $z = h$ $h \neq 0$) ist eine Hyperbel $x^2 - 9y^2 = 3h^2$. Bei $h = 0$ geht diese in ein Paar von Erzeugenden über. Dasselbe Bild ergibt sich für die Schnitte mit $y = l$. Die Schnitte $x = d$ ($d \neq 0$) sind Ellipsen.

§ 177. Das elliptische Paraboloid

Eine Fläche, die durch die Gleichung

$$z = \frac{x^2}{2p} + \frac{y^2}{2q} \tag{1}$$

($p > 0, q > 0$) dargestellt wird, heißt *elliptisches Paraboloid* (Abb.195). Die Schnitte mit den Ebenen XOZ und YOZ (Hauptschnitte) sind die Parabeln (AOA', BOB')

$$x^2 = 2pz, \tag{2}$$

$$y^2 = 2qz. \tag{3}$$

Beide sind konkav nach derselben Seite („nach oben").

Die Ebene $z = 0$ berührt das Paraboloid im Punkt 0. Bei $h > 0$ schneiden die Ebenen $z = h$ das Paraboloid in den untereinander ähnlichen Ellipsen

$$\frac{x^2}{2p} + \frac{y^2}{2q} = h \tag{4}$$

mit den Halbachsen $\sqrt{2ph}$, $\sqrt{2qh}$. Bei $h < 0$ schneiden diese Ebene die Fläche nicht.

Das elliptische Paraboloid besitzt kein Symmetriezentrum. Es ist symmetrisch bezüglich der Ebene XOZ und YOZ, sowie bezüglich

[1]) Bei einem Kreiskegel gibt es ein System von parallelen kreisförmigen Schnitten, bei einem anderen Kegel gibt es zwei solche Systeme.

der Achse OZ. Die Gerade OZ heißt *Achse* des elliptischen Paraboloids, der Punkt O wird als sein *Scheitel* bezeichnet, die Größen p und q nennt man seine *Parameter*.

Bei $q = p$ werden die beiden Parabeln (2) und (3) gleich, und die Ellipsen (4) werden zu Kreisen. Das Paraboloid (1) geht in eine Fläche über, die sich durch Rotation einer Parabel um ihre Achse erzeugen läßt (Rotationsparaboloid)[1]).

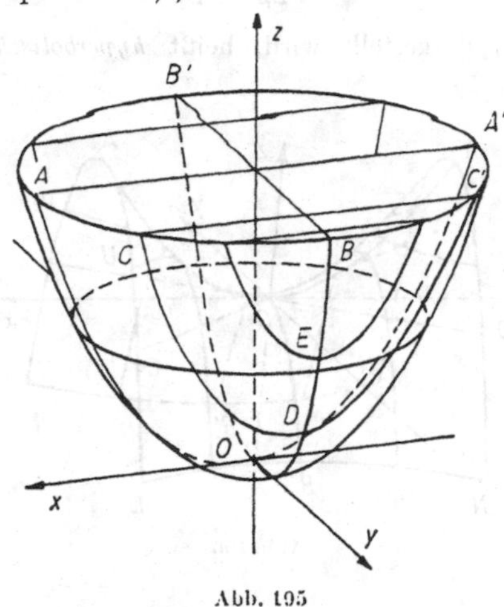

Abb. 195

Beispiel. Die Fläche $z = x^2 + y^2$ ist ein Rotationsparaboloid, das durch Rotation der Parabel $z = x^2$ um ihre Achse gebildet wird (um die Achse OZ). Die Fläche $x = y^2 + z^2$ ist dasselbe Paraboloid, dieses liegt hier nur anders (die Rotationsachse fällt mit OX zusammen).

Bemerkung. Als Schnitt des elliptischen Paraboloids mit der Ebene $y = f$ erhalten wir die Kurve $z = \frac{x^2}{2p} + \frac{f^2}{2q}$ (CDC'). Das ist dieselbe Parabel (§ 50) wie die Parabel AOA' $\left(z = \frac{x^2}{2p}\right)$. Auch ihre Achse ist „nach oben" gerichtet, aber ihr Scheitel liegt im Punkt $D\left(0;\, f;\, \frac{f^2}{2q}\right)$. Die Koordinaten des Punkts D genügen den Gleichungen $x = 0$, $y^2 = 2qz$, d. h., D liegt auf der Parabel BOB'. Das elliptische Paraboloid ist also eine Fläche, die man durch Parallelverschiebung der Parabel (AOA') erhalten kann, wobei sich deren Scheitel auf der anderen Parabel (BOB') bewegt. Dabei bleiben die Ebenen der bewegten und der unbewegten Parabel zueinander orthogonal, ihre Achsen bleiben gleichgerichtet.

---

[1]) Die Form eines Rotationsparaboloids findet man bei Spiegelreflektoren (diese richten ein von einem Brennpunkt ausgehendes Strahlenbündel zu einem Parallelenbündel).

§ 178. Das hyperbolische Paraboloid

Eine Fläche, welche durch eine Gleichung der Form

$$z = \frac{x^2}{2p} - \frac{y^2}{2q} \tag{1}$$

($p > 0$, $q > 0$) dargestellt wird, heißt *hyperbolisches Paraboloid* (Abb. 196).

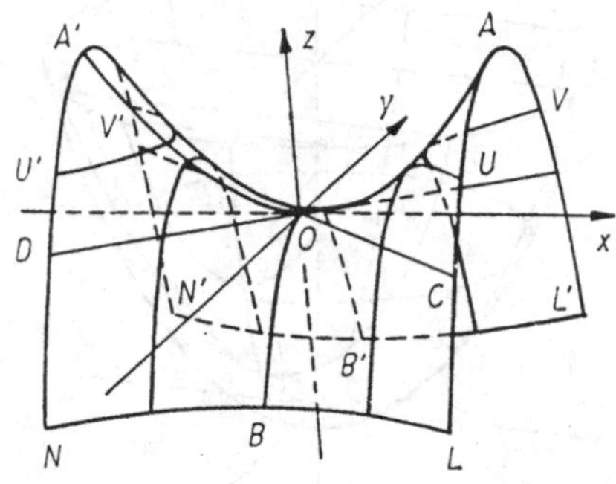

Abb. 196

Die Schnitte mit den Ebenen XOZ und YOZ (*Hauptschnitte*) sind die Parabeln (AOA', BOB')

$$x^2 = 2pz, \tag{2}$$

$$y^2 = -2qz. \tag{3}$$

Im Gegensatz zu den Hauptschnitten des elliptischen Paraboloids (§ 177) sind die Parabeln (2) und (3) nach entgegengesetzten Seiten konkav (die Parabel AOA' „nach oben", die Parabel BOB' „nach unten"). Die Fläche (1) hat das Aussehen eines Sattels.
Der Schnitt des hyperbolischen Paraboloids (1) mit der Ebene XOY ($z = 0$) wird durch die Gleichung

$$\frac{x^2}{2p} - \frac{y^2}{2q} = 0 \tag{4}$$

beschrieben. Dabei handelt es sich um das Geradenpaar OD, OC (§ 86, Beispiel 1).
Die Ebene $z = h$ parallel zu XOY schneidet das hyperbolische Paraboloid in der Hyperbel

$$\frac{x^2}{2p} - \frac{y^2}{2q} = h, \qquad z = h. \tag{5}$$

Bei $h > 0$ ist die reelle Achse dieser Hyperbel (z. B. die Hyperbel $UVV'U'$) parallel zur Achse OX, bei $h < 0$ (Hyperbel $LNN'L'$) ist die reelle Achse parallel zu OY. Alle Hyperbeln (5), die auf einer Seite der Ebene XOY liegen, sind untereinander ähnlich. Sie sind paarweise konjugiert mit den Hyperbeln (5), die auf der anderen Seite von XOY liegen.

Das hyperbolische Paraboloid besitzt kein Symmetriezentrum. Es ist symmetrisch bezüglich der Ebenen XOZ und YOZ und bezüglich der Achse OZ. Die Gerade OZ heißt *Achse* des hyperbolischen Paraboloids, der Punkt O heißt *Scheitel*, die Größen p und q heißen seine *Parameter*.

Bemerkung 1. Für beliebige Werte von p und q erweist sich das hyperbolische Paraboloid (im Gegensatz zu den weiter oben betrachteten Flächen zweiten Grades) niemals als Rotationsfläche.

Bemerkung 2. Das hyperbolische Paraboloid kann wie das elliptische durch Parallelverschiebung eines seiner Hauptschnitte (z. B. durch Verschiebung von BOB') längs des anderen Hauptschnitts (AOA') erzeugt werden. Aber hier sind die bewegte und die unbewegte Parabel nach verschiedenen Seiten konkav.

Beispiel. Die Fläche $z = x^2 - y^2$ ist ein hyperbolisches Paraboloid. Beide Hauptschnitte sind Parabeln, die untereinander gleich sind, sie weisen jedoch in entgegengesetzte Richtungen. Die Fläche kann man durch Parallelverschiebung einer dieser Parabeln längs der anderen erzeugen. Der Schnitt mit der Ebene $z = h$ ($h \neq 0$) ist eine gleichseitige Hyperbel mit den Halbachsen $a = \sqrt{|h|}$, $b = \sqrt{|h|}$. Bei $h = 0$ wird daraus ein Geradenpaar ($x + y = 0$, $x - y = 0$). Nimmt man diese Geraden als Koordinatenachsen OX', OY', so wird das betrachtete hyperbolische Paraboloid durch die Gleichung $z = 2x'y'$ dargestellt.

Im allgemeinen stellt die Gleichung $z = \dfrac{xy}{a}$ dasselbe hyperbolische Paraboloid dar wie die Gleichung $z = \dfrac{x^2}{2a} - \dfrac{y^2}{2a}$, aber nur im ersten Fall fallen die Achsen OX und OY mit zwei geradlinigen Erzeugenden zusammen, die durch den Scheitel gehen (§ 180).

§ 179. Die Flächen zweiten Grades

Jede Gleichung zweiten Grades

$$Ax^2 + By^2 + Cz^2 + Dxy + Eyz + Fzx + Gx + Hy + Kz + L = 0$$

kann man mit Hilfe der Formeln für die Koordinatentransformation (§ 166) auf eine der in der Tabelle (S. 244/245) angeführten 17 Gleichungen zurückführen, die man als *kanonische Gleichungen* bezeichnet. Dabei stellt die Gleichung $\dfrac{x^2}{a^2} + \dfrac{y^2}{b^2} = 0$ (Nr. 14) keine Fläche dar, sondern eine Gerade ($x = 0$, $y = 0$). Man sagt jedoch in diesem Fall, die Gleichung stellt ein Paar von *imaginären Flächen* dar, die sich in

Nr.	Kanonische Gleichung	Schematische Darstellung	Bezeichnung der Fläche	Paragraph
1	$\frac{x^2}{a^2}+\frac{y^2}{b^2}+\frac{z^2}{c^2}=1$	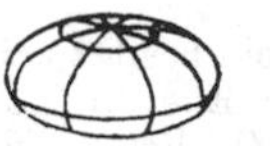	Ellipsoid (insbesondere Kugelfläche)	173
2	$\frac{x^2}{a^2}+\frac{y^2}{b^2}-\frac{z^2}{c^2}=1$	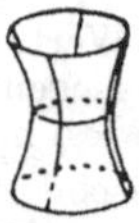	Einschaliges Hyperboloid	174
3	$\frac{x^2}{a^2}+\frac{y^2}{b^2}-\frac{z^2}{c^2}=-1$	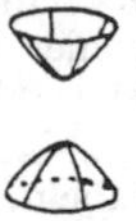	Zweischaliges Hyperboloid	175
4	$\frac{x^2}{a^2}+\frac{y^2}{b^2}-\frac{z^2}{c^2}=0$	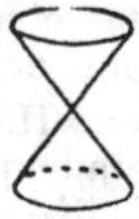	Kegel zweiter Ordnung	176
5	$z=\frac{x^2}{2p}+\frac{y^2}{2q}$	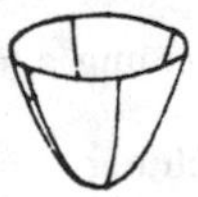	Elliptisches Paraboloid	177
6	$z=\frac{x^2}{2p}-\frac{y^2}{2q}$	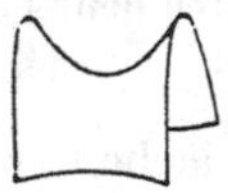	Hyperbolisches Paraboloid	178
7	$\frac{x^2}{a^2}+\frac{y^2}{b^2}=1$		Elliptischer Zylinder	168
8	$\frac{x^2}{a^2}-\frac{y^2}{b^2}=1$	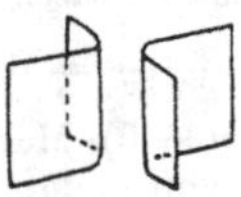	Hyperbolischer Zylinder	168

Nr.	Kanonische Gleichung	Schematische Darstellung	Bezeichnung der Fläche	Paragraph
9	$y^2 = 2px$		Parabolischer Zylinder	168
10	$\frac{x^2}{a^2} - \frac{y^2}{b^2} = 0$	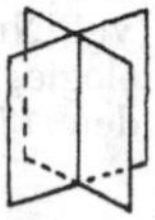	Ein Paar sich schneidender Ebenen	
11	$\frac{x^2}{a^2} = 1$	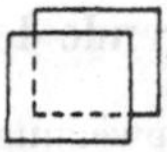	Ein Paar paralleler Ebenen	
12	$x^2 = 0$		Ein Paar zusammenfallender Ebenen	
13	$\frac{x^2}{a^2} + \frac{y^2}{b^2} + \frac{z^2}{c^2} = 0$		Imaginärer Kegel zweiter Ordnung mit reellem Scheitel (0; 0; 0)	
14	$\frac{x^2}{a^2} + \frac{y^2}{b^2} = 0$		Paar imaginärer Ebenen (die sich in einer reellen Geraden schneiden)	
15	$\frac{x^2}{a^2} + \frac{y^2}{b^2} + \frac{z^2}{c^2} = -1$		Imaginäre Ellipse	
16	$\frac{x^2}{a^2} + \frac{y^2}{b^2} = -1$		Imaginärer elliptischer Zylinder	
17	$\frac{x^2}{a^2} = -1$		Ein Paar imaginärer paralleler Ebenen	

einer reellen Geraden schneiden (vgl. § 86, Beispiel 4). Die Gleichung $\frac{x^2}{a^2} + \frac{y^2}{b^2} + \frac{z^2}{c^2} = 0$ stellt nur einen Punkt dar (Nr. 13), nämlich (0; 0; 0). Auch hier sagt man (in Analogie zu Gleichung Nr. 4), daß Gleichung Nr. 13 einen *imaginären Kegel zweiter Ordnung* darstelle (mit einem reellen Scheitel).

Die Gleichungen Nr. 15, 16 und 17 stellen keinen geometrischen Ort dar. Man spricht hier jedoch von einem *imaginären Ellipsoid* (vgl. Nr. 1), einem *imaginären elliptischen Zylinder* (vgl. Nr. 7) und von einem *Paar imaginärer Ebenen* (vgl. Nr. 11).

Hält man sich an diese Terminologie, so kann man sagen, daß jede Fläche zweiten Grades unter den 17 in der Tabelle angeführten Flächen vorkommt.

§ 180. Geradlinige Erzeugende der Flächen zweiten Grades

Eine Fläche, die durch die Bewegung einer Geraden (*Erzeugenden*) gebildet werden kann, heißt *Regelfläche.* Unter den Flächen zweiten Grades gehören zu den Regelflächen die Zylinder, die Kegel zweiter Ordnung und darüber hinaus das einschalige Hyperboloid und das hyperbolis che Paraboloid.

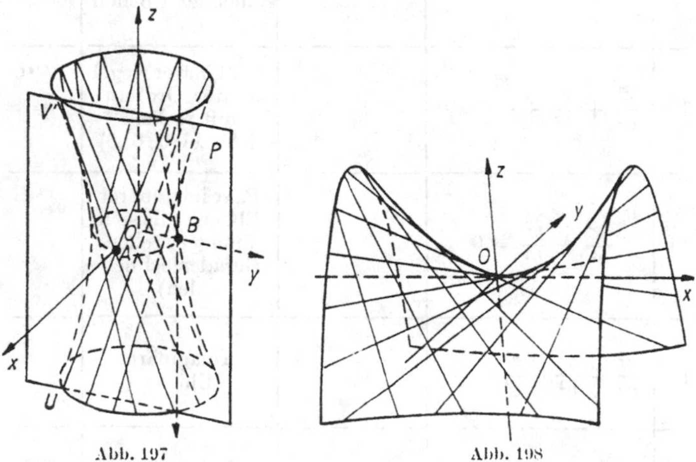

Abb. 197 Abb. 198

Wie beim einschaligen Hyperboloid (Abb. 197) gehen auch beim hyperbolischen Paraboloid durch jeden Punkt (Abb. 198) zwei geradlinige Erzeugende. So gehen in Abb. 197 durch den Punkt A die Geraden UU' und VV' und durch den Punkt V die Erzeugenden VA und VB.

Beim Ellipsoid, beim zweischaligen Hyperboloid und beim elliptischen Paraboloid gibt es keine (reellen) geradlinigen Erzeugenden.

Beispiel. Der Schnitt des einschaligen Hyperboloids

$$\frac{x^2}{a^2} + \frac{y^2}{b^2} - \frac{z^2}{c^2} = 1 \tag{1}$$

mit der Ebene $x = a$ (Ebene P in Abb. 197) besitzt die Gleichung $\frac{a^2}{a^2} + \frac{y^2}{b^2} - \frac{z^2}{c^2} = 1$, d. h.

$$\frac{y^2}{b^2} - \frac{z^2}{c^2} = 0. \tag{2}$$

Dies ist ein Geradenpaar (UU' und VV'). Die Geraden gehen durch den Scheitel der Kehlellipse A (a; 0; 0). Genauso geht durch den Scheitel B (0; b; 0) das Paar von geradlinigen Erzeugenden

$$\frac{x^2}{a^2} - \frac{z^2}{c^2} = 0, \qquad y = b. \tag{3}$$

Das einschalige Rotationshyperboloid ($a = b$) kann man durch Rotation der Geraden UU' (oder VV') um die Achse OZ bilden.[1])

§ 181. Rotationsflächen

Es sei L eine Kurve in der Ebene XOZ. Dann erhält man die Gleichung einer Fläche, die durch Rotation der Kurve L um die Achse OZ entsteht, indem man x in der Gleichung der Kurve L durch $\sqrt{x^2 + y^2}$ ersetzt.

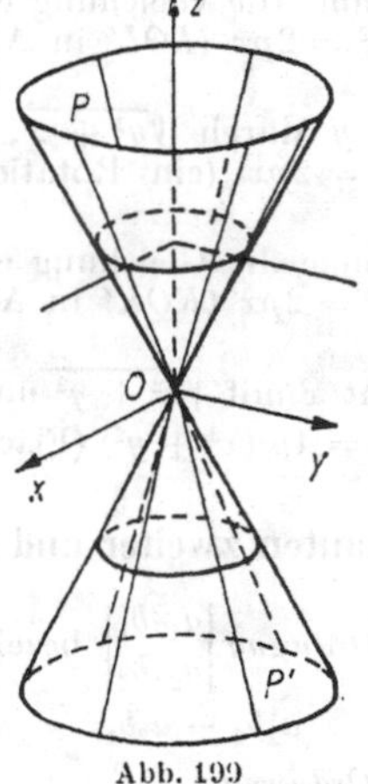

Abb. 199

[1]) Wenn man zwei Zündhölzchen mit einer Stecknadel zusammenfügt, so daß die Hölzchen nicht in einer Ebene liegen, und wenn man dann eines der Hölzchen bei seinem hinteren Ende nimmt und um das ganze Modell dreht, so beschreibt das andere Zündhölzchen deutlich ein einschaliges Hyperboloid.

Beispiel 1. Die in der Ebene $y = 0$ liegende Gerade $z = 2x$ (Gerade PP' in Abb. 199) werde um die Achse OZ gedreht. Die Kegelfläche, die durch die Rotation der Geraden PP' entsteht, besitzt die Gleichung $z = 2\sqrt{x^2 + y^2}$, d. h. $x^2 + y^2 - \frac{z^2}{4} = 0$ (vgl. § 176).

Analoge Regeln gelten, wenn die Kurve in einer anderen Koordinatenebene liegt und die Drehachse eine andere Koordinatenachse ist.

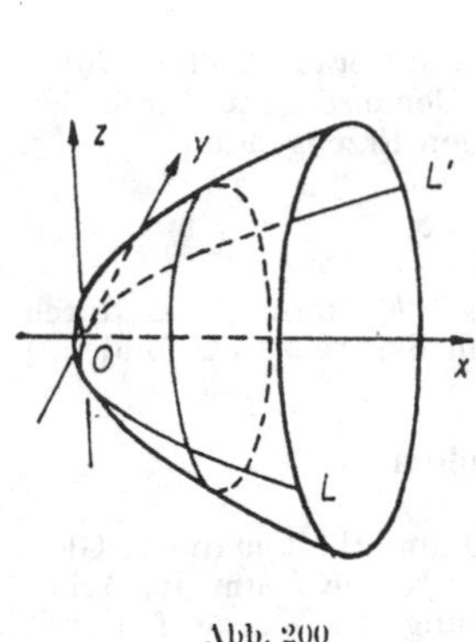

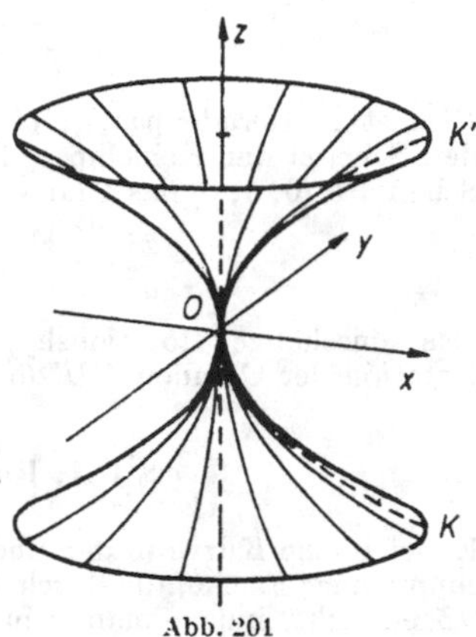

Abb. 200 Abb. 201

Beispiel 2. Man bestimme die Gleichung einer Fläche, die durch Rotation der Parabel $y^2 = 2px$ (LOL' in Abb. 200) um die Achse OX entsteht.

Lösung. Ersetzt man y durch $\sqrt{y^2 + z^2}$, d. h. y^2 durch $y^2 + z^2$, so erhält man $y^2 + z^2 = 2px$ (ein Rotationsparaboloid mit der Achse OX).

Beispiel 3. Man bestimme die Gleichung einer Fläche, die durch Rotation der Parabel $z^2 = 2px$ (KOK' in Abb. 201) um die Achse OZ entsteht.

Lösung. Man vertauscht x mit $\sqrt{x^2 + y^2}$ und erhält die Gleichung $z^2 = 2p\sqrt{x^2 + y^2}$ oder $z^4 = 4p^2(x^2 + y^2)$ (Fläche vierten Grades).

§ 182. Determinanten zweiter und dritter Ordnung

Als *Determinante zweiter Ordnung* $\begin{vmatrix} a_1 & b_1 \\ a_2 & b_2 \end{vmatrix}$ bezeichnet man (§ 12) den Ausdruck

$$a_1 b_2 - a_2 b_1.$$

Als *Determinante dritter Ordnung*

$$\Delta = \begin{vmatrix} a_1 & b_1 & c_1 \\ a_2 & b_2 & c_2 \\ a_3 & b_3 & c_3 \end{vmatrix} \tag{1}$$

bezeichnet man den Ausdruck (§ 118)

$$a_1b_2c_3 - a_1b_3c_2 + b_1c_2a_3 - b_1c_3a_2 + c_1a_2b_3 - c_1a_3b_2 \tag{2}$$

oder, was dasselbe ist, den Ausdruck

$$a_1\begin{vmatrix} b_2 & c_2 \\ b_3 & c_3 \end{vmatrix} - b_1\begin{vmatrix} a_2 & c_2 \\ a_3 & c_3 \end{vmatrix} + c_1\begin{vmatrix} a_2 & b_2 \\ a_3 & b_3 \end{vmatrix}. \tag{3}$$

Die Größen a_1, b_1, c_1, a_2, b_2, c_2, a_3, b_3, c_3 heißen *Elemente der Determinante.*

Unterdeterminanten. Die Determinanten $\begin{vmatrix} b_2 & c_2 \\ b_3 & c_3 \end{vmatrix}$, $\begin{vmatrix} a_2 & c_2 \\ a_3 & c_3 \end{vmatrix}$, $\begin{vmatrix} a_2 & b_2 \\ a_3 & b_3 \end{vmatrix}$, die in Formel (3) eingehen, heißen *Unterdeterminanten* der Elemente a_1, b_1, c_1.

Im allgemeinen bezeichnet man als Unterdeterminante eines beliebigen Elements eine Determinante, die man aus der gegebenen Determinante dadurch erhält, daß man die Zeile und Spalte streicht, in deren Schnittpunkt das betreffende Element liegt.

Beispiele. Die Unterdeterminante des Elements b_2 der Determinante (1) ist die Determinante $\begin{vmatrix} a_1 & c_1 \\ a_3 & c_3 \end{vmatrix}$, schematisch dargestellt:

$$\begin{vmatrix} a_1 & b_1 & c_1 \\ & \vdots & \\ a_2 \cdots & b_2 & \cdots c_2 \\ & \vdots & \\ a_3 & b_3 & c_3 \end{vmatrix}.$$

Die Unterdeterminante des Elements b_3 ist $\begin{vmatrix} a_1 & c_1 \\ a_2 & c_2 \end{vmatrix}$, die Unterdeterminante des Elements c_3 ist $\begin{vmatrix} a_1 & b_1 \\ a_2 & b_2 \end{vmatrix}$.

Bemerkung. Bei einer Determinante zweiter Ordnung $\begin{vmatrix} a_1 & b_1 \\ a_2 & b_2 \end{vmatrix}$ erhält man als Unterdeterminante des Elements a_1 das Element b_2. Man kann dieses als „Determinante erster Ordnung" auffassen. Das Element b_2 erhält man aus der Determinante zweiter Ordnung durch Streichen der oberen Zeile und der linken Spalte. Analog erhält man als Unterdeterminante für a_2 das Element b_1 usw.

Das algebraische Komplement. In der Formel (3) wurden die Elemente a_1, b_1, c_1 mit $+\begin{vmatrix} b_2 & c_2 \\ b_3 & c_3 \end{vmatrix}$, $-\begin{vmatrix} a_2 & c_2 \\ a_3 & c_3 \end{vmatrix}$, $+\begin{vmatrix} a_2 & b_2 \\ a_3 & b_3 \end{vmatrix}$ multipliziert. Diese Ausdrücke bezeichnet man als *algebraische Komplemente* der Elemente a_1, b_1, c_1.

Im allgemeinen bezeichnet man als *algebraisches Komplement* eines Elements seine Unterdeterminante, multipliziert mit $+1$ oder -1, je nachdem, was die folgende Regel angibt:

Wenn die Summe aus den Nummern der Zeile und Spalte, in deren Schnittpunkt das Element liegt, eine gerade Zahl ist, so ist $+1$ zu nehmen, wenn diese Summe ungerade ist, so -1.

Die algebraischen Komplemente der Elemente a_1, b_1 usw. bezeichnet man entsprechend durch A_1, B_1 usw.

Beispiel 1. Das Element b_1 der Determinante (1) steht im Schnittpunkt der ersten Zeile mit der zweiten Spalte. Da $1 + 2 = 3$ eine ungerade Zahl ist, gilt $B_1 = -\begin{vmatrix} a_2 & c_2 \\ a_3 & c_3 \end{vmatrix}$.

Beispiel 2. Man bestimme das algebraische Komplement des Elements c_2.

Lösung. Durch Streichen der zweiten Zeile und der dritten Spalte erhalten wir die Unterdeterminante $\begin{vmatrix} a_1 & b_1 \\ a_3 & b_3 \end{vmatrix}$ des Elements c_2. Die Zeilennummer dieses Elements ist 2, die Spaltennummer 3. Die Summe $2 + 3$ ist ungerade. Daher gilt $C_2 = -\begin{vmatrix} a_1 & b_1 \\ a_2 & b_3 \end{vmatrix}$.

Theorem 1. Die Determinante (1) ist gleich der Summe der Produkte der Elemente einer beliebigen Zeile mit ihren algebraischen Komplementen, d. h.

$$\Delta = a_1A_1 + b_1B_1 + c_1C_1, \tag{4}$$

$$\Delta = a_2A_2 + b_2B_2 + c_2C_2, \tag{5}$$

$$\Delta = a_3A_3 + b_3B_3 + c_3C_3. \tag{6}$$

Formel (4) ist identisch mit (3). Formel (5) und (6) verifiziert man unmittelbar durch Ausrechnen.

Theorem 2. Die Determinante (1) ist gleich der Summe der Produkte der Elemente einer beliebigen Spalte mit ihren algebraischen Komplementen, d. h.

$$\Delta = a_1A_1 + a_2A_2 + a_3A_3, \tag{7}$$

$$\Delta = b_1B_1 + b_2B_2 + b_3B_3, \tag{8}$$

$$\Delta = c_1C_1 + c_2C_2 + c_3C_3. \tag{9}$$

Diese zwei Theoreme erleichtern die Berechnung einer Determinante, wenn unter deren Elementen Nullen sind.

Beispiel 3. Bei der Berechnung der Determinante

$$\Delta = \begin{vmatrix} 2 & 5 & -2 \\ 3 & 8 & 0 \\ 1 & 3 & 5 \end{vmatrix} \tag{10}$$

kann man nach (5) oder nach (9) vorgehen.

Formel (5) liefert

$$\Delta = -3\begin{vmatrix} 5 & -2 \\ 3 & 5 \end{vmatrix} + 8\begin{vmatrix} 2 & -2 \\ 1 & 5 \end{vmatrix} = -3 \cdot 31 + 8 \cdot 12 = 3.$$

Formel (9) liefert

$$\Delta = -2\begin{vmatrix} 3 & 8 \\ 1 & 3 \end{vmatrix} + 5\begin{vmatrix} 2 & 5 \\ 3 & 8 \end{vmatrix} = -2 \cdot 1 + 5 \cdot 1 = 3.$$

Beispiel 4. Zur Berechnung der Determinante

$$\Delta = \begin{vmatrix} 4 & -3 & 2 \\ 6 & 11 & 1 \\ 0 & 3 & 0 \end{vmatrix}$$

verwendet man am besten (6):

$$\Delta = -3 \begin{vmatrix} 4 & 2 \\ 6 & 1 \end{vmatrix} = -3 \cdot -8 = 24.$$

§ 183. Determinanten höherer Ordnung

Unter einer *Determinante vierter Ordnung*

$$\Delta = \begin{vmatrix} a_1 & b_1 & c_1 & d_1 \\ a_2 & b_2 & c_2 & d_2 \\ a_3 & b_3 & c_3 & d_3 \\ a_4 & b_4 & c_4 & d_4 \end{vmatrix} \tag{1}$$

versteht man den Ausdruck

$$\Delta = a_1 A_1 + b_1 B_1 + c_1 C_1 + d_1 D_1, \tag{2}$$

wobei A_1, B_1, C_1, D_1 die algebraischen Komplemente (§ 182) der Elemente a_1, b_1, c_1, d_1 sind, d. h.

$$\left.\begin{aligned} A_1 &= \begin{vmatrix} b_2 & c_2 & d_2 \\ b_3 & c_3 & d_3 \\ b_4 & c_4 & d_4 \end{vmatrix}, \quad & B_1 &= -\begin{vmatrix} a_2 & c_2 & d_2 \\ a_3 & c_3 & d_3 \\ a_4 & c_4 & d_4 \end{vmatrix}, \\ C_1 &= \begin{vmatrix} a_2 & b_2 & d_2 \\ a_3 & b_3 & d_3 \\ a_4 & b_4 & d_4 \end{vmatrix}, \quad & D_1 &= -\begin{vmatrix} a_2 & b_2 & c_2 \\ a_3 & b_3 & c_3 \\ a_4 & b_4 & c_4 \end{vmatrix}. \end{aligned}\right\} \tag{3}$$

Beispiel 1. Man berechne die Determinante

$$\Delta = \begin{vmatrix} 6 & 3 & 0 & 3 \\ 4 & 4 & 2 & 1 \\ 0 & 4 & 4 & 2 \\ 7 & 7 & 8 & 5 \end{vmatrix}.$$

Lösung.

$$A_1 = \begin{vmatrix} 4 & 2 & 1 \\ 4 & 4 & 2 \\ 7 & 8 & 5 \end{vmatrix} = 8, \quad B_1 = -\begin{vmatrix} 4 & 2 & 1 \\ 0 & 4 & 2 \\ 7 & 8 & 5 \end{vmatrix} = -16,$$

$$D_1 = -\begin{vmatrix} 4 & 4 & 2 \\ 0 & 4 & 4 \\ 7 & 7 & 8 \end{vmatrix} = -72$$

(da $c_1 = 0$, braucht man C_1 nicht zu berechnen):

$$\Delta = 6 \cdot 8 + 3(-16) + 3(-72) = -216.$$

Auch für Determinanten vierter Ordnung gelten die Theoreme 1 und 2 aus § 182. Sie vereinigen sich beide zu dem folgenden Theorem.

Theorem. Die Determinante ist gleich der Summe der Produkte der Elemente einer beliebigen Zeile (oder einer beliebigen Spalte) mit ihren algebraischen Komplementen, d. h.

$$\left.\begin{aligned} \Delta &= a_1A_1 + b_1B_1 + c_1C_1 + d_1D_1, \\ \Delta &= a_2A_2 + b_2B_2 + c_2C_2 + d_2D_2, \\ &\ldots\ldots\ldots\ldots \\ \Delta &= a_1A_1 + a_2A_2 + a_3A_3 + a_4A_4, \\ \Delta &= b_1B_1 + b_2B_2 + b_3B_3 + b_4B_4. \end{aligned}\right\} \tag{4}$$

Die erste der Formeln unter (4) fällt mit der Formel (2) zusammen. Die übrigen kann man unmittelbar durch Ausrechnen beweisen, wenn dies auch recht mühevoll ist. Es gibt kürzere Herleitungen.

Beispiel 2. Man berechne die Determinante aus Beispiel 1 durch Auflösung nach den Elementen der zweiten Zeile. Wir haben

$$\Delta = 3B_1 + 4B_2 + 4B_3 + 7B_4$$

wobei

$$B_1 = -\begin{vmatrix} 4 & 2 & 1 \\ 0 & 4 & 2 \\ 7 & 8 & 5 \end{vmatrix} = -16, \qquad B_2 = \begin{vmatrix} 6 & 0 & 3 \\ 0 & 4 & 2 \\ 7 & 8 & 5 \end{vmatrix} = -60,$$

$$B_3 = -\begin{vmatrix} 6 & 0 & 3 \\ 4 & 2 & 1 \\ 7 & 8 & 5 \end{vmatrix} = -66, \qquad B_4 = \begin{vmatrix} 6 & 0 & 3 \\ 4 & 2 & 1 \\ 0 & 4 & 2 \end{vmatrix} = 48,$$

so daß $\Delta = 3 \cdot (-16) + 4 \cdot (-60) + 4 \cdot (-66) + 7 \cdot 48 = -216$.

Unter einer *Determinante fünfter Ordnung*

$$\Delta = \begin{vmatrix} a_1 & b_1 & c_1 & d_1 & e_1 \\ a_2 & b_2 & c_2 & d_2 & e_2 \\ a_3 & b_3 & c_3 & d_3 & e_3 \\ a_4 & b_4 & c_4 & d_4 & e_4 \\ a_5 & b_5 & c_5 & d_5 & e_5 \end{vmatrix} \tag{5}$$

versteht man den Ausdruck

$$\Delta = a_1A_1 + b_1B_1 + c_1C_1 + d_1D_1 + e_1E_1, \tag{6}$$

wobei A_1, B_1, C_1, D_1, E_1 die algebraischen Komplemente der Elemente a_1, b_1, c_1, d_1, e_1 sind. Diese algebraischen Komplemente sind selbst wieder Determinanten vierter Ordnung.

Analog definiert man *Determinanten sechster Ordnung* mit Hilfe von Determinanten fünfter Ordnung usw.

Die Theoreme des vorigen Paragraphen behalten ihre Gültigkeit für Determinanten beliebiger Ordnung.

§ 184. Eigenschaften der Determinanten

1. Der Wert der Determinante ändert sich nicht, wenn man jede Zeile durch die Spalte derselben Nummer ersetzt.

Beispiel 1.

$$\begin{vmatrix} a_1 & b_1 \\ a_2 & b_2 \end{vmatrix} = \begin{vmatrix} a_1 & a_2 \\ b_1 & b_2 \end{vmatrix}.$$

Beispiel 2.

$$\begin{vmatrix} a_1 & b_1 & c_1 \\ a_2 & b_2 & c_2 \\ a_3 & b_3 & c_3 \end{vmatrix} = \begin{vmatrix} a_1 & a_2 & a_3 \\ b_1 & b_2 & b_3 \\ c_1 & c_2 & c_3 \end{vmatrix}.$$

2. Wenn man zwei beliebige Zeilen oder Spalten vertauscht, so ändert sich der absolute Betrag der Determinante nicht, sie wechselt jedoch das Vorzeichen.

Beispiel 3.

$$\begin{vmatrix} a_1 & b_1 & c_1 \\ a_2 & b_2 & c_2 \\ a_3 & b_3 & c_3 \end{vmatrix} = - \begin{vmatrix} a_1 & b_1 & c_1 \\ a_3 & b_3 & c_3 \\ a_2 & b_2 & c_2 \end{vmatrix}$$

(Austausch der zweiten und dritten Zeile, vgl. § 117, Pkt. 1).

Beispiel 4.

$$\begin{vmatrix} 2 & 1 & 5 \\ 3 & 6 & 0 \\ -4 & 2 & 1 \end{vmatrix} = - \begin{vmatrix} 5 & 1 & 2 \\ 0 & 6 & 3 \\ 1 & 2 & -4 \end{vmatrix}$$

(Austausch der ersten und dritten Spalte).

3. Eine Determinante, bei der die Elemente einer Zeile (oder Spalte) proportional zu den Elementen einer anderen Zeile (Spalte) sind, hat den Wert Null. Insbesondere ist eine Determinante mit zwei gleichen Zeilen (Spalten) gleich Null.

Beispiel 5.

$$\begin{vmatrix} 2 & 2 & 2 \\ -5 & -3 & -3 \\ 0 & -1 & -1 \end{vmatrix} = 0$$

(zweite und dritte Spalte gleich).

Beispiel 6.

$$\begin{vmatrix} a & a' & a'' \\ b & b' & b'' \\ 3a & 3a' & 3a'' \end{vmatrix} = 0$$

(Elemente der dritten Zeile proportional zu den Elementen der ersten Zeile, vgl. § 117, Pkt. 1, 2, 4).

4. Einen gemeinsamen Faktor aller Elemente einer Zeile (oder Spalte) darf man vor die Determinante stellen.

Beispiel 7.

$$\begin{vmatrix} ma & ma' & ma'' \\ b & b' & b'' \\ c & c' & c'' \end{vmatrix} = m \begin{vmatrix} a & a' & a'' \\ b & b' & b'' \\ c & c' & c'' \end{vmatrix}$$

(vgl. § 117, Pkt. 3).

5. Wenn jedes Element einer beliebigen Zeile (Spalte) die Summe aus zwei Gliedern ist, so ist die Determinante gleich der Summe zweier Determinanten: Die erste enthält statt der Summe immer nur den ersten Summanden, die zweite nur den zweiten Summanden (die übrigen Elemente der beiden Determinanten sind dieselben wie bei der gegebenen Determinante).

Beispiel 8.

$$\begin{vmatrix} a_1 & b_1 + c_1 & d_1 \\ a_2 & b_2 + c_2 & d_2 \\ a_3 & b_3 + c_3 & d_3 \end{vmatrix} = \begin{vmatrix} a_1 & b_1 & d_1 \\ a_2 & b_2 & d_2 \\ a_3 & b_3 & d_3 \end{vmatrix} + \begin{vmatrix} a_1 & c_1 & d_1 \\ a_2 & c_2 & d_2 \\ a_3 & c_3 & d_3 \end{vmatrix}$$

(vgl. § 117, Pkt. 2).

6. Wenn man zu allen Elementen einer beliebigen Spalte einen Summanden addiert, der proportional dem entsprechenden Element einer anderen Spalte ist, so ändert sich der Wert der Determinante nicht. Dasselbe gilt für Zeilen.

Beispiel 9. Die Determinante $\begin{vmatrix} 4 & 1 & 3 \\ 2 & -1 & -3 \\ 5 & 0 & 2 \end{vmatrix}$ hat den Wert 12. Addiert man zu den Elementen der ersten Zeile die Elemente der zweiten, so erhält man $\begin{vmatrix} 6 & 0 & 0 \\ 2 & 1 & -3 \\ 5 & 0 & 2 \end{vmatrix}$. Der Wert dieser Determinente ist ebenfalls 12, ihre Berechnung ist jedoch einfacher (bei einer Auflösung nach den Elementen der ersten Zeile sind zwei Summanden Null).

Beispiel 10. Zur Berechnung der Determinante

$$\begin{vmatrix} 4 & 2 & 3 \\ -1 & 3 & 5 \\ 6 & 3 & -1 \end{vmatrix}$$

addieren wir zu den Elementen der ersten Spalte die Elemente der zweiten Spalte, multipliziert mit dem Faktor -2. Wir erhalten $\begin{vmatrix} 0 & 2 & 3 \\ -7 & 3 & 5 \\ 0 & 3 & -1 \end{vmatrix}$. Diese Determinante berechnet man leicht durch Auflösen nach den Elementen der ersten Spalte (§ 182, Formel (7)). Wir erhalten

$$7 \begin{vmatrix} 2 & 3 \\ 3 & -1 \end{vmatrix} = -77.$$

§ 185. Ein praktisches Verfahren zur Berechnung von Determinanten

Das folgende Verfahren ist besonders dann geeignet, wenn die Elemente der Determinante ganze Zahlen sind.

Wir suchen uns eine Zeile, nach der wir die Auflösung durchführen wollen. Wir wünschen, daß dort ein Element Null ist. Das Verfahren hat zum Ziel, in der gewählten Zeile eine weitere Null zu erzeugen. Dazu dient die Eigenschaft 6 aus § 184.

Beispiel 1. Man berechne die Determinante

$$\Delta = \begin{vmatrix} 2 & 5 & 3 \\ 0 & 6 & 2 \\ 7 & 3 & -1 \end{vmatrix}.$$

Wir wollen nach den Elementen der zweiten Zeile auflösen (sie enthält eine Null). Wir erzeugen dort (an Stelle von 6) eine weitere Null. Zu diesem Zweck ziehen wir von den Elementen der zweiten Spalte das Dreifache der Elemente der dritten Spalte ab. Wir erhalten

$$\Delta = \begin{vmatrix} 2 & -4 & 3 \\ 0 & 0 & 2 \\ 7 & 6 & -1 \end{vmatrix} = -2 \begin{vmatrix} 2 & -4 \\ 7 & 6 \end{vmatrix} = -80.$$

Wir wollen nun die Auflösung nach den Elementen der ersten Spalte durchführen, wo ebenfalls eine Null vorkommt. Wir erzeugen in dieser Spalte (an Stelle von 7) eine weitere Null. Zu diesem Zweck ziehen wir von den Elementen der dritten Zeile die mit $\frac{7}{2}$ multiplizierten Elemente der ersten Zeile ab und erhalten

$$\Delta = \begin{vmatrix} 2 & 5 & 3 \\ 0 & 6 & 2 \\ 0 & -\frac{29}{2} & -\frac{23}{2} \end{vmatrix} = -\frac{1}{2} \begin{vmatrix} 2 & 5 & 3 \\ 0 & 6 & 2 \\ 0 & 29 & 23 \end{vmatrix}$$

$$= -\frac{1}{2} \cdot 2 \begin{vmatrix} 6 & 2 \\ 29 & 23 \end{vmatrix} = -80.$$

Bemerkung. Man kann vorhersehen, daß das erste Verfahren einfacher ist: In der zweiten Zeile ist das Element ein Vielfaches des Elements 2, während in der ersten Spalte das Element 7 kein Vielfaches des Elements 2 ist. Es ist wünschenswert, daß die Elemente der gewählten Zeile (oder Spalte) nach Möglichkeit alle ein Vielfaches eines darin enthaltenen Elements sind. Wenn eines dieser Elemente 1 oder -1 ist, so ist die Zeile oder Spalte zu wählen, in der dieses Element vorkommt.

Beispiel 2. Man berechne die Determinante

$$\Delta = \begin{vmatrix} -1 & -2 & 4 & 1 \\ 2 & 3 & 0 & 6 \\ 2 & -2 & 1 & 4 \\ 3 & 1 & -2 & -1 \end{vmatrix}.$$

Wir wählen die dritte Spalte (da darin eine Null und eine 1 vorkommen). Um an Stelle von 4 eine Null zu erzeugen, ziehen wir das Vierfache der Elemente der dritten Zeile (in der das Element 1 vorkommt) von den Elementen der ersten Zeile ab. Die erste Zeile lautet nun

$$-9 \quad 6 \quad 0 \quad -15.$$

Zur Erzeugung einer Null in der dritten Spalte an Stelle von -2 addieren wir das Zweifache der Elemente der dritten Zeile zu den Elementen der vierten Zeile. Diese Zeile lautet nun

$$7 \quad -3 \quad 0 \quad 7.$$

Bei Auflösung nach den Elementen der dritten Spalte haben wir

$$\Delta = \begin{vmatrix} -9 & 6 & 0 & -15 \\ 2 & 3 & 0 & 6 \\ 2 & -2 & 1 & 4 \\ 7 & -3 & 0 & 7 \end{vmatrix} = 1 \begin{vmatrix} -9 & 6 & -15 \\ 2 & 3 & 6 \\ 7 & -3 & 7 \end{vmatrix}.$$

In der Determinante dritter Ordnung sind alle Elemente der zweiten Spalte ein Vielfaches von -3. Daher addieren wir die Elemente der dritten Zeile (in der das Element -3 vorkommt) zu den Elementen der zweiten Zeilen und hierauf das Zweifache davon zu den Elementen der ersten Zeile. Wir erhalten dadurch

$$\Delta = \begin{vmatrix} 5 & 0 & -1 \\ 9 & 0 & 13 \\ 7 & -3 & 7 \end{vmatrix} = -\begin{vmatrix} 5 & -1 \\ 9 & 13 \end{vmatrix} \cdot (-3) = 222.$$

Beispiel 3. Man berechne die Determinante

$$\Delta = \begin{vmatrix} 3 & 7 & -2 & 4 \\ -3 & -2 & 6 & -4 \\ 5 & 5 & -3 & 2 \\ 2 & 6 & -5 & 3 \end{vmatrix}.$$

Hier haben wir nirgends eine Null, aber in der zweiten Zeile kann man leicht zwei Nullen erzeugen: Man addiert zu ihren Elementen die Elemente der ersten Zeile. Es ergibt sich

$$\Delta = \begin{vmatrix} 3 & 7 & -2 & 4 \\ 0 & 5 & 4 & 0 \\ 5 & 5 & -3 & 2 \\ 2 & 6 & -5 & 3 \end{vmatrix}.$$

Hier kann man in der zweiten Zeile noch eine Null erzeugen, indem man von der dritten Spalte die mit $\frac{4}{5}$ multiplizierten Elemente der zweiten Spalte abzieht. Besser ist jedoch, wenn man in der zweiten Spalte vorläufig eine 1 erzeugt. Dazu braucht man nur von den Elementen der zweiten Spalte die Elemente der dritten Spalte abzuziehen. Man erhält

$$\Delta = \begin{vmatrix} 3 & 9 & -2 & 4 \\ 0 & 1 & 4 & 0 \\ 5 & 8 & -3 & 2 \\ 2 & 11 & -5 & 3 \end{vmatrix} = \begin{vmatrix} 3 & 9 & -38 & 4 \\ 0 & 1 & 0 & 0 \\ 2 & 8 & -35 & 2 \\ 5 & 11 & -49 & 3 \end{vmatrix}$$

(wir haben noch von den Elementen der dritten Spalte das Vierfache der Elemente der zweiten Spalte abgezogen). Hier gilt nun

$$\Delta = \begin{vmatrix} 3 & -38 & 4 \\ 5 & -35 & 2 \\ 2 & -49 & 3 \end{vmatrix} = -303.$$

§ 186. Anwendung der Determinanten auf die Untersuchung und Lösung von Gleichungssystemen

Die Determinanten wurden in erster Linie zur Lösung von linearen Gleichungssystemen herangezogen. Im Jahre 1750 gab der Schweizer Mathematiker H. Kramer allgemeine Formeln an, in denen die Unbekannten durch Determinanten ausgedrückt wurden, die aus den Koeffizienten des Systems gebildet waren. Nach ungefähr hundert Jahren wurde die Theorie der Determinanten weit über die Grenzen der Algebra hinaus in allen mathematischen Wissenschaften angewandt.

In den folgenden Paragraphen stellen wir die grundlegenden Kenntnisse über die Eigenschaften und Lösungen linearer Gleichungssysteme dar. Zur Erhöhung der Anschaulichkeit wird dabei immer auf den Zusammenhang mit geometrischen Tatsachen hingewiesen.

§ 187. Zwei Gleichungen mit zwei Unbekannten

Wir betrachten das System der Gleichungen

$$a_1x + b_1y = h_1, \tag{1}$$

$$a_2x + b_2y = h_2 \tag{2}$$

(jede davon stellt in der Ebene XOY eine Gerade dar; vgl. § 19). Wir führen die Bezeichnungen

$$\Delta = \begin{vmatrix} a_1 & b_1 \\ a_2 & b_2 \end{vmatrix} \quad (\textit{Determinante des Systems}), \tag{3}$$

$$\Delta_x = \begin{vmatrix} h_1 & b_1 \\ h_2 & b_2 \end{vmatrix}, \quad \Delta_y = \begin{vmatrix} a_1 & h_1 \\ a_2 & h_2 \end{vmatrix} \tag{4}$$

ein. Die Determinante Δ_x erhält man aus Δ, wenn man die Elemente der ersten Spalte gegen die freien Glieder des Systems austauscht. Analog erhält man Δ_y.

Wir unterscheiden drei Fälle.

Fall 1. Die Determinante des Systems ist von Null verschieden: $\Delta \neq 0$.

In diesem Fall besitzt das System eine eindeutige Lösung

$$x = \frac{\Delta_x}{\Delta}, \qquad y = \frac{\Delta_y}{\Delta} \tag{5}$$

(die Geraden (1) und (2) schneiden sich, Formel (5) liefert die Koordinaten des Schnittpunkts).

Fall 2. Die Determinante des Systems ist Null: $\Delta = 0$ (d. h., die Koeffizienten der Unbekannten sind proportional). Es kann sein, daß dabei eine der Determinanten Δ_x oder Δ_y nicht Null ist (d. h., die freien Glieder sind nicht proportional zu den Koeffizienten der Unbekannten).

In diesem Fall besitzt das System keine Lösung (die Geraden (1) und (2) sind parallel, aber sie fallen nicht zusammen).

Fall 3. $\Delta = 0$, $\Delta_x = 0$, $\Delta_y = 0$ (d. h., die Koeffizienten und die freien Glieder sind zueinander proportional).

In diesem Fall folgt eine der Gleichungen (1) oder (2) bereits aus der anderen. Das System reduziert sich auf eine einzige Gleichung und besitzt unendlich viele Lösungen (die Geraden (1) und (2) fallen zusammen).

Beispiel 1.

$$2x + 3y = 8, \qquad 7x - 5y = -3.$$

Hier gilt

$$\Delta = \begin{vmatrix} 2 & 3 \\ 7 & -5 \end{vmatrix} = -31, \qquad \Delta_x = \begin{vmatrix} 8 & 3 \\ -3 & -5 \end{vmatrix} = -31,$$

$$\Delta_y = \begin{vmatrix} 2 & 8 \\ 7 & -3 \end{vmatrix} = -62.$$

Das System hat eine eindeutige Lösung

$$x = \frac{\Delta_x}{\Delta} = 1, \qquad y = \frac{\Delta_y}{\Delta} = 2.$$

Beispiel 2.

$$2x + 3y = 8, \qquad 4x + 6y = 10.$$

Hier gilt $\Delta = \begin{vmatrix} 2 & 3 \\ 4 & 6 \end{vmatrix} = 0$. Dabei ist $\Delta_x = \begin{vmatrix} 8 & 3 \\ 10 & 6 \end{vmatrix} = 18 \neq 0$.

Die Koeffizienten sind proportional, aber die freien Glieder stehen nicht in diesem Verhältnis. Das System hat keine Lösung.

Beispiel 3.

$$2x + 3y = 8, \qquad 4x + 6y = 16.$$

Hier gilt

$$\Delta = \begin{vmatrix} 2 & 3 \\ 4 & 6 \end{vmatrix} = 0, \quad \Delta_x = \begin{vmatrix} 8 & 3 \\ 16 & 6 \end{vmatrix} = 0, \quad \Delta_y = \begin{vmatrix} 2 & 8 \\ 4 & 16 \end{vmatrix} = 0.$$

Eine Gleichung ist eine Folge der anderen (z. B. erhält man die zweite Gleichung aus der ersten durch Multiplikation mit 2). Das System reduziert sich auf eine Gleichung und besitzt unendlich viele Lösungen, die durch die Formel

$$y = -\frac{2}{3}x + \frac{8}{3} \left(\text{oder } x = -\frac{3}{2}y + 4\right)$$

gegeben sind.

§ 188. Zwei Gleichungen mit drei Unbekannten

Wir betrachten das System der Gleichungen

$$a_1x + b_1y + c_1z = h_1, \tag{1}$$

$$a_2x + b_2y + c_2z = h_2, \tag{2}$$

(von denen jede eine Ebene im Raum darstellt, vgl. § 141).

Wir unterschieden drei Fälle.

Fall 1. Von den drei Determinanten

$$\begin{vmatrix} a_1 & b_1 \\ a_2 & b_2 \end{vmatrix}, \quad \begin{vmatrix} b_1 & c_1 \\ b_2 & c_2 \end{vmatrix}, \quad \begin{vmatrix} c_1 & a_1 \\ c_2 & a_2 \end{vmatrix} \tag{3}$$

ist wenigstens eine von Null verschieden, d. h., die Koeffizienten der Unbekannten sind nicht zueinander proportional. Dann besitzt das System unendlich viele Lösungen, wobei man *einer* der Unbekannten beliebige Werte geben darf. Wenn z. B. $\begin{vmatrix} a_1 & b_1 \\ a_2 & b_2 \end{vmatrix} \neq 0$, so darf die Unbekannte z beliebige Werte annehmen. Die Unbekannten x und y sind dann eindeutig durch das System

$$a_1x + b_1y = h_1 - c_1z,$$

$$a_2x + b_2y = h_2 - c_2z$$

bestimmt (§ 187, Pkt. 1). Die Ebenen (1) und (2) sind nicht parallel, das System stellt eine Gerade dar, die Größen (3) sind ihre Richtungskoeffizienten (§ 143).

Fall 2. Alle Determinanten (3) sind Null, aber eine der Determinanten

$$\begin{vmatrix} a_1 & h_1 \\ a_2 & h_2 \end{vmatrix}, \quad \begin{vmatrix} b_1 & h_1 \\ b_2 & h_2 \end{vmatrix}, \quad \begin{vmatrix} c_1 & h_1 \\ c_2 & h_2 \end{vmatrix} \tag{4}$$

ist nicht null, d. h., die Koeffizienten der Unbekannten sind proportional, die freien Glieder stehen aber nicht im selben Verhältnis. In diesem Fall hat das System keine Lösung (die Ebenen (1) und (2) sind parallel, fallen aber nicht zusammen).

Fall 3. Alle Determinanten (3) und (4) sind Null, d. h., die Koeffizienten der Unbekannten und die freien Glieder sind zueinander proportional. Dann reduziert sich das System auf eine Gleichung und besitzt unendlich viele Lösungen, wobei man nun zwei Unbekannten beliebige Werte erteilen darf. Wenn zum Beispiel $c_1 \neq 0$, so darf man x und y beliebige Werte geben (die Ebenen (1) und (2) fallen zusammen).

Beispiel 1. Man löse das System

$$x - 2y - z = 15, \qquad 2x - 4y + 2z = 2.$$

Hier gilt

$$\begin{vmatrix} a_1 & b_1 \\ a_2 & b_2 \end{vmatrix} = \begin{vmatrix} 1 & -2 \\ 2 & -4 \end{vmatrix} = 0, \quad \begin{vmatrix} b_1 & c_1 \\ b_2 & c_2 \end{vmatrix} = \begin{vmatrix} -2 & -1 \\ -4 & 2 \end{vmatrix} = -8,$$

$$\begin{vmatrix} c_1 & a_1 \\ c_2 & a_2 \end{vmatrix} = \begin{vmatrix} -1 & 1 \\ 2 & 2 \end{vmatrix} = -4.$$

Von diesen Determinanten sind nicht alle Null. Das System besitzt also unendlich viele Lösungen. Man darf einer der Unbekannten x oder y beliebige Werte erteilen, da $\begin{vmatrix} b_1 & c_1 \\ b_2 & c_2 \end{vmatrix} \neq 0$ und $\begin{vmatrix} c_1 & a_1 \\ c_2 & a_2 \end{vmatrix} \neq 0$. z *kann nicht beliebige Werte annehmen* (vgl. § 142, Beispiel 5). Wir lösen das System bezüglich y und z auf und erhalten

$$-2y - z = 15 - x, \qquad -4y + 2z + = 2 - 2x.$$

Daraus ergibt sich

$$y = \frac{\begin{vmatrix} 15 - x & -1 \\ 2 - 2x & 2 \end{vmatrix}}{-8} = -4 + \frac{1}{2} x, \qquad z = \frac{\begin{vmatrix} -2 & 15 - x \\ -4 & 2 - 2x \end{vmatrix}}{-8} = -7.$$

(Das System stellt eine Gerade dar, die senkrecht zur Achse OZ verläuft.)

Beispiel 2. Das System

$$7x - 4y + z = 5, \qquad 21x - 12y + 3z = 12$$

hat keine Lösung, da alle Determinanten (3) Null sind (die Koeffizienten der Unbekannten sind zueinander proportional), die Determinante $\begin{vmatrix} a_1 & h_1 \\ a_2 & h_2 \end{vmatrix} = \begin{vmatrix} 7 & 5 \\ 21 & 12 \end{vmatrix}$ aber von Null verschieden ist (die freien Glieder sind nicht proportional zu den Koeffizienten).
(Die Ebenen sind parallel, fallen aber nicht zusammen.)

Beispiel 3. Man löse das System

$$7x - 4y + z = 5, \quad 21x - 12y + 3z = 15.$$

Hier stehen die Koeffizienten und die freien Glieder im selben Verhältnis. Das System reduziert sich auf eine Gleichung. Einem beliebigen Paar von Unbekannten (etwa x und y) darf man beliebige Werte erteilen (für z gilt dann $z = 5 - 7x + 4y$).
(Die Ebenen fallen zusammen.)

§ 189. Das homogene System von zwei Gleichungen mit drei Unbekannten

Ein System von Gleichungen ersten Grades heißt *homogen*, wenn in jeder Gleichung das freie Glied Null ist.
Wir betrachten das homogene System

$$a_1 x + b_1 y + c_1 z = 0, \qquad (1)$$

$$a_2 x + b_2 y + c_2 z = 0. \qquad (2)$$

Dieses System stellt einen Spezialfall des Systems in § 188 dar. Die Besonderheit besteht darin, daß der Fall 2 *nicht eintreten* kann (die Determinanten (4) aus § 188 sind immer Null). Das System (1) bis (2) hat immer unendlich viele Lösungen.

(Die Ebenen (1) und (2) gehen durch den Koordinatenursprung. Die Ebenen schneiden sich also, oder sie fallen zusammen.)

Fall 1. Die Koeffizienten sind nicht zueinander proportional, d. h. mindestens eine der Determinanten (3) aus § 188 ist von Null verschieden. In diesem Fall kann man der Lösung die symmetrische Form

$$x = \begin{vmatrix} b_1 & c_1 \\ b_2 & c_2 \end{vmatrix} t, \quad y = \begin{vmatrix} c_1 & a_1 \\ c_2 & a_2 \end{vmatrix} t, \quad z = \begin{vmatrix} a_1 & b_1 \\ a_2 & b_2 \end{vmatrix} t \tag{3}$$

geben. (Der Parameter t ist eine beliebige Zahl, vgl. § 152. (Die parametrischen Gleichungen (3) stellen die Schnittgerade der Ebenen (1) und (2) dar.)

Fall 2. Die Koeffizienten sind zueinander proportional, d. h. alle Determinanten $\begin{vmatrix} b_1 & c_1 \\ b_2 & c_2 \end{vmatrix}$, $\begin{vmatrix} c_1 & a_1 \\ c_2 & a_2 \end{vmatrix}$, $\begin{vmatrix} a_1 & b_1 \\ a_2 & b_2 \end{vmatrix}$ sind Null.

Das System reduziert sich auf eine Gleichung (die Ebenen fallen zusammen).

Beispiel 1. Man löse das System

$$2x - 5y + 8z = 0, \qquad x + 4y - 3z = 0.$$

Hier gilt

$$\begin{vmatrix} b_1 & c_1 \\ b_2 & c_2 \end{vmatrix} = \begin{vmatrix} -5 & 8 \\ 4 & -3 \end{vmatrix} = -17, \quad \begin{vmatrix} c_1 & a_1 \\ c_2 & a_2 \end{vmatrix} = \begin{vmatrix} 8 & 2 \\ -3 & 1 \end{vmatrix} = 14,$$

$$\begin{vmatrix} a_1 & b_1 \\ a_2 & b_2 \end{vmatrix} = \begin{vmatrix} 2 & -5 \\ 1 & 4 \end{vmatrix} = 13.$$

Gemäß (3) haben wir

$$x = -17t, \qquad y = 14t, \qquad z = 13t.$$

In diesem Beispiel darf man jeder der Unbekannten beliebige Werte erteilen. Setzen wir zum Beispiel $z = 39$, so erhalten wir $t = 3$, also $x = -51$, $y = 42$.

Beispiel 2. Man löse das System

$$x - 2y - z = 0, \qquad 2x - 4y + 2z = 0.$$

Hier gilt

$$\begin{vmatrix} b_1 & c_1 \\ b_2 & c_2 \end{vmatrix} = \begin{vmatrix} -2 & -1 \\ -4 & 2 \end{vmatrix} = -8, \quad \begin{vmatrix} c_1 & a_1 \\ c_2 & a_2 \end{vmatrix} = -4, \quad \begin{vmatrix} a_1 & b_1 \\ a_2 & b_2 \end{vmatrix} = 0.$$

Also ist

$$x = -8t, \quad y = -4t, \quad z = 0.$$

Hier darf man x und y beliebige Werte erteilen, nicht jedoch z. z kann nämlich nur Null sein (die Gerade liegt in der Ebene XOY).

Beispiel 3. Das System

$$7x - 4y + z = 0, \quad 21x - 12y + 3z = 0$$

reduziert sich auf eine Gleichung. Man darf einem beliebigen Paar von Unbekannten *alle beliebigen* Werte erteilen.

§ 190. Drei Gleichungen mit drei Unbekannten

Wir betrachten das System

$$a_1x + b_1y + c_1z = h_1, \tag{1}$$

$$a_2x + b_2y + c_2z = h_2, \tag{2}$$

$$a_3x + b_3y + c_3z = h_3, \tag{3}$$

und führen die Bezeichnungen

$$\Delta = \begin{vmatrix} a_1 & b_1 & c_1 \\ a_2 & b_2 & c_2 \\ a_3 & b_3 & c_3 \end{vmatrix} \quad (\textit{Determinante des Systems}), \tag{4}$$

$$\Delta_x = \begin{vmatrix} h_1 & b_1 & c_1 \\ h_2 & b_2 & c_2 \\ h_3 & b_3 & c_3 \end{vmatrix}, \quad \Delta_y = \begin{vmatrix} a_1 & h_1 & c_1 \\ a_2 & h_2 & c_2 \\ a_3 & h_3 & c_3 \end{vmatrix} \quad \Delta_z = \begin{vmatrix} a_1 & b_1 & h_1 \\ a_2 & b_2 & h_2 \\ a_3 & b_3 & h_3 \end{vmatrix} \tag{5}$$

ein. Die Determinante Δ_x erhält man, indem man die erste Spalte gegen die freien Glieder des Systems austauscht. Analog erhält man Δ_y und Δ_z.

Wenn man zeigen kann, daß in der Determinante Δ die entsprechenden Elemente von beliebigen zwei Zeilen, etwa der ersten und der zweiten Zeile, zueinander proportional sind, so sind die Gleichungen (1) und (2) entweder unverträglich (§ 188, Pkt. 2) oder sie reduzieren sich auf eine Gleichung (§ 188, Pkt. 3). Im ersten Fall hat das gegebene System keine Lösung, im zweiten Fall erhalten wir an Stelle des gegebenen Systems ein System aus den zwei Gleichungen (1) und (3) (das selbst wieder auf eine Gleichung reduzierbar sein kann). Da wir diesen Fall schon in § 188 betrachtet haben, dürfen wir uns auf die Annahme beschränken, daß in der Determinante Δ *kein Zeilenpaar mit proportionalen Elementen auftritt.* (Unter den drei Ebenen (1), (2) und (3) sind nicht zwei parallel.)

Unter dieser Voraussetzung unterscheiden wir drei Fälle.

Fall 1. Die Determinante des Systems ist ungleich Null:

$$\Delta \neq 0.$$

Das System hat eine eindeutige Lösung

$$= \frac{\Delta_x}{\Delta}, \quad y = \frac{\Delta_y}{\Delta}, \quad z = \frac{\Delta_y}{\Delta_z}. \tag{6}$$

(Die drei Ebenen schneiden sich in einem Punkt.)

Fall 2. Die Determinante des Systems ist Null: $\Delta = 0$. Dabei sei eine der Determinanten Δ_x, Δ_y, Δ_z ungleich Null, dann sind auch die zwei anderen Determinanten ungleich Null[1]):

$$\Delta_x \neq 0, \quad \Delta_y \neq 0, \quad \Delta_z \neq 0.$$

(Die Beziehung $\Delta = 0$ bedeutet, daß die Normalvektoren der Ebenen (1), (2) und (3) komplanar sind, die drei Ebenen also parallel zu einer Geraden sind. Im betrachteten Fall bilden die drei Ebenen eine prismatische Fläche (Abb. 202).)

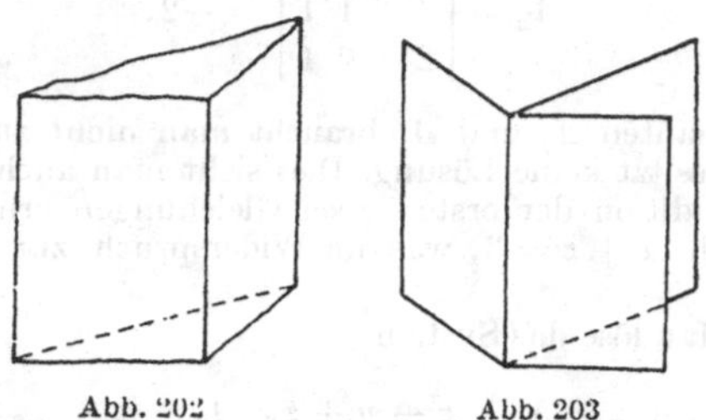

Abb. 202 Abb. 203

Fall 3. $\Delta = 0$, $\Delta_x = 0$, $\Delta_y = 0$, $\Delta_z = 0$. In diesem Fall erweist sich eine der Gleichungen als Folge der zwei anderen. Das System reduziert sich auf zwei Gleichungen mit drei Unbekannten und hat unendlich viele Lösungen (§ 188, Fall 1. Die Fälle 2 und 3 sind auf Grund der oben gemachten Voraussetzung ausgeschlossen).
(Die drei Ebenen sind wie im früheren Fall parallel zu einer Geraden, aber hier bilden sie ein Büschel, Abb. 203.)

Beispiel 1. Man löse das System

$$3x + 4y + 2z = 5, \quad 5x - 6y - 4z = -3, \quad -4x + 5y + 3z = 1.$$

Hier gilt

$$\Delta = \begin{vmatrix} 3 & 4 & 2 \\ 5 & -6 & -4 \\ -4 & 5 & 3 \end{vmatrix} = 12, \quad \Delta_x = \begin{vmatrix} 5 & 4 & 2 \\ -3 & -6 & -4 \\ 1 & 5 & 3 \end{vmatrix} = 12,$$

$$\Delta_y = \begin{vmatrix} 3 & 5 & 2 \\ 5 & -3 & -4 \\ -4 & 1 & 3 \end{vmatrix} = -24, \quad \Delta_z = \begin{vmatrix} 3 & 4 & 5 \\ 5 & -6 & -3 \\ -4 & 5 & 1 \end{vmatrix} = 60.$$

Das System besitzt eine eindeutige Lösung

$$x = \frac{\Delta_x}{\Delta} = 1, \quad y = \frac{\Delta_y}{\Delta} = -2, \quad z = \frac{\Delta_z}{\Delta} = 5.$$

[1]) Wenn in zwei Zeilen der Determinante Δ die entsprechenden Elemente proportional sind (diesen Fall haben wir aus der Betrachtung ausgeschlossen), so kann man zeigen, daß von den drei Determinanten Δ_x, Δ_y und Δ_z höchstens zwei gleichzeitig Null sein können.

Beispiel 2. Man löse das System

$$x + y + z = 5, \quad x - y + z = 1, \quad x + z = 2.$$

Hier gilt

$$\Delta = \begin{vmatrix} 1 & 1 & 1 \\ 1 & -1 & 1 \\ 1 & 0 & 1 \end{vmatrix} = 0.$$

Dabei ist

$$\Delta_x = \begin{vmatrix} 5 & 1 & 1 \\ 1 & -1 & 1 \\ 2 & 0 & 1 \end{vmatrix} = -2.$$

(Die Determinanten Δ_y und Δ_z braucht man nicht zu berechnen.) Das System besitzt keine Lösung. Dies sieht man auch unmittelbar ein: durch Addition der ersten zwei Gleichungen erhalten wir $2x + 2z = 6$, d. h. $x + z = 3$, was im Widerspruch zur dritten Gleichung steht.

Beispiel 3. Man löse das System

$$x + y + z = 5, \quad x - y + z = 1, \quad x + z = 3.$$

Hier gilt

$$\Delta = \begin{vmatrix} 1 & 1 & 1 \\ 1 & -1 & 1 \\ 1 & 0 & 1 \end{vmatrix} = 0,$$

wobei

$$\Delta_x = \begin{vmatrix} 5 & 1 & 1 \\ 1 & -1 & 1 \\ 3 & 0 & 1 \end{vmatrix} = 0.$$

Die Determinanten Δ_y und Δ_z sind, wie wir wissen, ebenfalls Null[1]). Das gegebene System reduziert sich auf ein System von zwei Gleichungen (beliebige zwei der gegebenen drei Gleichungen, die dritte ist eine Folgerung daraus) und besitzt unendlich viele Lösungen. Einer der Unbekannten x oder z, aber nicht y, darf man beliebige Werte erteilen (vgl. § 188, Pkt. 1).

Wir wählen die erste und die dritte Gleichung und lösen sie nach x und z auf. Wir erhalten

$$x + y = 5 - z, \quad x = 3 - z$$

und somit

$$x = 3 - z, \quad y = 2.$$

Bemerkung. Wenn das System der drei Gleichungen mit drei Unbekannten homogen ist ($h_1 = h_2 = h_3 = 0$), so ist der zweite Fall unmöglich. Im ersten Fall

---

[1]) Die Zeilen der Determinante Δ sind paarweise nicht proportional. Siehe die Fußnote auf Seite 260.

existiert die eindeutige Lösung $x = 0$, $y = 0$, $z = 0$ (die Ebenen schneiden sich im Ursprung). Im dritten Fall erhält man nach Wahl von beliebigen zwei Gleichungen, etwa (1) und (2), alle Lösungen des gegebenen Systems gemäß den Formeln (3) aus § 189 (die drei Ebenen bilden ein Büschel, dessen Achse durch den Ursprung geht).

Beispiel 4. Man löse das System

$$x + y + z = 0, \quad 3x - y + 2z = 0, \quad x - 3y = 0.$$

Hier gilt

$$\Delta = \begin{vmatrix} 1 & 1 & 1 \\ 3 & -1 & 2 \\ 1 & -3 & 0 \end{vmatrix} = 0.$$

Eine der Gleichungen ist eine Folge aus den zwei anderen. Man darf jeder Unbekannten beliebige Werte erteilen. Nimmt man die erste und dritte Gleichung, so erhält man aus den Formeln (3) in § 189

$$x = \begin{vmatrix} 1 & 1 \\ -3 & 0 \end{vmatrix} t = 3t, \qquad y = \begin{vmatrix} 1 & 1 \\ 0 & 1 \end{vmatrix} t = t, \qquad z = \begin{vmatrix} 1 & 1 \\ 1 & -3 \end{vmatrix} t = -4t.$$

§ 191. *n* Gleichungen

Ein System von *n* Gleichungen mit *m* Unbekannten hat die Form

$$\begin{aligned} a_{11}x_1 + a_{12}x_2 + \cdots + a_{1m}x_m &= h_1 \\ a_{21}x_1 + a_{22}x_2 + \cdots + a_{2m}x_m &= h_2 \\ \cdots\cdots\cdots\cdots\cdots \\ a_{n1}x_1 + a_{n2}x_2 + \cdots + a_{nm}x_m &= h_n. \end{aligned} \tag{1}$$

Das System heißt *homogen*, wenn alle Zahlen h_i, $i = 1, \ldots, n$, gleich Null sind, sonst *inhomogen*. Ist $n = m$, so kann man die Determinante

$$\Delta = \begin{vmatrix} a_{11} \cdots a_{1n} \\ \cdots\cdots \\ a_{n1} \cdots a_{nn} \end{vmatrix}$$

und die n Determinanten Δ_i, $i = 1, \ldots, n$, bilden, die aus Δ entstehen, wenn man die Elemente $a_{1i}, \ldots, a_{ni}$ der i-ten Spalte durch $h_1, \ldots, h_n$ ersetzt.

Satz 1. Ist $n = m$ und $\Delta \neq 0$, so hat das System (1) die einzige Lösung

$$x_i = \frac{\Delta_i}{\Delta}, \quad i = 1, 2, \ldots, n. \tag{2}$$

Ist das System (1) homogen, so liefert (2) die (*triviale*) Lösung $x_i = 0$, $i = 1, \ldots, n$. Es folgt

Satz 2. Hat das homogene System von Null verschiedene Lösungen, so ist $\Delta = 0$.

Wir betrachten diesen Fall näher, d. h., es sei $n = m$ und $\Delta = 0$. Man bildet die n^2 Unterdeterminanten der Ordnung $n - 1$, die aus Δ dadurch entstehen, daß man eine Zeile und eine Spalte streicht. Befindet sich unter ihnen wenigstens eine von Null verschiedene, so sagt man, daß Δ vom *Rang* $n - 1$ ist. Sind alle Unterdeterminanten $(n - 1)$-ter Ordnung Null, so prüft man diejenigen der Ordnung $n - 2$, die durch Streichen von zwei Zeilen und zwei Spalten aus Δ entstehen. Ist wenigstens eine davon ungleich Null, so ist der Rang von Δ gleich $n - 2$ usw.

Es sei Δ vom Rang r $(1 \leqq r \leqq n - 1)$. Man kann durch passende Numerierung der x_i und der a_{ik} erreichen, daß gerade die Unterdeterminante

$$\begin{vmatrix} a_{11} \cdots a_{1r} \\ \cdot\ \cdot\ \cdot\ \cdot\ \cdot \\ a_{r1} \cdots a_{rr} \end{vmatrix}$$

von Null verschieden ist. Dann sind die $n - r$ Gleichungen

$$\begin{gathered} a_{r+1,1}x_1 + \cdots + a_{r+1,n}x_n = 0 \\ \cdot\ \cdot\ \cdot\ \cdot\ \cdot\ \cdot\ \cdot\ \cdot\ \cdot\ \cdot\ \cdot \\ a_{n1}x_1 + \cdots + a_{nn}x_n = 0 \end{gathered}$$

eine Folge der r ersten Gleichungen. Man schreibt diese in der Form

$$\begin{gathered} a_{11}x_1 + \cdots + a_{1r}x_r = -(a_{1+r,1} + \cdots + a_{1n}x_n) \\ \cdot\ \cdot\ \cdot\ \cdot\ \cdot\ \cdot\ \cdot\ \cdot\ \cdot\ \cdot\ \cdot\ \cdot\ \cdot\ \cdot\ \cdot\ \cdot \\ a_{r1}x_1 + \cdots + a_{rr}x_r = -(a_{r+r,1}x_{r+1} + \cdots + a_{rn}x_n). \end{gathered} \tag{3}$$

Dieses Gleichungssystem läßt sich als inhomogenes System der Ordnung r auffassen und nach Satz 1 auflösen. Die Unbekannten $x_1, \ldots, x_r$ hängen dabei von den Größen $x_{r+1}, \ldots, x_n$ ab, die beliebige Werte annehmen können. Man sagt, daß die Lösung von $n - r$ *Parametern* abhängt.

Ist $n = m$, $\Delta = 0$ und das System inhomogen, so sind wie im eben betrachteten Fall die linken Seiten der Gleichungen (1) voneinander abhängig. Das System ist nur dann lösbar, d. h. widerspruchsfrei (*konsistent*), wenn die rechten Seiten die gleiche Abhängigkeit zeigen. Man prüft das, indem man neben der Matrix $(a_{ik}) = A$ die (rechteckige) Matrix H betrachtet, die aus A entsteht, indem man die Zahlen $h_1, \ldots, h_n$ als $(n + 1)$-Spalte hinzufügt. Die Unterdeterminanten n-ter Ordnung von H sind (abgesehen vom Vorzeichen) die oben mit Δ_i bezeichneten Determinanten.

Satz 3. Das inhomogene System ist genau dann lösbar, wenn der Rang von A gleich dem vom H ist.

Bei der Lösung verfährt man wie im Fall des Satzes 2.

Der Fall $m > n$ läßt sich dadurch auf den Fall $n = m$ zurückführen daß man $m-n$-Gleichungen mit den Koeffizienten Null hinzufügt. Der Rang der Matrix des entstehenden Systems von n Gleichungen mit n Unbekannten ist natürlich höchstens gleich m.

Beispiel 1. Man löse das System

$$\begin{aligned} 3x + 7y - 2z + 4u &= 3, \\ -3x - 2y + 6z - 4u &= 11, \\ 5x + 5y - 3z + 2u &= 6, \\ 2x + 6y - 5z + 3u &= 0. \end{aligned}$$

Die Determinante des Systems Δ (s. § 185, Beispiel 3) ist gleich -303. Durch das in § 185 erklärte Verfahren erhalten wir

$$\Delta_x = -303, \quad \Delta_y = -606, \quad \Delta_z = -303, \quad \Delta_u = 909.$$

Gemäß den Formeln (3) haben wir

$$x = 1, \quad y = 2, \quad z = 1, \quad u = -3.$$

Beispiel 2. Man löse das System

$$\begin{aligned} x - y + 2z - u &= 1, \\ x + y + z + u &= 4, \\ 2x + 3y - 5u &= 0, \\ 5x + 2y + 5z - 6u &= 0. \end{aligned}$$

Hier gilt

$$\Delta = \begin{vmatrix} 1 & -1 & 2 & -1 \\ 1 & 1 & 1 & 1 \\ 2 & 3 & 0 & -5 \\ 5 & 2 & 5 & -6 \end{vmatrix} = 0$$

und

$$\Delta_x = \begin{vmatrix} 1 & -1 & 2 & -1 \\ 4 & 1 & 1 & 1 \\ 0 & 3 & 0 & -5 \\ 0 & 2 & 5 & -6 \end{vmatrix} = \begin{vmatrix} 1 & -1 & 2 & -1 \\ 0 & 5 & -7 & 5 \\ 0 & 3 & 0 & -5 \\ 0 & 2 & 5 & -6 \end{vmatrix} = 144 \neq 0,$$

also Rang $\Delta_x = 4 >$ Rang Δ.

Das System besitzt daher keine Lösung (wenn man die erste Gleichung mit 2 multipliziert und zur zweiten Gleichung addiert, erhält man $5x + 2y + 5z - 6u = 6$, was im Widerspruch zur vierten Gleichung steht).

Beispiel 3. Man löse das System

$$\begin{aligned} x - y + 2z - u &= 1, \\ x + y + z + u &= 4, \\ 2x + 3y - 5u &= 0, \\ 5x + 2y + 5z - 6u &= 6. \end{aligned}$$

Hier gilt

$$\Delta = \Delta_x = \Delta_y = \Delta_z = \Delta_u = 0.$$

Durch Streichen der vierten Zeile und vierten Spalte erhält man die Unterdeterminante

$$\begin{vmatrix} 1 & -1 & 2 \\ 1 & 1 & 1 \\ 2 & 3 & 0 \end{vmatrix} = -3 \neq 0,$$

d. h. Rang $\Delta = 3$. Das System reduziert sich auf die drei Gleichungen

$$\left.\begin{aligned} x - y + 2z - u &= 1, \\ x + y + z + u &= 4, \\ 2x + 3y \qquad - 5u &= 0. \end{aligned}\right\} \tag{4}$$

Die vierte Gleichung folgt daraus (vgl. Beispiel 2). Der Unbekannten u darf man beliebige Werte erteilen. Aus (2) erhalten wir

$$x = \frac{-24u + 21}{-3}, \qquad y = \frac{11u - 14}{-3}, \qquad z = \frac{16u - 19}{-3}.$$

III. Die Grundbegriffe der mathematischen Analysis

§ 192. Einführende Bemerkungen

Unter der mathematischen Analysis versteht man ein System von Disziplinen, die die folgenden charakteristischen Merkmale gemeinsam haben.

Den Gegenstand der Untersuchung bildet die Gesamtheit der quantitativen Beziehungen der realen Welt (im Gegensatz zu den geometrischen Disziplinen, wo man sich mit deren räumlichen Eigenschaften befaßt). Diese Beziehungen beschreibt man wie in der Arithmetik durch *Zahlengrößen*. Aber in der Arithmetik (und in der Algebra) betrachtet man vorwiegend konstante Größen (die einen *Zustand* beschreiben), in der Analysis dagegen betrachtet man variable Größen (die einen *Prozeß* beschreiben, § 196). Aus dem Studium der Abhängigkeit zwischen variablen Größen entwickelten sich die Begriffe der *Funktion* (§ 197) und des *Grenzwerts* (§§ 204–206).

In diesem Buche betrachten wir die folgenden Teilgebiete der Analysis: die Differentialrechnung, die Integralrechnung, die Theorie der Reihen und die Theorie der Differentialgleichungen. Über den Gegenstand der einzelnen Teilgebiete wird an entsprechender Stelle gesprochen werden.

Die Anfänge der Methoden der mathematischen Analysis finden sich schon bei den altgriechischen Mathematikern (ARCHIMEDES). Eine systematische Entwicklung erfuhren diese Methoden im 17. Jahrhundert. Im 17. und 18. Jahrhundert vollendeten NEWTON[1]) und LEIBNIZ[2]) die Differential- und Integralrechnung und stellten grundlegende Untersuchungen über unendliche Reihen und über Differentialgleichungen an. Im 18. Jahrhundert arbeitete EULER die letzten beiden Teilgebiete aus und legte den Grundstein für die übrigen Disziplinen der mathematischen Analysis.

Gegen Ende des 18. Jahrhunderts wurde eine große Menge von Material angehäuft, das jedoch in logischer Beziehung ungenügend durchdacht war. Dieser Mangel wurde durch die verstärkten Bemühungen der Gelehrten des 19. Jahrhunderts behoben. Zu nennen sind dabei vor allem CAUCHY in Frankreich, N. I. LOBATSCHEWSKI in Rußland, ABEL in Norwegen, RIEMANN in Deutschland u. a. m.

---

[1]) ISAAK NEWTON (1642–1727) war der bedeutendste englische Mathematiker und Physiker. Er fand das Trägheitsgesetz, formulierte die Grundgesetze der Mechanik und wandte sie auf die Bewegung irdischer und nichtirdischer Körper an. Außerdem erforschte er experimentell und theoretisch die Gesetze der Optik.

[2]) GOTTFRIED WILHELM LEIBNIZ (1646–1716) war ein bedeutender deutscher Philosoph und Mathematiker.

§ 193. Die rationalen Zahlen

Die erste Vorstellung von den Zahlen entstand beim Abzählen von Gegenständen. Als Ergebnis des Zählens ergaben sich die Zahlen 1, 2, 3 usw. Man nennt diese jetzt *natürliche Zahlen*. Als nächstes entstand der Begriff des *Bruches*, er entstand beim Messen von kontinuierlichen Größen (Länge, Gewicht u. a.). Die *negativen Zahlen* und die *Null* entstanden in der Mathematik im Laufe der Entwicklung der Algebra[1]).

Die ganzen Zahlen (d. h. die natürlichen Zahlen, die negativen Zahlen und die Null) und die Brüche bezeichnet man als *rationale Zahlen* (im Gegensatz zu den *irrationalen* Zahlen, § 194). Alle rationalen Zahlen lassen sich in der Form $\frac{p}{q}$ angeben (wobei p und q ganze Zahlen sind).

§ 194. Die reellen Zahlen

Eine Messung führt man in der Praxis mit Hilfe irgendeines Instruments aus. Als Meßergebnis ergibt sich eine gewisse rationale Zahl (z. B. erhält man für die in Mikrometern gemessene Dicke einer Metallfaser in Millimetern ausgedrückt die Zahl 0,023). Jedes Instrument besitzt eine begrenzte Genauigkeit. Daher ist für praktische Zwecke der Vorrat an rationalen Zahlen mehr als hinreichend. In der mathematischen Theorie jedoch, bei der man Messungen mit absoluter Genauigkeit annimmt, kommt man mit den rationalen Zahlen allein nicht aus. So kann man etwa die Länge der Diagonale eines Quadrates mit der Seitenlänge 1 nicht durch eine rationale Zahl ausdrücken. Durch rationale Zahlen kann man auch nicht den Sinus des Winkels von 60°, den Kosinus des Winkels von 22°, den Tangens des Winkels von 17°, das Verhältnis des Kreisumfangs zu seinem Durchmesser ausdrücken usw.

Strecken, deren Verhältnis nicht durch eine rationale Zahl ausgedrückt werden kann (z. B. Seite und Diagonale eines Quadrates) heißen *inkommensurabel*[2]). Wenn man mit den Verhältnissen inkommensurabler Strecken rechnen will, muß man neue Zahlen, die *irrationalen* Zahlen, einführen. Man kann exakt begründen, daß man mit irrationalen Zahlen ebenso rechnen kann wie mit rationalen Zahlen. (Vgl. § 213.)

Die rationalen und irrationalen Zahlen in ihrer Gesamtheit heißen *reelle* Zahlen (im Gegensatz zu den *imaginären* Zahlen, s. Bemerkung 2 weiter unten). Mit Hilfe der reellen Zahlen kann man die Längen aller Strecken genau beschreiben.

Zu jeder irrationalen Zahl kann man rationale Zahlen finden (insbesondere Dezimalbrüche), die sich von ihr nur wenig unterscheiden (nur wenig größer oder kleiner sind), wobei man den Fehler beliebig klein machen kann.

---

[1]) In China vor 2000 Jahren, in Indien vor 1500 Jahren. In Europa erhielten die negativen Zahlen ihr „Bürgerrecht" erst im 17. Jahrhundert.

[2]) Dieses aus dem Lateinischen stammende Wort bedeutet „ohne gemeinsames Maß".

Bemerkung 1. Auch für rationale Zahlen kann man Näherungswerte angeben. So nimmt man zum Beispiel oft für den Bruch $\frac{1}{3}$ die etwas zu kleinen Werte 0,33; 0,333 usw. (je nachdem, welche Genauigkeit gefordert ist) oder die etwas zu großen Werte 0,34; 0,334 usw.

Bemerkung 2. Eine *imaginäre* Zahl hat die Form bi, wobei b eine reelle Zahl und i die „imaginäre Einheit" bedeuten, definiert durch die Gleichung $i^2 = -1$ (diese Gleichung wird durch keine reelle Zahl erfüllt). Einen Ausdruck der Form $a + bi$ nennt man eine *komplexe* Zahl. Die *komplexen* Zahlen wurden im 16. Jahrhundert in die Algebra eingeführt, und zwar im Zusammenhang mit der Lösung der kubischen Gleichung. Seit Beginn des 17. Jahrhunderts verwendet man sie auch in der Analysis.

In diesem Buche werden, sofern nicht ausdrücklich etwas anderes vereinbart ist, alle Zahlen stets als reell vorausgesetzt.

§ 195. Die Zahlengerade

Wir wählen auf der Geraden $X'X$ (Abb. 204) einen Ursprung O, eine Maßeinheit OA und eine positive Richtung (etwa von X' nach X). Dann entspricht jede reelle Zahl x einem bestimmten Punkt M, dessen Abszisse gleich x ist.

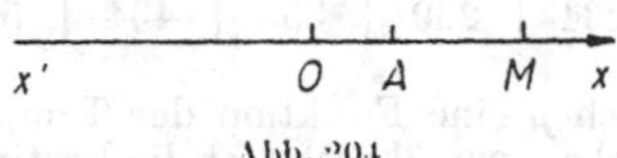

Abb. 204

In der Analysis bildet man (zur größeren Anschaulichkeit) die Zahlen auf die angegebene Art in Punkte ab. Die Gerade $X'X$, auf der man die Punkte wählt, heißt *Zahlengerade*.

§ 196. Variable und konstante Größen

Eine *variable Größe* ist eine Größe, die unter den gerade vorliegenden Bedingungen des speziellen Problems *verschiedene* Werte annehmen kann. Im Gegensatz dazu hat eine konstante Größe bei gegebenen Bedingungen stets nur einen Wert. Eine Größe kann bei den einen Bedingungen konstant und bei anderen Bedingungen variabel sein.

Beispiel 1. Die Temperatur T des siedenden Wassers ist bei den meisten physikalischen Fragestellungen eine konstante Größe. Wenn jedoch eine Änderung des Atmosphärendrucks zu berücksichtigen ist, so ist T eine variable Größe.

Beispiel 2. In der Gleichung der Parabel $y^2 = 2px$ sind x und y variable Größen. Der Parameter p ist eine Konstante, falls man nur eine Parabel betrachtet. Betrachtet man dagegen eine Menge von Parabeln mit der gemeinsamen Achse OX und dem gemeinsamen Scheitel O, so wird der Parameter p zu einer variablen Größe.

Variable Größen bezeichnet man meist durch die letzten Buchstaben des Alphabets (x, y, z, u, v, w), konstante Größen dagegen durch die ersten Buchstaben $a, b, c, \ldots$

§ 197. Funktionen

Definition 1. Die Größe y heißt *Funktion* der Variablen x, wenn jedem Wert, den x annehmen kann, ein oder mehrere Werte von y entsprechen. Dabei bezeichnet man die Variable x als *Argument*.
Man sagt auch: die Größe y *hängt von* der Größe x ab. In Übereinstimmung damit bezeichnet man das Argument x als *unabhängige* Größe, die Funktion hingegen als *abhängige* Größe.
Beispiel 1. Es sei T die Temperatur des siedenden Wassers und p der Atmosphärendruck. Durch Beobachtung findet man, daß jedem Wert, den p annehmen kann, immer genau ein Wert von T entspricht. T ist also eine Funktion des Arguments p.
Die Abhängigkeit der Temperatur T von p gestattet die Bestimmung des Drucks ohne Verwendung eines Barometers durch Beobachtung der Temperatur des siedenden Wassers gemäß der Tabelle (in Kurzform):

T °C	70	75	80	85	90	95	100
p mm	234	289	355	434	526	634	760

Andererseits ist auch p eine Funktion der Temperatur T. Die Abhängigkeit des Drucks p von T gestattet die Bestimmung der Temperatur des siedenden Wassers ohne Verwendung eines Thermometers durch Beobachtung des Druckes ebenfalls gemäß der Tabelle. Geeigneter ist in diesem Fall jedoch eine Tabelle der Form:

p mm	300	350	400	450	500	550	600	650	700
T °C	75,8	79,6	83,0	85,9	88,7	91,2	93,5	95,7	97,7

Hier bleibt der Zuwachs im Argument p stets gleich (wie in Tab. 4 der Zuwachs von T).
Bemerkung 1. Diese Tabelle kann man durch andere Werte des Arguments T ergänzen, etwa durch die Werte 65°, 73°, 104° usw. Es gibt jedoch Werte, die siedendes Wasser nie annehmen kann.
Die Temperatur kann nicht unter den „absoluten Nullpunkt" absinken (−273°). Dem unmöglichen Wert −300° entspricht also kein Wert für p. Deshalb also die Ausdrucksweise in der Definition 1: „jedem Wert, den x annehmen kann..." (und nicht „jedem Wert von x..."). (Vgl. § 199.)
Beispiel 2. Ein Körper werde nach oben geworfen. s sei seine Höhe über dem Erdboden, t die Zeit, die seit dem Wurf verstrichen ist. Die Größe s ist eine Funktion des Arguments t, denn zu jedem Zeitpunkt besitzt der fliegende Körper eine definierte Höhe. Andererseits

ist auch t eine Funktion von s, aber jeder Höhe, die der Körper erreicht, entsprechen zwei Werte von t (einer beim Hochwerfen und einer beim Herunterfallen).

Definition 2. Wenn jedem Wert des Arguments s eine einziger Wert der Funktion entspricht, so heißt die Funktion *eindeutig*, wenn zu jedem Wert des Arguments zwei oder mehrere Funktionswerte gehören, so heißt die Funktion *zwei-* oder *mehrdeutig*.
Im zweiten Beispiel ist s eine eindeutige Funktion des Arguments t, die Größe t ist hingegen eine zweideutige Funktion.
Wenn nicht ausdrücklich festgestellt wird, daß es sich um eine mehrdeutige Funktion handelt, *so soll vorausgesetzt sein, daß die Funktion eindeutig ist.*

Beispiel 3. Die Summe s der Winkel eines Vielecks ist eine Funktion der Anzahl n der Seiten. Das Argument n kann nur ganzzahlige Werte annehmen, die nicht kleiner als 3 sind. s steht mit n in der Beziehung

$$s = \pi(n - 2).$$

Als Maßeinheit für den Winkel dient ein Radian.) Andererseits ist n eine Funktion des Arguments s. n ergibt sich in Abhängigkeit von s durch die Formel

$$n = \frac{s}{\pi} + 2.$$

Das Argument s kann nur Werte annehmen, die ein ganzzahliges Vielfaches von π sind (π, 2π, 3π usw.).

Bemerkung 2. Das Argument ist stets eine variable Größe. In der Regel gilt das auch für die Funktion. Es ist jedoch auch der Fall möglich, daß diese eine konstante Größe ist. Betrachtet man etwa den Abstand eines bewegten Punktes von einem ruhenden Punkt als Funktion der Zeit, die seit Beginn der Bewegung verstrichen ist, so ändert sich dieser Abstand in der Regel. Bei der Bewegung des Punktes längs eines Kreises bleibt jedoch der Abstand vom Mittelpunkt konstant.
Wenn sich die Funktion als konstante Größe erweist, so kann man die Rollen von Funktion und Argument nicht vertauschen (im obigen Beispiel ist die Bewegungsdauer keine Funktion des Abstands vom Kreismittelpunkt).

§ 198. Methoden zur Angabe einer Funktion

Eine Funktion betrachtet man als gegeben (bekannt), wenn man zu jedem Wert des Arguments (aus der Menge der möglichen Werte) den entsprechenden Wert der Funktion angeben kann. Die gebräuchlichsten Arten, eine Funktion anzugeben, sind: 1. Tabellierung, 2. graphische Darstellung, 3. analytische Formulierung.

1. Die Methode der Tabellierung ist allgemein bekannt (Logarithmentafeln, Tafeln der Quadratwurzeln usw. Siehe auch Beispiel 1, § 197). Bei Angabe in Tabellenform erscheint zugleich der Funktionswert numerisch. Dies ist der Vorteil gegenüber anderen Methoden.

Nachteile: a) Eine Tabelle ist nur schwer in ihrer Gesamtheit zu überblicken, b) die Tabelle enthält oft nicht alle benötigten Argumentwerte.

2. Die grafische Methode besteht in der Konstruktion einer Linie (Grafik der Funktion), deren Abszissen die Argumentwerte und deren Ordinaten die entsprechenden Funktionswerte wiedergeben. Zum Zwecke einer bequemen Darstellung wird meist der Maßstab auf den beiden Koordinatenachsen verschieden gewählt.

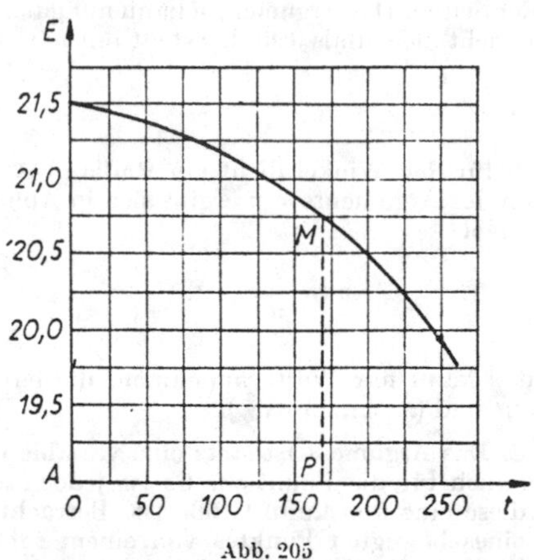

Abb. 205

Beispiel 1. In Abb. 205 ist die Abhängigkeit des Elastizitätsmodul E von Schmiedeeisen (in t/cm²) von der Temperatur t des Eisens grafisch dargestellt. Die Maßstäbe auf der Abszissenachse (t) und der Ordinatenachse (E) entsprechen den Zahlenangaben. Aus der Darstellung läßt sich zum Beispiel ablesen, daß bei $t = 170°$ der Elastizitätsmodul $E \approx 20{,}75$ t/cm².

Die Vorteile der grafischen Darstellung liegen in der leichten Überblickbarkeit im Großen und in der Kontinuität des Arguments.

Nachteile sind: die beschränkte Genauigkeit und die Umständlichkeit bei der Ablesung der Funktionswerte mit hinreichender Genauigkeit.

3. *Die analytische Methode besteht in der Angabe der Funktion durch eine oder mehrere Formeln.*

Beispiel 2. Die funktionale Abhängigkeit zwischen dem Volumen V (cm³) und dem Druck p (p/m²) von 1 kg Luft bei der Temperatur 0°

ist durch die Formel

$$pV = 8{,}000 \qquad (1)$$

gegeben.

Wenn die Abhängigkeit zwischen x und y durch eine Gleichung dargestellt wird, die nach y aufgelöst ist, so nennt man y eine *explizite* Funktion von x, im anderen Fall eine *implizite* Funktion von x. In Beispiel 2 ist sowohl der Druck p eine implizite Funktion des Arguments V als auch V eine implizite Funktion vom Argument p. Schreibt man die Gleichung (1) jedoch in der Form

$$p = \frac{8{,}000}{V}, \qquad (2)$$

so wird p eine explizite Funktion von V.

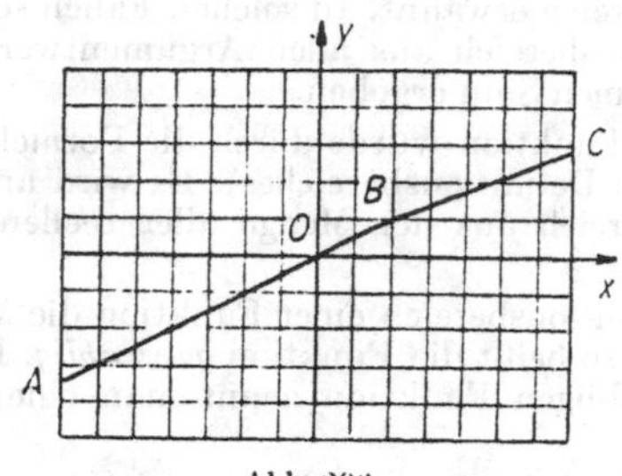

Abb. 206

Beispiel 3. Die in Abb. 206 durch die geknickte Gerade ABC gegebene Funktion läßt sich durch zwei Formeln angeben. Für $x \geqq 2$ (d. h. für den Teil AB) nehmen wir die Formel

$$y = \frac{1}{2}x$$

und für $x \geqq 2$ (d. h. für den Teil BC) die Formel

$$y = \frac{1}{3} + \frac{1}{3}x.$$

Bei $x = 2$ geben beide Formeln $y = 1$ (Punkt B).

§ 199. Der Definitionsbereich einer Funktion

1. Die Gesamtheit der Werte, die (bei der vorliegenden Fragestellung) das Argument x einer Funktion $f(x)$ annehmen kann, heißt *Definitionsbereich* der Funktion.

Bemerkung. Einem Wert x, der nicht zu der erwähnten Gesamtheit gehört, entspricht kein Funktionswert.

Beispiel 1. Die Summe der Glieder einer arithmetischen Folge

$$s = 1 + 3 + 5 + \cdots + (2n - 1)$$

ist eine Funktion der Anzahl n der Glieder. Man drückt sie aus durch die Formel

$$s = n^2.$$

Für sich betrachtet hat diese Formel natürlich für beliebige n einen Sinn. Bei dem angegebenen Problem kann n jedoch nur die Werte $1, 2, 3, \ldots$ annehmen. Der Definitionsbereich ist die Gesamtheit aller natürlichen Zahlen (den Werten $n = \frac{1}{2}$, $n = -5$, $n = \sqrt{3}$ usw. entspricht kein Funktionswert).

2. Oft wird eine Funktion durch Formeln gegeben, ohne daß man den Definitionsbereich erwähnt. In solchen Fällen setzt man voraus, daß der Definitionsbereich aus allen Argumentwerten besteht, für die die Formeln einen Sinn ergeben.

Beispiel 2. Die Funktion wurde durch die Formel $s = n^2$ gegeben (ohne Angabe des Definitionsbereiches). Es wird angenommen, daß der Definitionsbereich aus der Menge aller reellen Zahlen besteht (vgl. Beispiel 1).

3. Wenn der Definitionsbereich einer Funktion die Menge der natürlichen Zahlen ist, so heißt die Funktion *ganzzahlig*. Die Wertgesamtheit einer ganzzahligen Funktion nennt man eine *Folge* oder eine *Zahlenfolge*.

Beispiel 3. Die Funktion $t_n = 1 \cdot 2 \cdot 3 \ldots n$ ist ganzzahlig. Die Werte $t_1 = 1$, $t_2 = 1 \cdot 2$, $t_3 = 1 \cdot 2 \cdot 3 = 6, \ldots$ bilden eine Folge.

Das Produkt $1 \cdot 2 \cdot 3 \ldots n$ bezeichnet man durch $n!$ (gelesen: n-Fakultät oder n-Faktorielle). Die betrachtete Funktion läßt sich also durch die Formel

$$t_n = n!$$

angeben.

Beispiel 4. Die Funktion $u = \frac{1}{2^n}$, wobei n die Werte $1, 2, 3, \ldots$ annimmt, ist ebenfalls ganzzahlig. Die Werte $u_1 = \frac{1}{2}$, $u_2 = \frac{1}{4}$, $u_3 = \frac{1}{8}, \ldots$ bilden eine (geometrische) Folge.

§ 200. Intervalle

Der Definitionsbereich der in der Analysis betrachteten Funktionen besteht oft aus einem oder mehreren „Intervallen".

Als *Intervall* (a, b) bezeichnet man die Gesamtheit der Zahlen x, die zwischen den Zahlen a und b liegen. In dem Symbol (a, b) bedeutet der erste Buchstabe gewöhnlich die kleinere Zahl, der zweite Buchstabe die größere, und somit ist

$$a < x < b.$$

Die Zahlen a und b heißen die *Endpunkte* des Intervalls. Oft nimmt man zur Gesamtheit der inneren Intervallpunkte einen der Endpunkte oder beide hinzu. Ein Intervall, zu dem man beide Endpunkte hinzurechnet, heißt *abgeschlossenes Intervall* (oder *Strecke*).
Als Intervall (a, ∞) bezeichnet man die Gesamtheit aller Zahlen, die größer als a sind, als Intervall $(-\infty, a)$ die Gesamtheit aller Zahlen, die kleiner als a sind. Das Intervall $(-\infty, \infty)$ umfaßt alle reellen Zahlen.

Beispiel 1. Der Definitionsbereich der Funktion $y = \sqrt{1 - x^2}$ ist das abgeschlossene Intervall $(-1, 1)$. Die grafische Darstellung dieser Funktion (Halbkreis) liegt über diesem Intervall (Abb. 207).

Beispiel 2. Der Definitionsbereich der Funktion

$$y = \frac{1}{\sqrt{2 - x^2}}$$

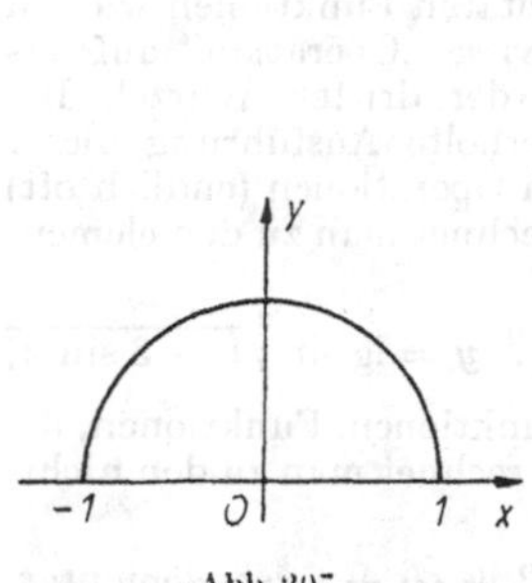

Abb. 207

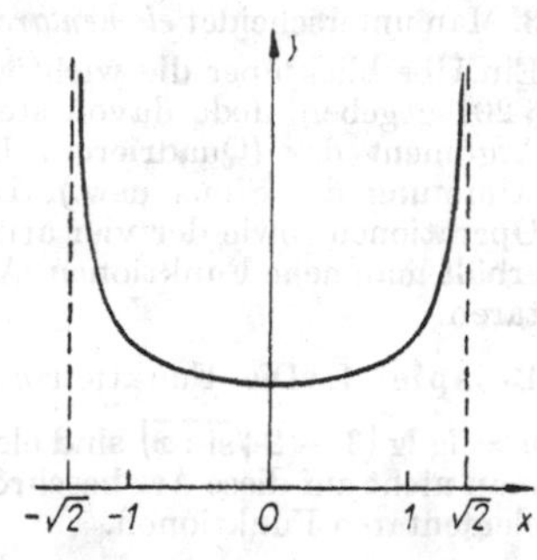

Abb. 208

ist das (offene) Intervall $(-\sqrt{2}, \sqrt{2})$. In den Endpunkten des Intervalls ist die Funktion nicht definiert („sie wird dort unendlich"). Die Kurve (Abb. 208) liegt über dem inneren Intervallbereich. In den Endpunkten des Intervalls und außerhalb davon besitzt die grafische Darstellung keine Punkte.

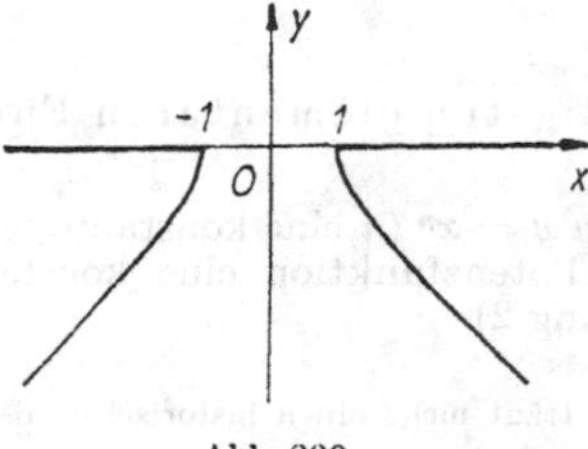

Abb. 209

Beispiel 3. Der Definitionsbereich der Funktion

$$y = -\sqrt{x^2 - 1}$$

besteht aus den beiden Intervallen $(-\infty, -1)$ und $(1, +\infty)$ mit Einschluß der Endpunkte -1 und 1. Die Kurve (untere Hälfte der Hyperbel $x^2 - y^2 = 1$, Abb. 209) liegt unter diesen Intervallen.

§ 201. Klassifikation der Funktionen

1. Man unterscheidet *eindeutige* und *mehrdeutige* Funktionen (§ 197, Definition 2).

2. Die durch Formeln gegebenen Funktionen unterteilt man in *explizite* und *implizite* (§ 298).

3. Man unterscheidet *elementare* und *nichtelementare* Funktionen[1]).

Ein Überblick über die wichtigsten elementaren Funktionen wird in § 201 gegeben. Jede davon stellt eine gewisse „Operation" auf das Argument dar (Quadrieren, Berechnung der dritten Wurzel, Bestimmung des Sinus usw.). Durch wiederholte Ausführung dieser Operationen sowie der vier arithmetischen Operationen (endlich oft) erhält man neue Funktionen. Auch diese rechnet man zu den elementaren.

Beispiel 1. Die Funktion $y = \frac{3 + x^2}{1 + \lg x}$, $y = \lg \sin \sqrt[3]{1 - 3 \sin x}$, $y = \lg \lg \left(3 + 2\sqrt{\sin x}\right)$ sind elementare Funktionen. Funktionen, die man nicht auf diese Art beschreiben kann, rechnet man zu den nichtelementaren Funktionen.

Beispiel 2. Die Funktion $s = 1 + 2 + 3 + \cdots + n$ ist elementar, da man sie durch die Formel $s = \frac{(1 + n)\, n}{2}$ ausdrücken kann, die nur eine begrenzte Anzahl von Operationen enthält.

Beispiel 3. Die Funktion $s = 1 \cdot 2 \cdot 3 \cdots n$ ist nichtelementar, da man sie nicht durch eine beschränkte Anzahl von Elementaroperationen ausdrücken kann (je größer n, um so mehr Operationen muß man ausführen, eine Darstellung des Ausdrucks $1 \cdot 2 \cdot 3 \cdots n$ in elementarer Form ist nicht möglich).

Die wichtigsten elementaren Funktionen

1. Die *Potenzfunktion* $y = x^n$ (n eine konstante reelle Zahl).
Für $n = 0$ ist die Potenzfunktion eine konstante Größe ($y = 1$) (vgl. § 197, Bemerkung 2).

[1]) Diese Unterscheidung trägt mehr einen historischen als einen mathematischen Charakter.

2. Die *Exponentialfunktion* $y = a^x$, wobei a eine positive Zahl bedeutet[1]) (*Basis*).

3. Die Logarithmusfunktion $y = \log_a x$, wobei a eine positive Zahl bedeutet, die von 1 verschieden ist[2]) (*Basis des Logarithmus*).

4. Die trigonometrischen Funktionen $y = \sin x, y = \cos x, x = \tan x, y = \cot x, y = \mathrm{sc}\, x, y = \csc x$.

5. Die Kreisfunktionen (Umkehrfunktionen zu den trigonometrischen Funktionen)

$$y = \arcsin x, \quad y = \arccos x, \quad y = \arctan x,$$

$$y = \operatorname{arccot} x, \quad y = \operatorname{arcsc} x, \quad y = \operatorname{arccsc} x.$$

§ 202. Die Bezeichnung von Funktionen

Das Zeichen $f(x)$ (gelesen „f von x") ist ein zur Abkürzung verwendetes Symbol mit der Bedeutung „Funktion von x".
Wenn man zwei oder mehrere Funktionen von x betrachtet, die untereinander verschieden sein können, so verwendet man neben den Zeichen $f(x)$ auch andere Zeichen, z. B. $f_1(x), f_2(x), F(x), \varphi(x), \Phi(x)$.
Die Schreibweise

$$y = f(x) \tag{1}$$

bedeutet, daß die Größe y gleich einer Funktion von x ist, d. h., daß y eine Funktion vom Argument x ist.
Das Symbol $f(x)$ verwendet man zur Bezeichnung von bekannten wie auch von unbekannten Funktionen.

Beispiele. 1. Die Schreibweise $f(x) = \log x$ drückt aus, daß die Funktion $f(x)$ eine logarithmische Funktion ist.

2. Die Schreibweise $\varphi(x) = x^n$ drückt aus, daß $\varphi(x)$ eine Potenzfunktion ist.

3. Die Schreibweise $F(x) = \varphi(x) + f(x)$ bedeutet, daß die Funktion $F(x)$ die Summe der Funktionen $\varphi(x)$ und $f(x)$ ist. Wenn $f(x) = \lg x$ und $\varphi(x) = x^n$, so gilt $F(x) = \lg x + x^n$.

4. Die Schreibweise $f_1(x) = f_2(x)$ bedeutet, daß die Funktionen $f_1(x)$ und $f_2(x)$ gleich sind (entweder identisch gleich oder nur für gewisse Werte von x).

5. Die Schreibweise $u = \varphi(v)$ bedeutet, daß die Größe u eine gewisse Funktion vom Argument v ist.
Der als Symbol verwendete Buchstabe f (oder F, φ usw.) heißt *Charakteristik der Funktion*.
Wenn man ausdrücken will, daß y in derselben Abhängigkeit von x

---

[1]) Manche Autoren schließen den Fall $a = 1$ aus (in diesem Fall handelt es sich um eine konstante Größe).
[2]) Bei der Basis $a = 1$ hat außer 1 selbst keine Zahl einen Logarithmus.

steht wie die Größe u von v, so verwendet man zum Ausdruck dieser Abhängigkeit dieselbe Charakteristik, d. h. man schreibt

$$u = \varphi(v) \text{ und } y = \varphi(x) \tag{2}$$

oder

$$u = F(v) \text{ und } y = F(x) \tag{3}$$

usw.

Wenn also die Abhängigkeit der Größe u von v durch die Formel $u = \pi v^2$ beschrieben wird, so beschreibt man die Abhängigkeit der Größe y von x durch die Formel $y = \pi x^2$. Wenn hingegen $u = \dfrac{\lg v}{1+v}$, so auch $y = \dfrac{\lg x}{1+x}$ usw.

Beispiele. 6. Wenn $f(x) = \sqrt{1+x^2}$, so $f(t) = \sqrt{1+t^2}$.

7. Wenn $F(\alpha) = 1 - \tan^2\alpha$, so $F(\beta) = 1 - \tan^2\beta$, $F(\gamma) = 1 - \tan^2\gamma$ usw.

8. Wenn $f(x) = 4$ (d. h. der Funktionswert für alle möglichen Argumentwerte derselbe ist, vgl. § 197, Bemerkung 2), so auch $f(y) = 4$, $f(z) = 4$, usw.

Die Symbole $f(1)$, $f(\sqrt{3})$, $f(a)$ usw. drücken aus, daß der Wert der Funktion $f(x)$ bei $x = 1$, $x = \sqrt{3}$, $x = a$ usw. betrachtet wird bzw. der Wert der Funktion $f(y)$ bei $y = 1$, $y = \sqrt{3}$, $y = a$ usw.

Beispiele. 9. Wenn $f(x) = \sqrt{x^2+1}$, so

$$f(1) = \sqrt{2}, \quad f(\sqrt{3}) = 2, \quad f(a) = \sqrt{a^2+1}.$$

10. Wenn $\varphi(x) = \dfrac{1}{1+\sin^2\alpha}$, so $\varphi(0) = 1$, $\varphi\left(\dfrac{\pi}{2}\right) = \dfrac{1}{2}$, $\varphi(\pi) = 1$, $\varphi\left(\dfrac{\pi}{4}\right) = \dfrac{2}{3}$.

§ 203. Der Wertevorrat einer Funktion

Die Menge aller Werte, die eine gegebene Funktion $y = f(x)$ annimmt, wenn x im Definitionsbereich (§ 199) variiert, heißt der *Wertevorrat* der Funktion. Er besteht aus einem Intervall, das auch in einen Punkt entarten kann, oder aus mehreren Intervallen.

Beispiel 1. Der Wertevorrat der Funktion $y = \sqrt{1-x^2}$ ist das abgeschlossene Intervall $(0,1)$.

Beispiel 2. Der Wertevorrat der Funktion

$$y = \frac{1}{\sqrt{2-x^2}}$$

ist das (offene) Intervall $\left(\sqrt{2}, \infty\right)$.

Beispiel 3. Die konstante Funktion $f(x) = 4$ hat nur den Punkt 4 als Wertevorrat.

Man sagt, daß die durch die Gleichung $y = f(x)$ dargestellte Funktion eine *Abbildung* der Punkte des Definitionsbereichs auf die Punkte des Wertevorrats vermittelt.

Bei einer eindeutigen Funktion ist diese Abbildung eindeutig: jedem Originalpunkt entspricht nur ein Bildpunkt. Wird jeder Bildpunkt nur einmal angenommen, so ist die Abbildung *umkehrbar eindeutig* (*eineindeutig*). In diesem Fall kann x als eindeutige Funktion von y angesehen werden.

Beispiel 4. Die Funktion $y = \sqrt{x}$ bildet das Intervall $(0, \infty)$ umkehrbar eindeutig auf sich selbst ab: jedem Originalpunkt entspricht genau ein Bildpunkt.

Die Abbildungen in den Beispielen 1 bis 3 sind nicht eineindeutig.

§ 204. Das Rechnen mit Zahlenfolgen

Als abkürzendes Symbol für die unendliche Zahlenfolge $a_1, a_2, \ldots, a_n, \ldots$ benutzt man oft das Symbol $\{a_n\}$ (vgl. § 199, Pkt. 3).

Man erklärt die Summe zweier Zahlenfolgen als Folge der Summe der Glieder gleicher Nummer:

$$\{a_n\} + \{b_n\} = \{a_n + b_n\}. \tag{1}$$

Ebenso ist

$$\{a_n\} - \{b_n\} = \{a_n - b_n\}, \tag{2}$$

$$\{a_n\} \cdot \{b_n\} = \{a_n \cdot b_n\}, \tag{3}$$

$$\{a_n\} : \{b_n\} = \left\{\frac{a_n}{b_n}\right\}. \tag{4}$$

Bei der Division muß vorausgesetzt werden, daß alle Glieder der Folge $\{b_n\}$ von Null verschieden sind.

Ferner gilt für die Multiplikation einer Folge mit einer Zahl

$$b\{a_n\} = \{b \cdot a_n\}. \tag{5}$$

Formel (5) kann als Spezialfall von (3) aufgefaßt werden, da die Zahl b durch die konstante Folge

$$\{b\} = b, b, b, \ldots$$

ersetzt werden kann.

Definition. Eine Zahlenfolge $\{a_n\}$ heißt *monoton wachsend*, wenn niemals ein Glied größer ist als das folgende, d. h. wenn stets $a_n \geqq a_{n-1}$ gilt. Ist dagegen niemals ein Glied größer als das vorhergehende, so heißt die Folge *monoton fallend*.

Beispiel 1. Die Folge $\{n^2\}$ ist monoton wachsend, ebenso die Folge $\left\{-\frac{1}{n}\right\}$.

Beispiel 2. Die Folgen $\left\{\frac{1}{n+1}\right\}$ und $\{-n\}$ sind monoton fallend.

Beispiel 3. $\left\{\frac{(-1)^n}{n}\right\}$ ist nicht monoton.

§ 205. Der Grenzwert einer Folge

Die Zahl b heißt *Grenzwert der Folge* (§ 199, Pkt. 3) $y_1, y_2, \ldots, y_n, \ldots$, wenn sich mit wachsendem Index n die Glieder y_n der Zahl b unbegrenzt nähern.
Der exakte Sinn der Redeweise „unbegrenzt nähern" wird weiter unten erklärt (in Anschluß an Beispiel 1).
Symbol[1]):

$$\lim y_n = b$$

oder ausführlicher

$$\lim_{n\to\infty} y_n = b.$$

Das Zeichen $n \to \infty$ weist darauf hin, daß der Index n unbegrenzt anwächst (gegen Unendlich geht).
Man sagt auch: die Folge $\{y_n\}$ *konvergiert* gegen b.
Beispiel 1. Wir betrachten die Folge

$$y_1 = 0{,}3, \quad y_2 = 0{,}33, \quad y_3 = 0{,}333, \ldots. \tag{1}$$

Das Glied y_n nähert sich unbegrenzt dem Wert $\frac{1}{3}$ $\left(\text{die Dezimalbrüche } 0{,}3,\ 0{,}33, \ldots \text{ liefern immer genauere Werte für den Bruch } \frac{1}{3}\right)$.
$\frac{1}{3}$ ist daher der Grenzwert der Folge (1)

$$\lim y_n = \frac{1}{3}.$$

Bemerkung. Die Differenz $y_n - \frac{1}{3}$ ist der Reihe nach

$$y_1 - \frac{1}{3} = -\frac{1}{30}, \quad y_2 - \frac{1}{3} = -\frac{1}{300}, \quad y_3 - \frac{1}{3} = -\frac{1}{3000}, \tag{2}$$

d. h.

$$y_n - \frac{1}{3} = -\frac{1}{3 \cdot 10^n}. \tag{3}$$

Die unbegrenzte Annäherung von y_n an $\frac{1}{3}$ äußert sich darin, daß der absolute Betrag der Differenz (3) von einem gewissen Index N an kleiner als eine beliebige (vorgegebene) positive Zahl ε wird. Setzt man z. B. $\varepsilon = 0{,}01$, so findet man $N = 2$, d. h., ab dem zweiten Index ist der Absolutbetrag $\left|y_n - \frac{1}{3}\right|$ kleiner als 0,01. Gibt man $\varepsilon = 0{,}005 = \left(\frac{1}{200}\right)$ vor, so hat man wie früher $N = 2$. Bei $\varepsilon = 0{,}001$ findet man $N = 3$, bei $\varepsilon = 0{,}0001$ $N = 5$ usw.

---

[1]) Die Bezeichnung lim ist eine Abkürzung für das lateinische Wort limes.

Wir formulieren nun den am Anfang des Paragraphen eingeführten Begriff exakt. Definition. Die Zahl b heißt *Grenzwert der Folge* $y_1, y_2, \ldots, y_n$, wenn der Absolutbetrag der Differenz $y_n - b$ von einem gewissen Index N an kleiner als eine beliebig vorgegebene positive Zahl wird:

$$|y_n - b| < \varepsilon \quad \text{für } n \geqq N$$

(die Zahl N hängt von ε ab).

Beispiel 2. In der Folge $y_n = 2 + \frac{(-1)^n}{n}$ $\left(\text{d. h. } y_1 = 1,\ y_2 = 2\frac{1}{2},\ y_3 = 1\frac{2}{3},\ y_4 = 2\frac{1}{4}, \ldots\right)$ nähert sich das Glied y_n mit wachsendem n dem Wert 2. 2 ist daher der Grenzwert dieser Folge.

Wir haben hier $|y_n - 2| = \frac{1}{n}$. Die Größe $\frac{1}{n}$ wird aber ab einer gewissen Zahl N kleiner als eine beliebige vorgegebene positive Zahl ε (wenn $\varepsilon = 2$, so trifft dies schon ab dem ersten Index zu, wenn $\varepsilon = 0{,}02$, so ab $N = 51$ usw.).

Beispiel 2 zeigt, daß die Glieder der Folge sowohl größer als auch kleiner als der Grenzwert sein können (vgl. Beispiel 3).

Beispiel 3. Die Folge

$$y_1 = 0, \quad y_2 = 1, \quad y_3 = 0, \quad y_4 = \frac{1}{2}, \quad y_5 = 0, \quad y_6 = \frac{1}{3}, \ldots,$$

die durch die Formel $y_n = \frac{1}{n} + \frac{(-1)^n}{n}$ gegeben ist, hat den Grenzwert $b = 0$.

Tatsächlich ist die Größe $|y_n - 0| = \left|\frac{1}{n} + \frac{(-1)^n}{n}\right|$ ab einem gewissen Index kleiner als eine beliebige vorgegebene positive Zahl (wenn $\varepsilon = \frac{1}{3}$, so ab dem Index 7, bei $\varepsilon = 0{,}01$ ab dem Index 201 usw.).

Beispiel 4. Die Folge $y_n = (-1)^n$ hat keinen Grenzwert. Die Glieder $y_1 = -1$, $y_2 = 1$, $y_3 = -1$, $y_4 = 1$ usw. streben nicht gegen eine konstante Zahl.

§ 206. Der Grenzwert von Funktionen

Die Zahl b heißt *Grenzwert der Funktion* $f(x)$ für $x \to a$ (gelesen: „für x gegen a"), wenn bei Annäherung von links oder rechts an a der Wert $f(x)$ sich dem Wert b unbegrenzt nähert („gegen b") strebt, genauer gesagt: wenn die Folge $f(x_n)$, die entsteht, wenn das Argument x eine beliebige gegen a konvergierende Folge x_n durchläuft, den Grenzwert b (im Sinne von § 205) hat).

Es läßt sich dann zu jedem vorgegebenen $\varepsilon > 0$ ein (i. a. von ε abhängiges) $\delta > 0$ so finden, daß

$$|f(x) - b| < \varepsilon$$

gilt, sofern $|x - a| < \delta$ ausfällt.

Symbol:

$$\lim_{x \to a} f(x) = b.$$

Bemerkung 1. Es wird vorausgesetzt, daß die Funktion $f(x)$ im Inneren eines gewissen Intervalls, das den Punkt $x = a$ enthält, definiert ist (in allen Punkten rechts und links von a). Im Punkt $x = a$ selbst kann die Funktion $f(x)$ definiert sein oder nicht (der zweite Fall ist nicht weniger wichtig als der erste).

Beispiel 1. Wir betrachten die Funktion $f(x) = \frac{4x^2 - 1}{2x - 1}$ $\left(\text{sie ist mit Ausnahme von } x = \frac{1}{2} \text{ überall definiert}\right)$. Wir wählen $x = 6$. Dort gilt $f(x) = \frac{4 \cdot 6^2 - 1}{2 \cdot 6 - 1} = 13$. Wenn sich x (von links oder rechts) dem Wert 6 nähert, so strebt $4x^2 - 1$ gegen 143 und der Nenner gegen 11. Also strebt der Bruch gegen $\frac{143}{11} = 13$. Die Zahl 13 (die gleich dem Wert der Funktion bei $x = 6$ ist) ist zugleich damit der Grenzwert der Funktion für $x \to 6$:

$$\lim_{x \to 6} \frac{4x^2 - 1}{2x - 1} = 13.$$

Beispiel 2. Wir betrachten dieselbe Funktion $f(x) = \frac{4x^2 - 1}{2x - 1}$, wählen aber nun $x = \frac{1}{2}$. Die Funktion ist hier nicht definiert $\left(\text{die Formel liefert den unbestimmten Ausdruck } \frac{0}{0}\right)$. Aber der Grenzwert der Funktion für $x \to \frac{1}{2}$ existiert. Er ist gleich 2.

In der Tat ist der Ausdruck $\frac{4x^2 - 1}{2x - 1}$, der nur für $x = \frac{1}{2}$ nicht definiert ist, *ist in der Umgebung von* $x = \frac{1}{2}$ gleich $2x + 1$. Dieser Ausdruck strebt aber gegen die Zahl 2. Also gilt

$$\lim_{x \to \frac{1}{2}} \frac{4x^2 - 1}{2x - 1} = 2.$$

Bemerkung 2. Die grafische Darstellung der Funktion $y = \frac{4x^2 - 1}{2x - 1}$ ist die Gerade UV (Abb. 210) ohne den Punkt $A\left(\frac{1}{2}, 2\right)$. Die Darstellung der Funktion $2x + 1$ ist die gesamte Gerade UV.

Beispiel 3. Die Funktion $f(x) = \cos \frac{\pi}{x}$ (die mit Ausnahme von $x = 0$ überall definiert ist) besitzt für $x \to 0$ keinen Grenzwert.

Dies ist aus ihrer Darstellung in Abb. 211 ersichtlich. Bei Annäherung der Abszisse an den Wert 0 strebt die Ordinate nicht gegen einen festen Wert (die Kurve zeigt unendliche viele Schwingungen mit konstanter Amplitude).

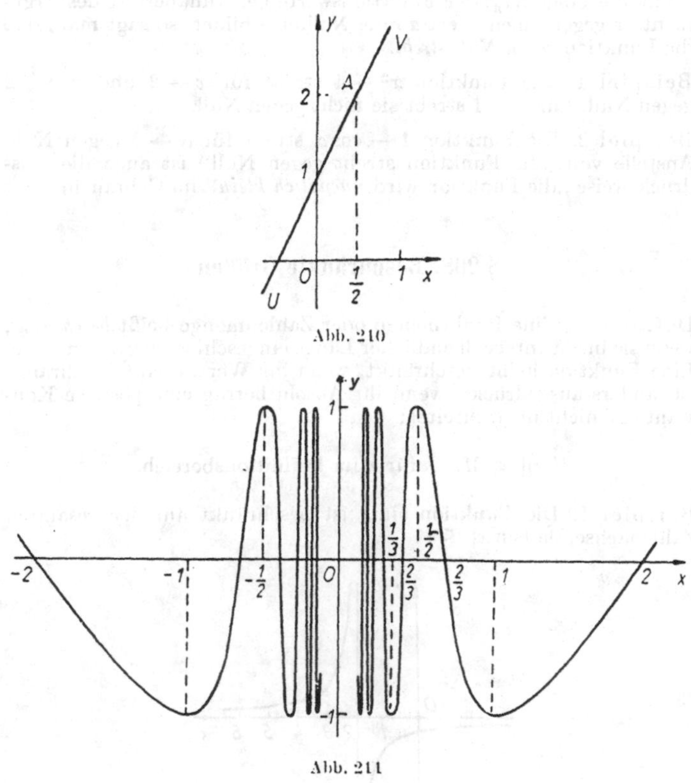

Abb. 210

Abb. 211

§ 207. Nullfolgen

Eine Zahlenfolge $\{u_n\}$, deren Grenzwert Null ist, heißt *Nullfolge*.

Beispiele. Die Folgen $\left\{\frac{1}{n}\right\}$, $\left\{\frac{(-1)^n}{n^2}\right\}$, $\left\{\frac{1}{3n-1}\right\}$ sind Nullfolgen.

Summe, Differenz und Produkt zweier Nullfolgen sind wieder Nullfolgen. Mehrfache Anwendung des Satzes führt zur Aussage: Summe und Produkt endlich vieler Nullfolgen ergeben wieder Nullfolgen. Die Übertragung der Divisionsregel ist dagegen nicht allgemein richtig. Der Quotient der Nullfolgen $\left\{\frac{1}{n}\right\}$ und $\left\{\frac{2}{n}\right\}$ ist gemäß § 204, (4) die konstante Folge $\left\{\frac{1}{n} : \frac{2}{n}\right\} = \left\{\frac{1}{2}\right\}$.

Wenn die Folge $f(x_n)$ der Funktionswerte bei Annäherung des Arguments x gegen einen Wert a eine Nullfolge bildet, so sagt man, daß die Funktion *gegen Null strebt.*

Beispiel 1. Die Funktion $x^2 - 4$ strebt für $x \to 2$ und $x \to -2$ gegen Null. Für $x \to 1$ strebt sie nicht gegen Null.

Beispiel 2. Die Funktion $1 - \cos\alpha$ strebt für $\alpha \to 0$ gegen Null. Anstelle von „die Funktion strebt gegen Null" ist auch die Ausdrucksweise „die Funktion wird *unendlich klein*" im Gebrauch.

§ 208. Beschränkte Größen

Definition. Eine Punktmenge oder Zahlenmenge heißt *beschränkt*, wenn sie in ein Intervall endlicher Länge eingeschlossen werden kann. Eine Funktion heißt beschränkt, wenn ihr Wertevorrat beschränkt ist, anders ausgedrückt, wenn ihr Absolutbetrag eine positive Konstante M nicht überschreitet:

$$|f(x)| \leqq M \qquad \text{für } x \text{ im Definitionsbereich.}$$

Beispiel 1. Die Funktion $\sin x$ ist beschränkt auf der gesamten Zahlenachse, da $|\sin x| \leqq 1$.

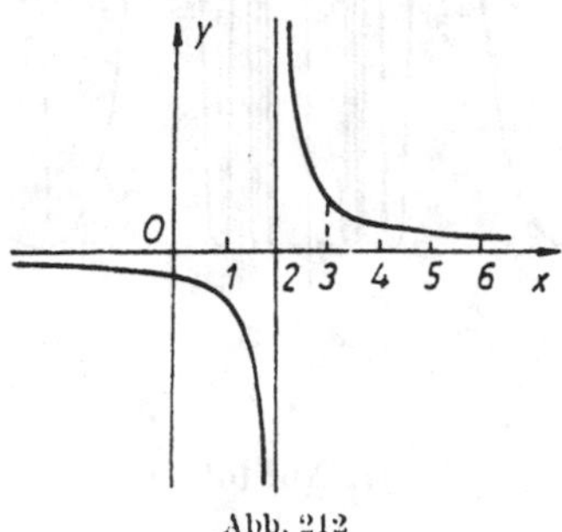

Abb. 212

Beispiel 2. Die Funktion $\frac{1}{x-2}$ ist im Intervall (3, 5) beschränkt, im Intervall (2, 5) jedoch nicht, da in diesem Intervall das Argument gegen 2 streben kann und dort die Funktion unendlich groß wird (Abb. 212).

§ 209. Unbeschränkte und unbegrenzt wachsende Größen

Eine Zahlenmenge ist *unbeschränkt*, wenn sie nicht beschränkt ist. Der Wertevorrat einer Funktion $f(x)$ ist also unbeschränkt, wenn es zu jeder beliebig großen Zahl M (mindestens) ein x_m derart gibt, daß $|f(x_m)| > M$ ausfällt.

Beispiel 1. Die Zahlenfolge $y_n = n!$ ist unbeschränkt.

Beispiel 2. Die Zahlenfolge $\{n + (-1)^n n\}$ ist unbeschränkt.

Beispiel 3. Die Funktion $\tan x$ ist unbeschränkt.

Eine Zahlenfolge $\{a_n\}$ *wächst unbegrenzt* an, wenn alle Glieder mit hinreichend großer Nummer dem Betrage nach beliebig groß werden; genauer wenn sich jeder beliebig großen Zahl M ein (von M abhängendes N so angeben läßt, daß

$$|a_n| > M \quad \text{für} \quad n > N$$

ist.

Die Folge des Beispiels 1 wächst unbegrenzt an, die des Beispiels 2 dagegen nicht, da die Glieder mit ungerader Nummer alle gleich Null sind.

Anstelle von „wächst unbegrenzt an“ sagt man auch *„wird unendlich groß“*.

Beispiel 4. Die Funktion $\tan x$ wird bei Annäherung von x gegen $\frac{\pi}{2}$ unendlich groß.

§ 210. Eine Beziehung zwischen unbegrenzt wachsenden und gegen Null strebenden Größen

Wenn $\{a_n\}$ eine Nullfolge bildet, wächst die Folge $\left\{\frac{1}{a_n}\right\}$ unbegrenzt an. Wächst $\{b_n\}$ unbegrenzt an, so ist $\left\{\frac{1}{b_n}\right\}$ eine Nullfolge. Die entsprechende Aussage gilt für Funktionen.

Beispiel 1. Die Funktion $\frac{1}{x-2}$ wächst für $x \to 2$ unbegrenzt an. Die reziproke Funktion $x - 2$ strebt mit $x \to 2$ gegen Null.

Beispiel 2. Die Funktion $\tan x$ strebt mit $x \to 0$ gegen Null. Die Funktion $\cot x = \frac{1}{\tan x}$ wächst unbegrenzt an.

§ 211. Erweiterung des Grenzwertbegriffs

Wenn eine variable Größe unendlich groß wird, so sagt man (vereinbarungsgemäß), s „strebt gegen Unendlich“ oder „s hat Unendlich als Grenzwert“.

Symbol:

$$s \to \infty \quad \text{oder} \quad \lim s = \infty. \tag{1}$$

Wenn eine unbegrenzt wachsende Größe $f(x) = s$ von einer gewissen Stelle x_0[1]) an positiv bleibt, so sagt man, diese Größe „strebt gegen plus Unendlich" und schreibt

$$s \to +\infty \qquad \text{oder} \qquad \lim s = +\infty. \tag{2}$$

Wenn eine unbegrenzt wachsende Größe von einer gewissen Stelle an immer negativ bleibt, so sagt man, diese Größe „strebt gegen minus Unendlich" und schreibt

$$s \to -\infty \qquad \text{oder} \qquad \lim s = -\infty. \tag{3}$$

Beispiel 1. Der Absolutbetrag der Funktion $\cot x$ hat für $x \to 0$ Unendlich als Grenzwert:

$$\lim_{x \to 0} |\cot x| = \infty.$$

Um auszudrücken, daß die Funktion $\cot x$ für $x \to 0$ sowohl positive als auch negative Werte annehmen kann, schreibt man

$$\lim_{x \to 0} \cot x = \pm\infty.$$

Beispiel 2. Das Symbol $\lim\limits_{x \to \infty} \dfrac{1}{x} = 0$ bedeutet, daß bei unbegrenztem Anwachsen des Absolutbetrages von x die Funktion $\dfrac{1}{x}$ gegen 0 geht.

Bemerkung. Unendlich große Größen haben keinen Grenzwert im früher angegebenen Sinne (§§ 203–205), da man z. B. nicht sagen kann, daß der „Unterschied zwischen $f(x)$ und ∞ kleiner als eine vorgegebene positive Zahl wird". In diesem Sinne ist die Einführung des unendlichen Grenzwerts eine Erweiterung des Grenzwertbegriffs. Zum Unterschied von unendlichen Grenzwerten nennt man die übrigen Grenzwerte *endlich*.

§ 212. Die Grundtheoreme über Grenzwerte

Wir setzen voraus, daß alle gegebenen Größen (Summanden, Faktoren, Dividenden und Divisoren) vom selben Argument x abhängen und *endliche* Grenzwerte besitzen (für $x \to a$ oder $x \to \infty$).

Theorem I. Der Grenzwert der Summe von zwei, drei, oder im allgemeinen, von einer beliebigen festen Zahl von Summanden ist gleich der Summe der Grenzwerte der einzelnen Summanden (vgl. § 27). Kürzer: *Der Grenzwert einer Summe ist gleich der Summe der Grenzwerte.*

$$\lim (u_1 + u_2 + \cdots + u_k) = \lim u_1 + \lim u_2 + \cdots + \lim u_k. \tag{1}$$

Hier ist bei allen lim-Zeichen das Zeichen $x \to a$ (oder $x \to \infty$) darunter zu setzen.

Theorem Ia. (Sonderfall von Theorem I):

$$\lim (u_1 - u_2) = \lim u_1 - \lim u_2. \tag{2}$$

---

[1]) d. h. für alle $x \geqq x_0$.

Theorem II. Der Grenzwert eines Produkts von zwei, drei oder allgemein von einer beliebigen festen Zahl von Faktoren ist gleich dem Produkt der Grenzwerte:

$$\lim (u_1 u_2 \cdots u_k) = \lim u_1 \cdot \lim u_2 \cdots \lim u_k. \tag{3}$$

Theorem IIa. Einen konstanten Faktor darf man vor das lim-Zeichen ziehen:

$$\lim cu = c \lim u. \tag{4}$$

Theorem III. Der Grenzwert eines Quotienten ist gleich dem Quotienten der Grenzwerte, wenn der Grenzwert des Divisors ungleich Null ist:

$$\lim \frac{u}{v} = \frac{\lim u}{\lim v} \quad (\lim v \neq 0). \tag{5}$$

Beispiel 1.

$$\lim_{x\to 5} \frac{x+4}{x-2} = \lim_{x\to 5} (x+4) : \lim_{x\to 5} (x-2) = 9 : 3 = 3. \tag{6}$$

Wenn der Grenzwert des Divisors Null ist, der Grenzwert des Dividenden jedoch nicht, so besitzt der Quotient einen unendlichen Grenzwert.

Beispiel 2.

$$\lim_{x\to 2} \frac{x+4}{x-2} = \infty.$$

Hier gilt

$$\lim_{x\to 2} (x-2) = 0, \qquad \text{aber} \qquad \lim_{x\to 2} (x+4) = 6 \neq 0.$$

§ 213. Bemerkungen zu den Sätzen über Grenzwerte

1. Die Sätze I und II, § 212, gelten nicht für unendlich viele Summanden bzw. Faktoren.

2. Das Theorem III behält für $\lim v = 0$, $\lim u \neq 0$ seine Gültigkeit, wenn man es im erweiterten Sinn versteht. Man muß dazu das Symbol $\lim f(x) = \frac{c}{0}$ (c eine von 0 verschiedene Zahl) im selben Sinn verstehen wie $\lim f(x) = \infty$.

3. Wenn $\lim v = 0$ und $\lim u = 0$, so ist Theorem III nicht anwendbar, da der Ausdruck $\frac{0}{0}$ nicht definiert ist. Es kann sein, daß der Quotient einem endlichen oder unendlichen Grenzwert zustrebt; es kann aber auch sein, daß kein Grenzwert existiert.

4. Jede irrationale Zahl (§ 194) läßt sich als Grenzwert einer Folge rationaler Zahlen darstellen. Da das Rechnen mit rationalen Zahlenfolgen gemäß § 204 erklärt ist, liefern die Sätze von § 212 eine Begründung für das Rechnen mit Irrationalzahlen.

§ 214. Die Zahl e

Die Folge $u_n = \left(1 + \frac{1}{n}\right)^n$ wächst monoton für $n \to \infty$, bleibt aber beschränkt[1]). Jede wachsende und beschränkte Größe hat einen (endlichen) Grenzwert. Der Grenzwert, dem sich $\left(1 + \frac{1}{n}\right)^n$, mit $n \to \infty$ nähert, wird durch e bezeichnet:

$$\lim_{n\to\infty}\left(1 + \frac{1}{n}\right)^n = e. \tag{1}$$

Die (irrationale) Zahl e lautet mit einer Genauigkeit von sechs signifikanten Stellen

$$e = 2{,}71828.$$

Diese Zahl nimmt man in vielen Fällen als Basis für den Logarithmus (vgl. § 242).

Die Funktion $\left(1 + \frac{1}{n}\right)^n$ hat e nicht nur bei ganzzahligen Werten für n zum Grenzwert, sondern auch dann, wenn n die Zahlengerade stetig durchläuft. Darüber hinaus darf n sowohl positive als auch negative Werte annehmen, wenn n nur dem Betrag nach unbegrenzt wächst. Um dies auszudrücken, ersetzen wir den Buchstaben n durch x und schreiben

$$\lim_{x\to\pm\infty}\left(1 + \frac{1}{x}\right)^x = e \tag{2}$$

(vgl. § 211) oder kürzer

$$\lim_{x\to\infty}\left(1 + \frac{1}{x}\right)^x = e. \tag{3}$$

---

[1]) Es könnte scheinen, daß mit unbegrenzt wachsendem Exponenten auch die Funktion $\left(1 + \frac{1}{n}\right)^n$ unbegrenzt wächst. Aber der Zuwachs im Exponenten wird dadurch kompensiert, daß die Basis $1 + \frac{1}{n}$ gegen 1 strebt:

$$\left(1 + \frac{1}{5}\right)^5 = 2{,}48,\quad \left(1 + \frac{1}{10}\right)^{10} = 2{,}59,\quad \left(1 + \frac{1}{50}\right)^{50} = 2{,}69,\quad \left(1 + \frac{1}{100}\right)^{100} = 2{,}71.$$

Die Beschränktheit von $\left(1 + \frac{1}{n}\right)^n$ kann man mit Hilfe der Binomialentwicklung zeigen. Das erste Glied ist 1, das zweite ebenfalls, das dritte gleich $\frac{n(n-1)}{2} \times \frac{1}{n^2}$, also für alle n kleiner als $\frac{1}{2}$, das vierte Glied ist immer kleiner als $\frac{1}{2^2}$, das fünfte kleiner als $\frac{1}{2^3}$ usw. Daher sind alle Ausdrücke u_n kleiner als

$$1 + 1 + \left(\frac{1}{2} + \frac{1}{2^2} + \frac{1}{2^3} + \cdots\right),$$

d. h. kleiner als 3.

§ 215. Der Grenzwert $\frac{\sin x}{x}$ für $x \to 0$

Wenn x das Bogenmaß bedeutet, so gilt

$$\lim_{x\to 0} \frac{x}{\sin x} = 1 \quad \text{und} \quad \lim_{x\to 0} \frac{\sin x}{x} = 1. \tag{1}$$

Erklärung. Wir nehmen den Radius OA (Abb. 213) als Längeneinheit. Dann haben wir $x = \overset{\frown}{AB}$, $\sin x = BD$ und $x : \sin x = \overset{\frown}{AB} : BD = \overset{\frown}{B'AB} : B'B$. Der Bogen $\overset{\frown}{B'AB}$ ist größer als die Sehne $B'B$. Daher ist $x : \sin x > 1$. Andererseits ist der Bogen $\overset{\frown}{B'AB}$ kleiner als $BC + B'C = 2BC$, d. h. $\overset{\frown}{AB} < BC$. Somit ist $x : \sin x < BC : BD = \sec x$ (aus dem Dreieck DBC).

Der Bruch $\frac{x}{\sin x}$ liegt also zwischen 1 und $\sec x$. Für $x \to 0$ strebt $\sec x$ gegen 1, also auch $x : \sin x$.

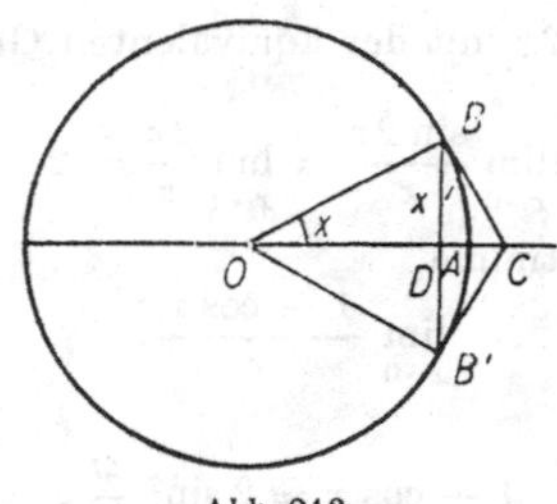

Abb. 213

§ 216. Äquivalenz von Nullfolgen

Definition. Zwei Nullfolgen $\{a_n\}$ und $\{b_n\}$ heißen *äquivalent*[1]), Bezeichnung

$$\{a_n\} \approx \{b_n\},$$

wenn der Grenzwert des Quotienten a_n/b_n gleich eins ist. Entsprechend heißen zwei gegen Null strebende Funktionen $f(x)$ und $g(x)$ *äquivalent*,

$$f(x) \approx g(x),$$

wenn $\lim \frac{f(x)}{g(x)} = 1$ ist. Der Wert, gegen den die unabhängige Veränderliche x strebt, ist dabei selbstverständlich festgelegt.

Beispiel 1. Die Nullfolgen $\frac{1}{n}$ und $\frac{1}{n + \sqrt{n}}$ sind äquivalent, denn die Folge $\frac{n + \sqrt{n}}{n}$ strebt gegen 1.

---

[1]) Das lateinische Wort „äquivalent" bedeutet „gleichwertig".

Beispiel 2. Die Funktionen x und $\sin x$ sind für $x \to 0$ gem. § 215 äquivalent.

Beispiel 3. Die Funktionen $\alpha^3 + 3\alpha^2$ und $\alpha^2 - 4\alpha^3$ sind bei Annäherung von α gegen Null äquivalent, da

$$\lim_{\alpha \to 0} \frac{\alpha^2 + 3\alpha^3}{\alpha^2 - 4\alpha^3} = \lim_{\alpha \to 0} \frac{1 + 3\alpha}{1 - 4\alpha} = 1.$$

Es ist also $\alpha^2 + 3\alpha^3 \approx \alpha^2 - 4\alpha^3$ $(\alpha \to 0)$.

Bemerkung. Unter Verwendung der in § 207 erklärten Ausdrucksweise sagt man auch, daß die beiden „unendlich kleinen" Größen $f(x)$ und $g(x)$ äquivalent sind. Mit dieser Formulierung gilt das

Theorem. Der Grenzwert eines Quotienten aus zwei unendlich kleinen Größen ändert sich nicht, wenn man eine davon (oder beide) durch eine äquivalente Größe ersetzt.

Beispiel 3. Man bestimme $\lim\limits_{x \to 0} \dfrac{\sin 2x}{x}$.

Vertauschen wir $\sin 2x$ mit der äquivalenten Größe $2x$, so erhalten wir

$$\lim_{x \to 0} \frac{\sin 2x}{x} = \lim_{x \to 0} \frac{2x}{x} = 2.$$

Beispiel 4. Man bestimme

$$\lim_{x \to 0} \frac{1 - \cos x}{x}.$$

Lösung. Wir haben

$$1 - \cos x = 2 \sin^2 \frac{x}{2},$$

und wegen

$$\sin^2 \frac{x}{2} \approx \left(\frac{x}{2}\right)^2$$

gilt

$$\lim_{x \to 0} \frac{1 - \cos x}{x} = \lim_{x \to 0} \frac{2\left(\frac{x}{2}\right)^2}{x} = 0.$$

§ 217. Vergleich gegen Null strebender Größen

Vorbemerkung. Bei der Formulierung der nachstehenden Definitionen und Beispiele ist es zweckmäßig, die in § 207 erklärte Sprechweise „wird unendlich klein" zu verwenden. Der Satz „das Verhältnis zweier unendlich kleiner Größen ist selbst unendlich klein" besagt dasselbe wie der Satz „das Verhältnis der beiden gegen Null strebenden Funktionen strebt selbst gegen Null".

Definition 1. Wenn das Verhältnis $\dfrac{\beta}{\alpha}$ zweier unendlich kleiner

Größen selbst unendlich klein ist $\left(\text{d. h. wenn } \lim \frac{\beta}{\alpha} = 0, \text{ und folglich (§ 209) } \lim \frac{\alpha}{\beta} = \infty\right)$, so heißt β *klein von höherer Ordnung relativ zu* α, und α heißt *klein von niederer Ordnung relativ zu* β.

Definition 2. Wenn das Verhältnis zweier unendlich kleiner Größen $\frac{\beta}{\alpha}$ gegen einen endlichen Grenzwert strebt, der von 0 verschieden ist, so nennt man α und β *klein von derselben Ordnung.*[1])

Bemerkung. Äquivalente unendlich kleine Größen haben immer dieselbe Größenordnung[2]).

Beispiel 1. Für $x \to 0$ ist die Größe x^5 klein von höherer Ordnung relativ zu x^3, da $\lim\limits_{x\to 0} \frac{x^5}{x^3} = 0$. Umgekehrt ist x^3 klein von niederer Ordnung relativ zu x^5, da $\lim\limits_{x\to 0} \frac{x^3}{x^5} = \infty$.

Beispiel 2. Für $x \to 0$ sind die Größen $\sin x$ und $2x$ klein von derselben Ordnung, da (§ 215)

$$\lim_{x\to 0} \frac{\sin x}{2x} = \frac{1}{2} \lim_{x\to 0} \frac{\sin x}{x} = \frac{1}{2}.$$

Beispiel 3. Für $x \to 0$ ist die Größe $1 - \cos x$ klein von höherer Ordnung relativ zu $\sin x$, da (§ 216, Beispiel 4)

$$\lim_{x\to 0} \frac{1 - \cos x}{\sin x} = 0.$$

Für $\alpha \to 0$ ist jede der Größen $\alpha, \alpha^2, \alpha^3, \ldots$ klein von niederer Ordnung relativ zu einer beliebigen der nachfolgenden Größen. Daraus ergibt sich zur weiteren Klassifikation der unendlich kleinen Größen die folgende Definition.

Definition 3. Eine unendlich kleine Größe β heißt klein von m-ter Ordnung relativ zur unendlich kleinen Größe α, wenn β klein von derselben Ordnung ist wie α^m, d. h. (vgl. Definition 2), wenn das Verhältnis $\frac{\beta}{\alpha^m}$ einen endlichen Grenzwert besitzt, der von Null verschieden ist.

Beispiel 4. Für $x \to 0$ ist die unendlich kleine Größe $\frac{x^3}{4}$ klein von dritter Ordnung relativ zu x, da $\lim \left(\frac{1}{4} x^3 : x^3\right) = \frac{1}{4}$, die Größe

---

1) Anstelle von $\frac{\beta}{\alpha}$ kann man auch den Reziprokwert $\frac{\alpha}{\beta}$ nehmen, da auch dieser einen von Null verschiedenen Grenzwert hat $\left(\text{wenn } \lim \frac{\beta}{\alpha} = m, \text{ so ist } \lim \frac{\alpha}{\beta} = \frac{1}{m}\right)$.

2) Die umgekehrte Aussage gilt nicht. So haben die Größen $2x$ und $3x$ bei $x \to 0$ dieselbe Ordnung $\left(\lim\limits_{x\to 0} \frac{2x}{3x} = \frac{2}{3}\right)$, sie sind jedoch nicht äquivalent.

$\frac{x^2}{7}$ ist klein von zweiter Ordnung, die Größe $\sqrt{x}$ klein von der Ordnung $\frac{1}{2}$.

Beispiel 5. Die unendlich kleine Größe $1 - \cos\alpha$ $(\alpha \to 0)$ ist klein von zweiter Ordnung relativ zu α, da (s. Bemerkung zu Definition 2)

$$1 - \cos\alpha = 2\sin^2\frac{\alpha}{2} \approx 2\left(\frac{\alpha}{2}\right)^2.$$

Beispiel 6. Die Größe $\frac{\alpha^3}{4} + 1000\,\alpha^4 (\alpha \to 0)$ ist klein von dritter Ordnung, d. h. von derselben Ordnung wie der Summand $\frac{\alpha^3}{4}$, dessen Ordnung niedriger ist als die Ordnung des anderen Summanden. Ebenso verhält es sich bei jeder Summe von zwei oder mehreren Summanden.

Beispiel 7. Die Größe $x^3 \sin^2 x (x \to 0)$ ist klein von fünfter Ordnung relativ zu x (die Zahl 5 ist die Summe der Ordnungen der einzelnen Faktoren. Ebenso verhält es sich mit jedem Produkt aus zwei oder mehreren Faktoren).

Theorem 1. Die Differenz $\alpha - \beta$ zweier äquivalenter unendlich kleiner Größen α und β ist klein von höherer Ordnung relativ zu α und β.

Theorem 2. Wenn die Differenz zweier unendlich kleiner Größen α und β eine höhere Ordnung relativ zu einer der Größen hat (und damit auch relativ zur anderen), so gilt $\alpha \approx \beta$.

Definition 4. Der Wert der Variablen z sei zuerst z_1 und dann z_2. Die Differenz $z_2 - z_1$ heißt *Zuwachs* der Größe z. Der Zuwachs kann positiv, negativ oder null sein. Das Wort „Zuwachs" wird durch Δ symbolisiert. Das Symbol Δz (gelesen: „Delta z") bedeutet „den Zuwachs der Größe z", also

$$\Delta z = z_2 - z_1.$$

Der Zuwachs einer konstanten Größe ist null.

Beispiel 8. Der Anfangswert des Arguments sei $x = 3$, der Zuwachs sei $\Delta x = -2$. Man bestimme den entsprechenden Zuwachs Δy für die Funktion $y = x^2$.

Lösung. Wegen $x_1 = 3$ und $x_2 - x_1 = -2$ ist $x_2 = 1$. Die Funktion $y = x^2$ hat den Anfangswert $y_1 = 3^2 = 9$, und es gilt $y_2 = 1^2 = 1$. Der Zuwachs der Funktion ist $\Delta y = y_2 - y_1 = 1 - 9 = -8$.

§ 218. Stetigkeit einer Funktion in einem Punkt

Definition. Die Funktion $f(x)$ heißt *stetig* im Punkt $x = a$, wenn die folgenden zwei Bedingungen erfüllt sind:

1. Bei $x = a$ hat die Funktion $f(x)$ den definierten Wert b.

2. Für $x \to a$ hat die Funktion einen Grenzwert, der ebenfalls gleich b ist.

Wenn eine dieser Bedingungen nicht erfüllt ist, so heißt die Funktion *unstetig* im Punkt $x = a$.

Beispiel 1. Die Funktion $f(x) = \frac{1}{x-3}$ ist stetig im Punkt $x = 5$ (M in Abb. 214), da 1. in $x = 5$ der Funktion $f(5) = \frac{1}{2}$ definiert ist und 2. für $x \to 5$ die Funktion den Grenzwert $\frac{1}{2}$ besitzt. Die Funktion ist unstetig im Punkt $x = 3$. Hier ist die erste Bedingung nicht erfüllt (die Funktion hat keinen definierten Wert). Die zweite Bedingung ist ebenfalls nicht erfüllt.

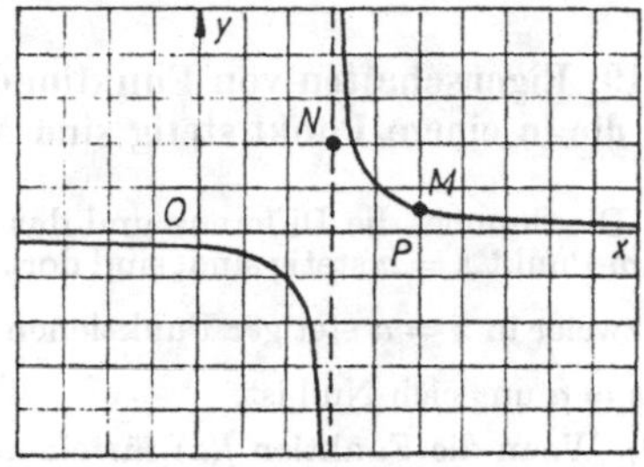

Abb. 214

Beispiel 2. Die Funktion $\varphi(x)$ sei durch die folgenden Formeln gegeben:

$$\varphi(x) = \frac{1}{x-3} \quad \text{für} \quad x \neq 3,$$

$$\varphi(x) = 2 \quad \text{für} \quad x = 3.$$

Diese Funktion (deren grafische Darstellung man aus Beispiel 1 erhält, wenn man dort den Punkt N in Abb. 214 hinzunimmt) ist ebenfalls unstetig im Punkt $x = 3$. Die erste Bedingung ist jetzt erfüllt, aber die zweite nicht. Für $x \to 3$ hat die Funktion $\varphi(x)$ keinen endlichen Grenzwert.

Beispiel 3. Die Wärmemenge Q eines Körpers ist eine Funktion der Temperatur T des Körpers. In Abb. 215 ist diese Funktion dargestellt. Die Gerade RB entspricht dem festen Zustand (Anfangstemperatur T_1 und Schmelztemperatur T_2), die Gerade CE dem flüssigen Zustand (Verdampfungstemperatur T_3), die Gerade FS dem gasförmigen Zustand. Die Funktion Q ist bei $T = T_2$ und $T = T_3$ unstetig. In diesen Punkten hat sie keinen definierten Wert. Der Schmelztemperatur entsprechen alle möglichen Werte der Wärmemenge des Körpers von $Q = AB$ bis $Q = AC$.

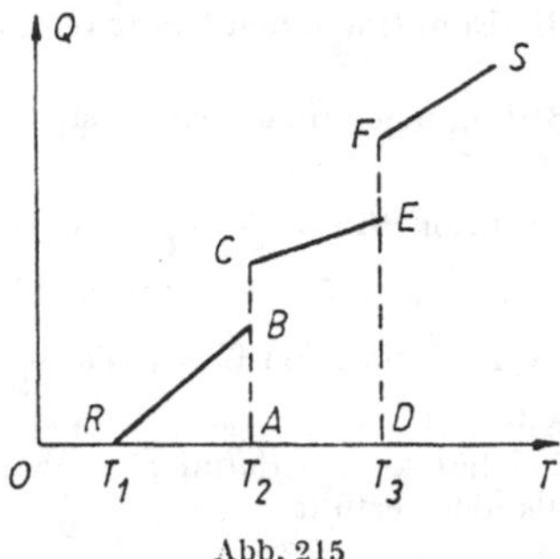

Abb. 215

§ 219. Eigenschaften von Funktionen, die in einem Punkt stetig sind

Eigenschaft 1. Die Summe, die Differenz und das Produkt zweier Funktionen, die im Punkt $x = a$ stetig sind, sind dort ebenfalls stetig. Der Quotient $\frac{u}{v}$ zweier in $x = a$ stetiger Funktionen ist stetig, wenn der Divisor v in $x = a$ ungleich Null ist.

Eigenschaft 2[1]). Wenn die Funktion $f(x)$ für einen gewissen Wert von x stetig ist, so strebt der Zuwachs der Funktion gegen Null, wenn der Zuwachs im Argument gegen Null strebt.

Beispiel. Die Funktion $f(x) = \frac{1}{x-3}$ ist in $x = 5$ stetig, wobei $f(5) = \frac{1}{2}$ (§ 218, Beispiel 1). Bei $x = 5 + \Delta x$ erhält die Funktion den Wert

$$f(5 + \Delta x) = \frac{1}{2 + \Delta x}.$$

Der Zuwachs der Funktion ist gleich

$$f(5 + \Delta x) - f(5) = -\frac{\Delta x}{2(2 + \Delta x)}$$

und strebt für $\Delta x \to 0$ gegen Null.

Einseitiger Grenzwert und Sprung einer Funktion. Wenn die Funktionswerte $f(x)$ gegen b_1 streben, wenn x von der Seite kleinerer Werte her gegen a strebt, so heißt die Zahl b_1 *linksseitiger Grenzwert* der Funktion $f(x)$ im Punkt $x = a$, und man schreibt

$$\lim_{x \to a-0} f(x) = b_1. \tag{1}$$

---

[1]) Die Eigenschaft 2 kann man als Definition für die Stetigkeit verwenden (äquivalent zur Definition in § 218).

Wenn $f(x)$ gegen b_2 strebt, sobald x von der Seite größerer Werte her gegen a strebt, so heißt b_2 *rechtsseitiger Grenzwert* der Funktion $f(x)$ für $x \to a$, und man schreibt

$$\lim_{x \to a+0} f(x) = b_2. \qquad (2)$$

Die Größe $|b_2 - b_1|$ heißt *Sprung* der Funktion.
Linksseitige und rechtsseitige Grenzwerte bezeichnet man als *einseitige Grenzwerte*.
Die zwei einseitigen Grenzwerte einer Funktion $f(x)$ können im Punkt $x = a$ gleich sein. Wenn dabei die Funktion im Punkt $x = a$ definiert ist, so ist sie in diesem Punkt stetig.

§ 220. Stetigkeit einer Funktion in einem abgeschlossenen Intervall

Definition. Eine Funktion heißt *stetig in einem abgeschlossenen Intervall*, wenn sie in jedem Punkt dieses Intervalls, die Grenzen eingeschlossen, stetig ist. In den Endpunkten ist die Funktion *einseitig* stetig (§ 219).
Analog dazu definiert man die Stetigkeit einer Funktion in einem offenen Intervall.

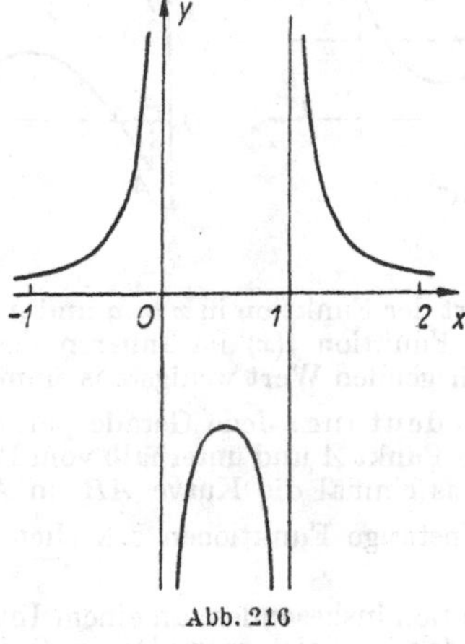

Abb. 216

Beispiel. Wir betrachten die Funktion $\dfrac{1}{4x(x-1)}$ (Abb. 216). Sie ist im abgeschlossenen Intervall $\left(1\frac{1}{2}, 2\right)$ stetig, im abgeschlossenen Intervall (0, 1) jedoch nicht, da die Enden 0 und 1 Unstetigkeitspunkte sind. Die Funktion ist auch im abgeschlossenen Intervall (1, 2) nicht stetig, ebenso nicht im abgeschlossenen Intervall $\left(\frac{1}{2}, 2\right)$, da im Inneren dieses Intervalls der Unstetigkeitspunkt $x = 1$ liegt.

§ 221. Eigenschaften von Funktionen, die in einem abgeschlossenen Intervall stetig sind

Die Funktion $f(x)$ sei im abgeschlossenen Intervall (a, b) stetig. Dann besitzt sie die folgenden Eigenschaften.

1. Unter den Funktionswerten, die $f(x)$ in den Punkten des gegebenen Intervalls annehmen kann, ist ein größter und ein kleinster Wert.

Bemerkung 1. Für eine in einem offenen Intervall (a, b) stetige Funktion $f(x)$ braucht dies nicht richtig zu sein. Die Funktion $2x$ nimmt im offenen Intervall $(1, 3)$ nicht einen größten und einen kleinsten Wert an (die Funktionswerte an den Intervallenden $x = 1$ und $x = 3$ sind aus der Betrachtung ausgeschlossen).

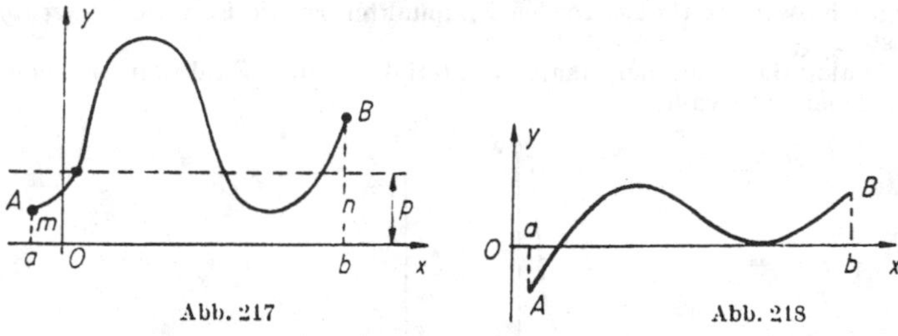

Abb. 217 Abb. 218

2. Wenn m der Wert der Funktion in $x = a$ und n der Wert in $x = b$ ist, so nimmt die Funktion $f(x)$ im Inneren des Intervalls jeden zwischen m und n liegenden Wert wenigstens einmal an.

Geometrische Bedeutung: Jede Gerade parallel zur Abszissenachse oberhalb vom Punkt A und unterhalb vom Punkt B (Abb. 217) schneidet wenigstens einmal die Kurve AB (in Abb. 217 dreimal).

Bemerkung 2. Unstetige Funktionen brauchen diese Eigenschaft nicht zu haben.

2a. Wenn die Funktion insbesondere an einem Intervallende positiv und am anderen Ende negativ ist, so wird sie im Inneren des Intervalls mindestens einmal null.

Geometrische Bedeutung. Wenn einer der beiden Punkte A und B oberhalb und der andere unterhalb der Achse OX liegt (Abb. 218), so schneidet die Kurve AB mindestens einmal die Achse OX (in Abb. 218 zweimal).

3. Wenn sich die Variablen x und x' so ändern, daß die Differenz $x - x'$ gegen Null strebt, so gilt das auch für die Differenz $f(x) - f(x')$.

Bemerkung 3. Wenn x' eine konstante Größe c ist, so gilt gemäß Eigenschaft 2, § 219, $f(x) - f(c) \to 0$. Auf Grund von Eigenschaft 3 dieses Paragraphen gilt dies bei $x \to x'$ nicht nur dann, wenn x' eine Konstante ist, sondern auch dann, wenn x' variabel ist.

Bemerkung 4. Für in einem offenen Intervall stetige Funktionen braucht die Eigenschaft 3 nicht zu gelten. Die Funktion $\frac{1}{x}$ z. B. ist stetig im offenen Intervall (0, 1). Wir setzen $x' = 2x$ und lassen x gegen 0 gehen. Dann strebt die Differenz $x - x'$ gegen Null, aber die Differenz $f(x) - f(x') = \frac{1}{x} - \frac{1}{2x} = \frac{1}{2x}$ wird unendlich groß.

IV. Differentialrechnung

§ 222. Einführende Bemerkungen

Den Ausgangspunkt für die Differentialrechnung bildeten zwei Probleme:

1. Die Bestimmung der Tangente an eine beliebige Kurve (§ 225).
2. Die Bestimmung der Geschwindigkeit bei beliebigen Bewegungen (§ 223).

Beide Probleme führten zur gleichen mathematischen Aufgabe und begründeten die Differentialrechnung. Die Aufgabe besteht darin, zu einer gegebenen Funktion $f(t)$ eine andere Funktion $f'(t)$ zu finden, die den Namen *Ableitung* erhält und die Geschwindigkeit darstellt, mit der sich die Funktion $f(t)$ bei einer Änderung des Arguments ändert (exakte Definition der Ableitung s. § 224).

In dieser allgemeinen Form wurde die Aufgabe von NEWTON und in ähnlicher Form von LEIBNIZ in den 70er und 80er Jahren des 17. Jahrhunderts gestellt. Aber schon in der früheren Hälfte des Jahrhunderts haben FERMAT, PASCAL und andere Gelehrte Regeln für die Bestimmung der Ableitungen von vielen Funktionen angegeben.

NEWTON und LEIBNIZ schlossen diese Entwicklung ab. Sie führten die allgemeinen Begriffe der Ableitung[1]) und des Differentials[2]) ein sowie eine Bezeichnungsweise, die die Durchführung der Rechnung sehr erleichterte. Sie führten den Apparat der Differentialrechnung bis an seine Grenzen und wandten ihn auf viele Probleme der Geometrie und der Mechanik an. Der unzureichende logische Aufbau wurde erst im 19. Jahrhundert vervollständigt (s. § 192).

§ 223. Die Geschwindigkeit[3])

Zur Bestimmung der Geschwindigkeit eines Zuges beobachten wir, wieviel Kilometer der Zug nach der Zeit $t = t_1$ und wieviel er nach der Zeit $t = t_2$ zurückgelegt hat. Es seien dies die Strecken $s = s_1$ und $s = s_2$. Den Zuwachs (§ 217) des Weges $\Delta s = s_2 - s_1$ divi-

---

[1]) Bei NEWTON als „Fluß" bezeichnet. Der Ausdruck „Ableitung" wurde im 18. Jahrhundert (von ARBOGAST) eingeführt.

[2]) Der Ausdruck „Differential" (vom lateinischen differentia) wurde von LEIBNIZ eingeführt.

[3]) Dieser Paragraph dient der Einführung für § 224.

dieren wir durch den Zuwachs an Zeit $\Delta t = t_2 - t_1$. Der Bruch

$$\frac{\Delta s}{\Delta t} \tag{1}$$

stellt die *mittlere Geschwindigkeit* des Zuges im Zeitintervall (t_1, t_2) dar. Bei einer ungleichförmigen Bewegung charakterisiert die mittlere Geschwindigkeit die Geschwindigkeit im Zeitpunkt $t = t_1$ nur unzureichend. Daher bezeichnet man als Geschwindigkeit zum Zeitpunkt $t = t_1$ den Grenzwert, dem das Verhältnis $\frac{\Delta s}{\Delta t}$ für $\Delta t \to 0$ zustrebt:

$$v = \lim_{\Delta t \to 0} \frac{\Delta s}{\Delta t}. \tag{2}$$

Beispiel. Der freie Fall eines Körpers. Wir haben

$$s = \frac{1}{2} g t^2. \tag{3}$$

Wegen $t_2 = t_1 + \Delta t$ gilt

$$\Delta s = s_2 - s_1 = \frac{1}{2} g(t_1 + \Delta t)^2 - \frac{1}{2} g t_1^2.$$

Also haben wir

$$v = \lim_{\Delta t \to 0} \frac{\frac{1}{2} g(t_1 + \Delta t)^2 - \frac{1}{2} g t_1^2}{\Delta t} \tag{4}$$

Nach Durchführung des Grenzübergangs erhalten wir

$$v = g t_1. \tag{5}$$

Die Bezeichnung t_1 haben wir gewählt, um hinzuweisen, daß *t während des Grenzübergangs konstant* bleibt. Da t_1 ein willkürlicher Wert ist, lassen wir den Index 1 besser weg. Dann ersieht man aus der Formel

$$v = g t, \tag{5a}$$

daß die Geschwindigkeit v ebenso wie der Weg s eine Funktion der Zeit ist. Die Form der Funktion v hängt völlig von der Funktion s ab, so daß sich v aus s „ableiten" läßt. Daher kommt der Name „Ableitung einer Funktion".

§ 224. Die Definition der Ableitung einer Funktion[1])

Es sei $y = f(x)$ eine stetige Funktion vom Argument x, die im Intervall (a, b) definiert ist, und es sei x ein beliebiger Punkt dieses Intervalls. Wir erteilen dem Argument x einen Zuwachs Δx (positiv oder negativ). Die Funktion $y = f(x)$ erfährt dann einen Zuwachs

$$\Delta y = f(x + \Delta x) - f(x). \tag{1}$$

[1]) Es wird geraten, vorher § 223 durchzulesen.

Für $\Delta x \to 0$ strebt auch der Zuwachs Δy gegen Null (§ 219).

Der Grenzwert, gegen den das Verhältnis $\frac{\Delta y}{\Delta x}$ für $\Delta x \to 0$ strebt, d. h.

$$\lim_{\Delta x \to 0} \frac{f(x + \Delta x) - f(x)}{\Delta x}, \tag{2}$$

ist selbst eine Funktion des Arguments x (vgl. § 223). Diese neue Funktion heißt *Ableitung* der Funktion $f(x)$ und wird durch $f'(x)$ oder y' bezeichnet.

Kürzer: *Die Ableitung einer Funktion ist der Grenzwert*[1]*), gegen den das Verhältnis aus einem gegen Null strebenden Zuwachs der Funktion und dem entsprechenden Zuwachs im Argument strebt.*

Bemerkung. Beim Grenzübergang in (2) wird x als Konstante betrachtet.

Beispiel 1. Man bestimme den Wert der Ableitung der Funktion $y = x^2$ bei $x = 7$.

Lösung. Bei $x = 7$ haben wir $y = 7^2 = 49$. Wir erteilen dem Argument x den Zuwachs Δx. Das Argument ist hierauf gleich $7 + \Delta x$, die Funktion erhält den Wert $(7 + \Delta x)^2$.

Der Zuwachs Δy der Funktion ist

$$\Delta y = (7 + \Delta x)^2 - 7^2 = 14\Delta x + \Delta x^2.$$

Das Verhältnis dieses Zuwachses zum Zuwachs Δx ist

$$\frac{\Delta y}{\Delta x} = \frac{14\Delta x + \Delta x^2}{\Delta x} = 14 + \Delta x.$$

Wir bestimmen den Grenzwert, dem sich $\frac{\Delta y}{\Delta x}$ für $\Delta x \to 0$ nähert:

$$\lim_{\Delta x \to 0} \frac{\Delta y}{\Delta x} = \lim_{\Delta x \to 0} (14 + \Delta x) = 14.$$

Der gesuchte Wert der Ableitung ist 14.

Beispiel 2. Man bestimme die Ableitung der Funktion $y = x^2$ (bei beliebigem Wert von x). Wir erteilen dem Argument den Zuwachs Δx, wodurch es den Wert $x + \Delta x$ erhält. Der Zuwachs Δy der Funktion ist $(x + \Delta x)^2 - x^2 = 2x\,\Delta x + \Delta x^2$. Das Verhältnis $\frac{\Delta y}{\Delta x}$ ist gleich $\frac{(x + \Delta x)^2 - x^2}{\Delta x} = 2x + \Delta x$. Die Ableitung der Funktion ist der Grenzwert dieses Ausdrucks für $\Delta x \to 0$:

$$y' = \lim_{\Delta x \to 0} \frac{\Delta y}{\Delta x} = \lim_{\Delta x \to 0} (2x + \Delta x) = 2x.$$

Die gesuchte Ableitung ist $y' = 2x$. Bei $x = 7$ erhalten wir $y' = 14$ (vgl. Beispiel 1).

[1]) Über Fälle, in denen dieser Grenzwert nicht existiert, s. § 231.

Beispiel 3. Man bestimme die Ableitung der Funktion $y = \sin x$ (Argument im Winkelmaß ausgedrückt).
Lösung. Wir erteilen dem Argument den Zuwachs Δx. Der Zuwachs der Funktion ist

$$\Delta y = \sin(x + \Delta x) - \sin x = 2\cos\left(x + \frac{\Delta x}{2}\right) \cdot \sin\frac{\Delta x}{2}.$$

Das Verhältnis $\frac{\Delta y}{\Delta x}$ ist gleich

$$\frac{\Delta y}{\Delta x} = \frac{2\cos\left(x + \frac{\Delta x}{2}\right) \cdot \sin\frac{\Delta x}{2}}{\Delta x} = \cos\left(x + \frac{\Delta x}{2}\right) \frac{2\sin\frac{\Delta x}{2}}{\Delta x}.$$

Der Grenzwert dieses Verhältnisses für $\Delta x \to 0$ (§§ 213, 215) ist gleich

$$\lim_{\Delta x \to 0} \frac{\Delta y}{\Delta x} = \lim_{\Delta x \to 0} \cos\left(x + \frac{\Delta x}{2}\right) \lim_{\Delta x \to 0} \frac{2\sin\frac{\Delta x}{2}}{\Delta x} = \cos x.$$

Es gilt also $y' = \cos x$.

§ 225. Die Tangente

Unter der *Tangente* zur Kurve L im Punkt M (Abb. 219) versteht man die Gerade $T'MT$, mit der die Sekante MM' zur Deckung kommt, wenn der Punkt M' längs der Kurve L gegen M strebt, sei es von links oder von rechts.

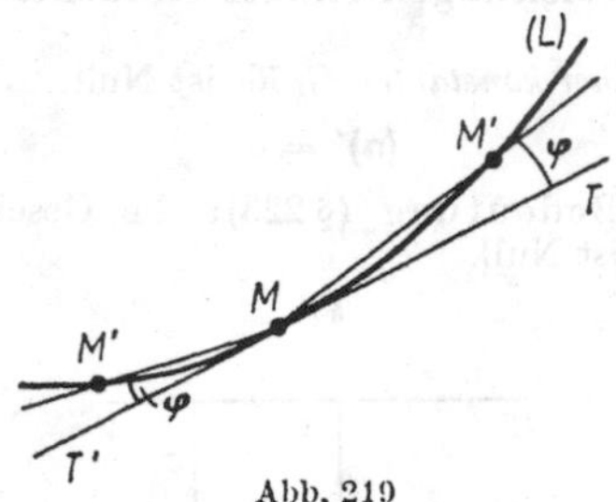

Abb. 219

Wenn die Kurve L die grafische Darstellung der Funktion $y = f(x)$ angibt, so ist die Steigung der Tangente gleich dem Wert der Ableitung dieser Funktion im entsprechenden Punkt[1]).

[1]) Wenn die Kurve keine Tangente besitzt, so hat die Funktion keine Ableitung und umgekehrt.

Dieser Sachverhalt ist in Abb. 220 dargestellt. Die Steigung k der Sekante ist $k = \frac{QM'}{MQ} = \frac{\Delta y}{\Delta x}$. Wenn M' gegen M strebt, so hat k als Grenzwert die Steigung m der Tangente. Also gilt $m = \lim_{\Delta x \to 0} \frac{\Delta y}{\Delta x}$, d. h. (§ 224) $m = f(x)$.

Beispiel 1. Man bestimme die Steigung und die Gleichung der Tangente zur Parabel $y = x^2$ im Punkt M (1; 1) (Abb. 221).

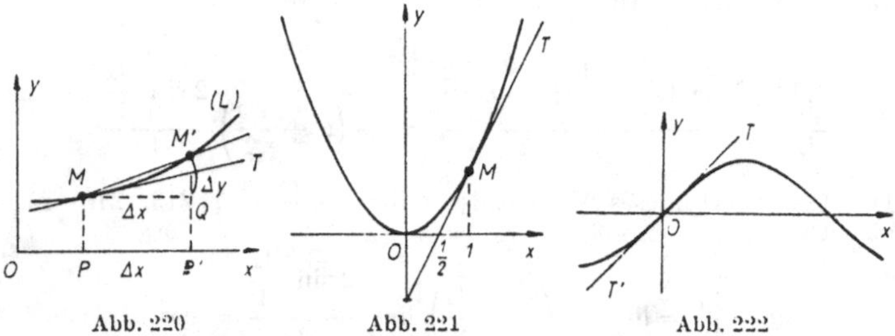

Abb. 220 Abb. 221 Abb. 222

Lösung. Wir haben $y' = 2x$ (§ 224, Beispiel 2). Für $x = 1$ erhalten wir $y' = 2$. Die gesuchte Steigung der Tangente ist $m = 2$. Die Gleichung der Tangente ist $y - 1 = m(x - 1)$, d. h. $y = 2x - 1$.

Beispiel 2. Man bestimme die Gleichung der Tangente an die Kurve $y = \sin x$ (Abb. 222) im Punkt O (0, 0).

Lösung. Wir haben $y' = \cos x$ (§ 224, Beispiel 3). Bei $x = 0$ erhalten wir $y' = 1$. Die Gleichung der Tangente ist $y = x$.

§ 226. Die Ableitungen einiger einfacher Funktionen

1. *Die Ableitung einer konstanten Größe* ist Null:

$$(a)' = 0. \tag{1}$$

Physikalische Bedeutung (§ 223): die Geschwindigkeit eines ruhenden Punkts ist Null.

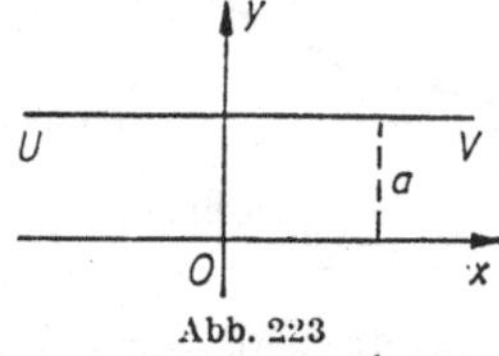

Abb. 223

Geometrische Bedeutung: die Steigung der Geraden $y = a$ (UV in Abb. 223) ist Null.

Bemerkung. Eine Funktion kann bei gewissen Werten die Ableitung Null haben, ohne daß sie konstant ist. Zum Beispiel ist die

Ableitung $(\sin x)' = \cos x$ (§ 224, Beispiel 3) gleich Null für $x = \frac{\pi}{2}$, $x = -\frac{3\pi}{2}$ usw. Ist aber die Ableitung $f(x)$ einer Funktion *identisch* Null, so ist die Funktion $f(x)$ eine Konstante (§ 265, Theorem 1).

2. *Die Ableitung der unabhängigen Variablen* ist eins:

$$(x)' = 1. \tag{2}$$

Geometrische Bedeutung: Die Steigung der Geraden $y = x$ ist eins.

Physikalische Bedeutung: Wenn der Weg, den ein bewegter Körper zurücklegt, dem Betrag nach gleich der Bewegungsdauer ist, so ist seine Geschwindigkeit gleich eins.

3. *Die Ableitung der linearen Funktion* $y = ax + b$ ist die konstante Größe a:

$$(ax + b)' = a. \tag{3}$$

4. *Die Ableitung einer Potenzfunktion* ist gleich dem Produkt des Exponenten mit einer Potenzfunktion, deren Exponent um eine Einheit kleiner ist:

$$(x^n)' = nx^{n-1}. \tag{4}$$

Beispiele.

1) $(x^2)' = 2x.$

2) $(x^3)' = 3x^2.$

3) $\left(\sqrt{x}\right)' = \left(x^{\frac{1}{2}}\right)' = \frac{1}{2}x^{-\frac{1}{2}} = \frac{1}{2\sqrt{x}}.$

4) $\left(\frac{1}{x^2}\right)' = (x^{-2})' = -2x^{-3} = -\frac{2}{x^3}.$

§ 227. Eigenschaften der Ableitung

1. Einen konstanten Faktor darf man vor das Ableitungszeichen vorziehen:

$$[af(x)]' = af'(x).$$

Beispiele.

1) $(3x^2)' = 3(x^2)' = 3 \cdot 2x = 6x.$

2) $\left(\frac{5}{x^2}\right)' = 5\left(\frac{1}{x^2}\right)' = 5\left(-\frac{2}{x^3}\right) = -\frac{10}{x^3}.$

3) $\left(\sqrt{2x}\right)' = \sqrt{2}\left(\sqrt{x}\right)' = \frac{\sqrt{2}}{2\sqrt{x}} = \frac{1}{\sqrt{2x}}.$

2. Die Ableitung der algebraischen Summe von mehreren Funktionen (mit fester Anzahl von Summanden) ist gleich der algebraischen Summe der einzelnen Ableitungen

$$[f_1(x) + f_2(x) - f_3(x)]' = f_1'(x) + f_2'(x) - f_3'(x).$$

Beispiele.

4) $(0{,}3x^2 - 2x + 0{,}8)' = (0{,}3x^2)' - (2x)' + (0{,}8)' = 0{,}6x - 2$ (die Ableitung des letzten Summanden ist Null, § 226, Pkt. 1).

5) $$\left(\frac{3}{x^2} - 6\sqrt{x}\right)' = \left(\frac{3}{x^2}\right)' - 6\left(\sqrt{x}\right)' = -\frac{6}{x^3} - \frac{3}{\sqrt{x}}.$$

§ 228. Das Differential

Definition. Der Zuwachs (§ 217) einer Funktion $y = f(x)$ werde in die Summe zweier Glieder zerlegt:

$$\Delta y = A\,\Delta x + \alpha. \tag{1}$$

Dabei hängt A nicht von Δx ab (d. h. ist bei gegebenem Argumentwert x konstant). α sei klein von höherer Ordnung relativ zu Δx (bei $\Delta x \to 0$).
In diesem Fall ist das erste Glied (das „Hauptglied") proportional zu Δx und heißt *Differential der Funktion* $f(x)$. Es wird durch dy oder $df(x)$ bezeichnet (gelesen de-ypsilon oder de-ef-von x).
Beispiel 1. Wir wählen die Funktion $y = x^3$. Dann gilt[1])

$$\Delta y = 3x^2\,\Delta x + (3x\,\Delta x^2 + \Delta x^3). \tag{2}$$

Hier hängt der Koeffizient $A = 3x^2$ nicht von Δx ab. Das erste Glied ist daher proportional zu Δx, das zweite Glied $\alpha = 3x\,\Delta x^2 + \Delta x^3$ ist klein von höherer (zweiter Ordnung) relativ zu Δx. Somit ist das Glied $3x^2\,\Delta x$ das Differential der Funktion x^3:

$$dy = 3x^2\,\Delta x \quad \text{oder} \quad d(x^3) = 3x^2\,\Delta x. \tag{3}$$

Theorem 1. Der Koeffizient A ist gleich der Ableitung $f'(x)$. Mit anderen Worten: *Das Differential einer Funktion ist gleich dem Produkt aus ihrer Ableitung und dem Zuwachs des Arguments:*

$$dy = y'\,\Delta x \tag{4}$$

oder

$$df(x) = f'(x)\,\Delta x. \tag{4a}$$

Beispiel 2. In Beispiel 1 haben wir gefunden $d(x^3) = 3x^2\,\Delta x$. Der Koeffizient $3x^2$ ist die Ableitung der Funktion x^3.

Beispiel 3. Wenn $y = \frac{1}{x}$, so gilt $y' = -\frac{1}{x^2}$ (§ 226, Pkt. 4). Daher ist $dy = -\frac{\Delta x}{x^2}$.

Theorem 2. Wenn die Ableitung ungleich Null ist, so sind das Differential einer Funktion und ihr Zuwachs äquivalent (für $\Delta x \to 0$). Wenn die Ableitung Null ist (und damit auch das Differential), so sind die beiden Größen nicht äquivalent.

---

[1]) Die Schreibweise Δx^2 bedeutet dasselbe wie $(\Delta x)^2$. Für den Zuwachs der Funktion x^2 hingegen schreiben wir $\Delta(x^2)$.

Die Äquivalenz des Differentials und des Zuwachs wird oft zur näherungsweisen Berechnung der Funktionswerte verwendet (in der Regel berechnet man das Differential leichter als den Zuwachs).

Beispiel 4. Wir betrachten einen metallischen Würfel mit der Kantenlänge $x = 10{,}00$. Bei einer Erwärmung verlängern sich die Kanten um $\Delta x = 0{,}01$. Um welchen Betrag vergrößert sich das Volumen des Würfels?

Lösung. Wir haben $V = x^3$ und somit $dV = 3x^2\,\Delta x = 3 \cdot 10^2 \times 0{,}01 = 3$ (cm³). Die Volumsvergrößerung ΔV ist äquivalent dem Differential dV, also gilt $\Delta V \approx 3$ cm³. Eine exakte Berechnung liefert $\Delta V = 10{,}01^3 - 10^3 = 3{,}003001$. Aber in diesem Ergebnis sind alle Ziffern außer der ersten fraglich. Das heißt, man darf auf 3 cm³ abrunden.

Bezüglich anderer Beispiele für die Anwendung der Differentiale auf die Näherungsrechnung s. § 243 und § 248.

§ 229. Die mechanische Deutung des Differentials

Es sei $s = f(t)$ der Abstand eines geradlinig bewegten Punktes von seiner Anfangslage (t — Dauer der Bewegung). Dann ist Δs der Weg, den der Punkt im Intervall Δt zurücklegt, und das Differential $ds = f'(t)\,\Delta t$ (§ 228, Theorem 1) der Weg, den der Punkt in Δt zurücklegen würde, wenn er die Geschwindigkeit $f'(t)$ beibehielte, die er im Zeitpunkt t besitzt. Bei unendlich kleinem Δt unterscheidet sich der angenommene Weg ds vom wirklichen Weg Δs um eine unendlich kleine Größe höherer Ordnung relativ zu Δt. Wenn die Geschwindigkeit zum Zeitpunkt t nicht Null ist, so liefert ds einen Näherungswert für eine kleine Verschiebung des Punktes (vgl. § 228, Theorem 2).

§ 230. Die geometrische Bedeutung des Differentials

Die Kurve L (Abb. 224) sei die grafische Darstellung der Funktion $y = f(x)$. Dann gilt

$$\Delta x = MQ, \qquad \Delta y = QM'.$$

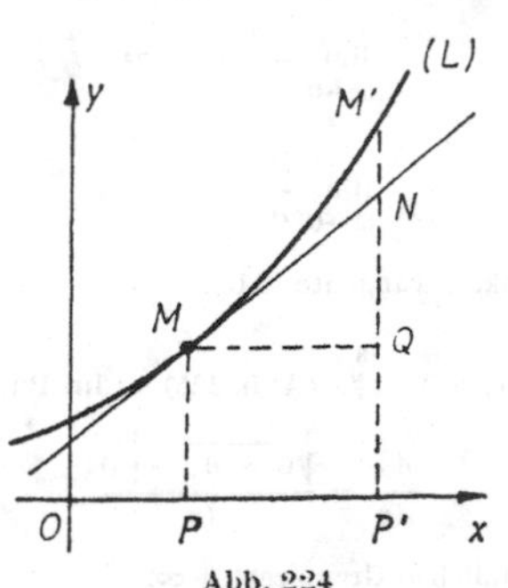

Abb. 224

Die Tangente MN teilt die Strecke Δy in zwei Teile QN und NM'. Der erste Teil ist proportional Δx und gleich $QN = MQ \cdot \tan \sphericalangle QMN = \Delta x f'(x)$ (vgl. § 225), d. h., QN ist das Differential dy.
Der zweite Teil NM' liefert die Differenz $\Delta y - dy$. Er ist klein von höherer Ordnung relativ zu Δx. Im gegebenen Fall sind wegen $f'(x) \neq 0$ (Tangente nicht parallel OX) die Strecken QM' und QN äquivalent (§ 228, Theorem 2). Mit anderen Worten, NM' ist klein von höherer Ordnung auch relativ zu $\Delta y = QM'$. Dies ist aus der Abbildung ersichtlich (bei Annäherung von M' an M wird die Strecke NM' im Verhältnis zu QM' immer kleiner).
Das Differential einer Funktion erscheint also in der grafischen Darstellung als Zuwachs der Ordinate der Tangente.

§ 231. Differenzierbare Funktionen

Stetige Funktionen, die (in einem gegebenen Punkt) ein Differential besitzen, heißen *differenzierbar* (im betrachteten Punkt).
Unstetige Funktionen haben in ihren Unstetigkeitspunkten weder ein Differential noch eine Ableitung. (Die Kurve besitzt dort keine Tangente.)
Eine Funktion, die in einem gegebenen Punkt stetig ist, braucht dort kein Differential besitzen. Wir betrachten drei charakteristische Fälle:

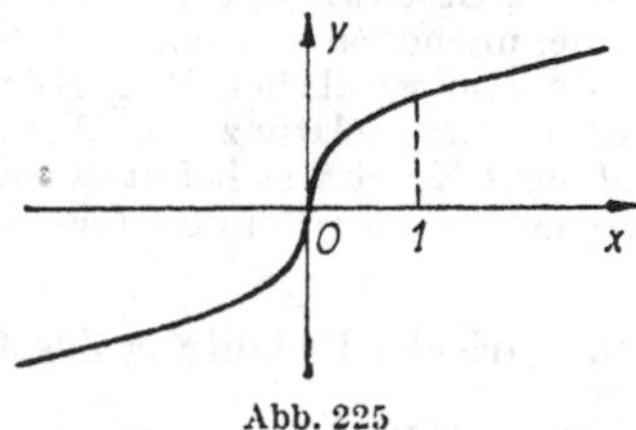

Abb. 225

Fall 1. Die Funktion $y = f(x)$ hat im betrachteten Punkt eine unendliche Ableitung, d. h.

$$\lim_{\Delta x \to 0} \frac{\Delta y}{\Delta x} = +\infty$$

oder

$$\lim_{\Delta x \to 0} \frac{\Delta y}{\Delta x} = -\infty$$

Die Kurve hat eine vertikale Tangente (Abb. 225).

Symbol: $f'(x) = \infty$.

Beispiel 1. Die Funktion $f(x) = \sqrt[3]{x}$ (Abb. 225) ist im Punkt $x = 0$ nicht differenzierbar. Die Größe

$$\frac{\Delta y}{\Delta x} = \frac{\sqrt[3]{0 + \Delta x} - \sqrt[3]{0}}{\Delta x}$$

hat für $\Delta x \to 0$ den unendlichen Grenzwert $+\infty$.

Die Tangente im Punkt $x = 0$ fällt mit der Achse OY zusammen.

Bemerkung 1. Eine Funktion, die in einem gegebenen Punkt eine endliche Ableitung besitzt, ist in diesem Punkt differenzierbar. Umgekehrt besitzt eine differenzierbare Funktion eine endliche Ableitung.

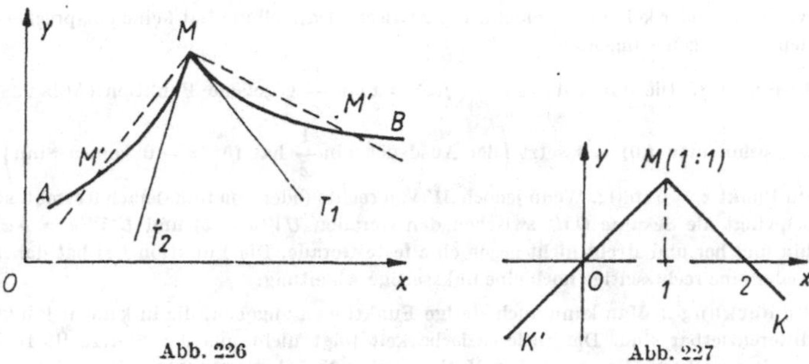

Abb. 226 Abb. 227

Fall 2. Das Verhältnis $\frac{\Delta y}{\Delta x}$ hat für $\Delta x \to 0$ keinen Grenzwert (d. h., die Funktion $y = f(x)$ hat keine Ableitung), es besitzt jedoch einen rechtsseitigen Grenzwert (für $\Delta x \to +0$, § 219) und einen linksseitigen (für $\Delta x \to -0$). Der erste Grenzwert heißt *rechtsseitige Ableitung* und wird durch $f'(x + 0)$ bezeichnet, der zweite heißt *linksseitige Ableitung* und wird durch $f'(x - 0)$ bezeichnet.

Im betrachteten Punkt (M in Abb. 226) hat die Kurve keine Tangente, es gibt jedoch eine rechtsseitige Tangente MT_1 und eine linksseitige Tangente MT_2.

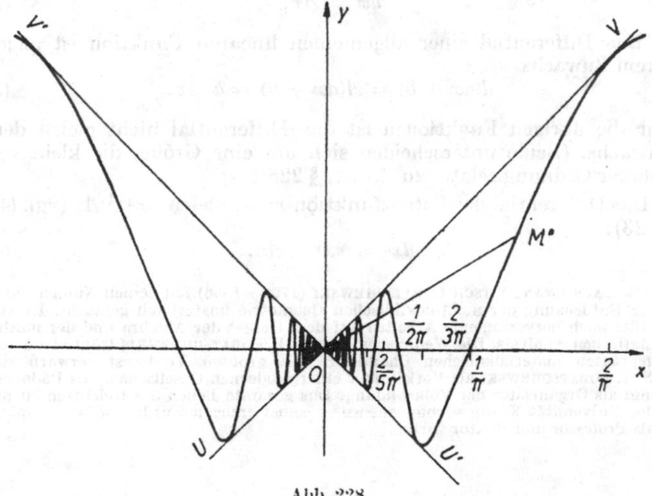

Abb. 228

Beispiel 2. Die Funktion $f(x) = 1 - |1 - x|$ (Abb. 227) ist im Punkt $x = 1$ nicht differenzierbar. Die Kurve $K'MK$ hat im Punkt M (1; 1) keine Tangente. Die rechtsseitige Ableitung ist $f'(1 + 0) = -1$, die linksseitige Ableitung ist $f'(1 - 0) = 1$.

Fall 3. Die Funktion $y = f(x)$ besitzt keine rechtsseitige oder keine linksseitige Ableitung (oder keine von beiden). Die grafische Darstellung hat keine entsprechenden einseitigen Tangenten.

Beispiel 3. Die durch die Formel $f(x) = x \sin \frac{1}{x}$ gegebene Funktion (Abb. 228) ist, wenn man $f(0) = 0$ setzt $\left(\text{der Ausdruck } \sin \frac{1}{x} \text{ hat für } x = 0 \text{ keinen Sinn}\right)$, im Punkt $x = 0$ stetig. Wenn jedoch M' von rechts (oder von links) nach 0 strebt, so schwingt die Sekante OM' zwischen den Geraden $UV(y = x)$ und $U'V'(y = -x)$ hin und her und strebt nicht gegen eine feste Gerade. Die Funktion $f(x)$ hat daher weder eine rechtsseitige noch eine linksseitige Ableitung.

Bemerkung 2. Man kann auch stetige Funktionen angeben, die in keinem Punkt differenzierbar sind. Die Differenzierbarkeit folgt nicht aus der Stetigkeit. Dies wurde zuerst von dem russischen Mathematiker N. I. LOBATSCHEWSKI[1]) gezeigt.

§ 232. Die Differentiale einiger einfacher Funktionen

1. Das Differential einer konstanten Größe ist Null:

$$da = 0. \tag{1}$$

2. Das Differential der unabhängigen Variablen ist gleich ihrem Zuwachs

$$dx = \Delta x. \tag{2}$$

3. Das Differential einer allgemeinen linearen Funktion ist gleich ihrem Zuwachs

$$d(ax + b) = \Delta(ax + b) = a\,\Delta x. \tag{3}$$

Für die übrigen Funktionen ist das Differential nicht gleich dem Zuwachs. (Beide unterscheiden sich um eine Größe, die klein von höherer Ordnung relativ zu Δx ist, § 228.)

4. Das Differential der Potenzfunktion x^n ist gleich $nx^{n-1}\,\Delta x$ (vgl. (4), § 223):

$$dx^n = nx^{n-1}\,\Delta x. \tag{4}$$

---

[1]) NIKOLAUS IWANOWITSCH LOBATSCHEWSKI (1792 – 1856) hat seinen Namen durch die Entdeckung der nicht-euklidischen Geometrie unsterblich gemacht. Er verfaßte auch hervorragende Arbeiten auf dem Gebiet der Algebra und der mathematischen Analysis. Die Weltanschauung N. I. LOBATSCHEWSKIS trägt einen ausgeprägten materialistischen Charakter. Die größten Verdienste erwarb sich N. I. LOBATSCHEWSKI als Vorkämpfer einer modernen Gesellschaft, als Pädagoge und als Organisator der Volksbildung. Das gesamte Leben des Gelehrten ist mit der Universität Kasan verbunden, wo er selbst erzogen wurde und wo er später als Professor und Rektor wirkte.

§ 233. Die Eigenschaften des Differentials

1. Einen konstanten Faktor darf man vor das Differentialzeichen stellen:

$$d[af(x)] = a\,df(x). \tag{1}$$

2. Das Differential der algebraischen Summe mehrerer Funktionen (mit fester Zahl von Summanden) ist gleich der algebraischen Summe ihrer Differentiale:

$$d[f_1(x) + f_2(x) - f_3(x)] = df_1(x) + df_2(x) - df_3(x). \tag{2}$$

3. Das Differential einer Funktion ist gleich dem Produkt ihrer Ableitung mit dem Differential des Arguments:

$$df(x) = f'(x)\,dx. \tag{3}$$

(Siehe § 228, Theorem 1 und § 232, Pkt. 2.)
Insbesondere gilt (vgl. § 232, Pkt. 4)

$$d(x^n) = nx^{n-1}\,dx. \tag{4}$$

§ 234. Die Invarianz des Ausdrucks $f'(x)\,dx$

Der Ausdruck $f'(x)\,\Delta x$ stellt (§ 228, Theorem 1) das Differential $df(x)$ dar, wenn man x als Argument betrachtet. Wenn man hingegen x selbst wieder als Funktion eines gewissen Arguments t betrachtet, so stellt $f'(x)\,\Delta x$ in der Regel kein Differential dar (s. weiter unten Beispiel 1). Eine Ausnahme besteht nur im Falle einer linearen Abhängigkeit $x = at + b$.
Im Gegensatz dazu gilt Formel (3), § 233

$$df(x) = f'(x)\,dx \tag{1}$$

auch für den Fall, daß x eine Funktion von t ist (s. weiter unten Beispiel 2).
Diese Eigenschaft des Ausdrucks $f'(x)\,dx$ heißt *Invarianz* (Unveränderlichkeit).

Beispiel 1. Der Ausdruck $2x\,\Delta x$ stellt das Differential der Funktion $y = x^2$ dar, wenn x das Argument ist.
Wir setzen nun

$$x = t^2 \tag{2}$$

und fassen t als Argument auf. Dann gilt

$$y = x^2 = t^4. \tag{3}$$

Aus (2) erhalten wir

$$\Delta x = 2t\,\Delta t + \Delta t^2, \tag{4}$$

also

$$2x\,\Delta x = 2t^2(2t\,\Delta t + \Delta t^2). \tag{5}$$

Dieser Ausdruck ist nicht proportional Δt, $2x\,\Delta x$ erweist sich daher jetzt nicht mehr als Differential. Als Differential der Funktion y erhalten wir

$$dy = 4t^3\,\Delta t. \tag{6}$$

Beispiel 2. Der Ausdruck $2x\,dx$ stellt das Differential der Funktion $y = x^2$ bei *beliebigem Argument* t dar. Setzen wir z. B. $x = t^2$, dann haben wir

$$dx = 2t\,\Delta t$$

und somit

$$2x\,dx = 2t^2 \cdot 2t\,\Delta t = 4t^3\,\Delta t.$$

Durch Vergleich mit (6) sehen wir, daß

$$dy = 2x\,dx.$$

§ 235. Beschreibung der Ableitung durch Differentiale

Die Ableitung einer Funktion y nach dem Argument x ist gleich dem Quotienten aus dem Differential der Variablen y und dem Differential der Variablen x:

$$y'_x = \frac{dy}{dx}.$$

Der Index x beim Symbol y soll darauf hinweisen, daß *bei der Bildung der Ableitung* x *als Argument* dient. Die Differentiale dy und dx hingegen *können bei beliebigem Argument gebildet werden* (s. § 234). Oft sind der Ausdruck $\frac{dy}{dx}$ oder ähnliche Ausdrücke bequem für die Bezeichnung der Ableitung:

$$\frac{df(x)}{dx} \text{ (Ableitung der Funktion } f(x) \text{ nach } x),$$

$$\frac{d\varphi(t)}{dt} \text{ (Ableitung der Funktion } \varphi(t) \text{ nach } t),$$

$$\frac{d(3x^2 + 2x + 1)}{dx} = 6x + 2 \quad \text{usw.}$$

Auch die Schreibweisen

$$\frac{d}{dx} f(x), \quad \frac{d}{dx}(3x^2 + 2x + 1) \quad \text{usw.}$$

verwendet man, die besonders bei der Betrachtung von Ableitungen zusammengesetzter Funktionen bequem sind.

§ 236. Zusammengesetzte Funktionen

Die Größe y heißt *zusammengesetzte Funktion*, wenn man sie als Funktion einer gewissen (Hilfs-)Variablen u betrachtet, die ihrerseits vom Argument x abhängt:

$$y = f(u), \qquad u = \varphi(x). \tag{1}$$

Durch die folgende Schreibweise drückt man aus, daß y selbst eine Funktion von x ist:

$$y = f[\varphi(x)]. \tag{2}$$

Wenn $f(u)$ und $\varphi(x)$ stetige Funktionen sind, so ist auch die Funktion $f[\varphi(x)]$ stetig.

Beispiel. Wenn $y = u^3$ und $u = 1 + x^2$, so ist y eine zusammengesetzte Funktion von x, was wir so ausdrücken:

$$y = (1 + x^2)^3.$$

§ 237. Das Differential einer zusammengesetzten Funktion

Die Bestimmung des Differentials einer zusammengesetzten Funktion erfordert keine eigene Regel (auf Grund der Invarianz des Ausdrucks $f'(x)\,dx$, § 234).

Beispiel 1. Man bestimme das Differential der Funktion $y = (1 + x^2)^3$.

Lösung. Betrachten wir y als zusammengesetzte Funktion ($y = u^3$, $u = 1 + x^2$), so haben wir

$$dy = 3u^2\,du, \qquad du = 2x\,dx.$$

Daraus folgt

$$dy = 3(1 + x^2)^2 \cdot 2x\,dx = (6x + 12x^3 + 6x^5)\,dx.$$

Dasselbe Ergebnis erhält man auch unmittelbar:

$$dy = d(1 + 3x^2 + 3x^4 + x^6) = (6x + 12x^3 + 6x^5)\,dx.$$

Bemerkung. In der Praxis führt man keine eigene Bezeichnung für die Hilfsvariable u ein. In Beispiel 1 geht man so vor:

$$d(1 + x^2)^3 = 3(1 + x^2)^2 \cdot d(1 + x^2) = 3(1 + x^2)^2\,2x\,dx.$$

Beispiel 2. Man bestimme $d\sqrt{a^2 - x^2}$.

Lösung.

$$d\sqrt{a^2 - x^2} = d(a^2 - x^2)^{\frac{1}{2}} = \frac{1}{2}(a^2 - x^2)^{-\frac{1}{2}}\,d(a^2 - x^2) = -\frac{x\,dx}{\sqrt{a^2 - x^2}}.$$

§ 238. Die Ableitung einer zusammengesetzten Funktion („Kettenregel")

Die Ableitung einer zusammengesetzten Funktion ist gleich dem Produkt aus der Ableitung nach der Hilfsvariablen und der Ableitung dieser Hilfsvariablen nach dem Argument („*Kettenregel*"):

$$\frac{dy}{dx} = \frac{dy}{du} \cdot \frac{du}{dx} \tag{1}$$

Beispiel 1. Man bestimme die Ableitung der Funktion

$$y = \sqrt{a^2 - x^2}$$

(nach dem Argument x).
Wir setzen

$$y = u^{\frac{1}{2}}, \quad u = a^2 - x^2$$

und erhalten

$$\frac{dy}{du} = \frac{1}{2} u^{-\frac{1}{2}} = \frac{1}{2\sqrt{a^2 - x^2}}, \quad \frac{du}{dx} = -2x.$$

Aus Formel (1) ergibt sich

$$\frac{dy}{dx} = \frac{1}{2\sqrt{a^2 - x^2}} \cdot (-2x) = -\frac{x}{\sqrt{a^2 - x^2}}.$$

Beispiel 2. Man bestimme die Ableitung der Funktion $y = \sin^2 2x$.

Lösung. Hier haben wir eine Kette von drei Abhängigkeiten:

$$y = a^2, \qquad u = \sin v, \qquad v = 2x.$$

Analog zu (1) erhalten wir $\frac{dy}{dx} = \frac{dy}{du} \cdot \frac{du}{dv} \cdot \frac{dv}{dx}$. Berücksichtigt man, daß $\frac{du}{dv} = \frac{d \sin v}{dv} = \cos v$ (§ 224, Beispiel 3), so findet man

$$\frac{dy}{dx} = 2u \cdot \cos v \cdot 2 = 4 \sin 2x \cdot \cos 2x = 2 \sin 4x.$$

§ 239. Die Differentiation eines Produkts

Regel. Das Differential eines Produkts aus zwei Funktionen ist gleich der Summe aus dem Produkt der einzelnen Funktionen mit dem Differential der anderen Funktion:

$$d(uv) = u\,dv + v\,du. \tag{1}$$

Für drei Faktoren haben wir

$$d(uvw) = vw \cdot du + uw \cdot dv + uv \cdot dw, \tag{2}$$

und eine analoge Formel gilt für eine größere Anzahl von Faktoren. Die Ableitung eines Produkts berechnet man nach derselben Regel (das Wort „Differential" ist überall durch das Wort „Ableitung" zu ersetzen):

$$(uv)' = uv' + vu', \tag{1a}$$

$$(uvw)' = vwu' + uwv' + uvw'. \tag{2a}$$

Beispiel 1. Man bestimme das Differential und die Ableitung der Funktion $(2x^2 + 3x)(x^3 - 2)$.

Lösung.

$$\begin{aligned} &d[(2x^2 + 3x)(x^3 - 2)] \\ &= (2x^2 + 3x)\, d(x^3 - 2) + (x^3 - 2)\, d(2x^2 + 3x) \\ &= (2x^2 + 3x)\, 3x^2\, dx + (x^3 - 2)(4x + 3)\, dx \\ &= (10x^4 + 12x^3 - 8x - 6)\, dx. \end{aligned}$$

Der Koeffizient $10x^4 + 12x^3 - 8x - 6$ ist die gesuchte Ableitung. Nach Formel (1a) finden wir

$$[(2x^2 + 3x)(x^3 - 2)]' = (2x^2 + 3x)(x^3 - 2)' + (x^3 - 2)(2x^2 + 3x)'$$

usw.

Beispiel 2.

$$\begin{aligned} &d\left(x \sin \frac{1}{x}\right) = x d \sin \frac{1}{x} + \sin \frac{1}{x} \cdot dx \\ &= x \cos \frac{1}{x}\, d\left(\frac{1}{x}\right) + \sin \frac{1}{x}\, dx = \frac{-x \cos \frac{1}{x}}{x^2}\, dx + \sin \frac{1}{x}\, dx \\ &= \left(-\frac{1}{x} \cos \frac{1}{x} + \sin \frac{1}{x}\right) dx. \end{aligned}$$

Daraus folgt

$$\frac{d}{dx}\left(x \sin \frac{1}{x}\right) = -\frac{1}{x} \cos \frac{1}{x} + \sin \frac{1}{x}. \tag{3}$$

Bemerkung. Es ist vorausgesetzt, daß $x \neq 0$, für $x = 0$ ist die Funktion $\sin \frac{1}{x}$ nicht definiert.

§ 240. Die Differentiation eines Quotienten

Regel. Das Differential eines Quotienten ist gleich dem Produkt aus dem Nenner mit dem Differential des Zählers minus dem Produkt des Zählers mit dem Differential des Nenners, alles geteilt durch das

Quadrat des Nenners:

$$d\,\frac{u}{v} = \frac{v\,du - u\,dv}{v^2}. \tag{1}$$

Dieselbe Regel gilt auch für die Ableitung eines Quotienten (das Wort „Differential" ist überall durch das Wort „Ableitung" zu ersetzen):

$$\left(\frac{u}{v}\right)' = \frac{vu' - uv'}{v^2}. \tag{1a}$$

Beispiel 1. Man bestimme y', wenn $y = \frac{2x+1}{x^2+1}$.

Wir haben

$$y' = \frac{(x^2+1)(2x+1)' - (2x+1)(x^2+1)'}{(x^2+1)^2}$$

$$= \frac{(x^2+1)\,2 - (2x+1)\,2x}{(x^2+1)^2},$$

d. h.

$$y' = \frac{2(-x^2-x+1)}{(x^2+1)^2}.$$

Beispiel 2. Man bestimme $d\sqrt{\frac{1+x}{1-x}}$.

Wir betrachten den gegebenen Ausdruck vorerst als zusammengesetzte Funktion $\left(y = \sqrt{u};\ u = \frac{1+x}{1-x}\right)$:

$$d\sqrt{\frac{1+x}{1-x}} = \frac{1}{2}\sqrt{\frac{1-x}{1+x}}\,d\,\frac{1+x}{1-x}$$

$$= \frac{1}{2}\sqrt{\frac{1-x}{1+x}}\,\frac{(1-x)\,dx + (1+x)\,dx}{(1-x)^2}.$$

Nach Vereinfachung erhalten wir

$$d\sqrt{\frac{1+x}{1-x}} = \frac{dx}{(1-x)\sqrt{1-x^2}}.$$

§ 241. Die Umkehrfunktion

Wenn aus der Beziehung $y = f(x)$ die Beziehung $x = \varphi(y)$ folgt, so nennt man $\varphi(y)$ die *Umkehrfunktion* zur Funktion $y = f(x)$.

Beispiel 1. Für die Funktion $y = x^2$ ist die (zweideutige) Funktion $x = \pm\sqrt{y}$ die Umkehrfunktion.

Beispiel 2. Die Umkehrfunktion der Funktion $y = \sin x$ ist die (unendlich vieldeutige) Funktion $x = \operatorname{arc\,sin} y$ (definiert für alle Werte von y, die dem Absolutbetrag nach kleiner als 1 oder gleich sind).

Bemerkung. Die Umkehrfunktion ist in der Regel mehrdeutig[1]). Die Mehrdeutigkeit kann man aufheben, wenn man den Definitionsbereich der Ausgangsfunktion so einschränkt, daß darin die Ableitung stets von Null verschieden ist.

Wenn man die frühere Bezeichnungsweise beibehält, so dient die grafische Darstellung der Funktion $y = f(x)$ gleichzeitig als grafische Darstellung der Umkehrfunktion $x = \varphi(y)$.

Gewöhnlich vertauscht man jedoch bei der Bezeichnung der Variablen die Rollen und bezeichnet das Argument der Umkehrfunktion wie das Argument der Ausgangsfunktion durch den Buchstaben x.

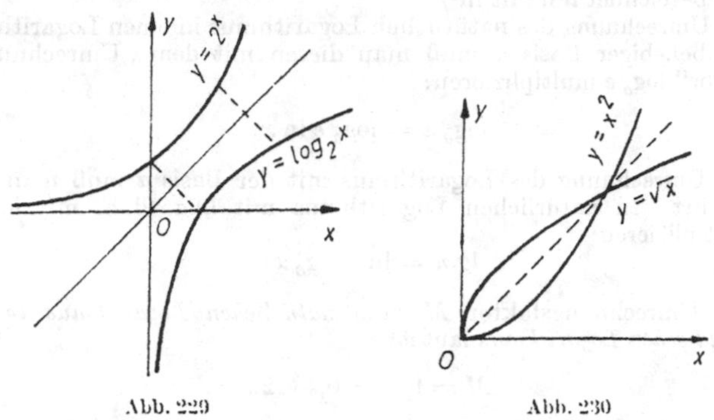

Abb. 229 Abb. 230

Beispiel 3. Für die Funktion $y = x^2$ lautet die (eindeutige) Umkehrfunktion $y = \sqrt{x}$, für die Funktion $y = 2^x$ lautet sie $y = \log_2 x$. Bei dieser Bezeichnungsweise sind die grafischen Darstellungen der Ausgangsfunktion und der Umkehrfunktion symmetrisch bezüglich der Geraden $y = x$ (Abb. 229).

Die Ableitung der Umkehrfunktion. Die Ableitung der Umkehrfunktion ist gleich dem Reziprokwert der Ableitung der Ausgangsfunktion:

$$\frac{dx}{dy} = 1 : \frac{dy}{dx} \tag{1}$$

falls $\frac{dy}{dx} \neq 0$.

Beispiel 4. Wir betrachten die Funktion $y = x^2$ bei positiven Werten von x. Die Umkehrfunktion (Abb. 230) ist $x = \sqrt{y}$. Wir haben

$$\frac{dy}{dx} = 2x, \quad \frac{dx}{dy} = \frac{1}{2x} = \frac{1}{2}\frac{1}{\sqrt{y}}.$$

---

[1]) Eine Ausnahme besteht nur dann, wenn bei einer Vergrößerung des Arguments der Funktionswert entweder stets zunimmt oder stets abnimmt (derartige Funktionen heißen *monoton*).

§ 242. Der natürliche Logarithmus

Die Formel für die Differentiation einer logarithmischen Funktion (§ 243) hat eine einfache Form, wenn man als Basis die Zahl

$$e = \lim_{x \to \infty} \left(1 + \frac{1}{x}\right)^x \approx 2{,}71828$$

(§ 214) wählt. In diesem Fall spricht man vom *natürlichen Logarithmus* und bezeichnet ihn mit ln[1]).
Zur Umrechnung des natürlichen Logarithmus in einen Logarithmus mit beliebiger Basis a muß man diesen mit dem „Umrechnungsfaktor" $\log_a e$ multiplizieren:

$$\log_a x = \log_a e \ln x. \qquad (1)$$

Zur Umrechnung des Logarithmus mit der Basis a muß man umgekehrt den natürlichen Logarithmus mit $\ln a$ (d. h. mit $\log_e a$) multiplizieren:

$$\lg n = \ln a \log_a x. \qquad (2)$$

Der Umrechnungsfaktor M vom *natürlichen Logarithmus in den dekadischen Logarithmus* lautet:

$$M = \lg e = 0{,}43429 \qquad (3)$$

(leichter merkt man sich die ersten vier Stellen $M = 0{,}4343$).
Die Formeln (1) und (2) erhalten die Form

$$\lg x = M \ln x, \qquad (4)$$

$$\ln x = \frac{1}{M} \lg x, \qquad (5)$$

wobei

$$\frac{1}{M} = \ln 10 \approx 2{,}3026. \qquad (6)$$

Für die Multiplikation mit M oder $\frac{1}{M}$ kann man Spezialtabellen verwenden (S. 814).

Beispiel 1. Man bestimme ln 100.
Gemäß Formel (5) finden wir $\ln x \approx 2{,}3026 \cdot 2 \approx 4{,}605$.

Beispiel 2. Man berechne e^3 mit Hilfe der Tabellen für den dekadischen Logarithmus.
Wir haben $\lg(e^3) = 3 \lg e = 3\,M = 1{,}3029$, also $e^3 \approx 20{,}09$.
Man kann auch die Tabellen für den natürlichen Logarithmus verwenden (Tab. S. 809–813). Wir haben: $\ln(e^3) = 3$. Zur Bestimmung der vierten Stelle von e^3 muß man interpolieren.

---
[1]) Anfangsbuchstaben der lateinischen Wörter logarithmus naturalis.

Beispiel 3. Der dekadische Logarithmus einer gewissen Zahl ist 0,5041. Man bestimme den natürlichen Logarithmus.
Wir haben

$$\ln x = \frac{1}{M} \lg x \approx 2{,}303 \cdot 0{,}5041 \approx 1{,}161.$$

Diese Multiplikation führt man mit Hilfe der Tabelle auf S. 814 durch. Es gilt

$$\frac{1}{M} \cdot 0{,}50 \approx 1{,}1513$$

$$\frac{1}{M} \cdot 0{,}0041 \approx 0{,}0094$$

$$\frac{1}{M} \cdot 0{,}5041 \approx 1{,}161.$$

§ 243. Die Differentiation des Logarithmus

Das Differential und die Ableitung des natürlichen Logarithmus (§ 242) erhält man durch die Formeln

$$d \ln x = \frac{dx}{x}, \tag{1}$$

$$\frac{d}{dx} \ln x = \frac{1}{x}. \tag{2}$$

Wenn die Basis des Logarithmus eine beliebige Zahl ist, so[1]) gilt

$$d \log_a x = \log_a e \, \frac{dx}{x}, \tag{3}$$

$$\frac{d}{dx} \log_a x = \log_a e \cdot \frac{1}{x}. \tag{4}$$

Insbesondere gilt für den dekadischen Logarithmus

$$d \lg x = \frac{M \, dx}{x}, \tag{3a}$$

$$\frac{d}{dx} \lg x = M \frac{1}{x}. \tag{4a}$$

Hier ist $M \approx 0{,}4343$ der Umrechnungsfaktor vom natürlichen Logarithmus in den dekadischen Logarithmus (§ 242, s. Tabelle auf S. 814).

---

[1]) Die Formel (3) erhält man aus (1) mit Hilfe der Formel (1) aus § 242.

Beispiel 1.

$$\frac{d}{dx}\ln(ax+b) = \frac{1}{ax+b}\cdot\frac{d}{dx}(ax+b) = \frac{a}{ax+b}.$$

Beispiel 2.

$$d\ln\frac{1+x}{1-x} = d\ln(1+x) - d\ln(1-x) = \frac{dx}{1+x} + \frac{dx}{1-x} = \frac{2dx}{1-x^2}.$$

Beispiel 3. Man bestimme den Wert der Ableitung von $\lg x$ für $x = 100$.

Formel (4a) liefert $(\lg x)' = \frac{M}{x} \approx \frac{0{,}4343}{100} \approx 0{,}0043$.

Beispiel 4. Man bestimme ohne Tabelle lg 101.
Der Zuwachs $\Delta \lg x$ ist annähernd gleich dem Differential $d\lg x = \frac{M\,\Delta x}{x}$. Für $x = 100$ und $\Delta x = 1$ erhalten wir $\Delta \lg x \approx \frac{0{,}4343\cdot 1}{100} \approx 0{,}0043$. Infolgedessen gilt

$$\lg 101 = \lg 100 + \Delta \lg 100 \approx 2 + 0{,}0043 = 2{,}0043,$$

was mit dem Tabellenwert übereinstimmt.

§ 244. Die logarithmische Differentiation

Zur Differentiation eines Ausdrucks, der sich leicht logarithmieren läßt, nimmt man zuerst dessen Logarithmus und differenziert diesen.

Beispiel 1. Man differenziere die Funktion $y = xe^{-x^2}$.

1. Nimmt man den natürlichen Logarithmus, so findet man

$$\ln y = \ln x - x^2. \qquad (1)$$

2. Nun differenziere man beide Teile der Gleichung (1):

$$\frac{dy}{y} = \frac{dx}{x} - 2x\,dx.$$

3. Setzt man für y wieder xe^{-x^2}, so erhält man

$$dy = xe^{-x^2}\left(\frac{1}{x} - 2x\right)dx = e^{-x^2}(1 - 2x^2)\,dx.$$

Beispiel 2. Man differenziere die Funktion $y = x^x$, $x > 0$.
Wir erhalten der Reihe nach:

1. $\ln y = x\ln x$,
2. $\frac{y'}{y} = x(\ln x)' + \ln x = 1 + \ln x$,
3. $y' = y(1 + \ln x) = x^x(1 + \ln x)$.

Beispiel 3. Man differenziere die Funktion

$$y = \sqrt{\frac{1+x}{1-x}}$$

(vgl. § 240, Beispiel 2).

1. $\ln y = \frac{1}{2}\ln(1+x) - \frac{1}{2}\ln(1-x)$,

2. $\frac{y'}{y} = \frac{1}{2}\frac{1}{1+x} + \frac{1}{2}\frac{1}{1-x} = \frac{1}{1-x^2}$,

3. $y' = \sqrt{\frac{1+x}{1-x}}\cdot\frac{1}{1-x^2} = \frac{1}{(1-x)\sqrt{1-x^2}}$.

Die angegebene Methode wird als *logarithmische Differentiation* bezeichnet, die Ableitung des Logarithmus einer Funktion $y = f(x)$

$$(\ln y)' = \frac{y'}{y} = \frac{f'(x)}{f(x)}$$

heißt *logarithmische Ableitung* der Funktion $f(x)$.

§ 245. Die Differentiation der Exponentialfunktion

Das Differential und die Ableitung der Exponentialfunktion e^x $\left[\text{wobei } e = \lim\left(1+\frac{1}{x}\right)^x \approx 2{,}71828\right]$ sind durch die Formeln[1])

$$de^x = e^x\,dx, \quad \frac{d}{dx}e^x = e^x \tag{1}$$

gegeben (die Ableitung der Funktion e^x ist e^x selbst). Bei beliebiger Basis a haben wir

$$da^x = a^x \ln a\,dx, \quad \frac{d}{dx}a^x = a^x \ln a. \tag{2}$$

Insbesondere gilt

$$d\,10^x = 10^x\frac{1}{M}dx, \quad \frac{d}{dx}10^x = 10^x\frac{1}{M}. \tag{2a}$$

Hier ist $\frac{1}{M} = \ln 10 \approx 2{,}3026$.

Beispiel 1.

$$\frac{d}{dx}(e^3)^x = e^{3x}\frac{d}{dx}(3x) = 3e^{3x}.$$

[1]) Die Formeln (1) und (2) erhält man durch logarithmische Differentiation (§ 244), oder man betrachtet die Exponentialfunktion als Umkehrfunktion zur logarithmischen Funktion (§ 241).

Beispiel 2.

$$d(xe^{-x^2}) = x\,de^{-x^2} + e^{-x^2}\,dx$$
$$= xe^{-x^2}\,d(-x^2) + e^{-x^2}\,dx = e^{-x^2}(1 - 2x^2)\,dx.$$

§ 246. Die Differentiation der trigonometrischen Funktionen[1])

Differentiale	Ableitungen
I. $d \sin x = \cos x\,dx,$	$\frac{d}{dx}\sin x = \cos x,$
II. $d \cos x = -\sin x\,dx,$	$\frac{d}{dx}\cos x = -\sin x,$
III. $d \tan x = \frac{dx}{\cos^2 x},$	$\frac{d}{dx}\tan x = \frac{1}{\cos^2 x},$
IV. $d \cot x = -\frac{dx}{\sin^2 x},$	$\frac{d}{dx}\cot x = \frac{1}{\sin^2 x}.$

Diese Formeln soll man sich merken. Die folgenden zwei braucht man sich nicht zu merken:

V. $d \operatorname{sc} x = \tan x \cdot \operatorname{sc} x\,dx,$	$\frac{d}{dx}\operatorname{sc} x = \tan x \cdot \operatorname{sc} x,$
VI. $d \csc x = -\cot x \cdot \csc x\,dx,$	$\frac{d}{dx}\csc x = -\cot x \cdot \csc x.$

Beispiel 1.

$$d \sin 2x = \cos 2x\,d(2x) = 2\cos 2x\,dx.$$

Beispiel 2.

$$\frac{d}{dx}\ln\sqrt{\sin 2x} = \frac{1}{2}\frac{d}{dx}\ln\sin 2x = \frac{1}{2\sin 2x}\cdot\frac{d}{dx}\sin 2x = \cot 2x.$$

§ 247. Die Differentiation der Umkehrfunktionen zu den trigonometrischen Funktionen[2])

Differentiale	Ableitungen
I. $d \arcsin x = \frac{dx}{\sqrt{1-x^2}},$	$\frac{d}{dx}\arcsin x = \frac{1}{\sqrt{1-x^2}},$

---

[1]) Bezüglich der Herleitung der Formel I siehe § 224, Beispiel 3. Die Formel II erhält man analog dazu. Die Formeln III und IV erhält man mit Hilfe der Beziehungen

$$\tan x = \frac{\sin x}{\cos x}, \quad \cot x = \frac{\cos x}{\sin x}.$$

[2]) Die Formeln I–IV werden den Formeln in § 246 (s. § 241) entsprechend hergeleitet.

$$\text{II. } d \operatorname{arccos} x = -\frac{dx}{\sqrt{1-x^2}}, \qquad \frac{d}{dx} \operatorname{arccos} x = -\frac{1}{\sqrt{1+x^2}},$$

$$\text{III. } d \arctan x = \frac{dx}{1+x^2}, \qquad \frac{d}{dx} \arctan x = \frac{1}{1+x^2},$$

$$\text{IV. } d \operatorname{arccot} x = -\frac{dx}{1+x^2}, \qquad \frac{d}{dx} \operatorname{arccot} x = -\frac{1}{1+x^2}.$$

Diese Formeln soll man sich merken. Die folgenden zwei braucht man sich nicht zu merken:

$$\text{V. } d \operatorname{arcsc} x = \frac{dx}{x\sqrt{x^2-1}}, \qquad \frac{d}{dx} \operatorname{arcsc} x = \frac{1}{x\sqrt{x^2-1}},$$

$$\text{VI. } d \operatorname{arccsc} x = -\frac{dx}{x\sqrt{x^2-1}}, \qquad \frac{d}{dx} \operatorname{arccsc} x = -\frac{1}{x\sqrt{x^2-1}}.$$

Beispiel 1.

$$d \arcsin \frac{x}{a} = \frac{d\left(\frac{x}{a}\right)}{\sqrt{1-\left(\frac{x}{a}\right)^2}} = \frac{dx}{\sqrt{a^2-x^2}}. \tag{1}$$

Beispiel 2.

$$d \arctan \frac{x}{a} = \frac{d\left(\frac{x}{a}\right)}{1+\left(\frac{x}{a}\right)^2} = \frac{a\,dx}{a^2+x^2}. \tag{2}$$

§ 248. Das Differential in der Näherungsrechnung

Oft kommt es vor, daß eine Funktion $f(x)$ und ihre Ableitung $f'(x)$ an einer Stelle $x = a$ sehr leicht zu berechnen ist, während die Berechnung ihrer Werte in der Umgebung von a sehr mühevoll ist. In solchen Fällen verwendet man die Näherungsformel

$$f(a+h) \approx f(a) + f'(a)\,h. \tag{1}$$

Sie bringt zum Ausdruck, daß der Zuwachs $f(a+h) - f(a)$ der Funktion $f(x)$ bei kleinen Werten von h angenähert gleich[1]) dem Differential $f'(a)\,h$ ist (vgl. § 228, Theorem 2).
Weiter unten werden wir eine Methode zur Abschätzung des Fehlers[2]) in Formel (1) angeben (§ 265). Solche Abschätzungen sind jedoch

[1]) Wenn $f'(a) = 0$, so drückt Formel (1) aus, daß der Zuwachs der Funktion klein im Vergleich zu h ist. Bei hinreichend kleinen Werten von h darf man annehmen, daß $f(a+h) = f(a)$.

[2]) Siehe auch § 271, Bemerkung.

oft mit viel Aufwand verbunden. Zur groben Berechnung genügt oft Formel (1) allein.

Beispiel 1. Man ziehe die Quadratwurzel aus 3654.

Lösung. Gefragt ist der Wert der Funktion $f(x) = \sqrt{x}$ an der Stelle $x = 3654$. Leicht findet man die Werte von $f(x)$ und $f'(x) = \frac{1}{2\sqrt{x}}$ für $x = 3600$. Formel (1) liefert für $a = 3600$, $h = 54$: $\sqrt{3654} \approx 60 + \frac{1}{2 \cdot 60} \cdot 54 \approx 60{,}54$. Hier sind alle Stellen richtig.

Beispiel 2. Man berechne $10^{2,1}$.

Lösung. Wir setzen $f(x) = 10^x$ und erhalten (§ 245) $f'(x) = \frac{1}{M}\, 10^x$ $\left(\frac{1}{M} \approx 2{,}3026\right)$. Formel (1) liefert für $a = 2$, $h = 0{,}1$:

$$10^{2,1} \approx 100 + \frac{1}{M} \cdot 100 \cdot 0{,}1 \approx 123{,}0.$$

Dieses Ergebnis gilt nur grob (mit einer Genauigkeit bis zu vier signifikanten Stellen gilt $10^{2,1} = 125{,}9$).
Wenn man auf dieselbe Weise $10^{2,01}$ berechnet (hier ist $h = 0{,}01$), so erhält man 102,3. Hier sind alle Stellen richtig.

Beispiel 3. Man bestimme ohne Tabelle tan 46°.

Lösung. Wir setzen $f(x) = \tan x$, $a = 45°$, $h = 1° = 0{,}0175$ Radian und erhalten $f(a) = \frac{1}{\cos^2 45°} = 2$. Also gilt $\tan 46° \approx 1 + 2 \times 0{,}0175 = 1{,}0350$.
Nur die letzte Stelle ist falsch. Aus der Tabelle findet man $\tan 46° = 1{,}0355$.
Sehr nützlich sind die folgenden Näherungsformeln[1]) (α — eine kleine Größe):

$$\frac{1}{1+\alpha} \approx 1 - \alpha, \qquad \frac{1}{1-\alpha} \approx 1 + \alpha; \tag{2}$$

$$\frac{1}{(1+\alpha)^2} \approx 1 - 2\alpha, \qquad \frac{1}{(1-\alpha)^2} \approx 1 + 2\alpha; \tag{3}$$

$$\sqrt{1+\alpha} \approx 1 + \frac{1}{2}\alpha, \qquad \sqrt{1-\alpha} \approx 1 - \frac{1}{2}\alpha; \tag{4}$$

$$\frac{1}{\sqrt{1+\alpha}} \approx 1 - \frac{1}{2}\alpha, \qquad \frac{1}{\sqrt{1-\alpha}} \approx 1 + \frac{1}{2}\alpha; \tag{5}$$

$$\sqrt[3]{1+\alpha} \approx 1 + \frac{1}{3}\alpha, \qquad \sqrt[3]{1-\alpha} \approx 1 - \frac{1}{3}\alpha; \tag{6}$$

[1]) Die Formeln (2) bis (6) sind Sonderfälle der Formel

$$(1 + \alpha)^n \approx 1 + n\alpha.$$

Diese erhält man aus (1) mit $f(x) = x^n$, $a = 1$, $h = \alpha$.

$$\ln(1+\alpha) \approx \alpha, \qquad \ln(1-\alpha) \approx -\alpha; \tag{7}$$

$$e^{\alpha} \approx 1+\alpha, \qquad 10^{\alpha} \approx 1+\frac{1}{M}\alpha; \tag{8}$$

$$\sin\alpha \approx \alpha, \qquad \cos\alpha \approx 1-\frac{1}{2}\alpha^2, \tan\alpha \approx \alpha. \tag{9}$$

§ 249. Anwendung der Differentialrechnung auf die Fehlerabschätzung

Von einer Messung stammende Daten sind auf Grund der begrenzten Genauigkeit der Meßinstrumente mit Fehlern behaftet. Eine positive Zahl, die diesen Meßfehler dem Absolutbetrag nach übertrifft (oder im schlechtesten Fall diesem gleich ist), heißt *Grenze des absoluten Fehlers* oder kürzer *Fehlergrenze.* Das Verhältnis von Fehlergrenze zum Absolutbetrag der gemessenen Größe heißt *Grenze des relativen Fehlers.*

Beispiel 1. Die Länge eines Bleistifts werde mit einem Lineal mit Millimetereinteilung gemessen. Die Messung ergibt 17,9 cm. Der Fehler ist unbekannt, aber man weiß, daß er kleiner als 0,1 cm ist. 0,1 cm kann man daher als Fehlergrenze nehmen. Die Grenze des relativen Fehlers ist $\frac{0{,}1}{17{,}9}$. Nach Aufrunden erhalten wir 0,6%.

Die Bestimmung der Fehlergrenze. Die Funktion y werde nach der exakten Formel $y = f(x)$ berechnet. Den Wert für x erhält man jedoch durch eine Messung, er ist daher mit einem Fehler behaftet. Die Fehlergrenze der Funktion Δy bestimmt man dann mit Hilfe der Formel

$$|\Delta y| \approx |dy| = |f'(x)|\,|\Delta x|, \tag{1}$$

wobei $|\Delta x|$ die Fehlergrenze des Arguments ist. Die Größe $|\Delta y|$ wird aufgerundet (wegen der Ungenauigkeit der Formel selbst).

Beispiel 2. Die Messung der Seite eines Quadrats ergibt 46 m. Die Fehlergrenze ist 0,1 m. Man bestimme die Fehlergrenze für den Flächeninhalt des Quadrats.

Lösung. Wir haben: $y = x^2$ (x — Seite des Quadrats, y — Flächeninhalt). Daraus folgt $|\Delta y| \approx 2|x|\,|\Delta x|$. In unserem Beispiel ist $x = 46$ und $|\Delta x| = 0{,}1$. Also ergibt sich $|\Delta y| \approx 2 \cdot 46 \cdot 0{,}1 = 9{,}2$. Die Fehlergrenze ist (aufgerundet) gleich 10 m². Die Grenze des relativen Fehlers ist gleich $\frac{10}{46^2} \approx 0{,}05\%$.

Die Grenze des relativen Fehlers kann man auch mit Hilfe der logarithmischen Differentiation (§ 244) nach der Formel

$$\left|\frac{\Delta y}{y}\right| \approx |d \ln y| \tag{2}$$

erhalten. Insbesondere ergibt sich für $y = x^n$ $\left(\text{und } d \ln y = \frac{n\,dx}{x}\right)$:

$$\left|\frac{\Delta y}{y}\right| \approx n \left|\frac{\Delta x}{x}\right|, \tag{3}$$

d. h., *die Grenze des relativen Fehlers einer Potenzfunktion ist gleich der n-fachen Grenze des relativen Fehlers des Arguments.*

Beispiel 3. Unter den Bedingungen von Beispiel 2 ist die Grenze des relativen Fehlers des Flächeninhalts gleich $2 \cdot \frac{0{,}1}{46} \approx 0{,}5\%$.

Regel 1. Die Grenze des relativen Fehlers eines Produkts von zwei oder mehreren Faktoren ist gleich der Summe der Grenzen der relativen Fehler der einzelnen Faktoren.

Regel 2. Die Grenze des relativen Fehlers eines Quotienten ist gleich der Summe der Grenze der relativen Fehler von Zähler und Nenner.

Beide Regeln folgen aus §§ 239, 240[1]).

§ 250. Differentiation impliziter Funktionen

Es liege eine Gleichung zwischen x und y vor, der die Werte $x = x_0$ und $y = y_0$ genügen. Die Gleichung definiert y als implizite Funktion von x. Zur Bestimmung der Ableitung $\frac{dy}{dx}$ im Punkt $x = x_0$, $y = y_0$ benötigt man nicht die explizite Form der Funktion. Es genügt, wenn man die Differentiale der beiden Gleichungsseiten

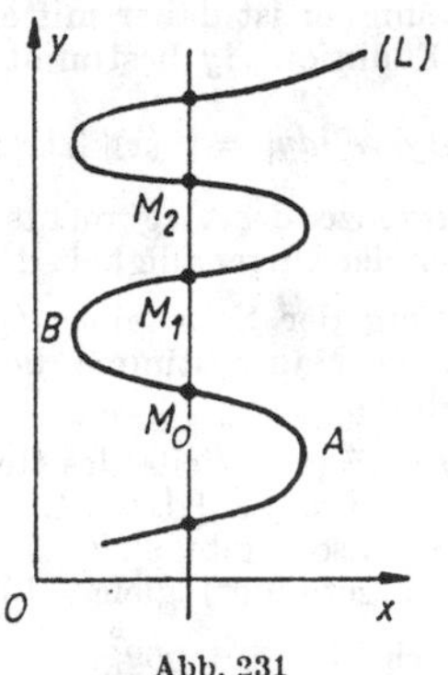

Abb. 231

---

[1]) Die Formel $d \ln \frac{u}{v} = \frac{du}{u} - \frac{dv}{v}$ liefert als Grenze für den relativen Fehler $\left|\frac{du}{u}\right| + \left|\frac{dv}{v}\right|$ und nicht $\left|\frac{du}{u}\right| - \left|\frac{dv}{v}\right|$, da die Größen $\frac{du}{u}$ und $\frac{dv}{v}$ verschiedenes Vorzeichen haben können.

gleichsetzt und aus der erhaltenen Gleichung das Verhältnis $dy:dx$ ausrechnet.

Bemerkung. Die Gleichung zwischen x und y kann y als mehrdeutige Funktion von x definieren. Das gegebene Wertepaar $x = x_0$, $y = y_0$ sondert jedoch aus den möglichen Funktionswerten einen aus.

Geometrische Deutung: Eine Gerade parallel zur Achse OY (Abb. 231) kann die Kurve L in mehreren Punkten $M_0, M_1, M_2, \ldots$ schneiden. Der gegebene Punkt M_0 sondert jedoch den durch ihn gehenden Bogen AM_0B aus, der eine eindeutige Funktion darstellt.

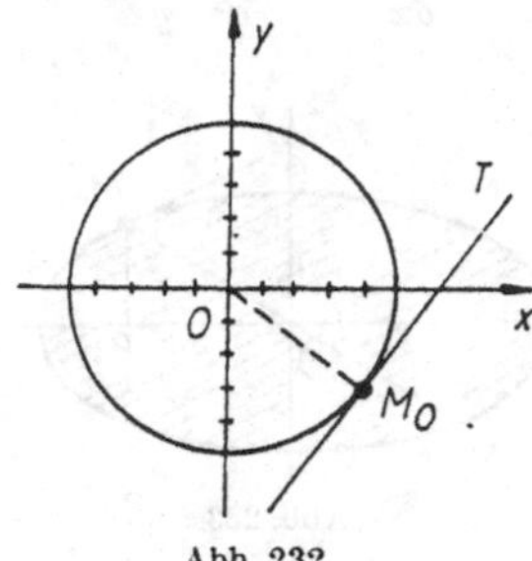

Abb. 232

Beispiel 1. Man bestimme die Ableitung der durch die Gleichung $x^2 + y^2 = 25$ gegebenen impliziten Funktion im Punkt $x = 4$, $y = -3$.

Erste Methode. Durch Auflösen der Gleichung nach y erhalten wir $y = -\sqrt{25 - x^2}$ (wir wählen das Minuszeichen, da bei $x = 4$ gelten soll $y = -3$). Jetzt erhalten wir

$$\frac{dy}{dx} = \frac{x}{\sqrt{25 - x^2}} = \frac{4}{3}.$$

Zweite Methode. Wir nehmen auf beiden Gleichungsseiten das Differential und erhalten

$$2x\,dx + 2y\,dy = 0,$$

und daraus

$$\frac{dy}{dx} = -\frac{x}{y} = \frac{4}{3}. \tag{1}$$

Wir haben dadurch die Steigung der Tangente M_0T an den Kreis $x^2 + y^2 = 25$ (Abb. 232) im Punkt M_0 (4; −3) gefunden. Die Steigung des Radius OM_0 ist $-\frac{3}{4}$. Das Produkt der beiden Steigungen ist −1, also gilt $OM_0 \perp M_0T$.

Beispiel 2. Man bestimme die Ableitung $\frac{dy}{dx}$ der impliziten Funktion, die durch die Gleichung[1])

$$\frac{x^2}{a^2} + \frac{y^2}{b^2} = 1 \tag{2}$$

gegeben ist. Durch Differenzieren erhalten wir

$$\frac{2x\,dx}{a^2} + \frac{2y\,dy}{b^2} = 0$$

und daraus

$$\frac{dy}{dx} = -\frac{b^2}{a^2}\frac{x}{y}. \tag{3}$$

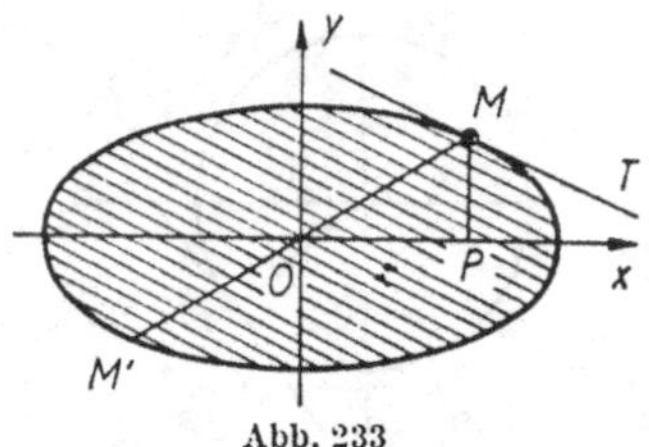

Abb. 233

Gleichung (2) stellt eine Ellipse dar. Nach (3) ist die Steigung der Tangente MT (Abb. 233) $-\frac{b^2}{a^2}\frac{x}{y}$. Die Steigung des Durchmessers MM' ist $\frac{y}{x}$. Das Produkt der Steigungen ist $-\frac{b^2}{a^2}$. Das bedeutet (§ 55), daß die Richtungen MT und MM' zueinander konjugiert sind.

§ 251. Eine in Parameterform gegebene Kurve

Jede variable Größe t, die die Lage eines Punktes auf einer Kurve festlegt, heißt *Parameter*[2]). In der Mechanik betrachtet man sehr oft die Zeit als Parameter.

Die Koordinaten eines Punktes auf der Kurve L sind Funktionen des Parameters:

$$x = f(t), \tag{1}$$

$$y = \varphi(t). \tag{2}$$

[1]) Die Gleichung (2) definiert ebenfalls eine zweiwertige Funktion. Sobald aber ein Wertepaar für die Variablen bekannt ist, wird dadurch aus den beiden möglichen Funktionswerten einer ausgesondert (vgl. Beispiel 1).

[2]) Der Ausdruck „Parameter" wird noch in einer weiteren Bedeutung verwendet, nämlich zur Bezeichnung einer Größe, die für die gegebene Kurve konstant ist und sich nur bei Übergang von der gegebenen Kurve zu einer anderen Kurve vom selben Typ ändert. So ist zum Beispiel die Größe p in der Parabelgleichung $y^2 = 2px$ für die gegebene Parabel eine Konstante. p ändert sich jedoch bei Übergang zu einer anderen Parabel.

Die Gleichungen (1)—(2) heißen die *Parametergleichungen* der Kurve L (vgl. § 152). Die Kurve wird auch *Trajektorie* genannt.
Wenn man die Gleichung für die Koordinaten x, y der Kurve L bestimmen will, so muß man den Parameter t aus den Gleichungen (1)—(2) eliminieren (s. die Beispiele 1 und 2).
Es kann jedoch vorkommen, daß die durch Elimination von t erhaltene Gleichung eine Kurve darstellt, von der L nur einen Teil ausmacht (vgl. Beispiel 3).

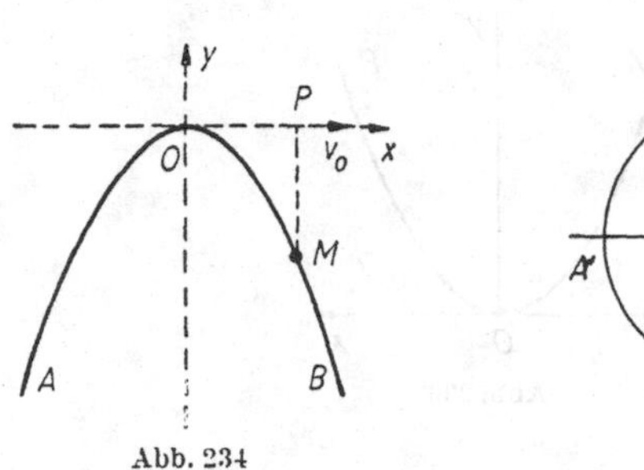

Abb. 234

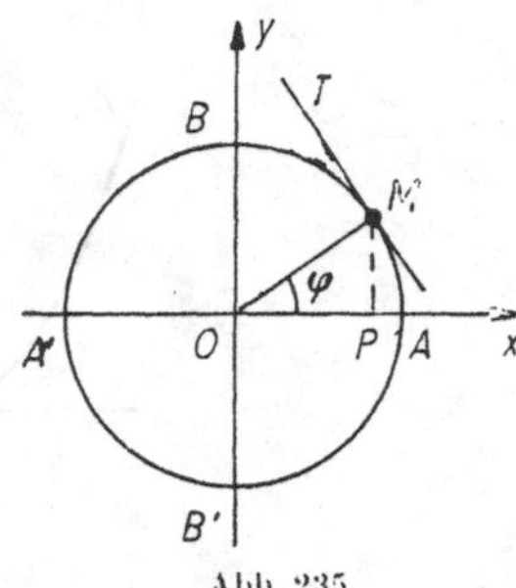

Abb. 235

Beispiel 1. Es sei O die höchste Lage (Abb. 234) eines Massenpunktes, der sich unter einem bestimmten Winkel zur Horizontalen bewegt, und t die Zeit vom Augenblick des Durchgangs im höchsten Punkt. Die Lage des Punktes M auf der Trajektorie AOB wird dann durch die Größe t festgelegt, also ist t ein Parameter. Die parametrischen Gleichungen der Trajektorie lauten im System XOY:

$$x = OP = v_0 t, \tag{3}$$

$$y = PM = -\frac{1}{2} g t^2. \tag{4}$$

Die Gleichungen drücken aus, daß sich der Punkt M in horizontaler Richtung mit gleichförmiger Geschwindigkeit v_0 bewegt, in der vertikalen Richtung hingegen mit gleichförmiger Beschleunigung (g — Schwerebeschleunigung).
Durch Elimination von t erhalten wir die Gleichung

$$y = -\frac{g}{2v_0^2} x^2, \tag{5}$$

die zeigt, daß die Bewegung längs einer Parabel erfolgt.

Beispiel 2. Die Lage eines Punktes M auf den Kreis $ABA'B'$ vom Radius R (Abb. 235) wird durch den Winkel $\varphi = \sphericalangle AOM$ festgelegt. φ ist daher ein Parameter. Legen wir die Achsen so wie in Abb. 235, so ergeben sich die Parametergleichungen des Kreises

$$x = R \cos \varphi, \tag{6}$$

$$y = R \sin \varphi. \tag{7}$$

Zur Elimination von φ erheben wir (6) und (7) zum Quadrat und addieren. Wir erhalten:

$$x^2 + y^2 = R^2. \tag{8}$$

Beispiel 3. Wir betrachten eine Kurve, die durch die parametrischen Gleichungen

$$x = \sqrt{t}, \qquad y = \frac{1}{2} t \tag{9}$$

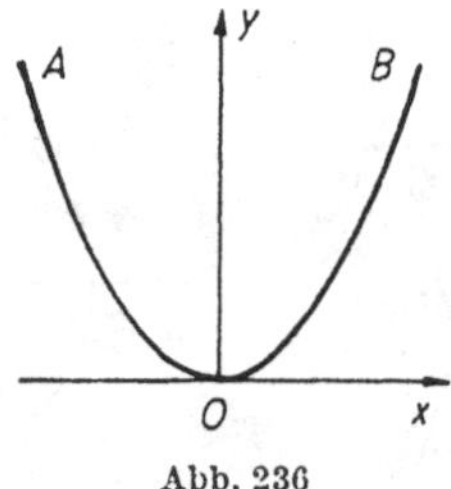

Abb. 236

gegeben sei. Nach Elimination von t erhalten wir die Gleichung $y = \frac{x^2}{2}$, die die Parabel AOB (Abb. 236) darstellt. Die Kurve (9) ist die Hälfte dieser Parabel (OB), welche den positiven x-Werten entspricht.

§ 252. In Parameterform gegebene Funktionen

Es seien zwei Funktionen vom Argument t gegeben:

$$x = f(t), \qquad y = \varphi(t). \tag{1}$$

Dann ist eine davon, zum Beispiel y, eine Funktion der anderen[1]). Man nennt Gleichungen (1) die *Parameterform dieser Funktion*; die Größe t heißt *Parameter*.
Um y explizit als Funktion von x darzustellen, muß man $x = f(t)$ nach t auflösen (was nicht immer möglich ist) und den erhaltenen Ausdruck in die Gleichung $y = \varphi(t)$ einsetzen.
Oft ist es umgekehrt bequem, von der nichtparametrischen Form zur Parameterform überzugehen. Durch Wahl von $f(t)$ oder $\varphi(t)$ bemüht man sich, die Eindeutigkeit und womöglich die Einfachheit beider Funktionen zu erreichen.
Die Ableitung $\frac{dy}{dx}$ wird mit Hilfe des Parameters t durch die Formel

$$\frac{dy}{dx} = \frac{d\varphi(t)}{df(t)} = \frac{\varphi'(t)}{f'(t)}, \qquad f'(t) \neq 0, \tag{2}$$

[1]) In der Regel ist diese Funktion mehrdeutig, auch bei eindeutigem $f(t)$ und $\varphi(t)$.

ausgedrückt. Bei der parametrischen Darstellung sind beide Variablen x und y gleichberechtigt (vgl. § 251).

Beispiel 1. Gegeben sind zwei Funktionen

$$x = R\cos t, \qquad y = R\sin t. \tag{3}$$

Sie bilden die Parameterform einer zweiwertigen Funktion y von x (und umgekehrt). Aus der ersten Gleichung erhalten wir $\cos t = \frac{x}{R}$, so daß $\sin t = \pm\sqrt{1 - \frac{x^2}{R^2}}$. Setzt man dies in die zweite Gleichung ein, so erhält man

$$y = \pm\sqrt{R^2 - x^2}. \tag{4}$$

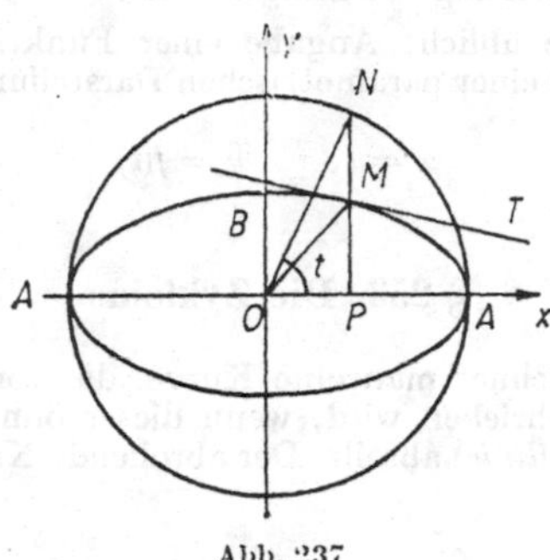

Abb. 237

Dies ist die Gleichung eines Kreises (vgl. § 251, Beispiel 2). Der Parameter t ist der Winkel XOM (s. Abb. 235). Die Ableitung $\frac{dy}{dx}$ lautet ausgedrückt durch den Parameter t:

$$\frac{dy}{dx} = \frac{d(R\sin t)}{d(R\cos t)} = -\cot t. \tag{5}$$

Dies ist die Steigung der Tangente MT.

Beispiel 2. Die Gleichung

$$\frac{x^2}{a^2} + \frac{y^2}{b^2} = 1 \tag{6}$$

stellt eine Ellipse dar und liefert die zweiwertige Funktion $y = \pm\frac{b}{a}\sqrt{a^2 - x^2}$. Zur parametrischen Darstellung dieser Funktion kann man willkürlich eine der Variablen, z. B. x, als Funktion von t ausdrücken. Setzt man $\frac{x}{a} = \cos t$, so erhält man $\frac{y}{b} = \pm\sin t$. Das

Vorzeichen kann man beliebig wählen. Wir wählen das Pluszeichen und erhalten die Parameterdarstellung

$$x = a \cos t, \qquad y = b \sin t. \tag{7}$$

Die geometrische Bedeutung des Parameters t ersieht man aus Abb. 237, wo N ein Punkt auf dem Kreis ANA' mit dem Radius a ist, der mit dem Punkt M der Ellipse auf derselben Seite der Achse AA' auf einer Vertikalen liegt. Wir haben $t = \sphericalangle AON$. Die Ableitung $\frac{dy}{dx}$ drückt man durch t mit Hilfe der Formel

$$\frac{dy}{dx} = \frac{d(b \sin t)}{d(a \cos t)} = -\frac{b}{a} \cot t$$

aus. Dies ist die Steigung der Tangente MT.

Bemerkung. Die übliche Angabe einer Funktion $y = f(x)$ kann man als Spezialfall einer parametrischen Darstellung auffassen, wenn man

$$x = t, \qquad y = f(t)$$

setzt.

§ 253. Die Zykloide

Als *Zykloide* bezeichnet man eine Kurve, die von einem Punkt M eines Kreises beschrieben wird, wenn dieser ohne zu gleiten längs einer Geraden (*Leitlinie*) abrollt. Der abrollende Kreis heißt *erzeugender Kreis.*

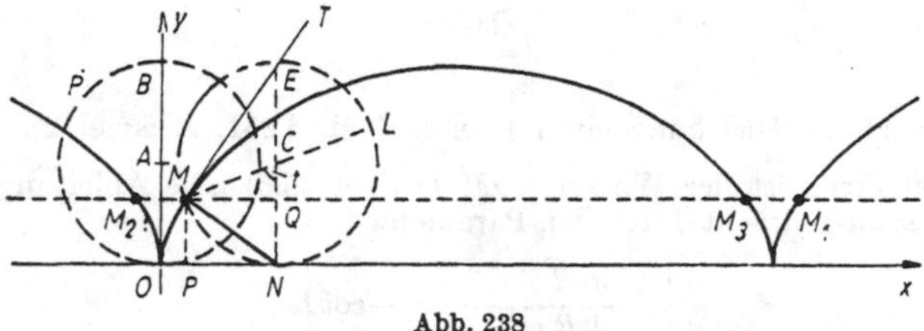

Abb. 238

In Abb. 238 dient als Leitlinie die Gerade OX. Der erzeugende Kreis ist in zwei verschiedenen Lagen dargestellt: in einer „Anfangslage" (ODB), bei der der Punkt M in die Leitlinie OX fällt, und in einer „Zwischenlage" (NME).

Bemerkung. Der Ausdruck „rollen ohne zu gleiten" bedeutet, daß der Berührungspunkt N von seiner Anfangslage O einen Abstand hat, der gleich dem Bogen NM ist:

$$ON = \overset{\frown}{NM}. \tag{1}$$

Die Parametergleichungen der Zykloide. Legt man die Koordinatenachsen wie in Abb. 238 und nimmt man als Parameter t

den Winkel $t = \sphericalangle MNC$, so erhält man die folgenden Parametergleichungen der Zykloide[1]):

$$x = a(t - \sin t), \tag{2}$$

$$y = a(1 - \cos t), \tag{3}$$

wobei a der Radius des erzeugenden Kreises ist.
Die Ordinate y ist eine eindeutige, aber keine elementare Funktion von x (s. Abb. 238).
Die Steigung k der Tangente ist

$$k = \frac{dy}{dx} = \frac{a \sin t}{a(1 - \cos t)} = 4 \sin^2 \frac{t}{2}, \tag{5}$$

und die Steigung k' der Geraden NM ist

$$k' = \frac{y - y_N}{x - x_N} = \frac{a(1 - \cos t)}{- a \sin t}. \tag{6}$$

Es gilt also $kk' = -1$, d. h. $MT \perp MN$. Zur Konstruktion der Tangente an die Zykloide genügt es also, wenn man M mit dem höchsten Punkt des erzeugenden Kreises verbindet.

§ 254. Die Gleichung der Tangente an eine ebene Kurve

Es sei MT (Abb. 239) die Tangente an die Kurve L im Punkt M $(x; y)$. Wir bezeichnen die laufenden Koordinaten des Punktes N auf der Tangente mit X, Y.

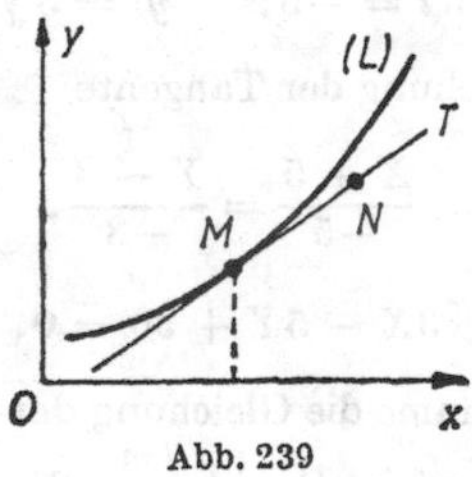

Abb. 239

Bei beliebig gegebener Kurve L (implizit, explizit oder in Parameterform) kann man die Gleichung der Tangente in der folgenden symmetrischen Form angeben:

$$\frac{X - x}{dx} = \frac{Y - y}{dy}. \tag{1}$$

[1]) Der Wert des Winkels t kann positiv oder negativ, sein absoluter Betrag beliebig sein. Für $0 \leqq t \leqq \pi/2$ leitet man die Gleichungen (2)–(3) leicht aus Abb. 238 ab:

$$x = OP = ON - PN = \overset{\frown}{NM} - MQ = at - a \sin t,$$

$$y = PM = NC - QC = a - a \cos t.$$

Wenn die Kurve L durch die Gleichung $y = f(x)$ gegeben ist, so erhalten wir aus (1)[1]:

$$Y - y = f'(x)\,(X - x). \tag{2}$$

Wenn die Kurve in Parameterform gegeben ist, so erhalten wir

$$\frac{X - x}{x'} = \frac{Y - y}{y'}, \tag{3}$$

x', y' sind die Ableitungen nach dem Parameter.
Bei implizit gegebener Kurve L bilden wir auf beiden Gleichungsseiten das Differential (vgl. § 250) und ersetzen in der einen Gleichungshälfte die Größen dy, dx durch die proportionalen Größen $X - x$, $Y - y$.

Beispiel 1. Man bestimme die Gleichung der Tangente an die Parabel $y = x^2 - 3x + 2$ im Punkt (0; 2).
Wir haben $y' = 2x - 3 = -3$. Gemäß (2) lautet die gesuchte Gleichung $Y - 2 = -3X$.

Beispiel 2. Man bestimme die Gleichung der Tangente an die Ellipse

$$x = 5\sqrt{2}\cos t, \qquad y = 3\sqrt{2}\sin t \tag{4}$$

im Punkt M (−5; 3) (vgl. § 252, Beispiel 2).

Lösung. Der gegebene Punkt entspricht dem Wert $t = \frac{3\pi}{4}$. Aus (4) erhalten wir

$$x' = -5\sqrt{2}\sin t = -5, \qquad y' = 3\sqrt{2}\cos t = -3.$$

Gemäß (3) ist die Gleichung der Tangente

$$\frac{X + 5}{-5} = \frac{Y - 3}{-3},$$

d. h.

$$3X - 5Y + 30 = 0.$$

Beispiel 3. Man bestimme die Gleichung der Tangente an die gleichseitige Hyperbel $xy = m^2$ im Punkt $\left(\frac{m}{2}; 2m.\right)$

Lösung. Wir bilden auf beiden Gleichungsseiten das Differential und erhalten

$$x\,dy + y\,dx = 0.$$

Durch Einsetzen von $X - x$, $Y - y$ für dx, dy erhalten wir

$$x(Y - y) + y(X - x) = 0. \tag{5}$$

---

[1]) Es wird vorausgesetzt, daß die Ableitung $f'(x)$ im Punkt M endlich ist. Wenn hingegen $f'(x) = \infty$ (§ 231, Fall 1), so hat man an Stelle von (2) die Gleichung

$$X - x = 0.$$

(Die Tangente ist parallel zur Ordinatenachse.)

Wegen $xy = m^2$ kann man (5) überführen in

$$xY + yX = 2m^2. \tag{6}$$

Einsetzen von $x = \frac{m}{2}$, $y = 2m$ in (5) oder (6) liefert

$$Y + 4X = 4m.$$

Die Tangenten an die Kurven zweiter Ordnung.

	Gleichung der Kurve	Gleichung der Tangente
Ellipse	$\frac{x^2}{a^2} + \frac{y^2}{b^2} = 1,$	$\frac{xX}{a^2} + \frac{yY}{b^2} = 1,$
Hyperbel	$\frac{x^2}{a^2} - \frac{y^2}{b^2} = 1,$	$\frac{xX}{a^2} - \frac{yY}{b^2} = 1,$
Parabel	$y^2 = 2px,$	$yY = p(X + x).$

§ 255. Die Gleichung der Normalen

Unter der *Normalen* zur Kurve L im Punkt M (Abb. 240) versteht man die Senkrechte MN zur Tangente MT.
Gemäß Gleichung (1) von § 254 hat die Gleichung der Normalen die Form

$$(X - x)\,dx + (Y - y)\,dy = 0. \tag{1}$$

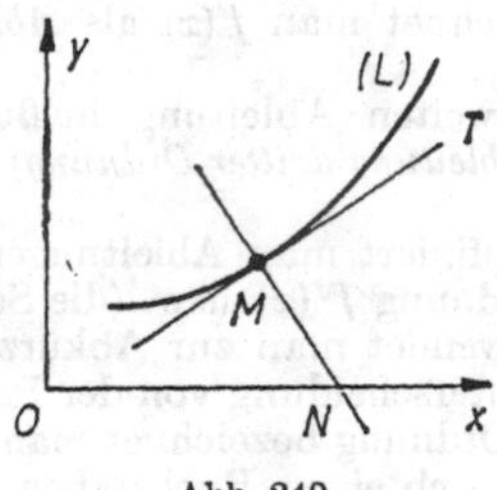

Abb. 240

Den Gleichungen (2) und (3) aus § 254 entsprechend erhalten wir die Gleichung der Normalen durch die folgenden Formeln:

$$Y - y = -\frac{1}{f'(x)}(X - x), \tag{2}$$

$$(X - x)\,x' + (Y - y)\,y' = 0. \tag{3}$$

Bei einer implizit gegebenen Kurve bilden wir auf beiden Gleichungsseiten das Differential und eliminieren dx und dy mit Hilfe von (1).

Beispiel 1. Man bestimme die Gleichung der Normalen zur Parabel $y = \frac{1}{2} x^2$ im Punkt $(-2; 2)$.

Wir haben $y' = x = -2$. Gemäß (2) lautet die gesuchte Gleichung

$$Y - 2 = \frac{1}{2} (X + 2).$$

Beispiel 2. Die Gleichung der Normalen zur Zykloide

$$x = a(t - \sin t), \qquad y = a(1 - \cos t) \tag{4}$$

(§ 253) hat gemäß (3) die Form

$$(X - x)(1 - \cos t) + (Y - y) \sin t = 0 \tag{5}$$

oder unter Verwendung von (4)

$$X(1 - \cos t) + Y \sin t - at(1 - \cos t) = 0. \tag{6}$$

Diese Gleichung ist für $X = at$, $Y = 0$ erfüllt. Die Normale verläuft also (s. Abb. 238) durch den Stützpunkt N $(at;\ 0)$ des erzeugenden Kreises.

§ 256. Ableitungen höherer Ordnung

Es sei $f'(x)$ die Ableitung der Funktion $f(x)$. Die Ableitung von $f'(x)$ heißt *zweite Ableitung* der Funktion $f(x)$ und wird durch $f''(x)$ bezeichnet.

Die zweite Ableitung heißt auch *Ableitung zweiter Ordnung.* Im Gegensatz dazu bezeichnet man $f'(x)$ als *Ableitung erster Ordnung* oder als *erste Ableitung.*

Die Ableitung der zweiten Ableitung heißt *dritte Ableitung* der Funktion $f(x)$ (oder *Ableitung dritter Ordnung*) und wird durch $f'''(x)$ bezeichnet.

Auf dieselbe Weise definiert man Ableitungen der *vierten Ordnung* $f^{\mathrm{IV}}(x)$, der fünften Ordnung $f^{\mathrm{V}}(x)$ usw. (die Schreibweise mit hochgestellten Ziffern verwendet man zur Abkürzung, römische Ziffern gebraucht man zur Unterscheidung von der Potenzierung).

Eine Ableitung n-ter Ordnung bezeichnet man durch $f^{(n)}(x)$.

Wenn die Funktion durch einen Buchstaben bezeichnet wird, z. B. durch y, so bezeichnet man ihre Ableitungen der Reihe nach durch

$$y',\ y'',\ y''',\ y^{\mathrm{IV}},\ y^{\mathrm{V}},\ \ldots,\ y^{(n)}.$$

Beispiel 1. Man bestimme der Reihe nach alle Ableitungen der Funktion $f(x) = x^4$.

Lösung.

$$f'(x) = 4x^3, \qquad f''(x) = (4x^3)' = 12x^2,$$

$$f'''(x) = 24x, \qquad f^{\mathrm{IV}}(x) = 24, \qquad f^{\mathrm{V}}(x) = 0.$$

Alle höheren Ableitungen sind Null.

Beispiel 2. Für $y = \sin x$ haben wir

$$y' = \cos x = \sin\left(x + \frac{\pi}{2}\right), \quad y'' = -\sin x = \sin(x + \pi),$$

$$y''' = -\cos x = \sin\left(x + \frac{3\pi}{2}\right), \ldots, y^{(n)} = \sin\left(x + n\,\frac{\pi}{2}\right).$$

Den Wert der Ableitungen bei einem gegebenen Argumentwert $x = a$ bezeichnet man durch $f'(a)$, $f''(a)$, $f'''(a)$ usw. In Beispiel 1 haben wir $f'(2) = 32$, $f''(2) = 48$ usw.

Beispiel 3. Bei $f(x) = \ln(1 + x)$ haben wir

$$f'(x) = \frac{1}{1+x}, \quad f''(x) = -\frac{1}{(1+x)^2}, \quad f'''(x) = \frac{1\cdot 2}{(1+x)^3},$$

$$f'(x) = -\frac{1\cdot 2\cdot 3}{(1+x)^4}, \ldots, f^{(n)}(x) = \frac{(-1)^{n+1}(n-1)!}{(1+x)^n}.$$

Es gilt also

$$f(0) = 0, \quad f'(0) = 1, \quad f''(0) = -1, \quad f'''(0) = 2!,$$

$$f^{IV}(0) = -3!, \quad \ldots, \quad f^{(n)}(0) = (-1)^{n+1}(n-1)!$$

§ 257. Die Bedeutung der zweiten Ableitung in der Mechanik

Ein Punkt bewege sich geradlinig. Er lege in der Zeit t den Weg s zurück und erhalte die Geschwindigkeit v. Im Zeitintervall $(t, t + \Delta t)$ ändere sich diese Geschwindigkeit und erhalte den Zuwachs Δv. Das Verhältnis $\frac{\Delta v}{\Delta t}$ gibt dann die (mittlere) Geschwindigkeitsänderung bezogen auf die Zeiteinheit wieder. Es wird als *mittlere Beschleunigung* bezeichnet. Dieses Verhältnis charakterisiert die Schnelligkeit der Änderung der Geschwindigkeit v zum Zeitpunkt t umso genauer, je kleiner Δt ist. Als *Beschleunigung* (im Zeitpunkt t) bezeichnet man daher den Grenzwert dieses Verhältnisses für $\Delta t \to 0$, d. h. die Ableitung $\frac{dv}{dt}$. Aber die Geschwindigkeit ist selbst eine Ableitung $\frac{ds}{dt}$. Die Beschleunigung ist daher die zweite Ableitung des Weges nach der Zeit.

Beispiel. Die ungedämpfte Schwingung einer Membran wird durch die Gleichung

$$s = a \sin \frac{2\pi t}{T} \tag{1}$$

beschrieben (T — Schwingungsperiode, a — Schwingungsamplitude, s — Abweichung der Membranpunkte von der Ruhelage).

Die Geschwindigkeit der Bewegung ist

$$v = s' = \frac{2\pi a}{T} \cos \frac{2\pi t}{T}. \tag{2}$$

Die Beschleunigung ist

$$v' = s'' = \frac{-4\pi^2 a}{T^2} \sin \frac{2\pi t}{T}. \tag{3}$$

§ 258. Differentiale höherer Ordnung

Wir betrachten die Reihe der äquidistanten Argumentwerte

$$x, \; x + \Delta x, \quad x + 2\Delta x, \quad x + 3\Delta x, \quad \ldots$$

und die entsprechenden Funktionswerte

$$y = f(x), \quad y_1 = f(x + \Delta x), \quad y_2 = f(x + 2\Delta x), \quad y_3 = f(x + 3\Delta x), \quad \ldots.$$

Wir führen die folgenden Bezeichnungen ein:

$$\Delta y = f(x + \Delta x) - f(x),$$
$$\Delta y_1 = f(x + 2\Delta x) - f(x + \Delta x),$$
$$\Delta y_2 = f(x + 3\Delta x) - f(x + 2\Delta x)$$

usw. Die Größen Δy, Δy_1, Δy_2 heißen *erste Differenzen* der Funktion $f(x)$. Als *zweite Differenzen* bezeichnet man die Größen $\Delta y_1 - \Delta y_2, \ldots$ usw. Man schreibt dafür auch $\Delta^2 y$ (gelesen: „Delta zwei Ypsilon"), $\Delta^2 y_1$, usw.:

$$\Delta^2 y = \Delta y_1 - \Delta y,$$
$$\Delta^2 y_1 = \Delta y_2 - \Delta y_1.$$

Analog dazu definiert man dritte Differenzen $\Delta^3 y = \Delta^2 y_1 - \Delta^2 y$ usw.

Beispiel 1. Es sei $f(x) = x^3$ und $x = 2$. Die ersten Differenzen lauten:

$$\Delta y = (2 + \Delta x)^3 - 2^3 = 12\Delta x + 6\Delta x^2 + \Delta x^3,$$
$$\Delta y_1 = (2 + 2\Delta x)^3 - (2 + \Delta x)^3 = 12\Delta x + 18\Delta x^2 + 7\Delta x^3,$$
$$\Delta y_2 = (2 + 3\Delta x)^3 - (2 + 2\Delta x)^3 = 12\Delta x + 30\Delta x^2 + 19\Delta x^3,$$

. . . .

Die zweiten Differenzen:

$$\Delta^2 y = \Delta y_1 - \Delta y = 12\Delta x^2 + 6\Delta x^3,$$
$$\Delta^2 y_1 = \Delta y_2 - \Delta y_1 = 12\Delta x^2 + 12\Delta x^3.$$

. . . .

Die dritten Differenzen:

$$\Delta^3 y = \Delta^2 y_1 - \Delta^2 y = 6\Delta x^3,$$

. . . .

Bei unendlich kleinem Δx ist die erste Differenz in der Regel klein von erster Ordnung relativ zu Δx, die zweite Differenz klein von zweiter Ordnung, die dritte klein von dritter Ordnung usw.

Das Hauptglied der ersten Differenz ($12\Delta x$ in Beispiel 1) haben wir (§ 228) als Differential der Funktion bezeichnet. Hier bezeichnen wir dieses nun als *erstes Differential.* Unter dem *zweiten Differential* verstehen wir das Hauptglied der zweiten Differenz, es ist proportional Δx^2 ($12\Delta x^2$ in Beispiel 1). Unter dem *dritten Differential* verstehen wir das Hauptglied der dritten Differenz, das proportional zu Δx^3 ist ($6\Delta x^3$ in Beispiel 1), usw. Wir wollen dies exakt formulieren.

Definition. Die zweite Differenz $\Delta^2 y$ einer Funktion $y = f(x)$ sei als Summe von zwei Gliedern dargestellt,

$$\Delta^2 y = B\Delta x^2 + \beta,$$

wobei B nicht von Δx abhänge und β klein von höherer Ordnung relativ zu Δx^2 sei. Dann heißt das Glied $B\Delta x^2$ *zweites Differential der Funktion* y und wird durch $d^2 y$ oder durch $d^2 f(x)$ bezeichnet. Analog definiert man die Differentiale höherer Ordnung.

Theorem 1. Der Koeffizient B bei Δx^2 im Ausdruck für das zweite Differential ist gleich der zweiten Ableitung $f''(x)$. Der Koeffizient C bei Δx^3 im Ausdruck für das dritte Differential $C\Delta x^3$ ist gleich der dritten Ableitung $f'''(x)$ usw.

Beispiel 2. Für $f(x) = x^3$ gilt $f''(x) = 6x$. In Übereinstimmung damit gilt $d^2(x^3) = 6x\Delta x^2$. Für $x = 2$ haben wir: $d^2(x^3) = 12\Delta x^2$ (vgl. Beispiel 1). Weiter gilt $f'''(x) = 6$ bei beliebigem x. In Übereinstimmung damit haben wir $d^3(x^3) = 6\Delta x^3$.

Theorem 1 kann man auch anders formulieren:

Das Differential n-ter Ordnung ist gleich dem Produkt aus der n-ten Ableitung mit der n-ten Potenz des Zuwachses der unabhängigen Variablen:

$$d^n f(x) = f^{(n)}(x)\, \Delta x^n. \tag{1}$$

Für die unabhängige Veränderliche haben wir $\Delta x = dx$, und daher gilt[1])

$$d^n f(x) = f^{(n)}(x)\, dx^n. \tag{2}$$

Beispiel 3. $d(x^4) = 4x^3\,dx$, $d^2(x^4) = 12x^2\,dx^2$; $d^3(x^4) = 24x\,dx^3$, $d^4(x^4) = 24 dx^4$, $d^5(x^4) = 0$, $d^6(x^4) = d^7(x^4) = \cdots = 0$ (vgl. § 256, Beispiel 1). Das zweite Differential einer linearen Funktion der unabhängigen Variablen ist Null:

$$d^2(ax + b) = 0.$$

---

[1]) Wenn x nicht die unabhängige Variable ist, so ist Formel (1) in der Regel nicht immer gültig, nicht einmal für $n = 1$ (vgl. § 234). Im Falle der Differentiale höherer Ordnung ist in der Regel aber auch Formel (2) in diesem Fall nicht gültig, obwohl sie für $n = 1$ immer gilt. Mit anderen Worten, die Ausdrücke $f''(x)\,dx^2$, $f'''(x)\,dx^3, \ldots$ sind *nicht invariant*.

Insbesondere ist das zweite Differential der unabhängigen Variablen Null: $d^2x = 0$.
Das dritte Differential einer quadratischen Funktion ist Null:

$$d^3(ax^2 + bx + c) = 0.$$

Im allgemeinen ist das $(n + 1)$-te Differential eines Polynoms n-ten Grades Null.

§ 259. Darstellung der höheren Ableitungen durch Differentiale

Die zweite Ableitung kann man durch Differentiale in der Form

$$y'' = \frac{dx\, d^2y - dy\, d^2x}{dx^3} \tag{1}$$

ausdrücken. Diese Beziehung gilt *bei beliebiger Wahl des Arguments.* Wenn man als Argument x nimmt (wobei $d^2x = 0$), so erhält man

$$y'' = \frac{d^2y}{dx^2}. \tag{2}$$

Derselbe Ausdruck folgt auch aus (2), § 258 (für $n = 2$). Aus der gleichen Formel folgen die Darstellungen

$$y''' = \frac{d^3y}{dx^3}, \quad y^{\mathrm{IV}} = \frac{d^4y}{dx^4}, \quad \ldots, \quad y^{(n)} = \frac{d^ny}{dx^n}, \tag{3}$$

vorausgesetzt, daß x die unabhängige Variable ist. Der allgemeine Ausdruck ist komplizierter.

Bemerkung. Die Ableitung n-ter Ordnung bezeichnet man oft durch $\frac{d^ny}{dx^n}$ ohne Bezugnahme darauf, welche Größe man als Argument betrachtet. Aber in diesem Ausdruck darf man nicht y oder x durch einen beliebigen Parameter ersetzen.

§ 260. Höhere Ableitungen von Funktionen, die in Parameterform gegeben sind

Die Funktion y von x sei durch die Gleichungen

$$x = \varphi(t), \qquad y = f(t) \tag{1}$$

gegeben. Ihre Ableitungen erster und zweiter Ordnung findet man mit Hilfe der Formeln[1])

$$y' = \frac{f'(t)}{\varphi'(t)}, \tag{2}$$

$$y'' = \frac{\varphi'(t)\, f''(t) - f'(t)\, \varphi''(t)}{[\varphi'(t)]^3}. \tag{3}$$

[1]) Formel (3) leitet man analog zu Formel (1) in § 259 her. Man erhält sie aus dieser Formel, indem man dort alle Differentiale durch die entsprechenden Ableitungen nach dem Parameter ersetzt.

Die Ausdrücke für die folgenden Ableitungen sind kompliziert. Bei gegebenen Funktionen $f(t)$ und $\varphi(t)$ berechnet man sie einfacher schrittweise wie in dem folgenden Beispiel.

Beispiel. Es gelte

$$x = a \cos t, \qquad y = b \sin t.$$

Dann haben wir (vgl. § 252, Beispiel 2)

$$y' = d(b \sin t) : d(a \cos t) = -\frac{b}{a} \cot t.$$

Weiter findet man

$$y'' = d\left(-\frac{b}{a} \cot t\right) : d(a \cos t) = -\frac{b}{a^2 \sin^3 t},$$

$$y''' = d\left(-\frac{b}{a^2 \sin^3 t}\right) : d(a \cos t) = -\frac{3b \cos t}{a^3 \sin^5 t}$$

usw.

§ 261. Höhere Ableitungen impliziter Funktionen

Zur Bestimmung der höheren Ableitungen einer Funktion y vom Argument x, die implizit durch eine beliebige Gleichung gegeben ist, muß man diese Gleichung entsprechend oft differenzieren, d. h. auf beiden Gleichungsseiten die entsprechend hohen Differentiale bilden. Man erhält dadurch eine Reihe von Gleichungen. Aus der ersten Gleichung läßt sich y' durch x und y ausdrücken. Die zweite Gleichung liefert (unter Berücksichtigung des bereits bekannten Ausdrucks für y') einen Ausdruck für y'' in Abhängigkeit von x und y. Die dritte Gleichung liefert (bei bekanntem y' und y'') y''' usw. In speziellen Fällen ist eine Vereinfachung möglich.

Beispiel. Man bestimme die Ableitungen bis zur dritten Ordnung der Funktion $y = f(x)$, die durch die Gleichung

$$x^2 + y^2 = r^2, \qquad r = 5, \tag{1}$$

gegeben ist, und bestimme den Wert dieser Ableitungen im Punkt (3; 4).

Lösung. Bildung der Differentiale liefert

$$x\,dx + y\,dy = 0. \tag{2}$$

Daraus folgt

$$x + yy' = 0. \tag{2a}$$

Bildet man nochmals auf beiden Seiten die Differentiale, so erhält man

$$dx + y'\,dy + yy''\,dx = 0 \tag{3}$$

und daraus

$$1 + y'^2 + yy'' = 0. \tag{3a}$$

Differenziert man nochmals, so ergibt sich

$$2y'\,dy' + y''\,dy + yy'''\,dx = 0 \tag{4}$$

und daraus

$$3y'y'' + yy''' = 0. \tag{4a}$$

Aus (2a) erhalten wir

$$y' = -\frac{x}{y}. \tag{5}$$

Aus (3a) erhalten wir $y'' = -\frac{1+y'^2}{y}$, und mit (5) ergibt sich

$$y'' = -\frac{x^2+y^2}{y^3} = -\frac{r^2}{y^3}. \tag{6}$$

Aus (4a) erhalten wir unter Berücksichtigung von (5) und (6)

$$y''' = \frac{-3x(x^2+y^2)}{y^5} = -\frac{3x^2r^2}{y^5}. \tag{7}$$

Einsetzen von $x = 3$, $y = 4$ in (5), (6) und (7) liefert

$$y' = -\frac{3}{4},\quad y'' = -\frac{25}{64},\quad y''' = -\frac{225}{1024}.$$

§ 262. Die Leibnizsche Regel

Um einen Ausdruck für die Ableitung n-ter Ordnung eines Produkts uv zu erhalten (nach einem beliebigen Argument), entwickelt man $(u+v)^n$ nach dem binomischen Lehrsatz und ersetzt in der erhaltenen Zerlegung alle Potenzen durch die Ableitung entsprechender Ordnung. Die Glieder 0-ten Grades ($u^0 = v^0 = 1$), die den Anfang und das Ende der Zerlegung bilden, ersetzt man dabei durch die Funktionen selbst.
Nach dieser Regel erhält man

$$(uv)' = u'v + uv', \tag{1}$$

$$(uv)'' = u''v + 2u'v' + uv'', \tag{2}$$

$$(uv)''' = u'''v + 3u''v' + 3u'v'' + uv''', \tag{3}$$

. . . .

$$(uv)^{(n)} = u^{(n)}v + nu^{(n-1)}v' + \frac{n(n-1)}{1\cdot 2}u^{(n-2)}v'' + \cdots$$
$$+ \frac{n(n-1\cdots(n-k+1)}{k!}u^{(n-k)}v^{(k)} + \cdots + uv^{(n)}. \tag{4}$$

Die Regel, die nach LEIBNIZ benannt ist, beweist man durch vollständige Induktion.

Beispiel 1. Man bestimme die zehnte Ableitung der Funktion $e^x x^2$.

Lösung. Nach Formel (4) (mit $u = e^x$, $v = x^2$, $n = 10$) erhalten wir

$$(e^x x^2)^{\mathrm{X}} = (e^x)^{\mathrm{X}} x^2 + 10(e^x)^{\mathrm{IX}}(x^2)' + 45(e^x)^{\mathrm{VIII}}(x^2)'' + \cdots.$$

Die folgenden Summanden brauchen wir nicht mehr anzuschreiben, da die Ableitungen von x^2 dritter und höherer Ordnung an Null sind. Berücksichtigt man, daß alle Ableitungen von e^x gleich e^x sind, so erhält man

$$(e^x x^2)^{\mathrm{X}} = e^x(x^2 + 20x + 90).$$

Beispiel 2. Man bestimme die Werte aller Ableitungen von $f(x) = \operatorname{arctang} x$ für $x = 0$.

Lösung. Wir haben

$$f'(x) = \frac{1}{1 + x^2}. \tag{5}$$

Also gilt

$$f(0) = 0, \qquad f'(0) = 1. \tag{6}$$

Die unmittelbare Berechnung der höheren Ableitungen ist sehr mühevoll. Stellt man jedoch (5) in der Form

$$f'(x)\,(1 + x^2) = 1$$

dar und wendet man die Leibnizsche Regel an ($u = f'(x)$, $v = 1 + x^2$), so erhält man

$$f^{(n+1)}(x)\,(1 + x^2) + nf^{(n)}(x)\,2x + n(n-1)\,f^{(n-1)}(x) = 0.$$

Für $x = 0$ haben wir

$$f^{(n+1)}(0) + n(n-1)\,f^{(n-1)}(0) = 0. \tag{7}$$

Wegen $f^{(0)}(0) = f(0) = 0$ sind alle Ableitungen geradzahliger Ordnung Null:

$$f''(0) = f^{\mathrm{IV}}(0) = f^{\mathrm{VI}}(0) = \cdots = 0. \tag{8}$$

Mit $f'(0) = 1$ findet man aus (7) der Reihe nach

$$\begin{aligned} f'''(0) &= -1 \cdot 2f'(0) = -(2!), \\ f^{\mathrm{V}}(0) &= -3 \cdot 4f'''(0) = +(4!), \\ f^{\mathrm{VII}}(0) &= -5 \cdot 6f^{\mathrm{V}}(0) = -(6!), \\ &\cdots\cdots\cdots\cdots\cdots\cdots \\ f^{(2k+1)}(0) &= -(2k-1)\,2kf^{(2k-1)}(0) = (-1)^k\,(2k!). \end{aligned}$$

§ 263. Der Satz von Rolle[1])

Theorem. Die Funktion $f(x)$ sei differenzierbar im abgeschlossenen Intervall (a, b). Ihr Wert an den Intervallenden sei Null. Dann ist

---

[1]) M. Rolle (1652–1719) war ein Zeitgenosse Newtons und Leibniz'. Er durchsuchte die Differentialrechnung nach logischen Widersprüchen. Natürlich ist der „*Satz von* Rolle" von ihm nicht in der heutigen Fassung formuliert worden. Rolle verdankt man ein algebraisches Theorem mit der Folgerung: Wenn a und b Wurzeln der Gleichung $x^n + p_1x^{n-1} + \cdots + p_{n-1}x + p_n = 0$ sind, so liegt zwischen a und b eine Wurzel der Gleichung $nx^{n-1} + (n-1)\,p_1x^{n-2} + \cdots + p_{n-1} = 0$. Diese Aussage ist ein Spezialfall des „Satzes von Rolle" (der linke Teil der zweiten Gleichung ist die Ableitung des linken Teils der ersten Gleichung). Davon stammt (historisch unrichtig) der Name „Satz von Rolle".

die Ableitung $f'(x)$ mindestens einmal im Inneren des Intervalls Null. In Abb. 241 gibt es zwischen den Punkten $x = a$ und $x = b$, in denen die grafische Darstellung der Funktion $f(x)$ die Achse OX schneidet, drei Punkte L, M und N, durch die die Tangente parallel zu OX verläuft (d. h. $f'(x) = 0$).

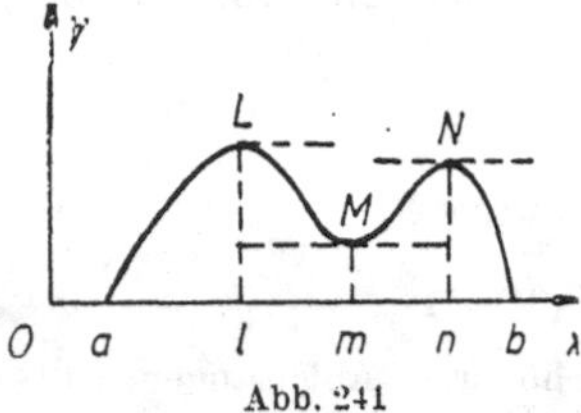

Abb. 241

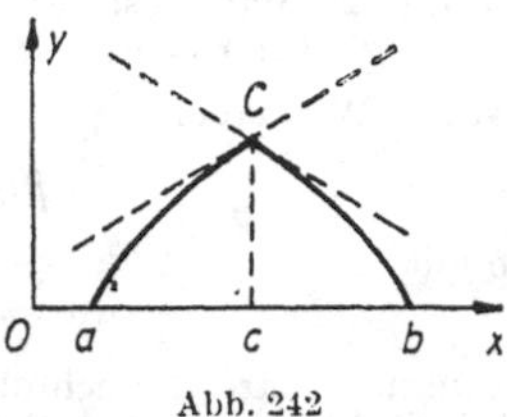

Abb. 242

In Abb. 242 gibt es zwischen $x = a$ und $x = b$ keinen Punkt mit „horizontaler" Tangente. Der Grund dafür liegt darin, daß im Punkt C die Kurve keine Tangente besitzt, d. h., die Funktion $f(x)$ ist in $x = c$ nicht differenzierbar (es existieren jedoch die zwei einseitigen Ableitungen (§ 231)).

Bemerkung 1. Auch wenn die differenzierbare Funktion $f(x)$ in $x = a$ und $x = b$ dieselben Werte besitzt, die sogar ungleich Null sein dürfen, wird die Ableitung $f'(x)$ im Inneren des Intervalls (a, b) einmal Null.

Bemerkung 2. Der Satz von ROLLE behält seine Gültigkeit, wenn $f(x)$ nur im Inneren des Intervalls (a, b) differenzierbar und an den Enden wenigstens stetig ist.

§ 264. Der Mittelwertsatz von Lagrange[1])

Formulierung des Satzes. Wenn die Funktion $f(x)$ im abgeschlossenen Intervall (a, b) differenzierbar ist, so ist das Verhältnis $\frac{f(b) - f(a)}{b - a}$ gleich dem Wert der Ableitung $f'(x)$ an einer gewissen Stelle $x = \xi$ im Inneren des Intervalls (a, b):

$$\frac{f(b) - f(a)}{b - a} = f'(\xi). \qquad (1)$$

Geometrische Deutung. Das Verhältnis $\frac{f(b) - f(a)}{b - a} = \frac{KB}{AK}$ (Abb. 243) bedeutet die Steigung der Sehne AB, $f'(\xi)$ dagegen die Steigung der Tangente NT. Der Mittelwertsatz sagt aus, daß zwischen A und B auf dem Bogen AB mindestens einmal ein Punkt N auftritt, in dem die Tangente parallel zur Sehne AB ist. Dabei ist vorausgesetzt, daß in *jedem Punkt* des Bogens AB die Tangente existiert.

---

[1]) JOSEPH LOUIS LAGRANGE (1736–1813) war ein bedeutender französischer Gelehrter. Er begründete die analytische Mechanik und war einer der Schöpfer der Variationsrechnung.

Aus Abb. 244 ersieht man, daß bei Verletzung dieser Bedingung der Satz nicht mehr gilt. Im Punkt C existieren nur die einseitigen Tangenten — die linksseitige und die rechtsseitige. Die Funktion $f(x)$, die durch die Kurve ACB dargestellt wird, ist im Punkt $x = c$ nicht differenzierbar. Der Mittelwertsatz gilt nicht: Für keinen Zwischenwert ξ ist die Ableitung $f'(x)$ gleich dem Verhältnis $\frac{f(b) - f(a)}{b - a}$.

Physikalische Deutung. Es sei $f(t)$ der Abstand eines Punktes vom Ursprung zur Zeit t. Dann ist $f(b) - f(a)$ der Weg, den dieser Punkt vom Zeitpunkt $t = a$ bis zum Zeitpunkt $t = b$ zurückgelegt

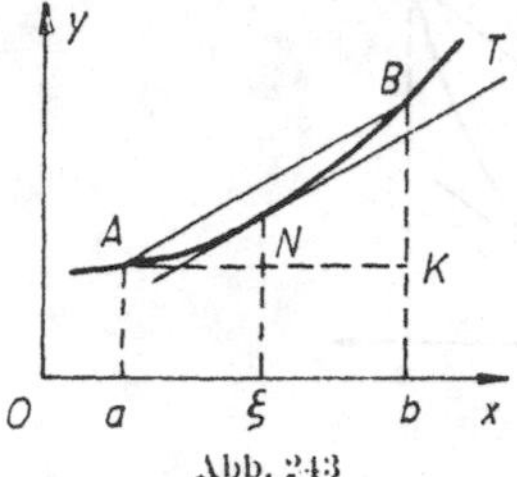

Abb. 243

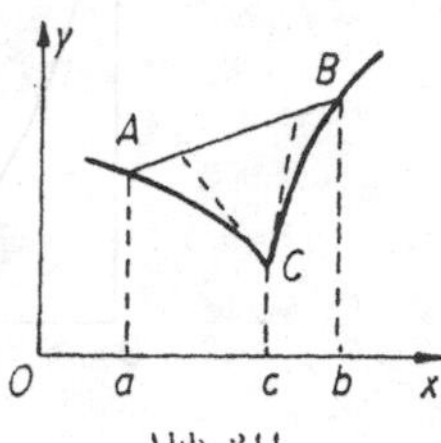

Abb. 244

hat, und $\frac{f(b) - f(a)}{b - a}$ ist die mittlere Geschwindigkeit in diesem Zeitintervall. Der Mittelwertsatz sagt aus, daß in einem gewissen Zwischenzeitpunkt die Geschwindigkeit des Punktes gleich der mittleren Geschwindigkeit der Bewegung ist, vorausgesetzt, daß der Punkt in jedem Augenblick eine definierte Geschwindigkeit besitzt.

Zweite Formulierung des Mittelwertsatzes. Die Gleichung

$$f'(x) = \frac{f(b) - f(a)}{b - a}$$

hat (unter den Bedingungen des Satzes) mindestens eine Wurzel $x = \xi$ im Inneren des Intervalls (a, b).

Die Lage dieser Wurzeln (oder dieser Wurzel) hängt von der Beschaffenheit der Funktion $f(x)$ ab. Wenn die Funktion quadratisch ist (graf. Darstellung eine Parabel, Abb. 245), so erhalten wir eine Gleichung ersten Grades. Die Wurzel liegt genau in der Mitte von (a, b), d. h.

$$\xi = \frac{b + a}{2}.$$

Für die übrigen Funktionen ist diese Eigenschaft näherungsweise vorhanden. Das heißt, wenn man a konstant hält und b gegen a streben läßt, so strebt eine der Wurzeln in der Regel[1]) gegen den Mittelpunkt von (a, b), d. h. $\lim \frac{\xi - a}{b - a} = \frac{1}{2}$ für $b \to a$.

[1]) Eine Ausnahme besteht nur dann, wenn die zweite Ableitung $f''(a)$ Null ist oder nicht existiert.

Beispiel 1. Es gelte $f(x) = x^2$. Dann ist $f'(\xi) = 2\xi$. Formel (1) erhält die Gestalt

$$\frac{b^2 - a^2}{b - a} = 2\xi,$$

und daher gilt

$$\xi = \frac{a + b}{2},$$

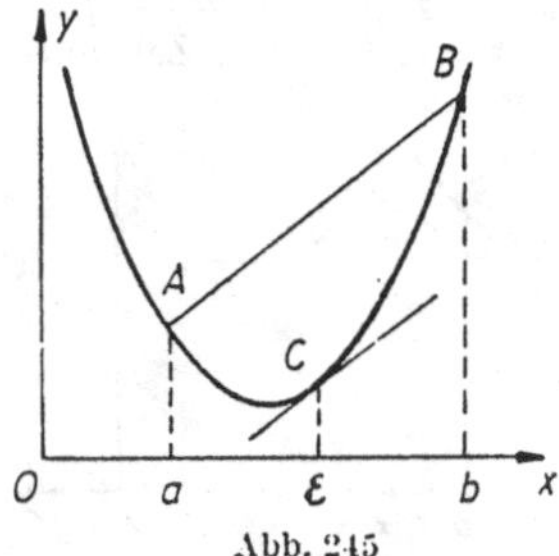

Abb. 245

d. h., ξ liegt genau in der Mitte des Intervalls (a, b).

Beispiel 2. Es gelte $f(x) = x^3$. Dann haben wir $f'(x) = 3x^2$. Wir wählen $a = 10$ und $b = 12$ und erhalten

$$\frac{f(b) - f(a)}{b - a} = 364.$$

Auf Grund des Mittelwertsatzes muß die Gleichung $3x^2 = 364$ eine Wurzel haben, die zwischen 10 und 12 liegt. Tatsächlich liegt ihre positive Wurzel $x = \sqrt{121 \frac{1}{3}} \approx 11{,}015$ auf der Strecke (10, 12) und zwar in der Nähe der Mitte.

Bemerkung. Der Mittelwertsatz behält auch seine Gültigkeit, wenn die Funktion $f(x)$ nur im Inneren von (a, b) differenzierbar und an den Intervallenden stetig ist.

§ 265. Die Formel für einen endlichen Zuwachs

Formel (1) aus § 264 kann man in der Form

$$f(b) - f(a) = f'(\xi)\,(b - a) \tag{1}$$

schreiben oder mit anderen Bezeichnungen

$$f(a + h) - f(a) = f'(\xi)\,h. \tag{2}$$

Dies ist die *Formel für einen endlichen Zuwachs.* Man schreibt sie auch in der Form

$$f(a + h) = f(a) + f'(\xi)\,h. \tag{3}$$

Anwendung auf die Näherungsrechnung. In § 248 haben wir für die Berechnung von $f(a+h)$ die Näherungsformel

$$f(a+h) \approx f(a) + f'(a)\,h \tag{4}$$

verwendet. Die exakte Formel (3) kann man (bei bekanntem Wert von ξ) zur Abschätzung des Fehlers in (4) verwenden. Setzt man hingegen in (3) $\xi = \frac{a+b}{2}$, so liefert (3), wenn die Formel auch nicht exakt ist, in der Regel (vgl. § 264) eine bessere Näherung als (4).

Beispiel. Man bestimme ohne Tabelle lg 101.

Wir setzen $f(x) = \lg x$ und haben $f'(x) = \frac{M}{x}$ $(M = 0{,}43429)$. Für $a = 100$ und $h = 1$ liefert Formel (4):

$$\lg 101 \approx \lg 100 + M \cdot \frac{1}{100} \cdot 1 = 2{,}0043429. \tag{5}$$

Zur Abschätzung des Fehlers verwenden wir die exakte Formel (3). Wir erhalten

$$\lg 101 = \lg 100 + M \cdot \frac{1}{\xi} \cdot 1. \tag{6}$$

Hier liegt ξ zwischen 100 und 101, es gilt also $\frac{1}{\xi} > \frac{1}{101}$. Der Fehler in Formel (5) setzt sich zusammen aus $M\left|\frac{1}{100} - \frac{1}{\xi}\right|$. Diese Größe ist offenbar kleiner als $M\left(\frac{1}{100} - \frac{1}{101}\right)$, d. h. kleiner als 0,00004. Dies ist die Fehlergrenze der Formel (5) (der wahre Fehler ist halb so klein).

Setzt man hingegen in Formel (6) $\xi = \frac{1}{2}(100 + 101) = 100{,}5$, so erhält man

$$\lg 101 \approx \lg 100 + M \cdot 0{,}00995025 \cdot 1 = 2{,}0043213. \tag{7}$$

Hier ist nur die letzte Stelle falsch. In Wahrheit ist sie um eine Einheit größer.

Folgerungen aus Formel (1). Aus der Definition der Ableitung folgt unmittelbar, daß die Ableitung einer konstanten Größe gleich Null ist. Aus Formel (1) folgt umgekehrt das folgende Theorem.

Theorem 1. Wenn die Ableitung $f'(x)$ im Intervall (m, n) überall gleich Null ist, so ist $f(x)$ in diesem Intervall eine konstante Größe.

Erklärung. Die Funktion $f(x)$ ist vereinbarungsgemäß differenzierbar im Intervall (m, n), um so mehr also auch in jedem Teilintervall (a, b). Auf dieses Teilintervall können wir daher die Formel (1) anwenden. Wegen $f'(\xi) = 0$ gilt $f(a) = f(b)$.

Aus Theorem 1 folgt unmittelbar

Theorem 2. Wenn die Ableitungen zweier Funktionen $f(x)$ und $\varphi(x)$ in einem Intervall (m, n) überall gleich sind, so unterscheiden sich in diesem Intervall die Werte der Funktionen um eine konstante Größe.

§ 266. Die Verallgemeinerung des Mittelwertsatzes (Cauchy)

Der *Satz von* CAUCHY[1]). Es seien $f'(t)$ und $\varphi'(t)$ die Ableitungen zweier Funktionen $f(t)$ und $\varphi(t)$, die in einem abgeschlossenen Intervall (a, b) differenzierbar seien. Die Ableitungen sollen im Inneren dieses Intervalls nicht gleichzeitig Null sein. Eine der Funktionen $f(t)$ oder $\varphi(t)$ habe an den Intervallenden verschiedene Werte (es sei zum Beispiel $\varphi(a) \neq \varphi(b)$). Dann verhalten sich die Zuwachse $f(b) - f(a)$ und $\varphi(b) - \varphi(a)$ der gegebenen Funktionen wie ihre Ableitungen in einem gewissen Punkt $t = \tau$ im Inneren des Intervalls (a, b):

$$\frac{f(b) - f(a)}{\varphi(b) - \varphi(a)} = \frac{f'(\tau)}{\varphi'(\tau)}. \tag{1}$$

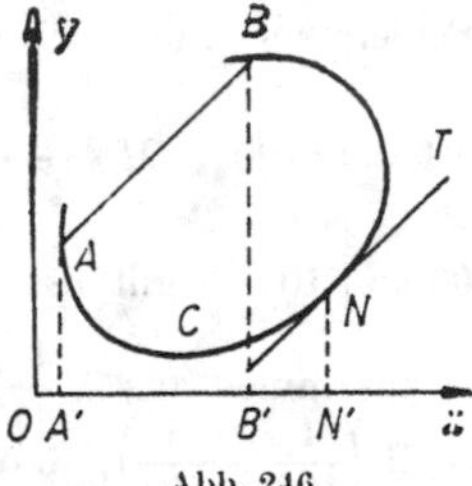

Abb. 246

Der Mittelwertsatz von LAGRANGE (Formel (1) aus § 264) ist ein Sonderfall von Formel (1) für $\varphi(t) = t$.

Geometrische Deutung. Die geometrische Deutung ist dieselbe wie beim Mittelwertsatz von LAGRANGE. Nur ist die Kurve ACB (Abb. 246) in Parameterform gegeben, und zwar durch die Gleichungen

$$x = \varphi(t), \qquad y = f(t).$$

Wir haben

$$OA' = \varphi(a), \qquad OB' = \varphi(b);$$

$$AA' = f(a), \qquad BB' = f(b).$$

Das Verhältnis $\dfrac{f(b) - f(a)}{\varphi(b) - \varphi(a)}$ ist die Steigung der Sehne AB, das Verhältnis $\dfrac{f'(t)}{\varphi'(t)} = \dfrac{dy}{dx}$ die Steigung der Tangente NT.

In Abb. 246 ist die Tangente NT parallel zur Sehne AB, der Punkt N liegt auf dem Bogen AB (aber seine Projektion N' auf die Achse OX liegt nicht auf der Strecke $A'B'$; dasselbe gilt für die Projektion auf OY).

---

[1]) AUGUSTIN CAUCHY (1789–1857) war ein bedeutender französischer Mathematiker und Physiker. CAUCHY erkannte die Notwendigkeit, die mathematische Analysis auf eine logische Grundlage zu stellen, und führte diese Aufgabe selbst durch.

Bemerkung 1. Wenn im Gegensatz zu den Bedingungen des Satzes $f(a) = f(b)$ und $\varphi(b) = \varphi(a)$ gilt, so ist der linke Teil von (1) nicht definiert.

Bemerkung 2. In den Bedingungen des Satzes von Cauchy fordert man, daß $f'(t)$ und $\varphi'(t)$ nicht gleichzeitig im Inneren des Intervalls (a, b) Null werden. An einem Ende (oder an beiden Enden) dürfen die Ableitungen jedoch gleichzeitig verschwinden (oder nicht existieren, solange $f(x)$ und $\varphi(x)$ dort stetig sind).

Beispiel 1. Wir betrachten die Funktionen

$$f(t) = t^3 \quad \text{und} \quad \varphi(t) = t^2$$

im Intervall $(0, 2)$. Am Intervallende $t = 0$ sind die Ableitungen

$$f'(t) = 3t^2 \quad \text{und} \quad \varphi'(t) = 2t$$

Null, aber im Inneren des Intervalls sind beide von Null verschieden. Beide Funktionen sind für $t = 0$ stetig. Die Voraussetzungen des Satzes von Cauchy sind erfüllt. Das bedeutet, daß das Verhältnis

$$\frac{f(b) - f(a)}{\varphi(b) - \varphi(a)} = \frac{f(2) - f(0)}{\varphi(2) - \varphi(0)} = \frac{2^3}{2^2} = 2$$

gleich dem Verhältnis

$$\frac{f'(t)}{\varphi'(t)} = \frac{3t^2}{2t} = \frac{3}{2}t$$

in einem gewissen Punkt $t = \xi$ sein muß, der zwischen $a = 0$ und $b = 2$ liegt. In der Tat hat die Gleichung

$$\frac{3t}{2} = 2$$

die Wurzel $t = \frac{4}{3}$, die im Inneren von $(0, 2)$ liegt.

Beispiel 2. Wir betrachten nun dieselben Funktionen $f(t) = t^3$ und $\varphi(t) = t^2$ im Intervall $\left(-1\frac{1}{2}, 2\right)$. Bei $a = -1\frac{1}{2}$, $b = 2$ haben wir

$$\frac{f(b) - f(a)}{\varphi(b) - \varphi(a)} = \frac{b^3 - a^3}{b^2 - a^2} = \frac{b^2 + ab + a^2}{b + a} = \frac{13}{2}.$$

Die Gleichung $\frac{3t}{2} = \frac{13}{2}$ hat die einzige Wurzel $t = 4\frac{1}{3}$, die jedoch nicht im Intervall $\left(-1\frac{1}{2}, 2\right)$ liegt. Der Satz von Cauchy ist in diesem Fall nicht anwendbar, da im Punkt $t = 0$ beide Ableitungen $f'(t)$ und $\varphi'(t)$ verschwinden. Dieser Punkt liegt nun im Inneren des Intervalls (a, b). Geometrisch bedeutet das das Folgende: Die parametrischen Gleichungen $x = t^2$, $y = t^3$ stellen die halbkubischen Parabel AOB dar (Abb. 247). Die Werte $a = -1\frac{1}{2}$, $b = 2$ entsprechen den Punkten $A\left(2\frac{1}{4}; -3\frac{3}{8}\right)$ und B (4; 8). Auf dem Bogen AOB der Kurve $x = t^2$, $y = t^3$ gibt es keinen Punkt, in dem die Tangente parallel zur Sehne AB

ist (einen derartigen Punkt gibt es erst hinter dem Bereich des Bogens AOB oberhalb von Punkt B).

Physikalische Deutung. Es seien t die Zeit und

$$s_P = f(t)$$

und

$$s_Q = \varphi(t)$$

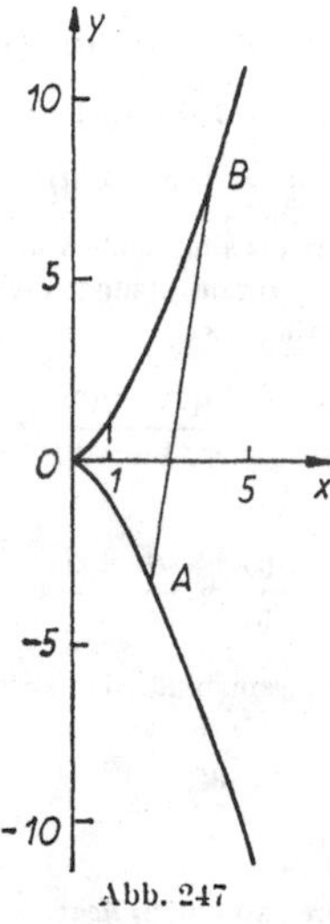

Abb. 247

die Abstände zweier sich geradlinig bewegender Körper P und Q von ihrer Ausgangslage. Dann bedeuten $f'(t)$ und $\varphi'(t)$ die Geschwindigkeiten v_P und v_Q der beiden Körper P und Q. Gemäß den Voraussetzungen des Satzes von CAUCHY seien v_P und v_Q nicht gleichzeitig Null. Der Satz behauptet, daß sich die von den beiden Körpern im Zeitintervall (a, b) zurückgelegten Wege wie deren Geschwindigkeiten in einem gewissen Augenblick im Inneren des Zeitintervalls verhalten (dieser Augenblick ist für beide Körper derselbe).

§ 267. Untersuchung eines unbestimmten Ausdrucks der Form $\frac{0}{0}$

Wenn eine beliebige Funktion im Punkt $x = a$ nicht definiert ist, jedoch für $x \to a$ einen Grenzwert besitzt, so bezeichnet man die Bestimmung dieses Grenzwerts als *Beseitigung der Unbestimmtheit.* Insbesondere bezeichnet man als Beseitigung einer Unbestimmtheit der Form $\frac{0}{0}$ die Bestimmung des Grenzwerts des Quotienten $\frac{f(x)}{\varphi(x)}$, wobei die Funktion $f(x)$ und $\varphi(x)$ für $x \to a$ gegen Null streben. Regel von DE L'HOSPITAL[1]). Zur Bestimmung des Grenzwerts des Quotienten zweier Funktionen $\frac{f(x)}{\varphi(x)}$, die für $x \to a$ (oder für $x \to \infty$) gegen Null streben, muß man den Quotienten aus ihren Ableitungen $\frac{f'(x)}{\varphi'(x)}$ betrachten. Wenn dieser Quotient gegen einen (endlichen oder unendlichen) Grenzwert strebt, so strebt gegen diesen Grenzwert auch der Quotient $\frac{f(x)}{\varphi(x)}$ [2]).

Beispiel 1. Man bestimme $\lim\limits_{x \to 1} \frac{x^2 - 1}{x^3 - 1}$.
Die Funktionen $f(x) = x^2 - 1$ und $\varphi(x) = x^3 - 1$ streben für $x \to 1$ gegen Null. Wir betrachten den Quotienten $\frac{f'(x)}{\varphi'(x)} = \frac{2x}{3x^2}$. Er strebt für $x \to 1$ gegen den Grenzwert $\frac{2}{3}$. Der Regel von DE L'HOSPITAL gemäß strebt gegen diesen Grenzwert auch $\frac{x^2 - 1}{x^3 - 1}$. In der Tat gilt

$$\lim_{x \to 1} \frac{x^2 - 1}{x^3 - 1} = \lim_{x \to 1} \frac{(x - 1)(x + 1)}{(x - 1)(x^2 + x + 1)} = \lim_{x \to 1} \frac{x + 1}{x^2 + x + 1} = \frac{2}{3}.$$

Wenn für $x \to a$ nicht nur die Funktionen $f(x)$ und $\varphi(x)$ sondern auch deren Ableitungen $f'(x)$ und $\varphi'(x)$ gegen Null streben, so kann man zur Untersuchung des Grenzwerts von $\frac{f'(x)}{\varphi'(x)}$ ein zweites Mal die Regel von DE L'HOSPITAL anwenden.

Beispiel 2. Man bestimme $\lim\limits_{x \to 1} \frac{x^3 - 3x + 2}{x^3 - x^2 - x + 1}$.
Zähler und Nenner streben gegen Null. Nach der Regel von DE L'HOSPITAL gilt

$$\lim_{x \to 1} \frac{x^3 - 3x + 2}{x^3 - x^2 - x + 1} = \lim_{x \to 1} \frac{3x^2 - 3}{3x^2 - 2x - 1}.$$

Hier streben Zähler und Nenner von neuem gegen Null. Wir wenden die Regel von DE L'HOSPITAL ein zweites Mal an:

$$\lim_{x \to 1} \frac{3x^2 - 3}{3x^2 - 2x - 1} = \lim_{x \to 1} \frac{6x}{6x - 2} = \frac{2}{3}.$$

[1]) DE L'HOSPITAL (1661–1704) war der Autor des ersten gedruckten Lehrbuches über Differentialrechnung (1696), in dem auch die Formulierung der besagten Regel zu finden ist (in weniger exakter Form als hier). Bei der Anfertigung dieses Lehrbuches verwendete DE L'HOSPITAL ein Manuskript seines Lehrers BERNOULLI. Das Manuskript enthielt auch die erwähnte Regel. Die Bezeichnung „Regel von DE L'HOSPITAL" ist daher historisch gesehen falsch.

[2]) Bei der Formulierung der Regel schließt man meist die Forderung ein, daß die Ableitung $\varphi'(x)$ in einer gewissen Umgebung von $x = a$ nicht verschwindet. Diese Forderung ist überflüssig, da man verlangt, daß der Quotient $f'(x)/\varphi'(x)$ für $x \to a$ einen Grenzwert besitzt, was gemäß Definition des Grenzwerts (§ 205) nur dann möglich ist, wenn in der Nähe von $x = a$ gilt $\varphi'(x) \neq 0$.

Beispiel 3. Man bestimme $\lim\limits_{x\to 0} \dfrac{e^x - e^{-x} - 2x}{x - \sin x}$.

Nach zweimaliger Verwendung der Regel von DE L'HOSPITAL erhalten wir nochmals einen Quotienten aus zwei unendlich kleinen Größen

$$\frac{f'(x)}{\varphi'(x)} = \frac{e^x + e^{-x} - 2}{1 - \cos x}, \quad \frac{f''(x)}{\varphi''(x)} = \frac{e^x - e^{-x}}{\sin x}.$$

Beim dritten Mal ergibt sich der Bruch

$$\frac{f'''(x)}{\varphi'''(x)} = \frac{e^x + e^{-x}}{\cos x},$$

der für $x \to 0$ den Grenzwert 2 besitzt. Also gilt

$$\lim_{x\to 0} \frac{e^x - e^{-x} - 2x}{x - \sin x} = 2.$$

Bemerkung 1. Der theoretisch mögliche Fall, daß alle Ableitungen der Funktionen $f(x)$ und $\varphi(x)$ unendlich klein sind, tritt in der Praxis nicht auf.
Die Anwendung der Regel von DE L'HOSPITAL läßt sich oft mit einer Transformation kombinieren, wodurch die Bestimmung des Grenzwertes erleichtert wird.

Beispiel 4. Man bestimme $\lim\limits_{x\to 0} \dfrac{\tan x - \sin x}{\sin^3 x}$.

Gemäß der Regel von DE L'HOSPITAL untersuchen wir den Grenzwert des Quotienten

$$\frac{f'(x)}{\varphi'(x)} = \frac{\dfrac{1}{\cos^2 x} - \cos x}{3 \sin^2 x \cos x} \quad \text{für} \quad x \to 0.$$

Hier streben $f'(x)$ und $\varphi'(x)$ gegen Null, eine Untersuchung von $\dfrac{f''(x)}{\varphi''(x)}$ ist jedoch nicht zweckmäßig. Besser stellt man $\dfrac{f'(x)}{\varphi'(x)}$ in der Form $\dfrac{1 - \cos^3 x}{3 \sin^2 x \cdot \cos^3 x}$ dar und untersucht, da $\lim (\cos^3 x) = 1$, den Ausdruck $\lim\limits_{x\to 0} \dfrac{1 - \cos^3 x}{3 \sin^2 x}$. Nach der Regel von DE L'HOSPITAL ist dieser Grenzwert gleich

$$\lim_{x\to 0} \frac{3 \cos^2 x \cdot \sin x}{6 \sin x \cdot \cos x} = \lim_{x\to 0} \frac{1}{2} \cos x = \frac{1}{2}.$$

Genauso kann man von Anfang an $\sin^3 x$ durch die äquivalente Größe x^3 ersetzen (§ 216). Dann gilt

$$\lim_{x\to 0} \frac{\tan x - \sin x}{\sin^3 x} = \lim_{x\to 0} \frac{\tan x - \sin x}{x^3}$$

$$= \lim_{x\to 0} \frac{1 - \cos^3 x}{3x^2 \cdot \cos^2 x} = \lim_{x\to 0} \frac{1 - \cos^3 x}{3x^2}.$$

Eine zweite Anwendung der Regel von DE L'HOSPITAL ergibt

$$\lim_{x\to 0} \frac{3\cos^2 x \cdot \sin x}{6x} = \frac{1}{2} \lim_{x\to 0} \frac{\sin x}{x} = \frac{1}{2}.$$

Bemerkung 2. Es kann vorkommen, daß der Quotient $\frac{f'(x)}{\varphi'(x)}$ für $x \to a$ (oder $x \to \infty$) nicht gegen einen Grenzwert strebt. In solchen Fällen kann $\frac{f(x)}{\varphi(x)}$ einen Grenzwert haben oder auch nicht. Für $f(x) = x + \sin x$ und $\varphi(x) = x$ z. B. hat $\frac{f'(x)}{\varphi'(x)} = 1 + \cos x$ für $x \to \infty$ keinen Grenzwert. Jedoch strebt der Quotient

$$\frac{f(x)}{\varphi(x)} = \frac{x + \sin x}{x} = 1 + \frac{\sin x}{x}$$

für $x \to \infty$ gegen 1.

§ 268. Untersuchung eines unbestimmten Ausdrucks der Form $\frac{\infty}{\infty}$

Die Regel von DE L'HOSPITAL gilt auch für den Quotienten $\frac{f(x)}{\varphi(x)}$ zweier Funktionen, die für $x \to a$ (oder $x \to \infty$) unendlich groß sind (§ 267).

Beispiel 1. Man bestimme $\lim\limits_{x\to\infty} \frac{\ln x}{x^2}$.

Die Funktionen $f(x) = \ln x$ und $\varphi(x) = x^2$ sind für $x \to \infty$ unendlich groß. Der Quotient $\frac{f'(x)}{\varphi'(x)} = \frac{\frac{1}{x}}{2x}$ strebt für $x \to \infty$ gegen den Grenzwert 0. Gegen denselben Grenzwert strebt auch $\frac{\ln x}{x^2}$.

§ 269. Unbestimmte Ausdrücke anderer Form

1. Ein unbestimmter Ausdruck der Form $0 \cdot \infty$, d. h. ein Produkt $f(x)\,\varphi(x)$ mit $f(x) \to 0$ und $\varphi(x) \to \infty$. Diesen Ausdruck kann man auf die Form $\frac{0}{0}$ oder $\frac{\infty}{\infty}$ bringen:

$$f(x)\,\varphi(x) = f(x) : \frac{1}{\varphi(x)} = \varphi(x) : \frac{1}{f(x)}.$$

Auf diesen Ausdruck wendet man die Regel von DE L'HOSPITAL an.

Beispiel 1. Man bestimme $\lim\limits_{x\to 0} x \cot \frac{x}{2}$.

Wir schreiben $x \cot \frac{x}{2}$ in der Form $x : \tan \frac{x}{2}$ und finden

$$\lim_{x\to 0} x \cot \frac{x}{2} = \lim_{x\to 0} \left[1 : \frac{1}{2\cos^2 \frac{x}{2}}\right] = 2.$$

Beispiel 2. Man bestimme $\lim\limits_{x\to 0} x^4 \ln x$.

Wir haben

$$\lim_{x\to 0} x^4 \ln x = \lim_{x\to 0} \left[\ln x : \frac{1}{x^4}\right] = \lim_{x\to 0} \left[\frac{1}{x} : \frac{-4}{x^5}\right] = 0.$$

2. Unbestimmter Ausdruck der Form $\infty - \infty$, d. h. Differenz aus zwei Funktionen, von denen jede den Grenzwert $+\infty$ hat (oder jede den Grenzwert $-\infty$). Auch diesen Ausdruck führt man auf die Form $\frac{0}{0}$ oder $\frac{\infty}{\infty}$ zurück.

Beispiel 3. Man bestimme $\lim\limits_{x\to 0} \left[\frac{1}{x} - \frac{2}{x(e^x + 1)}\right]$.

Wir bringen den Bruch auf einen gemeinsamen Nenner. Die gesuchte Größe ist $\lim\limits_{x\to 0} \frac{e^x - 1}{x(e^x + 1)}$, d. h., wir haben einen unbestimmten Ausdruck der Form $\frac{0}{0}$. Wegen $\lim\limits_{x\to 0} (e^x + 1) = 2$ gilt

$$\lim_{x\to 0} \left[\frac{1}{x} - \frac{2}{x(e^x + 1)}\right] = \frac{1}{2} \lim_{x\to 0} \frac{e^x - 1}{x} = \frac{1}{2} \lim_{x\to 0} \frac{e^x}{1} = \frac{1}{2}.$$

3. Unbestimmter Ausdruck der Form 0^0, ∞^0, 1^∞, d. h. Funktionen der Form $f(x)^{\varphi(x)}$, wobei $\lim f(x) = 0$ und $\lim \varphi(x) = 0$ oder $\lim f(x) = \infty$ und $\lim \varphi(x) = 0$ oder $\lim f(x) = 1$ und $\lim \varphi(x) = \infty$. Hier untersuchen wir vorerst den Grenzwert des Logarithmus der gegebenen Funktion. In allen drei Fällen erhalten wir einen unbestimmten Ausdruck der Form $0 \cdot \infty$.

Beispiel 4. Man bestimme $\lim\limits_{x\to 0} x^x$ (unbestimmter Ausdruck der Form 0^0).

Mit $y = x^x$ erhalten wir $\ln y = x \ln x$. Weiter gilt

$$\lim_{x\to 0} \ln y = \lim_{x\to 0} \left(\ln x : \frac{1}{x}\right) = \lim_{x\to 0} \left(\frac{1}{x} : -\frac{1}{x^2}\right) = 0,$$

und daraus folgt

$$\lim_{x\to 0} y = 1.$$

Beispiel 5. Man bestimme $\lim\limits_{x\to\infty}(1+2x)^{\frac{1}{x}}$ (unbestimmter Ausdruck ∞^0).

Wir setzen $y=(1+2x)^{\frac{1}{x}}$ und erhalten $\ln y = \frac{1}{x}\ln(1+2x)$. Außerdem gilt

$$\lim_{x\to\infty}\ln y = \lim_{x\to\infty}\frac{\ln(1+2x)}{x} = \lim_{x\to\infty}\frac{2}{1+2x} = 0.$$

Das heißt, $\lim\limits_{x\to\infty} y = 1$.

Beispiel 6. Man bestimme $\lim\limits_{x\to\frac{\pi}{4}}(\tan x)^{\tan 2x}$ (unbestimmter Ausdruck der Form 1^∞).

Wir haben

$$\lim_{x\to\frac{\pi}{4}}\ln y = \lim_{x\to\frac{\pi}{4}}\tan 2x \ln\tan x = \lim_{x\to\frac{\pi}{4}}\frac{\ln\tan x}{\cot 2x}$$

$$= \lim_{x\to\frac{\pi}{4}}\left(\frac{1}{\sin x\cos x} : -\frac{2}{\sin^2 2x}\right) = -1.$$

Es gilt also

$$\lim_{x\to\frac{\pi}{4}}(\tan x)^{\tan 2x} = e^{-1}.$$

§ 270. Historische Betrachtungen über die Taylorsche Formel[1])

1. Unendliche Reihen bei NEWTON. Zur Bestimmung der Ableitung einer gegebenen Funktion und hauptsächlich zur Lösung der umgekehrten Aufgabe ersetzte NEWTON die gegebene Funktion durch eine Potenzreihe, d. h. durch einen Ausdruck der Gestalt

$$a_0 + a_1x + a_2x^2 + a_2x^3 + \cdots + a_nx^n + \cdots \tag{1}$$

mit einer unbegrenzten Zahl von Gliedern. Die Koeffizienten $a_0, a_1, a_2, \ldots$ wählte er so, daß der Ausdruck (1) mit wachsender Zahl der Glieder die Funktion immer genauer darstellt. So ersetzte NEWTON die Funktion $\frac{1}{1+x}$ durch den Ausdruck $1 - x + x^2 - x^3 + \cdots + (-1)^nx^n + \cdots$ und schrieb[2])

$$\frac{1}{1+x} = 1 - x + x^2 - x^3 + \cdots. \tag{2}$$

[1]) Der vorliegende Paragraph dient zur Einführung für § 271 und § 272.

[2]) Die Entwicklung (2) erhält man, wenn man auf den Bruch $\frac{1}{1+x}$ die Regel für die Division eines Polynoms anwendet, das nach wachsenden Potenzen geordnet

Wenn $|x| < 1$, so bilden die Glieder $1, -x, x^2, \ldots$ eine abnehmende unendliche geometrische Folge, und ihre Summe ist gleich $\frac{1}{1+x}$. Wenn hingegen $|x| \geqq 1$, so strebt die Summe $1 - x + x^2 - x^3 + \cdots + (-1)^n x^n$ für $n \to \infty$ nicht gegen $\frac{1}{1+x}$. Dieses Verhalten berücksichtigend beschränkte sich NEWTON stets auf hinreichend kleine Werte von x.

Zur Entwicklung einer Funktion in eine unendliche Reihe verwendete NEWTON stets dasselbe Verfahren. Die Formel

$$(1 + x)^m = 1 + mx + \frac{m(m-1)}{1 \cdot 2} x^2 + \frac{m(m-1)(m-2)}{1 \cdot 2 \cdot 3} x^3 + \cdots, \tag{3}$$

die früher bereits von PASCAL[1]) für ganze positive Zahlen m aufgestellt wurde, erweiterte NEWTON auf Brüche und negative Werte für m. Dann ließ er die Anzahl der Glieder unbeschränkt wachsen. Bei $m = -1$ erhält man die Formel (2), bei $m = -2$ ergibt sich[2])

$$\frac{1}{(1+x)^2} = 1 - 2x + 3x^2 - 4x^3 + \cdots. \tag{4}$$

Zur Bestimmung der Ableitung von $\frac{1}{1+x}$ differenzierte NEWTON den Ausdruck (2) gliederweise[3]). Durch Vergleich mit (4) bewies er, daß

$$\left[\frac{1}{1+x}\right]' = -\frac{1}{(1+x)^2}. \tag{5}$$

2. Die TAYLOR-Reihe. Im Jahre 1715 fand TAYLOR[4]) durch ein kompliziertes und äußerst unstrenges Verfahren die allgemeine Form des Ausdrucks (1) für eine gegebene Funktion $f(x)$. In der heutigen Bezeichnungsweise hat das Ergebnis die Form

$$f(x) = f(0) + \frac{f'(0)}{1!} x + \frac{f''(0)}{2!} x^2 + \frac{f'''(0)}{3!} x^3 + \cdots. \tag{6}$$

ist. Vor NEWTON wurde die Formel (2) von NIKOLAUS MERCATOR (1665) bei der Berechnung von Logarithmen verwendet $\left(\text{die Ableitung von } \ln(1+x) \text{ ist } \frac{1}{1+x}\right)$. Bei MERCATOR blieb die Entwicklung in unendliche Reihen auf den einen Fall beschränkt. Bei NEWTON wurde daraus eine allgemeine Methode.

[1]) BLAISE PASCAL (1623–1662), bedeutender französischer Philosoph, Mathematiker und Physiker.

[2]) In der Erkenntnis, daß diese Herleitung nicht streng genug ist, erprobte NEWTON das Ergebnis an Beispielen. So multiplizierte er zum Beweis von Formel (4) die Ausdrücke $(1 - x + x^2 - x^3 + \cdots) \cdot (1 - x + x^2 - x^3 + \cdots)$ und erhielt $1 - 2x + 3x^2 - 4x^3 + \cdots$.

[3]) NEWTON wußte nicht, daß die Regel für die Ableitung einer Summe bei unbeschränkter Zahl von Summanden ihre Gültigkeit verlieren kann. Für die Reihe (1) bleibt diese Regel (bei hinreichend kleinen Werten von x) jedoch gültig, weshalb sich kein Fehler ergab.

[4]) BROOK TAYLOR (1685–1731) war ein englischer Mathematiker. Er war Schüler von NEWTON.

Mit $f(x) = \frac{1}{1+x}$ erhält man $f^{(n)}(x) = \frac{(-1)^n n!}{(1+x)^{n+1}}$. Also ist $f(0) = 1$ und $\frac{f^{(n)}(0)}{n!} = (-1)^n$, Formel (6) liefert daher den Ausdruck (2). Wenn $f(x) = \frac{1}{(1+x)^2}$, so erhalten wir die Entwicklung (4).

3. Die Herleitung durch MAC LAURIN. Dreißig Jahre später gab MAC LAURIN[1]) die folgende einfache Herleitung für die TAYLOR-Formel. Er betrachtete die Gleichung

$$f(x) = a_0 + a_1x + a_2x^2 + a_3x^3 + a_4x^4 + \cdots \tag{7}$$

und fand auf dem Wege zur Bestimmung der Koeffizienten a_0, a_1, $a_2, \ldots$ nach Differentiation die Beziehungen

$$\left.\begin{array}{ll} f'(x) &= a_1 + 2a_2x + 3a_3x^2 + 4a_4x^3 + \cdots, \\ f''(x) &= 2a_2 + 2\cdot 3a_3x + 3\cdot 4a_4x^2 + \cdots, \\ f'''(x) &= 2\cdot 3a_3 + 2\cdot 3\cdot 4a_4x + \cdots, \\ \multicolumn{2}{l}{\dotfill} \end{array}\right\} \tag{8}$$

Setzt man in (7) und (8) $x = 0$, so erhält man der Reihe nach[2])

$$a_0 = f(0), \quad a_1 = f'(0), \quad a_2 = \frac{f''(0)}{1\cdot 2}, \quad a_3 = \frac{f'''(0)}{1\cdot 2\cdot 3} \quad \text{usw.} \tag{9}$$

4. Die TAYLOR-Reihe in allgemeiner Form. Auf dieselbe Weise leitet man die Formel

$$f(x) = f(a) + \frac{f'(a)}{1}(x-a) + \frac{f''(a)}{2!}(x-a)^2 + \cdots \tag{10}$$

her, die die Entwicklung einer Funktion nach Potenzen von $(x-a)$ liefert. Diese Formel wurde ebenfalls von TAYLOR untersucht. Im wesentlichen sagt sie nichts Neues im Vergleich zu (6) aus.

Für die Funktion $f(x) = \ln x$ liefert Formel (10) bei $a = 1$.

$$\ln x = \frac{x-1}{1} - \frac{(x-1)^2}{2} + \frac{(x-1)^3}{3} - \frac{(x-1)^4}{4} + \cdots. \tag{11}$$

Nimmt man hingegen die Funktion $f(x) = \ln(1+x)$, so liefert Formel (6)

$$\ln(1+x) = x - \frac{x^2}{2} + \frac{x^3}{3} - \frac{x^4}{4} + \cdots. \tag{12}$$

---

[1]) COLIN MAC LAURIN (1698–1746) war ein englischer Mathematiker. Die Potenzreihe (6) bezeichnet man heute (ohne hinreichende Begründung) als MAC LAURINsche Reihe.

[2]) Wenn die gliedweise Differentiation der Reihe (7) gerechtfertigt ist, so beweist die MAC LAURINsche Herleitung einwandfrei das folgende Theorem: Wenn sich $f(x)$ in eine Reihe der Form (7) entwickeln läßt, so genügen die Koeffizienten a_0, a_1, $a_2, \ldots$ den Formeln (9). Es gibt jedoch Funktionen, die man nicht in eine Reihe der Form (7) entwickeln kann (obwohl ihre Ableitungen $f'(0)$, $f''(0), \ldots$ existieren). Ein Beispiel für eine derartige Funktion wird in einer der folgenden Fußnoten des vorliegenden Paragraphen gegeben.

Mit $1 + x = z$ erhält man die Formel

$$\ln z = \frac{z-1}{1} - \frac{(z-1)^2}{2} + \frac{(z-1)^3}{3} - \frac{(z-1)^4}{4} + \cdots, \tag{13}$$

die sich von (11) nur durch die Bezeichnung unterscheidet.

5. Der Rest der TAYLOR-Reihe. Die Funktionen, die im 18. Jahrhundert untersucht wurden, erlaubten alle eine Entwicklung in eine TAYLOR-Reihe (10) (bei beliebigen Werten von a, außer bei solchen Werten, für die die Funktion oder einer ihrer Ableitungen unendlich wird). Auf Grund ihrer geringen Erfahrung zweifelten die Mathematiker des 18. Jahrhunderts nicht daran, daß alle stetigen Funktionen eine TAYLOR-Reihe besitzen. Jedoch empfand man die Notwendigkeit für eine genaue Abschätzung des Fehlers, den Formel (10) enthält, wenn man sie nach dem Glied $\frac{f^{(n)}(a)}{n!}(x-a)^n$ abbricht.

Im Jahre 1799 untersuchte LAGRANGE den „Rest der TAYLOR-Reihe", d. h. die Differenz

$$R_n = f(x) - \left[f(a) + \cdots + \frac{f^{(n)}(a)}{n!}(x-a)^n\right] \tag{14}$$

und fand dafür den folgenden Ausdruck

$$R_n = \frac{f^{n+1}(\xi)}{(n+1)!}(x-a)^{(n+1)}. \tag{15}$$

ξ ist hier eine gewisse Zahl, die zwischen a und x liegt.

Der Beweis von LAGRANGE setzt die Entwickelbarkeit der Funktion $f(x)$ in eine TAYLOR-Reihe voraus[1]). Ein Vierteljahrhundert später bewies CAUCHY die Formel (15) ohne diese Voraussetzung. Er gab auch einen anderen Ausdruck für den Rest an. Mit Hilfe dieser Darstellung war auch ein Urteil über die Möglichkeit einer Entwicklung der Funktion in eine TAYLOR-Reihe möglich: Wenn $\lim\limits_{n\to\infty} R_n = 0$, so läßt sich die Funktion in eine TAYLOR-Reihe entwickeln, andernfalls nicht. CAUCHY gab als erster ein Beispiel für eine Funktion[2]) an, deren Ableitung im Punkt $x = a$ zwar alle existieren, die sich aber trotzdem nicht in eine Reihe (10) nach Potenzen von $x - a$ entwickeln läßt (eine praktische Bedeutung besitzt diese Funktion nicht).

---

[1]) LAGRANGE bewies auch, daß eine derartige Entwicklung für alle stetigen Funktionen möglich ist. Der Beweis war jedoch mangelhaft.

[2]) Bei der erwähnten Funktion handelt es sich um $f(x) = e^{-\frac{1}{x^2}}$ mit der zusätzlichen Bedingung $f(0) = 0$ (bei $x = 0$ hat die Formel keinen Sinn). Die Funktion $f(x)$ besitzt für $x = 0$ Ableitungen beliebiger Ordnung, die für $x = 0$ alle Null sind. Somit ist auch der rechte Teil der Formel (10) identisch 0. $f(x)$ ist jedoch außer für $x = 0$ von Null verschieden.

§ 271. Die Taylor-Formel[1])

Theorem. Wenn eine Funktion $f(x)$ im abgeschlossenen Intervall (a, b) alle Ableitungen bis einschließlich der $(n+1)$-ten besitzt[2]), so gilt

$$f(b) = f(a) + \frac{f'(a)}{1!}(b-a) + \frac{f''(a)}{2!}(b-a)^2 + \cdots$$
$$+ \frac{f^{(n)}(a)}{n!}(b-a)^n + \frac{f^{(n+1)}(\xi)}{(n+1)!}(b-a)^{n+1}, \qquad (1)$$

wobei ξ eine gewisse zwischen a und b liegende Zahl ist.
Die Formel (1) heißt TAYLOR-*Formel.*

Der letzte Summand $\frac{f^{(n+1)}(\xi)}{(n+1)!}(b-a)^{n+1}$ heißt Restglied in der LAGRANGE-Form[3]) und liefert einen exakten Ausdruck für die Differenz zwischen $f(b)$ und dem Ausdruck

$$f(a) + \frac{f'(a)}{1!}(b-a) + \frac{f''(a)}{2!}(b-a)^2 + \cdots + \frac{f^{(n)}(a)}{n!}(b-a)^n$$

(„TAYLORsches Polynom"):

$$R_n = f(b) - \left[f(a) + \cdots + \frac{f^{(n)}(a)}{n!}(b-a)^n\right]$$
$$= \frac{f^{(n+1)}(\xi)}{(n+1)!}(b-a)^{n+1}. \qquad (2)$$

Die Formel von TAYLOR drückt aus, daß Gleichung (1), wenn man ξ als Unbekannte betrachtet, wenigstens eine Lösung[4]) hat, die zwischen a und b liegt (vgl. § 264).
Betrachtet man a als Konstante, b hingegen als variable Größe, für die wir statt b den Buchstaben x verwenden, so gilt

$$f(x) = f(a) + \frac{f'(a)}{1!}(x-a) + \cdots + \frac{f^{(n)}(a)}{n!}(x-a)^n$$
$$+ \frac{f^{(n+1)}(\xi)}{(n+1)!}(x-a)^{n+1}. \qquad (3)$$

Für $a = 0$ erhalten wir die sogenannte[5]) MAC LAURINsche Formel

$$f(x) = f(0) + \frac{f'(0)}{1!}x + \cdots + \frac{f^{(n)}(0)}{n!}x^n + \frac{f^{(n+1)}(\xi)}{(n+1)!}x^{n+1}. \qquad (4)$$

---

[1]) Es wird geraten, zuerst § 270 zu lesen.
[2]) Entweder es existiere die $(n+1)$-te Ableitung auch an den Intervallenden, oder die n-te Ableitung sei dort ebenfalls stetig.
[3]) Zum Unterschied von anderen Formen des Restglieds.
[4]) Bei konstanten Werten von a und b ändert sich ξ in der Regel mit n.
[5]) Vgl. § 270, Pkt. 3.

Beispiel. Wir wenden Formel (4) mit $n = 2$ auf die Funktion $\frac{1}{1+x}$ an und erhalten

$$f'(x) = \frac{-1}{(1+x)^2}, \quad f''(x) = \frac{2}{(1+x)^3}, \quad f'''(x) = \frac{-6}{(1+x)^4}.$$

Also gilt

$$f(0) = 1, \quad \frac{f'(0)}{1!} = -1, \quad \frac{f''(0)}{2!} = +1, \quad \frac{f'''(\xi)}{3!} = -\frac{1}{(1+\xi)^4}.$$

Formel (4) erhält die Form

$$\frac{1}{1+x} = 1 - x + x^2 - \frac{x^3}{(1+\xi)^4}. \tag{5}$$

Hier liegt ξ zwischen 0 und x. Man erkennt, daß die Formel offensichtlich nur für $x > -1$ gelten kann. In diesem Fall sind die Voraussetzungen des Theorems erfüllt: Die Funktion $\frac{1}{1+x}$ besitzt im abgeschlossenen Intervall $(0, x)$ alle Ableitungen.
Löst man (5) nach ξ auf, so erhält man

$$\xi_1 = \sqrt[4]{1+x} - 1, \quad \xi_2 = -\sqrt[4]{1+x} - 1. \tag{6}$$

Man überzeugt sich leicht, daß für $x > -1$ die erste Wurzel reell ist und zwischen 0 und x liegt.
Für $x \leqq -1$ sind hingegen die Voraussetzungen des Theorems nicht erfüllt, da die Funktion $\frac{1}{1+x}$ im Punkt -1 keine Ableitungen besitzt und dieser Punkt im Inneren jedes Intervalls $(0, x)$ (für $x < -1$) liegt oder einen seiner Endpunkte darstellt (für $x = -1$). Formel (5) wird ungültig: Für $x = -1$ verliert die linke Seite ihren Sinn, für $x < -1$ hat Gleichung (5) imaginäre Wurzeln.

Bemerkung. Für $n = 0$ liefert die TAYLOR-Formel (wenn man $f(a)$ für $f^{(0)}(a)$ schreibt) die Formel für den endlichen Zuwachs (§ 265)

$$f(b) - f(a) = f'(\xi)(b - a). \tag{7}$$

Für $n = 1$ erhalten wir

$$f(b) - f(a) - f'(a)(b - a) = \frac{f''(\xi)}{2!}(b - a)^2 \tag{8}$$

oder mit anderer Bezeichnungsweise

$$[f(x + \Delta x) - f(x)] - f'(x)\,\Delta x = \frac{f''(\xi)}{2!}\,\Delta x^2. \tag{8a}$$

Diese Formel liefert einen Ausdruck für die Differenz zwischen dem Zuwachs der Funktion und ihrem Differential (Strecke CB in Abb. 248).
Wenn die zweite Ableitung für die betrachteten Werte von x stetig ist, so ist die Differenz zwischen dem Zuwachs der Funktion und

ihrem Differential klein von zweiter Ordnung relativ zu Δx (wenn $f''(x) \neq 0$) oder klein von noch höherer Ordnung (wenn $f''(x) = 0$). Vgl. § 230.

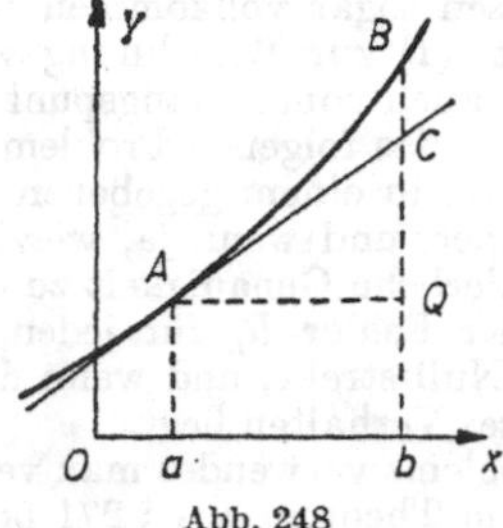

Abb. 248

§ 272. Anwendung der Taylor-Formel auf die Berechnung von Funktionswerten

Die TAYLOR-Formel dient oft zur Berechnung von Funktionswerten mit beliebiger Genauigkeit.
Es seien die Werte der Ausdrücke

$$f(a), \quad f'(a), \quad f''(a), \quad f'''(a), \ldots$$

für $f(x)$ im „Anfangspunkt" $x = a$ bekannt. Man möchte die Funktionswerte bei beliebigem x bestimmen.
In vielen Fällen genügt es, wenn man dazu die Werte des TAYLORschen Polynoms

$$f(a) + \frac{f'(a)}{1!}(x - a) + \frac{f''(a)}{2!}(x - a)^2 + \cdots + \frac{f^{(n)}(a)}{n!}(x - a)^n \qquad (1)$$

berechnet, indem man davon zwei, drei oder mehr Glieder nimmt, je nach der erwünschten Genauigkeit. Wir lassen dabei einen gewissen Fehler R_n zu, der gleich

$$R_n = f(x) - \left[f(a) + \frac{f'(a)}{1!}(x - a) + \frac{f''(a)}{2!}(x - a)^2 + \cdots + \frac{f^{(n)}(a)}{n!}(x - a)^n\right] \qquad (2)$$

ist. Aber oft zeigt es sich, daß bei Vergrößerung der Anzahl der Glieder dieser Fehler R_n (dem Absolutbetrag nach) unbegrenzt klein wird (d. h. daß $\lim R_n = 0$). Dann kann man durch ein TAYLORsches Polynom den gesuchten Wert $f(x)$ mit beliebiger Genauigkeit angeben.
Die Anzahl der Glieder, die zur Erreichung des geforderten Genauigkeitsgrades nötig ist, hängt wesentlich davon ab, wie groß der Abstand $|x - a|$ des Anfangspunkts a vom Punkt x ist. Je größer

$|x - a|$, um so mehr Glieder muß man nehmen (vgl. Beispiel 1). Häufig kommt es vor, daß die Abnahme von R_n zu Null durch das Anwachsen des Abstands $|x - a|$ nicht nur verzögert wird, sondern bei weiterem Anwachsen sogar vollkommen aufhört (s. Beispiel 2). Dann ist das Polynom (1) zur Berechnung von $f(x)$ nur in einem begrenzten Abstandsbereich vom Anfangspunkt geeignet.

Es handelt sich also um das folgende Problem: Ist das Polynom (1) zur Berechnung von $f(x)$ in einem gegebenen Abstand $|x - a|$ vom Anfangspunkt a geeignet, und wenn ja, wieviele Glieder muß man nehmen, um die erforderliche Genauigkeit zu erreichen? Wichtig ist auch zu wissen, ob der Fehler R_n für jeden Abstand $|x - a|$ mit wachsendem n gegen Null strebt, und wenn dies nicht der Fall ist, wo die Grenze für dieses Verhalten liegt.

Zur Lösung dieses Problems verwendet man verschiedene Methoden. Eine davon[1]) ist in dem Theorem aus § 271 begründet, das erlaubt, den Fehler in der Form[2])

$$R_n = \frac{f^{(n+1)}(\xi)}{(n+1)!} (x - a)^{n+1} \tag{3}$$

darzustellen. Die Zahl ξ ist hier unbekannt. Wir wissen nur, daß sie zwischen a und x liegt. Es genügt jedoch zur Beantwortung der obigen Frage, wenn man den Fehler abschätzen kann.

Beispiel 1. Es gelte $f(x) = e^x$. Alle Ableitungen dieser Funktion sind gleich e^x. Der Wert von e^x für $x = 0$ ist uns bekannt (nämlich $e^0 = 1$). Diesen Punkt nehmen wir als Anfangspunkt. Die Bedingungen des Theorems aus § 271 sind in allen Punkten x erfüllt. Im TAYLORschen Polynom (1) setzen wir

$$a = 0, \qquad f(a) = f'(a) = \cdots = f^{(n)}(a) = 1, \tag{4}$$

wodurch es die Form

$$1 + \frac{1}{1!} x + \frac{1}{2!} x^2 + \cdots + \frac{1}{n!} x^n \tag{5}$$

erhält. Wir ersetzen e^x durch das Polynom (5). Der Fehler, den wir dabei zulassen, ist

$$R_n = e^x - \left[1 + \frac{x}{1!} + \frac{x^2}{2!} + \cdots + \frac{x^n}{n!}\right]. \tag{6}$$

Wegen $f^{(n+1)}(x) = e^x$ können wir den Fehler R_n gemäß Formel (3) in der Form

$$R_n = \frac{e^\xi}{(n+1)!} x^{n+1} \tag{7}$$

[1]) Diese Methode ist nicht die beste. Manchmal reicht sie auch durchaus nicht aus. Andere Methoden betrachten wir weiter unten (§ 401).

[2]) Es ist vorausgesetzt, daß die Funktion $f(x)$ den Bedingungen des Theorems in § 271 genügt. In der Mehrzahl der praktisch wichtigen Fälle trifft dies auch zu.

schreiben. Die Zahl ξ liegt irgendwo zwischen 0 und x (sie hängt ab von x und n). Das bedeutet, daß e^ξ zwischen $e^0 = 1$ und e^x liegt. Dies reicht zur Abschätzung des Fehlers aus.

Es sei zum Beispiel der Wert e^x für $x = \frac{1}{2}$ zu berechnen, d. h., es sei die Quadratwurzel aus e zu ziehen. Da die Zahl e zwischen 2 und 3 liegt, so ist $e^{1/2}$ kleiner als 2 und ebenso e^ξ. Aus (7) folgt, daß $|R_n| < \frac{2}{(n+1)!}\left(\frac{1}{2}\right)^{n+1}$, d. h.

$$|R_n| < \frac{1}{(n+1)!\,2^n}. \tag{8}$$

Mit wachsendem n strebt die Größe $\frac{1}{(n+1)!\,2^n}$ (Fehlergrenze) gegen Null, dasselbe gilt somit auch für den Fehler R_n. Das heißt, das Polynom (5), das hier das Aussehen

$$1 + \frac{1}{1!\,2} + \frac{2}{2!\,2^2} + \frac{1}{3!\,2^3} + \cdots + \frac{1}{n!\,2^n} \tag{9}$$

hat, ist zur Berechnung von $\sqrt{e}$ mit beliebiger Genauigkeit geeignet. Wir bestimmen nun, wieviel Glieder man von der Summe (9) nehmen muß, um die geforderte Genauigkeit sicherzustellen, sagen wir bis zur vierten Dezimalstelle (also eine Genauigkeit bis auf $\pm 0{,}5 \cdot 10^{-4}$). Zu diesem Zweck berechnen wir die Fehlergrenze $\frac{1}{(n+1)!\,2^n}$ für $n = 1, 2, 3$ usw.

$$\frac{1}{2!\,2} = \frac{1}{4},$$

$$\frac{1}{3!\,2^2} = \frac{1}{2!\,2} : 6 = \frac{1}{24},$$

$$\frac{1}{4!\,2^3} = \frac{1}{3!\,2^2} : 8 = \frac{1}{192},$$

$$\frac{1}{5!\,2^4} = \frac{1}{4!\,2^3} : 10 = \frac{1}{1920},$$

$$\frac{1}{6!\,2^5} = \frac{1}{5!\,2^4} : 12 = \frac{1}{23040}.$$

Hier darf man aufhören, da $\frac{1}{23040} < 0{,}5 \cdot 10^{-4}$.

Somit genügt es zur Erreichung der erstrebten Genauigkeit von $0{,}5 \cdot 10^{-4}$, daß man von der Summe (9) die ersten sechs Glieder nimmt.

Wir erhalten[1])

$$\begin{aligned}
&1 &&= 1{,}00000,\\
&\frac{1}{1!2} &&= 0{,}50000,\\
&\frac{1}{2!2^2} = \frac{1}{1!2} : 4 &&= 0{,}12500,\\
&\frac{1}{3!2^3} = \frac{1}{2!2^2} : 6 &&= 0{,}02083,\\
&\frac{1}{4!2^4} = \frac{1}{3!2^3} : 8 &&= 0{,}00260,\\
&\frac{1}{5!2^5} = \frac{1}{4!2^4} : 10 &&= 0{,}00026\\
& &&\overline{\;1{,}64869}
\end{aligned}$$

Als Resultat erhalten wir

$$\sqrt{e} = 1{,}6487.$$

Auf diese Weise finden wir, daß mit der geforderten Genauigkeit von $\pm 0{,}5 \cdot 10^{-8}$ die Summe (9) zehn Glieder haben muß, da

$$|R_9| < \frac{1}{10!2^9} \approx 0{,}55 \cdot 10^{-9} < 0{,}5 \cdot 10^{-8}.$$

Die Berechnung liefert

$$\sqrt{e} = 1 + \frac{1}{1!2} + \frac{1}{2!2^2} + \cdots + \frac{1}{9!2} = 1{,}64872127.$$

Mit Hilfe von 15 Gliedern kann man $e^{1/2}$ mit einer Genauigkeit von $0{,}5 \cdot 10^{-16}$ berechnen usw. Die Genauigkeit des Resultats wächst sehr schnell mit der Anzahl der Glieder.

Die Genauigkeit wächst langsamer, wenn man e^x bei höheren Werten von x berechnen will, z. B. bei $x = -1$ oder $x = 1$.

Wir setzen $x = 1$. Dann erhält das Polynom (5) die Gestalt

$$1 + \frac{1}{1!} + \frac{1}{2!} + \cdots + \frac{1}{n!} \tag{10}$$

und gibt einen Näherungswert für die Zahl e. Der Fehler R_n ist gemäß (7) gleich

$$R_n = \frac{e^{\xi}}{(n+1)!}. \tag{11}$$

[1]) Zur Vermeidung einer Erhöhung der Ungenauigkeit berechnen wir jedes Glied auf fünf Dezimalstellen.

Die Zahl e^ξ liegt nun zwischen e^0 und e^1, d. h. zwischen 1 und e. Wegen $e < 3$ gilt

$$|R_n| < \frac{3}{(n+1)!}. \tag{12}$$

Der obige Fehler strebt mit wachsendem n gegen Null. Aber jetzt benötigt man zur Erreichung einer Genauigkeit von $0{,}5 \cdot 10^{-4}$ neun Glieder (statt sechs), da die Fehlergrenze $\frac{3}{(n+1)!}$ erst bei $n = 8$ kleiner als $0{,}5 \cdot 10^{-4}$ wird. Die Berechnung ergibt

$$e \approx 1 + \frac{1}{1!} + \frac{1}{2!} + \frac{1}{3!} + \cdots + \frac{1}{8!} = 2{,}7183.$$

Zur Erreichung einer Genauigkeit von $0{,}5 \cdot 10^{-8}$ benötigt man nun 13 Glieder (statt 10). Die Berechnung liefert

$$e \approx 1 + \frac{1}{1!} + \frac{1}{2!} + \frac{1}{3!} + \cdots + \frac{1}{12!} = 2{,}718281\,83.$$

Berücksichtigung von 15 Gliedern ergibt nur eine Genauigkeit von $0{,}5 \cdot 10^{-10}$ (und nicht $0{,}5 \cdot 10^{-16}$ wie bei der Berechnung von $\sqrt{e}$).
Wir setzen nun $x = -1$. Dann erhält das Polynom (5) die Gestalt

$$1 - \frac{1}{1!} + \frac{1}{2!} - \frac{1}{3!} + \cdots + (-1)^n \frac{1}{n!}$$

und liefert einen Näherungswert für die Zahl e^{-1} $\left(\text{d. h. } \frac{1}{e}\right)$. Der Fehler R_n ist gemäß (7) gleich

$$R_n = (-1)^{n+1} \frac{e^\xi}{(n+1)!}.$$

Die Zahl ξ liegt zwischen -1 und 0. Also gilt $e^\xi < e^0$, d. h. $e^\xi < 1$. Infolgedessen ist

$$|R_n| < \frac{1}{(n+1)!}.$$

Die Fehlergrenze ist hier nur halb so groß wie im vorangehenden Fall. Daher verringert sich die Zahl der Glieder, die man zur Erreichung einer angestrebten Genauigkeit benötigt, jedoch nicht mehr als um eine Einheit. Zur Erreichung einer Genauigkeit von $0{,}5 \cdot 10^{-10}$ benötigt man nun statt 15 nur 14 Glieder, was für die Berechnung in der Praxis ohne wesentliche Bedeutung ist.
Wenn wir statt $x = \pm 1$ einen Wert x nehmen, dessen absoluter Betrag noch größer ist, so strebt der Fehler der Näherungsgleichung

$$e^x \approx 1 + \frac{x}{1!} + \frac{x^2}{2!} + \cdots + \frac{x^n}{n!} \tag{13}$$

nur sehr langsam gegen Null. Verwendet man jedoch die Formel (7), so kann man sich wie früher überzeugen, daß der Fehler R_n für jeden Wert von x schließlich gegen Null strebt.

In Abb. 249 sind die Darstellung ACB der Funktion $y = e^x$ und die grafischen Darstellungen der TAYLORschen Polynome

$$y = 1, \quad y = 1 + x, \quad y = 1 + x + \frac{x^2}{2}, \quad y = 1 + x + \frac{x^2}{2} + \frac{x^3}{6}$$

dargestellt.

Beispiel 2. Es gelte

$$f(x) = \ln(1 + x).$$

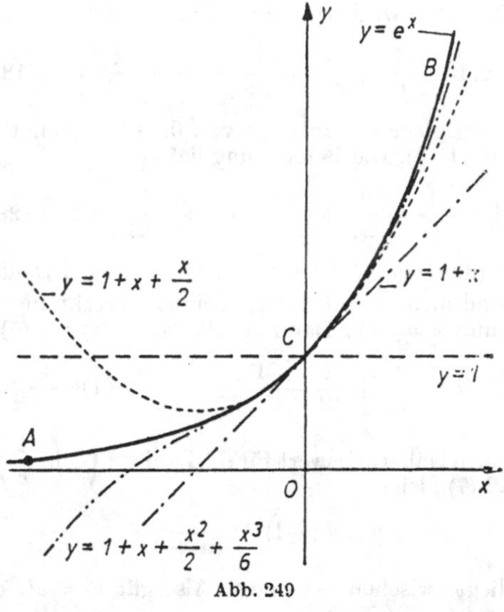

Abb. 249

Wie in Beispiel 1 nehmen wir $x = 0$ als Anfangspunkt. Die Bedingungen des Theorems aus § 271 sind nur für $x > -1$ erfüllt bei $x = -1$ hat der Ausdruck $\ln(1 + x)$ keinen Sinn). Die Ableitungen lauten der Reihe nach

$$f'(x) = \frac{1}{1+x}, \quad f''(x) = -\frac{1}{(1+x)^2}, \quad f'''(x) = \frac{1 \cdot 2}{(1+x)^3},$$

$$f^{\mathrm{IV}}(x) = \frac{1 \cdot 2 \cdot 3}{(1+x)^4}, \ldots, \quad f^{(n)}(x) = (-)^{n-1} \frac{(n-1)!}{(1+x)^n}.$$

Wir haben also (§ 256, Beispiel 3)

$$f(0) = 0, \quad \frac{f'(0)}{1!} = 1, \quad \frac{f''(0)}{2!} = -\frac{1}{2},$$

$$\frac{f'''(0)}{3!} = \frac{1}{3}, \ldots, \quad \frac{f^{(n)}(0)}{n!} = (-1)^{n-1} \frac{1}{n}.$$

Das TAYLORsche Polynom (1) liefert die Näherung

$$\ln(1+x) \approx x - \frac{1}{2}x^2 + \frac{1}{3}x^3 - \cdots + \frac{(-1)^{n-1}}{n}x^n. \qquad (14)$$

Wegen $f^{(n+1)}(x) = \dfrac{(-1)^n n!}{(1+x)^{n+1}}$ kann man den Fehler in Gleichung (14) gemäß Formel (3) darstellen durch

$$R_n = \frac{(-1)^n}{n+1}\left(\frac{x}{1+\xi}\right)^{n+1}, \qquad (15)$$

wobei ξ zwischen 0 und x liegt.
Wir berechnen zum Beispiel den Wert von $\ln(1+x)$ für $x = -0{,}1$. Wir erhalten die Näherungsgleichung

$$\ln 0{,}9 \approx -0{,}1 - \frac{1}{2}\cdot 0{,}1^2 - \frac{1}{3}\cdot 0{,}1^3 - \cdots - \frac{1}{n}\cdot 0{,}1^n. \qquad (16)$$

Ihre Fehlergrenze ist gleich

$$R_n = -\frac{1}{n+1}\left(\frac{0{,}1}{1+\xi}\right)^{n+1}.$$

Hier liegt ξ zwischen $-0{,}1$ und 0, also gilt $1+\xi > 0{,}9$. Somit ist $|R_n| < \dfrac{1}{n+1}\left(\dfrac{0{,}1}{0{,}9}\right)^{n+1}$, d. h.

$$|R_n| < \frac{1}{n+1}\left(\frac{1}{9}\right)^{n+1}. \qquad (17)$$

Die Fehlergrenze strebt offenbar mit wachsendem n gegen 0, d. h., die Formel (16) liefert $\ln 0{,}9$ mit beliebiger Genauigkeit. Zur Erreichung einer Genauigkeit von $0{,}5\cdot 10^{-4}$ benötigt man vier Glieder. Wir erhalten

$$\ln 0{,}9 \approx -\left[0{,}1 + \frac{1}{2}\cdot 0{,}01 + \frac{1}{3}\cdot 0{,}001 + \frac{1}{4}\cdot 0{,}0001\right] \approx -0{,}1054.$$

Auf dieselbe Art überzeugt man sich, daß Formel (1) für alle x mit $-\frac{1}{2} \leqq x \leqq 1$[1]) anwendbar ist. Aber bei Vergrößerung von $|x|$ strebt R_n nur langsam gegen 0. Am schwächsten ist diese Abnahme für $x = 1$. In diesem Fall liefert Formel (14)

$$\ln 2 \approx 1 - \frac{1}{2} + \frac{1}{3} - \cdots + (-1)^{n-1}\frac{1}{n}.$$

Zur Erreichung einer Genauigkeit von $0{,}5\cdot 10^{-4}$ zum Beispiel muß man 19999 Glieder berücksichtigen.

---

[1]) Sie ist für alle x zwischen -1 und $-\frac{1}{2}$ ebenfalls anwendbar, aber der Ausdruck (15) bringt dabei nicht mehr die nötigen Einsichten.

Wenn hingegen x größer als 1 wird, so strebt R_n überhaupt nicht mehr gegen 0. Im Gegenteil, R_n wächst mit wachsendem n unbegrenzt.
In Abb. 250 ist die grafische Darstellung der Funktion $y = \ln(1 + x)$ (Kurve ACB) gegeben, dazu die Darstellung der drei ersten TAYLORschen Polynome.

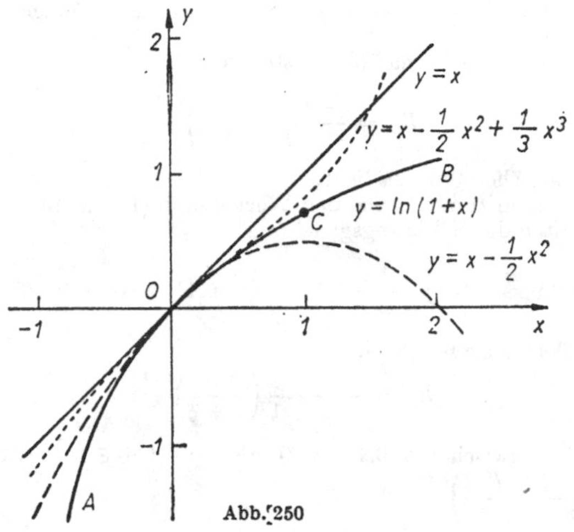

Abb. 250

§ 273. Zunehmende und abnehmende Funktionen

Definition 1. Eine Funktion $f(x)$ heißt *zunehmend im Punkt* $x = a$, wenn in hinreichender Nähe dieses Punktes einem Wert von x größer als a ein Wert $f(x)$ größer als $f(a)$ und einem Wert x kleiner als a ein Wert $f(x)$ kleiner als $f(a)$ entspricht.
Die Funktion $f(x)$ heißt *abnehmend im Punkt* $x = a$, wenn in hinreichender Nähe dieses Punktes einem Wert x größer als a ein Wert $f(x)$ kleiner als $f(a)$ und einem Wert x kleiner als a ein Wert $f(x)$ größer als $f(a)$ entspricht.

Beispiel 1. Die in Abb. 251 dargestellte Funktion ist im Punkt $x = a$ zunehmend, da rechts vom Punkt A die Punkte der Kurve höher und links davon tiefer als A liegen. Dabei betrachten wir nur jene Punkte der Kurve, deren Ordinaten hinreichend nahe bei der Ordinate aA liegen. Im gegebenen Beispiel sind dies die Punkte, die auf dem Bogen KL liegen. Außerhalb dieser Grenzen gilt die erwähnte Beziehung nicht. Der Punkt C z. B. liegt rechts vom Punkt A, aber unterhalb davon, der Punkt U liegt links von A und oberhalb davon.
Dieselbe Funktion ist im Punkt $x = d$ abnehmend, da in hinreichender Nähe von D die Punkte der Kurve auf der rechten Seite unterhalb und auf der linken Seite oberhalb von D liegen.

Die betrachtete Funktion ist auch im Punkt $x = c$ abnehmend. In den Punkten $x = b$, $x = e$ und $x = m$ hat die Funktion ein Minimum (§ 275).

Definition 2. Eine Funktion heißt *zunehmend im Intervall* (a, b), wenn sie in jedem inneren Punkt dieses Intervalls zunehmend ist (an den Enden braucht sie nicht zunehmend zu sein).
Analog definiert man eine in (a, b) abnehmende Funktion.

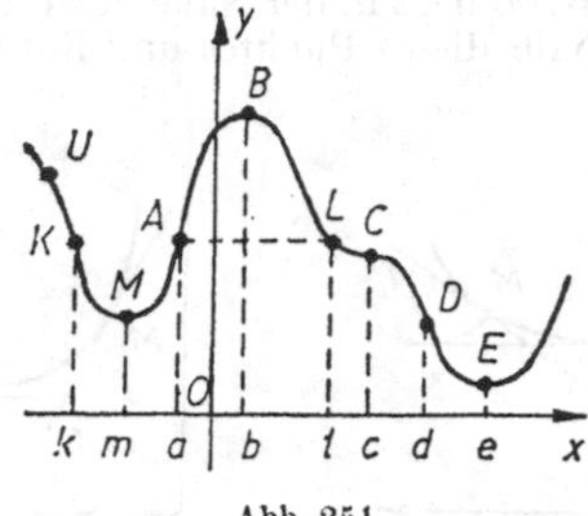

Abb. 251

Beispiel 2. Die in Abb. 251 dargestellte Funktion ist im Intervall (l, d) abnehmend, da sie in jedem inneren Punkt dieses Intervalls abnehmend ist (und an dessen Enden). Im Intervall (b, e) ist die gegebene Funktion ebenfalls abnehmend, da sie in jedem inneren Punkt dieses Intervalls abnimmt (an den Enden b und e ist sie nicht abnehmend). Im Intervall (m, b) ist die Funktion zunehmend. Im Intervall (a, d) ist sie weder zunehmend noch abnehmend. Unterteilt man hingegen dieses Intervall in (a, b) und (b, d), so ist sie im ersten Intervall zunehmend, im zweiten abnehmend.
Wenn eine Funktion im Intervall (a, b) zunehmend ist, so entspricht in diesem Intervall einem größeren Argumentwert stets ein größerer Funktionswert. Wenn umgekehrt in einem Intervall (a, b) größeren Argumentwerten stets größere Funktionswerte entsprechen, so ist die Funktion in (a, b) zunehmend.[1])
Wenn die Funktion im Intervall (a, b) abnehmend ist, so entsprechen größeren Argumentwerten stets kleinere Funktionswerte und umgekehrt.

Geometrische Bedeutung: In Intervallen, in denen die Funktion zunehmend ist, steigt ihre Kurve an (bei einer Bewegung nach rechts). In einem Intervall, in dem die Funktion abnehmend ist, fällt die Kurve ab (vgl. Beispiel 2).

Definition 3. Sowohl die zunehmenden als auch die abnehmenden Funktionen (in einem gegebenen Intervall) heißen *monotone* Funktionen (in dem betrachteten Intervall).

[1]) Diese Eigenschaft verwendet man oft zur Definition einer in einem Intervall zunehmenden Funktion. Analog definiert man eine in einem Intervall abnehmende Funktion.

§ 274. Kriterien für die Zunahme oder Abnahme einer Funktion in einem Punkt

Hinreichendes Kriterium. Wenn die Ableitung $f'(x)$ im Punkt $x = a$ positiv ist, so ist die Funktion $f(x)$ in diesem Punkt zunehmend, wenn die Ableitung negativ ist, so ist $f(x)$ abnehmend.

Geometrische Deutung: Wenn die Steigung der Tangente MT (Abb. 252) positiv ist, so liegt in der Nähe des Punktes M die Kurve rechts von M oberhalb dieses Punktes und links von M unterhalb

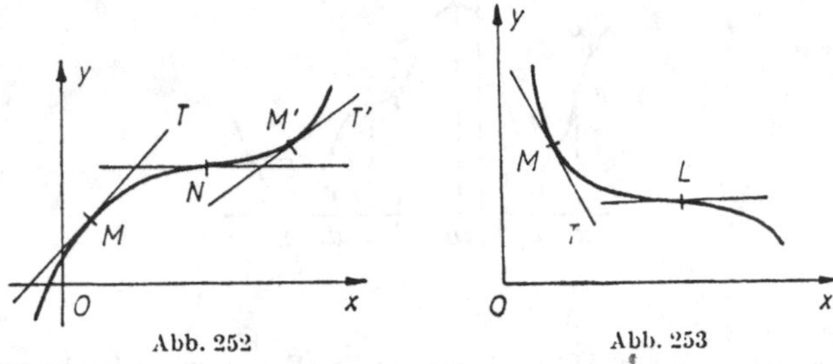

Abb. 252 Abb. 253

davon. Wenn die Steigung negativ ist (Abb. 253), so liegt in der Nähe von M die Kurve rechts von M unterhalb von M und links davon oberhalb von M.

Bemerkung. Wenn $f'(a) = 0$, so kann in $x = a$ die Funktion zunehmend (Punkt N in Abb. 252) oder abnehmend sein (Punkt L

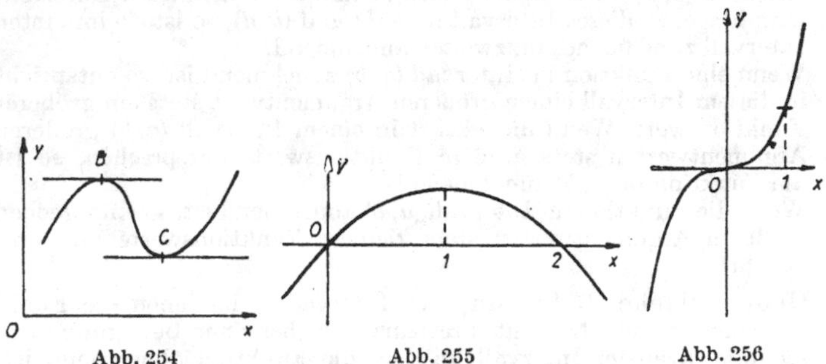

Abb. 254 Abb. 255 Abb. 256

in Abb. 253). In der Regel ist in $x = a$ die Funktion weder zunehmend noch abnehmend (Punkt B und C in Abb. 254). Die Methoden zur Untersuchung dieser Fälle werden in § 278 und § 279 angegeben.

Beispiel 1. Die Funktion $y = x - \frac{1}{2} x^2$ (Abb. 255) ist im Punkt $x = 0$ zunehmend, da $y' = 1 - x = 1 > 0$. Dieselbe Funktion ist im Punkt $x = 2$ abnehmend, da $y' = -1 < 0$. Im Punkt $x = 1$, in dem $y' = 0$, ist die Funktion weder zunehmend noch abnehmend.

Notwendiges Kriterium. Wenn die Funktion $f(x)$ im Punkt $x = a$ zunehmend ist, so ist ihre Ableitung in diesem Punkt, vorausgesetzt, daß $f(x)$ in diesem Punkt eine Ableitung besitzt, positiv (wie im Punkt M in Abb. 252) oder gleich Null (wie im Punkt N in Abb. 252):

$$f'(a) \geqq 0.$$

Analoges gilt für die Abnahme einer Funktion. Die Ableitung ist in diesem Fall negativ oder gleich Null in $x = a$:

$$f'(a) \leqq 0.$$

Beispiel 2. Die Funktion $y = x^3$ (Abb. 256) ist in jedem Punkt zunehmend. Ihre Ableitung $y' = 3x^2$ ist überall positiv, außer im Punkt $x = 0$, wo $y' = 0$ gilt.

Kriterien für die Abnahme oder Zunahme einer Funktion in einem Intervall:

Hinreichendes Kriterium. Wenn die Ableitung einer Funktion $f'(x)$ im Intervall (a, b) überall positiv ist, so ist die Funktion $f(x)$ in diesem Intervall zunehmend. Wenn $f'(x)$ überall negativ ist, so ist $f(x)$ abnehmend (vgl. § 274).

Notwendiges Kriterium. Wenn die Funktion $f(x)$ im Intervall (a, b) zunehmend ist, so ist ihre Ableitung[1] $f'(x)$ in diesem Intervall positiv oder gleich Null:

$$f'(x) \geqq 0 \quad \text{für} \quad a \leqq x \leqq b.$$

Analog gilt für eine abnehmende Funktion

$$f'(x) \leqq 0 \quad \text{für} \quad a \leqq x \leqq b.$$

§ 275. Maximum und Minimum

Definition. Man sagt, eine Funktion $f(x)$ habe *im Punkt $x = a$ ein Maximum*, wenn in hinreichender Nähe von diesem Punkt allen Werten von x (größer oder kleiner als a) Funktionswerte $f(x)$ entsprechen, die kleiner als $f(a)$ sind.

Die Funktion $f(x)$ *hat ein Minimum im Punkt $x = a$*, wenn in hinreichender Nähe von diesem Punkt allen Werten von x Funktionswerte entsprechen, die größer als $f(a)$ sind.

Kürzer: *Die Funktion $f(x)$ hat ein Maximum (Minimum) im Punkt $x = a$, wenn der Wert $f(a)$ größer (kleiner) als alle benachbarten Werte ist.*

Ein Maximum oder ein Minimum bezeichnet man mit dem gemeinsamen Namen *Extremum*.

---

[1]) Vorausgesetzt, daß die Funktion im Intervall (a, b) differenzierbar ist.

Beispiel. Die Funktion $f(x) = \frac{1}{3}x^3 - x^2 + \frac{1}{3}$ (Abb. 257) hat im Punkt $x = 0$ ein Maximum $\left(\text{der Punkt } A\left(0; \frac{1}{3}\right) \text{ ist höher als alle benachbarten Punkte}\right)$ und im Punkt $x = 2$ ein Minimum (der Punkt B (2; −1) liegt niedriger als alle benachbarten Punkte).

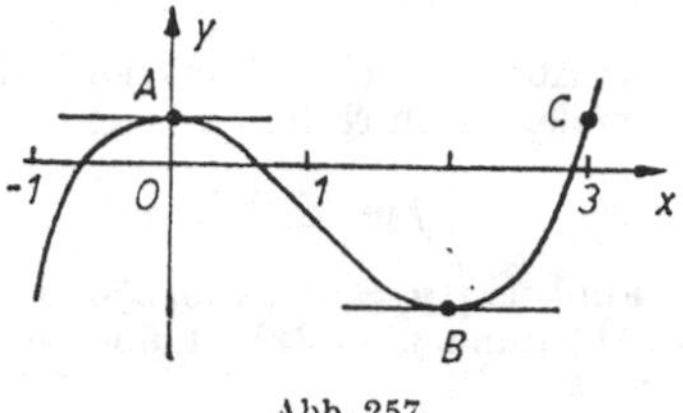

Abb. 257

Bemerkung. In der Alltagssprache haben die Ausdrücke „Maximum" und „größter Wert" dieselbe Bedeutung. In der Analysis ist die Bedeutung des Wortes „Maximum" eingeengt. Ein Maximum einer Funktion braucht nämlich nicht ihrem größten Wert zu entsprechen. Betrachten wir etwa die Funktion $f(x) = \frac{1}{3}x^3 - x^2 + \frac{1}{3}$ (vgl. Abb. 257) im Intervall (−1; 4). Sie hat in $x = 0$ ein Maximum, da in der Nähe dieses Punkts (nämlich im Intervall (−1; 3)) allen Werten von x Funktionswerte $f(x)$ entsprechen, die kleiner als $\frac{1}{3}$ sind (in dem angegebenen Intervall liegt die Kurve unter dem Punkt A). Dieses Maximum entspricht jedoch nicht dem größten Wert der Funktion im Intervall (−1; 4), da für $x > 3$

$$f(x) > \frac{1}{3}$$

gilt (rechts von C liegt die Kurve oberhalb von A). Jedoch ist die Bestimmung des größten Wertes der Funktion in einem gegebenen Intervall eng mit der Bestimmung ihrer Maxima verbunden (vgl. § 280).
Eine analoge Bemerkung gilt für Minima.

§ 276. Notwendige Bedingung für ein Maximum oder ein Minimum

Theorem. Wenn die Funktion $f(x)$ im Punkt $x = a$ ein Extremum (Maximum oder Minimum) besitzt, so ist in diesem Punkt ihre Ableitung $f(x)$ gleich Null oder unendlich, oder sie existiert nicht.

Geometrische Bedeutung: Wenn die Kurve im Punkt A eine maximale Ordinate besitzt, so ist in diesem Punkt entweder die

Tangente horizontal (Abb. 257) oder vertikal (Abb. 258), oder sie existiert nicht (Abb. 259). Dasselbe gilt für eine minimale Ordinate (Punkt B in Abb. 257, Punkt A in Abb. 260, Punkt B in Abb. 259).

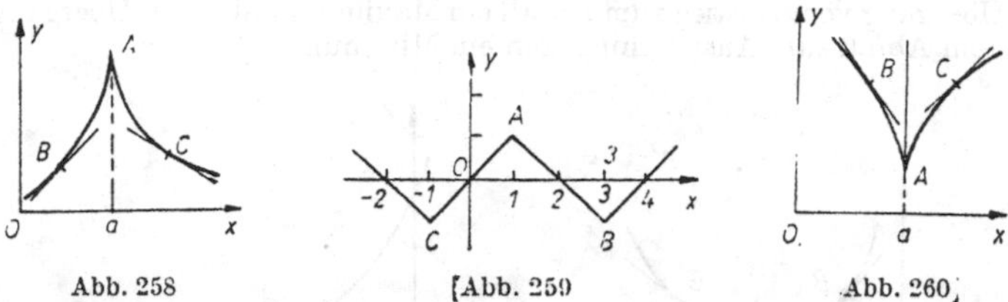

Abb. 258 Abb. 259 Abb. 260

Bemerkung. Die in dem Theorem angegebene Bedingung für ein Extremum ist notwendig, aber *nicht hinreichend*, d. h., die Ableitung kann im Punkt $x = a$ Null sein (Abb. 261) oder unendlich (Abb. 262) oder auch nicht vorhanden (Abb. 263), ohne daß die Funktion in diesem Punkt ein Extremum hat.

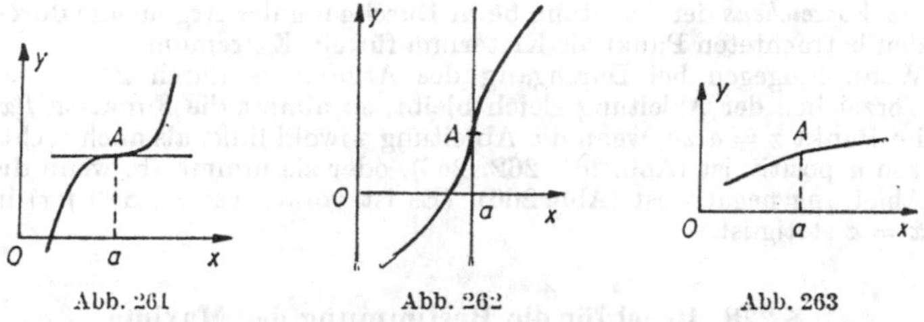

Abb. 261 Abb. 262 Abb. 263

§ 277. Erste hinreichende Bedingung für ein Maximum oder Minimum

Theorem. Wenn in hinreichender Nähe des Punktes $x = a$ die Ableitung $f'(x)$ links von a positiv und rechts von a negativ ist (Abb. 264), so hat in diesem Punkt die Funktion $f(x)$, falls sie in a stetig ist, ein Maximum[1]).

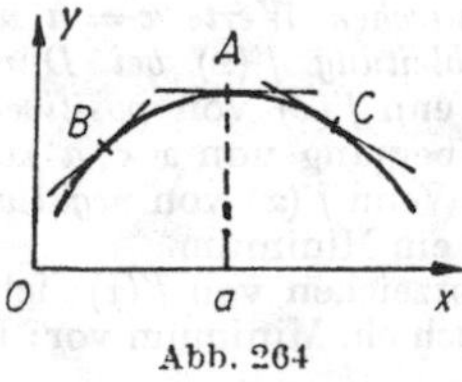

Abb. 264

[1]) Jedoch braucht $f(x)$ in $x = a$ nicht differenzierbar zu sein (s. Abb. 258).

Wenn umgekehrt die Ableitung $f'(x)$ links von a stets negativ und rechts von a stets positiv ist (Abb. 265), so hat $f(x)$ in diesem Punkt, falls $f(x)$ dort stetig ist, ein Minimum[1]).

Das Theorem bringt die Tatsache zum Ausdruck, daß $f(x)$ beim Übergang vom Anstieg zum Abfall ein Maximum hat, beim Übergang vom Abfall zum Anstieg hingegen ein Minimum.

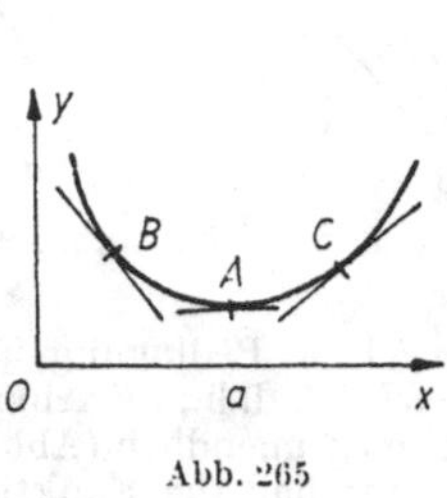

Abb. 265

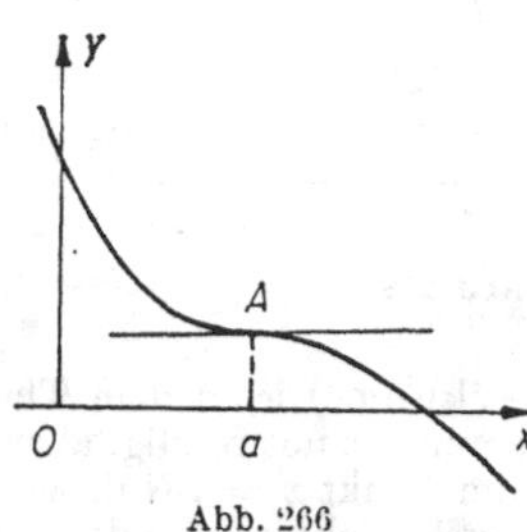

Abb. 266

Bemerkung. Gemäß dem Theorem erweist sich also *der Wechsel des Vorzeichens* der Ableitung beim Durchgang des Arguments durch den betrachteten Punkt als Kriterium für ein Extremum.

Wenn hingegen bei Durchgang des Arguments durch $x = a$ das Vorzeichen der Ableitung gleich bleibt, so nimmt die Funktion $f(x)$ im Punkt $x = a$ zu, wenn die Ableitung sowohl links als auch rechts von a positiv ist (Abb. 261, 262, 263), oder sie nimmt ab, wenn die Ableitung negativ ist (Abb. 266). (Es ist vorausgesetzt, daß $f(x)$ in $x = a$ stetig ist.)

§ 278. Regel für die Bestimmung der Maxima und Minima

Die Funktion $f(x)$ sei im Intervall (a, b) differenzierbar. Zur Bestimmung aller Maxima und Minima von $f(x)$ in diesem Intervall gehe man so vor:

1. *Man löse die Gleichung* $f'(x) = 0$. (Die Wurzeln dieser Gleichung nennt man die *kritischen* Werte des Arguments. Unter ihnen sind jene Werte von x herauszusuchen, für die $f(x)$ ein Extremum hat, s. § 276.)

2. *Für jeden dieser kritischen Werte* $x = a$ *untersuche man, ob sich das Vorzeichen der Ableitung* $f'(x)$ *bei Durchgang des Arguments durch* $x = a$ *ändert.* Wenn $f'(x)$ von *positiven zu negativen* Werten übergeht (bei einem Übergang von $x < a$ zu $x > a$), so haben wir ein Maximum (§ 277). Wenn $f'(x)$ von *negativen zu positiven* Werten übergeht, so haben wir ein Minimum.

Wenn hingegen das Vorzeichen von $f'(x)$ sich nicht ändert, so liegt weder ein Maximum noch ein Minimum vor: Bei $f'(x) > 0$ nimmt die

[1]) Jedoch braucht $f(x)$ in diesem Punkt nicht differenzierbar zu sein (s. Abb. 260).

Funktion in diesem Punkt zu, bei $f'(x) < 0$ nimmt sie ab (§ 277, Bemerkung).

Vorzeichen der Ableitung		Form der grafischen Darstellung in der Nähe von a	
bei $x < a$	bei $x > a$		
+	−	A	Maximum
−	+	A	Minimum
+	+	A	Zunahme
−	−	A	Abnahme

Bemerkung 1. Wenn die Funktion $f(x)$ im Intervall (a, b) stetig, aber in einigen Punkten nicht differenzierbar ist, so nehme man diese Punkte zu den kritischen Punkten hinzu und führe eine analoge Berechnung durch.

Bemerkung 2. Die Maxima und Minima einer stetigen Funktion wechseln sich gegenseitig ab.

Beispiel 1. Man bestimme alle Maxima und Minima der Funktion $f(x) = x - \frac{1}{2} x^2$.

Lösung. Die gegebene Funktion ist überall differenzierbar (d. h., sie hat überall eine endliche Ableitung): $f'(x) = 1 - x$.

1. Wir lösen die Gleichung $1 - x = 0$. Sie hat die einzige Wurzel $x = 1$.

2. Die Ableitung $f'(x) = 1 - x$ ändert ihr Vorzeichen bei Durchgang des Arguments durch $x = 1$. Für $x < 1$ ist die Ableitung positiv, für $x > 1$ negativ. Der kritische Wert $x = 1$ liefert also ein Maximum. Andere Extrema besitzt die Funktion nicht (Abb. 255 auf Seite 370).

Beispiel 2. Man bestimme alle Maxima und Minima der Funktion

$$f(x) = (x - 1)^2 (x + 1)^3. \tag{1}$$

Lösung. Die gegebene Funktion ist überall differenzierbar. Wir haben

$$f'(x) = 2(x - 1)(x + 1)^3 + 3(x - 1)^2 (x + 1)^2$$
$$= (x - 1)(x + 1)^2 (5x - 1).$$

1. Wir lösen die Gleichung $f'(x) = 0$. Ihre Wurzeln (nach wachsender Größe geordnet) sind

$$x_1 = -1, \quad x_2 = \frac{1}{5}, \quad x_3 = 1. \tag{2}$$

2. Wir stellen die Ableitung in der Form

$$f'(x) = 5(x+1)^2\left(x - \frac{1}{5}\right)(x-1) \tag{3}$$

dar und untersuchen jeden dieser kritischen Werte.

a) Bei $x < -1$ sind alle drei Binome der Formel (3) negativ, und wir haben also links von $x = -1$

$$f'(x) = 5(-)^2(-)(-) = +. \tag{4}$$

Das Argument möge nun den Wert $x_1 = -1$ durchlaufen. Es soll jedoch den nächsten kritischen Wert $x_2 = \frac{1}{5}$ noch nicht erreichen. Dann wird das Binom $x + 1$ positiv, die zwei anderen Glieder von Formel (3) bleiben negativ. Also haben wir

$$f'(x) = 5(+)^2(-)(-) = +. \tag{5}$$

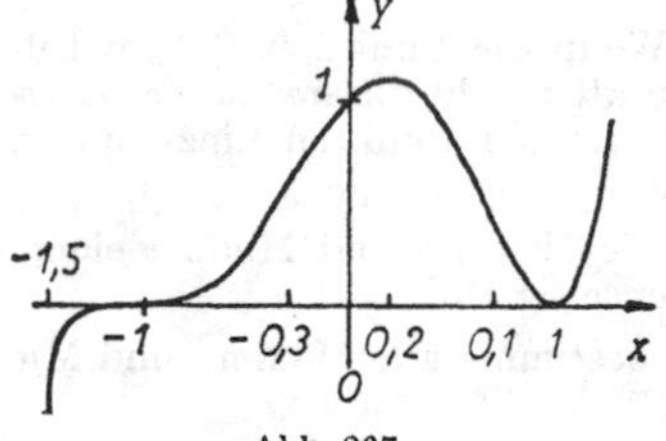

Abb. 267

Durch Vergleich von (4) und (5) erkennen wir, daß sich das Vorzeichen der Ableitung bei Durchgang durch den Wert $x_1 = -1$ nicht ändert, sondern positiv bleibt. Im Punkt $x_1 = -1$ existiert also kein Extremum. Hier ist die Funktion zunehmend (Abb. 267).

b) Wir untersuchen den nächsten kritischen Wert $x_2 = \frac{1}{5}$. In hinreichender Nähe links davon $\left(\text{d.h. zwischen } x_1 = -1 \text{ und } x_2 = \frac{1}{5}\right)$ ist die Ableitung nach (5) positiv. In hinreichender Nähe rechts davon $\left(\text{zwischen } x_2 = \frac{1}{5} \text{ und } x_2 = +1\right)$ ist der zweite Faktor positiv, und wir haben

$$f'(x) = 5(+)^2(+)(-) = -. \tag{6}$$

Durch Vergleich von (5) mit (6) sehen wir, daß bei Durchgang durch $x_2 = \frac{1}{5}$ das Vorzeichen der Ableitung von Plus nach Minus wechselt. (Die Funktion $f(x)$ geht vom Anstieg zum Abfall über.) Im Punkt $x_2 = \frac{1}{5}$ hat die Funktion also einen Maximalwert. Er ist gleich

$$f\left(\frac{1}{5}\right) = \left(\frac{1}{5} - 1\right)^2\left(\frac{1}{5} + 1\right)^3 \approx 1{,}1.$$

c) Wir untersuchen den letzten kritischen Wert $x_3 = 1$. In hinreichender Nähe links davon ist die Ableitung wegen (6) negativ. Rechts von $x = 1$ haben wir

$$f'(x) = \frac{1}{5}(+)^2(+)(+) = +. \tag{7}$$

Bei Durchgang durch $x_3 = 1$ ändert die Ableitung ihr Vorzeichen von Minus nach Plus. (Die Funktion geht vom Abfall zum Anstieg über). Bei $x = 1$ hat also die Funktion einen Minimalwert. Er ist gleich

$$f(1) = (1-1)^2(1+1)^3 = 0.$$

Beispiel 3. Man bestimme alle Extrema der Funktion

$$f(x) = (x-1)\sqrt[3]{x^2}.$$

Lösung. Die gegebene Funktion ist für alle positiven und negativen Werte von x differenzierbar, und wir haben

$$f'(x) = \sqrt[3]{x^2} + \frac{2(x-1)}{3\sqrt[3]{x}} = \frac{5}{3}\,\frac{x-\frac{2}{5}}{\sqrt[3]{x}}.$$

Im Punkt $x = 0$ hingegen ist die Funktion nicht differenzierbar (ihre Ableitung ist unendlich). Wir haben daher (s. Bemerkung 1) zwei kritische Werte $x_1 = 0$ und $x_2 = \frac{2}{5}$.

Bei $x < 0$ haben wir

$$f'(x) = \frac{5}{3}\,\frac{(-)}{\sqrt[3]{-}} = +.$$

Bei $0 < x < \frac{2}{5}$ haben wir

$$f'(x) = \frac{5}{3}\,\frac{(-)}{\sqrt[3]{+}} = -.$$

Bei $x > \frac{2}{5}$ haben wir

$$f'(x) = \frac{5}{3}\,\frac{(+)}{\sqrt[3]{+}} = +.$$

Im Punkt $x = 0$ hat die Funktion $f(x) = (x-1)\sqrt[3]{x^2}$ einen Maximalwert

$$f(0) = 0,$$

im Punkt $x = \frac{2}{5}$ hingegen einen Minimalwert

$$f\left(\frac{2}{5}\right) = -\frac{3}{5}\sqrt[3]{\frac{4}{25}} \approx -0{,}33.$$

§ 279. Zweite hinreichende Bedingung für Maxima und Minima

Wenn sich das Vorzeichen der Ableitung in der Nähe der kritischen Punkte (§ 278) nur schwer bestimmen läßt, so kann man die folgende hinreichende Bedingung für ein Extremum verwenden.

Theorem 1. Im Punkt $x = a$ sei die erste Ableitung $f'(x)$ Null. Wenn dabei die zweite Ableitung $f''(a)$ negativ ist, so hat die Funktion in $x = a$ ein Maximum, ist $f''(a)$ positiv, so handelt es sich um ein Minimum. Im Falle $f''(a) = 0$ s. Theorem 2.

Die zweite Bedingung ist auf die folgende Art mit der ersten verknüpft. Man kann $f''(x)$ als Ableitung von $f'(x)$ auffassen. Die Beziehung $f''(a) < 0$ bedeutet (§ 274), daß $f'(x)$ in $x = a$ abnimmt. Wegen $f'(a) = 0$ ist $f'(x)$ positiv für $x < a$ und negativ für $x > a$. Also besitzt $f(x)$ in $x = a$ ein Maximum (§ 277). Analoges gilt für $f''(a) > 0$.

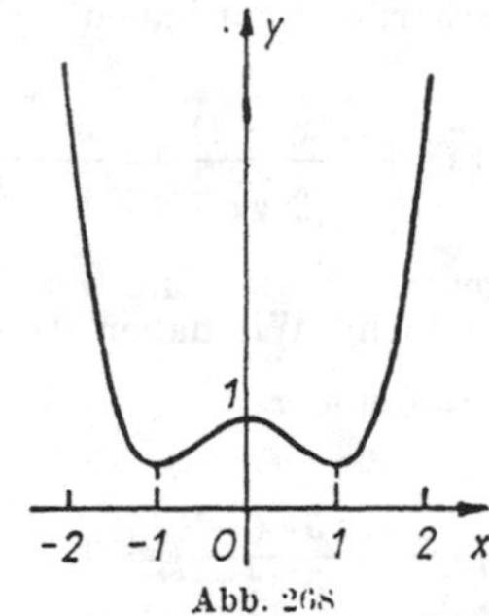

Abb. 268

Beispiel 1. Man bestimme die Maxima und Minima der Funktion

$$f(x) = \frac{1}{2} x^4 - x^2 + 1.$$

Lösung. Wir lösen die Gleichung

$$f'(x) = 2x^3 - 2x = 0$$

und erhalten die kritischen Werte

$$x_1 = -1, \quad x_2 = 0, \quad x_3 = 1.$$

Setzt man diese in den Ausdruck für die zweite Ableitung

$$f''(x) = 6x^2 - 2 = 2(3x^2 - 1)$$

ein, so findet man

$$f''(-1) > 0, \quad f''(0) < 0, \quad f''(1) > 0.$$

Bei $x = -1$ und $x = 1$ haben wir also ein Minimum, bei $x = 0$ ein Maximum (Abb. 268).

Es kann vorkommen, daß zugleich mit der ersten Ableitung auch die zweite Ableitung Null wird. Zudem können noch weitere Ableitungen verschwinden. In diesem Fall verwendet man das folgende Theorem, das allgemeiner als Theorem 1 ist.

Theorem 2. Wenn in einem Punkt $x = a$, in dem die erste Ableitung Null ist, die erste nicht verschwindende Ableitung die gerade Ordnung $2k$ besitzt, so hat die Funktion $f(x)$ in $x = a$ ein Maximum, wenn $f^{(2k)}(a) < 0$, und ein Minimum, wenn $f^{(2k)}(a) > 0$. Wenn hingegen die erste nicht verschwindende Ableitung die ungerade Ordnung $2k + 1$ besitzt, so hat die Funktion $f(x)$ in $x = a$ kein Extremum. Sie ist zunehmend, wenn $f^{(2k+1)}(a) > 0$ und abnehmend, wenn $f^{(2k+1)}(a) < 0$.

Beispiel 2. Man bestimme die Maxima und Minima der Funktion

$$f(x) = \sin 3x - 3 \sin x.$$

Lösung. Wir haben

$$f'(x) = 3 \cos 3x - 3 \cos x.$$

Als Lösung der Gleichung

$$3 \cos 3x - 3 \cos x = 0$$

erhalten wir

$$x = k\frac{\pi}{2},$$

wobei k eine beliebige ganze Zahl ist.
Da die gegebene Funktion die Periode 2π hat, genügt es, wenn man die vier Wurzeln

$$x_1 = 0, \quad x_2 = \frac{\pi}{2}, \quad x_3 = \pi, \quad x_4 = \frac{3\pi}{2}$$

untersucht.
Als zweite Ableitung erhalten wir

$$f''(x) = -9 \sin 3x + 3 \sin x.$$

Durch Einsetzen der kritischen Werte findet man

$$f''(0) = 0, \quad f''\left(\frac{\pi}{2}\right) = 12,$$

$$f''(\pi) = 0, \quad f''\left(\frac{3\pi}{2}\right) = -12.$$

Im Punkt $x_2 = \frac{\pi}{2}$ hat die erste nicht verschwindende Ableitung die (gerade) Ordnung zwei, wobei $f''\left(\frac{\pi}{2}\right) > 0$. Bei $x = \frac{\pi}{2}$ haben wir also ein Minimum. Analog schließen wir, daß bei $x = \frac{3\pi}{2}$ ein Maximum vorliegt $\left(\text{da } f''\left(\frac{3\pi}{2}\right) < 0\right)$.

Zur Untersuchung der kritischen Werte $x_1 = 0$ und $x_3 = \pi$ bilden wir die dritte Ableitung

$$f'''(x) = -27 \cos 3x + 3 \cos x.$$

Wir haben

$$f'''(0) = -24, \quad f'''(\pi) = +24.$$

Im Punkt $x = 0$ ist die erste nicht verschwindende Ableitung von (ungerader) dritter Ordnung, wobei $f'''(0) < 0$. Bei $x = 0$ existiert also kein Extremum. Hier ist die Funktion abnehmend. Analog schließen wir, daß auch bei $x = \pi$ kein Extremum vorliegt. Die Funktion ist hier zunehmend (da $f'''(\pi) > 0$).

§ 280. Die Bestimmung des größten und des kleinsten Werts einer Funktion

Es handle sich um ein Problem, bei dem das Argument einer stetigen Funktion $f(x)$ in einem unendlichen Intervall variieren kann, etwa in einem Intervall (a, ∞). Dann kann es vorkommen, daß es keinen größten Wert der Funktion $f(x)$ gibt, s. Bild 269, a), wo $f(x)$ für $x \to +\infty$ unbegrenzt wächst. Wenn die Funktion $f(x)$ jedoch einen größten Wert besitzt, so bildet dieser ein Extremum der Funktion, s. Abb. 269), b), wobei der größte Funktionswert $f(c)$ ist.

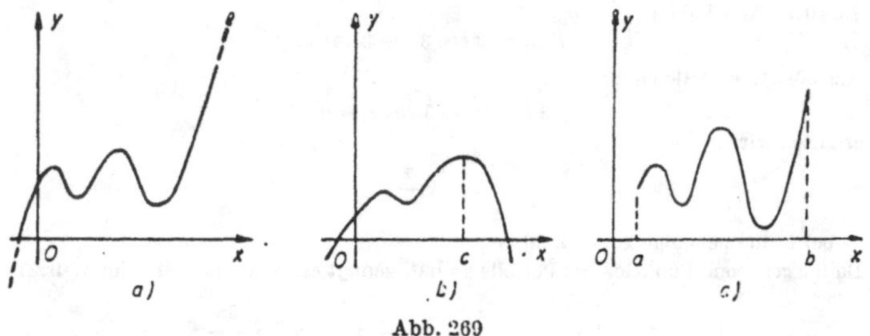

Abb. 269

Es handle sich um ein Problem, bei dem das Argument x in einem abgeschlossenen Intervall (a, b) variiert. Eine stetige Funktion $f(x)$ nimmt dort ihren größten Wert an (§ 221). Jedoch ist dieser nicht unbedingt ein Extremum, er kann auch an den Enden des Intervalls auftreten (im Punkt $x = b$[1]) in Abb. 269, c).

Analoges gilt für den kleinsten Wert.

2. Es sei gefordert, den größten (oder kleinsten) Wert einer geometrischen oder physikalischen Größe zu bestimmen, die gewissen Bedingungen unterworfen ist (s. das Beispiel weiter unten). Man stellt dazu diese Größe als Funktion eines geeigneten Arguments dar. Aus den Bedingungen des Problems bestimmt man das Intervall, innerhalb dessen das Argument sich ändern soll. Hierauf bestimmt

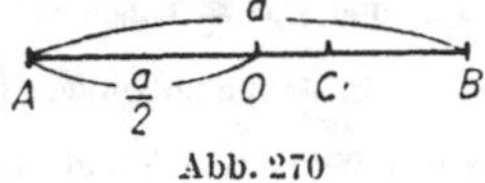

Abb. 270

man alle kritischen Punkte, die in diesem Intervall liegen, und berechnet die entsprechenden Funktionswerte sowie die Funktionswerte an den Intervallenden. Unter den erhaltenen Werten wählt man den größten (kleinsten) aus.

[1]) Wenn man die Enden des Intervalls aus der Betrachtung ausschließt, so handelt es sich um ein offenes Intervall, und die Funktion $f(x)$ besitzt dort keinen größten Wert.

Beispiel 1. Die Strecke $AB = a$ wird durch den Punkt C in zwei Teile geteilt. Mit den Strecken AC und CB (Abb. 270) als Seiten bilde man ein Rechteck $ACBD$. Man bestimme den größten Wert seines Flächeninhalts S.

Lösung. Als Argument x wählen wir Strecke AC. Dann gilt

$$CB = a - x \quad \text{und} \quad S = x(a - x).$$

Das Argument x der stetigen Funktion S variiert im Intervall $(0, a)$. Aus der Gleichung

$$\frac{dS}{dx} = a - 2x = 0$$

finden wir den (einzigen) kritischen Wert $x = \frac{a}{2}$. Er liegt im gegebenen Intervall $(0, a)$. Wir berechnen den Wert $S\left(\frac{a}{2}\right) = \frac{a^2}{4}$ und die Grenzwerte $S(0) = 0$ und $S(a) = 0$. Durch Vergleich dieser Werte ergibt sich, daß $\frac{a^2}{4}$ den größten Funktionswert darstellt.

Dieser Vergleich ist nicht notwendig, wenn man bedenkt, daß im einzigen kritischen Punkt $x = \frac{a}{2}$ die zweite Ableitung der Funktion $S(x)$ negativ ist, d. h. (§279) die Funktion $S(x)$ hat hier ein Maximum. Das variable Rechteck $ACBD$ hat stets denselben Umfang $(2a)$. *Unter allen Rechtecken mit gegebenem Umfang hat also das Quadrat den größten Flächeninhalt.*

Beispiel 2. Man bestimme den kleinsten und den größten Wert des Halbumfangs eines Rechtecks mit gegebener Fläche S.

Lösung. Wir bezeichnen die Seiten des Rechtecks mit x und y. Vereinbarungsgemäß gilt

$$xy = S \tag{1}$$

(x und y sind positive Größen). Es ist der größte und der kleinste Wert der Größe

$$p = x + y \tag{2}$$

zu finden. Wir nehmen als Argument x und erhalten

$$p = x + \frac{S}{x}. \tag{3}$$

Das Argument x variiert in dem unendlichen Intervall $(0, +\infty)$ (der Punkt $x = 0$ ist ausgeschlossen). Die Funktion $p(x)$ ist in diesem Intervall stetig und besitzt die Ableitung

$$\frac{dp}{dx} = 1 - \frac{S}{x^2}. \tag{4}$$

Aus der Gleichung

$$1 - \frac{S}{x^2} = 0 \tag{5}$$

erhalten wir den (einzigen) kritischen Wert (in dem gegebenen Intervall)

$$x = \sqrt{S}.$$

Aus (4) ist ersichtlich, daß für $0 < x < \sqrt{S}$ die Ableitung $\frac{dp}{dx}$ negativ und für $x > \sqrt{S}$ positiv ist. Es liegt also ein Minimum vor (§ 277). Wegen der Eindeutigkeit der Lösung erweist sich dieser als kleinster Wert des Halbumfangs:

$$p_{kl} = \sqrt{S} + \frac{S}{\sqrt{S}} = 2\sqrt{S}, \tag{6}$$

d. h., *unter allen Rechtecken mit gegebener Fläche S besitzt das Quadrat* $(x = \sqrt{S},\ y = \sqrt{S})$ *den kleinsten Halbumfang.*
Einen größten Wert besitzt die Größe p nicht (das gegebene Intervall $(0, +\infty)$ ist offen).

Beispiel 3. Man bestimme die kleinste Menge Blech, aus der man eine zylindrische Konservendose mit dem Volumen $V = 2\,l$ formen kann (die Dicke des Blechs sei vernachlässigbar).

Lösung. Es sei S die Oberfläche der Dose, r der Radius der Grundfläche und h die Höhe. Es ist der kleinste Wert der Größe

$$S = 2\pi rh + 2\pi r^2 \tag{7}$$

zu finden unter der Bedingung, daß

$$\pi r^2 h = V. \tag{8}$$

Als Argument verwendet man am bequemsten r. Aus (7) und (8) erhalten wir

$$S = 2\left(\frac{V}{r} + \pi r^2\right), \tag{9}$$

wobei das Argument im Intervall $(0, \infty)$ variieren kann. Der Bedeutung der gestellten Aufgabe gemäß soll der kleinste Wert der Größe S im Inneren dieses Intervalls gefunden werden. Es genügt also, wenn wir die Funktionswerte in den kritischen Punkten betrachten. Wir lösen die Gleichung

$$\frac{dS}{dr} = 2\left(-\frac{V}{r^2} + 2\pi r\right) = 0. \tag{10}$$

Sie besitzt die einzige Wurzel

$$r = \sqrt[3]{\frac{V}{2\pi}}, \tag{11}$$

die dem kleinsten Wert von S entspricht. Aus (8) und (11) erhalten wir $h = \frac{V}{\pi r^2} = \sqrt[3]{\frac{4V}{\pi}} = 2r$, d. h., *die Höhe der Dose muß gleich dem Durchmesser der Grundfläche sein.* Die kleinste Menge Blech, die man zur Herstellung der Dose benötigt, ist also

$$S_{kl} = 2\pi(rh + r^2) = 6\pi r^2 = 3\sqrt[3]{2\pi V^2} \approx 879 \text{ cm}^2.$$

§ 281. Die Konvexität ebener Kurven. Wendepunkte

Eine ebene Kurve heißt *konvex im Punkt M* (Abb. 271), wenn in hinreichender Nähe von M die Kurve L ganz auf einer Seite der Tangente MT liegt (*konkave Seite*). Die andere Seite heißt *konvexe Seite.*

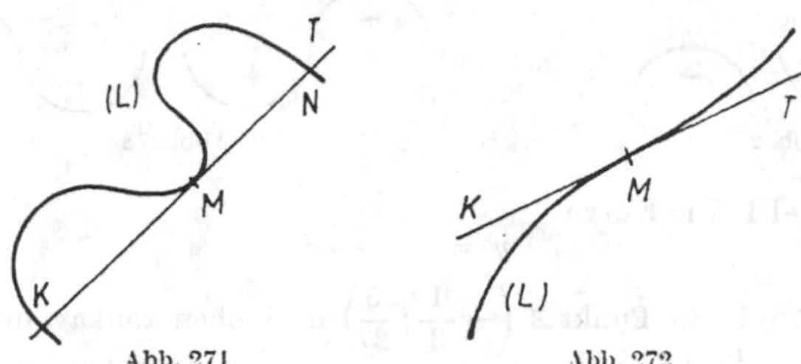

Abb. 271 Abb. 272

Wenn hingegen die Kurve L in der Nähe des Punktes M auf beiden Seiten der Tangente MT liegt (Abb. 272), so heißt M *Wendepunkt der Kurve L.*

Beim Durchlaufen eines Wendepunktes geht eine konvexe Seite in eine konkave Seite über und umgekehrt.

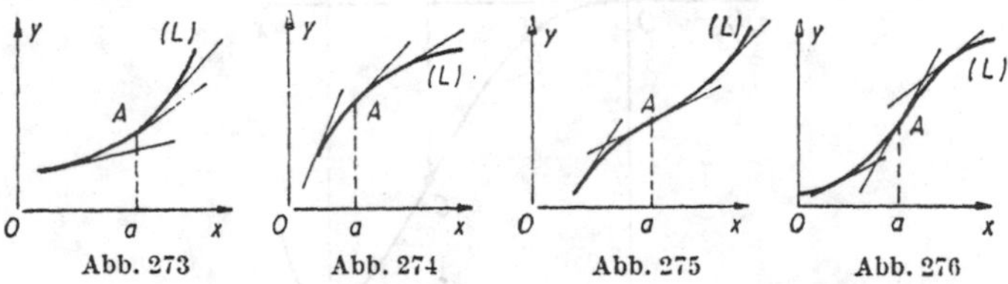

Abb. 273 Abb. 274 Abb. 275 Abb. 276

Die Kurve L werde durch die Gleichung $y = f(x)$ dargestellt. Wenn die *Ableitung* $f'(x)$ im Punkt $x = a$ zunimmt, so ist dort die Kurve konkav nach oben (Abb. 273), nimmt sie ab, so ist L nach unten konkav (Abb. 274). Wenn hingegen die Ableitung $f'(x)$ in $x = a$ ein Extremum besitzt (Abb. 275, 276), so besitzt die Kurve L dort einen Wendepunkt.

§ 282. Die konkave Seite

1. Wenn die zweite Ableitung $f''(x)$ im Punkt $x = a$ positiv ist, so ist die Kurve $y = f(x)$ dort konkav nach oben, wenn $f''(a)$ negativ ist, konkav nach unten (schematisch in Abb. 277 dargestellt).

Erklärung. Wenn $f''(a) > 0$, so ist $f'(x)$ in $x = a$ zunehmend (§ 274). Das bedeutet (§ 281), daß die Höhlung nach oben zeigt. Analog schließt man für den Fall $f''(a) < 0$.

2. Es sei die zweite Ableitung im Punkt $x = a$ gleich Null, unendlich oder existiere überhaupt nicht.

Sobald sich in diesem Fall beim Durchlaufen des Punktes $x = a$ das Vorzeichen der zweiten Ableitung ändert[1], so hat hier die Kurve $y = f(x)$ einen Wendepunkt (Abb. 278). Wenn sich jedoch das Vorzeichen von $f''(x)$ nicht ändert, so ist die Kurve $y = f(x)$ nach der entsprechenden Seite hin konkav (s. Pkt. 1) (vgl. § 277 und 281).

Abb. 277 Abb. 278

Beispiel 1. Die Kurve

$$y = 3x^4 - 4x^3$$

(Abb. 279) ist im Punkt $A\left(-\frac{1}{3}; \frac{5}{27}\right)$ nach oben konkav, im Punkt $B\left(\frac{1}{3}; -\frac{1}{9}\right)$ hingegen nach unten, da die zweite Ableitung

$$y'' = 36x^2 - 24x = 12x(3x - 2)$$

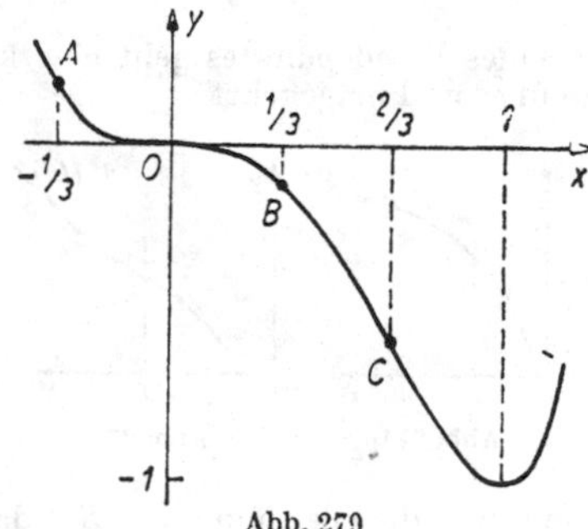

Abb. 279

für $x = -\frac{1}{3}$ positiv (beide Faktoren $12x$ und $(3x - 2)$ sind negativ) ist, für $x = \frac{1}{3}$ jedoch negativ.

Im Punkt O (0; 0), in dem $y'' = 0$ gilt, haben wir einen Wendepunkt, da beim Durchgang durch $x = 0$ die zweite Ableitung ihr Vorzeichen von Plus (für $x < 0$) in Minus (für $x > 0$) ändert. Links von O ist die Kurve konkav nach oben, rechts davon konkav nach unten.

[1] Es sei vorausgesetzt, daß diese in einer Umgebung vom Punkt a existiert.

Beispiel 2. Die Kurve $y = x^4$ (Abb. 280) ist im Punkt O (0; 0), in dem $y'' = 0$ gilt, nach oben konkav, da bei Durchgang durch den Punkt $x = 0$ die Funktion $y'' = 12x^2$ ihr Vorzeichen beibehält.

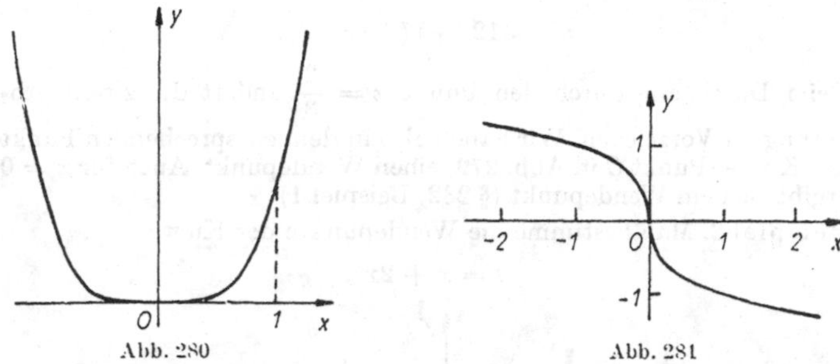

Abb. 280 Abb. 281

Beispiel 3. Die Kurve $y = -x^{1/3}$ (Abb. 281) hat im Punkt O (0; 0), in dem die zweite Ableitung unendlich ist, einen Wendepunkt, da beim Durchgang durch $x = 0$ die zweite Ableitung $y'' = +\frac{2}{9}x^{-\frac{5}{3}}$ ihr Vorzeichen von Minus nach Plus ändert. Links von O ist die Kurve konkav nach unten, rechts davon ist sie konkav nach oben.

§ 283. Regel für die Bestimmung eines Wendepunkts

Zur Bestimmung aller Wendepunkte einer Kurve $y = f(x)$ muß man alle jene x-Werte untersuchen, für die die zweite Ableitung $f''(x)$ gleich Null oder unendlich wird oder überhaupt nicht existiert (nur in solchen Punkten ist ein Wendepunkt möglich, § 282).
Wenn sich beim Durchgang durch einen derartigen Argumentwert das Vorzeichen der zweiten Ableitung ändert, so besitzt die Kurve in diesem Punkt einen Wendepunkt. Wenn sich das Vorzeichen hingegen nicht ändert, so handelt es sich nicht um einen Wendepunkt (§ 282, Pkt. 2).
Beispiel 1. Man bestimme die Wendepunkte der Kurve $y = 3x^4 - 4x^3$.
Lösung. Wir haben

$$y'' = 36x^2 - 24x = 12x(3x - 2).$$

Die zweite Ableitung existiert überall und ist überall endlich. Sie wird Null in den zwei Punkten $x = \frac{2}{3}$ und $x = 0$. Wir betrachten den Punkt $x = \frac{2}{3}$. Wenn x etwas kleiner ist als $\frac{2}{3}$ $\left(\text{nämlich wenn } 0 < x < \frac{2}{3}\right)$, so gilt

$$y'' = 12\,(+)\,(-) = -.$$

Wenn x größer ist als $\frac{2}{3}$ $\left(\text{im gegebenen Fall kann } x \text{ Werte annehmen, die beliebig größer als } \frac{2}{3} \text{ sind}\right)$, so gilt

$$y'' = 12\,(+)\,(+) = +.$$

Beim Durchgang durch den Punkt $x = \frac{2}{3}$ ändert die zweite Ableitung ihr Vorzeichen. Wir haben also in dem entsprechenden Punkt der Kurve (Punkt C in Abb. 279) einen Wendepunkt. Auch für $x = 0$ ergibt sich ein Wendepunkt (§ 282, Beispiel 1).

Beispiel 2. Man bestimme die Wendepunkte der Kurve

$$y = x + 2x^4.$$

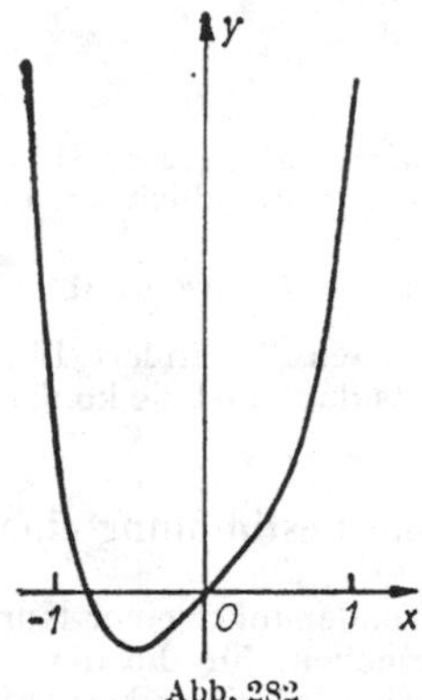

Abb. 282

Lösung. Wir haben $y'' = 24x^2$.

Die zweite Ableitung ist überall endlich und wird Null nur für $x = 0$. Beim Durchgang durch $x = 0$ ändert sich das Vorzeichen der zweiten Ableitung nicht, es ist überall Plus. Weder hier noch in anderen Punkten gibt es also einen Wendepunkt. Die Kurve ist nach oben konkav (Abb. 282).

§ 284. Die Asymptoten

Der Punkt M bewege sich ausgehend von der Position M_0 längs einer Kurve L in einer festgelegten Richtung. Wenn dabei der Abstand MM_0 (längs einer Geraden gemessen) unbegrenzt zunimmt, so sagt man *der Punkt M entferne sich ins Unendliche.*

Definition. Die Gerade AB heißt *Asymptote der Kurve L*, wenn der Abstand MK (Abb. 283) vom Punkt M der Kurve L zur Geraden AB gegen Null strebt, wenn der Punkt M sich ins Unendliche entfernt.

Bemerkung 1. Der Abstand von M zu AB braucht nicht längs der Senkrechten zu AB gemessen zu werden, man kann dazu eine beliebige feste Richtung MK' wählen, da mit $MK \to 0$ auch MK' gegen 0 geht und umgekehrt.

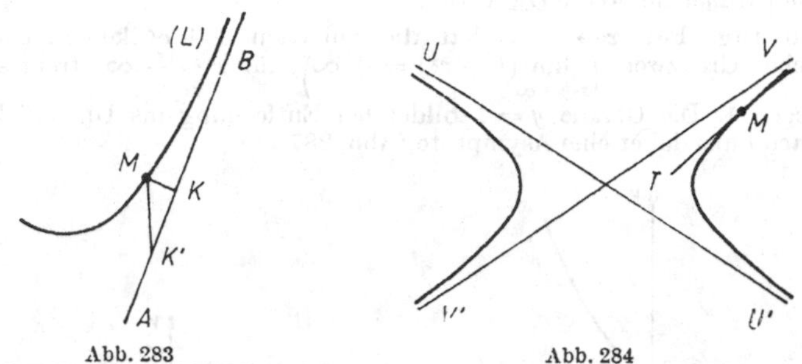

Abb. 283 Abb. 284

Bemerkung 2. Die in § 74 gegebene Definition für die Asymptoten einer Hyperbel (UU' und VV' in Abb. 284) ordnet sich der hier gegebenen allgemeinen Definition unter.

Bemerkung 3. Nicht alle Kurven, längs denen sich ein Punkt ins Unendliche entfernen kann, besitzen eine Asymptote. Eine Parabel z. B. oder eine Archimedische Spirale besitzt keine.

§ 285. Die Untersuchung von Asymptoten, die parallel zu den Koordinatenachsen sind

1. Zur Abszissenachse parallele Asymptoten. Zur Untersuchung horizontaler Asymptoten der Kurve $y = f(x)$ bilden wir den Grenzwert von $f(x)$ für $x \to +\infty$ oder $x \to -\infty$.

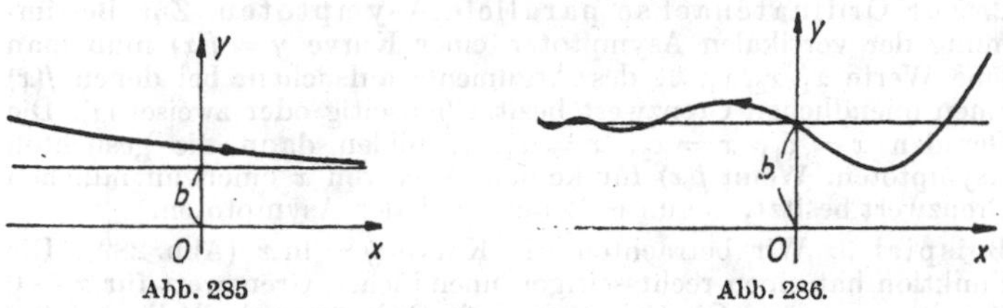

Abb. 285 Abb. 286.

Wenn $\lim\limits_{x \to \infty} f(x) = b$, so ist die Gerade $y = b$ eine Asymptote (bei Entfernung ins Unendliche nach rechts, Abb. 285).

Wenn $\lim\limits_{x \to -\infty} f(x) = b'$, so ist die Gerade $y = b'$ eine Asymptote (bei Entfernung ins Unendliche nach links, Abb. 286).

Wenn $f(x)$ für $x \to +\infty$ oder $x \to -\infty$ keinen endlichen Grenzwert besitzt, so besitzt die Kurve $y = f(x)$ auch keine Asymptote, die parallel zur Achse OX verläuft.

Beispiel 1. Man bestimme die Asymptoten der Kurve $y = 1 + e^x$, die parallel zur Achse OX verlaufen.

Lösung. Für $x \to +\infty$ hat die Funktion $1 + e^x$ keinen endlichen Grenzwert $\left(\lim\limits_{x\to+\infty} (1 + e^x) = +\infty\right)$, für $x \to -\infty$ strebt sie gegen 1. Die Gerade $y = 1$ bildet bei Entfernung ins Unendliche nach links daher eine Asymptote (Abb. 287).

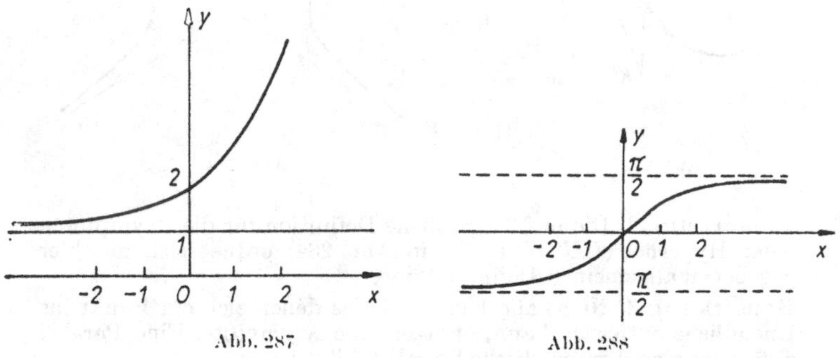

Abb. 287 Abb. 288

Beispiel 2. Man bestimme die horizontalen Asymptoten der Kurve $y = \arctan x$.

Lösung. Wir haben

$$\lim_{x\to+\infty} \arctan x = \frac{\pi}{2}, \quad \lim_{x\to-\infty} \arctan x = -\frac{\pi}{2}.$$

Die Asymptoten sind die Geraden $y = \frac{\pi}{2}$ und $y = -\frac{\pi}{2}$ (Abb. 288).

2. Zur Ordinatenachse parallele Asymptoten. Zur Bestimmung der vertikalen Asymptoten einer Kurve $y = f(x)$ muß man jene Werte $x_1, x_2, x_3, \ldots$ des Arguments aufsuchen, bei denen $f(x)$ einen unendlichen Grenzwert besitzt (einseitig oder zweiseitig). Die Geraden $x = x_1$, $x = x_2$, $x = x_3, \ldots$ bilden dann die gesuchten Asymptoten. Wenn $f(x)$ für keinen Wert von x einen unendlichen Grenzwert besitzt, so gibt es keine vertikalen Asymptoten.

Beispiel 3. Wir betrachten die Kurve $y = \ln x$ (Abb. 289). Die Funktion hat einen rechtsseitigen unendlichen Grenzwert für $x \to 0$ $\left(\lim\limits_{x\to 0} \ln x = -\infty\right)$. Die Gerade $x = 0$ (Ordinatenachse) dient daher bei unendlicher Entfernung nach unten als Asymptote.

Beispiel 4. Man bestimme die vertikalen Asymptoten der Kurve

$$y = \frac{2x}{x^2 - 4}.$$

Lösung. Die Funktion $\frac{2x}{x^2-4}$ hat für $x \to 2$ und $x \to -2$ jeweils einen unendlichen Grenzwert. Die Geraden $x = 2$ und $x = -2$ (AB und $A'B'$ in Abb. 290) sind also Asymptoten. Die Gerade AB dient als Asymptote für die beiden Zweige UV und KL. Längs des einen Zweigs erfolgt die Entfernung ins Unendliche nach oben, längs des zweiten nach unten

$$\left(\text{da} \lim_{x\to 2+0} \frac{2x}{x^2-4} = +\infty \quad \text{und} \quad \lim_{x\to 2-0} \frac{2x}{x^2-4} = -\infty\right).$$

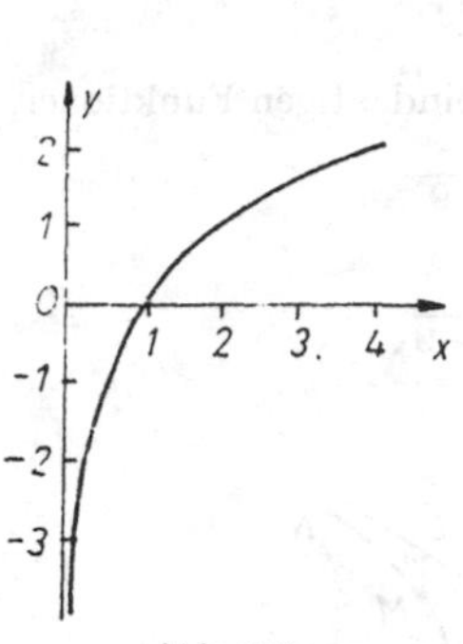

Abb. 289

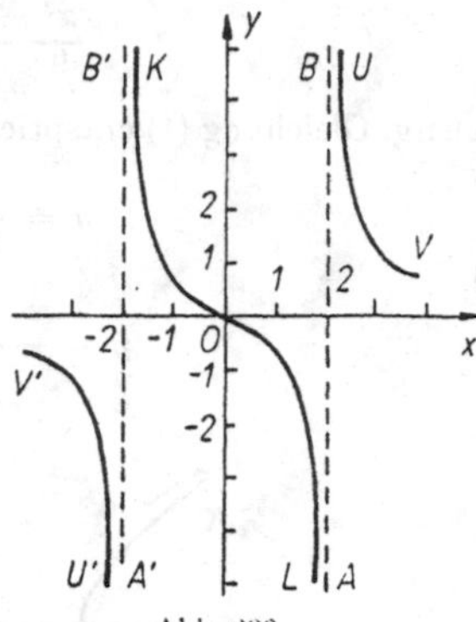

Abb. 290

Analoges gilt für die Gerade $A'B'$.

Wir bemerken, daß die Gerade $x = 0$ als horizontale Asymptote dient (für die Zweige UV und $U'V'$) (vgl. Pkt. 1).

§ 286. Untersuchung der Asymptoten, die nicht zur Ordinatenachse parallel sind[1])

Zur Bestimmung der Asymptoten einer Kurve $y = f(x)$, die nicht zur Achse OY parallel sind, muß man vorerst die Grenzwerte von $\lim \frac{f(x)}{x}$ für $x \to +\infty$ und $x \to -\infty$ untersuchen. Wenn in beiden Fällen kein endlicher Grenzwert vorliegt, so existieren keine derartigen Asymptoten.

Wenn hingegen $\lim\limits_{x\to+\infty} \frac{f(x)}{x} = c$, so ist anschließend der Grenzwert $\lim\limits_{x\to+\infty} [f(x) - cx]$ zu prüfen. Ist dieser Grenzwert gleich d, so bildet

[1]) Das folgende Verfahren dient insbesondere auch zur Bestimmung von horizontalen Asymptoten, falls solche existieren. Interessieren uns jedoch ausschließlich die horizontalen Asymptoten, so ist das Verfahren aus § 285 einfacher (Pkt. 1). Die vertikalen Asymptoten erhält man durch das folgende Verfahren nicht.

die Gerade $y = cx + d$ bei Entfernung ins Unendliche nach rechts eine Asymptote. Analog dazu gilt: Wenn $\lim\limits_{x\to-\infty} \frac{f(x)}{x} = c'$ und $\lim\limits_{x\to-\infty} [f(x) - c'x] = d'$, so bildet die Gerade $y = c'x + d'$ bei Entfernung ins Unendliche nach links eine Asymptote.
Wenn die Größe $f(x) - cx$ oder $f(x) - c'x$ für $x \to +\infty$ bzw. $x \to -\infty$ keinen endlichen Grenzwert besitzt, so existieren die entsprechenden Asymptoten nicht.
Beispiel 1. Man bestimme die Asymptoten der Hyperbel

$$\frac{x^2}{9} - \frac{y^2}{4} = 1. \tag{1}$$

Lösung. Gleichung (1) entspricht zwei eindeutigen Funktionen

$$y = \frac{2}{3} \sqrt{x^2 - 9} \tag{2}$$

und

$$y = -\frac{2}{3} \sqrt{x^2 - 9}. \tag{3}$$

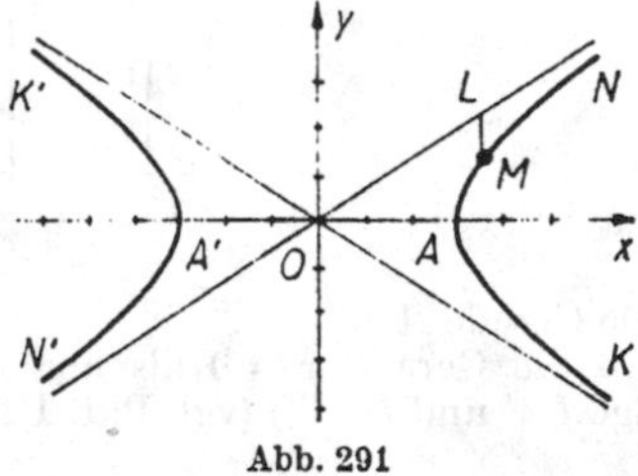

Abb. 291

Wir betrachten die erste (sie gehört zu den unendlich ausgedehnten Zweigen AN und $A'K'$ in Abb. 291). Wir haben

$$\lim_{x\to+\infty} \frac{y}{x} = \frac{2}{3} \lim_{x\to+\infty} \frac{\sqrt{x^2-9}}{x} = \frac{2}{3} \ (= c).$$

Ferner gilt

$$\lim_{x\to+\infty} (y - cx) = \lim_{x\to+\infty} \left(\frac{2}{3}\sqrt{x^2-9} - \frac{2}{3}x\right) = 0 \ (= d).$$

Die Gerade $y = \frac{2x}{3}$ ist also die Asymptote des Zweiges AN.
Außerdem haben wir

$$\lim_{x\to-\infty} \frac{y}{x} = -\frac{2}{3} \ (= c'),$$

$$\lim_{x\to-\infty} (y - c'x) = \lim_{x\to-\infty} \left(\frac{2}{3}\sqrt{x^2-9} + \frac{2}{3}x\right) = 0 \ (= d').$$

Die Gerade $y = -\frac{2x}{3}$ ist daher die Asymptote des Zweiges $A'K'$. Auf dieselbe Weise untersucht man die Funktion $y = -\frac{2}{3}\sqrt{x^2 - 9}$ (sie gehört zu den Zweigen AK und $A'N'$). Wir finden als Asymptote für den Zweig AK die Gerade $y = -\frac{2x}{3}$ und als Asymptote für den Zweig $A'N'$ die Gerade $y = \frac{2x}{3}$.

Beispiel 2. Man bestimme alle Asymptoten der Kurve

$$y = x\frac{e^x - e^{-x}}{e^x + e^{-x}}.$$

Die Funktion $f(x) = x\frac{e^x - e^{-x}}{e^x + e^{-x}}$ besitzt für keinen Wert von x einen unendlichen Grenzwert. Es gibt also keine zur Achse OY parallelen Asymptoten. Zur Bestimmung der Asymptoten, die nicht parallel zu OY verlaufen, bilden wir vorerst

$$\lim_{x\to+\infty}\frac{f(x)}{x} = \lim_{x\to+\infty}\frac{e^x - e^{-x}}{e^x + e^{-x}} = \lim_{x\to+\infty}\frac{1 - e^{-2x}}{1 + e^{-2x}} = 1\ (= c)$$

und dann

$$\lim_{x\to+\infty}[f(x) - cx] = \lim_{x\to+\infty}\frac{-2xe^{-x}}{e^x + e^{-x}} = -\lim_{x\to+\infty}\frac{2x}{e^{2x} + 1} = 0\ (= d).$$

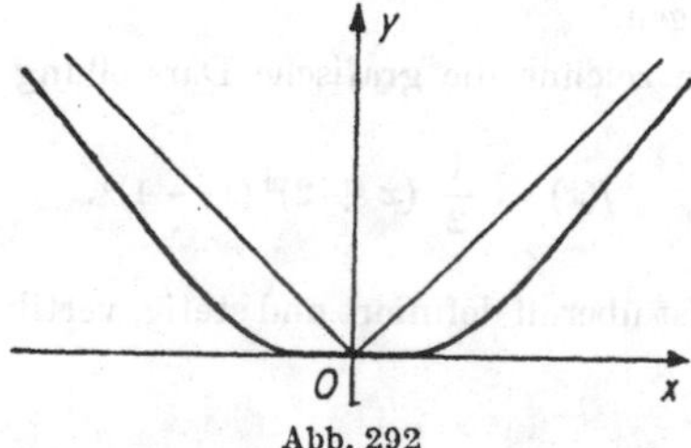

Abb. 292

Die Gerade $y = x$ ist infolgedessen die Asymptote des rechten unendlichen Zweiges. Bilden wir denselben Grenzwert für $x \to -\infty$, so erhalten wir $c' = -1$, $d' = 0$, d. h., der linke unendliche Zweig hat die Gerade $y = -x$ als Asymptote (Abb. 292).

§ 287. Verfahren zur Konstruktion von grafischen Darstellungen

Die grafische Darstellung einer Funktion, die durch die Formel $y = f(x)$ gegeben ist, konstruiert man mit Hilfe von einigen Punkten, die man durch eine glatte Kurve verbindet. Wenn man jedoch diese

Punkte nur zufällig auswählt, so kann man dabei grobe Fehler machen.

Um die grafische Darstellung mit Hilfe weniger Punkte mit großer Genauigkeit zeichnen zu können, ist es nützlich, wenn man sich vorerst über ihre Besonderheiten Klarheit verschafft. Dazu ist nötig:

1. Man stelle fest, in welchem Bereich die Funktion definiert ist und wo sie Unstetigkeiten besitzt. Bei jeder Unstetigkeitsstelle mit unendlich großem Sprung bestimme man das Vorzeichen von $f(x)$ links und rechts davon. Man erhält dadurch eine vertikale Asymptote für die Darstellung (§ 285).

2. Man bestimme die erste und die zweite Ableitung $f'(x)$ und $f''(x)$ und untersuche, ob es Punkte gibt, in denen $f'(x)$ oder $f''(x)$ nicht existiert.

3. Man bestimme alle Extrema der Funktion $f(x)$ (§ 278 und 279). Man erhält dadurch den höchsten Punkt eines Buckels und den tiefsten Punkt einer Senke.

4. Man bestimme alle Wendepunkte (§ 283) und die Steigung der Tangenten in diesen Punkten.

5. Wenn der zu betrachtende Bereich des Arguments unendlich ist, so stelle man fest, ob horizontale oder geneigte Asymptoten existieren (§ 286).

Für die erhaltenen Ergebnisse legt man am besten eine Tabelle an (s. unten). Überträgt man sie in ein Koordinatennetz, so erhält man ein allgemeines Bild vom Verlauf der Funktion. Durch Hinzufügen einiger Zwischenpunkte läßt sich der Verlauf mit hinreichender Genauigkeit anlegen.

Beispiel 1. Man zeichne die grafische Darstellung der Funktion[1])

$$f(x) = \frac{1}{2}(x+2)^2(x-1)^3.$$

1. Die Funktion ist überall definiert und stetig, vertikale Asymptoten existieren nicht.

2. Wir erhalten

$$f'(x) = \frac{1}{2}(x+2)(x-1)^2(5x+4),$$

$$f''(x) = (x-1)(10x^2+16x+1).$$

Beide Ableitungen existieren überall und sind endlich.

3. Zur Bestimmung der Extrema lösen wir die Gleichung $f'(x) = 0$. Wir erhalten die kritischen Werte

$$x_1 = -2, \qquad x_2 = -0{,}8, \qquad x_3 = 1.$$

---

[1]) Es wird empfohlen, sich beim Lesen der Beispiele eine Tabelle anzulegen.

Wir merken uns in der Tabelle diese kritischen Werte und die dazu gehörenden Funktionswerte

$$f(x_1) = 0, \qquad f(x_2) \approx -4{,}20, \qquad f(x_3) = 0$$

vor. In der Spalte für y' setzen wir eine 0.

Zur Untersuchung der Extrema ist es hier bequemer, wenn man die zweite Ableitung heranzieht. Wir verschieben diese Untersuchung daher auf Pkt. 4.

4. Zur Bestimmung der Wendepunkte lösen wir die Gleichung $f''(x) = 0$. Wir finden den schon früher erhaltenen Wert $x_3 = 1$ und außerdem

$$x_4 = -1{,}5, \qquad x_5 = -0{,}07.$$

Wir merken uns in der Tabelle diese Werte und tragen dort auch die dazu gehörenden Werte der Funktion und der ersten Ableitung ein:

$$f(x_4) = -2{,}0, \qquad f(x_5) = -2{,}3,$$
$$f'(x_4) = -5{,}5, \qquad f'(x_5) = 4{,}0.$$

Für y'' merken wir jeweils eine Null.

Jetzt bestimmen wir das Vorzeichen von $f''(x)$ vor und nach jedem der Werte

$$x = x_3, \qquad x = x_4, \qquad x = x_5$$

Nummer des Punktes	x	y	y'	y''	Extremum Wendepunkt	Bezeichnung des Punktes
1	-2	0	0	$-$	Maximum	A
2	$-0{,}8$	$-4{,}2$	0	$+$	Minimum	B
3	1	0	0	$-0+$	Wendepunkt	C
4	$-1{,}5$	$-2{,}0$	$-5{,}5$	$-0+$	Wendepunkt	D
5	$-0{,}07$	$-2{,}3$	$4{,}0$	$+0-$	Wendepunkt	E
6	$-2{,}5$	$5{,}4$	26			F
7	0	-2	4			L
8	$1{,}5$	$0{,}8$	5			K

und tragen in die entsprechende Spalte der Tabelle das dazu gehörende Zeichen ein. So bedeutet zum Beispiel das Zeichen $-0+$ in der dritten Zeile der Spalte für y'', daß $f''(x)$ beim Durchgang durch $x = x_3$ das Vorzeichen von Minus nach Plus ändert, wenn der Durchgang von links nach rechts erfolgt. Da sich das Vorzeichen der zweiten Ableitung in jedem der Punkte x_3, x_4, x_5 ändert, haben wir in allen drei Punkten einen Wendepunkt.

Wir bestimmen nun das Vorzeichen von $f''(x)$ in den kritischen Punkten $x_1 = -2$ und $x_2 = -0{,}8$:

$$f''(-2) < 0, \qquad f''(-0{,}8) > 0.$$

In der ersten Zeile der Spalte für y'' setzen wir ein Minuszeichen, in der zweiten ein Pluszeichen. Bei $x = x_1$ haben wir ein Maximum, bei $x = x_2$ ein Minimum.

5. Es gibt weder horizontale noch geneigte Asymptoten, da $\lim \frac{y}{x} = \infty$.

Wir tragen nun die erhaltenen Punkte (A, B, C, D, E in Abb. 293) in ein Koordinatennetz ein und zeichnen die Richtung der Tangenten. Wir fügen noch die drei Punkte $x_6 = -2{,}5$, $x_7 = 0$, $x_8 = 1{,}5$ (F, L, K) hinzu und erhalten eine hinlänglich genaue Darstellung der Funktion.

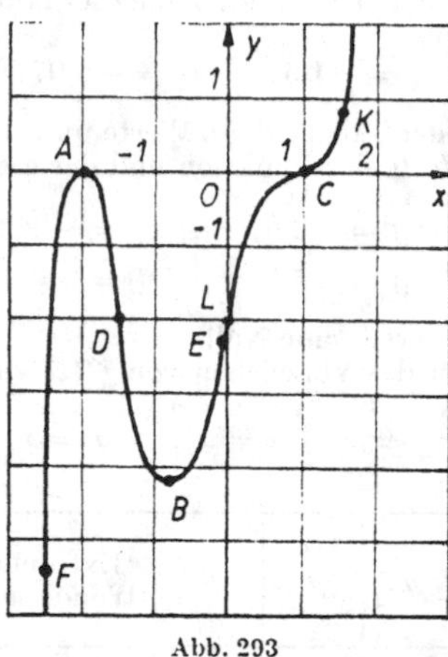

Abb. 293

Beispiel 2. Man konstruiere den Verlauf der Funktion

$$y = \frac{1}{2} \frac{(x-1)^3}{(x+1)^2}.$$

1. Die Funktion ist überall definiert und stetig außer im Punkt $x = -1$, in dem sie eine Unendlichkeitsstelle hat. Sowohl links als auch rechts vom Unstetigkeitspunkt ist die Funktion negativ ($-\infty$ in der Spalte für y). Wir erhalten die Asymptote $x = -1$. Beide unendlichen Zweige sind nach unten gerichtet (Abb. 294).

2. Wir erhalten

$$y' = \frac{1}{2} \frac{(x-1)^2 (x+5)}{(x+1)^3}, \quad y'' = 12 \frac{x-1}{(x+1)^4}.$$

Beide Ableitungen existieren überall außer im Unstetigkeitspunkt.

3. Die Gleichung $f'(x) = 0$ hat die zwei Wurzeln

$$x_1 = -5, \quad x_2 = 1.$$

Die entsprechenden Werte für y sind

$$y_1 = -6{,}75, \qquad y_2 = 0.$$

Aus dem Vorzeichen von $f'(x)$ in der Nähe der kritischen Punkte (s. folgende Tabelle) erkennen wir, daß im Punkt $x = -5$ ein Maximum vorliegt, während es sich im Punkt $x = 1$ um kein Extremum handelt.

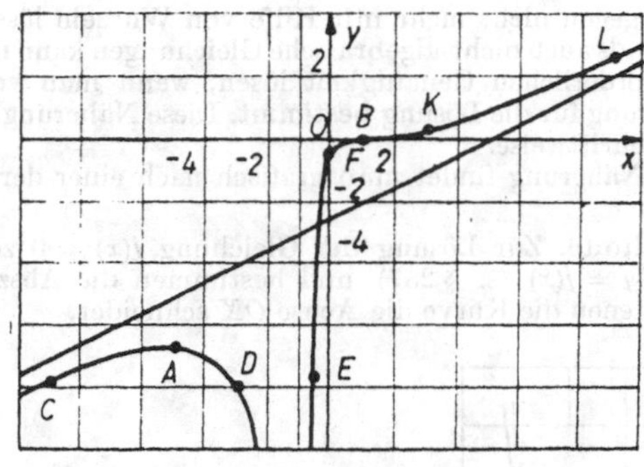

Abb. 294

4. Die Gleichung $y''(x) = 0$ hat die einzige Wurzel $x_2 = 1$. Aus dem Vorzeichen der zweiten Ableitung (s. Tabelle) kann man ersehen, daß hier ein Wendepunkt vorliegt.

5. Wir bestimmen die Neigung der Asymptoten. Sowohl für $x \to +\infty$ als auch für $x \to -\infty$ haben wir

$$\lim \frac{y}{x} = \frac{1}{2}, \quad \lim \left(y - \frac{1}{2}x\right) = -\frac{5}{2}.$$

Die Gerade $y = \frac{1}{2}x - \frac{5}{2}$ dient also als Asymptote für beide Zweige.

Nummer des Punktes	x	y	y'	y''	Extremum Wendepunkt Unstetigkeit	Bezeichnung der Punkte
1	−1	$-\infty$			Unstetigkeit	
2	−5	−6,75	+0−		Maximum	*A*
3	1	0	+0+	−0+	Minimum	*B*
4	−9	7,81				*C*
5	−3	−8,00				*D*
6	−0,5	−6,75				*E*
7	0	−0,50				*F*
8	3	0,25				*K*
9	9	2,56				*L*

§ 288. Lösung von Gleichungen. Allgemeine Bemerkungen

Algebraische Gleichungen ersten und zweiten Grades löst man mit Hilfe von Formeln, die in der Algebra gefunden wurden. Für Gleichungen dritten und vierten Grades gibt es noch sehr komplizierte Formeln. Die allgemeine Gleichung fünften oder höheren Grades läßt sich dagegen nicht mehr mit Hilfe von Wurzeln lösen. Sowohl algebraische als auch nicht-algebraische Gleichungen kann man jedoch mit der erforderlichen Genauigkeit lösen, wenn man vorerst eine grobe Näherung für die Lösung bestimmt. Diese Näherung verbessert man dann schrittweise.

Eine grobe Näherung findet man grafisch nach einer der folgenden Methoden.

Erste Methode. Zur Lösung der Gleichung $f(x) = 0$ zeichnen wir die Kurve $y = f(x)$ (s. § 287) und bestimmen die Abszissen aller Punkte, in denen die Kurve die Achse OX schneidet.

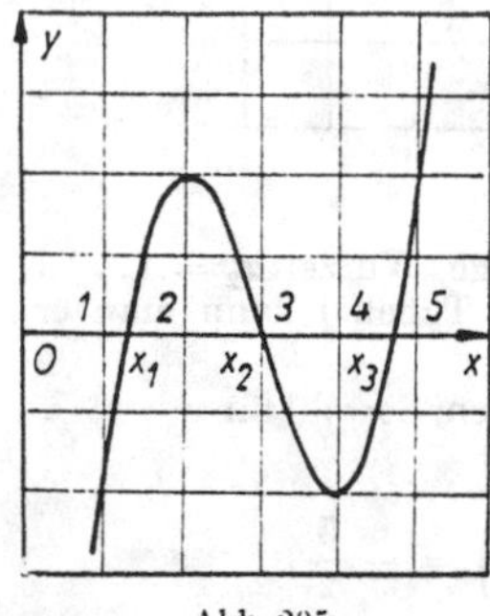

Abb. 295

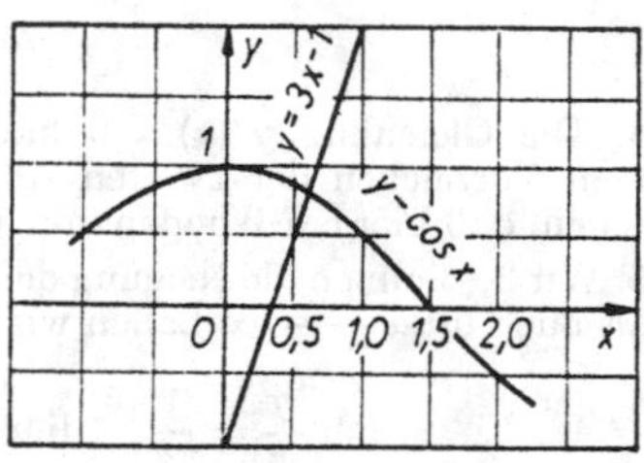

Abb. 296

Beispiel 1. Man löse die Gleichung $x_1 - 9x^2 + 24x - 18 = 0$.
Wir zeichnen (Abb. 295) den Verlauf von $y = x^3 - 9x^2 + 24x - 18$ und finden die Abszissen $x_1 = 1{,}3$, $x_2 = 3$, $x_3 = 4{,}7$. Durch Einsetzen zeigt sich, daß die zweite Wurzel genau ist, die erste und dritte sind Näherungswerte.

Zweite Methode. Die Gleichung $f(x) = 0$ kann man in der Form $f_1(x) = f_2(x)$ darstellen, wobei eine der Funktionen $f_1(x)$ oder $f_2(x)$ willkürlich gewählt werden kann. Man trifft die Wahl so, daß die Kurven der Funktionen $y = f_1(x)$ und $y = f_2(x)$ leicht zu zeichnen sind. Wir suchen die Schnittpunkte der beiden Kurven. Durch Ablesen der Abszissen in diesen Schnittpunkten erhalten wir Näherungswerte für die Wurzeln der Gleichung $f(x) = 0$.

Beispiel 2. Man löse die Gleichung $3x - \cos x - 1 = 0$.
Wir stellen die gegebene Gleichung in der Form

$$3x - 1 = \cos x$$

dar und zeichnen die Kurven (Abb. 296) der Funktionen $y = 3x - 1$ und $y = \cos x$. Sie schneiden sich in einem Punkt. Wir lesen dessen Abszisse ab und finden als Näherungswert für die Wurzel $x_1 = 0{,}6$.

In § 289–291 werden drei verschiedene Verfahren zur Verbesserung von Näherungswerten angegeben. Sie erfordern, daß die gesuchte Wurzel $\bar{x}$ isoliert liegt, d. h., daß ein gewisses Intervall (a, b) existiert, das außer $\bar{x}$ keine weitere Wurzel enthält. Die Enden a und b sind selbst Näherungswerte für die Wurzel. Man findet sie grafisch nach einer der vorangehenden Methoden. Je kleiner das Intervall (a, b) ist, um so besser.

§ 289. Die Lösung von Gleichungen. Die Sehnenmethode (Regula falsi)

Die Funktion $f(x)$ habe an den Enden des Intervalls (a, b) entgegengesetztes Vorzeichen (Abb. 297). Wenn dabei $f'(x)$ im Intervall (a, b) das Vorzeichen beibehält[1]), so liegt im Inneren des Intervalls eine einzige Wurzel $\bar{x}$ der Gleichung $f(x) = 0$ (wenn $f'(x)$ das Vorzeichen wechselt, so gibt es ebenfalls Wurzeln, gegebenenfalls jedoch mehrere).
Als erste Näherung für die Wurzel $\bar{x}$ nehmen wir den Punkt $x = x_1$, in dem die Sehne AB (Abb. 298) die Achse OX schneidet:

$$x_1 = a - \frac{(b - a)\,f(a)}{f(b) - f(a)}, \tag{1}$$

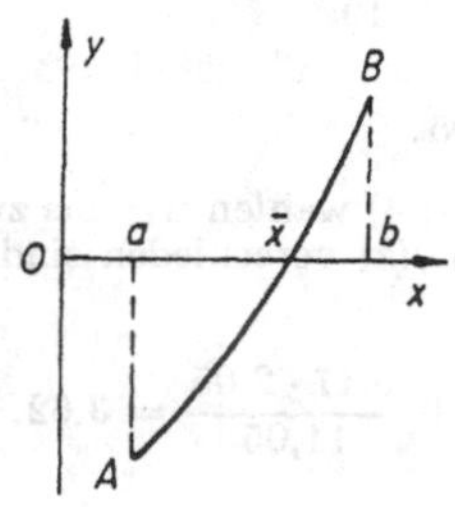

Abb. 297

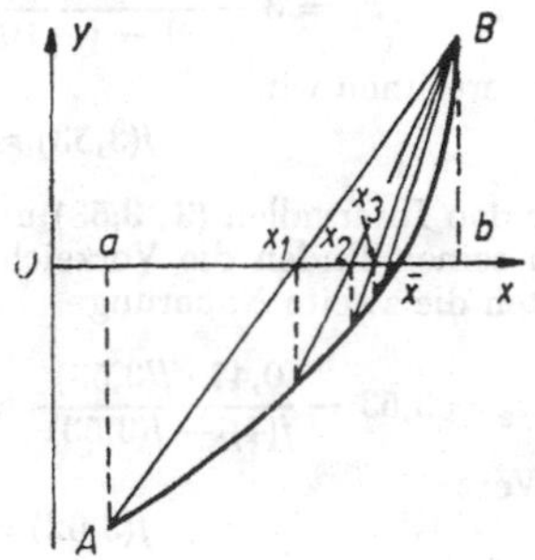

Abb. 298

oder was dasselbe ist[2]),

$$x_1 = b - \frac{(b - a)\,f(b)}{f(b) - f(a)}. \tag{2}$$

Wir berechnen nun $f(x_1)$ und nehmen jenes Intervall (a, x_1) oder (x_1, b), an dessen Enden $f(x)$ entgegengesetztes Vorzeichen hat (Inter-

---

[1]) Dann verläuft im Bereich AB die Kurve entweder überall nach oben oder überall nach unten.

[2]) In symmetrischer Form erhält man $x_1 = \dfrac{af(b) - bf(a)}{f(b) - f(a)}$. Die Formeln (1) oder (2) sind jedoch für die Auswertung bequemer.

vall (x_1, b) in Abb. 298). Die gesuchte Wurzel liegt in diesem Intervall. Durch Anwendung einer zu (1) analogen Formel erhalten wir einen zweiten Näherungswert x_2. Setzt man das Verfahren auf diese Weise fort, so findet man eine Folge $x_1, x_2, \ldots, x_n, \ldots$, deren Grenzwert die gesuchte Wurzel $\bar{x}$ ist.

Den Grad der Näherung kann man in der Praxis auf die folgende Weise erkennen. Es sei eine Genauigkeit von 0,01 gefordert. Dann brechen wir bei jener Näherung x_n ab, die sich von der vorhergehenden um weniger als 0,01 unterscheidet. Übrigens ist nicht ausgeschlossen (obwohl die Wahrscheinlichkeit dafür gering ist), daß sich die Genauigkeit als nicht hinreichend erweist. Die Garantie ist jedoch vollständig, wenn das Vorzeichen von $f(x_n)$ und $f(x_n \pm 0{,}01)$ entgegengesetzt sind.

Beispiel. Die Funktion $f(x) = x^3 - 2x^2 - 4x - 7$ hat an den Enden des Intervalls (3, 4) entgegengesetztes Vorzeichen:

$$f(3) = -10 < 0, \qquad f(4) = 9 > 0.$$

Die Ableitung $f'(x) = 3x^2 - 4x - 4$ ist im Intervall (3, 4) stets positiv. Im Inneren dieses Intervalls liegt also genau eine Wurzel der Gleichung

$$x^3 - 2x^2 - 4x - 7 = 0.$$

Wir bestimmen diese mit einer Genauigkeit von 0,01. Formel (1) liefert

$$x_1 = 3 - \frac{1 \cdot (-10)}{9 - (-10)} = 3 + \frac{10}{19} \approx 3{,}53.$$

Jetzt berechnen wir

$$f(3{,}53) \approx -2{,}05.$$

Unter den Intervallen (3; 3,53) und (3,53; 4) wählen wir das zweite, da an seinen Enden die Vorzeichen von $f(x)$ verschieden sind. Wir erhalten die zweite Näherung

$$x_2 = 3{,}53 - \frac{0{,}47 \cdot f(3{,}53)}{f(4) - f(3{,}53)} \approx 3{,}53 + \frac{0{,}47 \cdot 2{,}05}{11{,}05} = 3{,}62.$$

Der Wert

$$f(3{,}62) = -0{,}24$$

ist negativ, wir wählen daher das Intervall (3,62; 4) und erhalten

$$x_3 = 3{,}62 + \frac{0{,}38 \cdot 0{,}24}{9{,}24} = 3{,}63$$

und

$$f(3{,}63) = -0{,}04.$$

Dem Verlauf der Rechnung entsprechend muß man erwarten, daß sich x_4 von x_3 um weniger als 0,01 unterscheiden wird und daher x_3 den gesuchten Näherungswert liefert. Zur Sicherheit berechnen wir noch $f(3{,}64)$ und erhalten

$$f(3{,}64) = 0{,}17.$$

Die Vorzeichen von $f(3{,}63)$ und $f(3{,}64)$ sind entgegengesetzt, x_3 ist also der gesuchte Näherungswert.

Bemerkung. Das Sehnenverfahren ist wie die folgenden Näherungsverfahren fehlerbehaftet. Der Fehler wird jedoch bei der Berechnung des Intervalls für den folgenden Schritt automatisch verbessert. Man muß jedoch dabei mit der entsprechenden Sorgfalt vorgehen. Zur Vermeidung von Rundungsfehlern behält man am besten die letzte Stelle bei.

§ 290. Die Lösung von Gleichungen. Die Tangentenmethode

Die Funktion $f(x)$ habe an den Enden des Intervalls (a, b) entgegengesetztes Vorzeichen (Abb. 299 und 300). Das Vorzeichen der Ableitungen $f'(x)$ und $f''(x)$ ändere sich nicht in (a, b)[1]. Wir wollen die im Intervall (a, b) liegende Wurzel $\bar{x}$ bestimmen (§ 289).

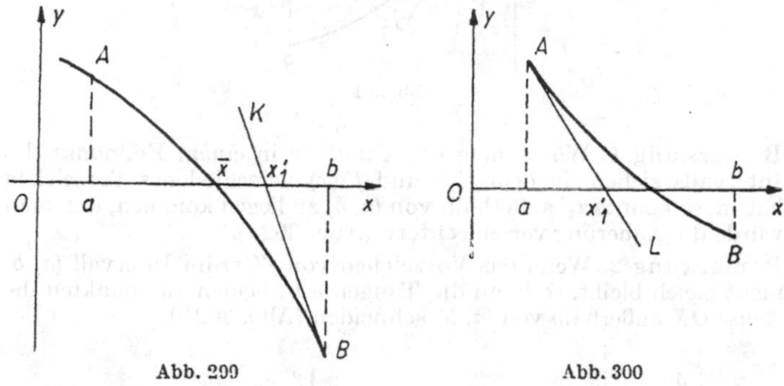

Abb. 299 Abb. 300

An dem Ende des Intervalls, in dem die Vorzeichen von $f(x)$ und $f''(x)$ gleich sind[2]), ziehen wir die Tangente (BK in Abb. 299 und AL in Abb. 300). Als erste Näherung für die gesuchte Wurzel nehmen wir den Punkt $x = x_1'$[3]), in dem die Tangente die Achse OX schneidet. Nimmt man die Tangente im Punkt b, so gilt

$$x_1' = b - \frac{f(b)}{f'(b)}, \tag{1}$$

nimmt man sie im Punkt a, so gilt

$$x_1' = a - \frac{f(a)}{f'(a)}. \tag{2}$$

---

[1]) Das heißt, im Bereich AB verläuft die Kurve stets nach oben oder stets nach unten, und die Kurve ist entweder überall nach oben oder überall nach unten konkav.

[2]) Das heißt oben, wenn AB nach oben konkav ist, und unten, wenn AB nach unten konkav ist.

[3]) Die Bezeichnungen x_1', x_2', ... unterscheiden die Näherungswerte von den Näherungswerten bei der Sehnenmethode.

In beiden Fällen berechnet man die zweite Näherung nach der Formel

$$x_2' = x_1' - \frac{f(x_1')}{f'(x_1')}. \tag{3}$$

Durch Fortsetzen des Verfahrens erhalten wir eine Folge x_1', x_2', x_3', ... (Abb. 301), die die gesuchte Wurzel $\bar{x}$ als Grenzwert besitzt. Den Grad der Näherung bestimmt man genau so wie bei der Sehnenmethode.

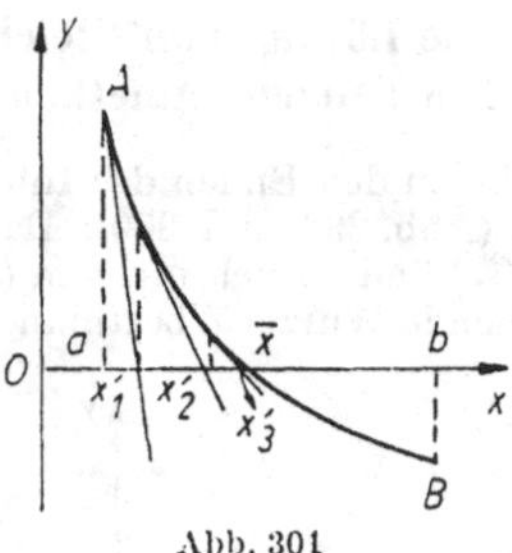

Abb. 301

Bemerkung 1. Würde man die Tangente in einem Endpunkt des Intervalls ziehen, in dem $f(x)$ und $f''(x)$ verschiedenes Vorzeichen haben, so könnte x_1' außerhalb von (a, b) zu liegen kommen, und man würde die Näherung verschlechtern (Abb. 302a).

Bemerkung 2. Wenn das Vorzeichen von $f''(x)$ im Intervall (a, b) nicht gleich bleibt, so kann die Tangente in beiden Endpunkten die Achse OX außerhalb von (a, b) schneiden (Abb. 302b).

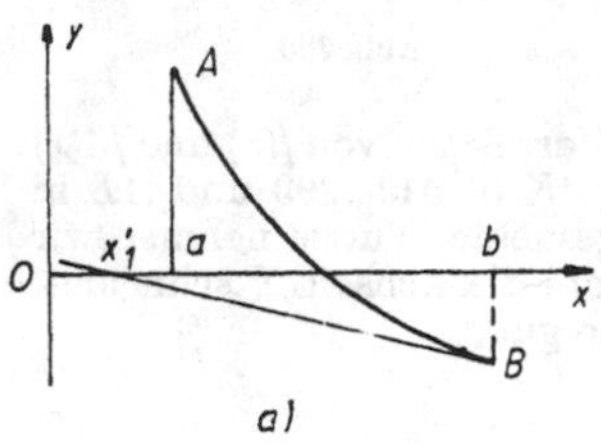

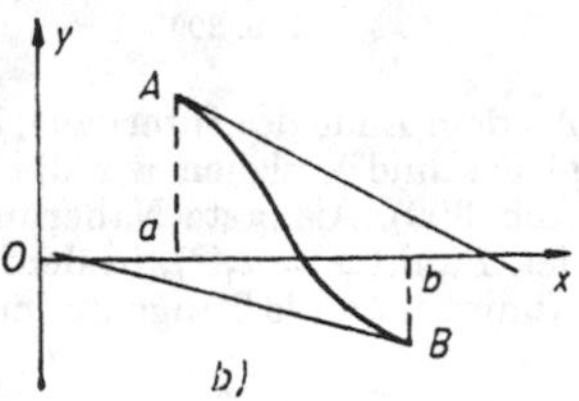

Abb. 302

Beispiel. Man bestimme eine Wurzel der Gleichung

$$f(x) = x^3 - 2x^2 - 4x - 7 = 0$$

mit einer Genauigkeit von 0,01. Die Wurzel soll im Intervall (3; 4) liegen (s. Beispiel in § 289).

Lösung. Wir haben

$$f(3) = -10; \qquad f(4) = 9;$$

$$f'(x) = 3x^2 - 4x - 4; \qquad f''(x) = 6x - 4.$$

Beide Ableitungen bleiben im Intervall (3; 4) positiv. Wir nehmen daher jenes Ende des Intervalls, in dem $f(x) > 0$ ist, d. h., wir wählen das Ende $b = 4$. Nach Formel (1) erhalten wir als erste Näherung

$$x_1' = 4 - \frac{f(4)}{f'(4)} = 4 - \frac{9}{28} \approx 3{,}68.$$

Ferner gilt

$$f(3{,}68) = 1{,}03, \quad f'(3{,}68) = 21{,}9,$$

und nach Formel (3) erhalten wir als zweite Näherung (etwas zu groß)

$$x_2' = 3{,}68 - \frac{f(3{,}68)}{f'(3{,}68)} = 3{,}68 - 0{,}047 = 3{,}633.$$

Die folgenden Näherungen werden immer kleiner und kleiner, wobei man aus dem Verlauf der Rechnung ersehen kann, daß eine weitere Verbesserung der Wurzel die zweite Stelle nach dem Komma nicht mehr beeinflußt. Wir berechnen daher nur $f(3{,}633)$ und $f(3{,}630)$:

$$f(3{,}633) = 0{,}020, \quad f(3{,}630) = -0{,}042,$$

Also gilt (mit einer Genauigkeit, die zweimal so groß wie die geforderte ist) $\bar{x} = 3{,}63$.

Bemerkung. Die Tangentenmethode wird auch Näherungsverfahren von Newton genannt.

§ 291. Kombination der Sehnenmethode mit der Tangentenmethode

Wenn die Bedingungen aus § 290 erfüllt sind, so streben die Näherungen x_n (nach der Sehnenmethode) und die Näherungen x_n (nach der Tangentenmethode) von verschiedenen Seiten gegen die Wurzel $\bar{x}$,

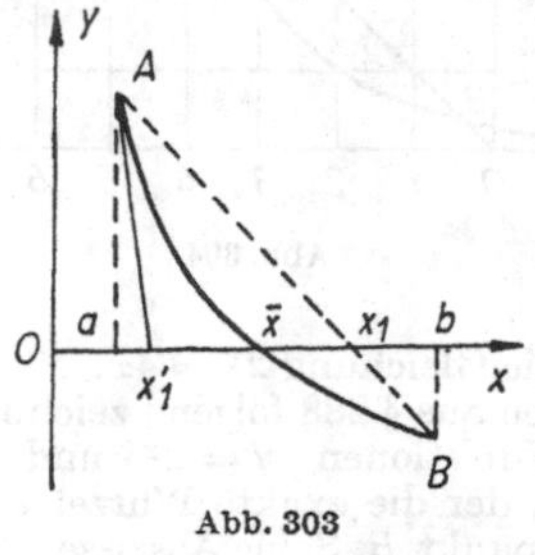

Abb. 303

die ersten von der konkaven Seite her, die zweiten von der konvexen Seite her, s. Abb. 303. Eine gleichzeitige Anwendung beider Methoden liefert eine etwas zu große und eine etwas zu kleine Näherung, wodurch sich der Genauigkeitsgrad unmittelbar abschätzen läßt.

Es sei a jenes Intervallende, in dem die Vorzeichen von $f(x)$ und $f''(x)$ gleich sind. Dann erhalten wir nach Formel (1) aus § 289 und nach Formel (2) aus § 290[1]):

$$x_1 = a - \frac{(b-a)\,f(a)}{f(b) - f(a)}, \quad x_1' = a - \frac{f(a)}{f'(a)}. \tag{1}$$

Die gesuchte Wurzel liegt zwischen x_1 und x_1'. Dabei hat $f'(x_1')$ dasselbe Vorzeichen wie $f''(x_1')$ (s. Abb. 303). Infolgedessen können wir nochmals Formel (1) des vorliegenden Paragraphen anwenden, in dem wir a durch x_1' und b durch x_1 ersetzen. Wir erhalten die zweite Näherung

$$x_2 = x_1' - \frac{(x_1 - x_1')\,f(x_1')}{f(x_1) - f(x_1')},$$

$$x_2' = x_1' - \frac{f(x_1')}{f'(x_1')}.$$

Zur Berechnung von x_3 wenden wir dieselbe Formel an. Wir vertauschen dabei nur x_1 und x_1' mit x_2 und x_2'. Durch Fortsetzung des Verfahrens erhalten wir $\bar{x}$ mit der gewünschten Genauigkeit.

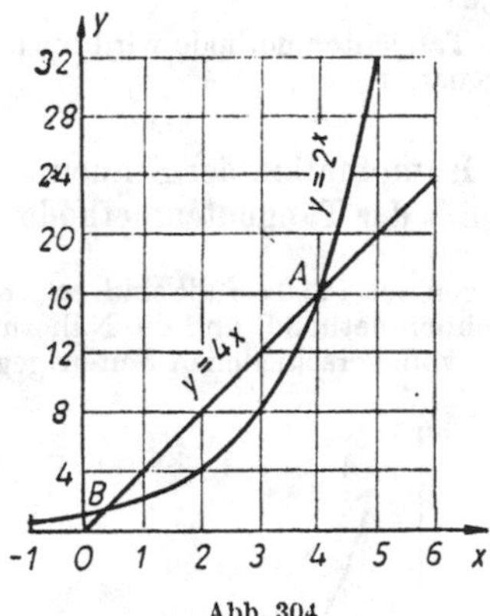

Abb. 304

Beispiel. Man löse die Gleichung $2^x = 4x$.
Dem zweiten Verfahren aus § 288 folgend zeichnen wir die grafischen Darstellungen der Funktionen $y = 2^x$ und $y = 4x$ (Abb. 304). Neben dem Punkt A, der die exakte Wurzel $x = 4$ liefert, erhalten wir nur einen Schnittpunkt B. Seine Abszisse $\bar{x}$ liegt zwischen $a = 0$ und $b = 0{,}5$.

---

[1]) Wenn $f(x)$ und $f''(x)$ in b dasselbe Vorzeichen haben, so verwende man die Formel $x_1' = b - \frac{f(b)}{f'(b)}$.

Wir wollen $\bar{x}$ mit einer Genauigkeit von 0,0001 berechnen. Es gilt

$$f(x) = 2^x - 4x, \quad f'(x) = 2^x \ln 2 - 4, \quad f''(x) = 2^x \ln 2,$$

$$f(0) = 1, \quad f(0{,}5) = -0{,}586.$$

Die erste Ableitung ist im Intervall (0; 0,5) stets negativ[1]), die zweite Ableitung ist stets positiv. Zur Berechnung von x_1' muß man $a = 0$ wählen, da dort die Vorzeichen von $f(x)$ und $f''(x)$ gleich sind. Wir finden

$$x_1 = a - \frac{(b-a)\,f(a)}{f(b) - f(a)} = \frac{0{,}5 \cdot 1}{0{,}586 + 1} \approx 0{,}316 \quad \text{(etwas zu groß)},$$

$$x_1' = a - \frac{f(a)}{f'(a)} = -\frac{1}{\ln 2 - 4} = -\frac{1}{0{,}69315 - 4} \approx 0{,}302$$

(etwas zu klein).

Mit Hilfe einer fünfstelligen Logarithmentafel erhalten wir

$$f(0{,}302) = 0{,}0249, \quad f'(0{,}302) = -3{,}14544,$$

$$f(0{,}316) = -0{,}0191.$$

Dies gibt die zweite Näherung

$$x_2 = 0{,}302 - \frac{0{,}014 \cdot f(0{,}302)}{f(0{,}316) - f(0{,}302)} = 0{,}302 + 0{,}0079 = 0{,}3099$$

(etwas zu groß),

$$x_2' = 0{,}302 - \frac{f(0{,}302)}{f'(0{,}302)} = 0{,}302 + 0{,}0079 = 0{,}3099$$

(etwas zu klein).

Die gesuchte Wurzel $\bar{x}$ liegt im Intervall (x_2', x_2). Daher gilt $\bar{x} = 0{,}3099$, wobei die Genauigkeit mindestens $0{,}5 \cdot 10^{-4}$ beträgt. In Wirklichkeit ist die Genauigkeit noch größer (bei Verwendung von siebenstelligen Logarithmentafeln erhält man als Grenzen für $\bar{x}$ für x_1 und x_1' die Werte 0,30990 und 0,30991).

[1]) Aus Abb. 304 ist ersichtlich, daß im Intervall (0; 0,5) die Steigung von $y = 2^x$ stets kleiner ist als die Steigung von $y = 4x$.

V. Integralrechnung

§ 292. Einführende Bemerkungen

1. Historische Betrachtungen. Die Integralrechnung entstand aus dem Bestreben, eine allgemeine Methode zur Bestimmung von Flächeninhalten, Volumina und Schwerpunkten zu gewinnen.
In ihrer ursprünglichsten Form wurde diese Methode bereits von ARCHIMEDES angewandt. Eine systematische Entwicklung erfuhr sie im 17. Jahrhundert durch die Arbeiten von CAVALIERI[1]), TORRICELLI[1]), FERMAT, PASCAL und anderen Gelehrten. 1659 fand BARROW[2]) die Beziehung zwischen dem Problem der Bestimmung eines Flächeninhalts und dem Problem der Bestimmung einer Tangente. In den 70er Jahren des 17. Jahrhunderts gaben NEWTON und LEIBNIZ dieser Beziehung eine abstrakte Form ohne Bezugnahme auf ein geometrisches Problem. Sie fanden dadurch die Beziehung zwischen der Differentialrechnung und der Integralrechnung (s. weiter unten Pkt. 3).
Diese Beziehung wurde von NEWTON, LEIBNIZ und ihren Schülern zur Entwicklung der Technik der Integralrechnung verwendet. Ihre heutige Form verdanken die Integrationsmethoden vor allem den Arbeiten von L. EULER. Die Arbeiten von M. W. OSTROGRADSKI[3]), P. L. TSCHEBYSCHEFF[4]) und B. RIEMANN[5]) vollendeten die Entwicklung dieser Methoden.
2. Der Integralbegriff. Eine Kurve MN (Abb. 305) sei durch die Gleichung

$$y = f(x)$$

gegeben, und es sei der Flächeninhalt des „krummlinigen Trapezes" $aABz$ zu bestimmen.
Wir unterteilen die Strecke ab in n Teile $ax_1, x_1x_2, \ldots, x_{n-1}b$ (die gleich lang sein können oder nicht) und konstruieren die Treppenfigur, die in Abb. 305 strichliert wurde. Ihr Flächeninhalt ist gleich

$$F_n = y_0(x_1 - a) + y_1(x_2 - x_1) + \cdots + y_{n-1}(b - x_{n-1}). \qquad (1)$$

---

[1]) BONAVENTURA CAVALIERI (1591–1647) und EVANGELISTA TORRICELLI (1608 bis 1647) waren italienische Gelehrte, Schüler von GALILEI.
[2]) ISAAK BARROW (1630–1677) war ein englischer Mathematiker, ein Lehrer von NEWTON.
[3]) MICHAIL WASSILJEWITSCH OSTROGRADSKI (1801–1861) war ein russischer Mathematiker.
[4]) PAFNUTI LEVOWITSCH TSCHEBYSCHEFF (1821–1894) war ein bedeutender russischer Mathematiker, der in vielen wissenschaftlichen Bereichen neue Wege gewiesen hat.
[5]) BERNHARD RIEMANN (1826–1866) war ein deutscher Mathematiker.

Mit den Bezeichnungen

$$x_1 - a = dx_0, \quad x_2 - x_1 = dx_1, \ldots \quad b - x_{n-1} = dx_{n-1} \tag{2}$$

erhält Formel (1) die Form

$$F_n = y_0\, dx_0 + y_1\, dx_1 + \cdots + y_{n-1}\, dx_{n-1}. \tag{3}$$

Der gesuchte Flächeninhalt ist der Grenzwert der Summe (3) bei unbeschränkter Vergrößerung von n. LEIBNIZ hat zur Bezeichnung dieses Grenzwertes das Symbol

$$\int y\, dx \tag{4}$$

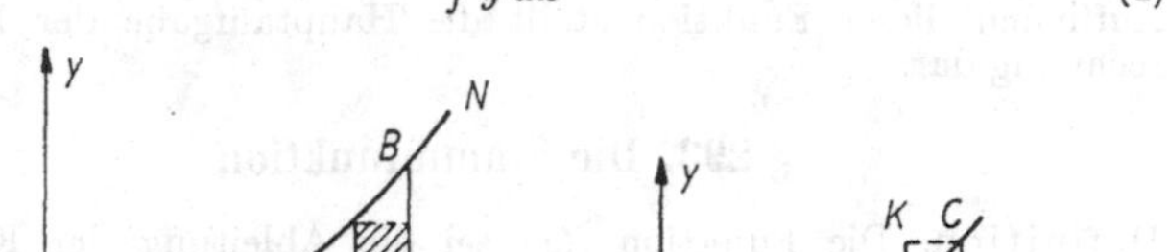

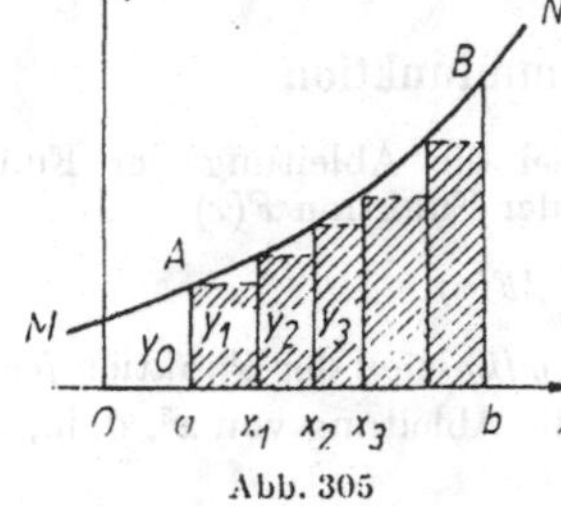

Abb. 305

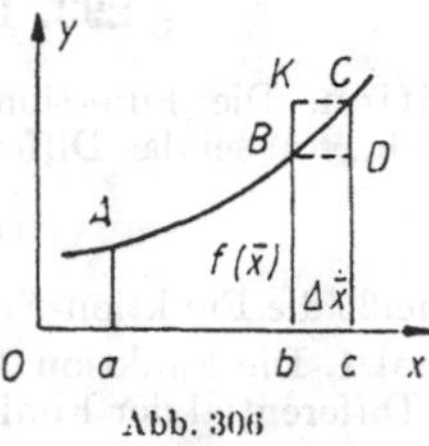

Abb. 306

eingeführt, wobei $\int$ (kursives s) den Anfangsbuchstaben des Wortes Summe bedeutet und der Ausdruck $y\,dx$ auf den Typ der einzelnen Summanden hinweist[1]).

Den Ausdruck $\int y\, dx$ bezeichnet man als *Integral* (das Wort kommt vom lateinischen integralis, was ganzheitlich oder unversehrt bedeutet[2]). FOURIER[3]) vervollkommnete das LEIBNIZsche Symbol und gab ihm die Form

$$\int_a^b y\, dx. \tag{5}$$

Es ist klar, daß hierdurch der Anfangs- und Endwert von x angegeben wird.

3. Die Beziehung zwischen der Integral- und der Differentialrechnung. Wir betrachten a als konstante und b als variable Größe. In Übereinstimmung damit wollen wir b durch $\bar{x}$ bezeichnen. Dann ist

$$\int_a^{\bar{x}} f(x)\, dx$$

[1]) Der Begriff des Grenzwerts war damals noch nicht formuliert, und LEIBNIZ sprach von einer Summe mit unendlich vielen Gliedern.

[2]) Diese Bezeichnung wurde von einem Schüler von LEIBNIZ, JOHANN BERNOULLI, eingeführt, um eine „Summe mit unendlich vielen Gliedern" von einer gewöhnlichen Summe zu unterscheiden.

[3]) JEAN BAPTIST FOURIER (1768–1830) war ein französischer Mathematiker und Physiker, der die mathematische Theorie der Wärme begründete.

(d. h., der Flächeninhalt von $aABb$ ist bei konstantem aA und variablem bB) eine Funktion von $\bar{x}$. Man kann zeigen, daß das Differential dieser Funktion gleich $f(\bar{x})\,d\bar{x}$ ist[1])

$$d \int_a^{\bar{x}} f(x)\,dx = f(\bar{x})\,d\bar{x}. \tag{6}$$

4. Die Hauptaufgabe der Integralrechnung. Auf diese Weise wird die Berechnung des Integrals (5) zurückgeführt auf die *Bestimmung einer Funktion aus dem Ausdruck für ihr Differential.* Das Auffinden dieser Funktion stellt die Hauptaufgabe der Integralrechnung dar.

§ 293. Die Stammfunktion

Definition. Die Funktion $f(x)$ sei die Ableitung der Funktion $F(x)$, d. h., $f(x)$ sei das Differential der Funktion $F(x)$:

$$f(x)\,dx = dF(x).$$

Dann heißt die Funktion $F(x)$ *Stammfunktion* der Funktion $f(x)$.

Beispiel 1. Die Funktion $3x^2$ ist die Ableitung von x^3, d. h., $3x^2\,dx$ ist das Differential der Funktion x^3:

$$3x^2\,dx = d(x^3).$$

Definitionsgemäß ist x^3 eine Stammfunktion der Funktion $3x^2$.

Beispiel 2. Der Ausdruck $3x^2\,dx$ ist das Differential der Funktion $x^3 + 7$:

$$3x^2\,dx = d(x^3 + 7).$$

Also ist die Funktion $x^3 + 7$ (ebenso wie x^3) eine Stammfunktion von $3x^2$.

Eine beliebige stetige Funktion $f(x)$ hat *unendlich viele Stammfunktionen.* Wenn $F(x)$ eine davon ist, so erhält man alle anderen durch den Ausdruck $F(x) + C$, wobei C eine konstante Größe ist, die beliebig sein darf.

Beispiel 3. Die Funktion $3x^2$ hat unendlich viele Stammfunktionen. Eine davon ist x^3 (s. Beispiel 1). Alle übrigen erhält man in dem Ausdruck $x^3 + C$, wobei C eine konstante Größe ist. Mit $C = 7$ erhält man die Stammfunktion $x^3 + 7$ (Beispiel 2), mit $C = 0$ erhält man die Stammfunktion x^3.

Warnung. Alle Stammfunktionen der Funktion x^3 kann man in der Form $x^3 + C$ oder in der Form $x^3 + 7 + C$ darstellen. Aber diese Ausdrücke darf man nicht gleichsetzen, da die Konstante C nicht in

[1]) Dies ist aus Abb. 306 ersichtlich. Der Zuwachs ΔF des Flächeninhalts $aABb$ ist der Flächeninhalt von $bBCc$. Diesen kann man in Form der Summe Fl $(bBDc)$ + Fl (BDC) darstellen. Hier ist das erste Glied gleich $bB \cdot bc = f(x)\,\Delta x$, das zweite Glied ist klein von höherer Ordnung relativ zu Δx (es ist kleiner als Fl $(BDCK) = \Delta x\,\Delta y$). Also ist (§ 228) $f(x)\,\Delta x$ das Differential des Flächeninhalts F.

beiden Fällen dasselbe bedeutet. Der erste Ausdruck liefert die Stammfunktion $x^3 + 10$ für $C = 10$, der zweite für $C = 3$.
Würden wir die Ausdrücke $x^3 + C$ und $x^3 + 7 + C$ trotzdem gleichsetzen, so erhielten wir die sinnlose Gleichung $0 = 7$. Jedoch dürfen wir schreiben

$$x^3 + C = x^3 + 7 + C_1,$$

wobei C und C_1 Konstanten sind, welche in der Beziehung

$$C = C_1 + 7$$

stehen.

§ 294. Das unbestimmte Integral

Als *unbestimmtes Integral* eines Ausdrucks $f(x)\,dx$ (oder einer Funktion $f(x)$) bezeichnet man die allgemeinste Form der Stammfunktion.
Das unbestimmte Integral des Ausdrucks $f(x)\,dx$ bezeichnet man durch

$$\int f(x)\,dx.$$

Den konstanten Summanden denkt man sich bei dieser Bezeichnungsweise bereits eingeschlossen.
Die Herkunft des Symbols $\int$ und der Bezeichnung „Integral" wurde in § 292, Pkt. 2 und Pkt. 3, erklärt. Das Wort „unbestimmt" deutet darauf hin, daß im Ausdruck für die Stammfunktion ein konstanter Summand enthalten ist, der völlig beliebig sein darf[1]).
Die Funktion $f(x)$ heißt *Integrand*, die Variable x bezeichnet man als *Integrationsvariable*. Die Bestimmung des unbestimmten Integrals einer Funktion nennt man *Integration*[2]).

Beispiel 1. Die allgemeinste Form der Stammfunktion für den Ausdruck $2x\,dx$ ist $x^2 + C$. Diese Funktion ist das unbestimmte Integral für den Ausdruck $2x\,dx$:

$$\int 2x\,dx = x^2 + C. \tag{1}$$

Man darf auch schreiben

$$\int 2x\,dx = x^2 - 5 + C_1. \tag{2}$$

Die unterschiedliche Bezeichnung der Konstanten (C und C_1) soll darauf hinweisen, daß diese nicht gleich sind ($C = C_1 - 5$, vgl. § 293, Warnung).

Beispiel 2. Man bestimme das unbestimmte Integral des Ausdrucks $\cos x\,dx$.

Lösung. Die Funktion $\cos x$ ist die Ableitung von $\sin x$. Daher gilt

$$\int \cos x\,dx = \sin x + C.$$

---

[1]) Im Gegensatz zum unbestimmten Integral nennt man den Grenzwert der Summe $y_0 dx_0 + y_1 dy_1 + \cdots + y_n dx_n$ (§ 292, Pkt. 2) *bestimmtes Integral*. Das unbestimmte Integral ist eine *Funktion*. Das bestimmte Integral ist eine *Zahl*.

[2]) Auch die Berechnung des bestimmten Integrals wird als Integration bezeichnet.

Beispiel 3. Man bestimme das unbestimmte Integral des Ausdrucks $\frac{dx}{x}$.

Lösung. Die Funktion $\frac{1}{x}$ ist bei $x = 0$ unstetig. Wir betrachten daher vorerst nur positive Werte von x. Wegen $d \ln x = \frac{dx}{x}$ haben wir

$$\int \frac{dx}{x} = \ln x + C. \tag{3}$$

Da auch $d \ln 3x = \frac{dx}{x}$, dürfen wir auch schreiben

$$\int \frac{dx}{x} = \ln 3x + C_1. \tag{4}$$

Die Konstanten C und C_1 stehen in der Beziehung

$$C = \ln 3 + C_1.$$

Analog dazu darf man schreiben

$$\int \frac{dx}{x} = \ln \frac{x}{7} + C_2 \tag{5}$$

usw. Für negative Werte von x ist die Funktion $\ln x$ nicht definiert. Die Formeln (3), (4) und (5) sind daher nicht anwendbar. Jedoch ist die Funktion $\ln(-x)$ definiert, und ihr Differential ist ebenfalls gleich $\frac{dx}{x}$. Wir haben also jetzt

$$\int \frac{dx}{x} = \ln(-x) + C \tag{6}$$

und analog dazu

$$\int \frac{dx}{x} = \ln(-2x) + C_1, \qquad \int \frac{dx}{x} = \ln\left(-\frac{x}{5}\right) + C_2$$

usw. Formeln (3) und (6) vereint man zu

$$\int \frac{dx}{x} = \ln |x| + C. \tag{7}$$

Formel (7) gilt für beliebige Werte von x, außer für $x = 0$ (vgl. § 295, Beispiel 3).

§ 295. Geometrische Erklärung der Integration

Es sei die stetige Funktion $f(x)$ gegeben, und $F(x)$ sei irgendeine Stammfunktion davon. Zeichnet man den Verlauf der Funktion $y = F(x)$ (Abb. 307), so wird die Steigung der Tangente MT durch die gegebene Funktion $f(x)$ ausgedrückt.

Es sei $F_1(x)$ eine andere Stammfunktion derselben Funktion $f(x)$. Dann stimmen die Steigungen der Tangenten MT und M_1T_1 (die Berührungspunkte M und M_1 haben dieselbe Abszisse x) überein, d. h., $MT \| M_1T_1$.

Die grafische Darstellung der Stammfunktion $F(x)$ heißt *Integralkurve* der Funktion $f(x)$ (oder des Ausdrucks $f(x)\,dx$). Die Tangenten an verschiedenen Integralkurven sind in entsprechenden Punkten

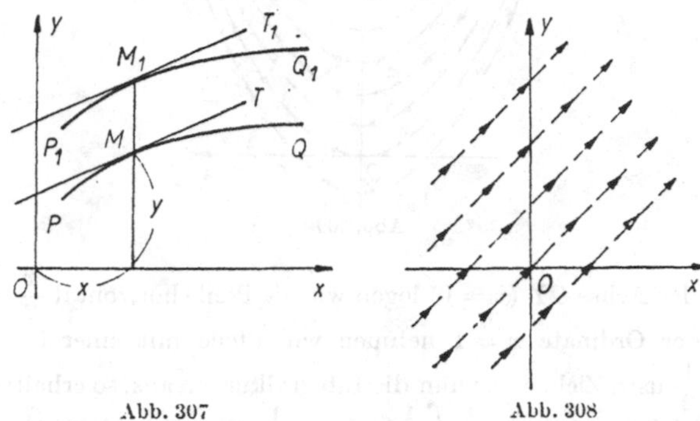

Abb. 307 Abb. 308

gleich. In Übereinstimmung damit verlaufen zwei Integralkurven im konstanten Abstand C voneinander (MM_1 in Abb. 307). Wenn man also eine Integralkurve kennt, so kann man leicht alle anderen dazu konstruieren.

Durch jeden Punkt verläuft eine eindeutig bestimmte Integralkurve. Die Integralkurven konstruiert man (näherungsweise) auf die folgende Art. In einer Reihe von Punkten (s. z. B. Abb. 308), die einen beliebigen Teil der Ebene dicht überdecken, tragen wir kleine Pfeile auf, die in die Richtung der Tangente weisen. Wir erhalten dadurch ein „Richtungsfeld". Dann ziehen wir eine Kurve so, daß ihre Punkte der Reihe nach die Pfeile berühren. So erhalten wir eine Integralkurve. Auf dieselbe Weise konstruieren wir eine Reihe anderer Integralkurven.

Beispiel 1. Man bestimme die Integralkurven der Gleichung

$$dy = dx.$$

Die gegebene Funktion $f(x)$ in dem betrachteten Beispiel ist die konstante Größe 1. Die Steigung aller Pfeile ist gleich 1, d. h., die Tangenten sind unter 45° geneigt. Die Integralkurven (Abb. 308) sind parallele Gerade. Jede davon besitzt eine Gleichung der Form $y = \int dx$, d. h. $y = x + C$. Die Größe C ist längs jeder Geraden konstant, sie ändert sich nur von einer Geraden zur anderen.

Beispiel 2. Man bestimme die Integralkurven der Funktion $\frac{x}{2}$ (d. h. die Integralkurven für den Ausdruck $dy = \frac{x}{2}\,dx$).

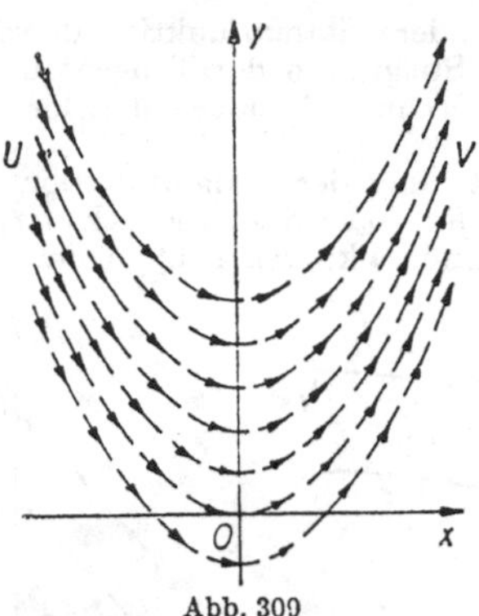

Abb. 309

Längs der Achse OY ($x = 0$) legen wir die Pfeile horizontal $\frac{x}{2} = 0$), längs der Ordinate $x = 1$ nehmen wir Pfeile mit einer Steigung $\frac{x}{2} = \frac{1}{2}$ usw. Ziehen wir nun die Integralkurven aus, so erhalten wir „parallele" Parabeln $\left(y = \int \frac{1}{2} x\,dx = \frac{1}{4} x^2 + C\text{; Abb. 309}\right)$.

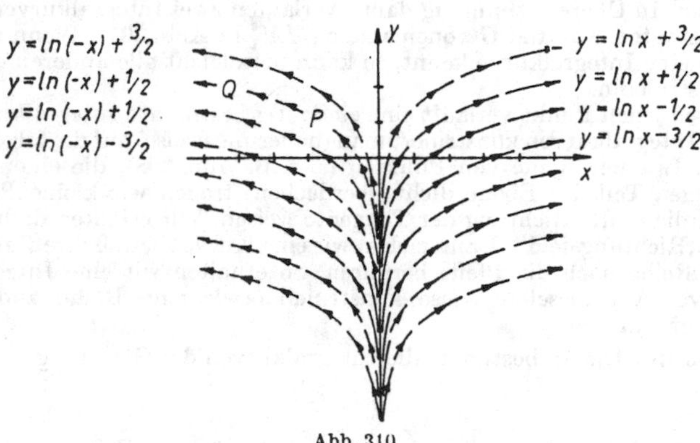

Abb. 310

Beispiel 3. In Abb. 310 sind die Integralkurven der Funktion $\frac{1}{x}$ aufgetragen. Keine davon schneidet die Achse OY, da für $x = 0$ die Stammfunktion nicht definiert ist (die Funktion $\frac{1}{x}$ ist in $x = 0$ unstetig). Daher haben nur jene Integralkurven untereinander einen konstanten Abstand, die auf derselben Seite der Ordinatenachse liegen. Die Kurven rechts davon besitzen eine Gleichung der Form

$y = \ln x + C$, links davon eine Gleichung der Form $y = \ln(-x) + C$. Das unbestimmte Integral $\int \frac{dx}{x}$ wird (für alle x außer für $x = 0$) dargestellt durch

$$\int \frac{dx}{x} = \ln |x| + C.$$

Bemerkung. Eine andere geometrische Deutung der Integration erhält man, wenn man den Verlauf KL der gegebenen Funktion $f(x)$ zeichnet (Abb. 311). Der Bogen KL liege ganz oberhalb der Achse

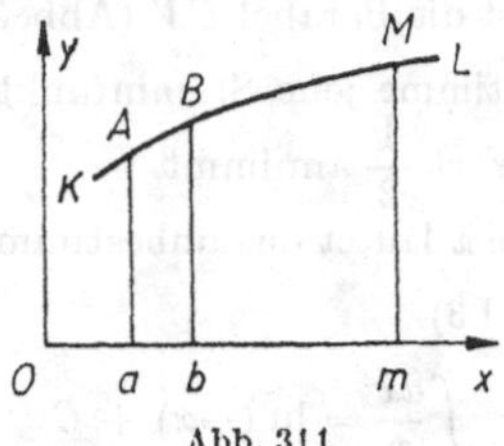

Abb. 311

OX. Wir ziehen zwei Ordinaten aA und mM, die linke davon sei unbeweglich, die rechte sei veränderlich. Der Flächeninhalt von $aAMm$ ist eine der Stammfunktionen für die Funktion $f(x)$ vom Argument $x = Om$ (vgl. § 292, Pkt. 2). Nehmen wir bB an Stelle von aA als unbewegliche Ordinate, so erhalten wir eine andere Stammfunktion, nämlich den Inhalt der Fläche $bBMm$. Diese zwei Stammfunktionen unterscheiden sich durch die konstante Größe $C = \text{Fl}\,(aABb)$.

§ 296. Berechnung der Integrationskonstanten aus den Anfangsdaten

Unter der Menge der Stammfunktionen einer gegebenen Funktion $f(x)$ nimmt nur eine für den gegebenen Argumentwert $x = a$ einen gegebenen Wert b an. Wenn das unbestimmte Integral

$$\int f(x)\, dx = F(x) + C$$

bekannt ist, so findet man den entsprechenden Wert der Konstanten C aus der Beziehung

$$b = F(x) + C.$$

Beispiel 1. Man bestimme jene Stammfunktion der Funktion $\frac{x}{2}$, die für $x = 2$ den Wert 3 annimmt.

Lösung. Wir haben

$$\int \frac{1}{2}\, x\, dx = \frac{1}{4}\, x^2 + C. \tag{1}$$

Die Konstante C finden wir aus der Beziehung $3 = \frac{1}{4} \cdot 2^2 + C$. Wir erhalten $C = 2$. Durch Einsetzen in (1) ergibt sich die gesuchte Stammfunktion

$$y = \frac{1}{4} x^2 + 2. \tag{2}$$

Geometrisch läßt sich die Aufgabe so formulieren: Man bestimme jene Integralkurve der Funktion $\frac{x}{2}$, die durch den Punkt (2, 3) verläuft. Die gesuchte Kurve ist die Parabel UV (Abb. 309).

Beispiel 2. Man bestimme jene Stammfunktion der Funktion $\frac{1}{x}$, die für $x = -1$ den Wert $\frac{1}{2}$ annimmt.

Lösung. Für negative x lautet das unbestimmte Integral der Funktion $\frac{1}{x}$ (§ 294, Beispiel 3)

$$\int \frac{dx}{x} = \ln(-x) + C. \tag{3}$$

Es soll gelten

$$\frac{1}{2} = \ln 1 + C. \tag{4}$$

Daraus folgt

$$C = \frac{1}{2}.$$

Die gesuchte Funktion ist $\ln(-x) + \frac{1}{2}$. Ihr entspricht die Integralkurve PQ in Abb. 310.

§ 297. Eigenschaften des unbestimmten Integrals

1. Ein Differentialzeichen vor dem Integralzeichen ergibt

$$d \int f(x)\, dx = f(x)\, dx \tag{1}$$

(gemäß Definititon des unbestimmten Integrals).
Anders ausgedrückt: Die Ableitung des unbestimmten Integrals ist gleich dem Integranden

$$\frac{d}{dx} \int f(x)\, dx = f(x). \tag{2}$$

Beispiel.

$$\int 2x\, dx = d(x^2 + C) = 2x\, dx,$$

$$\frac{d}{dx} \int 2x\, dx = 2x. \tag{1a}$$

2. Ein Integralzeichen vor einem Differentialzeichen hebt das letztere auf, es tritt jedoch dabei ein willkürlicher Summand auf. Beispiel.

$$\int d \sin x = \sin x + C. \tag{3}$$

3. Einen konstanten Faktor darf man vor das Integralzeichen stellen:

$$\int af(x)\,dx = a \int f(x)\,dx. \tag{4}$$

Beispiel.

$$\int 6x\,dx = 6 \int x\,dx = 6\left(\frac{1}{2}x^2 + C\right) = 3x^2 + 6C = 3x^2 + C_1,$$

mit $C_1 = 6C$.

4. Das Integral einer algebraischen Summe ist gleich der Summe der Integrale der einzelnen Summanden. Für drei Summanden haben wir

$$\int [f_1(x) + f_2(x) - f_3(x)]\,dx = \int f_1(x)\,dx + \int f_2(x)\,dx - \int f_3(x)\,dx. \tag{5}$$

Analoges gilt für jede beliebige andere (feste) Anzahl von Summanden. Beispiel.

$$\begin{aligned}\int (5x^2 - 2x + 4)\,dx &= \int 5x^2\,dx - \int 2x\,dx + \int 4\,dx \\ &= \left(\frac{5}{3}x^3 + C_1\right) - (x^2 + C_2) + (4x + C_3) \\ &= \frac{5}{3}x^3 - x^2 + 4x + C,\end{aligned}$$

wobei

$$C = C_1 - C_2 + C_3.$$

Bemerkung. Bei Zwischenrechnungen braucht man nicht zu jedem Integral einen eigenen konstanten Summanden anzufügen. Es genügt, wenn man dies nach Ausführung der Integration einmal tut.

§ 298. Integraltafel

Aus jeder Formel für die Differentiation erhält man, wenn man sie umkehrt, eine Formel für die Integration. So erhält man etwa aus der Formel

$$d \ln (x + \sqrt{a^2 + x^2}) = \frac{dx}{\sqrt{a^2 + x^2}} \tag{1}$$

die Formel[1])

$$\int \frac{dx}{\sqrt{a_2 + x^2}} = \ln (x + \sqrt{a^2 + x^2}) + C. \tag{2}$$

[1]) Die Größe $x + \sqrt{a^2 + x^2}$ ist für beliebige x positiv, daher nehmen wir in (2) nicht $\ln |x + \sqrt{a^2 + x^2}|$.

Von den zehn folgenden Formeln erhält man die ersten neun durch Umkehrung von Grundformeln der Differentiation, die zehnte ist dieselbe wie (2). Ihre Herleitung erfolgt in Beispiel 1, § 312.

$$\text{I.}\quad \int x^n\,dx = \frac{x^{n+1}}{n+1} + C \qquad (n \neq -1).$$

$$\text{II.}\quad \int \frac{dx}{x} = \ln|x| + C.$$

$$\text{III.}\quad \int e^x\,dx = e^x + C,$$

$$\text{IIIa.}\quad \int a^x\,dx = \frac{a^x}{\ln a} + C,$$

$$\text{IV.}\quad \int \sin x\,dx = -\cos x + C.$$

$$\text{V.}\quad \int \cos x\,dx = \sin x + C,$$

$$\text{VI.}\quad \int \frac{dx}{\sin^2 x} = -\cot x + C,$$

$$\text{VII.}\quad \int \frac{dx}{\cos^2 x} = \tan x + C,$$

$$\text{VIII.}\quad \int \frac{dx}{\sqrt{1-x^2}} = \arcsin x + C,$$

$$\text{VIIIa.}\quad \int \frac{dx}{\sqrt{a^2-x^2}} = \frac{1}{a}\arcsin\frac{x}{a} + C,$$

$$\text{IX.}\quad \int \frac{dx}{1+x^2} = \arctan x + C,$$

$$\text{IXa.}\quad \int \frac{dx}{a^2+x^2} = \frac{1}{a}\arctan\frac{x}{a} + C,$$

$$\text{X.}\quad \int \frac{dx}{\sqrt{x^2 \pm a^2}} = \ln\left|x + \sqrt{x^2 \pm a^2}\right| + C.$$

Diese Formeln sollte man auswendig können (bei den drei Formelpaaren III, VIII, IX genügt, wenn man sich eine merkt, am besten die mit „a" bezeichnete).

B e m e r k u n g. Die Formel I–X lernt man besser schrittweise durch Übung im Gebrauch. Ferner ist es nützlich, wenn man auch die folgenden fünf Formeln weiß:

$$\text{XI.}\quad \int \tan x\,dx = -\ln|\cos x| + C,$$

$$\text{XII.}\quad \int \cot x\,dx = \ln|\sin x| + C,$$

$$\text{XIII.}\quad \int \frac{dx}{\sin x} = \ln\left|\tan\frac{x}{2}\right| + C,$$

$$\text{XIV.}\quad \int \frac{dx}{\cos x} = \ln\left|\tan\left(\frac{x}{2} + \frac{\pi}{4}\right)\right| + C,$$

$$\text{XV.}\quad \int \frac{dx}{x^2-a^2} = \frac{1}{2a}\ln\left|\frac{x-a}{x+a}\right| + C.$$

§ 299. Unbestimmte Integration

Unter Verwendung der Eigenschaften 3 und 4 aus § 297 läßt sich in vielen Fällen die Integration mit Hilfe der tabellierten Formeln aus § 298 durchführen.

Beispiel 1.

$$\int (3\sqrt{x} - 4x)\,dx = 3\int x^{\frac{1}{2}}\,dx - 4\int x\,dx$$

$$= 3\,\frac{x^{\frac{3}{2}}}{\frac{3}{2}} - 4\,\frac{x^2}{2} + C = 2x\sqrt{x} - 2x^2 + C.$$

Bei der ersten Umformung verwendet man die Eigenschaften aus § 297, bei der zweiten die Formel I. Die Konstante C setzt man erst dann, wenn kein Integralzeichen mehr erscheint.

Beispiel 2.

$$\int (2\sin t - 3\cos t)\,dt = 2\int \sin t\,dt - 3\int \cos t\,dt$$

$$= -2\cos t - 3\sin t + C$$

(Formel IV und V).

Beispiel 3.

$$\int \frac{\sin^3\varphi + 1}{\sin^2\varphi}\,d\varphi = \int \sin\varphi\,d\varphi + \int \frac{d\varphi}{\sin^2\varphi} = -\cos\varphi - \cot\varphi + C$$

(Formel IV und VI).

§ 300. Die Substitutionsmethode (Integration unter Verwendung einer Hilfsvariablen)

Im Ausdruck $f(x)\,dx$ kann man an Stelle von x die Hilfsvariable z einführen, die mit x in einer gewissen Beziehung steht.[1]) Der transformierte Ausdruck laute $f_1(z)\,dz$[2]). Dann gilt $\int f(x)\,dx = \int f_1(z)\,dz$. Wenn das Integral $\int f_1(z)\,dz$ tabelliert ist oder wenn es leichter zu berechnen ist als das ursprüngliche Integral, so hat die Transformation ihren Zweck erfüllt.

Auf die Frage, welche Variablentransformation man wählen soll, gibt es keine allgemeine Antwort (vgl. § 309). Einige Regeln für wichtige Sonderfälle werden wir weiter unten im Zusammenhang mit den Beispielen angeben.

Beispiel 1. $\int \sqrt{2x - 1}\,dx$.

---

[1]) Es sei vorausgesetzt, daß die Funktion $x = \varphi(z)$, die diese Beziehung beschreibt, eine stetige Ableitung besitzt.

[2]) Es gilt: $f_1(z)\,dz = f[\varphi(z)]\,\varphi'(z)\,dz$.

Dieses Integral ist in der Tabelle nicht enthalten, aber nach Formel I kann man das Integral $\int \sqrt{x}\,dx$ berechnen, das dem gegebenen ähnlich ist. Wir führen daher eine Hilfsvariable z ein, die mit x in der Beziehung

$$2x - 1 = z \tag{1}$$

steht. Differenzieren wir (1), so erhalten wir

$$2\,dx = dz. \tag{2}$$

Der Integralausdruck $\sqrt{2x-1}\,dx$ geht mit Hilfe von (1) und (2) über in $\sqrt{z}\,\frac{dz}{2}$, und wir erhalten

$$\int \sqrt{2x-1}\,dx = \int \sqrt{z}\,\frac{dz}{2} = \frac{1}{2}\cdot\frac{z^{\frac{3}{2}}}{\frac{3}{2}} + C = \frac{1}{3}z^{\frac{3}{2}} + C. \tag{3}$$

Nach Rückkehr zur Variablen x finden wir

$$\int \sqrt{2x-1}\,dx = \frac{1}{3}(2x-1)^{\frac{3}{2}} + C.$$

Bemerkung 1. In einfachen Fällen ist die Einführung eines neuen Buchstaben nicht nötig. Im Beispiel 1, bei dem wir $2x - 1$ als Hilfsfunktion genommen haben, erhalten wir das Differential $d(2x - 1) = 2dx$. Wir führen in den Integralausdruck den Faktor 2 ein und dividieren zum Ausgleich wieder durch 2. Wir erhalten

$$\frac{1}{2}\int \sqrt{2x-1}\,2dx = \frac{1}{2}\int (2x-1)^{\frac{1}{2}}\,d(2x-1)$$

$$= \frac{1}{2}\,\frac{(2x-1)^{\frac{3}{2}}}{\frac{3}{2}} + C.$$

Regel 1. *Wenn der Integrand* (wie in Beispiel 1) *die Form* $f(ax + b)$ *besitzt, so ist es zweckmäßig, wenn man* $ax + b = z$ *setzt.*

Beispiel 2. $\int \frac{dx}{(8-3x)^2}$.

Wir führen die Hilfsfunktion $8 - 3x = z$ ein. Es folgt $dx = -\frac{dz}{3}$, und wir erhalten

$$\int \frac{dx}{(8-3x)^2} = \int -\frac{dz}{3z^2} = \frac{1}{3z} + C = \frac{1}{3(8-3x)} + C.$$

Regel 2. Der Integralausdruck bestehe aus zwei Faktoren, und in einem davon erkenne man leicht das Differential einer gewissen

Funktion $\varphi(x)$. Es kann vorkommen, daß nach der Transformation $\varphi(x) = z$ der zweite Faktor sich als Funktion von z erweist, die wir zu integrieren wissen. Dann hat die Transformation ihren Zweck erfüllt.

Beispiel 3. $\int \frac{2x\,dx}{1+x^2}$.

Wir zerlegen den Integralausdruck in die beiden Faktoren $\frac{1}{1+x^2}$ und $2x\,dx$. Der Faktor $2x\,dx$ bildet das Differential der Funktion $1+x^2$, die im Nenner des anderen Faktors steht. Bei der Transformation $1+x^2 = z$ erhält der erste Faktor die Form $\frac{1}{z}$. Diese Funktion können wir integrieren. Die Berechnung führen wir so durch:

$$\int \frac{2x\,dx}{1+x^2} = \int \frac{d(1+x^2)}{1+x^2} = \ln(1+x^2) + C.$$

Bemerkung 2. Die äußere Ähnlichkeit des gegebenen Integrals mit dem Integral aus der Tabelle täuscht. Das Vorhandensein des Faktors $2x$ im Zähler ändert die Form der Stammfunktion.

Beispiel 4. $\int \sin x \cos^3 x\,dx$.

Wir zerlegen den Integralausdruck in die Faktoren $\cos^3 x$ und $\sin x\,dx = -d\cos x$. Die Transformation $\cos x = z$ führt $\cos^3 x$ in die Funktion z^3 über, die wir integrieren können. Die Berechnung liefert

$$\int \sin x \cos^3 x\,dx = -\int \cos^3 x\,d\cos x = -\frac{\cos^4 x}{4} + C.$$

§ 301. Partielle Integration

Jeden Integralausdruck kann man auf zahlreiche Arten in der Form udv darstellen (wobei u und v Funktionen der Integrationsvariablen sind).

Unter der *partiellen Integration* versteht man die Rückführung des gegebenen Integrals $\int u\,dv$ auf das Integral $\int v\,du$ mit Hilfe der Formel

$$\int u\,dv = uv - \int v\,du. \tag{1}$$

Dieses Verfahren führt zum Ziel, wenn $\int v\,du$ leichter zu integrieren ist als $\int u\,dv$ oder wenn eines dieser Integrale sich durch das andere ausdrücken läßt.

Beispiel 1. $\int e^x x\,dx$.

Wir stellen den Integralausdruck in der Form $x(e^x\,dx) = x\,de^x$ dar. Hier spielt x die Rolle von u und e^x die Rolle von v. Gemäß Formel (1) erhalten wir

$$\int x\,de^x = xe^x - \int e^x\,dx.$$

Das Integral $\int e^x\,dx$ ist in der Tafel § 298. Die Rechnung liefert

$$\int e^x x\,dx = \int x\,de^x = xe^x - \int e^x = xe^x - e^x + C.$$

Bemerkung 1. Wenn der Integralausdruck die Form $e^x d\left(\frac{x^2}{2}\right)$ besitzt, d. h., setzt man $u = e^x$, $v = \frac{x^2}{2}$, so liefert Formel (1)

$$\int e^x d\left(\frac{1}{2}x^2\right) = \frac{1}{2}x^2e^x - \int \frac{1}{2}x^2e^x\,dx.$$

Das Integral $\frac{1}{2}x^2e^x\,dx$ ist nicht leichter zu berechnen als das Ausgangsintegral. Jedoch ist bei der partiellen Integration stets zu beachten, daß sich der Integralausdruck auf vielerlei Arten in der Form $u\,dv$ darstellen läßt.

Beispiel 2. $\int e^x \cos x\,dx$.

Wir stellen den Integralausdruck in der Form $e^x\,d\sin x$ dar:

$$\int e^x \cos x\,dx = e^x \sin x - \int \sin x e^x\,dx + C_1. \tag{2}$$

Das erhaltene Integral ist nicht einfacher als das Ausgangsintegral, es läßt sich aber durch das Ausgangsintegral ausdrücken. Zu diesem Zweck integrieren wir nochmals partiell:

$$-\int \sin x e^x\,dx = \int e^x\,d\cos x = e^x \cos x - \int \cos x e^x\,dx + C_2. \tag{3}$$

Setzt man (3) in (2) ein, so erhält man die Gleichung

$$\int e^x \cos x\,dx = e^x \sin x + e^x \cos x - \int e^x \cos x\,dx + C_1 + C_2, \tag{4}$$

aus der man den unbekannten Ausdruck $\int e^x \cos x\,dx$ ermitteln kann:

$$\int e^x \cos x\,dx = \frac{1}{2}e^x(\sin x + \cos x) + C,$$

wobei C für $(C_1 + C_2)$ steht.

Bemerkung 2. Der Integralausdruck läßt sich in der Form $\cos x\,de^x$ darstellen. Dann muß man auch bei der zweiten Integration den Ausdruck $e^x \sin x\,dx$ in der Form $\sin x\,de^x$ darstellen (und nicht in der Form $e^x\,d\cos x$). Man erhält sonst eine andere Gleichung zur Bestimmung von $\int e^x \cos x\,dx$.

§ 302. Integration einiger trigonometrischer Ausdrücke

Regel 1. Zur Berechnung von Integralen der Form

$$\int \cos^{2n+1}x\,dx, \qquad \int \sin^{2n+1}x\,dx$$

(n = eine ganze positive Zahl) ist es bequem, im ersten Fall die Hilfsfunktion $\sin x$, im zweiten Fall die Hilfsfunktion $\cos x$ einzuführen.

Beispiel 1.

$$\int \cos^3 x\, dx = \int (1 - \sin^2 x)\, d \sin x$$

$$= \sin x - \frac{1}{3} \sin^3 x + C.$$

Beispiel 2.

$$\int \sin^5 x\, dx = \int \sin^4 x \sin x\, dx = - \int (1 - \cos^2 x)^2\, d \cos x$$

$$= - \int (1 - 2\cos^2 x + \cos^4 x)\, d \cos x$$

$$= - \cos x + \frac{2}{3} \cos^3 x - \frac{1}{5} \cos^5 x + C.$$

Bei geradzahligen Potenzen von $\sin x$ und $\cos x$ führt Regel 1 nicht zum Ziel (vgl. Regel 2).

Regel 2. Zur Berechnung von Integralen der Form

$$\int \cos^{2n} x\, dx, \qquad \int \sin^{2n} x\, dx \tag{2}$$

ist es bequem, die Formeln

$$\cos^2 x = \frac{1 + \cos 2x}{2}, \tag{3}$$

$$\sin^2 x = \frac{1 - \cos 2x}{2} \tag{4}$$

zu verwenden und die Hilfsfunktion $\cos 2x$ einzuführen.

Beispiel 3.

$$\int \sin^2 x\, dx = \int \frac{1 - \cos 2x}{2}\, dx = \frac{1}{2} x - \frac{1}{4} \sin 2x + C.$$

Beispiel 4.

$$\int \cos^4 x\, dx = \int \left(\frac{1 + \cos 2x}{2}\right)^2 dx$$

$$= \frac{1}{4} \int dx + \frac{1}{2} \int \cos 2x\, dx + \frac{1}{4} \int \cos^2 2x\, dx.$$

Das erste und das zweite Integral berechnen wir direkt, bei dritten wenden wir nochmals Formel (3) an, und zwar in der Form

$$\cos^2 2x = \frac{1 + \cos 4x}{2}.$$

Wir erhalten

$$\int \cos^4 x\, dx = \frac{1}{4} x + \frac{1}{4} \sin 2x + \frac{1}{8} \int (1 + \cos 4x)\, dx$$

$$= \frac{1}{4} x + \frac{1}{4} \sin 2x + \frac{1}{8} x + \frac{1}{32} \sin 4x + C.$$

Die gleichartigen Glieder kann man noch zusammenfassen.

Regel 3. Zur Berechnung von Integralen der Form

$$\int \cos^m x \sin^n x \, dx, \tag{5}$$

in denen nicht m und n zugleich ungerade sind, führt man am besten die Hilfsfunktionen $\cos x$ (wenn m ungerade) oder $\sin x$ (wenn n ungerade) ein und geht wie in den Beispielen 1 und 2 vor.

Beispiel 5. $\int \cos^6 x \sin^5 x \, dx$.

Hier hat der Sinus einen ungeraden Grad. Wir stellen den Integralausdruck in der Form

$$\cos^6 x \sin^4 x d(-\cos x) = -\cos^6 x (1 - \cos^2 x)^2 \, d\cos x$$

dar und erhalten

$$\int \cos^6 x \sin^5 x \, dx$$

$$= -\int \cos^6 x \, d\cos x + 2\int \cos^8 x \, d\cos x - \int \cos^{10} x \, d\cos x$$

$$= -\frac{1}{7}\cos^7 x + \frac{2}{9}\cos^9 x - \frac{1}{11}\cos^{11} x + C.$$

Wenn m und n geradzahlig sind, führt Regel 3 nicht zum Ziel (s. Regel 4).

Regel 4. Zur Berechnung von Integralen der Form (5), in denen m und n gerade Zahlen sind, verwendet man am bequemsten die Formeln

$$\cos^2 x = \frac{1 + \cos 2x}{2}, \tag{3}$$

$$\sin^2 x = \frac{1 - \cos 2x}{2}, \tag{4}$$

$$\sin x \cos x = \frac{\sin 2x}{2}. \tag{6}$$

Beispiel 6. $\int \cos^4 x \sin^2 x \, dx$

Wir stellen den Integralausdruck in der Form

$$(\cos x \sin x)^2 \cos^2 x \, dx$$

dar und wenden (6) und (3) an. So erhalten wir

$$\int \cos^4 x \sin^2 x \, dx = \frac{1}{8}\int \sin^2 2x (1 + \cos 2x) \, dx$$

$$= \frac{1}{8}\int \sin^2 2x \, dx + \frac{1}{8}\int \sin^2 2x \cos 2x \, dx.$$

Den ersten Summanden transformieren wir mit Hilfe von Formel (4), angewandt in der Form

$$\sin^2 2x = \frac{1 - \cos 4x}{2}.$$

Den zweiten Summanden berechnen wir durch Einführung der Hilfsfunktion sin $2x$. Wir erhalten

$$\int \cos^4 x \sin^2 x \, dx = \frac{1}{16} x - \frac{1}{64} \sin 4x + \frac{1}{48} \sin^3 2x + C.$$

Regel 5. Zur Berechnung von Integralen der Form

$$\int \sin mx \cos nx \, dx, \tag{7}$$

$$\int \sin mx \sin nx \, dx, \tag{8}$$

$$\int \cos mx \cos nx \, dx \tag{9}$$

verwendet man am bequemsten die Transformationen

$$\sin mx \cos nx = \frac{1}{2} [\sin(m-n) x + \sin(m+n) x], \tag{7'}$$

$$\sin mx \sin nx = \frac{1}{2} [\cos(m-n) x - \cos(m+n) x], \tag{8'}$$

$$\cos mx \cos nx = \frac{1}{2} [\cos(m-n) x + \cos(m+n) x]. \tag{9'}$$

Beispiel 7.

$$\int \sin 5x \cos 3x \, dx = \frac{1}{2} \int [\sin(5-3) x + \sin(5+3) x] \, dx$$

$$= -\frac{1}{4} \cos 2x - \frac{1}{16} \cos 8x + C.$$

Regel 6. Zur Berechnung von Integralen der Form

$$\int \tan^n x \, dx, \qquad \int \cot^n x \, dx$$

(n = ganze Zahl, größer als 1) spaltet man am bequemsten den Faktor $\tan^2 x$ ab (oder $\cot^2 x$).

Beispiel 8. $\int \tan^5 x \, dx$.

Durch Abspalten des Faktors $\tan^2 x = \sec^2 x - 1 = \frac{1}{\cos^2 x} - 1$

$$\int \tan^5 x \, dx = \int \tan^3 x \frac{dx}{\cos^2 x} - \int \tan^3 x \, dx.$$

Das erste Integral ist gleich $\frac{1}{4} \tan^4 x$. Das zweite berechnet man auf dieselbe Weise:

$$\int \tan^3 x \, dx = \int \tan x \frac{dx}{\cos^2 x} - \int \tan x \, dx = \frac{1}{2} \tan^2 x + \ln |\cos x|.$$

Also gilt schließlich

$$\int \tan^5 x \, dx = \frac{1}{4} \tan^4 x - \frac{1}{2} \tan^2 x - \ln |\cos x| + C.$$

§ 303. Trigonometrische Transformationen

Für Integranden, die die Radikale

$$\sqrt{a^2 - x^2}, \quad \sqrt{x^2 + a^2}, \quad \sqrt{x^2 - a^2}$$

(oder deren Quadrate $a^2 - x^2$, $x^2 \pm a^2$) enthalten, verwendet man oft bequemerweise die folgenden Transformationen:

für $\sqrt{a^2 - x^2}$ die Transformation $x = a \sin t$,
„ $\sqrt{x^2 + a^2}$ „ „ $x = a \tan t$,
„ $\sqrt{x^2 - a^2}$ „ „ $x = a \operatorname{sc} t$.

Beispiel 1. $\int \sqrt{a^2 - x^2}\, dx$.

Mit $x = a \sin t$ erhält man[1])

$$\sqrt{a^2 - x^2} = a \cos t, \qquad dx = a \cos t\, dt. \tag{1}$$

Infolgedessen gilt

$$\int \sqrt{a^2 - x^2}\, dx = a^2 \int \cos^2 t\, dt = \frac{a^2}{2}\left(t + \frac{1}{2}\sin 2t\right) + C \tag{2}$$

(s. (3), § 302). Nach Übergang zur Variablen x erhalten wir

$$t = \arcsin\frac{x}{a}, \quad \frac{1}{2}\sin 2t = \sin t \cos t = \frac{x\sqrt{a^2 - x^2}}{a^2}. \tag{3}$$

Schließlich gilt

$$\int \sqrt{a^2 - x^2}\, dx = \frac{a^2}{2}\arcsin\frac{x}{a} + \frac{x}{2}\sqrt{a^2 - x^2} + C.$$

Beispiel 2. $\int \frac{dx}{(x^2 + a^2)^2}$.

Wir setzen $x = a \tan t$ und erhalten

$$x^2 + a^2 = a^2(\tan^2 t + 1) = \frac{a^2}{\cos^2 t}, \qquad dx = \frac{a\, dt}{\cos^2 t}.$$

Also gilt

$$\int \frac{dx}{(x^2 + a^2)^2} = \frac{1}{a^3}\int \cos^2 t\, dt = \frac{1}{2a^3}\left(t + \frac{1}{2}\sin 2t\right) + C.$$

Nach Übergang zur Variablen x erhalten wir

$$t = \arctan\frac{x}{a}, \quad \frac{1}{2}\sin 2t = \sin t \cos t = \frac{ax}{a^2 + x^2}.$$

---

[1]) Das Vorzeichen der Wurzel ergibt sich aus der Annahme, daß $-\frac{\pi}{2} \leqq t \leqq \frac{\pi}{2}$.

Schließlich gilt

$$\int \frac{dx}{(x^2 + a^2)^2} = \frac{1}{2a^3}\left(\arctan \frac{x}{a} + \frac{ax}{a^2 + x^2}\right) + C.$$

Beispiel 3. $\int \frac{dx}{x\sqrt{x^2 - a^2}}$.

Wir setzen $x = a \operatorname{sc} t$ und erhalten

$$\sqrt{x^2 - a^2} = a \tan t, \qquad dx = a \tan t \operatorname{sc} t\, dt.$$

Infolgedessen gilt

$$\int \frac{dx}{x\sqrt{x^2 - a^2}} = \frac{1}{a}\int dt = \frac{1}{a} t + C = \frac{1}{a} \operatorname{arcsc} \frac{x}{a} + C$$

$$= \frac{1}{a} \arccos \frac{a}{x} + C.$$

§ 304. Rationale Funktionen

Eine Funktion, die durch ein Polynom

$$a_0 x^n + a_1 x^{n-1} + \cdots + a_{n-1} x + a_n \tag{1}$$

dargestellt wird, heißt *ganze rationale Funktion*. Das Verhältnis aus zwei ganzen rationalen Funktionen

$$\frac{b_0 x^m + b_1 x^{m-1} + \cdots + b_{m-1} x + b_m}{a_0 x^n + a_1 x^{n-1} + \cdots + a_{n-1} x + a_n} \tag{2}$$

heißt *gebrochene rationale Funktion*.
Wenn der Grad des Zählers kleiner als der Grad des Nenners ist, so nennt man den Bruch (2) *echt*, im anderen Fall *unecht*.

Beispiele. Die Funktion $\frac{0{,}3x^2 + \sqrt{2}x}{\sqrt{3}}$ ist eine ganze rationale Funktion. Die Funktionen $\frac{2x^2 - 1}{4x^3 - 5}$, $\frac{3x^2 + \pi}{x^2 + 4}$ sind gebrochene rationale Funktionen. Der erste Bruch ist echt, der zweite nicht. Die Funktion $\frac{2\sqrt{x}}{x - 1}$ ist irrational.

Aus einem unechten Bruch kann man durch Division einen ganz rationalen Teil mit Rest herausheben, d. h., der unechte Bruch läßt sich als Summe aus einer ganzen rationalen Funktion und einem echten Bruch darstellen. Es kann auch vorkommen, daß bei der Division kein Rest bleibt. Dann ist der unechte Bruch eine ganze rationale Funktion.

Beispiel 1. Der unechte Bruch $\frac{4x^3 - 16x}{15x^2 - 3}$ erhält nach Abspalten des ganz rationalen Teils die Gestalt $\frac{4x}{15} - \frac{\frac{76x}{5}}{15x^2 - 3}$ $\left(\frac{4x}{15}\right.$ ist ganz rational, $\frac{-76x}{5}$ ist der Rest bei der Division des Zählers durch den Nenner).

Beispiel 2. $\frac{1 + x^5 - x^6}{1 - x} = x^5 + \frac{1}{1 - x}$.

Dieses Ergebnis erhält man durch Division von $-x^6 + x^5 + 1$ durch $-x + 1$, oder kürzer, auf die folgende Art:

$$\frac{1 + x^5 - x^6}{1 - x} = \frac{1}{1 - x} + \frac{x^5(1 - x)}{1 - x} = \frac{1}{1 - x} + x^5.$$

§ 305. Verfahren zur Integration von gebrochenen rationalen Funktionen

Bei der Integration von unechten rationalen Brüchen spaltet man zuerst den ganz rationalen Teil ab (§ 304).

Beispiel 1.

$$\int \frac{1 + x^5 - x^6}{1 - x}\, dx = \int \left(x^5 + \frac{1}{1 - x}\right) dx = \frac{x^6}{6} - \ln|1 - x| + C$$

(vgl. § 304, Beispiel 2).

Da der ganz rationale Teil unmittelbar integriert werden kann, führt die Integration eines rationalen Bruchs stets auf die Integration eines echten rationalen Bruchs. Dafür gibt es allgemeine Methoden (§ 307). Sie erfordern jedoch oft langwierige Berechnungen. Es ist daher zweckmäßig, wenn man, wo dies möglich ist, die Besonderheiten des Integranden berücksichtigt.

Wenn der Zähler des Integralausdrucks gleich dem Differential des Nenners ist (oder sich von diesem nur durch einen konstanten Faktor unterscheidet), *so muß man den Nenner als Hilfsfunktion verwenden.*

Beispiel 2.

$$\int \frac{(2x^3 + 6x^2 + 7x + 3)\, dx}{x^4 + 4x^3 + 7x^2 + 6x + 2} = \frac{1}{2}\int \frac{d(x^4 + 4x^3 + 7x^2 + 6x + 2)}{x^4 + 4x^3 + 7x^2 + 6x + 2}$$

$$= \frac{1}{2} \ln (x^4 + 4x^3 + 7x^2 + 6x + 2) + C.$$

Analog verfährt man, wenn im Zähler das Differential eines Polynoms steht und im Nenner eine Potenz desselben Polynoms auftritt.

Beispiel 3.

$$\int \frac{(3x^2 + 1)\, dx}{x^2(x^2 + 1)^2} = \int \frac{d(x^3 + x)}{(x^3 + x)^2} = -\frac{1}{x^3 + x} + C.$$

Wenn Zähler und Nenner einen gemeinsamen Faktor aufweisen, so ist es oft zweckmäßig zu kürzen.

Beispiel 4. $\int \frac{(x^2 - x - 2)\,dx}{x^3 + x^2 + x + 1}$.

Hier wird der Bruch durch $x + 1$ gekürzt. Wir erhalten

$$\int \frac{(x-2)\,dx}{x^2+1} = \frac{1}{2}\ln(x^2+1) - 2\arctan x + C.$$

Bemerkung 1. Manchmal ist eine Kürzung nicht sinnvoll. Der Bruch in Beispiel 2 hat die Gestalt

$$\frac{(x+1)(2x^2+4x+3)}{(x+1)^2(x^2+2x+2)}.$$

Nach der Kürzung durch $x + 1$ erweist sich das Integral

$$\int \frac{(2x^2+4x+3)\,dx}{(x+1)(x^2+2x+2)}$$

schwieriger als das Ausgangsintegral. Abgesehen davon ist die Faktorenzerlegung bereits mühevoll genug.

Bemerkung 2. Eine allgemeine Methode zur Integration von rationalen Funktionen besteht in der Zerlegung der gegebenen Funktion in sogenannte *einfache Brüche* (*Partialbrüche*) In § 306 wird erklärt werden, worum es sich dabei handelt und wie man die Integration durchführt. In § 307 zeigen wir, wie man die Zerlegung durchführt.

§ 306. Die Integration von Partialbrüchen

Als *einfache rationale Brüche* (*Partialbrüche*) bezeichnet man Brüche von den folgenden zwei Typen:

I. $\frac{A}{(x-a)^n}$ (n – eine natürliche Zahl),

II. $\frac{Mx+N}{(x^2+px+q)^n}$ (n – eine natürliche Zahl).

$x^2 + px + q$ soll dabei nicht mehr in reelle Faktoren ersten Grades zerlegt werden können $\left[\text{d. h., es sei } q - \left(\frac{p}{2}\right)^2 > 0\right]$. Wenn hingegen $x^2 + px + q$ in zwei reelle Faktoren ersten Grades zerfällt $\left[\text{d. h., wenn } q - \left(\frac{p}{2}\right)^2 < 0\right]$, so nennt man den Bruch II nicht einfach.

Die Brüche $\frac{5}{x+2}$, $\frac{\sqrt{3}}{(x-\sqrt{2})^3}$ sind einfache Brüche vom ersten

Typ, die Brüche $\frac{0{,}2}{x^2+1}$, $\frac{7x-1}{x^2+2}$, $\frac{5(x+4)}{x^2+\sqrt{3}}$ sind einfache Brüche vom zweiten Typ. Die Brüche $\frac{1}{x^2-1}$, $\frac{3x-2}{(x^2-\sqrt{3})^3}$ sind nicht einfach, da die Ausdrücke x^2-1, $x^2-\sqrt{3}$ in reelle Faktoren ersten Grades zerfallen.

Der Bruch $\frac{3}{2x-9}$ ist einfach, da man ihn auf die Form $\frac{\frac{3}{2}}{x-\frac{9}{2}}$ bringen kann. Der Bruch $\frac{18x-3}{(x^2+x+1)^3}$ ist einfach vom Typ II.

1. *Einfache Brüche vom ersten Typ integriert man nach den Formeln*

$$\int \frac{A\,dx}{(x-a)^n} = -\frac{1}{n-1}\,\frac{A}{(x-a)^{n-1}} + C \quad (n>1), \tag{1}$$

$$\int \frac{A\,dx}{x-a} = A\ln|x-a| + C. \tag{2}$$

2. *Einfache Brüche vom zweiten Typ integriert man im Falle $n = 1$ mit Hilfe der Transformation*

$$z = x + \frac{p}{2},$$

die den Nenner

$$x^2+px+q = \left(x+\frac{p}{2}\right)^2 + q - \left(\frac{p}{2}\right)^2$$

auf die Form

$$z^2+k^2 \quad \left[k^2 = q-\left(\frac{p}{2}\right)^2\right]$$

bringt.

Beispiel 1.

$$\int \frac{3x-5}{x^2-8x+25}\,dx \quad \left[p=-8,\ q=25;\ q-\left(\frac{p}{2}\right)^2 = 9\right].$$

Wir setzen

$$x-4=z$$

und bringen das Integral auf die Form

$$\int \frac{3z+7}{z^2+9}\,dz = 3\int\frac{z\,dz}{z^2+9} + 7\int\frac{dz}{z^2+9}$$

$$= \frac{3}{2}\ln(z^2+9) + \frac{7}{3}\arctan\frac{z}{3} + C.$$

Nach Übergang zum Argument x erhalten wir

$$\int \frac{3x-5}{x^2-8x+25}\,dx = \frac{3}{2}\ln(x^2-8x+25) + \frac{7}{3}\arctan\frac{x-4}{3} + C.$$

3. *Einen einfachen Bruch vom zweiten Typ integriert man im Falle $n > 1$ mit Hilfe derselben Transformation*

$$x + \frac{p}{2} = z.$$

Sie führt das Integral $\int \frac{Mx + N}{(x^2 + px + q)^n} dx$ über in

$$\int \frac{Mz + L}{(z^2 + k^2)^n} dz \tag{3}$$

$\left(\text{wobei } L = \frac{2N - Mp}{2}, \quad k^2 = q - \left(\frac{p}{2}\right)^2\right)$.

Den ersten Summanden $\int \frac{Mz\,dz}{(z^2 + k^2)^n}$ integriert man direkt mit der Hilfsfunktion $z^2 + k^2$

$$\int \frac{Mzdz}{(z^2 + k^2)^n} = -\frac{M}{2} \frac{1}{(n-1)(z^2 + k^2)^{n-1}} + C. \tag{4}$$

Den zweiten Summanden $L \int \frac{dz}{(z^2 + k^2)^n}$ integriert man mit Hilfe einer trigonometrischen Transformation (§ 303, Beispiel 2) oder mit Hilfe der Rekursionsformel[1])

$$\int \frac{dz}{(z^2 + k^2)^n}$$

$$= \frac{1}{2(n-1)k^2} \left[\frac{z}{(z^2 + k^2)^{n-1}} + (2n - 3) \int \frac{dz}{(z^2 + k^2)^{n-1}}\right] \tag{5}$$

(man beweist diese durch Differentiation). Die Formel führt das Integral $\int \frac{dz}{(z^2 + k^2)^n}$ auf ein Integral vom selben Typ zurück. Der Exponent n im Nenner ist jedoch um 1 kleiner geworden. Setzt man dieses Verfahren fort, so gelangt man schließlich zum Integral

$$\int \frac{dz}{z^2 + k^2} = \frac{1}{k} \arctan \frac{z}{k} + C.$$

Beispiel 2. $\int \frac{(3x - 2)\,dx}{(x^2 - 2x + 3)^3}$.

Mit $x - 1 = z$ erhält das Integral die Form

$$\int \frac{3z + 1}{(z^2 + 2)^3} dz = 3 \int \frac{z\,dz}{(z^2 + 2)^3} + \int \frac{dz}{(z^2 + 2)^3}. \tag{6}$$

---

[1]) So nennt man jede Formel, die eine beliebige von n abhängige Größe $\left[\text{in unserem Fall } \int \frac{dz}{(z^2 + k^2)^n}\right]$ durch dieselbe Größe bei niedrigerem Absolutwert von n ausdrückt.

Das erste Glied ist gleich

$$\frac{3}{2}\int\frac{d(z^2+2)}{(z^2+2)^3} = -\frac{3}{4(z^2+2)^2}. \tag{7}$$

Die Konstante C berücksichtigen wir erst beim zweiten Glied, das wir gemäß Formel (5) berechnen (mit $k^2 = 2$ $n = 3$):

$$\int\frac{dz}{(z^2+2)^3} = \frac{1}{8}\,\frac{z}{(z^2+2)^2} + \frac{3}{8}\int\frac{dz}{(z^2+2)^2}. \tag{8}$$

Nochmalige Anwendung von Formel (5) mit $k^2 = 2$ und $n = 2$ liefert

$$\int\frac{dz}{(z^2+2)^2} = \frac{1}{4}\,\frac{z}{z^2+2} + \frac{1}{4}\int\frac{dz}{z^2+2}$$

$$= \frac{1}{4}\,\frac{z}{z^2+2} + \frac{1}{4\sqrt{2}}\arctan\frac{z}{\sqrt{2}} + C. \tag{9}$$

Aus den Formeln (6) bis (9) erhalten wir

$$\int\frac{3z+1}{(z^2+2)^3}\,dz$$

$$= -\frac{3}{4(z^2+2)^2} + \frac{1}{8}\,\frac{z}{(z^2+2)^2} + \frac{3}{32}\,\frac{z}{z^2+2} + \frac{3}{32\sqrt{2}}\arctan\frac{z}{\sqrt{2}} + C$$

$$= \frac{3z^3+10z-24}{32(z^2+2)^2} + \frac{3}{32\sqrt{2}}\arctan\frac{z}{\sqrt{2}} + C.$$

Nach Rückkehr zur Variablen x ergibt sich

$$\int\frac{(3x-2)\,dx}{(x^2-2x+3)^3}$$

$$= \frac{3x^3-9x^2+19x-37}{32(x^2-2x+3)^2} + \frac{3}{32\sqrt{2}}\arctan\frac{x-1}{\sqrt{2}} + C.$$

§ 307. Die Integration rationaler Funktionen (allgemeine Methode)

Rationale Funktionen integriert man nach einer allgemeinen Methode auf die folgende Art:

1. Von der gegebenen Funktion spaltet man den ganzen rationalen Teil ab. Dieser kann unmittelbar integriert werden (§ 305, Beispiel 1).

2. Den Nenner des verbleibenden echten Bruchs zerlegt man in reelle Faktoren vom Typ $x - a$ und $x^2 + px + q$, wobei die Faktoren

vom zweiten Typ nicht mehr in reelle Faktoren ersten Grades zerfallen sollen[1]).

Die Zerlegung hat die Form

$$a_0x^n + a_1x^{n-1} + \cdots + a_n$$
$$= a_0(x - a)(x - b) \cdots (x^2 + px + q)(x^2 + rx + s) \ldots \tag{1}$$

Eine derartige Zerlegung existiert immer[2]). Sie ist sogar eindeutig.

3. Den Zähler des echten Bruchs versuchen wir der Reihe nach durch jeden einzelnen Faktor des Nenners zu dividieren. Wenn eine Division ohne Rest möglich ist, kürzen wir den Bruch durch den entsprechenden Faktor (§ 305, Beispiel 4).

4. Den erhaltenen Bruch zerlegen wir in eine Summe einfacher Brüche und integrieren die einzelnen Summanden getrennt (§ 306).

Bemerkung 1. Jeder echte Bruch läßt sich auf genau *eine* Art in eine Summe von einfachen Brüchen zerlegen. Das entsprechende Verfahren wird unten erklärt. Zum besseren Verständnis betrachten wir vier Fälle, die alle Möglichkeiten ausschöpfen.

Fall 1. In der Zerlegung des Nenners erscheinen nur Faktoren ersten Grades und keiner davon zweimal.

In diesem Fall zerlegt man den Bruch in einfache Brüche gemäß der Formel

$$\frac{F(x)}{a_0(x-a)(x-b)\ldots(x-l)} = \frac{A}{x-a} + \frac{B}{x-b} + \cdots + \frac{L}{x-l}. \tag{2}$$

Die Konstanten $A, B, \ldots, L$ findet man (nach der Methode der unbestimmten Koeffizienten) auf die folgende Weise.

a) Wir multiplizieren die Gleichung (2) mit dem Nenner der linken Seite.

b) Wir setzen die Koeffizienten der einzelnen Potenzen von x auf der linken und rechten Gleichungsseite gleich (es kann vorkommen, daß auf der linken Seite kein entsprechendes Glied auftritt, dann fügen wir dieses mit dem Koeffizienten 0 hinzu). Wir erhalten zur Bestimmung der Koeffizienten $A, B, \ldots, L$ ein lineares Gleichungssystem.

c) Wir lösen dieses System (es besitzt stets eine eindeutige Lösung).

Beispiel 1. Man bestimme $\int \frac{7x-5}{x^3+x^2-6x}\,dx$.

Lösung. Der gegebene Bruch ist echt. Wir zerlegen den Nenner in die Faktoren

$$x^3 + x^2 - 6x = x(x-2)(x+3). \tag{3}$$

Der Zähler enthält keinen dieser Faktoren. Der Bruch läßt sich daher nicht kürzen. Alle Faktoren sind vom ersten Grad, keiner davon kommt zweimal vor.

---

[1]) Wenn man einen Faktor $x^2 + px + q$ erhält, der in zwei reelle Faktoren $x - m$ und $x - n$ zerfällt, so nimmt man an seiner Stelle diese beiden Faktoren.

[2]) In einfachen Fällen gewinnt man sie durch eine Umgruppierung der Glieder oder durch andere in der Algebra bekannte Methoden. Über den allgemeinen Fall s. § 308.

Gemäß Formel (2) haben wir

$$\frac{7x-5}{x(x-2)(x+3)} = \frac{A}{x} + \frac{B}{x-2} + \frac{C}{x+3}. \tag{4}$$

Zur Bestimmung der Konstanten A, B, C befreien wir die Gleichung von Brüchen. Wir erhalten

$$7x-5 = A(x-2)(x+3) + B(x+3)x + C(x-2)x \tag{5}$$

oder

$$7x-5 = (A+B+C)x^2 + (A+3B-2C)x - 6A. \tag{6}$$

Wir setzen die Koeffizienten gleicher Potenzen von x gleich. (Auf der linken Seite fügen wir das Glied $0 \cdot x^2$ hinzu.) Es ergibt sich das System

$$\left.\begin{aligned} A + B + C &= 0, \\ A + 3B - 2C &= 7, \\ -6A &= -5. \end{aligned}\right\} \tag{7}$$

Seine Lösung lautet

$$A = \frac{5}{6}, \quad B = \frac{9}{10}, \quad C = -\frac{26}{15}, \tag{8}$$

und aus (4) erhalten wir die folgende Zerlegung des gegebenen Bruchs:

$$\frac{7x-5}{x(x-2)(x+3)} = \frac{5}{6}\frac{1}{x} + \frac{9}{10}\frac{1}{x-2} - \frac{26}{15}\frac{1}{x+3}.$$

Durch gliedweise Integration ergibt sich das gesuchte Integral

$$\int \frac{7x-5}{x^3+x^2-6x}\,dx = \frac{5}{6}\ln|x| + \frac{9}{10}\ln|x-2| - \frac{26}{15}\ln|x+3| + C.$$

Bemerkung 2. Die Konstanten A, B, C kann man auch so bestimmen: Wir nehmen drei beliebige Werte von x und setzen sie in (5) ein. Wir erhalten dadurch ein System von drei Gleichungen, aus dem sich neuerlich die Werte (8) berechnen lassen.

Diese Bemerkung gilt auch für die Fälle 2, 3 und 4. Aber die unter Fall 1 angegebene Methode kann man noch vereinfachen, wenn man jene Werte von x nimmt, für die die Nenner der einfachen Brüche Null werden. Im gegebenen Beispiel sind die Werte $x = 0$, $x = 2$, $x = -3$. Wir erhalten so das System $-5 = -6A$, $9 = 10B$, $-26 = 15C$, aus dem man wieder A, B und C bestimmt.

Fall 2. In der Zerlegung des Nenners treten nur Faktoren ersten Grades auf, aber einige davon kommen mehrmals vor.

Der Faktor $x - a$ trete k-mal auf. Die k gleichartigen Glieder in (2) muß man dann ersetzen durch eine Summe von einfachen Brüchen der Gestalt

$$\frac{A_k}{(x-a)^k} + \frac{A_{k-1}}{(x-a)^{k-1}} + \cdots + \frac{A_1}{x-a}. \tag{9}$$

Analoges gilt für die übrigen mehrmals auftretenden Faktoren. Die einfachen Brüche, die zu den nur einmal auftretenden Faktoren gehören, bleiben unverändert. Die in die Zerlegung eingehenden Konstanten bestimmt man wie unter Fall 1.

Beispiel 2. Man bestimme $\int \frac{(x^3+1)\,dx}{x^4-3x^3+3x^2-x}$.

Lösung. Die Zerlegung des Nenners lautet

$$x^4-3x^3+3x^2-x = x(x-1)^3.$$

Alle Faktoren sind vom ersten Grad. Der Faktor x tritt nur einmal auf, der Faktor $x-1$ jedoch dreimal. Dem einmaligen Faktor entspricht wie unter Fall 1 ein einfacher Bruch der Form $\frac{A}{x}$, dem dreifachen Faktor $x-1$ entspricht die Summe aus drei einfachen Brüchen

$$\frac{B}{(x-1)^3}+\frac{C}{(x-1)^2}+\frac{D}{x-1}.$$

Die Zerlegung des gegebenen Bruchs lautet daher

$$\frac{x^3+1}{x(x-1)^3} = \frac{A}{x}+\frac{B}{(x-1)^3}+\frac{C}{(x-1)^2}+\frac{D}{x-1}.$$

Wir multiplizieren beide Seiten mit $x(x-1)^3$ und erhalten

$$x^3+1 = A(x-1)^3+Bx+Cx(x-1)+Dx(x-1)^2 \tag{10}$$

oder

$$\begin{aligned} x^3+1 = {} & (A+D)\,x^3+(-3A+C-2D)\,x^2 \\ & +(3A+B-C+D)\,x-A. \end{aligned} \tag{11}$$

Durch Vergleich der Koeffizienten der Potenzen von x erhalten wir

$$\left.\begin{aligned} A+D &= 1, \\ -3A+C-2D &= 0, \\ 3A+B-C+D &= 0, \\ -A &= 1. \end{aligned}\right\} \tag{12}$$

Die Lösung dieses Systems lautet

$$A=-1, \quad B=2, \quad C=1, \quad D=2.$$

Der gegebene Bruch besitzt somit die Zerlegung

$$\frac{x^3+1}{x(x-1)^3} = -\frac{1}{x}+\frac{2}{(x-1)^3}+\frac{1}{(x-1)^2}+\frac{2}{x-1}.$$

Durch gliedweise Integration finden wir

$$\int \frac{(x^3+1)\,dx}{x^4-3x^3+3x^2-x}$$

$$= -\ln|x| - \frac{1}{(x-1)^2} - \frac{1}{x-1} + 2\ln|x-1| + C$$

$$= -\frac{x}{(x-1)^2} + \ln\frac{(x-1)^2}{|x|} + C.$$

Andere Variante. Setzt man in (10) zuerst $x = 0$ und dann $x = 1$ (s. Bemerkung 2), so erhält man sogleich $A = -1$, $B = 2$. Wählt man in (10) noch etwa zwei Werte, etwa $x = 2$ und $x = -1$, und berücksichtigt man die gefundenen Werte für A und B, so ergibt sich das System $2C + 2D = 6$, $2C - 4D = -6$, aus dem man $C = 1$ und $D = 2$ findet.

Dieses Verfahren ist meist dann bequem, wenn in der Zerlegung des Nenners viele einfache Faktoren auftreten und die Vielfachheit der mehrfachen Faktoren klein ist.

Fall 3. In der Zerlegung des Nenners treten Faktoren zweiten Grades auf (die nicht die reelle Faktoren ersten Grades zerfallen), aber keiner davon tritt mehrfach auf.

In der Zerlegung des Bruches entspricht dann jedem Faktor $x^2 + px + q$ ein einfacher Bruch $\frac{Mx+N}{x^2+px+q}$ vom Typ II. Den Faktoren ersten Grades (falls solche vorhanden sind) entsprechen einfache Brüche vom Typ I.

Beispiel 3. Man bestimme $\int \frac{(7x^2+26x-9)\,dx}{x^4+4x^3+4x^2-9}$.

Lösung. Wir zerlegen den Nenner in die Faktoren

$$x^4+4x^3+4x^2-9 = (x^2-2x)^2+3^2 = (x^2+2x+3)(x^2+2x-3).$$

Es ergeben sich zwei Faktoren der Form $x^2 + px + q$, aber nur der erste zerfällt nicht in zwei reelle Faktoren ersten Grades:

$$\left[q - \left(\frac{p}{2}\right)^2 = 3 - 1^2 = 2 > 0\right].$$

Der zweite hingegen

$$\left[q - \left(\frac{p}{2}\right)^2 = -3 - 1^2 = -4 < 0\right]$$

zerfällt in

$$x^2 + 2x - 3 = (x-1)(x+3).$$

Die Zerlegung des Bruches hat daher die Gestalt

$$\frac{7x^2+26x-9}{(x^2+2x+3)(x-1)(x+3)} = \frac{A}{x-1} + \frac{B}{x+3} + \frac{Cx+D}{x^2+2x+3}. \tag{13}$$

Wir befreien die Gleichung von Brüchen und erhalten

$$7x^2 + 26x - 9 = (x^2 + 2x + 3)\,[A(x + 3) + B(x - 1)] \\ + (Cx + D)\,(x - 1)\,(x + 3)\,. \tag{14}$$

Durch Vergleich der Koeffizienten der einzelnen Potenzen von x ergibt sich

$$\left.\begin{aligned} A + B + C &= 0, \\ 5A + B + 2C + D &= 7, \\ 9A + B - 3C + 2D &= 26, \\ 9A - 3B - 3D &= -9. \end{aligned}\right\} \tag{15}$$

Die Lösung des Systems (15) lautet

$$A = 1, \quad B = 1, \quad C = -2, \quad D = 5,$$

und somit gilt

$$\frac{7x^2 + 26x - 9}{(x^2 + 2x + 3)\,(x - 1)\,(x + 3)} = \frac{1}{x - 1} + \frac{1}{x + 3} + \frac{-2x + 5}{x^2 + 2x + 3}.$$

Durch Integration (s. § 306, Fall 2) findet man

$$\int \frac{(7x^2 + 26x - 9)\,dx}{x^4 + 4x^3 + 4x^2 - 9} = \ln|x - 1| + \ln|x + 3| \\ - \ln(x^2 + 2x + 3) + \frac{7}{\sqrt{2}} \arctan\frac{x + 1}{\sqrt{2}} + C \\ = \ln\left|\frac{x^2 + 2x - 3}{x^2 + 2x + 3}\right| + \frac{7}{\sqrt{2}} \arctan\frac{x + 1}{\sqrt{2}} + C.$$

Andere Variante. Zur Bestimmung von A und B setzen wir in (14) zuerst $x = 1$ und dann $x = -3$ (s. Bemerkung 2). Wir erhalten die einfachen Gleichungen $24 = 24A$ $-24 = -24B$ und somit

$$A = 1, \quad B = 1.$$

Mit $x = 0$ ergibt sich aus (14) $-9 = 9A - 3B - 3D$ also $D = 5$. Setzt man $x = -1$, so ergibt sich $C = -2$.

Fall 4. In der Zerlegung des Nenners treten Faktoren zweiten Grades auf (die nicht in reelle Faktoren ersten Grades zerfallen), und einige davon kommen mehrfach vor.

In der Zerlegung des Bruches entspricht dann einem k-fachen Faktor $x^2 + px + q$ eine Summe von einfachen Brüchen der Form

$$\frac{M_k x + N_k}{(x^2 + px + q)^k} + \frac{M_{k-1} x + N_{k-1}}{(x^2 + px + q)^{k-1}} + \cdots + \frac{M_1 x + N_1}{x^2 + px + q}. \tag{16}$$

Beispiel 4. Man bestimme $\displaystyle\int \frac{(3x + 5)\,dx}{x^5 + 2x^3 + x}$.

Lösung. Wir zerlegen den Nenner in die Faktoren

$$x^5 + 2x^3 + x = x(x^4 + 2x^2 + 1) = x(x^2 + 1)^2.$$

Der Faktor $x^2 + 1$ zerfällt nicht in reelle Faktoren ersten Grades. Er tritt zweifach auf. Die Zerlegung des Bruchs hat daher die Gestalt

$$\frac{3x + 5}{x(x^2 + 1)^2} = \frac{A}{x} + \frac{Bx + C}{(x^2 + 1)^2} + \frac{Dx + E}{x^2 + 1}.$$

Wir befreien die Gleichung von Brüchen und erhalten

$$3x + 5 = A(x^2 + 1)^2 + (Bx + C)\,x + (Dx + E)\,x(x^2 + 1).$$

Durch Vergleich der Koeffizienten der Potenzen von x findet man

$$A + D = 0, \quad E = 0, \quad 2A + B + D = 0,$$
$$C + E = 3, \quad A + E = 5.$$

Die Lösung des Systems lautet

$$A = 5, \quad B = -5, \quad C = 3, \quad D = -5, \quad E = 0.$$

Damit gilt

$$\int \frac{(3x + 5)\,dx}{x^2 + 2x^3 + x} = 5 \int \frac{dx}{x} + \int \frac{(-5x + 3)\,dx}{(x^2 + 1)^2} - 5 \int \frac{x\,dx}{x^2 + 1}.$$

Das mittlere Integral berechnen wir auf die in § 306 erklärte Weise (Fall 2) und finden

$$\int \frac{(3x + 5)\,dx}{x^5 + 2x^3 + x} = 5 \ln |x| + \left[\frac{5}{2(x^2 + 1)} + \frac{3x}{2(x^2 + 1)}\right.$$
$$\left. + \frac{3}{2} \arctan x\right] - \frac{5}{2} \ln (x^2 + 1) + C$$
$$= 5 \ln \frac{|x|}{\sqrt{x^2 + 1}} + \frac{3x + 5}{2(x^2 + 1)} + \frac{3}{2} \arctan x + C.$$

§ 308. Die Faktorenzerlegung eines Polynoms

Die Zerlegung eines Polynoms

$$a_0 x^n + a_1 x^{n-1} + \cdots + a_n \tag{1}$$

in Faktoren führt auf die Lösung der Gleichung

$$a_0 x^n + a_1 x^{n-1} + \cdots + a_n = 0. \tag{2}$$

Kennt man nämlich irgendeine Wurzel x_1 der Gleichung (2), so kann man das Polynom (1) durch $x - x_1$ ohne Rest dividieren, und wir erhalten eine Zerlegung der Form

$$a_0 x^n + a_1 x^{n-1} + \cdots + a_n = a_0 (x - x_1)(x^{n-1} + b_1 x^{n-2} + \cdots + b_{n-1}). \tag{3}$$

Nach den in der Algebra dargestellten Methoden findet man immer eine Wurzel einer algebraischen Gleichung numerisch (näherungsweise, jedoch mit beliebiger Genauigkeit). Die Wurzel x_1 kann jedoch imaginär sein.
In der Zerlegung (3) suchen wir nun eine Wurzel x_2 der Gleichung $x^{n-1} + b_1x^{n-2} + \cdots + b_{n-1} = 0$. Die Zahl x_2 ist zugleich damit eine Wurzel der Gleichung (2). Für das Polynom (1) erhält man damit eine Zerlegung

$$a_0x^n + a_1x^{n-1} + \cdots + a_n = a_0(x - x_1)(x - x_2)(x^{n-2} + c_1x^{n-3} + \cdots + c_{n-2}) \quad (4)$$

usw. Auf diese Weise findet man schließlich eine Zerlegung in n (reelle oder imaginäre) Faktoren ersten Grades:

$$a_0x^n + a_1x^{n-1} + \cdots + a_n = a_0(x - x_1)(x - x_2)\cdots(x - x_n). \quad (5)$$

Diese Zerlegung ist eindeutig. Wenn alle Koeffizienten des Polynoms (1) reell sind, so entspricht jeder komplexen Wurzel $\alpha + \beta i$ eine andere komplexe Wurzel $\alpha - \beta i$ (*konjugierte Wurzel*). Zwei konjugiert komplexe Faktoren $x - (\alpha + \beta i)$ und $x - (\alpha - \beta i)$ ergeben durch ihr Produkt einen reellen Faktor der Form

$$x^2 + px + q.$$

Jedes *Polynom* (mit reellen Koeffizienten) läßt sich daher in *reelle Faktoren vom Typ* $x - x_n$ und $x^2 + px + q$ zerlegen (wobei die Faktoren vom zweiten Typ nicht in reelle Faktoren ersten Grades zerfallen).

§ 309. Über die Integrierbarkeit der elementaren Funktionen

Das Integral einer rationalen Funktion ist im allgemeinen *keine rationale Funktion mehr* $\left(\text{z. B. } \int \frac{dx}{x} = \ln x + C\right)$. Ebenso ist das Integral einer elementaren (irrationalen) Funktion im allgemeinen *keine elementare Funktion mehr.*
So können z. B. die Integrale

$$\int \frac{x\,dx}{\sqrt{1 - x^3}}, \quad \int \frac{dx}{\sqrt{1 - x^3}}, \quad \int \frac{dx}{\ln x}, \quad \int \frac{x\,dx}{\ln x}$$

nicht durch elementare Funktionen ausgedrückt werden[1]), obwohl die der Form nach ähnlichen Integrale

$$\int \frac{x\,dx}{\sqrt{1 - x^2}}, \quad \int \frac{dx}{\sqrt{1 - x^2}}, \quad \int \ln x\,dx, \quad \int x \ln x\,dx$$

elementare Funktionen darstellen.
Nach den Regeln der Differentialrechnung kann man für jede elementare Funktion ihre Ableitung finden, die wieder eine elementare Funktion ist. In der Integralrechnung sind ähnliche Regeln zur Bestimmung der Stammfunktion *prinzipiell unmöglich.*

---

[1]) Nichtsdestoweniger existiert für jede stetige Funktion das unbestimmte Integral und ist wieder eine stetige Funktion.

Aber für gewisse Klassen von elementaren Funktionen ist das Integral stets wieder eine elementare Funktion (auch wenn es sich dabei um einen komplizierten Ausdruck handeln mag). In § 307 wurde eine solche Klasse untersucht (die rationalen Funktionen). In den §§ 310—313 betrachten wir andere wichtige Klassen und geben allgemeine Regeln zur Berechnung ihrer Integrale an. In vielen Fällen bevorzugt man spezielle Verfahren. Sie werden durch die Praxis nahegelegt.

§ 310. Einige von Radikalen abhängige Integrale

Das Symbol $R(x, y)$ soll hier und im folgenden einen Bruch bedeuten, dessen Zähler und Nenner jeweils Polynome in x und y sind. Ein derartiger Bruch heißt *rationale Funktion in den zwei Veränderlichen x und y* (vgl. § 304). Wenn der Nenner eine Konstante ist (ein Polynom vom Grade 0), so nennt man die rationale Funktion *ganz*.
Analog dazu definiert man rationale Funktionen in drei Veränderlichen $R(x, y, z)$ in vier Veränderlichen, usw.
Ein Integral der Form[1])

$$I = \int R\left[x, \left(\frac{px+q}{rx+s}\right)^{\alpha}, \left(\frac{px+q}{rx+s}\right)^{\beta}, \ldots\right] dx, \tag{1}$$

wobei α, β rationale Zahlen und p, q, r, s konstante Größen sind, führt man auf ein Integral über eine rationale Funktion zurück. Es läßt sich daher durch elementare Funktionen ausdrücken. Zu diesem Zweck dient die Transformation[2]) $\dfrac{px+q}{rx+s} = t^n$, wobei n der gemeinsame Nenner der Brüche $\alpha, \beta, \ldots$ ist.
Insbesondere berechnet man das Integral

$$I = \int R[x, x^{\alpha}, x^{\beta}, \ldots]\, dx \tag{2}$$

mit Hilfe der Transformation $x = t^n$.
Bemerkung. Die Zurückführung des gegebenen Integrals auf ein Integral über rationale Funktionen nennt man *Rationalisierung*.

Beispiel 1. $I = \displaystyle\int \frac{x\,dx}{\sqrt[3]{1+x} - \sqrt{1+x}}$.

Hier gilt $p = q = s = 1$, $r = 0$, $\alpha = \dfrac{1}{3}$, $\beta = \dfrac{1}{2}$. Der gemeinsame Nenner ist $n = 6$. Das Integral rationalisiert man mit Hilfe von

$$1 + x = t^6, \quad dx = t^5\, dt.$$

---

[1]) Der Buchstabe I bedeutet hier und im folgenden eine Abkürzung für das Integral.

[2]) Es sei vorausgesetzt, daß $\frac{p}{r} \neq \frac{q}{s}$. Für $\frac{p}{r} = \frac{q}{s}$ ist der Bruch $\frac{px+q}{rx+s}$ eine Konstante. In diesem Fall ist keine Transformation notwendig.

Wir erhalten

$$I = \int \frac{(t^6 - 1)\, 6t^5\, dt}{t^2 - t^3} = -6 \int (t^8 + t^7 + t^6 + t^5 + t^4 + t^3)\, dt$$

$$= -6t^4 \left(\frac{t^5}{9} + \frac{t^4}{8} + \frac{t^3}{7} + \frac{t^2}{6} + \frac{t}{5} + \frac{1}{4} \right) + C,$$

wobei $t = \sqrt[6]{1 + x}$.

Beispiel 2. $I = \int x^{-\frac{1}{2}} \left(x^{\frac{1}{3}} + 1 \right)^{-2} dx$.

Dies ist ein Integral von der Form (2). Wir setzen $x = t^6$ und erhalten

$$I = 6 \int \frac{t^2\, dt}{(1 + t^2)^2} = -\frac{3t}{1 + t^2} + 3 \arctan t + C$$

mit $t = \sqrt[6]{x}$.

§ 311. Das Integral eines Binomialausdrucks

Unter einem *Binomialausdruck* versteht man einen Ausdruck der Form

$$x^m (a + bx^n)^p,$$

wobei m, n, p rationale Zahlen und a und b Konstanten sind, die von 0 verschieden sind. Das Integral

$$I = \int x^m (a + bx^n)^p\, dx \tag{1}$$

läßt sich in den folgenden Fällen durch elementare Funktionen ausdrücken.

Fall 1. p ist eine ganze Zahl. Dann handelt es sich um ein Integral vom Typ § 310.

S. Beispiel 2, § 310, bei dem $m = -\frac{1}{2}$, $n = \frac{1}{3}$, $p = -2$.

Fall 2. p ist ein Bruch $\left(p = \frac{r}{s} \right)$, aber $\frac{m+1}{n}$ ist eine ganze Zahl.

Dann rationalisiert man das Integral durch

$$a + bx^n = z^s$$

(s — Nenner des Bruchs p).

Beispiel 1.

$$I = \int x^{\frac{1}{5}} \left(3 - 2x^{\frac{3}{5}} \right)^{-\frac{1}{2}} dx. \tag{2}$$

Hier gilt $m = \frac{1}{5}$, $n = \frac{3}{5}$, $\frac{m+1}{n} = 2$ eine ganze Zahl. Wir setzen

$$3 - 2x^{\frac{3}{5}} = z^2. \tag{3}$$

Man kann nun x durch z ausdrücken und in (2) einsetzen. Einfacher verfährt man jedoch, wenn man differenziert:

$$x^{-\frac{2}{5}}\,dx = -\frac{5}{3}\,z\,dz \tag{4}$$

und I mit Hilfe von (3) und (4) auf die folgende Form bringt

$$I = \int \left(3 - 2x^{\frac{2}{5}}\right)^{-\frac{1}{2}} x^{\frac{3}{5}}\, x^{-\frac{2}{5}}\, dx$$

$$= \int (z^2)^{-\frac{1}{2}}\, \frac{3 - z^2}{2} \left(-\frac{5}{3} z\right) dz = -\frac{5}{6} \int (3 - z^2)\, dz$$

$$= -\frac{5}{2} z + \frac{5}{18} z^3 + C,$$

wobei $z = \left(3 - 2x^{\frac{3}{5}}\right)^{\frac{1}{2}}$.

Fall 3. Beide Zahlen $p = \dfrac{r}{s}$ und $\dfrac{m+1}{n}$ sind Brüche, aber ihre Summe ist eine ganze Zahl.
Hier rationalisiert man das Integral durch

$$ax^{-n} + b = z^s$$

(s — Nenner des Bruchs p).
Beispiel 2.

$$I = \int x^{-6} (1 + 2x^3)^{\frac{2}{3}}\, dx.$$

Hier gilt $m = -6$, $n = 3$, $p = \dfrac{2}{3}$ (Bruch), $\dfrac{m+1}{n} = -\dfrac{5}{3}$ (Bruch), $\dfrac{m+1}{n} + p = -1$ (ganze Zahl).
Wir setzen

$$x^{-3} + 2 = z^3, \qquad x^{-4}\, dx = -z^2\, dz.$$

Mit $x^3(x^{-3} + 2) = 1 + 2x^3$ erhalten wir

$$I = \int x^{-4}(x^{-3} + 2)^{\frac{2}{3}}\, dx = \int z^2(-z^2\, dz) = -\frac{1}{5} z^5 + C$$

$$= -\frac{1}{5}\, x^{-5}(1 + 2x^3)^{\frac{5}{3}} + C.$$

Die drei betrachteten Fälle wurden bereits von Newton angegeben. Euler, der in der Kunst der Umformung von keinem Mathematiker übertroffen wurde, versuchte erfolglos, weitere Fälle von integrierbaren Binomialausdrücken zu finden. Er kam zur Überzeugung, daß diese drei Fälle die einzigen sind. Aber erst P. L. TSCHEBYSCHEFF bewies die EULERsche Vermutung. D. D. MORDUCHAI-BOLTOWSKI bewies 1926 ein entsprechendes Theorem für Integrale der Form (1) mit irrationalen Exponenten m, n, p.

§ 312. Integrale der Form $\int R(x, \sqrt{ax^2 + bx + c})\,dx$

Integrale dieser Form[1]) rationalisiert man durch eine EULERsche Transformation.

Erste EULERsche Transformation. Sie wird bei $a > 0$ angewandt. Wir setzen[2])

$$\sqrt{ax^2 + bx + c} + x\sqrt{a} = t. \tag{1}$$

Dann gilt

$$ax^2 + bx + c = (t - x\sqrt{a})^2.$$

Die Glieder in x^2 heben sich gegenseitig weg. Die Glieder in x werden rational durch t ausgedrückt. Setzt man diesen Ausdruck in (1) ein, so erhält man einen rationalen Ausdruck auch für das Radikal $\sqrt{ax^2 + bx + c}$.

Beispiel 1.

$$I = \int \frac{dx}{\sqrt{k^2 + x^2}}.$$

Wir setzen

$$\sqrt{k^2 + x^2} = t - x.$$

Daraus folgt

$$x = \frac{t^2 - k^2}{2t}, \quad dx = \frac{(t^2 + k^2)\,dt}{2t^2},$$

$$\sqrt{k^2 + x^2} = t - x = \frac{t^2 + k^2}{2t}.$$

Infolgedessen gilt

$$I = \int \frac{(t^2 + k^2)\,dt}{2t^2} : \frac{t^2 + k^2}{2t} = \int \frac{dt}{t} = \ln|t| + C,$$

$$I = \ln(x + \sqrt{k^2 + x^2}) + C.$$

Dritte EULERsche Transformation. (Über die zweite s. Bemerkung unten.) Sie wird dann angewandt, wenn das Trinom $ax^2 + bx + c$ reelle Wurzeln hat und insbesondere für $a < 0$ [3]).

---

[1]) Man darf annehmen, daß $a \neq 0$, da bei $a = 0$ der Fall aus § 310 eintritt.

[2]) Mit demselben Erfolg könnte man setzen $\sqrt{ax^2 + bx + c} - x\sqrt{a} = t$.

[3]) Bei $a < 0$ kann $ax^2 + bx + c$ auch komplexe Wurzeln haben (wenn $4ac - b^2 > 0$). Auf Grund der Identität $ax^2 + bx + c = \frac{1}{4a}[(2ax + b)^2 + (4ac - b^2)]$ hat aber dann das Trinom stets negative Werte, und die Wurzel $\sqrt{ax^2 + bx + c}$ ist für alle Werte von x imaginär.

Die Wurzeln seien x_1 und x_2. Dann setzen wir

$$\sqrt{\frac{a(x-x_1)}{x-x_2}} = t. \tag{2}$$

Dadurch wird x rational durch t ausgedrückt:

$$x = \frac{x_2 t^2 - a x_1}{t^2 - a}. \tag{3}$$

Auch für das Radikal erhalten wir einen rationalen Ausdruck

$$\begin{aligned}\sqrt{ax^2+bx+c} &= \sqrt{a(x-x_1)(x-x_2)}\\ &= \sqrt{\frac{a(x-x_1)}{x-x_2}(x-x_2)^2} = t\,|x-x_2|.\end{aligned} \tag{4}$$

Beispiel 2. $I = \int \frac{dx}{(x-1)\sqrt{-x^2+3x-2}}$.

Das Trinom $-x^2+3x-2$ hat die Wurzeln $x_1 = 1$, $x_2 = 2$:

$$-x^2+3x-2 = -(x-2)(x-1).$$

Der letzte Ausdruck ist für $1 < x < 2$ positiv (bei $x = 1$ und $x = 2$ wird der Integrand unendlich).

Wir setzen[1])

$$\sqrt{\frac{-(x-1)}{x-2}} = t. \tag{5}$$

Es folgt daraus

$$x = \frac{2t^2+1}{t^2+1}, \qquad dx = \frac{2t\,dt}{(t^2+1)^2} \tag{6}$$

$$\begin{aligned}\sqrt{-(x-2)(x-1)} &= \sqrt{\frac{-(x-1)}{x-2}}\,|x-2|\\ &= t\,|x-2| = -t(x-2)\end{aligned}$$

(auf Grund der Ungleichung $1 < x < 2$ ist die Größe $x-2$ negativ). Ersetzen wir im rechten Teil x durch t, so erhalten wir

$$\sqrt{-(x-2)(x-1)} = \frac{t}{t^2+1}. \tag{7}$$

Aus (6) und (7) finden wir

$$\begin{aligned}I &= \int \frac{dx}{(x-1)\sqrt{-(x-2)(x-1)}} = \int \frac{2dt}{t^2} = -\frac{2}{t}\\ &= -2\sqrt{\frac{x-2}{-(x-1)}} + C.\end{aligned}$$

[1]) Man darf $x_1 = 2$, $x_2 = 1$ setzen. Dann ändert sich die dritte EULERsche Transformation (man hat dann $\sqrt{\frac{-(x-2)}{x-1}} = t$).

Bemerkung. Die erste und die dritte EULERsche Transformation genügen zur Berechnung beliebiger Integrale der betrachteten Form. Der Vollständigkeit halber erwähnen wir auch die zweite EULERsche Transformation

$$\sqrt{ax^2 + bx + c} = tx + \sqrt{c}. \tag{8}$$

Sie ist für $c > 0$ anwendbar. Durch Quadrieren und Division durch x erhält man für x einen rationalen Ausdruck in t. (8) liefert dann einen rationalen Ausdruck für das Radikal.

§ 313. Integrale der Form $\int R(\sin x, \cos x)\,dx$

Integrale dieser Form rationalisiert man durch die Transformation

$$\tan \frac{x}{2} = z. \tag{1}$$

Es folgt

$$\sin x = \frac{2z}{1+z^2}, \quad \cos x = \frac{1-z^2}{1+z^2}, \tag{2}$$

$$dx = \frac{2dz}{1+z^2}. \tag{3}$$

Beispiel. $I = \int \frac{dx}{3 + 5\cos x}$.
Mit Hilfe von (2) und (3) erhalten wir

$$I = \int \frac{2dz}{(1+z^2)\left(3 + 5\,\frac{1-z^2}{1+z^2}\right)} = \int \frac{dz}{4-z^2} = \frac{1}{4} \ln \left|\frac{2+z}{2-z}\right| + C.$$

Setzt man hier $z = \tan \frac{x}{2}$, so ergibt sich

$$I = \frac{1}{4} \ln \left| \frac{2 + \tan \frac{x}{2}}{2 - \tan \frac{x}{2}} \right| + C.$$

§ 314. Das bestimmte Integral[1])

Die Funktion $f(x)$ sei im Inneren des Intervalls (a, b) und an dessen Enden stetig. Im Inneren des Intervalls wählen wir eine Folge von n Punkten $x_1, x_2, \ldots, x_n$ (Abb. 312, bei der $n = 5$). Der Einheitlichkeit halber bezeichnen wir a durch x_0 und b durch x_{n+1}. Das Intervall (a, b) besteht nun aus den $n + 1$ Teilintervallen (x_0, x_1), (x_1, x_2), …, (x_{n-1}, x_n), (x_n, x_{n+1}).

1) Dem Leser wird geraten, zuvor § 292, Pkt. 2 zu lesen.

Wir wählen nun in jedem dieser Teilintervalle (im Inneren oder am Ende) einen Punkt (den Punkt ξ_1 im Intervall (x_0, x_1), ξ_2 in (x_1, x_2) usw.).
Wir bilden nun die Summe

$$S_n = f(\xi_1)(x_1 - x_0) + f(\xi_2)(x_2 - x_1) + \cdots + f(\xi_{n+1})(x_{n+1} - x_n). \quad (1)$$

Es gilt das folgende

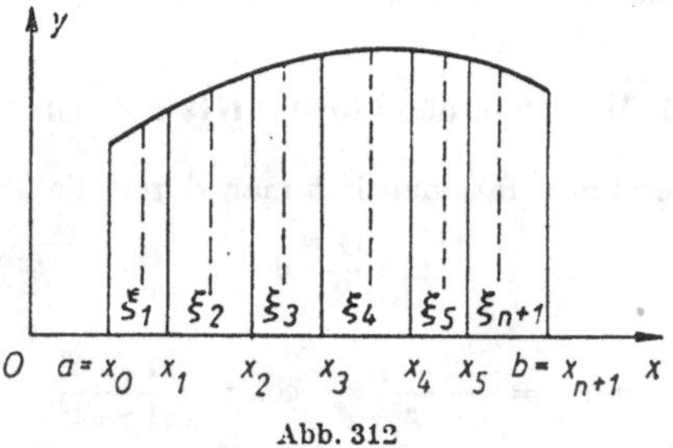

Abb. 312

Theorem. Wenn man die Zahl der Teilintervalle (x_0, x_1), (x_1, x_2), ... derartig anwachsen läßt, daß das längste dabei gegen Null strebt, so strebt dabei die Summe S_n gegen einen gewissen Grenzwert S. Die Zahl S ist unabhängig von der Art der gewählten Teilintervalle und von der Wahl der Punkte $\xi_1, \xi_2, \ldots$.

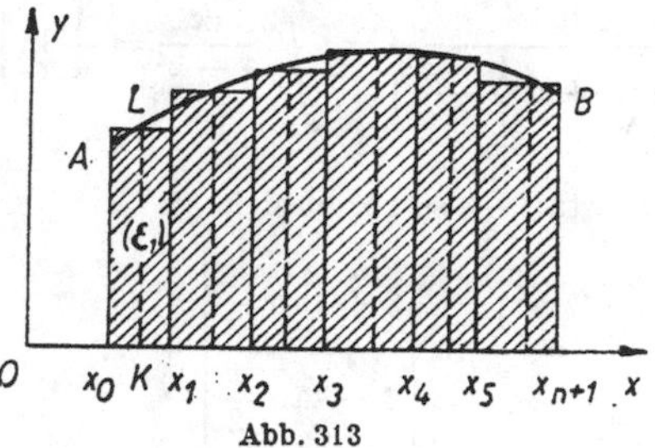

Abb. 313

Eine anschauliche Erklärung des Theorems bietet Abb. 313. Die Summe S_n ist gleich dem Inhalt der strichlierten Treppenfigur (die Grundlinie der ersten Stufe ist $x_1 - x_0$, ihre Höhe ist $f(\xi_1)$, der Flächeninhalt ist also $f(\xi_1)(x_1 - x_0)$ usw.). Je mehr Stufen, um so näher liegt der Flächeninhalt der Figur beim Flächeninhalt des „krummlinigen Trapezes" x_0ABx_{n-1}, und der Grenzwert S der Summen S_n ist daher gleich dem Flächeninhalt der Figur x_0ABx_{n-1}.

Die Summe (1) bezeichnet man oft durch

$$\Sigma f(\xi_i)(x_i - x_{i-1}). \quad (2)$$

Das Zeichen Σ (griechischer Buchstabe „Sigma") soll darauf hinweisen, daß der Ausdruck (2) die Summe aus gleichartigen Gliedern darstellt. Der Ausdruck $f(\xi_i) \times (x_i - x_{i-1})$ beschreibt das Bildungsgesetz für diese Glieder. Man verwendet auch das ausführlichere Symbol

$$\sum_{i=1}^{i=n+1} f(\xi_i)(x_i - x_{i-1}). \tag{2a}$$

Hier wird angemerkt, daß das erste Glied dem Wert $i = 1$ und das letzte Glied der Summe dem Wert $i = n + 1$ entspricht.

Definition. Der Grenzwert, gegen den die Summe (1) strebt, wenn die Länge des größten Teilintervalls gegen Null strebt, bezeichnet man als *bestimmtes Integral der Funktion* $f(x)$. Die Enden a und b des gegebenen Intervalls (*Integrationsintervall*) heißen *Integrationsgrenzen.* a heißt *untere*, b heißt *obere Integrationsgrenze.*
Das bestimmte Integral bezeichnet man durch

$$\int_a^b f(x)\,dx. \tag{3}$$

Dieses Symbol liest man: *Integral von a bis b über f(x) dx.*
Der Wert des bestimmten Integrals hängt von der Form der Funktion $f(x)$ und von der oberen und unteren Integrationsgrenze ab. Das Argument der Funktion darf man durch einen beliebigen Buchstaben bezeichnen. Zum Beispiel stellt der Ausdruck

$$\int_a^b f(y)\,dy \tag{4}$$

dieselbe Zahl dar wie (3).

Bemerkung. Die obere Grenze b kann größer oder kleiner als die untere Grenze a sein. Im ersten Fall ist

$$a < x_1 < x_2 < \cdots < x_{n-1} < x_n < b. \tag{5}$$

Im zweiten Fall gilt

$$a > x_1 > x_2 > \cdots > x_{n-1} > x_n > b. \tag{6}$$

Ergänzung zur Definition. In der Definition wird vorausgesetzt, daß $a \neq b$. Aber der Begriff des bestimmten Integrals läßt sich auch auf den Fall $a = b$ erweitern. Ein bestimmtes Integral mit gleichen Integrationsgrenzen faßt man als die Zahl Null auf:

$$\int_a^a f(x)\,dx = 0. \tag{7}$$

(Diese Vereinbarung ist dadurch gerechtfertigt, daß das Integral (3) bei Annäherung von a und b gegen Null strebt, vgl. Abb. 312.)

Beispiel. Man bestimme $\int_a^b 2x\,dx$. Hier gilt

$$f(x) = 2x. \tag{8}$$

Lösung. Wir unterteilen das Intervall (a, b) in gleiche Teile (Abb. 314). Für die Abszissen gilt

$$x_0 = a, \quad x_1, x_2, \ldots, x_n, \quad x_{n+1} = b.$$

Sie bilden eine arithmetische Folge mit der Differenz

$$x_1 - x_0 = x_2 - x_1 = \cdots = \frac{b-a}{n+1}. \tag{9}$$

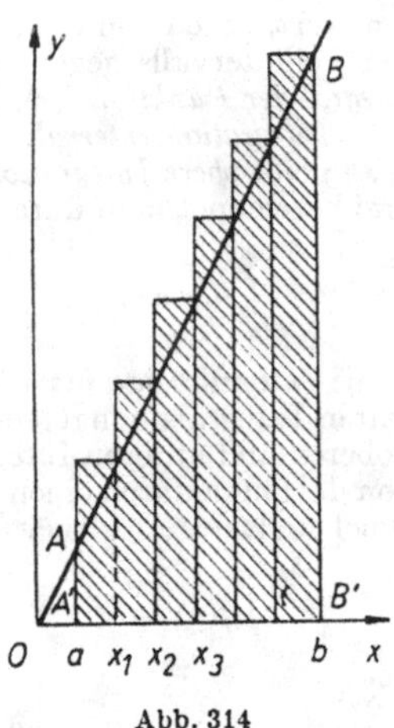

Abb. 314

Als Punkte $\xi_1, \xi_2, \ldots$ wählen wir die rechten Endpunkte[1]) der aufeinander folgenden Intervalle $(a, x_1), (x_1, x_2), \ldots$ Also gilt

$$\xi_1 = x_1, \quad \xi_2 = x_2, \quad \ldots, \quad \xi_n = x_n, \quad \xi_{n+1} = b;$$

$$f(\xi_1) = 2x_1, \quad f(\xi_2) = 2x_2, \quad \ldots, \quad f(\xi_n) = 2x_n, \quad f(\xi_{n+1}) = 2b. \tag{10}$$

Auf Grund von (8) und (10) erhält die Summe (1) die Form

$$S_n = 2x_1(x_1 - x_0) + 2x_2(x_2 - x_1) + \cdots + 2x_n(x_n - x_{n-1})$$

$$+ 2x_{n+1}(x_{n+1} - x_n) = 2\,\frac{b-a}{n+1}\,(x_1 + x_2 + \cdots + x_{n+1}).$$

Nach Ausführung der Summation ergibt sich

$$S_n = 2\,\frac{b-a}{n+1}\,\frac{(x_1 + x_{n+1})\,(n+1)}{2} = (b-a)\,(x_1 + b). \tag{11}$$

[1]) Das heißt, die Stufen werden von rechts durch die Gerade $y = 2x$ begrenzt.

Bei unbegrenzter Vergrößerung der Anzahl der Intervalle strebt deren Länge nach Null. x_1 strebt dabei gegen a. Daher gilt

$$\lim S_n = (b - a)(a + b) = b^2 - a^2$$

oder

$$\int_a^b 2x\,dx = b^2 - a^2. \tag{12}$$

Genauso gilt

$$\int_a^b 2y\,dy = b^2 - a^2,$$

$$\int_a^b 2t\,dt = b^2 - a^2$$

usw.

Die Größe $b^2 - a^2$ ist der Flächeninhalt des Trapezes $A'ABB'$ (Abb. 314). In der Tat gilt

$$S = \frac{1}{2}(A'A + B'B)\,A'B' = \frac{1}{2}(2a + 2b)(b - a) = b^2 - a^2.$$

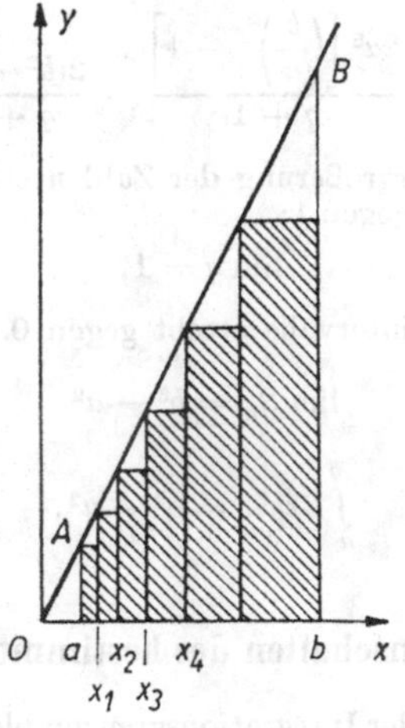

Abb. 315

Zweite Methode. Wir unterteilen das Intervall (a, b) in ungleiche Teile so, daß $x_0, x_1, x_2, \ldots, x_n, x_{n+1}$ eine geometrische Folge[1]) bildet (Abb. 315):

$$x_0 = a, \quad x_1 = aq, \quad \ldots, \quad x_n = aq^n, \quad x_{n+1} = b = aq^{n+1}. \tag{13}$$

[1]) Dies ist möglich, wenn beide Intervallgrenzen dasselbe Vorzeichen haben (keine davon darf Null sein). Beim ersten Verfahren durften die Grenzen beliebig sein.

Aus der letzten Gleichung erhalten wir

$$q^{n+1} = \frac{b}{a}. \tag{14}$$

Als Punkte $\xi_1, \xi_2, \ldots$ wählen wir die linken Endpunkte[1]) der aufeinander folgenden Intervalle $(a, x_1), (x_1, x_2), \ldots$. Also gilt

$$\xi_1 = a, \quad \xi_2 = x_1, \quad \ldots, \quad \xi_n = x_{n-1}, \quad \xi_{n+1} = x_n.$$

Die Summe (1) geht über in

$$\begin{aligned} S_n &= 2x_0(x_1 - x_0) + 2x_1(x_2 - x_1) + \cdots + 2x_n(x_{n+1} - x_n) \\ &= 2a^2(q-1)\,[1 + q^2 + q^4 + \cdots + q^{2n}]. \end{aligned}$$

In der eckigen Klammer steht eine geometrische Reihe in q^2. Summieren liefert

$$S_n = 2a^2(q-1)\,\frac{q^{2(n+1)} - 1}{q^2 - 1} = \frac{2a^2[(q^{n+1})^2 - 1]}{q+1}$$

oder auf Grund von (14)

$$S_n = \frac{2a^2\left[\left(\frac{b}{a}\right)^2 - 1\right]}{q+1} = \frac{2(b^2 - a^2)}{q+1}. \tag{15}$$

Bei unbegrenzter Vergrößerung der Zahl n strebt die Größe q, wie aus (14) hervorgeht, gegen 1:

$$\lim q = 1. \tag{16}$$

Die Länge aller Teilintervalle strebt gegen 0. Auf Grund von (15) und (16) haben wir

$$\lim S_n = b^2 - a^2,$$

d. h.

$$\int_a^b 2x\,dx = b^2 - a^2.$$

§ 315. Eigenschaften des bestimmten Integrals

1. Bei Vertauschung der Integrationsgrenzen bleibt der Absolutbetrag des bestimmten Integrals gleich, es ändert sich nur sein Vorzeichen:

$$\int_a^b f(x)\,dx = -\int_b^a f(x)\,dx. \tag{1}$$

2. $$\int_a^b f(x)\,dx = \int_a^c f(x)\,dx + \int_c^b f(x)\,dx. \tag{2}$$

---

[1]) D. h., die Stufen werden von links durch die Gerade $y = 2x$ begrenzt.

Diese Eigenschaft wird in Abb. 316 erklärt (Fl $(aABb)$ = Fl $(aACc)$ + Fl $(cCBb)$). Die Formel gilt aber auch dann, wenn der Punkt c außerhalb des Intervalls (a, b) liegt.

2a. Statt eines Zwischenpunktes c kann man mehrere nehmen. Bei drei Punkten k, l, m haben wir

$$\int_a^b f(x)\,dx = \int_a^k f(x)\,dx + \int_k^l f(x)\,dx + \int_l^m f(x)\,dx + \int_m^b f(x)\,dx.$$

Die Reihenfolge der Punkte ist belanglos. Praktisch wichtig sind die Fälle, bei denen a, k, l, m, b in zunehmender oder abnehmender Reihenfolge angeordnet sind (Abb. 317).

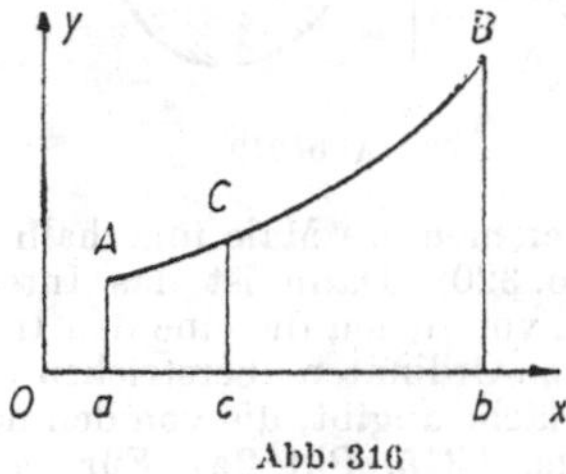

Abb. 316

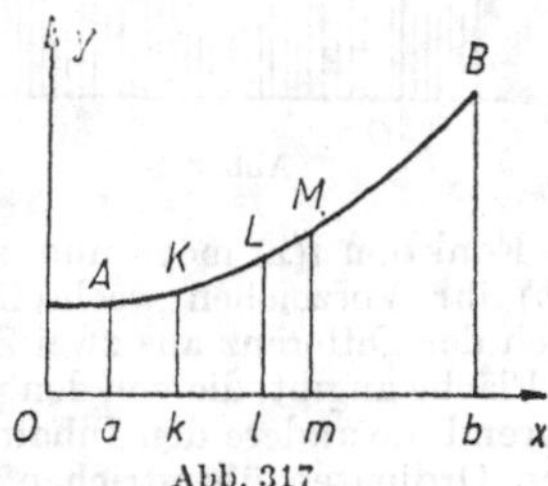

Abb. 317

3. Das Integral einer algebraischen Summe einer festen Zahl von Summanden ist gleich der algebraischen Summe der Integrale der einzelnen Summanden. Bei drei Summanden haben wir

$$\int_a^b [f_1(x) + f_2(x) - f_3(x)]\,dx = \int_a^b f_1(x)\,dx + \int_a^b f_2(x)\,dx - \int_a^b f_3(x)\,dx. \quad (3)$$

4. Einen konstanten Faktor darf man vor das Integralzeichen stellen:

$$\int_a^b mf(x)\,dx = m \int_a^b f(x)\,dx. \quad (4)$$

§ 316. Die geometrische Deutung des bestimmten Integrals

Wir betrachten das Integral

$$\int_a^b f(x)\,dx, \quad (1)$$

bei dem die untere Grenze kleiner als die obere Grenze sei $(a < b)$[1]. Wenn dabei die Funktion $f(x)$ innerhalb des Intervalls (a, b) positiv

[1]) Den Fall $a > b$ führt man auf Grund von § 315, Pkt. 1 auf den hier betrachteten zurück.

ist (Abb. 318), so ist das Integral (§ 314) gleich dem Inhalt der Fläche, die von den Ordinaten der Kurve $y = f(x)$ überstrichen wird ($aADEBb$ in Abb. 318).

Wenn die Funktion im Inneren von (a, b) negativ ist (Abb. 319), so ist das Integral über ihren Absolutwert gleich dem Inhalt der Fläche, die von den Ordinaten überstrichen wird, hat aber negatives Vorzeichen.

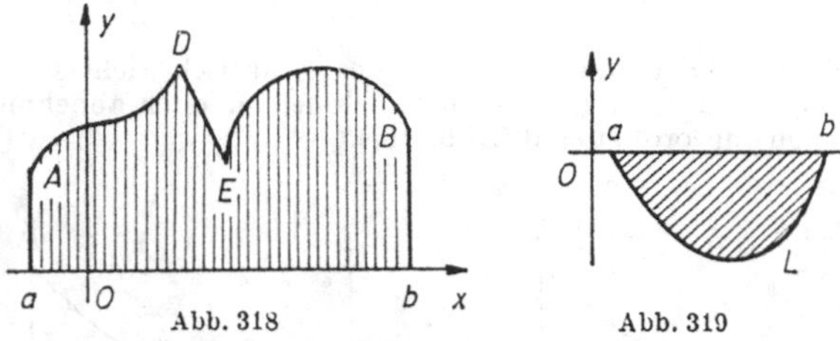

Abb. 318 Abb. 319

Die Funktion $f(x)$ möge nun ein- oder mehrere Male innerhalb von (a, b) ihr Vorzeichen wechseln (Abb. 320). Dann ist das Integral gleich der Differenz aus zwei Zahlen, von denen die eine den Inhalt der Fläche angibt, die von den positiven Ordinaten überstrichen wird, während die andere den Inhalt der Fläche angibt, die von den negativen Ordinaten überstrichen wird (s. § 315, Pkt. 2a). Für den in Abb. 320 dargestellten Fall gilt

$$\int_a^b f(x)\,dx = (S_1 + S_3 + S_5) - (S_2 + S_4).$$

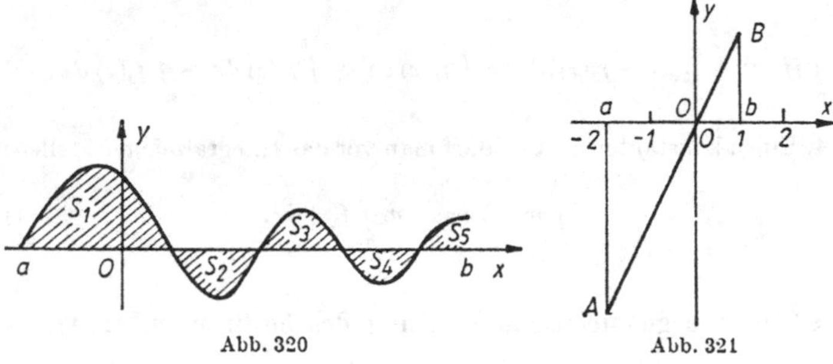

Abb. 320 Abb. 321

Beispiel. Das Integral $\int_{-2}^{1} 2x\,dx$ ist gleich (§ 314, Beispiel) $1^2 - (-2)^2 = -3$. Diese Zahl ist gleich der Differenz der Flächeninhalte (Abb. 321)

$$ObB = \frac{1}{2}\,Ob \cdot bB = 1\,,$$

$$OaA = \frac{1}{2}\,aO \cdot Aa = 4\,.$$

§ 317. Deutung des bestimmten Integrals in der Mechanik

1. Der Weg eines Massenpunktes. Ein Massenpunkt bewege sich in einer Richtung mit der Geschwindigkeit $v = f(t)$ (t-Bewegungsdauer). Man möchte den Weg s bestimmen, den der Punkt zwischen dem Zeitpunkt $t = T_1$ und dem Zeitpunkt $t = T_2$ zurückgelegt hat. Wenn die Geschwindigkeit konstant ist, so gilt

$$s = v(T_2 - T_1).$$

Wenn sich dagegen die Geschwindigkeit ändert, so muß man zur Bestimmung des Wegs s das Zeitintervall in Teilintervalle zerlegen:

$$(T_1, t_1), (t_1, t_2), \ldots, (t_{n-1}, t_n), (t_n, T_2).$$

Es sei τ_1 ein beliebiger Zeitpunkt im Intervall (T_1, t_1), τ_2 ein beliebiger Zeitpunkt im Intervall (t_1, t_2) usw.
Die Größe $f(\tau_1)$ ist die Geschwindigkeit im Zeitpunkt τ_1. Das Produkt $f(\tau_1)(t_1 - T_1)$ ist ein Näherungsausdruck für den Weg im ersten Zeitintervall, ebenso ist $f(\tau_2)(t_2 - t_1)$ ein Näherungsausdruck für den Weg im zweiten Zeitintervall usw. Die Summe

$$s_n = f(\tau_1)(t_1 - T_1) + f(\tau_2)(t_2 - t_1) + \cdots + f(\tau_{n+1})(T_2 - t_n)$$

drückt den tatsächlichen Weg umso genauer aus, je kleiner die Zeitintervalle sind. Der Grenzwert der Summe s_n, d. h., das Integral

$$\int_{T_1}^{T_2} f(t)\,dt$$

ist der exakte Wert des Wegs s.

Beispiel. Die Geschwindigkeit eines Massenpunkts wachse proportional der Zeit, die seit Beginn der Bewegung verflossen ist: $v = mt$. Man bestimme den Weg, den der Punkt vom Ausgangszeitpunkt bis zum Zeitpunkt T zurücklegt.

Lösung. Der gesuchte Weg wird durch das Integral über die Funktion mt ausgedrückt. Die untere Grenze ist 0, die obere Grenze ist T:

$$s = \int_0^T mt\,dt = m\int_0^T t\,dt$$

(§ 315, Pkt. 4). Wir wissen (§ 314, Beispiel), daß $\int_a^b 2t\,dt = b^2 - a^2$. Für $a = 0$, $b = T$ haben wir

$$s = m\int_0^T t\,dt = \frac{1}{2}\,mT^2.$$

2. Die Arbeit einer Kraft. Wenn eine konstante Kraft P auf einen materiellen Punkt wirkt, der sich in der Richtung der Kraft bewegt, so erhält man die Arbeit A längs des Weges (s_1, s_2) aus der Formel

$$A = P(s_2 - s_1).$$

Wenn die Kraft P zwar dieselbe Richtung besitzt wie die Bewegung, sich aber in Abhängigkeit vom Weg ändert, wenn also $P = f(s)$, so erhält man die Arbeit aus der Formel

$$A = \int_{s_1}^{s_2} f(s)\, ds.$$

§ 318. Abschätzung des bestimmten Integrals

Theorem 1. Wenn M der größte und m der kleinste Wert der Funktion $f(x)$ im Intervall (a, b) ist, so liegt der Wert des Integrals $\int_a^b f(x)$ zwischen $m(b-a)$ und $M(b-a)$. Für $a < b$ haben wir

$$m(b-a) \leqq \int_a^b f(x)\, dx \leqq M(b-a). \tag{1}$$

Für $a > b$ sind die Vorzeichen in der Ungleichung entgegengesetzt.

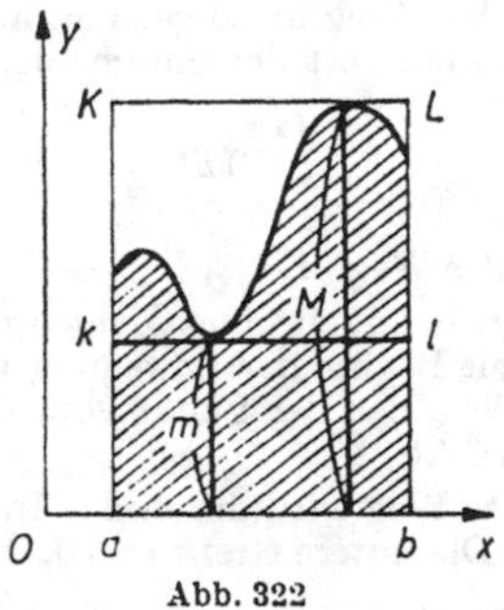

Abb. 322

Geometrische Deutung: Die in Abb. 322 strichlierte Figur hat einen Flächeninhalt, der größer als der Inhalt von $ablk$ und kleiner als der Inhalt von $abLK$ ist.

Beispiel. Man schätze das Integral $\int_4^6 2x\, dx$ ab.

Lösung. Der größte Wert der Funktion $2x$ im Intervall $(4, 6)$ ist $M = 2 \cdot 6 = 12$, der kleinste Wert ist $m = 2 \cdot 4 = 8$. Also liegt das Integral zwischen $8 \cdot 2 = 16$ und $12 \cdot 2 = 24$:

$$16 < \int_a^b 2x\, dx < 24.$$

Der exakte Wert ist 20 (§ 314, Beispiel).

Theorem 2. Wenn in jedem Punkt des Intervalls (a, b) die Ungleichung

$$\psi(x) \leqq f(x) \leqq \varphi(x) \tag{2}$$

gilt, so ist

$$\int_a^b \psi(x)\,dx \leqq \int_a^b f(x)\,dx \leqq \int_a^b \varphi(x)\,dx. \tag{3}$$

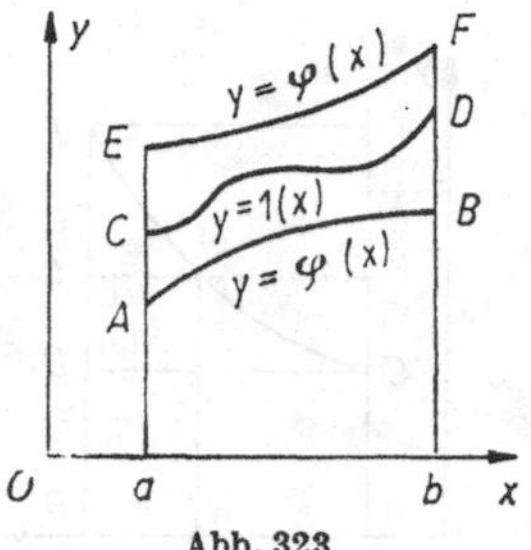

Abb. 323

Geometrisch bedeutet dies (Abb. 323), daß $\mathrm{Fl}(aABb) \leqq \mathrm{Fl}(aCDb) \leqq \mathrm{Fl}(aEFb)$. Theorem 1 ist ein Sonderfall von Theorem 2 mit $\psi(x) = m$ und $\varphi(x) = M$.

Bemerkung. Theorem 2 sagt aus, daß man eine Ungleichung integrieren darf. Differenzieren darf man eine Ungleichung jedoch nicht.

Die BUNJAKOWSKIsche Ungleichung. Eine Abschätzung eines Integrals gemäß Formel (1) aus § 318 ist meist sehr roh. Es gibt eine Reihe von Formeln für bessere Abschätzungen. Unter ihnen spielt die *Ungleichung von* BUNJAKOWSKI eine wichtige Rolle[1]). Sie lautet

$$\int_a^b f(x)\,\varphi(x)\,dx \leqq \int_a^b [f(x)]^2\,dx \int_a^b [\varphi(x)]^2\,dx$$

und wird auch als SCHWARZ*sche Ungleichung* bezeichnet.[2])

§ 319. Der Mittelwertsatz der Integralrechnung

Das bestimmte Integral[3]) ist gleich dem Produkt aus der Länge des Integrationsintervalls (a, b) und dem Wert des Integranden in einem gewissen Punkt ξ im Intervall (a, b):

$$\int_a^b f(x)\,dx = (b - a)\,f(\xi) \quad (a \leqq \xi \leqq b). \tag{1}$$

[1]) VIKTOR JAKOWLEWITSCH BUNJAKOWSKI (1804–1889) war ein russischer Mathematiker. Er arbeitete vorwiegend auf den Gebieten der Wahrscheinlichkeitsrechnung und der Zahlentheorie.

[2]) HERMANN AMANDUS SCHWARZ (1843–1921) war ein deutscher Mathematiker.

[3]) Bei Erweiterung des Integralbegriffs auf den Fall von unstetigen Funktionen (§ 328) verliert der Mittelwertsatz seine Gültigkeit.

Erklärung. Wir verschieben die Gerade KL (Abb. 324) aus der Lage CD in die Lage EF. Am Beginn der Bewegung ist der Inhalt der Fläche $AKLB$ kleiner als $\int_a^b f(x)\,dx$ (vgl. § 318, Theorem 1), am Ende ist er größer. Zu einem gewissen mittleren Zeitpunkt muß er also gleich dem Wert des Integrals sein, $ALBK = \int_a^b f(x)\,dx$. Als Grundlinie

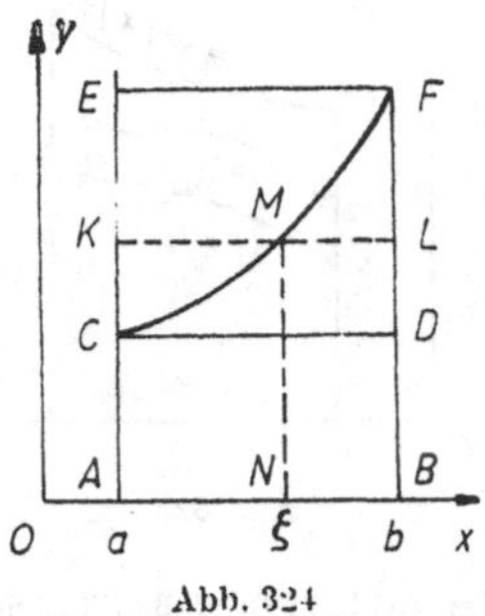

Abb. 324

des Rechtecks $AKLB$ dient $b - a$, als Höhe die Ordinate NM, die einem Punkt $N(\xi)$ des Intervalls AB entspricht. Also gilt

$$(b - a)\,f(\xi) = \int_a^b f(x)\,dx.$$

Bemerkung. Der Mittelwertsatz sagt aus, daß Gleichung (1), wenn man ξ als Unbekannte betrachtet, mindestens eine Wurzel besitzt, die im Intervall (a, b) liegt.

Beispiel. Bei $f(x) = 2x$ erhält Formel (1) die Gestalt

$$\int_a^b 2x\,dx = (b - a)\,2\xi \tag{2}$$

Das Theorem behauptet, daß ξ zwischen a und b liegt. Tatsächlich ist das Integral gleich $b^2 - a^2$, und die Formel (2) liefert

$$\xi = \frac{b^2 - a^2}{2(b - a)} = \frac{a + b}{2},$$

d. h., ξ ist das arithmetische Mittel von a und b.

§ 320. Das bestimmte Integral als Funktion seiner oberen Grenze

Bei unveränderlichen Grenzen a und b hat das Integral $\int_a^b f(x)\,dx$ über eine gegebene Funktion $f(x)$ einen *definierten Zahlenwert.* Wenn jedoch die obere (oder untere Grenze) verschiedene Werte annehmen kann, so erweist sich das Integral als *Funktion* der oberen (oder unteren) Grenze. Ihre Form hängt von der Form des Integranden ab (sowie vom Wert der konstanten unteren Grenze). Über den Charakter der Abhängigkeit s. § 321, Theorem 2.

Beispiel 1. Das Integral $\int_0^1 2t\,dt$ hat den Wert 1, das Integral $\int_0^2 2t\,dt$ den Wert 4, das Integral $\int_0^3 2t\,dt$ den Wert 9 usw. Also ist $\int_0^x 2t\,dt$ eine Funktion von x. Sie wird durch die Formel

$$\int_0^x 2t\,dt = x^2 \tag{1}$$

ausgedrückt.

Bemerkung. In Formel (1) wurden die Integrationsvariable und die variable obere Grenze mit verschiedenen Buchstaben bezeichnet (t und x), da diese Variable *verschiedene Rollen im Integrationsprozeß spielen.* Vorerst berechnen wir nämlich den Grenzwert der Summe (§ 314)

$$S_n = 2\tau_1(t_1 - 0) + 2\tau_2(t_2 - t_1) + \cdots + 2\tau_{n+1}(x - t_n),$$

wobei $t_1, t_2, \ldots, t_n$ zwischen 0 und x liegen und die Zahlen $\tau_1, \tau_2, \ldots$ den Intervallen $(0, t_1)$, (t_1, t_2), ... angehören. Bei diesem Prozeß ist x eine Konstante.

Hierauf unterwerfen wir x einer Veränderung, und nun haben wir es nicht mehr mit der Variablen t zu tun.

Schreibt man an Stelle von (1)

$$\int_0^x 2x\,dx = x^2, \tag{2}$$

so wird dieser Unterschied verwischt.

Nichtdestoweniger verwendet man oft die Schreibweise (2) und schreibt allgemein

$$\int_a^x f(x)\,dx \tag{3}$$

(sowie $\int_a^t f(t)\,dt$, $\int_a^s f(s)\,ds$ usw.). Es gilt, daß nach der Ausführung der Integration die variable Grenze dieselbe Bedeutung hat (geometrisch, mechanisch usw.) wie die Integrationsvariable (s. Beispiele 2 und 3).

Beispiel 2. Der Flächeninhalt S des Dreiecks OPM (Abb. 325) wird durch das Integral $\int_0^a x \cdot dx$ ausgedrückt:

$$S = \int_0^a x\,dx = \frac{a^2}{2}. \tag{4}$$

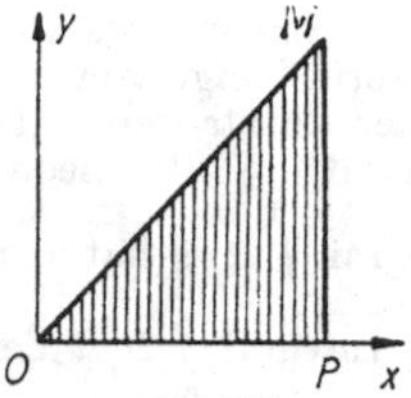

Abb. 325

Die Ordinate PM möge beweglich sein: dann ist das Integral (4) eine Funktion der oberen Grenze. In Übereinstimmung damit schreiben wir t an Stelle von a:

$$S = \int_0^t x\,dx = \frac{t^2}{2}. \tag{5}$$

Die Schreibweise (5) ist einwandfrei aber unbequem, da in der Formel $S = \frac{t^2}{2}$ der Buchstabe t die Abszisse darstellt. Diese haben wir aber durch x bezeichnet. Man verwendet daher oft in nicht ganz exakter Weise die Schreibweise

$$S = \int_0^x x\,dx = \frac{x^2}{2}. \tag{6}$$

§ 321. Das Differential eines Integrals

Theorem 1. Das Differential eines Integrals mit variabler oberer Grenze fällt mit dem Integrationsausdruck zusammen:

$$d \int_a^x f(x)\,dx = f(x)\,dx. \tag{1}$$

Ein Integral mit variabler oberer Grenze ist stets eine differenzierbare Funktion von x. (Formel (1) schreibt man exakt $d \int_a^x f(t)\,dt = f(x)\,dx$ (s. § 320).)

Beispiel.

$$d\int_0^x 2x\,dx = 2x\,dx. \tag{1a}$$

Wir prüfen diese Gleichung. Wir haben (§ 320)

$$\int_0^x 2x\,dx = x^2.$$

Durch Differenzieren erhalten wir (1a).

Bemerkung. Aus (1) erhalten wir

$$\frac{d}{dx}\int_a^x f(x)\,dx = f(x). \tag{2}$$

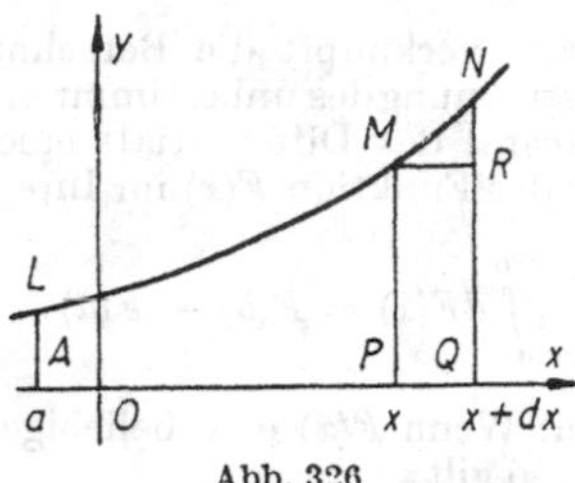

Abb. 326

d. h., die Ableitung eines Integrals nach seiner oberen Grenze liefert den Integranden. Diese Aussage kann man noch in andere Form bringen.

Theorem 2. Das Integral mit variabler oberer Grenze ist eine der Stammfunktionen (§ 293) des Integranden.

Erklärung der Formel (1). Der Inhalt der Fläche $ALMP$ (Abb. 326) ist durch das Integral $\int_a^x f(x)\,dx$ gegeben. Wenn x um $dx = PQ$ wächst, so erhält die Fläche den Zuwachs $PMNQ$. Diesen Zuwachs zerlegen wir in das Rechteck $PMRQ$ und das krummlinige Dreieck MNR. Der Inhalt des Rechtecks ist gleich $PM \cdot PQ = f(x)\,dx$. Er ist proportional dx. Der Inhalt des Dreiecks MNR ist klein von höherer Ordnung relativ zu dx (in Abb. 376 ist er kleiner als $MR \cdot RN = dx \cdot \Delta y$). Daher ist $f(x)\,dx$ (§ 230) das Differential des Integrals $\int_a^x f(x)\,dx$.

Erklärung der Formel (2). Wenn $f(t)$ die Geschwindigkeit eines Punktes im Zeitpunkt t ist, so liefert $\int_a^t f(t)\,dt$ (§ 317, Pkt. 1) den

Weg s, den der Punkt vom Zeitpunkt a bis zum Zeitpunkt t zurückgelegt hat:

$$s = \int_a^t f(t)\,dt. \tag{3}$$

Die Ableitung $\frac{ds}{dt} = \frac{d}{dt}\int\limits_a^t f(t)\,dt$ ist die Geschwindigkeit des Punktes (§ 223). Also ist $\frac{d}{dt}\int\limits_a^t f(t)\,dt = f(t)$.

§ 322. Das Integral eines Differentials. Die Formel von Newton-Leibniz

Das folgende Theorem verknüpft die Berechnung des bestimmten Integrals mit der Bestimmung des unbestimmten Integrals (vgl. § 323).

Theorem. Das Integral des Differentials einer Funktion $F(x)$ ist gleich dem Zuwachs der Funktion $F(x)$ im Integrationsintervall:

$$\int_a^b dF(x) = F(b) - F(a). \tag{1}$$

Mit anderen Worten: Wenn $F(x)$ eine beliebige Stammfunktion des Integranden $f(x)$ ist, so gilt

$$\int_a^b f(x)\,dx = F(b) - F(a). \tag{2}$$

Formel (2) nennt man oft *Formel von* NEWTON-LEIBNIZ.

Beispiel 1. Wir haben (§ 314)

$$\int_a^b 2x\,dx = b^2 - a^2. \tag{3}$$

Der Integrationsausdruck ist das Differential der Funktion x^2 ($d(x^2) = 2x\,dx$). Bei Übergang von $x = a$ nach $x = b$ ergibt sich der Zuwachs $b^2 - a^2$. Formel (3) sagt aus, daß das Integral gleich diesem Zuwachs ist.

Beispiel 2. Man bestimme das Integral $\int\limits_a^b 3x^2\,dx$.

Lösung. Wir bemerken, daß der Integrationsdruck das Differential der Funktion x^3 ist. Daher erhalten wir gemäß Formel (2)

$$\int_a^b 3x^2\,dx = \int_a^b d(x^3) = b^3 - a^3. \tag{4}$$

Physikalische Deutung. Ein Punkt bewege sich in einer festen Richtung, und es sei $F(t)$ der Abstand von der Anfangslage zum Zeitpunkt t. Die Ableitung $\frac{dF(t)}{dt} = f(t)$ ist die Geschwindigkeit (§ 223). Das Integral $\int_a^b f(t)\,dt$ liefert also den Weg s, der vom Zeitpunkt $t = a$ bis zum Zeitpunkt $t = b$ zurückgelegt wurde:

$$s = \int_a^b f(t)\,dt. \tag{5}$$

Aber zum Zeitpunkt $t = a$ ist der Abstand von der Anfangslage des Punktes durch $F(a)$, zum Zeitpunkt $t = b$ durch $F(b)$ gegeben. Also ist

$$s = F(b) - F(a). \tag{6}$$

Aus (5) und (6) erhalten wir

$$\int_a^b f(t)\,dt = F(b) - F(a).$$

§ 323. Die Berechnung des bestimmten Integrals mit Hilfe des unbestimmten Integrals

Regel. Zur Berechnung des bestimmten Integrals $\int_a^b f(x)\,dx$ genügt es, wenn man das unbestimmte Integral $\int f(x)\,dx$ aufsucht, in dem gefundenen Ausdruck zuerst die obere und dann die untere Grenze an Stelle von x einsetzt und die zweite Größe von der ersten abzieht. Diese Regel wird durch das Theorem in § 322 begründet.

Bemerkung. Den konstanten Summanden im unbestimmten Integral braucht man nicht zu berücksichtigen. Er hebt sich bei der Subtraktion weg.

Beispiel 1. Man bestimme $\int_{-2}^{3} 3x^2\,dx$.

Lösung. Wir finden das unbestimmte Integral

$$\int 3x^2\,dx = x^3 + C.$$

Mit $x = 3$ ergibt sich $27 + C$, mit $x = -2$ erhalten wir $-8 + C$. Zieht man die zweite Größe von der ersten ab, so findet man

$$\int_{-2}^{3} 3x^2\,dx = (27 + C) - (-8 + C) = 27 - (-8) = 35. \tag{1}$$

Der konstante Summand C hebt sich dabei weg.

Beispiel 2. Man bestimme $\int_0^{\pi} \sin x\,dx$.

Lösung. Wir haben $\int \sin x\,dx = -\cos x$ (der konstante Summand wurde unterdrückt). Daher gilt

$$\int_0^{\pi} \sin x\,dx = -[\cos\pi - \cos 0] = 2. \tag{2}$$

Bezeichnungsweise. Das Symbol

$$F(x)|_a^b \quad \text{oder} \quad [F(x)]_a^b \tag{3}$$

(gelesen: „$F(x)$ von a bis b") bedeutet dasselbe wie $F(b) - F(a)$. Zum Beispiel schreibt man an Stelle von $-(\cos\pi - \cos 0)$ das Symbol $-\cos x|_0^{\pi}$ oder $[-\cos x]_0^{\pi}$.

§ 324. Partielle bestimmte Integration

Die partielle Integration (§ 301) kann man unmittelbar auf die bestimmte Integration übertragen, wobei man die Formel

$$\int_{x_1}^{x_2} u\,dv = uv|_{x_1}^{x_2} - \int_{x_1}^{x_2} v\,du \tag{1}$$

verwendet.

Beispiel 1. $I = \int_0^{\sqrt{3}} \frac{x^2\,dx}{(1+x^2)^2}$.

Wir setzen

$$u = x, \quad dv = \frac{x\,dx}{(1+x^2)^2} = d\left[-\frac{1}{2(1+x^2)}\right]$$

und finden

$$I = \int_0^{\sqrt{3}} x d\left[-\frac{1}{2(1+x^2)}\right] = -\frac{x}{2(1+x^2)}\bigg|_0^{\sqrt{3}} + \int_0^{\sqrt{3}} \frac{dx}{2(1+x^2)}$$

$$= -\frac{\sqrt{3}}{8} + \frac{1}{2}\arctan\sqrt{3} = -\frac{\sqrt{3}}{8} + \frac{\pi}{6} \approx 0{,}307.$$

Beispiel 2. $I = \int_0^{\frac{\pi}{2}} x \sin x\,dx$.

Wir haben

$$I = \int_0^{\frac{\pi}{2}} xd(-\cos x) = -x\cos x\bigg|_0^{\frac{\pi}{2}} + \int_0^{\frac{\pi}{2}} \cos x\,dx.$$

Der erste Summand ist Null. Wir haben

$$I = \sin x \Big|_0^{\frac{\pi}{2}} = 1.$$

§ 325. Substitutionsmethoden bei der bestimmten Integration

Regel. Bei der Berechnung des Integrals $\int\limits_{x_1}^{x_2} f(t)\, dx$ kann man eine Hilfsvariable z einführen, die mit x in einer gewissen Beziehung steht. Der Integrationsausdruck transformiert sich dann wie beim unbestimmten Integral (§ 300) und erhält die Form $f_1(z)\, dz$. Darüber hinaus muß man die Grenzen x_1 und x_2 durch jene Werte von z ersetzen, die ihnen auf Grund der gegebenen Beziehung entsprechen. Wenn dies möglich ist, so haben wir[1])

$$\int\limits_{x_1}^{x_2} f(x)\, dx = \int\limits_{z_1}^{z_2} f_1(z)\, dz. \tag{1}$$

Beispiel 1. Man bestimme

$$\int\limits_5^{13} \sqrt{2x-1}\, dx.$$

Lösung. Wir führen die Hilfsvariable z ein, die von x in der Form

$$z = 2x - 1 \tag{2}$$

abhängt. Wenn man x durch z ausdrückt, erhält man

$$x = \frac{z+1}{2}. \tag{3}$$

Der Integrationsausdruck $\sqrt{2x-1}\, dx$ geht dadurch über in

$$\frac{1}{2} z^{\frac{1}{2}}\, dz.$$

Die Grenzen $x_1 = 5$, $x_2 = 13$ ersetzt man durch die neuen Grenzen z_1, z_2 gemäß Formel (2):

$$z_1 = 2x_1 - 1 = 9, \qquad z_2 = 2x_2 - 1 = 25.$$

Gemäß (1) haben wir

$$\int\limits_5^{13} \sqrt{2x-1}\, dx = \int\limits_9^{25} \frac{1}{2} z^{\frac{1}{2}}\, dz = \frac{1}{3} z^{\frac{3}{2}} \Big|_9^{25} = 32\,\frac{2}{3}.$$

---

[1]) Es ist vorausgesetzt: 1. daß die Beziehung zwischen x und z durch eine Formel $x = \varphi(z)$ beschrieben wird, wobei die Funktion $\varphi(z)$ im Intervall (z_1, z_2) eine stetige Ableitung besitze; 2. die Funktion $f(x)$ für alle Werte von x stetig ist, die bei einer Variation von z im Intervall (z_1, z_2) auftreten.

Beispiel 2. Man bestimme $\int\limits_{-a}^{+a} \sqrt{a^2 - x^2}\, dx$.

Lösung. Die Substitution

$$x = a \sin t \tag{4}$$

führt (§ 303, Beispiel 1) den Integranden über in

$$a^2 \sqrt{1 - \sin^2 t} \cos t\, dt = \pm a^2 \cos^2 t\, dt. \tag{5}$$

Das obere Vorzeichen gilt, wenn t im ersten oder vierten Quadranten liegt, das untere gilt für den zweiten und dritten Quadranten.
Die neuen Grenzen t_1 und t_2 nimmt man so, daß

$$-a = a \sin t_1, \quad a = a \sin t_2.$$

Dies ist auf zwei Arten möglich. Man kann wählen

$$t_1 = -\frac{\pi}{2}, \quad t_2 = \frac{\pi}{2}.$$

t ändert sich daher innerhalb des vierten und ersten Quadranten. In (5) nehmen wir daher das obere Vorzeichen und erhalten so

$$\int\limits_{-a}^{+a} \sqrt{a^2 - x^2}\, dx$$

$$= a^2 \int\limits_{-\frac{\pi}{2}}^{\frac{\pi}{2}} \cos^2 t\, dt = \frac{a^2}{2}\left(t + \frac{1}{2}\sin 2t\right)\Bigg|_{-\frac{\pi}{2}}^{\frac{\pi}{2}} = \frac{\pi a^2}{2}.$$

Nimmt man dagegen

$$t_1 = \frac{3\pi}{2}, \quad t_2 = \frac{\pi}{2},$$

so ist in (5) das untere Vorzeichen zu wählen:

$$\int\limits_{-a}^{+a} \sqrt{a^2 - x^2}\, dx = -a^2 \int\limits_{\frac{3\pi}{2}}^{\frac{\pi}{2}} \cos^2 t\, dt = \frac{\pi a^2}{2}.$$

§ 326. Uneigentliche Integrale

Der Begriff des bestimmten Integrals wurde in § 314 für endliche Intervalle (a, b) und für stetige Funktionen $f(x)$ eingeführt. Eine Reihe von konkreten Aufgaben (s. die Beispiele in § 327 und 328) führt auf einen erweiterten Integralbegriff, bei dem auch unendliche

Intervalle und unstetige Funktionen betrachtet werden. Zu diesem Zweck führt man neben dem in § 314 angegebenen Grenzübergang einen weiteren Grenzübergang durch. Ein auf derartige Weise entstandenes Integral heißt *uneigentliches Integral.* Im Gegensatz dazu heißt das in § 314 eingeführte Integral *eigentliches Integral.* In § 327 betrachten wir uneigentliche Integrale vom ersten Typ (mit einer oder mit zwei unendlichen Integrationsgrenzen), in § 328 uneigentliche Integrale vom zweiten Typ (Integrale von unstetigen Funktionen).

§ 327. Integrale mit unendlichen Grenzen

Definition. Wenn das Integral

$$\int_a^{x'} f(x)\,dx \tag{1}$$

für $x' \to \infty$ einen endlichen Grenzwert besitzt, so bezeichnet man diesen Grenzwert als *Integral der Funktion $f(x)$ von a bis Unendlich* und schreibt

$$\int_a^{+\infty} f(x)\,dx. \tag{2}$$

Also ist gemäß Definition

$$\int_a^{+\infty} f(x)\,dx = \lim_{x' \to +\infty} \int_a^{x'} f(x)\,dx. \tag{3}$$

Wenn das Integral (1) für $x' \to \infty$ einen unendlichen Grenzwert[1]) besitzt oder wenn kein solcher Grenzwert existiert, so sagt man, das *uneigentliche* Integral (2) *konvergiere nicht.* Im Falle eines endlichen Grenzwerts für das Integral (2) sagt man, das uneigentliche Integral (2) *konvergiere.*

Beispiel 1. Man bestimme das Integral $\int_0^{+\infty} 2^{-x}\,dx$.
Lösung. Wir haben

$$\int_0^{x'} 2^{-x}\,dx = \frac{1}{\ln 2}\left(-2^{-x}\right)\Big|_0^{x'} = \frac{1}{\ln 2}\left(1 - \frac{1}{2^{x'}}\right).$$

Für $x' \to \infty$ hat dieser Ausdruck den Grenzwert $\frac{1}{\ln 2}$. Also gilt

$$\int_0^{+\infty} 2^{-x}\,dx = \lim_{x' \to +\infty} \int_0^{x'} 2^{-x}\,dx = \frac{1}{\ln 2} \approx 1{,}4.$$

---

[1]) Wenn das Integral $\int_a^{x'} f(x)\,dx$ für $x' \to \infty$ einen unendlichen Grenzwert hat, so sagt man vereinbarungsgemäß, das uneigentliche Integral $\int_a^{+\infty} f(x)\,dx$ habe einen unendlichen Wert, und schreibt $\int_a^{+\infty} f(x)\,dx = \infty$.

Geometrische Deutung. Das Integral $\int\limits_0^{x'} 2^{-x}\,dx$ stellt den Inhalt der Fläche $OBB'D$ (Abb. 327) unter der Kurve $y = 2^{-x}$ dar. Je weiter die Ordinate BB' nach rechts wandert, um so größer wird die Fläche $OBB'D$. Aber sie wird nicht unendlich, sondern strebt gegen $\frac{1}{\ln 2}$. Man sagt daher, daß der Inhalt des unendlichen Gebietes unter der Kurve $y = 2^{-x}$ gleich $\frac{1}{\ln 2}$ ist.

Erklärung. Wir betrachten die Stufenfigur in Abb. 327. Ihre erste Stufe $OACD$ hat den Inhalt $OD \cdot OA = 1 \cdot 1 = 1$, die zweite hat

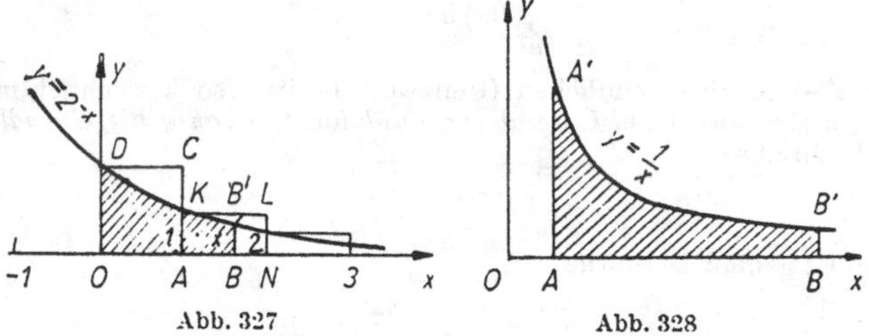

Abb. 327 Abb. 328

den Inhalt $AK \cdot AN = \frac{1}{2 \cdot 1} = \frac{1}{2}$, die dritte den Inhalt $\frac{1}{4}$ usw. Mit wachsender Stufenzahl strebt ihr Gesamtinhalt gegen 2 (Summe der unendlichen geometrischen Reihe). Die Zahl 2 ist der exakte Inhalt der unendlichen Stufenzone. Die Fläche der unendlichen krummlinigen Zone ist noch kleiner.

Beispiel 2. Man bestimme $\int\limits_1^{+\infty} \frac{dx}{x}$.

Lösung. Das Integral $\int\limits_1^{x'} \frac{dx}{x} = \ln x'$ hat für $x' \to \infty$ einen unendlichen Grenzwert. Das gesuchte uneigentliche Integral konvergiert nicht.

Geometrische Deutung. Der Inhalt der Fläche $AA'B'B$ (Abb. 328) unter der Hyperbel $y = \frac{1}{x}$ wächst unbegrenzt an (die unendliche krummlinige Zone hat einen unendlichen Flächeninhalt).

Beispiel 3. Auf einer Ebene befinden sich zwei elektrisch geladene Kugeln mit positiven Ladungen e_1 und e_2 (in elektrostatischen Einheiten). Der Abstand zwischen ihren Zentren sei R cm. Die Kugel mit der Ladung e_2 sei frei beweglich und entferne sich von e_1 unter dem Einfluß der abstoßenden Kraft $F = \frac{e_1 e_2}{r^2}$ (r = variabler Abstand zwischen den Zentren in cm, F — Größe der Kraft in dyn.) Die Arbeit, welche die Kraft F längs des Weges (R, r') leistet, ist gegeben (in erg) durch das Integral (§ 317)

$$\int_R^{r'} \frac{e_1 e_2}{r^2}\, dr = e_1 e_2 \left(\frac{1}{R} - \frac{1}{r'}\right).$$

Das uneigentliche Integral

$$e_1 e_2 \int_R^{+\infty} \frac{dr}{r^2} = \lim_{r' \to \infty} \left[e_1 e_2 \left(\frac{1}{R} - \frac{1}{r'}\right)\right] = \frac{e_1 e_2}{R}$$

beschreibt die Gesamtenergie des betrachteten Systems. In der Physik nennt man diese Größe *Potential.*

Definition 2. Das Integral der Funktion $f(x)$ von $-\infty$ bis c ist der Grenzwert des Integrals $\int_{x''}^{a} f(x)\, dx$ für $x'' \to -\infty$:

$$\int_{-\infty}^{a} f(x)\, dx = \lim_{x'' \to -\infty} \int_{x''}^{a} f(x)\, dx. \tag{4}$$

Die Konvergenz oder Divergenz des uneigentlichen Integrals $\int_{-\infty}^{a} f(x)\, dx$ versteht man wie unter Definition 1.

Definition 3. Unter dem Integral der Funktion $f(x)$ von $-\infty$ bis $+\infty$

$$\int_{-\infty}^{+\infty} f(x)\, dx \tag{5}$$

versteht man die Summe

$$\int_{-\infty}^{a} f(x)\, dx + \int_{a}^{+\infty} f(x)\, dx. \tag{6}$$

Sie ist von der Wahl von a unabhängig. Es ist vorausgesetzt, daß beide uneigentlichen Integrale konvergieren.

Das Integral (5) liefert einen Ausdruck für den Inhalt der Fläche unter der Kurve $y = f(x)$, die sich nach beiden Richtungen bis ins Unendliche erstreckt (Kurve VAU in Abb. 329).

Beispiel 4. Man bestimme den Flächeninhalt der unendlichen Zone unter der Kurve $y = \frac{a^3}{a^2 + x^2}$ (Abb. 329, vgl. auch § 506).

Lösung. Der gesuchte Flächeninhalt wird durch das Integral

$$\int_{-\infty}^{+\infty} \frac{a^3\,dx}{a^2+x^2} = \int_{-\infty}^{0} \frac{a^3\,dx}{a^2+x^2} + \int_{0}^{+\infty} \frac{a^3\,dx}{a^2+x^2} \tag{7}$$

dargestellt. Wegen $\int_0^{x'} \frac{a^3\,dx}{a^2+x^2} = a^2 \arctan \frac{x'}{a}$ gilt

$$\int_0^{+\infty} \frac{a^3\,dx}{a^2+x^2} = a^2 \lim_{x'\to+\infty} \arctan \frac{x'}{a} = \frac{\pi a^2}{2}.$$

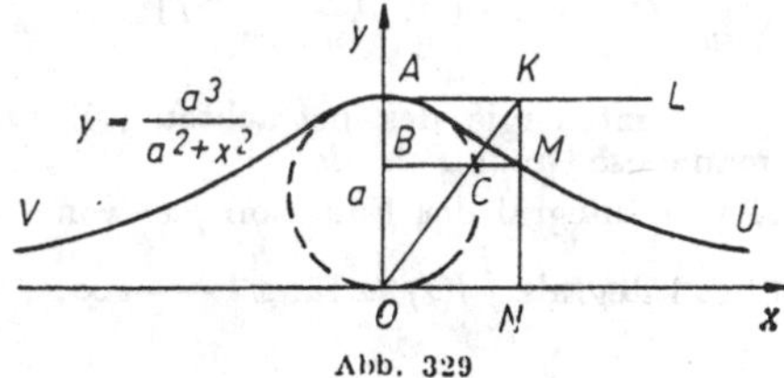

Abb. 329

Analog dazu berechnet man den ersten Summanden und erhält

$$\int_{-\infty}^{+\infty} \frac{a^3\,dx}{a^2+x^2} = \pi a^2. \tag{8}$$

Bemerkung 1. Die Grundformel

$$\int_a^b f(x)\,dx = F(b) - F(a),$$

auf das konvergente Integral $\int_a^{+\infty} f(x)\,dx$ angewandt, hat die Gestalt

$$\int_a^{\infty} f(x)\,dx = F(\infty) - F(a).$$

Dabei bedeutet das Symbol $F(\infty)$ dasselbe wie $\lim\limits_{x'\to\infty} F(x')$.

In analoger Weise wendet man die Formel für die partielle Integration an. Zur Berechnung des uneigentlichen Integrals $\int_a^{\infty} f(x)\,dx$ darf man auch die Substitutionsmethode verwenden, jedoch nur unter der Bedingung, daß die Funktion $x = \varphi(z)$ monoton ist.

Bemerkung 2. Manchmal ist es bequem, ein eigentliches Integral als uneigentliches Integral darzustellen. Zur Berechnung des Integrals

$$\int_0^{\frac{\pi}{2}} \frac{\sin^2 x \cos^2 x \, dx}{(\sin^3 x + \cos^3 x)^2} \tag{9}$$

führt man am besten die Hilfsfunktion

$$\tan x = z$$

ein. Man erhält dadurch

$$\int_0^\infty \frac{z^2 \, dz}{(1 + z^3)^2} = -\frac{1}{3(1 + z^3)}\bigg|_0^\infty = \frac{1}{3}. \tag{11}$$

In der Darstellung (11) erscheint das betrachtete Integral (9) als Grenzwert des Integrals

$$\int_0^{x'} \frac{\sin^2 x \cos^2 x \, dx}{(\sin^3 x + \cos^3 x)^2} \text{ für } x' \to \frac{\pi}{2}.$$

§ 328. Integrale über Funktionen mit Unstetigkeitsstellen

Definition 1. Die Funktion $f(x)$ sei im Punkt $x = b$ unstetig, in den übrigen Punkten des Intervalls (a, b) jedoch stetig.
Wenn das Integral

$$\int_a^{x'} f(x) \, dx \tag{1}$$

für $x' \to b$ einen endlichen Grenzwert besitzt, so bezeichnet man diesen Grenzwert als *uneigentliches Integral von a bis b über die Funktion* $f(x)$ und bezeichnet es genau so wie das entsprechende eigentliche Integral:

$$\int_a^b f(x) \, dx = \lim_{x' \to b - 0} \int_a^{x'} f(x) \, dx. \tag{2}$$

Formel (2) läßt sich für eigentliche Integrale *beweisen*. Für uneigentliche Integrale dient sie als *Definition*.
Analog dazu definiert man das uneigentliche Integral, wenn $f(x)$ nur am Ende $x = a$ des Intervalls (a, b) unstetig ist.
Die Konvergenz und Divergenz des uneigentlichen Integrals versteht man so wie in § 327.
Definition 2. Wenn $f(x)$ nur in einem inneren Punkt c des Intervalls (a, b) unstetig ist, so setzt man

$$\int_a^b f(x) \, dx = \int_a^c f(x) \, dx + \int_c^b f(x) \, dx. \tag{3}$$

Es ist vorausgesetzt, daß die beiden uneigentlichen Integrale auf der rechten Seite konvergieren.
Formel (3) läßt sich für eigentliche Integrale *beweisen*. Hier hingegen dient sie als *Definition* des uneigentlichen Integrals $\int_a^b f(x)\,dx$.

Bemerkung 1. Die Definition 2 läßt sich auch auf jene Fälle ausdehnen, in denen im Intervall (a, b) zwei, drei usw. Unstetigkeitspunkte liegen. Für zwei solche Punkte c' und c'' haben wir

$$\int_a^b f(x)\,dx = \int_a^{c'} f(x)\,dx + \int_{c'}^{c''} f(x)\,dx + \int_{c''}^b f(x)\,dx. \tag{3a}$$

Beispiel 1. Man bestimme

$$\int_0^a \frac{a^2\,dx}{\sqrt{a^2 - x^2}}.$$

Das gegebene Integral ist uneigentlich, da der Integrand in $x = a$ unstetig ist (er wird dort unendlich). Das Integral konvergiert, da die Funktion

$$\int_0^{x'} \frac{a^2\,dx}{\sqrt{a^2 - x^2}} = a^2 \arcsin \frac{x'}{a} \tag{4}$$

für $x' \to a$ gegen den Grenzwert $\frac{\pi a^2}{2}$ strebt. Es gilt also

$$\int_0^a \frac{a^2\,dx}{\sqrt{a^2 - x^2}} = \frac{\pi a^2}{2}. \tag{5}$$

Geometrische Deutung: Der Flächeninhalt des unendlichen Gebietes *KAOBL*[1]) (d. h. der Grenzwert des Flächeninhalts von *LSOB*, wenn *S* gegen *A* strebt, Abb. 330) ist gleich dem Inhalt des Halbkreises *BOB'A*. Die sich bis ins Unendliche erstreckende strichlierte Figur ist also genau so groß wie der Sektor *AOB'*.

Beispiel 2. Man bestimme $\int_{-a}^{+a} a \sqrt[3]{\frac{a^2}{x^2}}\,dx.$

Das Integral ist uneigentlich, da der Integrand im Inneren des Intervalls $(-a, +a)$ in $x = 0$ unendlich wird. Gemäß Definition 2 haben wir

$$\int_{-a}^{+a} a \sqrt[3]{\frac{a^2}{x^2}}\,dx = a^{\frac{5}{3}} \int_{-a}^{0} x^{-\frac{2}{3}}\,dx + a^{\frac{5}{3}} \int_0^a x^{-\frac{2}{3}}\,dx. \tag{6}$$

[1]) Der Radius a des Kreises O ist die Mittellinie zwischen der Ordinate der Kurve *L'BL* und der entsprechenden Ordinate des Halbkreises *A'BA*. Diese Tatsache dient zur leichteren Konstruktion der Kurve *L'BL*.

Nach Definition 1 gilt

$$\int_{-a}^{0} x^{-\frac{2}{3}}\, dx = \lim_{x'\to 0} \int_{-a}^{x'} x^{-\frac{2}{3}}\, dx = \lim_{x'\to 0} 3\left(a^{\frac{1}{3}} - x'^{\frac{1}{3}}\right) = 3a^{\frac{1}{3}}.$$

Analog berechnet man den zweiten Summanden der Formel (6). Man erhält schließlich

$$\int_{-a}^{+a} a \sqrt[3]{\frac{a^2}{x^2}}\, dx = 6a^2.$$

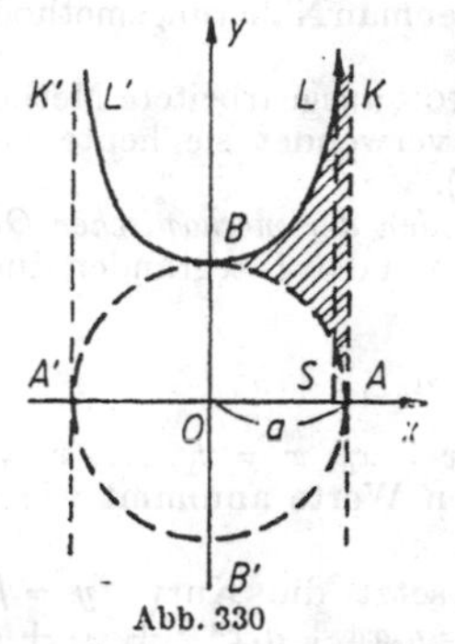

Abb. 330

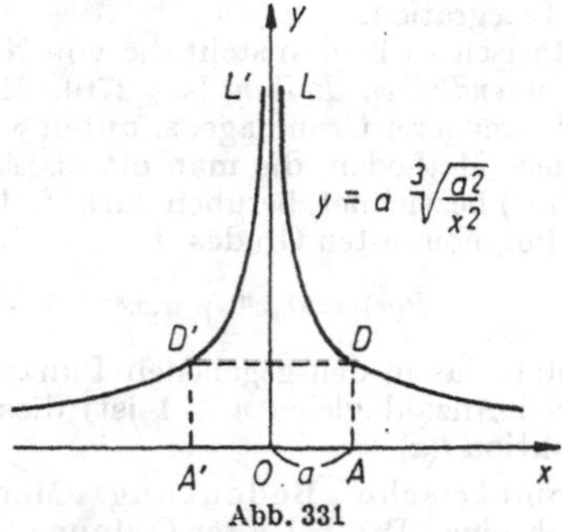

Abb. 331

Geometrische Bedeutung. Der Flächeninhalt des unendlichen Gebietes $ADLL'D'A'$ (Abb. 331) ist doppelt so groß wie der Inhalt des Rechtecks $A'ADD'$ (die „unendliche Spitze" $DLL'D'$ ist somit genau so groß wie ein Quadrat mit der Seite DD').

Bemerkung 2. Das Integral $\int_{-1}^{1} \frac{dx}{x^2}$ konvergiert nicht. Wendet man darauf die Grundformel der Integralrechnung an

$$\int_a^b f(x)\, dx = F(b) - F(a), \tag{7}$$

so ergibt sich die negative Zahl -2. Dieses Resultat kann nicht richtig sein, da der Integrand $\frac{1}{x^2}$ überall positiv ist. Der Ausdruck $\int_{-1}^{1} \frac{dx}{x^2}$ hat also keinen Sinn. Wenn hingegen die uneigentlichen Integrale in (3)

$$\int_a^c f(x)\, dx, \qquad \int_c^b f(x)\, dx$$

konvergieren, so ist für das uneigentliche Integral $\int_a^b f(x)\,dx$ Formel (7) immer gültig.

Bemerkung 3. Bezüglich der partiellen Integration und der Integration durch Substitution gilt dasselbe wie unter Bemerkung 1 in § 327.

§ 329. Über die näherungsweise Berechnung eines Integrals

In der Praxis erscheinen oft Integrale, die sich nicht durch elementare Funktionen ausdrücken lassen (§ 309) oder deren Berechnung sehr schwierig ist. Häufig ist der Integrand nur in Tabellenform oder nur grafisch gegeben. In diesen Fällen verwendet man Näherungsmethoden zur Integration.

Historisch zu Beginn steht die von NEWTON ausgearbeitete Methode der *unendlichen Reihen* (s. § 270). Man verwendet sie heute noch (auf strengerer Grundlage, s. unten § 402).

Andere Methoden, die man oft als *Methoden der mechanischen Quadratur*[1]) bezeichnet, beruhen darauf, daß man den Integranden durch ein Polynom n-ten Grades

$$P(x) = a_0x^n + a_1x^{n-1} + \cdots + a_{n-1}x + a_n \tag{1}$$

ersetzt, das in den gegebenen Punkten $x = x_0$, $x = x_1$, ..., $x = x_n$ (deren Anzahl gleich $n + 1$ ist) dieselben Werte annimmt wie die Funktion $f(x)$.

Geometrische Bedeutung. Man ersetzt die Kurve $y = f(x)$ durch eine „Parabel n-ter Ordnung" $y = a_0x^n + a_1x^{n-1} + \cdots + a_n$, die durch $n + 1$ Punkte der gegebenen Kurve verläuft.

Die näherungsweise Berechnung der Funktion $f(x)$ aus gewissen Werten $f(x_0)$, $f(x)_1$, ..., $f(x_n)$ heißt *Interpolation*, das Polynom (1) heißt *Interpolationspolynom.*

Durch Integration des Interpolationspolynoms erhalten wir einen Näherungsausdruck für das Integral der Funktion $f(x)$.

Beispiel 1. Bei einem gegebenen Wert $y_0 = f(x_0)$ erhalten wir ein Interpolationspolynom 0-ten Grades

$$P(x) = y_0. \tag{2}$$

Die Kurve $y = f(x)$ wird durch die horizontale Gerade UV (Abb. 332) ersetzt, die durch den gegebenen Punkt M_0 (x_0, y_0) verläuft.

Der Näherungswert für das Integral

$$\int_{x_0-\frac{h}{2}}^{x_0+\frac{h}{2}} f(x)\,dx \approx \int_{x_0-\frac{h}{2}}^{x_0+\frac{h}{2}} y_0\,dx = y_0h \tag{3}$$

---

[1]) Auch sie beruht auf den Ideen von NEWTON und wurde durch TAYLOR, SIMPSON u. a. weiterentwickelt. Die neuesten Arbeiten auf diesem Gebiet stammen von sowjetischen Wissenschaftlern (W. P. WETSCHINKIN u. F. M. KOGAN).

liefert den Inhalt des Rechtecks $AUVB$ (statt den Inhalt des krummlinigen Trapezes $AA'B'B$).

Beispiel 2. Bei zwei gegebenen Werten $y_0 = f(x_0)$, $y_1 = f(x_0 + h)$ erhalten wir das Interpolationspolynom ersten Grades

$$P(x) = y_0 + \frac{y_1 - y_0}{h}(x - x_0). \tag{4}$$

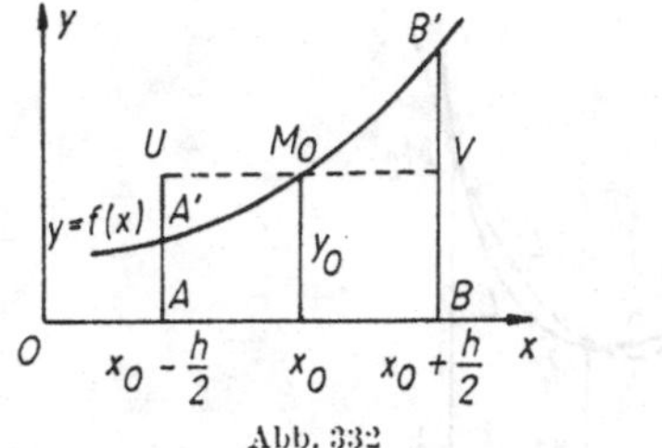

Abb. 332

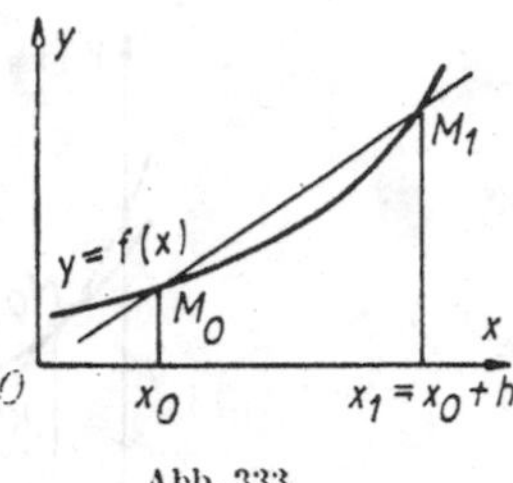

Abb. 333

Es stellt die Gerade M_0M_1 dar (Abb. 333), die durch die Punkte $M_0(x_0, y_0)$ und $M_1(x_0 + h, y_1)$ verläuft. Der entsprechende Näherungswert für das Integral

$$\int_{x_0}^{x_0+h} f(x)\,dx \approx \int_{x_0}^{x_0+h} P(x)\,dx = \frac{1}{2}(y_0 + y_1)\,h \tag{5}$$

iefert den Flächeninhalt des geradlinigen Trapezes $x_0M_0M_1x_1$.

Beispiel 3. Bei drei gegebenen Werten

$$y_0 = f(x_0), \quad y_1 = f(x_0 + h), \quad y_2 = f(x_0 + 2h)$$

erhalten wir ein Interpolationspolynom zweiten Grades

$$P(x) = y_0 + \frac{y_1 - y_0}{h}(x - x_0) + \frac{y_2 - 2y_1 + y_0}{2h^2}(x - x_0)[x - (x_0 + h)]. \tag{6}$$

Von der Richtigkeit der Formel (6) überzeugt man sich, indem man der Reihe nach

$$x = x_0, \quad x = x_0 + h, \quad x = x_0 + 2h$$

setzt. Wir erhalten

$$P(x_0) = y_0, \quad P(x_0 + h) = y_1, \quad P(x_0 + 2h) = y_2.$$

Das Polynom (6) stellt eine Parabel mit vertikaler Achse dar (Abb. 334), die durch die Punkte $M_0(x_0; y_0)$, $M_1(x_0 + h; y_1)$, $M_2(x_0 + 2h; y_2)$ verläuft.

Der Näherungsausdruck[1])

$$\int_{x_0}^{x_0+2h} f(x)\,dx \approx \int_{x_0}^{x_0+2h} P(x)\,dx = \frac{1}{3}(y_0 + 4y_1 + y_2)\,h \tag{7}$$

liefert den Inhalt des parabolischen Trapezes $A_0M_0K'M_1L'M_2A_2$ (statt den Inhalt des krummlinigen Trapezes $A_0M_0KM_1LM_2A_2$).

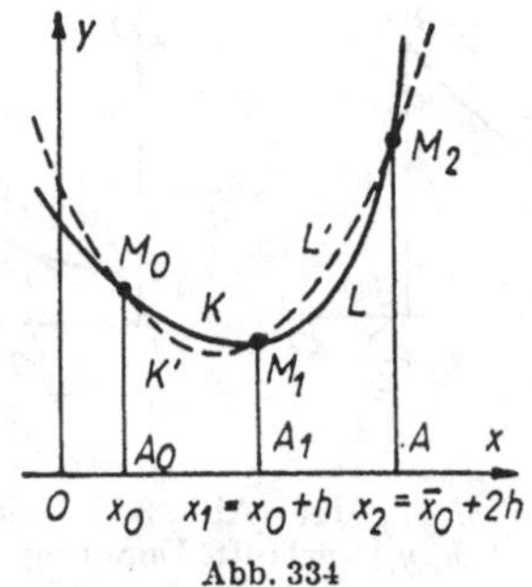

Abb. 334

Die Formeln (4), (6) kann man auf eine beliebige Anzahl von äquidistanten Werten von x verallgemeinern. Für vier Werte erhält man

$$P(x) = y_0 + \frac{y_1 - y_0}{h}(x - x_0) + \frac{y_2 - 2y_1 + y_0}{2!\,h^2}(x - x_0)[x - (x_0 + h)]$$
$$+ \frac{y_3 - 3y_2 + 3y_1 - y_0}{3!\,h^3}(x - x_0)[x - (x_0 + h)][x - (x_0 + 2h)]$$

oder kürzer

$$P(x) = y_0 + \frac{\Delta y_0}{\Delta x_0}(x - x_0) + \frac{\Delta^2 y_0}{2!\,\Delta x_0^2}(x - x_0)(x - x_1)$$
$$+ \frac{\Delta^3 y_0}{3!\,\Delta x_0^3}(x - x_0)(x - x_1)(x - x_2).$$

Die entsprechend verallgemeinerte Formel heißt *Interpolationsformel von* NEWTON.

§ 330. Rechtecksformeln

Wir unterteilen das Integrationsintervall (a, b) durch die Punkte $x_1, x_2, \ldots, x_{n-1}$ (Abb. 335, 336) in n gleiche Teile mit der Länge

$$h = \frac{b - a}{n}.$$

---

[1]) Die Berechnung des Integrals $\int_{x_0}^{x_0+2h} P(x)\,dx$ wird vereinfacht, wenn man die Hilfsvariable $x - (x_0 + h) = z$ einführt.

Der Einheitlichkeit halber setzen wir noch $a = x_0$ und $b = x_n$. Durch $x_{1/2}, x_{3/2}, x_{5/2}, \ldots$ (Abb. 338) bezeichnen wir die Mittelpunkte der Teilintervalle $(x_0, x_1), (x_1, x_2), (x_2, x_3)$. Wir setzen ferner

$$f(x_0) = y_0, \quad f(x_1) = y_1, \quad f(x_2) = y_2, \quad \ldots;$$

$$f(x_{1/2}) = y_{1/2}, \quad f(x_{3/2}) = y_{3/2}, \quad f(x_{5/2}) = y_{5/2}, \quad \ldots.$$

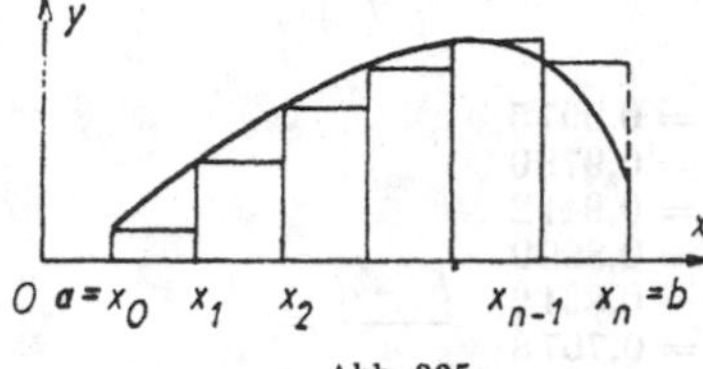

Abb. 335

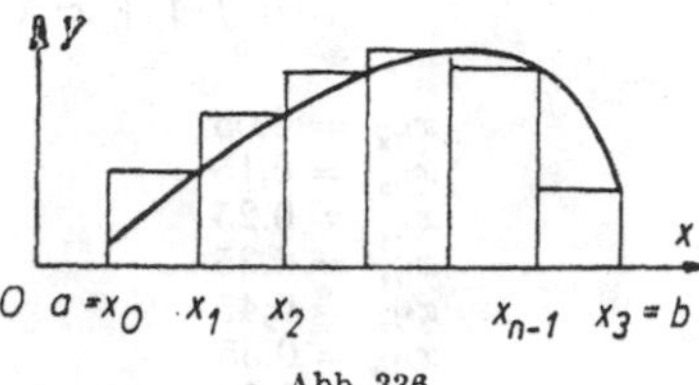

Abb. 336

Als *Rechtecksformeln* bezeichnet man folgende Näherungsgleichungen:

$$\int_a^b f(x)\,dx \approx \frac{b-a}{n}\,[y_0 + y_1 + \cdots + y_{n-1}], \tag{1}$$

$$\int_a^b f(x)\,dx \approx \frac{b-a}{n}\,[y_1 + y_2 + \cdots y_n], \tag{2}$$

$$\int_a^b f(x)\,dx \approx \frac{b-a}{n}\,[y_{1/2} + y_{3/2} + \cdots + y_{n-1/2}]. \tag{3}$$

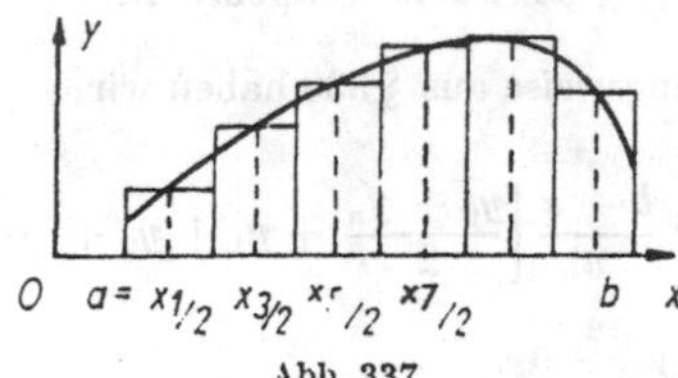

Abb. 337

Die Ausdrücke (1), (2), (3) geben den Inhalt der Stufenfiguren in den Abb. 335, 336 und 337 an (vgl. § 329, Beispiel 1).
In den meisten Fällen ist bei gegebenem n Formel (3) genauer als die Formeln (1) und (2). Die Genauigkeit aller Formeln wächst mit wachsendem n.
Die Fehlergrenze der Formel (3) ist

$$\frac{(b-a)^3}{24n^2}\,M_2, \tag{4}$$

wobei M_2 den größten Wert von $|f''(x)|$ im Intervall (a, b) bedeutet.

Beispiel. Wir berechnen nach Formel (3) und für $n = 10$ näherungsweise den Wert des Integrals

$$I = \int_0^1 \frac{dx}{1+x^2} \left(= \frac{\pi}{4} = 0{,}785398\ldots\right).$$

$x_{1/2} = 0{,}05$	$y_{1/2} = 0{,}9975$	
$x_{3/2} = 0{,}15$	$y_{3/2} = 0{,}9780$	
$x_{5/2} = 0{,}25$	$y_{5/2} = 0{,}9412$	
$x_{7/2} = 0{,}35$	$y_{7/2} = 0{,}8909$	
$x_{9/2} = 0{,}45$	$y_{9/2} = 0{,}8316$	$\frac{b-a}{n} = \frac{1}{10}$
$x_{11/2} = 0{,}55$	$y_{11/2} = 0{,}7678$	
$x_{13/2} = 0{,}65$	$y_{13/2} = 0{,}7029$	
$x_{15/2} = 0{,}75$	$y_{15/2} = 0{,}6400$	
$x_{17/2} = 0{,}85$	$y_{17/2} = 0{,}5806$	
$x_{19/2} = 0{,}95$	$y_{19/2} = 0{,}5256$	
Summe	$\Sigma y = 7{,}8561$	

$$I \approx \frac{b-a}{n} \Sigma y = \underline{\underline{0{,}78561}}.$$

Der Fehler ist ungefähr 0,0002.
Nach den Formeln (1) und (2) (die Werte $y_0, y_1, y_2, \ldots$ sind aus § 331 ersichtlich) erhalten wir: $I \approx 0{,}8099$ und $I \approx 0{,}7599$, d. h. der Fehler ist ungefähr 50mal so groß.

§ 331. Die Trapezformel

Mit der Bezeichnungsweise aus § 330 haben wir

$$\int_a^b f(x)\,dx \approx \frac{b-a}{n}\left[\frac{y_0+y_n}{2} + y_1 + y_2 + \cdots + y_{n-1}\right]. \qquad (1)$$

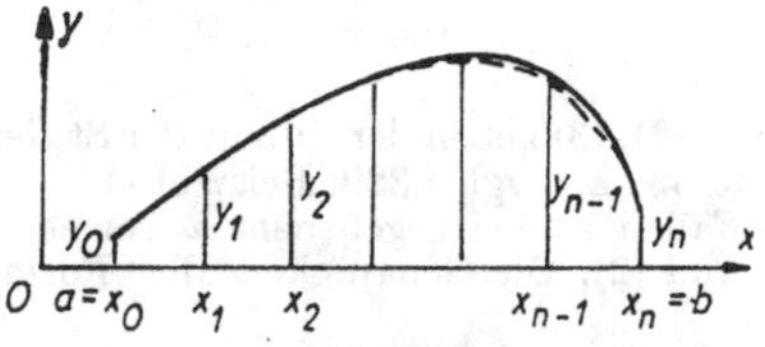

Abb. 338

Dies ist die *Trapezformel*. Sie liefert den Gesamtinhalt der in Abb. 338 dargestellten Trapeze (vgl. § 329, Beispiel 2).

Die Fehlergrenze der Formel (1) ist $\frac{(b-a)^3}{12n^2} M_2$, wobei M_2 den größten Wert von $|f''(x)|$ im Intervall (a, b) bedeutet (vgl. § 330, Bemerkung).

Beispiel. Wir berechnen das Integral $I = \int\limits_0^1 \frac{dx}{1+x^2}$ $(= 0{,}78\dot{5}398\ldots)$ nach der Trapezformel mit $n = 10$ und erhalten

$$\begin{array}{ll} x_1 = 0{,}1 & y_1 = 0{,}9901 \\ x_2 = 0{,}2 & y_2 = 0{,}9615 \\ x_3 = 0{,}3 & y_3 = 0{,}9174 \\ x_4 = 0{,}4 & y_4 = 0{,}8621 \\ x_5 = 0{,}5 & y_5 = 0{,}8000 \\ x_6 = 0{,}6 & y_6 = 0{,}7353 \\ x_7 = 0{,}7 & y_7 = 0{,}6711 \\ x_8 = 0{,}8 & y_8 = 0{,}6098 \\ x_9 = 0{,}9 & y_9 = 0{,}5525 \end{array}$$

$$x_0 = 0{,}0 \quad y_0 = 1{,}0000$$
$$x_{10} = 1{,}0 \quad y_{10} = 0{,}5000$$
$$y_0 + y_{10} = 1{,}5000$$
$$I \approx \frac{1}{10}\left(\frac{1{,}5000}{2} + 7{,}0998\right) = 0{,}78498.$$

Summe $\sum\limits_{i=1}^{i=9} y_i = 7{,}0998$.

Der Fehler ist ungefähr 0,0004, wie bei Formel (3) in § 330. Dort war jedoch der gefundene Wert etwas zu groß, hier ist er etwas zu klein.

§ 332. Die Simpsonsche Formel (Parabolische Trapezformel)

Mit der Bezeichnungsweise aus § 330 haben wir

$$\int\limits_a^a f(x)\,dx \approx \frac{b-a}{3n}\left[\frac{y_0+y_n}{2} + (y_1 + y_2 + \cdots + y_{n-1}) + 2(y_{1/2} + y_{3/2} + \cdots + y_{n-1/2})\right] \qquad (1)$$

Dies ist die SIMPSONsche *Formel.* Sie liefert den Gesamtinhalt der Trapeze $x_0M_0M_{1/2}x_1$, $x_1M_{3/2}M_2x_2, \ldots$ (Abb. 339), bei denen an Stelle der Bögen $M_0M_{1/2}M_1$, $M_1M_{3/2}M_2, \ldots$ der gegebenen Funktion $y = f(x)$ die gleichlautenden Bögen einer Parabel mit vertikaler Achse verwendet wurden. In Abb. 339 wurde nur die Parabel $M_0M_{1/2}$ M_1 eingetragen (vgl. § 329, Beispiel 3).

Bei gleichem n ist in den meisten Fällen die SIMPSONsche Formel genauer als die Rechtecksformeln (§ 330) und die Trapezformel (§ 331).

Bemerkung. Die Fehlergrenze lautet bei Formel (1)

$$\frac{(b-a)^5}{180(2n)^4} M_4. \qquad (2)$$

M_4 bedeutet hier den größten Wert von $|f^{IV}(x)|$ im Intervall (a, b).

Beispiel. Wir berechnen das Integral

$$I = \int_0^1 \frac{dx}{1+x^2} \; (= 0{,}785398\ldots)$$

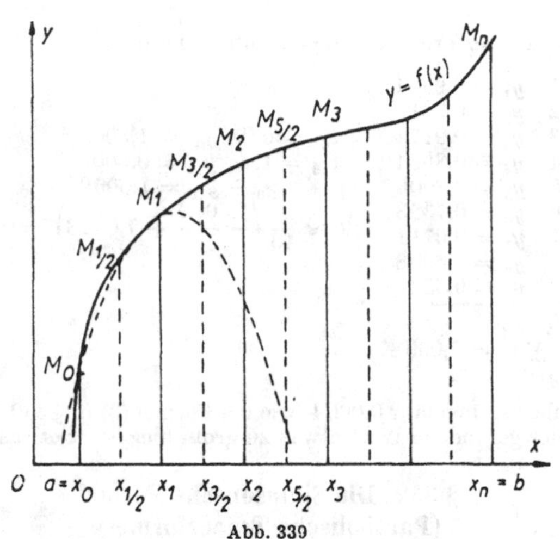

Abb. 339

nach der SIMPSONschen Formel aus fünf Ordinatenwerten:

$$\left(n = 2, \quad \frac{b-a}{3n} = \frac{1}{6}\right).$$

$$\begin{array}{ll}
x_0 = 0 & \frac{1}{2}\,y_0 = 0{,}50000 \\
x_{1/2} = 0{,}25 & 2y_{1/2} = 1{,}88235 \\
x_1 = 0{,}50 & y_1 = 0{,}80000 \\
x_{3/2} = 0{,}75 & 2y_{3/2} = 1{,}28000 \\
x_2 = 1{,}00 & \frac{1}{2}\,y_2 = 0{,}25000 \\
\hline
 & \text{Summe } 4{,}71235
\end{array}$$

$$I \approx \frac{1}{6} \cdot 4{,}71235 = \underline{\underline{0{,}78539.}}$$

Der Fehler ist ungefähr 0,00001, d. h., er ist 40mal kleiner als in den Beispielen aus § 330 und § 331, obwohl die Zahl der Ordinaten dort doppelt so groß ist.

§ 333. Der Flächeninhalt von Figuren, die durch rechtwinklige Koordinaten beschrieben werden

Der Inhalt des krummlinigen Trapezes ($aABb$ in Abb. 340) über der Achse OX ergibt sich (§ 316) durch das Integral

$$S = \int_a^b f(x)\,dx. \tag{1}$$

Für ein Trapez, das unter der Achse OX liegt, gilt

$$S = -\int_a^b f(x)\,dx. \tag{1'}$$

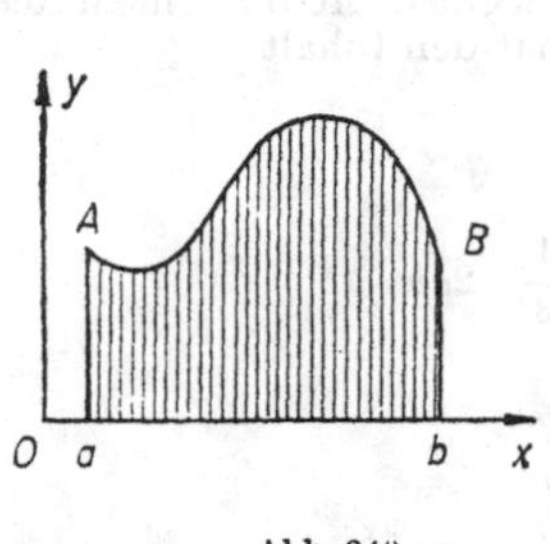

Abb. 340

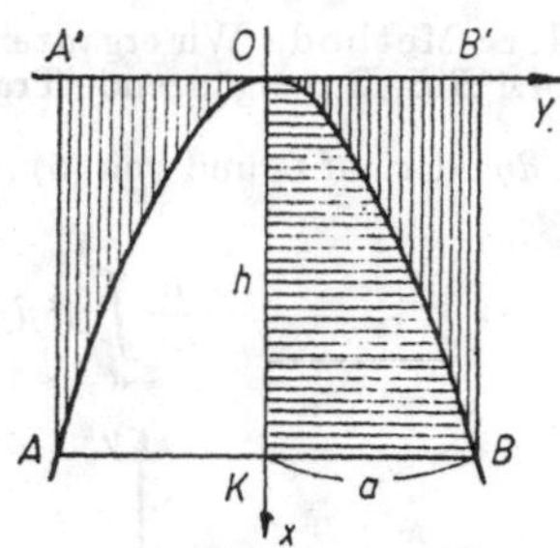

Abb. 341

Anders geformte Figuren zerlegt man in Trapeze (oder ergänzt sie zu einem Trapez) und bestimmt den Flächeninhalt durch die Summe (oder Differenz) der Flächeninhalte von Trapezen. Die Berechnung erleichtert man sich durch Einführung eines geeigneten rechtwinkligen Koordinatensystems.

Beispiel 1. Man bestimme den Flächeninhalt des parabolischen Segments AOB (Abb. 341) mit der Grundlinie $AB = 2a$ und der Höhe $KO = h$.

Wir wählen die Achsen so wie in Abb. 341. Das Segment AOB unterteilen wir in gleiche krummlinige Trapeze OKB und OKA:

$$\text{Fl. } OKB = \int_0^h y\,dx. \tag{2}$$

Die Koordinaten x und y sind durch die Gleichung

$$y^2 = 2px \tag{6}$$

verknüpft.

Den Parameter p bestimmt man aus der Bedingung, daß die Parabel durch den Punkt $B(h, a)$ gehen soll:

$$a^2 = 2ph. \tag{4}$$

Aus (3) und (4) erhalten wir

$$y = \frac{a}{\sqrt{h}} \sqrt{x}. \tag{5}$$

Durch Einsetzen in (2) ergibt sich

$$\text{Fl. } OKB = \frac{a}{\sqrt{h}} \int_0^h \sqrt{x}\, dx = \frac{2}{3}\, ah,$$

$$\text{Fl. } AOB = 2 \text{ Fl. } OKB = \frac{2}{3}\,(2a)\, h,$$

d. h., *die Fläche des parabolischen Segments besteht aus* $\frac{2}{3}$ *der Fläche des Rechtecks $ABB'A'$, das dieselbe Grundlinie und dieselbe Höhe besitzt.*

Andere Methode. Wir ergänzen das Segment AOB zu einem Rechteck $AA'B'B$. Das ergänzende Trapez hat den Inhalt

$\int_{-a}^{+a} x\, dy$ oder auf Grund von (5)

$$\frac{h}{a^2} \int_{-a}^{+a} y^2\, dy = \frac{1}{3} \cdot 2ah.$$

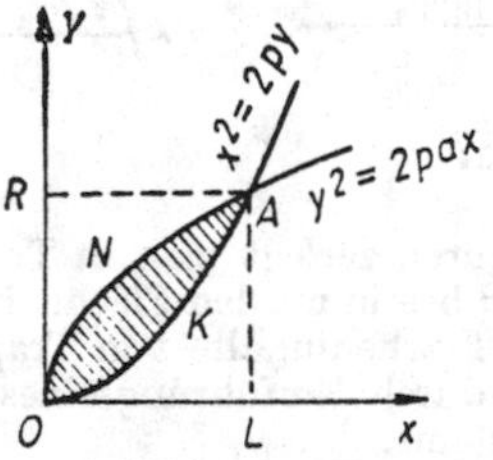

Abb. 342

Also ist

$$\text{Fl. } AOB = 2ah - \frac{1}{3} \cdot 2ah = \frac{2}{3} \cdot 2ah.$$

Beispiel 2. Man bestimme den Flächeninhalt S einer Figur, die von den beiden Parabeln $y^2 = 2px$ und $x^2 = 2py$ eingeschlossen wird (Abb. 342).

Der Inhalt S ist gleich der Differenz der Inhalte von $ONAL$ und $OKAL$. Die Parabeln schneiden sich in den Punkten O (0; 0) und A $(2p; 2p)$. Wir haben

$$S = \int_0^{2p} \sqrt{2px}\, dx - \int_0^{2p} \frac{x^2}{2p}\, dx = \frac{4}{3}\, p^2 = \frac{(2p)^2}{3},$$

d. h., S besteht aus einem Drittel der Fläche des Quadrats $OLAR$.

§ 334. Übersicht über die Anwendung des bestimmten Integrals

Zahlreiche geometrische und physikalische Größen kann man durch bestimmte Integrale ausdrücken (§ 335—388). Dabei verwendet man das folgende einheitliche Schema.

1. Man legt die gesuchte Größe U in Übereinstimmung mit dem Variationsintervall (a, b) eines gewissen Arguments fest.
Zur Darstellung des Inhalts der Fläche $aABb$ unter der Kurve AB (Abb. 343) stellen wir diese Fläche in Übereinstimmung mit dem Variationsintervall (a, b) der Abszisse dar.

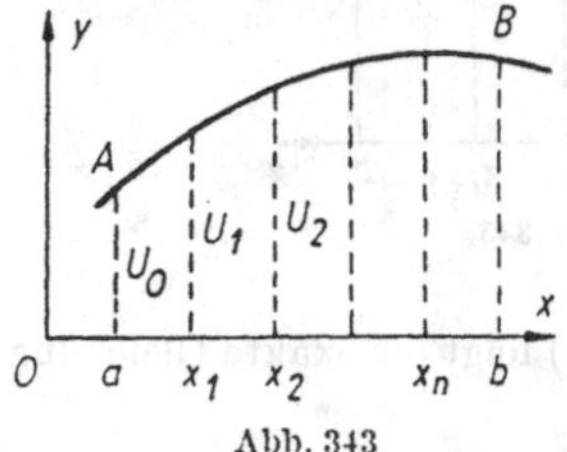

Abb. 343

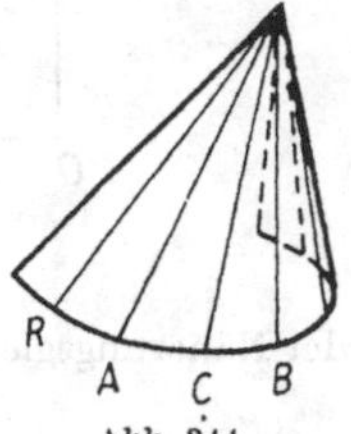

Abb. 344

2. Das Intervall (a, b) zerlegen wir in die Teilintervalle (a, x_1), $(x_1, x_2), \ldots, (x_n, b)$ (in der Folge soll die Zahl der Teilintervalle gegen Unendlich und ihre Länge gegen 0 streben).
Die gesuchte Größe U zerlegen wir in die Anteile $U_0, U_1, U_2, \ldots$ (Abb. 343), deren Summe U ergibt.
Größen, die diese Eigenschaft besitzen, heißen *additiv*. Es gibt auch nicht-additive Größen. Der Winkel zwischen den Erzeugenden einer Kegelfläche z. B. ist nicht additiv. Der Winkel AOB (Abb. 344) läßt sich über dem Intervall (a, b) festlegen, wobei $a = RA$ und $b = RB$ die Bogenmaße der Richtungswinkel sind, die von einem beliebigen festen Anfangspunkt R aus gemessen werden. Zerlegt man jedoch (a, b) in (a, c) und (c, b), so ergeben die entsprechenden Winkel AOC und COB in ihrer Summe nicht den Winkel AOB.
Eine additive Größe läßt sich durch ein Integral darstellen, eine nicht-additive Größe nicht.

3. Als typische Vertreter der Anteile $U_0, U_1, \ldots, U_n$ nehmen wir einen davon, etwa U_i. Er ergibt sich näherungsweise (aus den Bedingungen des Problems) durch die Formel

$$U_i \approx f(x_i)\,(x_{i+1} - x_i), \tag{1}$$

wobei der Fehler klein von höherer Ordnung relativ zu $(x_{i+1} - x_i)$ sein muß.
Den Ausdruck $f(x_i)\,(x_{i+1} - x_i)$ oder kürzer

$$f(x)\,\Delta x \tag{2}$$

bezeichnet man als *Element* der Größe U.

Das Element der Fläche $aABb$ (Abb. 345) ist der Inhalt des Rechtecks x_iKQx_{i+1}. Der Fehler der Formel (1) ist durch den Inhalt des Dreiecks KQL gegeben, das in der Abbildung strichliert wurde. Dieser Inhalt ist klein von höherer Ordnung bezüglich $x_{i+1} - x_i = \Delta x_i$ (die Fläche KQL ist kleiner als die Fläche $KNLQ = KQ \cdot KN = \Delta x_i \, \Delta y_i$, und diese ist klein von höherer Ordnung bezüglich Δx_i).

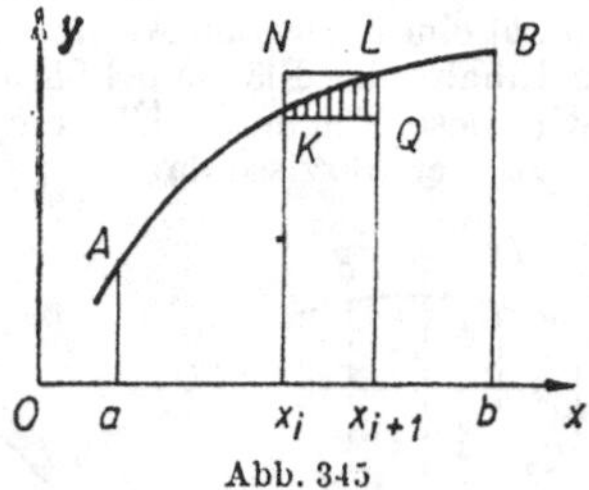

Abb. 345

4. Aus der Näherungsgleichung (1) folgt die exakte Gleichung

$$U = \int_a^b f(x)\,dx. \tag{3}$$

Erklärung. Bei Vergrößerung der Zahl n strebt der Gesamtfehler in der Summe

$$f(x_0)(x_1 - x_0) + f(x_1)(x_2 - x_1) + \cdots + f(x_n)(x_{n+1} - x_n) \tag{4}$$

gegen Null (obgleich sich die einzelnen Fehler anhäufen). Der Fehler der einzelnen Summanden nimmt schneller ab, als die Zahl der Summanden zunimmt. U ist daher der Grenzwert der Summe (4), d. h.

$$U = \int_a^b f(x)\,dx.$$

§ 335. Der Flächeninhalt von Figuren, die durch Polarkoordinaten gegeben sind

Der Flächeninhalt S des Sektors AOB, der von der Kurve AB und den Strahlen OA und OB begrenzt wird (Abb. 346), wird durch die Formel

$$S = \frac{1}{2} \int_{\varphi_1}^{\varphi_2} r^2\,d\varphi \tag{1}$$

dargestellt, wobei r der Polarradius des variablen Punktes M der Kurve AB und φ dessen Polarwinkel sind.

Erklärung. Das Schema aus § 334 wendet man hier in der folgenden Art an:

1. Den Flächeninhalt von AOB stellen wir über dem Variationsintervall (φ_1, φ_2) des Polarwinkels dar.

2. Das Intervall (φ_1, φ_2) zerlegen wir in Teilintervalle, wobei der Sektor AOB in die Sektoren AOM_1, M_1OM_2 usw. zerfällt. Die Summe ihrer Flächeninhalte ergibt den Inhalt der Fläche AOB.

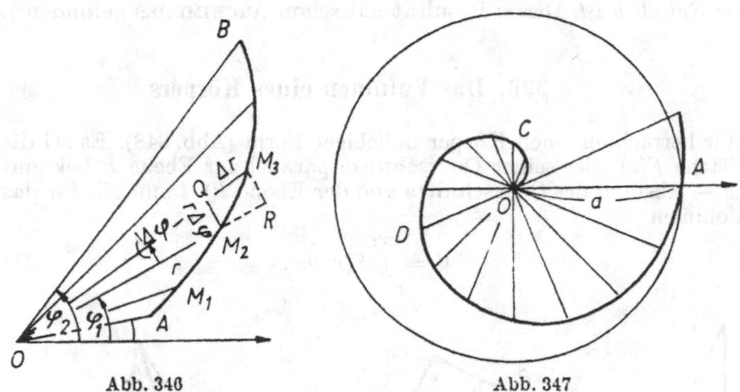

Abb. 346 Abb. 347

3. Als typischen Vertreter der Sektoren AOM_1, M_1OM_2 usw. wählen wir einen davon aus (M_2OM_3 in Abb. 347) und ersetzen ihn durch den Kreissektor M_2OQ. Der Inhalt des letzteren

$$\frac{1}{2}\, OM_2 \cdot M_2Q = \frac{1}{2}\, r \cdot r\, \Delta\varphi = \frac{1}{2}\, r^2\, \Delta\varphi$$

ist das Element der Fläche AOB. Der Fehler in der Näherungsformel

$$\text{Fl. } M_2OM_3 \approx \frac{1}{2}\, r^2\, \Delta\varphi \tag{2}$$

ist klein von höherer Ordnung relativ zu $\Delta\varphi$. (Der Fehler ist gleich dem Inhalt des krummlinigen Dreiecks M_2QM_3.)

4. Aus der Näherungsgleichung (2) ergibt sich Formel (1).

Beispiel. Man bestimme den Flächeninhalt der Figur $OCDA$ (Abb. 347), die durch die erste Windung der Archimedischen Spirale (§ 75) und durch die Strecke $OA = a$ begrenzt wird.

Wir wählen das Polarkoordinatensystem wie in Abb. 347 und erhalten

$$r = \frac{a}{2\pi}\, \varphi.$$

Der Ursprung der Spirale O und der Punkt A entsprechen den Werten

$$\varphi_1 = 0, \qquad \varphi_2 = 2\pi.$$

Aus Formel (1) ergibt sich

$$S = \frac{1}{2}\int_0^{2\pi} r^2\,d\varphi = \frac{a^2}{8\pi^2}\int_0^{2\pi} \varphi^2\,d\varphi = \frac{1}{3}\,\pi a^2, \tag{3}$$

d. h., *der Inhalt der durch die erste Spirale gebildeten Fläche ist nur ein Drittel des Inhalts eines Kreises, dessen Radius gleich der Schrittweite der Spirale a ist.* Dieses Resultat hat schon ARCHIMEDES gefunden[1]).

§ 336. Das Volumen eines Körpers

Wir betrachten einen Körper beliebiger Form (Abb. 348). Es sei die Fläche $F(x)$ aller seiner Querschnitte parallel zur Ebene R bekannt (x — Abstand des Querschnitts von der Ebene R). Dann gilt für das Volumen

$$V = \int_{x_1}^{x_2} F(x)\,dx. \tag{1}$$

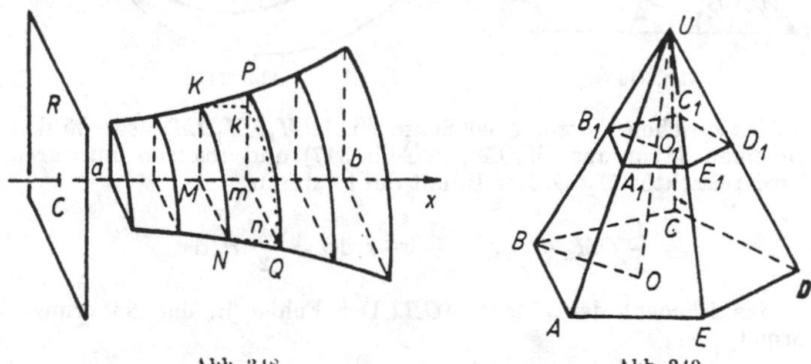

Abb. 348 Abb. 349

Erklärung. Wir zerlegen den Körper in parallele Schichten und wählen den Körper $NMKQmP$ als typischen Vertreter dieser Schichten. Ferner konstruieren wir den Zylinder $NMKnmk$. Sein Volumen ist gleich $F(x)\,\Delta x$. Dies ist das Element des Volumens V. Es folgt daraus Formel (1) (vgl. § 334 und § 335, Erklärung).

Beispiel 1. Man bestimme das Volumen der Pyramide $UABCDE$ (Abb. 349) aus der Grundfläche S und der Höhe $H = UO$.

Lösung. Die Querschnittsfläche $F(x)$ des Querschnitts $A_1B_1C_1D_1E_1$ (Abb. 349) finden wir aus der Beziehung

$$F(x):S = UO_1^2 : UO^2 = x^2 : H^2.$$

[1]) Wenn auch ARCHIMEDES weder den Begriff des Integrals noch den Begriff des Grenzwertes kannte, so fällt seine Methode doch im wesentlichen mit der Methode der Integralrechnung zusammen.

Gemäß Formel (1) gilt

$$V = \int_0^H F(x)\,dx = \frac{S}{H^2}\int_0^H x^2\,dx = \frac{1}{3}\,SH. \tag{2}$$

Diese Formel ist aus der elementaren Geometrie bekannt, dort ist ihre Herleitung jedoch viel komplizierter.

Beispiel 2. Man bestimme das Volumen eines Ellipsoids (§ 173) mit den Achsen $2a$, $2b$, $2c$.

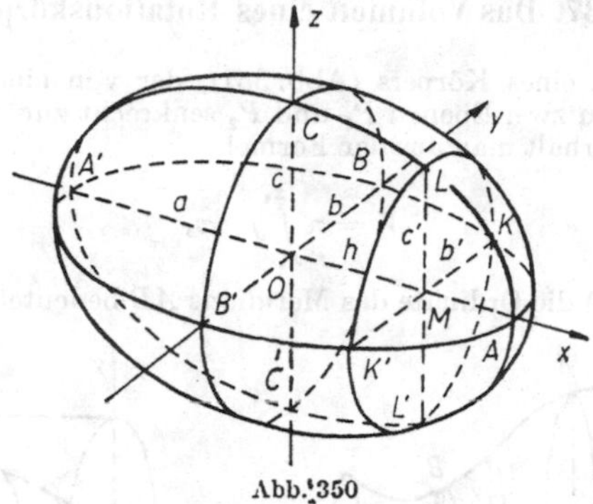

Abb. 350

Lösung. Der Querschnitt $KLK'L'$ (Abb. 350) ist parallel zur Ellipse $BCB'C'$ und hat von ihr den Abstand $h = OM$. Er ist selbst eine Ellipse (§ 173) mit den Halbachsen

$$b' = MK = b\sqrt{1 - \frac{h^2}{a^2}}, \quad c' = ML = c\sqrt{1 - \frac{h^2}{a^2}}.$$

Der Flächeninhalt $F(h)$ des Querschnitts ist gleich (§ 333)

$$F(h) = \pi b'c' = \pi bc\left(1 - \frac{h^2}{a^2}\right).$$

Gemäß Formel (1) haben wir

$$V = \int_{-a}^{+a} F(h)\,dh = 2\int_0^a \pi bc\left(1 - \frac{h^2}{a^2}\right)dh = \frac{4}{3}\,\pi abc. \tag{3}$$

Der Kegel mit der elliptischen Grundfläche $BCB'C'$ und der Höhe $OA = a$ hat das Volumen

$$V_1 = \frac{1}{3}\,Sa$$

(Herleitung wie in Beispiel 1), d. h. $V_1 = \frac{1}{3}\pi abc$. *Das Volumen des Ellipsoids ist also viermal so groß wie das Volumen eines Kegels, der einen der Hauptschnitte als Grundfläche besitzt und dessen Spitze im gegenüberliegenden Scheitel des Ellipsoids liegt.* Dieses Ergebnis hat bereits ARCHIMEDES gefunden (für ein Rotationsellipsoid).
Wenn das Ellipsoid eine Kugel ist ($a = b = c$), dann erhalten wir die bekannte Formel $V = \frac{4}{3}\pi r^3$.

§ 337. Das Volumen eines Rotationskörpers

Das Volumen eines Körpers (Abb. 351), der von einer Rotationsfläche und von zwei Ebenen P_1 und P_2 senkrecht zur Achse OX begrenzt wird, erhält man aus der Formel

$$V = \pi \int_{x_1}^{x_2} y^2\,dx, \tag{1}$$

wobei $y = f(x)$ die Ordinate des Meridians AB bedeutet.

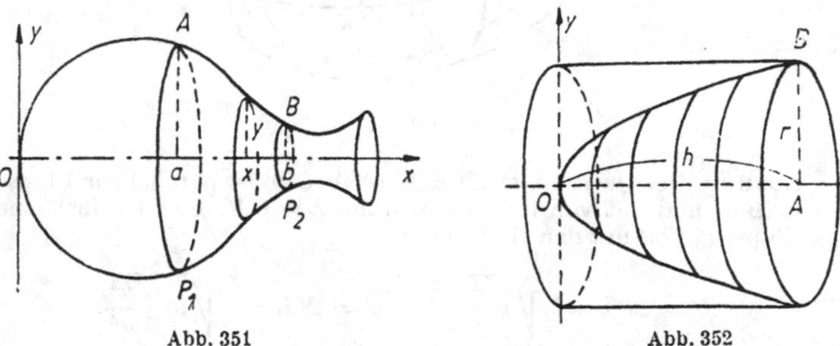

Abb. 351 Abb. 352

Bemerkung. Die Größe πy^2 ist der Inhalt der Querschnittsfläche (Kreis, vgl. § 336).

Beispiel. Man bestimme das Volumen eines Segments eines Rotationsparaboloids (Abb. 352) aus dem Radius der Grundfläche $AB = r$ und der Höhe $OA = h$.

Lösung. Wie in § 333 (Beispiel 1) finden wir, daß der Meridian (Parabel) durch die Gleichung

$$y^2 = \frac{r^2 x}{h}$$

dargestellt wird. Aus Formel (1) folgt

$$V = \pi \int_0^h \frac{r^2 x}{h}\,dx = \frac{1}{2}\pi r^2 h,$$

d. h., *das Volumen des Segments eines Paraboloids ist halb so groß wie das Volumen eines Zylinders mit derselben Grundfläche und derselben Höhe.*
Dieses Ergebnis hat schon ARCHIMEDES gefunden.

§ 338. Die Bogenlänge einer ebenen Kurve

Die Länge s des Bogens AB einer ebenen Kurve wird durch die Formel

$$s = \int_{t_1}^{t_2} \sqrt{[x'(t)]^2 + [y'(t)]^2}\, dt \tag{1}$$

ausgedrückt (in rechtwinkligen Koordinaten), wobei t einen beliebigen Parameter bedeutet, durch den die laufenden Koordinaten x, y beschrieben werden ($t_2 > t_1$).
Wenn der Parameter noch nicht gewählt wurde, so schreibt man Formel (1) gewöhnlich in der Form

$$s = \int_{(A)}^{(B)} \sqrt{dx^2 + dy^2}. \tag{2}$$

Die Bezeichnungen (A), (B) weisen darauf hin, daß man als Integrationsgrenzen jene Parameterwerte nehmen muß, die den Enden des Bogens AB entsprechen.
Insbesondere nimmt man als Parameter oft die Abszisse x. Dann gilt

$$s = \int_{x_1}^{x_2} \sqrt{1 + y'^2}\, dx. \tag{3}$$

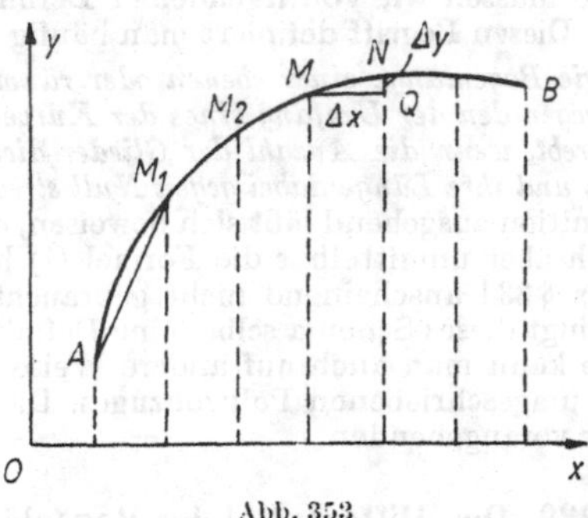

Abb. 353

Erklärung. Der unendlich kleine Bogen $\overset{\frown}{MN}$ ist äquivalent der Sehne MN (Abb. 353). Andererseits gilt

$$MN = \sqrt{MQ^2 + QN^2} = \sqrt{\Delta x^2 + \Delta y^2} \approx \sqrt{dx^2 + dy^2}.$$

Also haben wir

$$\overset{\frown}{MN} \approx \sqrt{dx^2 + dy^2}.$$

Der Ausdruck $\sqrt{dx^2 + dy^2}$ (der proportional dem Zuwachs Δt des Arguments t ist) beschreibt das Element (Differential) des Bogens AB. Gemäß Pkt. 4 des Schemas in § 334 erhalten wir Formel (2). Die Bestimmung der Bogenlänge bezeichnet man als *Rektifikation* des Bogens.

Beispiel. Man bestimme die Länge des Bogens eines Zweiges der Zykloide (§ 253) $x = a(t - \sin t)$, $y = a \cos t$.

Lösung.

$$\sqrt{\left(\frac{dx}{dt}\right)^2 + \left(\frac{dy}{dt}\right)^2} = a\sqrt{(1 - \cos t)^2 + \sin^2 t}$$

$$= a\sqrt{2(1 - \cos t)} = 2a\left|\sin \frac{t}{2}\right|, \qquad (4)$$

$$s = \int_0^{2\pi} 2a \sin \frac{t}{2}\, dt = 8a. \qquad (5)$$

Die Länge eines Zweiges einer Zykloide ist gleich dem achtfachen Durchmesser des erzeugenden Kreises.

Bemerkung. Wenn wir die Länge eines Breitenkreises auf einer Kugel oder die Länge eines in eine Landkarte eingetragenen Flusses bestimmen, so gehen wir im wesentlichen von der Überzeugung aus, daß Bogen und Sehne äquivalent sind. Diese Eigenschaft wird alltäglich durch die Erfahrung nahegelegt. Wenn wir aber diese Eigenschaft nicht als Axiom nehmen, sondern mathematisch exakt herleiten wollen, so müssen wir von irgendeiner Definition der Bogenlänge ausgehen. Diesen Begriff definiert man häufig so:

Definition. *Die Bogenlänge einer ebenen oder räumlichen Kurve ist der Grenzwert, gegen den der Umfang eines der Kurve eingeschriebenen Polygonzuges strebt, wenn die Anzahl der Glieder dieses Polygonzuges gegen Unendlich und ihre Länge dabei gegen Null strebt.*

Von dieser Definition ausgehend läßt sich beweisen, daß $\overset{\frown}{MN} \approx MN$. Daraus läßt sich aber unmittelbar die Formel (1) herleiten, so daß das Schema aus § 334 anscheinend nicht gebraucht wird. Aber im wesentlichen bringt dieses Schema selbst eine Definition.

Die Bogenlänge kann man auch auf andere Weise definieren, z. B. mit Hilfe eines umgeschriebenen Polygonzuges. Diese Definition ist gleichwertig zur vorangehenden.

§ 339. Das Differential der Bogenlänge

Das Differential der Bogenlänge (kürzer: das *Bogendifferential*) erhält man (§ 338, Erklärung) durch die Formel

$$ds = \sqrt{dx^2 + dy^2}. \qquad (1)$$

Nimmt man als Argument x, so gilt (Abb. 354)

$$dx = MQ, \qquad dy = QP,$$

$$ds = \sqrt{MQ^2 + QP^2} = MP,$$

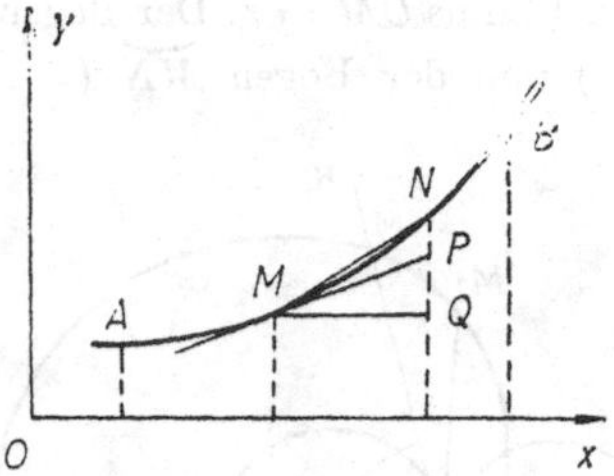

Abb. 354

d. h., *das Bogendifferential liefert die Länge des Abschnitts der Tangente vom Berührungspunkt M bis zum Schnittpunkt mit der neuen Ordinate.*

Beispiel. Das Bogendifferential einer Zykloide ist gleich (vgl. das Beispiel aus § 338)

$$ds = \sqrt{dx^2 + dy^2} = a\sqrt{2(1 - \cos t)}\,dt = 2a \sin\frac{t}{2}\,dt$$
$$(0 \leqq t \leqq 2\pi).$$

§ 340. Die Bogenlänge und ihr Differential in Polarkoordinaten

Die Länge des Bogens $\overset{\frown}{AB}$ (Abb. 355), ausgedrückt in Polarkoordinaten r und φ, lautet

$$s = \int_{(A)}^{(B)} \sqrt{dr^2 + r^2\,d\varphi^2}. \qquad (1)$$

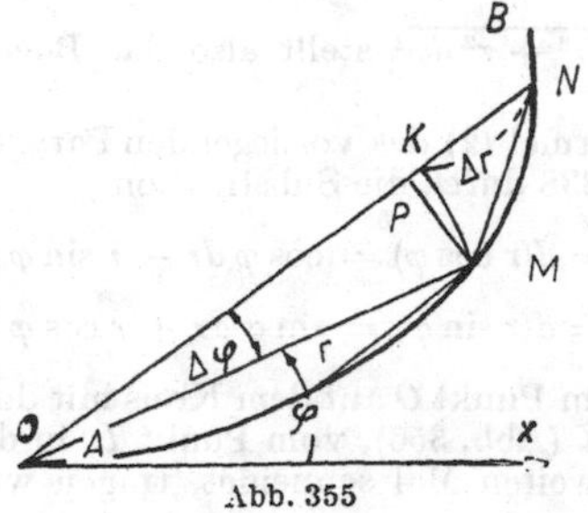

Abb. 355

Das Bogendifferential erhält man durch die Formel

$$ds = \sqrt{dr^2 + r^2\,d\varphi^2}. \qquad (2)$$

Erklärung. Um den Punkt O als Mittelpunkt (Abb. 355) ziehen wir einen Kreis mit dem Radius $OM = r$. Der Bogen $\overset{\frown}{MK}$ $(= r\,\Delta\varphi)$, die Strecke KN $(= \Delta r)$ und der Bogen $\overset{\frown}{MN}$ $(= \Delta s)$ der Kurve AB

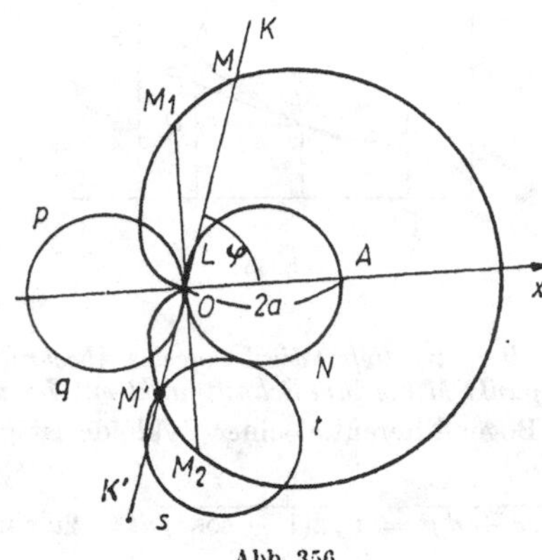

Abb. 356

bilden ein krummliniges Dreieck mit einem rechten Winkel im Scheitel K. Für solche Dreiecke gilt zwar der pythagoreische Lehrsatz nicht streng, bei unendlich kleinem Bogen $\overset{\frown}{MN}$ jedoch ist das Quadrat der „Hypotenuse" äquivalent der Summe der Quadrate der „Katheten":

$$\overset{\frown}{MN} \approx \sqrt{KN^2 + \overset{\frown}{KM}{}^2},$$

d. h.

$$\Delta s \approx \sqrt{\Delta r^2 + r^2\,\Delta\varphi^2} \approx \sqrt{dr^2 + r^2\,d\varphi^2}.$$

Der Ausdruck $\sqrt{dr^2 + r^2\,d\varphi^2}$ stellt also das Bogenelement (Bogendifferential) dar.

Bemerkung. Formel (2) des vorliegenden Paragraphen erhält man auch aus (2) in § 338 durch die Substitution

$$dx = d(r\cos\varphi) = \cos\varphi\,dr - r\sin\varphi\,d\varphi,$$

$$dy = d(r\sin\varphi) = \sin\varphi\,dr + r\cos\varphi\,dy.$$

Beispiel. Aus dem Punkt O auf dem Kreis mit dem Radius a ziehen wir den Strahl OK (Abb. 356), vom Punkt L, in dem die Gerade OK den Kreis zum zweiten Mal schneidet, tragen wir die Strecke LM

$= 2a$, und zwar in Richtung des Strahls OK[1]). Die bei Drehung des Strahls vom Punkt M beschriebene Kurve heißt *Kardioide*[2]). Man bestimme ihre Bogenlänge.

Lösung. Wir wählen ein Polarkoordinatensystem wie in Abb. 356 und erhalten

$$\left.\begin{aligned} OL &= OA\cos\varphi = 2a\cos\varphi, \\ r &= OL + LM = 2a(\cos\varphi + 1). \end{aligned}\right\} \tag{3}$$

Wenn φ das Intervall $(-\pi, +\pi)$ durchläuft, so wird die Kardioide vollständig beschrieben. Ihre Länge ist gemäß (1)

$$s = \int_{-\pi}^{+\pi} \sqrt{4a^2(1+\cos\varphi)^2 + 4a^2\sin^2\varphi}\, d\varphi$$

$$= 2a \int_{-\pi}^{+\pi} \sqrt{2 + 2\cos\varphi}\, d\varphi = 4a \int_{-\pi}^{+\pi} \cos\frac{\varphi}{2}\, d\varphi = 16a. \tag{4}$$

Bemerkung. Die Kardioide kann man als Trajektorie eines Punktes des Kreises Opq (Abb. 356) erhalten, wenn dieser ohne zu gleiten längs des Kreises $ONAL$ mit demselben Radius abrollt. Aus (4) ist ersichtlich, daß die *Länge der Kardioide gleich dem Achtfachen der Länge des Durchmessers des erzeugenden Kreises ist.*

§ 341. Der Flächeninhalt einer Rotationsfläche

Der Inhalt S einer Fläche, die durch Rotation eines Bogens AB um die Achse OX erzeugt wird, erhält man durch das Integral

$$S = \int_{(A)}^{(B)} 2\pi y\, ds,$$

wobei y die Ordinate des Meridians AB, $ds = \sqrt{dx^2 + dy^2}$ das Differential der Bogenlänge (§ 339) und (A) und (B) die Grenzwerte des Parameters bedeuten, ausgedrückt durch die entsprechenden Koordinaten.

Erklärung. Wir unterteilen die Fläche $ABB'A'$ (Abb. 357) in parallele Zonen und ersetzen jede Zone durch die Mantelfläche eines Kegelstumpfes mit derselben Grundfläche. Die Inhalte beider Flächen sind äquivalent. Daher gilt

$$\text{Fl. } MNN'M' \approx \pi(PM + QN)\, MN. \tag{2}$$

[1]) Wenn die Gerade den Kreis im Punkt O tangiert, so trägt man die Strecke $2a$ von O aus nach beiden Seiten auf ($OM_1 = OM_2 = 2a$).

[2]) Spezielle Zykloide. Näheres s. § 508.

Wegen $PM + QN = 2y + \Delta y$, $MN \approx \overset{\frown}{MN} = \Delta s$ gilt

$$\text{Fl. } MNN'M' \approx \pi(2y + \Delta y)\,\Delta s \approx 2\pi y\,\Delta s. \tag{3}$$

Daraus folgt Formel (1).

Beispiel. Man bestimme den Inhalt einer Fläche, die durch Rotation einer Zykloide um ihre Grundlinie erzeugt wird.

Lösung. Wir haben (§ 338, 339)

$$ds = 2a \sin \frac{t}{2}\, dt \qquad (0 \leqq t \leqq 2\pi),$$

$$S = \int_0^{2\pi} 2\pi a(1 - \cos t) \cdot 2a \sin \frac{t}{2}\, dt$$

$$= 8\pi a^2 \int_0^{2\pi} \sin^3 \frac{t}{2}\, dt = \frac{64}{3}\pi a^2.$$

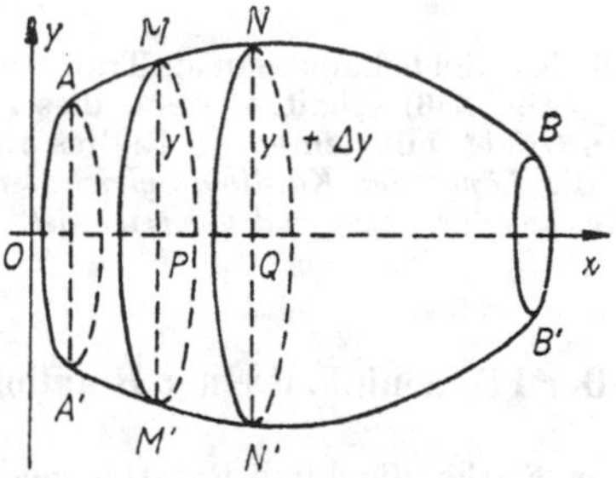

Abb. 357

Zum Vergleich wählen wir die Fläche eines Achsenschnitts (d. h. die doppelte Fläche der Zykloide) $6\pi a^2$. Der Inhalt der Rotationsfläche ist $3^5/_9$mal so groß.

Bemerkung. Zum Beweis der Äquivalenz der Flächeninhalte von $MNN'M'$ und der Mantelfläche des Kegelstumpfs muß man erst den Begriff des Flächeninhalts einer gekrümmten Fläche definieren. Eine derartige Definition wird in § 459 gegeben werden. Angesichts der komplizierten Problemstellung begnügt man sich häufig mit der folgenden speziellen Definition (die sich der allgemeinen Definition unterordnet).

Der Flächeninhalt einer Rotationsfläche ist der Grenzwert, gegen den der Inhalt einer Fläche strebt, die durch Rotation eines Polygonzuges als Meridian erzeugt wird, wenn die Anzahl der Glieder des Polygonzuges gegen Unendlich und gleichzeitig ihre Länge gegen Null streben.

Aus dieser Definition läßt sich Formel (1) unmittelbar herleiten (vgl. § 338, Bemerkung 1).

VI. Überblick über ebene und räumliche Kurven

§ 342. Die Krümmung

Beim Übergang vom Punkt M der Kurve L zum Punkt M' (Abb. 358) gehe die in die Bewegungsrichtung weisende Tangente MT über in die Lage $M'T'$ und führe dabei eine Drehung um den Winkel ω aus. Das Verhältnis $\frac{\omega}{\overset{\frown}{MM'}}$ des Winkels ω zur Länge des Bogens $\overset{\frown}{MM'}$ charakterisiert die Krümmung der Kurve L längs des Teilstücks MM' und wird daher als *mittlere Krümmung* des Bogens $\overset{\frown}{MM'}$ bezeichnet. Der Winkel ω wird gewöhnlich in Radian gemessen.

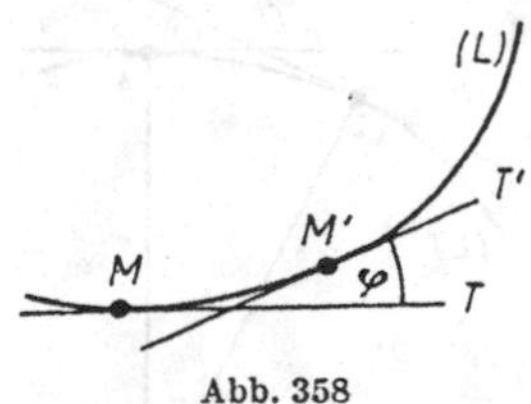

Abb. 358

Die mittlere Krümmung eines beliebigen Geradenabschnitts (hier fällt die Tangente mit der Geraden selbst zusammen) ist gleich Null, die mittlere Krümmung eines beliebigen Kreisbogens mit dem Radius R ist gleich $\frac{1}{R}$.

Die Größe der mittleren Krümmung ist invers zur Größe der Bogenlänge, d. h., bei einer Maßstabsänderung ändert sich die Maßzahl der Krümmung umgekehrt proportional zur Maßzahl der Länge einer Strecke.

Definition. Als *Krümmung* der Kurve L im Punkt M bezeichnet man den Grenzwert, gegen den die mittlere Krümmung des Bogens $\overset{\frown}{MM'}$ bei Annäherung von M' an M strebt. Die Krümmung wird mit dem Buchstaben K bezeichnet:

$$K = \lim_{MM' \to 0} \frac{\omega}{\overset{\frown}{MM'}}. \tag{1}$$

Die Krümmung charakterisiert die Abweichung der Kurve von der Geradlinigkeit in dem betrachteten Punkt. Die Krümmung einer

Geraden ist überall gleich Null, die Krümmung eines Kreises vom Radius R ist überall gleich $\frac{1}{R}$. Bei allen anderen Kurven ändert sich die Krümmung von Punkt zu Punkt. An einzelnen Punkten kann sie gleich Null sein. Solche Punkte heißen *Rektifikationspunkte* (*Flachpunkte*). In der Nähe eines Rektifikationspunktes gleicht die Kurve einer Geraden.

Bemerkung. Die Krümmung (wenn sie nicht Null ist) betrachten wir als positive Größe. Der Krümmung einer ebenen Kurve kann man ein Vorzeichen zuschreiben, der Krümmung einer Raumkurve nicht (s. § 363).

§ 343. Krümmungsmittelpunkt, Krümmungsradius und Krümmungskreis einer ebenen Kurve

Der Punkt M' (Abb. 359) bewege sich längs einer ebenen Kurve L und strebe gegen den ruhenden Punkt M, in dem die Krümmung K von Null verschieden sei. Dann strebt der Punkt C', in dem die

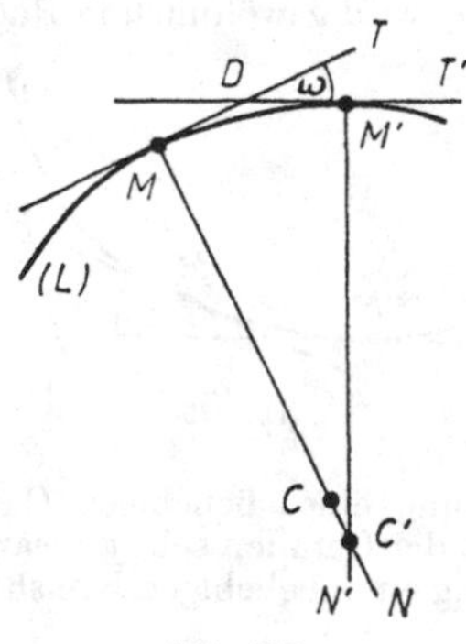

Abb. 359

ruhende Normale MN die Normale $M'N'$ schneidet, gegen einen Punkt C, der vom Punkt M den Abstand $\frac{1}{K} = MC$[1]) besitzt. Der Strahl MC ist dabei auf die konkave Seite der Kurve L hin gerichtet.

[1]) Im Dreieck $MC'M'$ ist der Winkel bei C' (Abb. 360) gleich dem Winkel ω (die Schenkel der Winkel stehen senkrecht aufeinander), $\sphericalangle C'M'M = 90° - \lambda$, wobei der Winkel $\lambda = \sphericalangle MM'D$ gegen Null strebt (kleiner als ω). Aus dem Sinussatz folgt $MC' = \frac{\sin(90° - \lambda)}{\sin \omega} MM' = \cos\lambda \frac{MM'}{\sin \omega}$. Unter Berücksichtigung, daß $MM' = \overset{\frown}{MM'}$, $\sin\omega = \omega$ und $\cos\lambda \to 1$, gehen wir zum Grenzwert über und erhalten:

$$MC = \lim \frac{\overset{\frown}{MM'}}{\omega} = 1 : \lim \frac{\omega}{\overset{\frown}{MM'}} = 1 : K.$$

Die Strecke MC heißt *Krümmungsradius*, der Punkt C heißt *Krümmungsmittelpunkt* der Kurve L (im Punkt M).
Der Krümmungsradius wird mit dem Buchstaben R oder mit dem griechischen Buchstaben ϱ bezeichnet. Die Größen K und R sind zueinander invers, d. h., es gilt

$$R = \frac{1}{K} \tag{1}$$

und

$$K = \frac{1}{R}. \tag{2}$$

Der Krümmungsradius eines Kreises ist gleich seinem Radius, der Krümmungsmittelpunkt fällt mit seinem gewöhnlichen Mittelpunkt zusammen.

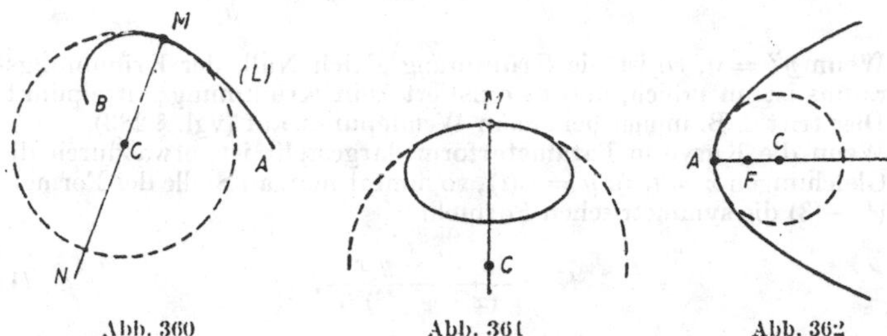

Abb. 360 Abb. 361 Abb. 362

Der mit dem Radius $R = MC$ um den Krümmungsmittelpunkt gezogene Kreis (Abb. 360) heißt *Krümmungskreis der Kurve L* (im Punkt M).
In der Richtung, in der der Krümmungsradius zunimmt (in Abb. 360 rechts von M) liegt die Kurve L außerhalb der Krümmungskreise, in der Richtung, in der der Krümmungsradius abnimmt, liegt sie innerhalb davon (in Abb. 360 links von M). In der Regel schneiden die Krümmungskreise daher die Kurve L und berühren sie nicht nur.
In Ausnahmefällen, wenn der Krümmungsradius im Punkt M ein Extremum besitzt, liegt die Kurve L auf beiden Seiten vom Punkt M entweder ganz innerhalb des Krümmungskreises (bei einem Maximum, Abb. 361) oder ganz außerhalb davon (bei einem Minimum, Abb. 362). Der erste Fall tritt z. B. an den Enden der kleinen Hauptachse einer Ellipse ein, der zweite Fall an den Enden der großen Halbachse.

Bemerkung. Wenn im Punkt M die Krümmung der Kurve L gleich Null ist, so schneiden sich die Normalen MN und $M'N'$, wenn sich M' dem Punkt M nähert, erst in unendlich großer Entfernung von M. In Übereinstimmung damit sagt man, der Krümmungsradius eines Rektifikationspunktes sei unendlich, und schreibt $R = \infty$.

§ 344. Formeln für die Krümmung, den Krümmungsradius und den Krümmungsmittelpunkt einer ebenen Kurve[1])

Die Krümmung einer Kurve $y = f(x)$ wird durch die Formel

$$K = \frac{|y''|}{(1 + y'^2)^{3/2}} \tag{1}$$

ausgedrückt, der Krümmungsradius durch die Formel

$$R = \frac{(1 + y'^2)^{3/2}}{|y''|} \tag{2}$$

und die Koordinaten des Krümmungsmittelpunkts durch die Formel

$$x_C = x - \frac{y'(1 + y'^2)}{y''}, \quad y_C = y + \frac{1 + y'^2}{y''}. \tag{3}$$

Wenn $y'' = 0$, so ist die Krümmung gleich Null, der Krümmungsradius ist unendlich, und es existiert kein Krümmungsmittelpunkt. Dies tritt z. B. immer bei einem Wendepunkt auf (vgl. § 283).
Wenn die Kurve in Parameterform dargestellt ist, etwa durch die Gleichungen $x = f_1(t)$, $y = f_2(t)$, so nimmt man an Stelle der Formeln (1)—(3) die symmetrischen Formeln

$$K = \frac{|x'y'' - y'x''|}{(x'^2 + y'^2)^{3/2}}, \tag{I}$$

$$R = \frac{(x'^2 + y'^2)^{3/2}}{|x'y'' - y'x''|}, \tag{II}$$

$$x_C = x - \frac{x'^2 + y'^2}{x'y'' - y'x''}\,y', \quad y_C = y + \frac{x'^2 + y'^2}{x'y'' - y'x''}\,x'. \tag{III}$$

Die Striche bezeichnen hier die Differentiation nach dem Parameter t. Formel (1)—(3) erhält man aus (I)—(III), wenn man $x = t$ setzt, wobei $x' = 1$ und $x'' = 0$ gilt. Setzt man $y = t$ (mit $y' = 1$ und $y'' = 0$), d. h. ist die Kurve in der Form $x = f(y)$ dargestellt, so erhält man an Stelle von (1)—(3) folgende Formeln:

$$K = \frac{|x''|}{(1 + x'^2)^{3/2}}, \tag{1a}$$

$$R = \frac{(1 + x'^2)^{3/2}}{|x''|}, \tag{2a}$$

$$x_C = x + \frac{1 + x'^2}{x''}, \quad y_C = y - \frac{x'(1 + x'^2)}{x''}. \tag{3a}$$

[1]) Bezüglich der entsprechenden Formeln für eine Raumkurve s. § 363.

Die Existenz der Ableitungen x', y', x'', y'' im Punkt A stellt die Existenz der Krümmung in diesem Punkt sicher. Die Umkehrung dieser Aussage gilt nicht. Es kann sein, daß zwar im Punkt A die Krümmung existiert, die Ableitungen x', y', y'', x'' (oder eine davon) aber nicht. In diesem Fall sind die Formeln (1)—(3) unbrauchbar, dies liegt dann an der Wahl des Parameters. Vergleiche Beispiel 1.

Beispiel 1. Man bestimme die Krümmung, den Krümmungsradius und den Krümmungsmittelpunkt C im Scheitel A (0; 0) der Parabel $y^2 = 2px$ (Abb. 362).

Lösung. Am einfachsten nimmt man als Argument die Ordinate y. Aus der gegebenen Gleichung finden wir

$$x = \frac{y^2}{2p}, \qquad x' = \frac{y}{p}, \qquad x'' = \frac{1}{p}. \tag{4}$$

Im Scheitel der Parabel haben wir

$$x' = 0, \qquad x'' = \frac{1}{p}. \tag{5}$$

Gemäß den Formeln (1a)—(3a) findet man

$$K = \frac{1}{p}, \qquad R = p, \qquad x_C = p, \qquad y_C = 0. \tag{6}$$

Der Krümmungsradius im Scheitel der Parabel ist gleich ihrem Parameter, d. h., der Brennpunkt F halbiert die Strecke AC.

Nimmt man als Argument die Abszisse x der Parabel $y^2 = 2px$, so haben wir an Stelle von (4) (s. § 250)

$$y' = \frac{p}{y}, \qquad y'' = -\frac{p^2}{y^3}. \tag{7}$$

Im Scheitel der Parabel ($x = 0$, $y = 0$) existieren die Ableitungen y', y'' nicht. Die Formeln (1)—(3) sind daher unbrauchbar. Jedoch sind in allen übrigen Punkten der Parabel die Formeln (1)—(3) anwendbar. Setzt man in sie (7) ein, so lauten sie

$$\left.\begin{aligned} K &= \frac{p^2}{(y^2 + p^2)^{3/2}}, \\ R &= \frac{(y^2 + p^2)^{3/2}}{p^2}, \end{aligned}\right\} \tag{8}$$

$$x_C = x + \frac{y^2}{p} + p (= 3x + p), \qquad y_C = -\frac{y^3}{p^2}. \tag{9}$$

Setzt man hier $x = 0$, $y = 0$, so erhält man wieder die Ausdrücke (6). Die Bedeutung dieser Rechnung besteht darin, daß wir die Grenzwerte gefunden haben, gegen die die Größen K, R, y_C, x_C streben, wenn sich der Punkt dem Scheitel der Parabel nähert.

Beispiel 2. Man bestimme den Krümmungsradius in den Scheiteln der Ellipse mit den Halbachsen a und b (Abb. 363).

Lösung. Am einfachsten verwendet man hier die Parametergleichungen der Ellipse (§ 252):

$$x = a \cos t, \qquad y = b \sin t.$$

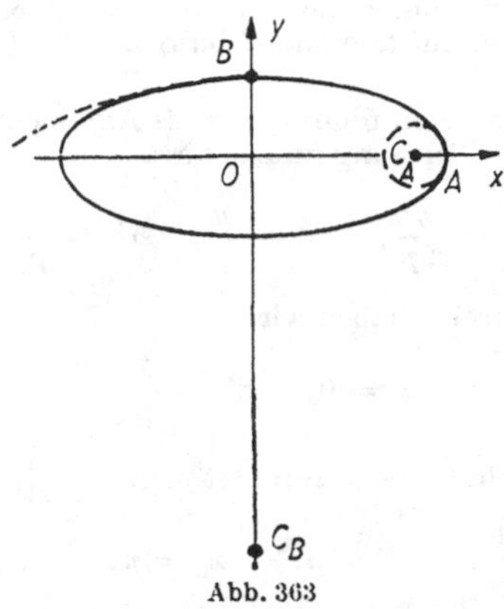

Abb. 363

Wir finden daraus

$$x' = -a \sin t, \qquad y' = b \cos t,$$

$$x'' = -a \cos t, \qquad y'' = -b \sin t.$$

Aus den Formeln (I)—(III) erhalten wir

$$R = \frac{(a^2 \sin^2 t + b^2 \cos^2 t)^{3/2}}{ab}, \tag{10}$$

$$\left.\begin{aligned} x_C &= \frac{(a^2 - b^2) \cos^3 t}{a}, \\ y_C &= -\frac{(a^2 - b^2) \sin^3 t}{b}. \end{aligned}\right\} \tag{11}$$

Im Scheitel $A(a; 0)$ gilt $t = 0$, und wir haben

$$R_a = \frac{b^2}{a}, \qquad x_C = \frac{a^2 - b^2}{a}, \qquad y_C = 0. \tag{12}$$

Im Scheitel $B(0; b)$ gilt $t = \frac{\pi}{2}$, und wir haben

$$R_b = \frac{a^2}{b}, \qquad x_C = 0, \qquad y_C = -\frac{a^2 - b^2}{b}. \tag{13}$$

Bemerkung. Wir bilden die Gleichung der Tangente an die Ellipse (§ 252)

$$b \cos t \cdot X + a \sin t \cdot Y - ab = 0$$

und finden, daß ihr Abstand vom Mittelpunkt (§ 28) gegeben ist durch

$$d = \frac{ab}{\sqrt{a^2 \sin^2 t + b^2 \cos^2 t}}.$$

Durch Einsetzen in (10) erhält man

$$R = \frac{a^2 b^2}{d^3},$$

d. h., *der Krümmungsradius der Ellipse ist umgekehrt proportional der dritten Potenz des Abstandes zwischen Tangente im entsprechenden Punkt und Mittelpunkt.* Insbesondere findet man aus (12) und (13)

$$R_a : R_b = b^3 : a^3.$$

§ 345. Die Evolute einer ebenen Kurve

Der geometrische Ort L' der Krümmungsmittelpunkte einer ebenen Kurve L heißt *Evolute* der Kurve L. Die Formeln (3), (III) und (3a) aus § 344, die die Koordinaten x_C, y_C der Krümmungsmittelpunkte liefern, bilden gleichzeitig die Parametergleichungen der Evolute (in den Formeln (3) und (3a) spielen x und y die Rolle des Parameters). Durch Elimination des Parameters erhalten wir die Gleichung für die laufenden Koordinaten der Evolute.

Beispiel 1. Man bestimme die Evolute der Parabel

$$y^2 = 2px. \tag{1}$$

Lösung. Wir nehmen als Parameter die Ordinate y. Einsetzen in Formel (3a) aus § 344 liefert die Ausdrücke

$$x_C = \frac{y^2}{2p} + \frac{p^2 + y^2}{p} = \frac{3}{2}\frac{y^2}{p} + p, \tag{2}$$

$$y_C = y - \frac{y(p^2 + y^2)}{p_2} = -\frac{y^3}{p^2}. \tag{3}$$

Dies sind die Parametergleichungen der Evolute (die Rolle des Parameters spielt y). Zur Elimination von y bringen wir das System (2)—(3) auf die Form

$$\frac{2}{3} p(x_C - p) = y^2, \qquad p^2 y_C = -y^3.$$

Wir erheben beide Seiten der ersten Gleichung zur dritten Potenz und quadrieren die zweite Gleichung. Gleichsetzen der linken Seiten liefert die Gleichung der Evolute

$$27py_C^2 = 8(x_C - p)^3.$$

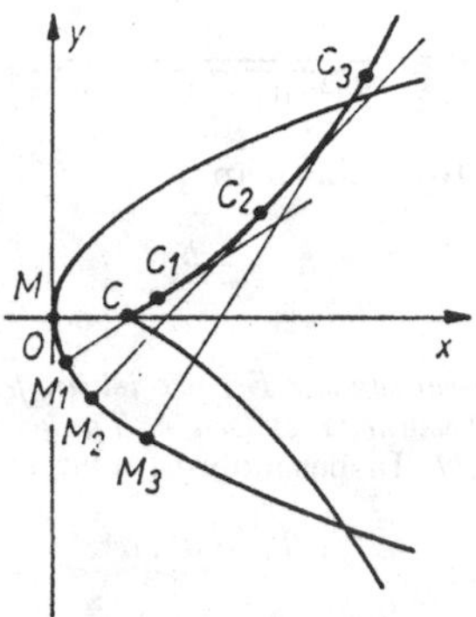

Abb. 364

Die Evolute ist eine halbkubische Parabel (Abb. 364).

Beispiel 2. Man bestimme die Evolute der Zykloide.

Lösung. Aus den Parametergleichungen der Zykloide (§ 253) folgt

$$x = a(t - \sin t), \qquad y = a(1 - \cos t), \tag{4}$$

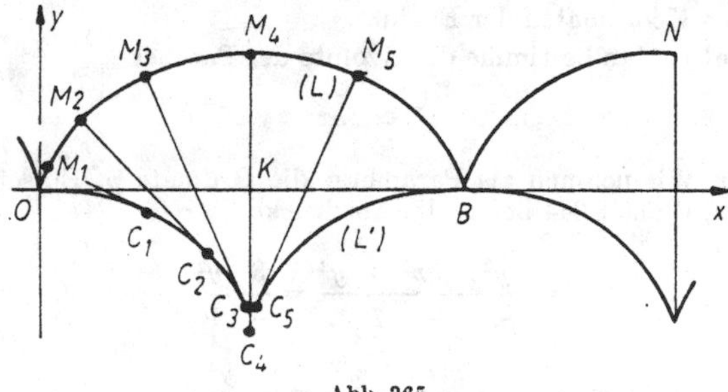

Abb. 365

und wir erhalten nach den Formeln (III) aus § 344

$$x_C = a(t + \sin t), \qquad y_C = -a(1 - \cos t). \tag{5}$$

Die Ähnlichkeit der Gleichungen (4) und (5) ist nicht zufällig. Führt man mit Hilfe der Beziehung

$$t = t' + \pi \tag{6}$$

den neuen Parameter t' ein, so gehen die Gleichungen (5) über in

$$\left.\begin{aligned} x_C &= \pi a + a(t' - \sin t'), \\ y_C &= -2a + a(1 - \cos t'). \end{aligned}\right\} \tag{7}$$

Die Evolute L' der Zykloide (Abb. 365) *ist also wieder eine Zykloide, die mit der ersten kongruent ist, die jedoch längs OB um die Hälfte der Grundlinie verschoben und um den Abstand KC_4, der gleich der Höhe ist, nach unten gesenkt wurde.*

§ 346. Eigenschaften der Evolute einer ebenen Kurve

Eigenschaft 1. Die Normale der Kurve L berührt die Evolute in dem entsprechenden Krümmungsmittelpunkt.

Beispiel 1. Die Normale M_3C_3 der Zykloide L (Abb. 365) berührt die Zykloide L' im Krümmungsmittelpunkt C_3 der ersten Zykloide.

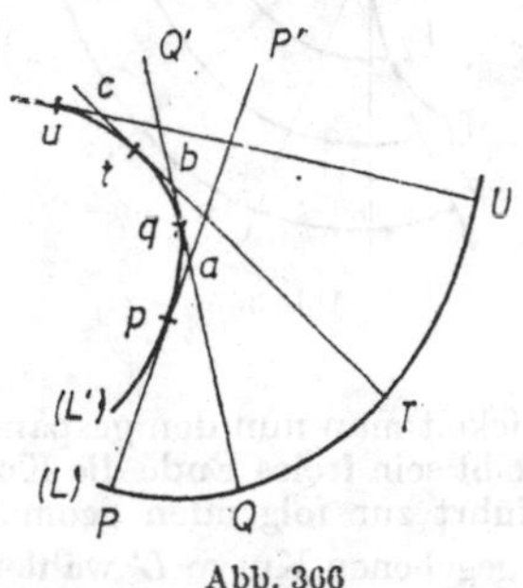

Abb. 366

Eigenschaft 2. Der Krümmungsradius R der Kurve L nehme beim Übergang vom Punkt P zum Punkt U zu (Abb. 366). Dann ist die Bogenlänge pu der Evolute L' gleich dem Zuwachs des Krümmungsradius der Kurve L:

$$\breve{pu} = R_U - R_P.$$

Beispiel 2. Bei der Zykloide L (Abb. 365) ist der Krümmungsradius im Punkt O gleich Null. Er nimmt längs des Bogens OM_4 zu, und im Punkt M_4 ist er gleich $M_4C_4 = 4a$ (s. Beispiel 1). Gemäß Eigenschaft 2 ist die Länge des Bogens OC_4 der Zykloide L' gleich $4a - 0 = 4a$ (vgl. § 345, Beispiel 2).

Bemerkung. Wenn es zwischen den Enden eines Bogens der Kurve L einen Punkt mit extremalem Krümmungsradius gibt, so gilt die Eigenschaft 2 nicht mehr. In den Punkten M_3 und M_5 (Abb. 365) der Zykloide L sind die Krümmungsradien gleich, während die Bogenlänge von $C_3C_4C_5$ endlich und ungleich Null ist. Die Eigenschaft 2 gilt nicht mehr, weil im Punkt M_4 der Krümmungsradius ein Maximum hat. Der Bogen $\widetilde{C_3C_4}$ ist gleich $M_4C_4 - M_3C_3$, der Bogen $\widetilde{C_4C_5}$ ist ebenfalls gleich $M_4C_4 - M_3C_3$ (und nicht gleich $M_3C_3 - M_4C_4$).

§ 347. Die Evolvente einer ebenen Kurve

Eine ebene Kurve L erhält man aus ihrer Evolute durch die folgende Konstruktion.
Man spanne um die Evolute einen biegsamen und undehnbaren Faden, der sich im Punkt p von der Evolute absetze und im Punkt P

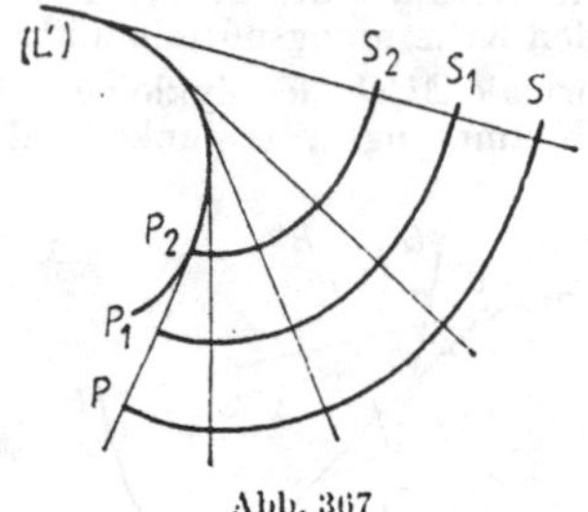

Abb. 367

der Kurve L ende. Wickelt man nun den gespannten Faden von der Evolute ab, so beschreibt sein freies Ende die Kurve L (Abb. 366).
Diese Konstruktion führt zur folgenden geometrischen Definition.
Definition. Auf der gegebenen Kurve L' wählen wir eine Richtung wachsender Bogenlänge (Abb. 366) (z. B. die Richtung von u nach p). In dieser Richtung tragen wir auf den Tangenten die Strecken uU, tT, qQ, ... ab, deren Länge gerade um den Zuwachs der Bogenlänge abnimmt. Der geometrische Ort L der Enden dieser Strecken heißt *Evolvente* der gegebenen Kurve.
Jede ebene Kurve L' hat unendlich viele Evolventen (PS, P_1S_1, P_2S_2 in Abb. 367). Für jede davon ist L' die Evolute.
Die Evolventen einer Kurve L' sind die *Orthogonaltrajektorien* ihrer Tangenten (d. h., sie schneiden alle Tangenten unter einem rechten Winkel, vgl. § 346, Eigenschaft 1).
Über die Evolventen von Raumkurven s. § 362, Bemerkung 2.

§ 348. Die Parameterform von Raumkurven

Eine Kurve im Raum, aufgefaßt als Schnitt von zwei Flächen, wird durch ein System von zwei Gleichungen dargestellt, die eine Beziehung zwischen x, y und z liefern (s. § 169).

Betrachtet man eine Raumkurve als Bahn eines bewegten Punktes, so erscheint sie dargestellt durch ein System von drei Gleichungen:

$$x = f(t), \quad y = \varphi(t), \quad z = \psi(t). \tag{1}$$

Dabei werden die Koordinaten des Punktes durch den *Parameter t* ausgedrückt (in der Mechanik nimmt man als Parameter oft die Zeit). Die Gleichungen (1) heißen *Parametergleichungen* der Raumkurve (vgl. § 251).

Oft nimmt man eine der Koordinaten als Parameter, z. B. x. Die Gleichungen der Kurve haben dann die Form

$$y = \varphi(x), \quad z = \psi(x) \tag{2}$$

(aus der ersten Gleichung von (1) wird die Identität $x = x$).

Durch die Gleichungen (2) kann man keine Kurve darstellen, die in einer Ebene senkrecht zur Achse OX liegt (bei einer solchen Kurve haben alle Punkte dieselbe Abszisse).

Wenn die Gleichung einer beliebigen Fläche nach Substitution der Ausdrücke (1) identisch erfüllt wird, so liegt die Kurve (1) auf dieser Fläche.

Jede Kurve läßt sich auf unendlich viele Arten in Parameterform darstellen. Wenn ein System von parametrischen Gleichungen dafür bekannt ist, so erhält man daraus ein weiteres, indem man den Parameter t durch eine gewisse Funktion eines neuen Parameters t' ersetzt.

Die Projektion der Kurve (1) auf die Ebene $z = c$ (insbesondere auf die Koordinatenebene XOY) wird durch die Gleichungen

$$x = f(t), \quad y = \varphi(t), \quad z = c \tag{3}$$

dargestellt. Die Gleichung $z = c$ läßt man oft weg und behält sie nur im Gedächtnis. Analoges gilt für die Projektionen auf die Ebenen $x = a$ und $y = b$.

Beispiel. Die Parametergleichungen

$$x = -2 + t, \quad y = 3 + 2t, \quad z = 1 - 2t \tag{1a}$$

stellen eine Gerade dar.

Verwendet man x als Parameter, so wird dieselbe Gerade durch die Gleichungen

$$y = 2x + 7, \quad z = -2x - 3 \tag{2a}$$

dargestellt.

Die Gerade (1a) liegt auf der Fläche

$$z - \frac{1}{2} = \frac{2x^2}{7} - \frac{y^2}{14} \tag{4}$$

(hyperbolisches Paraboloid), da Gleichung (4) in die Identität übergeht, wenn man in sie die Ausdrücke (1a) einsetzt.

Die Gerade (1a) liegt auch auf der Ebene

$$y + z - 4 = 0. \tag{5}$$

Die Gerade (1a) stellt also einen Schnitt der Flächen (4) und (5) dar. Es folgt daraus nicht, daß sich diese Flächen nur in ihr schneiden. Die Ebene (5) schneidet das Paraboloid in zwei geradlinigen Erzeugenden (§ 180). Eine davon ist die erwähnte Gerade.

Drückt man den Parameter t mit Hilfe von $t = \frac{2 + t'}{2}$ durch den neuen Parameter t' aus, so erhält man die neuen Parametergleichungen

$$x = \frac{1}{2} t', \quad y = 7 + t', \quad z = -3 - t'. \tag{1b}$$

Die Projektion der Geraden (1a) auf die Ebene XOY wird durch die Parametergleichungen

$$x = -2 + t, \quad y = 3 + 2t \tag{3a}$$

geliefert (man merkt sich die zusätzliche Gleichung $z = 0$). Die Gleichungen derselben Projektion erhalten ausgehend von (1b) die Form

$$x = \frac{1}{2} t', \quad y = 7 + t' \tag{3b}$$

usw. Durch Elimination des Parameters erhält man in beiden Fällen die Gleichung $y = 2x + 7$.

§ 349. Schraubenlinien

Der Punkt M (Abb. 368) bewege sich gleichförmig längs einer Erzeugenden QR eines Kreiszylinders. Gleichzeitig bewege sich die Erzeugende ebenfalls gleichförmig quer zum Zylindermantel. Dann

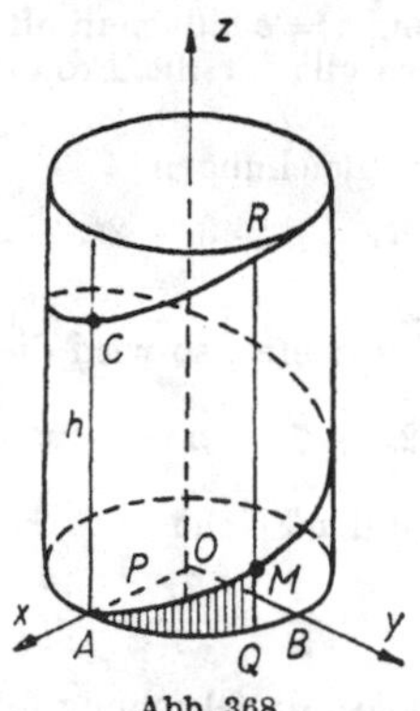

Abb. 368

beschreibt der Punkt M eine Kurve AMC, die man als *Schraubenlinie* bezeichnet. Der Radius a des Zylinders, auf dem die Kurve liegt, heißt *Windungsradius* der Kurve.

Betrachtet man die Bewegung des Punktes M von der Grundfläche aus, zu der sich der Punkt hinbewegt, so sieht man entweder eine positive Drehung (im Gegenuhrzeigersinn) oder eine negative Drehung (im Uhrzeigersinn)[1]). Im ersten Fall sagt man, die Schraubenlinie sei nach *rechts* gewunden (Abb. 369a), im zweiten Fall sagt man, sie sei nach *links* gewunden (Abb. 369b).

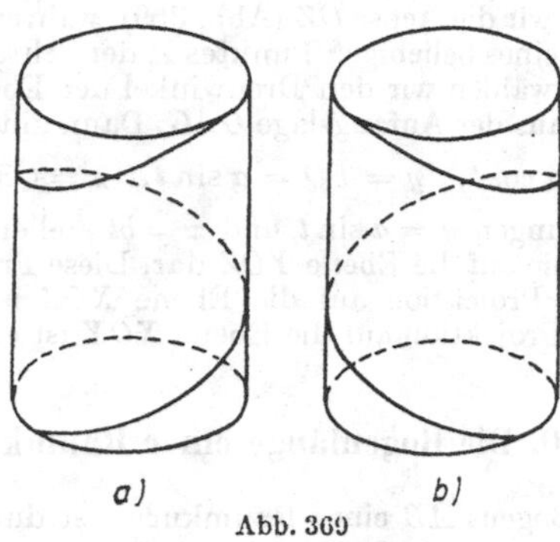

Abb. 369

Der Weg $AC = h$ (Abb. 368), den der Punkt M auf der geradlinigen Erzeugenden während einer vollen Drehung zurücklegt, heißt *Ganghöhe* (*Windungsabstand*) der Schraubenlinie. Der Windungsabstand einer nach rechts gewundenen Kurve wird positiv gewählt, der Windungsabstand einer nach links gewundenen Kurve negativ. Rechts- und linksgewundene Schraubenlinien (gleicher Windungsradius und gleicher Windungsabstand) darf man nicht verwechseln. Sie sind spiegelsymmetrisch.

Bemerkung. Wenn man die Zylinderfläche auf einer Ebene abwickelt, so geht der Kreis AQB (Abb. 368) in eine Gerade über, die senkrecht auf den Erzeugenden steht. Da die Strecke QM proportional zum Bogen $\overset{\frown}{AQ}$ ist,

$$QM : \overset{\frown}{AQ} = h : 2\pi a, \tag{1}$$

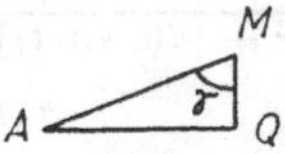

M

A Q

γ

Abb. 370

geht die Schraubenlinie in eine Gerade über (AM in Abb. 370). Der Winkel γ, den diese mit den Erzeugenden einschließt, ergibt sich

[1]) Wenn sich der Punkt in der umgekehrten Richtung bewegt, so muß man von der anderen Seite aus beobachten. In diesem Fall ist aber auch die Bewegungsrichtung der Erzeugenden am Zylinder umgekehrt. Eine positive Drehung bleibt daher positiv, eine negative Drehung bleibt negativ.

aus der Formel

$$\tan\gamma = \frac{AQ}{QM} = \frac{a}{b}, \tag{2}$$

wobei $b = \frac{h}{2\pi}$ gilt.

Die Parametergleichungen einer Schraubenlinie. Als Zylinderachse wählen wir die Achse OZ (Abb. 369), während wir die Achse OX in Richtung eines beliebigen Punktes A der Schraubenlinie legen. Als Parameter t wählen wir den Drehwinkel der Ebene des Achsenschnitts $OQMR$ aus der Anfangslage OAC. Dann gilt

$$x = OP = a\cos t, \quad y = PQ = a\sin t, \quad z = QM = bt. \tag{3}$$

Die zwei Gleichungen $y = a\sin t$ und $z = bt$ stellen die Projektion der Schraubenlinie auf die Ebene YOZ dar. Diese Projektion ist eine Sinuskurve. Die Projektion auf die Ebene XOZ ist ebenfalls eine Sinuskurve, die Projektion auf die Ebene XOY ist ein Kreis.

§ 350. Die Bogenlänge einer Raumkurve

Die Länge des Bogens AB einer Raumkurve ist durch das Integral

$$s = \int_{(A)}^{(B)} \sqrt{\left(\frac{dx}{dt}\right)^2 + \left(\frac{dy}{dt}\right)^3 + \left(\frac{dz}{dt}\right)^2}\, dt \tag{1}$$

oder

$$s = \int_{(A)}^{(B)} \sqrt{dx^2 + dy^2 + dz^2} \tag{2}$$

gegeben. Das Differential des Bogens (vgl. § 339) ist gleich

$$ds = \sqrt{dx^2 + dy^2 + dz^2} = \sqrt{x'^2 + y'^2 + z'^2}\, dt. \tag{3}$$

Beispiel 1. Man bestimme die Länge s_1 einer Windung der Schraubenlinie.

Lösung. Formel (2) liefert mit Hilfe von Formel (3) aus § 349

$$s_1 = \int_0^{2\pi} \sqrt{[d(a\cos t)]^2 + [d(a\sin t)]^2 + [d(bt)]^2}$$

$$= \int_0^{2\pi} \sqrt{a^2\sin^2 t + a^2\cos^2 t + b^2}\, dt = 2\pi\sqrt{a^2 + b^2}, \tag{4}$$

d. h., *die Länge einer Windung der Schraubenlinie ist gleich der Länge der Hypotenuse eines Dreiecks, dessen eine Kathete genau so lang wie der Umfang des Grundkreises ist und dessen andere Kathete durch den Windungsabstand der Schraubenlinie gegeben ist* (vgl. § 349, Bemerkung).

Wenn der Anfangspunkt des Bogens fest gewählt wurde, während sich der Endpunkt bewegt, so erweist sich die Länge des Bogens als Funktion des Parameters t und kann daher (§ 348) selbst wieder als Parameter dienen.

Beispiel 2. Man bestimme die Gleichungen einer Schraubenlinie unter Verwendung der Bogenlänge (Anfangspunkt $t = 0$) als Parameter.

Lösung. Wie in Beispiel 1 haben wir

$$s = \int_0^t \sqrt{a^2 \sin^2 t + a^2 \cos^2 t + b^2}\, dt = \sqrt{a^2 + b^2}\, t. \tag{5}$$

Drückt man t durch s aus und setzt das Ergebnis in (3) § 349 ein, so ergibt sich

$$x = a \cos \frac{s}{\sqrt{a^2 + b^2}}, \quad y = a \sin \frac{s}{\sqrt{a^2 + b^2}}, \quad z = \frac{b}{\sqrt{a^2 + b^2}}\, s. \tag{6}$$

§ 351. Die Tangente an eine Raumkurve

Die *Tangente* an die Kurve (L) im Punkt $M\,(x; y; z)$ ist jene Gerade MT, gegen die die Sekante MM' bei Annäherung des Punktes M' an den Punkt M strebt (vgl. § 225).

Wenn die Kurve (L) durch die Parametergleichungen

$$x = f(t), \quad y = \varphi(t), \quad z = \psi(t) \tag{1}$$

gegeben ist, so kann man als Richtungsvektor (§ 143) der Tangente den Vektor[1])

$$\boldsymbol{r}' = \left\{\frac{dx}{dt}, \frac{dy}{dt}, \frac{dz}{dt}\right\} \tag{2}$$

oder den dazu kollinearen Vektor

$$\boldsymbol{t} = \left\{\frac{dx}{ds}, \frac{dy}{ds}, \frac{dz}{ds}\right\}. \tag{3}$$

nehmen, dessen Betrag gleich 1 ist[2]). Der Vektor $\boldsymbol{t}$ heißt daher *Tangenteneinheitsvektor*.

Die Koordinaten des Vektors $\boldsymbol{t}$ sind die Richtungskosinus (§ 144) der Tangente

$$\cos\alpha = \frac{dx}{ds}, \quad \cos\beta = \frac{dy}{ds}, \quad \cos\gamma = \frac{dz}{ds} \tag{4}$$

(in Abb. 371 ist $\alpha = \sphericalangle AMT$, $\beta = \sphericalangle BMT$, $\gamma = \sphericalangle CMT$).

---

[1]) Der Vektor $\boldsymbol{r}'$ ist die Ableitung des Radiusvektors $\boldsymbol{r}(x, y, z)$ (s. Theorem, § 355).

[2]) $\left(\frac{dx}{ds}\right)^2 + \left(\frac{dy}{ds}\right)^2 + \left(\frac{dz}{ds}\right)^2 = \frac{dx^2 + dy^2 + dz^2}{ds^2} = \frac{ds^2}{ds^2} = 1.$

Erklärung. Als Richtungsvektor für die Sekante kann man den Vektor MM' $= (\Delta x, \Delta y, \Delta z)$ oder die dazu kollinearen Vektoren $\frac{MM'}{\Delta t}$ und $\frac{MM'}{\Delta s}$ nehmen. Die Formeln (2) und (3) ergeben sich daraus durch Grenzübergang.

Die symmetrischen Gleichungen der Tangente haben die Form

$$\frac{X - x}{x'} = \frac{Y - y}{y'} = \frac{Z - z}{z'}. \tag{5}$$

wobei die Striche die Ableitung nach einem beliebigen Parameter bedeuten.

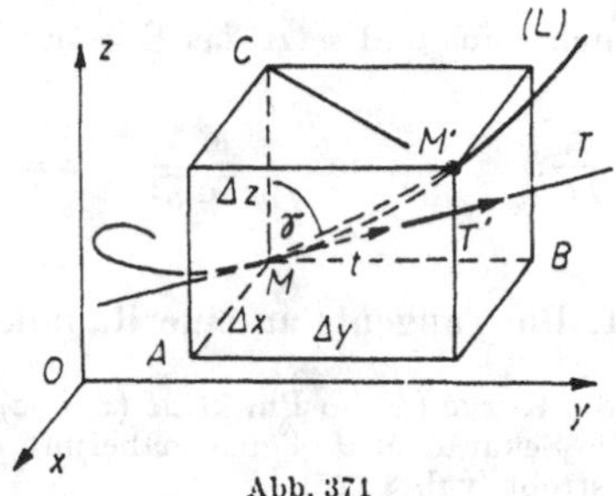

Abb. 371

Beispiel: Wir betrachten die Schraubenlinie (§ 349)

$$x = a\cos t, \quad y = a\sin t, \quad z = bt. \tag{1a}$$

Der Vektor

$$\boldsymbol{r}' = \{-a\sin t, \quad a\cos t, \quad b\} = \{-y, x, b\} \tag{2a}$$

ist ein Richtungsvektor für die Tangente. Aus Gleichung (6) in § 350 finden wir für den Tangenteneinheitsvektor

$$\boldsymbol{t} = \left\{-\frac{a}{\sqrt{a^2+b^2}}\sin\frac{s}{\sqrt{a^2+b^2}}, \frac{a}{\sqrt{a^2+b^2}}\cos\frac{s}{\sqrt{a^2+b^2}}, \frac{b}{\sqrt{a^2+b^2}}\right\} \tag{3a}$$

und somit

$$\left.\begin{aligned} \cos\alpha &= -\frac{a}{\sqrt{a^2+b^2}}\sin\frac{s}{\sqrt{a^2+b^2}} = -\frac{a}{\sqrt{a^2+b^2}}\sin t,\\ \cos\beta &= \frac{a}{\sqrt{a^2+b^2}}\cos t, \quad \cos\gamma = \frac{b}{\sqrt{a^2+b^2}}. \end{aligned}\right\} \tag{4a}$$

Die letzten Formeln liefern $\tan\gamma = \frac{a}{b}$ (vgl. § 349).
Die Gleichung der Tangente lautet

$$\frac{X - a\cos t}{-a\sin t} = \frac{Y - a\sin t}{a\cos t} = \frac{Z - bt}{b} \tag{5a}$$

oder

$$\frac{X-x}{-y} = \frac{Y-y}{x} = \frac{Z-z}{b}. \tag{5b}$$

In Parameterform haben wir

$$X = x - yu, \quad Y = y + xu, \quad Z = z + bu. \tag{6}$$

Im Anfangspunkt ($t = 0$, $x = a$, $y = 0$, $z = 0$) besitzt die Tangente die Gleichungen $X = a$, $Y = au$, $Z = bu$.

§ 352. Die Normalebene

Die Ebene P (Abb. 372) durch den Punkt M der Kurve L senkrecht zur Tangente MT heißt *Normalebene* der Kurve L. Als Normalenvektor dieser Ebene dient der Richtungsvektor (§ 351) $\boldsymbol{r}' = \{x', y', z'\}$ der Tangente. Die Gleichung der Normalebene lautet (§ 123)

$$(X-x)\,x' + (Y-y)\,y' + (Z-z)\,z' = 0$$

oder in Vektorform

$$(\boldsymbol{R} - \boldsymbol{r})\,\boldsymbol{r}' = 0.$$

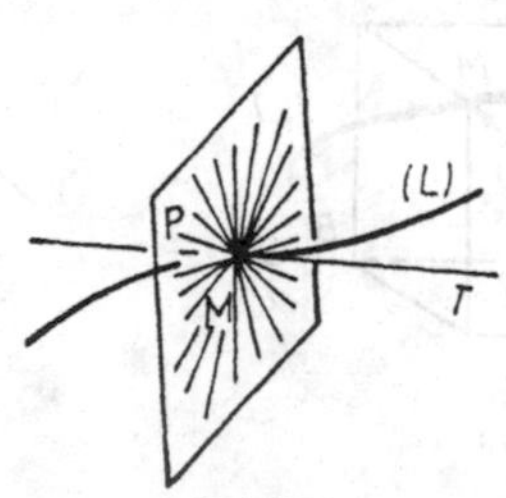

Abb. 372

Beispiel. Die Gleichung der Normalebene der Schraubenlinie

$$x = a\cos t, \quad y = a\sin t, \quad z = bt$$

lautet

$$(X - a\cos t)(-a\sin t) + (Y - a\sin t)(a\cos t) + (Z - bt)\,b = 0$$

oder

$$-yX + xY + bZ - bz = 0.$$

Die Normalebene im Anfangspunkt wird durch die Gleichung

$$aY + bZ = 0$$

dargestellt.

Jede Gerade, die durch den Punkt M der Raumkurve L geht und senkrecht zur Tangente MT ist, heißt *Normale* der Kurve L (im

Punkt M). Eine Raumkurve hat also unendlich viele Normalen. Alle liegen in der Normalebene.
Wenn die Kurve L in einer Ebene liegt, so wählt man aus der Menge der Normalen die aus (*Hauptnormale*), die dieser Ebene angehört. Auch bei nicht ebenen Kurven zeichnet man eine Normale als Hauptnormale aus (§ 359).

§ 353. Vektorfunktionen mit skalarem Argument

Definition. Der Vektor $\boldsymbol{p}$ heißt *Vektorfunktion* des skalaren Arguments u, wenn jedem Zahlenwert, den u annehmen kann, ein wohldefinierter Vektor $\boldsymbol{p}$ entspricht (d. h. ein in Betrag und Richtung definierter Vektor).
Im Gegensatz zur Vektorfunktion nennt man eine von u abhängige skalare Größe eine *skalare Funktion.*
Beispiel 1. Der Punkt M bewege sich längs der Kurve L (Abb. 373). Die Geschwindigkeit $\boldsymbol{v}$ (als Vektor aufgefaßt) ist eine Vektorfunktion des skalaren Arguments t (der Bewegungsdauer, vom Beginn der

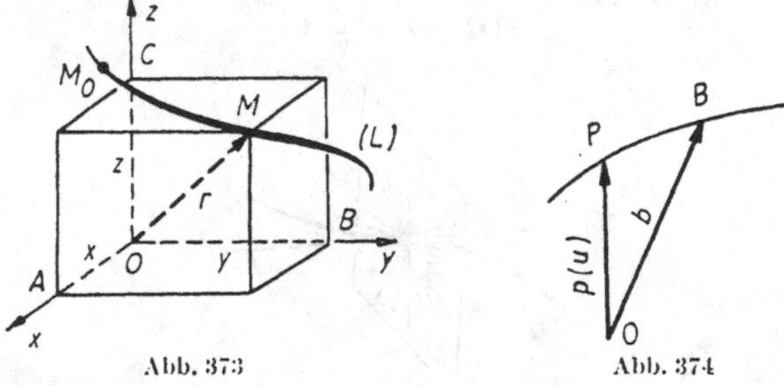

Abb. 373 Abb. 374

Bewegung an gerechnet), da in jedem Augenblick der Vektor $\boldsymbol{v}$ in Betrag und Richtung definiert ist (er ist kollinear mit der Tangente an die Kurve L). Den Vektor $\boldsymbol{v}$ kann man auch als Funktion des (skalaren) Arguments s (Länge des Bogens M_0M) betrachten. Der Betrag der Geschwindigkeit ist eine skalare Funktion von t (oder s).

Beispiel 2. Der Radiusvektor (§ 95) $\overrightarrow{OM}$ des Punktes M, der die Kurve L beschreibt (Abb. 373), ist eine Vektorfunktion der Bogenlänge $s = \overset{\frown}{M_0M}$. Die Koordinaten x, y, z des Vektors $\overrightarrow{OM}$ (d. h. die Koordinaten des Punktes M) sind skalare Funktionen von s (vgl. § 350, Beispiel 2).
Bemerkung. Wenn der Anfangspunkt des Vektors $\boldsymbol{p}$ wie in Beispiel 1 beweglich ist, so kann man einen beliebigen Punkt O (Abb. 374) wählen und ihn als Anfang des Vektors $\overrightarrow{OP}$ nehmen, der gleich dem Vektor $\boldsymbol{p}$ ist. Der geometrische Ort der Endpunkte P (in der Regel ist dies eine Kurve) heißt *Hodograph* der Vektorfunktion $\boldsymbol{p}$.

Bezeichnungsweise für Vektorfunktionen. Das Symbol

$$\mathbf{p} = \mathbf{p}(u)$$

bedeutet, daß $\mathbf{p}$ eine Vektorfunktion der skalaren Größe u ist.

§ 354. Grenzwerte von Vektorfunktionen

Definition. Ein konstanter Vektor $\mathbf{b}$ heißt *Grenzwert der Vektorfunktion* $\mathbf{p} = \mathbf{p}(u)$ für $u \to a$ (oder $u \to \infty$), wenn der Betrag der Differenz aus den Vektoren $\mathbf{p}(u)$ und $\mathbf{b}$ für $u \to a$ gegen Null strebt. Symbol:

$$\lim_{u \to a} \mathbf{p}(u) = \mathbf{b}. \tag{1}$$

Erklärung. Wir führen den variablen Vektor $\mathbf{p}(u)$ auf einen ruhenden Anfangspunkt O zurück (Abb. 374). Wenn für $u \to a$ das bewegliche Ende P gegen den ruhenden Punkt B strebt, so ist der Vektor $\overrightarrow{OB} = \mathbf{b}$ der Grenzwert des Vektors $\mathbf{p}(u)$. Die Differenz $\mathbf{p}(u) - \mathbf{b}$ ist der Vektor $\overrightarrow{BP}$. Sein Betrag strebt gegen Null.

Bemerkung 1. Wenn der Betrag der Vektorfunktion $\mathbf{p}(t)$ gegen Null strebt, so sagt man, daß der Vektor $\mathbf{p}(t)$ gegen Null strebt. Unter der *Größenordnung eines Vektors* versteht man die Größenordnung seines Betrags.

Bemerkung 2. Die Stetigkeit einer Vektorfunktion definiert man genau so wie die Stetigkeit einer skalaren Funktion (§ 218). In der Hauptsache wird die Stetigkeit einer Vektorfunktion dadurch ausgedrückt, daß ihr Hodograph eine kompakte Kurve ist. Wenn der Vektor $\mathbf{p}$ eine stetige Funktion von t ist, so sind seine Koordinaten ebenfalls stetige (skalare) Funktionen von t und umgekehrt.

Bemerkung 3. Die Sätze über den Grenzwert einer Summe und eines Produktes lassen sich auch auf Vektorfunktionen erweitern, wobei man alle möglichen Produkte (skalare oder vektorielle) betrachten darf.

§ 355. Die Ableitung einer Vektorfunktion

Definition. Unter der Ableitung einer Vektorfunktion $\mathbf{p}(u)$ versteht man den Vektor

$$\mathbf{p}' = \lim_{\Delta u \to 0} \frac{\mathbf{p}(u + \Delta u) - \mathbf{p}(u)}{\Delta u}. \tag{1}$$

Der Vektor $\mathbf{p}'$ ist selbst eine Vektorfunktion von u. Man nennt sie die *abgeleitete Vektorfunktion* und bezeichnet sie durch $\mathbf{p}'(u)$.

Geometrische Bedeutung. Das bewegliche Ende des Vektors $\overrightarrow{OM} = \mathbf{r}(u)$ (Abb. 375) beschreibe eine Kurve L (Hodograph der Vektorfunktion $\mathbf{r}(u)$). Dann ist der Vektor $\mathbf{r}'(u)$ längs der Tangente

MT nach der Seite wachsender Parameterwerte hin gerichtet, und seine Länge $|\boldsymbol{r}'(u)|$ ist gleich $\left|\frac{ds}{du}\right|$ (s. Beispiel 1). Nimmt man als Argument s, so ist die Länge der abgeleiteten Vektorfunktion gleich 1 (s. Beispiel 2).

Erklärung. Beim Übergang vom Punkt $M(u)$ zum Punkt $M(u + \Delta u)$ erhält der Vektor $\boldsymbol{r}(u)$ den Zuwachs

$$\Delta \boldsymbol{r} = \boldsymbol{r}(u + \Delta u) - \boldsymbol{r}(u) = \overrightarrow{OM'} - \overrightarrow{OM} = \overrightarrow{MM'}.$$

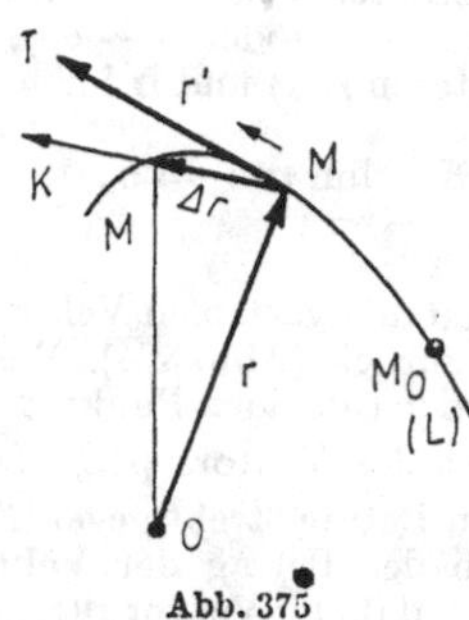

Abb. 375

Der Vektor $\frac{\Delta \boldsymbol{r}}{\Delta u}$ liegt in Richtung der Sekante MM'. Seine Länge ist $\frac{MM'}{|\Delta u|} \approx \frac{\overparen{MM'}}{|\Delta u|} = \left|\frac{\Delta s}{\Delta u}\right|$. Für $\Delta u \to 0$ strebt die Sekante MM' gegen die Tangente, und das Verhältnis $\frac{\Delta s}{\Delta u}$ strebt gegen $\frac{ds}{du}$.

Die Koordinaten der Ableitung $\boldsymbol{p}'(u)$ des Vektors $\boldsymbol{p}(u)$ sind gleich den entsprechenden Ableitungen der Koordinaten des Vektors $\boldsymbol{p}(u)$, d. h.

$$[x(u)\,\boldsymbol{i} + y(u)\,\boldsymbol{j} + z(u)\,\boldsymbol{k}]' = x'(u)\,\boldsymbol{i} + y'(u)\,\boldsymbol{j} + z'(u)\,\boldsymbol{k} \qquad (2)$$

oder mit anderer Bezeichnungsweise

$$\{x, y, z\}' = \{x', y', z'\}. \qquad (3)$$

Beispiel 1. Mit der Bezeichnungsweise wie in § 349 drückt man den Radiusvektor $\boldsymbol{r}$ der Schraubenlinie durch den Parameter t in der folgenden Weise aus:

$$\boldsymbol{r} = \{a \cos t,\ a \sin t,\ bt\}.$$

Auf Grund von (3) ist

$$\boldsymbol{r}' = \{-a \sin t,\ a \cos t,\ b\}.$$

Der Vektor $\boldsymbol{r}'$ liegt in der Richtung der Tangente an die Schraubenlinie (vgl. § 351, Formel (2a)). Seine Länge $\sqrt{a^2 + b^2}$ ist gleich $\frac{ds}{dt}$ (vgl. (5), § 350).

Beispiel 2. Nimmt man als Argument des Radiusvektors $\boldsymbol{r}$ die Bogenlänge s der Schraubenlinie, so gilt (§ 350, Beispiel 2)

$$\boldsymbol{r} = \left\{a \cos \frac{s}{\sqrt{a^2+b^2}},\ a \sin \frac{s}{\sqrt{a^2+b^2}},\ \frac{b}{\sqrt{a^2+b^2}}\, s\right\},$$

$$\boldsymbol{r}' = \left\{\frac{-a}{\sqrt{a^2+b^2}} \sin \frac{s}{\sqrt{a^2+b^2}},\ \frac{a}{\sqrt{a^2+b^2}} \cos \frac{s}{\sqrt{a^2+b^2}},\ \frac{b}{\sqrt{a^2+b^2}}\right\}.$$

Der Betrag des Vektors $\boldsymbol{r}'$ ist gleich

$$\frac{a^2}{a^2+b^2} \sin^2 \frac{s}{\sqrt{a^2+b^2}} + \frac{a^2}{a^2+b^2} \cos^2 \frac{s}{\sqrt{a^2+b^2}} + \frac{b^2}{a^2+b^2} = 1.$$

Ableitungen höherer Ordnung. Sie sind genau so definiert wie im Falle von skalaren Funktionen und werden durch $\boldsymbol{p}''(u)$, $\boldsymbol{p}'''(u)$ usw. bezeichnet. Wie man die Ableitungen durch Differentiale ausdrückt, wird in § 356 behandelt werden.

Physikalische Deutung der Ableitungen. Es sei $\boldsymbol{r}(t)$ eine Vektorfunktion, die den Radiusvektor eines bewegten Punktes in Abhängigkeit von der Zeit angibt. Dann ist $\boldsymbol{r}'(t)$ der Vektor der Geschwindigkeit des Punktes M und $\boldsymbol{r}''(t)$ der Vektor seiner Beschleunigung.

§ 356. Das Differential einer Vektorfunktion

Das Differential einer Vektorfunktion $\boldsymbol{p}(u)$ definiert man genau so wie das Differential einer skalaren Funktion (§ 228) und bezeichnet es durch $d\boldsymbol{p}$.

Das Differential einer Vektorfunktion ist ein Vektor. Es ist gleich dem Produkt aus der abgeleiteten Vektorfunktion $\boldsymbol{p}'(u)$ mit dem Zuwachs des Arguments

$$d\boldsymbol{p} = \boldsymbol{p}'(u)\, \Delta u \tag{1}$$

oder

$$d\boldsymbol{p} = \boldsymbol{p}'(u)\, du. \tag{2}$$

Geometrische Deutung. Das Differential $d\boldsymbol{r}(u)$ ist ein Vektor $\overrightarrow{MN}$ (Abb. 376), der in der Richtung der Tangente MT liegt. Die Koordinaten des Vektors $d\boldsymbol{r}$ sind die Differentiale der Koordinaten x, y, z des Punktes M:

$$d\boldsymbol{r} = \{dx, dy, dz\}. \tag{3}$$

Die Länge des Vektors $d\boldsymbol{r}$ ist gleich dem Differential der Bogenlänge $s = \overset{\frown}{M_0M}$:

$$|d\boldsymbol{r}| = \sqrt{dx^2 + dy^2 + dz^2} = ds, \tag{4}$$

d. h.

$$d\boldsymbol{r}^2 = ds^2. \tag{5}$$

Wenn die Bogenlänge s als Argument der Vektorfunktion $\boldsymbol{r}(s)$ dient, so gilt $|d\boldsymbol{r}| = \Delta s = \overset{\frown}{MM'}$. Im allgemeinen Fall hingegen unterscheidet sich $|\Delta \boldsymbol{r}|$ vom Bogen $\overset{\frown}{MM'}$ (sowie von der Sehne MM') um eine Größe, die klein von höherer Ordnung relativ zu Δu ist.

Die Invarianz des Ausdrucks (2): Die Formel (2) gilt auch dann, wenn man u als Funktion eines anderen Arguments betrachtet. Die Formel (1) besitzt diese Eigenschaft nicht (vgl. § 234).

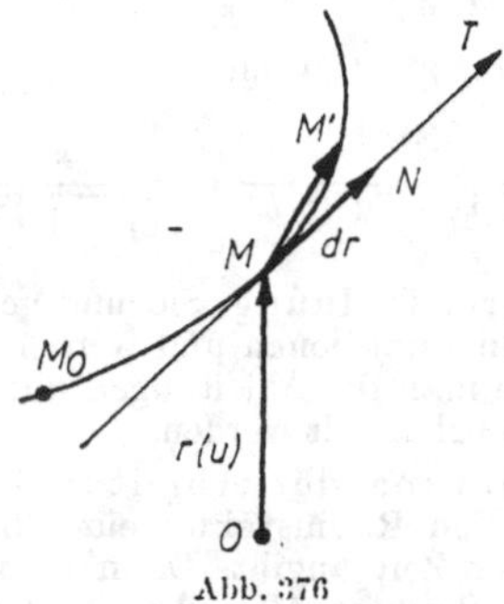

Abb. 376

Differentiale höherer Ordnung. Man definiert sie genau so wie im Falle skalarer Funktionen und bezeichnet sie durch $d^2\boldsymbol{p}$, $d^3\boldsymbol{p}$ usw.

Zusammenhang zwischen Ableitungen und Differentialen:

$$\boldsymbol{p}'(u) = \frac{d\boldsymbol{p}}{du}, \tag{6}$$

$$\boldsymbol{p}''(u) = \frac{d^2\boldsymbol{p}}{du^2}, \quad \boldsymbol{p}'''(u) = \frac{d^3\boldsymbol{p}}{du^3}, \ldots \tag{7}$$

In Formel (6) kann u sowohl eine unabhängige als auch eine abhängige Variable sein. Formel (7) gilt, wenn u eine unabhängige Variable ist. Andernfalls gilt sie in der Regel nicht (vgl. § 259).

§ 357. Eigenschaften der Ableitungen und der Differentiale von Vektorfunktionen

1. Die Ableitung eines konstanten Vektors $\boldsymbol{a}$ ist gleich Null. Das Differential ist ebenfalls gleich Null:

$$\frac{d\boldsymbol{a}}{du} = 0, \quad d\boldsymbol{a} = 0. \tag{1}$$

Wenn umgekehrt die Ableitung eines Vektors identisch Null ist, so ist der Vektor konstant.

Bemerkung. Ein konstanter Vektor hat nicht nur eine konstante Länge, sondern auch eine konstante Richtung. Die Ableitung eines variablen Vektors $\boldsymbol{p}$ konstanter Länge ist nicht gleich Null (sie ist senkrecht zum Vektor $\boldsymbol{p}$, s. Eigenschaft 6).

2. Das Differential einer Summe von mehreren Vektoren ist gleich der Summe ihrer Differentiale. Analoges gilt für die Ableitungen:

$$d[\boldsymbol{p}(u)+\boldsymbol{q}(u)-\boldsymbol{r}(u)]=d\boldsymbol{p}(u)+d\boldsymbol{q}(u)-d\boldsymbol{r}(u). \tag{2}$$

$$\frac{d}{du}[\boldsymbol{p}+\boldsymbol{q}-\boldsymbol{r}]=\frac{d\boldsymbol{p}}{du}+\frac{d\boldsymbol{q}}{du}-\frac{d\boldsymbol{r}}{du}. \tag{2a}$$

3. Für alle Produktformen von Vektoren gelten zu den Formeln aus § 239 analoge Differentiationsformeln. *Allerdings darf man weder beim Vektorprodukt noch beim gemischten Produkt die Reihenfolge der Faktoren vertauschen* (vgl. § 112, Pkt. 2, § 117, Pkt. 1):

$$d(m\boldsymbol{p}) = m\,d\boldsymbol{p}+\boldsymbol{p}\,dm, \tag{3}$$

$$d(\boldsymbol{p}\times\boldsymbol{q}) = \boldsymbol{p}\times d\boldsymbol{q}+d\boldsymbol{p}\times\boldsymbol{q}, \tag{4}$$

$$d(\boldsymbol{p}\boldsymbol{q}) = \boldsymbol{p}\,d\boldsymbol{q}+\boldsymbol{q}\,d\boldsymbol{p}, \tag{5}$$

$$d(\boldsymbol{p}\boldsymbol{q}\boldsymbol{r}) = d\boldsymbol{p}\,\boldsymbol{q}\boldsymbol{r}+\boldsymbol{p}\,d\boldsymbol{q}\boldsymbol{r}+\boldsymbol{p}\boldsymbol{q}\,d\boldsymbol{r}. \tag{6}$$

Entsprechende Formeln gelten auch für die Ableitungen:

$$\frac{d}{du}(m\boldsymbol{p})=m\frac{d\boldsymbol{p}}{du}+\boldsymbol{p}\frac{dm}{du}, \tag{3a}$$

$$\frac{d}{du}(\boldsymbol{p}\times\boldsymbol{q})=\boldsymbol{p}\times\frac{d\boldsymbol{q}}{du}+\frac{d\boldsymbol{p}}{du}\times\boldsymbol{q}, \tag{4a}$$

$$\frac{d}{du}(\boldsymbol{p}\boldsymbol{q})=\boldsymbol{p}\frac{d\boldsymbol{q}}{du}+\boldsymbol{q}\frac{d\boldsymbol{p}}{du}, \tag{5a}$$

$$\frac{d}{du}(\boldsymbol{p}\boldsymbol{q}\boldsymbol{r})=\frac{d\boldsymbol{p}}{du}\boldsymbol{q}\boldsymbol{r}+\boldsymbol{p}\frac{d\boldsymbol{q}}{du}\boldsymbol{r}+\boldsymbol{p}\boldsymbol{q}\frac{d\boldsymbol{r}}{du}. \tag{6a}$$

4. Als Sonderfall von Formel (5) und (5a) haben wir

$$d(\boldsymbol{p}^2)=2\boldsymbol{p}\,d\boldsymbol{p},\quad \frac{d}{du}(\boldsymbol{p}^2)=2\boldsymbol{p}\frac{d\boldsymbol{p}}{du}. \tag{7}$$

5. Einen konstanten Faktor (Skalar oder Vektor) darf man vor das Differentiationszeichen stellen (oder vor das Zeichen für ein Differential):

$$d(a\boldsymbol{p}) = a\,d\boldsymbol{p} \quad (a=\text{const}), \tag{3b}$$

$$d(\boldsymbol{a}\times\boldsymbol{q}) = \boldsymbol{a}\times d\boldsymbol{q} \quad (\boldsymbol{a}=\text{const}), \tag{4b}$$

$$d(\boldsymbol{a}\boldsymbol{q}) = \boldsymbol{a}\,d\boldsymbol{q} \quad (\boldsymbol{a}=\text{const}), \tag{5b}$$

$$d(\boldsymbol{a}\boldsymbol{q}\boldsymbol{r}) = \boldsymbol{a}\,d(\boldsymbol{q}\times\boldsymbol{r}) \quad (\boldsymbol{a}=\text{const}). \tag{6b}$$

6. Wenn der Vektor $\boldsymbol{p}(u)$ konstante Länge besitzt, so ist er senkrecht zum Vektor $\boldsymbol{p}'(u)$ und zum Vektor $d\boldsymbol{p}(u)$, d. h., wenn

$$\boldsymbol{p}^2 = \text{const}, \tag{8}$$

so gilt (vgl. Pkt. 4)

$$\boldsymbol{p}\boldsymbol{p}' = 0, \quad \boldsymbol{p}\, d\boldsymbol{p} = 0. \tag{9}$$

Geometrische Deutung. Der Hodograph von $\boldsymbol{p}(u)$ ist eine sphärische Kurve. Ihre Tangente ist senkrecht zum Kugelradius.

§ 358. Die Schmiegebene

Definition. Unter der *Schmiegebene* der Kurve L (im Punkt M) versteht man die Ebene P, gegen die die Ebene KMK' (Abb. 377) strebt, wenn die zwei (verschiedene) Punkte K und K' längs der Kurve L gegen M streben.

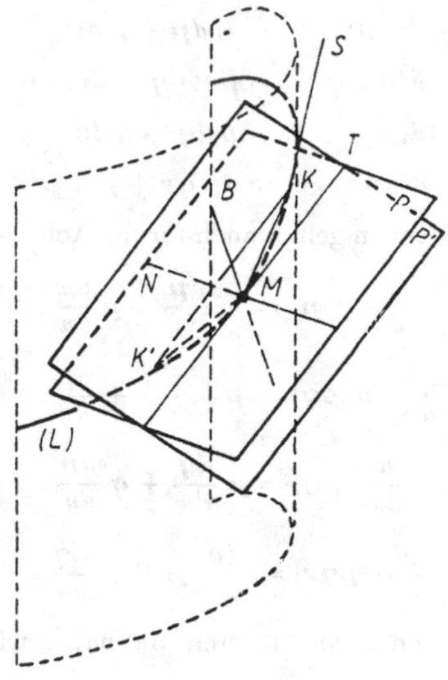

Abb. 377

Bemerkung 1. Für eine Kurve L, die in einer Ebene Q liegt, fällt die Schmiegebene mit dieser Ebene Q zusammen. Bei einer Geraden ist die Schmiegebene nicht definiert.

Erklärung. Auf einem Drahtmodell der Kurve L markieren wir drei Punkte M, K und K'. Wenn diese nicht zu weit entfernt sind, so liegt der Bogen KMK' praktisch in der Ebene KMK' (wenn auch der Bogen beträchtlich von einer geradlinigen Strecke abweicht). Die Schmiegebene ist das abstrakte Bild der Ebene KMK'. Bringt man an dem Modell ein Blatt Papier so an, daß es praktisch mit der Schmiegebene zusammenfällt, so bleibt das Papier im Gleichgewicht (wegen der Reibung am Teilstück KMK'). In allen anderen Lagen haftet das Blatt nicht am Modell.

Die Gleichung der Schmiegebene. Der „Geschwindigkeitsvektor" $\boldsymbol{r}'(u)$ und der „Beschleunigungsvektor" $\boldsymbol{r}''(u)$ liegen beide in der Schmiegebene. Wenn diese beiden Vektoren nicht kollinear sind, so bildet das Vektorprodukt

$$\boldsymbol{B} = \boldsymbol{r}' \times \boldsymbol{r}'' \tag{1}$$

den Normalenvektor für die Schmiegebene[1]). Ihre Gleichung lautet

$$(\boldsymbol{R} - \boldsymbol{r})\,\boldsymbol{r}' \times \boldsymbol{r}'' = 0 \tag{2}$$

oder in Koordinatenform

$$\begin{vmatrix} X - x & Y - y & Z - z \\ x' & y' & z' \\ x'' & y'' & z'' \end{vmatrix} = 0. \tag{3}$$

Beispiel. Man bestimme die Schmiegebene der Schraubenlinie

$$\boldsymbol{r} = \{a \cos u,\ a \sin u,\ bu\}.$$

Lösung. Wir finden

$$\begin{aligned} \boldsymbol{r}'(u) &= \{-a \sin u, a \cos u, b\}, \\ \boldsymbol{r}''(u) &= \{-a \cos u,\ -a \sin u,\ 0\}, \\ \boldsymbol{r}'(u) \times \boldsymbol{r}''(u) &= \{ab \sin u,\ -ab \cos u,\ a^2\} \\ &= a\,\{b \sin u,\ -b \cos u,\ a\}. \end{aligned}$$

Auf Grund von (3) lautet die Gleichung der Schmiegebene

$$(X - a \cos u)\, b \sin u - (Y - a \sin u)\, b \cos u + (Z - bu)\, a = 0$$

oder

$$b \sin u X - b \cos u Y + aZ = abu.$$

Der Winkel φ, den die Schmiegebene mit der Achse der Schraubenlinie bildet, ergibt sich (§ 146) durch die Formel

$$\sin \varphi = \frac{a}{\sqrt{b^2 \sin^2 u + b^2 \cos^2 u + a^2}} = \frac{a}{\sqrt{a^2 + b^2}}.$$

Hieraus folgt $\tan \varphi = \frac{a}{b}$, d. h., die Schmiegebene bildet mit der Achse der Schraubenlinie denselben konstanten Winkel wie die Tangente (§ 351, Beispiel).

[1]) Wenn $\boldsymbol{r}$ und $\boldsymbol{r}'$ kollinear sind und wenn $\boldsymbol{r}^{(k)}$ der erste abgeleitete Vektor ist, der nicht mit $\boldsymbol{r}'$ kollinear ist, so kann man als Normalenvektor der Schmiegebene $\boldsymbol{r}' \times \boldsymbol{r}^{(k)}$ nehmen.

Die Schmiegebene besitzt folgende Eigenschaften:

1. Die Ebene TMK (Abb. 377) verläuft durch die Tangente MT und den Punkt K der Kurve L. Wenn K gegen M strebt, so strebt TMK gegen die Ebene P.

2. Die Ebene P' (Abb. 377), die durch die Tangente MT und parallel zur Tangente KS verläuft, strebt gegen die Ebene P, wenn K gegen M strebt.

Bemerkung. Jede dieser Eigenschaften kann man als Definition für die Schmiegebene verwenden.

§ 359. Die Hauptnormale. Das begleitende Dreibein

Die Normale MN der Kurve L (Abb. 377), die in der Schmiegebene P liegt, nennt man *Hauptnormale.* Die Normale MB senkrecht zur Schmiegebene heißt *Binormale.* Die Ebene TMB durch Tangente und Binormale heißt *rektifizierende Ebene.*

Die drei aufeinander senkrechten *Ebenen* TMN (Schmiegebene), NMB (Normalebene) und BMT (rektifizierende Ebene) bilden das *begleitende Dreibein.* Die drei aufeinander senkrechten Geraden MT, MN und MB (Dreibein) verwendet man oft als Koordinatenachsen (die Tangente MT als Abszissenachse, die Hauptnormale als Ordinatenachse und die Binormale als Applikatenachse). Über die Wahl der positiven Richtungen s. § 361.

Die Richtungsvektoren des Dreibeins berechnet man im allgemeinen bequem in der folgenden Reihenfolge:

$$\boldsymbol{T} = \boldsymbol{r}' \text{ (Tangentenvektor, s. § 351)} \tag{1}$$

$$\boldsymbol{B} = \boldsymbol{r}' \times \boldsymbol{r}'' \text{ (Binormalenvektor, s. § 358)} \tag{2}$$

$$\boldsymbol{N} = \boldsymbol{B} \times \boldsymbol{T} = (\boldsymbol{r}' \times \boldsymbol{r}'') \times \boldsymbol{r}' \text{ (Hauptnormalenvektor).} \tag{3}$$

Der Ausdruck (3) für die Hauptnormale $\boldsymbol{N}$ wird einfacher, wenn man die Bogenlänge der Kurve L als Parameter verwendet. Es gilt nämlich[1])

$$\boldsymbol{N} = \frac{d^2\boldsymbol{r}}{ds^2}. \tag{4}$$

Beispiel. Man bestimme das begleitende Dreibein für die Schraubenlinie

$$\boldsymbol{r} = \{a \cos u, \quad a \sin u, \quad bu\}.$$

Lösung. Der Tangentenvektor (§ 355, Beispiel 1) lautet

$$\boldsymbol{T} = \boldsymbol{r}' = \{-a \sin u, \quad a \cos u, \quad b\}.$$

---

[1]) Mit Hilfe der Formel für das zweifache Vektorprodukt (§ 122) erhalten wir

$$\boldsymbol{N} = (\boldsymbol{r}' \times \boldsymbol{r}'') \times \boldsymbol{r}' = \boldsymbol{r}''(\boldsymbol{r}'^2) - \boldsymbol{r}'(\boldsymbol{r}'\boldsymbol{r}'').$$

Wegen $\boldsymbol{r}'^2 = 1$ und $\boldsymbol{r}'\boldsymbol{r}'' = 0$ gilt also $\boldsymbol{N} = \boldsymbol{r}''$.

Der Binormalenvektor (§ 358, Beispiel) lautet

$$\boldsymbol{B} = \boldsymbol{r}' \times \boldsymbol{r}'' = \{ab \sin u, \quad -ab \cos u, \quad a^2\}.$$

Der Hauptnormalenvektor ist

$$\boldsymbol{N} = \boldsymbol{B} \times \boldsymbol{T} = \{-a(a^2 + b^2) \cos u, \quad -a(a^2 + b^2) \sin u, \quad 0\}.$$

Die Gleichung der Hauptnormalen hat die Form

$$\frac{X - a \cos u}{\cos u} = \frac{Y - a \sin u}{\sin u} = \frac{Z - bu}{0}.$$

Daraus ist ersichtlich, daß die Hauptnormale senkrecht zur Achse der Schraubenlinie steht und diese Achse im Punkt $(0; 0; bu)$ schneidet. Die Hauptnormale liegt also längs des Durchmessers des Zylinders, auf dem die Schraubenlinie liegt. Die rektifizierende Ebene bildet die Tangentialebene an den Zylinder.

§ 360. Gegenseitige Lage von Kurve und Ebene

1. Wenn eine Ebene Q durch den Punkt M die Tangente MT der Kurve L nicht enthält, so liegt diese Kurve in der Nähe des Punktes M auf beiden Seiten der Ebene. Insbesondere durchsetzt die Normalenebene stets die Kurve L.

Der Abstand d eines Nachbarpunktes M' der Kurve L bis zur Ebene Q hat im betrachteten Fall dieselbe Größenordnung wie der Bogen $\overset{\frown}{MM'}$.

2. Wenn die Ebene Q die Tangente MT enthält, aber von der Schmiegebene verschieden ist, so liegt die Kurve L in der Nähe des Punktes M in der Regel ganz auf einer Seite der Ebene (*konkave Seite* der Kurve L). Eine Ausnahme ist nur möglich, wenn die Vektoren $\boldsymbol{r}'$ und $\boldsymbol{r}''$ kollinear sind.

Insbesondere liegt die Kurve L in der Regel ganz auf einer Seite der rektifizierenden Ebene.

Der Abstand d ist im betrachteten Fall klein von zweiter Ordnung relativ zum Bogen $\overset{\frown}{MM'}$.

3. Ist Q die Schmiegebene, so liegt die Kurve in der Regel auf beiden Seiten davon. Eine Ausnahme ist nur möglich, wenn die Vektoren $\boldsymbol{r}', \boldsymbol{r}''$ und $\boldsymbol{r}'''$ komplanar sind.

Der Abstand d ist im betrachteten Fall in der Regel klein von dritter Ordnung relativ zum Bogen $\overset{\frown}{MM'}$. Nur im erwähnten Ausnahmefall ist d klein von noch höherer Ordnung.

§ 361. Die Einheitsvektoren des begleitenden Dreibeins

Als positive Richtung der Achsen des begleitenden Dreibeins nimmt man die Richtungen der folgenden Einheitsvektoren (welche die Rolle der Vektoren $\boldsymbol{i}$, $\boldsymbol{j}$, $\boldsymbol{k}$ in einem rechtwinkligen Koordinatensystem spielen).

1. Der Tangenteneinheitsvektor $\boldsymbol{t}$. Er liegt in Richtung der Tangente und weist auf die Seite wachsender Parameterwerte:

$$\boldsymbol{t} = \frac{\boldsymbol{T}}{\sqrt{\boldsymbol{T}^2}} = \frac{\boldsymbol{r}'(u)}{\sqrt{\boldsymbol{r}'^2(u)}}. \tag{1}$$

Nimmt man als Parameter die Bogenlänge s der Kurve L, so gilt

$$\boldsymbol{t} = \frac{d\boldsymbol{r}}{ds}. \tag{1a}$$

2. Der Normaleneinheitsvektor $\boldsymbol{n}$. Er liegt in Richtung der Hauptnormalen und weist zur konkaven Seite der Kurve L:

$$\boldsymbol{n} = \frac{\boldsymbol{N}}{\sqrt{\boldsymbol{N}^2}} = \frac{(\boldsymbol{r}' \times \boldsymbol{r}'') \times \boldsymbol{r}'}{\sqrt{(\boldsymbol{r}' \times \boldsymbol{r}'')^2}\sqrt{\boldsymbol{r}'^2}}. \tag{2}$$

Nimmt man als Parameter die Bogenlänge s, so vereinfacht sich dieser Ausdruck beträchtlich:

$$\boldsymbol{n} = \frac{\dfrac{d^2\boldsymbol{r}}{ds^2}}{\sqrt{\left(\dfrac{d^2\boldsymbol{r}^2}{ds^2}\right)^2}}. \tag{2a}$$

3. Der Binormaleneinheitsvektor $\boldsymbol{b}$. Er liegt in Richtung der Binormalen und zwar so, daß das Dreibein $\boldsymbol{t}, \boldsymbol{n}, \boldsymbol{b}$ ein Rechtssystem bildet:

$$\boldsymbol{b} = \boldsymbol{t} \times \boldsymbol{n} = \frac{\boldsymbol{r}' \times \boldsymbol{r}''}{\sqrt{(\boldsymbol{r}' \times \boldsymbol{r}'')^2}}. \tag{3}$$

Mit s als Parameter gilt

$$\boldsymbol{b} = \frac{\dfrac{d\boldsymbol{r}}{ds} \times \dfrac{d^2\boldsymbol{r}}{ds^2}}{\sqrt{\dfrac{d^2\boldsymbol{r}}{ds^2}}}. \tag{3a}$$

Bemerkung. Die Richtung des Hauptnormaleneinheitsvektors hängt nicht von der Wahl des Parameters ab, d. h., sie besitzt eine objektive geometrische Bedeutung. Der Tangenteneinheitsvektor kann in Abhängigkeit von der Parametrisierung nach einer der beiden möglichen Richtungen weisen. Nimmt man insbesondere als Parameter die Zeit, so fällt die Richtung von $\boldsymbol{t}$ mit der Bewegungsrichtung des Punktes M der Kurve zusammen. Wenn die Bogenlänge als Parameter dient, so weist der Vektor $\boldsymbol{t}$ in die Richtung wachsender Bogenlänge. Die Richtung von $\boldsymbol{t}$ hat also keine objektive geometrische Bedeutung. Wenn die Richtung des Vektors $\boldsymbol{t}$ gewählt ist, so ist die Richtung des Vektors $\boldsymbol{b}$ vollkommen bestimmt.

§ 362. Krümmungsmittelpunkt, Krümmungsachse und Krümmungsradius einer Raumkurve

Der Punkt M' (Abb. 378) bewege sich längs der Raumkurve L und strebe gegen einen ruhenden Punkt M, in dem die Krümmung von Null verschieden sei. Dann strebt die Gerade $A'B$, in der sich die ruhende Normalenebene Q und die bewegte Normalenebene Q' schneiden, gegen die Gerade AB, die senkrecht zur Schmiegebene P verläuft und vom Punkt M den Abstand $MC = \frac{1}{K}$ hat. Der Strahl MC weist dabei auf die konkave Seite der Kurve L.

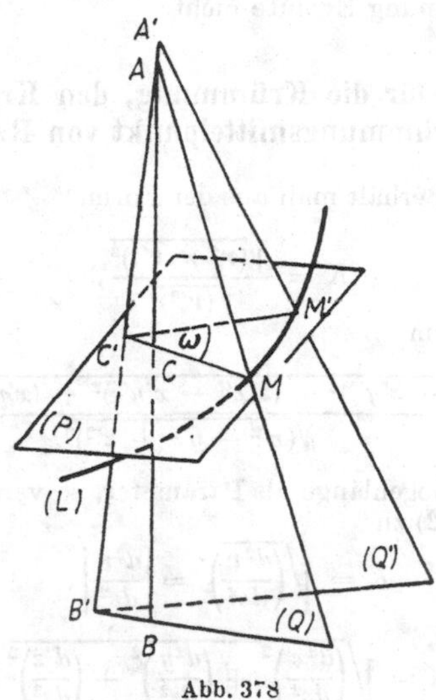

Abb. 378

Die Gerade AB heißt *Krümmungsachse*, der Punkt C, in dem AB die Schmiegebene P schneidet, heißt *Krümmungszentrum*, die Strecke MC heißt *Krümmungsradius*.

Den Krümmungsradius bezeichnet man durch ϱ. Die Größen ϱ und K sind zueinander invers, d. h.

$$\varrho = \frac{1}{K}, \quad K = \frac{1}{\varrho}. \tag{1}$$

Für eine ebene Kurve (ihre Ebene ist die Schmiegebene) erhält man den Krümmungsmittelpunkt und den Krümmungsradius durch die in § 343 angegebene Konstruktion.

Den aus dem Krümmungszentrum mit dem Radius $CM = \varrho$ gezogenen Kreis nennt man *Krümmungskreis* (oder *Schmiegkreis*) der Kurve L (im Punkt M).

Bemerkung 1. Wenn die Krümmung der Kurve L im Punkt M gleich Null ist, so sagt man, der Krümmungsradius sei unendlich und schreibt $\varrho = \infty$ (vgl. § 343, Bemerkung).

Bemerkung 2. Die in § 347 gegebene Definition der Evolvente gilt nicht nur für ebene Kurven, sondern auch für Raumkurven. Eine Raumkurve L', die nicht in einer Ebene liegt, hat ebenfalls unendlich viele (nicht ebene) Evolventen. Im Gegensatz zum ebenen Fall beschreiben die Krümmungsmittelpunkte der Evolventen aber hier eine Kurve, die von L' verschieden ist. Daher eignet sich für den geometrischen Ort der Krümmungsmittelpunkte einer nicht ebenen Kurve die Bezeichnung Evolute nicht.

§ 363. Formeln für die Krümmung, den Krümmungsradius und den Krümmungsmittelpunkt von Raumkurven

Die Krümmung K erhält man aus der Formel

$$K = \frac{\sqrt{(\boldsymbol{r}' \times \boldsymbol{r}'')^2}}{\sqrt{(\boldsymbol{r}'^2)^3}}. \tag{1}$$

In Koordinatenform

$$K = \frac{\sqrt{(y'z'' - z'y'')^2 + (z'x'' - x'y'')^2 + (x'y'' - y'x'')^2}}{\sqrt{(x'^2 + y'^2 + z'^2)^3}}. \tag{2}$$

Nimmt man die Bogenlänge als Parameter, so vereinfachen sich die Formeln (1) und (2) zu

$$K = \sqrt{\left(\frac{d^2\boldsymbol{r}}{ds^2}\right)^2} = \left|\frac{d^2\boldsymbol{r}}{ds^2}\right|, \tag{1a}$$

$$K = \sqrt{\left(\frac{d^2x}{ds^2}\right)^2 + \left(\frac{d^2y}{ds^2}\right)^2 + \left(\frac{d^2z}{ds^2}\right)^2}. \tag{2a}$$

Im Zusammenhang mit Formel (1a) nennt man den Vektor $\frac{d^2\boldsymbol{r}}{ds^2}$ den Krümmungsvektor. Dieser Vektor hat dieselbe Richtung wie der Vektor $\overrightarrow{MC}$. Er weist vom Punkt M der Kurve L zum Krümmungsmittelpunkt C.

Den Krümmungsradius ϱ findet man mit Hilfe der Formel

$$\varrho = \frac{1}{K}. \tag{3}$$

Hier ist einer der Ausdrücke (1), (2), (1a) oder (2a) einzusetzen.

Der Radiusvektor $\boldsymbol{r}_C$ des Krümmungsmittelpunktes lautet

$$\boldsymbol{r}_C = \boldsymbol{r} + \boldsymbol{n}\varrho. \tag{4}$$

Er ergibt sich (gemäß (2) in § 361) aus der Formel

$$\boldsymbol{r}_C = \boldsymbol{r} + \frac{\boldsymbol{r}'^2}{(\boldsymbol{r}' \times \boldsymbol{r}'')^2}\,[(\boldsymbol{r}' \times \boldsymbol{r}'') \times \boldsymbol{r}']. \tag{5}$$

In Übereinstimmung damit erhält man die Koordinaten x_C, y_C, z_C des Krümmungsmittelpunkts aus den Formeln

$$\left.\begin{aligned} x_C &= x + \frac{x'^2 + y'^2 + z'^2}{A^2 + B^2 + C^2}(Bz' - Cy'), \\ y_C &= y + \frac{x'^2 + y'^2 + z'^2}{A^2 + B^2 + C^2}(Cx' - Az'), \\ z_C &= z + \frac{x'^2 + y'^2 + z'^2}{A^2 + B^2 + C^2}(Ay' - Bx'), \end{aligned}\right\} \tag{6}$$

worin zur Abkürzung die folgenden Bezeichnungen gewählt wurden:

$$A = y'z'' - z'y'', \quad B = z'x'' - x'z'', \quad C = x'y'' - y'x''. \tag{7}$$

Nimmt man die Bogenlänge als Parameter, so erhalten die Formeln (5) und (6) nach Vereinfachung die Form

$$\boldsymbol{r}_C = \boldsymbol{r} + \frac{\dfrac{d^2\boldsymbol{r}}{ds^2}}{\left(\dfrac{d^2\boldsymbol{r}}{ds^2}\right)^2} = \boldsymbol{r} + \varrho^2\frac{d^2\boldsymbol{r}}{ds^2}, \tag{5a}$$

$$\left.\begin{aligned} x_C &= x + \frac{\dfrac{d^2x}{ds^2}}{\left(\dfrac{d^2x}{ds^2}\right)^2 + \left(\dfrac{d^2y}{ds^2}\right)^2 + \left(\dfrac{d^2z}{ds^2}\right)^2} = x + \varrho^2\frac{d^2x}{ds^2}, \\ y_C &= y + \frac{\dfrac{d^2y}{ds^2}}{\left(\dfrac{d^2x}{ds^2}\right)^2 + \left(\dfrac{d^2y}{ds^2}\right)^2 + \left(\dfrac{d^2z}{ds^2}\right)^2} = y + \varrho^2\frac{d^2y}{ds^2}, \\ z_C &= z + \frac{\dfrac{d^2z}{ds^2}}{\left(\dfrac{d^2x}{ds^2}\right)^2 + \left(\dfrac{d^2y}{ds^2}\right)^2 + \left(\dfrac{d^2z}{ds^2}\right)^2} = z + \varrho^2\frac{d^2z}{ds^2}. \end{aligned}\right\} \tag{6a}$$

Bemerkung. Die Formeln für die Krümmung, den Krümmungsradius und den Krümmungsmittelpunkt einer ebenen Kurve (§ 344) erhält man hieraus, wenn man $z = z' = z'' = 0$ setzt.

Beispiel. Man bestimme die Krümmung, den Krümmungsradius und den Krümmungsmittelpunkt der Schraubenlinie L:

$$\boldsymbol{r} = \{a\cos t,\quad a\sin t,\quad bt\}. \tag{8}$$

Lösung. Wir nehmen die Bogenlänge als Parameter und erhalten (§ 350)

$$\mathbf{r} = \left\{a \cos \frac{s}{\sqrt{a^2+b^2}},\quad a \sin \frac{s}{\sqrt{a^2+b^2}},\ \frac{bs}{\sqrt{a^2+b^2}}\right\},$$

Zweimalige Differentiation liefert

$$\mathbf{r}'' = \left\{\frac{-a}{a^2+b^2} \cos \frac{s}{\sqrt{a^2+b^2}},\quad -\frac{a}{a^2+b^2} \sin \frac{s}{\sqrt{a^2+b^2}},\quad 0\right\}.$$

Die Formeln (2a) und (3) ergeben

$$K = \frac{a}{a^2+b^2},\quad \varrho = \frac{a^2+b^2}{a} = a + \frac{b^2}{a}, \tag{9}$$

d. h., die Krümmung und der Krümmungsradius sind konstant. Formel (6a) liefert

$$\left.\begin{aligned} x_C &= a \cos \frac{s}{\sqrt{a^2+b^2}} - \frac{a^2+b^2}{a} \cos \frac{s}{\sqrt{a^2+b^2}} \\ &= -\frac{b^2}{a} \cos \frac{s}{\sqrt{a^2+b^2}} = -\frac{b^2}{a^2}\, x, \\ y_C &= -\frac{b^2}{a} \sin \frac{s}{\sqrt{a^2+b^2}} = -\frac{b^2}{a^2}\, y, \\ z_C &= \frac{bs}{\sqrt{a^2+b^2}} = z. \end{aligned}\right\} \tag{10}$$

§ 364. Über das Vorzeichen der Krümmung

Der Krümmung einer ebenen Kurve kann man auf die folgende Art ein Vorzeichen zuschreiben. Wenn sich bei einer Bewegung des Punktes M in Richtung wachsender Parameterwerte der Tangentenvektor im Gegenuhrzeigersinn dreht, so zählt man die Krümmung positiv, im anderen Fall negativ.

Der Krümmung einer Raumkurve kann man kein Vorzeichen zuordnen, da man im Raum keine Drehung im Uhrzeiger- oder im Gegenuhrzeigersinn zu unterscheiden weiß.

§ 365. Die Torsion

Die *Torsion* (*Windung*) einer Raumkurve charakterisiert die Abweichung der Kurve von der ebenen Form (ähnlich wie die Krümmung die Abweichung von der geradlinigen Form charakterisiert).

Definition. Unter der *Torsion* der Kurve L im Punkt M versteht man eine auf die folgende Art definierte Größe: Dem Absolutbetrag nach ist sie gleich dem Grenzwert, gegen den das Verhältnis aus dem Winkel ω' zwischen den Binormalen MB und $M'B'$ und dem Bogen $\overparen{MM'}$ zustrebt, wenn der Punkt M' längs der Kurve L gegen den Punkt M strebt. Das Vorzeichen der Torsion wie das Vorzeichen des Winkels ω' zählt man positiv, wenn MB und $M'B'$ ein Rechtspaar (s. § 165) bilden. Andernfalls zählt man die Torsion negativ. Die Torsion bezeichnet man durch σ:

$$\sigma = \lim \frac{\omega'}{\overparen{MM'}}.$$

Bemerkung. Die Binormale einer ebenen Kurve besitzt eine konstante Richtung. Die Torsion einer ebenen Kurve ist daher Null. Wenn umgekehrt die Torsion einer Kurve überall verschwindet, so liegt die Kurve in einer Ebene. Bei nicht ebenen Kurven kann die Torsion nur in isolierten Punkten verschwinden.

Torsionsradius. Die Größe $\tau = \frac{1}{\sigma}$, den Reziprokwert der Torsion, bezeichnet man in Analogie zum Krümmungsradius $\varrho = \frac{1}{K}$ als *Torsionsradius.* Aber diese Analogie ist unvollständig: Das zur Konstruktion der Krümmungsmittelpunkte analoge Verfahren liefert keinen „Torsionsmittelpunkt".
Die Torsion erhält man aus der Formel

$$\sigma = \frac{\mathbf{r}'\mathbf{r}''\mathbf{r}'''}{(\mathbf{r}' \times \mathbf{r}'')^2} \tag{1}$$

oder in Koordinatenform

$$\sigma = \frac{\begin{vmatrix} x' & y' & z' \\ x'' & y'' & z'' \\ x''' & y''' & z''' \end{vmatrix}}{(y'z'' - z'y'')^2 + (z'x'' - x'z'')^2 + (x'y'' - y'x'')^2}. \tag{2}$$

Nimmt man die Bogenlänge als Parameter, so lauten die Formeln (1) und (2) etwas einfacher:

$$\sigma = \frac{\frac{d\mathbf{r}}{ds}\frac{d^2\mathbf{r}}{ds^2}\frac{d^3\mathbf{r}}{ds^3}}{\left(\frac{d^2\mathbf{r}}{ds^2}\right)^2} = \varrho^2\left(\frac{d\mathbf{r}}{ds}\frac{d^2\mathbf{r}}{ds^2}\frac{d^3\mathbf{r}}{ds^3}\right) \tag{1a}$$

oder in Koordinatenform

$$\sigma = \begin{vmatrix} \frac{dx}{ds} & \frac{dy}{ds} & \frac{dz}{ds} \\ \frac{d^2x}{ds^2} & \frac{d^2y}{ds^2} & \frac{d^2z}{ds^2} \\ \frac{d^3x}{ds^3} & \frac{d^3y}{ds^3} & \frac{d^3z}{ds^3} \end{vmatrix} : \left[\left(\frac{d^2x}{ds^2}\right)^2 + \left(\frac{d^2y}{ds^2}\right)^2 + \left(\frac{d^2z}{ds^2}\right)^2\right]. \tag{2a}$$

Beispiel. Man bestimme die Torsion der Schraubenlinie

$$x = a\cos u, \quad y = a\sin u, \quad z = bu.$$

Lösung. Wir haben

$$\boldsymbol{r}'\boldsymbol{r}''\boldsymbol{r}''' = \begin{vmatrix} -a\sin u & a\cos u & b \\ -a\cos u & -a\sin u & 0 \\ a\sin u & -a\cos u & 0 \end{vmatrix} = a^2 b,$$

$$(\boldsymbol{r}' \times \boldsymbol{r}'')^2 = a^2(a^2 + b^2).$$

Gemäß Formel (1) erhalten wir

$$\sigma = \frac{b}{a^2 + b^2}.$$

Daraus ersieht man, daß die Torsion einer rechtsgewundenen Schraubenlinie ($b > 0$) positiv, die einer linksgewundenen Schraubenlinie negativ ist.

VII. Unendliche Reihen

§ 366. Einführende Bemerkungen

Zur Überwindung der Schwierigkeiten, die bei manchen Integrationen auftraten, drückten NEWTON und LEIBNIZ den Integranden durch ein Polynom mit unendlich vielen Gliedern aus (s. § 270). Durch Anwendung der üblichen algebraischen Regeln auf derartige Ausdrücke machten die Mathematiker des 18. Jahrhunderts bemerkenswerte Entdeckungen. Jedoch zeigte es sich, daß man bei der vorbehaltslosen Anwendung der Regeln der Algebra auf unendliche Summen Irrtümer unterlaufen kann. Es ergab sich die Notwendigkeit, die Grundbegriffe exakt zu formulieren und Beweise für die Eigenschaften unendlicher Reihen zu konstruieren. Diese Aufgabe wurde von den Mathematikern im 19. Jahrhundert gelöst.

§ 367. Definition der unendlichen Reihe

Es sei eine Folge

$$u_1, u_2, u_3, \ldots, u_n, \ldots \tag{1}$$

von Zahlen gegeben. Wir summieren diese Zahlen der Reihe nach und erhalten eine neue Folge $s_1, s_2, \ldots, s_n, \ldots$ mit

$$\left.\begin{array}{l} s_1 = u_1 \\ s_2 = u_1 + u_2, \\ s_3 = u_1 + u_2 + u_3, \\ \ldots\ldots\ldots\ldots\ldots \\ s_n = u_1 + u_2 + u_3 + \cdots + u_n, \\ \ldots\ldots\ldots\ldots\ldots \end{array}\right\} \tag{2}$$

Den Prozeß der Zusammensetzung bezeichnet man durch den Ausdruck

$$u_1 + u_2 + u_3 + \cdots + u_n + \cdots, \tag{3}$$

den man kurz *unendliche Reihe* nennt. Die Zahlen $u_1, u_2, u_3, \ldots$ heißen die *Glieder der unendlichen Reihe*. Die Summe

$$s_n = u_1 + u_2 + \cdots + u_n$$

heißt *Partialsumme* der Reihe ($s_1 = u_1$ ist die erste Partialsumme, $s_2 = u_1 + u_2$ die zweite, $s_3 = u_1 + u_2 + u_3$ die dritte usw.).

Beispiel 1. Der Ausdruck

$$1 + (-1) + 1 + (-1) + \cdots + (-1)^{n+1} + \cdots \tag{4}$$

oder, wie man gewöhnlich schreibt,

$$1 - 1 + 1 - 1 + \cdots \tag{4a}$$

ist eine unendliche Reihe. Die Bedeutung des Ausdrucks (4) besteht darin, daß sich aus den Gliedern

$$1, \ -1, \ +1, \ -1, \ldots, \quad (-1)^{n+1}, \ldots$$

die Partialsummen

$$s_1 = 1, \quad s_2 = 1 - 1 = 0, \quad s_3 = 1 - 1 + 1 = 1, \ldots,$$
$$s_n = 1 - 1 + \cdots + (-1)^{n+1} = \frac{1 + (-1)^{n+1}}{2}, \ldots \tag{5}$$

ergeben.

Beispiel 2. Der Ausdruck

$$1 + \frac{1}{2} + \frac{1}{4} + \frac{1}{8} + \cdots + \left(\frac{1}{2}\right)^{n-1} + \cdots \tag{6}$$

stellt eine unendliche Reihe dar. Aus den Gliedern

$$1, \quad \frac{1}{2}, \quad \frac{1}{4}, \quad \ldots, \quad \left(\frac{1}{2}\right)^{n-1}, \ \ldots$$

ergeben sich die Partialsummen

$$s_1 = 1, \quad s_2 = 1\,\frac{1}{2}, \quad s_3 = 1\,\frac{3}{4}, \ldots, \quad s_n = 2 - \left(\frac{1}{2}\right)^{n-1}, \ldots. \tag{7}$$

§ 368. Konvergente und divergente unendliche Reihen

Definition. Eine unendliche Reihe heißt *konvergent*, wenn die Folge ihrer Partialsummen einen endlichen Grenzwert besitzt. Diesen Grenzwert bezeichnet man als *Summe* der unendlichen Reihe.
Wenn die Folge der Partialsummen keinen endlichen Grenzwert besitzt, so heißt die unendliche Reihe *divergent*. Eine divergente unendliche Reihe besitzt keine Summe.

Das Wort „Summe" ist in der durch die Definition gegebenen Bedeutung zu verstehen. Der Begriff der Summe einer unendlichen Reihe läßt sich erweitern, so daß auch gewisse divergente Reihen eine Summe (im weiteren Sinn) besitzen.

Beispiel 1. Die unendliche Reihe

$$1 + 2 + 3 + 4 + \cdots + n + \cdots \tag{1}$$

ist divergent, da die Folge ihrer Partialsummen

$$s_1 = 1, \quad s_2 = 3, \quad s_3 = 6, \quad \ldots, \quad s_n = \frac{n(n+1)}{2}, \ldots \tag{2}$$

keinen endlichen Grenzwert hat.

Beispiel 2. Die unendliche Reihe

$$1 - 1 + 1 - 1 + \cdots + (-1)^{n+1} + \cdots \tag{3}$$

ist divergent, da die Folge ihrer Partialsummen

$$s_1 = 1, \quad s_2 = 0, \quad s_3 = 1, \ldots, \quad s_n = \frac{1 + (-1)^{n+1}}{2}, \ldots \tag{4}$$

(vgl. § 367, Beispiel 1) keinen Grenzwert hat.

Bemerkung 1. Wenn die Folge $s_1, s_2, s_3, \ldots$ keinen endlichen oder unendlichen Grenzwert hat, so heißt die unendliche Reihe *unbestimmt divergent*.

Beispiel 3. Die unendliche Reihe

$$1 + \frac{1}{2} + \frac{1}{4} + \frac{1}{8} + \cdots + \left(\frac{1}{2}\right)^{n-1} + \cdots \tag{5}$$

ist konvergent, da die Folge

$$s_1 = 1, \quad s_2 = 1\,\frac{1}{2}, \quad s_3 = 1\,\frac{3}{4}, \ldots, \quad s_n = 2 - \left(\frac{1}{2}\right)^{n-1}, \ldots \tag{6}$$

den Grenzwert 2 hat:

$$\lim_{n\to\infty} s_n = 2.$$

Die Zahl 2 ist die Summe der unendlichen Reihe (5).

Bemerkung 2. Das Symbol

$$u_1 + u_2 + \cdots + u_n + \cdots = S \tag{7}$$

bedeutet, daß die unendliche Reihe $u_1 + u_2 + \cdots + u_n + \cdots$ konvergiert und ihre Summe gleich S ist, d. h., das Symbol (7) ist gleichwertig mit

$$\lim_{n\to\infty} (u_1 + u_2 + \cdots + u_n) = S.$$

§ 369. Notwendige Bedingung für die Konvergenz einer unendlichen Reihe

Die unendliche Reihe

$$u_1 + u_2 + \cdots + u_n + \cdots \tag{1}$$

kann nur dann konvergieren, wenn das Glied u_n (das *allgemeine* Glied der Reihe) gegen Null strebt:

$$\lim_{n\to\infty} u_n = 0. \tag{2}$$

Mit anderen Worten: Wenn das allgemeine Glied u_n nicht gegen Null strebt, so ist die unendliche Reihe divergent.

Beispiel 1. Die unendliche Reihe

$$0{,}4 + 0{,}44 + 0{,}444 + 0{,}4444 + \cdots \tag{3}$$

ist offensichtlich divergent, da das allgemeine Glied (ungefähr $\frac{4}{9}$) nicht gegen Null strebt. Auch die Reihe

$$1 - 1 + 1 - 1 \cdots \tag{4}$$

divergiert.

Warnung. Die Bedingung (2) ist für die Konvergenz der unendlichen Reihe notwendig: Unendliche Reihen, deren allgemeine Glieder gegen Null streben, können konvergieren oder divergieren (s. Beispiel 2 und 3).

Beispiel 2. Die *harmonische*[1]) Reihe

$$1 + \frac{1}{2} + \frac{1}{3} + \frac{1}{4} + \cdots \tag{5}$$

divergiert, obwohl ihr allgemeines Glied gegen Null strebt. Zum Beweis dieser Behauptung betrachten wir die Partialsummen

$$s_2 = 1 + \frac{1}{2} = 3 \cdot \frac{1}{2},$$

$$s_4 = s_2 + \left(\frac{1}{3} + \frac{1}{4}\right) > 3 \cdot \frac{1}{2} + \left(\frac{1}{4} + \frac{1}{4}\right) = 4 \cdot \frac{1}{2},$$

$$s_8 = s_4 + \left(\frac{1}{5} + \frac{1}{6} + \frac{1}{7} + \frac{1}{8}\right)$$

$$> 4 \cdot \frac{1}{2} + \left(\frac{1}{8} + \frac{1}{8} + \frac{1}{8} + \frac{1}{8}\right) = 5 \cdot \frac{1}{2},$$

$$s_{16} = s_8 + \left(\frac{1}{9} + \frac{1}{10} + \cdots + \frac{1}{16}\right) > 6 \cdot \frac{1}{2} \text{ usw.}$$

Wir sehen, daß die Partialsummen unbegrenzt zunehmen, d. h., die Reihe (5) ist divergent.

Beispiel 3. Die unendliche Reihe

$$1 - \frac{1}{2} + \frac{1}{3} - \frac{1}{4} + \frac{1}{5} - \cdots, \tag{6}$$

die man aus der harmonischen Reihe durch einen Wechsel des Vorzeichens bei den Gliedern mit ungeradem Index erhält, ist konvergent. Um uns davon zu überzeugen, merken wir uns auf der Zahlen-

[1]) Die Bezeichnung kommt daher, daß eine Saite, wenn man sie in 2, 3, 4, ... gleiche Teile teilt, Töne liefert, die mit dem Grundton harmonieren.

achse (Abb. 379) die Punkte an, die den Partialsummen $s_1 = 1$, $s_2 = \frac{1}{2}$, $s_3 = \frac{5}{6}$, $s_4 = \frac{7}{12}$, $s_5 = \frac{47}{60}$, $s_6 = \frac{37}{60}$ entsprechen. Jeder der „ungeraden" Punkte $s_1, s_3, s_5, \ldots$ liegt links vom vorhergehenden. Jeder der „geraden" Punkte liegt rechts vom vorhergehenden. Die ungeraden und geraden Punkte nähern sich also gegenseitig. Man kann zeigen, daß eine gleichartige Regel auch allgemein gilt und daß sich die Punkte s_{2n}, s_{2n+1} unbegrenzt nähern[1]). Also streben sowohl die geraden als auch die ungeraden Punkte gegen einen ge-

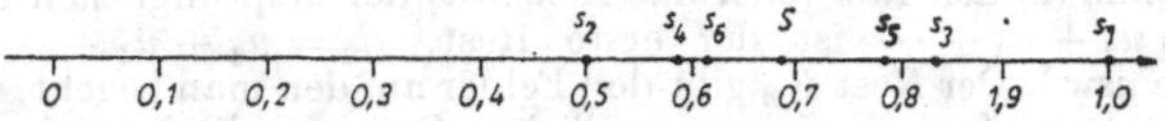

Abb. 379

wissen Punkt S (die geraden von links, die ungeraden von rechts). Die Folge der Partialsummen der unendlichen Reihe (6) hat also den Grenzwert S, d. h., die Reihe (6) konvergiert und hat S als Summe.
Die Partialsummen $s_1, s_3, s_5, \ldots$ liefern eine etwas zu große Näherung für S, die Partialsummen $s_2, s_4, s_6, \ldots$ eine etwas zu kleine Näherung. Mit $s_9 = 0{,}745$ und $s_{10} = 0{,}645$ erhalten wir für $S = 0{,}7$. Mit s_{999} und s_{1000} erhalten wir $S = 0{,}693$ auf drei Stellen genau. Der exakte Wert von S ist $\ln 2$:

$$1 - \frac{1}{2} + \frac{1}{3} - \frac{1}{4} + \cdots = \ln 2. \tag{7}$$

Man erhält Formel (7) aus der Entwicklung

$$\ln(1 + x) = x - \frac{x^2}{2} + \frac{x^3}{3} - \frac{x^4}{4} + \cdots$$

für $x = 1$ (vgl. § 270, Pkt. 4, und § 272, Beispiel 2).

§ 370. Der Rest einer unendlichen Reihe

Läßt man die ersten m Glieder der unendlichen Reihe

$$u_1 + u_2 + \cdots + u_m + u_{m+1} + u_{m+2} + \cdots \tag{1}$$

---

[1]) Die Differenz

$$s_{2n+1} - s_{2n-1}$$
$$= \left(1 - \frac{1}{2} + \cdots + \frac{1}{2n-1} - \frac{1}{2n} + \frac{1}{2n+1}\right) - \left(1 - \frac{1}{2} + \cdots + \frac{1}{2n-1}\right)$$
$$= -\frac{1}{2n} + \frac{1}{2n+1}$$

ist negativ, die Differenz $s_{2n+2} - s_{2n} = \frac{1}{2n+1} - \frac{1}{2n+2}$ ist positiv. Die Differenz $s_{2n+1} - s_{2n} = \frac{1}{2n+1}$ strebt für $n \to \infty$ gegen Null.

weg, so erhält man die unendliche Reihe

$$u_{m+1} + u_{m+2} + \cdots, \tag{2}$$

die genau dann konvergiert (divergiert), wenn die unendliche Reihe (1) konvergiert (divergiert). *Für die Untersuchung der Konvergenz einer unendlichen Reihe sind daher die Anfangsglieder belanglos.*
Wenn die Reihe (1) konvergiert, so nennt man die Summe

$$R_m = u_{m+1} + u_{m+2} + \cdots \tag{3}$$

der Reihe (2) den *Rest* (oder das *Restglied*) der ursprünglichen Reihe ($R_1 = u_2 + u_3 + \cdots$ ist der erste Rest, $R_2 = u_3 + u_4 + \cdots$ der zweite usw.). Der Rest R_m gibt den Fehler an, den man begeht, wenn man statt der Summe S der unendlichen Reihe (1) die Partialsumme s_m verwendet. Die Summe S der unendlichen Reihe und der Rest R_m stehen in der Beziehung

$$S = s_m + R_m. \tag{4}$$

Für $m \to \infty$ strebt der Rest der Reihe gegen Null. In der Praxis ist es wichtig, daß diese Abnahme „genügend rasch" erfolgt, d. h. daß der Rest R_m nicht erst bei sehr großem m kleiner als eine vorgegebene Fehlergrenze wird. Man sagt dann, die unendliche Reihe (1) konvergiert *schnell*, im anderen Fall sagt man, sie konvergiert *langsam*. Die Schnelligkeit der Konvergenz ist natürlich ein relativer Begriff.
Beispiel 1. Die unendliche Reihe

$$1 - \frac{1}{2} + \frac{1}{3} - \frac{1}{4} + \cdots \tag{5}$$

konvergiert äußerst langsam. Durch Aufsummieren von zwanzig Gliedern der Reihe erhält man den Wert ihrer Summe erst mit einer Genauigkeit von $0{,}5 \cdot 10^{-1}$. Zur Erreichung einer Genauigkeit von $0{,}5 \cdot 10^{-4}$ benötigt man mindestens 19999 Glieder (s. Beispiel 3, § 369).
Beispiel 2. Die unendliche Reihe

$$1 - \frac{1}{2} + \frac{1}{4} - \frac{1}{8} + \cdots \tag{6}$$

(geometrische Reihe) konvergiert viel schneller als die unendliche Reihe (5). Schon der fünfzehnte Rest $-\frac{1}{2^{15}} + \frac{1}{2^{16}} - \frac{1}{2^{17}} + \cdots$ ist dem Absolutbetrag nach kleiner als $0{,}5 \cdot 10^{-4}$. Für eine Genauigkeit von $0{,}5 \cdot 10^{-4}$ genügen also fünfzehn Glieder.
Beispiel 3. Die unendliche Reihe

$$1 + \frac{1}{1!} + \frac{1}{2!} + \frac{1}{3!} + \cdots$$

(deren Summe gleich der Zahl e ist, vgl. § 272, Beispiel 1) konvergiert noch schneller: eine Genauigkeit von $0{,}5 \cdot 10^{-4}$ erreicht man schon nach acht Gliedern der Reihe.

§ 371. Einfache Operationen mit unendlichen Reihen

1. **Gliedweise Multiplikation mit einer Zahl.** Wenn die unendliche Reihe

$$u_1 + u_2 + \cdots + u_n + \cdots \tag{1}$$

gegen die Summe S konvergiert, so ist die Reihe

$$wu_1 + wu_2 + \cdots + wu_n + \cdots, \tag{2}$$

die man durch gliedweise Multiplikation der Reihe (1) mit der Zahl w erhält, ebenfalls konvergent und besitzt die Summe wS, d. h.

$$wu_1 + wu_2 + \cdots + wu_n + \cdots = w(u_1 + u_2 + \cdots + u_n + \cdots). \tag{3}$$

Beispiel 1. Die unendliche Reihe

$$1 - \frac{1}{2} + \frac{1}{3} - \frac{1}{4} + \frac{1}{5} - \frac{1}{6} + \cdots \tag{4}$$

konvergiert, und ihre Summe ist $0{,}693\ldots = \ln 2$ (§ 369, Beispiel 3). Also konvergiert auch die Reihe

$$\frac{1}{2} - \frac{1}{4} + \frac{1}{6} - \frac{1}{8} + \frac{1}{10} - \frac{1}{12} + \cdots \tag{5}$$

und hat die Summe $0{,}346\ldots = \frac{1}{2} \ln 2$.

2. **Gliedweise Addition und Subtraktion.** Wenn die Reihen

$$u_1 + u_2 + \cdots + u_n + \cdots, \tag{6}$$

$$v_1 + v_2 + \cdots + v_n + \cdots \tag{7}$$

konvergieren und ihre Summen U und V sind, so konvergieren auch die Reihen

$$(u_1 \pm v_1) + (u_2 \pm v_2) + \cdots + (u_n \pm v_n) + \cdots, \tag{8}$$

die man durch gliedweise Addition oder Subtraktion erhält, und ihre Summen sind $U + V$ (bzw. $U - V$), d. h.

$$(u_1 \pm v_1) + (u_2 \pm v_2) + \cdots = (u_1 + u_2 + \cdots) \pm (v_1 + v_2 + \cdots) \tag{9}$$

Beispiel 2. Die Reihe

$$0{,}11 + 0{,}0101 + 0{,}001001 + \cdots$$

konvergiert und hat die Summe $\frac{12}{99}$. In der Tat erhält man diese Reihe durch gliedweise Addition der konvergenten Reihen $0{,}1 + 0{,}1^2 + 0{,}1^3 + \cdots$ und $0{,}01 + 0{,}01^2 + 0{,}01^3 + \cdots$, deren Summen $\frac{1}{9}$ und $\frac{1}{99}$ sind.

Warnung. *Nicht alle Eigenschaften endlicher Summen gelten auch für konvergente unendliche Reihen.* Durch Umordnen der Glieder einer Reihe kann sich deren Summe ändern, bzw. die Reihe kann divergent werden. Ordnen wir z. B. die Glieder der konvergenten Reihe

$$1 - \frac{1}{2} + \frac{1}{3} - \frac{1}{4} + \frac{1}{5} - \frac{1}{6} + \frac{1}{7} - \frac{1}{8} + \frac{1}{9} + \frac{1}{10} + \cdots$$
$$= 0{,}693\ldots \tag{10}$$

so, daß auf zwei positive Glieder immer ein negatives Glied folgt (wobei die Reihenfolge der positiven Glieder und der negativen Glieder für sich unverändert bleibt). Wir erhalten die unendliche Reihe

$$1 + \frac{1}{3} - \frac{1}{2} + \frac{1}{5} + \frac{1}{7} - \frac{1}{4} + \frac{1}{9} + \frac{1}{11} - \frac{1}{6}$$
$$+ \frac{1}{13} + \frac{1}{15} - \frac{1}{8} + \cdots \tag{11}$$

Diese Reihe konvergiert zwar, aber ihre Summe ist nur halb so groß. Tatsächlich haben wir (s. Beispiel 1)

$$0 + \frac{1}{2} + 0 - \frac{1}{4} + 0 + \frac{1}{6} + 0 - \frac{1}{8} + 0 + \frac{1}{10} + \cdots$$
$$= \frac{1}{2} \cdot 0{,}693 \tag{12}$$

(das Hinzufügen der Nullen ändert nichts am Summenwert). Addieren wir gliedweise die Reihen (10) und (12) (Pkt. 2), so erhalten wir

$$1 + 0 + \frac{1}{3} - \frac{2}{4} + \frac{1}{5} + 0 + \frac{1}{7} - \frac{2}{8} + \frac{1}{9} + 0 + \cdots$$
$$= \frac{3}{2} \cdot 0{,}693\ldots$$

Nach Kürzen der Brüche und Entfernen der Nullen erhält man links die unendliche Reihe (11).

§ 372. Positive unendliche Reihen

Positive Reihen (d. h. unendliche Reihen, deren Glieder alle positiv sind) können nicht unbestimmt divergent sein (§ 368, Bemerkung 1). Ihre Partialsummen haben immer einen — endlichen oder unendlichen — Grenzwert. Im ersten Fall konvergieren sie, im zweiten Fall divergieren sie.
Eine positive konvergente Reihe bleibt bei Umordnung ihrer Glieder konvergent, und auch *ihre Summe ändert sich nicht* (vgl. § 371, Warnung), eine divergente positive Reihe bleibt divergent.

§ 373. Vergleich von positiven Reihen

Zur Untersuchung der Konvergenz einer positiven Reihe

$$u_0 + u_1 + u_2 + \cdots \tag{1}$$

vergleicht man diese oft mit einer anderen positiven Reihe

$$v_0 + v_1 + v_2 + \cdots, \tag{2}$$

von der man bereits weiß, daß sie konvergiert oder divergiert.
Wenn die Reihe (2) konvergent ist und V als Summe hat und wenn die Glieder der gegebenen Reihe nicht größer sind als die entsprechenden Glieder der Reihe (2), so konvergiert die gegebene Reihe, und ihre Summe ist nicht größer als V. Dabei ist auch der Rest der gegebenen Reihe nicht größer als der entsprechende Rest der Reihe (2).
Wenn die Reihe (2) divergent ist und wenn die Glieder der gegebenen Reihe nicht kleiner als die entsprechenden Glieder der Reihe (2) sind, so divergiert auch die gegebene Reihe.
Beispiel 1. Man untersuche die Konvergenz der unendlichen Reihe

$$1 + \frac{1}{2 \cdot 5} + \frac{1}{3 \cdot 5^2} + \cdots + \frac{1}{n \cdot 5^{n-1}} + \cdots \tag{3}$$

und bestimme, falls sie konvergiert, ihre Summe auf vier Stellen genau.
Lösung. Wir vergleichen die gegebene Reihe mit der geometrischen Reihe

$$1 + \frac{1}{5} + \frac{1}{5^2} + \cdots + \frac{1}{5^{n-1}} + \cdots. \tag{4}$$

Die Reihe (4) ist konvergent, ihre Summe ist gleich 1,25. Die Glieder der gegebenen Reihe sind nicht größer als die entsprechenden Glieder der Reihe (4). Also konvergiert die gegebene Reihe, und ihre Summe ist $S < 1.25$. Der Rest

$$R_n = \frac{1}{(n+1)\,5^n} + \frac{1}{(n+2)\,5^{n+1}} + \frac{1}{(n+3)\,5^{n+2}} + \cdots \tag{5}$$

der Reihe (3) ist kleiner als der n-te Rest der Reihe (4), d. h.

$$R_n < \frac{1}{5^n} + \frac{1}{5^{n+1}} + \frac{1}{5^{n+2}} + \cdots = \frac{1}{4 \cdot 5^{n-1}}.$$

Für eine genauere Abschätzung vergleichen wir den Rest (5) mit der Reihe

$$\frac{1}{(n+1)\,5^n} + \frac{1}{(n+1)\,5^{n+2}} + \frac{1}{(n+1)\,5^{n+2}} + \cdots$$
$$= \frac{1}{(n+1) \cdot 4 \cdot 5^{n-1}}. \tag{6}$$

Durch dieselbe Überlegung wie oben erhalten wir die Abschätzung

$$R_n < \frac{1}{4(n+1)\,5^{n-1}}. \tag{7}$$

Setzen wir der Reihe nach $n = 1, 2, 3, \ldots$, so finden wir, daß der Ausdruck $\frac{1}{4(n+1)\,5^{n-1}}$ für $n = 4$ kleiner als 0,0005 wird. Wir summieren vier Glieder der gegebenen Reihe und erhalten mit einer Genauigkeit von $0{,}5 \cdot 10^{-3}$ den etwas zu kleinen Näherungswert

$$S \approx 1 + \frac{1}{2 \cdot 5} + \frac{1}{3 \cdot 5^2} + \frac{1}{4 \cdot 5^3} = 1{,}115.$$

Beispiel 2. Zur Untersuchung der Konvergenz der Reihe

$$\frac{1}{1} + \frac{1}{\sqrt{2}} + \frac{1}{\sqrt{3}} + \frac{1}{\sqrt{4}} + \cdots \tag{8}$$

vergleichen wir diese mit der harmonischen Reihe

$$1 + \frac{1}{2} + \frac{1}{3} + \frac{1}{4} + \cdots. \tag{9}$$

Die letztere divergiert (§ 369, Beispiel 2). Die Glieder der gegebenen Reihe sind nicht kleiner als die entsprechenden Glieder der Reihe (9). Also divergiert auch die Reihe (8).

Beispiel 3. Zur Untersuchung der Konvergenz der Reihe

$$1 + \frac{1}{2^2} + \frac{1}{3^2} + \frac{1}{4^2} + \cdots + \frac{1}{n^2} + \cdots \tag{10}$$

vergleichen wir diese mit der Reihe

$$1 + \frac{1}{1 \cdot 2} + \frac{1}{2 \cdot 3} + \frac{1}{3 \cdot 4} + \cdots + \frac{1}{(n-1)\,n} + \cdots, \tag{11}$$

deren Glieder ab dem zweiten größer als die entsprechenden Glieder der Reihe (10) sind. Die Reihe (11) ist konvergent und hat die Summe 2, da man die n-te Partialsumme in der Form

$$s_n = 1 + \left(1 - \frac{1}{2}\right) + \left(\frac{1}{2} - \frac{1}{3}\right) + \cdots + \left(\frac{1}{n-1} - \frac{1}{n}\right)$$

$$= 1 + 1 - \frac{1}{n} \tag{12}$$

darstellen kann. Die Reihe (10) konvergiert daher ebenfalls, und ihre Summe ist kleiner als 2. Der Rest der Reihe (11) ist gleich (§ 370)

$$R_n = S - s_n = \frac{1}{n}.$$

Der Rest der Reihe (10) ist nur wenig kleiner, diese Reihe konvergiert daher langsam: Zur Erreichung einer Genauigkeit von vier signifikanten Stellen benötigt man 2000 Glieder. Der exakte Wert der Summe von (10) ist $\frac{\pi^2}{6}$ (s. unten § 417, Beispiel 3).

§ 374. Das d'Alembertsche Kriterium für positive Reihen

Theorem. Für die positive Reihe

$$u_1 + u_2 + \cdots + u_n + \cdots \tag{1}$$

habe das Verhältnis $\frac{u_{n+1}}{u_n}$ zweier aufeinanderfolgender Glieder für $n \to \infty$ den Grenzwert q. Dann sind drei Fälle möglich:

Fall 1. $q < 1$. Dann konvergiert die Reihe.

Fall 2. $q > 1$. Dann divergiert die Reihe.

Hier ist auch der Fall eingeschlossen, daß $\lim u_{n-1} : u_n = \infty$.

Fall 3. $q = 1$. In diesem Fall kann die Reihe konvergieren oder divergieren.

Dieses Theorem nennt man D'ALEMBERT*sches Kriterium.*

Beispiel 1. Wir betrachten die positive Reihe

$$2 \cdot 0{,}8 + 3 \cdot 0{,}8^2 + 4 \cdot 0{,}8^3 + \cdots + (n+1) \cdot 0{,}8^n + \cdots.$$

Anfangs erkennt man ein Anwachsen der Glieder ($a_1 = 1{,}6$, $a_2 = 1{,}92$, $a_3 = 2{,}048$, ...). Jedoch konvergiert die Reihe, da $a_{n+1} : a_n = 0{,}8\left(1 + \frac{1}{n+1}\right)$, und der Grenzwert dieses Verhältnisses ist gleich 0,8, also kleiner als 1.

Erklärung. Es sei für eine gewisse positive Reihe $u_1 + u_2 + u_3 + \cdots + u_n + \cdots$ der Grenzwert des Verhältnisses $u_{n+1} : u_n$ gleich 0,8. Dann unterscheidet sich ab einem gewissen Index N das Verhältnis $u_{n+1} : u_n$ von 0,8 um weniger als $\pm 0{,}1$. Das Verhältnis ist also kleiner als 0,9, und wir haben

$$\left.\begin{aligned} &u_{N+1} < 0{,}9 u_N, \\ &u_{N+2} < 0{,}9 u_{N+1} < 0{,}9^2 u_N, \\ &u_{N+3} < 0{,}9 u_{N+2} < 0{,}9^3 u_N \end{aligned}\right\} \tag{2}$$

usw. Ein Vergleich der Reihe $u_{N+1} + u_{N+2} + u_{N+3} + \cdots$ mit der Reihe $0{,}9 u_N + 0{,}9^2 u_N + 0{,}9^3 u_N + \cdots$ (abnehmende geometrische Reihe) zeigt (§ 373), daß die gegebene Reihe konvergiert.

Statt 0,9 kann man eine beliebige Zahl nehmen, die zwischen 0,8 und 1 liegt (für eine Zahl, die größer oder gleich 1 ist, gilt die Überlegung nicht).

Auf dieselbe Weise führt man den allgemeinen Beweis für das Theorem im Falle $q < 1$.

Beispiel 2. Wir betrachten die positive Reihe

$$1{,}1 + \frac{1{,}1^2}{2} + \frac{1{,}1^3}{3} + \cdots + \frac{1{,}1^n}{n} + \cdots. \tag{3}$$

Ihre Glieder nehmen anfangs ab. Die Reihe divergiert aber trotzdem, da der Grenzwert des Verhältnisses

$$u_{n+1} : u_n = \frac{1{,}1^{n+2}}{n+1} : \frac{1{,}1^n}{n} = \left(1 - \frac{1}{n+1}\right) 1{,}1$$

gleich 1,1 ist, also größer als 1.

Erklärung. Wegen $\lim (u_{n+1}:u_n) = 1{,}1$, ist von einem gewissen Index N an das Verhältnis $u_{n+1}:u_n$ größer als 1,09. Vergleichen wir die Reihe $u_{N+1} + u_{N+2} + u_{N+3} + \cdots$ mit der divergenten Reihe $1{,}09\, u_N + 1{,}09^2\, u_N + 1{,}09^3\, u_N + \cdots$, so sehen wir auf Grund derselben Überlegungen wie in der vorhergehenden Erklärung, daß die gegebene Reihe divergiert. An Stelle von 1,09 kann man eine beliebige Zahl zwischen 1 und 1,1 nehmen (aber nicht die 1 selbst). Auf dieselbe Weise führt man den allgemeinen Beweis für das Theorem im Fall $q > 1$.

Beispiel 3. Wir betrachten die unendlichen Reihen

$$1 + \frac{1}{2} + \frac{1}{3} + \cdots + \frac{1}{n} + \cdots, \tag{4}$$

$$1 + \frac{1}{2^2} + \frac{1}{3^2} + \cdots + \frac{1}{n^2} + \cdots. \tag{5}$$

Für beide haben wir

$$q = \lim_{n\to\infty} (u_{n+1}:u_n) = 1.$$

Aber die Reihe (4) divergiert (§ 369), und die Reihe (5) konvergiert (§ 373).

Bemerkung. Im Falle 1 ($q < 1$) ist die Konvergenz um so schneller, je kleiner q ist. Im Fall 2 ($q > 1$) ist die Divergenz um so schneller, je größer q ist Im Fall 3 ($q = 1$) konvergiert die Reihe, wenn überhaupt, sehr langsam und ist daher für eine Berechnung der Summe wenig geeignet.

§ 375. Das Integralkriterium für die Konvergenz

Wenn jedes Glied der positiven Reihe

$$u_1 + u_2 + \cdots + u_n + \cdots \tag{1}$$

kleiner als das vorhergehende ist, so kann man zur Untersuchung der Konvergenz das uneigentliche Integral

$$\int_1^\infty f(n)\, dn, \tag{2}$$

betrachten, worin $f(n)$ eine monoton abnehmende Funktion von n bedeutet, die für $n = 1,2,3,\ldots$ die Werte $u_1, u_2, u_3, \ldots$ annimmt. Die Reihe konvergiert oder divergiert je nachdem, ob das uneigentliche Integral (2) konvergiert oder divergiert. Im Fall der Konvergenz genügt der Rest R_n der Reihe (1) den Ungleichungen

$$\int_{n+1}^{\infty} f(n)\,dn < R_n < \int_{n}^{\infty} f(n)\,dn. \tag{3}$$

Bemerkung. Das Integralkriterium ist in solchen Fällen günstig, in denen u_n durch einen Ausdruck gegeben ist, der nicht nur für ganzzahlige Werte von n einen Sinn hat, sondern für alle Werte von n größer als 1.

Beispiel 1. Wir untersuchen die Konvergenz der harmonischen Reihe

$$1 + \frac{1}{2} + \frac{1}{3} + \cdots + \frac{1}{n} + \cdots. \tag{4}$$

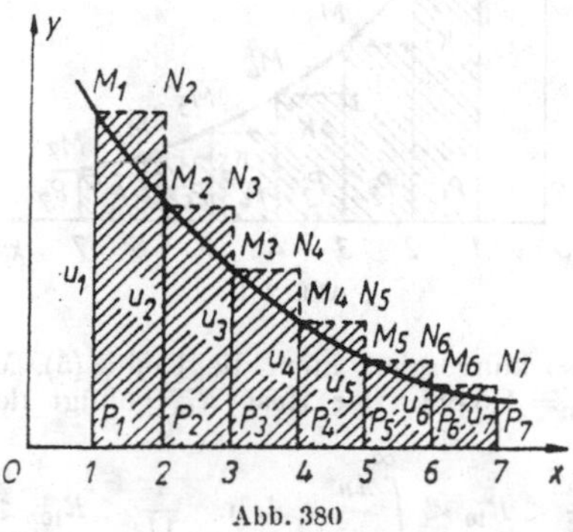

Abb. 380

Diese Reihe hat nur positive Glieder, jedes davon ist kleiner als das vorhergehende. Das allgemeine Glied ist durch den Ausdruck $\frac{1}{n}$ gegeben, der für alle Werte von n (0 ausgenommen) einen Sinn hat. Die Funktion $f(n) = \frac{1}{n}$ ist im Intervall $(1, \infty)$ stetig und abnehmend.

Wir betrachten das uneigentliche Integral $\int_1^{\infty} \frac{dn}{n}$. Es divergiert, da der Grenzwert unendlich wird:

$$\lim_{x\to\infty} \int_1^x \frac{dn}{n} = \lim_{x\to\infty} \ln x = \infty.$$

Es divergiert daher auch die Reihe (4) (vgl. § 369, Beispiel 2).

Beispiel 2. Wir untersuchen die Konvergenz der Reihe über die „Reziprokwerte der Quadrate"

$$1 + \frac{1}{2^2} + \frac{1}{3^2} + \cdots + \frac{1}{n^2} + \cdots. \tag{5}$$

Hier gilt $f(n) = \frac{1}{n^2}$. Das entsprechende uneigentliche Integral

$$\int_1^\infty \frac{dn}{n^2} = \lim_{x\to\infty} \int_1^x \frac{dn}{n^2} = 1$$

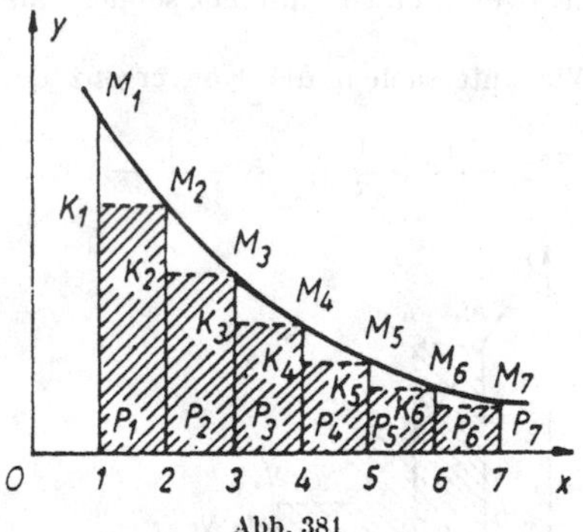

Abb. 381

konvergiert. Also konvergiert auch die Reihe (5). Mit 10 Gliedern erhält man $S_{10} = 1{,}5498$. Der Rest R_{10} genügt der Ungleichung

$$\int_{11}^\infty \frac{dn}{n^2} < R_{10} < \int_{10}^\infty \frac{dn}{n^2}, \quad \text{d. h.} \quad \frac{1}{11} < R_{10} < \frac{1}{10}.$$

Die Fehlergrenze der Näherungsgleichung

$$1 + \frac{1}{2^2} + \frac{1}{3^2} + \cdots \approx 1{,}5498$$

ist also nicht größer als 0,1.

§ 376. Alternierende Reihen. Das Kriterium von Leibniz

Eine unendliche Reihe heißt *alternierend,* wenn ihre Glieder abwechselnd positiv und negativ sind. Die Reihe

$$u_1 - u_2 + u_3 - \cdots + (-1)^{n-1} u_n + \cdots \tag{1}$$

ist alternierend, wenn die Größen $u_1, u_2, u_3, \ldots$ positiv sind.

Das Kriterium von LEIBNIZ. Eine alternierende Reihe konvergiert, wenn ihre Glieder eine gegen Null konvergente Folge bilden und wenn alle Glieder monoton dem Absolutbetrag nach abnehmen[1]). Der Rest einer derartigen Reihe hat dasselbe Vorzeichen wie das erste in ihm enthaltene Glied und ist dem Betrag nach kleiner als dieses. Die Überlegungen, auf denen der Beweis für dieses Kriterium beruht, wurden im konkreten Fall des Beispiels 3 aus § 369 dargelegt.

Beispiel. Die alternierende Reihe

$$1 - \frac{1}{2} + \frac{1}{3} - \frac{1}{4} + \cdots \tag{2}$$

konvergiert, da ihre Glieder gegen Null streben und dabei dem Betrag nach monoton abnehmen. Der fünfzehnte Rest

$$R_{15} = -\frac{1}{16} + \frac{1}{17} - \frac{1}{18} + \cdots$$

ist negativ, die Partialsumme s_{15} liefert also für die Summe der Reihe (2) einen etwas zu großen Wert. Dem absoluten Betrag nach ist der Rest kleiner als $\frac{1}{16}$.

§ 377. Absolute und bedingte Konvergenz

Theorem. Die unendliche Reihe

$$u_1 + u_2 + \cdots + u_n + \cdots \tag{1}$$

konvergiert, wenn die positive Reihe

$$|u_1| + |u_2| + \cdots + |u_n| + \cdots \tag{2}$$

konvergiert, die aus den Absolutbeträgen der Glieder der gegebenen Reihe gebildet ist.

Der Rest der gegebenen Reihe ist dem Absolutbetrag nach kleiner als der entsprechende Rest der Reihe (2). Die Summe S der gegebenen Reihe ist dem Betrag nach nicht größer als die Summe der Reihe (2)

$$|S| \leqq S'.$$

[1]) Die Glieder einer Reihe können gegen Null streben, ohne monoton abzunehmen. In solchen Fällen ist die Konvergenz nicht garantiert. Die Glieder der Reihe

$$-\frac{1}{2} + \frac{2}{2} - \frac{1}{3} + \frac{2}{3} - \frac{1}{4} + \frac{2}{4} - \frac{1}{5} + \frac{2}{5} - \cdots$$

zum Beispiel streben wohl nach Null, nehmen aber nicht monoton ab. Die Reihe divergiert. Ordnet man die Glieder paarweise, so findet man tatsächlich $s_{2n} = \frac{1}{2} + \frac{1}{3} + \cdots + \frac{1}{n}$, und somit gilt (§ 369, Beispiel 2) $\lim\limits_{n\to\infty} S_{2n} = \infty$.

Das Gleichheitszeichen gilt nur dann, wenn alle Glieder der Reihe (1) dasselbe Vorzeichen haben.

Bemerkung 1. Die Reihe (1) kann auch dann konvergieren, wenn die Reihe (2) divergiert.

Beispiel 1. Die Reihe

$$1+\frac{1}{2^2}-\frac{1}{3^2}+\frac{1}{4^2}+\frac{1}{5^2}-\frac{1}{6^2}+\cdots, \tag{3}$$

bei der jedes dritte Glied negativ ist, konvergiert, da die Reihe (§ 373, Beispiel 3)

$$1+\frac{1}{2^2}+\frac{1}{3^2}+\frac{1}{4^2}+\frac{1}{5^2}+\frac{1}{6^2}+\cdots \tag{4}$$

konvergiert. Diese Reihe ist aus den Absolutwerten der Glieder der gegebenen Reihe gebildet. Die Summe S der Reihe (3) ist kleiner als die Summe S' der Reihe (4).

Beispiel 2. Die alternierende Reihe

$$1-\frac{1}{2}+\frac{1}{3}-\frac{1}{4}+\frac{1}{5}-\cdots$$

konvergiert (§ 369, Beispiel 3), obwohl die aus den Absolutwerten ihrer Glieder gebildete Reihe divergiert (§ 369, Beispiel 2).

Definition 1. Eine Reihe heißt *absolut konvergent*, wenn die aus den Absolutwerten ihrer Glieder gebildete Reihe konvergiert (in diesem Fall konvergiert auch die gegebene Reihe, vgl. Beispiel 1).

Definition 2. Eine Reihe heißt *bedingt konvergent*, wenn sie konvergiert, die aus den Absolutwerten ihrer Glieder gebildete Reihe aber divergiert (vgl. Beispiel 2).

Bemerkung 2. Eine konvergente Reihe, deren Glieder alle positiv oder alle negativ sind, ist absolut konvergent.

Erklärung zu Beispiel 1. Wir behalten in der Reihe (3) nur die positiven Glieder bei und setzen die negativen Glieder Null. Es ergibt sich dadurch die konvergente positive Reihe

$$1+\frac{1}{2^2}+0+\frac{1}{4^2}+\frac{1}{5^2}+0+\frac{1}{7^2}+\frac{1}{8^2}+0+\cdots=U. \tag{5}$$

Wir setzen nun die positiven Glieder der Reihe (3) Null und nehmen nur die negativen Glieder, jedoch mit entgegengesetztem Vorzeichen. Es ergibt sich dadurch die konvergente positive Reihe

$$0+0+\frac{1}{3^2}+0+0+\frac{1}{6^2}+0+0+\frac{1}{9^2}+\cdots=V. \tag{6}$$

Wir ziehen nun die Reihe (6) von der Reihe (5) ab und erhalten die Reihe (3). Auf Grund von § 371 (Pkt. 2) konvergiert diese und hat als Summe S

$$S=U-V. \tag{7}$$

Jede der positiven Zahlen U und V ist kleiner als die Summe S' der Reihe (4). Daher gilt

$$S < S'.$$

Buchstäblich genau so beweist man das Theorem allgemein.

§ 378. Das d'Alembertsche Kriterium für beliebige Reihen

Wir nehmen an, daß in der Reihe

$$u_1 + u_2 + \cdots + u_n + \cdots \tag{1}$$

sowohl positive als auch negative Glieder enthalten sind (oder daß alle Glieder negativ sind). Der Absolutwert des Verhältnisses $|u_{n+1} : u_n|$ habe den Grenzwert q:

$$\lim_{n\to\infty} |u_{n+1} : u_n| = q.$$

Dann konvergiert die Reihe für $q < 1$, sie divergiert für $q > 1$. Bei $q = 1$ kann sie konvergieren oder divergieren. Die Behauptungen folgen aus § 374 und § 377.

Beispiel Die unendliche Reihe

$$1 + \frac{1}{1!} - \frac{1}{2!} - \frac{1}{3!} + \frac{1}{4!} + \frac{1}{5!} - \frac{1}{6!} - \frac{1}{7!} + \frac{1}{8!} + \cdots, \tag{2}$$

bei der zwei positive Glieder mit zwei negativen Gliedern abwechseln, konvergiert, da $|u_{n+1} : u_n| = \frac{1}{n!} : \frac{1}{(n-1)!} = \frac{1}{n}$ und daher

$$q = \lim_{n\to\infty} |u_{n+1} : u_n| = 0, \text{ d. h. } q < 1.$$

§ 379. Umordnen der Glieder einer unendlichen Reihe

Bei einer absolut konvergenten Reihe darf man die Glieder beliebig umordnen. Die absolute Konvergenz bleibt dabei bestehen, und auch der Wert der Summe ändert sich nicht (insbesondere hängt bei einer absolut konvergenten Reihe der Wert der Summe nicht von der Reihenfolge der Glieder ab).

Im Gegensatz dazu ist bei einer nur bedingt konvergenten Reihe nicht jede Umordnung der Glieder erlaubt, da sich dabei der Summenwert und das Konvergenzverhalten ändern kann.

Beispiel 1. Die unendliche Reihe

$$\left(\frac{1}{2}\right)^2 - \frac{1}{2} + \left(\frac{1}{2}\right)^4 - \left(\frac{1}{2}\right)^3 + \left(\frac{1}{2}\right)^6 - \left(\frac{1}{2}\right)^5 + \cdots \tag{1}$$

erhält man durch Umordnen der Glieder der absolut konvergenten Reihe

$$-\frac{1}{2}+\left(-\frac{1}{2}\right)^2+\left(-\frac{1}{2}\right)^3+\left(-\frac{1}{2}\right)^4+\cdots. \tag{2}$$

Sie konvergiert ebenfalls und hat dieselbe Summe S wie die geometrische Reihe (2). Also gilt

$$S=\frac{-\frac{1}{2}}{1+\frac{1}{2}}=-\frac{1}{3}. \tag{3}$$

Beispiel 2. Die unendliche Reihe

$$1-\frac{1}{2}+\frac{1}{3}-\frac{1}{4}+\frac{1}{5}-\frac{1}{6}+\frac{1}{7}-\frac{1}{8}+\cdots \tag{4}$$

konvergiert nur bedingt (§ 377). Die unendliche Reihe

$$1+\frac{1}{3}-\frac{1}{2}+\frac{1}{5}+\frac{1}{7}-\frac{1}{4}+\frac{1}{9}+\frac{1}{11}-\frac{1}{6}+\cdots, \tag{5}$$

die man durch Umordnen der Glieder der Reihe (4) erhält, konvergiert, aber ihre Summe ist nur halb so groß wie die Summe der gegebenen Reihe (§ 371, Warnung).

§ 380. Zusammenfassen der Glieder einer unendlichen Reihe

Im Gegensatz zur Umordnungseigenschaft (die nur den absolut konvergenten Reihen zukommt, vgl. § 379) besitzt jede konvergente unendliche Reihe die Eigenschaft der Assoziativität. Bei jeder konvergenten unendlichen Reihe darf man ohne Veränderung der Reihenfolge die Glieder in beliebiger Wahl zu Gruppen zusammenfassen. Addiert man die Glieder innerhalb der einzelnen Gruppen, so entsteht eine neue unendliche Reihe, die ebenfalls konvergiert und dieselbe Summe wie die ursprüngliche Reihe besitzt.

Beispiel. In der (nach dem Kriterium von LEIBNIZ) konvergenten unendlichen Reihe

$$1-\frac{1}{3}+\frac{1}{5}-\frac{1}{7}+\frac{1}{9}-\frac{1}{11}+\cdots \tag{1}$$

darf man die Glieder auf die folgende Art zusammenfassen:

$$\left(1-\frac{1}{3}\right)+\left(\frac{1}{5}-\frac{1}{7}\right)+\left(\frac{1}{9}-\frac{1}{11}\right)+\cdots. \tag{2}$$

Durch Addieren der Glieder innerhalb einer Gruppe erhalten wir

$$\frac{2}{2^2-1}+\frac{2}{6^2-1}+\frac{2}{10^2-1}+\cdots. \tag{3}$$

Diese alternierende Reihe hat dieselbe Summe wie die alternierende Reihe (1) $\left(S = \frac{\pi}{4}\right.$, s. § 398, Beispiel 3).

Bemerkung. Die umgekehrte Operation (Weglassen der Klammern) ist nur in jenen Fällen zugelassen, in denen nach dem Weglassen der Klammern eine konvergente Reihe entsteht (dann ist die gegebene Reihe offensichtlich konvergent). Es gibt jedoch Fälle, in denen die gegebene Reihe konvergiert, die nach Weglassen der Klammern entstandene Reihe aber nicht.

§ 381. Multiplikation von unendlichen Reihen

Theorem. Zwei absolut konvergente unendliche Reihen

$$u_1 + u_2 + u_3 + \cdots = U, \tag{1}$$

$$v_1 + v_2 + v_3 + \cdots = V \tag{2}$$

darf man wie Polynome miteinander multiplizieren. Jedes Glied der Reihe (1) wird mit jedem Glied der Reihe (2) multipliziert, und die Produkte werden in beliebiger Reihenfolge addiert. Man erhält eine absolut konvergente Reihe, deren Summe gleich UV ist:

$$u_1v_1 + u_1v_2 + u_2v_1 + u_1v_3 + u_2v_2 + u_3v_1 + \cdots = UV. \tag{3}$$

Bemerkung 1. Damit bei der Reihe (3) nicht irrtümlicherweise Glieder doppelt oder mehrfach addiert werden, empfiehlt es sich, daß man die Glieder mit fester Indexsumme $i + k$ zu einer Gruppe zusammenfaßt. Die Reihe erhält dann die Form

$$w_1 + w_2 + w_3 + \cdots, \tag{4}$$

wobei

$$\begin{aligned} w_1 &= u_1v_1, \\ w_2 &= u_2v_1 + u_1v_2, \\ w_3 &= u_3v_1 + u_2v_2 + u_1v_3, \\ &\cdots\cdots\cdots\cdots\cdots\cdots \\ w_n &= u_nv_1 + u_{n-1}v_2 + u_{n-2}v_3 + \cdots + u_1v_n. \end{aligned} \tag{5}$$

Dieser Zusammenfassung entspricht eine Multiplikation nach dem folgenden Schema:

$$\begin{array}{rrrrr} u_1 + u_2 & + u_3 & + u_4 & + \cdots \\ v_1 + v_2 & + v_3 & + v_4 & + \cdots \\ \hline u_1v_1 + u_2v_1 & + u_3v_1 & + u_4v_1 & + \cdots \\ u_1v_2 & + u_2v_2 & + u_3v_2 & + \cdots \\ & u_1v_3 & + u_2v_3 & + \cdots \\ & & u_1v_4 & + \cdots \\ \hline w_1 + \ w_2 & + \ w_3 & + \ w_4 & + \cdots \end{array} \tag{6}$$

Beispiel 1. Wir betrachten die beiden absolut konvergenten unendlichen Reihen

$$1 + \frac{1}{2} + \frac{1}{4} + \frac{1}{8} + \cdots + \frac{1}{2^{n-1}} + \cdots, \tag{7}$$

$$1 - \frac{1}{2} + \frac{1}{4} - \frac{1}{8} + \cdots + \frac{(-1)^{n-1}}{2^{n-1}} + \cdots \tag{8}$$

Durch Multiplikation nach dem Schema (6) erhalten wir

$$\begin{array}{r} 1 + \frac{1}{2} + \frac{1}{4} + \frac{1}{8} - \frac{1}{16} + \cdots \\ -\frac{1}{2} - \frac{1}{4} - \frac{1}{8} - \frac{1}{16} - \cdots \\ \frac{1}{4} + \frac{1}{8} + \frac{1}{16} + \cdots \\ -\frac{1}{8} - \frac{1}{16} - \cdots \\ + \frac{1}{16} + \cdots \\ \hline 1 + 0 + \frac{1}{4} + 0 + \frac{1}{16} + \cdots \end{array} \tag{9}$$

Das Bildungsgesetz für die Glieder der neuen Reihe lautet daher

$$w_{2n-1} = \frac{1}{2^{2n-2}}, \qquad w_{2n} = 0.$$

Nach Weglassen der Nullen erhalten wir die absolut konvergente Reihe

$$1 + \frac{1}{4} + \frac{1}{16} + \cdots + \frac{1}{4^{n-1}} + \cdots. \tag{10}$$

Ihre Summe ist das Produkt aus den Summen der Reihen (7) und (8). Man überzeugt sich leicht davon, da die Summe der Reihe (7) gleich 2 und die Summe der Reihe (8) gleich $\frac{2}{3}$ ist. Die Summe von (10) ist aber $\frac{4}{3}$.

Beispiel 2. Die unendliche Reihe

$$1 + \frac{2}{7} + \frac{3}{7^2} + \frac{4}{7^3} + \cdots + \frac{n}{7^{n-1}} + \cdots \tag{11}$$

ist absolut konvergent (gemäß dem Kriterium von d'Alembert). Man bestimme ihre Summe.

Lösung. Die gesuchte Summe ist das Produkt aus den Summen der beiden gleichen absolut konvergenten Reihen

$$1+\frac{1}{7}+\frac{1}{7^2}+\cdots+\frac{1}{7^{n-1}}+\cdots=\frac{7}{6}, \tag{12}$$

$$1+\frac{1}{7}+\frac{1}{7^2}+\cdots+\frac{1}{7^{n-1}}+\cdots=\frac{7}{6}. \tag{13}$$

Tatsächlich erhalten wir nach Schema (6)

$$\begin{array}{l}
1+\frac{1}{7}+\frac{1}{7^2}+\frac{1}{7^3}+\cdots\\
\quad\;\;\frac{1}{7}+\frac{1}{7^2}+\frac{1}{7^3}+\cdots\\
\qquad\qquad\frac{1}{7^2}+\frac{1}{7^3}+\cdots\\
\qquad\qquad\qquad\frac{1}{7^3}+\cdots\\
\hline
1+\frac{2}{7}+\frac{3}{7^2}+\frac{4}{7^3}+\cdots
\end{array}$$

Also ist die Summe der Reihe (11) gleich

$$\frac{7}{6}\cdot\frac{7}{6}=\frac{49}{36}.$$

Bemerkung 2. Wenn eine der Reihen (1) oder (2) absolut konvergiert, die andere aber nur bedingt, so konvergiert die Reihe (4), die man nach Schema (6) erhält ebenfalls noch, und ihre Summe ist gleich dem Produkt UV. Die Konvergenz ist aber im allgemeinen nur mehr bedingt, d. h., man darf die Glieder nicht mehr beliebig umordnen (§ 379). Wenn beide Reihen (1) und (2) nur bedingt konvergieren, so kann die Reihe (4) divergieren. Falls sie dennoch konvergiert, ist ihre Summe gleich UV.

§ 382. Die Division von unendlichen Reihen

Theorem. Gegeben seien zwei konvergente unendliche Reihen

$$u_1+u_2+\cdots+u_n+\cdots=U, \tag{1}$$

$$v_1+v_2+\cdots+v_n+\cdots=V. \tag{2}$$

Wir wenden auf diese das Divisionsschema für die Division eines Polynoms $u_1+u_2+\cdots+u_n$ durch ein Polynom $v_1+v_2+\cdots+v_n$ an und erhalten die Reihe

$$w_1+w_2+\cdots+w_n+\cdots. \tag{3}$$

Wenn die Reihe (3) konvergiert[1]), so ist ihre Summe gleich $U:V$.

Beispiel. Wendet man auf die konvergenten Reihen

$$\frac{1}{2}+\frac{1}{2^2}+\frac{1}{2^3}+\cdots+\frac{1}{2^n}+\cdots=U, \qquad (1\,\mathrm{a})$$

$$\frac{1}{2}-\frac{1}{2^2}+\frac{1}{2^3}-\cdots+\frac{(-1)^{n-1}}{2^n}+\cdots=V \qquad (2\,\mathrm{a})$$

das Schema für die Division eines Polynoms durch ein Polynom an, so erhält man

$$\left(\frac{1}{2}+\frac{1}{2^2}+\frac{1}{2^3}+\frac{1}{2^4}+\frac{1}{2^5}+\cdots\right):\left(\frac{1}{2}-\frac{1}{2^2}+\frac{1}{2^3}-\frac{1}{2^4}+\frac{1}{2^5}-\cdots\right)=1+1+\frac{1}{2}+\frac{1}{2^2}+\cdots$$

$$\begin{array}{l}
-\left(\frac{1}{2}-\frac{1}{2^2}+\frac{1}{2^3}-\frac{1}{2^4}+\frac{1}{2^5}-\cdots\right)\\
\hline
\frac{1}{2}+0+\frac{1}{2^3}+0+\frac{1}{2^5}+\cdots\\
-\left(\frac{1}{2}-\frac{1}{2^2}+\frac{1}{2^3}-\frac{1}{2^4}+\frac{1}{2^5}-\cdots\right)\\
\hline
\frac{1}{2^2}+0+\frac{1}{2^4}+0+\cdots\\
-\left(\frac{1}{2^2}-\frac{1}{2^3}+\frac{1}{2^4}-\frac{1}{2^5}+\cdots\right)\\
\hline
\frac{1}{2^3}+0+\frac{1}{2^5}+\cdots\\
-\left(\frac{1}{2^3}-\frac{1}{2^4}+\frac{1}{2^5}-\cdots\right)\\
\hline
\frac{1}{2^4}+0+\cdots
\end{array}$$

Im gegebenen Beispiel lautet das Bildungsgesetz für die Glieder der Reihe (3)

$$w_1=1,\quad w_2=\frac{1}{2^0},\quad w_3=\frac{1}{2^1},$$

$$w_4=\frac{1}{2^2},\ldots,\qquad w_n=\frac{1}{2^{n-2}},\ldots \qquad (n\geqq 2)$$

[1]) Die Reihe kann auch divergieren, wenn die Reihen (1) und (2) absolut konvergent sind. Teilt man gemäß dem Schema z. B. die Reihe $1+0+0+\cdots$ (alle Glieder außer dem ersten sind 0) durch die Reihe $1+1+0+0+\cdots$ (alle Glieder außer den ersten zweien sind 0), so erhält man die divergente Reihe $1-1+1-1\pm\cdots$.

In der Tat erhält man den zweiten Rest durch gliedweise Multiplikation des ersten Rests mit $\frac{1}{2}$. Das dritte Glied der Reihe (3) erhält man daher aus dem zweiten Glied durch Multiplikation mit $\frac{1}{2}$. Bei der dritten Subtraktion sind sowohl im Diminuenden als auch im Subtrahenden alle Glieder nur halb so groß. Den dritten Rest erhält man daher wieder aus dem zweiten durch Multiplikation mit $\frac{1}{2}$. Das heißt also, daß sich auch das vierte Reihenglied aus dem dritten durch Multiplikation mit $\frac{1}{2}$ ergibt usw.

Die Glieder der Reihe (3) bilden also ab dem zweiten Glied eine geometrische Reihe. Die Reihe (3) konvergiert also. Ihre Summe W ist gleich $U : V$. Wir haben nämlich

$$U = 1, \quad V = \frac{1}{3}, \quad W = 1 + \frac{1}{1 - \frac{1}{2}} = 3,$$

und somit gilt

$$U : V = W.$$

§ 383. Reihen mit veränderlichen Gliedern

Unter einer Reihe mit *veränderlichen Gliedern* versteht man einen Ausdruck

$$u_1(x) + u_2(x) + \cdots + u_n(x) + \cdots, \tag{1}$$

worin $u_1(x)$, $u_2(x)$, ... (die Glieder der Reihe) Funktionen eines gemeinsamen Arguments x sind, die in einem gewissen Intervall (a, b) definiert sind.

Die Bedeutung des Ausdrucks (1) wurde in § 367 erklärt. Nur sind hier die Glieder der Reihe Funktionen, während wir in § 367 eine Reihe betrachtet haben, deren Glieder Zahlen waren. Derartige Reihen nennt man auch *Reihen mit konstanten Gliedern*. Die Partialsummen der Reihen mit veränderlichen Gliedern bestimmt man genau so wie früher.

Wenn man in der Reihe (1) dem Argument x einen beliebigen festen Wert (aus dem Intervall (a, b)) erteilt, so entsteht eine Reihe mit konstanten Gliedern.

§ 384. Der Konvergenzbereich einer Reihe mit veränderlichen Gliedern

Es kann vorkommen, daß eine Reihe mit veränderlichen Gliedern für jeden beliebigen Wert von x aus dem Intervall (a, b) konvergiert. Es kann jedoch auch sein, daß die Reihe für jeden beliebigen Wert von x divergiert. Üblicherweise konvergiert aber die Reihe für gewisse Werte von x aus (a, b) und divergiert für die anderen. Die Gesamtheit der x-Werte, für welche die Reihe konvergiert, nennt man *Konvergenzbereich* der unendlichen Reihe mit veränderlichen Gliedern.

Im Konvergenzbereich entspricht jedem Wert von x ein bestimmter Wert der Summe der Reihe. Die Summe ist also eine im Konvergenzbereich definierte Funktion von x. Außerhalb dieses Bereiches besitzt die Reihe keine Summe.

Beispiel 1. Wir betrachten die unendliche Reihe mit veränderlichen Gliedern

$$1 \cdot x + 1 \cdot 2x^2 + 1 + 1 \cdot 2 \cdot 3x^3 + \cdots + 1 \cdot 2 \cdots nx^n + \cdots. \tag{1}$$

Ihre Glieder sind die Funktionen

$$u_1(x) = x, \quad u_2(x) = 2x^2, \quad u_3(x) = 6x^3, \ldots, \tag{2}$$

die im Intervall $(-\infty, \infty)$ definiert sind. Die Reihe konvergiert jedoch nur für $x = 0$, für alle anderen x-Werte divergiert sie. Geben wir nämlich dem Argument x einen beliebigen von Null verschiedenen Wert, so erhalten wir die Zahlenreihe

$$1 \cdot x_0 + 1 \cdot 2x_0^2 + \cdots + 1 \cdot 2 \cdots nx_0^n + \cdots. \tag{3}$$

Das Verhältnis

$$|u_{n+1} : u_n| = |(n+1)!\, x_0^{n+1} : n!\, x_0^n| = (n+1)\,|x_0|$$

hat für $n \to \infty$ einen unendlichen Grenzwert. Für $x \neq 0$ divergiert die Reihe also (§ 378). Der Konvergenzbereich besteht aus dem einzigen Punkt $x = 0$.

Beispiel 2. Die Reihe

$$1 + \frac{x}{1!} + \frac{x^2}{2!} + \cdots + \frac{x^n}{n!} + \cdots \tag{4}$$

(mit Funktionen als Glieder, die im Intervall $(-\infty, \infty)$ definiert sind) konvergiert für beliebige x-Werte. In der Tat strebt das Verhältnis

$$|u_{n+1} : u_n| = \frac{|x_0|}{n+1}$$

für $n \to \infty$ nach Null (§ 378). Der Konvergenzbereich umfaßt das gesamte Intervall $(-\infty, \infty)$. Die Summe der Reihe (4) ist eine über diesem Intervall definierte Funktion (nämlich die Funktion e^x, vgl. Beispiel 1).

Beispiel 3. Man bestimme den Definitionsbereich und einen Ausdruck für die Summe der unendlichen Reihe

$$2 + \frac{1}{2}x(1-x) + \frac{1}{2}x^2(1-x) + \cdots + \frac{1}{2}x^{n-1}(1-x) + \cdots. \tag{5}$$

Lösung. Wir schreiben die Partialsummen der Reihe (5) in der Form

$$s_n = 2 + \frac{1}{2}x - \frac{1}{2}x^2 + \frac{1}{2}x^2 - \cdots - \frac{1}{2}x^{n-1} + \frac{1}{2}x^{n-1} - \frac{1}{2}x^n$$

$$= 2 + \frac{1}{2}x - \frac{1}{2}x^n \qquad (6)$$

Wenn $|x| > 1$, so hat s_n für $n \to \infty$ keinen endlichen Grenzwert (der Summand $-\frac{x^n}{2}$ wird unendlich groß), d. h., die Reihe (5) divergiert.

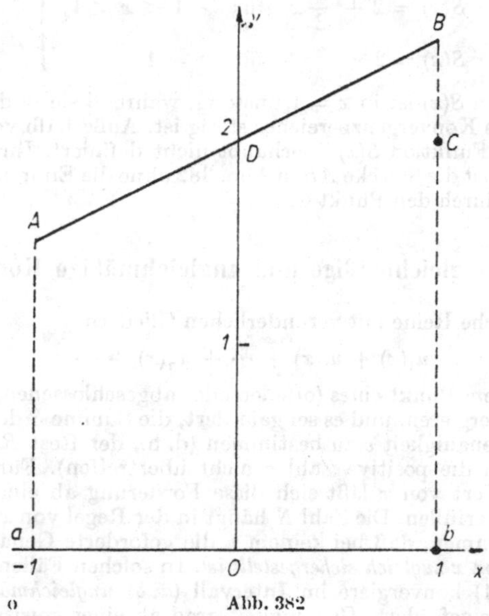

Abb. 382

Für $x = -1$ divergiert die Reihe ebenfalls, da

$$s_n = 2 - \frac{1}{2} - \frac{1}{2}(-1)^n = \frac{3}{2} + \frac{(-1)^{n+1}}{2}.$$

Man sieht daraus, daß s_n abwechselnd die Werte 2 und 1 annimmt. Für die übrigen Werte von x (d. h. für $-1 < x \leqq 1$) konvergiert die Reihe (5). In der Tat werden für $x = 1$ alle Glieder der Reihe außer dem ersten gleich Null, und wir haben

$$S(1) = 2. \qquad (7)$$

Wenn hingegen $|x| < 1$, so strebt der Summand $-\frac{x^n}{2}$ in der Formel (6) bei festem x für $n \to \infty$ nach Null, und es gilt

$$S(x) = \lim_{n\to\infty}\left(2 + \frac{1}{2}x - \frac{1}{2}x^n\right) = 2 + \frac{1}{2}x. \tag{8}$$

Der Konvergenzbereich für die Reihe (5) ist also das Intervall $(-1, 1)$, aus dem der Wert $x = -1$ ausgeschlossen ist (in Abb. 382 die Strecke ab ohne den Punkt a). In diesem Bereich ist die Summe S der Reihe (5) eine Funktion von x, die durch die folgenden Gleichungen definiert wird

$$\left.\begin{aligned} S(x) &= 2 + \frac{1}{2}x \quad \text{für} \quad -1 < x < 1, \\ S(x) &= 2 \qquad\quad \text{für} \quad x = 1. \end{aligned}\right\} \tag{9}$$

Die Funktion $S(x)$ ist in $x = 1$ unstetig, während sie in den übrigen Punkten des Konvergenzbereiches stetig ist. Außerhalb von $-1 < x \leq 1$ ist die Funktion $S(x)$ überhaupt nicht definiert. Ihre grafische Darstellung ist die Strecke AB in Abb. 382 ohne die Endpunkte A und B, ergänzt durch den Punkt C.

§ 385. Über gleichmäßige und ungleichmäßige Konvergenz[1])

Die unendliche Reihe mit veränderlichen Gliedern

$$u_1(x) + u_2(x) + \cdots + u_n(x) + \cdots \tag{1}$$

möge in jedem Punkt eines (offenen oder abgeschlossenen) Intervalls (a, b)[2]) konvergieren, und es sei gefordert, die Summe S der Reihe (1) mit einer Genauigkeit ε zu bestimmen (d. h., der Rest R_n darf dem Betrag nach die positive Zahl ε nicht übertreffen). Für jeden bestimmten Wert von x läßt sich diese Forderung ab einer gewissen Zahl $n = N$ erfüllen. Die Zahl N hängt in der Regel von x ab, und es kann vorkommen, daß bei keinem n die geforderte Genauigkeit *für alle Werte von x zugleich sichergestellt ist.* In solchen Fällen sagt man, die Reihe (1) konvergiere im Intervall (a, b) *ungleichmäßig.* Wenn hingegen der geforderte Genauigkeitsgrad ab einer gewissen Zahl N stets für alle Werte von x erreicht werden kann, so sagt man, die Reihe (1) konvergiere im Intervall (a, b) *gleichmäßig.*

Beispiel 1. Die Reihe

$$2 + \frac{1}{2}x(1-x) + \frac{1}{2}x^2(1-x) + \cdots + \frac{1}{2}x^{n-1}(1-x) + \cdots \tag{2}$$

(s. § 384, Beispiel 3) konvergiert in jedem Punkt des abgeschlossenen Intervalls $(0,1)$. Wir zeigen, daß sie in diesem Intervall ungleichmäßig konvergiert.

---

[1]) Definition s. § 386.

[2]) Die Reihe darf auch in den Punkten außerhalb von (a, b) konvergieren, solche Punkte schließen wir jedoch aus der Betrachtung aus.

Wir fordern, daß die Partialsumme

$$s_n = 2 + \frac{1}{2}x - \frac{1}{2}x^n \tag{3}$$

die Summe der Reihe (2) mit einer Genauigkeit von 0,05 liefere. Für $x = 0$ und $x = 1$ ist die Forderung bei allen Partialsummen erfüllt (man erhält den exakten Wert $S = 2$). Für die übrigen x-Werte ist die Summe gleich

$$S = 2 + \frac{1}{2}x, \tag{4}$$

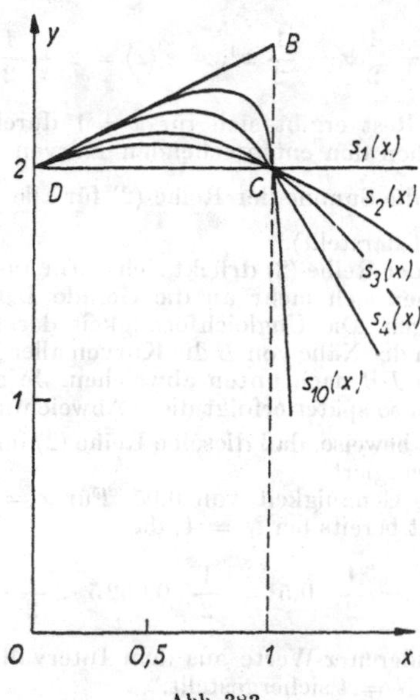

Abb. 383

und der Rest der Reihe ist

$$R_n = S - s_n = \frac{1}{2}x^n. \tag{5}$$

Für $x = 0{,}1$ oder $x = 0{,}2$ oder $x = 0{,}3$ ist die geforderte Genauigkeit bereits bei $N = 2$ gesichert. Zum Beispiel haben wir für $x = 0{,}3$

$$|R_2| = \frac{1}{2} \cdot 0{,}3^2 < \frac{1}{2} \cdot 0{,}1.$$

Für $x = 0{,}4$ sind jedoch zwei Glieder zu wenig. Man muß mindestens drei nehmen. Dann gilt

$$|R_3| = \frac{1}{2} \cdot 0{,}4^3 \approx \frac{1}{2} \cdot 0{,}06 < \frac{1}{2} \cdot 0{,}1.$$

Weitere Versuche zeigen, daß man für $x = 0{,}5$ die geforderte Genauigkeit erst mit $N = 4$, bei $x = 0{,}6$ erst mit $N = 5$ und für $x = 0{,}8$ erst mit $N = 11$ erreicht. Je näher x beim Wert 1 liegt, um so größer wird N. Es ist daher nicht möglich, eine Zahl N anzugeben, durch die für alle x-Werte die geforderte Genauigkeit sichergestellt ist (für eine höhere Genauigkeit gilt dasselbe). Die Reihe (2) konvergiert daher im Intervall (0,1) nicht gleichmäßig.
In Abb. 383 sind die Kurven der Partialsummen

$$s_1(x) = 2, \quad s_2(x) = 2 + \frac{1}{2}x - \frac{1}{2}x^2,$$

$$s_3(x) = 2 + \frac{1}{2}x - \frac{1}{2}x^3, \quad s_4(x) = 2 + \frac{1}{2}x - \frac{1}{2}x^4$$

dargestellt. Der Rest ergibt sich für $x \neq 1$ durch die Ordinatenabschnitte zwischen den entsprechenden Kurven und der Geraden $y = 2 + \frac{x}{2}$ (die die Summe der Reihe (2) für alle x-Werte mit Ausnahme von $x = 1$ darstellt).
Die Konvergenz der Reihe (2) drückt sich darin aus, daß die Kurven der Partialsummen sich mehr an die Gerade DB in ihrer ganzen Länge anschmiegen. Die Ungleichförmigkeit der Konvergenz zeigt sich darin, daß in der Nähe von B die Kurven aller Partialsummen s_n von der Geraden DB nach unten abweichen. Je größer jedoch der Index n wird, um so später erfolgt diese Abweichung.

Beispiel 2. Man beweise, daß dieselbe Reihe (2) im Intervall (0; 0,5) gleichmäßig konvergiert.
Wir fordern eine Genauigkeit von 0,05. Für $x = 0{,}5$ erreicht man diese Genauigkeit bereits bei $N = 4$, da

$$|R_4| = \frac{1}{2}\cdot 0{,}5^4 = \frac{1}{2}\cdot 0{,}0625 < \frac{1}{2}\cdot 0{,}1\,.$$

Auch für alle anderen x-Werte aus dem Intervall (0; 0,5) ist diese Genauigkeit mit $N = 4$ sichergestellt.
Wir fordern nun eine Genauigkeit von 0,005. Dann genügt für $x = 0{,}5$, wenn man $N = 7$ nimmt, da

$$|R_7| = \frac{1}{2}\cdot 0{,}5^7 \approx \frac{1}{2}\cdot 0{,}0078 < \frac{1}{2}\cdot 0{,}01\,.$$

Für alle anderen x-Werte aus (0; 0,5) ist dieselbe Anzahl von Gliedern ebenfalls hinreichend. Allgemein reicht jene Zahl von Gliedern, die man für $x = 0{,}5$ zur Erreichung der geforderten Genauigkeit benötigt, auch für alle anderen x-Werte aus dem Intervall (0; 0,5) aus. Die Reihe (2) konvergiert also in diesem Intervall gleichmäßig.
In Abb. 383 zeigt sich die Gleichmäßigkeit der Konvergenz dadurch, daß im Intervall (0; 0,5) die größte Abweichung der Kurve von s_n von der Geraden DB mit wachsendem n gegen Null strebt. Im Intervall (0,1) ist dies nicht der Fall.

§ 386. Definition der gleichmäßigen und ungleichmäßigen Konvergenz

Die Reihe mit veränderlichen Gliedern

$$u_1(x) + u_2(x) + \cdots + u_n(x) + \cdots \tag{1}$$

konvergiert im (offenen oder abgeschlossenen) Intervall (a, b) gleichmäßig, wenn der Rest $R_n(x)$ ab einer gewissen *von x unabhängigen Zahl N* dem Absolutbetrag nach kleiner ist als eine beliebige vorgegebene positive Zahl ε:

$$|R_n(x)| < \varepsilon \qquad \text{bei} \qquad n \geqq N(\varepsilon). \tag{2}$$

(Die Zahl N darf nur von ε abhängen.)

Wenn die Reihe (1) im Intervall (a, b) zwar konvergiert, aber nicht gleichmäßig konvergiert, so heißt sie ungleichmäßig konvergent.

Beispiele s. in § 385.

§ 387. Geometrische Deutung der gleichmäßigen und ungleichmäßigen Konvergenz

Es sei AB (Abb. 384) die Kurve der Summe $S(x)$ einer im Intervall (a, b) konvergenten Reihe, die Kurven A_nB_n, $A_{n+1}B_{n+1}$, ... die Kurven der Partialsummen $s_n(x)$, $s_{n+1}(x)$, ... Wir grenzen um AB

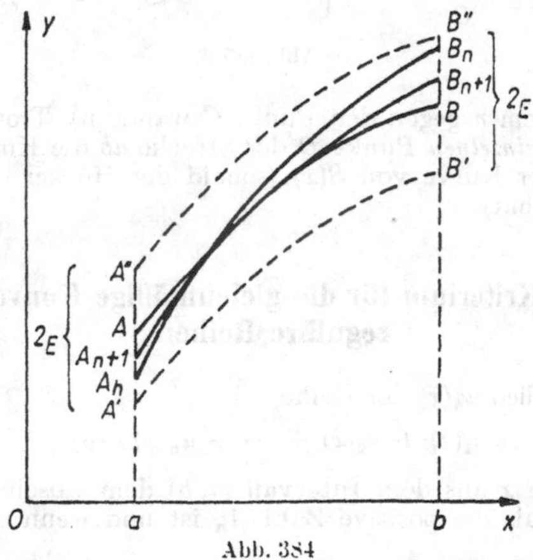

Abb. 384

die Zone $A'A''B''B'$ ab, wobei jede der Grenzen $A'B'$ und $A''B''$ von AB den konstanten Abstand ε habe (längs der Vertikalen gemessen). Bei der gleichmäßigen Konvergenz liegen ab einer gewissen Zahl $N(\varepsilon)$ alle Kurven A_nB_n (über dem betrachteten Intervall) ganz im Inneren dieser Zone.

Bei der ungleichmäßigen Konvergenz trifft dies nicht zu. Als Musterbeispiel dient die Darstellung in Abb. 385. Hier haben alle Kurven $s_n(x)$ zwei „Höcker", die aus der Zone $A'A''B''B'$ herausragen (und

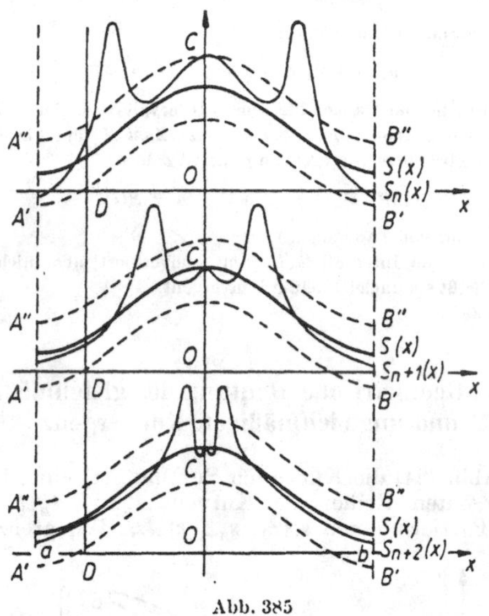

Abb. 385

mit wachsendem n gegen den Punkt C wandern). Trotzdem nähert sich in *jedem einzelnen* Punkt D der Strecke ab die Kurve von $s_n(x)$ unbegrenzt der Kurve von $S(x)$ (sobald der Höcker den Punkt D überschritten hat).

§ 388. Kriterium für die gleichmäßige Konvergenz; reguläre Reihen

Wenn jedes Glied $u_n(x)$ der Reihe

$$u_1(x) + u_2(x) + \cdots + u_n(x) + \cdots \tag{1}$$

bei beliebigem x aus dem Intervall (a, b) dem Absolutbetrag nach nicht größer als die positive Zahl A_n ist und wenn die konstante Reihe

$$A_1 + A_2 + \cdots + A_n + \cdots \tag{2}$$

konvergiert, so ist die Reihe (1) in diesem Intervall gleichmäßig konvergent.

Erklärung. Die Konvergenz der Reihe (1) folgt aus § 377 und § 373. Der Rest der Reihe (1) ist dem Betrag nach nicht größer als der Rest der Reihe (2). Von einem gewissen Index N an ist daher für die Reihe (2) und damit auch für die Reihe (1) für alle x gleichzeitig eine vorgegebene Genauigkeit ε garantiert.

Beispiel. Die unendliche Reihe

$$-\frac{\cos x}{1^2}+\frac{\cos 2x}{2^2}-\frac{\cos 3x}{3^2}+\cdots+(-1)^n\frac{\cos nx}{n^2}+\cdots \tag{3}$$

konvergiert gleichmäßig im Intervall $(-\infty, \infty)$, da ihre Glieder dem Betrag nach nicht größer sind als die entsprechenden Glieder der positiven Reihe

$$\frac{1}{1^2}+\frac{1}{2^2}+\frac{1}{3^2}+\cdots+\frac{1}{n^2}+\cdots. \tag{4}$$

Diese konvergiert aber (§ 373, Beispiel 3). Bei $N = 10$ ist für die Reihe (4) eine Genauigkeit von 0,1 garantiert. Dieselbe Genauigkeit erreicht man daher auch für die Reihe (3), wenn man die zehnte Partialsumme verwendet.

Bemerkung. Eine Reihe mit veränderlichen Gliedern, auf die die Voraussetzungen für die Anwendung des in diesem Paragraphen beschriebenen Kriteriums zutreffen, heißt *regulär*. Jede reguläre Reihe konvergiert gleichmäßig. Nichtreguläre Reihen konvergieren in einen Fall gleichmäßig, im anderen Fall wieder ungleichmäßig.

§ 389. Die Stetigkeit der Summe einer unendlichen Reihe

Theorem. Wenn alle Glieder der unendlichen Reihe

$$u_1(x)+u_2(x)+\cdots+u_n(x)+\cdots, \tag{1}$$

die im Intervall (a, b) gleichmäßig konvergiere, (in diesem Intervall) stetige Funktionen sind, so ist ihre Summe ebenfalls eine stetige Funktion über (a, b).

Beispiel 1. Alle Glieder der Reihe

$$-\frac{\cos x}{1^2}+\frac{\cos 2x}{2^2}-\frac{\cos 3x}{3^2}+\cdots+(-1)^n\frac{\cos nx}{n^2}+\cdots, \tag{2}$$

die im Intervall $(-\infty, \infty)$ gleichmäßig konvergiert (§ 388), sind stetige Funktionen. Die Summe der Reihe (2) ist daher in jedem Punkt x stetig.

Bemerkung. Die Summe einer ungleichmäßig konvergenten Reihe braucht nicht in allen Punkten stetig zu sein.

Beispiel 2. Alle Glieder der Reihe

$$2+\frac{1}{2}x(1-x)+\frac{1}{2}x^2(1-x)+\cdots+\frac{1}{2}x^{n-1}(1-x)+\cdots, \tag{3}$$

die im abgeschlossenen Intervall (0,1) ungleichmäßig konvergiert, sind stetige Funktionen. Aber die Summe der Reihe ist im Punkt $x = 1$ unstetig (s. § 384, Beispiel 3).

Beispiel 3. Die unendliche Reihe

$$(x - x^2) + [(x^2 - x^4) - (x - x^2)] + \\ + [(x^3 - x^6) - (x^2 - x^4)] + \cdots \tag{4}$$

mit dem allgemeinen Glied

$$u_n(x) = (x^n - x^{2n}) - (x^{n-1} - x^{2n-2}) \tag{5}$$

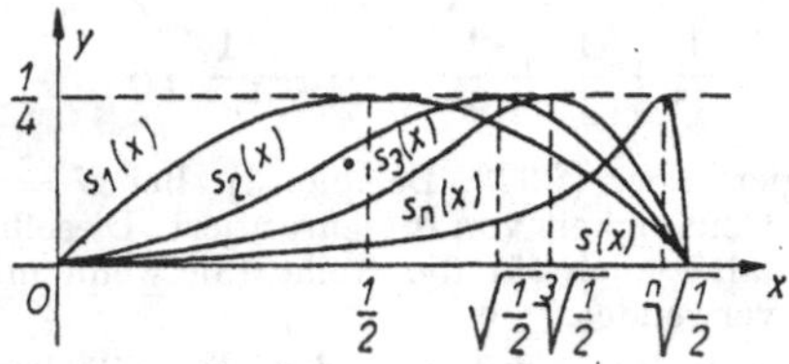

Abb. 386

konvergiert im abgeschlossenen Intervall (0,1) ungleichmäßig, hat aber eine stetige Summe, die identisch Null ist.

In der Tat haben wir $s_n(x) = x^n - x^{2n}$. Dieser Ausdruck strebt für jeden einzelnen Wert x aus (0,1) gegen Null. Die Reihe konvergiert also und hat die Summe $S(x) = 0$.

Den Rest der Reihe $R_n(x) = S(x) - s_n(x)$ kann man nicht für alle betrachteten x-Werte kleiner als $\frac{1}{4}$ machen, wie immer man auch n wählt. Der Rest ist gleich $\frac{1}{4}$ für $x = \sqrt[n]{\frac{1}{2}}$.

Die Reihe (4) konvergiert also ungleichmäßig (§ 385). Trotzdem ist die Summe $S(x)$ eine stetige Funktion.

Geometrische Deutung. Die Kurven aller Partialsummen s_n (Abb. 386) haben einen „Höcker" bis zur Geraden $y = \frac{1}{4}$. Keine Kurve liegt also vollkommen innerhalb einer Zone mit den Geraden $y = \pm\frac{1}{4}$ als Grenzen. Dies verhindert jedoch nicht, daß die Summe der Reihe (deren Kurven durch die dick ausgezeichnete Achse OX gegeben ist) eine stetige Funktion ist.

§ 390. Die Integration von unendlichen Reihen

Theorem. Wenn die konvergente Reihe

$$u_1(x) + u_2(x) + \cdots + u_n(x) + \cdots = S(x) \tag{1}$$

aus Funktionen gebildet wird, die im Intervall (a, b) stetig sind, und wenn die Reihe gleichmäßig konvergiert, so darf man sie gliedweise integrieren. Die unendliche Reihe

$$\int_a^x u_1(x)\,dx + \int_a^x u_2(x)\,dx + \cdots + \int_a^x u_n(x)\,dx + \cdots \qquad (2)$$

konvergiert dann ebenfalls gleichmäßig im Intervall (a, b), und ihre Summe ist gleich dem Integral $\int_a^x S(x)\,dx$ der Summe der Reihe (1):

$$\int_a^x u_1(x)\,dx + \int_a^x u_2(x)\,dx + \cdots + \int_a^x u_n(x)\,dx + \cdots = \int_a^x S(x)\,dx. \qquad (3)$$

Erklärung. Die Partialsumme $s_n'(x)$ der Reihe (2) ist das Integral der Partialsumme $s_n(x)$ der Reihe (1):

$$s'_n(x) = \int_a^x s_n(x)\,dx.$$

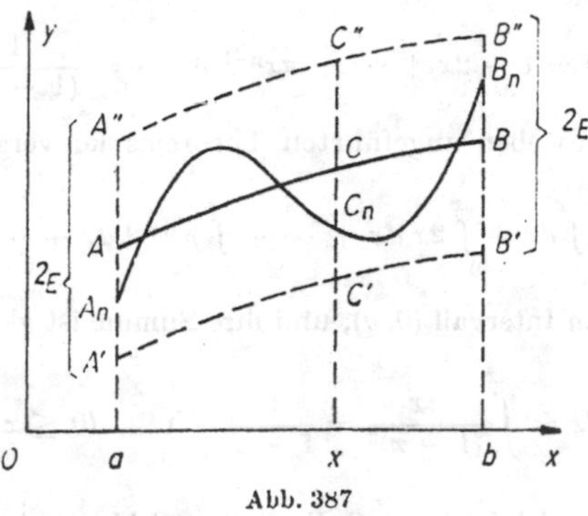

Abb. 387

Sie wird dargestellt durch den Inhalt der Fläche aA_nC_nx in Abb. 387. Das Integral $\int_a^x S(x)\,dx$ der Summe $S(x)$ der Reihe (1) wird durch den Inhalt der Fläche $aACx$ dargestellt.

Das Theorem behauptet, daß die Reihe (2) konvergiert und ihre Summe gleich $\int_a^x S(x)\,dx$ ist.

Geometrisch: Der Inhalt der Fläche $aACx$ (Abb. 387) ist der Grenzwert der Flächeninhalte von aA_nC_nx für $n \to \infty$.

Tatsächlich liegt bei gleichmäßig konvergenter Reihe (1) die Kurve aA_nC_nx im Inneren der Zone $A'A''C''C'$ (§ 387). Also liegt der Inhalt der Fläche aA_nC_nx

zwischen den Inhalten von $aA'C'x$ und $aA''C''x$. Die beiden letzteren haben aber als Grenzwert den Inhalt von $aACx$.

Das Theorem behauptet ferner, daß die Reihe (2) gleichmäßig konvergiert. Geometrisch: Für alle Ordinaten xC'' ist ab einem gewissen n die Größe

$$|\mathrm{Fl}(aACx) - \mathrm{Fl}(aA_nC_nx)| \tag{4}$$

kleiner als eine beliebig vorgegebene Fläche E. In der Tat kann man die Zone $A'A''B''B'$ so verengen, daß die von ihr eingeschlossene Fläche kleiner als ε wird. Dann ist auch die Fläche $A'A''C''C'$ kleiner als ε, und die Größe (4) ist noch kleiner.

Beispiel 1. Die unendliche Reihe

$$1 + 2x + 3x^2 + \cdots + nx^{n-1} + \cdots \tag{5}$$

konvergiert gleichmäßig in jedem Intervall $(0, q)$, wobei q einen echten Bruch bedeutet (nach dem Kriterium in § 388), da ihre Glieder nicht größer als die entsprechenden Glieder der konvergenten (§ 374) positiven Reihe

$$1 + 2q + 3q^2 + \cdots + nq^{n-1} + \cdots \tag{6}$$

sind. Dabei gilt[1])

$$S(x) = 1 + 2x + \cdots + nx^{n-1} + \cdots = \frac{1}{(1-x)^2}. \tag{7}$$

Auf Grund des eben angeführten Theorems konvergiert auch die Reihe

$$\int_0^x dx + \int_0^x 2x\,dx + \cdots + \int_0^x nx^{n-1}\,dx + \cdots \tag{8}$$

gleichmäßig im Intervall $(0, q)$, und ihre Summe ist gleich

$$\int_0^x S(x)\,dx = \int_0^x \frac{dx}{(1-x)^2} = \frac{1}{1-x} - 1 \qquad (0 \leqq x \leqq q). \tag{9}$$

Man überzeugt sich leicht, daß die Reihe (8) identisch ist mit

$$x + x^2 + x^3 + \cdots.$$

Bemerkung. Wenn die Reihe (1) ungleichmäßig konvergiert, so darf man nur in gewissen Fällen gliedweise integrieren, in anderen Fällen dagegen nicht (s. Beispiel 2 und 3).

Beispiel 2. Die im Intervall (0, 1) ungleichmäßig konvergente Reihe

$$(x - x^2) + [(x^2 - x^4) - x - x^2)] + [(x^3 - x^6) - (x^2 - x^4)] + \cdots = 0 \tag{10}$$

---

[1]) Die Formel (7) erhält man durch gliedweise Multiplikation der Reihe

$$1 + x + x^2 + \cdots = \frac{1}{1-x} \qquad \left(0 \leq x \leq \frac{1}{2}\right)$$

mit sich selbst (vgl. § 381, Beispiel 2).

(s. § 389, Beispiel 3) darf man in den Grenzen von 0 bis 1 gliedweise integrieren:

$$\int_0^1 (x - x^2)\,dx + \int_0^1 [(x^2 - x^4) - (x - x^2)]\,dx + \cdots = \int_0^1 0 \cdot dx = 0. \tag{11}$$

In der Tat sind die Partialsummen der Reihe (11) gleich

$$s'_n = \int_0^1 (x^n - x^{2n})\,dx = \frac{n}{(n+1)(2n+1)}. \tag{12}$$

Sie streben für $n \to \infty$ gegen Null.

Beispiel 3. Die unendliche Reihe

$$(x - x^2) + [2(x^2 - x^4) - (x - x^2)] + [3(x^3 - x^6) - 2(x^2 - x^4)] + \cdots \tag{13}$$

mit dem allgemeinen Glied

$$u_n(x) = n(x^n - x^{2n}) - (n-1)(x^{n-1} - x^{2n-2}) \tag{14}$$

konvergiert im Intervall (0, 1) und hat die stetige Summe $S(x) = 0$ (Beweis wie bei der Reihe (10)). Daher gilt

$$\int_0^1 S(x)\,dx = 0. \tag{15}$$

Die Integration zwischen den Grenzen 0 und 1 liefert jedoch nicht 0, sondern $\frac{1}{2}$. Wir erhalten nämlich die Reihe

$$\int_0^1 (x - x^2)\,dx + \left[2\int_0^1 (x^2 - x^4)\,dx - \int_0^1 (x - x^2)\,dx\right] + \cdots$$
$$+ \left[n\int_0^1 (x^n - x^{2n})\,dx - (n-1)\int_0^1 (x^{n-1} - x^{2n-2})\,dx\right] + \cdots \tag{16}$$

mit den Partialsummen

$$s'_n = n\int_0^1 (x^n - x^{2n})\,dx = \frac{n^2}{(n+1)(2n+1)}. \tag{17}$$

Die Summe S' ist daher

$$S' = \lim_{n \to \infty} s'_n = \frac{1}{2}. \tag{18}$$

Die Divergenz zwischen (15) und (18) beruht auf der ungleichmäßigen Konvergenz der Reihe (12) (die ungleichmäßige Konvergenz wurde in Beispiel 3 von § 389 bewiesen).

§ 391. Die Differentiation von unendlichen Reihen

Auch bei gleichmäßiger Konvergenz darf man eine unendliche Reihe nicht immer gliedweise differenzieren. Das nachfolgende Theorem gibt ein Kriterium dafür, wann man gliedweise differenzieren darf.

Theorem. Wenn die unendliche Reihe

$$u_1(x) + u_2(x) + \cdots + u_n(x) + \cdots \tag{1}$$

im Intervall (a, b) konvergiert und wenn die Ableitungen ihrer Glieder in diesem Intervall stetig sind, so darf man die Reihe gliedweise differenzieren unter der Bedingung, daß die dadurch entstehende Reihe

$$u_1'(x) + u_2'(x) + \cdots + u_n'(x) + \cdots \tag{2}$$

gleichmäßig konvergiert (im gegebenen Intervall). Die Summe der Reihe (2) ist in diesem Fall die Ableitung der Summe der Reihe (1). Der Beweis beruht auf der Wechselbeziehung zwischen Differentiation und Integration und stützt sich auf das Theorem in § 390.

Beispiel. Die Reihe

$$x + x^2 + \cdots + x^n + \cdots \tag{3}$$

konvergiert im Intervall $(0, q)$, wenn q ein echter Bruch ist. Es gilt dabei

$$x + x^2 + \cdots + x^n + \cdots = \frac{x}{1-x} \quad (0 \leqq x \leqq q). \tag{4}$$

Die Ableitungen der Glieder sind stetig im Intervall $(0, q)$. Sie ergeben die Reihe

$$1 + 2x + \cdots + nx^{n-1} + \cdots, \tag{5}$$

die in diesem Intervall gleichmäßig konvergent ist (§ 390, Beispiel 1). Die Summe der Reihe (5) ist daher die Ableitung der Summe $\frac{x}{1-x}$ der Reihe (3):

$$1 + 2x + \cdots + nx^{n-1} + \cdots = \frac{d}{dx}\left(\frac{x}{1-x}\right) = \frac{1}{(1-x)^2}. \tag{6}$$

Bemerkung. In dem Theorem wird nicht gefordert, daß die Reihe (1) gleichmäßig konvergiert. Bei den Bedingungen des Theorems ist diese Forderung von selbst erfüllt (auf Grund des Theorems in § 390).

§ 392. Potenzreihen

Für die Praxis am wichtigsten sind unter den Reihen mit veränderlichen Gliedern die Potenzreihen (über ihre Herkunft s. § 270). Unter einer *Potenzreihe* versteht man eine Reihe der Form

$$a_0 + a_1x + a_2x^2 + \cdots + a_nx^n + \cdots \tag{1}$$

sowie eine Reihe der allgemeineren Form

$$a_0 + a_1(x - x_0) + a_2(x - x_0)^2 + \cdots + a_n(x - x_0)^n + \cdots, \tag{2}$$

wobei x_0 eine konstante Größe ist. Von der Reihe (1) sagt man, sie sei eine *Potenzreihe in x*. Die Reihe (2) ist eine *Potenzreihe in $x - x_0$*. Die Konstanten $a_0, a_1, a_2, \ldots, a_n, \ldots$ heißen *Koeffizienten* der Potenzreihe.

Drückt man $x - x_0$ durch z aus, so geht (2) über in eine Potenzreihe in z, d. h., sie erhält die Gestalt (1). Wir werden daher im folgenden, wenn nichts anderes vorausgesetzt wird, unter einer Potenzreihe immer eine Reihe der Gestalt (1) verstehen. Eine Potenzreihe konvergiert immer für $x = 0$. Bezüglich ihrer Konvergenz in den anderen Punkten unterscheidet man drei Fälle, die in § 393 betrachtet werden.

§ 393. Konvergenzintervall und Konvergenzradius einer Potenzreihe

1. Es kann vorkommen, daß eine Potenzreihe in allen Punkten außer in $x = 0$ divergiert. So wird z. B. bei der Reihe

$$1^1 x + 2^2 x^2 + 3^3 x^3 + \cdots + n^n x^n + \cdots$$

das allgemeine Glied $n^n x^n = (nx)^n$ dem Betrag nach unbegrenzt groß, sobald nx größer als 1 wird. Eine derartige Potenzreihe hat keine praktische Bedeutung.

2. Eine Potenzreihe kann in allen Punkten konvergieren. Dies trifft zum Beispiel für die Reihe

$$1 + x + \frac{x^2}{2!} + \frac{x^3}{3!} + \cdots + \frac{x^{n-1}}{(n-1)!} + \cdots$$

zu, deren Summe für jeden Wert von x gleich e^x ist (§ 272, Beispiel 1).

3. In den meisten Fällen konvergiert eine Potenzreihe in gewissen Punkten und divergiert in den restlichen Punkten.

Beispiel 1. Die geometrische Reihe

$$1 + x + x^2 + \cdots + x^n + \cdots \tag{1}$$

konvergiert für $|x| < 1$ und divergiert für $|x| > 1$. Hier fällt der Konvergenzbereich mit dem Intervall $(-1, +1)$ zusammen (§ 384), von dem beide Enden ausgenommen sind. Die Summe der Reihe (1) ist (innerhalb des Konvergenzbereiches)

$$\frac{1}{1-x}.$$

Beispiel 2. Die Potenzreihe

$$1 + \frac{x}{1^2} + \frac{x^2}{2^2} + \cdots + \frac{x^n}{n^2} + \cdots \tag{2}$$

konvergiert für $|x| < 1$ und divergiert für $|x| > 1$ (vgl. § 374, Beispiel 2). Der Konvergenzbereich ist das Intervall $(-1, +1)$, die beiden Enden -1 und $+1$ eingeschlossen. Die Summe der Reihe (2) läßt sich nicht durch elementare Funktionen ausdrücken.

Beispiel 3. Die Potenzreihe

$$x - \frac{x^2}{2} + \frac{x^3}{3} - \cdots + (-1)^{n+1} \frac{x^n}{n} + \cdots \tag{3}$$

konvergiert für $|x| < 1$ und divergiert für $|x| > 1$. Für $x = -1$ divergiert sie ebenfalls (§ 369, Beispiel 2), für $x = 1$ konvergiert sie (§ 369, Beispiel 3). Der Konvergenzbereich ist das Intervall $(-1, +1)$ ohne den Punkt -1 und mit dem Punkt $+1$.
Die Summe der Reihe (3) ist (innerhalb des Konvergenzbereiches) $\ln(1 + x)$ (§ 272, Beispiel 2). Die Reihe (3) erhält man durch gliedweise Integration der Reihe

$$1 - x + x^2 - x^3 + \cdots = \frac{1}{1+x}.$$

Theorem. Der Konvergenzbereich einer Potenzreihe

$$a_0 + a_1 x + a_2 x^2 + \cdots + a_n x^n + \cdots \tag{4}$$

ist ein gewisses Intervall $(-R, R)$, das symmetrisch bezüglich $x = 0$ liegt. Bei manchen Potenzreihen gehören beide Enden $-R$ und R zum Konvergenzbereich, bei manchen nur ein Ende, und bei manchen sind beide Enden ausgeschlossen.
Das Intervall $(-R, R)$ heißt *Konvergenzintervall*, die positive Zahl R heißt *Konvergenzradius* der Potenzreihe. Wenn die Potenzreihe nur im Punkt $x = 0$ konvergiert, so ist $R = 0$. In den Beispielen 1–3 war der Konvergenzradius 1. Wenn die Potenzreihe in allen Punkten konvergiert, so spricht man von einem unendlichen Konvergenzradius ($R = \infty$).

§ 394. Die Bestimmung des Konvergenzradius

Theorem. Der Konvergenzradius R einer Potenzreihe

$$a_0 + a_1 x + a_2 x^2 + \cdots + a_n x^n + \cdots \tag{1}$$

ist gleich dem Grenzwert des Verhältnisses $|a_n| : |a_{n+1}|$ unter der Bedingung, daß dieser Grenzwert existiert (endlich oder unendlich):

$$R = \lim_{n\to\infty} |a_n : a_{n+1}|. \tag{2}$$

Beispiel 1. Man bestimme den Konvergenzradius und das Konvergenzintervall der Reihe

$$\frac{0{,}1x}{1} - \frac{0{,}01x^2}{2} + \frac{0{,}001x^3}{3} - \cdots + \frac{(-0{,}1)^n x^n}{n} + \cdots. \tag{3}$$

Lösung. Hier ist $a_n = \frac{(-0{,}1)^n}{n}$. Wir haben

$$|a_n| : |a_{n+1}| = \frac{0{,}1^n}{n} : \frac{0{,}1^{n+1}}{n+1} = 10\,\frac{n+1}{n},$$

$$R = \lim_{n\to\infty} |a_n : a_{n+1}| = 10. \tag{4}$$

Der Konvergenzradius ist gleich 10, das Konvergenzintervall ist $(-10, 10)$. Im Inneren dieses Intervalls konvergiert die Reihe (3), außerhalb davon divergiert sie. Für $x = 10$ geht die Reihe (3) über in

$$\frac{1}{1} - \frac{1}{2} + \frac{1}{3} - \cdots + \frac{(-1)^n}{n} + \cdots. \tag{5}$$

Diese Reihe konvergiert (§ 369, Beispiel 3). Für $x = -10$ erhalten wir die divergente Reihe (§ 369, Beispiel 2)

$$-\frac{1}{1} - \frac{1}{2} - \frac{1}{3} - \frac{1}{4} - \cdots.$$

Der Konvergenzbereich ist also das Intervall $(-10, 10)$, das eine Ende $x = 10$ ist eingeschlossen, das andere Ende nicht.

Erklärung. Wir können x als gegebene Zahl betrachten und auf die Reihe (3) das Kriterium von D'ALEMBERT anwenden (§ 378). Wir erhalten

$$u_n = \frac{(-0,1)^n x^n}{n},$$

$$\lim_{n\to\infty} |u_{n+1} : u_n| = \lim_{x\to\infty} \left(|x| \cdot 0,1 \frac{n}{n+1}\right) = |x| \cdot 0,1 .$$

Nach dem Kriterium von D'ALEMBERT konvergiert die Reihe (3), wenn $|x| \cdot 0,1 < 1$, d. h., wenn $|x| < 10$. Sie divergiert, wenn $|x| \cdot 0,1 > 1$, d. h., wenn $|x| > 10$. Durch dieselbe Überlegung, angewandt auf die Reihe (1), erhält man die Formel (2).

Bemerkung 1. Die Summe der Reihe (3) ist (im Konvergenzbereich) gleich $\ln(1 + 0,1x)$ (vgl. § 393, Beispiel 3).

Beispiel 2. Man bestimme den Konvergenzradius der Reihe

$$1 - \frac{x}{1} + \frac{x^2}{2!} - \frac{x^3}{3!} + \cdots + (-1)^n \frac{x^n}{n!} + \cdots. \tag{6}$$

Lösung. Hier gilt $a_n = \dfrac{(-1)^n}{n!}$. Nach Formel (2) haben wir

$$R = \lim_{n\to\infty} \left[\frac{1}{n!} : \frac{1}{(n+1)!}\right] = \lim_{n\to\infty} (n+1) = \infty. \tag{7}$$

Die Reihe (6) konvergiert in allen Punkten. Ihre Summe ist gleich e^{-x} (vgl. § 272, Beispiel 1).

Bemerkung 2. Wenn in der Reihe (1) unendlich viele Koeffizienten gleich Null sind, so hat das Verhältnis $|a_n| : |a_{n+1}|$ keinen Grenzwert. Die Formel (2) läßt sich in diesem Fall *nicht anwenden*, auch wenn man die Nullkoeffizienten wegläßt und die übrigen Koeffizienten der Reihe nach nimmt.

Beispiel 3. Man bestimme den Konvergenzradius der Reihe

$$\frac{0,1z^2}{1} - \frac{0,01z^4}{2} + \frac{0,001z^6}{3} - \cdots, \tag{8}$$

die man aus (3) durch die Substitution $x = z^2$ erhält.

Lösung. Da die Reihe (3) für $|x| < 10$ konvergiert und für $|x| > 10$ divergiert, konvergiert die Reihe (8) für $|z| < \sqrt{10}$ und divergiert für $|z| > \sqrt{10}$. Der Konvergenzradius der Reihe (8) ist also $\sqrt{10}$. Die Formel (2) ist nicht anwendbar: Faßt man die Koeffizienten ungerader Potenzen von z als Null auf, so hat das Verhältnis $|a_n| : |a_{n+1}|$ nur für ungerade n einen Sinn. Läßt man hingegen die Nullkoeffizienten weg und numeriert die übrigen der Reihe nach durch, so ist der Grenzwert von $|a_n| : |a_{n+1}|$ gleich 10 und liefert nicht den Konvergenzradius.
Die Summe der Reihe (8) (im Konvergenzbereich) ist $\ln(1 + 0{,}1\, z^2)$.

§ 395. Der Konvergenzbereich einer Potenzreihe in $x - x_0$

Der Konvergenzbereich der Potenzreihe

$$a_0 + a_1(x - x_0) + a_2(x - x_0)^2 + \cdots + a_n(x - x_0)^n + \cdots \tag{1}$$

ist ein gewisses Intervall $(x_0 - R,\ x_0 + R)$, das symmetrisch bezüglich x_0 liegt. In gewissen Fällen gehören beide Intervallenden dazu, in gewissen Fällen nur eines der Enden, in anderen Fällen gehören die Enden nicht dazu.
Das Intervall $(x_0 - R,\ x_0 + R)$ heißt *Konvergenzintervall*, die positive Zahl R heißt *Konvergenzradius* der Reihe (1). Wenn die Reihe in allen Punkten konvergiert, so ist der Konvergenzradius unendlich ($R = \infty$).
Wenn das Verhältnis $|a_n| : |a_{n+1}|$ einen (endlichen oder unendlichen) Grenzwert hat, so bestimmt man den Konvergenzradius aus der Formel

$$R = \lim_{n\to\infty} |a_n : a_{n+1}|. \tag{2}$$

Beispiel. Man bestimme den Konvergenzradius und den Konvergenzbereich der Reihe

$$\frac{x + 0{,}2}{1} + \frac{(x + 0{,}2)^2}{2} + \cdots + \frac{(x + 0{,}2)^n}{n} + \cdots. \tag{3}$$

Hier gilt $x_0 = -0{,}2$, $a_n = \frac{1}{n}$. Nach Formel (2) erhalten wir

$$R = \lim_{n\to\infty} \left| \frac{1}{n} : \frac{1}{n+1} \right| = 1.$$

Der Konvergenzbereich ist das Intervall $(-1{,}2;\ 0{,}8)$, das eine Ende 0,8 ausgeschlossen. Die Summe der Reihe (3) ist (im Konvergenzbereich) $-\ln[1 - (x + 0{,}2)] = \ln \frac{1}{0{,}8 - x}$.

§ 396. Das Theorem von Abel[1])

Theorem. Wenn die Potenzreihe

$$a_0 + a_1x + a_2x^2 + \cdots + a_nx^n + \cdots \tag{1}$$

konvergiert (absolut oder bedingt) in einem beliebigen Punkt x_0, so konvergiert sie *absolut und gleichmäßig* in jedem abgeschlossenen Intervall (a, b), das im Inneren des Intervalls $(-|x_0|, |x_0|)$ liegt.

Bemerkung 1. Das Wort „im Inneren" ist im strengen Sinn zu verstehen, d. h., unter den Bedingungen des Theorems darf weder das eine noch das andere Ende des Intervalls (a, b) mit dem Punkt $|x_0|$ oder mit dem Punkt $-|x_0|$ zusammenfallen.

Beispiel. Die unendliche Reihe

$$\frac{x}{1} + \frac{x^2}{2} + \cdots + \frac{x^n}{n} + \cdots \tag{2}$$

konvergiert (bedingt) im Punkt $x = -1$, da sie dort in die Reihe

$$-\frac{1}{1} + \frac{1}{2} - \frac{1}{3} + \frac{1}{4} - \cdots$$

übergeht (§ 360, Beispiel 3).

Nach dem Theorem von Abel konvergiert die Reihe (2) absolut in jedem abgeschlossenen Intervall, das ganz im Inneren des Intervalls $(-1, 1)$ liegt, z. B. in dem abgeschlossenen Intervall $(-0{,}99;\ 0{,}99)$. Nimmt man als linkes Ende des Intervalls (a, b) den Punkt -1, so geht die absolute Konvergenz verloren (im Punkt -1 nämlich). Nimmt man als rechtes Ende für (a, b) den Punkt $x_0 = 1$, so konvergiert dort die Reihe nicht mehr.

Bemerkung 2. Die Konvergenz bleibt gleichmäßig, wenn man als einen Endpunkt des abgeschlossenen Intervalls den Punkt x_0 nimmt. Dasselbe gilt für den Punkt $-x_0$, wenn dort die Reihe konvergiert.

§ 397. Operationen mit Potenzreihen

Gegeben seien zwei Potenzreihen

$$a_0 + a_1x + a_2x^2 + \cdots + a_nx^n + \cdots = S_1(x), \tag{1}$$

$$b_0 + b_1x + b_2x^2 + \cdots + b_nx^n + \cdots = S_2(x). \tag{2}$$

Es sei A der Konvergenzradius der Reihe (1) und B der Konvergenzradius der Reihe (2). Den kleineren von beiden bezeichnen wir mit r (wenn beide gleich sind, so bezeichnet r den gemeinsamen Wert).

[1]) N. H. Abel (1802–1829) war ein norwegischer Mathematiker. Obwohl er bereits mit 27 Jahren starb, schuf er Arbeiten von überragender Wichtigkeit. Die Aussage über die gleichmäßige Konvergenz stellt eine spätere Ergänzung dar (der Unterschied zwischen der gleichmäßigen und der ungleichmäßigen Konvergenz wurde gegen Ende des 19. Jahrhunderts von Weierstrass eingeführt).

Wenn man die Reihen (1) und (2) addiert, subtrahiert oder miteinander multipliziert (nach dem Schema für die Multiplikation von zwei Polynomen, vgl. § 381), so erhält man eine neue Potenzreihe. Ihr Konvergenzradius ist mindestens gleich r, er kann auch größer als r sein. Ferner gilt für ihre Summen $S_1(x) + S_2(x)$, $S_1(x) - S_2(x)$, $S_1(x)\,S_2(x)$ je nach der Art der Operation (vgl. § 371, § 381, § 396). Die gliedweise Division der Reihe (1) durch die Reihe (2) vollführt man gemäß dem Schema in § 382 unter der Bedingung, daß $b_0 \neq 0$. Wenn $r \neq 0$, so ist der Konvergenzradius r_1 der erhaltenen Reihe von Null verschieden, jedoch nicht größer als A. Es kann auch vorkommen, daß r_1 kleiner als jede der Größen A und B ist (s. Beispiel 4 und Bemerkung zur Formel (4), § 401). Die Summe der neuen Reihe ist (im Konvergenzbereich) gleich $S_1(x) : S_2(x)$.

Beispiel 1. Im Intervall $(-1, 1)$ haben wir

$$1 + x + x^2 + x^3 + \cdots = \frac{1}{1-x}, \tag{3}$$

$$1 - x + x^2 - x^3 + \cdots = \frac{1}{1+x}. \tag{4}$$

Durch gliedweise Addition erhalten wir

$$2 + 2x^2 + 2x^4 + \cdots = \frac{2}{1-x^2}. \tag{5}$$

Zieht man (4) gliedweise von (3) ab, so ergibt sich

$$2x + 2x^3 + 2x^5 + \cdots = \frac{2x}{1-x^2}. \tag{6}$$

Gliedweise Multiplikation (vgl. § 381, Beispiel 1) liefert

$$1 + x^2 + x^4 + \cdots = \frac{1}{1-x^2}. \tag{7}$$

Teilt man die Reihe (3) durch die Reihe (4) (vgl. § 382, Beispiel), so erhält man

$$1 + 2x + 2x^2 + 2x^3 + \cdots = \frac{1+x}{1-x}. \tag{8}$$

Die Reihen (5)—(8) haben gemäß dem Theorem aus § 394 den Konvergenzradius $R = 1$ wie die Reihen (3) und (4). Die Formeln (5) bis (8) verifiziert man leicht: Ihre linken Seiten sind geometrische Reihen (in (8) mit dem zweiten Glied beginnend).

Beispiel 2. Im Intervall $(-\infty, \infty)$ haben wir (§ 272, Beispiel 1)

$$1 + \frac{x}{1!} + \frac{x^2}{2!} + \frac{x^3}{3!} + \cdots + \frac{x^n}{n!} + \cdots = e^x. \tag{9}$$

Setzt man $-x$ für x, so entsteht

$$1 - \frac{x}{1!} + \frac{x^2}{2!} - \frac{x^3}{3!} + \cdots + (-1)^n \frac{x^n}{n!} + \cdots = e^{-x}. \tag{10}$$

Wegen $e^x \cdot e^{-x} = 1$ müssen sich bei der gliedweisen Multiplikation alle Glieder außer dem ersten wegheben, was auch tatsächlich zutrifft.

Beispiel 3. Bei gliedweiser Division der Reihe (9) durch die Reihe (10) erhalten wir die Reihe

$$1 + 2x + 2x^2 + \frac{4}{3}x^3 + \frac{2}{3}x^4 + \cdots. \tag{11}$$

Das Bildungsgesetz für die Koeffizienten ist nicht unmittelbar zu erkennen, man weiß aber, daß die Reihe (11) in einem gewissen Intervall konvergiert und dort als Summe $e^x : e^{-x} = e^{2x}$ besitzt, die sich in der Form

$$1 + \frac{2}{1!}x + \frac{2^2}{2!}x^2 + \frac{2^3}{3!}x^3 + \frac{2^4}{4!}x^4 + \cdots + \frac{2^n}{n!}x^n + \cdots \tag{12}$$

darstellen läßt.

Die Reihe (12) hat gemäß dem Theorem aus § 394 wie die Reihen (9) und (10) einen unendlichen Konvergenzradius.

§ 398. Differentiation und Integration von Potenzreihen

Theorem 1. Wenn die Potenzreihe den Konvergenzradius R und die Summe $S(x)$ besitzt:

$$a_0 + a_1x + a_2x^2 + \cdots + a_nx^n + \cdots = S(x), \tag{1}$$

so hat die Reihe, die man daraus durch gliedweise Differentiation erhält, denselben Konvergenzradius R, und ihre Summe ist die Ableitung der Summe $S(x)$:

$$a_1 + 2a_2x + 3a_3x^2 + \cdots + na_nx^{n-1} + \cdots = S'(x). \tag{2}$$

Die Summe einer Potenzreihe ist also eine differenzierbare Funktion, die beliebig hohe Ableitungen besitzt (da für die Potenzreihe (2) wieder die Aussage von Theorem 1 gilt).

Bemerkung 1. Wenn die Reihe (1) an einem Ende des Intervalls $(-R, R)$ divergiert, so divergiert an diesem Ende auch die Reihe (2). Die Konvergenz der Reihe (1) in einem der beiden Intervallenden kann sich hingegen auf die Reihe (2) übertragen oder nicht.

Bemerkung 2. Die Konvergenz der Reihe (2) ist etwas langsamer als die der Reihe (1) (da na_n dem Betrag nach größer ist als a_n).

Beispiel 1. Durch mehrmalige Differentiation der Reihe

$$1 + x + x^2 + \cdots + x^n + \cdots = \frac{1}{1-x} \quad (-1 < x < +1), \tag{3}$$

mit dem Konvergenzradius $R = 1$ erhalten wir Reihen mit demselben Konvergenzradius. Ihre Summen sind die entsprechenden Ableitungen von $\frac{1}{1-x}$:

$$1 + 2x + 3x^2 + 4x^3 + \cdots + nx^{n-1} + \cdots = \frac{1}{(1-2)^2}, \tag{4}$$

$$2 + 6x + 12x^2 + \cdots + n(n-1)\,x^{n-2} + \cdots = \frac{1 \cdot 2}{(1-x)^3}, \tag{5}$$

$$6 + 24x + \cdots + n(n-1)\,(n-2)\,x^{n-3} + \cdots = \frac{1 \cdot 2 \cdot 3}{(1-x)^4}. \tag{6}$$

Die Reihe (3) divergiert an beiden Enden des Konvergenzintervalls, die Reihen (4)—(6) ebenfalls.

Beispiel 2. Die Reihe (3) erhält man durch Differentiation der Reihe

$$x + \frac{x^2}{2} + \cdots + \frac{x^{n+1}}{n+1} + \cdots = -\ln(1-x). \tag{7}$$

Die Reihe (7) divergiert für $x = 1$ und konvergiert für $x = -1$, aber nach der Differentiation liegt in $x = -1$ keine Konvergenz mehr vor.

Theorem 2. Die Reihe, die man durch gliedweise Integration der Reihe (1) zwischen den Grenzen 0 und x erhält, hat denselben Konvergenzradius, und ihre Summe ist $\int\limits_0^x S(x)\,dx$:

$$a_0 x + \frac{a_1}{2}\,x^2 + \frac{a_2}{3}\,x^3 + \cdots + \frac{a_n}{n+1}\,x^{n+1} + \cdots = \int\limits_0^x S(x)\,dx. \tag{8}$$

Bemerkung 3. Wenn die Reihe (1) in einem der Enden des Intervalls $(-R, R)$ konvergiert, so konvergiert in diesem Endpunkt auch die Reihe (8), und es gilt dort die Formel (9). Divergiert hingegen die Reihe (1) in einem Endpunkt des Intervalls $(-R, R)$, so kann die Reihe (8) dort divergieren oder konvergieren. Die Konvergenz der Reihe (8) ist etwas besser als die der Reihe (1).

Beispiel 3. Der Konvergenzradius der geometrischen Reihe

$$1 - x^2 + x^4 - x^6 + \cdots + (-1)^{n-1}\,x^{2n} + \cdots = \frac{1}{1+x^2} \tag{9}$$

ist gleich 1. Durch gliedweise Integration erhalten wir (für $|x| < 1$)

$$x - \frac{x^3}{3} + \frac{x^5}{5} - \frac{x^7}{7} + \cdots + (-1)^{n-1}\,\frac{x^{2n+1}}{2n+1} + \cdots$$

$$= \int\limits_0^x \frac{dx}{1+x^2} = \arctan x. \tag{10}$$

Der Konvergenzradius der Reihe (10) ist ebenfalls gleich 1. Im Endpunkt $x = 1$ divergiert die Reihe (9), aber die Reihe (10) konvergiert dort (nach dem Kriterium von LEIBNIZ), und wir haben[1])

$$1 - \frac{1}{3} + \frac{1}{5} - \frac{1}{7} + \cdots + (-1)^{x-1} \frac{1}{2n+1} + \cdots = \arctan 1 = \frac{\pi}{4}.$$

Im Endpunkt $x = -1$ divergieren beide Reihen (nach dem Integralkriterium).

Beispiel 4. Durch gliedweise Integration der Reihe

$$x - \frac{x^3}{3!} + \frac{x^5}{5!} - \frac{x^7}{7!} + \cdots = \sin x \tag{11}$$

(§ 272, Beispiel 2), für die $R = \infty$, erhalten wir

$$\frac{x^2}{2!} - \frac{x^4}{4!} + \frac{x^6}{6!} - \frac{x^8}{8!} + \cdots = \int_0^x \sin x \, dx = 1 - \cos x,$$

wobei x eine beliebige Zahl ist. Daraus ergibt sich die Entwicklung der Funktion $\cos x$:

$$\cos x = 1 - \frac{x^2}{2!} + \frac{x^4}{4!} - \frac{x^6}{6!} + \cdots. \tag{12}$$

Auch hier gilt $R = \infty$.

§ 399. Die Taylor-Reihe[2])

Definition. Als TAYLOR-*Reihe* (Entwicklung nach Potenzen von $x - x_0$) der Funktion $f(x)$ bezeichnet man die Potenzreihe

$$f(x_0) + \frac{f'(x_0)}{1}(x - x_0) + \frac{f''(x_0)}{2!}(x - x_0)^2 + \cdots + \frac{f^{(n)}(x_0)}{n!}(x - x_0)^n + \cdots. \tag{1}$$

Für $x_0 = 0$ hat die TAYLOR-Reihe (Entwicklung nach Potenzen von x) die Form

$$f(0) + \frac{f'(0)}{1} x + \frac{f''(0)}{2!} x^2 + \cdots + \frac{f^{(n)}(0)}{n!} x^n + \cdots. \tag{2}$$

Beispiel 1. Man gebe für die Funktion $f(x) = \dfrac{1}{5 - x}$ die TAYLOR-Reihe nach Potenzen von $x - 2$ an.

---

[1]) Dieses Ergebnis hat schon LEIBNIZ gefunden.
[2]) Es wird empfohlen, vorerst § 270 zu lesen.

Lösung. Wir berechnen die Werte der Funktion $f(x)$ und ihrer Ableitungen im Punkt $x = 2$. Es ergibt sich

$$\left.\begin{aligned} f(2) &= \frac{1}{3}, \quad f'(2) = \left.\frac{1}{(5-x)^2}\right|_{x=2} = \frac{1}{3^2}, \\ f''(2) &= \left.\frac{1\cdot 2}{(5-x)^3}\right|_{x=2} = \frac{1\cdot 2}{3^3}, \ldots, \\ f^{(n)}(2) &= \left.\frac{n!}{(5-x)^{n+1}}\right|_{x=2} = \frac{n!}{3^{n+1}}, \ldots. \end{aligned}\right\} \tag{3}$$

Die gesuchte Reihe ist daher

$$\frac{1}{3} + \frac{1}{3^2}(x-2) + \frac{1}{3^3}(x-2)^2 + \cdots + \frac{1}{3^{n+1}}(x-2)^n + \cdots. \tag{4}$$

Beispiel 2. Für dieselbe Funktion bestimme man die TAYLOR-Reihe nach Potenzen von x.
Lösung. Wie in Beispiel 1 erhalten wir

$$f(0) = \frac{1}{5}, \quad f'(0) = \frac{1}{5^2}, \quad f''(0) = \frac{2!}{5^3}, \ldots, f^{(n)}(0) = \frac{n!}{5^{n+1}}, \ldots \tag{5}$$

Die gesuchte Reihe hat die Form

$$\frac{1}{5} + \frac{1}{5^2}x + \frac{1}{5^3}x^2 + \cdots + \frac{1}{5^{n+1}}x^n + \cdots. \tag{6}$$

Beispiel 3. Die Funktion $\dfrac{1}{x-5}$ hat keine TAYLOR-Reihe nach Potenzen von $x - 5$, da im Punkt $x = 5$ die Funktion nicht definiert ist.

§ 400. Die Entwicklung einer Funktion in eine Potenzreihe

Unter der Fntwicklung einer Funktion $f(x)$ in eine Potenzreihe nach Potenzen von $x - x_0$ versteht man eine Reihe der Form

$$a_0 + a_1(x - x_0) + a_2(x - x_0)^2 + \cdots + a_n(x - x_0)^n + \cdots, \tag{1}$$

deren Konvergenzradius nicht Null ist und deren Summe gleich der gegebenen Funktion ist (im Inneren des Konvergenzintervalls).
Theorem. Wenn sich die Funktion $f(x)$ in eine Potenzreihe (1) entwickeln läßt, so ist diese Entwicklung eindeutig, und die Reihe (1) fällt mit der TAYLOR-Reihe nach Potenzen von $x - x_0$ zusammen.

Erklärung. Vereinbarungsgemäß haben wir im Inneren des Konvergenzintervalls

$$f(x) = a_0 + a_1(x - x_0) + a_2(x - x_0)^2 + \cdots + a_n(x - x_0)^n + \cdots. \tag{2}$$

Also besitzt (§ 398, Theorem 1) die Funktion $f(x)$ alle Ableitungen beliebiger Ordnung, und in allen Punkten des Konvergenzintervalls haben wir

$$\left.\begin{aligned} f'(x) &= a_1 + 2a_2(x - x_0) + 3a_3(x - x_0)^2 + 4a_4(x - x_0)^3 + \cdots, \\ f''(x) &= 2a_2 + 2 \cdot 3a_3(x - x_0) + 3 \cdot 4a_4(x - x_0)^2 + \cdots, \\ f'''(x) &= 2 \cdot 3a_3 + 2 \cdot 3 \cdot 4a_4(x - x_0) + \cdots \end{aligned}\right\} \tag{3}$$

usw. Für $x = x_0$ liefern die Formeln aus (2) und (3)

$$a_0 = f(x_0), \quad a_1 = f'(x_0), \quad a_2 = \frac{f''(x_0)}{2!}, \quad a_3 = \frac{f'''(x_0)}{3!}, \ldots, \tag{4}$$

d. h., die Entwicklung (2) ist eindeutig und fällt mit der TAYLOR-Reihe der Funktion $f(x)$ zusammen.

Beispiel 1. Man bestimme den Wert der fünften Ableitung der Funktion $f(x) = \dfrac{x}{1 - x^2}$ für $x = 0$.

Eine unmittelbare Berechnung ist sehr umständlich. Aber die Funktion $f(x)$ läßt sich leicht in eine Reihe entwickeln, indem man die Division $x : 1 - x^2$ (§ 397) durchführt. Man erhält die Entwicklung

$$\frac{x}{1 - x^2} = x + x^3 + x^5 + x^7 + \cdots \tag{5}$$

im Intervall $(-1, 1)$. Die Reihe (5) ist aber die TAYLOR-Reihe der Funktion $f(x)$ nach Potenzen von x. Also gibt der Koeffizient $a_5 = 1$ den Wert von $\dfrac{f^{V}(0)}{5!}$, d. h. $f^{V}(0) = 5! = 120$. Ebenso findet man

$$f^{(2n+1)}(0) = (2n + 1)!, \qquad f^{(2n)}(0) = 0. \tag{6}$$

Definition. Eine Funktion $f(x)$, die sich in eine Reihe nach Potenzen von $x - x_0$ entwickeln läßt, heißt *analytisch im Punkt* x_0.

Beispiel 2. Die Funktion $\sqrt[3]{x}$ ist in $x = 0$ nicht analytisch (§ 399), sie ist jedoch analytisch in jedem beliebigen Punkt $x_0 \neq 0$.

Bemerkung. Daß eine in $x = x_0$ definierte Funktion $f(x)$ in diesem Punkt nicht analytisch ist, kann drei Gründe haben:

1. Sie hat in x_0 keine endliche Ableitung von irgendeiner Ordnung, wie z. B. die Funktion $\sqrt[3]{x}$ in $x = 0$, deren erste Ableitung bereits unendlich ist.
2. Die TAYLOR-Reihe der Funktion $f(x)$, die einen von Null verschiedenen Konvergenzradius hat, hat einen von $f(x)$ verschiedenen Ausdruck als Summe.
3. Der Konvergenzradius der TAYLOR-Reihe von $f(x)$ ist Null.

§ 401. Die Entwicklung der elementaren Funktionen in Potenzreihen

Vorbereitende Bemerkungen. Zur Entwicklung der Funktion $f(x)$ in eine Reihe nach Potenzen von $x - x_0$ kann man der Reihe nach die Ableitungen $f'(x_0)$, $f''(x_0)$, ..., $f^{(n)}(x_0)$ bestimmen. Wenn diese existieren und endlich sind, so erhalten wir die TAYLOR-Reihe

$$f(x_0) + \frac{f'(x_0)}{1!}(x - x_0)$$
$$+ \frac{f''(x_0)}{2!}(x - x_0)^2 + \cdots + \frac{f^{(n)}(x_0)}{n!}(x - x_0)^n + \cdots.$$

Auf Grund der Darlegungen in § 400 ist noch zu zeigen, daß diese Reihe einen von Null verschiedenen Konvergenzradius hat und daß ihre Summe die Funktion $f(x)$ und keine andere liefert. Hierzu sucht man meist nach einer Abschätzung für das „Restglied" $R_n = f(x) - s_n(x)$ und zeigt, daß $\lim R_n = 0$. Dabei stellt man R_n in der LAGRANGE-Form (§ 272, Beispiel 1 und 2) oder in einer der anderen Formen dar.

In den meisten Fällen ist jedoch eine derartige Abschätzung sehr mühevoll oder sogar vollständig unmöglich. Dann kann man die Entwicklung durch andere Verfahren herleiten, bei denen eine Berechnung der Ableitungen $f(x_0)$, $f'(x_0)$, ... vermieden wird.

Im folgenden wird die Potenzreihenentwicklung für einfache Funktionen angegeben. Das allgemeine Glied wird, wenn es leicht zu erkennen ist, nicht eigens angeführt.

Die Exponentialfunktionen

$$e^x = 1 + \frac{x}{1!} + \frac{x^2}{2!} + \frac{x^3}{3!} + \cdots (R = \infty), \qquad (1)$$

$$e^{-x} = 1 - \frac{x}{1!} + \frac{x^2}{2!} - \frac{x^3}{3!} + \cdots (R = \infty). \qquad (1\text{a})$$

Beide Entwicklungen erhält man durch Abschätzung des Restglieds (§ 272, Beispiel 1). Die Formel (1a) ergibt sich aus (1) durch Vertauschen von x mit $-x$.

Die trigonometrischen Funktionen

$$\sin x = \frac{x}{1!} - \frac{x^3}{3!} + \frac{x^5}{5!} - \frac{x^7}{7!} + \cdots (R = \infty), \qquad (2)$$

$$\cos x = 1 - \frac{x^2}{2!} + \frac{x^4}{4!} - \frac{x^6}{6!} + \cdots (R = \infty). \qquad (3)$$

Beide Entwicklungen kann man durch Abschätzung des Restglieds erhalten (§ 272, Beispiel 2). Eine der Reihen ergibt sich aus der anderen durch gliedweise Differentiation (oder Integration).

Durch gliedweise Division von (2) durch (3) erhält man

$$\tan x = x + \frac{1}{3}x^3 + \frac{2}{15}x^5 + \frac{17}{315}x^7 + \frac{62}{2835}x^9 + \cdots \left(R = \frac{\pi}{2}\right). \qquad (4)$$

Das Bildungsgesetz für die Koeffizienten läßt sich nicht durch elementare Formeln ausdrücken. Eine Bestimmung des Konvergenzradius gemäß dem Theorem aus § 394 ist daher schwierig. Man weiß jedoch, daß R nicht größer sein kann als $\frac{\pi}{2}$. Denn schon für $x = \pm\frac{\pi}{2}$ divergiert die Reihe (4), da $\tan \pm\left(\frac{\pi}{2}\right) = \infty$.
Die Funktion $\cot x$ besitzt keine Potenzreihenentwicklung in x, da $\cot 0 = \infty$.

Die hyperbolischen Funktionen[1])

$$\frac{e^x - e^{-x}}{2} = \frac{x}{1!} + \frac{x^3}{3!} + \frac{x^5}{5!} + \frac{x^7}{7!} + \cdots \quad (R = \infty) \tag{2a}$$

(*hyperbolischer Sinus*; Bezeichnung: $\sinh x$),

$$\frac{e^x + e^{-x}}{2} = 1 + \frac{x^2}{2!} + \frac{x^4}{4!} + \frac{x^6}{6!} + \cdots \quad (R = \infty) \tag{3a}$$

(*hyperbolischer Kosinus*; Bezeichnung: $\cosh x$),

$$\frac{e^x - e^{-x}}{e^x + e^{-x}}$$

$$= x - \frac{1}{3}x^3 + \frac{2}{15}x^5 - \frac{17}{315}x^7 + \frac{62}{2835}x^9 - \cdots \left(R = \frac{\pi}{2}\right) \tag{4a}$$

(*hyperbolischer Tangens*; Bezeichnung: $\tanh x$).
Die Entwicklung (2a) und (3a) erhält man durch Subtraktion und Addition von (1) und (1a), die Entwicklung (4a) durch gliedweise Division von (2a) durch (3a). Vgl. die Bemerkung zu Formel (4).
Die Entwicklungen der hyperbolischen Funktionen unterscheiden sich von den Entwicklungen der entsprechenden trigonometrischen Funktionen nur durch die Vorzeichen.

Die Logarithmusfunktionen

$$\ln(1 + x) = \frac{x}{1} - \frac{x^2}{2} + \frac{x^3}{3} - \frac{x^4}{4} + \cdots \quad (R = 1), \tag{5}$$

$$\ln(1 - x) = -\frac{x}{1} - \frac{x^2}{2} - \frac{x^3}{3} - \frac{x^4}{4} - \cdots \quad (R = 1). \tag{6}$$

Die Formeln (5) und (6) erhält man durch gliedweise Integration der Entwicklungen $\frac{1}{1 \pm x} = 1 \pm x + x^2 \pm x^3 + \cdots$. Durch gliedweise

[1]) Über die hyperbolischen Funktionen s. § 403.

Subtraktion ergibt sich

$$\ln \frac{1+x}{1-x} = 2\left[x + \frac{x^3}{3} + \frac{x^5}{5} + \frac{x^7}{7} + \cdots\right] \quad (R = 1). \tag{7}$$

Mit Hilfe der Reihe (7) berechnet man gewöhnlich den Logarithmus von ganzen Zahlen. Mit $x = \frac{1}{3}$ erhalten wir z. B. eine schnell konvergente Reihe für ln 2.

Die Binominalreihen

$$(1+x)^m = 1 + mx + \frac{m(m-1)}{1\cdot 2}x^2 + \frac{m(m-1)(m-2)}{1\cdot 2\cdot 3}x^3 + \cdots \quad (R = 1). \tag{8}$$

Bei ganzzahligem positivem m bricht die Reihe nach dem Glied m-ten Grades ab (die weiteren Koeffizienten sind Null). Die erhaltene Formel heißt NEWTONsches *Binom*. Die Entwicklung (8) gilt für beliebiges reelles m.

Als Spezialfälle von (8) erweisen sich die folgenden Entwicklungen:

$$(1+x)^{-1} = \frac{1}{1+x} = 1 - x + x^2 - x^3 + \cdots, \tag{9}$$

$$(1+x)^{-2} = \frac{1}{(1+x)^2} = 1 - 2x + 3x^2 - 4x^3 + 5x^4 - \cdots, \tag{10}$$

$$(1+x)^{-3} = \frac{1}{(1+x)^3} = 1 - \frac{2\cdot 3}{2}x + \frac{3\cdot 4}{2}x^2 - \frac{4\cdot 5}{2}x^3 + \cdots, \tag{11}$$

$$(1+x^2)^{-1} = \frac{1}{1+x^2} = 1 - x^2 + x^4 - x^6 + x^8 - \cdots, \tag{12}$$

$$(1+x)^{\frac{1}{2}} = \sqrt{1+x} = 1 + \frac{1}{2}x - \frac{1}{2\cdot 4}x^2 + \frac{1\cdot 3}{2\cdot 4\cdot 6}x^3 - \frac{1\cdot 3\cdot 5}{2\cdot 4\cdot 6\cdot 8}x^4 + \cdots, \tag{13}$$

$$(1+x)^{-\frac{1}{2}} = \frac{1}{\sqrt{1+x}} = 1 - \frac{1}{2}x + \frac{1\cdot 3}{2\cdot 4}x^2 - \frac{1\cdot 3\cdot 5}{2\cdot 4\cdot 6}x^3 + \frac{1\cdot 3\cdot 5\cdot 7}{2\cdot 4\cdot 6\cdot 8}x^4 - \cdots, \tag{14}$$

$$(1-x^2)^{-\frac{1}{2}} = \frac{1}{\sqrt{1-x^2}} = 1 + \frac{1}{2}x^2 + \frac{1\cdot 3}{2\cdot 4}x^4 + \frac{1\cdot 3\cdot 5}{2\cdot 4\cdot 6}x^6 + \frac{1\cdot 3\cdot 5\cdot 7}{2\cdot 4\cdot 6\cdot 8}x^8 + \cdots. \tag{15}$$

Die Umkehrfunktionen für die trigonometrischen Funktionen

$$\arcsin x = x + \frac{1}{2}\frac{x^3}{3} + \frac{1\cdot 3}{2\cdot 4}\frac{x^5}{5} + \frac{1\cdot 3\cdot 5}{2\cdot 4\cdot 6}\frac{x^7}{7} + \cdots \quad (R = 1), \tag{16}$$

$$\arctan x = x - \frac{x^3}{3} + \frac{x^5}{5} - \frac{x^7}{7} + \frac{x^9}{9} - \cdots \quad (R = 1). \tag{17}$$

Die Entwicklung (16) und (17) erhält man aus (15) und (12) durch gliedweise Integration zwischen den Grenzen 0 und x.
Die Entwicklungen für

$$\arccos x = \frac{\pi}{2} - \arcsin x \quad \text{und} \quad \operatorname{arccot} x = \frac{\pi}{2} - \arctan x$$

erhält man aus (16) und (17).

Die Umkehrfunktionen für die hyperbolischen Funktionen[1]

$$\ln\left(x + \sqrt{x^2+1}\right) = x - \frac{1}{2}\frac{x^3}{3} + \frac{1\cdot 3}{2\cdot 4}\frac{x^5}{5} - \frac{1\cdot 3\cdot 5}{2\cdot 4\cdot 6}\frac{x^7}{7} + \cdots \quad (R = 1) \tag{16a}$$

(*hyperbolischer Areasinus*; Bezeichnung arsinh x).

$$\frac{1}{2}\ln\frac{1+x}{1-x} = x + \frac{x^3}{3} + \frac{x^5}{5} + \frac{x^7}{7} + \cdots \quad (R = 1) \tag{17a}$$

(*hyperbolischer Areatangens*; Bezeichnung artanh x).
Die Funktionen

$$\ln\left(x + \sqrt{x^2-1}\right) = \operatorname{arcosh} x$$

(*hyperbolischer Areakosinus*; Bezeichnung: arcosh x) und

$$\frac{1}{2}\ln\frac{x+1}{x-1} = \operatorname{arcoth} x$$

(*hyperbolischer Areakotangens*; Bezeichnung: arcoth x) besitzen keine Potenzreihenentwicklung in x (sie sind im Punkt 0 nicht definiert).
Die Entwicklungen (16a) und (17a) unterscheiden sich von den Entwicklungen (16) und (17) nur durch die Vorzeichen.

[1] Über diese Umkehrfunktionen s. § 404.

§ 402. Die Anwendung der unendlichen Reihen auf die Berechnung von Integralen

Viele Integrale, die sich in endlicher Form nicht durch elementare Funktionen ausdrücken lassen, kann man durch schnell konvergente unendliche Reihen darstellen. Eine Bedeutung besitzt die Reihenentwicklung ferner auch für solche Integrale, die sich durch endliche Ausdrücke darstellen lassen, wenn diese Ausdrücke kompliziert sind.

Beispiel 1. Das Integral $\int\limits_0^x e^{-x^2}\,dx$ kann man in endlicher Form nicht durch elementare Funktionen ausdrücken. Unter Verwendung der im Intervall $(-\infty, \infty)$ konvergenten Reihe

$$e^{-x^2} = 1 - \frac{x^2}{1!} + \frac{x^4}{2!} - \cdots + (-1)^n \frac{x^{2n}}{n!} + \cdots \tag{1}$$

erhalten wir

$$\int\limits_0^x e^{-x^2}\,dx = x - \frac{1}{1!}\,\frac{x^3}{3} + \frac{1}{2!}\,\frac{x^5}{5} - \cdots + (-1)^n \frac{1}{n!}\,\frac{x^{2n+1}}{2n+1} + \cdots. \tag{2}$$

Das Konvergenzintervall ist hier ebenfalls $(-\infty, \infty)$ (§ 398).

Beispiel 2. Man berechne $\int\limits_0^1 e^{-x^2}\,dx$ mit einer Genauigkeit von $0{,}5 \cdot 10^{-4}$.

Lösung. Setzt man in (2) für x den Wert 1, so erhält man

$$\int\limits_0^1 e^{-x^2}\,dx$$

$$= 1 - \frac{1}{3} + \frac{1}{10} - \frac{1}{42} + \frac{1}{216} - \frac{1}{1320} + \frac{1}{9360} - \frac{1}{75600} + \cdots. \tag{3}$$

Das Glied $-\frac{1}{75600}$ und alle folgenden dürfen wir weglassen, da der dabei entstehende Fehler kleiner als $0{,}5 \cdot 10^{-4}$ ist (die Reihe (3) ist alternierend, und ihre Glieder nehmen ab, § 376). Wir führen die Rechnungen auf fünf bis sechs Stellen durch und erhalten

$$\int\limits_0^1 e^{-x^2}\,dx = 0{,}7468.$$

Beispiel 3. Man berechne das Integral $\int\limits_0^{\frac{\pi}{2}} \frac{\sin x}{x}\,dx$ mit einer Genauigkeit bis zu $0{,}5 \cdot 10^{-3}$.

[1]) Die unendlichen Reihen sind historisch aus dem Zusammenhang mit Integrationsaufgaben hervorgegangen (vgl. § 270).

Lösung. Das unbestimmte Integral $\int \frac{\sin x}{x}\,dx$ erhält man nicht in endlicher Form. Entwickelt man $\sin x$ in eine Reihe und dividiert durch x, so erhält man die Reihe

$$\frac{\sin x}{x} = 1 - \frac{x^2}{3!} + \frac{x^4}{5!} - \frac{x^6}{7!} + \cdots, \tag{4}$$

die für beliebige x-Werte konvergiert (gemäß Theorem in § 394). Die Integration liefert

$$\int_0^x \frac{\sin x}{x}\,dx = x - \frac{x^3}{3\cdot 3!} + \frac{x^5}{5\cdot 5!} - \frac{x^7}{7\cdot 7!} + \cdots,$$

$$\int_0^{\frac{\pi}{2}} \frac{\sin x}{x}\,dx = \frac{\pi}{2} - \frac{1}{18}\left(\frac{\pi}{2}\right)^3 + \frac{1}{600}\left(\frac{\pi}{2}\right)^5 - \frac{1}{35280}\left(\frac{\pi}{2}\right)^7 + \cdots. \tag{5}$$

Das erste weggelassene Glied $\frac{1}{9\cdot 9!}\left(\frac{\pi}{2}\right)^9$ ist (bei roher Abschätzung) viel kleiner als $0{,}5\cdot 10^{-3}$. Wir finden also

$$\frac{\pi}{2} = 1{,}5708 \qquad \frac{1}{18}\left(\frac{\pi}{2}\right)^3 = 0{,}2152$$

$$+\frac{1}{600}\cdot\left(\frac{\pi}{2}\right)^5 = 0{,}0159 \qquad +\frac{1}{35280}\cdot\left(\frac{\pi}{2}\right)^7 = 0{,}0007$$

$$1{,}5867 \qquad 0{,}2160$$

$$\int_0^{\frac{\pi}{2}} \frac{\sin x}{x}\,dx = 1{,}5867 - 0{,}2160 \approx 1{,}371.$$

§ 403. Hyperbolische Funktionen

Die Potenzreihen

$$x + \frac{x^3}{3!} + \frac{x^5}{5!} + \frac{x^7}{7!} + \frac{x^9}{9!} + \cdots \ (R = \infty), \tag{1}$$

$$1 + \frac{x^2}{2!} + \frac{x^4}{4!} + \frac{x^6}{6!} + \frac{x^8}{8!} + \cdots \ (R = \infty) \tag{2}$$

sind ähnlich den Potenzreihen für $\sin x$ und $\cos x$ und haben die Summen $\frac{(e^x - e^{-x})}{2}$ und $\frac{(e^x + e^{-x})}{2}$. Die erste Funktion heißt *hyperbolischer Sinus* (sinh)[1]), die zweite *hyperbolischer Kosinus* (cosh):

$$\sinh x = \frac{e^x - e^{-x}}{2}, \tag{3}$$

$$\cosh x = \frac{e^x + e^{-x}}{2}. \tag{4}$$

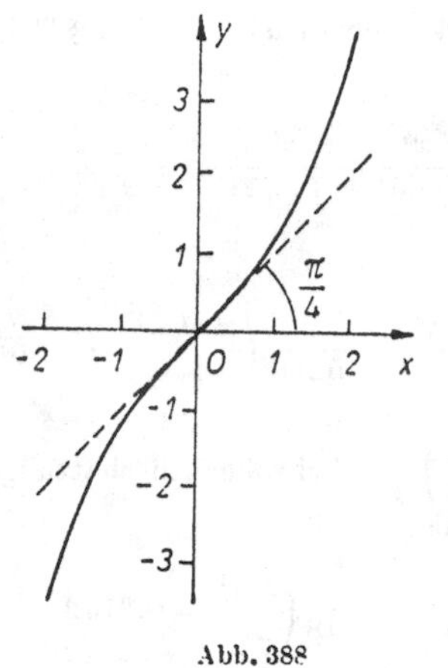

Abb. 388

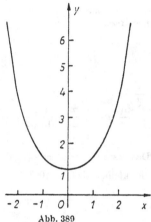

Abb. 389

Als *hyperbolischen Tangens* und *hyperbolischen Kotangens* bezeichnet man die Funktionen

$$\tanh x = \frac{\sinh x}{\cosh x} = \frac{e^x - e^{-x}}{e^x + e^{-x}}, \tag{5}$$

$$\coth x = \frac{\cosh x}{\sinh x} = \frac{e^x + e^{-x}}{e^x - e^{-x}}. \tag{6}$$

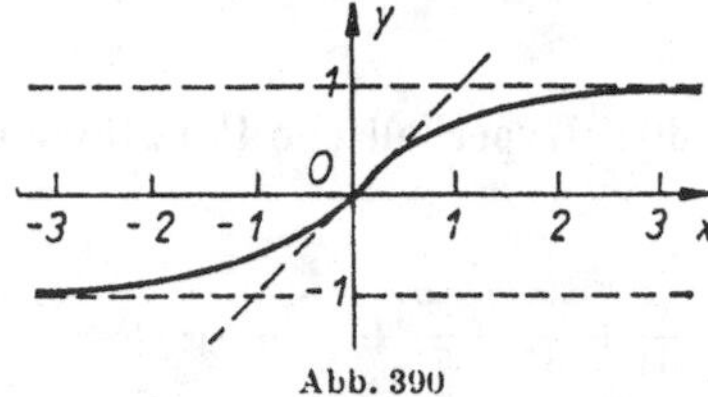

Abb. 390

Die Funktionen $\sinh x$, $\cosh x$, $\tanh x$, $\coth x$ heißen *hyperbolische Funktionen*[2]). Ihre Kurven sind in den Abb. 388–391 dargestellt.

---

[1]) Die Bezeichnung sinh ist eine Abkürzung für die lateinischen Wörter sinus hyperbolicus, cosh ist die Abkürzung für cosinus hyperbolicus.

[2]) Der Zusammenhang mit einer Hyperbel wird in § 405 erklärt.

Die hyperbolischen Funktionen sind für alle Werte von x definiert (ausgenommen die Funktion $\coth x$ für $x = 0$, wo sie unendlich wird).
Die Funktion $\sinh x$ kann alle möglichen reellen Werte annehmen.
Die Funktion $\cosh x$ ist nicht kleiner als 1 ($\cosh 0 = 1$), die Werte

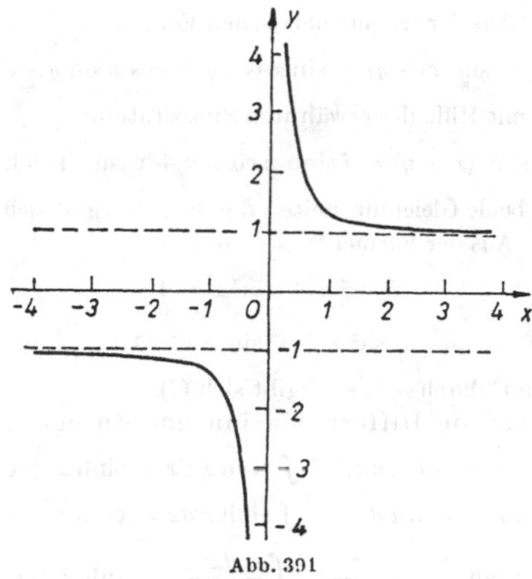

Abb. 391

der Funktion $\tanh x$ liegen zwischen -1 und $+1$, die Werte von $\coth x$ sind größer als 1 für $x > 0$ und kleiner als -1 für $x < 0$. Die Geraden $y = +1$ und $y = -1$ dienen als Asymptoten für die Kurven $y = \coth x$ und $y = \tanh x$.
Die hyperbolischen Funktionen stehen untereinander in den Beziehungen

$$\cosh^2 x - \sinh^2 x = 1, \tag{7}$$

$$\tanh x \cdot \coth x = 1, \tag{8}$$

$$\tanh x = \frac{\sinh x}{\cosh x}, \quad \coth x = \frac{\cosh x}{\sinh x}. \tag{9}$$

Es gelten die zu den trigonometrischen Formeln analogen Formeln

$$\sinh (x + y) = \sinh x \cosh y + \cosh x \sinh y, \tag{10}$$

$$\cosh (x + y) = \cosh x \cosh y + \sinh x \sinh y, \tag{11}$$

$$\tanh (x + y) = \frac{\tanh x + \tanh y}{1 + \tanh x \tanh y}. \tag{12}$$

Alle diese Beziehungen folgen aus den Formeln (3)–(6).

Allgemein entspricht jeder trigonometrischen Formel, in der keine konstanten Größen unter dem Funktionszeichen vorkommen, eine analoge Beziehung zwischen den hyperbolischen Funktionen. Man erhält diese, indem man $\cos\alpha$ durch $\cosh\alpha$ und $\sin\alpha$ durch $i\sinh\alpha$ ersetzt (i — die imaginäre Einheit). Die imaginären Terme heben sich weg.

Beispiel 1. Aus der trigonometrischen Formel

$$\sin(x+y) = \sin x\cos y + \cos x\sin y.$$

erhält man mit Hilfe der erwähnten Substitution:

$$i\sinh(x+y) = i\sinh x\cosh y + \cosh x\, i\sinh y$$

Kürzt man beide Gleichungsseiten durch i, so ergibt sich (10).

Beispiel 2. Aus der Formel

$$\cos^2 x + \sin^2 x = 1$$

erhalten wir:

$$\cosh^2 x + i^2\sinh^2 x = 1.$$

Ersetzt man i^2 durch -1, so ergibt sich (7).

Formeln für die Differentiation und Integration:

$$d\sinh x = \cosh x\,dx, \qquad \int\cosh x\,dx = \sinh x + C; \tag{13}$$

$$d\cosh x = \sinh x\,dx, \qquad \int\sinh x\,dx = \cosh x + C; \tag{14}$$

$$d\tanh x = \frac{dx}{\cosh^2 x}, \qquad \int\frac{dx}{\cosh^2 x} = \tanh x + C; \tag{15}$$

$$d\coth x = -\frac{dx}{\sinh^2 x}, \qquad \int\frac{dx}{\sinh^2 x} = -\coth x + C. \tag{16}$$

Diese Formeln erhält man aus den trigonometrischen Formeln, wenn man die oben erwähnte Substitution durchführt und außerdem $i\,dx$ an Stelle von dx schreibt.

§ 404. Die Umkehrfunktionen für die hyperbolischen Funktionen

Für die hyperbolischen Funktionen $\sinh x$, $\cosh x$, $\tanh x$, $\coth x$ existieren die Umkehrfunktionen:

arsinh x (*hyperbolischer Areasinus*; Abb. 392),
arcosh x (*hyperbolischer Areakosinus*; Abb. 393),
artanh x (*hyperbolischer Areatangens*; Abb. 394),
arcoth x (*hyperbolischer Areakotangens*; Abb. 395).

Vgl. die grafischen Darstellungen der hyperbolischen Funktionen in den Abbildungen 388—391.

Das lateinische Wort „area“ bedeutet Flächeninhalt. Die Begründung für diese Bezeichnung wird in § 405 erklärt.

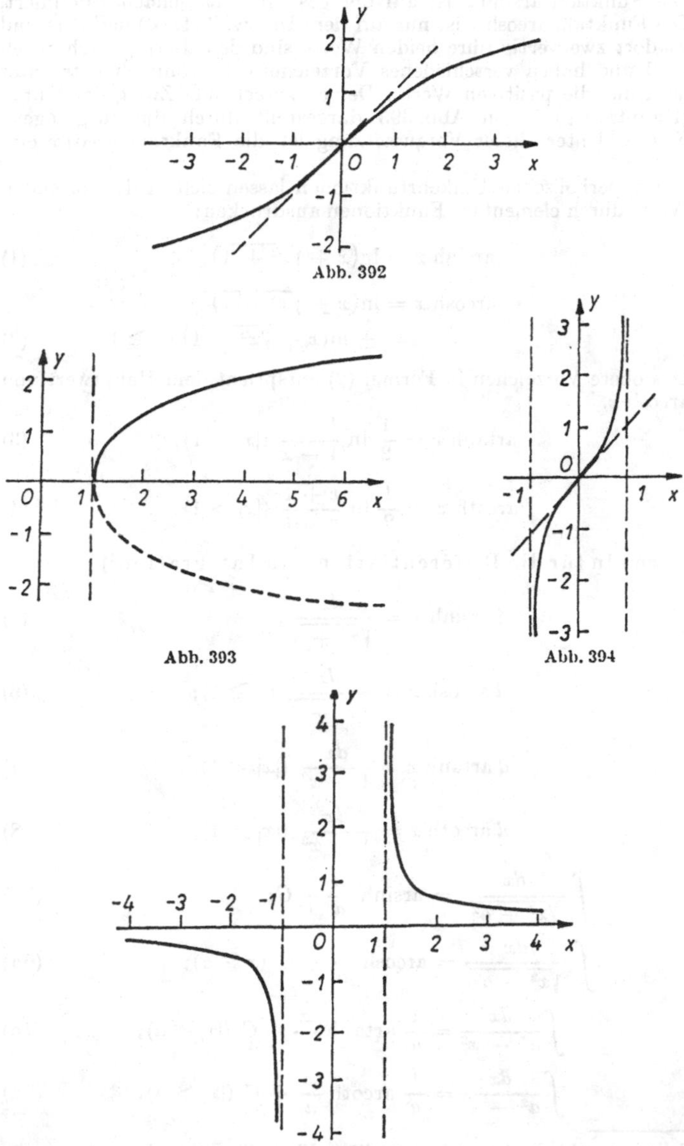

Abb. 392

Abb. 393

Abb. 394

Abb. 395

Die Funktion arsinh x ist auf der gesamten Zahlenachse definiert. Die Funktion arcosh x ist nur auf dem Intervall $(1, \infty)$ definiert und ist dort zweiwertig (ihre beiden Werte sind dem Betrag nach gleich groß und haben verschiedenes Vorzeichen). Gewöhnlich betrachtet man nur die positiven Werte. Der entsprechende Zweig der Kurve (Hauptzweig) ist in Abb. 393 dargestellt durch die ausgezogene Kurve. Unter dieser Voraussetzung ist die Funktion arcos x eindeutig.

Die hyperbolischen Umkehrfunktionen lassen sich in der folgenden Weise durch elementare Funktionen ausdrücken:

$$\operatorname{arsinh} x = \ln\left(x + \sqrt{x^2 + 1}\right), \tag{1}$$

$$\begin{aligned}\operatorname{arcosh} x &= \ln\left(x \pm \sqrt{x^2 - 1}\right)\\ &= \pm \ln\left(x + \sqrt{x^2 - 1}\right) \quad (x \geqq 1).\end{aligned} \tag{2}$$

Das obere Vorzeichen in Formel (2) entspricht dem Hauptwert von arcosh x.

$$\operatorname{artanh} x = \frac{1}{2} \ln \frac{1+x}{1-x} \quad (|x| < 1), \tag{3}$$

$$\operatorname{arcoth} x = \frac{1}{2} \ln \frac{x+1}{x-1} \quad (|x| > 1). \tag{4}$$

Formeln für die Differentiation und Integration[1])

$$d \operatorname{arsinh} x = \frac{dx}{\sqrt{x^2 + 1}}; \tag{5}$$

$$d \operatorname{arcosh} x = \frac{dx}{\sqrt{x^2 - 1}} \quad (x \geqq 1); \tag{6}$$

$$d \operatorname{artanh} x = \frac{dx}{1 - x^2} \quad (|x| < 1); \tag{7}$$

$$d \operatorname{arcoth} x = \frac{dx}{1 - x^2} \quad (|x| > 1); \tag{8}$$

$$\int \frac{dx}{\sqrt{x^2 + a^2}} = \operatorname{arsinh} \frac{x}{a} + C; \tag{5a}$$

$$\int \frac{dx}{\sqrt{x^2 - a^2}} = \operatorname{arcosh} \frac{x}{a} + C \quad (x \geqq a); \tag{6a}$$

$$\int \frac{dx}{a^2 - x^2} = \frac{1}{a} \operatorname{artanh} \frac{x}{a} + C \quad (|x| < a); \tag{7a}$$

$$\int \frac{dx}{a^2 - x^2} = \frac{1}{a} \operatorname{arcoth} \frac{x}{a} + C \quad (|x| > a). \tag{8a}$$

---

[1]) Unter arcosh x verstehen wir die positiven Werte dieser Funktion.

§ 405. Die Herkunft der Namen für die hyperbolischen Funktionen

Wir betrachten die gleichseitige Hyperbel (Abb. 396)

$$x^2 - y^2 = a^2. \tag{1}$$

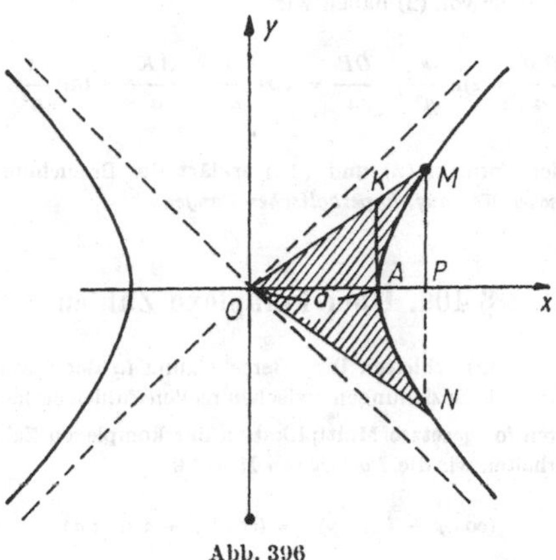

Abb. 396

Den Flächeninhalt des hyperbolischen Sektors AOM bezeichnen wir durch $\frac{s}{2}$ und schreiben der Größe s jenes Vorzeichen zu, das dem Drehwinkel von OX nach OM zukommt. Dann lassen sich die Verhältnisse der gerichteten Strecken PM, OP,

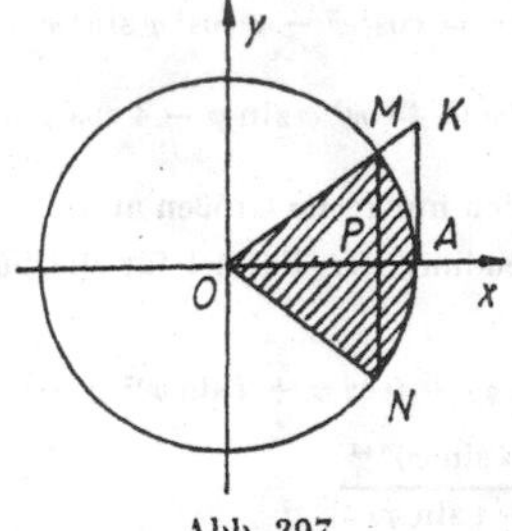

Abb. 397

AK (konstruiert für die Punkte M der Hyperbel analog zu den Kurven Sinus, Cosinus und Tangens, vgl. Abb. 397) zur Halbachse a der Hyperbel durch s auf die folgende Weise ausdrücken:

$$\frac{PM}{a} = \sinh\frac{s}{a^2}, \quad \frac{OP}{a} = \cosh\frac{s}{a^2}, \quad \frac{AK}{a} = \tanh\frac{s}{a^2}. \tag{2}$$

Wir wählen nun statt der Hyperbel (1) den Kreis (Abb. 397)

$$x^2 + y^2 = a^2.$$

Wenn wir die frühere Bezeichnungsweise beibehalten, so gibt die mit Vorzeichen genommene Größe $\frac{s}{a^2}$ (s – Inhalt des Kreissektors $MONA$) den Winkel $\alpha = \sphericalangle AOM$, und an Stelle von (2) haben wir

$$\frac{PM}{a} = \sin\frac{s}{a^2}, \quad \frac{OP}{a} = \cos\frac{s}{a^2}, \quad \frac{AK}{a} = \tan\frac{s}{a^2}. \tag{2a}$$

Ein Vergleich der Formeln (2) und (2a) erklärt die Bezeichnung *hyperbolischer Sinus, hyperbolischer Kosinus, hyperbolischer Tangens.*

§ 406. Über komplexe Zahlen

Die komplexen Zahlen[1]) erhielten ihre Berechtigung in der Mathematik deshalb, weil man durch sie viele Beziehungen zwischen reellen Zahlen einfacher finden kann.

Beispiel 1. Durch fortgesetzte Multiplikation der komplexen Zahl $\cos\varphi + i\sin\varphi$ mit sich selbst erhalten wir die *Formel von* MOIVRE

$$(\cos\varphi + i\sin\varphi)^n = (\cos n\varphi + i\sin n\varphi) \tag{1}$$

für ganze positive[2]) n. Wir entwickeln die linke Seite der Formel in ein Polynom und vergleichen die Koordinaten der beiden Gleichungsseiten (wenn zwei komplexe Zahlen gleich sind, so müssen Realteil und Imaginärteil einander entsprechen). Man erhält so $\cos n\varphi$ und $\sin n\varphi$ ausgedrückt durch die Potenzen von $\cos\varphi$ und $\sin\varphi$. Für $n = 4$ ergibt sich

$$\cos 4\varphi = \cos^4\varphi - 6\cos^2\varphi\sin^2\varphi + \sin^4\varphi, \tag{2}$$

$$\sin 4\varphi = 4\cos^3\varphi\sin\varphi - 4\cos\varphi\sin^3\varphi. \tag{3}$$

In diesen Beziehungen treten nur reelle Größen auf.

Beispiel 2. Unter Verwendung der Formel für die Summe einer geometrischen Reihe erhalten wir

$$1 + (\cos\varphi + i\sin\varphi) + (\cos\varphi + i\sin\varphi)^2 + \cdots + (\cos\varphi - i\sin\varphi)^n$$
$$= \frac{1 - (\cos\varphi + i\sin\varphi)^{n+1}}{1 - (\cos\varphi + i\sin\varphi)}. \tag{4}$$

[1]) Über Operationen mit komplexen Zahlen und ihre geometrische Deutung s. „Elementarmathematik – griffbereit" § 34–48, Teil III.

[2]) Man kann negative Potenzen von komplexen Zahlen wie bei den reellen Zahlen definieren. Die Formel (1) gilt dann auch für negative Exponenten. Für rationale und irrationale Exponenten kann man die Formel (1) als Definitionsgleichung verwenden. Das Resultat ist dabei mehrdeutig (da der Winkel φ nicht eindeutig definiert ist: $\varphi = \varphi_0 + 2k\pi$ mit einer beliebigen ganzen Zahl k). Es gelten dieselben Regeln für das Potenzieren wie bei einer reellen Basis.

Wir wenden auf beide Seiten von (4) Formel (1) an und führen rechts die Division durch. Es ergeben sich die zwei Formeln

$$\cos\varphi + \cos 2\varphi + \cos 3\varphi + \cdots + \cos n\varphi = \frac{\sin\dfrac{(2n+1)\varphi}{2} - \sin\dfrac{\varphi}{2}}{2\sin\dfrac{\varphi}{2}}, \quad (5)$$

$$\sin\varphi + \sin 2\varphi + \sin 3\varphi + \cdots + \sin n\varphi = \frac{\cos\dfrac{\varphi}{2} - \cos\dfrac{(2n+1)\varphi}{2}}{2\sin\dfrac{\varphi}{2}}. \quad (6)$$

Durch Einführung von komplexen veränderlichen Größen und der ihnen entsprechenden Begriffe der Funktion, des Grenzwerts und der Ableitung usw. findet man viele neue Beziehungen zwischen reellen veränderlichen Größen.

In § 407–410 befassen wir uns abweichend vom allgemeinen Plan dieses Buches mit komplexen Funktionen von reellem Argument. Funktionen von komplexen Argumenten berühren wir überhaupt nicht.

§ 407. Komplexe Funktionen von reellen Argumenten

Die komplexe Größe

$$z = x + iy \quad (1)$$

(x, y — reelle Zahlen) wird als *Funktion des reellen Arguments* t bezeichnet, wenn jedem Wert von t (aus dem betrachteten Bereich) ein wohl definierter Wert von z entspricht (d. h. ein wohl definierter Wert von x und von y). Die Koordinaten x und y sind dabei also reelle Funktionen von t.

Schreibweise:

$$z = f(t) + i\varphi(t). \quad (2)$$

Diese ist gleichwertig mit

$$x = f(t), \qquad y = \varphi(t). \quad (3)$$

Stellt man die komplexe Zahl $x + iy$ durch den Punkt $(x; y)$ der Ebene XOY dar, so beschreibt die Funktion z eine Kurve, deren Parameterdarstellung durch (3) gegeben ist.

Den Begriff des Grenzwerts und der Nullfolge (unendlich kleine Größe) definiert man für komplexe Funktionen genau so wie für reelle (als Absolutwert einer komplexen Zahl dient der Ausdruck $|x + iy| = \sqrt{x^2 + y^2}$). Zur Bestimmung des Grenzwerts c einer komplexen Funktion genügt es, wenn man die Grenzwerte a und b ihrer Koordinaten bestimmt. Es gilt dann $c = a + ib$.

Beispiel 1. Die Folge

$$z_1 = 1, \quad z_2 = \frac{1}{2} + \frac{1}{2}i, \quad z_3 = \frac{1}{3} + \frac{2}{3}i, \ldots, \quad z_n = \frac{1}{n} + \frac{n-1}{n}i, \ldots \quad (4)$$

wird in Abb. 398 durch die isolierten Punkte $(x_n; y_n)$ dargestellt:

$$x_n = \frac{1}{n}, \qquad y_n = \frac{n-1}{n}. \quad (5)$$

Sie liegen auf der Geraden $x + y = 1$. Wir haben

$$\lim_{n\to\infty} x_n = 0, \qquad \lim_{n\to\infty} y_n = 1, \tag{6}$$

$$\lim_{n\to\infty} z_n = \lim_{n\to\infty} (x_n + iy_n) = 0 + 1i = i. \tag{7}$$

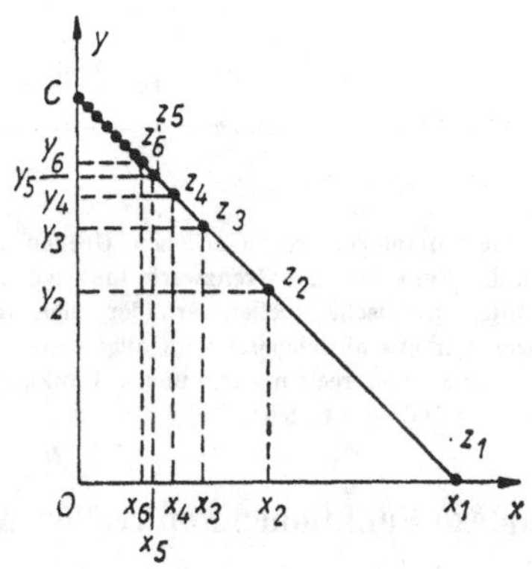

Abb. 398

Die Beziehung (7) bedeutet, daß der Absolutbetrag $|z_n - i|$ der Differenz $z_n - i$ für $n \to 0$ gegen Null strebt.

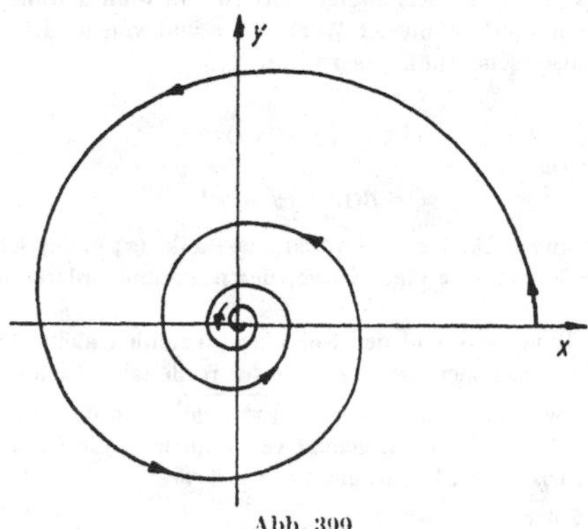

Abb. 399

Beispiel 2. Die komplexe Funktion

$$z = e^{-0,1t}(\cos t + i \sin t) \tag{8}$$

vom Argument t wird in Abb. 399 durch die Kurve

$$x = e^{-0,1t} \cos t, \qquad y = e^{-0,1t} \sin t \tag{9}$$

dargestellt (*logarithmische Spirale*). Wir haben

$$\lim_{t\to\infty} x = 0, \qquad \lim_{t\to\infty} y = 0;$$

$$\lim_{t\to\infty} z = \lim_{t\to\infty} (x + iy) = 0.$$

§ 408. Die Ableitung einer komplexen Funktion

Definition. Die Ableitung $F'(t)$ einer komplexen Funktion

$$F(t) = f(t) + i\varphi(t) \tag{1}$$

des reellen Arguments t ist der Grenzwert des Verhältnisses $\frac{\Delta F(t)}{\Delta t}$ für Δt gegen 0. Die Koordinaten der Ableitung sind die Ableitungen der Koordinaten $f(t)$ und $\varphi(t)$ der gegebenen Funktion

$$F'(t) = f'(t) + i\varphi'(t). \tag{2}$$

Der durch $F'(t)$ beschriebene Vektor ist der Tangentenvektor im entsprechenden Punkt der grafischen Darstellung

$$x = f(t), \qquad y = \varphi(t). \tag{3}$$

Das Differential einer komplexen Funktion definiert man wie im reellen Fall, es besitzt auch dieselben Eigenschaften.

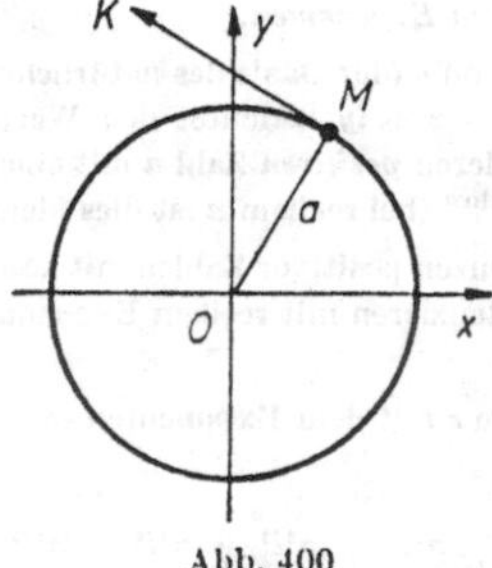

Abb. 400

Wenn eine komplexe Funktion $F(t)$ durch ein Polynom

$$F(t) = a_0 + a_1 z + a_2 z^2 + \cdots + a_n z^n \tag{4}$$

dargestellt wird, wobei z eine komplexe Funktion des reellen Arguments t ist, so gilt

$$F'(t) = (a_1 + 2a_2 z + \cdots + n a_n z^{n-1})\, z'(t). \tag{5}$$

Die Formeln für die Ableitung eines Produktes und eines Quotienten sind dieselben wie im Falle reeller Funktionen.

Beispiel 1. Die Ableitung der Funktion

$$F(t) = a\left(\cos 2\pi \frac{t}{T} + i \sin 2\pi \frac{t}{T}\right) \tag{6}$$

ist gleich

$$F'(t) = \frac{2\pi a}{T}\left(-\sin 2\pi\frac{t}{T} + i\cos 2\pi\frac{t}{T}\right). \tag{7}$$

Die Funktion (6) wird durch einen Kreis (Abb. 400) mit dem Radius a dargestellt:

$$x = a\cos 2\pi\frac{t}{T}, \qquad y = a\sin 2\pi\frac{t}{T}. \tag{8}$$

Die Ableitung (7) bestimmt den Tangentenvektor MK mit den Koordinaten

$$x' = -\frac{2\pi a}{T}\sin 2\pi\frac{t}{T}, \qquad y' = \frac{2\pi a}{T}\cos 2\pi\frac{t}{T}. \tag{9}$$

§ 409. Komplexer Exponent einer positiven Zahl

Die unendliche Reihe

$$1 + \frac{u}{1!} + \frac{u^2}{2!} + \frac{u^3}{3!} + \cdots + \frac{u^n}{n!} + \cdots \tag{1}$$

konvergiert überall für alle *reellen* Werte von u und hat die Summe e^u. Auch für beliebige komplexe Werte von u konvergiert die Reihe (1), d. h., ihre Partialsummen s_n (die sich als komplexe Zahlen erweisen) streben gegen einen endlichen Grenzwert (der ebenfalls eine komplexe Zahl ist).

Auf dieser Tatsache ist die folgende Definition einer neuen Operation begründet: *das Potenzieren mit komplexen Exponenten.*

Definition. Eine Potenz von e (der Basis des natürlichen Logarithmus) mit einem komplexen Exponenten $u = x + iy$ bedeutet den Wert der Summe von (1). Als Potenz einer beliebigen anderen *positiven* Zahl a mit einem komplexen Exponenten u nimmt man die Größe $e^{u\ln a}$ (bei reellem u ist dies identisch mit a^u).

Bemerkung. Auf die Potenzen positiver Zahlen mit komplexen Exponenten lassen sich alle Regeln für das Potenzieren mit reellem Exponenten erweitern. Man hat sie jedoch eigens zu beweisen.

Beispiel 1. Man potenziere e mit dem Exponenten $i\pi$.

Lösung. Nach Definition ist

$$e^{\pi i} = 1 + \frac{\pi i}{1!} + \frac{\pi^2 i^2}{2!} + \frac{\pi^3 i^3}{3!} + \frac{\pi^4 i^4}{4!} + \frac{\pi^5 i^5}{5!} + \cdots$$

$$= 1 + \frac{\pi i}{1!} - \frac{\pi^2}{2!} - \frac{\pi^3 i}{3!} + \frac{\pi^4}{4!} + \frac{\pi^5 i}{5!} - \frac{\pi^6}{6!} - \frac{\pi^7 i}{7!} + \cdots.$$

Die Abszisse der Summe ist

$$1 - \frac{\pi^2}{2!} + \frac{\pi^4}{4!} - \frac{\pi^6}{6!} + \cdots = \cos\pi = -1$$

(vgl. § 272). Die Ordinate ist gleich

$$\frac{\pi}{1!} - \frac{\pi^3}{3!} + \frac{\pi^5}{5!} - \frac{\pi^7}{7!} + \cdots = \sin\pi = 0.$$

Also ist

$$e^{\pi i} = -1,$$

und man erhält in diesem Fall eine reelle Zahl.

Beispiel 2. Man berechne 10^i.

Lösung. Nach Definition gilt

$$10^i = e^{i \ln 10} = e^{\frac{1}{M} i},$$

wobei $\frac{1}{M} \approx 2{,}3026$ (vgl. § 242).

$$\begin{aligned}
10^i &= 1 + \frac{1}{1!\,M} i - \frac{1}{2!\,M^2} + \frac{1}{3!\,M^3} i + \frac{1}{4!\,M^4} \\
&\quad + \frac{1}{5!\,M^5} i - \frac{1}{6!\,M^6} - \frac{1}{7!\,M^7} i + \cdots \\
&= \left(1 - \frac{1}{2!\,M^2} + \frac{1}{4!\,M^4} - \frac{1}{6!\,M^6} + \cdots\right) \\
&\quad + i\left(\frac{1}{1!\,M} - \frac{1}{3!\,M^3} + \frac{1}{5!\,M^5} - \frac{1}{7!\,M^7} + \cdots\right) \\
&= \cos\frac{1}{M} + i \sin\frac{1}{M} \approx \cos 2{,}3026 + i \sin 2{,}3026 \\
&\approx \cos 131°56' + i \sin 131°56' = -0{,}6680 + i \cdot 0{,}7440.
\end{aligned}$$

§ 410. Die Eulersche Formel

Die Beziehung

$$e^{i\varphi} = \cos\varphi + i \sin\varphi \tag{1}$$

wird als *Eulersche Formel* bezeichnet. Sie folgt aus der Definition in § 409 (Herleitung wie in Beispiel 1 von § 409).

Aus Formel (1) erhalten wir

$$e^{-i\varphi} = \cos\varphi - i \sin\varphi, \tag{2}$$

und aus (1) und (2) ergibt sich

$$\cos\varphi = \frac{e^{i\varphi} + e^{-i\varphi}}{2}, \qquad \sin\varphi = \frac{e^{i\varphi} - e^{-i\varphi}}{2i}. \tag{3}$$

Diese Formeln gleichen sehr den Ausdrücken für die hyperbolischen Funktionen

$$\cosh\varphi = \frac{e^{\varphi} + e^{-\varphi}}{2}, \qquad \sinh\varphi = \frac{e^{\varphi} - e^{-\varphi}}{2}.$$

Aus (1) folgt auch die Formel

$$e^{x+iy} = e^x(\cos y + i \sin y) \tag{4}$$

(vgl. § 409, Bemerkung).

Wenn x und y in (4) Funktionen vom Argument t sind, so darf man Formel (4) genauso differenzieren, als ob i eine reelle Konstante wäre:

$$e^{x+iy}(x' + iy') = x'e^x(\cos y + i \sin y) + y'e^x(-\sin y + i \cos y). \tag{5}$$

Von der Gültigkeit der Formel (5) überzeugt man sich unmittelbar.

Beispiel. Man bestimme die Ableitung der Funktion

$$F(t) = e^{0,1t}(\cos 2t + i \sin 2t).$$

Lösung. Wir stellen $F(t)$ in der Form

$$F(t) = e^{(0,1+2i)t}.$$

dar und erhalten

$$F'(t) = (0,1 + 2i)\, e^{(0,1+2i)t}$$
$$= (0,1 + 2i)\, e^{0,1t}(\cos 2t + i \sin 2t)$$
$$= e^{0,1t}[(0,1 \cos 2t - 2 \sin 2t) + i(0,1 \sin 2t + 2 \cos 2t)].$$

§ 411. Trigonometrische Reihen

Unter einer *trigonometrischen Reihe* versteht man eine unendliche Reihe der Form

$$\frac{a_0}{2} + a_1 \cos x + b_1 \sin x + a_2 \cos 2x + b_2 \sin 2x + \cdots$$
$$+ a_n \cos nx + b_n \sin nx + \cdots. \qquad (1)$$

Dabei sind $a_0, a_1, a_2, \ldots$ und $b_1, b_2, \ldots$ Konstanten, die als Koeffizienten der Reihe bezeichnet werden.

Bemerkung 1. Das freie Glied bezeichnet man durch $\frac{a_0}{2}$ und nicht durch a_0, damit man die Formeln für die Koeffizienten (§ 414) einheitlich angeben kann.

Bemerkung 2. Alle Glieder der Reihe (1) sind *periodische Funktionen* mit der Periode 2π. Wenn also x um ein Vielfaches von 2π zunimmt, so erhalten alle Glieder wieder denselben Wert.

Bemerkung 3. Als trigonometrische Reihe bezeichnet man auch den allgemeineren Ausdruck

$$\frac{a_0}{2} + a_1 \cos \frac{\pi x}{l} + b_1 \sin \frac{\pi x}{l} + a_2 \cos 2\frac{\pi x}{l} + b_2 \sin 2\frac{\pi x}{l} + \cdots$$
$$+ a_n \cos n\frac{\pi x}{l} + b_n \sin n\frac{\pi x}{l} + \cdots, \qquad (2)$$

wobei l eine positive Konstante ist, die den Namen *Halbperiode* trägt (alle Glieder der Reihe sind periodische Funktionen mit der Periode $2l$, vgl. Bemerkung 2). Die Reihe (1) ist ein Sonderfall der Reihe (2) für $l = \pi$.

§ 412. Historische Bemerkungen über die trigonometrischen Reihen

Die trigonometrischen Reihen wurden im Jahre 1753 von D. Bernoulli[1]) im Zusammenhang mit Untersuchungen über die Schwin-

[1]) Daniel Bernoulli (1700–1782) war ein Mathematiker und Mechaniker aus der Schweiz, einer der Begründer der Hydrodynamik. Von 1725 bis 1733 arbeitete er an der Akademie der Wissenschaften in Petersburg und erhielt hierauf deren Ehrenmitgliedschaft.

gungen einer Saite eingeführt. Die dabei auftretende Frage nach der Möglichkeit der Entwicklung einer gegebenen Funktion in eine trigonometrische Reihe erzeugte einen heftigen Streit zwischen den führenden Mathematikern dieser Zeit (EULER, D'ALEMBERT, LAGRANGE). Die Differenzen erwuchsen daraus, daß zu dieser Zeit der Begriff einer Funktion noch nicht deutlich genug erstellt war. Der erwähnte Streit förderte die Präzisierung des Funktionsbegriffes.

Bereits im Jahre 1757 wurden von CLAIRAUT[1]) Formeln angegeben, die es erlaubten, die Koeffizienten der Reihe (1) durch die gegebene Funktion zu bestimmen (§ 414), sie fanden jedoch keine Beachtung. EULER fand 1777 diese Formeln von neuem (in einer Arbeit, die erst nach dem Tode EULERS im Jahre 1793 veröffentlicht wurde). Um eine Konstruktion ihrer Herleitung bemühte sich FOURIER im Jahre 1823. Durch eine Weiterentwicklung der Ideen FOURIERS gelang DIRICHLET[2]) im Jahre 1829 der Beweis für ein hinreichendes Kriterium für die Entwickelbarkeit einer Funktion in eine trigonometrische Reihe (§ 418).

In der Folge wurden weitere hinreichende Kriterien gefunden und Funktionen untersucht, die nicht den erwähnten Bedingungen genügten. An der Entwicklung der Theorie der trigonometrischen Reihen und ihrer praktischen Anwendung auf wichtige Probleme waren auch viele russische und sowjetische Gelehrte beteiligt: N. I. LOBATSCHEWSKI, A. N. KRYLOW (1863–1945), S. N. BERNSTEIN (geb. 1880), N. N. LUSIN (1883–1950), D. E. MENSCHOW (geb. 1892), N. K. BARI (1901–1961), A. N. KOLMOGOROW (geb. 1903) u. a. m.

§ 413. Die Orthogonalität des Systems der Funktionen cos nx und sin nx

Definition. Zwei Funktionen $\varphi(x)$, $\psi(x)$ heißen *orthogonal im Intervall* (a, b), wenn das Integral über das Produkt $\varphi(x)\,\psi(x)$ zwischen den Grenzen a und b gleich Null ist.

$$\varphi(x) = \sin 5x$$

und

$$\psi(x) = \cos 2x$$

sind orthogonal im Intervall $(-\pi, \pi)$, da

$$\int_{-\pi}^{\pi} \sin 5x \cos 2x\,dx = \frac{1}{2}\int_{-\pi}^{\pi} (\sin 7x + \sin 3x)\,dx$$

$$= -\frac{1}{14}\cos 7x - \frac{1}{6}\cos 3x\Big|_{-\pi}^{\pi} = 0.$$

[1]) ALEXIS CLAUDE CLAIRAUT (1713–1765) war ein französischer Mathematiker, Astronom und Geophysiker. Bereits im Alter von 16 Jahren wurde er Mitglied der Akademie der Wissenschaften in Paris.

[2]) PETER GUSTAV LEJEUNE-DIRICHLET (1805–1859) war ein deutscher Mathematiker.

Beispiel 2. Die Funktionen

$$\varphi(x) = \sin 4x$$

und

$$\psi(x) = \sin 2x$$

sind orthogonal im Intervall $(-\pi, \pi)$, da

$$\int_{-\pi}^{\pi} \sin 4x \sin 2x \, dx = \frac{1}{2} \int_{-\pi}^{\pi} (\cos 2x - \cos 6x) \, dx = 0.$$

Theorem. Zwei beliebige verschiedene Funktionen aus dem System

$$1, \cos x, \cos 2x, \cos 3x, \ldots, \sin x, \sin 2x, \sin 3x, \ldots \tag{1}$$

sind orthogonal im Intervall $(-\pi, \pi)$, d. h.

$$\int_{-\pi}^{\pi} 1 \cdot \cos mx \, dx = 0 \; (m \neq 0), \quad \int_{-\pi}^{\pi} 1 \cdot \sin mx \, dx = 0, \tag{2}$$

$$\int_{-\pi}^{\pi} \cos mx \cos nx \, dx = 0, \quad \int_{-\pi}^{\pi} \sin mx \sin nx \, dx = 0 \tag{3}$$

(für $m \neq n$),

$$\int_{-\pi}^{\pi} \sin mx \cos nx \, dx = 0 \tag{4}$$

(m, n sind beliebige natürliche Zahlen).
Der Beweis erfolgt wie in den Beispielen 1 und 2.

Bemerkung 1. Nimmt man nicht zwei verschiedene Funktionen aus dem System (1) sondern zwei gleiche, so ist das Integral von $-\pi$ bis π für alle Funktionen aus (1) mit Ausnahme der ersten gleich groß. Für die erste Funktion ist es doppelt so groß:

$$\int_{-\pi}^{\pi} 1 \cdot 1 \, dx = 2\pi, \tag{5}$$

$$\int_{-\pi}^{\pi} \cos^2 nx \, dx = \pi, \qquad \int_{-\pi}^{\pi} \sin^2 nx \, dx = \pi \; (n = 1, 2, 3, \ldots). \tag{6}$$

Die Formeln (6) erhält man mit Hilfe der Beziehungen

$$\cos^2 nx = \frac{1}{2}(1 + \cos 2nx), \quad \sin^2 nx = \frac{1}{2}(1 - \cos 2\, nx).$$

Bemerkung 2. Die Formeln (2)—(6) gelten für ein beliebiges Intervall der Länge 2π. Zum Beispiel gilt

$$\int_{-\frac{\pi}{4}}^{1\frac{3}{4}\pi} \sin 4x \sin 2x \, dx = \int_{0}^{2\pi} \sin 4x \sin 2x \, dx = 0,$$

$$\int_{-2\pi}^{0} \cos^2 3x \, dx = \int_{\frac{\pi}{2}}^{\frac{5}{2}\pi} \cos^2 3x \, dx = \pi.$$

Definition 2. Wenn in einem beliebigen System von Funktionen je zwei Funktionen orthogonal sind, so heißt das System selbst ein *orthogonales System*. Auf Grund des Theorems in diesem Paragraphen bildet das System (1) ein im Intervall $(-\pi, \pi)$ (und ebenso in jedem Intervall der Länge 2π) orthogonales System.

§ 414. Die Formeln von Euler—Fourier

Theorem. Die trigonometrische Reihe

$$\frac{a_0}{2} + a_1 \cos x + b_1 \sin x + a_2 \cos 2x + b_2 \sin 2x + \cdots + a_n \cos nx + b_n \sin nx + \cdots \qquad (1)$$

konvergiere für alle Werte von x gegen eine gewisse Funktion $f(x)$ (diese Funktion ist periodisch mit der Periode 2π). Wenn für diese Funktion (die unstetig sein darf) das Integral $\int_{-\pi}^{\pi} |f(x)| \, dx$ (im eigentlichen oder uneigentlichen Sinn) existiert, so gelten für die Koeffizienten der Reihe (1) die folgenden Formeln von EULER—FOURIER (s. § 411):

$$a_0 = \frac{1}{\pi} \int_{-\pi}^{\pi} f(x) \, dx,$$

$$a_1 = \frac{1}{\pi} \int_{-\pi}^{\pi} f(x) \cos x \, dx, \qquad b_1 = \frac{1}{\pi} \int_{-\pi}^{\pi} f(x) \sin x \, dx,$$

$$a_2 = \frac{1}{\pi} \int_{-\pi}^{\pi} f(x) \cos 2x \, dx, \qquad b_2 = \frac{1}{\pi} \int_{-\pi}^{\pi} f(x) \sin 2x \, dx,$$

$$a_3 = \frac{1}{\pi} \int_{-\pi}^{\pi} f(x) \cos 3x \, dx, \qquad b_3 = \frac{1}{\pi} \int_{-\pi}^{\pi} f(x) \sin 3x \, dx,$$

. . . .

und allgemein

$$a_n = \frac{1}{\pi} \int_{-\pi}^{\pi} f(x) \cos nx \, dx, \qquad b_n = \frac{1}{\pi} \int_{-\pi}^{\pi} f(x) \sin nx \, dx. \tag{2}$$

Bemerkung. Den Ausdruck für a_0 erhält man aus der allgemeinen Formel für a_n, wenn man dort $n = 0$ setzt. Diese Einheitlichkeit geht verloren, wenn man das freie Glied der Reihe (1) durch a_0 und nicht durch $\frac{a_0}{2}$ bezeichnet. Vgl. § 411, Bemerkung 1.

Erklärung. Wir haben

$$f(x) = \frac{a_0}{2} + a_1 \cos x + b_1 \sin x + \cdots + a_n \cos nx + b_n \sin nx + \cdots. \tag{3}$$

Wir integrieren beide Gleichungsseiten von $-\pi$ bis π, wobei vorausgesetzt wird, daß die gegebene Reihe gliedweise integriert werden darf[1]). Wir erhalten so

$$\int_{-\pi}^{\pi} f(x) \, dx = \frac{a_0}{2} \int_{-\pi}^{\pi} dx + a_1 \int_{-\pi}^{\pi} \cos x \, dx + b_1 \int_{-\pi}^{\pi} \sin x \, dx + \cdots. \tag{4}$$

Auf der rechten Seite sind alle Integrale außer dem ersten gleich Null, und zwar wegen (2) in § 413. Wir erhalten also

$$\int_{-\pi}^{\pi} f(x) \, dx = \pi a_0, \quad \text{d. h.} \quad a_0 = \frac{1}{\pi} \int_{-\pi}^{\pi} f(x) \, dx.$$

Es ergibt sich also die erste der Formeln (2) für den Fall $n = 0$. Alle übrigen erhält man auf dieselbe Weise, wenn zuerst die Gleichung (3) mit $\cos nx$ oder $\sin nx$ multipliziert wird.

Die trigonometrische Reihe mit beliebiger Periode. Die trigonometrische Reihe mit der Periode $2l$

$$\frac{a_0}{2} + a_1 \cos \frac{\pi x}{l} + b_1 \sin \frac{\pi x}{l} + a_2 \cos 2\frac{\pi x}{l} + b_2 \sin 2\frac{\pi x}{l} + \cdots$$

$$+ a_n \cos n\frac{\pi x}{l} + b_n \sin n\frac{\pi x}{l} + \cdots \tag{5}$$

konvergiere für alle Werte von x gegen eine gewisse Funktion $f(x)$ (diese Funktion hat dann ebenfalls die Periode $2l$). Wenn das (eigent-

[1]) Wenn das Integral $\int_{-\pi}^{\pi} |f(x)| \, dx$ der gegen die Funktion $f(x)$ konvergierenden Reihe (1) konvergiert, so darf man gliedweise integrieren.

liche oder uneigentliche) Integral $\int_{-l}^{l} |f(x)|\, dx$ existiert, so gelten für die Koeffizienten der Reihe (6) die folgenden Formeln von EULER–FOURIER:

$$\left.\begin{aligned} a_n &= \frac{1}{l} \int_{-l}^{l} f(x) \cos n \frac{\pi x}{l}\, dx \quad (n = 0, 1, 2, 3, \ldots), \\ b_n &= \frac{1}{l} \int_{-l}^{l} f(x) \sin n \frac{\pi x}{l}\, dx \quad (n = 1, 2, 3, \ldots). \end{aligned}\right\} \tag{6}$$

Die Formeln (2) erhält man aus (7) mit $l = \pi$.

§ 415. Fourier-Reihen

In § 414 betrachten wir die Summe $f(x)$ einer *gegebenen* konvergenten trigonometrischen Reihe. In der Praxis wichtig ist jedoch das folgende umgekehrte Problem: Gegeben ist eine Funktion $f(x)$ mit der Periode 2π [1]). Gesucht ist eine überall konvergente trigonometrische Reihe

$$\frac{a_0}{2} + a_1 \cos x + b_1 \sin x + \cdots + a_n \cos nx + b_n \sin nx + \cdots \tag{1}$$

mit der Summe $f(x)$.

Wenn diese Aufgabe eine Lösung hat, so ist sie eindeutig, und die Koeffizienten der gesuchten Reihe (1) findet man mit Hilfe der Formeln von EULER–FOURIER (§ 414):

$$a_n = \frac{1}{\pi} \int_{-\pi}^{\pi} f(x) \cos nx\, dx, \quad b_n = \frac{1}{\pi} \int_{-\pi}^{\pi} f(x) \sin nx\, dx. \tag{2}$$

Die erhaltene Reihe heißt FOURIER-*Reihe der Funktion* $f(x)$.

Es ist nicht ausgeschlossen, daß die hier gestellte Aufgabe keine Lösung hat (auch im Falle stetiger Funktionen $f(x)$): Die FOURIER-Reihe kann in unendlich vielen Punkten aus dem Intervall $(-\pi, \pi)$ divergieren. Daher bezeichnet man die Beziehung zwischen einer Funktion $f(x)$ und ihrer FOURIER-Reihe durch

$$f(x) \sim \frac{a_0}{2} + a_1 \cos x + b_1 \sin x + a_2 \cos 2x + b_2 \sin 2x + \cdots, \tag{3}$$

worin das Gleichheitszeichen vermieden wird.

Jedoch hat das Problem für alle praktisch wichtigen stetigen Funktionen eine Lösung, d. h., die FOURIER-Reihe der in der Praxis auf-

[1]) Es wird vorausgesetzt, daß für diese Funktion das (eigentliche oder uneigentliche) Integral $\int_{-\pi}^{\pi} |f(x)|\, dx$ existiert.

tretenden stetigen periodischen Funktionen konvergiert überall, und ihre Summe ist gleich der gegebenen Funktion. Dies ist aus § 416 ersichtlich, wo eine hinreichende Bedingung dafür angegeben wird, daß eine stetige Funktion in eine FOURIER-Reihe entwickelbar ist. Darüber hinaus lassen sich auch unstetige periodische Funktionen, die in der Praxis von Bedeutung sind, in eine FOURIER-Reihe entwickeln, jedoch mit einer Einschränkung: Die FOURIER-Reihe kann in den Unstetigkeitspunkten eine Summe haben, die sich von den entsprechenden Werten der gegebenen Funktion unterscheidet (s. § 418).

Bemerkung. Auch nichtperiodische Funktionen, die im Intervall $(-\pi, \pi)$ definiert sind, kann man in eine FOURIER-Reihe entwickeln, jedoch mit einer Einschränkung: an den Intervallgrenzen und außerhalb davon kann die FOURIER-Reihe der Funktion $f(x)$ eine Summe besitzen, die sich von den entsprechenden Werten der gegebenen Funktion unterscheidet (was selbstverständlich ist, da die trigonometrische Reihe eine periodische Funktion ist, s. § 417, Beispiel 2). Das ist jedoch unwesentlich, sofern uns nur die Werte der Funktion im Inneren des Intervalls $(-\pi, \pi)$ interessieren.

§ 416. Die Fourier-Reihe einer stetigen Funktion

Theorem. Die Funktion $f(x)$ sei im abgeschlossenen Intervall $(-\pi, \pi)$ stetig und habe entweder dort überhaupt kein Extremum oder nur endlich viele[1]). Dann konvergiert die FOURIER-Reihe dieser Funktion überall, und ihre Summe ist gleich $f(x)$ in jedem Punkt x im Inneren des Intervalls $(-\pi, \pi)$. An den beiden Enden ist die Summe gleich

$$\frac{1}{2}[f(-\pi) + f(\pi)],$$

d. h. gleich dem arithmetischen Mittel aus $f(-\pi)$ und $f(+\pi)$.

Beispiel. Wir betrachten die Funktion $f(x) = x$. Sie ist stetig im abgeschlossenen Intervall $(-\pi, \pi)$ und hat dort keine Extrema. Die Koeffizienten $a_0, a_1, a_2, \ldots$ ihrer FOURIER-Reihe sind gleich Null. In der Tat gilt

$$a_n = \frac{1}{\pi}\int_{-\pi}^{\pi} x \cos nx \, dx$$

$$= \frac{1}{\pi}\int_{-\pi}^{0} x \cos nx \, dx + \frac{1}{\pi}\int_{0}^{\pi} x \cos nx \, dx. \qquad (1)$$

[1]) Ein Beispiel für eine Funktion, die in einem endlichen Intervall unendlich viele Maxima und Minima hat, bietet $f(x) = x \sin \frac{1}{x}$, vorausgesetzt, das betrachtete Intervall enthält den Punkt $x = 0$ (in diesem Punkt schreibt man der Funktion den Wert 0 zu, vgl. § 231).

Der erste Summand lautet nach der Substitution $x = -x'$

$$\frac{1}{\pi}\int_{\pi}^{0} \cos nx'\, dx'$$

und liefert zusammen mit dem zweiten Null:

$$a_n = 0 \quad (n = 0, 1, 2, 3, \ldots). \tag{2}$$

Die Koeffizienten b_n erhält man durch partielle Integration:

$$b_n = \frac{1}{\pi}\int_{-\pi}^{\pi} x \sin nx\, dx$$

$$= -\frac{1}{\pi n} x \cos nx \Big|_{-\pi}^{\pi} + \frac{1}{\pi n}\int_{-\pi}^{\pi} \cos nx\, dx \tag{3}$$

$$= -\frac{2\pi \cos \pi n}{\pi n} = 2(-1)^{n+1}\cdot\frac{1}{n}. \tag{4}$$

Die FOURIER-Reihe für die Funktion x lautet also

$$2\left[\frac{1}{1}\sin x - \frac{1}{2}\sin 2x + \frac{1}{3}\sin 3x - \frac{1}{4}\sin 4x + \cdots + \frac{(-1)^{n+1}}{n}\sin nx + \cdots\right]. \tag{5}$$

Gemäß dem Theorem konvergiert die Reihe (5) überall. Für $-\pi < x < \pi$ ist ihre Summe gleich

$$2\left[\frac{\sin x}{1} - \frac{\sin 2x}{2} + \frac{\sin 3x}{3} \pm \cdots + (-1)^{n+1}\frac{\sin nx}{n} + \cdots\right] = x \quad (-\pi < x < \pi). \tag{6}$$

Für $x = \pm\pi$ ergibt sich die Summe

$$\frac{1}{2}[-\pi + \pi] = 0.$$

Dies ist offensichtlich, da alle Glieder der Reihe Null werden.

Für $x = \frac{\pi}{2}$ geht die Formel (6) in die LEIBNIZsche Reihe (§ 398) über

$$\frac{1}{1} - \frac{1}{3} + \frac{1}{5} - \frac{1}{7} + \cdots = \frac{\pi}{4}. \tag{7}$$

Abb. 401, in der die fünfte Partialsumme der FOURIER-Reihe der Funktion $f(x) = x$

$$s_5 = 2\left(\frac{\sin x}{1} - \frac{\sin 2x}{2} + \frac{\sin 3x}{3} - \frac{\sin 4x}{4} + \frac{\sin 5x}{5}\right) \tag{8}$$

abgebildet wurde, vermittelt einen Eindruck vom Grad der Annäherung der Partialsummen s_n der Reihe (5) an die Funktion $f(x)$ im

Inneren von $(-\pi, \pi)$. Die Kurve von s_5 schwingt um die Gerade $y = x$. Die Kurve $y = s_5(x)$ verläuft durch die Punkte $(-\pi, 0)$ und $(\pi, 0)$ und weicht daher in der Nähe dieser Punkte stark von der Geraden $y = x$ ab.

Das Bild bleibt dasselbe für die folgenden Partialsummen s_n. Nur wird das Intervall, in dem man eine erhebliche Abweichung be-

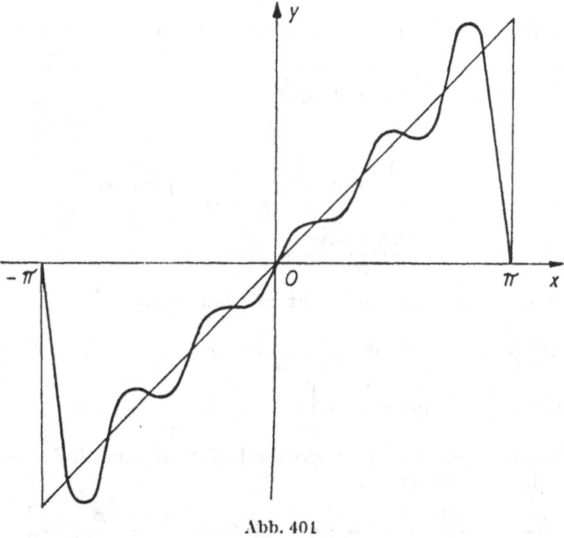

Abb. 401

obachtet, mit wachsendem n unbegrenzt klein. An den Enden des Intervalls $(-\pi, \pi)$ sind alle Partialsummen Null. Sie streben in den Punkten $x = \pm\pi$ daher nicht gegen die Werte der Funktion $f(x) = x$. In jedem Intervall im Inneren von $(-\pi, \pi)$, dessen Enden von den Punkten $x = \pm\pi$ verschieden sind, konvergiert jedoch die Reihe (5) sogar gleichmäßig gegen die Funktion $f(x) = x$. Die Konvergenz ist jedoch schlecht. Nimmt man z. B. $x = \frac{\pi}{2}$, so erhält man die Reihe (7), die sehr langsam konvergiert.

Bemerkung 1. Die Funktion $f(x) = x$ ist außerhalb des Intervalls $(-\pi, \pi)$ definiert. Da sie jedoch nicht periodisch ist, ergibt die Summe der Reihe (5) für $x \geqq \pi$ und $x \leqq -\pi$ nicht den Wert x (vgl. § 415, Bemerkung). Die Kurve der Summe von (5) besteht (Abb. 402) aus einer Menge von Strecken, die man durch eine horizontale Verschiebung der Strecke AB um $\pm 2k\pi$ $(k = 0, 1, 2, 3, \ldots)$ erhält. Von allen Strecken $A_{-1}B_{-1}$, AB, A_1B_1, ... sind die Enden ausgenommen, an deren Stelle treten die Punkte $C_1, C, C_1, \ldots$, die die Strecken $B_{-1}A$, BA_1, B_1A_2, ... halbieren.

Bemerkung 2. Wir betrachten die periodische Funktion $f_1(x)$ $2 \arctan\left(\tan \frac{x}{2}\right)$. Ihre Periode ist 2π. Im Inneren des Intervalls $(-\pi, \pi)$ fällt sie mit der Funktion $f(x) = x$ zusammen (Abb. 402). In den Punkten $\pm\pi$ ist diese Funktion nicht definiert und macht dort

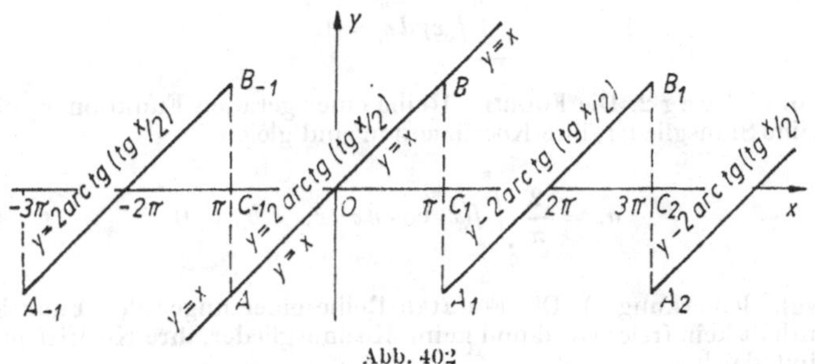

Abb. 402

statt $2\,\mathrm{arctg}\,(\mathrm{tg}\,x/2)$ lies $2\arctan(\tan x/2)$

einen Sprung. Die Fourier-Reihe für $f_1(x)$ ist dieselbe wie für $f(x)$, aber hier ist die Summe der Fourier-Reihe gleich $f_1(x)$ nicht nur im Inneren des Intervalls $(-\pi, \pi)$ sondern überall, ausgenommen nur die Punkte $x = \pm\pi$, $x = \pm 3\pi$ usw. In diesen Punkten hat die Summe den Wert Null.

§ 417. Die Fourier-Reihen für gerade und ungerade Funktionen

Definition. Eine Funktion $f(x)$ sei im Intervall $(-a, a)$ definiert. Man nennt diese Funktion *gerade*, wenn sich ihr Wert bei einer Änderung des Vorzeichens des Arguments nicht ändert:

$$f(-x) = f(x) \tag{1}$$

Solche Funktionen sind x^{2m} (von ihnen stammt der Name „gerade Funktion"), $\cos nx$, $x^3 \sin nx$ usw.
Funktionen heißen *ungerade*, wenn ihr Wert bei einer Änderung des Vorzeichens im Argument dem Betrag nach gleich bleibt, aber ebenfalls sein Vorzeichen wechselt:

$$f(-x) = -f(x)\,. \tag{2}$$

Solche Funktionen sind die ungeraden Potenzen x^{2m-1}, $\sin nx$, $x \cos nx$, $\tan x$ usw.
Die grafische Darstellung einer geraden Funktion ist symmetrisch bezüglich der Achse OY, die grafische Darstellung einer ungeraden Funktion bezüglich des Ursprungs O.

Bemerkung 1. Die Integrale $\int\limits_{-a}^{0} f(x)\,dx$ und $\int\limits_{0}^{a} f(x)\,dx$ sind für gerade Funktionen einander gleich, für ungerade Funktionen haben sie verschiedenes Vorzeichen. Für gerade Funktionen haben wir daher

$$\int_{-a}^{a} f(x)\,dx = 2\int_{0}^{a} f(x)\,dx \tag{3}$$

und für ungerade

$$\int_{-a}^{a} f(x)\,dx = 0. \tag{4}$$

Bemerkung 2. Die FOURIER-Reihe einer geraden Funktion enthält keine Sinusglieder, ihre Koeffizienten sind gleich

$$a_n = \frac{2}{\pi}\int_{0}^{\pi} f(x)\cos nx\,dx, \qquad b_n = 0 \tag{5}$$

(vgl. Bemerkung 1). Die FOURIER-Reihe einer ungeraden Funktion enthält kein freies Glied und keine Kosinusglieder, ihre Koeffizienten sind gleich

$$a_n = 0, \qquad b_n = \frac{2}{\pi}\int_{0}^{\pi} f(x)\sin nx\,dx. \tag{6}$$

Beispiel 1. Die in § 416 betrachtete Funktion $f(x) = x$ ist ungerade. Ihre FOURIER-Reihe enthält keine Kosinusglieder und kein freies Glied. Die Koeffizienten b_n sind gleich

$$b_n = \frac{2}{x}\int_{0}^{\pi} x\sin nx\,dx = 2(-1)^{n+1}\cdot\frac{1}{n}.$$

Beispiel 2. Die Funktion $f(x) = |x|$ ist gerade. Ihre FOURIER-Reihe enthält daher keine Kosinusglieder. Der Koeffizient a_0 ist gleich

$$a_0 = \frac{2}{\pi}\int_{0}^{\pi} |x|\,dx = \frac{2}{\pi}\int_{0}^{\pi} x\,dx = \pi. \tag{7}$$

Für $n \neq 0$ erhalten wir

$$a_n = \frac{2}{\pi}\int_{0}^{\pi} x\cos nx\,dx$$

$$= \frac{2}{\pi}\,x\,\frac{\sin nx}{n}\Big|_{0}^{\pi} - \frac{2}{n\pi}\int_{0}^{\pi} \pi\sin nx\,dx = 2\,\frac{\cos nx - 1}{n^2\pi}, \tag{8}$$

d. h.

$$a_{2k} = 0, \quad a_{2k-1} = -\frac{4}{(2k-1)^2\,\pi} \quad (k = 1, 2, 3, \ldots). \tag{9}$$

Die FOURIER-Reihe für die Funktion $f(x) = |x|$ lautet daher

$$\frac{\pi}{2} - \frac{4}{\pi}\left(\frac{\cos x}{1^2} + \frac{\cos 3x}{3^2} + \cdots + \frac{\cos(2n-1)x}{(2n-1)^2} + \cdots\right). \quad (10)$$

Die Funktion $f(x) = |x|$ genügt den Bedingungen des Theorems in § 416. Die Reihe (10) konvergiert also überall. Ihre Summe ist gleich $|x|$ in allen Punkten innerhalb des Intervalls $(-\pi, \pi)$. Darüber hinaus ist, da die Funktion $f(x) = |x|$ gerade ist, ihre Summe gleich $f(x)$ auch in den Enden des Intervalls $(-\pi, \pi)$. Für gerade Funktionen gilt $f(-\pi) = f(\pi)$, so daß das arithmetische Mittel daraus gerade wieder diesen Wert selbst ergibt. Wir erhalten also

$$|x| = \frac{\pi}{2} - \frac{4}{\pi}\left(\frac{\cos x}{1^2} + \frac{\cos 3x}{3^2} + \cdots\right) \quad (-\pi \leqq x \leqq \pi). \quad (10a)$$

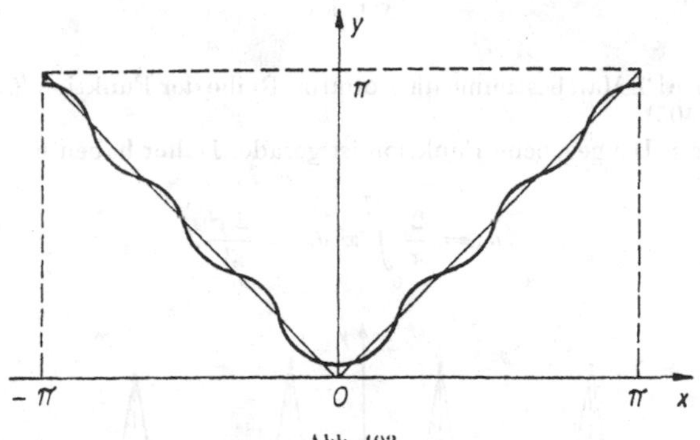

Abb. 403

Insbesondere ergibt sich, wenn man in (10a) einen der Werte $x = \pm\pi$ einsetzt,

$$\frac{1}{1^2} + \frac{1}{3^2} + \frac{1}{5^2} + \frac{1}{7^2} + \cdots = \frac{\pi^2}{8}. \quad (11)$$

Die Reihe (11) und im allgemeinen auch die Reihe (10a) konvergieren schlecht, wenn auch besser als die Reihe (5) aus § 416 (vgl. Abb. 399 und Abb. 403).

In Abb. 401 ist die Kurve der Partialsumme s_4 der Reihe (10)

$$s_4 = \frac{\pi}{2} - \frac{4}{\pi}\left(\frac{\cos x}{1^2} + \frac{\cos 3x}{3^2} + \frac{\cos 5x}{5^2}\right)$$

über dem Intervall $(-\pi, \pi)$ dargestellt. Die ausgezogene Linie, um die die Kurve der Funktion $y = s_4(x)$ oszilliert, ist die grafische Darstellung der Summe $f_1(x)$ der Reihe (10). In Abb. 404 ist die Kurve der Summe $f_1(x)$ über dem Intervall $(-3\pi, 3\pi)$ dargestellt. Außerdem ist durch die zwei vom Ursprung O ausgehenden Halbstrahlen die

Funktion $f(x) = |x|$ dargestellt. Im abgeschlossenen Intervall $(-\pi, \pi)$ stimmen die Funktionen $f(x)$ und $f_1(x)$ überein.

Bemerkung 3. Die Funktion $f_1(x)$ läßt sich mit Hilfe der Formel

$$f_1(x) = \arccos(\cos x)$$

ausdrücken.

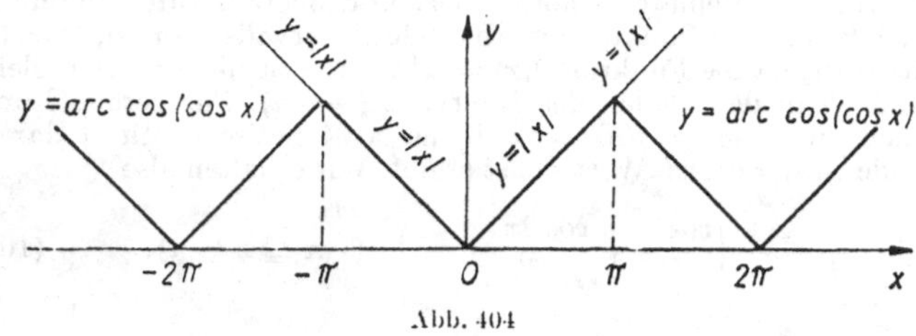

Abb. 404

Beispiel 3. Man bestimme die Fourier-Reihe der Funktion $f(x) = x^2$ (Abb. 405).

Lösung. Die gegebene Funktion ist gerade. Daher haben wir

$$a_0 = \frac{2}{\pi} \int_0^{\pi} x^2 \, dx = \frac{2\pi^2}{3}.$$

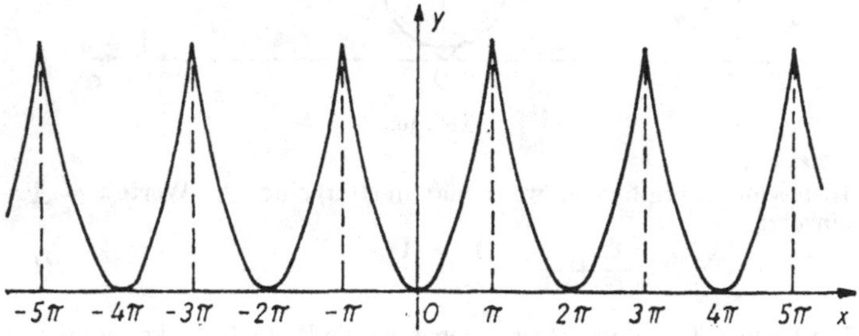

Abb. 405

Für die Berechnung der a_n für $n \neq 0$ integrieren wir zweimal partiell

$$a_n = \frac{2}{\pi} \int_0^{\pi} x^2 \cos nx \, dx = \frac{2}{\pi} x^2 \frac{\sin nx}{n} \Big|_0^{\pi} - \frac{4}{n\pi} \int_0^{\pi} x \sin nx \, dx$$

$$= \frac{4}{n\pi} x \frac{\cos nx}{n} \Big|_0^{\pi} - \frac{4}{n^2\pi} \int_0^{\pi} \cos nx \, dx = (-1)^n \frac{4}{n^2}. \qquad (12)$$

Im Intervall $(-\pi, \pi)$, die Enden eingeschlossen, haben wir (vgl. Beispiel 2)

$$x^2 = \frac{\pi^2}{3} - 4\left[\frac{\cos x}{1^2} - \frac{\cos 2x}{2^2} + \frac{\cos 3x}{3^2} - \frac{\cos 4x}{4^2} + \cdots\right]. \tag{13}$$

Für $x = 0$ und $x = \pi$ gilt

$$\frac{1}{1^1} + \frac{1}{2^2} + \frac{1}{3^2} + \frac{1}{4^2} + \cdots + \frac{1}{n^2} + \cdots = \frac{\pi^2}{6}, \tag{14}$$

$$\frac{1}{1^2} - \frac{1}{2^2} + \frac{1}{3^2} - \frac{1}{4^2} + \cdots + \frac{(-1)^{n-1}}{n^2} + \cdots = \frac{\pi^2}{12}. \tag{15}$$

Addiert man (14) und (15) gliedweise, so erhält man wieder (11).

§ 418. Fourier-Reihen für unstetige Funktionen

Das Theorem aus § 416 erlaubt die folgende Verallgemeinerung.

Theorem von DIRICHLET. Die Funktion $f(x)$ sei stetig im Intervall $(-\pi, \pi)$ außer in den Punkten $x_1, x_2, \ldots, x_k$ (in endlicher Anzahl), in denen sie einen Sprung habe (§ 219). Wenn die Funktion dabei im Intervall $(-\pi, \pi)$ nur endlich viele Extreme hat (oder überhaupt keines), so konvergiert die FOURIER-Reihe der Funktion $f(x)$ überall. Dabei gilt:

1. an beiden Enden $-\pi$ und π ist die Summe gleich

$$\frac{1}{2}[f(-\pi) + f(\pi)]; \tag{1}$$

2. in jedem Unstetigkeitspunkt $x = x_i$ ist die Summe gleich

$$\frac{1}{2}[f(x_i - 0) + f(x_i + 0)], \tag{2}$$

wobei $f(x_i - 0)$ den Grenzwert bedeutet, gegen den $f(x)$ strebt, wenn x von links gegen x_i strebt, und $f(x_i + 0)$ den Grenzwert von $f(x)$, wenn x von rechts gegen x_i strebt;

3. in den übrigen Punkten des Intervalls $(-\pi, \pi)$ ist die Summe der Reihe gleich $f(x)$.

Bemerkung 1. Die Integrale

$$\int_{-\pi}^{\pi} f(x) \cos nx \, dx,$$

$$\int_{-\pi}^{\pi} f(x) \sin nx \, dx$$

für die Koeffizienten der FOURIER-Reihe sind im betrachteten Fall uneigentliche Integrale (§ 328).

Beispiel. Wir betrachten die Funktion $f(x)$, die im Intervall $(-\pi, \pi)$ auf die folgende Weise definiert ist:

$$\left.\begin{aligned} f(x) &= -\frac{\pi}{4} \quad \text{für} \quad -\pi \leqq x \leqq 0, \\ f(x) &= \frac{\pi}{4} \quad \text{für} \quad 0 \leqq \pi \leqq x, \end{aligned}\right\} \tag{3}$$

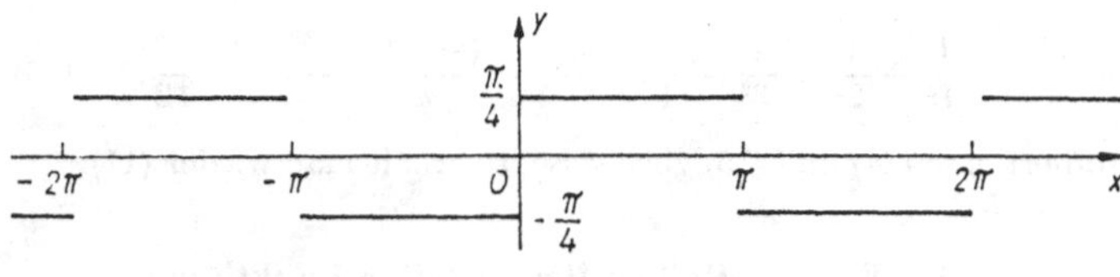

Abb. 406

Diese Funktion ist für $x = 0$ unstetig, sie macht dort einen Sprung. In der Tat haben wir (s. Abb. 406, bei der die Funktion periodisch über die Grenzen des Intervalls $(-\pi, \pi)$ hinaus verlängert dargestellt ist)

$$f(-0) = -\frac{\pi}{4}, \quad f(+0) = \frac{\pi}{4}. \tag{4}$$

Wir bestimmen die Koeffizienten der FOURIER-Reihe (die Funktion $f(x)$ ist ungerade):

$$\left.\begin{aligned} a_n &= 0, \\ b_n &= \frac{2}{\pi} \int\limits_0^{\pi} \frac{\pi}{4} \sin nx \, dx = \frac{1}{2n} [1 - (-1)^n]. \end{aligned}\right\} \tag{5}$$

Also gilt

$$\left.\begin{aligned} b_{2k-1} &= \frac{1}{2k-1}, \\ b_{2k} &= 0 \end{aligned}\right\} \quad (k = 1, 2, 3, \ldots). \tag{6}$$

In allen inneren Punkten des Intervalls $(-\pi, \pi)$ außer im Unstetigkeitspunkt $x = 0$ ist die Summe der FOURIER-Reihe gleich $f(x)$, d. h., für $-\pi < x < 0$ haben wir

$$\sin x + \frac{\sin 3x}{3} + \frac{\sin 5x}{5} + \cdots + \frac{\sin (2n-1) x}{2n-1} + \cdots = -\frac{\pi}{4}, \tag{7}$$

und für $0 < x < \pi$ haben wir

$$\sin x + \frac{\sin 3x}{3} + \frac{\sin 5x}{5} + \cdots + \frac{\sin (2n-1) x}{2n-1} + \cdots = \frac{\pi}{4}. \tag{8}$$

Im Unstetigkeitspunkt $x = 0$ gilt für die Summe der FOURIER-Reihe

$$\frac{1}{2}\left(-\frac{\pi}{4}+\frac{\pi}{4}\right)=0$$

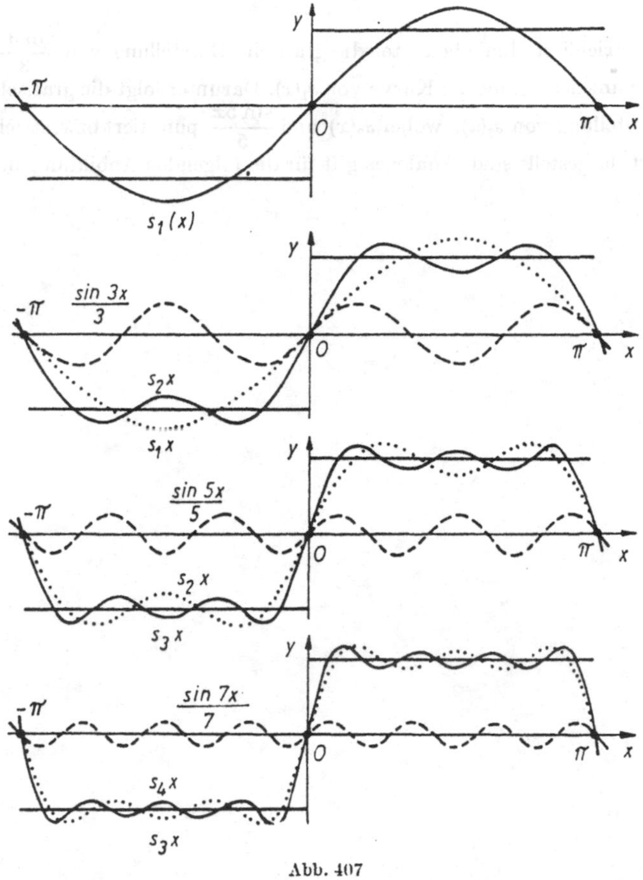

Abb. 407

(alle Glieder der Reihe sind 0). An den Enden des Intervalls $(-\pi, \pi)$ ist die Summe ebenfalls gleich

$$\frac{1}{2}\left(-\frac{\pi}{4}+\frac{\pi}{4}\right)=0.$$

Aus Abb. 407 ist ersichtlich, wie die Partialsummen $s_1(x)$, $s_2(x)$, $s_3(x)$, $s_4(x)$ immer näher an die Funktion $f(x)$ herankommen. Im ersten Teil ist die Kurve von $s_1(x)$ dargestellt. Im zweiten Teil bedeutet die durchgezogene Linie die grafische Darstellung von $s_2(x)$:

$$s_2(x) = s_1(x) + \frac{\sin 3x}{3}.$$

Die strichlierte Linie bedeutet die grafische Darstellung von $\frac{\sin 3x}{3}$, die punktierte Linie die Kurve von $s_1(x)$. Darunter folgt die grafische Darstellung von $s_3(x)$, wobei $s_2(x)$ und $\frac{\sin 5x}{5}$ punktiert bzw. strichliert dargestellt sind. Analoges gilt für die folgenden Abbildungen.

VIII. Differential- und Integralrechnung für Funktionen mehrerer Variabler

§ 419. Funktionen von zwei Variablen

Definition. Eine Größe z heißt *Funktion der beiden Variablen* x und y, wenn jedem Paar von Zahlen, die bei den Bedingungen der Fragestellung als Werte für die Variablen x und y auftreten können, ein oder mehrere wohlbestimmte Werte für z entsprechen. Die Variablen x und y heißen auch *Argumente* (vgl. § 196, Definition 1). Eindeutige und mehrdeutige Funktionen unterscheidet man wie in Definition 2 in § 196.

Beispiel 1. Die Höhe h eines Punktes der Erdoberfläche (über dem Meeresspiegel) ist eine Funktion der geographischen Breite φ und der geographischen Länge ψ. Die geographische Breite variiert zwischen $-90°$ und $90°$, die geographische Länge zwischen $-180°$ und $+180°$.

Beispiel 2. Das Produkt aus den Faktoren x und y ist eine Funktion der beiden Argumente x und y. Die Werte der Argumente x und y sind beliebig.

Die Zahlenebene. Ein Zahlenpaar x, y veranschaulicht man geometrisch durch den Punkt $M(x; y)$ in einem geradlinigen Koordinatensystem XOY. Die Ebene, in der dieses System liegt, heißt *Zahlenebene*.

Der Ausdruck „Punkt $M(x; y)$“ bedeutet dasselbe wie „Wertepaar für die Argumente x und y“. Zum Beispiel bedeutet „der Punkt M $(1; -3)$“ dasselbe wie der Ausdruck „das Wertepaar $x = 1$ und $y = -3$“. In Übereinstimmung damit bezeichnet man eine Funktion von zwei Variablen auch als Punktfunktion (s. § 457). Oft wird der Wert der Funktion ihrer eigenen physikalischen Bedeutung gemäß durch Wahl eines Punktes auf einer Ebene oder einer gekrümmten Fläche definiert (s. Beispiel 1).

Definitionsbereich der Funktion. Die Menge aller Zahlenpaare, die unter den Bedingungen der Fragestellung als Werte für die Argumente x und y auftreten können bilden den *Definitionsbereich* der Funktion $f(x, y)$.

Geometrisch wird der Definitionsbereich durch eine gewisse Punktmenge in der Ebene XOY dargestellt.

In Beispiel 1 war der Definitionsbereich für die Funktion h der Argumente φ und ψ die Menge aller Punkte der Zahlenebene, die im Inneren und auf dem Rand eines gewissen Rechtecks liegen. Dieses Rechteck ist 360 Maßstabseinheiten lang und 180 Maßstabseinheiten breit. Seine Seiten sind parallel zu den Koordinatenachsen, sein

Mittelpunkt liegt im Ursprung des Koordinatensystems. In Beispiel 2 besteht der Definitionsbereich aus der gesamten Zahlenebene.

Bezeichnungsweise. Das Symbol

$$z = f(x, y)$$

(gelesen: „z ist gleich f von x, y") bedeutet, daß z eine Funktion der beiden Variablen x und y ist. Das Symbol $f(3,5)$ bedeutet, daß man den Wert der Funktion $f(x, y)$ im Punkt $M(3; 5)$ betrachtet, d. h. jenen Wert der Funktion, der den Variablenwerten $x = 3$, $y = 5$ entspricht (s. § 202). Anstelle von f verwendet man auch andere Buchstaben.
Manchmal verwendet man als Charakteristik für die Funktion denselben Buchstaben wie für die Funktion selbst, d. h., man schreibt $z = z(x, y)$, $w = w(u, v)$ usw.
Wie im § 203 erklärt man den *Wertevorrat* der Funktion. Die Funktion $f(x, y)$ bildet den zweidimensionalen Definitionsbereich auf die eindimensionale Punktmenge des Wertevorrats ab. Vgl. auch § 457.

Bemerkung. Es ist nicht ausgeschlossen, daß sich die Werte der Funktion in Abhängigkeit von x ändern, bei einer Änderung von y aber gleich bleiben. Dann kann man die Funktion der beiden Variablen auch als Funktion der einen Variablen x allein auffassen. Wenn hingegen der Wert der Funktion $f(x, y)$ für beliebige Werte beider Variablen gleich bleibt, so ist die Funktion der zwei Variablen eine konstante Größe.

§ 420. Funktionen von drei und mehr Variablen

Den Begriff einer Funktion von drei, vier und mehr Variablen (Argumenten) und deren Definitionsbereich erklärt man wie im Falle von zwei Variablen (§ 419).
Der Definitionsbereich einer Funktion von drei Variablen wird durch eine spezielle Punktmenge im Raum dargestellt. In Übereinstimmung damit heißt eine Funktion von drei (und in Analogie auch von mehr) Variablen auch *Punktfunktion.* Das Symbol

$$u = f(x, y, z)$$

bedeutet, daß u eine Funktion der drei Argumente x, y und z ist.

Bemerkung. Es ist nicht ausgeschlossen, daß sich die Werte der Funktion $f(x, y, z)$ in Abhängigkeit von x und y ändern, bei einer Änderung von z allein aber gleich bleiben. In solchen Fällen ist $f(x, y, z)$ nur eine Funktion der zwei Variablen x und y. Die Funktion $f(x, y, z)$ kann auch eine Funktion von nur einer Variablen oder überhaupt eine konstante Größe sein (vgl. § 419, Bemerkung).
Allgemein kann eine Funktion von n Variablen in Wirklichkeit eine Funktion von weniger als n Variablen sein.

§ 421. Verfahren zur Angabe von Funktionen mehrerer Variabler

1. Eine Funktion von zwei oder mehr Variablen kann durch eine Formel (oder durch mehrere Formeln) gegeben sein. Eine durch Formeln gegebene Funktion kann *implizit* oder *explizit* gegeben sein (vgl. § 198, Pkt. 3).

Beispiel 1. Die Formel

$$pv = A(273{,}2 + t) \tag{1}$$

mit $A = 0{,}02927$ drückt die Abhängigkeit zwischen dem Volumen v eines Kilogramms Luft (in m³) und ihrem Druck p $\left(\text{in } \frac{\text{t}}{\text{m}^2}\right)$ und der Temperatur t (in Grad Celsius) aus. Jede der Variablen p, v und t ist eine implizite Funktion der übrigen Variablen.

Die Formel

$$v = \frac{A(273{,}2 + t)}{p} \tag{2}$$

liefert v als explizite Funktion der zwei Variablen p und t. Der Definitionsbereich dieser Funktion ist die Gesamtheit aller physikalisch möglichen Druck- und Temperaturwerte (t kann nur Werte annehmen, die über $-273{,}2°$ liegen, p nur positive Werte).

Bemerkung. Oft gibt man Funktionen von mehreren Variablen an, ohne auf die physikalische Bedeutung Bezug zu nehmen, die den in den Formeln erhaltenen Größen zukommt. Wenn dabei keine Angabe über den Definitionsbereich gemacht wird, ist vorausgesetzt, daß der Definitionsbereich alle Punkte umfaßt, für die die Formel einen Sinn hat.

Beispiel 2. Eine Funktion von zwei Variablen x und y sei durch die Formel

$$z = \sqrt{R^2 - (x^2 + y^2)} \tag{3}$$

ohne Angabe des Definitionsbereichs gegeben. Die Formel (3) hat nur für Punkte einen Sinn, für die $x^2 + y^2 \leqq R^2$. Also besteht der Definitionsbereich aus allen Punkten, die im Inneren und auf dem Rand eines Kreises mit dem Radius R und dem Mittelpunkt im Koordinatenursprung liegen.

Beispiel 3. Die Formel $u = \sqrt{a^2 - (x^2 + y^2 + z^2)}$ liefert eine Funktion von drei Variablen. Die Formel hat nur für Punkte einen Sinn, für die $x^2 + y^2 + z^2 \leqq a^2$. Der Definitionsbereich besteht aus der Gesamtheit aller Punkte, die im Inneren oder auf dem Rand einer Kugel mit dem Radius a und dem Mittelpunkt im Koordinatenursprung liegen.

2. Eine Funktion von zwei oder mehr Variablen kann durch eine Tabelle gegeben sein. Bei zwei Variablen legt man die Tabelle meist in Rechtecksform an. In der obersten Zeile führt man die Werte des einen Arguments an, in der linken Spalte die Werte des zweiten

Arguments. Im Schnittpunkt der entsprechenden Zeile und Spalte trägt man den Funktionswert ein (Tabelle mit zwei Eingängen).

Beispiel 4. Die folgende Tabelle liefert das Volumen von 1 kg Luft als Funktion des Drucks und der Temperatur (s. Beispiel 1):

t°C → p $\frac{\text{t}}{\text{m}^2}$ ↓	−20	−10	0	10	20
10,0	0,7411	0,7704	0,7997	0,8289	0,8582
10,1	0,7338	0,7628	0,7918	0,8207	0,8497
10,2	0,7266	0,7553	0,7840	0,8126	0,8414
10,3	0,7195	0,7480	0,7764	0,8048	0,8332
10,4	0,7126	0,7408	0,7689	0,7970	0,8252
10,5	0,7058	0,7337	0,7616	0,7894	0,8173

3. Eine Funktion von zwei Variablen kann man durch ein *räumliches Modell* darstellen (*räumliche Darstellung*). Ein räumliches Modell einer Funktion $f(x, y)$ ist eine gewisse Fläche S, dargestellt in einem rechtwinkligen Koordinatensystem $OXYZ$. Die Projektion eines Punktes M der Fläche S auf die Ebene XOY dient zur Darstellung des Wertepaares der Variablen x und y, die Applikate z des Punkts M stellt den entsprechenden Funktionswert $f(x, y)$ dar.

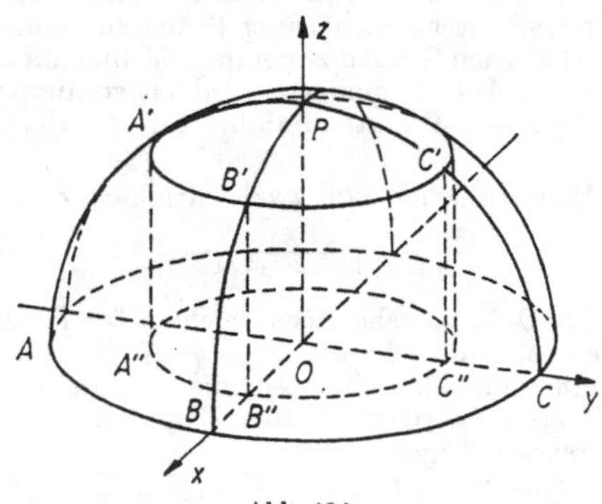

Abb. 408

Bei Funktionen von drei und mehr Variablen ist diese Art der Darstellung nicht möglich.

Beispiel 5. Die durch die Formel

$$z = \sqrt{a^2 - x^2 - y^2}$$

gegebene Funktion wird durch eine Halbkugelfläche dargestellt (Abb. 408, vgl. Beispiel 2).

§ 422. Grenzwerte von Funktionen mehrerer Variabler

Den Begriff des Grenzwerts einer Funktion von mehreren Variablen erklärt man genauso wie im Falle einer Funktion von einer Variablen. Zur Erklärung betrachten wir eine Funktion von zwei Variablen.

Die Zahl l heißt Grenzwert der Funktion $z = f(x, y)$ im Punkt $M(a; b)$, wenn sich z dem Wert l bei unbegrenzter Annäherung von $M(x; y)$ an M unbegrenzt nähert (vgl. § 204).

Bezeichnungsweise:

$$\lim_{M \to M_0} f(x, y) = l$$

oder

$$\lim_{\substack{x \to a \\ y \to b}} f(x, y) = l.$$

Bemerkung 1. Es ist vorausgesetzt, daß die Funktion $f(x, y)$ im Inneren eines gewissen Kreises um M in allen Punkten definiert ist. Im Punkt M braucht die Funktion $f(x, y)$ nicht definiert zu sein (vgl. § 204, Bemerkung 1).

Bemerkung 2. Die mathematische Bedeutung des Ausdrucks „sich unbegrenzt nähern" geht aus der folgenden Definition hervor.

Definition. Die Zahl l heißt *Grenzwert* der Funktion $f(x, y)$ im Punkt M $(a; b)$, wenn der Absolutbetrag der Differenz $f(x, y) - l$ kleiner als eine beliebig vorgegebene positive Zahl ε wird, sobald der Abstand $M_0M = \sqrt{(x-a)^2 + (y-b)^2}$ vom Punkt $M_0(a; b)$ zum Punkt $M(x; y)$ (der von M_0 verschieden ist) kleiner als eine gewisse (von ε abhängige) Zahl δ wird.

Geometrische Bedeutung. Die Kote (Applikote) $z = f(x, y)$ des Punktes unterscheidet sich von l um weniger als ε, sobald die Projektion des Punktes auf der Fläche im Inneren eines Kreises mit dem Radius δ um $M_0(a; b)$ als Mittelpunkt liegt.

Bemerkung 3. Aus der Definition geht hervor, daß der Weg, auf dem sich der Punkt $M(x, y)$ gegen den Punkt M_0 bewegt, ganz beliebig ist. Im Falle einer Variablen kann die Annäherung nur längs einer Geraden erfolgen.

Bemerkung 4. Im Falle einer Funktion von drei Variablen ist der Abstand MM_0 durch den Ausdruck $\sqrt{(x-a)^2 + (y-b)^2 + (z-c)^2}$ gegeben. Im Falle von vier Variablen, bei dem eine geometrische Deutung des Ausdrucks $\sqrt{(x-a)^2 + (y-b)^2 + (z-c)^2 + (u-d)^2}$ nicht mehr möglich ist, spricht man aus Analogiegründen ebenfalls vom Abstand der Punkte $M(x; y; z; u)$ und $M_0(a; b; c; d)$.

Wenn die Folge der Funktionswerte $f(x_n, y_n)$ bei Annäherung des Punkts $M_n(x_n, y_n)$ an M_0 eine Nullfolge (§ 207) bilden, sagt man wie im Fall einer Variablen, daß die Funktion gegen Null strebt (unendlich klein wird). Die Begriffe „unbeschränkt" und „unbegrenzt wachsend" (unendlich groß) definiert man ebenfalls wie bei Funktionen einer Variablen (§ 209). Ein erweiterter Grenzwertbegriff ergibt sich wie im § 211.

§ 423. Über die Größenordnung von Funktionen mehrerer Variabler

Vgl. die Vorbemerkung zu § 217.
Beim Vergleich von zwei unendlich kleinen Größen einer einzigen Variablen unterschieden wir die folgenden Fälle (§ 217):

1. Das Verhältnis $\frac{\alpha}{\beta}$ hat einen endlichen Grenzwert, der von 0 verschieden ist. In diesem Fall haben α und β dieselbe Größenordnung.

2. $\lim \frac{\alpha}{\beta} = 0$, dann ist α klein von höherer Ordnung relativ zu β.

3. $\lim \frac{\alpha}{\beta} = \infty$, dann ist α klein von niedrigerer Ordnung relativ zu β.

4. Das Verhältnis $\frac{\alpha}{\beta}$ hat keinen Grenzwert, dann sind α und β nicht vergleichbar.

Der Fall 4 ist bei der Untersuchung elementarer Funktionen von einer Variablen ein Ausnahmefall. Bei Funktionen mehrerer Variablen ist der Fall 1 ein Ausnahmefall. Praktisch wichtig sind die Fälle 2, 3 und 4.

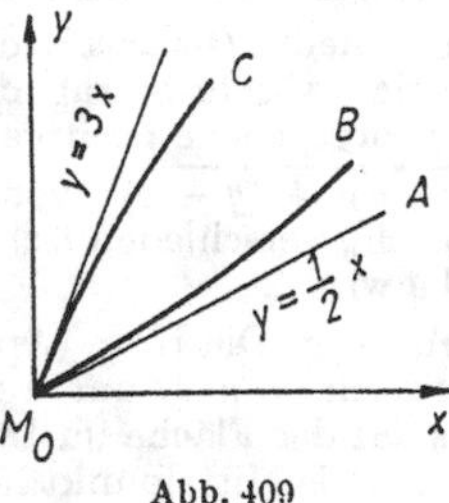

Abb. 409

Das Verhältnis von zwei unendlich kleinen Funktionen von mehr als einer Variablen hat in den meisten Fällen keinen Grenzwert, und zwar insbesondere dann, wenn zwar der Grenzwert bei Annäherung auf gewissen Wegen existiert (§ 422, Bemerkung 3), aber verschiedene Wege zu verschiedenen Grenzwerten führen. In anderen Fällen ist eine der beiden unendlich kleinen Funktionen (z. B. α) klein von höherer Ordnung relativ zur anderen (s. Beispiele 2 und 3). Die zweite Funktion ist dann klein von niedrigerer Ordnung bezüglich der ersten.

Beispiel 1. Für $x \to 0$, $y \to 0$ sind die Größen $2x^2 + y^2$ und $x^2 + y^2$ unendlich klein, aber ihr Verhältnis hat keinen Grenzwert.
In der Tat kann der Punkt $M(x; y)$ längs einer Kurve gegen $M_0(0; 0)$ streben, die im Punkt M_0 die Gerade $y = \frac{x}{2}$ als Tangente hat (Kurve BM_0 in Abb. 409) oder die Gerade $y = 3x$ oder die Gerade $y = x$ usw. Im ersten Fall strebt das Verhältnis $\frac{y}{x}$ gegen $\frac{2}{1}$, im

zweiten Fall gegen 3, im dritten Fall gegen 1. Also strebt das Verhältnis

$$(2x^2 + y^2) : (x^2 + y^2) = \left[2 + \left(\frac{y}{x}\right)^2\right] : \left[1 + \left(\frac{y}{x}\right)^2\right]$$

im ersten Fall gegen $\frac{9}{5}$, im zweiten gegen $\frac{11}{10}$, im dritten gegen $\frac{3}{2}$ usw.

Bemerkung. Die unendlich kleine Größe $x^2 + y^2$ ist das Quadrat des Abstands zwischen den Punkten M_0 und M bei dessen Annäherung an M_0. Der Fall, daß eine der zu vergleichenden unendlich kleinen Größen eine Potenz des Abstands zwischen M und M_0 ist, hat besondere Bedeutung (vgl. § 430, 444).

Beispiel 2. Die Funktion $2x^2 - y^2$ ist für $M \to M_0(0; 0)$ klein von höherer Ordnung relativ zum Abstand

$$MM_0 = \sqrt{x^2 + y^2}.$$

In der Tat läßt sich das Verhältnis $(2x^2 - y^2) : \sqrt{x^2 + y^2}$ darstellen durch

$$\frac{2x^2 - y^2}{\sqrt{x^2 + y^2}} = 2x \frac{x}{\sqrt{x^2 + y^2}} - y \frac{y}{\sqrt{x^2 + y^2}}. \tag{1}$$

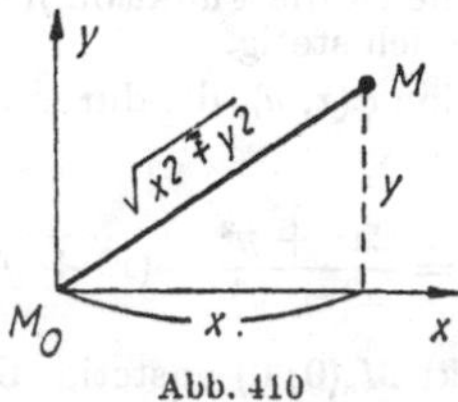

Abb. 410

Jede der Größen $\frac{x}{\sqrt{x^2 + y^2}}$, $\frac{y}{\sqrt{x^2 + y^2}}$ ist absolut genommen kleiner oder gleich 1 (s. Abb. 410), und die beiden Größen $2x$ und y streben gegen 0. Infolgedessen streben beide Glieder der rechten Seite von (1) gegen 0 und somit auch der Ausdruck $(2x^2 - y^2) : \sqrt{x^2 + y^2}$.

Beispiel 3. Die Funktion $f(x, y) = (x - x_0)^2 (y - y_0)$ ist klein von höherer Ordnung relativ zum Quadrat des Abstands MM_0, d. h. relativ zu $(x - x_0)^2 + (y - y_0)^2$. In der Tat gilt

$$\frac{f(x, y)}{MM_0^2} = (x - x_0) \frac{x - x_0}{\sqrt{(x - x_0)^2 + (y - y_0)^2}} \frac{y - y_0}{\sqrt{(x - x_0)^2 + (y - y_0)^2}}.$$

Der erste Faktor strebt gegen 0, während die beiden anderen Faktoren nicht größer als 1 werden können (vgl. Beispiel 2).

§ 424. Stetigkeit von Funktionen mehrerer Variabler

Definition 1. Die Funktion $f(x, y)$ heißt *stetig im Punkt* $M_0(x_0; y_0)$, wenn sie die folgenden Eigenschaften besitzt:

1. im Punkt $M_0(x_0, y_0)$ ist die Funktion $f(x, y)$ definiert und hat den Wert l,
2. im Punkt M_0 hat diese Funktion einen Grenzwert, der ebenfalls gleich l ist.

Wenn eine dieser beiden Bedingungen nicht erfüllt ist, so heißt die Funktion *unstetig im Punkt* M_0.

Analog erklärt man die Stetigkeit für Funktionen von drei und mehr Variablen.

Definition 2. Eine Funktion $f(x, y)$ heißt *in einem gewissen Bereich stetig*, wenn sie in diesem Bereich in jedem Punkt stetig ist.

Beispiel 1. Die Funktion $f(x, y)$, die durch die Formeln

$$f(0, 0) = 0,$$

$$f(x, y) = \frac{2x^2 - y^2}{\sqrt{x^2 + y^2}} \qquad (x^2 + y^2 \neq 0)$$

gegeben ist, ist im Punkt $M_0(0, 0)$ stetig. Tatsächlich hat sie im Punkt M_0 den Wert 0. Darüber hinaus hat sie dort einen Grenzwert, der ebenfalls 0 ist (vgl. Beispiel 2, § 423). Auch in allen übrigen Punkten der Zahlenebene ist die Funktion $f(x, y)$ stetig. Sie ist daher in jedem beliebigen Bereich stetig.

Beispiel 2. Die Funktion $\varphi(x, y)$, die durch die Formeln

$$\varphi(0, 0) = 0,$$

$$\varphi(x, y) = \frac{2x^2 + y^2}{x^2 + y^2} \qquad (x^2 + y^2 \neq 0)$$

gegeben ist, ist im Punkt $M_0(0; 0)$ unstetig. Die erste Bedingung der Definition 1 ist zwar erfüllt, aber die zweite nicht: Die Funktion $\varphi(x, y)$ hat für $M \to M_0$ keinen Grenzwert (s. Beispiel 1, § 423).

§ 425. Partielle Ableitungen

Definition. Unter der *partiellen Ableitung* einer Funktion $u = f(x, y, z)$ nach dem Argument x versteht man den Grenzwert des Verhältnisses

$$\frac{f(x + \Delta x, y, z) - f(x, y, z)}{\Delta x} \qquad \text{für} \qquad \Delta x \to 0.$$

Bezeichnungsweisen:

$$u_x, f_x(x, y, z), \frac{\partial u}{\partial x}, \frac{\partial f(x, y, z)}{\partial x}. \tag{1}$$

Über die Bedeutung der Symbole ∂u, ∂x s. § 429.

Bemerkung 1. Die Argumente x, y und z betrachtet man bei der Grenzwertbildung als Konstanten. Der erhaltene Grenzwert ist eine Funktion von x, y und z (vgl. § 224).
Die partiellen Ableitungen nach den Argumenten y und z definiert und bezeichnet man analog, z. B. gilt

$$u_y = \frac{\partial u}{\partial y} = f_y(x, y, z)$$

$$= \lim_{\Delta y \to 0} \frac{f(x, y + \Delta y, z) - f(x, y, z)}{\Delta y}. \tag{2}$$

Bemerkung 2. Zur Bestimmung der partiellen Ableitung u_x genügt es, wenn man die gewöhnliche Ableitung der Veränderlichen u bildet, indem man diese als Funktion des einen Arguments x auffaßt. Wenn man alle drei partiellen Ableitungen benötigt, so wendet man in der Praxis das Verfahren aus § 438 an.
Beispiel. Man bestimme die partiellen Ableitungen der Funktion

$$u = f(x, y, z) = 2x^2 + y^2 - 3z^2 - 3xy - 2xz \tag{3}$$

im Punkt $M_0(0; 0; 1)$.
Lösung. Wir betrachten u als Funktion des einen Arguments x und finden für die Ableitung $\frac{\partial u}{\partial x}$ den Ausdruck $4x - 3y - 2z$. Im Punkt (0; 0; 1) ist der Wert dieser Ableitung -2.
Schreibweisen:

$$f_x(0; 0; 1) = 4x - 3y - 2z\Big|_{x=0,\ y=0,\ z=1} = -2,$$

$$f_y(0; 0; 1) = 2y - 3x\Big|_{x=0,\ y=0,\ z=1} = 0,$$

$$f_z(0; 0; 1) = -6.$$

§ 426. Geometrische Bedeutung der partiellen Ableitungen für den Fall von zwei Argumenten

Zum Punkt $M_0(x_0; y_0)$ (Abb. 411) gehöre der Punkt N_0 der Fläche $z = f(x, y)$ (§ 421). Wir legen durch N_0 die Ebene N_0M_0U parallel zur Ebene XOZ. Als Schnitt erhalten wir die Kurve L_1N_0, längs der y konstant ist ($y = y_0$). Die Kote z der Kurve L_1N_0 ist eine Funktion des einen Arguments x. Die partielle Ableitung $f_x(x_0, y_0)$ ist gleich der Steigung der Tangente UN_0, d. h. gleich dem Tangens des Winkels M_0UN_0, der von der Tangente US mit der Koordinatenebene XOY gebildet wird.
Wir ziehen nun die Ebene N_0M_0V parallel zu YOZ und erhalten den Schnitt L_0N_0. Die partielle Ableitung $f_y(x_0, y_0)$ ist gleich dem

Tangens des Winkels M_0VN_0, der von der Tangente VT mit der Ebene XOY gebildet wird.

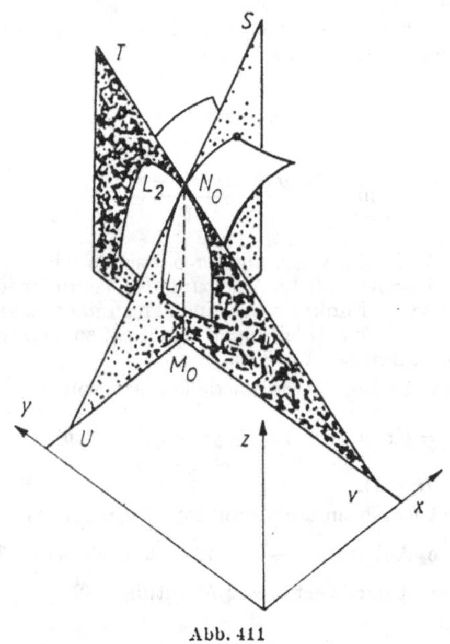

Abb. 411

§ 427. Totaler Zuwachs und partieller Zuwachs

Wir wählen beliebige Werte x_0, y_0, z_0 für die Argumente x, y, z und geben diesen den Zuwachs Δx, Δy, Δz. Die Funktion $u = f(x, y, z)$ erhält dabei den totalen Zuwachs

$$\Delta u = \Delta f(x, y, z) = f(x_0 + \Delta x, y_0 + \Delta y, z_0 + \Delta z) - f(x_0, y_0, z_0).$$

Es kann vorkommen, daß der Zuwachs Δy und der Zuwachs Δz Null sind, d. h., y und z bleibt unverändert. Dann erhält die Funktion $f(x, y, z)$ den partiellen Zuwachs

$$\Delta_x u = \Delta_x f(x, y, z) = f(x_0 + \Delta x, y_0, z_0) - f(x_0, y_0, z_0).$$

Analog erhält man den partiellen Zuwachs

$$\Delta_y u = \Delta_y f(x, y, z) = f(x_0, y_0 + \Delta y, z_0) - f(x_0, y_0, z_0),$$
$$\Delta_z u = \Delta_z f(x, y, z) = f(x_0, y_0, z_0 + \Delta z) - f(x_0, y_0, z_0).$$

B e m e r k u n g. Im Falle von zwei Argumenten bedeutet der totale Zuwachs einer Funktion geometrisch den Zuwachs der Kote M_0N_0

(Abb. 411) bei einer beliebigen Verschiebung des Punktes N_0 auf der Fläche $z = f(x, y)$. Den partiellen Zuwachs $\Delta_x f(x, y)$ erhält man bei einer Verschiebung längs des Schnittes L_1N_0, den partiellen Zuwachs $\Delta_y f(x, y)$ bei einer Verschiebung längs L_2N_0.

Beispiel. Der totale Zuwachs der Funktion

$$u = 2x^2 - y^2 - z$$

ist gleich

$$\begin{aligned}\Delta u &= \Delta(2x^2 - y^2 - z)\\ &= 2(x + \Delta x)^2 - (y + \Delta y)^2 - (z + \Delta z) - 2x^2 - y^2 + z\\ &= 4x\,\Delta x - 2y\,\Delta y - \Delta z + 2\Delta x^2 - \Delta y^2.\end{aligned}$$

Der partielle Zuwachs beträgt

$$\Delta_x u = 4x\,\Delta x + 2\Delta x^2, \qquad \Delta_y u = -2y\,\Delta y - \Delta y^2, \qquad \Delta_z u = -\Delta z.$$

§ 428. Das partielle Differential

Definition. Wenn sich der partielle Zuwachs $\Delta_x u$ (§ 427) einer Funktion $u = f(x, y, z)$ als Summe aus zwei Gliedern

$$\Delta_x u = A\,\Delta x + \alpha \tag{1}$$

darstellen läßt, wobei A nicht von Δx abhängt und α klein von höherer Ordnung relativ zu Δx ist, so nennt man das erste Glied $A\,\Delta x$ *partielles Differential* der Funktion $f(x, y, z)$ nach dem Argument x und bezeichnet es durch $d_x f(x, y, z)$ oder $d_x u$:

$$d_x u = d_x f(x, y, z) = A\,\Delta x. \tag{2}$$

Manchmal sagt man, das partielle Differential sei das Differential (§ 228) der Funktion $f(x, y, z)$, das unter der Annahme gebildet wurde, daß y und z unveränderlich sind ($\Delta y = \Delta z = 0$). Unter dieser Annahme ist x das einzige Argument. Daher kann man an Stelle von Δx aus dx schreiben (vgl. § 234), und es gilt also

$$d_x u = d_x f(x, y, z) = A\,dx.$$

Analog definiert man die partiellen Differentiale $d_y f(x, y, z)$ und $d_z f(x, y, z)$ nach den Argumenten y und z.

Der Koeffizient A ist gleich der partiellen Ableitung u_x, d. h., das partielle Differential einer Funktion ist gleich dem Produkt aus der entsprechenden partiellen Ableitung und dem Zuwachs des Arguments (§ 228, Theorem 1)

$$d_x u = u_x\,dx. \tag{3}$$

Analog gilt

$$d_y u = u_y\,dy, \tag{4}$$

$$d_z u = u_z\,dz. \tag{5}$$

Beispiel. Man bestimme die partiellen Differentiale der Funktion

$$u = x^2y + y^2x.$$

Lösung. Wir betrachten zuerst y und dann x als Konstante. So finden wir

$$d_xu = (2xy + y^2)\,dx,$$
$$d_yu = (x^2 + 2xy)\,dy.$$

§ 429. Darstellung der partiellen Ableitung durch das Differential

Die partielle Ableitung u_x der Funktion $u = f(x, y, z)$ ist gleich dem Quotienten aus dem Differential d_xu und dem Differential dx:

$$u_x = \frac{d_xu}{dx}. \tag{1}$$

In der Bezeichnungsweise $\frac{\partial u}{\partial x}$ verwendet man nicht ganz zweckmäßig das Symbol ∂u als *partielles Differential* d_xu nach dem Argument x. In $\frac{\partial u}{\partial y}$ und $\frac{\partial u}{\partial z}$ steht nämlich *dasselbe Symbol* ∂u für das partielle Differential d_yu bzw. d_zu.

Man muß daher den Ausdruck $\frac{\partial u}{\partial x}$ als unzerlegbares Symbol für die partielle Ableitung betrachten (und nicht als Quotienten aus zwei Differentialen).

Beispiel. Es gelte $u = xy$. Dann haben wir $x = \frac{u}{y}$ und $y = \frac{u}{x}$. Es gilt

$$\frac{\partial u}{\partial x} = y, \quad \frac{\partial x}{\partial y} = -\frac{u}{y^2}, \quad \frac{\partial y}{\partial u} = \frac{1}{x}.$$

Hieraus folgt

$$\frac{\partial u}{\partial x} \cdot \frac{\partial x}{\partial y} \cdot \frac{\partial y}{\partial u} = y \cdot \left(-\frac{u}{y^2}\right) \cdot \frac{1}{x} = -\frac{u}{xy} = -1.$$

Würde man die Symbole ∂u, ∂x, ∂y als selbständige Größen betrachten, so erhielten wir an Stelle von -1 das Resultat $+1$.

§ 430. Das totale Differential

Definition. Der totale Zuwachs $\Delta f(x, y, z)$ (§ 427) der Funktion $f(x, y, z)$ lasse sich in die Summe von zwei Gliedern

$$\Delta f(x, y, z) = (A\,\Delta x + B\,\Delta y + C\,\Delta z) + \varepsilon \tag{1}$$

zerlegen, wobei die Koeffizienten A, B und C nicht von Δx, Δy und

Δz abhängen sollen und wobei die Größe ε (als Funktion von Δx, Δy und Δz betrachtet) klein von höherer Ordnung relativ zu $\varrho = \sqrt{\Delta x^2 + \Delta y^2 + \Delta z^2}$ sei. Dann bezeichnet man das erste Glied

$$A\,\Delta x + B\,\Delta y + C\,\Delta z \tag{2}$$

als *totales Differential* der Funktion $f(x, y, z)$ und schreibt dafür $df(x, y, z)$ (vgl. § 228, 428).

Beispiel 1. Wir wählen die Funktion

$$f(x, y, z) = 2x^2 - y^2 - z \tag{3}$$

und erhalten (§ 427, Beispiel)

$$\Delta f(x, y, z) = (4x\,\Delta x - 2y\,\Delta y - \Delta z) + (2\Delta x^2 - \Delta y^2).$$

Die Koeffizienten $A = 4x$, $B = +2y$, $C = -1$ hängen nicht von Δx, Δy oder Δz ab. Die Größe $\varepsilon = 2\Delta x^2 - \Delta y^2$ ist klein von höherer Ordnung relativ zu $\sqrt{\Delta x^2 + \Delta y^2 + \Delta z^2}$ (vgl. § 423, Beispiel 2). Also ist der Ausdruck $4x\,\Delta x - 2y\,\Delta y - \Delta z$ das totale Differential der Funktion $2x^2 - y^2 - z$:

$$d(2x^2 - y^2 - z) = 4x\,\Delta x - 2y\,\Delta y - \Delta z. \tag{4}$$

Theorem. Die Koeffizienten A, B, C sind gleich den entsprechenden partiellen Ableitungen der Funktion $f(x, y, z)$:

$$A = f_x(x, y, z), \quad B = f_y(x, y, z), \quad C = f_z(x, y, z). \tag{5}$$

Man sagt auch, *das totale Differential ist gleich der Summe aus den partiellen Differentialen* (§ 428):

$$df(x, y, z) = d_x f(x, y, z) + d_y f(x, y, z) + d_z f(x, y, z) \tag{6}$$

oder

$$df(x, y, z) = f_x(x, y, z)\,\Delta x + f_y(x, y, z)\,\Delta y + f_z(x, y, z)\,\Delta z. \tag{7}$$

Beispiel 2. In Formel (4) sind die Koeffizienten $A = 4x$, $B = -2y$ $C = -1$ die partiellen Ableitungen der Funktion $2x^2 - y^2 - z$ nach den Argumenten x, y und z:

$$\left.\begin{aligned} 4x &= \frac{\partial}{\partial x}(2x^2 - y^2 - z), \\ -2y &= \frac{\partial}{\partial y}(2x^2 - y^2 - z), \\ -1 &= \frac{\partial}{\partial z}(2x^2 - y^2 - z). \end{aligned}\right\} \tag{8}$$

Bemerkung 1. Gemäß Formel (7) sind die totalen Differentiale dx, dy, dz der Argumente x, y, z gleich den entsprechenden Größen Δx, Δy, Δz. Wir haben daher

$$df(x, y, z) = f_x(x, y, z)\,dx + f_y(x, y, z)\,dy + f_z(x, y, z)\,dz. \tag{9}$$

Zum Beispiel gilt (vgl. Beispiel 1)

$$d(2x^2 - y^2 - z) = 4x\,dx - 2y\,dy - dz. \tag{10}$$

Formel (9) ist invariant (vgl. § 432) und daher der Formel (7) vorzuziehen.

Bemerkung 2. Wenn u eine Funktion von nur einem Argument ist, so gehen das totale Differential in das gewöhnliche Differential und die partielle Ableitung nach dem einzigen Argument in die gewöhnliche Ableitung über.

§ 431. Die geometrische Bedeutung des totalen Differentials

Die Ebene P berührt (§ 435) im Punkt $M(x; y; z)$ die Fläche S, die durch die Funktion $z = f(x, y)$ dargestellt werde (Pkt. 3, § 421). Wir verschieben die Projektion $M_0(x; y; 0)$ des Punktes M in die Lage $M_1(x + \Delta x; y + \Delta y; 0)$. Dann erhält die Höhenkote der Tangentialebene einen Zuwachs, der gleich dem totalen Differential

$$dz = f_x(x, y)\,\Delta x + f_y(x, y)\,\Delta y \tag{1}$$

ist. Der entsprechende Zuwachs der Höhenkote (Applikate) der Fläche S ist gleich dem totalen Zuwachs Δz der Funktion $z = f(x, y)$. Der Abstand zwischen der Fläche S und der Tangentialebene P (längs der Richtung parallel zur Applikatenachse gemessen) ist also klein von höherer Ordnung relativ zum Abstand

$$\varrho = M_0M_1 = \sqrt{\Delta x^2 + \Delta y^2}$$

(vgl. § 430, Definition und § 230).

§ 432. Die Invarianz des Ausdrucks $f_x dx + f_y dy + f_z dz$ für das totale Differential

Der Ausdruck $f_x\,\Delta x + f_y\,\Delta y + f_z\,\Delta z$ liefert (§ 430) das totale Differential der Funktion $u = f(x, y, z)$, wenn man x, y und z als Argument betrachtet[1]). Betrachtet man hingegen x, y und z selbst wieder als Funktionen von einem oder mehr Argumenten, so stellt der angeschriebene Ausdruck in der Regel kein Differential mehr dar. Im Gegensatz dazu liefert der Ausdruck

$$f_x\,dx + f_y\,dy + f_z\,dz$$

immer[1]) das totale Differential der Funktion $f(x, y, z)$ (vgl. § 234).

Beispiel 1. Wir betrachten die Funktion $u = xy$ und erhalten

$$du = u_x\,dx + u_y\,dy = y\,dx + x\,dy. \tag{1}$$

[1]) Es wird vorausgesetzt, daß das totale Differential existiert. Über Funktionen, die zwar partielle Ableitungen, aber kein totales Differential besitzen, siehe § 434.

Diese Formel gilt auch dann, wenn x und y Funktionen der Argumente s und t sind, die durch die Formeln

$$x = t^2 + s^2, \quad y = t^2 - s^2 \tag{2}$$

gegeben seien. In der Tat gilt in diesem Fall

$$u = t^4 - s^4, \tag{3}$$

$$du = u_t\, dt + u_s\, ds = 4t^3\, dt - 4s^3\, ds. \tag{4}$$

Dasselbe Resultat erhalten wir auch gemäß Formel (1), wenn wir x und y durch die Ausdrücke in (2) ersetzen und an Stelle von dx und dy die Ausdrücke

$$dx = 2t\, dt + 2s\, ds, \quad dy = 2t\, dt - 2s\, ds \tag{5}$$

verwenden, die man mit Hilfe der Formeln (2) erhält. Nimmt man dagegen statt (1) die Formel

$$du = y\, \Delta x + x\, \Delta y, \tag{6}$$

so gilt diese nicht für die Argumente s und t.

Beispiel 2. Die Formel (1) gilt auch dann, wenn x und y Funktionen von nur einem Argument sind.

Beispiel 3. Die Formel $d \arctan x = \dfrac{dx}{1 + x^2}$ gilt auch, wenn man setzt

$$d \arctan rst = \frac{d(rst)}{1 + r^2s^2t^2}.$$

§ 433. Die Technik des Differenzierens

Zur Bestimmung der partiellen Ableitungen sucht man in der Mehrzahl der Fälle bequemerweise *vorerst* das totale Differential auf. Man berechnet dieses nach denselben Regeln wie im Falle einer Funktion von nur einem Argument (vgl. § 432 und § 430, Bemerkung 2).

Beispiel 1. Man bestimme die partiellen Ableitungen der Funktion

$$u = \arctan \frac{y}{x}$$

Lösung. Wir berechnen das totale Differential nach den Regeln aus § 247 und § 240 und erhalten

$$du = \frac{d\dfrac{y}{x}}{1 + \dfrac{y^2}{x^2}} = \frac{x\, dy - y\, dx}{x^2 + y^2}. \tag{1}$$

Die Koeffizienten bei dx und dy sind die partiellen Ableitungen $\frac{\partial u}{\partial x}$ und $\frac{\partial u}{\partial y}$. Daher gilt

$$\frac{\partial u}{\partial x} = -\frac{y}{x^2 + y^2}, \quad \frac{\partial u}{\partial y} = \frac{x}{x^2 + y^2}. \tag{2}$$

Eine unmittelbare Berechnung der partiellen Ableitungen erfordert weit mehr Mühe und Rechenarbeit.

Beispiel 2. Man berechne die partiellen Ableitungen der Funktion $u = \ln \sqrt{x^2 + y^2}$.

Lösung.

$$d \ln \sqrt{x^2 + y^2} = \frac{1}{2} d \ln (x^2 + y^2) = \frac{x\,dx + y\,dy}{x^2 + y^2}. \tag{3}$$

$$\frac{\partial u}{\partial x} = \frac{x}{x^2 + y^2}, \quad \frac{\partial u}{\partial y} = \frac{y}{x^2 + y^2}. \tag{4}$$

Manchmal kann man zur Differentiation einer Funktion von einem Argument am bequemsten das totale Differential einer Funktion von zwei, drei oder mehr Argumenten bilden.

Beispiel 3. Man bestimme das Differential der Funktion $u = x^x$.

Lösung. Wir bilden dy^z (mit den unabhängigen Variablen y und z) und setzen dann in dem gefundenen Ausdruck $y = x$ und $z = x$:

$$dy^z = \frac{\partial u}{\partial y} dy + \frac{\partial u}{\partial z} dz = zy^{z-1} dy + y^z \ln y \, dz, \tag{5}$$

$$dx^x = xx^{x-1} dx + x^x \ln x \, dx = x^x(1 + \ln x) \, dx. \tag{6}$$

§ 434. Differenzierbare Funktionen

Wenn eine Funktion $u = f(x, y, z)$ im Punkt M_0 ein totales Differential besitzt, so heißt sie in diesem Punkt *differenzierbar.*

Differenzierbare Funktionen besitzen immer endliche partielle Ableitungen $\frac{\partial u}{\partial x}$, $\frac{\partial u}{\partial y}$, $\frac{\partial u}{\partial z}$ und partielle Differentiale

$$d_x u = \frac{\partial u}{\partial x} \Delta x, \quad d_y u = \frac{\partial u}{\partial y} \Delta y, \quad d_z u = \frac{\partial u}{\partial z} \Delta z,$$

deren Summe das totale Differential liefert (§ 430).

Die Existenz der partiellen Differentiale (oder endlicher partieller Ableitungen) genügt nicht für die Existenz des totalen Differentials.

Beispiel. Wir betrachten die Funktion $f(x, y)$, die im Punkt M_0 (0; 0) durch Formel

$$f(0, 0) = 4 \tag{1}$$

und in den übrigen Punkten durch die Formel

$$f(x, y) = 4 + 2x + y + \frac{x^2 y}{x^2 + y^2} \tag{2}$$

definiert ist. Diese Funktion ist im Punkt M_0 (0; 0) stetig und hat dort die partiellen Ableitungen

$$f_x(0, 0) = \lim_{\Delta x \to 0} \frac{f(\Delta x, 0) - 4}{\Delta x} = \lim_{\Delta x \to 0} \frac{2\Delta x}{\Delta x} = 2,$$

$$f_y(0, 0) = \lim_{\Delta y \to 0} \frac{f(0, \Delta y) - 4}{\Delta y} = 1.$$

Aber der Ausdruck $f_x(0, 0)\,\Delta x + f_y(0, 0)\,\Delta y = 2\Delta x + \Delta y$ ist kein totales Differential. In der Tat ist der totale Zuwachs

$$\Delta f(0, 0) = f(\Delta x, \Delta y) - 4 = (2\Delta x + \Delta y) + \frac{\Delta x^2\,\Delta y}{\Delta x^2 + \Delta y^2}.$$

Das erste Glied ist kein totales Differential, da das zweite Glied $\varepsilon = \dfrac{\Delta x^2\,\Delta y}{\Delta x^2 + \Delta y^2}$ nicht klein von höherer Ordnung relativ zu

$$\varrho = \sqrt{\Delta x^2 + \Delta y^2}$$

ist, d. h., das Verhältnis $\varepsilon : \varrho$ strebt für $M(\Delta x, \Delta y) \to 0$ nicht gegen 0. Für $M \to M_0$ hat $\varepsilon : \varrho$ auf dem Strahl $y = 3t$, $x = 4t$ den konstanten Wert $\dfrac{361}{25}$.

Andere Beispiele für nicht-differenzierbare Funktionen betrachten wir in § 442 (Beispiel 2).

Bemerkung 1. Wenn alle partiellen Ableitungen im betrachteten Punkt stetig sind, so ist die Funktion in diesem Punkt differenzierbar. Im obigen Beispiel sind beide partiellen Ableitungen in M_0 (0; 0) unstetig.

Bemerkung 2. Elementare Funktionen sind in der Regel differenzierbar. Die Differenzierbarkeit geht höchstens in isolierten Punkten oder längs einer isolierten Kurve verloren.

§ 435. Die Tangentialebene und die Flächennormale

Definition 1. Durch den Punkt M der Fläche S (Abb. 412) sollen die auf der Fläche liegenden Kurven AA', BB', CC', … verlaufen, deren Tangenten TT', QQ', SS', … seien. Die Ebene P, in der alle derartigen Tangenten liegen heißt *Tangentialebene* der Fläche S im Punkt M (*Berührungspunkt*).

Beispiel 1. Die Gerade MT sei eine Tangente an eine beliebige sphärische Kurve. Dann ist MT senkrecht zum Radius, d. h., sie liegt in der Ebene P durch den Punkt M und senkrecht zum Kugelradius. Diese Ebene ist die Tangentialebene der Kugelfläche.

Beispiel 2. Eine Kegelfläche hat im Scheitel K keine Tangentialebene. Die Tangenten aller durch K verlaufenden Kurven können nicht in einer Ebene liegen.

Bemerkung. Die Fläche $z = f(x, y)$ hat im Punkt M genau dann keine Tangentialebene, wenn sie dort nicht differenzierbar ist.

Definition 2. Unter der *Normalen zur Fläche S im Punkt M* versteht man die Normale der Tangentialebene, die durch den Punkt M verläuft.

Beispiel 3. Die Normalen einer Kugelfläche verlaufen alle durch den Kugelmittelpunkt.

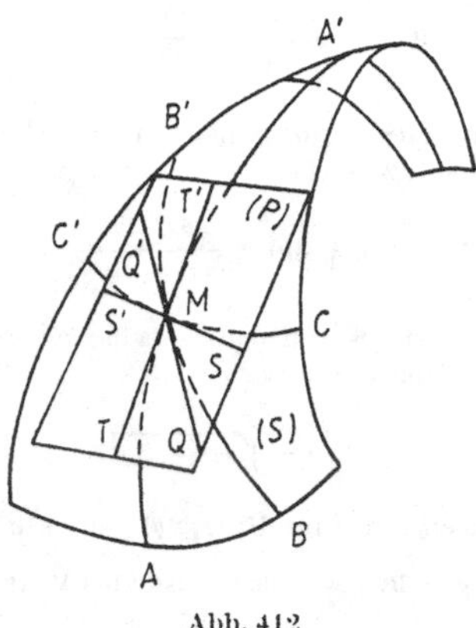

Abb. 412

§ 436. Die Gleichung der Tangentialebene

1. Die Tangentialebene an die Fläche $z = f(x, y)$ wird durch die Gleichung

$$Z - z = p(X - x) + q(Y - y) \tag{1}$$

dargestellt, wobei X, Y und Z die laufenden Koordinaten und x, y und z die Koordinaten des Berührungspunktes sind. p und q sind die Werte der partiellen Ableitungen $\frac{\partial z}{\partial x}$, $\frac{\partial z}{\partial y}$.

Erklärung. Die Ebene (1) verläuft durch die Gerade

$$Z - z = p(X - x), \qquad Y - y = 0, \tag{A}$$

wovon man sich durch Einsetzen in die Gleichung (1) überzeugt. Die Gerade (A) ist die Tangente an den Schnitt einer Ebene parallel zu XOZ durch den Punkt $(x; y; z)$ (§ 426). Ebenso überzeugt man sich, daß die Ebene (1) die Tangente an den Schnitt parallel zu YOZ enthält. Die Ebene (1) fällt also mit der Tangentialebene zusammen (§ 435) (wenn die letztere existiert, vgl. § 435, Bemerkung).

Beispiel 1. Man bestimme die Gleichung der Tangentialebene an das hyperbolische Paraboloid $z = \frac{x^2 - y^2}{2a}$ im Punkt $\left(2a; a; \frac{3a}{2}\right)$.

Lösung. Wir haben $\frac{\partial z}{\partial x} = \frac{x}{a} = 2$, $\frac{\partial z}{\partial y} = -\frac{y}{a} = -1$.

Die Gleichung der gesuchten Tangentialebene ist

$$Z = -\frac{3}{2}a = 2(X - 2a) - (Y - a)$$

oder $Z = 2X - Y - \frac{3}{2}a$.

2. Wenn die Fläche durch eine Gleichung der Form $F(x, y, z) = 0$ dargestellt wird, so besitzt die Tangentialebene die Gleichung

$$F_x(X - x) + F_y(Y - y) + F_z(Z - z) = 0. \tag{2}$$

Gleichung (1) ist ein Sonderfall von (2).

Beispiel 2. Man bestimme die Gleichung der Tangentialebene an das Ellipsoid

$$\frac{x^2}{a^2} + \frac{y^2}{b^2} + \frac{z^2}{c^2} - 1 = 0 \tag{3}$$

im Punkt $M(x; y; z)$.

Lösung. Wir haben $F_x = \frac{2x}{a^2}$, $F_y = \frac{2y}{b^2}$, $F_z = \frac{2z}{c^2}$.

Die gesuchte Gleichung lautet

$$\frac{2x}{a^2}(X - x) + \frac{2y}{b^2}(Y - y) + \frac{2z}{c^2}(Z - z) = 0 \tag{4}$$

oder, wenn man durch 2 kürzt und die Gleichung des Ellipsoids verwendet,

$$\frac{xX}{a^2} + \frac{yY}{b^2} + \frac{zZ}{c^2} - 1 = 0.$$

Bemerkung. Die Gleichung der Tangentialebene erhält man immer einfacher aus der Gleichung der gegebenen Fläche auf die folgende Weise: Wir differenzieren die gegebene Gleichung und nehmen statt dx, dy, dz die Ausdrücke $X - x$, $Y - y$, $Z - z$. Durch Differenzieren von Gleichung (3) erhalten wir so

$$\frac{2x\,dx}{a^2} + \frac{2y\,dy}{b^2} + \frac{2z\,dz}{c^2} = 0.$$

Ersetzt man nun die Differentiale dx, dy, dz durch $X - x$, $Y - y$, $Z - z$, so ergibt sich Gleichung (4).

§ 437. Die Gleichung der Normalen

Die Normale an die Fläche $F(x, y, z) = 0$ besitzt im Punkt $M(x; y; z)$ die Gleichungen

$$\frac{X - x}{F_x} = \frac{Y - y}{F_y} = \frac{Z - z}{F_z} \tag{1}$$

(vgl. § 436 und § 156). Wenn insbesondere die Fläche durch die Gleichung $z = f(x, y)$ gegeben ist, so hat die Gleichung der Normalen bei der Bezeichnungsweise wie in § 436 die Form

$$\frac{X - x}{p} = \frac{Y - y}{q} = \frac{Z - z}{-1} \tag{2}$$

Beispiel. Die Gleichung der Normalen lautet für das Ellipsoid $\frac{x^2}{a^2} + \frac{y^2}{b^2} + \frac{z^2}{c^2} = 1$ (vgl. § 436, Beispiel 2)

$$\frac{a^2(X - x)}{x} = \frac{b^2(Y - y)}{y} = \frac{c^2(Z - z)}{z}.$$

§ 438. Differentiation zusammengesetzter Funktionen

Eine Größe w heißt *zusammengesetzte Funktion*, wenn sie eine Funktion der Variablen $x, y, \ldots$ (Hilfsvariable) ist, die ihrerseits wieder von einem oder mehreren Argumenten $u, v, \ldots$ abhängen (vgl. § 236). Die Bestimmung des totalen Differentials einer zusammengesetzten Funktion erfordert keine neuen Regeln (infolge der Invarianz des Ausdrucks für das Differential, § 432). Wenn das totale Differential bekannt ist, so findet man automatisch auch die Ausdrücke für die partiellen Differentiale (§ 433). Die allgemeine Form dieser Ausdrücke wird in § 440 angegeben.

Beispiel. Man bestimme das totale Differential und die partiellen Ableitungen der Funktion

$$w = e^{uv} \sin(u + v). \tag{1}$$

Wenn man w in der Form $e^x \sin y$ darstellt, wobei $x = uv$ und $y = u + v$ gilt, so ist w eine zusammengesetzte Funktion der Argumente u und v. Das totale Differential erhält man so, als ob x und y die unabhängigen Variablen wären:

$$dw = e^x \sin y\, dx + e^x \cos y\, dy = e^x (\sin y\, dx + \cos y\, dy).$$

Setzt man nun hier $x = uv$ und $y = u + v$, so erhält man

$$dw = e^{uv} [\sin(u + v)(v\, du + u\, dv) + \cos(u + v)(du + dv)]. \tag{2}$$

Dies ist das totale Differential der gegebenen Funktion. Ihre partiellen Ableitungen findet man in den Koeffizienten von du und dv. Es gilt daher

$$\frac{\partial w}{\partial u} = e^{uv} [v \sin(u + v) + \cos(u + v)], \tag{3}$$

$$\frac{\partial w}{\partial v} = e^{uv} [u \sin(u + v) + \cos(u + v)]. \tag{4}$$

Bemerkung. In der Praxis führt man für die Hilfsvariablen keine neue Bezeichnungen ein. In Beispiel 1 geht man etwa so vor:

$$\begin{aligned} dw &= d\,[e^{uv} \sin(u+v)] \\ &= \sin(u+v)\, de^{uv} + e^{uv}\, d\sin(u+v) \\ &= \sin(u+v)\, e^{uv}\, d(uv) + e^{uv} \cos(u+v)\, d(u+v). \end{aligned}$$

Zerlegt man die Ausdrücke $d(uv)$ und $d(u+v)$, so erhält man Gleichung (2).

§ 439. Übergang von rechtwinkligen Koordinaten zu Polarkoordinaten

$z = f(x, y)$ sei eine Funktion der rechtwinkligen Koordinaten x und y, und die Werte der partiellen Ableitungen f_x und f_y im Punkt M seien bekannt. Dann findet man die partiellen Ableitungen $\frac{\partial z}{\partial r}$ und $\frac{\partial z}{\partial \varphi}$ nach den Polarkoordinaten mit Hilfe der Formeln

$$\frac{\partial z}{\partial r} = f_x \cos\varphi + f_y \sin\varphi, \qquad \frac{\partial z}{\partial \varphi} = r(f_y \cos\varphi - f_x \sin\varphi). \tag{1}$$

Erklärung. Wegen $x = r\cos\varphi$ und $y = r\sin\varphi$ (§ 73) ist z eine Funktion von r und φ. Nach dem Verfahren von § 438 erhalten wir

$$\begin{aligned} dz &= f_x\, dx + f_y\, dy = f_x\, d(r\cos\varphi) + f_y\, d(r\sin\varphi) \\ &= f_x(\cos\varphi\, dr - r\sin\varphi\, d\varphi) + f_y(\sin\varphi\, dr + r\cos\varphi\, d\varphi). \end{aligned}$$

Die Ableitungen $\frac{\partial z}{\partial r}$ und $\frac{\partial z}{\partial \varphi}$ sind die Koeffizienten von dr und $d\varphi$.

Beispiel. Aus den gegebenen Werten

$$f_x(3, 4) = 7, \qquad f_y(3,4) = 2$$

bestimme man die Werte von $\frac{\partial f}{\partial r}$ und $\frac{\partial f}{\partial \varphi}$ im Punkt (3; 4).

Lösung. Im gegebenen Punkt haben wir $r = \sqrt{3^2 + 4^2} = 5$, $\cos\varphi = \frac{3}{5}$, $\sin\varphi = \frac{4}{5}$. Aus den Formeln (1) erhalten wir

$$\frac{\partial z}{\partial r} = 7 \cdot \frac{3}{5} + 2 \cdot \frac{4}{5} = 5{,}8; \qquad \frac{\partial z}{\partial \varphi} = 5\left(2 \cdot \frac{3}{5} - 7 \cdot \frac{4}{5}\right) = -22.$$

§ 440. Formeln für die partiellen Ableitungen einer zusammengesetzten Funktion

w sei eine zusammengesetzte Funktion beliebig vieler Argumente $u, v, \ldots, t$ (§ 438) und werde unter Verwendung der Hilfsvariablen $x, y, \ldots, z$ formuliert. Dann gilt

$$\left.\begin{aligned} \frac{\partial w}{\partial u} &= \frac{\partial w}{\partial x}\frac{\partial x}{\partial u} + \frac{\partial w}{\partial y}\frac{\partial y}{\partial u} + \cdots + \frac{\partial w}{\partial z}\frac{\partial z}{\partial u}, \\ \frac{\partial w}{\partial v} &= \frac{\partial w}{\partial x}\frac{\partial x}{\partial v} + \frac{\partial w}{\partial y}\frac{\partial y}{\partial y} + \cdots + \frac{\partial w}{\partial z}\frac{\partial z}{\partial v}, \\ &\cdots\cdots\cdots\cdots\cdots\cdots \\ \frac{\partial w}{\partial t} &= \frac{\partial w}{\partial x}\frac{x\partial}{\partial t} + \frac{\partial w}{\partial y}\frac{\partial y}{\partial t} + \cdots + \frac{\partial w}{\partial z}\frac{\partial z}{\partial t}. \end{aligned}\right\} \quad (1)$$

Die partiellen Ableitungen nach einem beliebigen Argument sind also gleich der Summe aus den Produkten der partiellen Ableitungen nach allen Hilfsvariablen mit den partiellen Ableitungen dieser Hilfsvariablen nach dem entsprechenden Argument.

Erklärung. Die Formeln (1) erhält man aus dem Ausdruck für das totale Differential

$$dw = \frac{\partial w}{\partial x}dx + \frac{\partial w}{\partial y}dy + \cdots + \frac{\partial w}{\partial z}dz, \quad (2)$$

wenn man dort für dx den Ausdruck

$$dx = \frac{\partial x}{\partial u}du + \frac{\partial x}{\partial v}dv + \cdots + \frac{\partial x}{\partial t}dt \quad (3)$$

und für $dy, \ldots, dz$ die analogen Ausdrücke einsetzt (vgl. § 438).

§ 441. Die totale Ableitung

w sei eine Funktion der Veränderlichen $x, y, \ldots, z$:

$$w = f(x, y, \ldots, z). \quad (1)$$

Dabei diene x als Argument, während die übrigen Größen ebenfalls von x abhängen[1]). Die Ableitung von w nach x nennt man bei Berücksichtigung dieser Abhängigkeiten totale Ableitung und bezeichnet sie durch $\frac{dw}{dx}$ zum Unterschied von der partiellen Ableitung $\frac{\partial w}{\partial x}$. (§ 425). Die totale Ableitung ergibt sich aus der Formel

$$\frac{dw}{dx} = \frac{\partial w}{\partial x} + \frac{\partial w}{\partial y}\frac{dy}{dx} + \cdots + \frac{\partial w}{\partial z}\frac{dz}{dx}, \quad (2)$$

[1]) Dies ist ein Sonderfall einer zusammengesetzten Funktion (§ 438) von einem Argument u. (Die Variablen $y, \ldots, z$ hängen in der üblichen Weise von u ab, die Variable x steht mit u in der Beziehung $x = u$).

die man aus dem Ausdruck für das totale Differential durch Division durch dx erhält.

Beispiel 1. Man bestimme die totale Ableitung der Funktion $w = x^3e^{y^2}$, worin y eine Funktion von x ist.

Lösung.

$$dw = e^{y^2}\,d(x^3) + x^3\,de^{y^2} = 3e^{y^2}x^2\,dx + x^3e^{y^2}\,d(y^2)$$

$$= 3e^{y^2}x^2\,dx + 2x^3e^{y^2}y\,dy,$$

$$\frac{dw}{dx} = 3e^{y^2}x^2 + 2x^3ye^{y^2}\frac{dy}{dx}.$$

Beispiel 2. Man bestimme die totale Ableitung der Funktion $w = xy'$.

Lösung. Die Rolle der Variablen y spielt hier die Ableitung $y' = \frac{dy}{dx}$. Nach Formel (2) erhalten wir

$$\frac{dw}{dx} = \frac{\partial w}{\partial x} + \frac{\partial w}{\partial y'}\frac{dy'}{dx} = y' + x\,\frac{d^2y}{dx^2}.$$

Denselben Ausdruck erhalten wir, wenn wir die Gleichung

$$dw = y'\,dx + x\,dy' = y'\,dx + xy''\,dx$$

durch dx dividieren.

§ 442. Differentiation impliziter Funktionen von mehreren Argumenten

Regel 1. Die Gleichung

$$F(x, y, z) = 0 \tag{1}$$

liefert unter den Bedingungen aus Bemerkung 1 die Variable z als implizite Funktion der Argumente x, y. Zur Bestimmung des totalen Differentials dieser Funktion muß man Gleichung (1) differenzieren, d. h., man setzt das totale Differential der linken Seite gleich Null. Die erhaltene Gleichung ist dann nach dz aufzulösen, wodurch sich das totale Differential der Funktion z ergibt. Die Koeffizienten bei dx und dy liefern die entsprechenden partiellen Ableitungen.

Auf dieselbe Weise geht man auch bei einer beliebigen Anzahl von Argumenten vor.

Beispiel 1. Man bestimme das totale Differential und die partiellen Ableitungen der impliziten Funktion z der Argumente x und y, die durch die Gleichung

$$x^2 + y^2 + z^2 = 9 \tag{2}$$

gegeben ist, und zwar im Punkt $x = 1$, $y = -2$, $z = -2$.

Lösung. Durch Differenzieren erhält man

$$2x\,dx + 2y\,dy + 2z\,dz = 0.$$

Löst man diese Gleichung nach dz auf, so erhält man das totale Differential der Funktion z (in einem beliebigen Punkt)

$$dz = -\frac{x}{z}\,dx - \frac{y}{z}\,dy. \tag{3}$$

Im gegebenen Punkt (1; −2; −2) haben wir

$$dz = \frac{1}{2}\,dx - dy. \tag{4}$$

Die Koeffizienten bei dx und dy liefern die partiellen Ableitungen im gegebenen Punkt

$$\frac{\partial z}{\partial x} = \frac{1}{2}, \qquad \frac{\partial z}{\partial y} = -1. \tag{5}$$

Bemerkung 1. In der Regel 1 wird vorausgesetzt, daß die Funktion $F(x, y, z)$ in einem gewissen Punkt $M_0(x_0; y_0; z_0)$, der Gleichung (1) erfüllt und in einer gewissen Umgebung dieses Punktes (d. h. in allen Punkten einer gewissen Kugel mit dem Mittelpunkt in M_0) differenzierbar ist. Darüber hinaus wird vorausgesetzt, daß die Gleichung, die man durch Differenzieren erhält, bezüglich dz auflösbar ist (d. h., der Koeffizient von dz muß von 0 verschieden sein). Unter diesen Bedingungen gilt:

1. Gleichung (1) liefert tatsächlich z als implizite Funktion der Argumente x und y. Sie ist innerhalb eines gewissen Kreises mit dem Mittelpunkt in $(x_0; y_0)$ definiert und nimmt für $x = x_0$, $y = y_0$ den Wert z_0 an.

2. Die Funktion z ist innerhalb des erwähnten Kreises und insbesondere im Punkt $(x_0; y_0)$ differenzierbar.

Regel 2. Das System der beiden Funktionen

$$F_1(x, y, z, u, v) = 0, \qquad F_2(x, y, z, u, v) = 0 \tag{6}$$

liefert unter den in Bemerkung 2 angeführten Bedingungen die zwei Variablen u und v als implizite Funktionen der Argumente x, y, z. Zur Bestimmung der totalen Differentiale dieser Funktionen differenziert man die Gleichungen (6). Löst man das erhaltene Gleichungssystem nach du und dv auf, so erhält man die totalen Differentiale der Funktion u und v. Die Koeffizienten von dx, dy und dz liefern die entsprechenden partiellen Ableitungen.
Genauso verfährt man, wenn die Zahl der Gleichungen (bei beliebiger Anzahl von Argumenten) größer als zwei ist.

Beispiel 2. Man bestimme die totalen Differentiale und die partiellen Ableitungen der impliziten Funktionen u und v, die durch das Gleichungssystem

$$x + y + u + v = a, \qquad x^2 + y^2 + u^2 + v^2 = b^2 \tag{7}$$

gegeben sind.

Lösung. Durch Differenzieren erhalten wir

$$\begin{gathered} dx + dy + du + dv = 0, \\ x\,dx + y\,dy + u\,du + v\,dv = 0. \end{gathered} \tag{8}$$

Löst man das System (8) nach du und dv auf, so erhält man die totalen Differentiale der Funktionen u und v:

$$du = \frac{(v-x)\,dx + (v-y)\,dy}{u-v}, \quad dv = \frac{(u-x)\,dx + (u-y)\,dy}{v-u}. \tag{9}$$

Die Koeffizienten bei dx und dy liefern die partiellen Ableitungen

$$\frac{\partial u}{\partial x} = \frac{v-x}{u-v}, \quad \frac{\partial u}{\partial y} = \frac{v-y}{u-v}, \quad \frac{\partial v}{\partial x} = \frac{u-x}{v-u}, \quad \frac{\partial v}{\partial y} = \frac{u-y}{v-u}. \tag{10}$$

Bemerkung 2. In der Regel 2 wird vorausgesetzt, daß die Funktionen $F_1(x, y, z, u, v) = 0$ und $F_2(x, y, z, u, v) = 0$ in einem gewissen Punkt $M_0(x_0; y_0; z_0; u_0; v_0)$, und in einer gewissen Umgebung davon differenzierbar sind. Außerdem ist vorausgesetzt, daß das durch Differenzieren gebildete Gleichungssystem nach du und dv aufgelöst werden kann (d. h., daß die aus den Koeffizienten von du und dv gebildete Determinante von Null verschieden ist). Unter diesen Bedingungen gilt:

1. Das System (6) definiert wirklich u und v als implizite Funktionen der Argumente x, y, z. Diese Funktionen sind innerhalb einer gewissen Kugel mit dem Mittelpunkt $(x_0; y_0; z_0)$ definiert und nehmen für $x = x_0$, $y = y_0$, $z = z_0$ die Werte u_0 und v_0 an.

2. Die Funktionen u und v sind innerhalb der erwähnten Kugel differenzierbar, insbesondere im Punkt $(x_0; y_0; z_0)$.

§ 443. Partielle Ableitungen höherer Ordnung

Definition 1. Die partiellen Ableitungen der Funktionen

$$\frac{\partial z}{\partial x} = f_x(x, y), \quad \frac{\partial z}{\partial y} = f_y(x, y) \tag{1}$$

heißen *partielle Ableitungen zweiter Ordnung* (oder *zweite partielle Ableitungen*) der Funktion $z = f(x, y)$.

Es gibt vier verschiedene partielle Ableitungen zweiter Ordnung von $z = f(x, y)$. Die partielle Ableitung von $\frac{\partial z}{\partial x}$ nach dem Argument x bezeichnet man durch $\frac{\partial^2 z}{\partial x^2}$, durch $\frac{\partial^2 f(x, y)}{\partial x^2}$ oder durch $f_{xx}(x, y)$.

Analoge Bezeichnungsweise gelten für die übrigen Ableitungen, und wir haben also

$$\frac{\partial}{\partial x}\left(\frac{\partial z}{\partial x}\right) = \frac{\partial^2 z}{\partial x^2} = \frac{\partial^2 f(x, y)}{\partial x^2} = f_{xx}(x, y), \tag{2}$$

$$\frac{\partial}{\partial y}\left(\frac{\partial z}{\partial x}\right) = \frac{\partial^2 z}{\partial x\,\partial y} = \frac{\partial^2 f(x, y)}{\partial x\,\partial y} = f_{xy}(x, y), \tag{3}$$

$$\frac{\partial}{\partial x}\left(\frac{\partial z}{\partial y}\right) = \frac{\partial^2 z}{\partial y\,\partial x} = \frac{\partial^2 f(x, y)}{\partial y\,\partial x} = f_{yx}(x, y), \tag{4}$$

$$\frac{\partial}{\partial y}\left(\frac{\partial z}{\partial y}\right) = \frac{\partial^2 z}{\partial y^2} = \frac{\partial^2 f(x, y)}{\partial y^2} = f_{yy}(x, y). \tag{5}$$

Die zweiten Ableitungen (2) und (5) nennt man *reine Ableitungen*, die Ableitungen (3) und (4) nennt man *gemischt*.

Theorem 1. Die gemischten Ableitungen zweiter Ordnung (die sich durch die Reihenfolge der Differentiation nach x und y unterscheiden) sind untereinander gleich, falls sie im betrachteten Punkt stetig sind.

Beispiel 1. Man bestimme die zweiten partiellen Ableitungen der Funktion $z = x^3y^2 + 2x^2y - 6$. Wir haben

$$\frac{\partial z}{\partial x} = 3x^2y^2 + 4xy, \qquad \frac{\partial z}{\partial y} = 2x^3y + 2x^2,$$
$$\frac{\partial^2 z}{\partial x^2} = 6xy^2 + 4y, \qquad \frac{\partial^2 z}{\partial y\,\partial x} = 6x^2y + 4x,$$
$$\frac{\partial^2 z}{\partial x\,\partial y} = 6x^2y + 4x, \qquad \frac{\partial^2 z}{\partial y^2} = 2x^3.$$

Die gemischten Ableitungen $\dfrac{\partial^2 z}{\partial y\,\partial x}$ und $\dfrac{\partial^2 z}{\partial x\,\partial y}$ sind gleich.

Bemerkung 1. Auf Grund von Theorem 1 gibt es insgesamt nur drei verschiedene partielle Ableitungen zweiter Ordnung.

Definition 2. Die partiellen Ableitungen der partiellen Ableitungen zweiter Ordnung heißen *partielle Ableitungen dritter Ordnung* (oder *dritte partielle Ableitungen*). Man bezeichnet sie durch f_{xxx}, f_{yyy} (reine Ableitungen), f_{xxy}, f_{xyx}, f_{xyy}, usw. (gemischte Ableitungen), oder durch $\dfrac{\partial^3 z}{\partial x^3}$, $\dfrac{\partial^3 z}{\partial y^3}$, $\dfrac{\partial^3 z}{\partial x^2\,\partial y}$, $\dfrac{\partial^3 z}{\partial x\,\partial y\,\partial x}$ usw.

Theorem 2. Die gemischten Ableitungen dritter Ordnung, die sich nur durch die Reihenfolge der Differentiationen nach den Argumenten x und y unterscheiden, sind untereinander gleich (vorausgesetzt, daß sie im betrachteten Punkt stetig sind).

Zum Beispiel gilt $\dfrac{\partial^3 z}{\partial x^2\,\partial y} = \dfrac{\partial^3 z}{\partial x\,\partial y\,\partial x}$

Beispiel 2. Die partiellen Ableitungen dritter Ordnung der Funktion $z = x^3y^2 + 2x^2y - 6$ (vgl. Beispiel 1) sind

$$\frac{\partial^3 z}{\partial x^3} = \frac{\partial}{\partial x}\left(\frac{\partial^2 z}{\partial x^2}\right) = 6y^2, \quad \frac{\partial^3 z}{\partial y^3} = \frac{\partial}{\partial y}\left(\frac{\partial^2 z}{\partial y^2}\right) = 0,$$
$$\frac{\partial^3 z}{\partial x^2\,\partial y} = \frac{\partial}{\partial y}\left(\frac{\partial^2 z}{\partial x^2}\right) = \frac{\partial}{\partial x}\left(\frac{\partial^2 z}{\partial x\,\partial y}\right) = 12xy + 4,$$
$$\frac{\partial^3 z}{\partial x\,\partial y^2} = \frac{\partial}{\partial y}\left(\frac{\partial^2 z}{\partial x\,\partial y}\right) = \frac{\partial}{\partial x}\left(\frac{\partial^2 z}{\partial y^2}\right) = 6x^2.$$

Bemerkung 2. Auf Grund von Theorem 2 gibt es nur vier verschiedene partielle Ableitungen dritter Ordnung:

$$\frac{\partial^3 z}{\partial x^3}, \frac{\partial^3 z}{\partial x^2\,\partial y}, \frac{\partial^3 z}{\partial x\,\partial y^2}, \frac{\partial^3 z}{\partial y^3}.$$

Bemerkung 3. Auf analoge Weise definiert und bezeichnet man die partiellen Ableitungen von vierter und höherer Ordnung der Funktion $f(x, y)$, sowie von Funktionen mit drei und mehr Argumenten. In allen Fällen gelten Theoreme, die analog den Theoremen 1 und 2 sind.

§ 444. Die totalen Differentiale höherer Ordnung

Wir bilden den totalen Zuwachs (§ 427) Δz der Funktion $z = f(x, y)$. Mit denselben Größen Δx und Δy bilden wir danach den totalen Zuwachs $\Delta(\Delta z)$ der Größe Δz (als Funktion von x und y betrachtet). So erhalten wir die zweite Differenz $\Delta^2 z$ der Funktion z.
Wenn man $\Delta^2 z$ in eine Summe von zwei Gliedern zerlegen kann,

$$\Delta^2 z = (r\,\Delta x^2 + 2s\,\Delta x\,\Delta y + t\Delta\,y^2) + \alpha, \tag{1}$$

wobei r, s und t nicht von Δx und Δy abhängen und wobei α klein von höherer Ordnung relativ zu $\varrho^2 = \Delta x^2 + \Delta y^2$ ist, dann nennt man das erste Glied das *zweite* (*totale*) *Differential* der Funktion z und bezeichnet es durch $d^2 z$.

Beispiel 1. Wir betrachten die Funktion $z = x^3 y^2$. Wir finden

$$\begin{aligned}\Delta z &= (x + \Delta x)^3\,(y + \Delta y)^2 - x^3 y^2,\\ \Delta^2 z &= (x + 2\Delta x)^3\,(y + 2\Delta y)^2 - 2(x + \Delta x)^3\,(y + \Delta y)^2\\ &\quad + x^3 y^2 = (6xy^2\,\Delta x^2 + 12x^2 y\,\Delta x\,\Delta y + 2x^3\,\Delta y^2) + \alpha,\end{aligned} \tag{2}$$

wobei α klein von höherer Ordnung relativ zu ϱ^2 ist. Das erste Glied der Summe (2) hingegen hat die Gestalt $r\,\Delta x^2 + 2s\,\Delta x\,\Delta y + t\,\Delta y^2$, wobei die Größen $r = 6xy^2$, $s = 6x^2 y$, $t = 2x^3$ nicht von Δx oder Δy abhängen. Das erste Glied ist daher das zweite Differential der Funktion $z = x^3 y^2$:

$$d^2 z = 6xy^2\,\Delta x^2 + 12x^2 y\,\Delta x\,\Delta y + 2x^3\,\Delta y^2. \tag{3}$$

Theorem 1. Die Größen r, s und t in der Formel (1) sind gleich den entsprechenden zweiten partiellen Ableitungen der Funktion z:

$$r = \frac{\partial^2 z}{\partial x^2},\quad s = \frac{\partial^2 z}{\partial x\,\partial y},\quad t = \frac{\partial^2 z}{\partial y^2}.$$

Beispiel 2. Im vorangehenden Beispiel hatten wir

$$r = 6xy^2 = \frac{\partial^2 z}{\partial x^2},\quad s = 6x^2 y = \frac{\partial^2 z}{\partial x\,\partial y},\quad t = 2x^3 = \frac{\partial^2 z}{\partial y^2}.$$

Ausdruck für das zweite Differential. Auf Grund von Theorem 1 haben wir

$$d^2 z = \frac{\partial^2 z}{\partial x^2}\,\Delta x^2 + 2\,\frac{\partial^2 z}{\partial x\,\partial y}\,\Delta x\,\Delta y + \frac{\partial^2 z}{\partial y^2}\,\Delta y^2. \tag{4}$$

Wegen $\Delta x = dx$ und $\Delta y = dy$ (§ 430, Bemerkung 1) können wir statt (4) auch schreiben

$$d^2z = \frac{\partial^2 z}{\partial x^2}\,dx^2 + 2\,\frac{\partial^2 z}{\partial x \partial y}\,dx\,dy + \frac{\partial^2 z}{\partial y^2}\,dy^2. \tag{5}$$

Im Gegensatz zum entsprechenden Ausdruck für das erste Differential (vgl. § 432) ist Formel (5) in der Regel nicht gültig, wenn x und y nicht die Argumente sind (vgl. Fußnote in § 258).

Theorem 2. Wenn man die Größen dx und dy als nicht von x und y abhängig betrachtet, so ist das zweite Differential d^2z gleich dem Differential des ersten Differentials dz (vgl. § 258, Theorem 2):

$$d[df(x, y)] = d^2f(x, y). \tag{6}$$

Beispiel 3. Es sei $z = x^3y^2$. Wir haben

$$dz = 3x^2y^2\,dx + 2x^3y\,dy.$$

Wir differenzieren nochmals und betrachten dx und dy als Konstante. Auf diese Weise erhalten wir

$$\begin{aligned} d(dz) &= d(3x^2y^2)\,dx + d(2x^3y)\,dy \\ &= 6xy^2\,dx^2 + 12x^2\,dx\,dy + 2x^3\,dy^2. \end{aligned}$$

Dies ist das zweite (totale) Differential der Funktion x^3y^2 (s. Beispiel 1).

Die totalen Differentiale dritter, vierter und höherer Ordnungen (d^3z, d^4z, usw.) definiert man analog und drückt sie durch die folgenden Formeln aus:

$$d^3z = \frac{\partial^3 z}{\partial x^3}\,dx^3 + 3\,\frac{\partial^3 z}{\partial x^2\,\partial y}\,dx^2\,dy + 3\,\frac{\partial^3 z}{\partial x\,\partial y^3}\,dx\,dy^2 + \frac{\partial^3 z}{\partial y^3}\,dy^3, \tag{7}$$

$$\begin{aligned} d^4z = \frac{\partial^4 z}{\partial x^4}\,dx^4 &+ 4\,\frac{\partial^4 z}{\partial x^3\,\partial y}\,dx^3\,dy + 6\,\frac{\partial^4 z}{\partial x^2\,\partial y^2}\,dx^2\,dy^2 \\ &+ 4\,\frac{\partial^4 z}{\partial x\,\partial y^3}\,dx\,dy^3 + \frac{\partial^4 z}{\partial y^4}\,dy^4. \end{aligned} \tag{8}$$

Die Zahlenfaktoren sind gleich den entsprechenden Binomialkoeffizienten.

Die Formeln (7) und (8) gelten in der Regel nur dann, wenn x und y die Argumente sind.

Alle vorangehenden Definitionen erweitert man auch auf Funktionen von drei und mehr Argumenten.

§ 445. Die Technik des mehrmaligen Differenzierens

Zur Bestimmung der partiellen Ableitungen höherer Ordnung bestimmt man am besten vorerst das totale Differential der entsprechenden Ordnung.

Beispiel. Man bestimme die partiellen Ableitungen der Funktion $z = x^3y^2$ bis einschließlich dritter Ordnung.

Lösung. Wir bilden zuerst das erste Differential dz:

$$dz = 3x^2y^2\,dx + 2x^3y\,dy. \tag{1}$$

Indem wir nochmals differenzieren und dabei dx und dy als Konstante betrachten, finden wir daraus das zweite Differential

$$d^2z = 6xy^2\,dx^2 + 12x^2y\,dx\,dy + 2x^3\,dy^2 \tag{2}$$

(vgl. § 444, Beispiel 3). Durch nochmaliges Differenzieren von (2) bei konstantem dx und dy erhalten wir

$$\begin{aligned} d^3z = {} & (6y^2\,dx^3 + 12xy\,dx^2\,dy) \\ & + (24xy\,dx^2\,dy + 12x^2\,dx\,dy^2) + 6x^2\,dx\,dy^2, \end{aligned}$$

oder

$$d^3z = 6y^2\,dx^3 + 3 \cdot 12xy\,dx^2\,dy + 3 \cdot 6x^2\,dx\,dy^2. \tag{3}$$

Unter Berücksichtigung der Formeln (5) und (7) aus § 444 finden wir aus den Koeffizienten von (1), (2) und (3)

$$\frac{\partial z}{\partial x} = 3x^2y^2, \quad \frac{\partial z}{\partial y} = 2x^3y;$$

$$\frac{\partial^2 z}{\partial x^2} = 6xy^2, \quad \frac{\partial^2 z}{\partial x\,\partial y} = 6x^2y, \quad \frac{\partial^2 z}{\partial y^2} = 2x^3;$$

$$\frac{\partial^3 z}{\partial x^3} = 6y^2, \quad \frac{\partial^3 z}{\partial x^2\,\partial y} = 12xy, \quad \frac{\partial^3 z}{\partial x\,\partial y^2} = 6x^2, \quad \frac{\partial^3 z}{\partial y^3} = 0.$$

§ 446. Vereinbarung über die Bezeichnungsweise von Differentialen

Der Ausdruck für die Differentiale wird mit wachsender Ordnung immer komplizierter. Zur Vereinfachung führt man die folgende Vereinbarung zur Bezeichnung des Differentials k-ter Ordnung der Funktion $z = f(x, y)$ ein:

$$d^kz = \left(\frac{\partial}{\partial x}\,dx + \frac{\partial}{\partial y}\,dy\right)^k z. \tag{1}$$

Dieser Ausdruck ist so zu verstehen: Wir erheben das Binom $\frac{\partial}{\partial x}\,dx + \frac{\partial}{\partial y}\,dy$ zur k-ten Potenz, wobei die Symbole ∂x, ∂y und ∂ wie selbständige algebraische Größen behandelt werden. Dann lassen wir die Klammer weg und schreiben zu jedem Symbol ∂^k den Faktor z hinzu. Nach diesem Vorgang haben alle Symbole wieder ihre ursprüngliche Bedeutung.

Beispiel. Das Symbol $d^3z = \left(\frac{\partial}{\partial x}\,dx + \frac{\partial}{\partial y}\,dy\right)^3 z$ entziffert man so: Durch Kubieren erhalten wir

$$\left(\frac{\partial^3}{\partial x^3}\,dx^3 + 3\,\frac{\partial^3}{\partial x^2\,\partial y}\,dx^2\,dy + 3\,\frac{\partial^3}{\partial x\,\partial y^2}\,dx\,dy^2 + \frac{\partial^3}{\partial y^3}\,dy^3\right) z.$$

Nach Weglassen der Klammern erhalten wir

$$d^3z = \frac{\partial^3 z}{\partial x^3}\,dx^3 + 3\,\frac{\partial^3 z}{\partial x^2\,\partial y}\,dx^2\,dy + 3\,\frac{\partial^3 z}{\partial x\,\partial y^2}\,dx\,dy^2 + \frac{\partial^3 z}{\partial y^3}\,dy^3$$

(vgl. (7), § 444).

Bemerkung. Für drei, vier und mehr Argumente gilt dieselbe Vereinbarung. Zum Beispiel bedeutet das Symbol

$$d^2u = \left(\frac{\partial}{\partial x}\,dx + \frac{\partial}{\partial y}\,dy + \frac{\partial}{\partial z}\,dz\right)^2 u$$

dasselbe wie

$$d^2u = \frac{\partial^2 u}{\partial x^2}\,dx^2 + \frac{\partial^2 u}{\partial y^2}\,dy^2 + \frac{\partial^2 u}{\partial z^2}\,dz^2$$
$$+ 2\,\frac{\partial^2 u}{\partial x\,\partial y}\,dx\,dy + 2\,\frac{\partial^2 u}{\partial y\,\partial z}\,dy\,dz + 2\,\frac{\partial^2 u}{\partial z\,\partial x}\,dz\,dx.$$

§ 447. Die Taylorsche Formel für Funktionen von mehreren Variablen

Für eine Funktion von einer Variablen kann man die Taylorsche Formel (§ 271) in der Form

$$f(x + \Delta x) = f(x) + \frac{1}{1!}\,f'(x)\,\Delta x + \frac{1}{2!}\,f''(x)\,\Delta x^2 + \cdots$$
$$+ \frac{1}{n!}\,f^{(n)}(x)\,\Delta x^n + \frac{1}{(n+1)!}\,f^{(n+1)}(x + \theta\,\Delta x)\,\Delta x^{n+1} \qquad (1)$$

schreiben, wobei θ eine gewisse positive Zahl kleiner als 1 ist[1]):

$$0 < \theta < 1. \qquad (2)$$

Hier bedeuten die Ausdrücke $f'(x)\,\Delta x$, $f''(x)\,\Delta x^2, \ldots$ die Differentiale der ersten, zweiten, usw. Ordnung.

Die Taylorsche Formel für Funktionen von mehreren Variablen konstruiert man analog dazu unter Verwendung der totalen Differen-

---

[1]) Die in (1) aus § 271 eingeführte Zahl ξ liegt zwischen x und $x + \Delta x$. Daher hat die Differenz $\xi - x$ dasselbe Vorzeichen wie Δx. Also ist der Quotient $(\xi - x):\Delta x$ eine gewisse positive Zahl θ, die kleiner als 1 ist. Mit $(\xi - x):\Delta x = \theta$ erhalten wir $\xi = x + \theta\Delta x$.

tiale. Für zwei Variable haben wir daher bei $n = 2$

$$f(x + \Delta x, y + \Delta y) = f(x, y) + \frac{1}{1}\left[f_x(x, y)\,\Delta x + f_y(x, y)\,\Delta y\right]$$
$$+ \frac{1}{2!}\left[f_{xx}(x, y)\,\Delta x^2 + 2f_{xy}(x, y)\,\Delta x\,\Delta y + f_y(x, y)\Delta y^2\right]$$
$$+ \frac{1}{3!}\left[f_{xxx}(x + \theta\,\Delta x, y + \theta\,\Delta y)\,\Delta x^3\right.$$
$$+ 3f_{xxy}(x + \theta\,\Delta x, y + \theta\,\Delta y)\,\Delta x^2\,\Delta y$$
$$+ 3f_{xyy}(x + \theta\,\Delta x, y + \theta\,\Delta y)\,\Delta x\,\Delta y^2$$
$$\left.+ f_{yyy}(x + \theta\,\Delta x, y + \theta\,\Delta y)\,\Delta y^3\right], \tag{3}$$

wobei θ der Ungleichung (2) genügt.
Die Ausdrücke in den eckigen Klammern bedeuten (§ 444) die totalen Differentiale. Im letzten Glied wurden die partiellen Ableitungen bei einem mittleren Argumentwert genommen[1]).
Die TAYLORsche Formel für beliebig viele Glieder ist (auch bei zwei Variablen) nur bei Verwendung der verkürzten Schreibweise aus § 446 übersichtlich. In diesem Fall lautet sie

$$\Delta f(x, y) = \frac{1}{1!}\left(\frac{\partial}{\partial x}\,\Delta x + \frac{\partial}{\partial y}\,\Delta y\right) f(x, y)$$
$$+ \frac{1}{2!}\left(\frac{\partial}{\partial x}\,\Delta x + \frac{\partial}{\partial y}\,\Delta y\right)^2 f(x, y) + \cdots$$
$$+ \frac{1}{n!}\left(\frac{\partial}{\partial x}\,\Delta x + \frac{\partial}{\partial y}\,\Delta y\right)^n f(x, y)$$
$$+ \frac{1}{(n+1)!}\left(\frac{\partial}{\partial x}\,\Delta x + \frac{\partial}{\partial y}\,\Delta y\right)^{n+1} f(x + \theta\,\Delta x, y + \theta\,\Delta y) \tag{4}$$

oder

$$\Delta f(x, y) = \frac{1}{1!}\,df(x, y) + \frac{1}{2!}\,d^2 f(x, y) + \cdots + \frac{1}{n!}\,d^n f(x, y)$$
$$+ \frac{1}{(n+1)!}\,d^{k+1} f(x + \theta\,\Delta x, y + \theta\,\Delta y), \tag{5}$$

und ein analoger Ausdruck gilt für Funktionen von mehr als zwei Argumenten.

Bemerkung. Die TAYLORsche Formel gilt nur unter der Bedingung, daß die Funktion $f(x, y)$ in allen Punkten der Verbindungsstrecke zwischen $M(x; y)$ und $M_1(x + \Delta x; y + \Delta y)$ die totalen Differentiale bis zur $(n + 1)$-ten Ordnung besitzt.

[1]) $\overline{M}(x + \theta\Delta x, y + \theta\Delta y)$ liegt auf der Verbindungsstrecke von $M(x; y)$ und $M_1(x + \Delta x; y + \Delta y)$. Die Zahl θ liefert das Verhältnis $M\overline{M} : MM_1$.

Beispiel. Wir erproben Formel (3) am Beispiel der Funktion

$$f(x, y) = xy^2$$

für $x = y = 1$, $\Delta x = 0{,}1$ und $\Delta y = 0{,}2$. Wir haben

$$(x + \Delta x)(y + \Delta y)^2 = xy^2 + [y^2 \Delta x + 2xy \Delta y]$$

$$+ \frac{1}{2}[4(y + \theta \Delta y) \Delta x \Delta y + 2(x + \theta \Delta x) \Delta y^2)].$$

Durch Einsetzen der gegebenen Werte erhalten wir die Gleichung $0{,}004 = 0{,}012\,\theta$. Daraus folgt $\theta = \frac{1}{3}$, d. h. θ liegt tatsächlich zwischen 0 und 1.

§ 448. Extremwerte (Maxima und Minima) von Funktionen mehrerer Argumente

Definition. Eine Funktion $f(x, y)$ hat ein *Maximum* (*Minimum*) im Punkt $P_0(a, b)$, wenn der Wert von $f(x, y)$ in allen Punkten einer hinreichend kleinen Umgebung von P_0 kleiner (größer) ist als der Wert $f(a, b)$ (vgl. § 275).

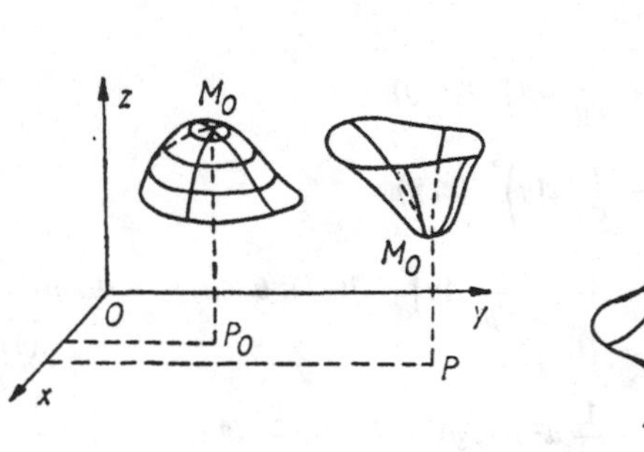

Abb. 413

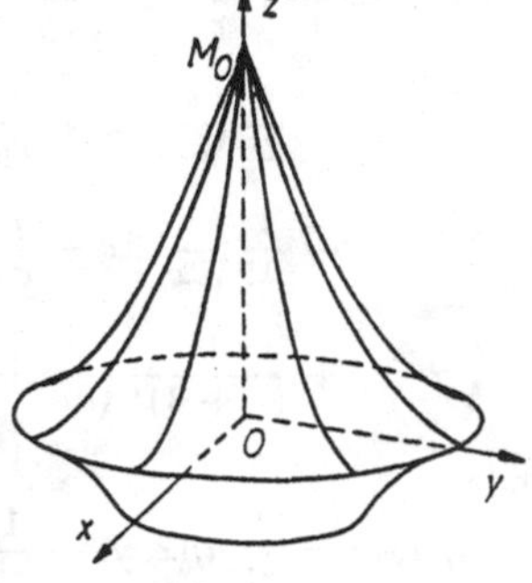

Abb. 414

Geometrische Bedeutung: Über dem Punkt P_0 (Abb. 413) liegt der Punkt M_0 der Fläche $z = f(x, y)$ höher (tiefer) als alle Nachbarpunkte.

Notwendige Bedingung für ein Extremum. Wenn die Funktion $f(x, y)$ im Punkt $P_0(a, b)$ ein Extremum hat, so ist in diesem Punkt entweder das totale Differential identisch gleich Null, oder es existiert nicht.

Bemerkung 1. Die Bedingung $df(x, y) = 0$ ist gleichwertig mit dem System aus zwei Gleichungen:

$$f_x(x, y) = 0, \qquad f_y(x, y) = 0.$$

Geometrische Bedeutung: Wenn der Punkt M_0 höher (tiefer) als alle Nachbarpunkte liegt, so hat die Fläche $z = f(x, y)$ dort eine horizontale Tangentialebene (wie in Abb. 413), oder ihre Tangentialebene existiert dort nicht (wie in Abb. 414).

Bemerkung 2. Die Definition der Extrema und die notwendige Bedingung gelten auch für Funktionen von beliebig vielen Argumenten.

§ 449. Regel für die Bestimmung von Extremwerten

Die Funktion $f(x, y)$ sei in einem gewissen Bereich differenzierbar. Zur Bestimmung aller ihrer Extreme in diesem Bereich muß man:

1. Das Gleichungssystem

$$f_x(x, y) = 0, \qquad f_y(x, y) = 0 \tag{1}$$

lösen. Die Lösung liefert die *kritischen Punkte.*

2. In jedem kritischen Punkt $P_0(a, b)$ untersuchen, ob die Differenz

$$f(x, y) - f(a, b) \tag{2}$$

das Vorzeichen wechselt oder nicht, und zwar in einem hinreichend kleinen Bereich um P_0. Wenn das Vorzeichen der Differenz (2) positiv bleibt, so haben wir in P_0 ein Minimum, wenn es negativ bleibt, ein Maximum. Wenn sich das Vorzeichen von (2) ändert, so liegt in P_0 kein Extremum vor.

Auf analoge Weise erhalten wir die Extremwerte von Funktionen mehrerer Argumente.

Bemerkung. Bei zwei Argumenten wird die Untersuchung manchmal durch Anwendung der hinreichenden Bedingung aus § 450 erleichtert. Bei mehr Argumenten ist diese Bedingung zu kompliziert. Daher bemüht man sich in der Praxis, die speziellen Eigenschaften der gegebenen Funktionen heranzuziehen.

Beispiel. Man bestimme die Extremwerte der Funktion

$$f(x, y) = x^3 + y^3 - 3xy + 1.$$

Lösung 1. Wir setzen die partiellen Ableitungen $f_x = 3x^2 - 3y$, $f_y = 3y^2 - 3x$ Null und erhalten das Gleichungssystem

$$x^2 - y = 0, \qquad y^2 + x = 0. \tag{3}$$

Es besitzt die beiden Lösungen

$$x_1 = y_1 = 0, \qquad x_2 = y_2 = 1. \tag{4}$$

Wir untersuchen nun das Vorzeichen der Differenz (2) in beiden kritischen Punkten $P_1(0; 0)$ und $P_2(1; 1)$.

2a) In $P_1(0; 0)$ haben wir

$$f(x, y) - f(0, 0) = x^3 + y^3 - 3xy. \tag{5}$$

Das Vorzeichen von (5) bleibt *nicht erhalten*, d. h., in beliebiger Nähe von P_1 gibt es zweierlei Arten von Punkten: Solche, für die die Diverenz (5) positiv ist, und solche, für die sie negativ ist. Nimmt man z. B. die Punkte der Geraden $y = x$, so lautet die Differenz (5) $2x^3 - 3x^2 = x^2(2x - 3)$. Für $x < \frac{3}{2}$ ist diese Differenz negativ. Nimmt man hingegen $P(x; y)$ auf der Geraden $y = -x$, so ist die Differenz (5) gleich $3x^2$, und dieser Ausdruck ist immer positiv.
Da das Vorzeichen von (5) nicht gleich bleibt, haben wir in P_1 kein Extremum. Die Fläche

$$z = x^3 + y^3 - 3xy + 1$$

hat im Punkt (0; 0; 1) die Form eines Sattels (ähnlich einem hyperbolischen Paraboloid).

2b) Für den Punkt $P_2(1; 1)$ haben wir

$$f(x, y) - f(1; 1) = x^3 + y^3 - 3xy + 1. \tag{6}$$

Wir wollen zeigen, daß diese Differenz in einer hinreichend kleinen Umgebung von (1; 1) immer positiv ist. Wir setzen

$$x = 1 + \alpha, \quad y = 1 + \beta. \tag{7}$$

Die Differenz (6) hat nun die Form

$$3(\alpha^2 - \alpha\beta + \beta^2) + (\alpha^3 + \beta^3). \tag{8}$$

Das erste Glied ist hier stets positiv und sogar größer als $\frac{3}{2}(\alpha^2 + \beta^2)$. Das zweite Glied kann auch negativ sein. Bei hinreichend kleinem $|\alpha|$ und $|\beta|$ ist sein Absolutbetrag jedoch kleiner als $\alpha^2 + \beta^2$. Die Differenz (8) ist daher positiv.

Im Punkt (1; 1) hat die gegebene Funktion also ein Minimum.

§ 450. Hinreichende Bedingung für ein Extremum (für den Fall von zwei Variablen)

Theorem 1. Es sei

$$A\,dx^2 + 2B\,dx\,dy + C\,dy^2 \tag{1}$$

das zweite Differential der Funktion $f(x, y)$ in einem ihrer kritischen Punkte (§ 449) $P_0(a; b)$ (A, B und C bedeuten also die Werte der zweiten Ableitungen f_{xx}, f_{xy} und f_{yy} in P_0). Wenn die Ungleichung

$$AC - B^2 > 0 \tag{2}$$

gilt, so hat die Funktion $f(x, y)$ im Punkt P_0 ein Extremum; ein Maximum, wenn A (oder C) negativ ist, ein Minimum, wenn A (oder C) positiv ist.

Bemerkung 1. Die Zahlen A und C haben unter der Bedingung (2) stets gleiches Vorzeichen.

Theorem 1 gibt eine hinreichende Bedingung für die Existenz eines Extremums.

Beispiel 1. Die Funktion $f(x, y) = x^3 + y^3 - 3xy + 1$ (vgl. Beispiel aus § 449) hat im Punkt (1; 1) ein Extremum, da die ersten Ableitungen in diesem Punkt verschwinden und die zweiten Ableitungen $\frac{\partial^2}{\partial x^2} = 6x$, $\frac{\partial^2}{\partial x\, \partial y} = -3$, $\frac{\partial^2 f}{\partial y^2} = 6y$ die Werte $A = 6$, $B = -3$ und $C = 6$ ergeben, wodurch die Ungleichung (2) erfüllt ist. Da A und C positiv sind, handelt es sich um ein Minimum.

Theorem 2. Wenn im kritischen Punkt $P_0(a, b)$ (mit der Bezeichnungsweise wie in Theorem 1) die Ungleichung

$$AC - B^2 < 0 \tag{3}$$

gilt, so hat die Funktion $f(x, y)$ im Punkt P_0 keinen Extremwert.

Das Theorem 2 liefert eine hinreichende Bedingung dafür, daß kein Extremwert vorliegt.

Beispiel 2. Die Funktion $f(x, y) = x^3 + y^3 - 3xy + 1$ (vgl. Beispiel § 449) hat im Punkt (0; 0) keinen Extremwert: Die ersten Ableitungen sind dort zwar Null, aber wir haben

$$A = 0, \quad B = -3, \quad C = 0$$

und daher

$$AC - B^2 = -9 < 0.$$

Bemerkung 2. Wenn im kritischen Punkt P_0 die Beziehung

$$AC - B^2 = 0, \tag{4}$$

gilt, so kann die Funktion dort ein Extremum (Maximum oder Minimum) haben oder nicht. Dieser Fall erfordert eine weitere Untersuchung.

§ 451. Das Doppelintegral[1])

Die Funktion $f(x, y)$ sei im Inneren eines gewissen Bereichs D und auf dessen Rand stetig (Abb. 415). Wir unterteilen den Bereich D in n Teilbereiche $D_1, D_2, \ldots, D_n$ und bezeichnen ihren Flächeninhalt durch $\Delta\sigma_1, \Delta\sigma_2, \ldots, \Delta\sigma_n$[2]). Die größten Sehnen der einzelnen Teilbereiche nennen wir ihre *Durchmesser*.

In jedem Teilbereich wählen wir (im Inneren oder auf dem Rand) einen Punkt [den Punkt $P_1(x_1; y_1)$ im Bereich D_1, den Punkt P_2

1) Der Begriff des Doppelintegrals ist eine Erweiterung des Begriffs des bestimmten Integrals auf den Fall von zwei Variablen. Es wird daher geraten, vorerst § 314 zu lesen.

2) In Analogie zur Bezeichungsweise $\Delta x_1, \Delta x_2, \ldots, \Delta x_n$ (§ 314) für die Länge der Teilintervalle. Die Analogie ist jedoch nur äußerlich, da $\Delta\sigma_1, \Delta\sigma_2, \ldots$ nicht der jeweilige Zuwachs des Arguments ist. Die Größen $\Delta\sigma_1, \Delta\sigma_2, \ldots$ sind immer positiv, während die Größen $\Delta x_1, \Delta x_2, \ldots$ auch negativ sein könnten (wenn die obere Grenze kleiner als die untere ist).

$(x_2; y_2)$ im Bereich D_2 usw.]. Danach bilden wir die Summe

$$S_n = f(x_1, y_1)\,\Delta\sigma_1 + f(x_2, y_2)\,\Delta\sigma_2 + \cdots + f(x_n, y_n)\,\Delta\sigma_n. \qquad (1)$$

Es gilt das folgende Theorem. Wenn bei unbegrenzter Vergrößerung der Anzahl der Teilbereiche $D_1, D_2, \ldots, D_n, \ldots$ deren Durchmesser gegen Null[1]) strebt, so strebt S_n gegen einen gewissen Grenzwert. Dieser hängt nicht von der Wahl der Teilbereiche ab und auch nicht von der Wahl der Punkte $P_1, P_2, \ldots, P_n$.

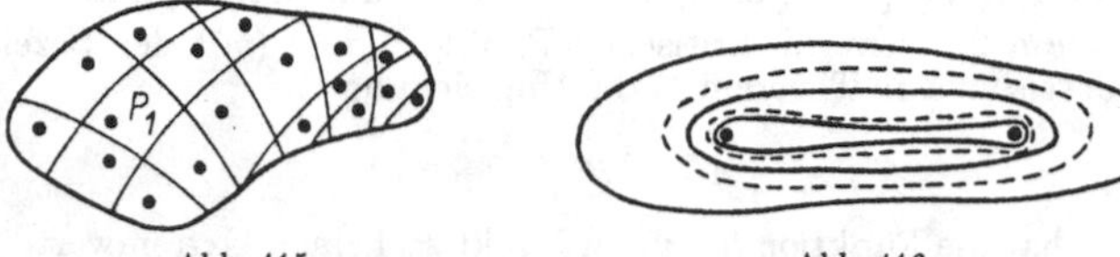

Abb. 415 Abb. 416

Definition. Der Grenzwert, gegen den die Summe (1) strebt, wenn der größte Durchmesser der Teilbereiche gegen Null strebt, heißt *Doppelintegral der Funktion* $f(x, y)$ *über den Bereich* D.
Bezeichnungsweise:

$$\iint\limits_D f(x, y)\, d\sigma. \qquad (2)$$

Gelesen: (Doppel-)Integral über D f von x, y de-Sigma.
Andere Bezeichnungsweise:

$$\iint\limits_D f(x, y)\, dx\, dy. \qquad (3)$$

Diese Bezeichnungsweise rührt von der Unterteilung des Bereichs D (Abb. 417) durch ein Netz von Geraden parallel zu den Koordinatenachsen her (dx — Länge des rechteckigen Teilbereichs, dy — dessen Breite).
Über die Bezeichnung eines Doppelintegrals über einen rechteckigen Bereich s. § 455.

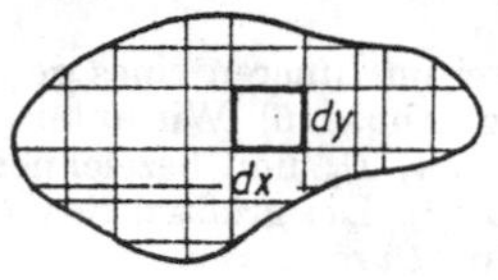

Abb. 417

Termini. Der Bereich D heißt *Integrationsbereich*, die Funktion $f(x, y)$ heißt *Integrand*, der Ausdruck $d\sigma$ heißt *Flächenelement*, der Ausdruck $dx\,dy$ in der Bezeichnungsweise (3) *Flächenelement in rechtwinkligen Koordinaten*.

[1]) Dabei wird der Flächeninhalt aller Teilbereiche unbegrenzt klein. Jedoch kann der Flächeninhalt der Teilbereiche unbegrenzt klein werden, ohne daß dabei der Durchmesser gegen Null strebt (die Breite strebt gegen Null, aber die Länge nicht, vgl. Abb. 414). In diesem Fall verliert das Theorem seine Gültigkeit.

§ 452. Die geometrische Bedeutung des Doppelintegrals

Die Funktion $f(x, y)$ nehme im Bereich D nur positive Werte an. Dann ist das Doppelintegral

$$\iint\limits_D f(x, y)\, d\sigma$$

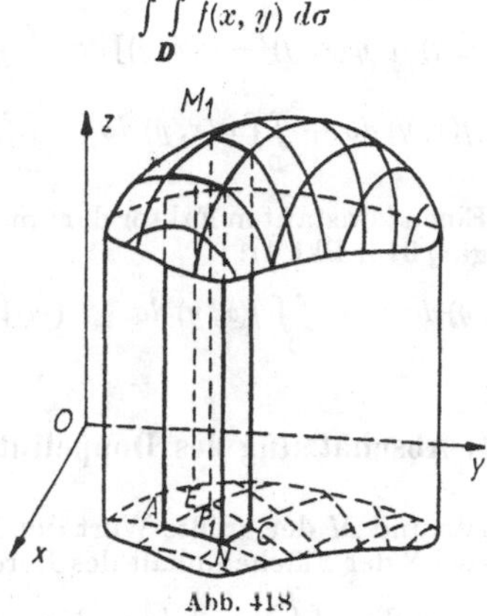

Abb. 418

gleich dem Volumen V des vertikalen zylindrischen Körpers (Abb. 418) mit der Grundfläche D und einer oberen Grenze, die durch die Fläche $z = f(x, y)$ gegeben ist.

Erklärung. Wir zerlegen den zylindrischen Körper in vertikale Säulen wie in Abb. 418. Eine Säule mit der Grundfläche

$$\Delta\sigma_1 = ABCE$$

hat ein Volumen, das annähernd gleich dem Volumen des Prismas mit derselben Grundfläche und der Höhe

$$P_1M_1 = f(x_1, y_1)$$

ist. Der erste Summand $f(x_1, y_1)\,\Delta\sigma_1$ der Summe S_n (§ 451) drückt also näherungsweise das Volumen der vertikalen Säule aus. Die gesamte Summe S_n ist daher ein Näherungsausdruck für das gesamte Volumen V. Der Grad der Genauigkeit wächst mit der Verkleinerung der Teilbereiche. Der Grenzwert der Summe S_n, d. h., das Integral $\iint (x, y)\, f\, d\sigma$ liefert den exakten Wert des Volumens V.

§ 453. Eigenschaften des Doppelintegrals

Eigenschaft 1. Wenn der Integrationsbereich D in zwei Teile D_1 und D_2 zerfällt, so haben wir

$$\iint\limits_D f(x, y)\, d\sigma = \iint\limits_{D_1} f(x, y)\, d\sigma + \iint\limits_{D_2} f(x, y)\, d\sigma$$

(vgl. § 315, Pkt. 2). Analoges gilt für eine Unterteilung in drei, vier und mehr Bereiche.

Eigenschaft 2. Das Doppelintegral einer algebraischen Summe einer festen Zahl von Funktionen ist gleich der algebraischen Summe der Doppelintegrale der einzelnen Summanden (vgl. § 315, Pkt. 3). Für drei Summanden haben wir

$$\iint_D [f(x, y) + \varphi(x, y) - \psi(x, y)]\, d\sigma$$
$$= \iint_D f(x, y)\, d\sigma + \iint_D \varphi(x, y)\, d\sigma - \iint_D \psi(x, y)\, d\sigma.$$

Eigenschaft 3. Einen konstanten Faktor darf man vor das Integralzeichen ziehen (vgl. § 315, Pkt 4):

$$\iint_D mf(x, y)\, d\sigma = m \iint_D f(x, y)\, d\sigma \qquad (m \text{ Konstante}).$$

§ 454. Abschätzung des Doppelintegrals

Es sei m der kleinste und M der größte Wert der Funktion $f(x, y)$ im Bereich D, und es sei S der Flächeninhalt des Bereiches D. Dann gilt

$$mS \leqq \iint_D f(x, y)\, d\sigma \leqq MS.$$

Geometrische Bedeutung: Das Volumen des zylindrischen Körpers liegt zwischen dem Volumen von zwei Zylindern mit derselben Grundfläche. Die Höhe des ersten ist gleich dem kleinsten Wert, die Höhe des zweiten gleich dem größten Wert der Applikate vgl. § 318, Theorem 1).

§ 455. Berechnung des Doppelintegrals (einfache Fälle)

Der Bereich D sei durch die Ungleichungen

$$a \leqq x \leqq b, \qquad c \leqq y \leqq d \tag{1}$$

gegeben, d. h., es handle sich um das Rechteck $KLMN$ (Abb. 419). Dann erhält man das Doppelintegral mit Hilfe der Formeln

$$\iint_D f(x, y)\, dx\, dy = \int_c^d dy \int_a^b f(x, y)\, dx, \tag{2}$$

$$\iint_D f(x, y)\, dx\, dy = \int_a^b dx \int_c^d f(x, y)\, dy. \tag{3}$$

Die Ausdrücke auf der rechten Seite nennt man *iterierte Integrale.*

Bemerkung. In der Formel (2) berechnet man zuerst das bestimmte Integral $\int_a^b f(x, y)\, dx$. *Bei diesem Integrationsprozeß ist y als Konstante aufzufassen. Das Ergebnis der Integration ist eine Funktion von y.* Die zweite Integration (von c bis d) wird nach dem Argument y ausgeführt. In der Formel (3) ist die Reihenfolge der Integration umgekehrt.

Erklärung. Das Doppelintegral $\iint\limits_{(KLMN)} f(x, y)\, dx\, dy$ drückt das Volumen des prismatischen Körpers KM' (Abb. 420) mit der Grundfläche $KLMN$ aus:

$$V = \iint\limits_{D} f(x, y)\, dx\, dy. \tag{4}$$

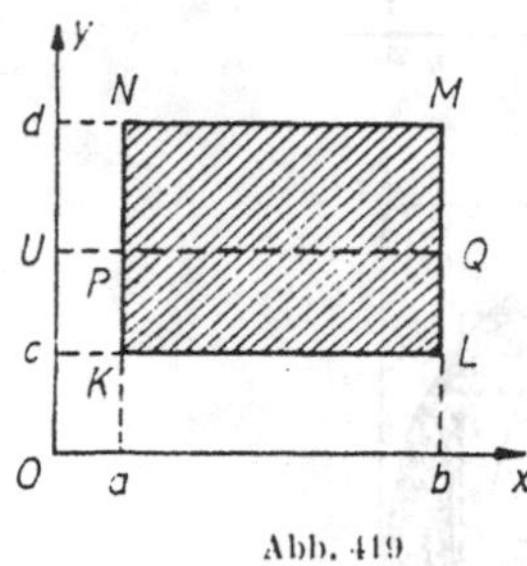

Abb. 419

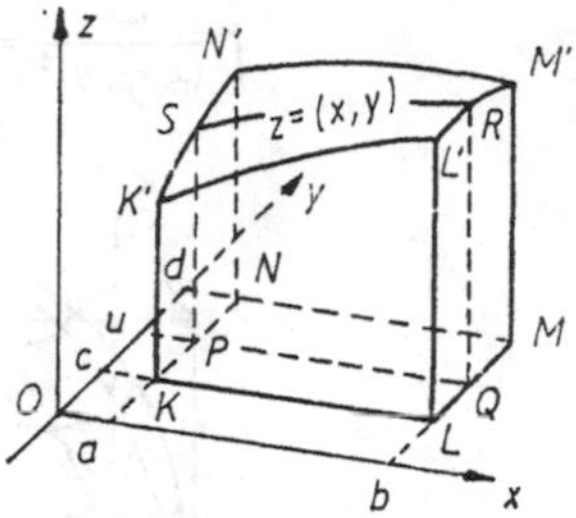

Abb. 420

Dasselbe Volumen erhält man auch aus der variablen Fläche F des Längsschnitts $PQRS$ (die von der Ordinate $y = Ou$ abhängt) nach der Formel (§ 336)

$$V = \int_c^d F(y)\, dy. \tag{5}$$

Die Fläche $PQRS$ erhält man aus der Formel

$$F(y) = \int_a^b z\, dx = \int_a^b f(x, y)\, dx. \tag{6}$$

(4), (5) und (6) ergeben zusammen Formel (2). Analog ergibt sich (3).

Bezeichnungsweise. Das Doppelintegral über ein Rechteck, dessen Seiten parallel zu den Achsen OX und OY sind, bezeichnet man durch

$$\left.\begin{array}{l} \int_c^d \int_a^b f(x, y)\, dx\, dy \\ \text{oder} \\ \int_a^b \int_c^d f(x, y)\, dy\, dx \end{array}\right\} \tag{7}$$

(das äußere Integralzeichen entspricht dem äußeren Differential).

Beispiel 1. Man berechne das Doppelintegral $\int\limits_1^2\int\limits_3^4 \frac{dx\,dy}{(x+y)^2}$.

Lösung. Der Integrationsbereich ist durch die Ungleichungen

$$3 \leqq x \leqq 4, \qquad 1 \leqq y \leqq 2$$

bestimmt. Er stellt ein Rechteck dar, dessen Seiten parallel zu den Koordinatenachsen sind. Wir berechnen zuerst das bestimmte Integral $\int\limits_3^4 \frac{dx}{(x+y)^2}$, worin y als konstante Größe zu betrachten ist:

$$\int\limits_3^4 \frac{dx}{(x+y)^2} = \frac{1}{y+3} - \frac{1}{y+4}.$$

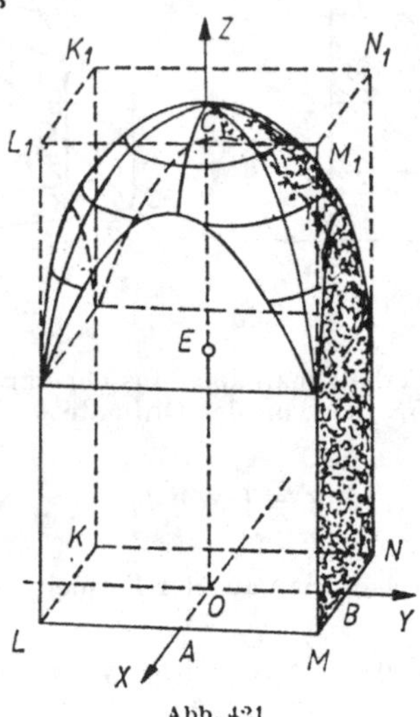

Abb. 421

Nach Formel (2) erhalten wir jetzt

$$\int\limits_1^2\int\limits_3^4 \frac{dx\,dy}{(x+y)^2} = \int\limits_1^2 \left(\frac{1}{y+3} - \frac{1}{y+4}\right) dy = \ln\frac{25}{24} \approx 0{,}0408.$$

Beispiel 2. Man berechne das Doppelintegral

$$I = \int\limits_1^3\int\limits_2^5 (5x^2y - 2y^3)\,dx\,dy$$

Lösung. Nach Formel (3) erhalten wir

$$I = \int_1^3 dy \int_2^5 (5x^2y - 2y^3)\,dx = \int_1^3 (195\,y - 6y^3)\,dy = 660.$$

Beispiel 3. Das rechtwinklige Parallelepiped werde von oben mit einem Rotationsparaboloid mit dem Parameter p geschnitten (Abb. 421). Der Scheitel des Paraboloids falle mit dem Mittelpunkt C der Deckfläche zusammen, die Achse sei vertikal. Man bestimme das Volumen V des so entstehenden Körpers, wenn die Seiten der Grundfläche $KL = a$, $KN = b$ sind und für die Höhe $OC = h$ gilt.

Lösung. Wir wählen das Koordinatensystem $OXYZ$ wie in Abb. 419. Die Gleichung des Paraboloids lautet

$$z = h - \frac{x^2 + y^2}{2p}. \tag{8}$$

Das gesuchte Volumen ist gleich dem Doppelintegral $\iint\limits_{(KLMN)} z\,dx\,dy$ über den rechtwinkligen Bereich $KLMN$, d. h.

$$V = \int_{-\frac{a}{2}}^{\frac{a}{2}} \int_{-\frac{b}{2}}^{\frac{b}{2}} \left(h - \frac{x^2 + y^2}{2p}\right) dy\,dx. \tag{9}$$

An Stelle dieses Integrals kann man das Vierfache des Integrals über den Bereich $OAMB$ nehmen (infolge der Symmetrie des Körpers bezüglich der Ebenen XOZ, YOZ), d. h.

$$V = 4 \int_0^{\frac{a}{2}} \int_0^{\frac{b}{2}} \left(h - \frac{x^2 + y^2}{2p}\right) dy\,dx.$$

Wir finden so

$$V = 4 \int_0^{\frac{a}{2}} \left[hy - \frac{x^2}{2p}\,y - \frac{y^3}{6p}\right]_0^{\frac{b}{2}} dx = 4 \int_0^{\frac{a}{2}} \left(\frac{bh}{2} - \frac{bx^2}{4p} - \frac{b^3}{48p}\right) dx$$

$$= abh - \frac{ab}{24p}\,(a^2 + b^2).$$

§ 456. Berechnung des Doppelintegrals (allgemeiner Fall)

1. Wenn jede den Bereich D schneidende vertikale Gerade den Rand von D nur in zwei Punkten (M_1 und M_2 in Abb. 422) schneidet, so läßt sich D durch die Ungleichungen

$$a \leqq x \leqq b, \qquad \varphi_1(x) \leqq y \leqq \varphi_2(x) \tag{1}$$

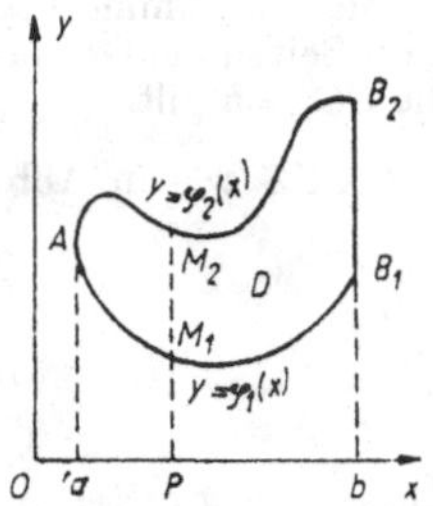

Abb. 422 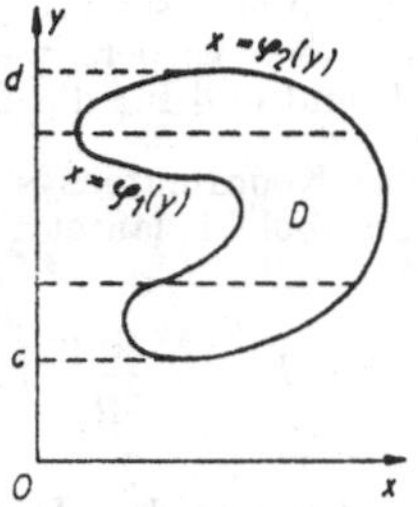 Abb. 423 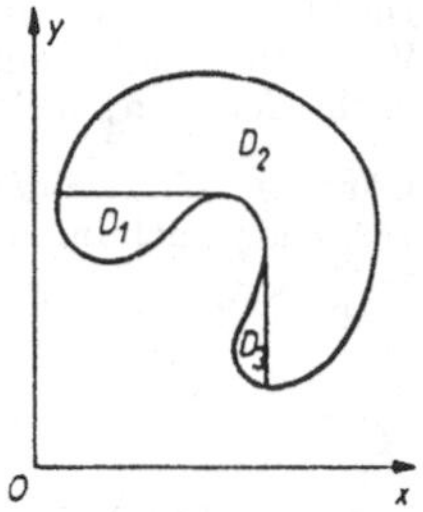 Abb. 424

angeben. Dabei sind a und b die Grenzen der Abszissen in D, und $\varphi_1(x)$ und $\varphi_2(x)$ sind Funktionen, die die Ordinaten der unteren und oberen Begrenzungslinien AM_1B_1 und AM_2B_2 beschreiben.
In diesem Fall berechnet man das Doppelintegral nach der Formel

$$\iint\limits_D f(x, y)\, d\sigma = \int\limits_a^b dx \int\limits_{\varphi_2(x)}^{\varphi_1(x)} f(x, y)\, dy. \tag{2}$$

2. Wenn jede den Bereich D schneidende horizontale Gerade den Rand von D nur in zwei Punkten trifft, so haben wir analog (mit der Bezeichnungsweise wie in Abb. 423)

$$\iint\limits_D f(x, y)\, d\sigma = \int\limits_c^d dy \int\limits_{\psi_1(y)}^{\psi_2(y)} f(x, y)\, dx. \tag{3}$$

Bemerkung. Wenn der Bereich D weder zum ersten noch zum zweiten Fall gehört, so zerlegt man D in Teilbereiche (D_1, D_2, D_3 in Abb. 424), für die die Formeln (2) oder (3) anwendbar sind.

Beispiel 1. Man bestimme das Integral $I = \iint\limits_D (y^2 + x)\, dx\, dy$, wenn der Bereich D durch die Parabeln $y = x^2$ und $y^2 = x$ (Abb. 425) begrenzt wird. Es liegt hier sowohl Fall 1 als auch Fall 2 vor.

Erste Lösung. Wir nehmen Formel (2) und setzen $a = 0$, $b = 1$, $\varphi_1(x) = x^2$, $\varphi_2(x) = \sqrt{x}$. Wir erhalten

$$\iint\limits_D (y^2 + x)\, dx\, dy = \int\limits_0^1 dx \int\limits_{x^2}^{\sqrt{x}} (y^2 + x)\, dy.$$

Bei der Berechnung des Integrals $\int\limits_{x^2}^{\sqrt{x}} (y^2 + x)\, dy$ gilt x als Konstante:

$$\int\limits_{x^2}^{\sqrt{x}} (y^2 + x)\, dy = \left[\frac{y^3}{3} + xy\right]_{y=x^2}^{y=\sqrt{x}} = \left(\frac{1}{3}x^{\frac{3}{2}} + x^{\frac{3}{2}}\right) - \left(\frac{1}{3}x^6 + x^3\right).$$

Den gefundenen Ausdruck integrieren wir nach x und erhalten

$$I = \int\limits_0^1 \left(\frac{4}{3}x^{\frac{2}{3}} - \frac{1}{3}x^6 - x^3\right) dx = \frac{33}{140}.$$

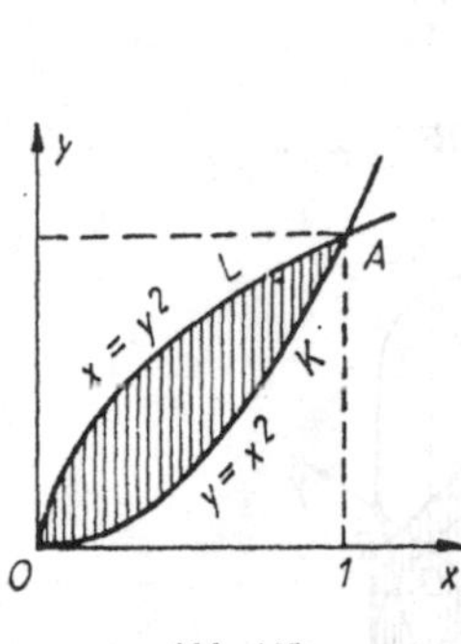

Abb. 425

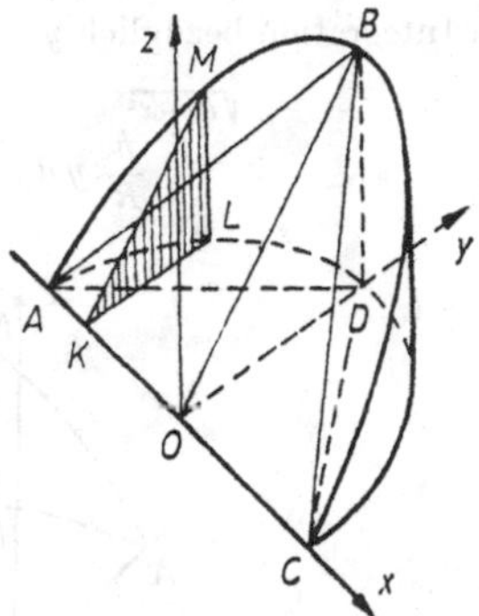

Abb. 426

Zweite Lösung. Wir wenden Formel (3) an und setzen $c = 0$, $d = 1$, $\psi_1(y) = y^2$, $\psi_2(y) = \sqrt{y}$. Wir erhalten der Reihe nach

$$I = \int\limits_0^1 dy \int\limits_{y^2}^{\sqrt{y}} (y^2 + x)\, dx = \int\limits_0^1 dy \left[xy^2 + \frac{x^2}{2}\right]_{x=y^2}^{x=\sqrt{y}}$$

$$= \int\limits_0^1 \left(y^{\frac{5}{2}} + \frac{y}{2} - \frac{3}{2}y^4\right) dy = \frac{33}{140}.$$

Beispiel 2. Man bestimme das Volumen V eines „zylindrischen Hufes", d. h. des Körpers $ACDB$ (Abb. 426), der aus einem Halbzylinder durch die Ebene ABC herausgeschnitten wird, die durch den Durchmesser AC der Grundfläche geht. Der Radius der Grundfläche sei $R = OA$, die Höhe des Hufes sei $DB = h$.

Lösung. Wir wählen das Koordinatensystem wie in Abb. 426 (der Rand des Integrationsbereiches entspricht dann sowohl Fall 1 als auch Fall 2). Die Gleichung der Ebene ABC ist $z = \frac{h}{R}\,y$. Wir haben: $V = \iint\limits_{(ADC)} \frac{h}{R}\,y\,dx\,dy$.

Erstes Verfahren. In Formel (2) setzen wir (Abb. 426)

$$a = -R,\quad b = R,\quad \varphi_1(x) = 0,\quad \varphi_2(x) = \sqrt{R^2 - x^2}\ (= KL).$$

Wir erhalten

$$V = \int\limits_{-R}^{+R} dx \int\limits_{0}^{\sqrt{R^2-x^2}} \frac{h}{R}\,y\,dy.$$

Nach Integration bezüglich y erhalten wir

$$\int\limits_{0}^{\sqrt{R^2-x^2}} \frac{h}{R}\,y\,dy = \frac{h}{2R}\,(R^2 - x^2).$$

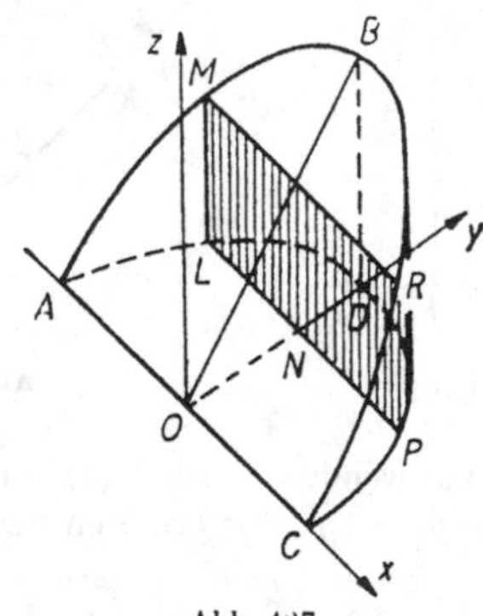

Abb. 427

Dieser Ausdruck liefert den Inhalt F der Fläche KLM ($F = \frac{1}{2}\,KL \times LM$ mit $KL = \sqrt{R^2 - x^2}$. LM findet man aus den ähnlichen Dreiecken KLM und ODB). Wir erhalten schließlich

$$V = \int\limits_{-R}^{R} \frac{h}{2R}\,(R^2 - x^2)\,dx = \frac{2}{3}\,R^2 h,$$

d. h., *der zylindrische Huf hat ein Volumen, das doppelt so groß ist wie das Volumen der Pyramide $BACD$*[1]).

Zweites Verfahren. In Formel (3) setzen wir (Abb. 427) $c = 0$, $d = R$, $\psi_1(y) = -\sqrt{R^2 - y^2}\,(= NL)$, $\psi_2(y) = \sqrt{R^2 - y^2}\,(= NP)$.

[1]) Dieses Ergebnis hat schon ARCHIMEDES gefunden.

Wir erhalten

$$V = \int_0^R dy \int_{-\sqrt{R^2-y^2}}^{\sqrt{R^2-y^2}} \frac{h}{R} y \, dx.$$

Die erste Integration liefert

$$\int_{-\sqrt{R^2-y^2}}^{\sqrt{R^2-y^2}} \frac{h}{R} y \, dx = 2 \frac{h}{R} y \sqrt{R^2 - y^2}.$$

Dieser Ausdruck stellt den Inhalt der Fläche $PLMR$ dar. Schließlich findet man

$$V = \int_0^R 2 \frac{h}{R} \sqrt{R^2 - y^2} \, y \, dy = \frac{2}{3} R^2 h.$$

§ 457. Punktfunktionen

Gegeben sei eine gewisse Menge von Punkten (z. B. die Menge der Punkte einer gegebenen Strecke, eines gegebenen Flächenstücks, eines gegebenen Körpers). Wenn jedem Punkt P dieser Menge ein wohlbestimmter Wert der Größe z (skalar oder vektoriell) zugeordnet ist, so nennt man diese Größe eine *Funktion des Punktes P*. Die gegebene Punktmenge heißt *Definitionsbereich der gegebenen Funktion.*

Bezeichnungsweise: $z = f(P)$.

Beispiel 1. Die Temperatur eines Gases, das einen gewissen Behälter erfüllt, ist eine Punktfunktion. Der Definitionsbereich ist die Menge der Punkte, die im Inneren des Behälters liegen.

Beispiel 2. Die jährliche Niederschlagsmenge ist eine Punktfunktion auf der Erdoberfläche.

Wenn die Punktmenge in einem gewissen Koordinatensystem gegeben ist, so wird die Punktfunktion eine Funktion der Koordinaten.

Beispiel 3. Der Abstand eines Punktes P von einem festen Punkt O ist eine Punktfunktion $f(P)$. Nimmt man ein rechtwinkliges Koordinatensystem mit dem Ursprung in O, so gilt $f(P) = \sqrt{x^2 + y^2 + z^2}$. Nimmt man als Koordinatenursprung einen anderen Punkt, so gilt $f(P) = \sqrt{(x - a)^2 + (y - b)^2 + (z - c)^2}$, wobei a, b, c die Koordinaten von O sind.

Beispiel 4. Der Integrand $f(x, y)$ eines Doppelintegrals $\iint\limits_D f(x, y)\, d\sigma$ ist eine Funktion des Punktes $P(x; y)$. Man kann daher statt $\iint\limits_D f(x, y)\, d\sigma$ auch $\iint\limits_D f(P)\, d\sigma$ schreiben.

§ 458. Das Doppelintegral in Polarkoordinaten

Das Doppelintegral $\iint\limits_D f(P)\, d\sigma$ kann man durch Polarkoordinaten des Punktes P mit Hilfe der Formel

$$\iint\limits_D f(P)\, d\sigma = \iint\limits_D F(r, \varphi)\, r\, dr\, d\varphi \tag{1}$$

ausdrücken. Hier bedeutet $F(r, \varphi)$ eine Funktion der Koordinaten r und φ, die die gegebene Punktfunktion $f(P)$ darstellt. Der Ausdruck $r\, dr\, d\varphi$ heißt *Flächenelement in Polarkoordinaten*. Es ist äquivalent dem Inhalt des Vierecks $ABCD$ (Abb. 428, wo $AD \approx OA \cdot \Delta\varphi = r\, d\varphi$ und $AB = DC = dr$).

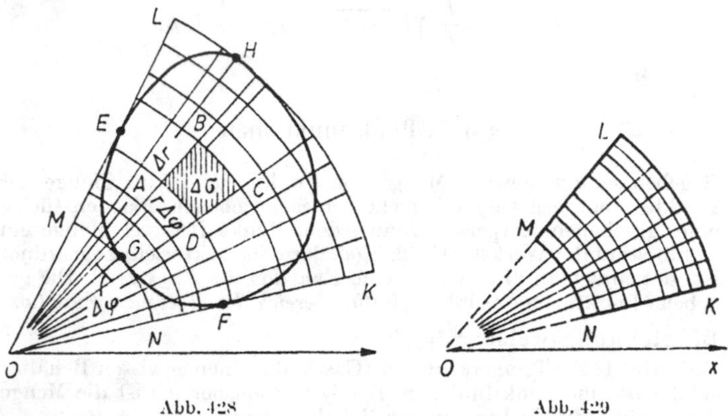

Abb. 428 Abb. 429

Wenn der Pol außerhalb der Berandung liegt und jeder Polarstrahl diese höchstens zweimal schneidet (Abb. 428), so gilt

$$\iint\limits_D F(r, \varphi)\, r\, dr\, d\varphi = \int\limits_{\varphi_1}^{\varphi_2} d\varphi\, F \int\limits_{r_1}^{r_2} (r, \varphi)\, r\, dr. \tag{2}$$

Hier ist $\varphi_1 = \sphericalangle XOK$, $\varphi_2 = \sphericalangle XOL$, und r_1 und r_2 sind Funktionen von φ, die die Randbögen FGE und FHE darstellen. Insbesondere können diese Funktionen (oder eine davon) Konstanten sein (Abb. 429).

Wenn der Pol innerhalb der Berandung liegt (Abb. 430) und wenn jeder Polarstrahl diese genau einmal schneidet, so kann man in Formel (2) $r_1 = 0$, $\varphi_1 = 0$, $\varphi_2 = 2\pi$ setzen. Wenn jedoch der Pol auf der Berandung liegt, so setzt man $r_1 = 0$, $\varphi_1 = \sphericalangle XOA$ und $\varphi_2 = \sphericalangle XOB$ (Abb. 431).

Wenn jeder Kreis mit dem Mittelpunkt im Pol, der den Integrationsbereich trifft, dessen Rand höchstens zweimal schneidet (Abb. 428), so gilt

$$\iint_D F(r, \varphi)\, r\, dr\, d\varphi = \int_{r_1}^{r_2} r\, dr \int_{\varphi_0}^{\varphi_2} F(r, \varphi)\, d\varphi. \tag{3}$$

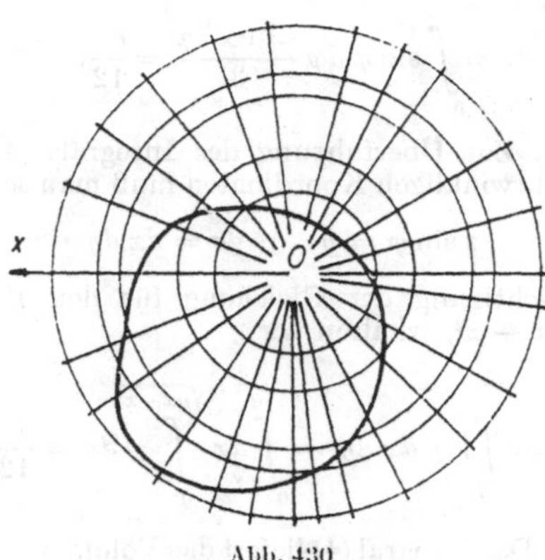

Abb. 430

Hier ist $r_1 = OG$, $r_2 = OH$, und φ_1 und φ_2 sind Funktionen von r, die die Randbögen GEH und GFH beschreiben.

Beispiel 1. Man bestimme das Doppelintegral

$$I = \iint_D r \sin\varphi\, d\sigma, \tag{4}$$

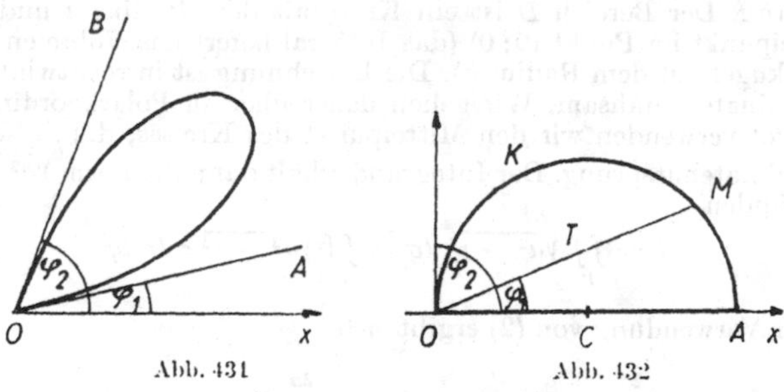

Abb. 431 Abb. 432

wenn der Bereich D der Halbkreis mit dem Durchmesser a ist, der in Abb. 432 dargestellt ist.

Lösung. Für den Punkt M des Halbkreises AKO haben wir (§ 74, Beispiel 2): $r = a \cos\varphi$. Wir wenden Formel (2) an und setzen

$r_1 = 0$, $r_2 = a\cos\varphi$, $\varphi_1 = 0$, $\varphi_2 = \dfrac{\pi}{2}$:

$$\iint_D r\sin\varphi\, d\sigma = \int_0^{\frac{\pi}{2}} d\varphi \int_0^{a\cos\varphi} r^2 \sin\varphi\, dr = \int_0^{\frac{\pi}{2}} \sin\varphi\, d\varphi \int_0^{a\cos\varphi} r^2\, dr$$

$$= \int_0^{\frac{\pi}{2}} \sin\varphi\, d\varphi\, \frac{a^3\cos^3\varphi}{3} = \frac{a^3}{12}.$$

Bemerkung 1. Zur Überführung des Integrals (4) in eine Darstellung mit rechtwinkligen Koordinaten muß man setzen

$$r\sin\varphi = y, \qquad d\sigma = dx\, dy.$$

Unter Berücksichtigung der Gleichung für den Halbkreis AKO, nämlich $y^2 = ax - x^2$, erhalten wir

$$I = \iint_D y\, dx\, dy = \int_0^a dx \int_0^{\sqrt{ax - x^2}} y\, dy = \frac{a^3}{12}.$$

Bemerkung 2. Das Integral (4) liefert das Volumen des zylindrischen Hufes (vgl. § 456, Beispiel 2), dessen Höhe gleich dem Radius der Grundfläche ist.

Beispiel 2. Man berechne das Integral

$$I = \int_{-a}^{+a} \int_{-\sqrt{a^2 - x^2}}^{\sqrt{a^2 - x^2}} \sqrt{a^2 - x^2 - y^2}\, dx\, dy.$$

Lösung. Der Bereich D ist ein Kreis mit dem Radius a und dem Mittelpunkt im Punkt (0; 0) (das Integral liefert das Volumen einer Halbkugel mit dem Radius a). Die Berechnung ist in rechtwinkligen Koordinaten mühsam. Wir gehen daher über zu Polarkoordinaten. Als Pol verwenden wir den Mittelpunkt des Kreises, d. h. also den Koordinatenursprung. Der Integrand erhält dann die Form $\sqrt{a^2 - r^2}$. Wir finden

$$I = \iint_D \sqrt{a^2 - r^2}\, d\sigma = \iint_D \sqrt{a^2 - r^2}\, r\, dr\, d\varphi.$$

Unter Verwendung von (2) ergibt sich

$$I = \int_0^{2\pi} d\varphi \int_0^a \sqrt{a^2 - r^2}\, r\, dr = \int_0^{2\pi} \frac{a^3}{3}\, d\varphi = \frac{2}{3}\pi a^3.$$

Beispiel 3. Man bestimme das Volumen V eines Körpers, der durch eine Zylinderfläche mit dem Durchmesser a aus einer Halbkugel mit dem Radius a (Abb. 433) herausgeschnitten wird. Dabei soll eine der Erzeugenden des Zylinders mit der Achse der Halbkugel zusammenfallen (VIVIANIscher *Körper*)[1]).

Lösung. Wir legen die Achsen wie in Abb. 433. Das gesuchte Volumen ergibt sich durch das Integral

$$I = \iint_D z\,d\sigma = \iint_D \sqrt{a^2 - x^2 - y^2}\,dx\,dy.$$

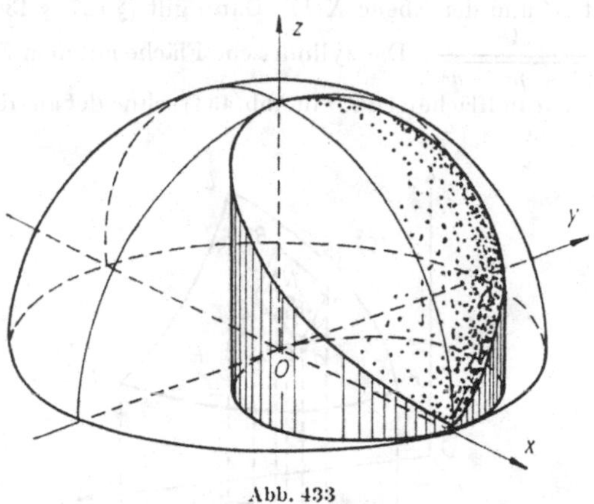

Abb. 433

Eine Berechnung des Integrals in rechtwinkligen Koordinaten ist mühevoll. Wir verwenden Polarkoordinaten mit dem Pol im Mittelpunkt O der Halbkugel (vgl. Beispiel 1, 2) und erhalten

$$I = \int_{-\frac{\pi}{2}}^{+\frac{\pi}{2}} d\varphi \int_0^{a\cos\varphi} \sqrt{a^2 - r^2}\, r\,dr = 2\int_0^{\frac{\pi}{2}} \frac{a^3(1 - \sin^3\varphi)}{3}\,d\varphi = \frac{2}{3}a^3\left(\frac{\pi}{2} - \frac{2}{3}\right).$$

§ 459. Der Flächeninhalt eines Flächenstücks

Die Projektion eines Flächenstücks $K'L'M'$ (Abb. 434) einer Fläche S auf die Ebene XOY sei der Bereich D (KLM in Abb. 434). Jedem Punkt N des Bereiches D entspreche dabei ein und nur ein Punkt N' des betrachteten Flächenstücks.

---

[1]) VINCENZO VIVIANI (1622–1703), ein Schüler von GALILEI, war Mathematiker und Architekt. Die Deckfläche des VIVIANIschen Körpers verwendet man als Fenster für eine sphärische Kuppel.

Der Inhalt des Flächenstücks $K'L'M'$ ergibt sich dann durch das Doppelintegral[1])

$$F = \iint_D \sqrt{1 + p^2 + q^2}\, d\sigma, \tag{1}$$

wobei $p = \frac{\partial z}{\partial x}$ und $q = \frac{\partial z}{\partial y}$.

Erklärung. Es sei γ der Winkel zwischen der Tangentialebene P im Punkt N' und der Ebene XOY. Dann gilt (§ 127, § 436) $\cos\gamma = \frac{1}{\sqrt{1 + p^2 + q^2}}$. Die zylindrische Fläche mit dem Flächenelement $\Delta\sigma$ als Grundfläche ($ABCD$ in Abb. 434) schneidet aus der Ebene P

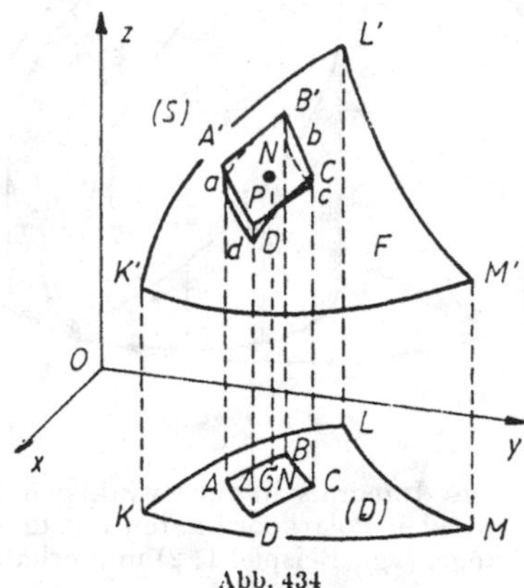

Abb. 434

das Stück $A'B'C'D'$ heraus. Der Flächeninhalt dieses Stücks ist $\frac{\Delta\sigma}{\cos\gamma} = \sqrt{1 + p^2 + q^2}\,\Delta\sigma$. Der Inhalt des Flächenstücks $abcd$ der Fläche S, das auf das Element $ABCD$ projiziert wird, ist annähernd derselbe wie der Inhalt von $A'B'C'D'$. Im Grenzwert liefert also die Summe der Flächeninhalte der Elemente $A'B'C'D'$ den Wert F:

$$F = \lim\left(\sqrt{1 + p_1^2 + q_1^2}\,\Delta\sigma_1 + \cdots + \sqrt{1 + p_n^2 + q_n^2}\,\Delta\sigma_n\right). \tag{2}$$

(s. weiter unten die Bemerkung 1). Daraus folgt (§ 451) Formel (1).

Beispiel. Man bestimme den Inhalt der Deckfläche des VIVIANIschen Körpers (§ 458, Beispiel 3).

[1]) Es wird vorausgesetzt, daß die Fläche in jedem Punkt des betrachteten Stücks eine Tangentialebene besitzt und daß sich die Tangentialebene stetig ändert.

Lösung. Wir haben

$$z = \sqrt{a^2 - x^2 - y^2}, \quad p = \frac{\partial z}{\partial x} = -\frac{x}{\sqrt{a^2 - x^2 - y^2}}.$$

$$q = \frac{\partial z}{\partial y} = -\frac{y}{\sqrt{a^2 - x^2 - y^2}}, \quad \sqrt{1 + p^2 + q^2} = \frac{a}{\sqrt{a^2 - x^2 - y^2}}.$$

Der gesuchte Flächeninhalt ist gleich

$$F = \iint\limits_D \sqrt{1 + p^2 + q^2}\, d\sigma = \iint\limits_D \frac{a\, d\sigma}{\sqrt{a^2 - x^2 - y^2}}.$$

Der Bereich D wird begrenzt von dem Kreis

$$x^2 + y^2 - ax = 0.$$

Bei Verwendung von Polarkoordinaten erhält man für das Doppelintegral (§ 458)

$$F = \int\limits_{-\frac{\pi}{2}}^{\frac{\pi}{2}} d\varphi \int\limits_0^{a\cos\varphi} \frac{ar\, dr}{\sqrt{a^2 - r^2}} = 2a \int\limits_0^{\frac{\varphi}{2}} d\varphi \int\limits_0^{a\cos\varphi} \frac{r\, dr}{\sqrt{a^2 - r^2}}.$$

Nach Ausführung der Integration findet man

$$F = 2a^2\left(\frac{\pi}{2} - 1\right).$$

Bemerkung 1. Wir haben behauptet, daß die Summe der Inhalte der Flächenelemente $A'B'C'D'$ im Grenzwert F ergibt. Diese Eigenschaft (die mit der von der Erfahrung herrührenden anschaulichen Darstellung übereinstimmt) nimmt man oft als Definition und formuliert diese in der folgenden Art.

Definition. Das betrachtete Flächenstück zerlegen wir in Teile *abcd*. In jedem Teil wählen wir einen Punkt N'. Durch N' ziehen wir die Tangentialebene und projizieren darauf *abcd* mit Hilfe von Geraden, die zu OZ parallel sind. Der Grenzwert, gegen den die Summe der Flächeninhalte der Projektionen bei unbegrenzter Verkleinerung der Teile strebt, ist der Inhalt des Flächenstücks.

Bemerkung 2. Der in der Definition erwähnte Grenzwert muß nicht nur existieren, er muß auch vom gewählten Koordinatensystem unabhängig sein. Das letztere Problem fällt weg, wenn man die Definition etwas abändert und die Projektionen auf die Ebene P in einer Richtung senkrecht zu P durchführt. In diesem Fall ist aber die Ableitung der Formel (1) komplizierter.

§ 460. Das dreifache Integral

Definition[1]). Es sei $f(x, y, z)$ eine Funktion der Punkte $P(x; y; z)$, die im Inneren und auf dem Rand eines gewissen räumlichen Bereiches D stetig ist. Wir unterteilen D in n Teile. $\Delta v_1, \Delta v_2, \ldots, \Delta v_n$ seien deren Volumina. In jedem der Teile wählen wir einen Punkt und bilden die Summe

$$S_n = f(x_1, y_1, z_1)\,\Delta v_1 + f(x_2, y_2, z_2)\,\Delta v_2 + \cdots + f(x_n, y_n, z_n)\,\Delta v_n. \quad (1)$$

Der Grenzwert, gegen den die Summe S_n strebt, wenn man die Anzahl der Teile so vergrößert, daß dabei ihr größter Durchmesser gegen Null strebt[2]), heißt *dreifaches Integral der Funktion* $f(x, y, z)$ *über den Bereich* D.

Bezeichnungsweisen:

$$\iiint_D f(x, y, z)\,dv \quad \text{oder} \quad \iiint_D f(P)\,dv \quad \text{oder} \quad \iiint_D f(x, y, z)\,dx\,dy\,dz.$$

Der Ausdruck $dx\,dy\,dz$ in der letzten Bezeichnung heißt *Volumenelement in rechtwinkligen Koordinaten.*

Die Eigenschaften des *dreifachen* Integrals sind dieselben wie die des Doppelintegrals (§ 453).

§ 461. Berechnung des dreifachen Integrals (einfache Fälle)

Der Raumbereich D sei durch die Ungleichungen

$$a \leqq x \leqq b, \qquad c \leqq y \leqq d, \qquad e \leqq z \leqq f \quad (1)$$

gegeben, d. h., es handle sich um ein Parallelepiped, dessen Kanten parallel zu den Koordinatenachsen sind. Dann berechnet man das dreifache Integral mit Hilfe der Formel

$$\iiint_D f(x, y, z)\,dx\,dy\,dz = \int_e^f dz \int_c^d dy \int_a^b f(x, y, z)\,dx \quad (2)$$

oder nach einer dazu analogen Formel (in der die Rollen der Argumente x, y und z vertauscht sind) (§ 455).

Der Ausdruck auf der rechten Seite von (2) heißt *iteriertes Integral.*

Ein dreifaches Integral über ein Parallelepiped, dessen Kanten parallel zu den Koordinatenachsen sind, bezeichnet man auch durch

$$\int_e^f\int_c^d\int_a^b f(x, y, z)\,dx\,dy\,dz, \qquad \int_a^b\int_c^d\int_e^f f(x, y, z)\,dz\,dy\,dx$$

---

[1]) Analog zur Definition des Doppelintegrals (§ 451).

[2]) Es gilt ein Theorem analog zu dem Theorem in § 451.

usw. (das äußerste Integralzeichen entspricht dem äußersten Differential, das innerste dem innersten).

Beispiel. Man bestimme das Integral

$$I = \int_0^1 \int_2^4 \int_0^3 (x + y + z)\, dx\, dy\, dz.$$

Lösung.

$$I = \int_0^1 dz \int_2^4 dy \int_0^3 (x + y + z)\, dx$$

$$= \int_0^1 dz \int_2^4 dy \left[\frac{x^2}{2} + (y + z)\, x\right]_{x=0}^{x=3} = \int_0^1 dz \int_2^4 \left(\frac{9}{2} + 3y + 3z\right) dy.$$

Die weitere Berechnung erfolgt wie in § 455. Wir erhalten $I = 30$.

§ 462. Die Berechnung eines dreifachen Integrals (allgemeiner Fall)

Den gegebenen räumlichen Bereich zerlegen wir, wenn dies notwendig ist, in solche Teilbereiche, daß die „horizontalen" Projektionen $\overline{D}$ (Abb. 435) aller Teile von D ebene Bereiche von einfachem Typ

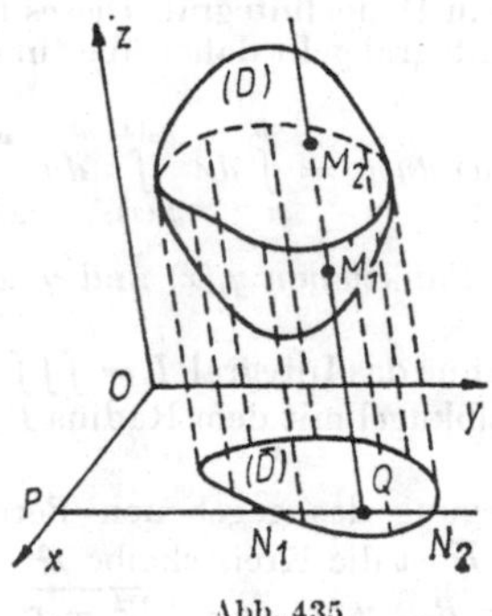

Abb. 435

(§ 456, Pkt. 1 und 2) ergeben und daß jede den Bereich treffende „vertikale" Gerade den Rand des Bereiches in höchstens zwei Punkten schneidet (M_1 und M_2 in Abb. 435).

Das dreifache Integral über die einzelnen Teilbereiche führt man gemäß der Formel

$$\iiint_D f(x, y, z)\, dx\, dy\, dz = \iint_{\overline{D}} dx\, dy \int_{z_1(x,y)}^{z_2(x,y)} f(x, y, z)\, dz \qquad (1)$$

auf ein Doppelintegral zurück, worin die Funktionen $z_1(x, y)$ und $z_2(x, y)$ die Applikaten QM_1 und QM_2 beschreiben. Im Integrationsprozeß

$$\int_{z_1}^{z_2} f(x, y, z)\, dz$$

sind x und y als Konstanten zu betrachten. Das Ergebnis der Rechnung betrachten wir als Funktion von x und y.

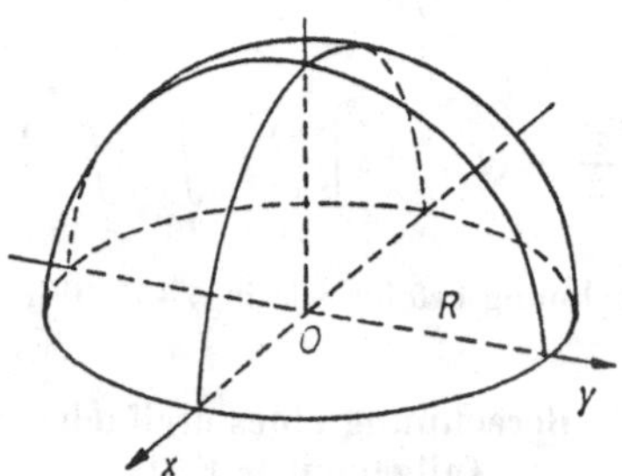

Abb. 436

Nach Ausführung der Integration bezüglich der Variablen z ist die rechte Seite von (1) ein Doppelintegral. Dieses berechnet man wie in § 456. Das einfache Integral geht daher über in ein iteriertes Integral

$$\iiint_D f(x, y, z)\, dx\, dy\, dz = \int_a^b dx \int_{y_1(x)}^{y_2(x)} dy \int_{z_1(x,y)}^{z_2(x,y)} f(x, y, z)\, dz. \qquad (2)$$

Hier beschreiben die Funktionen $y_1(x)$ und $y_2(x)$ die Ordinaten PN_1 und PN_2.

Beispiel. Man berechne das Integral $I = \iiint z\, dv$ über den Raumbereich unter der Halbkugel mit dem Radius R, die in Abb. 436 dargestellt ist.

Lösung. Eine Zerlegung des gegebenen Bereiches ist nicht notwendig. Der Bereich $\overline{D}$ ist die Kreisscheibe $x^2 + y^2 \leqq R^2$, wir haben also $a = -R$, $b = R$, $y_1(x) = -\sqrt{R^2 - x^2}$, $y_2(x) = \sqrt{R^2 - x^2}$. Die Applikaten (Höhenkoten) der unteren und oberen Grenzflächen werden durch $z_1(x, y) = 0$, $z_2(x, y) = \sqrt{R^2 - x^2 - y^2}$ beschrieben. Gemäß Formel (2) finden wir

$$I = \int_{-R}^{R} dx \int_{-\sqrt{R^2-x^2}}^{\sqrt{R^2-x^2}} dy \int_0^{\sqrt{R^2-x^2-y^2}} z\, dz = \int_{-R}^{R} dx \int_{-\sqrt{R^2-x^2}}^{\sqrt{R^2-x^2}} \frac{R^2 - x^2 - y^2}{2}\, dy.$$

Die weitere Berechnung erfolgt wie in den Beispielen von § 456. Wir erhalten

$$I = \frac{1}{2}\int\limits_{-R}^{R} dx \left[(R^2 - x^2)\,y - \frac{y^3}{3}\right]_{y=-\sqrt{R^2-x^2}}^{y=\sqrt{R^2-x^2}}$$

$$= \frac{2}{3}\int\limits_{-R}^{R} (R^2 - x^2)^{\frac{3}{2}}\,dx = \frac{2}{3}\cdot\left[\frac{1}{4}\,x(R^2 - x^2)^{\frac{3}{2}}\right.$$

$$\left. + \frac{3}{8}\,R^2 x(R^2 - x^2)^{\frac{1}{2}} + \frac{3}{8}\,R^4 \arcsin\frac{x}{R}\right]_{-R}^{+R} = \frac{\pi R^4}{4}.$$

§ 463. Zylinderkoordinaten

Die Lage eines Punktes P (Abb. 437) im Raum kann man durch seine Applikate $z = QP$ und durch die Polarkoordinaten

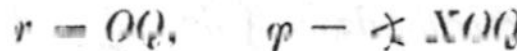

$$r = OQ, \qquad \varphi = \sphericalangle XOQ$$

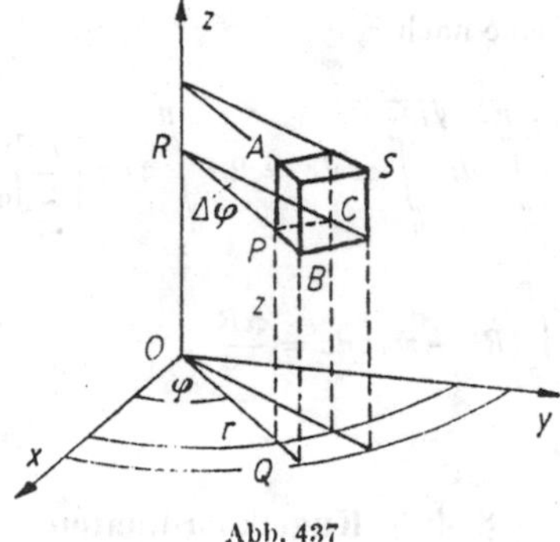

Abb. 437

seiner Projektion Q auf die Ebene XOY festlegen. Die Größen r, φ, z heißen *Zylinderkoordinaten*. Die rechtwinkligen Koordinaten und die Zylinderkoordinaten eines Punktes P stehen, falls der Ursprung O mit dem Pol und die Achse OX mit der Polarachse zusammenfallen, in der Beziehung

$$x = r\cos\varphi, \qquad y = r\sin\varphi;$$

die Applikate ist in beiden Fällen dieselbe.

§ 464. Das dreifache Integral in Zylinderkoordinaten

Das dreifache Integral $\iiint\limits_D f(P)\,dv$ lautet bei Verwendung von Zylinderkoordinaten

$$\iiint\limits_D f(P)\,dv = \iiint\limits_D F(r, \varphi, z)\, r\, dr\, d\varphi\, dz. \tag{1}$$

Hier ist $F(r, \varphi, z)$ jene Funktion der Zylinderkoordinaten, die der Punktfunktion $f(P)$ entspricht. Der Ausdruck $r\,dr\,d\varphi\,dz$ heißt *Volumenelement in Zylinderkoordinaten.* Es ist äquivalent dem Volumen des Körpers PS (Abb. 437) mit $PA = dz$, $PB = dr$, $PC = r\,d\varphi$.

Das Integral (1) mit dem Integranden $F(r, \varphi, z)\,r$ führt man in ein iteriertes Integral über, so als ob r, φ und z rechtwinklige Koordinaten wären.

Beispiel. Wir berechnen das Integral aus dem Beispiel in § 462 mit Hilfe von Zylinderkoordinaten. Wir haben

$$I = \iiint\limits_0 zr\,dr\,d\varphi\,dz = \int\limits_0^R dz \int\limits_0^{\sqrt{R^2-x^2}} dr \int\limits_0^{2\pi} zr\,d\varphi. \tag{2}$$

Man erhält der Reihe nach

$$I = 2\pi \int\limits_0^R dz \int\limits_0^{\sqrt{R^2-x^2}} zr\,dr = 2\pi \int\limits_0^R z\,dz \left[\frac{r^2}{2}\right]_0^{\sqrt{R^2-z^2}}$$

$$= \pi \int\limits_0^R (R^2 - z^2)\,z\,dz = \frac{\pi R^4}{4}. \tag{3}$$

§ 465. Kugelkoordinaten

Die Lage eines Punktes P im Raum (Abb. 438) kann man durch die folgenden drei Größen festlegen: durch den Abstand

$$\varrho = OP$$

vom Punkt O, den Winkel $\theta = \sphericalangle ZOP$ zwischen den Strahlen OZ und OP und durch den Winkel $\varphi = \sphericalangle XON$ zwischen den Halbebenen ZOX und ZOP. Die Größen ϱ, θ, φ heißen *Kugelkoordinaten* oder *räumliche Polarkoordinaten* des Punktes P. Die rechtwinkligen

Koordinaten und die Kugelkoordinaten stehen (wenn die Bezugsebenen beider Systeme zusammenfallen) in den Beziehungen

$$x = \varrho \sin \theta \cos \varphi, \qquad y = \varrho \sin \theta \sin \varphi, \qquad z = \varrho \cos \theta.$$

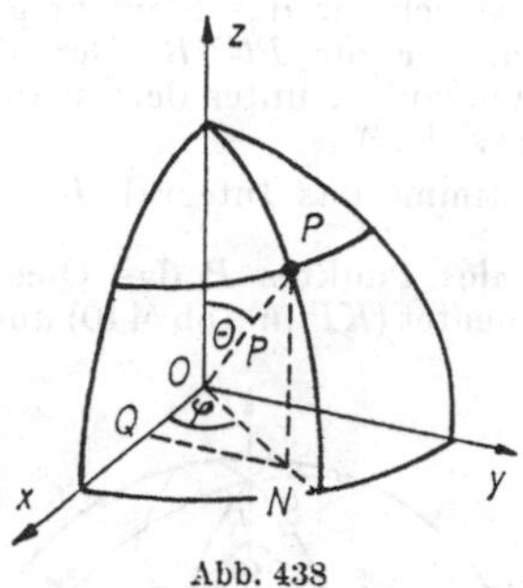

Abb. 438

§ 466. Das dreifache Integral in Kugelkoordinaten

Das dreifache Integral $\iiint\limits_D f(P)\, dv$ lautet bei Verwendung von Kugelkoordinaten

$$\iiint\limits_D f(P)\, dv = \iiint\limits_D F(\varrho, \theta, \varphi)\, \varrho^2\, d\varrho \sin \theta\, d\theta\, d\varphi. \qquad (1)$$

Hier bedeutet $F(\varrho, \theta, \varphi)$ eine Funktion der Kugelkoordinaten, die der Punktfunktion $f(P)$ entspricht. Der Ausdruck $\varrho^2\, d\varrho \sin \theta\, d\theta\, d\varphi$

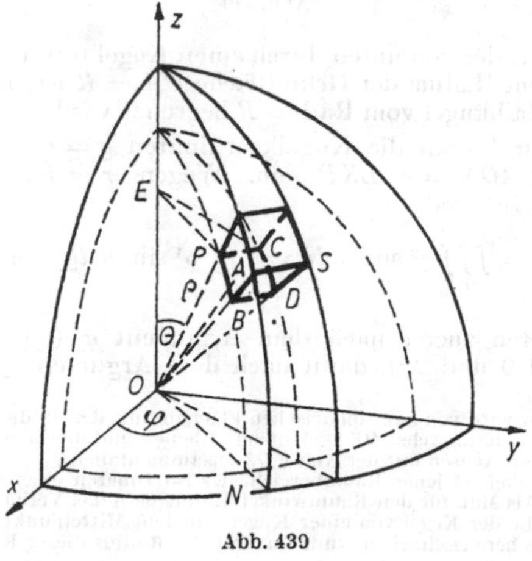

Abb. 439

heißt *Volumenelement in Kugelkoordinaten.* Es ist äquivalent dem Volumen des Körpers[1]) Ps (Abb. 439), wobei $BA = d\varrho$, $\overset{\frown}{PB} = OP\,d\theta = \varrho\,d\theta$, $\overset{\frown}{PC} = EP\,d\varphi = \varrho \sin\theta\,d\varphi$. Der Faktor $\varrho^2 \sin\theta\,d\theta\,d\varphi$ ($\approx PC \cdot PB$) im Ausdruck für das Element dv ist äquivalent dem Inhalt der sphärischen Figur $PCDB$. Der Faktor $\sin\theta\,d\theta\,d\varphi$ ist äquivalent dem Raumwinkel, unter dem man das Vierbein $PCDB$ vom Mittelpunkt aus sieht.[2])

Beispiel. Man bestimme das Integral $I = \iiint\limits_D r^2\,dv$, wobei die Funktion $f(P) = r^2$ des Punktes P das Quadrat seines Abstands von der Achse OZ bedeutet (KP in Abb. 440) und wobei der Bereich D

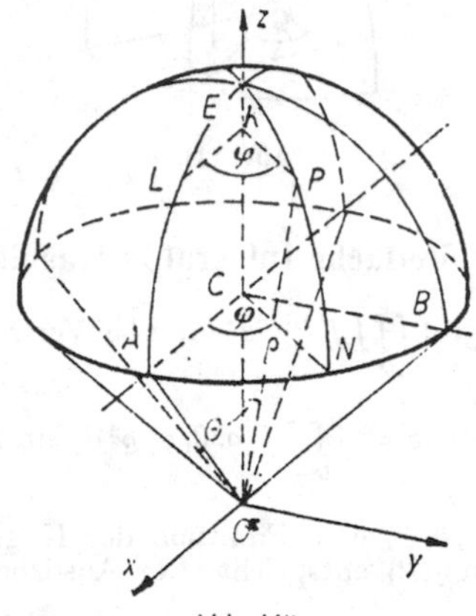

Abb. 440

ein Körper ist, der von unten durch einen Kegel (mit einer Höhe OC, die gleich dem Radius der Grundfläche $CA = R$ ist) und von oben durch eine Halbkugel vom Radius R begrenzt wird.

Lösung. Wir führen die Kugelkoordinaten $\varrho = OP$, $\theta = \sphericalangle EOP$ und $\varphi = \sphericalangle AON = \sphericalangle LKP$ ein. Wegen $r = KP = \varrho \sin\theta$ ist das gesuchte Integral

$$I = \iiint\limits_D \varrho^2 \sin^2\theta\,dv = \iiint\limits_D \varrho^4 \sin^3\theta\,d\varrho\,d\theta\,d\varphi.$$

Wir integrieren zuerst nach dem Argument φ (die Integrationsgrenzen sind 0 und 2π), dann nach dem Argument ϱ (von $\varrho_1 = 0$

---

[1]) Dieser Körper wird von zwei sphärischen Flächen (mit den Radien r und $r + dr$), durch zwei durch die Achse OZ verlaufende Ebenen und durch zwei Kegelflächen begrenzt, deren Achsen mit der Achse OZ zusammenfallen.

[2]) Ein Raumwinkel ist jener Raumbereich, der im Innern einer gewissen Kegelfläche liegt. Als Maß für den Raumwinkel nimmt man das Verhältnis des Inhalts der Fläche, die der Kegel von einer Kugel mit dem Mittelpunkt im Scheitel des Raumwinkels herausschneidet, zum Quadrat des Radius dieser Kugel.

bis $\varrho_2 = OP = OE \cdot \cos \vartheta$) und schließlich nach dem Argument ϑ (von $\vartheta_1 = 0$ bis $\vartheta_2 = \sphericalangle EOA = \frac{\pi}{4}$). Es ergibt sich

$$I = 2\pi \int\limits_0^{\frac{\pi}{4}} d\vartheta \int\limits_0^{2R\cos\vartheta} \varrho^4 \sin^3\vartheta \, d\varrho = 2\pi \int\limits_0^{\frac{\pi}{4}} \sin^3\vartheta \, d\vartheta \cdot \frac{32R^5 \cos\vartheta^5}{5}$$

$$= \frac{64\pi R^5}{5} \int\limits_0^{\frac{\pi}{4}} \cos^5\vartheta (1 - \cos^2\vartheta) \, d(-\cos\vartheta) = \frac{11}{30} \pi R^5.$$

§ 467. Leitfaden für die Anwendung von Doppelintegralen und dreifachen Integralen

Zahlreiche geometrische und physikalische Größen lassen sich durch Doppelintegrale oder dreifache Integrale darstellen, vorausgesetzt, daß sie sich auf eine (ebene oder gekrümmte) Fläche oder auf einen Körper im Raum beziehen[1]). Wie bei den Größen, die man durch gewöhnliche Integrale ausdrücken kann (vgl. § 334), verfährt man auch hier nach dem folgenden Schema:

1. Die gesuchte Größe U stellt man über einem gewissen (flächenhaften oder räumlichen) Bereich D dar.
2. Den Bereich D zerlegt man in Teilbereiche $\Delta\sigma_k$ oder Δv_k. Wenn deren Anzahl gegen Unendlich strebt, so soll ihr Durchmesser gegen Null streben.

Die gesuchte Größe U zerlegt man dabei in die Teilgrößen $u_1, u_2, \ldots, u_n$, deren Summe U ergibt[2]).

3. Als typischen Vertreter der Anteile $u_1, u_2, \ldots$ nimmt man einen davon und drückt ihn näherungsweise durch eine Formel der Gestalt

$$u_k \approx f(P_k) \, \Delta\sigma_k$$

$$(\text{oder } u_k \approx f(P_k) \, \Delta v_k)$$

aus, wobei der Fehler klein von höherer Ordnung bezüglich $\Delta\sigma_k$ (oder Δv_k) sein muß.

4. Aus der Näherungsgleichung erhält man die exakte Beziehung

$$U = \iint\limits_D f(P) \, d\sigma$$

$$\left[\text{oder } U = \iiint\limits_D f(P) \, dv\right].$$

Als Anwendungsbeispiel mag die Berechnung des Trägheitsmoments in § 468 dienen.

---

[1]) Die entsprechenden Größen, die sich auf eine Kurve beziehen, stellt man durch ein gewöhnliches Integral dar.

[2]) Größen mit dieser Eigenschaft heißen additiv (vgl. § 334).

§ 468. Das Trägheitsmoment

Die kinetische Energie T eines Körpers, der sich um eine Achse AB dreht, ist proportional (bei gegebener Lage der Achse relativ zum Körper) dem Quadrat der Winkelgeschwindigkeit ω:

$$T = \frac{1}{2} I\omega^2. \tag{1}$$

Der Proportionalitätskoeffizient, d. h. die Größe I, heißt *Trägheitsmoment* des Körpers bezüglich der Achse AB. Wenn der Körper aus n Massenpunkten mit den Massen $m_1, m_2, \ldots, m_n$ besteht, die von der Achse die Abstände $r_1, r_2, \ldots, r_n$ besitzen, so erhält man das Trägheitsmoment aus der Formel

$$I = m_1 r_1^2 + m_2 r_2^2 + \cdots + m_n r_n^2. \tag{2}$$

Den Ausdruck für das Trägheitsmoment eines komplizierten Körpers erhält man von (2) ausgehend unter Verwendung des Schemas aus § 467, nämlich so:

1. Das Trägheitsmoment I definieren wir über dem Bereich D, der von dem Körper eingenommen wird.

2. Den Bereich D zerlegen wir in die Anteile $D_1, D_2, \ldots, D_n$. I zerfällt dabei in die Summanden $I_1, I_2, \ldots, I_n$ mit der Summe I.

3. Wir nehmen an, daß im Teilbereich D_k die Dichte μ_k überall gleich der Dichte im Punkt P_k ist, und erhalten die Näherungsformel

$$m_k \approx \mu_k \, \Delta v_k. \tag{3}$$

Das Trägheitsmoment I_k beschreiben wir näherungsweise durch die Formel

$$I_k \approx \mu_k r_k^2 \, \Delta v_k. \tag{4}$$

4. Aus der Näherungsgleichung (4) erhält man die exakte Gleichung

$$I = \iiint\limits_D \mu r^2 \, dv. \tag{5}$$

Siehe das Beispiel in § 466.

Nimmt man als Achse AB die Applikatenachse, so geht (5) über in

$$I = \iiint\limits_D \mu(x, y, z) \, (x^2 + y^2) \, dx \, dy \, dz. \tag{6}$$

Wenn der gegebene Körper ein Plättchen ist, das senkrecht zur Achse AB steht, so haben wir an Stelle des dreifachen Integrals (6) das Doppelintegral

$$I = \iint\limits_D \mu(x, y) \, (x^2 + y^2) \, dx \, dy, \tag{7}$$

wobei $\mu(x, y)$ die Flächendichte des Plättchens ist.

Wenn der gegebene Körper ein dünner gerader Stab ist, der senkrecht zur Achse AB steht, so legen wir in seine Richtung die Achse OX (d. h. setzen $y = 0$) und erhalten an Stelle des dreifachen Integrals (6) das gewöhnliche einfache Integral

$$I = \int_a^b \mu(x)\, x^2\, dx, \tag{8}$$

wobei $\mu(x)$ die lineare Dichte des Stabes ist.

Bemerkung. Unter dem Trägheitsmoment eines geometrischen Körpers versteht man das Trägheitsmoment eines Körpers mit der Massendichte 1, der denselben Raumbereich einnimmt. Die Formeln (6), (7) und (8) erhalten dann die Gestalt

$$I = \iiint_D (x^2 + y^2)\, dx\, dy\, dz, \tag{6a}$$

$$I = \iint_D (x^2 + y^2)\, dx\, dy, \tag{7a}$$

$$I = \int_a^b x^2\, dx \left(= \frac{b^3 - a^3}{3}\right). \tag{8a}$$

§ 469. Einige physikalische und geometrische Größen, die sich durch Doppelintegrale ausdrücken lassen

Bezeichnung der Größe	Allgemeiner Ausdruck	in rechtwinkligen Koordinaten	in Polarkoordinaten
Flächeninhalt einer ebenen Figur	$S = \iint\limits_D d\sigma$	$\iint dx\,dy$	$\iint r\,dr\,d\varphi$
Flächeninhalt eines Flächenstücks (§ 459)[1]	$S = \iint\limits_D \frac{d\sigma}{\cos\gamma}$	$\iint \sqrt{1 + \left(\frac{\partial z}{\partial x}\right)^2 + \left(\frac{\partial z}{\partial y}\right)^2}\,dx\,dy$	$\iint \sqrt{r^2 + r^2\left(\frac{\partial z}{\partial r}\right)^2 + r^2\left(\frac{\partial z}{\partial \varphi}\right)^2}\,dr\,d\varphi$
Das Volumen eines zylindrischen Körpers über der Ebene XOY (§ 452)	$V = \iint\limits_D z\,d\sigma$	$\iint z\,dx\,dy$	$\iint zr\,dr\,d\varphi$

[1]) Der Bereich D ist die Projektion auf die Ebene XOY. Jeder Punkt dieses Bereiches sei die Projektion von nur einem Flächenpunkt. γ ist der Winkel zwischen der Tangentialebene und der Ebene XOY.

Fortsetzung von S. 666

Bezeichnung der Größe	Allgemeiner Ausdruck	in rechtwinkligen Koordinaten	in Polarkoordinaten
Das Trägheitsmoment einer ebenen Figur[1]) bezüglich der Achse OF[2])	$I_z = \iint\limits_D r^2\,d\sigma$	$\iint (x^2 + y^2)\,dx\,dy$	$\iint r^3\,dr\,d\varphi$
Das Trägheitsmoment einer ebenen Figur[1]) bezüglich der Achse OX	$I_x = \iint y^2\,d\sigma$	$\iint y^2\,dx\,dy$	$\iint r^3 \sin^2\varphi\,dr\,d\varphi$
Die Koordinaten des Schwerpunkts einer homogenen Platte[1])	$x_c = \dfrac{\iint\limits_D x\,d\sigma}{S}$	$\dfrac{\iint x\,dx\,dy}{S}$	$\dfrac{\iint r^2 \cos\varphi\,dr\,d\varphi}{S}$
	$y_c = \dfrac{\iint\limits_D y\,d\sigma}{S}$	$\dfrac{\iint y\,dx\,dy}{S}$	$\dfrac{\iint r^3 \sin^2\varphi\,dr\,d\varphi}{S}$

[1]) In der Ebene XOY.
[2]) Oder bezüglich des Ursprungs O, was dasselbe ist.

§ 470. Einige physikalische und geometrische Größen, die sich durch dreifache Integrale ausdrücken lassen

Bezeichnung der Größe	Allgemeiner Ausdruck	in rechtwinkligen Koordinaten	in Zylinderkoordinaten	in Kugelkoordinaten
Das Volumen eines Körpers	$V = \iiint\limits_D dv$	$\iiint dx\,dy\,dz$	$\iiint r\,dr\,d\varphi\,dz$	$\iiint \varrho^2 \sin\theta\,d\varrho\,d\varphi\,d\theta$
Das Trägheitsmoment eines geometrischen Körpers bezüglich der Achse OZ	$I_z = \iiint\limits_D r^2\,dv$	$\iiint (x^2 + y^2)\,dx\,dy\,dz$	$\iiint r^3\,dr\,d\varphi\,dz$	$\iiint \varrho^4 \sin^3\theta\,d\varrho\,d\varphi\,\theta\,d\varrho$
Die Masse eines physikalischen Körpers[1])	$M = \iiint\limits_D \mu\,dv$	$\iiint \mu\,dx\,dy\,dz$	$\iiint \mu r\,dr\,d\varphi\,dz$	$\iiint \mu\varrho^2 \sin\theta\,d\varrho\,d\varphi\,d\theta$
Die Koordinaten des Schwerpunkts eines homogenen Körpers	$z_c = \dfrac{\iiint\limits_D x\,dv}{V}$	$\dfrac{\iiint x\,dx\,dy\,dz}{V}$		
	$y_c = \dfrac{\iiint\limits_D y\,dv}{V}$	$\dfrac{\iiint y\,dx\,dy\,dz}{V}$		
	$z_c = \dfrac{\iiint\limits_D z\,dv}{V}$	$\dfrac{\iiint z\,dx\,dy\,dz}{V}$		

[1]) μ bezeichnet die Dichte (Punktfunktion).

§ 471. Das Kurvenintegral

Gegeben sei eine Funktion $P(x, y)$, die in einem gewissen Bereich der Zahlenebene XOY stetig sei. Wir wählen in diesem Bereich irgendeine Kurve[1]) mit dem Anfang in A und dem Ende in B (Abb. 441 und 442). A darf auch mit B zusammenfallen.

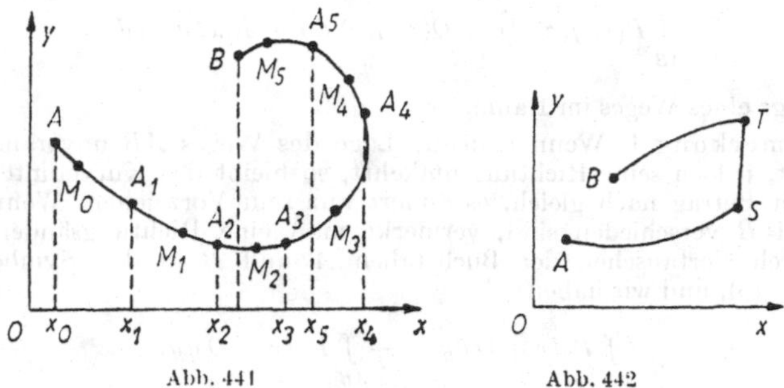

Abb. 441 Abb. 442

Wir zerlegen AB (Abb. 441) in n Teilstücke AA_1, A_1A_2, ..., $A_{n-1}B$ und bezeichnen der Einheitlichkeit halber die Punkte A und B durch A_0 und A_n. Auf jedem Teilstück A_iA_{i+1} wählen wir einen Punkt $M_i(x_i, y_i)$ und bilden die Summe

$$S_n = P(x_1, y_1)\,\Delta x_1 + P(x_2, y_2)\,\Delta x_2 + \cdots + P(x_n, y_n)\,\Delta x_n, \qquad (1)$$

worin Δx_i den Zuwachs der Abszisse bezeichnet, der dem Übergang vom Punkt A_{i-1} zum Punkt A_i entspricht[2]).

Es gilt das folgende Theorem.

Theorem. Wenn bei unbegrenzter Vergrößerung von n der größte der Ausdrücke Δx_i gegen Null strebt, so strebt die Summe (1) gegen einen Grenzwert, der nicht von der Wahl der Teilstrecken A_iA_{i+1} und auch nicht von der Wahl der Zwischenpunkte M_i abhängt.

Definition. Der Grenzwert, gegen den die Summe S_n strebt, wenn die größte der Größen Δx_i gegen Null strebt, heißt *Kurvenintegral* des Ausdrucks $P(x, y)\,dx$, genommen *längs des Weges AB*.

Bezeichnungsweise:

$$\int_{AB} P(x, y)\,dx. \qquad (2)$$

Analog definiert man das Kurvenintegral für einen Ausdruck $Q(x, y)\,dy$ und bezeichnet es durch

$$\int_{AB} Q(x, y)\,dy \qquad (3)$$

---

[1]) Es wird vorausgesetzt, daß die Kurve eine sich stetig ändernde Tangente besitzt, ausgenommen an höchstens endlich vielen Stellen, in denen die Tangente unstetig sein darf (Punkte T und S in Abb. 442).

[2]) Dieser Zuwachs kann positiv (wie bei AA_1) oder negativ (wie bei A_4A_5) sein.

sowie das Kurvenintegral für $P(x, y)\,dx + Q(x, y)\,dy$

$$\int_{AB} P(x, y)\,dx + Q(x, y)\,dy. \tag{4}$$

Die Integrale (2) und (3) sind Spezialfälle von (4) für $Q = 0$ oder $P = 0$.
Ebenso definiert man ein Kurvenintegral

$$\int_{AB} P(x, y, z)\,dx + Q(x, y, z)\,dy + R(x, y, z)\,dz \tag{5}$$

längs eines Weges im Raum.
Bemerkung 1. Wenn man die Lage des Weges AB unverändert läßt, jedoch seine Richtung umkehrt, so bleibt das Kurvenintegral dem Betrag nach gleich, es ändert nur sein Vorzeichen. Wenn A und B verschieden sind, vermerkt man eine Richtungsänderung durch Vertauschen der Buchstaben A und B in den Symbolen (2)–(5), und wir haben

$$\int_{BA} P\,dx + Q\,dy = -\int_{AB} P\,dx + Q\,dy,$$

$$\int_{BA} P\,dx + Q\,dy + R\,dz = -\int_{AB} P\,dx + Q\,dy + R\,dz.$$

Wenn A und B gleich sind, kann man die Richtung durch Angabe von Zwischenpunkten in der entsprechenden Reihenfolge festsetzen. Wenn der Weg durch die Berandung eines ebenen Bereichs dargestellt wird, verwendet man jedoch keine derartige Angabe. In diesem Fall bedeutet das Symbol $\int_{+K} P\,dx + Q\,dy$, daß der Bereich im Gegenuhrzeigersinn zu umlaufen ist (bei der üblichen Lage der Achsen). Ist der Bereich hingegen im Uhrzeigersinn zu umlaufen, so bezeichnet man das Kurvenintegral durch $\int_{-K} P\,dx + Q\,dy$.
Bemerkung 2. Das Kurvenintegral ist eine Verallgemeinerung des gewöhnlichen Integrals und besitzt alle dessen Eigenschaften (§ 315).

§ 472. Die Bedeutung des Kurvenintegrals in der Mechanik

Der Massenpunkt M mit der Masse m bewege sich in einem Kraftfeld längs des Weges AB. Es seien $X(x, y, z)$, $Y(x, y, z)$ und $Z(x, y, z)$ die Koordinaten des Feldstärkevektors im Punkt $M(x; y; z)$, d. h. die Koordinaten der auf eine Masseneinheit wirkenden Kraft F. Die von der auf den Massenpunkt M wirkenden Kraft geleistete Arbeit berechnet man dann mit Hilfe des Kurvenintegrals

$$\int_{AB} m(X\,dx + Y\,dy + Z\,dz). \tag{1}$$

Erklärung. Es sei A_iA_{i+1} ein kleines Teilstück des Weges AB. Die Arbeit längs dieses Teilstücks ist angenähert gleich dem skalaren Produkt (§ 104) $mF_1\overline{A_iA_{i+1}}$, wobei F_i der Vektor der Feldstärke im Punkt A_i ist. In Koordinatenform erhalten wir (§ 107) den Ausdruck $m[X_i\,\Delta x_i + Y_i\,\Delta y_i + Z_i\,\Delta z_i]$. Durch Summieren erhalten wir einen Näherungsausdruck für die Arbeit längs des Weges AB. Der Grenzwert der Summe, d. h. das Kurvenintegral (1), liefert den exakten Wert der Arbeit.

§ 473. Die Berechnung des Kurvenintegrals

Zur Berechnung des Kurvenintegrals

$$\int_{AB} P(x, y)\,dx + Q(x, y)\,dy \tag{1}$$

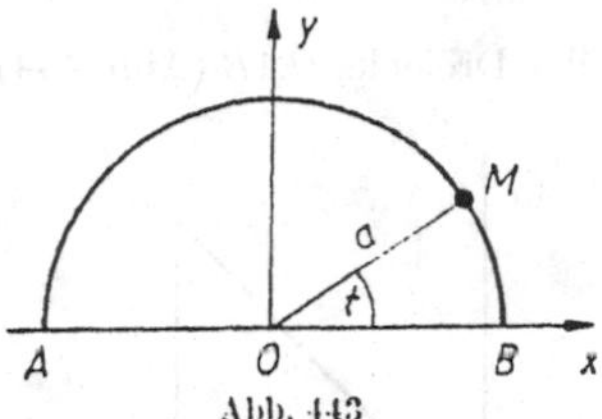

Abb. 443

stellt man die Kurve AB in Parameterform

$$x = \varphi(t), \qquad y = \psi(t) \tag{2}$$

dar und setzt die Ausdrücke (2) in den Integranden ein. Das einfache Integral

$$\int_{t_A}^{t_B} \{P[\varphi(t), \psi(t)]\,\varphi'(t) + Q[\varphi(t), \psi(t)]\,\varphi'(t)\}\,dt \tag{3}$$

ist gleich dem Kurvenintegral (1).

Analog berechnet man ein Kurvenintegral längs einer Raumkurve.

Beispiel 1. Man berechne das Kurvenintegral

$$I = \int_{AB} -y\,dx + x\,dy \tag{4}$$

längs des oberen Teils des Halbkreises $x^2 + y^2 = a^2$ (Abb. 443).

Lösung. Wir stellen den Weg AB durch die Parametergleichungen

$$x = a\cos t, \qquad y = a\sin t \tag{5}$$

dar (hier ist t der Winkel BOM mit $t_A = \pi$, $t_B = 0$). Nach Einsetzen von (5) in (4) finden wir

$$I = \int_0^\pi -a\sin t\,d(a\cos t) + a\cos t\,d(a\sin t) = a^2\int_\pi^0 dt = -\pi a^2. \tag{6}$$

Als Parameter kann man die Abszisse x verwenden, d. h., wir nehmen die Gleichung des Halbkreises in der Form $y = \sqrt{a^2 - x^2}$. Mit $x_A = -a$ und $x_B = a$ erhalten wir dann

$$I = \int_{-a}^{a} -\sqrt{a^2 - x^2}\, dx + x\, d\sqrt{a^2 - x^2} = -a^2 \int_{-a}^{a} \frac{dx}{\sqrt{a^2 - x^2}} = -\pi a^2.$$

Da x keine eindeutige Funktion der Ordinate ist, müßte man bei Verwendung von y als Parameter zuerst den Bogen AB in zwei Teile zerlegen.

Beispiel 2. Man berechne das Kurvenintegral

$$I = \int_{OABO} (x - y^2)\, dx + 2xy\, dy \tag{7}$$

längs des Umfangs des Dreiecks OAB (Abb. 444).

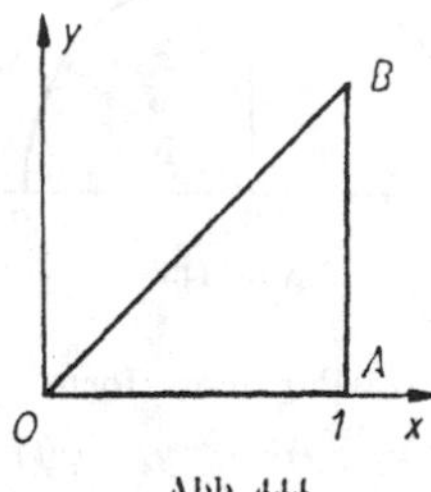

Abb. 444

Lösung. Wir zerlegen den geschlossenen Weg $OABO$ in die drei Teilstrecken OA, AB und BO. Auf der Strecke OA nehmen wir als Parameter die Abszisse (dabei gilt $y = dy = 0$), auf der Strecke AB die Ordinate (dabei gilt $x = 1$, $dx = 0$), auf der Strecke BO wieder die Abszisse (dabei gilt $y = x$, $dy = dx$). Wir haben

$$I_1 = \int_{OA} (x - y^2)\, dx + 2xy\, dy = \int_0^1 x\, dx = \frac{1}{2},$$

$$I_2 = \int_{AB} (x - y^2)\, dx + 2xy\, dy = \int_0^1 2y\, dy = 1,$$

$$I_3 = \int_{BO} (x - y^2)\, dx + 2xy\, dy = \int_1^0 (x + x^2)\, dx = -\frac{5}{6};$$

$$I = I_1 + I_2 + I_3 = \frac{1}{2} + 1 - \frac{5}{6} = \frac{2}{3}.$$

§ 474. Die Greensche Formel

Es sei D ein ebener Bereich, der von der Kontur K berandet werde (Abb. 446). In allen Punkten dieses Bereichs seien die Funktionen $P(x, y)$ und $Q(x, y)$ mit ihren partiellen Ableitungen $\frac{\partial Q}{\partial x}$ und $\frac{\partial P}{\partial y}$ stetig. Dann gilt die folgende *Greensche Formel*[1])

$$\int_{+K} P(x, y)\, dx + Q(x, y)\, dy = \iint_D \left(\frac{\partial Q}{\partial x} - \frac{\partial P}{\partial y}\right) dx\, dy. \quad (1)$$

Beispiel. Man berechne das Kurvenintegral $I = \int (x - y^2)\, dx + 2xy\, dy$ längs des Umfangs des Dreiecks OAB (Abb. 444) (vgl. § 473, Beispiel 2).

Lösung. Nach Formel (1) finden wir mit $P = x - y^2$, $Q = 2xy$

$$I = \iint_D \left[\frac{\partial}{\partial x}(2xy) - \frac{\partial}{\partial y}(x - y^2)\right] dx\, dy = \iint_D 4y\, dx\, dy.$$

Der Bereich D ist hier das Dreieck OAB. Die Berechnung des Doppelintegrals ergibt

$$I = \int_0^1 dx \int_0^x 4y\, dy = \int_0^1 2x^2\, dx = \frac{2}{3}.$$

§ 475. Bedingung für die Unabhängigkeit des Kurvenintegrals vom Weg

Die Funktionen $P(x, y)$, $Q(x, y)$ und ihre partiellen Ableitungen $\frac{\partial Q}{\partial x}$, $\frac{\partial P}{\partial y}$ seien stetig im Bereich D (Abb. 446), der von einer gewissen stetigen geschlossenen (und sich selbst nicht schneidenden) Kurve K berandet sei. Wir wählen im Bereich D zwei feste Punkte $A(x_0; y_0)$ und $B(x_1; y_1)$ und betrachten alle möglichen Integrationswege, die von A ausgehen und in B enden und die vollständig innerhalb von D verlaufen (solche Wege sind z. B. ALB und ANB in Abb. 445). Es sind zwei Fälle möglich.

Fall 1 (Sonderfall). Im Bereich D gilt überall

$$\frac{\partial Q}{\partial x} - \frac{\partial P}{\partial y} = 0. \quad (1)$$

[1]) George Green (1793–1841) war ein englischer Mathematiker und Physiker, der umfangreiche Beiträge zur mathematischen Theorie der Elektrizität und des Magnetismus leistete.

Dann hängt das Kurvenintegral

$$I = \int\limits_{AB} P\,dx + Q\,dy \tag{2}$$

nicht von der Wahl des Weges ab, und man bezeichnet es durch

$$\int\limits_{A}^{B} P\,dx + Q\,dy.$$

Fall 2 (allgemeiner Fall). Gleichung (1) ist nicht identisch erfüllt. Dann hängt das Kurvenintegral (2) vom Weg ab.

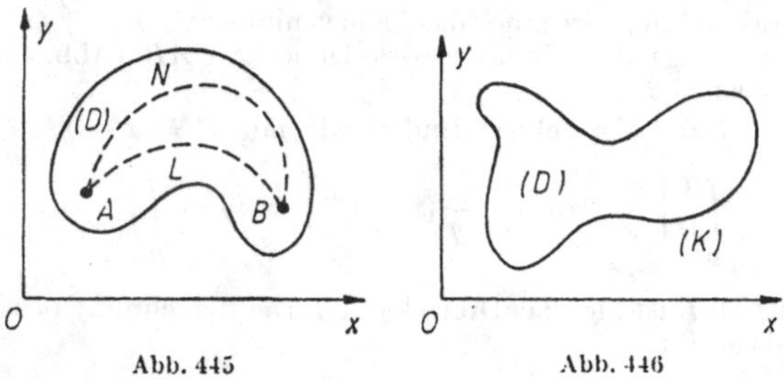

Abb. 445 Abb. 446

Erklärung. Die Differenz $I_1 - I_2$ der Kurvenintegrale $I_1 = \int\limits_{ALB} P\,dx + Q\,dy$ und $I_2 = \int\limits_{ANB} P\,dx + Q\,dy$ ist gleich der Summe $I_1 + (+I_2)$, d. h. (§ 471, Bemerkung 1) gleich der Summe $\int\limits_{ALB} P\,dx + Q\,dx + \int\limits_{BNA} P\,dx + Q\,dy$. Diese Summe ist gleich dem Integral über die Kontur $ALBNA$ und daher gleich (§ 474) dem Integral $I_2 = \iint \left(\frac{\partial Q}{\partial x} - \frac{\partial P}{\partial y}\right) dx\,dy$ über den Bereich $ALBNA$. Wenn Gleichung (1) identisch erfüllt ist, so gilt $I_3 = 0$, d. h. $I_1 = I_2$, und die Kurvenintegrale längs der Wege ALB und ANB sind gleich. Für $I_3 \neq 0$, gilt $I_1 \neq I_2$.

Beispiel 1. Wir betrachten das Integral

$$I = \int\limits_{AB} y\,dx + x\,dy. \tag{3}$$

Die Funktionen $P(x, y) = y$, $Q(x, y) = x$, $\frac{\partial Q}{\partial x} = 1$, $\frac{\partial P}{\partial y} = 1$ sind überall stetig, und Gleichung (1) ist identisch erfüllt. Für zwei feste Punkte A und B hängt das Integral (3) also nicht vom Weg ab. Wir wählen z. B. die Punkte $A(0; 0)$ und $B(1; 1)$ (Abb. 447) und berechnen das Integral I längs des geradlinigen Weges ALB ($y = x$). Wir erhalten

$$I_{ALB} = \int\limits_{0}^{1} x\,dx + x\,dx = 1.$$

Nimmt man als Weg den Bogen ANB der Parabel $x = y^2$, so erhält man wieder $I_{ANB} = \int_0^1 y\, d(y^2) + y^2\, dy = 3 \int_0^1 y^2\, dy = 1$. Denselben Wert erhält man auch längs der gebrochenen Linie ACB. Längs AC haben wir $y = dy = 0$ und daher $I_{AC} = \int_0^1 0 \cdot dx = 0$. Längs CB

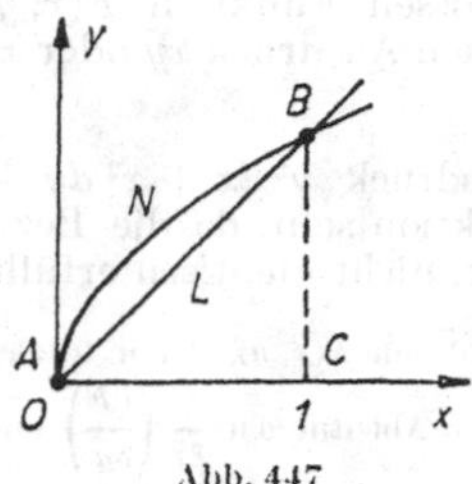

Abb. 447

haben wir $x = 1$, $dx = 0$ und somit $I_{CB} = \int_0^1 1 \cdot dy = 1$. Also ist $I_{ACB} = I_{AC} + I_{CB} = 1$.

Bezeichnung: $I = \int_{A(0;0)}^{B(1;0)} y\, dx + x\, dy = 1$.

Beispiel 2. Wir behalten die Punkte $A(0; 0)$ und $B(1; 1)$ bei, betrachten aber nun das Integral $I = \int_{AB} y^2\, dx + x^2\, dy$. Die Beziehung (1) lautet hier $y - x = 0$, d. h., sie ist nicht identisch erfüllt. Das Integral I hängt daher hier vom Weg ab. Längs des Weges ALB (Abb. 447) haben wir $I = \int_0^1 x^2\, dx + x^2\, dx = \frac{2}{3}$. Längs des Weges ANB hat das Integral jedoch einen anderen Wert:

$$I = \int_0^1 y^2\, d(y^2) + y^4\, dy = \int_0^1 (2y^3 + y^4)\, dy = \frac{7}{10}.$$

§ 476. Eine andere Form für die Bedingung aus dem letzten Paragraphen

Theorem 1 (Kriterium des totalen Differentials). Wenn die Beziehung

$$\frac{\partial Q}{\partial x} - \frac{\partial P}{\partial y} = 0 \tag{1}$$

im Bereich D identisch erfüllt ist, so ist für jeden Punkt dieses Bereichs der Ausdruck $P\,dx + Q\,dy$ das totale Differential einer gewissen Funktion $F(x, y)$. Wenn Gleichung (1) hingegen nicht identisch erfüllt ist, so ist der Ausdruck $P\,dx + Q\,dy$ nicht das totale Differential einer Funktion.

Beispiel 1. Für den Ausdruck $y\,dx + x\,dy$ (hier gilt $P = y$, $Q = x$) ist Gleichung (1) identisch erfüllt. Daher ist $y\,dx + x\,dy$ das totale Differential einer gewissen Funktion $F(x, y)$. Im gegebenen Fall kann man für $F(x, y)$ den Ausdruck xy oder $xy + 3$ oder allgemeiner $xy + C$ nehmen.

Beispiel 2. Der Ausdruck $y^2\,dx + x^2\,dy$ kann nicht das totale Differential einer Funktion sein, da die Beziehung (1), die hier die Form $2x - 2y = 0$ hat, nicht identisch erfüllt ist.

Erklärung. Für eine Funktion $F(x, y)$, deren totales Differential $y^2\,dx + x^2\,dy$ wäre, müßten die gemischten Ableitungen $\frac{\partial}{\partial x}\left(\frac{\partial F}{\partial y}\right)$ und $\frac{\partial}{\partial y}\left(\frac{\partial F}{\partial x}\right)$ gleich sein. Für $\frac{\partial F}{\partial x} = y^2$ und $\frac{\partial F}{\partial y} = x^2$ ist dies aber nicht der Fall.

Gemäß Theorem 1 nimmt die Bedingung aus § 475 die folgende Form an:

Fall 1 (Sonderfall). Der Ausdruck $P\,dx + Q\,dy$ ist das totale Differential einer gewissen (als Stammfunktion bezeichneten) Funktion $F(x, y)$. Dann hängt das Kurvenintegral $\int\limits_{AB} P\,dx + Q\,dy$ nicht vom Weg ab.

Fall 2 (allgemeiner Fall). Der Ausdruck $P\,dx + Q\,dy$ ist kein totales Differential. Dann hängt das Kurvenintegral von der Wahl des Weges ab.

Im ersten Fall können wir bei bekannter Stammfunktion den Wert des Integrals berechnen, indem wir das folgende Theorem heranziehen.

Theorem 2. Wenn der Ausdruck $P\,dx + Q\,dy$ unter dem Integralzeichen das totale Differential der Funktion $F(x, y)$ ist, so ist das Kurvenintegral $\int\limits_A^B P(x, y)\,dx + Q(x, y)\,dy$ gleich der Differenz zwischen den Funktionswerten in den Punkten B und A:

$$\int\limits_{A(x_0;y_0)}^{B(x_1;y_1)} P\,dx + Q\,dy = \int\limits_{A(x_0;y_0)}^{B(x_1;y_1)} dF(x, y) = F(x_1, y_1) - F(x_0, y_0). \qquad (2)$$

Beispiel 3. Das Integral $I = \int\limits_{AB} 2xy\,dx + x^2\,dy$ hängt bei den festen Punkten $A(1; 3)$ und $B(2; 4)$ nicht von der Wahl des Weges ab $\left[\text{da } \frac{\partial Q}{\partial x} - \frac{\partial P}{\partial y} = \frac{\partial(x^2)}{\partial x} - \frac{\partial(2xy)}{\partial y} = 0\right]$. Man bestimme den Wert von I.

Lösung. Der Ausdruck $2xy\,dx + x^2\,dy$ ist das totale Differential der Funktion x^2y. Nach Theorem 2 haben wir also

$$I = \int\limits_{A(1;3)}^{B(2;4)} d(x^2y) = 2^2 \cdot 4 - 1^2 \cdot 3 = 13.$$

Bemerkung. Die Bestimmung einer Stammfunktion ist im allgemeinen Fall ebenso mühevoll wie die unmittelbare Berechnung des Kurvenintegrals.

In vielen Fällen findet man jedoch die Stammfunktion sehr leicht. Wenn z. B. jede der Funktionen $P(x, y)$ und $Q(x, y)$ eine Summe von Gliedern der Form Ax^my^n ist (mit konstantem A und beliebigen reellen Zahlen m und n), so erhält man die Stammfunktion auf die folgende Art. Wir berechnen die unbestimmten Integrale $\int P(x, y)\,dx$, $\int Q(x, y)\,dy$ indem wir im ersten Integral y und im zweiten Integral x als Konstante betrachten. Die zwei erhaltenen Ausdrücke fassen wir zusammen, wobei wir jedes Glied, das in beiden Ausdrücken vorkommt nur einmal nehmen. Die von der unbestimmten Integration herrührenden Konstanten dürfen wir weglassen, da es uns ja nur darauf ankommt, eine Stammfunktion zu finden.

Beispiel 4. Man bestimme das Kurvenintegral

$$I = \int\limits_{A(0;0)}^{B(1;1)} x(1 + 2y^3)\,dx + 3y^2(x^2 - 1)\,dy$$

[die Bedingung (1) ist erfüllt].

Lösung. Wir finden: $\int x(1 + 2y^3)\,dx = \frac{x^2}{2} + x^2y^3$ (y konstant) und $\int 3y^2(x^2 - 1)\,dy = x^2y^3 - y^3$ (x konstant).

Wir fassen diese beiden Ausdrücke zusammen, wobei wir das Glied x^2y^3 nur einmal nehmen. Es ergibt sich die Stammfunktion $F(x, y) = \frac{x^2}{2} - y^3 + x^2y^3$. Die Formel (2) liefert $I = F(1, 1) - F(0, 0) = \frac{1}{2}$.

IX. Differentialgleichungen

§ 477. Grundbegriffe

Unter einer *Differentialgleichung* versteht man eine Gleichung, die die Ableitungen einer unbekannten Funktion (oder mehrerer unbekannter Funktionen enthält). Statt der Ableitungen können auch Differentiale auftreten.

Wenn die unbekannten Funktionen nur von einem Argument abhängen, so spricht man von *gewöhnlichen Differentialgleichungen*. Bei mehreren Argumenten spricht man von *partiellen Differentialgleichungen*. Wir betrachten hier nur gewöhnliche Differentialgleichungen.

Die allgemeine Form einer Differentialgleichung mit einer unbekannten Funktion lautet

$$\Phi(x, y, y', y'', \ldots, y^{(n)}) = 0. \tag{1}$$

Unter der *Ordnung der Differentialgleichung* versteht man die Ordnung der höchsten auftretenden Ableitung.

Beispiele. Die Gleichung $y' = \frac{y^2}{x}$ ist eine Differentialgleichung erster Ordnung, die Differentialgleichung $y'' + y = 0$ ist von zweiter Ordnung, die Gleichung $y'^2 = x^3$ ist von erster Ordnung.

Eine Funktion $y = \varphi(x)$ heißt *Lösung der Differentialgleichung*, wenn bei Einsetzen von $\varphi(x)$ für y die Gleichung identisch erfüllt wird.

Die Grundaufgabe der Theorie der Differentialgleichungen ist die Bestimmung aller Lösungen einer gegebenen Differentialgleichung. In einfachen Fällen führt diese Aufgabe auf die Berechnung von Integralen. Eine Lösung einer Differentialgleichung bezeichnet man daher auch als *Integral* dieser Gleichung, den Prozeß der Bestimmung aller Lösungen bezeichnet man als *Integration der Differentialgleichung*.

Im allgemeinen bezeichnet man *jede Gleichung als Integral einer gegebenen Differentialgleichung, wenn diese Gleichung keine Ableitung mehr enthält und wenn man die gegebene Differentialgleichung daraus herleiten kann.*

Beispiel 1. Die Funktion $y = \sin x$ ist eine Lösung (ein Integral) der Differentialgleichung zweiter Ordnung

$$y'' + y = 0, \tag{2}$$

da nach Einsetzen von $y = \sin x$ die Gleichung (2) übergeht in die Identität

$$(\sin x)'' + \sin x = 0. \tag{3}$$

Auch die Funktionen $y = \frac{1}{2} \sin x$, $y = \cos x$, $y = 3 \cos x$ sind Lösungen der Gleichung (2). Die Funktion $y = \sin x + \frac{1}{2}$ ist keine Lösung.

Beispiel 2. Wir betrachten die Differentialgleichung erster Ordnung

$$xy' + y = 0. \tag{4}$$

Die Funktion

$$y = \frac{1,5}{x} \tag{5}$$

ist eine Lösung der Gleichung (4), da diese nach Einsetzen von (5) übergeht in

$$x \cdot \frac{1,5}{-x^2} + \frac{1,5}{x} = 0.$$

Gleichzeitig damit ist Gleichung (5) ein Integral der Differentialgleichung (4).

Die Gleichung

$$xy = 0,2 \tag{6}$$

ist ebenfalls ein Integral der Differentialgleichung (4). In der Tat folgt aus (6), daß $(xy)' = 0$, und daraus folgt (4) (wenn man die Formel für die Ableitung eines Produkts anwendet). Aus dem Integral (6) folgt durch Auflösen nach y

$$y = \frac{0,2}{x}. \tag{7}$$

Auch die Funktion (7) ist eine Lösung der Differentialgleichung (4). Außerdem ist auch die Gleichung (7) ein Integral von (4).

Die Gleichungen $xy = \sqrt{3}$, $xy = -2$, $xy = \pi$ usw. sind ebenfalls Integrale der Differentialgleichung (4), die Funktionen $y = \frac{\sqrt{3}}{x}$, $y = -\frac{2}{x}$, $y = \frac{\pi}{x}$ sind Lösungen.

Beispiel 3. Man bestimme alle Lösungen der Differentialgleichung erster Ordnung

$$y' = \cos x. \tag{8}$$

Lösung. Die gesuchte Funktion $\varphi(x)$ ist eine Stammfunktion der Funktion $\cos x$. Die allgemeinste Form einer derartigen Funktion ist das unbestimmte Integral $\int \cos x \, dx$. Alle Lösungen von (8) haben daher die Form

$$y = \sin x + C. \tag{9}$$

Die Funktionen $y = \sin x + C$ enthalten eine willkürliche Konstante. Man nennt sie die *allgemeine Lösung*[1]) der Gleichung (8), die Funktion $y = \sin x$ (oder die Funktionen $y = \sin x + \frac{1}{2}$, $y = \sin x - 1$ usw.) nennt man *partikuläre* Lösung.

§ 478. Gleichungen erster Ordnung

Die allgemeine Form einer Differentialgleichung erster Ordnung ist

$$\Phi(x, y, y') = 0. \tag{1}$$

Eine nach y' aufgelöste Gleichung hat die Form

$$y' = f(x, y). \tag{2}$$

Es wird vorausgesetzt, daß die Funktion $f(x, y)$ eindeutig und stetig ist in einem gewissen Bereich. Man suche die Integrale, die zu diesem Bereich gehören.

§ 479. Die geometrische Bedeutung einer Gleichung erster Ordnung

Eine Kurve L (Abb. 448), die durch ein beliebiges Integral der Differentialgleichung

$$y' = f(x, y), \tag{1}$$

dargestellt wird, heißt *Integralkurve* dieser Gleichung.

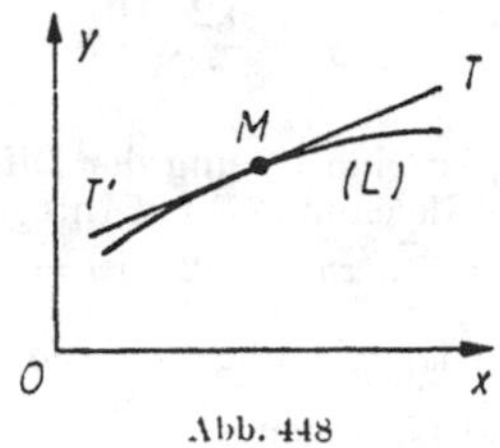

Abb. 448

Die Ableitung y' ist die Steigung der Tangente $T'T$ zur Integralkurve. Für die Integralkurve durch den Punkt $M(x; y)$ können wir daher y' aus Gleichung (1) errechnen und durch M die Tangente $T'T$ ziehen. Diese liefert die Richtung der gesuchten Integralkurve. Die Menge der Geraden $T'T$ in allen möglichen Punkten des betrachteten Bereiches nennt man *Richtungsfeld* der Gleichung (1).

[1]) Bezüglich der Definition der allgemeinen und der partikulären Lösung einer Differentialgleichung s. § 481 (für Gleichungen erster Ordnung) und § 493, § 494 (für Gleichungen höherer Ordnung).

Das Problem der Integration der Gleichung (1) lautet geometrisch ausgedrückt so: *Man bestimme eine Kurve, deren Tangenten überall mit den Richtungen des gegebenen Feldes übereinstimmen.*
Wenn man das Richtungsfeld durch kurze und dicht verteilte Pfeile darstellt (Abb. 449, 450), so kann man die Integralkurven (näherungsweise) nach Augenmaß konstruieren.

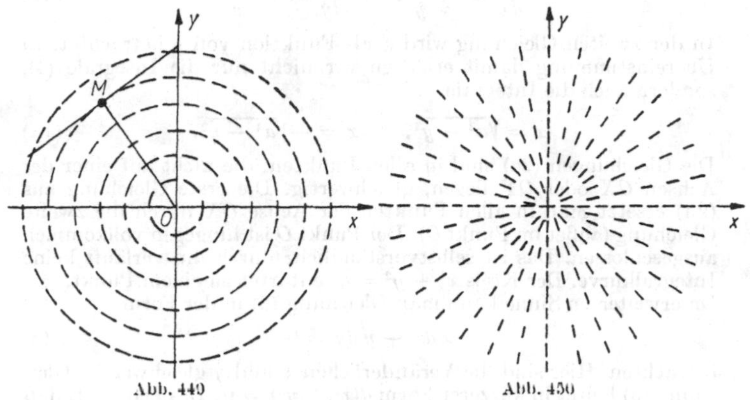

Abb. 449 Abb. 450

Beispiel 1. In Abb. 449 ist das Richtungsfeld der Gleichung

$$\frac{dy}{dx} = -\frac{x}{y} \tag{2}$$

dargestellt. Gleichung (2) bringt zum Ausdruck, daß die Richtungen des Feldes im Punkt $M(x; y)$ senkrecht zur Geraden OM liegen (die Steigungen der Richtungen des Feldes sind $\frac{dy}{dx}$, während die Steigung von OM gleich $\frac{y}{x}$ ist). Man erkennt leicht, daß die Integralkurven Kreise mit dem Mittelpunkt in O sind. Die Integrale der Gleichung (2) haben daher die Form

$$x^2 + y^2 = a^2, \tag{3}$$

wobei a^2 eine Konstante ist, die beliebige positive Werte annehmen darf. Die Funktionen

$$y = \sqrt{a^2 - x^2}, \qquad y = -\sqrt{a^2 - x^2} \tag{4}$$

sind Lösungen der Gleichung (2), wie man leicht einsieht.
Bemerkung. Gemäß § 478 sind die Punkte der Achse OX aus der Betrachtung auszuschließen, da die Funktion $f(x, y) = -\frac{x}{y}$ in diesen Punkten nicht definiert ist. Wir haben jedoch auch in diesen

Punkten die Richtungen des Feldes dargestellt (durch vertikale Pfeile). Wir haben dabei Gleichung (2) in erweiterter Bedeutung genommen (im Zusammenhang mit der geometrischen Deutung). Wir fassen dabei nämlich das Symbol (2) auf als Zusammenfassung der beiden Gleichungen

$$\frac{dy}{dx} = -\frac{x}{y}, \qquad \frac{dx}{dy} = -\frac{y}{x}. \tag{2a}$$

In der zweiten Gleichung wird x als Funktion von y betrachtet. In Übereinstimmung damit erhalten wir nicht nur die Integrale (4), sondern auch die Integrale

$$x = \sqrt{a^2 - y^2}, \qquad x = -\sqrt{a^2 - y^2}. \tag{4a}$$

Die Gleichungen (2a) sind in allen Punkten, die nicht auf einer der Achsen OX oder OY liegen, gleichwertig. Die erste Gleichung aus (2a) ersetzt man in allen Punkten der Achse OX durch die zweite Gleichung (außer im Punkt O). Der Punkt O ist hingegen vollkommen ausgeschlossen. Das ist selbstverständlich: durch ihn verläuft keine Integralkurve. Der Kreis $x^2 + y^2 = a^2$ entartet zu einem Punkt.
Im erweiterten Sinne kann man Gleichung (2) in der Form

$$x\,dx + y\,dy = 0 \tag{5}$$

betrachten. Hier sind die Veränderlichen x und y gleichwertig. Gleichung (5) lautet in kürzerer Form $d(x^2 + y^2) = 0$. Das bedeutet, daß $x^2 + y^2$ eine Konstante ist, und wir erhalten wieder die Integrale (3).

Beispiel 2. In Abb. 450 ist das Richtungsfeld der Gleichung

$$\frac{dy}{dx} = \frac{y}{x} \tag{6}$$

dargestellt. Die Integralkurven sind die Geraden $y = Cx$. Faßt man Gleichung (6) im erweiterten Sinn auf, so kann man das Richtungsfeld auch in den Punkten der Ordinatenachse OY darstellen (s. obige Bemerkung). Ausgenommen ist der Punkt O. Wir erhalten vertikale Pfeile, die längs der vertikalen Geraden angeordnet sind. Diese Gerade ($x = 0$) ergänzt also die Integralkurven $y = Cx$.
Im Punkt O ist die Richtung des Feldes nicht definiert. Hier häufen sich die Integralkurven aller möglichen Richtungen.
Die Funktionen

$$y = Cx \qquad (C \text{ — Konstante}) \tag{7}$$

sowie die Funktionen

$$x = C_1 y \qquad (C_1 \text{ — Konstante}) \tag{7a}$$

sind die Lösungen (Integrale) der Gleichung (6). Integrale sind auch die Gleichungen

$$\frac{y}{x} = C, \quad \frac{x}{y} = C, \quad \frac{x^2}{y^2} = C, \quad \ln\left|\frac{y}{x}\right| = C \tag{8}$$

usw.

Gleichung (6) läßt sich in der Form

$$x\,dy - y\,dx = 0 \tag{9}$$

schreiben. Dividiert man (9) durch x^2, so erhält man $\frac{x\,dy - y\,dx}{x^2} = 0$, d. h. $d\left(\frac{y}{x}\right) = 0$. Daraus ergibt sich das Integral $\frac{y}{x} = C$. Teilt man (9) durch y^2, so erhält man $\frac{x}{y} = C_1$ $\left(\text{mit } C_1 = \frac{1}{C}\right)$.

Beispiel 3. Das Richtungsfeld einer Gleichung der Form $y' = f(x)$ wurde in § 295 (Beispiele 1–3) betrachtet. Die Integralkurven $y = \int f(x)\,dx$ haben voneinander konstanten Abstand (in Richtung der Achse OY gemessen).

§ 480. Isoklinen

Die Konstruktion des Richtungsfeldes einer Gleichung $y' = f(x, y)$ wird erleichtert, wenn man zuerst die *Kurven gleicher Neigung* (*Isoklinen*) zeichnet. Das sind jene Kurven, längs deren die Funktion $f(x, y)$ konstant ist. In allen Punkten einer Isokline hat das Feld dieselbe Richtung.

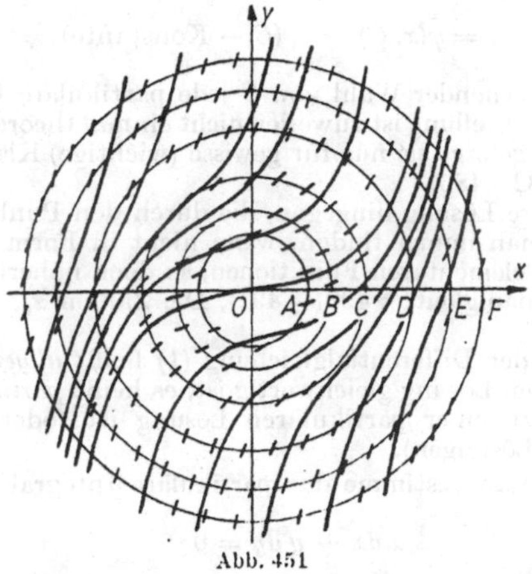

Abb. 451

Beispiel. Die Isoklinen der Gleichung $y' = x^2 + y^2$ sind die Kreise $x^2 + y^2 = a^2$ (Abb. 451). In allen Punkten des Kreises $x^2 + y^2 = 1$ (mit dem Radius OC als Maßstabseinheit) ist die Steigung y' des Richtungsfeldes gleich 1, in allen Punkten des Kreises $x^2 + y^2 = 2$ (Radius $OD = \sqrt{2}$) haben wir $y' = 2$ usw. Die Integralkurven sind durch die stark ausgezogenen Kurven dargestellt.

Bemerkung. In der Praxis ist es bei Verwendung von Isoklinen nicht notwendig, das Richtungsfeld durch Pfeile anzudeuten. Es genügt, wenn man jeder Isokline eine Zahl als Marke zuordnet, die dort den Wert der Steigung angibt. In der Abbildung, in der die Isoklinen dargestellt sind, zeichnet man sich irgendwo ein Strahlenbüschel ein und versieht jeden Büschelstrahl mit einer Marke, die seiner Steigung entspricht. Die Lösung erhält man dann durch Konstruktion von Pfeilen parallel zu den entsprechenden Strahlen.

§ 481. Partikuläre Lösung und allgemeine Lösung einer Gleichung erster Ordnung

Eine Differentialgleichung erster Ordnung

$$y' = f(x, y) \tag{1}$$

hat unendlich viele Lösungen (s. die Beispiele in § 479). In der Regel geht durch jeden Punkt des betrachteten Bereiches (§ 478) genau eine Integralkurve[1]). Die entsprechende Lösung der Gleichung (1) heißt *partikuläre Lösung*, die Gesamtheit aller partikulären Lösungen nennt man *allgemeine Lösung*. Die allgemeine Lösung der Differentialgleichung (1) wird dargestellt durch eine gewisse Funktion

$$y = \varphi(x, C) \qquad (C - \text{Konstante}), \tag{2}$$

die bei entsprechender Wahl von C jede partikuläre Lösung liefert. Eine solche Darstellung ist zuweilen nicht einmal theoretisch möglich, in der Praxis gelingt sie nur für gewisse (wichtige) Klassen von Gleichungen (§ 482–486).

Die partikuläre Lösung hingegen, die durch den Punkt $(x_0; y_0)$ verläuft. kann man immer finden, wenn nicht in Form eines exakten Ausdrucks in elementaren Funktionen, so doch näherungsweise (mit beliebiger Genauigkeit; § 490, § 491), Die Zahlen x_0, y_0 heißen *Anfangswerte*.

Ein Integral der Differentialgleichung (1) heißt *allgemein*, wenn es der allgemeinen Lösung gleichwertig ist, es heißt *partikulär*, wenn es gleichwertig zu einer partikulären Lösung ist (oder zu mehreren partikulären Lösungen).

Beispiel 1. Man bestimme das partikuläre Integral der Gleichung

$$x\,dx + y\,dy = 0 \tag{3}$$

(§ 479, Beispiel 1) für die Anfangswerte $x_0 = 4$, $y_0 = -3$. Die Integralkurven der Gleichung (3) sind die Kreise mit dem Mittelpunkt (0; 0). Durch den Punkt M_0 (4; −3) geht die Integralkurve $x^2 + y^2 = 25$. Diese Gleichung ist ein partikuläres Integral der

[1]) Ausgenommen sind nur jene Punkte, in denen die partielle Ableitung f_y unstetig ist oder nicht existiert.

Gleichung (3). Es ist gleichwertig den beiden partikulären Lösungen

$$y = \sqrt{25 - x^2},$$

$$y = -\sqrt{25 - x^2}.$$

Die zweite Lösung ist die gesuchte (die erste geht nicht durch M_0).

Beispiel 2. Die partikuläre Lösung der Gleichung (3) durch den Punkt $(x_0; y_0)$ hat die Form

$$y = \sqrt{x_0^2 + y_0^2 - x^2}, \qquad \text{wenn } y_0 > 0; \tag{4}$$

$$y = -\sqrt{x_0^2 + y_0^2 - x^2}, \qquad \text{wenn } y_0 < 0. \tag{5}$$

Wenn $y_0 = 0$, d. h., wenn der Punkt $(x_0; y_0)$ auf der Achse OX liegt, so lautet die partikuläre Lösung (gemäß der Betrachtung in Beispiel 1 aus § 479)

$$x = \sqrt{x_0^2 - y^2}, \qquad \text{wenn } x_0 > 0; \tag{6}$$

$$x = -\sqrt{x_0^2 - y^2}, \qquad \text{wenn } x_0 < 0. \tag{7}$$

Im Punkt $x_0 = 0$, $y_0 = 0$ (Koordinatenursprung) gibt es keine partikuläre Lösung.

Die Gesamtheit der partikulären Lösungen (4), (5), (6), (7) bildet die allgemeine Lösung der Differentialgleichung (3). Bezeichnet man die konstante Größe $x_0^2 + y_0^2$ durch C^2, so kann man die allgemeine Lösung in der Form

$$y = \pm\sqrt{C^2 - x^2} \tag{8}$$

darstellen. Die Gleichung

$$x^2 + y^2 = C^2, \tag{9}$$

die gleichwertig ist mit der allgemeinen Lösung (8), ist das allgemeine Integral der Gleichung (3).

§ 482. Gleichungen mit separierten Variablen

Wenn eine Differentialgleichung die Form

$$P(x)\,dx + Q(y)\,dy = 0 \tag{1}$$

hat (der Koeffizient P hängt nur von x, der Koeffizient Q nur von y ab), so sagt man die Variablen x und y seien *separiert* (getrennt).

Das allgemeine Integral einer Gleichung mit separierten Variablen wird dargestellt durch die Gleichung[1])

$$\int P(x)\,dx + \int Q(y)\,dy = C \qquad (C - \text{Konstante}). \tag{2}$$

Zur Bestimmung des partikulären Integrals mit den Anfangswerten x_0, y_0 kann man so vorgehen: Wir setzen x_0, y_0 in (2) ein und finden

[1]) Hier und im folgenden bedeutet das Symbol irgendeine der Stammfunktionen, d. h., die willkürliche additive Konstante bleibt unberücksichtigt.

den entsprechenden Wert C_0. Das gesuchte partikuläre Integral ist $\int P(x)\,dx + \int Q(y)\,dy = C_0$. Wenn uns das allgemeine Integral nicht interessiert, so findet man die partikuläre Lösung unmittelbar mit Hilfe der Formel

$$\int_{x_0}^{x} P(x)\,dx + \int_{y_0}^{y} Q(y)\,dy = 0. \tag{3}$$

Beispiel. Man bestimme die partikuläre Lösung der Gleichung

$$\sin x\,dx + \frac{dy}{\sqrt{y}} = 0 \tag{4}$$

für die Anfangswerte $x_0 = \frac{\pi}{2}$, $y_0 = 3$.

Lösung. Das allgemeine Integral der Gleichung (4) ist

$$\int \sin x\,dx + \int \frac{dy}{\sqrt{y}} = C \quad \text{oder} \quad -\cos x + 2\sqrt{y} = C. \tag{5}$$

Setzen wir hier $x = \frac{\pi}{2}$, $y = 3$, so erhalten wir $C = 2\sqrt{3}$. Die gesuchte partikuläre Lösung ist

$$y = \frac{(2\sqrt{3} + \cos x)^2}{4}. \tag{6}$$

Man erhält sie direkt aus der Formel

$$\int_{\frac{\pi}{2}}^{x} \sin x\,dx + \int_{3}^{y} \frac{dy}{\sqrt{y}} = 0.$$

§ 483. Separation der Variablen. Singuläre Lösung

Eine Gleichung der Form $X_1 Y_1\,dx + X_2 Y_2\,dy = 0$, bei der die Funktionen X_1 und X_2 nur von x und die Funktionen Y_1 und Y_2 nur von y abhängen[1]), läßt sich durch Division durch $Y_1 X_2$ auf die Form (1) in § 482 bringen. Der Umformungsprozeß heißt *Separation der Variablen.*

Beispiel 1. Wir betrachten die Gleichung

$$y\,dx - x\,dy = 0. \tag{1}$$

Nach Division xy erhalten wir die Gleichung

$$\frac{dx}{x} - \frac{dy}{y} = 0, \tag{2}$$

[1]) Eine der Funktionen X_1 oder X_2 kann konstant sein, dasselbe gilt für Y_1 oder Y_2.

in der die Variablen separiert sind. Durch Integration finden wir

$$\int \frac{dx}{x} - \int \frac{dy}{y} = C, \tag{3}$$

d. h.

$$\ln |x| - \ln |y| = C \tag{4}$$

oder

$$\ln \left| \frac{x}{y} \right| = C. \tag{4a}$$

Führt man mit $C = \ln C_1$ die neue Konstante C_1 ein, so haben wir an Stelle von (4a)

$$\frac{x}{y} = C_1 \tag{4b}$$

(vgl. Beispiel 2, § 479).

Beispiel 2. Man bestimme alle Lösungen der Gleichung

$$\sqrt{1 - y^2}\, dx - y\, dy = 0. \tag{5}$$

Lösung. In dem durch $y = \pm 1$ begrenzten Bereich ist mindestens eine der Funktionen $\frac{\sqrt{1-y^2}}{y}\left(= \frac{dy}{dx}\right)$, $\frac{y}{\sqrt{1-y^2}}\left(= \frac{dx}{dy}\right)$ eindeutig definiert und stetig. Außerhalb dieses Bereichs ist keine der erwähnten Funktionen definiert. Alle Integrale der Gleichung (5) liegen daher in dem durch $y = \pm 1$ begrenzten Bereich.

Wir dividieren die Gleichung durch $\sqrt{1 - x^2}$ und erhalten die Gleichung

$$dx - \frac{y\, dy}{\sqrt{1 - y^2}} = 0,$$

in der die Variablen separiert sind. Durch Integration finden wir

$$x - \sqrt{1 - y^2} = C$$

oder

$$x - C = \sqrt{1 - y^2}. \tag{6}$$

Diese Gleichung stellt eine Schar von Halbkreisen dar, die in Abb. 452 dargestellt sind. Sie umfaßt jedoch nicht alle Integralkurven der Gleichung (5): Bei der Division durch $\sqrt{1 - y}$ sind uns die Lösungen $y = 1$ und $y = -1$ verlorengegangen (die Geraden uv und $u'v'$ in Abb. 452).

Bemerkung. Die verlorengegangenen Lösungen sind keine partikulären Lösungen. Eine partikuläre Lösung ist bei gegebenen Anfangswerten eindeutig (§ 481). Durch jeden Punkt der Geraden $y = 1$ gehen aber zwei Lösungen. Zum Beispiel verläuft durch den Punkt M_0 (0; 1) (Abb. 452) außer der Geraden $y = 1$ auch der Halbkreis $x = \sqrt{1 - y^2}$, der ebenfalls eine Lösung von (5) darstellt. Diese Lösung erhält man aus (6) für $C = 0$.

Gleichung (6) enthält wenigstens alle partikulären Lösungen (Halbkreise), wenn sie auch nicht alle Lösungen überhaupt enthält. Wir bezeichnen sie daher wieder als allgemeines Integral der Gleichung (5). Die Lösungen $y = 1$ und $y = -1$ nennen wir *singuläre Lösungen*.

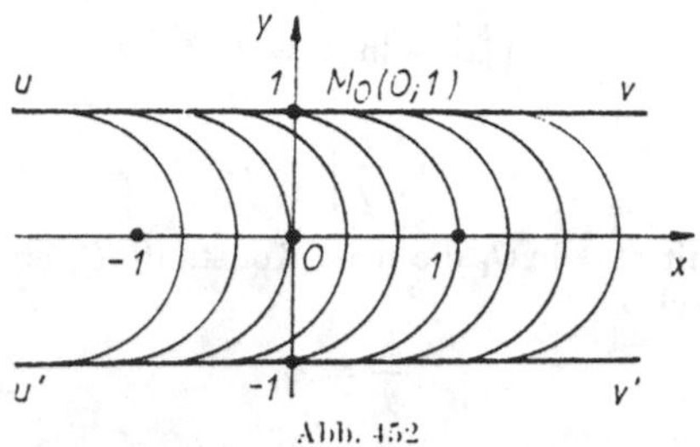

Abb. 452

Im allgemeinen nennt man ein Integral einer Differentialgleichung erster Ordnung *singulär*, wenn durch jeden seiner Punkte wenigstens noch ein Integral hindurchgeht.

§ 484. Gleichungen mit totalen Differentialen

Wenn die Koeffizienten $P(x, y)$ und $Q(x, y)$ in der Gleichung

$$P(x, y)\,dx + Q(x, y)\,dy = 0 \tag{1}$$

der Bedingung

$$\frac{\partial P}{\partial y} = \frac{\partial Q}{\partial x} \tag{2}$$

genügen, so ist die linke Seite von (1) das totale Differential einer gewissen Funktion $F(x, y)$ (der Stammfunktion des Ausdrucks $P\,dx + Q\,dy$, s. § 476). Das allgemeine Integral der Gleichung (1) lautet

$$F(x, y) = C. \tag{3}$$

Beispiel. Man bestimme das partikuläre Integral der Gleichung

$$\frac{x^2 - y}{x^2}\,dx + \frac{x + 1}{x}\,dy = 0 \tag{4}$$

für die Anfangswerte $x_0 = 1$, $y_0 = 1$.

Lösung. Die Bedingung (2) ist erfüllt. Die Funktionen $P(x, y) = 1 - \frac{y}{x^2}$ und $Q = 1 + \frac{1}{x}$ zerfallen dabei in Glieder der Form $Ax^m y^n$. Die Stammfunktion finden wir daher (§ 476, Bemerkung) so:

$$\int\left(1 - \frac{y}{x^2}\right) dx = x + \frac{y}{x} \qquad \text{(bei konstantem } y\text{)},$$

$$\int\left(1 + \frac{1}{x}\right) dy = y + \frac{y}{x} \qquad \text{(bei konstantem } x\text{)}.$$

Wir fassen die beiden Ausdrücke zusammen und berücksichtigen das Glied $\frac{y}{x}$ nur einmal. Die Funktion $x + y + \frac{y}{x}$ ist eine Stammfunktion. Das allgemeine Integral lautet

$$x + y + \frac{y}{x} = C. \tag{5}$$

Durch Einsetzen der Anfangswerte $x = 1$ und $y = 1$ finden wir $C = 3$. Die gesuchte partikuläre Lösung lautet $x + y + \frac{y}{x} = 3$.

Der integrierende Faktor. Wenn die Koeffizienten $P(x, y)$ und $Q(x, y)$ in der Gleichung

$$P(x, y)\, dx + Q(x, y)\, dy = 0 \tag{6}$$

nicht der Bedingung (2) genügen, so ist die linke Seite von (6) kein totales Differential. Manchmal kann man jedoch einen Faktor $M(x, y)$ so bestimmen, daß der Ausdruck $M(P\, dx + Q\, dy)$ zu einem totalen Differential einer gewissen Funktion $F_1(x, y)$ wird. Dann lautet das allgemeine Integral

$$F_1(x, y) = C.$$

Die Funktion $M(x, y)$ heißt *integrierender Faktor.*

Beispiel. Die linke Seite der Gleichung $2y\, dx + x\, dy = 0$ ist kein totales Differential. Durch Multiplikation mit dem Faktor x ergibt sich aber

$$x(2y\, dx + x\, dy) = d(x^2 y).$$

Das allgemeine Integral der gegebenen Gleichung ist daher

$$x^2 y = C.$$

Bemerkung. Zu jeder Differentialgleichung gibt es einen integrierenden Faktor (sogar unendlich viele). Ein allgemeines Verfahren zu seiner Bestimmung gibt es jedoch nicht.

§ 485. Die homogene Gleichung

Die Differentialgleichung

$$M\, dx + N\, dy = 0 \tag{1}$$

heißt *homogen*, wenn das Verhältnis $\frac{M}{N}$ sich als Funktion von $\frac{y}{x}$ darstellen läßt. Das Verhältnis $\frac{y}{x}$ bezeichnen wir durch t:

$$t = \frac{y}{x}. \tag{2}$$

Die Gleichung

$$(y + \sqrt{x^2 + y^2})\,dx - x\,dy = 0 \tag{3}$$

ist z. B. homogen, da

$$\frac{M}{N} = \frac{y + \sqrt{x^2 + y^2}}{-x} = -\frac{y}{x} - \sqrt{1 + \left(\frac{y}{x}\right)^2}$$
$$= -t - \sqrt{1 + t^2}. \tag{4}$$

Mit Hilfe der Substitution

$$y = tx \qquad (\text{und damit} \quad dy = t\,dx + x\,dt) \tag{5}$$

läßt sich jede homogene Gleichung in eine Gleichung mit separierten Variablen überführen.

Beispiel 1. Man integriere Gleichung (3) mit den Anfangswerten $x_0 = 3$, $y_0 = 4$.

Lösung. Nach Einsetzen von (5) in Gleichung (3) erhält diese die Form

$$\sqrt{x^2 + x^2t^2}\,dx - x^2\,dt = 0 \tag{6}$$

oder

$$|x|\,\sqrt{1 + t^2}\,dx - x^2\,dt = 0. \tag{7}$$

Die Variablen sind bereits getrennt. Wir erhalten

$$\frac{dx}{|x|} = \frac{dt}{\sqrt{1 + t^2}}. \tag{8}$$

Bei der Trennung der Variablen ist die Lösung $x = 0$ verloren gegangen. Diese genügt jedoch offensichtlich nicht den Anfangsbedingungen.

Da wir unter den Anfangsbedingungen $x_0 = 3$, $t_0 = \frac{y_0}{x_0} = \frac{4}{3}$ integrieren, ist die Abszisse positiv, und wir dürfen setzen

$$|x| = x. \tag{9}$$

Wir erhalten

$$\int_3^x \frac{dx}{x} = \int_{\frac{4}{3}}^t \frac{dt}{\sqrt{1 + t^2}} \tag{10}$$

und daraus

$$\ln x - \ln 3 = \ln\left(t + \sqrt{1 + t^2}\right) - \ln 3. \tag{11}$$

Durch Einsetzen von $\frac{y}{x}$ für t und Potenzieren ergibt sich das partikuläre Integral

$$x = \frac{y}{x} + \sqrt{1 + \frac{y^2}{x^2}}. \tag{12}$$

Die entsprechende partikuläre Lösung ist

$$y = \frac{x^2 - 1}{2}. \tag{13}$$

Bemerkung. Die linke Seite der Gleichung (10) hat keinen Sinn, wenn die obere Grenze gleich Null oder negativ wird. Wir müssen uns daher bei der Untersuchung der Lösungen auf positive Werte von x beschränken. Ob die Funktion (13) auch für $x \leqq 0$ eine Lösung von (3) ist, muß erst untersucht werden. Durch Einsetzen von (13) in (3) zeigt man, daß dies tatsächlich der Fall ist.

Beispiel 2. Man integriere Gleichung (3) für die Anfangswerte $x_0 = -3$, $y_0 = 4$.

Lösung. Wir gehen der Reihe nach so vor, wie in Beispiel 1. An Stelle von (9) müssen wir jedoch

$$|x| = -x \tag{9a}$$

setzen, wodurch wir statt (10) die Beziehung

$$-\int\limits_{-3}^{x} \frac{dx}{x} = \int\limits_{-\frac{4}{3}}^{t} \frac{dt}{\sqrt{1+t^2}} \tag{10a}$$

erhalten. Daraus folgt

$$-\ln|x| + \ln 3 = \ln\left(t + \sqrt{1+t^2}\right) - \ln\frac{1}{3}, \tag{11a}$$

und statt (12) ergibt sich

$$\frac{1}{|x|} = \frac{y}{x} + \sqrt{1 + \frac{y^2}{x^2}} \tag{12a}$$

oder

$$-\frac{1}{x} = \frac{y}{x} - \sqrt{\frac{x^2+y^2}{x}} \tag{12b}$$

(das Minuszeichen vor dem letzten Bruch kommt daher, daß für $x \leqq 0$ gilt $\sqrt{x^2} = -x$). Aus (12b) erhalten wir die gesuchte partikuläre Lösung

$$y = \frac{x^2 - 1}{2}.$$

Sie stimmt mit der Lösung aus Beispiel 1 überein (s. die Bemerkung zu Beispiel 1).

§ 486. Die lineare Gleichung erster Ordnung

Eine Differentialgleichung erster Ordnung

$$M\,dx + N\,dy = 0 \tag{1}$$

heißt *linear*, wenn $\frac{M}{N}$ die Variable y nur in der ersten Potenz enthält. Eine lineare Gleichung schreibt man in der Form

$$y' + P(x)\,y = Q(x); \tag{2}$$

worin $P(x)$ und $Q(x)$ beliebige (stetige) Funktionen von x sind. Wenn insbesondere $Q(x) = 0$, so heißt die lineare Differentialgleichung wieder *homogen*. Diese Bezeichnungsweise hat jetzt jedoch einen anderen Sinn als in § 485. In diesem Fall kann man die Variablen separieren, und die allgemeine Lösung hat die Gestalt

$$y = Ce^{-\int P\,dx}. \tag{3}$$

Beispiel 1. Man bestimme die allgemeine Lösung der homogenen linearen Differentialgleichung

$$y' - \frac{x}{1+x^2}\,y = 0. \tag{4}$$

Lösung. Durch Separation der Variablen erhalten wir

$$\frac{dy}{y} = \frac{x\,dx}{1+x^2} \tag{5}$$

und daraus

$$\ln|y| = \frac{1}{2}\ln(1+x^2) + C \tag{6}$$

oder

$$y = C_1\sqrt{1+x^2} \tag{6a}$$

mit $C_1 = e^C$. Dasselbe Resultat erhalten wir auch gemäß Formel (3) $\left(\text{mit } P = -\frac{x}{1+x^2}\right)$:

$$y = Ce^{-\int -\frac{x\,dx}{1+x^2}} = Ce^{\frac{1}{2}\ln(1+x^2)} = C\sqrt{1+x^2}.$$

Bemerkung 1. Die partikuläre Lösung $y = 0$ ergibt sich aus (3) für $C_1 = 0$, man erhält sie jedoch nicht aus (6). Diese Lösung geht bei der Division der Gleichung durch y verloren. Bei der Entlogarithmierung der Gleichung (6) führen wir die Lösung $y = 0$ wieder ein. Vgl. § 483, Beispiel 2.

Bemerkung 2. In der Praxis liefert die fertige Formel (3) keinen wesentlichen Vorteil gegenüber den der Reihe nach durchgeführten Umformungen in Beispiel 1.

Eine *inhomogene lineare* Differentialgleichung (mit $Q(x) \neq 0$) integriert man auf die folgende Weise: Wir suchen zuerst die allgemeine Lösung der entsprechenden homogenen Gleichung. In dieser Lösung ersetzen wir die Konstante C durch eine unbekannte Funktion u und setzen den neuen Ausdruck in Gleichung (2) ein (*Methode der Variation der Konstanten*). Nach einer Vereinfachung kann man die Variablen x und u separieren und erhält durch Integration einen Ausdruck für u in Abhängigkeit von x. Die Funktion $y = ue^{-\int P\,dx}$ liefert dann die allgemeine Lösung[1]) der Gleichung (2).

Beispiel 2. Man bestimme die allgemeine Lösung der Gleichung

$$y' - \frac{x}{1+x^2}\,y = x. \tag{7}$$

Lösung. Die allgemeine Lösung der entsprechenden homogenen Gleichung (s. Beispiel 1) lautet $y = C\sqrt{1+x^2}$. Wir ersetzen die Konstante C durch eine unbekannte Funktion u und erhalten

$$y = u\sqrt{1+x^2}. \tag{8}$$

Daraus folgt

$$y' = \frac{du}{dx}\sqrt{1+x^2} + \frac{ux}{\sqrt{1+x^2}}. \tag{9}$$

Wir setzen (8) und (9) in (7) ein. Nach Vereinfachung erhalten wir

$$\frac{du}{dx} = \frac{x}{\sqrt{1+x^2}}.$$

Hieraus ergibt sich u als Funktion von x

$$u = \int \frac{x\,dx}{\sqrt{1+x^2}} = \sqrt{1+x^2} + C_1. \tag{10}$$

Auf Grund von (8) und (10) lautet die allgemeine Lösung der gegebenen Gleichung:

$$y = (\sqrt{1+x^2} + C_1)\,(\sqrt{1+x^2}\ ^2)). \tag{11}$$

---

[1]) Die allgemeine Lösung hat die Form

$$y = \left[\int dx Q(x)\, e^{\int P(x)dx} + C_1\right] e^{-\int P\,dx}. \tag{A}$$

[2]) Dasselbe Resultat erhalten wir $\left[\text{mit } P = -\frac{x}{1+x^2},\ Q = x\right]$ nach Formel (A)

$$y = \left[\int x\,dx e^{\int -\frac{x\,dx}{1+x^2}} + C_1\right] e^{-\int -\frac{x\,dx}{1+x^2}}$$

$$= \left[\int x\,dx \frac{1}{\sqrt{1+x^2}} + C_1\right]\sqrt{1+x^2} = (\sqrt{1+x^2} + C_1)\sqrt{1+x^2}.$$

Bemerkung. Analog integriert man die Gleichung

$$\frac{dx}{dy} + P(y)\,x = Q(y), \tag{12}$$

die man aus (2) erhält, wenn man die Rollen von x und y vertauscht.

§ 487. Die Clairautsche Gleichung

Eine Gleichung der Form

$$y = xy' + \varphi(y') \tag{1}$$

heißt CLAIRAUT*sche Gleichung*. Ihr allgemeines Integral ist

$$y = xC + \varphi(C). \tag{2}$$

Außerdem besitzt die CLAIRAUTsche Gleichung ein singuläres Integral (§ 483). Man erhält dieses durch Elimination des Parameters t aus den Gleichungen

$$x = -\varphi'(t), \qquad y = -t\varphi'(t) + \varphi(t). \tag{3}$$

Das allgemeine Integral (2) stellt die Gesamtheit aller Geraden dar, die eine gewisse Kurve L berühren. Das singuläre Integral stellt diese Kurve L dar (mit den Gleichungen (3) als Parametergleichungen).

Beispiel. Die Gleichung

$$y = xy' - y'^2 \tag{1a}$$

ist eine CLAIRAUTsche Gleichung. Ihr allgemeines Integral

$$y = Cx - C^2 \tag{2a}$$

stellt die Gesamtheit aller Geraden dar (Abb. 453), die Tangenten an die Parabel

$$y = \frac{1}{4}x^2 \tag{4}$$

sind. Gleichung (4) ist das singuläre Integral. Man erhält sie auf die folgende Weise. Im gegebenen Beispiel gilt $\varphi(t) = -t^2$, $\varphi'(t) = -2t$, und die Gleichungen (3) lauten daher

$$x = 2t, \quad y = t^2. \tag{3a}$$

Durch Elimination von t ergibt sich (4).

Erklärung. Wir zeigen am Beispiel der Gleichung (1a), wie man die Gleichung des singulären Integrals erhält.

Die Kurve L, die von den Integralkurven (2a) berührt wird, ist selbst eine Integralkurve (da ihre Richtungen überall mit den Richtungen des Feldes übereinstimmen). Zur Bestimmung der Kurve L berücksichtigen wir, daß sie mit jeder der Geraden

$$y = Cx - C^2 \tag{5}$$

einen gemeinsamen Punkt $N(\bar{x}; \bar{y})$ haben muß. Die Größe C, die längs einer Geraden konstant ist, ändert sich bei Übergang von einer Geraden zur anderen. Die Koordinaten $\bar{x}$ und $\bar{y}$ sind also Funktionen von C. Wir bestimmen diese Funktionen. Da der Punkt $N(\bar{x}; \bar{y})$ auf der Geraden (5) liegt, muß gelten

$$\bar{y} = C\bar{x} - C^2. \tag{6}$$

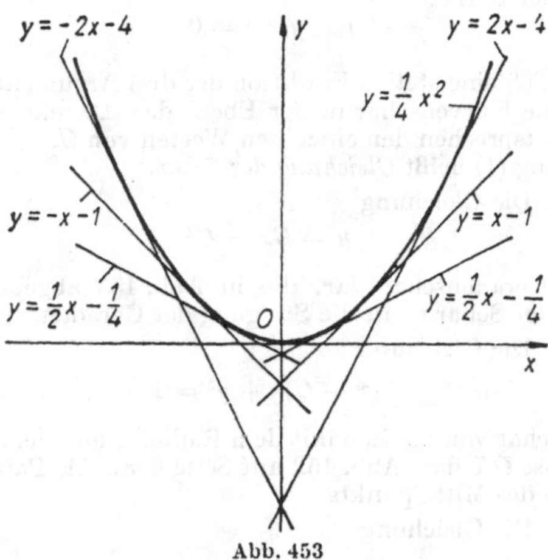

Abb. 453

Da im Punkt N die Richtung der Kurve L mit der Richtung der Geraden (5) übereinstimmt, gilt für die Differentiale $d\bar{y}$ und $d\bar{x}$ dasselbe Verhältnis wie für die Differentiale dy und dx der Koordinaten der Geraden (5), d. h., es muß gelten

$$d\bar{y} = C\,d\bar{x}. \tag{7}$$

Zugleich muß aber für $d\bar{x}$ und $d\bar{y}$ auch die Gleichung

$$d\bar{y} = C\,d\bar{x} + \bar{x}\,dC - 2C\,dC \tag{8}$$

gelten, die man durch Differentiation von (6) erhält. Durch Vergleich von (7) und (8) ergibt sich $(\bar{x} - 2C)\,dC = 0$, d. h.

$$\bar{x} = 2C. \tag{9}$$

Dies ist der gesuchte Ausdruck für $\bar{x}$. Durch Einsetzen in (6) finden wir

$$\bar{y} = C^2. \tag{10}$$

Die Gleichungen (9) und (10) unterscheiden sich von (3a) nur durch die Bezeichnungsweise.

§ 488. Die Enveloppe

Definition. Eine Menge von Kurven heißt eine (einparametrige) *Kurvenschar*, wenn man jeder Kurve eine wohlbestimmte Zahl C (den *Scharparameter*) so zuordnen kann, daß einer stetigen Veränderung von C eine stetige Änderung der Kurven entspricht. Eine Gleichung der Form

$$f(x, y, C) = 0, \tag{1}$$

wobei $f(x, y, C)$ eine stetige Funktion der drei Argumente x, y und C ist, stellt eine Kurvenschar in der Ebene dar. Die einzelnen Kurven der Schar entsprechen den einzelnen Werten von C.
Die Gleichung (1) heißt *Gleichung der Schar.*

Beispiel 1. Die Gleichung

$$y = Cx - C^2$$

stellt eine Geradenschar dar, die in Abb. 453 abgebildet ist. Als Parameter der Schar dient die Steigung der Geraden.

Beispiel 2. Die Gleichung

$$(x - C)^2 + y^2 = 1$$

stellt eine Schar von Kreisen mit dem Radius 1 und dem Mittelpunkt auf der Achse OX dar (Abb. 452 auf Seite 688). Als Parameter dient die Abszisse des Mittelpunkts.

Beispiel 3. Die Gleichung

$$x^2 + y^2 = C^2$$

stellt eine Schar von Kreisen mit dem Mittelpunkt im Ursprung $O(0; 0)$ dar. Als Parameter dient der Radius.

Definition 2. Unter der *Enveloppe* einer gegebenen Kurvenschar versteht man eine Kurve, die in jedem ihrer Punkte eine Kurve der Schar berührt.
Im Beispiel 1 ist die Enveloppe die Parabel $y = \frac{x^2}{4}$ (vgl. § 487), in Beispiel 2 ist es das Geradenpaar $y = \pm 1$, in Beispiel 3 gibt es keine Enveloppe.

Theorem. Die Enveloppe der Schar (1) gehört zur sogenannten *Diskriminantenkurve,* d. h. dem geometrischen Ort aller Punkte, die den Gleichungen

$$f(x, y, C) = 0, \quad f_C(x, y, C) = 0 \tag{2}$$

für alle möglichen Werte von C genügen. Wenn man C aus den Gleichungen (2) eliminiert, so erhält man die Gleichung der Diskriminantenkurve.

Bemerkung 1. Es ist nicht ausgeschlossen, daß sich die Diskriminantenkurve mit der Enveloppe nur teilweise überdeckt. Es kann auch vorkommen, daß die Diskriminantenkurve existiert, während die Schar (1) überhaupt keine Enveloppe hat.

Bemerkung 2. Wenn die Schar (1) das allgemeine Integral einer Differentialgleichung darstellt, so bildet die Enveloppe ein singuläres Integral. Wenn keine Enveloppe existiert, so existiert auch kein singuläres Integral.

§ 489. Die Integrierbarkeit von Differentialgleichungen

In § 482–487 haben wir wichtige Typen von Differentialgleichungen erster Ordnung betrachtet, deren Lösungen man auf die Bestimmung von Integralen bekannter Funktionen zurückführen kann[1]). Von solchen Gleichungen sagt man, ihre Lösungen seien auf Quadraturen zurückführbar.

In der Praxis begegnet man auch Differentialgleichungen erster Ordnung, die man nicht auf Quadraturen zurückführen kann. Bei der Lösung von Gleichungen höherer Ordnung begegnet man solchen Fällen noch häufiger. Zur Lösung von Gleichungen, die sich nicht auf Quadraturen zurückführen lassen, verwendet man Näherungsmethoden. Siehe dazu § 490–492.

§ 490. Näherungsweise Integration einer Gleichung erster Ordnung nach der Methode von Euler

Gegeben seien die Gleichung

$$y' = f(x, y) \tag{1}$$

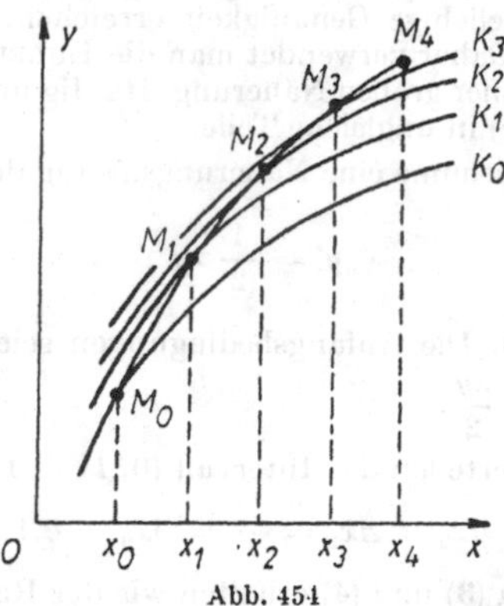

Abb. 454

und die Anfangsbedingungen $x = x_0$, $y = y_0$. Man soll ihre Lösung in einem gewissen Intervall (x_0, x) bestimmen. Wir unterteilen dieses Intervall in n (gleiche oder ungleiche) Teilintervalle, indem wir die Zwischenpunkte $x_1, x_2, \ldots, x_{n-1}$ (Abb. 454) setzen.

---

[1]) Diese Integrale brauchen nicht durch elementare Funktionen darstellbar zu sein (§ 309).

Im Teilbereich (x_0, x_1) setzen wir

$$y = y_0 + f(x_0, y_0)(x - x_0), \tag{2}$$

d. h., statt der gesuchten Integralkurve M_0K_0 nehmen wir die Tangente M_0M_1.
Im Punkt $x = x_1$ erhalten wir den Näherungswert

$$y_1 = y_0 + f(x_0, y_0)(x_1 - x_0) = y_0 + f(x_0, y_0)\,\Delta x_0 \tag{3}$$

für die gesuchte Lösung. Wir setzen nun im Teilbereich (x_1, x_2)

$$y = y_1 + f(x_1, y_1)(x - x_1),$$

d. h., statt der gesuchten Integralkurve M_0K_0 nehmen wir die Tangente M_1M_2 an die Integralkurve M_1K_1 (wobei ein zweifacher Fehler begangen wird: Die Tangente M_1M_2 weicht von der Kurve M_1K_1 ab, und diese fällt nicht mit der gesuchten Kurve M_0K_0 zusammen). Durch Fortsetzung dieses Verfahrens erhält man eine Reihe von Näherungswerten

$$\left.\begin{aligned} y_2 &= y_1 + f(x_1, y_1)\,\Delta x_1, \\ y_3 &= y_2 + f(x_2, y_2)\,\Delta x_2, \\ &\ldots\ldots\ldots\ldots\ldots\ldots \\ y_n &= y_{n-1} + f(x_{n-1}, y_{n-1})\,\Delta x_{n-1}. \end{aligned}\right\} \tag{4}$$

Bei hinreichend feiner Unterteilung des gegebenen Intervalls kann man dabei jede beliebige Genauigkeit erreichen. Der Aufwand ist jedoch sehr groß. Daher verwendet man die EULERsche Methode nur zur Bestimmung einer groben Näherung. Häufig unterteilt man dabei das Intervall (x_0, x) in ungleiche Teile.

Beispiel. Man bestimme eine Näherungslösung der Gleichung

$$y' = \frac{1}{2}\,xy$$

im Intervall (0, 1). Die Anfangsbedingungen seien $x_0 = 0$, $y_0 = 1$. Hier gilt $f(x, y) = \dfrac{xy}{2}$.

Lösung. Wir unterteilen das Intervall (0, 1) in 10 gleiche Teile mit

$$\Delta x_0 = \Delta x_1 = \cdots = \Delta x_9 = 0{,}1.$$

Nach den Formeln (3) und (4) erhalten wir der Reihe nach

$$y_1 = y_0 + \frac{1}{2}\,x_0 y_0\,\Delta x_0 = 1 + \frac{1}{2}\cdot 0\cdot 1\cdot 0{,}1 = 1,$$

$$y_2 = y_1 + \frac{1}{2}\,x_1 y_1\,\Delta x_1 = 1 + \frac{1}{2}\cdot 0{,}1\cdot 1\cdot 0{,}1 = 1{,}005$$

usw.

Die Rechnung erfolgt nach dem folgenden Schema

x	y	$\Delta y = \frac{1}{2}\, xy\, \Delta y$	Wirklicher Wert für y
0	1	0	1
0,1	1	0,005	1,0025
0,2	1,005	0,0101	1,0100
0,3	1,0151	0,0152	1,0227
0,4	1,0303	0,0206	1,0408
0,5	1,0509	0,0263	1,0645
0,6	1,0772	0,0323	1,0942
0,7	1,1095	0,0392	1,1303
0,8	1,1487	0,0459	1,1735
0,9	1,1946	0,0538	1,2244
1,0	1,2484		1,2840

In den ersten zwei Spalten der Tabelle liegt eine Näherungslösung vor. Die gegebene Gleichung kann man auch exakt integrieren. Nach der Formel $\int\limits_1^y \frac{dy}{y} = \int\limits_0^x \frac{1}{2}\, x\, dx$ erhält man $y = e^{\frac{1}{4}x^2}$. Die entsprechenden Werte für y sind in der letzten Spalte angegeben. Ein Vergleich mit den ersten Spalten zeigt, daß der Fehler immer größer wird und bei $x = 1$ den Wert 2,9% erreicht.

§ 491. Integration von Differentialgleichungen mit Hilfe von unendlichen Reihen

Die Lösung der Differentialgleichung

$$y' = f(x, y) \tag{1}$$

für die Anfangswerte $x = x_0$, $y = y_0$ kann man in Form einer Potenzreihe nach Potenzen von $x - x_0$ ansetzen, d. h. in der Form

$$y = y_0 + c_1(x - x_0) + c_2(x - x_0)^2 + \cdots + c_n(x - x_0)^n + \cdots. \tag{2}$$

Die Faktoren $c_1, c_2, \ldots, c_n, \ldots$ findet man durch Koeffizientenvergleich (§ 307) oder durch andere Verfahren.

Die Anwendung von unendlichen Reihen zur Lösung von Differentialgleichungen ist systematisch von Newton eingeführt worden (§ 292). Im Gegensatz zur Eulerschen Methode, bei der man die Lösung in Tabellenform erhält, gewinnt man hier eine Lösung in Form einer Formel. Diese ist jedoch nur im Inneren des Konvergenzbereichs der unendlichen Reihe anwendbar. Theoretisch ist auch möglich, daß sich die Lösung nicht in eine unendliche Reihe entwickeln läßt (vgl. § 400). Die theoretische Untersuchung dieses

Problems wurde von CAUCHY durchgeführt. S. W. KOWALEWSKAJA[1]) untersuchte das analoge Problem für partielle Differentialgleichungen.

Abgesehen von der erwähnten Einschränkung besitzt die Methode der unendlichen Reihen einen wichtigen praktischen Wert.

Beispiel. Man bestimme die Lösung der Differentialgleichung

$$y' = \frac{1}{2} xy \tag{3}$$

für die Anfangsbedingungen $x_0 = 0$, $y_0 = 1$.

Lösung. Nach Formel (2) setzen wir

$$y = 1 + c_1 x + c_2 x^2 + c_3 x^3 + c_4 x^4 + \cdots. \tag{4}$$

Die Koeffizienten $c_1, c_2, c_3, \ldots$ sind noch nicht bekannt. Durch Differenzieren von (4) erhalten wir

$$y' = c_1 + 2c_2 x + 3c_3 x^2 + 4c_4 x^3 + \cdots. \tag{5}$$

Durch Einsetzen von (4) und (5) in (3) ergibt sich

$$\begin{aligned} c_1 + 2c_2 x + 3c_3 x^2 + 4c_4 x^3 + \cdots \\ = \frac{1}{2} x + \frac{1}{2} c_1 x^2 + \frac{1}{2} c_2 x^3 + \cdots. \end{aligned} \tag{6}$$

Wir vergleichen nun die Koeffizienten der einzelnen Potenzen von x und erhalten die Beziehungen

$$c_1 = 0, \quad 2c_2 = \frac{1}{2}, \quad 3c_3 = \frac{1}{2} c_1, \quad 4c_4 = \frac{1}{2} c_2, \quad \cdots. \tag{7}$$

Daraus findet man der Reihe nach die Koeffizienten

$$c_1 = 0, \quad c_2 = \frac{1}{4}, \quad c_3 = 0, \quad c_4 = \frac{1}{32}, \quad c_5 = 0, \quad \cdots. \tag{8}$$

Die gesuchte Lösung lautet also

$$y = 1 + \frac{1}{4} x^2 + \frac{1}{32} x^4 + \frac{1}{384} x^6 + \cdots. \tag{9}$$

Für $x = 1$ erhalten wir $y \approx 1{,}2839$ (vgl. Tabelle § 490). Die Entwicklung (9) fällt mit der Entwicklung der Funktion $e^{\frac{x^2}{4}}$ zusammen:

$$e^{\frac{x^2}{4}} = 1 + \frac{x^2}{4} + \frac{1}{2!}\left(\frac{x^2}{4}\right)^2 + \frac{1}{3!}\left(\frac{x^2}{4}\right)^3 + \cdots. \tag{10}$$

[1]) SONJA WASSILJEWNA KOWALEWSKAJA (1850–1891) war eine bedeutende russische Wissenschaftlerin. Ihr verdankt man wichtige Ergebnisse auf dem Gebiet der Mathematik, der Mechanik und der theoretischen Physik, sowie eine Reihe von publizistischen und künstlerischen Werken.

Anderer Lösungsweg. Durch fortgesetztes Differenzieren der Gleichung (3) erhalten wir

$$y'' = \frac{1}{2}(xy)' = \frac{1}{2}y + \frac{1}{2}xy', \tag{11}$$

$$y''' = \left(\frac{1}{2}y + \frac{1}{2}xy'\right)' = y' + \frac{1}{2}xy'', \tag{12}$$

$$y^{IV} = \left(y' + \frac{1}{2}xy''\right)' = \frac{3}{2}y'' + \frac{1}{2}xy''' \tag{13}$$

usw. Wir setzen die Anfangswerte in (3) ein und finden $y_0' = 0$. Dann ergibt sich aus (11)

$$y_0'' = \frac{1}{2}y_0 + \frac{1}{2}x_0y_0' = \frac{1}{2}.$$

Genauso findet man

$$y_0''' = 0, \qquad y_0^{IV} = \frac{3}{4}$$

usw. Aus den gefundenen Werten bildet man nun die Taylor-Reihe

$$y = y_0 + y_0'x + \frac{y_0''}{2!}x^2 + \frac{y_0'''}{3!}x_3 + \frac{y_0^{IV}}{4!}x_4 + \cdots,$$

wodurch sich wieder die Reihe (9) ergibt.

§ 492. Über das Aufstellen von Differentialgleichungen

Der Prozeß des Aufstellens einer Differentialgleichung unter den gegebenen (geometrischen, physikalischen oder technischen) Bedingungen besteht darin, daß wir die *Beziehung zwischen den variablen Größen und ihren Differentialen in mathematischer Form* ausdrücken. Manchmal erhält man eine Differentialgleichung ohne Betrachtung des Zuwachses, wenn dieser bereits in der Voruntersuchung berücksichtigt wurde. Bei der Betrachtung der Geschwindigkeit $v = \frac{ds}{dt}$ z. B. gehen wir nicht mehr auf den Zuwachs Δs und Δt zurück. Trotzdem tritt dieser bereits in der Beziehung

$$\frac{ds}{dt} = \lim_{\Delta t \to 0} \frac{\Delta s}{\Delta t}$$

auf.

Bei der Aufstellung von Differentialgleichungen erster Ordnung ersetzt man einen unendlich kleinen Zuwachs durch das entsprechende Differential. Der Fehler, den man dabei begeht, wird durch Übergang zum Grenzwert automatisch wieder behoben.

Eine allgemein verbindliche Regel für die Aufstellung von Differentialgleichungen gibt es nicht. Wie bei der Formulierung von algebraischen Gleichungen ist auch hier oft etwas Erfinderkraft nötig. Viel hängt von der Geschicklichkeit ab, die man nur durch Übung erlangt.

Beispiel 1. In einem Behälter befinden sich 100 l Salzlauge, in der 10 kg Salz gelöst sind. Jede Minute fließen zwei Liter aus dem Behälter ab, während drei Liter Frischwasser zufließen. Die Salzkonzentration wird durch Mischen im gesamten Behälter einheitlich gehalten. Wieviel Salz befindet sich nach einer Stunde noch im Behälter?

Lösung. Die Salzmenge im Behälter bezeichnen wir durch x (in kg gemessen), die Zeit (gemessen in Minuten von einem Anfangszeitpunkt an) durch t.

Im Zeitintervall dt verlassen $(-dx)$ kg Salz den Behälter (die Größe x ist eine abnehmende Funktion der Zeit, daher ist dx eine negative und $(-dx)$ eine positive Größe).

Zum Aufstellen der Gleichung berechnen wir die Salzabnahme noch auf anderem Wege. Zur Zeit t befinden sich im Behälter $(100 + t)$ Liter Flüssigkeit (da 3 Liter zu- und 2 Liter abfließen), darin sind x kg Salz gelöst. In einem Liter Lösung befinden sich also $\frac{x}{100+t}$ kg Salz. In der Zeit dt fließen aus dem Behälter $2\,dt$ l Lösung ab, das entspricht einer Salzmenge von

$$\frac{2x\,dt}{100+t}\ \text{kg}.$$

Wir erhalten also die Differentialgleichung

$$-dx = \frac{2x\,dt}{100+t}. \tag{1}$$

Durch Separation der Variablen finden wir unter Berücksichtigung der Anfangsbedingungen $t_0 = 0$, $x_0 = 10$

$$\int\limits_{10}^{x} -\frac{dx}{x} = \int\limits_{0}^{t} \frac{2\,dt}{100+t}, \tag{2}$$

d. h.

$$\ln \frac{10}{x}\ 2 \ln \frac{100+t}{100} \tag{3}$$

oder

$$\frac{10}{x} = \left(\frac{100+t}{100}\right)^2. \tag{3a}$$

Mit $t = 60$ erhält man aus (3a) die gesuchte Salzmenge $x \approx 3{,}91$ kg.

Bemerkung. Bei der Aufstellung der Gleichung (1) haben wir zweierlei Fehler zugelassen: Erstens haben wir dx und dt an Stelle von Δx und Δt genommen. Zweitens haben wir angenommen, daß in der Zeit dt $\frac{2x\,dt}{100+t}$ kg Salz abfließen, d. h., daß im Zeitintervall

$(t, t + dt)$ die Konzentration $\frac{x}{100 + t}$ ist. So groß ist sie in Wirklichkeit nur zu Beginn dieses Intervalls. Aber diese zwei Fehler werden automatisch kompensiert.

Tatsächlich unterscheidet sich im Verlauf des kleinen Zeitintervalls $(t, t + \Delta t)$ die Konzentration nur unbeträchtlich von $\frac{x}{100 + t}\,\frac{\text{kg}}{\text{l}}$. Während dieser Zeit verringert sich die Salzmenge also wenigstens angenähert um den Betrag $\frac{2x\,\Delta t}{100 + t}$. Wir haben daher die Näherungsgleichung

$$-\Delta x \approx \frac{2x\,\Delta t}{100 + t}$$

oder

$$\frac{\Delta x}{\Delta t} \approx -\frac{2x}{100 + t}.$$

Diese Näherung ist um so genauer, je kleiner Δt ist. Mit anderen Worten, $-\frac{2x}{100 + t}$ ist der Grenzwert des Verhältnisses für $\Delta t \to 0$. Aber dieser Grenzwert ist die Ableitung $\frac{dx}{dt}$. Daher ist die Ableitung $\frac{dx}{dt}$ wirklich genau gleich $-\frac{2x}{100 + t}$:

$$\frac{dx}{dt} = -\frac{2x}{100 + t}.$$

Diese exakte Beziehung ist gleichwertig zur Gleichung (1).

Beispiel 2. Zur Konstruktion einer Brücke benötigt man einen 12 m hohen Steinpfeiler von kreisförmigen horizontalen Querschnitten. Der Pfeiler soll (außer dem Eigengewicht) eine Belastung von 90 t ertragen können. Der zulässige Druck sei $k = 300\,\frac{\text{t}}{\text{m}^2}$. Die Dichte des Materials ist $\gamma = 2{,}5\,\frac{\text{t}}{\text{m}^3}$. Man bestimme die obere und untere Grundfläche sowie die Form der Achsenquerschnitte des Pfeilers (bei geringstem Materialverbrauch).

Lösung. Die Fläche s_0 der oberen Grundfläche muß bei dem zulässigen Druck $k = 300\,\frac{\text{t}}{\text{m}^2}$ eine Belastung ks_0 ertragen. Definitionsgemäß ist $ks_0 = P$. Infolgedessen gilt

$$s_0 = \frac{P}{k} = \frac{90}{300} = 0{,}3\ (\text{m}^2). \tag{4}$$

Die Fläche s der horizontalen Querschnitte wächst mit abnehmender Höhe, da die Belastung P, der die Fläche s ausgesetzt wird, um das Gewicht des entsprechenden Pfeilerstücks zunimmt.

Wir bezeichnen durch x den Abstand des Querschnitts s (MN in Abb. 455) von der oberen Grundfläche und grenzen die unendlich kleine horizontale Schicht $MNnm$ ab. Der Flächeninhalt der oberen Grundfläche mn unterscheidet sich von dem der unteren MN um ds. An der unteren Fläche ist daher die Belastung um kds größer als oben. Andererseits ist die Belastung in MN um einen Betrag größer als in nm, der gleich dem Gewicht der Schicht $MNnm$ ist, d. h. um $\gamma s\,dx$[1]). Wir erhalten also die Differentialgleichung

$$k\,ds = \gamma s\,dx. \tag{5}$$

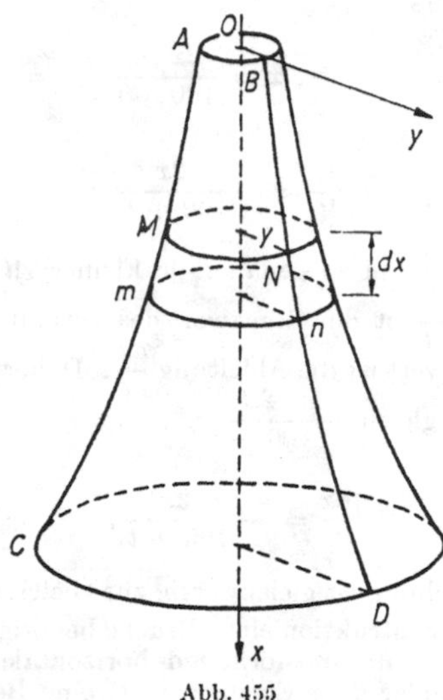

Abb. 455

Nach Separation der Variablen findet man unter Berücksichtigung der Anfangsbedingungen $x = 0$, $s = s_0$

$$\int_{s_0}^{s} \frac{ds}{s} = \frac{\gamma}{k} \int_{0}^{x} dx \tag{6}$$

und somit

$$\ln \frac{s}{s_0} = \frac{\gamma}{k}\,x. \tag{7}$$

Zur Bestimmung der Fläche s_1 der unteren Grenzfläche setzen wir $x = 12$ (mit $s_0 = 0{,}3$, $\gamma = 2{,}5$, $k = 300$). Bei Übergang zum deka-

[1]) Wir nehmen an, daß die Schicht $MNnm$ zylindrisch ist (der Fehler ist dabei klein von höherer Ordnung relativ zu dx).

dischen Logarithmus (§ 242) erhalten wir

$$\lg \frac{s_1}{0,3} = M \cdot \frac{2,5}{300} \cdot 12 \tag{8}$$

und daraus $s_1 = 0,33$ (m²).
Die Form der Achsenschnitte ist durch die Gleichung eines Meridians BD bestimmt. Wir bezeichnen den Radius des Querschnitts MN durch y, dann gilt $\frac{s}{s_0} = \left(\frac{y}{y_0}\right)^2$. Gleichung (7) liefert

$$2 \ln \frac{y}{y_0} = \frac{\gamma}{k} x \quad \text{oder} \quad y = y_0 e^{\frac{\gamma}{2k} x}. \tag{9}$$

Dies ist die Gleichung des Meridians. Bei der Kurve (9) handelt es sich um eine *logarithmische* Kurve.

§ 493. Gleichungen zweiter Ordnung

Die allgemeine Form einer Differentialgleichung zweiter Ordnung ist

$$\Phi(x, y, y', y'') = 0. \tag{1}$$

Die nach y'' aufgelöste Gleichung lautet

$$y'' = f(x, y, y'). \tag{2}$$

Es wird vorausgesetzt, daß die Funktion $f(x, y, y')$ der drei Argumente x, y, y' in einem gewissen Wertebereich dieser Argumente eindeutig definiert und stetig ist.
In der Regel wird durch die Anfangswerte $x = x_0$, $y = y_0$, $y' = y'_0$ (die dem betrachteten Bereich angehören) eindeutig eine Lösung der Gleichung (2) bestimmt[1]).
Geometrisch heißt das, durch den Punkt $M(x_0; y_0)$ geht in einer gegebenen Richtung genau eine Integralkurve.
Die entsprechenden Lösungen der Gleichung (2) nennt man *partikuläre* Lösungen. Die Gesamtheit aller partikulären Lösungen heißt *allgemeine* Lösung. Man ist bemüht, die allgemeine Lösung in Form einer gewissen Funktion

$$y = \varphi(x, C_1, C_2) \quad (C_1 \text{ und } C_2 \text{ konstant}) \tag{3}$$

darzustellen, aus der man jede partikuläre durch entsprechende Wahl für C_1 und C_2 gewinnen kann.
Bemerkung. Durch einen gegebenen Punkt gehen unendlich viele Integralkurven, nämlich in jeder möglichen Richtung eine.

[1]) Eine Ausnahme von der Regel ist nur möglich, wenn eine der Größen $f_y(x, y, y')$ oder $f_{y'}(x, y, y')$ unstetig ist oder nicht existiert.

Beispiel. Man bestimme die partikuläre Lösung der Gleichung

$$y'' = x \tag{4}$$

für die Anfangswerte $x_0 = 1$, $y_0 = 1$, $y_0' = 2$.

Lösung. Wir schreiben die gegebene Gleichung in der Form

$$\frac{dy'}{dx} = x. \tag{5}$$

Unter den gegebenen Anfangsbedingungen haben wir $\int\limits_2^{y'} dy' = \int\limits_1^x x\,dx$, d. h. $y' = \frac{x^2}{2} + \frac{3}{2}$. Nochmals unter Berücksichtigung der Anfangsbedingungen finden wir $\int\limits_1^y dy = \int\limits_1^x \left(\frac{x^2}{2} + \frac{3}{2}\right) dx$. Die gesuchte partikuläre Lösung ist also

$$y = \frac{x^3}{6} + \frac{3}{2}x - \frac{2}{3}. \tag{6}$$

Zweiter Lösungsweg. Aus (5) erhalten wir

$$y' = \frac{x^2}{2} + C_1 \tag{7}$$

und daraus

$$y = \frac{x^3}{6} + C_1 x + C_2. \tag{8}$$

Die Funktion (8) stellt die allgemeine Lösung dar, da sie bei entsprechender Wahl von C_1 und C_2 jede beliebige partikuläre Lösung liefert. Setzt man in (7) und (8) die gegebenen Anfangswerte ein, so erhält man

$$2 = \frac{1}{2} + C_1, \quad 1 = \frac{1}{6} + C_1 + C_2. \tag{9}$$

Daraus folgt

$$C_1 = \frac{3}{2}, \quad C_2 = -\frac{2}{3}.$$

Setzt man diese Werte in (8) ein, so erhalten wir von neuem die partikuläre Lösung (6).

Warnung. Nicht jede Lösung, die zwei beliebige Konstanten enthält, ist eine allgemeine Lösung. Zum Beispiel ist die Funktion

$$y = \frac{x^3}{6} + C_3 x - C_4\left(x - \frac{1}{C_4}\right) \tag{10}$$

eine Lösung der Gleichung (4), sie umfaßt jedoch nicht alle partikulären Lösungen. Denn für keine Wahl von C_3 und C_4 erhält man daraus die Lösung (6). Die Lösung (10) ist daher keine allgemeine Lösung. Dies ist auch daraus ersichtlich, daß die zwei Konstanten C_3 und C_4

nicht „wesentlich" sind, d. h., man kann sie durch eine einzige ersetzen. Die Formel (10) läßt sich nämlich auch in der Gestalt

$$y = \frac{x^3}{6} + (C_3 - C_4)\,x + 1$$

schreiben. Mit $C_3 - C_4 = C_1$ erhalten wir

$$y = \frac{x^3}{6} + C_1 x + 1 .$$

Diese Lösung erhält man aus der allgemeinen Lösung (8) für $C_2 = 1$.

§ 494. Gleichungen n-ter Ordnung

Eine Gleichung n-ter Ordnung lautet bezüglich $y^{(n)}$ aufgelöst:

$$y^{(n)} = f(x, y, y', y'', \ldots, y^{(n-1)}).$$

Sie besitzt bei gegebenen Anfangswerten $x_0, y_0, y_0', \ldots, y_0^{(n-1)}$ in der Regel (vgl. § 493) eine eindeutig bestimmte Lösung. Eine derartige Lösung heißt *partikuläre Lösung*. Die Gesamtheit aller partikulären Lösungen heißt *allgemeine Lösung*. Die allgemeine Lösung versucht man in der Form

$$y = \varphi(x, C_1, C_2, \ldots, C_n)$$

darzustellen. Nicht jede Lösung, die n Konstanten enthält, ist eine allgemeine Lösung (vgl. § 493, Warnung).

§ 495. Reduktion der Ordnung

Manchmal kann man in einer Differentialgleichung von zweiter oder höherer Ordnung die Ordnung reduzieren. Am wichtigsten sind die beiden folgenden Fälle.

Fall 1. Die Gleichung enthält y nicht. Dann nimmt man y' als neue unbekannte Funktion.

Beispiel 1. Man integriere die Differentialgleichung zweiter Ordnung

$$(1 + x)\,y'' + y' = 0. \tag{1}$$

Lösung. Mit y' als neuer unbekannter Funktion geht Gleichung (1) über in

$$(1 + x)\,\frac{dy'}{dx} + y' = 0. \tag{2}$$

Diese Gleichung ist von erster Ordnung (in der unbekannten Funktion y'). Durch Multiplikation mit dx erhalten wir eine Gleichung in totalen Differentialen (§ 484). Das allgemeine Integral der Gleichung (2) ist daher

$$(1 + x)\,y' = C_1. \tag{3}$$

Jetzt kehren wir zur ursprünglichen unbekannten Funktion y zurück und schreiben Gleichung (3) in der Form

$$(1 + x) \frac{dy}{dx} = C_1. \tag{3a}$$

Als Integral der Gleichung (3a) finden wir

$$y = C_1 \ln (1 + x) + C_2. \tag{4}$$

Dies ist die allgemeine Lösung der Gleichung (1).

Fall 2. Die Gleichung enthält x nicht. Dann nehmen wir wieder als neue unbekannte Funktion y', aber als Argument statt x die Größe y. Die Ableitungen zweiter und höherer Ordnung transformieren wir dabei gemäß den Formeln

$$y'' = \frac{dy'}{dx} = \frac{dy'}{dy} \cdot \frac{dy}{dx} = \frac{dy'}{dy} y', \tag{5}$$

$$y''' = \frac{dy''}{dx} = \frac{d}{dy}\left(\frac{dy'}{dy} y'\right) \frac{dy}{dx} = \frac{d}{dy}\left(\frac{dy'}{dy} y'\right) y' \tag{6}$$

usw.

Beispiel 2. Man integriere die Gleichung zweiter Ordnung

$$y'' + y = 0. \tag{7}$$

Lösung. Bei Verwendung von Formel (5) geht (7) über in

$$y' \, dy' + y \, dy = 0. \tag{8}$$

Diese Gleichung ist von erster Ordnung (in den Veränderlichen y und y'). Das allgemeine Integral der Gleichung (8) ist

$$y'^2 + y^2 = C_1^2. \tag{9}$$

Wir kehren nun zu den ursprünglichen Variablen x und y zurück und schreiben (9) in der Form

$$\frac{dy}{\sqrt{C_1^2 - y^2}} = \pm dx. \tag{10}$$

Durch Integrieren finden wir

$$\arcsin \frac{y}{C_1} = \pm(x + C_2),$$

und daraus folgt

$$y = C_1 \sin (x + C_2).$$

(Die Vorzeichen $\pm$ sind in die Konstante C_1 aufgenommen worden.) Dies ist die allgemeine Lösung der Gleichung (8). Sie läßt sich auf die Form

$$y = C_3 \sin x + C_4 \cos x$$

bringen, wobei gilt

$$C_3 = C_1 \cos C_2, \qquad C_4 = C_1 \sin C_2.$$

§ 496. Die lineare Gleichung zweiter Ordnung

Unter einer *linearen Gleichung zweiter Ordnung* versteht man eine Gleichung der Form

$$y'' + P(x)\,y' + Q(x)\,y = R(x), \tag{1}$$

in der die Funktionen $P(x)$, $Q(x)$ und $R(x)$ nicht von y abhängen. Wenn $R(x) = 0$, so heißt die Gleichung (1) *homogen*, wenn $R(x) \neq 0$, so heißt sie *inhomogen*.

Die homogene Gleichung

$$y'' + P(x)\,y' + Q(x)\,y = 0 \tag{2}$$

besitzt die folgenden Eigenschaften.

Theorem 1. Wenn eine Funktion $\varphi_1(x)$ eine Lösung von Gleichung (2) ist, so ist auch $C_1\varphi_1(x)$ (mit konstantem C_1) eine Lösung.

Theorem 2. Wenn die Funktionen $\varphi_1(x)$ und $\varphi_2(x)$ zwei Lösungen der Gleichung (2) sind, so ist auch die Funktion $\varphi_1(x) + \varphi_2(x)$ eine Lösung.

Folgerung. Wenn $\varphi_1(x)$ und $\varphi_2(x)$ zwei Lösungen der Gleichung (2) sind, so ist auch die Funktion $C_1\varphi_1(x) + C_2\varphi_2(x)$ (mit konstantem C_1 und C_2) eine Lösung (*Überlagerungs-* oder *Superpositionspxinzip*).

Beispiel 1. Wir betrachten die lineare homogene Gleichung

$$y'' + \frac{1}{x}\,y' - \frac{1}{x^2}\,y = 0. \tag{3}$$

Man überzeugt sich, daß die Funktionen x und $\frac{1}{x}$ Lösungen sind. Also schließen wir, daß auch die Funktion

$$y = C_1 x + \frac{C_2}{x}$$

eine Lösung der Gleichung (3) ist.

Bemerkung 1. Eine Lösung der Form $y = C_1\varphi_1(x) + C_2\varphi_2(x)$ ist nicht immer die allgemeine Lösung. Da z. B. die Funktionen $\varphi_1(x) = 3x$ und $\varphi_2(x) = 5x$ Lösungen der Gleichung (3) sind, ist auch die Funktion $C_1\varphi_1(x) + C_2\varphi_2(x) = (3C_1 + 5C_2)\,x$ eine Lösung, aber es handelt sich dabei um keine allgemeine Lösung (die zwei Konstanten C_1 und C_2 sind nicht wesentlich, vgl. § 493, Warnung).

Bemerkung 2. Die Lösung $y = C_1\varphi_1(x) + C_2\varphi_2(x)$ kann nicht allgemein sein, wenn die Funktionen $\varphi_1(x)$ und $\varphi_2(x)$ linear abhängig sind, d. h., wenn eine Beziehung der Form

$$a_1\varphi_1(x) + a_2\varphi_2(x) = 0 \tag{4}$$

existiert, in der wenigstens eine der Konstanten a_1 oder a_2 von Null verschieden ist.

Wenn hingegen die Lösungen $\varphi_1(x)$ und $\varphi_2(x)$ linear unabhängig sind, dann gilt eine Beziehung der Form (4) nur dann, wenn beide Konstanten a_1 und a_2 gleich Null sind, und die Funktion

$$y = C_1\varphi_1(x) + C_2\varphi_2(x)$$

liefert die allgemeine Lösung.

Beispiel 2. Die Lösungen $\varphi_1(x) = 3x$ und $\varphi_2(x) = 5x$ der Gleichung (3) sind linear abhängig, da wir für $a_1 = 5$, $a_2 = -3$, oder $a_1 = 10$, $a_2 = -6$ oder bei $a_1 = 15$, $a_2 = -9$ usw. erhalten $a_1\varphi_1(x) + a_2\varphi_2(x) = 0$.

Die Lösungen $\varphi_1(x) = 3x$ und $\varphi_2(x) = -\dfrac{1}{2x}$ sind linear unabhängig, da die Beziehung (4) nur für $a_1 = a_2 = 0$ erfüllt sein kann. In Übereinstimmung damit ist die Lösung $3C_1x + 5C_2x$ nicht allgemein, wohl aber die Lösung $3C_1x - \dfrac{C_2}{2x}$.

Alles bisher Erwähnte bezieht sich nur auf homogene lineare Gleichungen.

Die inhomogene Gleichung

$$y'' + P(x)\,y' + Q(x)\,y = R(x) \tag{5}$$

besitzt die folgenden Eigenschaften.

Theorem 3. Wenn die Funktion $f(x)$ eine Lösung der Gleichung (5) ist, so lautet ihre allgemeine Lösung

$$y = C_1\varphi_1(x) + C_2\varphi_2(x) + f(x), \tag{6}$$

wobei $\varphi_1(x)$ und $\varphi_2(x)$ zwei linear unabhängige Lösungen der Gleichung (2) sind, d. h. der entsprechenden homogenen Gleichung.

Beispiel 3. Wir betrachten die Gleichung

$$y'' + \frac{1}{x}\,y' - \frac{1}{x^2}\,y = 8x. \tag{7}$$

Man überzeugt sich durch Einsetzen, daß die Funktion $f(x) = x^3$ eine Lösung ist. Die allgemeine Lösung von (7) ist daher (vgl. Beispiel 1)

$$y = C_1x + C_2\,\frac{1}{x} + x^3.$$

Das Theorem 3 kann man auch so formulieren: *Die allgemeine Lösung der linearen inhomogenen Gleichung ist gleich der Summe aus einer beliebigen partikulären Lösung und der allgemeinen Lösung der homogenen Gleichung.*

Bemerkung 3. Die lineare Gleichung zweiter Ordnung (homogen oder nicht) läßt sich nur in Spezialfällen durch Quadraturen lösen. Zu diesen gehört jedoch der für die Praxis besonders wichtige Fall, daß die beiden Koeffizienten $P(x)$ und $Q(x)$ Konstanten sind (s. weiter unten § 497–499).

§ 497. Die lineare Gleichung zweiter Ordnung mit konstanten Koeffizienten

Die Gleichung

$$y'' + py' + qy = R(x), \tag{1}$$

in der p und q Konstanten sind und $R(x)$ nur von x abhängt (oder ebenfalls konstant ist) heißt *lineare Gleichung zweiter Ordnung mit konstanten Koeffizienten*. Diese Gleichung kann man immer durch Quadraturen lösen. Wenn $R(x) = 0$ (homogene Gleichung), so findet man die Lösung nicht nur durch Quadraturen, sie läßt sich sogar mit Hilfe von elementaren Funktionen ausdrücken (s. § 498).

§ 498. Die homogene lineare Gleichung zweiter Ordnung mit konstanten Koeffizienten

Wir betrachten die Gleichung

$$y'' + py' + qy = 0, \tag{1}$$

in der p und q Konstanten sind. Wir suchen eine Lösung der Form

$$y = e^{rx}. \tag{2}$$

Einsetzen von (2) in (1) zeigt, daß die Zahl r die Gleichung

$$r^2 + pr + q = 0 \tag{3}$$

erfüllen muß. Diese Gleichung heißt *charakteristische Gleichung*. Man unterscheidet drei Fälle.

Fall 1. $\left(\frac{p}{2}\right)^2 - q > 0$. Die charakteristische Gleichung hat zwei ungleiche reelle Wurzeln r_1 und r_2 $\left(r_{1,2} = -\frac{p}{2} \pm \sqrt{\left(\frac{p}{2}\right)^2 - q}\right)$. In diesem Fall haben wir zwei linear unabhängige Lösungen (§ 496, Bemerkung 2) $y = e^{r_1 x}$, $y = e^{r_2 x}$. Die allgemeine Lösung lautet

$$y = C_1 e^{r_1 x} + C_2 e^{r_2 x}. \tag{4}$$

Beispiel 1. Man bestimme die allgemeine Lösung der Gleichung

$$8y'' + 2y' - 3y = 0 \tag{5}$$

sowie die partikuläre Lösung für die Anfangswerte $x_0 = 0$ $y_0 = -6$, $y_0' = 7$.

Lösung. Die charakteristische Gleichung

$$8r^2 + 2r - 3 = 0 \tag{6}$$

hat zwei ungleiche reelle Wurzeln

$$r_1 = \frac{1}{2}, \qquad r_2 = -\frac{3}{4}.$$

Die Funktionen $y = e^{\frac{1}{2}x}$, $y = e^{-\frac{3}{4}x}$ liefern zwei linear unabhängige Lösungen. Die allgemeine Lösung von (5) ist

$$y = C_1 e^{\frac{1}{2}x} + C_2 e^{-\frac{3}{4}x}. \tag{7}$$

Zur Bestimmung der partikulären Lösung berechnen wir die Ableitung

$$y' = \frac{1}{2} C_1 e^{\frac{1}{2}x} - \frac{3}{4} C_2 e^{-\frac{3}{4}x} \tag{7a}$$

Setzen wir in (7) und (7a) die Anfangswerte ein, so erhalten wir das System

$$-6 = C_1 + C_2, \qquad 7 = \frac{1}{2} C_1 - \frac{3}{4} C_2.$$

Daraus findet man $C_1 = 2$, $C_2 = -8$. Die gesuchte partikuläre Lösung ist

$$y = 2e^{\frac{1}{2}x} - 8e^{-\frac{3}{4}x}.$$

Fall 2. $\left(\frac{p}{2}\right)^2 - q = 0$. Die charakteristische Gleichung hat zwei gleiche Wurzeln $\left(r_1 = r_2 = -\frac{p}{2}\right)$.

In diesem Fall sind die Lösungen $y = e^{r_1 x}$, $y = e^{r_2 x}$ linear abhängig (sie sind gleich). Aber hier ist $y = xe^{-\frac{p}{2}x}$ eine zweite linear unabhängige Lösung. Die allgemeine Lösung lautet

$$y = (C_1 + C_2 x)\, e^{-\frac{p}{2}x}. \tag{8}$$

Beispiel 2. Man bestimme die allgemeine Lösung der Gleichung

$$y'' + 4y' + 4y = 0 \tag{9}$$

sowie die partikuläre Lösung für die Anfangswerte $x_0 = 0{,}5$, $y_0 = 0{,}5$, $y_0' = -4$.

Lösung. Die charakteristische Gleichung

$$r^2 + 4r + 4 = 0$$

hat die zwei gleichen Wurzeln $r_1 = r_2 = -2$. Die Funktionen $y = e^{-2x}$, $y = xe^{-2x}$ geben zwei linear unabhängige Lösungen. Die allgemeine Lösung der Gleichung (9) ist

$$y = (C_1 + C_2x)\, e^{-2x}. \tag{10}$$

Durch Differenzieren finden wir

$$y' = [-2C_1 + C_2(1 - 2x)]\, e^{-2x}. \tag{10a}$$

Setzt man in (10) und (10a) die Anfangswerte ein, so erhält man das System

$$0{,}5 = (C_1 + 0{,}5C_2)\, e^{-1}, \qquad -4 = -2C_1e^{-1}.$$

Daraus findet man $C_1 = 2e$, $C_2 = -3e$. Die gesuchte partikuläre Lösung ist

$$y = (2e - 3ex)\, e^{-2x}$$

oder

$$y = (2 - 3x)\, e^{1-2x}.$$

Fall 3. $\left(\frac{p}{2}\right)^2 - q < 0$. Die charakteristische Gleichung hat die beiden komplexen Wurzeln

$$r_{1,2} = -\frac{p}{2} \pm \beta i, \tag{11}$$

wobei gilt

$$\beta = \sqrt{q - \left(\frac{p}{2}\right)^2}.$$

In diesem Fall haben die Ausdrücke

$$e^{r_1x}, \qquad e^{r_2x} \tag{12}$$

reelle Werte nur für $x = 0$. Hier kann man jedoch die Funktionen

$$y = e^{-\frac{p}{2}x} \cos \beta x, \qquad y = e^{-\frac{p}{2}x} \sin \beta x \tag{13}$$

heranziehen. Durch Einsetzen in Gleichung (1) überzeugt man sich, daß beide Funktionen aus (13) eine Lösung der Gleichung sind. Die Lösungen (13) sind linear unabhängig. Die allgemeine Lösung ist daher

$$y = e^{-\frac{p}{2}x} (C_1 \cos \beta x + C_2 \sin \beta x). \tag{14}$$

In anderer Form lautet sie

$$y = C_3\, e^{-\frac{p}{2}x} \sin (C_4 + \beta x) \tag{14a}$$

(mit $C_3 \sin C_4 = C_1$, $C_3 \cos C_4 = C_2$).

Beispiel 3. Man bestimme die allgemeine Lösung der Gleichung

$$y'' + y' + y = 0. \tag{15}$$

Lösung. Die charakteristische Gleichung

$$r^2 + r + 1 = 0 \tag{16}$$

hat die zwei komplexen Wurzeln $r_{1,1} = -\frac{1}{2} \pm \frac{\sqrt{3}}{2}\, i$. Die Funktionen

$$y = e^{-\frac{1}{2}x} \cos\frac{\sqrt{3}}{2}x \quad \text{und} \quad y = e^{-\frac{1}{2}x} \sin\frac{\sqrt{3}}{2}x$$

sind zwei linear unabhängige Lösungen. Die allgemeine Lösung lautet daher

$$y = e^{-\frac{1}{2}x}\left(C_1 \cos\frac{\sqrt{3}}{2}x + C_2 \sin\frac{\sqrt{3}}{2}x\right) \tag{17}$$

oder

$$y = C_3 e^{-\frac{1}{2}x} \sin\left(C_4 + \frac{\sqrt{3}}{2}x\right). \tag{17a}$$

Die Beziehung zwischen den Fällen 1 und 3.

Die partikulären Lösungen der Form

$$\varphi_1(x) = e^{r_1 x}, \qquad \varphi_2(x) = e^{r_2 x} \left[r_{1,2} = -\frac{p}{2} \pm \sqrt{\left(\frac{p}{2}\right) - q}\right], \tag{18}$$

die wir im Fall 1 herangezogen haben, kann man auch im Fall 3 verwenden, wenn man komplexe Zahlen mit in die Betrachtung einbezieht und eine Potenz von e mit komplexen Exponenten wie in § 409 deutet. Die Formeln (18) schreiben wir so

$$\varphi_1(x) = e^{\left(-\frac{p}{2} + \beta i\right)x}, \qquad \varphi_2(x) = e^{\left(-\frac{p}{2} - \beta i\right)x} \tag{19}$$

mit $\beta = \sqrt{q - \left(\frac{p}{2}\right)^2}$ und reellem $\frac{p}{2}$. Der Ausdruck (19) stellt ein Paar komplexer Funktionen vom reellen Argument x dar. Da man diese Funktionen nach den üblichen Regeln differenzieren darf (§ 408), sind sie Lösungen der Gleichung $y'' + py' + qy = 0$. Diese Lösungen befriedigen uns nicht, da sie nicht reell sind. Aber wir können daraus reelle Lösungen ableiten. Mit Hilfe der Eulerschen Formel (§ 410) stellen wir nämlich die Lösungen (19) in der Form

$$\varphi_1(x) = e^{\alpha x}(\cos\beta x + i\sin\beta x), \tag{21}$$

$$\varphi_2(x) = e^{\alpha x}(\cos\beta x - i\sin\beta x) \tag{22}$$

dar. Die Funktionen $C_1\varphi_1(x) + C_2\varphi_2(x)$ sind für beliebige Werte von C_1 und C_2 Lösungen (§ 496). Setzen wir einmal $C_1 = C_2 = \frac{1}{2}$ und ein anderes Mal $C_1 = \frac{i}{2}$, $C_2 = -\frac{i}{2}$, so finden wir die reellen Lösungen

$$e^{\alpha x}\cos\beta x \qquad \text{und} \qquad e^{\alpha x}\sin\beta x.$$

Diese Lösungen wurden im Fall 3 verwandt (vgl. 13).

§ 499. Die inhomogene lineare Gleichung zweiter Ordnung mit konstanten Koeffizienten

Die allgemeine Lösung der inhomogenen Gleichung

$$y'' + py' + qy = R(x) \tag{1}$$

erhält man mit Hilfe einer Quadratur aus der allgemeinen Lösung der entsprechenden homogenen Gleichung

$$y'' + py' + qy = 0 \tag{2}$$

nach einer allgemeinen Methode, die wir in § 501 angeben werden. Aber in vielen wichtigen Fällen erreicht man das Ziel einfacher auf die folgende Weise. Man sucht vorerst eine beliebige *partikuläre Lösung* $f(x)$ der gegebenen Gleichung (1) und addiert dann zu $f(x)$ die *allgemeine Lösung der entsprechenden homogenen Gleichung* (2). In der Summe erhält man (§ 496, Theorem 3) die allgemeine Lösung der gegebenen Gleichung.

Zur Bestimmung der Funktion $f(x)$ verwendet man eine der drei folgenden Regeln.

Regel 1. Wenn die rechte Seite $R(x)$ der Gleichung (1) die Form

$$R(x) = P(x)\, e^{kx} \tag{3}$$

hat, in der $P(x)$ ein beliebiges Polynom vom Grade m ist, und wenn k keine Wurzel der charakteristischen Gleichung

$$r^2 + pr + q = 0 \tag{4}$$

ist, so besitzt Gleichung (1) eine partikuläre Lösung der Form

$$y^* = Q(x)\, e^{kx}, \tag{5}$$

wobei $Q(z)$ ein gewisses Polynom vom selben Grade m ist [das Sternchen bei y dient zur Unterscheidung der partikulären Lösung $y = f(x)$ von der allgemeinen Lösung von (1)].

Die Koeffizienten und das freie Glied des Polynoms findet man durch Koeffizientenvergleich.

Bemerkung 1. Wenn $P(x)$ eine konstante Größe ist (ein Polynom vom Grade 0), so ist $Q(x)$ ebenfalls konstant.

Bemerkung 2. Die Regel gilt auch für den Fall, daß $R(x)$ selbst ein Polynom ist (d. h. $k = 0$). Dann ist die Lösung (5) ebenfalls ein Polynom.

Beispiel 1. Man bestimme die allgemeine Lösung der Gleichung

$$y'' - \frac{1}{2}y' - \frac{1}{2}y = 3e^{\frac{1}{2}x}. \tag{6}$$

Lösung. Die charakteristische Gleichung

$$r^2 - \frac{1}{2} r - \frac{1}{2} = 0 \tag{7}$$

hat die Wurzeln $r_1 = 1$, $r_2 = -\frac{1}{2}$. Die allgemeine Lösung der entsprechenden homogenen Gleichung ist daher

$$\bar{y} = C_1 e^x + C_2 e^{-\frac{1}{2}x} \tag{8}$$

[der Querstrich bei y dient zur Unterscheidung der allgemeinen Lösung von (2) von der allgemeinen Lösung von (1)].

Wir benötigen noch eine beliebige partikuläre Lösung y^* der Gleichung (6). Die rechte Seite von (6) hat die Form (3), wobei $P(x) = 3$ (Polynom vom Grad 0) und $k = \frac{1}{2}$ gilt. k ist also keine Wurzel der charakteristischen Gleichung (7). Nach Regel 1 hat Gleichung (6) eine Lösung der Form

$$y^* = Ae^{\frac{1}{2}x} \quad (A - \text{konstant}) \tag{9}$$

Setzt man (9) in (6) ein, so findet man

$$\left(\frac{1}{4} A - \frac{1}{2} \cdot \frac{1}{2} A - \frac{1}{2} A\right) e^{\frac{1}{2}x} = 3e^{\frac{1}{2}x}. \tag{10}$$

Durch Vergleich der Koeffizienten von $e^{\frac{1}{2}x}$ ergibt sich

$$A = -6. \tag{11}$$

Die gesuchte Lösung y^* ist daher

$$y^* = -6e^{\frac{1}{2}x}. \tag{12}$$

Die allgemeine Lösung von (6) lautet nun

$$y = \bar{y} + y^* = C_1 e^x + C_2 e^{-\frac{1}{2}x} - 6e^{\frac{1}{2}x}. \tag{13}$$

Beispiel 2. Man bestimme die allgemeine Lösung der Gleichung

$$y'' - 3y' + 2y = x^2 + 3x. \tag{14}$$

Die charakteristische Gleichung

$$r^2 - 3r + 2 = 0$$

hat die Wurzeln $r_1 = 1$, $r_2 = 2$. Damit gilt (mit der Bezeichnungsweise wie in Beispiel 1)

$$\bar{y} = C_1 e^x + C_2 e^{2x}. \tag{15}$$

Die rechte Seite der Gleichung (14) hat die Form (3) mit $P(x) = x^2 + 3x$. Die Zahl $k = 0$ ist keine Wurzel der charakteristischen Gleichung. Wir haben daher eine Lösung der Form

$$y^* = Ax^2 + Bx + C. \tag{16}$$

Einsetzen in (14) liefert die Beziehung

$$2Ax^2 + (2B - 6A)\,x + 2C - 3B + 2A = x^2 + 3x. \tag{17}$$

Durch Vergleich der Koeffizienten bei den einzelnen Potenzen von x findet man das System

$$2A = 1, \quad 2B - 6A = 3, \quad 2C - 3B + 2A = 0, \tag{18}$$

und daraus folgt $A = \frac{1}{2}$, $B = 3$, $C = 4$. Wir haben daher

$$y^* = \frac{1}{2}\,x^2 + 3x + 4. \tag{19}$$

Die allgemeine Lösung von (14) ist somit

$$y = \bar{y} + y^* = C_1 e^x + C_2 e^{2x} + \frac{1}{2}\,x^2 + 3x + 4. \tag{20}$$

Regel 2. Die rechte Seite der Gleichung (1) habe die Form

$$R(x) = P(x)\,e^{kx}, \tag{21}$$

wobei $P(x)$ ein Polynom vom Grade m und k eine Wurzel der charakteristischen Gleichung $r^2 + pr + q = 0$ ist. Wenn beide Wurzeln einfach sind (d. h. im Falle verschiedener Wurzeln), so hat die Gleichung (1) eine partikuläre Lösung der Form

$$y^* = xQ(x)\,e^{kx}, \tag{22}$$

wobei $Q(x)$ ein Polynom vom Grade m ist. Wenn hingegen k eine zweifache Wurzel der charakteristischen Gleichung ist (d. h. im Fall von zwei gleichen Wurzeln), so hat Gleichung (1) eine partikuläre Lösung der Form

$$y^* = x^2Q(x)\,e^{kx}. \tag{23}$$

Die Bemerkungen 1 und 2 gelten auch hier.

Beispiel 3. Man bestimme die allgemeine Lösung der Gleichung

$$y'' - 3y' = x^2 + 3x \tag{24}$$

sowie eine partikuläre Lösung für die Anfangswerte $x_0 = 0$, $y_0 = 1$, $y_0' = 3$.

Lösung. Hier gilt $P(x) = x^2 + 3x$, und die Zahl $k = 0$ ist eine einfache Wurzel der charakteristischen Gleichung

$$r^2 - 3r = 0$$

($r_1 = 3$, $r_2 = 0$). Die Gleichung (24) hat daher die partikuläre Lösung

$$y^* = x(Ax^2 + Bx + C) = Ax^3 + Bx^2 + Cx. \tag{25}$$

Nach dem Verfahren aus Beispiel 2 erhalten wir das System

$$-9A = 1, \qquad -6B + 6A = 3, \qquad -3C + 2B = 0,$$

woraus folgt $A = -\frac{1}{9}$, $B = -\frac{11}{18}$, $C = -\frac{11}{27}$.

Damit gilt $$y^* = -\frac{1}{9}x^3 - \frac{11}{18}x^2 - \frac{11}{27}x. \tag{26}$$

Die allgemeine Lösung von (24) ist also

$$y = C_1 e^{3x} + C_2 - \frac{1}{9}x^3 - \frac{11}{18}x^2 - \frac{11}{27}x. \tag{27}$$

Durch Differenzieren erhalten wir

$$y' = 3C_1 e^{3x} - \frac{1}{3}x^2 - \frac{11}{9}x - \frac{11}{27}. \tag{27a}$$

Setzt man in (27) und (27a) die Anfangswerte ein, so erhält man das System

$$1 = C_1 + C_2, \qquad 3 = 3C_1 - \frac{11}{27}.$$

Es liefert $C_1 = \frac{92}{81}$, $C_2 = -\frac{11}{81}$. Die gesuchte partikuläre Lösung ist also $y = \frac{92}{81}e^{3x} - \frac{1}{9}x^3 - \frac{11}{18}x^2 - \frac{11}{27}x - \frac{11}{81}$.

Regel 3. Die rechte Seite der Gleichung (1) habe die Form

$$R(x) = e^{\alpha x}[P_1(x)\cos\beta x + P_2(x)\sin\beta x], \tag{28}$$

wobei $P_1(x)$ und $P_2(x)$ Polynome vom Grade m_1 und m_2 bedeuten.
Es sind zwei Fälle möglich:

1. Die komplexen Zahlen $\alpha \pm \beta i$ sind nicht Wurzeln der charakteristischen Gleichung $r^2 + pr + q = 0$.
2. Die Zahlen $\alpha \pm \beta i$ sind Wurzeln dieser Gleichung.

Im ersten Fall besitzt Gleichung (1) eine Lösung der Form

$$y^* = e^{\alpha x}[Q_1(x)\cos\beta x + Q_2(x)\sin\beta x], \tag{29}$$

wobei $Q_1(x)$ und $Q_2(x)$ Polynome sind, deren Grad nicht größer als die höhere der Zahlen m_1, m_2 sind.
Im zweiten Fall existiert eine Lösung der Form

$$y^* = xe^{\alpha x}[Q_1(x)\cos\beta x + Q_2(x)\sin\beta x]. \tag{30}$$

§ 500. Die lineare Gleichung beliebiger Ordnung

Unter einer *linearen Gleichung der Ordnung n* versteht man eine Gleichung der Form

$$y^{(n)} + P_1(x)\, y^{(n-1)} + \cdots + P_n(x)\, y = R(x). \tag{1}$$

Wenn $R(x) = 0$, so heißt (1) *homogen*, wenn $R(x) \neq 0$, so heißt die Gleichung *inhomogen*.

Die Eigenschaften der linearen Gleichung zweiter Ordnung (§ 496—499) lassen sich auf die folgende Art auf die lineare Gleichung höherer Ordnung erweitern.

Wenn $\varphi_1(x), \ldots, \varphi_n(x)$ Lösungen der homogenen Gleichung

$$y^{(n)} + P_1(x)\, y^{(n-1)} + \cdots + P_n(x)\, y = 0 \tag{2}$$

sind, so ist die Funktion

$$y = C_1\varphi_1(x) + C_2\varphi_2(x) + \cdots + C_n\varphi_n(x) \tag{3}$$

ebenfalls eine Lösung. Sie ist keine allgemeine Lösung, wenn die Lösungen $\varphi_1(x)$, $\varphi_2(x), \ldots, \varphi_n(x)$ linear abhängig sind, d. h., wenn eine Beziehung

$$a_1\varphi_1(x) + a_2\varphi_2(x) + \cdots + a_n\varphi_n(x) = 0 \tag{4}$$

existiert, bei der nicht alle Konstanten $a_1, a_2, \ldots, a_n$ gleich Null sind.

Wenn die Lösungen $\varphi_1(x), \varphi_2(x), \ldots, \varphi_n(x)$ linear unabhängig sind, d. h., wenn die Gleichung (4) nur für den Fall erfüllt sein kann, daß alle Konstanten $a_1, a_2, \ldots, a_n$ gleich Null sind, so ist (3) die allgemeine Lösung von (2).

Die lineare homogene Gleichung mit konstanten Koeffizienten

$$y^{(n)} + p_1y^{(n-1)} + p_2y^{(n-2)} + \cdots + p_ny = 0 \tag{5}$$

löst man mit Hilfe der charakteristischen Gleichung

$$r^n + p_1r^{n-1} + p_2r^{n-2} + \cdots + p_n = 0. \tag{6}$$

1. Wenn alle Wurzeln der charakteristischen Gleichung reell und einfach sind, so lautet die allgemeine Lösung der Gleichung (5)

$$y = C_1e^{r_1x} + C_2e^{r_2x} + \cdots + C_ne^{r_nx}. \tag{7}$$

2. Wenn irgendeine reelle Wurzel r die Vielfachheit k hat ($r_1 = r_2 = \cdots = r_k$), so sind in Formel (7) die entsprechenden k Glieder durch den Summanden

$$(C_1 + C_2x + \cdots + C_kx^{k-1})\, e^{rx} \tag{8}$$

zu ersetzen.

3. Wenn die charakteristische Gleichung ein Paar von einfach konjugiert komplexen Wurzeln ($r_{1,2} = \alpha \pm \beta i$) besitzt, so ist das entsprechende Paar von Gliedern in (7) zu ersetzen durch

$$e^{\alpha x}(C_1 \cos \beta x + C_2 \sin \beta x). \tag{9}$$

4. Wenn ein Paar von konjugiert komplexen Wurzeln die Vielfachheit k besitzt, so sind die entsprechenden k Paare von Gliedern in (7) zu ersetzen durch

$$e^{\alpha x}[(C_1 + C_2x + \cdots + C_kx^{k-1}) \cos \beta x + (D_1 + D_2x + \cdots + D_kx^{k-1}) \sin \beta x]. \tag{10}$$

Für die *inhomogene lineare Gleichung mit konstanten Koeffizienten*

$$y^{(n)} + p_1 y^{(n-1)} + \cdots + p_n y = R(x)$$

erhält man die allgemeine Lösung mit Hilfe einer Quadratur aus der allgemeinen Lösung der entsprechenden homogenen Gleichung nach einer Methode, die in § 501 erklärt werden wird.

§ 501. Die Methode der Variation der Konstanten

Die allgemeine Lösung der inhomogenen linearen Gleichung erhält man aus der allgemeinen Lösung der entsprechenden homogenen Gleichung mit Hilfe einer Quadratur. Zu diesem Zweck dient das folgende Verfahren.

In der allgemeinen Lösung für die homogene Gleichung ersetzen wir alle willkürlichen Konstanten durch unbekannte Funktionen. Den erhaltenen Ausdruck differenzieren wir und unterwerfen ihn zusätzlichen Bedingungen, wodurch sich die Form der folgenden Ableitungen vereinfacht. Durch Einsetzen der Ausdrücke für $y, y', y'', \ldots$ in die gegebene Gleichung erhalten wir eine weitere Bedingung für die unbekannten Funktionen. Danach ist es möglich, die ersten Ableitungen der unbekannten Funktionen zu bestimmen. Die Funktionen selbst erhält man dann durch eine Quadratur.

Diese Methode kann man auf lineare Gleichungen beliebiger Ordnung mit konstanten oder variablen Koeffizienten anwenden. In § 486 haben wir sie auf die lineare Gleichung erster Ordnung angewandt. Hier betrachten wir nun die Gleichung zweiter Ordnung

$$y'' + P(x)\, y' + Q(x)\, y = R(x). \tag{1}$$

Die allgemeine Lösung der entsprechenden homogenen Gleichung sei

$$y = C_1 \varphi_1(x) + C_2 \varphi_2(x). \tag{2}$$

Wir setzen die allgemeine Lösung der Gleichung (1) in der Form (2) an, fassen nun aber die Größen C_1 und C_2 als Funktionen von x auf. Durch Differenzieren von (2) erhalten wir

$$y' = C_1 \varphi_1'(x) + C_2 \varphi_2'(x) + C_1' \varphi_1(x) + C_2' \varphi_2(x). \tag{3}$$

Wir führen die Zusatzbedingung

$$C_1' \varphi_1(x) + C_2' \varphi_2(x) = 0 \tag{4}$$

ein. Damit vereinfacht sich der Ausdruck für die erste Ableitung, und wir haben

$$y' = C_1 \varphi_1'(x) + C_2 \varphi_2'(x). \tag{5}$$

Wir differenzieren nun ein zweites Mal und erhalten

$$y'' = C_1 \varphi_1''(x) + C_2 \varphi_2''(x) + C_1' \varphi_1'(x) + C_2' \varphi_2'(x). \tag{6}$$

Nach Einsetzen von (2), (5) und (6) in Gleichung (1) heben sich alle Glieder, die C_1 enthalten, gegenseitig weg (da die Funktion $y = \varphi_1(x)$ eine Lösung der Gleichung $y'' + Py' + Qy = 0$ ist). Auch die Glieder in C_2 heben sich gegenseitig weg, und wir erhalten noch eine Bedingung

$$C_1'\varphi_1'(x) + C_2'\varphi_2'(x) = R(x). \tag{7}$$

Die Bedingungen (4) und (7) dienen zur Bestimmung der Ausdrücke für die Ableitungen C_1' und C_2'. C_1 und C_2 erhält man daraus durch eine Quadratur.

Beispiel. Wir betrachten die Gleichung

$$y'' + y = \tan x. \tag{1a}$$

Die allgemeine Lösung der entsprechenden homogenen Gleichung lautet

$$y = C_1 \cos x + C_2 \sin x, \tag{2a}$$

wobei C_1 und C_2 willkürliche Konstanten sind. Wir suchen eine Lösung von (1a) in der Form (2a), fassen nun aber C_1 und C_2 als unbekannte Funktionen auf.

Die Bedingungen (4) und (7) lauten hier

$$C_1' \cos x + C_2' \sin x = 0, \quad -C_1' \sin x + C_2' \cos x = \tan x. \tag{3a}$$

Daraus findet man

$$C_1' = -\tan x \sin x, \qquad C_2' = \sin x,$$
$$C_1 = \int -\tan x \sin x \, dx + C_3, \qquad C_2 = \int \sin x \, dx + C_4$$

(mit den Konstanten C_3 und C_4). Im gegebenen Fall führt die Integration auf elementare Funktionen. Durch Einsetzen in (2a) erhalten wir die allgemeine Lösung

$$y = \left(\ln \frac{\cos x}{1 + \sin x} + \sin x + C_3\right) \cos x + (-\cos x + C_4) \sin x$$
$$= \cos x \ln \frac{\cos x}{1 + \sin x} + C_3 \cos x + C_4 \sin x.$$

§ 502. Systeme von Differentialgleichungen. Lineare Systeme

Unter einem *System von Differentialgleichungen* versteht man die Gesamtheit von Gleichungen, die gewisse unbekannte Funktionen und deren Ableitungen enthalten, wobei in jeder der Gleichungen mindestens eine Ableitung vorkommen muß. In der Praxis hat man es mit solchen Systemen zu tun, bei denen die Zahl der Gleichungen gleich der Zahl der unbekannten Funktionen ist.

Ein System heißt *linear*, wenn die unbekannten Funktionen und deren Ableitungen in jeder Gleichung nur in erster Potenz vorkommen.

Ein lineares System heißt *in Normalform*, wenn die Gleichungen bezüglich der höchsten Ableitung aufgelöst sind.

Beispiel 1. Das System der Differentialgleichungen

$$\frac{dx}{dt} = x - y + \frac{3}{2}t^2, \tag{1}$$

$$\frac{dy}{dt} = -4x - 2y + 4t + 1 \tag{2}$$

ist linear und in Normalform.

In diesem Beispiel liegt ein *lineares System mit konstanten Koeffizienten* vor. (Es handelt sich um die Koeffizienten bei den unbekannten Funktionen und ihren Ableitungen.)

Aus einem linearen System kann man alle unbekannten Funktionen und deren Ableitungen bis auf eine eliminieren. Die erhaltene Gleichung enthält nur noch eine unbekannte Funktion und deren Ableitungen erster und höherer Ordnung. Diese Gleichung ist ebenfalls linear, und wenn das Ausgangssystem ein System mit konstanten Koeffizienten war, so hat auch die gefundene Gleichung höherer Ordnung konstante Koeffizienten.

Wenn die unbekannte Funktion dieser Gleichung bestimmt ist, so erhält man durch Einsetzen in die gegebenen Gleichungen auch die übrigen unbekannten Funktionen.

Beispiel 2. Man löse das lineare Gleichungssystem aus Beispiel 1.

Lösung. Zur Elimination von y und $\frac{dy}{dt}$ differenzieren wir (1). Wir erhalten

$$\frac{d^2x}{dt^2} = \frac{dx}{dt} - \frac{dy}{dt} + 3t. \tag{3}$$

Aus Gleichung (1) können wir y durch x, $\frac{dx}{dt}$ und t ausdrücken. Gleichung (2) liefert einen Ausdruck für $\frac{dy}{dt}$ in denselben Größen, wenn man dort y aus (1) einsetzt. Substituiert man darauf y und $\frac{dy}{dt}$ in (3), so ergibt sich die lineare Gleichung zweiter Ordnung

$$\frac{d^2x}{dt^2} + \frac{dx}{dt} - 6x = 3t^2 - t - 1. \tag{4}$$

Mit Hilfe des Verfahrens aus § 499 finden wir die allgemeine Lösung

$$x = C_1e^{2t} + C_2e^{-3t} - \frac{1}{2}t^2. \tag{5}$$

Setzen wir diesen Ausdruck in (1) ein, so finden wir für die zweite unbekannte Funktion

$$y = -\frac{dx}{dt} + x + \frac{3}{2}t^2 = -C_1e^{2t} + 4C_2e^{-3t} + t^2 + t. \tag{6}$$

X. Einige bemerkenswerte Kurven

§ 503. Die Strophoide

1. Definition und Konstruktion. Eine *gerade Strophoide*[1]) oder *einfache Strophoide* definiert man so: Wir nehmen zwei zueinander senkrechte Geraden AB und CD (Abb. 456) und wählen auf einer davon einen Punkt A. Durch diesen ziehen wir eine beliebige Gerade AL, die CD im Punkt P schneidet. Auf AL tragen wir die Strecken

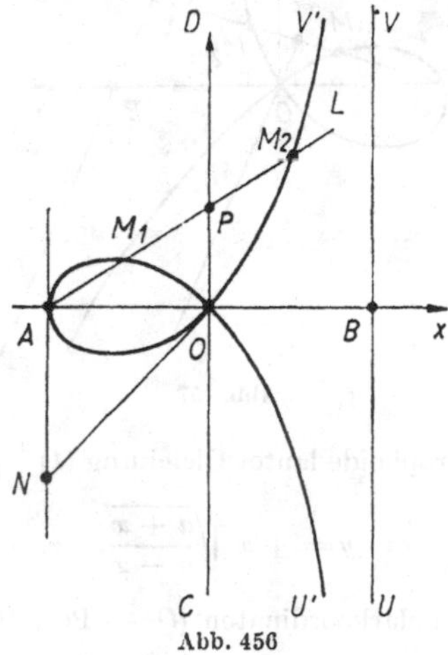

Abb. 456

PM_1 und PM_2 ab, deren Länge gleich OP sei (O — Schnittpunkt von AB mit CD). Die Strophoide ist der geometrische Ort aller Punkte M_1, M_2.

Eine *schiefe Strophoide* konstruiert man analog dazu, nur schneiden sich dabei AB und CD unter einem spitzen Winkel (Abb. 457).

2. Die Gleichung im kartesischen System (O ist der Koordinatenursprung, die Achse OX liege in Richtung von OB; $OA = a$, $\sphericalangle AOD = \alpha$; die Achse OY liege in der Richtung OD; bei der

[1]) Vom griechischen Wort στροφή, das Drehung bedeutet.

schiefen Strophoide handelt es sich also um ein schiefwinkliges System):

$$y^2(x - a) - 2x^2 y \cos \alpha + x^2(a + x) = 0. \tag{1}$$

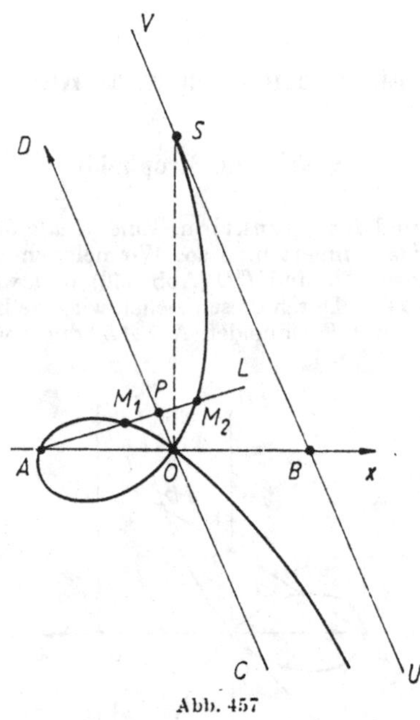

Abb. 457

Für eine gerade Strophoide lautet Gleichung (1)

$$y = \pm x \sqrt{\frac{a + x}{a - x}}. \tag{2}$$

Die Gleichung in Polarkoordinaten (O — Pol; OX — Polarachse) lautet

$$\varrho = -\frac{a \cos 2\varphi}{\cos \varphi}.$$

Parameterdarstellung ($u = \tan \varphi$):

$$x = a\left(\frac{u^2 - 1}{u^2 + 1}\right), \qquad y = au\left(\frac{u^2 - 1}{u^2 + 1}\right).$$

3. Besonderheiten der Form. Der Punkt O ist ein Knotenpunkt[1]).

[1]) Ein Knotenpunkt einer Kurve ist ein Punkt, durch den diese Kurve zweimal (oder öfter) durchläuft, wobei sie jedesmal eine andere Richtung hat.

Die Tangenten an die zwei durch O verlaufenden Zweige sind zueinander senkrecht (sowohl bei der geraden als auch bei der schiefen Strophoide). Bei der schiefen Strophoide (Abb. 457) dient die Gerade UV als Asymptote. Außerdem berührt die Gerade UV die schiefe Strophoide im Punkt S, der von A und B gleichen Abstand hat.

4. Krümmungsradius der geraden Strophoide im Knotenpunkt:

$$R_0 = a\sqrt{2} = ON \qquad \text{(Abb. 456)}.$$

5. Fläche und Volumen bei der geraden Strophoide. Die Fläche S_1 der Schlinge AOM ist

$$S_1 = 2a^2 - \frac{1}{2}\pi a^2.$$

Das Volumen eines Körpers, der bei einer Drehung der Schlinge um die Achse OX entsteht, ist

$$V_1 = \pi a^3\left(2\ln 2 - \frac{4}{3}\right) \approx 0{,}166a^3.$$

Der Inhalt der Fläche zwischen den Zweigen OU' und OV' und der Asymptote (diese Fläche erstreckt sich bis ins Unendliche, hat aber trotzdem einen endlichen Inhalt) ist

$$S_2 = 2a^2 + \frac{1}{2}\pi a^2.$$

§ 504. Die Kissoide des Diokles

1. Definition und Konstruktion. Wir konstruieren einen Kreis C (Abb. 458) mit der Strecke $OA = a$ als Durchmesser und ziehen durch A die Tangente UV. Durch O ziehen wir eine beliebige Gerade OF, die UV im Punkt F schneiden soll. Diese Gerade schneidet den Kreis C ein zweitesmal im Punkt E. Auf der Geraden OF tragen wir von F aus in Richtung O die Strecke FM ab, die genau so lang wie die Sehne OE sein soll. Die Kurve, die durch den Punkt M bei Drehung von OF um O beschrieben wird, heißt *Kissoide des* DIOKLES, nach dem griechischen Gelehrten DIOKLES aus dem zweiten Jahrhundert v. u. Z., der diese Kurve zur grafischen Lösung einer Aufgabe über die Verdopplung eines Würfels eingeführt hat.

2. Die Gleichung in einem rechtwinkligen System (O — Koordinatenursprung, OX — Abszissenachse) lautet

$$y^2 = \frac{x^3}{2a - x}.$$

In Polarkoordinaten (O — Pol, OX — Polarachse):

$$\varrho = \frac{2a\sin^2\varphi}{\cos\varphi}.$$

Rationale Parameterdarstellung ($u = \tan \varphi$):

$$x = \frac{2a}{1 + u^2}, \qquad y = \frac{2a}{u(1 + u^2)}.$$

3. **Besonderheiten der Form.** Die Kissoide ist symmetrisch bezüglich OA, sie geht durch die Punkte B und D und besitzt die Asymptote UV ($x = 2a$). O ist ein Umkehrpunkt (s. § 507, Pkt. 4) mit dem Krümmungsradius $R_0 = 0$.

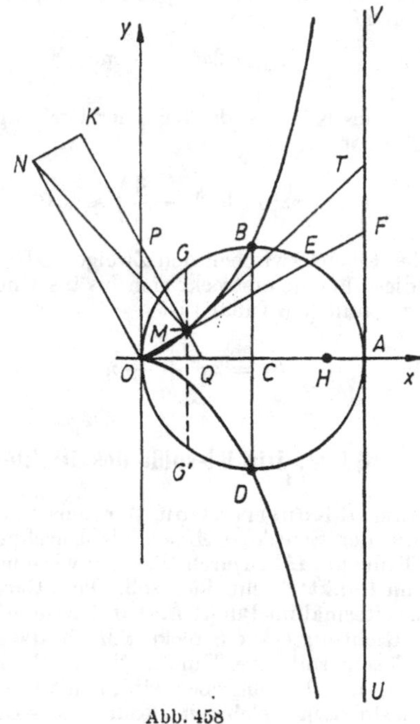

Abb. 458

4. **Der Flächeninhalt** S der Fläche, die zwischen der Kissoide und ihrer Asymptote eingeschlossen ist (und die sich bis ins Unendliche erstreckt) ist endlich. Er ist dreimal so groß wie der Inhalt des erzeugenden Kreises C:

$$S = 3\pi a^2.$$

5. **Das Volumen** V des Körpers, der durch Drehung der erwähnten Fläche um die Asymptote UV entsteht, ist gleich dem Volumen V' des Körpers, der durch Drehung des Kreises C um dieselbe Achse entsteht:

$$V = V' = 2\pi^2 a^3.$$

6. Der Schwerpunkt H der Fläche zwischen der Kissoide und ihrer Asymptote UV teilt die Strecke OA im Verhältnis $OH:HA = 5:1$.
7. Beziehung zur Parabel. Der geometrische Ort aller Fußpunkte der Senkrechten vom Scheitel einer Parabel ($y^2 = 2px$) auf ihre Tangenten ist eine Kissoide

$$y^2 = -\frac{x^3}{\frac{p}{2} - x}.$$

§ 505. Das Kartesische Blatt

1. Historische Betrachtungen. Im Jahre 1638 machte DESCARTES zur Widerlegung der FERMATschen Regel zur Bestimmung einer Tangente an FERMAT den Vorschlag, er möge die Tangente an die Kurve $x^3 + y^3 = pxy$ bestimmen. Bei der uns geläufigen Deutung

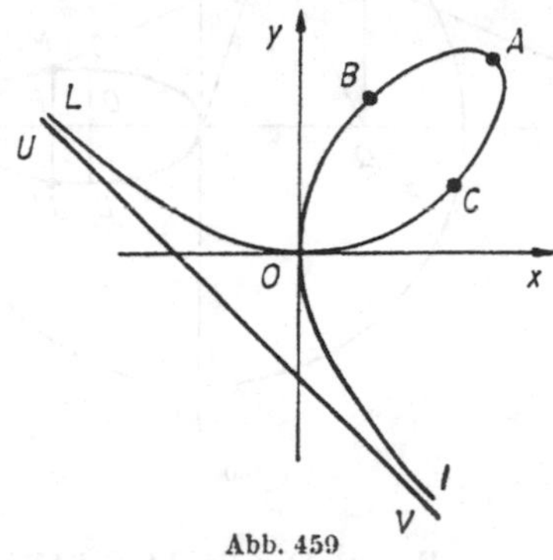

Abb. 459

negativer Koordinaten besteht diese Kurve, die man im 18. Jahrhundert Kartesisches Blatt nannte, aus einer Schlinge $OBAC$ (Abb. 459) und zwei unendlichen Zweigen OI und OL. In dieser Form wurde sie jedoch zuerst von HUYGENS (im Jahre 1692) dargestellt. Bis dahin stellte man die Kurve durch vier symmetrisch zueinander in den vier Quadranten angeordnete Blätter dar (eines davon ist $OBAC$). Sie wurde daher als „Jasminblüte“ bezeichnet.
2. Die Gleichung des Kartesischen Blattes schreibt man gewöhnlich in der Form

$$x^3 + y^3 = 3axy. \tag{1}$$

Der Koeffizient $3a$ liefert die Diagonale des Quadrats, dessen Seiten gleich der längsten Sehne OA der Schleife sind, also

$$OA = \frac{3a}{\sqrt{2}}. \tag{2}$$

Die Gleichung lautet in Polarkoordinaten (O — Pol, OX — Polarachse)

$$\varrho = \frac{3a \cos\varphi \sin\varphi}{\cos^3\varphi + \sin^3\varphi}. \tag{3}$$

Parameterdarstellung ($u = \tan\varphi$):

$$x = \frac{3au}{1 + u^3}, \qquad y = \frac{3au^2}{1 + u^3}. \tag{4}$$

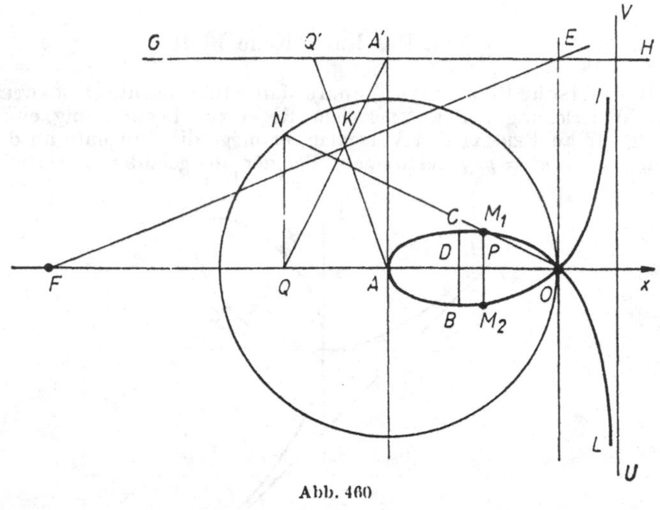

Abb. 460

Besonderheiten der Form. Der Punkt O ist ein Knotenpunkt. Die Tangenten durch O fallen mit den Koordinatenachsen zusammen. Die Gerade $OA(y = x)$ ist eine Symmetrieachse. Der Punkt $A\left(\frac{3a}{2}, \frac{3a}{2}\right)$, der vom Knotenpunkt am weitesten entfernt ist, heißt *Scheitel*. Die Gerade $UV(x + y + a = 0)$ ist eine Asymptote für beide Zweige.

3. Gleichung bezüglich der Symmetrieachse. Nimmt man die Symmetrieachse OA als Abszissenachse und richtet sie vom Knotenpunkt O (Koordinatenursprung) aus gegen die Asymptote UV (Abb. 460), so besitzt das Kartesische Blatt die Gleichung

$$y = \pm x \sqrt{\frac{l + x}{l - 3x}} \tag{5}$$

mit $l = \frac{3a}{\sqrt{2}} = OA$.

Die entsprechende Gleichung lautet in **Polarkoordinaten**

$$\varrho = \frac{l(\sin^2\varphi - \cos^2\varphi)}{3\sin^3\varphi + \cos^3\varphi}.$$

Die **Parameterdarstellung** ist ($u = \tan\varphi$)

$$x = l\,\frac{u^2-1}{3u^2+1}, \qquad y = l\,\frac{u(u^2-1)}{3u^2+1}.$$

4. **Krümmungsradien:** im Scheitel $R_A = \frac{3a}{8\sqrt{2}} = \frac{l}{8}$; im Knotenpunkt $R_0 = \frac{3a}{2} = \frac{l}{\sqrt{2}}$.

5. Der **Flächeninhalt** S_1 der Schleife und der Inhalt S_2 der (unendlichen) Zone zwischen den beiden Zweigen und der Asymptote sind einander gleich. Man erhält den Inhalt aus der Formel

$$S_1 = S_2 = \frac{3}{2}a^2 = \left(\frac{l}{3}\right)^2.$$

6. **Größte Breite** der Schleife:

$$BC = \frac{2l}{3}\sqrt{2\sqrt{3}-3} \approx 0{,}488\,l.$$

Abstand vom Knotenpunkt:

$$DO = \frac{l}{3}\sqrt{3} \approx 0{,}577\,l.$$

§ 506. Die Versiera der Agnesi

1. **Definition.** Gegeben sei ein Kreis mit dem Durchmesser $OA = a$ (Abb. 461). Man verlängere die Halbsehne BC bis zum Punkt M, der durch die Beziehung

$$BM:BC = OA:OB$$

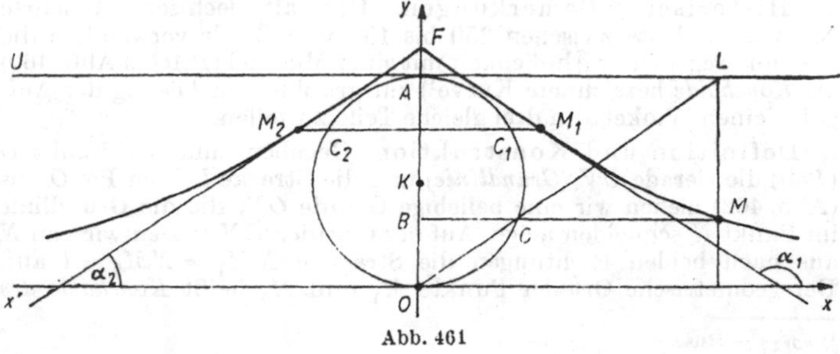

Abb. 461

festgelegt sei. Wenn der Punkt C den Kreis durchläuft, so beschreibt der Punkt M eine Kurve, die man als *Versiera der Agnesi* bezeichnet. Der Name kommt von der italienischen Gelehrten MARIA GAËTANA AGNESI (1718–1799), die diese Kurve in einem Lehrbuch der höheren Mathematik betrachtet hat, das zu ihrer Zeit sehr große Verbreitung gewann.

2. Gleichung der Kurve (O – Ursprung; als Abszissenachse dient die Tangente $X'X$ an den erzeugenden Kreis im Punkt O):

$$y = \frac{a^3}{a^2 + x^2}$$

($a = OA$ – Durchmesser des erzeugenden Kreises).

3. Besonderheiten der Form. Der Durchmesser OA ist eine Symmetrieachse für die Versiera. Die Versiera liegt ganz auf einer Seite der Geraden $X'X$, die auch als Asymptote dient. Die Versiera besitzt die beiden Wendepunkte $M_1\left(\frac{a}{\sqrt{3}}, \frac{3a}{4}\right)$, $M_2\left(-\frac{a}{\sqrt{3}}, \frac{3a}{4}\right)$. Im Scheitel A fällt das Krümmungszentrum K der Verseria mit dem Mittelpunkt des erzeugenden Kreises zusammen, $R_A = AK = \frac{a}{2}$. In der Nähe des Scheitels schmiegt sich daher die Versiera sehr stark an den erzeugenden Kreis an.

4. Die Fläche S der unendlichen Zone zwischen der Versiera und ihrer Asymptote ist gleich dem Vierfachen des Flächeninhalts des erzeugenden Kreises: $S = \pi a^2$.

5. Das Volumen V des Körpers, der durch Drehung der Versiera um ihre Asymptote entsteht, ist doppelt so groß wie das Volumen V_1 des Körpers, den der Kreis bei Drehung um dieselbe Achse erzeugt:

$$V = \frac{\pi^2 a^3}{2}, \qquad V_1 = \frac{\pi^2 a^3}{4}.$$

§ 507. Die Konchoide des Nikomedes

1. Historische Bemerkungen. Der altgriechische Gelehrte NIKOMEDES lebte zwischen 250 bis 150 v. u. Z. Er verwendete die von ihm wegen ihrer Ähnlichkeit mit einer Muschel (PAQ in Abb. 460) als *Konchoide* bezeichnete Kurve[1]) zur graphischen Lösung der Aufgabe, einen Winkel α in drei gleiche Teile zu teilen.

2. Definition und Konstruktion. Gegeben sind der Punkt O (*Pol*), die Gerade UV (*Grundlinie*) und die Strecke l. Vom Pol O aus (Abb. 462) ziehen wir eine beliebige Gerade ON, die die Grundlinie im Punkt N schneiden möge. Auf der Geraden ON tragen wir von N aus nach beiden Richtungen die Strecken $NM_1 = NM_2 = l$ auf. Der geometrische Ort der Punkte M_1 und M_2 heißt *Konchoide des*

[1]) κονχη – Muschel.

NIKOMEDES. Die Kurve, die von den Punkten auf der Verlängerung von ON hinter N (M_1 in Abb. 462) beschrieben wird, heißt *äußerer Zweig* der Konchoide. Die Kurve, die von den anderen Punkten (M_2 in Abb. 462) beschrieben wird, heißt *innerer Zweig*.

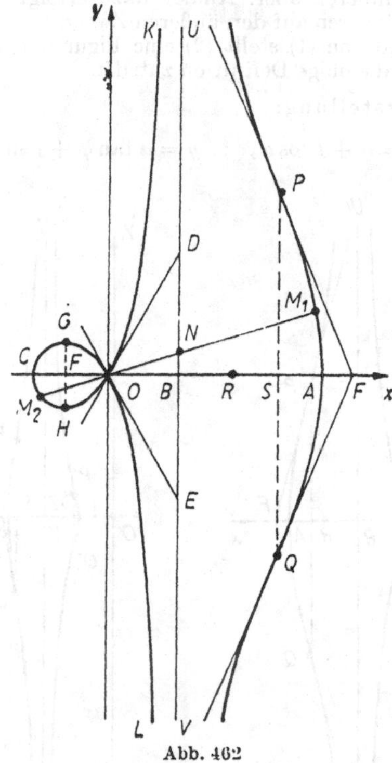

Abb. 462

3. Die Gleichung der Konchoide (Ursprung im Pol O, Abszissenachse in Richtung des Strahls OB, Punkt B — Projektion des Pols auf die Grundlinie) lautet

$$(x-a)^2 (x^2+y^2) = l^2 x^2. \tag{1}$$

Dabei ist a $(= OB)$ der Abstand des Pols von der Grundlinie. Genau genommen, stellt diese Gleichung eine Figur dar, die aus den beiden Zweigen der Konchoide und dem Pol O besteht, der nach der obigen Definition nicht zu dem erwähnten geometrischen Ort gehört. In Polarkoordinaten (O — Pol, OX — Polarachse) lautet die Gleichung

$$\varrho = \frac{a}{\cos\varphi} + l, \tag{2}$$

wobei sich φ von einem beliebigen Wert φ_0 bis $\varphi_0 + 2\pi$ ändert. Der Punkt M (ϱ, φ) beschreibt dabei beide Zweige der Konchoide. Wenn φ den Wert $\frac{\pi}{2}$ durchläuft, dann springt der Punkt M vom äußeren Zweig auf den inneren über. Analog dazu erfolgt für $\varphi = \frac{3\pi}{2}$ ein Übergang vom inneren auf den äußeren Zweig.
Zum Unterschied von (1) stellt (2) eine Figur dar, die nur Punkte enthält, auf die die obige Definition zutrifft.

Parameterdarstellung:

$$x = a + l\cos\varphi, \qquad y = a\tan\varphi + l\sin\varphi. \tag{3}$$

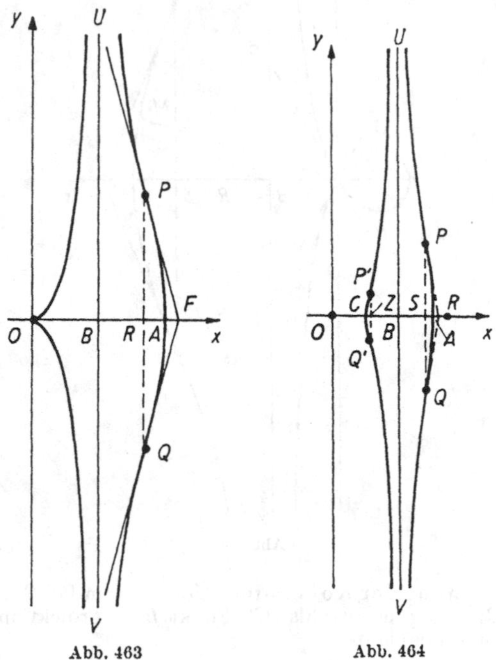

Abb. 463 Abb. 464

4. Besonderheiten der Form. Die Konchoide ist symmetrisch bezüglich der Geraden OB. Diese scheidet die Konchoide außer im Punkt O noch in den zwei Punkten A und C (*Scheitel*). Die Grundlinie UV ist eine Asymptote für beide Zweige. Die Form der Konchoide (der äußeren wie der inneren) hängt wesentlich vom Verhältnis zwischen den Strecken a $(= OB)$ und l $(= BA)$ ab.
1) Für $l:a > 1$ (Abb. 462) hat der innere Zweig eine Schleife (OCM_2). Der Punkt O ist ein Knotenpunkt.

2) Bei $l:a = 1$ ist die Schleife des inneren Zweiges ganz auf den Punkt O zusammengezogen. O wird zu einem Umkehrpunkt[1]) (Abb. 463). Die Tangente in diesem Punkt fällt mit der Achse OX zusammen.

3) Wenn $l:a < 1$, so geht die innere Kurve nicht durch den Punkt O (Abb. 464). Dieser Punkt stellt einen isolierten Punkt der Kurve (1) dar[2]).

5. Wendepunkte. Auf dem äußeren Zweig gibt es zwei Wendepunkte P und Q (Abb. 462–464). Auf dem inneren Zweig gibt es nur

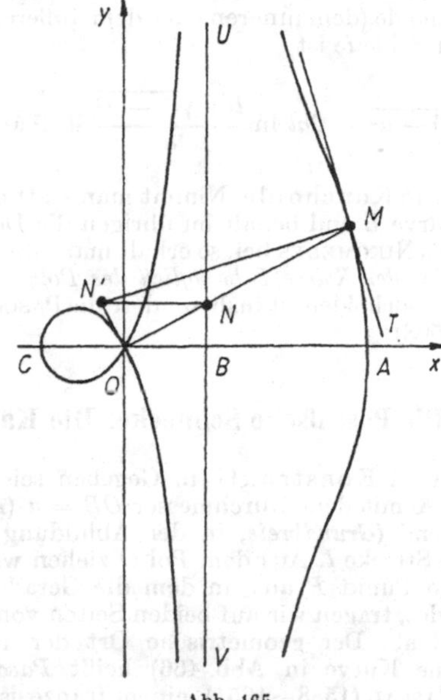

Abb. 465

dann Wendepunkte (P' und Q' in Abb. 464), wenn der Pol ein isolierter Punkt ist. Die Abszisse x_1 des Punktepaares P, Q und die Abszisse x_2 des Punktepaares P', Q' findet man aus der Gleichung

$$x^3 - 3a^2x + 2a(a^2 - l^2) = 0. \tag{5}$$

6. Eigenschaften der Normalen. Die Normale zur Konchoide im Punkt M (Abb. 465) geht durch den Schnittpunkt N' zweier Geraden,

---

[1]) Unter einem *Umkehrpunkt* einer Kurve versteht man einen Punkt, in dem die Bewegungsrichtung längs der Kurve sprunghaft in die entgegengesetzte Richtung übergeht.

[2]) Ein zu einem geometrischen Ort gehörender Punkt heißt *isoliert*, wenn man um ihn herum einen Kreis ziehen kann, in dessen Innerem kein weiterer Punkt des gegebenen geometrischen Ortes liegt.

von denen die eine senkrecht zu OM durch den Pol O verläuft, während die andere senkrecht zur Grundlinie UV durch den Punkt N geht, in dem UV die Gerade OM schneidet.

7. Krümmungsradien in den Punkten A, C, O:

$$R_A = \frac{(l+a)^2}{l}, \quad R_C = \frac{(l-a)^2}{l}, \quad R_O = \frac{l\sqrt{l^2-a^2}}{2a}.$$

8. Der Inhalt der Fläche zwischen der Asymptote und einem der Zweige der Konchoide (dem inneren oder dem äußeren) ist unendlich. Die Fläche S der Schleife ist

$$S = a\sqrt{l^2-a^2} - 2al \ln \frac{l+\sqrt{l^2-a^2}}{a} + l^2 \operatorname{arccos} \frac{a}{l}.$$

9. Die allgemeine Konchoide. Nimmt man statt der Geraden UV eine beliebige Kurve L und behält im übrigen die Definition wie bei der Konchoide des NIKOMEDES bei, so erhält man eine neue Kurve, die man als *Konchoide der Kurve L bezüglich des Pols O* bezeichnet. Zu den allgemeinen Konchoiden ist insbesondere die PASCALsche Schnecke zu rechnen (s. § 508).

§ 508. Die Pascalsche Schnecke. Die Kardioide

1. Definition und Konstruktion. Gegeben seien der Punkt O (*Pol*), der Kreis K mit dem Durchmesser $OB = a$ (Abb. 466) durch den Pol verlaufend (*Grundkreis*, in der Abbildung punktiert dargestellt) und die Strecke l. Aus dem Pol O ziehen wir eine beliebige Gerade OP. Vom Punkt P aus, in dem die Gerade OP den Kreis nochmals schneidet, tragen wir auf beiden Seiten von P die Strecken $PM_1 = PM_2 = l$ ab. Der geometrische Ort der Punkte M_1, M_2 (dick ausgezogene Kurve in Abb. 466) heißt *Pascalsche Schnecke* nach ETIENNE PASCAL (1588–1651), einem französischen Gelehrten, dem Vater von BLAISE PASCAL (1623–1662).

2. Gleichung (Ursprung im Pol O, OX längs OB gerichtet):

$$(x^2 + y^2 - ax)^2 = l^2(x^2 + y^2). \tag{1}$$

Genau genommen stellt diese Gleichung eine Figur dar, die aus der PASCALschen Schnecke und dem Pol O besteht. Der Pol gehört nicht zu dem oben definierten geometrischen Ort (dasselbe gilt für die Kurven 3 und 4 in Abb. 466).

Gleichung in Polarkoordinaten (O–Pol, OX–Polarachse):

$$\varrho = a \cos \varphi + l. \tag{2}$$

φ ändert sich dabei von einem beliebigen Wert φ_0 bis $\varphi_0 + 2\pi$.
Zum Unterschied von (1) stellt diese Gleichung eine Figur dar, die nur Punkte enthält, die zur PASCALschen Schnecke gehören.

Parameterdarstellung:

$$\left.\begin{aligned} x &= a\cos^2\varphi + l\cos\varphi, \\ y &= a\sin\varphi\cos\varphi + l\sin\varphi. \end{aligned}\right\} \qquad (3)$$

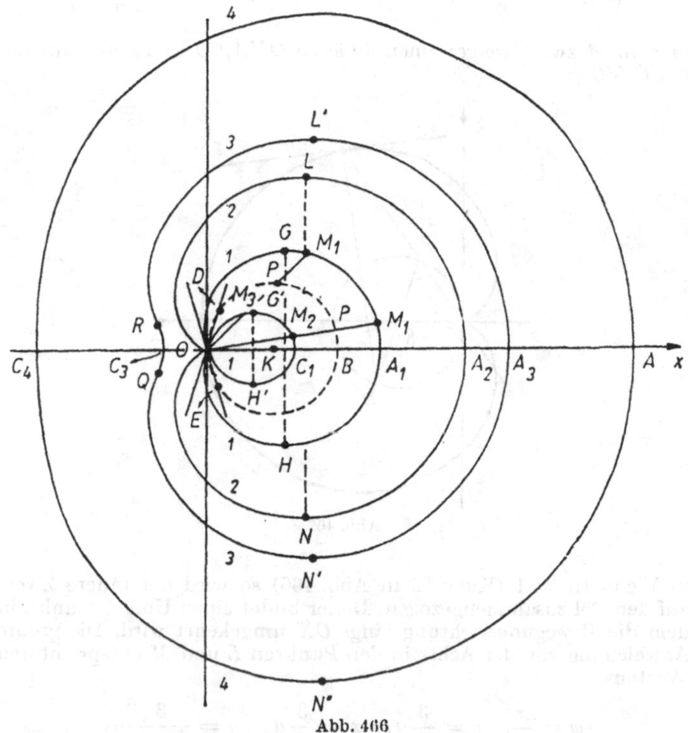

Abb. 466

Rationale Parameterdarstellung ($u = \tan\varphi$):

$$\left.\begin{aligned} x &= \frac{1-u^2}{(1+u^2)^2}\,[(l+a) + u^2(l-a)], \\ y &= \frac{2u}{(1+u^2)^2}\,[(l+a) + u^2(l-a)]. \end{aligned}\right\} \qquad (4)$$

3. **Besonderheiten der Form.** Die PASCALsche Schnecke ist symmetrisch bezüglich der Geraden OB. Diese Gerade (*Achse* der Schnecke) schneidet die Schnecke: 1) im Punkt O (wenn dieser zur Schnecke gehört); 2) in zwei Punkten A, C (Scheitel). Die Form der Kurve hängt vom Verhältnis zwischen den Strecken a $(= OB)$ und l $(= AB = BC)$ ab.

1) Wenn $l:a < 1$ (Kurve 1, für sie gilt $l:a = 1:3$), dann schneidet sich die PASCALsche Schnecke selbst im Punkt O

$$\left(\varrho_{1,2} = 0, \quad \cos\varphi_{1,2} = -\frac{l}{a}, \quad \sin\varphi_{1,2} = \pm\frac{\sqrt{a^2 - l^2}}{a}\right)$$

und bildet zwei Zweige: einen äußeren OHA_1GO und einen inneren $OH'C_1G'O$.

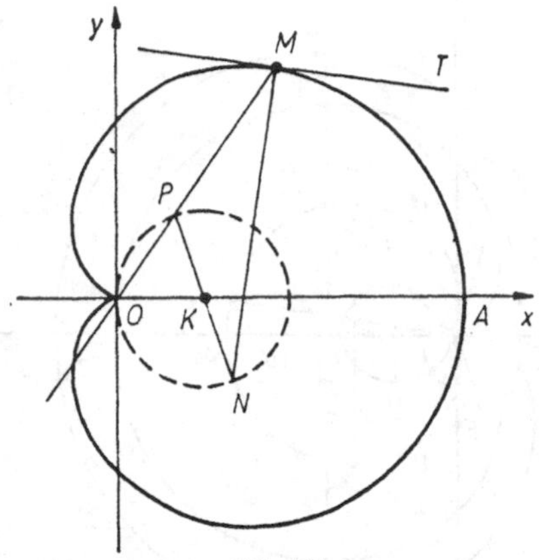

Abb. 467

2) Wenn $l:a = 1$ (Kurve 2 in Abb. 466) so wird der innere Zweig auf den Pol zusammengezogen. Dieser bildet einen Umkehrpunkt, in dem die Bewegungsrichtung längs OX umgekehrt wird. Die größte Abweichung von der Achse in den Punkten L und M entspricht den Werten

$$\varphi = \frac{\pi}{3}, \quad \varrho = \frac{3}{2}a, \quad x = \frac{3}{4}a, \quad y = \pm\frac{3\sqrt{3}}{4}a.$$

Die Kurve 2 heißt *Kardioide*. Sie ist in Abb. 467 dargestellt.

3) Wenn $1 < l:a < 2$ (Kurve 3 mit $l:a = 4:3$), so ist die PASCALsche Schnecke eine geschlossene Kurve ohne Selbstüberschneidungen, die den Pol einschließt.

4) Für $l:a = 2$ verschwinden die im Scheitel C ineinander übergegangenen Wendepunkte (wobei die Krümmung in C Null wird). Die Schnecke erhält eine ovale Form und behält diese auch für $l:a > 2$ bei (Kurve 4 mit $l:a = 7:3$).

4. Eigenschaften der Normalen. Die Normale zur PASCALschen Schnecke im Punkt M (Abb. 467) geht durch den Punkt N des Grundkreises K, der dem Punkt P, in dem OM den Grundkreis schneidet, diametral gegenüber liegt.

5. Krümmungsradien in den Punkten A, C, O:

$$R_A = \frac{(l+a)^2}{l+2a}, \quad R_C = \frac{(l-a)^2}{|l-2a|}, \quad R_O = \frac{1}{2}\sqrt{a^2-l^2}.$$

Im letzten Ausdruck wird vorausgesetzt, daß $l \leqq a$ (bei $l > a$ ist der Punkt O von der Schnecke isoliert). Insbesondere gilt für die Kardioide ($l = a$, die Punkte O und C fallen zusammen)

$$R_A = \frac{4}{3}a, \quad R_C = R_O = 0.$$

6. Flächeninhalt. Der Inhalt der Fläche, den der Polarradius der Schnecke bei einer vollen Drehung beschreibt, ist gegeben durch

$$S = \left(\frac{1}{2}a^2 + l^2\right)\pi. \tag{5}$$

In Abwesenheit einer Schleife ($l \geqq a$) drückt S den Inhalt der Fläche aus, die von der Schnecke begrenzt wird. Bei Vorhandensein einer Schleife gilt

$$S = S_1 + S_2,$$

wobei S_1 der Inhalt der Fläche ist, die von der äußeren Schleife begrenzt wird (einschließlich der Fläche innerhalb der inneren Schleife), und S_2 der Inhalt der Fläche der inneren Schleife. Im einzelnen gelten für S_1 und S_2 die Ausdrücke

$$S_1 = \left(\frac{1}{2}a^2 + l^2\right)\varphi_1 + \frac{3}{2}l\sqrt{a^2-l^2} \tag{5a}$$

mit $\varphi_1 = \arccos\left(-\frac{l}{a}\right)$;

$$S_2 = \left(\frac{1}{2}a^2 + l^2\right)\varphi_2 - \frac{3}{2}l\sqrt{a^2-l^2} \tag{5b}$$

mit $\varphi_2 = \arccos\frac{l}{a}$.

Für die Kardioide gilt

$$S(=S_1) = \frac{3}{2}\pi a^2,$$

d. h., *der Inhalt der Kardioide ist gleich dem Sechsfachen des Inhalts des Grundkreises.*

7. Die Bogenlänge einer PASCALschen Schnecke läßt sich im allgemeinen nicht durch elementare Funktionen ausdrücken. Für die Kardioide lautet die Bogenlänge s vom Scheitel A ($\varphi = 0$) gezählt

$$s = 4a\sin\frac{\varphi}{2}.$$

Die Länge der gesamten Kardioide ist gleich 8a, d. h., sie ist gleich dem Achtfachen des Durchmessers des Grundkreises.

§ 509. Cassinische Linien

1. Definition. Unter einer *Cassinischen Linie* versteht man den geometrischen Ort aller Punkte M, für die das Produkt $MF_1 \cdot MF_2$ der Abstände von den Enden einer gegebenen Strecke $F_1F_2 = 2c$ gleich dem Quadrat einer gegebenen Strecke a ist:

$$MF_1 \cdot MF_2 = a^2.$$

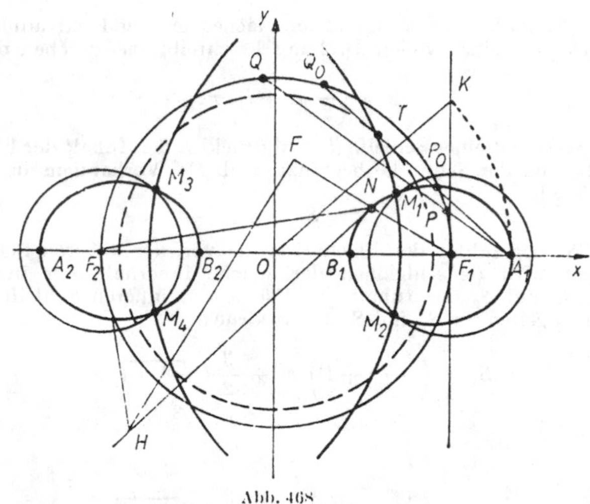

Abb. 468

Die Punkte F_1 und F_2 heißen *Brennpunkte*. Die Gerade F_1F_2 bezeichnet man als *Achse* der CASSINIschen Linie, den Mittelpunkt O der Strecke F_1F_2 als ihr *Zentrum* (Abb. 468).

2. Gleichung (O — Ursprung, F_2F_1 — Abszissenachse):

$$(x^2 + y^2)^2 - 2c^2(x^2 - y^2) = a^4 - c^4. \qquad (1)$$

Gleichung in Polarkoordinaten (O — Pol, OX — Polarachse):

$$\varrho^4 - 2c^2\varrho^2 \cos 2\varphi + c^4 - a^4 = 0 \qquad (2)$$

oder

$$\varrho^2 = c^2 \cos 2\varphi \pm \sqrt{a^4 - c^4 \sin^2 2\varphi}. \qquad (3)$$

Das doppelte Vorzeichen verwendet man bei $a < c$. Wenn dies nicht der Fall ist, verwendet man nur das Pluszeichen.

3. Besonderheiten der Form. Die CASSINIsche Linie ist symmetrisch bezüglich der Geraden OX und OY, also auch symmetrisch bezüglich O.

Für $a < c$ besteht die CASSINIsche Linie aus einem Paar getrennter Ovale[1]). (In Abb. 469 entspricht das Paar der Ovale L_1, L_1' dem Wert $a = 0{,}8\,c$, das Paar L_2, L_2' dem Wert $a = 0{,}9\,c$.) Für $a > c$ handelt es sich um eine geschlossene Kurve (für $a = 1{,}1c$ die Kurve L_4, für $a = c\sqrt{2}$ die Kurve L_5, für $a = c\sqrt{3}$ die Kurve L_6). Im Grenzfall $a = c$ ist die CASSINIsche Linie eine Lemniskate L_3 (s. Definition der Lemniskate). Wenn a zunimmt und gegen c strebt, so streben die

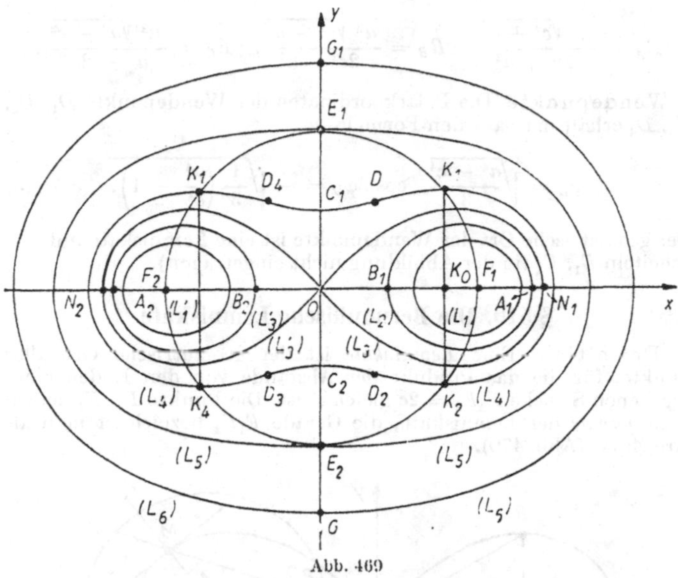

Abb. 469

Scheitel A_1 und A_2 gegen die Scheitel N_1 und N_2 der Lemniskate und die Scheitel B_1 und B_2 gegen den Knotenpunkt O. Das rechte Oval geht dabei in die rechte Schleife der Lemniskate über, das linke Oval in die linke Schleife.

Bei weiterer Zunahme von a über c hinaus bis zu $c\sqrt{2}$ $(c < a < c\sqrt{2})$ erhält die CASSINIsche Linie (L_4 in Abb. 469) vier symmetrisch gelegene Wendepunkte D_1, D_2, D_3, D_4. Die Kurve ist geschlossen, bildet aber kein Oval. Bei unendlich kleinem $a - c$ wird die Krümmung in den Scheitel C_1 und C_2 unendlich groß. Wenn hingegen a zunimmt und gegen $c\sqrt{2}$ strebt, so strebt die Krümmung in den Punkten C_1 und C_2 gegen Null.

Die CASSINIsche Linie, die dem Wert $a = c\sqrt{2}$ entspricht (L_5 in Abb. 469) und alle übrigen Linien mit $a > c\sqrt{2}$ sind Ovale.

[1]) Ein Oval ist eine geschlossene Kurve, die von einer Geraden in höchstens zwei Punkten geschnitten werden kann.

4. Krümmungsradien:

$$R = \frac{2a^2\varrho^3}{c^4 - a^4 + 3\varrho^4} = \frac{a^2\varrho}{\varrho^2 + c^2 \cos 2\varphi}. \tag{4}$$

Insbesondere gilt in den Scheiteln $A(\varrho = \sqrt{c^2 + a^2},\ \varphi = 0)$, $B(\varrho = \sqrt{c^2 - a^2},\ \varphi = 0)$, $C\left(\varrho = \sqrt{a^2 - c^2},\ \varphi = \frac{\pi}{2}\right)$

$$R_A = \frac{a^2 \sqrt{c^2 + a^2}}{2c^2 + a^2}, \quad R_B = \frac{a^2 \sqrt{c^2 - a^2}}{2c^2 - a^2}, \quad R_C = \frac{a^2 \sqrt{a^2 - c^2}}{|a^2 - 2c^2|}.$$

5. Wendepunkte. Die Polarkoordinaten der Wendepunkte D_1, D_2, D_3, D_4 erhält man aus den Formeln

$$\varrho_D = \sqrt[4]{\frac{a^4 - c^4}{3}}, \quad \cos 2\varphi_D = -\sqrt{\frac{1}{3}\left(\frac{a^4}{c^4} - 1\right)}. \tag{5}$$

Der geometrische Ort der Wendepunkte ist eine Lemniskate mit den Scheiteln E_1, E_2 (in der Abbildung nicht eingetragen).

§ 510. Die Bernoullische Lemniskate

1. Definition. Eine *Lemniskate* ist der geometrische Ort aller Punkte, für die das Produkt der Abstände von den Enden einer gegebenen Strecke $F_2F_2 = 2c$ gleich c^2 ist. Die Punkte F_1, F_2 heißen *Brennpunkte* der Lemniskate, die Gerade F_1F_2 bezeichnet man als ihre *Achse* (Abb. 470).

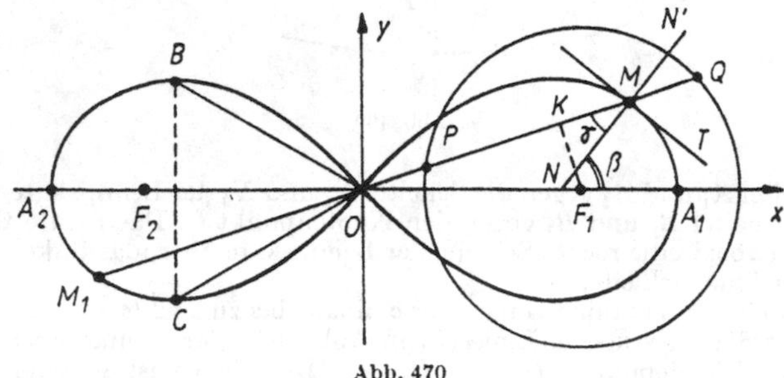

Abb. 470

2. Gleichung (Ursprung O im Mittelpunkt der Strecke F_1F_2, Achse OX in Richtung F_2F_1):

$$(x^2 + y^2)^2 = 2c^2(x^2 - y^2). \tag{1}$$

Gleichung in Polarkoordinaten (O—Pol, OX—Polarachse):

$$\varrho^2 = 2c^2 \cos 2\varphi. \tag{2}$$

Der Winkel φ variiert zwischen den Intervallen $\left(-\frac{\pi}{4}, \frac{\pi}{4}\right)$ und $\left(\frac{3\pi}{4}, \frac{5\pi}{4}\right)$.

Rationale Parameterdarstellung:

$$x = c\sqrt{2}\,\frac{u + u^3}{1 + u^4}, \quad y = c\sqrt{2}\,\frac{u - u^3}{1 + u^4}\ (-\infty < u < +\infty), \quad (3)$$

wobei der Parameter u mit φ durch $u^2 = \tan\left(\frac{\pi}{4} - \varphi\right)$ verknüpft ist.

3. Besonderheiten der Form. Die Lemniskate hat zwei Symmetrieachsen: die Gerade $F_1F_2\,(OX)$ und die Gerade $OY \perp OX$. Der Punkt O ist ein Knotenpunkt. Beide Zweige haben hier einen Wendepunkt. Die Tangenten in O bilden mit der Achse OX die Winkel $\pm\frac{\pi}{4}$. Die Punkte A_1, A_2 der Lemniskate, die vom Knoten O am weitesten entfernt sind (*Scheitel* der Lemniskate) liegen auf der Achse F_1F_2 im Abstand $c\sqrt{2}$ vom Knotenpunkt.

4. Eigenschaften der Normalen. Der Polarradius OM der Lemniskate bildet mit der Normalen MN den Winkel γ ($\sphericalangle\, OMN = \gamma$), der zweimal so groß ist wie der Polarwinkel φ ($= \sphericalangle\, XOM$):

$$\gamma = \sphericalangle\, OMN = 2\varphi.$$

Mit anderen Worten: Der Winkel $\sphericalangle\, XNM = \beta$ zwischen der Achse OX und dem Vektor NN' der äußeren Normalen der Lemniskate im Punkt M ist dreimal so groß wie der Polarwinkel des Punktes M:

$$\beta = 3\varphi.$$

5. Krümmungsradius:

$$R = \frac{2c^2}{3\varrho}.$$

6. Der Inhalt S des Polarsektors A_1OM:

$$S(\varphi) = \frac{c^2}{2}\sin 2\varphi = OK \cdot F_1K$$

(K – Projektion des Brennpunkts F_1 auf den Polarradius OM).
Der Inhalt jeder Schleife der Lemniskate ist $2S\left(\frac{\pi}{4}\right) = c^2$.

§ 511. Die Archimedische Spirale

1. Konstruktion. Zur Konstruktion einer ARCHIMEDischen Spirale mit gegebenem Parameter k ziehen wir um den Mittelpunkt O (Abb. 471) einen beliebigen Kreis, z. B. den Kreis mit dem Radius $ON = k$. Den Kreis unterteilen wir durch die Punkte $b_0, b_1, b_2, \ldots$ in beliebiger

Anzahl n in Teilbögen gleicher Länge. Auf dem Strahl Ob_0 tragen wir die Strecke $OA_1 = 2\pi k$ auf (Schrittweite der Spirale) und unterteilen diese in ebensoviele gleiche Teilstrecken. Auf den Strahlen Ob_1, Ob_2, ... tragen wir die Strecken $OD_1 = \frac{OA_1}{n}$, $OD_2 = 2\,\frac{OA_1}{n}$, ... auf. Wir erhalten so die Punkte $D_1, D_2, D_3, \ldots$ der ersten Windung der Spirale. Die Punkte $E_1, E_2, E_3, \ldots$ der zweiten Windung erhalten wir, wenn wir auf der Verlängerung der Strecken $OD_1, OD_2, OD_3, \ldots$ die Strecken $D_1, E_1, D_2, E_2\, D_3E_3, \ldots$ auftragen, deren Länge gleich der Schrittweise OA_1 ist. Analog dazu erhalten wir die Punkte der folgenden Windungen.

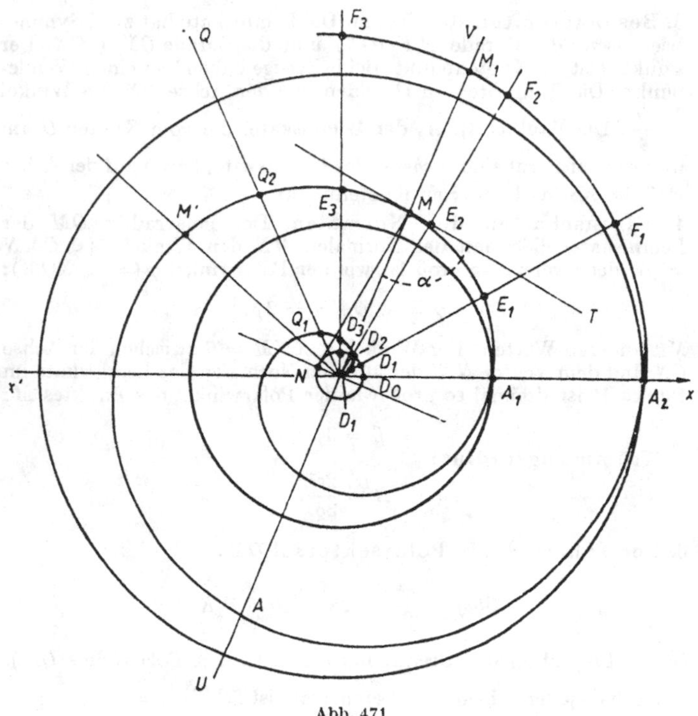

Abb. 471

2. Besonderheiten der Form. Ein beliebiger Strahl OQ, der vom Pol O ausgeht, hat neben O mit der Spirale noch unendlich viele Punkte $Q_1, Q_2, \ldots$ gemeinsam. Zwei aufeinander folgende Punkte Q_i, Q_{i+1} haben einen Abstand, der gleich der Schrittweite $a(= 2k\pi)$ ist. Im Ursprung O dient die Achse OX als Tangente. Die Tangente MT in einem beliebigen Punkt M der Spirale erhält man aus der

Geraden MO, wenn man diese um den Winkel $OMT = \alpha$ dreht. Für α gilt

$$\tan\alpha = \frac{OM}{k} = \frac{\varrho}{k} = \varphi.$$

3. Eigenschaften der Normalen. Die Normale MN durch den Punkt M der ARCHIMEDischen Spirale mit der Schrittweite a schneidet die Gerade ON, die senkrecht auf den Polarradius OM steht, im Punkt N, der von O den Abstand $ON = \frac{a}{2\pi}$ $(= |k|)$ hat.

4. Der Flächeninhalt S des Sektors MOM' (wenn sich die Polarwinkel der Punkte M und M' um nicht mehr als 2π unterscheiden):

$$S = \frac{1}{6}\,\omega(\varrho^2 + \varrho\varrho' + \varrho'^2). \tag{1}$$

Dabei gilt $\varrho = OM$, $\varrho' = OM'$, $\omega = \sphericalangle\, MOM'$.

5. Der Flächeninhalt einer Windung. Formel (1) liefert für $\varrho = 0$, $\varrho' = a$, $\omega = 2\pi$ den Inhalt S_1 der Figur $OD_2D_3Q_1A_1O$ (Abb. 471), die von der ersten Schleife der Spirale und der Strecke OA_1 begrenzt wird:

$$S_1 = \frac{1}{3}\,\pi a^2 = \frac{1}{3}\,S_1'. \tag{2}$$

Dabei ist S_1' der Inhalt des Kreises mit dem Radius OA_1.

Der Inhalt S_2 der Figur $A_1E_3HA_2A_1$, die von der zweiten Schleife und der Strecke A_2A_1 begrenzt wird ($\varrho = a$, $\varrho' = 2a$, $\omega = 2\pi$), lautet

$$S_2 = \frac{7}{3}\,\pi a^2 = \frac{7}{12}\,S'_2. \tag{3}$$

Dabei ist S_2' der Inhalt des Kreises mit dem Radius OA_2.

Allgemein gilt für den Inhalt S_n der von der n-ten Schleife und der Strecke OA_0 begrenzten Figur

$$S_n = \frac{n^3 - (n-1)^3}{3}\,\pi a^2 = \frac{n^3 - (n-1)^3}{3n^2}\,S_n'. \tag{4}$$

Dabei bedeutet S_n' wieder den Inhalt des Kreises mit dem Radius OA_n.

6. Der Flächeninhalt der Ringe. Als *ersten Ring* der ARCHIMEDIschen Spirale bezeichnen wir eine Figur, die durch die Bewegung des Polarstrahlabschnitts zwischen der ersten und der zweiten Windung bei einer Drehung aus der Anfangslage um 360° gebildet wird. Der Umfang dieser Figur wird gebildet durch die Strecke OA_1, der ersten Windung OQ_1A_1, der Strecke A_1A_2 und der zweiten Windung $A_2HQ_2A_1$.

Der *zweite Ring* wird auf analoge Weise durch den Polarstrahlabschnitt zwischen der zweiten und der dritten Windung erzeugt. Er wird begrenzt durch: 1) die Strecke A_2A_1, 2) die zweite Windung, 3) die Strecke A_2A_3, 4) die dritte Windung.

Auf dieselbe Weise definiert man den dritten, vierten, usw. Ring. Den Flächeninhalt F_n des n-ten Ringes erhält man durch

$$F_n = S_{n+1} - S_n = 6nS_1.$$

$S_1 = \frac{\pi a^2}{3}$ bedeutet hier den Inhalt der ersten Windung.

7. Die Bogenlänge l des Bogens OM:

$$l = \frac{k}{2}\left[\mu\sqrt{\varphi^2+1} + \ln\left(\varphi + \sqrt{\varphi^2+1}\right)\right]$$

$$= \frac{1}{2}\left[\frac{\varrho\sqrt{\varrho^2+k^2}}{k} + k\ln\frac{\varrho+\sqrt{\varrho^2+k^2}}{k}\right]$$

$$= \frac{1}{2}\,k\left[\tan\alpha\,\mathrm{sc}\,\alpha + \ln\left(\tan\alpha + \mathrm{sc}\,\alpha\right)\right].$$

Dabei bedeutet α den spitzen Winkel zwischen der Tangente MT (Abb. 471) und dem Polarradius OM.

8. Krümmungsradius:

$$R = \frac{(\varrho^2+k^2)^{\frac{3}{2}}}{\varrho^2+2k^2} = k\,\frac{(\varphi^2+1)^{\frac{3}{2}}}{\varphi^2+2} = k\,\frac{(\tan\alpha+1)^{\frac{3}{2}}}{\mathrm{sc}^2\,\alpha+1}.$$

Im Ursprung gilt $R_0 = \frac{k}{2}$.

§ 512. Die Kreisevolvente

1. Definition. Der Punkt L durchlaufe ausgehend von einer Anfangslage D_0 mehrmals einen Kreis mit dem Radius k (k — *Parameter* der Kreisevolvente). Auf der Tangente LH tragen wir entgegengesetzt zur Drehrichtung die Strecke LM auf, deren Länge gleich der Länge des vom Punkt L durchlaufenen Bogens D_0L sei. Die Kreisevolvente ist eine Kurve, die vom Punkt M beschrieben wird. Jeder Kreis besitzt unendlich viele Evolventen (die den verschiedenen Anfangslagen D_0 entsprechen).

Je nachdem, ob der Punkt L den Kreis im Uhrzeigersinn oder im Gegenuhrzeigersinn durchläuft, erhalten wir eine *Rechtsevolvente* (D_0MP in Abb. 472) oder eine *Linksevolvente* (D_0Q). Gewöhnlich betrachtet man diese zwei Evolventen eines Kreises als die zwei Zweige einer einzigen Kurve.

2. Besonderheiten der Form. Die Kreisevolvente hat auf Grund der allgemeinen Eigenschaften von Evolventen beliebiger Kurven vgl. § 347, sowie § 346) die folgenden Eigenschaften.

a) Die Kreisevolvente schneidet alle Tangenten dieses Kreises unter einem rechten Winkel. Insbesondere bildet die Kreisevolvente im Anfangspunkt D_0 einen rechten Winkel mit der Tangente D_0F_0.

b) Umgekehrt dient die Normale MH der Evolvente gleichzeitig als Tangente für den Kreis. Der Berührungspunkt L bildet dabei den Krümmungsmittelpunkt für die Evolvente, die Strecke ML ist also gleich dem Krümmungsradius der Evolvente:

$$R = ML. \tag{1}$$

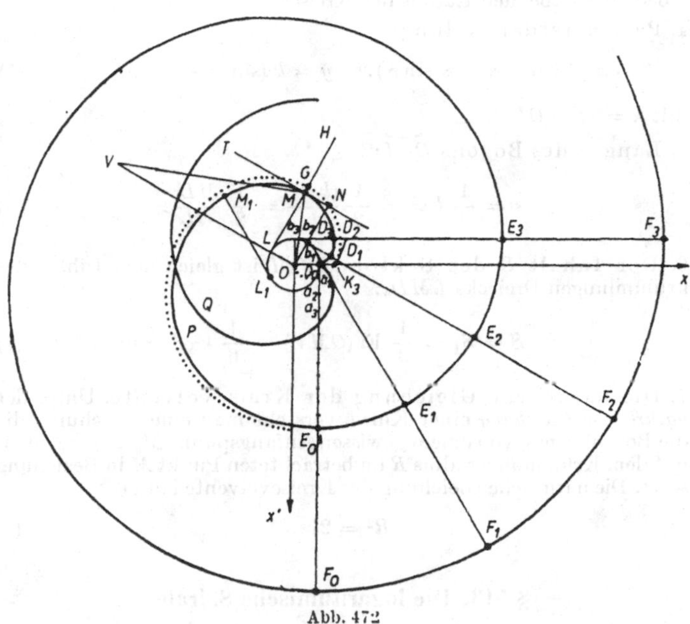

Abb. 472

Insbesondere ist im Anfangspunkt D_0 der Krümmungsradius der Evolvente gleich Null:

$$R_0 = 0. \tag{2}$$

c) Der Krümmungsradius R der Evolvente wächst mit zunehmender Entfernung des Punktes M vom Anfangspunkt. Der Zuwachs $R_1 - R = M_1L_1 - ML$ ist gleich der Länge des entsprechenden Bogens $\widetilde{LL_1}$ des Kreises

$$R_1 - R = \widetilde{LL_1}. \tag{3}$$

d) Nach Konstruktion dringt die Kreisevolvente nicht in das Kreisinnere ein. Bei Durchgang des Punktes M durch den Anfangspunkt D_0 kehrt sich daher die Bewegungsrichtung um. D_0 ist daher ein Umkehrpunkt der Evolvente.

3. Die Polargleichung der Kreisevolvente (Pol O im Mittelpunkt des gegebenen Kreises, Polarachse OX in Richtung des Anfangsradius OD_0):

$$\varphi = \frac{\sqrt{\varrho^2 - k^2}}{k} - \operatorname{arc}\cos\frac{k}{\varrho}. \tag{4}$$

k bedeutet dabei den Radius des Kreises.

4. Parameterdarstellung:

$$x = k(\cos\alpha + \alpha\sin\alpha), \qquad y = k(\sin\alpha - \cos\alpha), \tag{5}$$

mit $\alpha = \sphericalangle D_0OL$.

5. Länge s des Bogens $\overset{\frown}{D_0M}$:

$$s = \frac{1}{2}k\alpha^2 = \frac{1}{2}\frac{(k\alpha)^2}{k} = \frac{1}{2}\frac{ML^2}{OL}. \tag{6}$$

6. Der Inhalt S des Sektors D_0OM ist gleich dem Inhalt des krummlinigen Dreiecks LMD_0:

$$S = S_1 = \frac{1}{3}\,\mathrm{Fl}\,(OMV) = \frac{1}{6}k^2\alpha^3. \tag{7}$$

7. Die natürliche Gleichung der Kreisevolvente. Unter der *natürlichen Gleichung* einer Kurve versteht man eine Gleichung, die die Bogenlänge s, von einem gewissen Anfangspunkt M_0 an gerechnet, mit dem Krümmungsradius R im betrachteten Punkt M in Beziehung setzt. Die natürliche Gleichung der Kreisevolvente lautet

$$R^2 = 2ks. \tag{8}$$

§ 513. Die logarithmische Spirale

1. Definition. Die Gerade UV (Abb. 473) drehe sich gleichförmig um den ruhenden Punkt O (*Pol*). Gleichzeitig entferne sich der Punkt M längs UV vom Pol O mit einer Geschwindigkeit, die proportional dem Abstand OM ist. Die vom Punkt M beschriebene Kurve heißt *logarithmische Spirale.*

2. Grundsätzliche geometrische Eigenschaften. Eine Drehung der Geraden UV aus einer beliebigen Lage um den Winkel ω ($= \sphericalangle M_0OM_1$) entspricht stets demselben Verhältnis der Polarradien $OM_1 : OM_0$. Mit anderen Worten: Sieht man vom Pol aus das Punktepaar M_0, M_1 der Spirale unter demselben Winkel wie das Punktepaar N_0, N_1, so sind die Dreiecke OM_0M_1 und ON_0N_1 ähnlich. Das Verhältnis q des Polarradius (OA_1) zum Anfangsradius (OA_0) bei Drehung der Geraden UV um $+2\pi$ heißt *Zuwachsrate* der logarithmischen Spirale.

3. Rechtsspirale und Linksspirale. Wenn bei Entfernung des Punktes M vom Pol die Drehung der Geraden UV im Uhrzeigersinn

erfolgt, so nennt man die logarithmische Spirale eine Rechtsspirale, im anderen Fall nennt man sie eine Linksspirale. Für eine Rechtsspirale ist die Zuwachsrate $q > 1$, für eine Linksspirale gilt $q < 1$. Bei $q = 1$ entartet die Spirale zu einem Kreis.

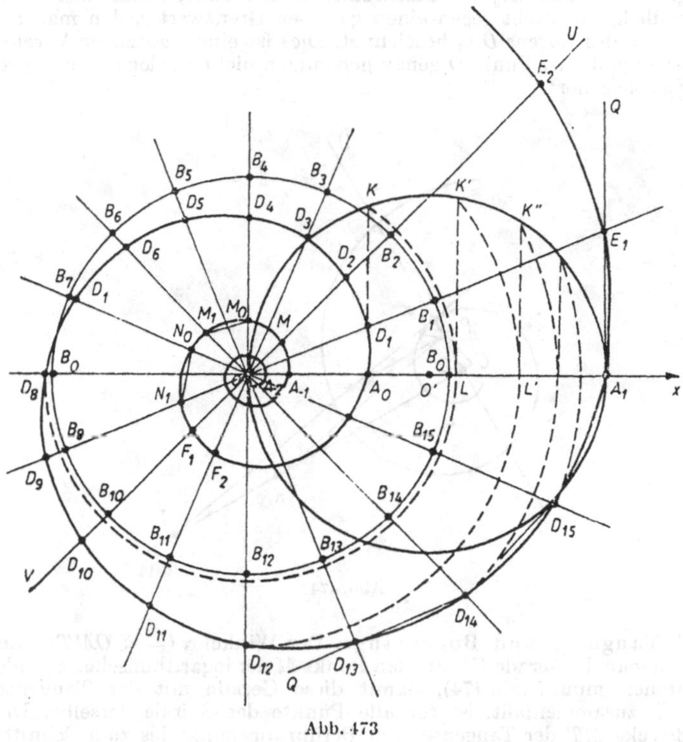

Abb. 473

4. Gleichung in Polarkoordinaten (der Pol fällt mit dem Pol der Spirale zusammen, die Polarachse geht durch einen beliebigen Punkt M_0 der Spirale):

$$\varrho = \varrho_0 q^{\frac{\varphi}{2\pi}}. \qquad (1)$$

Dabei sind $\varrho_0 = OM_0$ der Polarradius des Punktes M_0 und q die Zuwachsrate.

5. Besonderheiten der Form. Bei unbeschränkter Bewegungsdauer der Geraden UV durchläuft der Punkt M eine Rechts-(Links-)spirale und beschreibt, während er sich vom Pol fortbewegt, unendlich viele Windungen. Bei unbeschränkter Dauer der Bewegung von UV

in entgegengesetzter Richtung nähert sich der Punkt M unbegrenzt dem Pol O, er erreicht diesen aber in keiner Lage von UV. Daher besitzt die Spirale unendliche viele Windungen auch in jeder Umgebung vom Pol O. Die Länge des Bogens, die der Punkt M von einem gewissen Punkt A_0 aus beschreibt, wächst zwar, bleibt aber doch endlich. Sie strebt gegen einen gewissen Grenzwert s, den man als Länge des Bogens $\overline{OA_0}$ bezeichnet. Dies ist eine zusätzliche Vereinbarung, da der Punkt O genau genommen nicht zur logarithmischen Spirale gehört.

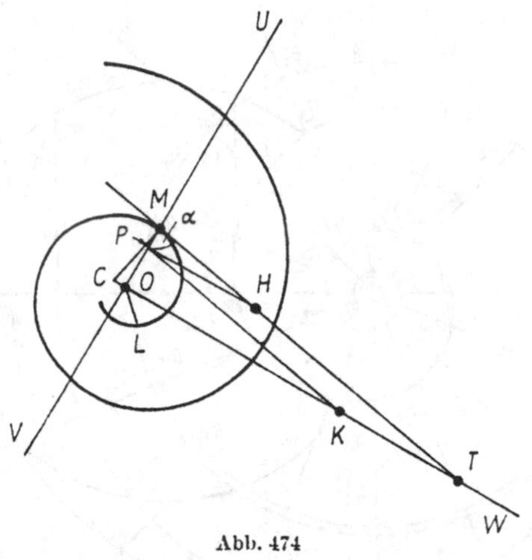

Abb. 474

6. Tangente und Bogenlänge. Der Winkel α (= $\sphericalangle OMT$), um den man die Gerade UV um den Punkt M der logarithmischen Spirale drehen muß (Abb. 474), damit diese Gerade mit der Tangente MT zusammenfällt, ist für alle Punkte der Spirale derselbe. Die Strecke MT der Tangente vom Berührungspunkt bis zum Schnittpunkt mit der Geraden OW, die durch den Pol O und senkrecht zum Polarradius OM verläuft, hat dieselbe Länge s wie der Bogen der Spirale vom Punkt M bis zum Punkt O:

$$s = \overset{\frown}{OM} = MT = \frac{\varrho}{\cos\alpha}, \tag{2}$$

Dabei bedeutet ϱ den Polarradius.

7. Charakteristisches Dreieck und Sektorfläche. Der Inhalt der Fläche, die vom Polarradius OL (Abb. 474) beschrieben wird, wenn sich der Punkt L von einer gewissen Anfangslage M aus dem Pol O unbegrenzt nähert, strebt gegen einen *endlichen* Grenzwert S (*Sektorflächeninhalt*). Der Inhalt der Sektorfläche ist im Punkt M halb so groß wie der Inhalt des *charakteristischen Dreiecks* OMT, das

vom Polarradius OM, der dazu senkrechten Geraden OW und der Tangente MT gebildet wird:

$$S = \frac{1}{2} S_{OMT} = \frac{1}{4} \varrho^2 \tan\alpha . \tag{3}$$

Dabei bedeutet ϱ den Polarradius des Punktes M.

8. Krümmungsradius und Krümmungsmittelpunkt. Der Krümmungsmittelpunkt C, der dem Punkt M der logarithmischen Spirale entspricht (Abb. 474), liegt im Schnittpunkt der Normalen MC durch M mit der Geraden OW durch den Pol und senkrecht zum Polarradius OM. Der Krümmungsradius ist

$$R = \frac{\varrho}{\sin\alpha} . \tag{4}$$

9. Die Evolute. Der geometrische Ort der Krümmungsmittelpunkte c (Evolute) der logarithmischen Spirale ist wieder eine logarithmische Spirale, die man aus der ursprünglichen Spirale erhält, indem man diese um den Pol um den Winkel

$$\omega = (2n + 1) \frac{\pi}{2} - \tan\alpha \ln \tan\alpha \tag{5}$$

dreht. Dabei ist n eine beliebige ganze Zahl.

10. Die natürliche Gleichung (vgl. § 512, Pkt. 7):

$$R = ks (= s \cot\alpha) . \tag{6}$$

§ 514. Die Zykloide

1. Definition. Unter einer *Zykloide* versteht man eine Kurve, die von einem Punkt eines in einer Ebene festgehaltenen Kreises (des *erzeugenden Kreises*) beschrieben wird, wenn dieser Kreis ohne zu gleiten längs einer gewissen Geraden KL (der *Leitlinie*) abrollt (Abb. 475).

Wenn der die Zykloide beschreibende Punkt M innerhalb des erzeugenden Kreises liegt, d. h., wenn sein Abstand $CM = d$ vom Mittelpunkt kleiner als der Radius r ist, so heißt die Zykloide *verkürzt* (Abb. 475a). Wenn M außerhalb des Kreises liegt (d. h., wenn $d > r$), so heißt sie *verlängert* (Abb. 475b). Liegt der Punkt M dagegen auf dem Kreis selbst (d. h., $d = r$), so heißt die vom Punkt M beschriebene Kurve *gewöhnliche* Zykloide (Abb. 475c) oder häufig auch einfach Zykloide (vgl. § 253).

Als *Anfangspunkt* der Zykloide (A in Abb. 475a—c) bezeichnet man jeden Punkt, der auf der Geraden (C_0O) liegt, die den Mittelpunkt C_0 des erzeugenden Kreises mit dessen Auflagepunkt O verbindet, und der auf derselben Seite von C_0 liegt wie O. Der Punkt B in Abb. 475 a—c ist ebenfalls ein Anfangspunkt. Die Anfangspunkte der gewöhnlichen Zykloide (Abb. 475c) liegen auf der Leitlinie und fallen mit den entsprechenden Auflagepunkten des erzeugenden Kreises zusammen.

Als *Scheitel* der Zykloide (D in Abb. 475a—c) bezeichnet man jene Punkte, die auf der Geraden $C'O'$ liegen, die den Mittelpunkt C' des erzeugenden Kreises mit dem Auflagepunkt O' verbindet, und die auf der Verlängerung der Strecke $C'O'$ hinter C' liegen.

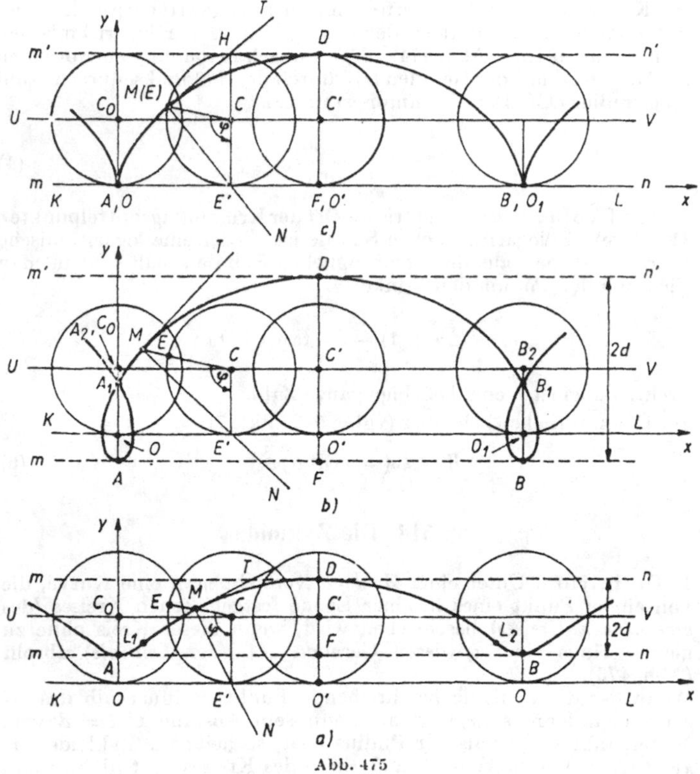

Abb. 475

Die Strecke AB, die zwei benachbarte Anfangspunkte verbindet, heißt *Grundlinie* der Zykloide. Die Senkrechte DF aus dem Scheitel der Zykloide auf ihre Grundlinie heißt *Höhe*. Der Bogen, den der Punkt M zwischen zwei benachbarten Anfangspunkten beschreibt, heißt *Zykloidenbogen*. Die Gerade UV, die vom Mittelpunkt C des erzeugenden Kreises durchlaufen wird, heißt *Mittellinie* der Zykloide.

2. Parameterdarstellung (Abszissenachse längs KL gerichtet; der Koordinatenursprung O ist die Projektion eines Anfangspunktes

(A in Abb. 475a–c) auf die Richtung KL):

$$x = r\varphi - d\sin\varphi, \qquad y = r - d\cos\varphi. \tag{1}$$

Dabei ist $\varphi = \sphericalangle MCE'$ der Drehwinkel des erzeugenden Kreises, von der Lage aus gerechnet, in der der Punkt M mit den Anfangspunkt A zusammenfällt.
Für die gewöhnliche Zykloide ($d = r$) gilt

$$x = r(\varphi - \sin\varphi), \quad y = r(1 - \cos\varphi). \tag{1a}$$

3. Besonderheiten der Form. In Richtung der Geraden KL erstreckt sich die Zykloide nach beiden Seiten bis ins Unendliche. Jedem ihrer Bögen, von einem beliebigen Anfangspunkt aus gerechnet, entspricht ein dazu symmetrischer Bogen, von selben Anfangspunkt aus nach der entgegengesetzten Richtung gerechnet. AC_0 ist eine Symmetrieachse. Die Zykloide ist auch bezüglich der Geraden DF symmetrisch, die durch einen beliebigen ihrer Scheitel senkrecht zur Leitlinie verläuft.
Bei Verschiebung der Zykloide längs der Mittellinie um die Strecke $2\pi r$ (Umfang des erzeugenden Kreises) kommt die Zykloide wieder mit sich selbst zur Deckung. Durch aufeinander folgende Verschiebungen um $\pm 2\pi r$ kann man daher die gesamte Zykloide aus einem ihrer Bögen erzeugen, der einer Änderung des Parameters φ von einem gewissen Wert $\varphi = \varphi_0$ bis zu $\varphi = \varphi_0 + 2\pi$ entspricht, z. B. einer Änderung von $\varphi = -\pi$ bis $\varphi = +\pi$ oder von $\varphi = 0$ bis $\varphi = 2\pi$.
Die Zykloide liegt innerhalb einer Zone, die von den Geraden $y = r + d$ und $y = r - d$ begrenzt ist. Die erste Gerade bildet in allen Scheiteln der Zykloide deren Tangente. Die zweite geht durch alle Anfangspunkte. Falls die Zykloide verkürzt oder verlängert ist, erweist sich diese Gerade auch als Tangente. Bei einer gewöhnlichen Zykloide fällt die zweite Gerade ($y = 0$) mit der Leitlinie zusammen und verläuft *senkrecht* zu den (einseitigen) Tangenten in den Anfangspunkten.
4. Knotenpunkte. Eine verlängerte Zykloide besitzt immer Knotenpunkte. Ihre Anzahl und ihre Lage hängt vom Verhältnis $d:r(=\lambda)$ ab. Wenn dieses Verhältnis nicht größer ist als $\lambda_0 = 4{,}60333$[1], so liegen alle Knotenpunkte auf den Geraden $x = 2k\pi r$ (k — eine ganze Zahl). Auf jeder dieser Geraden liegt ein Knotenpunkt: der Punkt A_1 auf der Geraden $x = 0$ (Abb. 475b), der Punkt B_1 auf der Geraden $x = 2\pi r$ usw.
Diese Punkte findet man als Lösung der Gleichung

$$\varphi - \lambda\sin\varphi = 0, \tag{2}$$

die im betrachteten Fall $\lambda < \lambda_0$ eine einzige positive Wurzel φ_1 besitzt. Diese liegt im Intervall $(0, \pi)$. Den Werten $\varphi = \varphi_1$ und $\varphi = -\varphi_1$

[1]) Diese irrationale Zahl ist gleich sec q_0, wobei q_0 die kleinste Wurzel der Gleichung $\tan\alpha - \alpha = 0$ ist.

entsprechen die Punkte A_1 auf dem Bogen ADB $(0 < \varphi < 2\pi)$ und auf dem Nachbarbogen $(-2\pi < \varphi < 0)$[1].

5. **Umkehrpunkte.** Wenn sich der Punkt M von außen dem erzeugenden Kreis nähert, so nähert sich gleichzeitig die verlängerte Zykloide der gewöhnlichen Zykloide (Abb. 475b geht über in Abb. 475c). Die Schleife mit dem Knotenpunkt A_1 wird dabei auf den Punkt O zusammengezogen, der sich für die gewöhnliche Zykloide als Umkehrpunkt erweist: Bei Übergang vom Bogen $(-2\pi, 0)$ zum Bogen $(0, 2\pi)$ kehrt sich die Bewegungsrichtung des Punktes M um. Umkehrpunkte sind alle Punkte $\varphi = 2k\pi$ der gewöhnlichen Zykloide und nur diese. Die verlängerte und die verkürzte Zykloide besitzen keine Umkehrpunkte.

6. **Wendepunkte.** Die verkürzte Zykloide hat auf jedem Bogen zwei Wendepunkte (L_1 und L_2 in Abb. 475a). Die entsprechenden Werte des Parameters φ bestimmt man aus der Gleichung

$$\cos\varphi = \frac{d}{r}.$$

7. **Eigenschaften der Normalen und der Tangenten.** Die Normale MN (Abb. 475a–c) einer beliebigen Zykloide geht durch den Auflagepunkt E' des erzeugenden Kreises. Die Tangente MT (Abb. 475a) der gewöhnlichen Zykloide geht durch den Punkt H, der dem Auflagepunkt des erzeugenden Kreises diametral gegenüber liegt.

8. **Der Krümmungsradius.** Für alle Zykloiden gilt

$$R = \frac{(r^2 + d^2 - 2dr\cos\varphi)^{\frac{3}{2}}}{d\,|d - r\cos\varphi|}. \tag{3}$$

Insbesondere gilt für die gewöhnliche Zykloide

$$R = 2r\sqrt{2}\sqrt{1 - \cos\varphi} = 4r\left|\sin\frac{\varphi}{2}\right| = 2\sqrt{2ry} = 2ME' \tag{3a}$$

(Abb. 475c), d. h., *der Krümmungsradius der gewöhnlichen Zykloide ist doppelt so groß wie der Normalenabschnitt zwischen der Zykloide und der Leitlinie.*

9. **Die Evolute und die Evolvente der gewöhnlichen Zykloide.** Die Evolute der gewöhnlichen Zykloide (geometrischer Ort der Krümmungsmittelpunkte) ist eine mit der gegebenen Zykloide kongruente Zykloide, die längs der Leitlinie um die Hälfte der Grundlinie verschoben ist und die um die Höhe der Zykloide von der Grundlinie aus nach unten versenkt wurde.
Damit ist auch die Evolvente einer Zykloide wieder eine Zykloide, die mit der gegebenen Kurve kongruent ist, die aber längs der Leitlinie um die halbe Grundlinie verschoben und von der Grundlinie aus nach oben um die Höhe der Zykloide verschoben ist.

---

[1]) Die Nullösung der Gleichung (2) entspricht dem Anfangspunkt A, der kein Knotenpunkt ist.

10. **Die Bogenlänge** s **der Zykloide** zwischen den Punkten $\varphi = 0$ und $\mu = \varphi_1$:

$$s = \int_0^{\varphi_1} \sqrt{r^2 + d^2 - 2rd\cos\varphi}\, d\varphi . \tag{4}$$

Diese Länge ist gleich der Länge des Bogens der Ellipse

$$x = 2(d + r)\cos\frac{\varphi}{2}, \quad y = 2(d - r)\sin\frac{\varphi}{2} \tag{5}$$

zwischen den Punkten mit demselben Parameterwert φ.
Das Integral (4) läßt sich im allgemeinen Fall nicht durch elementare Funktionen ausdrücken. Für die gewöhnliche Zykloide haben wir jedoch

$$s = 2r\int_0^{\varphi_1} \sin\frac{\varphi}{2}\, d\varphi = 4r\left(1 - \cos\frac{\varphi_1}{2}\right) = 8r\sin^2\frac{\varphi_1}{4} \qquad (\varphi_1 \leqq 2\pi). \tag{6}$$

Insbesondere gilt: *Die Länge eines Bogens der gewöhnlichen Zykloide ist gleich dem Vierfachen des Durchmessers des erzeugenden Kreises:*

$$s = 4 \cdot 2r \tag{6a}$$

11. **Die natürliche Gleichung der gewöhnlichen Zykloide** (innerhalb eines einzigen Bogens):

$$R^2 + (s - 4r)^2 = (4r)^2 \qquad (0 < s < 2\pi r). \tag{7}$$

12. **Flächeninhalte und Volumina.** Der Inhalt der Fläche S_1, die von der Ordinate bei Änderung von φ von $\varphi = 0$ bis $\varphi = \varphi_1$ beschrieben wird, lautet

$$2S_1 = (2r^2 + d^2)\,\varphi - 4dr\sin\varphi + \frac{d^2\sin 2\varphi}{2}. \tag{8}$$

Die „Gesamtfläche" S (für $\varphi_1 = 2\pi$) ist

$$S = 2\pi r^2 + \pi d^2. \tag{9}$$

Bei der gewöhnlichen und bei der verkürzten Zykloide ist dies der Flächeninhalt der Figur $OADBO_1$ (Abb. 475a und c). Bei der verlängerten Zykloide handelt es sich um den Inhalt der Figur, die von der Figur AA_1DB_1B bleibt, wenn man das Rechteck $OABO_1$ entfernt (Abb. 475b).
Für die gewöhnliche Zykloide gilt ($d = r$)

$$S = 3\pi r^2. \tag{10}$$

Die von einem Bogen der Zykloide und der Grundlinie begrenzte Figur ist also flächenmäßig dreimal so groß wie der erzeugende Kreis.

Der Inhalt F_1 der Fläche, die bei einer Drehung der gewöhnlichen Zykloide um ihre Grundlinie AB entsteht, lautet

$$F_1 = \frac{64}{3} \pi r^2 = \frac{64}{9} S. \tag{11}$$

Dabei bedeutet S die Gesamtfläche der Zykloide.
Das Volumen V_1 des entsprechenden Drehkörpers lautet

$$V_1 = 5\pi^2 r^3 = \frac{5}{8} V, \tag{12}$$

wobei V das Volumen des umgeschriebenen Zylinders bedeutet.
Der Inhalt F_2 der Fläche, die durch Drehung der Zykloide um die Höhe DF entsteht, ist

$$F_2 = 8\pi \left(\pi - \frac{4}{3}\right) r^2. \tag{13}$$

Das Volumen V_2 des entsprechenden Drehkörpers lautet

$$V_2 = \pi r^3 \left(\frac{3}{2} \pi^2 - \frac{8}{3}\right) = \frac{3}{4} V' - 2V''. \tag{14}$$

Dabei bedeuten V' das Volumen des umgeschriebenen Zylinders und V'' das Volumen des eingeschriebenen Zylinders.

§ 515. Die Epizykloide und die Hypozykloide

1. Definition. Sowohl bei der Epizykloide (Abb. 476a) als auch bei der Hypozykloide (Abb. 476b) handelt es sich um eine Kurve L, die von einem Punkt M beschrieben wird, der in der Ebene einer gewissen Kreisfläche C mit dem Radius r liegt (*erzeugender Kreis*), wenn dieser Kreis ohne zu gleiten längs eines festen Kreises mit dem Radius R abrollt (*Leitlinie*). Die Kurve L heißt *Epizykloide*, wenn sich die Kreise C und O von außen berühren, sie heißt *Hypozykloide*, wenn die Berührung von innen erfolgt.
Die Epizykloide in Abb. 476a und die Hypozykloide in Abb. 476b werden durch den Punkt M beschrieben, der auf dem Rand des erzeugenden Kreises liegt. Derartige Epizykloiden und Hypozykloiden nennt man *gewöhnlich* zum Unterschied von den verkürzten oder verlängerten Epi- oder Hypozykloiden. Eine Epizykloide (Abb. 477a) und eine Hypozykloide (Abb. 477b) nennt man *verkürzt*, wenn der Punkt M im Inneren des erzeugenden Kreises liegt, d. h., wenn $d < r$ ($d = CM$ — Abstand des Punktes M vom Mittelpunkt C des erzeugenden Kreises), man nennt sie verlängert (Abb. 478a und b), wenn M außerhalb des erzeugenden Kreises liegt, d. h., wenn $d > r$.
Als *Anfangspunkte* der Epizykloide oder der Hypozykloide bezeichnet man jene Punkte (A in Abb. 476—478), die auf der Geraden (C_1E_1) liegen, die den Mittelpunkt C_1 des erzeugenden Kreises mit dem Auf-

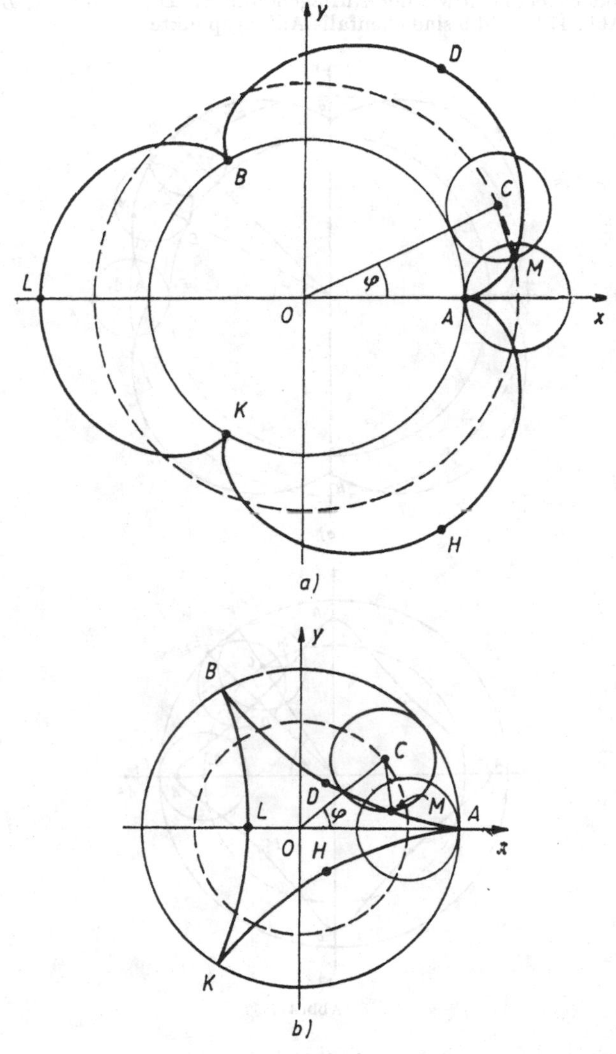

Abb. 476

lagepunkt E_1 verbindet, und die sich auf derselben Seite vom Mittelpunkt C_1 befinden wie der Auflagepunkt E_1. Die Punkte A, B, B' in Abb. 476a und b sind ebenfalls Anfangspunkte.

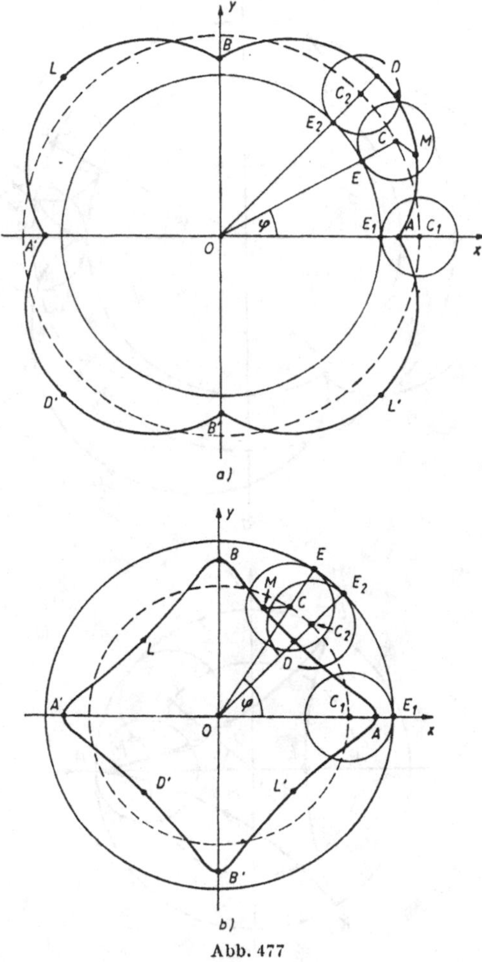

Abb. 477

Die *Anfangspunkte* der gewöhnlichen Epizykloide und der gewöhnlichen Hypozykloide (A, B, K in Abb. 476a und b) liegen auf der Leitlinie und fallen mit den entsprechenden Auflagepunkten des erzeugenden Kreises zusammen.

Als *Scheitel* der Epizykloide oder Hypozykloide (D in Abb. 477a und b) bezeichnet man jene Punkte, die auf der Geraden C_2E_2 liegen, die den Mittelpunkt des erzeugenden Kreises mit dem Auflagepunkt E_2 verbindet, die sich aber auf der Verlängerung der Strecke C_2E_2 hinter dem Punkt C_2 befinden.

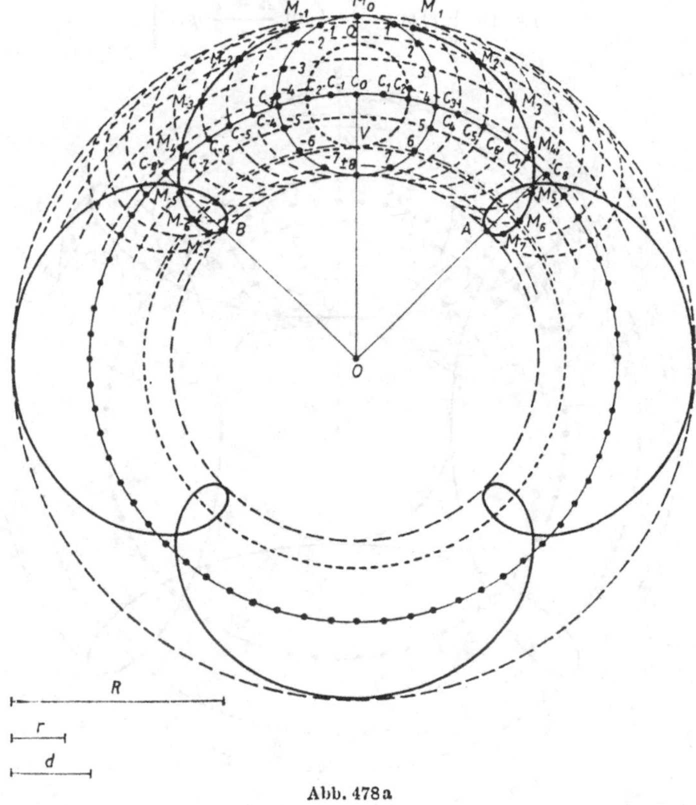

Abb. 478a

Der Kreis, den der Mittelpunkt des erzeugenden Kreises beschreibt, heißt *Mittellinie* der Epizykloide (Hypozykloide). Der Radius OC der Mittellinie ist

$$OC = OE + EC = R + r \qquad \text{für die Epizykloide}$$

$$OC = |OE - EC| = |R - r| \qquad \text{für die Hypozykloide.}$$

2. Parameterdarstellung (Koordinatenursprung O im Mittelpunkt des erzeugenden Kreises, die Achse OX liegt in Richtung eines

der Anfangspunkte, φ ist der Drehwinkel des Strahls OC aus seiner Anfangslage[1])):

Für die Epizykloide

$$\left.\begin{aligned} x &= (R + r)\cos\varphi - d\cos\frac{R + r}{r}\varphi, \\ y &= (R + r)\sin\varphi - d\sin\frac{R + r}{r}\varphi. \end{aligned}\right\} \tag{1a}$$

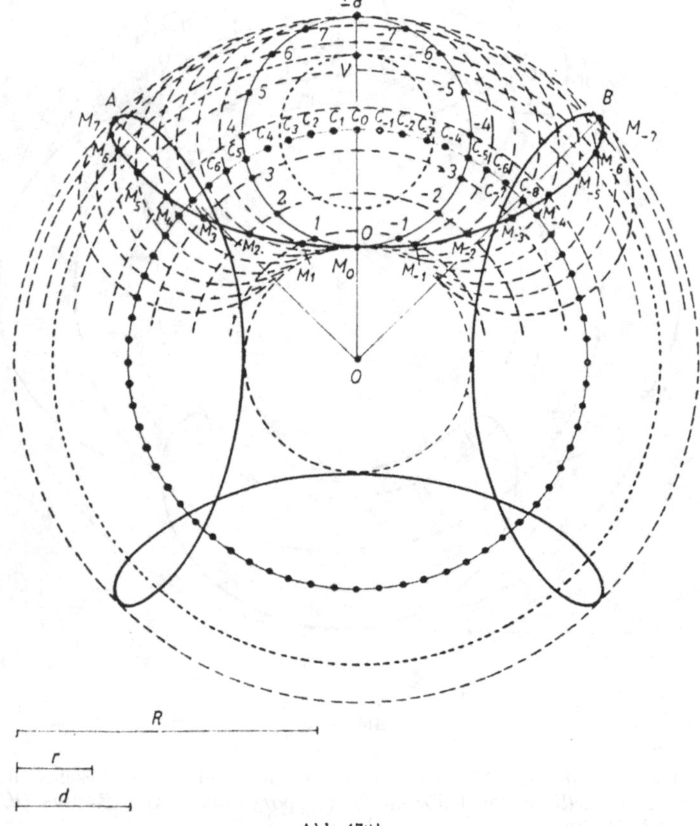

Abb. 478b

[1]) Dieser Winkel ist gleich $\sphericalangle XOC$ für alle Epizykloiden und für jene Hypozykloiden, bei denen der Radius des erzeugenden Kreises kleiner als der Radius der Leitlinie ist ($r < R$). Wenn hingegen $r > R$ gilt, so ist $\varphi = \sphericalangle XOC + \pi$. Wir bemerken, daß es keine Hypozykloide mit $r = R$ gibt, da in diesem Fall der erzeugende Kreis nicht ohne zu gleiten auf der Leitlinie abrollen kann, die er von innen berührt.

Für die Hypozykloide

$$\left.\begin{aligned} x &= (R-r)\cos\varphi + d\cos\frac{R-r}{r}\varphi, \\ y &= (R-r)\sin\varphi - d\sin\frac{R-r}{r}\varphi. \end{aligned}\right\} \qquad (1\text{b})$$

Gleichung (1b) erhält man aus (1a), indem man r durch $-r$ und d durch $-d$ ersetzt[1]).

3 **Besonderheiten der Form.** Die gesamte Epizykloide liegt in einem Kreisring, der von den Kreisen mit den Radien $R + r + d$ und $|R + r - d|$ begrenzt wird. Auf dem ersten dieser Kreise liegen die Scheitel, auf dem zweiten die Anfangspunkte der Epizykloide. Die Scheitel der Epizykloide sind daher immer weiter vom Mittelpunkt entfernt als die Anfangspunkte, was auch aus Abb. 476a, 477a und 478a hervorgeht.

Die gesamte Hypozykloide liegt in einem Kreisring, der von den Kreisen mit den Radien $|R - r - d|$ und $|R - r + d|$ begrenzt wird. Auf dem ersten Kreis liegen die Scheitel, auf dem zweiten die Anfangspunkte der Hypozykloide. Für $R > r$ liegen daher die Scheitel der Hypozykloide immer näher am Mittelpunkt als die Anfangspunkte der Hypozykloide, was auch Abb. 476b, 477b und 478b ersichtlich ist. Gerade umgekehrt verhält es sich im Falle $R < r$. Hypozykloiden dieses zweiten Typs heißen *Perizykloiden.* Wir haben für diesen Fall keine Abbildung bereitgestellt, weil eine Perizykloide stets mit einer gewissen Epizykloide identisch ist und sich von dieser nur durch das Konstruktionsverfahren unterscheidet.

Bei einer Drehung um den Mittelpunkt O um ein Vielfaches von $\frac{2\pi r}{R}$ geht die Epizykloide (Hypozykloide) in sich selbst über.

Die Anfangspunkte der gewöhnlichen Epizykloide (Hypozykloide) sind Umkehrpunkte (s. Abb. 476a und b).

Wenn das Verhältnis $R:r$ eine ganze Zahl m ist, so erweist sich die Epizykloide (die gewöhnliche, die verkürzte und die verlängerte) als geschlossene algebraische Kurve der Ordnung $2(m + 1)$, die Hypozykloide als geschlossene algebraische Kurve der Ordnung $2(m - 1)$.

Wenn das Verhältnis $R:r$ ein Bruch ist, der in gekürzter Form die Gestalt $\frac{p}{q}$ $(q \neq 1)$ hat, so stellt die Epizykloide (Hypozykloide) ebenfalls eine algebraische Kurve (der Ordnung $2\,|p \pm q|$) dar, die aus p kongruenten Zweigen besteht.

Wenn das Verhältnis $R:r$ eine irrationale Zahl ist, so ist die Epizykloide (Hypozykloide) nicht geschlossen, sie hat unendlich viele Zweige, die sich gegenseitig schneiden.

---

[1]) Bei der erwähnten Wahl der Richtung von OX und des Parameters φ gilt Gleichung (1b) für alle Hypozykloiden mit $r > R$ (solche Hypozykloiden heißen Perizykloiden). Nimmt man hingegen als Parameter, wie dies oft der Fall ist, den Winkel $\sphericalangle XOC$, so unterscheidet sich die Parameterdarstellung der Perizykloiden von der Parameterdarstellung der übrigen Hypozykloiden.

4. Sonderfälle.

1) für $R:r = 2:1$ stellt sowohl die verkürzte als auch die verlängerte Hypozykloide eine Ellipse mit dem Mittelpunkt in O dar. Die Halbachsen der Ellipse sind $a = r + d$, $b = |r - d|$. Die Endpunkte der großen Achse sind Anfangspunkte, die Endpunkte der kleinen Achse sind Scheitel der Hypozykloide.

1a) wenn bei konstantem R und r mit $R:r = 2:1$ die Differenz $r - d$ gegen Null strebt, so wird die kleine Achse der Ellipse unendlich klein, und die große Achse strebt gegen den Durchmesser der Leitlinie. Die gewöhnliche Hypozykloide, die man im Grenzfall erhält

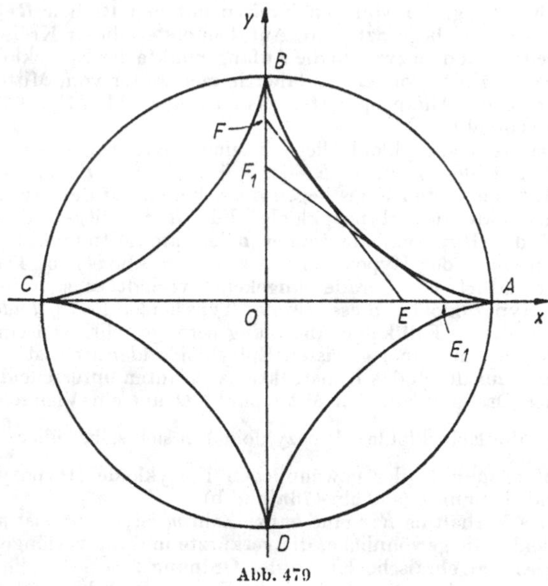

Abb. 479

($d = r$), stellt eine gerade Strecke dar, nämlich gerade den Durchmesser der Leitlinie, der die Anfangspunkte verbindet. Bei einer vollen Drehung des erzeugenden Kreises wird der Durchmesser in der einen Richtung, bei der darauf folgenden Drehung in der anderen Richtung durchlaufen. Die Anfangspunkte der gewöhnlichen Hypozykloide sind in diesem Grenzfall also Umkehrpunkte.

2) Für $R = r$ stellen alle Epizykloide eine PASCALsche Schnecke dar (§ 508). Insbesondere ist die gewöhnliche Epizykloide vom betrachteten Typ eine Kardioide.

3) Für $R:r = 4:1$ bildet die gewöhnliche Hypozykloide eine *Astroide* (Abb. 479). Diese Kurve ist dadurch charakterisiert, daß der Tangentenabschnitt EF zwischen zwei zueinander senkrechten Geraden

durch zwei Paare von gegenüberliegenden Anfangspunkten immer dieselbe Länge R hat. In dem in Abb. 479 gewählten rechtwinkligen Koordinatensystemen lautet die Gleichung der Astroide

$$x^{\frac{2}{3}} + y^{\frac{2}{3}} = R^{\frac{2}{3}},$$

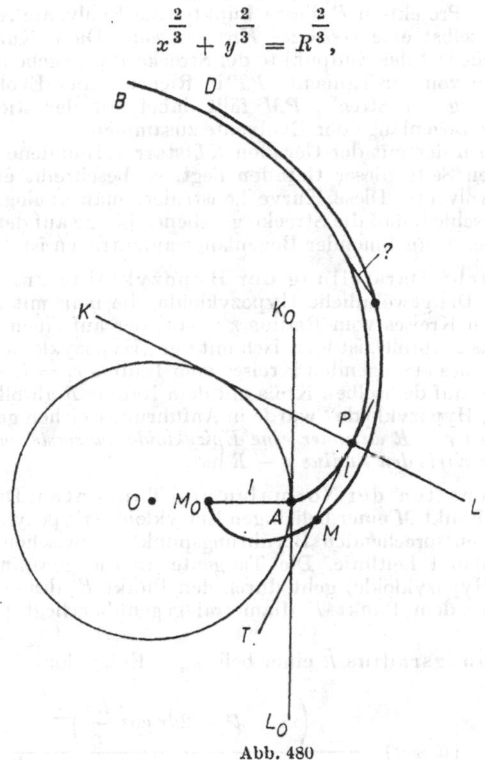

Abb. 480

oder in Parameterform

$$x = R\cos^3 u, \qquad y = R\sin^3 u.$$

5. Grenzfälle.

Fall 1. Bei unendlichem Radius der Leitlinie und gegebenem Radius des erzeugenden Kreises wird die Epizykloide (Hypozykloide) eine Zykloide (§ 514, Pkt. 1) mit demselben Radius des erzeugenden Kreises.

Fall 2. Bei unendlichem Radius des erzeugenden Kreises geht dieser in eine Gerade über (KL in Abb. 480), die ohne zu gleiten auf der Leitlinie abrollt. Die Epizykloide (Hypozykloide) geht dabei in eine Kurve über, die von einem Punkt M beschrieben wird, der starr mit der Geraden KL verbunden ist. Wenn der Punkt M auf der Geraden

KL selbst liegt (wie der Punkt P in Abb. 480), so ist die beschriebene Kurve (AB in Abb. 480) eine Evolvente der Leitlinie (§ 512, Pkt. 1). Wenn der mit der Geraden KL starr verbundene Punkt auf derselben Seite wie die Leitlinie liegt (wie der Punkt M in Abb. 480), so beschreibt die Projektion P dieses Punktes die Evolvente AB und der Punkt M selbst eine *verkürzte Kreisevolvente*. Diese Kurve ist der geometrische Ort der Endpunkte der Strecke PM gegebener Länge l, aufgetragen von der Tangente PT in Richtung der Evolvente AB. Die Richtung der Strecke PM fällt dabei mit der Richtung abnehmender Bogenlänge der Evolvente zusammen.
Wenn jedoch der mit der Geraden KL starr verbundene Punkt auf der anderen Seite dieser Geraden liegt, so beschreibt er eine *verlängerte* Evolvente. Diese Kurve konstruiert man analog dazu, mit dem Unterschied, daß die Strecke gegebener Länge auf der Tangente nach der Seite zunehmender Bogenlänge aufzutragen ist.

6. Zweifache Darstellung der Hypozykloide und der Epizykloide. Die gewöhnliche Hypozykloide, die man mit Hilfe eines erzeugenden Kreises vom Radius r erhält, der auf einem Kreis mit dem Radius R abrollt, ist identisch mit der „Hypozykloide", die man mit Hilfe eines erzeugenden Kreises vom Radius $r_1 = R - r$ erhält, wenn dieser auf demselben Kreis mit dem Radius R abrollt.
Das Wort „Hypozykloide" wurde in Anführungszeichen gesetzt, weil für den Fall $r > R$ *darunter eine Epizykloide zu verstehen ist, deren erzeugender Kreis den Radius* $r - R$ hat.

7. Eigenschaften der Normalen und Tangenten. Die Normale durch den Punkt M einer beliebigen Epizykloide (Hypozykloide) geht durch den entsprechenden Berührungspunkt E zwischen erzeugendem Kreis und Leitlinie. Die Tangente an die gewöhnliche Epizykloide (Hypozykloide) geht durch den Punkt E' des erzeugenden Kreises, der dem Punkt E diametral gegenüber liegt (vgl. § 514, Pkt. 7).

8. Krümmungsradius $\bar{R}$ einer beliebigen Epizykloide:

$$\bar{R} = (R + r) \frac{\left(r^2 + d^2 - 2dr \cos \frac{R\varphi}{r}\right)^{\frac{3}{2}}}{\left| r^3 + d^2(R + r) - 2dr(R + 2r) \cos \frac{R\varphi}{r} \right|}. \tag{2}$$

Eine entsprechende Formel für die Hypozykloide erhält man, wenn man in (2) r durch $-r$ und d durch $-d$ ersetzt.
Für die gewöhnliche Epizykloide (Hypozykloide) erhält man

$$\bar{R} = \frac{4r\,|R \pm r|}{|R \pm 2r|} \sin \frac{R\varphi}{2r}, \tag{2a}$$

wobei das Pluszeichen der Epizykloide und das Minuszeichen der Hypozykloide entspricht.
In den Anfangspunkten der gewöhnlichen Epizykloide (Hypozykloide) gilt $\bar{R} = 0$.

In den Scheiteln gilt

$$\overline{R} = \frac{4r\,|R \pm r|}{|R \pm 2r|}.$$

9. Die Evolute. Die Evolute einer gewöhnlichen Epizykloide oder Hypozykloide (d. h. der geometrische Ort ihrer Krümmungsmittelpunkte) ist eine Kurve, die der gegebenen Kurve ähnlich ist. Das Ähnlichkeitsverhältnis ist für die Epizykloide $R:(R+2r)$, für die Hypozykloide $R:(R-2r)$. Die Evolute hat denselben Mittelpunkt wie die Ausgangskurve. Die Scheitel der Evolute fallen mit den Anfangspunkten der Ausgangskurve zusammen. Eine dieser Kurven kann man daher aus der anderen durch Drehung um den Winkel $\pi \cdot \frac{r}{R}$ mit anschließender proportionaler Änderung der Abstände vom Mittelpunkt erhalten.

10. Die Bogenlänge s der Epizykloide zwischen den Punkten $\varphi = 0$, $\varphi = \varphi_1$:

$$s = \frac{R+r}{r} \int\limits_0^{\varphi_1} \sqrt{r^2 + d^2 - 2rd\cos\frac{R\varphi}{r}}\, d\varphi. \tag{3}$$

Dieser Bogen ist längengleich mit dem Bogen der Ellipse

$$x = 2(d+r)\frac{R+r}{R}\cos\frac{R\varphi}{2r}, \quad y = 2(d-r)\frac{R+r}{R}\sin\frac{R\varphi}{2r} \tag{4}$$

zwischen Punkten mit demselben Parameterwert φ.
Das Integral (3) läßt sich im allgemeinen nicht durch elementare Funktionen von φ_1 ausdrücken. Für die gewöhnliche Epizykloide (bei der die Ellipse in eine Strecke der Länge $8r$ entartet) haben wir

$$s = \frac{8r(R+r)}{R}\sin^2\frac{R\varphi_1}{4r}. \tag{5}$$

Insbesondere ist die Länge eines Bogens zwischen zwei benachbarten Anfangspunkten

$$8r\left(1 + \frac{r}{R}\right). \tag{6}$$

Wenn man r durch $-r$ und d durch $-d$ ersetzt, gelten die obigen Formeln auch für die Hypozykloide.

11. Die natürliche Gleichung der gewöhnlichen Epizykloide (Hypozykloide) lautet

$$\frac{\overline{R}^2}{a^2} + \frac{(s-b)^2}{b^2} = 1 \qquad (0 \leqq s \leqq 2b), \tag{7}$$

wobei $a = \frac{4r(R \pm r)}{R \pm 2r}$, $b = \frac{4r(R \pm r)}{R}$, $\overline{R}$ — Krümmungsradius, s — Bogenlänge, von einem gewissen Anfangspunkt aus gezählt. In den Ausdrücken für a und b gelten die oberen Vorzeichen für die Epizykloide, die unteren für die Hypozykloide. Die Gleichung (7) erhält man durch Elimination des Parameters φ aus (5) und (2a). Nimmt man als Ausgangspunkt für die Messung der Bogenlänge einen der Scheitel, so lautet die natürliche Gleichung

$$\frac{\bar{R}^2}{a^2} + \frac{s^2}{b^2} = 1 \qquad (-b \leqq s \leqq b). \tag{7a}$$

Vgl. § 514, Pkt. 10.

12. Der Flächeninhalt S des Sektors, der vom Radius OM überschrieben wird, wenn dieser von einer Ausgangslage in einen Anfangspunkt der Epizykloide übergeführt wird, ergibt sich aus der Formel

$$S = \frac{R+r}{2}\left\{\left(R + r + \frac{d^2}{r}\right)\varphi - \frac{d(R+2r)}{R}\sin\frac{R\varphi}{r}\right\}. \tag{8}$$

Insbesondere gilt für die gewöhnliche Epizykloide

$$S = \frac{(R+r)(R+2r)}{2}\left\{\varphi - \frac{r}{R}\sin\frac{R\varphi}{r}\right\} \tag{9}$$

(NEWTON).

Im Falle einer Hypozykloide ist in den Formeln (8) und (9) r durch $-r$ zu ersetzen.

In den Formeln (8) und (9) wird der Flächeninhalt als gerichtete Größe betrachtet.

Die Fläche S_1 des Sektors, der vom Polarradius der gewöhnlichen Epizykloide (Hypozykloide) beschrieben wird, wenn der Punkt M einen Zweig durchläuft, ergibt sich aus der Formel

$$S_1 = \frac{\pi r(R \pm r)(R \pm 2r)}{R}, \tag{10}$$

wobei das obere Vorzeichen für die Epizykloide und das untere für die Hypozykloide gilt.

Der Inhalt S_2 des entsprechenden Sektors der Leitlinie ist

$$S_2 = \pi R r. \tag{11}$$

Der Inhalt $\bar{S}$ der Figur, die von einem Zweig der gewöhnlichen Epizykloide (Hypozykloide) und dem entsprechenden Bogen der Leitlinie begrenzt wird, ist daher

$$\bar{S} = |S_1 - S_2| = \pi r^2 \left|3 \pm 2\frac{r}{R}\right|. \tag{12}$$

§ 516. Die Traktrix

1. Definition. Als *Traktrix* (Abb. 481) bezeichnet man den geometrischen Ort aller Punkte mit der Eigenschaft, daß die Strecke MP der Tangente vom Berührungspunkt M bis zum Schnitt mit einer gegebenen Geraden $X'X$ (*Leitlinie*) eine gegebene Länge a hat. Der Punkt A, der von der von der Leitlinie am weitesten entfernt ist, heißt *Scheitel* der Traktrix. Die senkrecht zur Leitlinie gelegene Strecke AO heißt *Höhe* der Traktrix.

2. **Parameterdarstellung** (als Abszissenachse dient die Leitlinie der Traktrix, die Ordinatenachse ist längs der Höhe nach der Seite des Scheitels A hin gerichtet):

$$\left.\begin{aligned} x &= a\cos\varphi + a\ln\tan\frac{\varphi}{2}, \\ y &= a\sin\varphi \end{aligned}\right\} \tag{1}$$

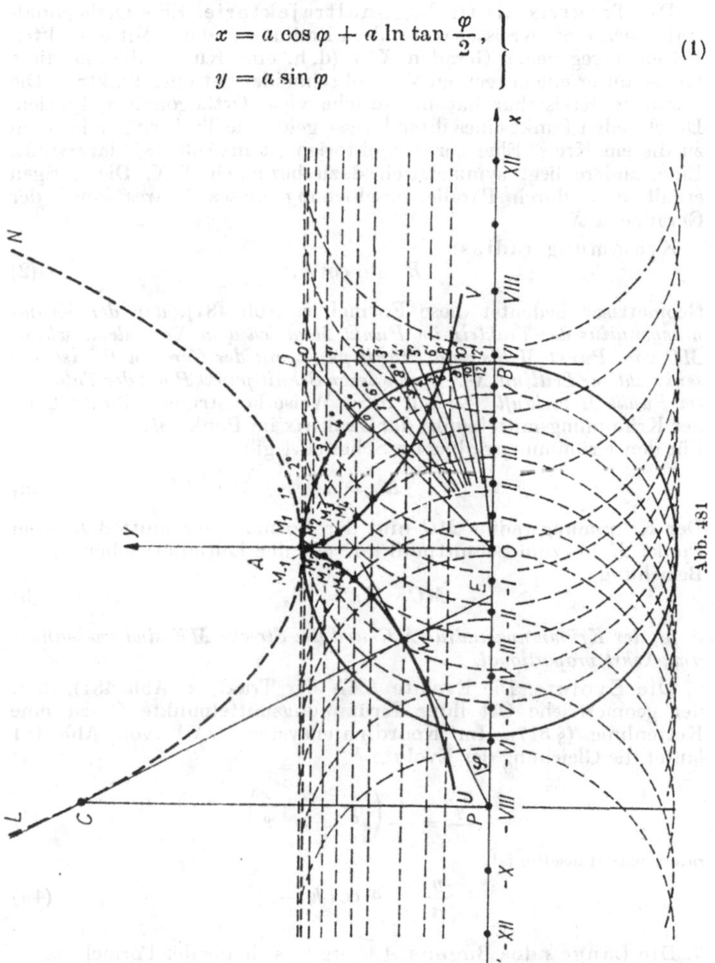

Abb. 481

Dabei bedeutet $\varphi = \sphericalangle XPM$ den Winkel, den der Strahl PM mit der positiven Richtung der Abszissenachse einschließt $(0 < \varphi < \pi)$.

3. **Besonderheiten der Form.** Die Traktrix ist symmetrisch bezüglich der Höhe AO (die gleich der gegebenen Strecke a ist). Die Gerade AO ist die Tangente der Traktrix im Punkt A. Dieser Punkt ist ein

Umkehrpunkt. Die Traktrix liegt ganz auf einer Seite der Leitlinie und erstreckt sich auf beiden Seiten des Scheitels bis ins Unendliche. Die Leitlinie ist eine Asymptote der Traktrix.

4. Die Traktrix als Orthogonaltrajektorie. Eine Orthogonaltrajektorie einer Kreisschar mit dem Radius a und den Mittelpunkten auf einer gegebenen Geraden $X'X$ (d. h. eine Kurve, die alle diese Kreise unter einem rechten Winkel schneidet) ist eine Traktrix. Die erwähnte Kreisschar hat unendliche viele Orthogonaltrajektorien. Durch jeden Punkt eines ihrer Kreise geht eine Traktrix, orthogonal zu diesem Kreis. Eine der Trajektorien ist in Abb. 481 dargestellt. Eine andere liegt symmetrisch dazu bezüglich $X'X$. Die übrigen erhält man durch Parallelverschiebung dieses Paares längs der Geraden $X'X$.

5. Krümmungsradius:

$$R = a \cot \varphi . \tag{2}$$

Geometrisch bedeutet diese Formel (s. Abb. 481), *daß der Krümmungsradius der Traktrix im Punkt M gleich dem Normalenabschnitt MC vom Punkt M bis zum Schnittpunkt mit der Geraden PC ist, die senkrecht zur Leitlinie $X'X$ durch deren Schnittpunkt P mit der Tangente im Punkt M verläuft.* Der auf diese Weise konstruierte Punkt C ist der Krümmungsmittelpunkt der Traktrix im Punkt M.

Für den Krümmungsradius im Scheitel A gilt

$$R_A = a . \tag{2a}$$

Der Krümmungsradius MC und der Normalenabschnitt ME (vom Punkt M bis zum Schnittpunkt E mit der Leitlinie) stehen in der Beziehung

$$MC \cdot ME = a^2 , \tag{3}$$

d. h., *der Krümmungsradius MC und die Strecke ME sind zueinander umgekehrt proportional.*

6. Die Evolute. Die Evolute LAN der Traktrix (Abb. 481), d. h. der geometrische Ort ihrer Krümmungsmittelpunkte C, ist eine Kettenlinie (§ 517). Im Koordinatensystem OXY von Abb. 481 lautet die Gleichung der Evolute

$$\frac{y}{a} = \frac{1}{2}\left(e^{\frac{x}{a}} + e^{-\frac{x}{a}}\right) \tag{4}$$

oder, was dasselbe ist,

$$\frac{y}{a} = 4 \cos h \frac{x}{a} . \tag{4a}$$

7. Die Länge s des Bogens $\overset{\frown}{AM}$ ergibt sich aus der Formel

$$s = a \ln \csc \varphi = a \ln \frac{a}{y} . \tag{4b}$$

Die Differenz $s - |x|$ zwischen der Bogenlänge von $\overset{\frown}{AM}$ und der Länge der Projektion auf die Leitlinie strebt bei unbegrenzter

Entfernung des Punktes M vom Scheitel A gegen den Grenzwert $a(1 - \ln 2)$.

$$\lim_{x \to \infty} (s - |x|) = a(1 - \ln 2) \approx 0{,}307\, a. \tag{5}$$

8. Die natürliche Gleichung:

$$s = a \ln \sqrt{\frac{R^2}{a^2} + 1}. \tag{6}$$

9. Der Inhalt S der unendlichen Zone, die zwischen der Traktrix und ihrer Asymptote $X'X$ liegt, ist halb so groß wie der Inhalt des Kreises, der die Höhe der Traktrix als Radius besitzt:

$$S = \frac{1}{2} \pi a^2. \tag{7}$$

10. Der Körper, der bei Drehung der Traktrix um die Asymptote $X'X$ entsteht (unendlich ausgedehnt längs $X'X$), hat eine Oberfläche endlichen Inhalts S_1, der gleich dem Inhalt einer Kugelfläche mit dem Radius R ist, und ein endliches Volumen, das gleich dem halben Volumen dieser Kugel ist:

$$S_1 = 4\pi a^2, \tag{8}$$

$$V = \frac{2}{3} \pi a^3. \tag{9}$$

11. Die Traktrix und die Pseudosphäre. Die Fläche (Abb. 482), die bei einer Drehung der Traktrix um ihre Asymptote entsteht, heißt *Pseudosphäre*. Die Fläche heißt so, weil zwischen ihr und einer Kugelfläche eine tiefgreifende Analogie besteht. Wenn man drei Punkte B, C und D auf einer Kugel paarweise durch die kürzesten Bögen verbindet, so ist in dem so entstandenen sphärischen Dreieck BCD die Summe der inneren Winkel immer größer als π, wobei die Differenz zwischen der Summe $B + C + D$ und π gleich dem Verhältnis des Flächeninhalts S des sphärischen Dreiecks zum Quadrat des Kugelradius a ist:

$$(B + C + D) - \pi = \frac{S}{a^2}. \tag{10}$$

Nimmt man hingegen drei Punkte B, C und D (Abb. 482) auf der Pseudosphäre (auf einer Seite der Parallelen UV, die vom Scheitel der Traktrix beschrieben wird) und verbindet sie durch die kürzesten Bögen, so ist die Winkelsumme des erhaltenen pseudosphärischen Dreiecks stets kleiner als π, wobei die Differenz zwischen π und der Summe $B + C + D$ gleich dem Verhältnis des Flächeninhalts S des pseudosphärischen Dreiecks zum Quadrat des Radius a der Parallelen UV ist:

$$\pi - (B + C + D) = \frac{S}{a^2}. \tag{11}$$

Es ist bemerkenswert, daß die geradlinigen Dreiecke in der LOBATSCHEWSKIschen Geometrie auch die Eigenschaft (11) besitzen. Im allgemeinen gelten für ein Flächenstück der Pseudosphäre, das keine Punkte der Parallelen UV enthält, die Eigenschaften eines Ebenen-

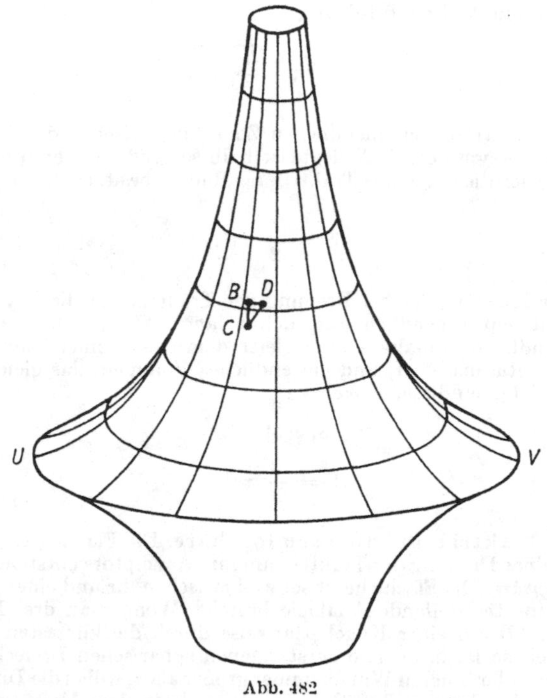

Abb. 482

stücks in der LOBATSCHEWSKIschen Geometrie. Diese Entdeckung, die im Jahre 1863 von dem italienischen Mathematiker E. BELTRAMI (1835–1900) gemacht wurde, beseitigte das Mißtrauen gegen die LOBATSCHEWSKIsche Geometrie, das vorher beinahe alle Mathematiker, darunter auch sehr bedeutende, gezeigt hatten.

§ 517. Die Kettenlinie

1. Definition. Als Kettenlinie bezeichnet man eine Kurve, die von einem an seinen beiden Enden befestigten homogenen undehnbaren Faden gebildet wird.

Bemerkung 1. In der ursprünglichen Fragestellung war von einer Kurve die Rede, die von einer herabhängenden Kette gebildet wird, daher der Name „Kettenlinie". Indem wir die Kette durch einen Faden ersetzen, sehen wir von einer Reihe von Umständen ab (Ausdehnung der Kettenglieder, ihre Reibung usw.), die die Untersuchung erschweren. Die Spannung infolge des Gewichts wird als in Größe und Richtung konstant vorausgesetzt.

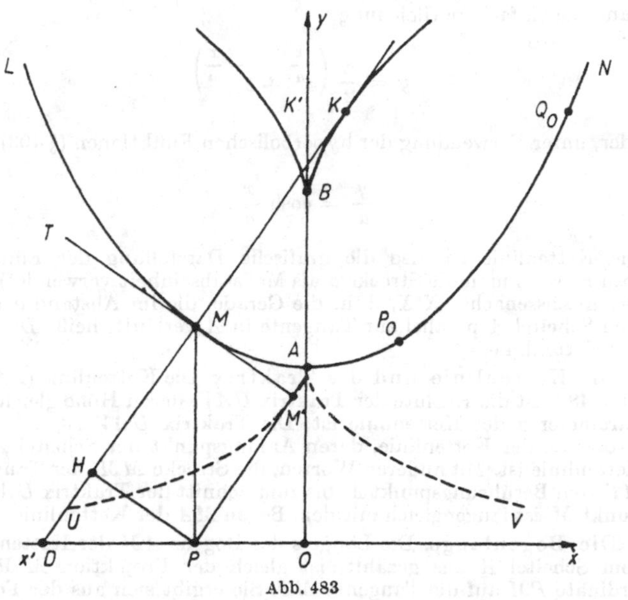

Abb. 483

Bemerkung 2. In Abhängigkeit von der Lage der Punkte P und Q, in denen die Fadenenden befestigt sind, und der Länge l des Fadens (($l > PQ$) hat der durchhängende Bogen verschiedene Gestalt. Die Untersuchung zeigt jedoch, daß der Bogen PQ, wenn er im richtigen Maßstab dargestellt wird, zur Überdeckung mit einem gewissen Bogenstück P_0Q_0 gebracht werden kann (Abb. 483), das durch die unendliche Kurve LAN vollkommen bestimmt ist. Auf diese Kurve als Ganzes und nicht nur auf den durchhängenden Bogen, der einen Teil davon ausmacht, bezieht sich der Name „Kettenlinie".
Der tiefste Punkt A der Kettenlinie heißt *Scheitel.*

2. Gleichung. Nimmt man als Koordinatenursprung den Scheitel der Kettenlinie (was sich am natürlichsten erweist) und richtet man die Ordinatenachse vertikal nach oben, so lautet die Gleichung der Kettenlinie

$$y = \frac{a}{2}\left(e^{\frac{x}{a}} + e^{-\frac{x}{a}}\right) - a, \tag{1}$$

wobei a (der *Parameter* der Kettenlinie) die Länge eines Fadenabschnitts ist, dessen Gewicht gleich der Horizontalkomponente der Fadenspannung ist (diese Komponente ist längs des gesamten durchhängenden Bogens konstant).
Gewöhnlich verlegt man jedoch den Koordinatenursprung in den Punkt O, der im Abstand a unter dem Punkt A liegt. Man erhält dann die einfachere Gleichung

$$y = \frac{a}{2}\left(e^{\frac{x}{a}} + e^{-\frac{x}{a}}\right) \tag{2}$$

oder, unter Verwendung der hyperbolischen Funktionen (§ 403),

$$\frac{y}{a} = \cosh \frac{x}{a}. \tag{2a}$$

Die Kettenlinie ist also die grafische Darstellung der Funktion $\cosh x$ (wenn man die Strecke a als Maßstabseinheit verwendet).
Die Abszissenachse $X'X$, d. h. die Gerade, die im Abstand a unter dem Scheitel A parallel zur Tangente in A verläuft, heißt *Direktrix* der Kettenlinie.

3. **Die Kettenlinie und die Traktrix.** Die Kettenlinie (LAN in Abb. 483) ist die Evolute der Traktrix UAV, deren Höhe gleich dem Parameter a der Kettenlinie ist. Die Traktrix UAV ist daher die Evolvente der Kettenlinie, deren Anfangspunkt der Scheitel A der Kettenlinie ist. Mit anderen Worten, die Strecke MM' der Tangente MT vom Berührungspunkt M bis zum Schnitt der Traktrix UAV im Punkt M' ist längengleich mit dem Bogen MA der Kettenlinie.

4. **Die Bogenlänge.** Die Länge s des Bogens AM der Kettenlinie, vom Scheitel A aus gezählt, ist gleich der Projektion $M'M$ der Ordinate PM auf die Tangente MT. Sie ergibt sich aus der Formel

$$s = \breve{AM} = MM' = \frac{a}{2}\left(e^{\frac{x}{a}} - e^{-\frac{x}{a}}\right) \tag{3}$$

oder

$$s = a \sinh \frac{x}{a}. \tag{3a}$$

Mit der Ordinate $PM = y$ steht die Bogenlänge s in der Beziehung

$$s^2 + a^2 = y^2. \tag{4}$$

Diese Beziehung ergibt sich aus (2) und (3). Man liest sie auch leicht aus dem Dreieck $PM'M$ ab, wobei $PM = y$, $MM' = s$ und $PM' = a$ gilt (auf Grund der Eigenschaften der Traktrix).

5. **Die Projektion der Ordinate auf die Normale.** Die Projektion MH der Ordinate MO der Kettenlinie auf die Normale MD besitzt die konstante Länge a:

$$HM = OA = a. \tag{5}$$

Diese Beziehung liest man aus dem Rechteck $MM'PH$ ab, wobei $MH = M'P = a$ gilt (auf Grund der Eigenschaften der Traktrix).

6. **Krümmungsradius.** Der Krümmungsradius der Kettenlinie ist gleich dem Normalenabschnitt MD vom Punkt M zur Direktrix $X'X$. Er ergibt sich aus der Formel

$$R = MD = \frac{a}{4}\left(e^{\frac{x}{a}} + e^{-\frac{x}{a}}\right)^2 \tag{6}$$

oder

$$R = a \cosh^2 \frac{x}{a}. \tag{6a}$$

7. **Konstruktion der Krümmungsmittelpunkte; die Evolute der Kettenlinie.** Zur Konstruktion des Krümmungsmittelpunkts der Kettenlinie in einem gegebenen Punkt M verlängern wir die Normale MD hinter dem Punkt M und tragen dort die Strecke $MK = MD$ ab. Der Punkt K ist der gesuchte Krümmungsmittelpunkt. So konstruiert man punktweise die Kurve $K'BK$, d. h. die Evolute der Kettenlinie. Ihre Parameterdarstellung lautet

$$\left.\begin{aligned} x_K &= a\left[\cosh\frac{x}{a}\sinh\frac{x}{a} + \ln\left(\cosh\frac{x}{a} - \sinh\frac{x}{a}\right)\right], \\ y_K &= 2a\cosh\frac{x}{a}. \end{aligned}\right\} \tag{7}$$

Der Punkt B (der Krümmungsmittelpunkt für den Scheitel A) ist ein Umkehrpunkt für die Evolute (7).

8. **Die natürliche Gleichung der Kettenlinie:**

$$R = \frac{s^2}{a} + a. \tag{8}$$

Man erhält diese Gleichung aus (3a) und (6a) durch Elimination von x. Die kinematische Deutung der Gleichung (8) ist die folgende: Wenn die Kettenlinie ohne zu gleiten längs einer Geraden abrollt, so beschreibt der Krümmungsmittelpunkt des Berührungspunkte eine Parabel, die Achse dieser Parabel steht vertikal, der Scheitel liegt im Punkt B. Der Parameter der Parabel ist halb so groß wie der Parameter a der Kettenlinie.

9. **Der Flächeninhalt** S des „krummlinigen Trapezes“ $OAMP$ ($OA = a$ — Ordinate des Scheitels, PM — Ordinate des Endpunkts M des Bogens $AM = s$) ist gleich dem Flächeninhalt des Rechtecks mit den Seiten a und s. Also gilt

$$S = as = a^2 \sinh^2 \frac{x}{a}. \tag{9}$$

XI. Wahrscheinlichkeitsrechnung und Statistik

§ 518. Grundlagen. Ereignisse

Es kommt häufig vor, daß Experimente, die unter den gleichen — oder annähernd gleichen — äußeren Bedingungen ablaufen, verschiedene Ergebnisse liefern. Dabei stellen sich aber diese Ergebnisse oft nicht völlig regellos ein, sondern es kann beobachtet werden, daß bei mehrmaliger Wiederholung des Experiments die Häufigkeit des Auftretens bestimmter Ergebnisse nur wenig schwankt.

Beispiel. Beim Werfen mit einer Münze läßt sich i. a. nicht vorhersagen, ob der nächste Wurf das Ergebnis „Zahl" liefern wird, oder das Ergebnis „Kopf". Trotzdem erhält man bekanntlich in langen Wurfreihen jedes der beiden Ergebnisse annähernd gleich häufig.
Diese Beobachtung gibt Anlaß zur Einführung des Begriffs „Wahrscheinlichkeit". Die Grundlage hierzu bildet der Begriff des Ereignisses.
Wir betrachten eine gegebene Versuchsanordnung. Jeder mögliche Versuchsausgang heißt *Elementarereignis* ω. Die Menge aller Elementarereignisse bildet den *Ereignisraum* Ω.

Beispiel 1. Würfeln mit einem Würfel. Die Versuchsanordnung besteht darin, den Würfel in die Hand zu nehmen und auf eine ebene Fläche (Tisch, Boden) zu „werfen". Die Elementarereignisse sind die sechs möglichen Lagen des Würfels, die etwa durch die an der Oberseite erscheinende Augenanzahl beschrieben werden können: $\omega_1, \omega_2, \ldots, \omega_6$. Der Ereignisraum Ω hat die Form

$$\Omega = \{\omega_1, \omega_2, \ldots, \omega_6\}.$$

Beispiel 2. Schießen auf eine Scheibe. Die Versuchsanordnung besteht darin, auf eine (hinreichend groß gedachte) Schießscheibe zu schießen. Elementarereignisse sind die Einschüsse, die wir uns durch die Lage ihrer Mittelpunkte gegeben denken. Der Ereignisraum Ω besteht hier aus unendlich vielen Elementen, nämlich allen Punkten der Schießscheibe.

Beispiel 3. Längenmessung. Die Versuchsanordnung besteht im Abmessen der Länge eines gegebenen Werkstückes mit einem Maßband. Elementarereignisse sind die bei der Einzelmessung erhaltenen Längen. Ω besteht aus allen (nichtnegativen) Längen.

Oft interessiert nicht, welches Elementarereignis im einzelnen bei Durchführung eines Experimentes eingetreten ist, sondern nur, ob das eingetretene Elementarereignis einer bestimmten, vorher angegebenen Teilmenge von Ω entstammt.
Beim Würfeln beispielsweise ist es vielleicht nur wichtig, eine „4", „5" oder „6" zu werfen, etwa weil der andere Spieler vorher eine „3" geworfen hat. Beim Scheibenschießen wird die Scheibe in „Ringe" eingeteilt. Von Interesse ist dann nicht die genaue Lage des Einzelschusses, sondern nur der Ring, in dem er liegt.
Solche ausgezeichneten Teilmengen von Ω heißen *Ereignisse*. Wir bezeichnen sie mit $A, B, C, \ldots$. Tritt bei der Durchführung eines Experimentes ein im Ereignis A enthaltenes Elementarereignis ein, so sagt man: *A ist eingetreten.*

Auf Ereignisse lassen sich die Sprechweisen der Mengenalgebra anwenden. So sagen wir: (a) Das Ereignis C ist der *Durchschnitt* der Ereignisse A und B, im Zeichen: $C = A \cap B$, falls C genau dann eintritt, wenn sowohl A als auch B eintreten. (b) Das Ereignis C ist *Vereinigung* der Ereignisse A und B, im Zeichen: $C = A \cup B$, falls C genau dann eintritt, wenn A oder B eintreten. (c) Das Ereignis A ist zum Ereignis B *komplementär* (oder das *Komplement* von B), im Zeichen: $A = \complement B$, falls A genau dann eintritt, wenn B nicht eintritt.

Bemerkung 1. Es ist zu beachten, daß man den (mengentheoretischen) Durchschnitt von A und B stets bilden kann, daß dieser Durchschnitt aber kein Ereignis sein braucht. Analoges gilt für Vereinigung und Komplement.

Bemerkung 2. Wie in der Mengenalgebra kann man auch Durchschnitt und Vereinigung von mehr als zwei Ereignissen betrachten. Ist etwa eine (endliche oder unendliche) Ereignisfolge $A_1, A_2, \ldots$ vorgelegt, so verstehen wir unter ihrem Durchschnitt die Menge der Elementarereignisse, die (zugleich) in jedem Ereignis der Folge vorkommen. Ihre Vereinigung ist die Menge der Elementarereignisse, die in (wenigstens) einem Ereignis der Folge vorkommen. In sinngemäßer Übertragung gilt wieder Bemerkung 1. Ereignisse können auch der Ereignis(-gesamt-)raum Ω (das *sichere Ereignis*) oder die leere Menge $\emptyset$ (das *unmögliche Ereignis*) sein.

Wir betrachten nun einen Ereignisraum Ω und ein System S von Ereignissen, also von gewissen ausgezeichneten Teilmengen von Ω.
Definition. S heißt *Ereignisalgebra,* wenn die folgenden Eigenschaften gelten:

1. Das Komplement eines jeden Ereignisses A aus S liegt wieder in S (ist wieder ein Ereignis).

2. Die Vereinigung einer endlichen oder unendlichen Folge von Ereignissen ist wieder ein Ereignis.

3. Der Durchschnitt einer endlichen oder unendlichen Folge von Ereignissen ist wieder ein Ereignis.

Speziell gehören dann der Ereignisraum Ω und die leere Menge $\emptyset$ zu S.

§ 519. Wahrscheinlichkeiten

Es sollen den Ereignissen Zahlen zugeordnet werden, die angeben, mit welchem Anteil die Ereignisse in langen Versuchsketten (angenähert) auftreten. Die Zuordnung führen wir nach KOLMOGOROFF[1]) folgendermaßen durch:

Definition. Sei vorgelegt eine Ereignisalgebra. Ein *Wahrscheinlichkeitsmaß* W ist eine Funktion, die jedem Ereignis A eine reelle Zahl $W(A)$ so zuordnet, daß die folgenden KOLMOGOROFFschen Wahrscheinlichkeitsaxiome erfüllt sind:

($K1$) Stets ist $0 \leqq W(A) \leqq 1$

($K2$) $W(\Omega) = 1$

($K3$) Falls sich die Ereignisse der (endlichen oder unendlichen) Ereignisfolge $A_1, A_2, \ldots$ paarweise ausschließen (paarweise leeren Durchschnitt haben), ist

$$W(A_1 \cup A_2 \cup \ldots) = W(A_1) + W(A_2) = \cdots$$

Einfache Folgerungen.

1. Wenn das Eintreten des Ereignisses A stets das Eintreten des Ereignisses B nach sich zieht, ist

$$W(A) \leqq W(B).$$

2. Für jedes Ereignis A gilt

$$W(A) + W(\complement A) = 1$$

3. Für zwei beliebige Ereignisse A und B gilt

$$W(A \cup B) = W(A) + W(B) - W(A \cap B)$$

4. $W(\emptyset) = 0$.

Aus den KOLMOGOROFFschen Axiomen ergibt sich die klassische Wahrscheinlichkeits-„definition" von LAPLACE. (Es handelt sich um keine Definition, sondern um eine Folgerung aus den Axiomen.)

Definition. Ω bestehe aus endlich vielen gleichwahrscheinlichen Elementarereignissen:

$$\Omega = \{\omega_1, \omega_2, \cdots, \omega_n\},$$

$$W(\{\omega_1\}) = W(\{\omega_2\}) = \ldots = W(\{\omega_n\}).$$

Dann ist die Wahrscheinlichkeit für das Eintreten eines Ereignisses A, $W(A)$, gegeben durch

$$W(A) = \frac{\text{Anzahl der in } A \text{ enthaltenen Elementarereignisse}}{\text{Anzahl aller Elementarereignisse}}.$$

[1]) KOLMOGOROFF, A. N.: Grundbegriffe der Wahrscheinlichkeitsrechnung, Berlin, 1933.

Statt „in A enthaltenes Elementarereignis" sagt man auch „für A *günstiges* Elementarereignis".

§ 520. Beispiele. Berechnung elementarer Wahrscheinlichkeiten

Beispiel 1. Wie groß ist die Wahrscheinlichkeit, beim Wurf mit zwei Würfeln wenigstens 8 Augen zu erhalten?
Die gleichwahrscheinlichen Elementarereignisse haben die Form (i_1, i_2), wobei i_1 die geworfene Augenzahl des ersten, i_2 die des zweiten Würfels bezeichnet.
Der Ereignisraum ist
$\Omega = \{(1,1), (1,2), \ldots, (1,6), (2,1), (2,2), \ldots, (2,6), \ldots, (6,1), (6,2), \ldots, (6,6)\}$.
Er enthält 36 Elementarereignisse. Das Ereignis A: $i_1 + i_2 \geqq 8$ tritt ein, wenn eines der folgenden Elementarereignisse eintritt:
(2,6), (3,5), (3,6), (4,4), (4,5), (4,6), (5,3), (5,4), (5,5), (5,6), (6,2), (6,3), (6,4), (6,5), (6,6).
Das sind insgesamt 15 für A günstige Elementarereignisse. Damit wird

$$W(A) = \frac{15}{36} = \frac{5}{12} = 0{,}4166\ldots$$

Beispiel 2. Aus einem Kartenspiel mit 32 Blatt werden 3 Karten willkürlich gezogen. Wie groß ist die Wahrscheinlichkeit W dafür, daß es drei Asse sind?
Die gleichwahrscheinlichen Elementarereignisse sind hier die Auswahlen (Kombinationen ohne Wiederholung) von 3 Karten aus den 32. Ihre Anzahl ist

$$\binom{32}{3} = \frac{32 \cdot 31 \cdot 30}{1 \cdot 2 \cdot 3} = 4960$$

Für das Eintreten des gewünschten Elementarereignisses günstig sind jene Auswahlen, die drei von den im Spiel vorhandenen Assen enthalten. Da man aus den vier Assen auf vier Arten drei Asse auswählen kann, gibt es insgesamt vier günstige Elementarereignisse. Damit wird die gesuchte Wahrscheinlichkeit

$$W = \frac{4}{4960} = \frac{1}{1240} = 0{,}0008064\ldots$$

Beispiel 3. In einer Urne befinden sich 4 rote und 6 schwarze Kugeln. Man zieht die Kugeln ohne Zurücklegen der Reihe nach heraus. Wie groß ist die Wahrscheinlichkeit W dafür, daß man zuerst die vier roten und hierauf die sechs schwarzen Kugeln erhält?
Die gleichwahrscheinlichen Elementarereignisse sind hier alle möglichen Anordnungen (Permutationen) der 10 Kugeln. Ihre Anzahl ist 10!. Ein Elementarereignis ist für das gewünschte Ereignis günstig, wenn die roten Kugeln an den ersten vier Plätzen liegen.

Das ist auf 4! Arten möglich. Die restlichen sechs Plätze können auf 6! Arten mit den schwarzen Kugeln belegt werden. Insgesamt gibt es also $4! \cdot 6!$ günstige Elementarereignisse. Die gesuchte Wahrscheinlichkeit ist daher

$$W = \frac{4!\,6!}{10!} = \frac{1}{210} = 0{,}004761\ \ldots.$$

§ 521. Zufallsvariable

Gelegentlich sind mit den Ausgängen eines Experiments in eindeutiger Weise reelle Zahlen verbunden, die diesen Ausgang beschreiben. Beim Würfeln kann dies etwa die Augenzahl sein, die an der oberen Fläche erscheint. Man könnte genausogut die Anzahl der verdeckten Augen als dem Wurf zugeordnet auffassen. Beim Schießen auf die Scheibe kann es die Nummer des getroffenen Rings sein, bei der Längenmessung die Maßzahl der Länge, bezogen auf eine feste Einheit. Eine solche Zahl heißt Zufallsvariable. Genauer wird erklärt:

Definition. Eine *Zufallsvariable* $\zeta(\omega)$ ist eine Funktion, die jedem Elementarereignis eines gewissen Ereignisraumes eine reelle Zahl zuordnet.
Diese Zahlen, die *Werte* der Zufallsvariablen, brauchen für verschiedene Elementarereignisse nicht verschieden auszufallen, wie etwa das Beispiel der Schießscheibe zeigt.

§ 522. Verteilungsfunktionen

Die Verteilungsfunktion stellt den Zusammenhang zwischen Zufallsvariabler und Wahrscheinlichkeit her. Durch eine Verteilungsfunktion wird jedem Wert der Zufallsvariablen eine gewisse Wahrscheinlichkeit zugeordnet.
Dazu wird zunächst vorausgesetzt, daß zu jeder reellen Zahl z die Menge all der Elementarereignisse ω, für die $\zeta(\omega) \leqq z$ ist, ein Ereignis ist. Dieses Ereignis wollen wir mit E_z bezeichnen und schreiben kurz $E_z = (\zeta(\omega) \leqq z)$ oder einfach $E_z = (\zeta \leqq z)$. Nun erklären wir:

Definition: Die Funktion F, die jeder reellen Zahl z die Wahrscheinlichkeit

$$F(z) := W(E_t) = W(\zeta \leqq z)$$

zuordnet, heißt *Verteilungsfunktion* der Zufallsvariablen ζ.

Beispiel. Die Verteilungsfunktion der Zufallsvariablen „Augenanzahl beim Würfeln mit einem Würfel" hat den folgenden Graphen:

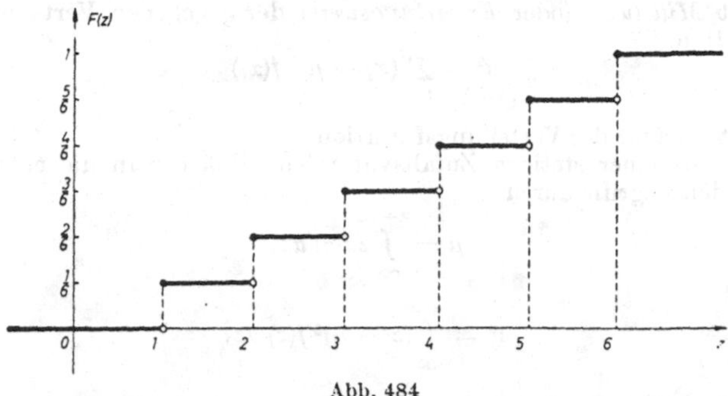

Abb. 484

Einfache Folgerungen.

1. Die Ereignisse $(\zeta(\omega) \leqq z)$ und $(\zeta(\omega) > z)$ sind komplementär, also ist

$$W(\zeta > z) = 1 - F(z).$$

2. Die Wahrscheinlichkeit dafür, daß die Zufallsvariable ζ Werte zwischen den reellen Zahlen a (exklusive) und b (inklusive) annimmt, ist

$$W(a < \zeta \leqq b) = F(b) - F(a).$$

Falls die Zufallsvariable ζ nur diskrete Werte annehmen kann (Beispiel: Würfel), etwa $x_1, x_2, x_3, \ldots$, bezeichnen wir die Funktion

$$f(x) = W(\zeta = x)$$

als *Wahrscheinlichkeitsfunktion*. Sie ist Null für $x \neq x_i$, $i = 1, 2, 3, \ldots$. Es ist

$$F(z) = \sum_{x_i \leqq z} f(x_i).$$

Falls sich die Verteilungsfunktion als Integralfunktion einer nichtnegativen und bis auf endlich viele Stellen stetigen Funktion f darstellen läßt, so heißt f *Wahrscheinlichkeitsdichte*.
Es gilt dann

$$W(a < \zeta \leqq b) = \int_a^b f(z)\, dz.$$

An den Stetigkeitsstellen von f ist

$$F'(z) = f(z).$$

Man spricht in diesem Fall von einer *stetigen Zufallsvariablen*.

Parameter einer Verteilungsfunktion. Wir betrachten zunächst diskrete Zufallsvariable. Die Größe

$$\mu := \sum_i x_i\, f(x_i)$$

heißt *Mittelwert* (oder *Erwartungswert*) der gegebenen Verteilungsfunktion.

$$\sigma^2 = \sum_i (x_i - \mu)^2 f(x_i)$$

heißt *Varianz* der Verteilungsfunktion.
Im Falle einer stetigen Zufallsvariablen erklärt man die entsprechenden Begriffe durch

$$\mu = \int_{-\infty}^{+\infty} z\, f(z)\, dz,$$

$$\sigma^2 = \int_{-\infty}^{+\infty} (z - \mu)^2 f(z)\, dz.$$

Die (positive) Quadratwurzel aus der Varianz heißt *Streuung*.

Eigenschaften von Verteilungsfunktionen. Jede Verteilungsfunktion F hat die folgenden Eigenschaften:
1. $F(z)$ wächst monoton, d. h., für $z_1 < z_2$ gilt stets $F(z_1) \leqq F(z_2)$, 2. $\lim\limits_{z \to -\infty} F(z) = 0$, 3. $\lim\limits_{z \to +\infty} F(z) = 1$, 4. $F(z)$ ist rechtsseitig stetig, d. h., für jede Stelle a ist $\lim\limits_{z \to a+0} F(z) = F(a)$. Man kann umgekehrt zeigen, daß sich jede Funktion $F(z)$ mit diesen vier Eigenschaften als Verteilungsfunktion einer gewissen Zufallsvariablen deuten läßt.

§ 523. Spezielle Verteilungsfunktionen

(A) Die BERNOULLIsche- oder Binomialverteilung.
Die Versuchsanordnung besteht in der n-maligen Durchführung eines bestimmten Experimentes. Man interessiert sich dafür, wie oft hierbei ein gewisses Ereignis E eintritt bzw. nicht eintritt. Das Eintreten werde kurz mit E, das Nichteintreten mit $\bar{E}$ bezeichnet. Die Elementarereignisse sind also Ketten von n Gliedern der Form

$$\omega = EE\bar{E}E\bar{E} \ldots \bar{E}.$$

Die Zufallsvariable $\zeta(\omega)$ gibt die Anzahl des Auftretens von E in ω an. Es ist stets $0 \leqq \zeta(\omega) \leqq n$.
Die Wahrscheinlichkeit p für das Eintreten von E bei einmaliger Durchführung des Experimentes heißt *Grundwahrscheinlichkeit* oder *Parameter* der Binomialverteilung. Diese Wahrscheinlichkeit soll sich während der Durchführung der Experimente nicht ändern.
Dann ist die Wahrscheinlichkeitsfunktion

$$f(k) = W(\zeta = k) = \binom{n}{k} p^k (1 - p)^{n-k}.$$

Die Verteilungsfunktion ist

$$F(k) = \sum_{i=0}^{k} \binom{n}{i} p^i (1 - p)^{n-i}.$$

Sie gibt die Wahrscheinlichkeit für höchstens k-maliges Auftreten des Ereignisses E bei n-maliger Durchführung des Experimentes an. Die Parameter der Verteilung sind

$$\mu = n \cdot p \qquad \sigma^2 = n \cdot p \cdot (1 - p).$$

Beispiel 1. In einer Urne befinden sich vier rote und vier schwarze Kugeln. Wir greifen eine Kugel (zufällig) heraus, notieren ihre Farbe und legen sie wieder zurück. Das wird viermal durchgeführt. Wie groß ist die Wahrscheinlichkeit dafür, daß hierbei 2 rote und 2 schwarze Kugeln (in beliebiger Reihenfolge) gezogen werden?
Die Wahrscheinlichkeit für das Ziehen einer roten Kugel bei einmaliger Durchführung des Experiments ist $p = 0{,}5$. Sei R die Zufallsvariable „Anzahl der roten Kugeln bei viermaligem Ziehen". So erhalten wir

$$W(R = 2) = f(2) = \binom{4}{2} (0{,}5)^2 (1 - 0{,}5)^2 = 0{,}3750.$$

Beispiel 2. Die Wahrscheinlichkeiten für Knaben- und Mädchengeburten seien je 0,5. Wie groß ist die Wahrscheinlichkeit dafür, daß sich unter sechs Geburten mindestens eine Knabengeburt befindet?
Sei K die Zufallsvariable „Anzahl der Knabengeburten unter sechs Geburten". So ist (gerundet, vgl. die Tabelle für die Binomialverteilung S. 798)

$$W(K \geqq 1) = 1 - W(K < 1) = 1 - F(0) = 1 - \binom{6}{0} (0{,}5)^0 (1 - 0{,}5)^6$$
$$= 1 - 0{,}0156 = 0{,}9844.$$

Beispiel 3. Dem Studiosus Hans gelingt es, durchschnittlich nur bei 3 von 10 Prüfungen eine positive Note zu erringen. Zu wievielen Prüfungen soll er sich bei Semesterende anmelden, damit er mit der Wahrscheinlichkeit 0,9 mindestens ein positives Zeugnis nach Hause bringen kann?
Die Grundwahrscheinlichkeit p für das positive Ablegen einer Prüfung beträgt $\frac{3}{10} = 0{,}3$.
Sei P_n die Zufallsvariable „Anzahl der positiven Noten bei n Prüfungen". So soll gelten:

$$0{,}9 \leqq W(P_n \geqq 1) = 1 - W(P_n < 1) = 1 - F(0),$$
$$0{,}1 \geqq F(0).$$

Aus der Tabelle für die Binomialverteilung (S. 798) sehen wir, daß im Falle $p = 0{,}3$ bei $n = 7$ zum ersten Mal $F(0) < 0{,}1$ ist. Hans muß sich also zu sieben Prüfungen melden.

Bemerkung. Die Binomialverteilung braucht nur für $p \leqq 0{,}5$ tabelliert zu werden. Wir schreiben vorübergehend $F_p(k)$ statt $F(k)$, wobei der Index p den Parameter der betrachteten Verteilungsfunktion bezeichnet. Dann gilt

$$F_p(k) = 1 - F_{1-p}(n - k - 1).$$

Beispiel. Man bestimme $F(3)$ im Falle $p = 0{,}8$ und $n = 6$.

$$F(3) = F_{0,8}(3) = 1 - F_{0,2}(6 - 3 - 1) = 1 - F_{0,2}(2)$$
$$= 1 - 0{,}9011 = 0{,}0989.$$

(B) Die hypergeometrische Verteilung.

Die Voraussetzungen lauten im wesentlichen wie unter (A) mit dem einzigen Unterschied, daß sich die Grundwahrscheinlichkeit p während der Durchführung der Experimente laufend in bestimmtem Maße ändert. Das der hypergeometrischen Verteilung zugrunde liegende Modell kann durch das Experiment „Ziehen von Kugeln aus einer Urne *ohne Zurücklegen*" beschrieben werden.
Sei N die Gesamtanzahl der Kugeln in der Urne, davon seien M Merkmalträger (etwa rot). Wir ziehen nacheinander n Kugeln ohne Zurücklegen. Dann ist die Wahrscheinlichkeit, unter diesen n Kugeln genau m Merkmalträger zu erhalten,

$$f(m) = \frac{\binom{M}{m}\binom{N-M}{n-m}}{\binom{N}{n}}.$$

Die Verteilungsfunktion ist

$$F(m) = \sum_{i=0}^{m} f(i) = \sum_{i=0}^{m} \frac{\binom{M}{i}\binom{N-M}{n-i}}{\binom{N}{n}}.$$

Die Parameter der Verteilung sind

$$\mu = n\frac{M}{N}, \qquad \sigma^2 = n\frac{M}{N}\,\frac{N-M}{N}\,\frac{N-n}{N-1}.$$

Beispiel 4. In einer Urne befinden sich vier rote und vier schwarze Kugeln. Wir ziehen 4 Kugeln ohne Zurücklegen heraus. Wie groß ist die Wahrscheinlichkeit, zwei rote und zwei schwarze zu erhalten (vgl. Beispiel 1)?
Es ist $N = 8$, $M = 4$, $n = 4$, $m = 2$. Sei R die Zufallsvariable „Anzahl der roten Kugeln bei viermaligem Ziehen". So ist

$$W(R = 2) = f(2) = \frac{\binom{4}{2}\binom{4}{2}}{\binom{8}{4}} = \frac{36}{70} = 0{,}5142\ldots$$

(C) Die Poisson-Verteilung.

Die Poisson-Verteilung, auch „*Verteilung der seltenen Ereignisse*" genannt, ergibt sich aus der Binomialverteilung, wenn dort in

solcher Weise $p \to 0$ und $n \to \infty$ gehen, daß der Mittelwert $\mu = np$ einem endlichen Wert zustrebt.
Es ist

$$f(k) = \frac{\mu^k}{k!} e^{-\mu}$$

und

$$F(k) = \sum_{i=0}^{k} \frac{\mu^i}{i!} e^{-\mu}.$$

Die Parameter der Verteilung sind

$$\mu, \quad \sigma^2 = \mu.$$

Die Bedeutung der POISSON-Verteilung liegt in folgendem: Für große n und kleine p wird die Binomialverteilung unhandlich. Man ersetzt sie dann in der Praxis durch die POISSON-Verteilung.

Beispiel 5. An einer Straßenkreuzung kommt es pro Woche zu durchschnittlich zwei Verkehrsunfällen. Wie groß ist die Wahrscheinlichkeit, daß in einer bestimmten Woche kein Unfall verzeichnet wird?
Das Einzelexperiment „Befahren der Kreuzung mit einem Kraftfahrzeug" wird in einer Woche sehr oft durchgeführt, die Unfallwahrscheinlichkeit p bei einer beliebigen Kreuzungsüberquerung ist sehr klein und der Mittelwert $\mu = 2$. Wir ersetzen die (korrekterweise zu verwendende) Binomialverteilung durch die POISSON-Verteilung. Sei U die Zufallsvariable „Anzahl der Unfälle pro Woche". So ist (s. die Tabelle für die POISSON-Verteilung auf S. 801)

$$W(U = 0) = f(0) = \frac{2^0}{0!} e^{-2} = 0{,}1353.$$

Es kommt also durchschnittlich alle 2 Monate zu einer unfallfreien Woche.

(D) Die GAUSSsche- oder Normalverteilung.

Die Normalverteilung kann nicht aus einer einfachen Versuchsanordnung erschlossen werden, wie es bei (A), (B) oder (C) möglich war. Ihre große Bedeutung gewinnt sie aus der Tatsache, daß viele Größen, die in der Praxis auftreten, in hinreichend guter Näherung normalverteilt sind.

Letzteres ist eine Folge aus dem *zentralen Grenzwertsatz.* Dieser Satz besagt, daß unter sehr allgemeinen Voraussetzungen die Summe von n unabhängigen Zufallsvariablen, $\zeta_1 + \zeta_2 + \cdots + \zeta_n$, eine Verteilung hat, die mit wachsendem n gegen die Normalverteilung konvergiert, und zwar *unabhängig* von der speziellen Verteilung der einzelnen Variablen ζ_i. Um die Auswirkungen dieses Satzes abzuschätzen, müssen wir uns vor Augen halten, daß jedes Meßresultat in der Praxis i. a. fehlerbehaftet ist und daß sehr viele — und unabhängige — Fehlerquellen Auswirkungen auf den Meßwert haben. Die Fehler addieren sich in der eben angedeuteten Weise. So ist es einleuchtend, daß die Verteilung von Meßwerten in vielen Fällen sehr gut durch die Normalverteilung beschrieben werden kann.

Die Normalverteilung ist eine stetige Verteilung mit der Wahrscheinlichkeitsdichte

$$f(x) = \frac{1}{\sigma\sqrt{2\pi}} e^{-\frac{(x-\mu)^2}{2\sigma^2}}$$

und der Verteilungsfunktion

$$F(x) = \frac{1}{\sigma\sqrt{2\pi}} \int\limits_{-\infty}^{x} e^{-\frac{(y-\mu)^2}{2\sigma^2}}\, dy.$$

Die Parameter μ und σ sind gerade die gleichbezeichneten Größen auf den rechten Seiten.

Für die praktische Verwendbarkeit der Normalverteilung ist es von großem Vorteil, daß sie nicht für verschiedene Paare μ, σ tabelliert zu werden braucht. Man kommt vielmehr mit einer Tabelle — für die Parameter $\mu = 0$, $\sigma = 1$ — aus. Die zugrunde liegende *normierte Normalverteilung* $\Phi(x)$ hängt mit der zu den Parametern μ und σ

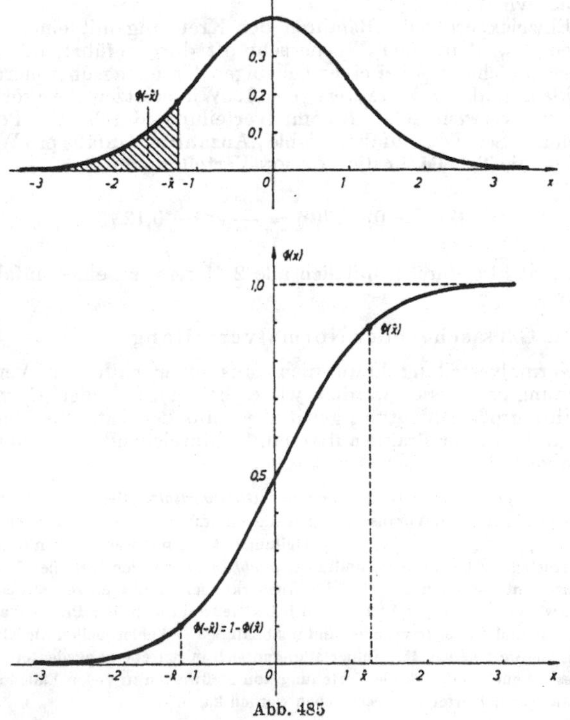

Abb. 485

gehörigen Normalverteilung $F(x)$ vermöge

$$F(x) = \Phi\left(\frac{x-\mu}{\sigma}\right)$$

zusammen.

Die Dichtefunktion der normierten Normalverteilung ist symmetrisch. Daher genügt es, $\Phi(x)$ für positive Argumente zu tabellieren. Zur Berechnung von Φ für negative Argumente verwenden wir die Formel

$$\Phi(-x) = 1 - \Phi(x).$$

Beispiel 6. Es sei eine normalverteilte Zufallsvariable ζ mit dem Mittelwert 0 und der Varianz 1 gegeben.

Man bestimme die folgenden Wahrscheinlichkeiten:

(a) $W(\zeta \leqq 0)$ (b) $W(\zeta \leqq 2{,}62)$ (c) $W(\zeta \leqq -0{,}5)$ (d) $W(\zeta > 1{,}422)$ (e) $W(\zeta > -2{,}62)$ (f) $W(1{,}5 < \zeta \leqq 1{,}6)$ (g) $W(-1{,}5 < \zeta \leqq 1{,}6)$ (h) $W(\zeta \leqq -9{,}8)$.

Aus der Tabelle der Normalverteilung (S. 803) entnimmt man:

(a) $W(\zeta \leqq 0) = \Phi(0) = 0{,}5000$, (b) $W(\zeta \leqq 2{,}62) = \Phi(2{,}62) = 0{,}9956$, (c) $W(\zeta \leqq -0{,}5) = \Phi(-0{,}5) = 1 - \Phi(0{,}5) = 0{,}3095$,

(d) $W(\zeta > 1{,}422) = 1 - W(\zeta \leqq 1{,}422) = 1 - \Phi(1{,}422) = 0{,}0775$,

(e) $W(\zeta > -2{,}62) = 1 - W(\zeta \leqq -2{,}62) = 1 - (1 - \Phi(2{,}62)) = 0{,}9956$,

(f) $W(1{,}5 < \zeta \leqq 1{,}6) = \Phi(1{,}6) - \Phi(-1{,}5) = \Phi(1{,}6) - 1 + \Phi(1{,}5) = 0{,}8784$,

(g) $W(\zeta \leqq -9{,}8) = \Phi(-9{,}8) = 1 - \Phi(9{,}8) = 0{,}0000\ldots$

(eine grobe Abschätzung zeigt, daß $\Phi(-9{,}8) < \frac{1}{9{,}8} e^{-9{,}8^2} < \frac{1}{e^{98}} < 0{,}3 \cdot 10^{-42}$).

Beispiel 7. Es sei eine normalverteilte Zufallsvariable ζ mit dem Mittelwert $\mu = 0{,}4$ und der Varianz $\sigma^2 = 9$ gegeben. Man bestimme die folgenden Wahrscheinlichkeiten:

(a) $W(\zeta \leqq 0)$ (b) $W(\zeta \leqq 1{,}42)$ (c) $W(\zeta > 2{,}622)$ (d) $W(\zeta > -0{,}5)$ (e) $W(1{,}5 < \zeta \leqq 1{,}6)$.

Man erhält unter Benutzung der Tabelle:

(a) $W(\zeta \leqq 0) = F(0) = \Phi\left(\frac{0-0{,}4}{3}\right) = \Phi(-0{,}1333) = 1 - \Phi(0{,}1333) = 0{,}4470$,

(b) $W(\zeta \leqq 1{,}42) = F(1{,}42) = \Phi\left(\frac{1{,}42-0{,}4}{3}\right) = \Phi(0{,}34) = 0{,}6331$,

(c) $W(\zeta > 2{,}622) = 1 - W(\zeta \leqq 2{,}622) = 1 - F(2{,}622)$
$= 1 - \Phi\left(\frac{2{,}622-0{,}4}{3}\right) = 1 - \Phi(0{,}741) = 0{,}2294$,

(d) $W(\zeta > -0{,}5) = 1 - W(\zeta \leqq -0{,}5) = 1 - F(-0{,}5)$
$= 1 - \Phi\left(\frac{-0{,}5-0{,}4}{3}\right) = 1 - \Phi(-0{,}3)$
$= 1 - (1 - \Phi(0{,}3)) = 0{,}6179$,

(e) $W(1{,}5 < \zeta \leqq 1{,}6) = F(1{,}6) - F(1{,}5) = \Phi\left(\frac{1{,}6-0{,}4}{3}\right) - \Phi\left(\frac{1{,}5-0{,}4}{3}\right) = \Phi(0{,}4) - \Phi(0{,}3667) = 0{,}0123$.

Beispiel 8. Man bestimme für die normalverteilte Zufallsvariable aus Beispiel 7 die Zahl c so, daß

(a) $W(\zeta \leqq c) = 0{,}95$ (b) $W(0{,}4 - c < \zeta \leqq 0{,}4 + c) = 0{,}5$.

(a) $0{,}95 = W(\zeta \leqq c) = F(c) = \Phi\left(\frac{c - 0{,}4}{3}\right)$. Aus der Tabelle entnimmt man

$$\frac{c - 0{,}4}{3} = 1{,}645,$$

$$c = 0{,}4 + 3 \cdot 1{,}645 = 5{,}335.$$

(b) $0{,}5 = W(0{,}4 - c < \zeta \leqq 0{,}4 + c) = F(0{,}4 + c) - F(0{,}4 - c)$

$$= \Phi\left(\frac{0{,}4 + c - 0{,}4}{3}\right) - \Phi\left(\frac{0{,}4 - c - 0{,}4}{3}\right)$$

$$= \Phi\left(\frac{c}{3}\right) - \Phi\left(-\frac{c}{3}\right)$$

$$= \Phi\left(\frac{c}{3}\right) - \left(1 - \Phi\left(\frac{c}{3}\right)\right) = 2\Phi\left(\frac{c}{3}\right) - 1,$$

$$\Phi\left(\frac{c}{3}\right) = 0{,}75, \quad \frac{c}{3} = 0{,}674, \quad c = 2{,}022.$$

Die Binomialverteilung kann für große n (Faustregel: $n \cdot p \cdot (1 - p) > q$) durch die Normalverteilung mit dem Mittelwert $\mu = np$ und der Varianz $\sigma^2 = np(1 - p)$ approximiert werden. Das Intervall für die Zufallsvariable ist dabei an jeder Grenze um $\frac{1}{2}$ zu erweitern. Beispielsweise ist

$$W(l \leqq \zeta \leqq k) = \sum_{i=l}^{k} \binom{n}{i} p^i (1-p)^{n-i} \approx F\left(k + \frac{1}{2}\right) - F\left(l - \frac{1}{2}\right)$$

Beispiel 9. Bei 1600 Würfen mit einer Münze ergab sich 866mal das Ereignis „Zahl". Wie groß ist die Wahrscheinlichkeit, daß man bei 1600 Würfen mindestens 866mal „Zahl" erhält, wenn man annimmt, daß die Münze „regelmäßig" ist, also das Ereignis „Zahl" beim Einzelversuch die Wahrscheinlichkeit $\frac{1}{2}$ hat?

Wir betrachten die Zufallsvariable ζ „Anzahl der Zahl-Würfe bei 1600 Würfen mit der Münze" und approximieren die hier korrekterweise zu verwendende Binomialverteilung durch die Normalverteilung mit

$$\mu = 1600\,\frac{1}{2} = 800 \quad \text{und} \quad \sigma^2 = 1600\,\frac{1}{2}\,\frac{1}{2} = 400, \quad \sigma = 20.$$

So wird

$$W(\zeta \geqq 866) = W(\zeta > 865) = 1 - W(\zeta \leqq 865) = 1 - F(865{,}5)$$

$$= 1 - \Phi\left(\frac{865{,}5 - 800}{20}\right) = 1 - \Phi(3{,}275) = 0{,}0005\ldots$$

Man wird bei einem solchen Ausgang die Regelmäßigkeit der Münze bezweifeln.

(E) Testverteilungen.

Es gibt eine Reihe weiterer Verteilungsfunktionen, die für statistische Untersuchungen bedeutsam sind. Wir erwähnen hier zwei solche Verteilungen.

(a) Die Chi-Quadrat-Verteilung. Die n Zufallsvariablen $\zeta_1, \zeta_2, \ldots, \zeta_n$ seien normalverteilt mit dem Mittelwert 0 und der Varianz 1.
Dann heißt die Verteilungsfunktion der Zufallsvariablen

$$\chi^2 = \zeta_1^2 + \zeta_2^2 + \cdots + \zeta_n^2$$

Chi-Quadrat-Verteilung mit n Freiheitsgraden.

(b) Students t-Verteilung. Die Zufallsvariable ζ sei normalverteilt mit dem Mittelwert 0 und der Varianz 1. Die Zufallsvariable η habe eine Chi-Quadrat-Verteilung mit n Freiheitsgraden.
Dann heißt die Verteilungsfunktion der Zufallsvariablen

$$t = \frac{\zeta}{\sqrt{\frac{\eta}{n}}}$$

t-Verteilung mit n Freiheitsgraden.

§ 524. Stichproben

$\zeta(\omega)$ sei eine Zufallsvariable. Bei n-maliger Durchführung des Experiments mögen sich die Werte $x_1, x_2, \ldots, x_n$ ergeben haben. Diese Werte heißen dann eine *(Zufalls-)Stichprobe.* Von der Auswahl der Stichprobenelemente fordert man

1. *Zufälligkeit.* Die Auswahl der Stichprobenelemente muß *unabhängig vom zu untersuchenden Merkmal* sein.
2. *Unabhängigkeit.* Das Ergebnis eines Experiments soll *nicht von den Ergebnissen der vorhergegangenen Experimente abhängen.*

Parameter von Stichproben.
Dabei geht es um die Angabe von Zahlen, die Informationen über die Stichprobe liefern, ohne daß man alle ihre Elemente in Evidenz halten muß.
(a) der *Mittelwert.*

$$\bar{x} = \frac{1}{n}(x_1 + x_2 + \cdots + x_n).$$

(b) Der *Median.* Werden die Stichprobenelemente der Größe nach geordnet,

$$x_1 \leqq x_2 \leqq \cdots \leqq x_n,$$

so heißt

$$m = \begin{cases} x_{\frac{n+1}{2}} & \text{(falls } n \text{ ungerade ist)} \\ \dfrac{x_{\frac{n}{2}} + x_{\frac{n}{2}+1}}{2} & \text{(falls } n \text{ gerade ist)} \end{cases}$$

Median der Stichprobe.

(c) Die *Standardabweichung* oder *Streuung:*

$$s = \sqrt{\frac{1}{n-1} \sum_{i=1}^{n} (x_i - \bar{x})^2} \,;$$

s^2 heißt *Varianz* der Stichprobe.

(d) Der *mittlere Fehler.*

$$\bar{s} = \sqrt{\frac{1}{n} \sum_{i=1}^{n} (x_i - \bar{x})^2} \,.$$

(e) Der *Durchschnittsfehler.*

$$d = \frac{1}{n} \sum_{i=1}^{n} |x_i - \bar{x}| \,.$$

Wenn die Werte der Stichprobe Messungen einer festen Größe darstellen, so geben s, $\bar{s}$ und d ein Maß für die Genauigkeit dieser Messungen.

Vereinfachte Berechnung der Varianz. s^2 wird oft einfach nach der Formel

$$s^2 = \frac{1}{n(n-1)} \left[n \sum_{i=1}^{n} x_i^2 - \left(\sum_{i=1}^{n} x_i \right)^2 \right]$$

berechnet.

Beispiel 1. Mit einer Schiebelehre (Genauigkeit: $\frac{1}{20}$ mm) wurde die Breite eines Werkstückes an verschiedenen Stellen zehnmal gemessen. Es ergaben sich die Maße [mm]

7,55 7,50 7,60 7,55 7,50 7,55 7,55 7,50 7,55 7,50.

Man bestimme (a) $\bar{x}$ (b) m (c) s (d) $\bar{s}$ (e) d.

(a) $\bar{x} = 7{,}535$ (b) $m = 7{,}55$ (c) $s = 0{,}0337\ldots$ (d) $\bar{s} = 0{,}0320\ldots$ (e) $d = 0{,}028$.

Bei der Berechnung von $\bar{x}$ und s ist es oft zweckmäßig, eine neue Variable x' einzuführen. Besteht zwischen x_i und x_i' der Zusammenhang

$$x_i' = c_1 x_i + c_2, \qquad i = 1, 2, \ldots, n,$$

so ist

$$\bar{x}' = c_1 \bar{x} + c_2, \qquad s' = c_1 s.$$

Man wählt c_1 und c_2 im Einzelfall so, daß die Berechnung von $\bar{x}'$ und s' möglichst einfach wird.

Beispiel 2. Für die Zahlen aus Beispiel 1 wählt man zweckmäßigerweise

$$x_i' = \frac{100}{5}(x_i - 7{,}5) = 20x_i - 20 \cdot 7{,}5$$

Es ergibt sich

x_i	x_i'	$x_i'^2$
7,55	1	1
7,50	0	0
7,60	2	4
7,55	1	1
7,50	0	0
7,55	1	1
7,55	1	1
7,50	0	0
7,55	1	1
7,50	0	0
	7	9

$$\bar{x}_i' = 0{,}7, \quad s'^2 = \frac{1}{90}[10 \cdot 9 - 49] = \frac{41}{90} = 0{,}4555\ldots, \quad s' = 0{,}6749\ldots$$

und damit

$$\bar{x} = 7{,}535, \quad s = 0{,}0337\ldots.$$

§ 525. Parameterschätzung. Konfidenzintervalle

(A) Konfidenzintervall für den Mittelwert einer Normalverteilung.

Die Stichprobe $x_1, x_2, \ldots, x_n$ stamme aus einer Normalverteilung, deren Mittelwert μ und Varianz σ^2 unbekannt seien. Man kann dann ein Konfidenzintervall für μ angeben, das ist ein Intervall, in dem μ mit einer vorgegebenen Wahrscheinlichkeit, der *Konfidenzzahl*, liegt. Dazu geht man wie folgt vor:

1. Man wählt eine Konfidenzzahl γ (etwa 90%, 95%, 99%, ...).

2. Man bestimmt die Zahl c aus

$$F(c) = \frac{1}{2}(1 + \gamma)$$

mit Hilfe der Tabelle für die t-Verteilung mit $(n - 1)$ Freiheitsgraden (S. 808) (n: Stichprobenumfang).

3. Man berechnet $\bar{x}$ und s der Stichprobe.

4 Man berechnet $\alpha = \frac{s \cdot c}{\sqrt{n}}$

Dann gilt: $W(\bar{x} - \alpha \leqq \mu \leqq \bar{x} + \alpha) = \gamma$.

In Worten: Mit der Wahrscheinlichkeit γ liegt der Mittelwert μ der betrachteten Normalverteilung zwischen $\bar{x} - \alpha$ und $\bar{x} + \alpha$.

Beispiel 1. Man bestimme für die Stichprobe aus Beispiel 7.1 ein 95%-Konfidenzintervall für den Mittelwert μ.

1. $\gamma = 95\%$.
2. $n - 1 = 9$. $F(c) = 0{,}975$ hat die Lösung $c = 2{,}26$.
3. Aus Beispiel 7.1 entnehmen wir: $\bar{x} = 7{,}353$, $s = 0{,}0337$.
4. $\alpha = \frac{2{,}26 \cdot 0{,}0337}{\sqrt{10}} = 0{,}0241\ldots$

Somit gilt: Mit der Wahrscheinlichkeit 0,95 liegt μ zwischen

$$\bar{x} - \alpha = 7{,}328\ldots \quad \text{und} \quad \bar{x} + \alpha = 7{,}377\ldots$$

Falls die Varianz σ^2 der zugrunde liegenden Normalverteilung bekannt ist, kann man anders vorgehen. Auf Schritt 1. folgt dann

2'. Man bestimmt c aus der folgenden Tabelle:

γ	0,90	0,95	0,99	0,999
c	1,645	1,960	2,576	3,291

3'. = 3.

4'. Man berechnet

$$\alpha = \frac{c\sigma}{\sqrt{n}}.$$

Es gilt dann wieder: $W(\bar{x} - \alpha \leqq \mu \leqq \bar{x} + \alpha) = \gamma$.

Das c in 2' ergibt sich aus

$$\Phi(c) = \frac{1}{2}(1 + \gamma)$$

mit Hilfe der Tabelle der Normalverteilung.

(B) Konfidenzintervall für die Varianz der Normalverteilung

Gegeben sei die Stichprobe $x_1, x_2, \ldots, x_n$, die wieder aus einer Normalverteilung stamme. Wir suchen ein Konfidenzintervall für die Varianz σ^2 dieser Normalverteilung.

1. Man wählt eine Konfidenzzahl γ.
2. Man bestimmt die Zahlen c_1 und c_2 aus

$$F(c_1) = \frac{1}{2}(1 - \gamma), \quad F(c_2) = \frac{1}{2}(1 + \gamma)$$

mit Hilfe der Tafel für die Chi-Quadrat-Verteilung mit $n-1$ Freiheitsgraden (S. 805).

3. Man berechnet die Varianz s^2 der Stichprobe.
4. Man berechnet

$$\beta_1 = (n-1)\,\frac{s^2}{c_1}, \qquad \beta_2 = (n-1)\,\frac{s^2}{c_2}.$$

So gilt

$$W(\beta_2 \leqq \sigma^2 \leqq \beta_1) = \gamma.$$

Mit der Wahrscheinlichkeit γ liegt die Varianz σ^2 der Normalverteilung zwischen β_2 und β_1.

Beispiel 2. Man bestimme ein 95%-Konfidenzintervall für die Varianz σ^2 der Normalverteilung, aus der die Stichprobe in Beispiel 7.1 stammt.

1. $\gamma = 95\%$
2. $F(c_1) = 0{,}025$, $F(c_2) = 0{,}975$ gibt $c_1 = 2{,}70$, $c_2 = 19{,}02$.
3. $s^2 = 0{,}001\,138$
4. $\beta_1 = 0{,}00538\ldots$ $\beta_2 = 0{,}000\,379\ldots$

Mit 95% Wahrscheinlichkeit ist $0{,}000\,379\ldots \leqq \sigma^2 \leqq 0{,}000\,538\ldots$

(C) Konfidenzintervall für den Parameter der Binomialverteilung.

Bei n Ausführungen eines Experiments wurde das Ereignis E k-mal beobachtet. Was läßt sich über die Wahrscheinlichkeit p des Eintretens von E bei einmaliger Durchführung des Experiments aussagen? Zur Bestimmung von Schranken für p geht man folgendermaßen vor:

1. Man wählt eine Konfidenzzahl γ.
2. Man bestimmt c wie in $(A)/2'$.
3. Man bestimmt die Lösungen p_1 und p_2 der Gleichung

$$(n + c^2)\,p^2 - (2k + c^2)\,p + \frac{k^2}{n} = 0.$$

Es sei ohne Beschränkung der Allgemeinheit $p_1 \leqq p_2$.
So gilt

$$W(p_1 \leqq p \leqq p_2) = \gamma.$$

Sind n, k und $n-k$ groß, so gilt mit guter Näherung

$$W\left(\frac{k}{n} - 9 \leqq p \leqq \frac{k}{n} + a\right) = \gamma,$$

wobei

$$a = \frac{c}{n}\sqrt{\frac{k(n-k)}{n}}.$$

Beispiel 3. Man bestimme ein 99%-Konfidenzintervall für die Wahrscheinlichkeit p, mit der Münze aus Beispiel 6./9 „Zahl" zu werfen.

1. $\gamma = 0{,}99$
2. $c = 2{,}576$
3. n, k und $n + k$ sind groß. Wir berechnen

$$a = \frac{2{,}576}{1600}\sqrt{\frac{866 \cdot 734}{1600}} = 0{,}032090\ldots$$

Somit gilt: Mit einer Wahrscheinlichkeit von 99% liegt p zwischen den Zahlen

$$\frac{k}{n} - a = 0{,}50916\ldots \quad \text{und} \quad \frac{k}{n} + a = 0{,}57334\ldots$$

§ 526. Das Gaußsche Fehlerfortpflanzungsgesetz

Wenn eine Größe z nicht unmittelbar gemessen werden kann, sondern aus den gemessenen Größen $x_1, x_2, \ldots, x_n$ vermöge

$$z = f(x_1, x_2, \ldots, x_n)$$

errechnet wird, spricht man von einer vermittelnden (oder indirekten) Beobachtung. Die Größen $x_1, x_2, \ldots, x_n$ mögen sich als Mittelwerte aus mehreren Messungen ergeben haben und mit den Standardabweichungen (den „*Fehlern*") $s_1, s_2, \ldots, s_n$ behaftet sein.
Dann ist (unter geeigneten Voraussetzungen an f) die Standardabweichung von z

$$s = \sqrt{\left(\frac{\partial f}{\partial x_1}\right)^2 \cdot s_1^2 + \left(\frac{\partial f}{\partial x_2}\right)^2 \cdot s_2^2 + \cdots + \left(\frac{\partial f}{\partial x_n}\right)^2 \cdot s_n^2}$$

(Gausssches *Fehlerfortpflanzungsgesetz*). Die partiellen Ableitungen sind an der Stelle $(x_1, x_2, \ldots, x_n)$ zu nehmen.
Beispiel 1. An einem Dreieck ABC wurde

$$a = 5{,}30 \pm 0{,}22, \quad b = 6{,}20 \pm 0{,}16, \quad \cos\gamma = 0{,}249 \pm 2\%$$

gemessen. Man bestimme Größe und Fehler von c.
Es ist

$$c = \sqrt{a^2 + b^2 - 2ab \cdot \cos\gamma} = 7{,}083\ldots.$$

Mit $s_a = 0{,}22$, $s_b = 0{,}16$ und $s_{\cos\gamma} = 0{,}00498$ wird

$$s^2 = \left(\frac{a}{c}\right)^2 s_a^2 + \left(\frac{b}{c}\right)^2 s_b^2 + \left(\frac{ab}{c}\right)^2 s_{\cos\gamma}^2 = 0{,}052503\ldots,$$

also $c = 7{,}08 \pm 0{,}23$.
Beispiel 2. Parallelschaltung von Widerständen. Als Größen zweier elektrischer Widerstände wurden

$$R_1 = 182{,}0 \pm 0{,}7\,[\Omega], \quad R_2 = 107{,}2 \pm 0{,}9\,[\Omega]$$

bestimmt. Wie groß ist der Gesamtwiderstand R_{ges} bei Parallelschaltung und welche Standardabweichung hat er?
Es ist

$$\frac{1}{R_{ges}} = \frac{1}{R_1} + \frac{1}{R_2}, \quad R_{ges} = \frac{R_1 R_2}{R_1 + R_2}.$$

Man erhält $R_{ges} = 67{,}46\ldots$,

$$s^2 = \left(\frac{R_2}{R_1 + R_2}\right)^4 s_1^2 + \left(\frac{R_1}{R_1 + R_2}\right)^4 s_2^2 = 0{,}1363\ldots, \qquad s = 0{,}369\ldots.$$

Somit ist $R_{ges} = 67{,}5 \pm 0{,}4\,[\Omega]$.

§ 527. Ausgleichskurven

In der Praxis tritt das Problem auf, die Parameter einer gegebenen Funktion so zu bestimmen, daß sie gewisse Meßpunkte „möglichst gut" annähert.

Beispiel. Die Auslenkung l einer Feder ist proportional der Belastung g:

$$l = Ag.$$

An einer Feder werden folgende Auslenkungen gemessen:

g	1	2	3	4	5
l	1,34	2,72	4,10	5,38	6,72

Die Messungen bestimmen A nicht eindeutig, und es stellt sich die Frage, welcher A-Wert der Feder zugeordnet werden soll.
Wir machen für alles Folgende die *Annahme, daß die Meßwerte Werte normalverteilter Zufallsvariablen sind, die alle dieselbe Varianz haben* („*Messungen gleicher Genauigkeit*").
Gemäß der von GAUSS entwickelten *Methode der kleinsten Quadrate* ist dann für A der Wert zu wählen, der den erhaltenen Meßdaten die größte Wahrscheinlichkeit verleiht. Aus dieser Vorschrift läßt sich die Bedingung

Summe der Fehlerquadrate = Minimum

zur Bestimmung des gesuchten Parameterwertes ableiten. In unserem Beispiel geht man dabei wie folgt vor:
Zur Belastung g_i gehört die (theoretische) Auslenkung $A\,g_i$, wobei A noch unbekannt ist. Der Fehler, der bei der Messung der Auslenkung aufgetreten ist, hat die Größe $Ag_i - l_i$.
Der GAUSSsche Ansatz ergibt

$$\sum_{i=1}^{5} (Ag_i - l_i)^2 = \text{Minimum}.$$

Durch Ableiten nach A erhält man

$$2 \sum_{i=1}^{5} (Ag_i - l_i)\, g_i = 0,$$

also

$$A = \frac{\sum_{i=1}^{5} l_i g_i}{\sum_{i=1}^{5} g_i^2}.$$

Zur praktischen Durchführung dieser Rechnung legt man sich eine Tabelle an:

g_i	l_i	g_i^2	$g_i l_i$
1	1,34	1	1,34
2	2,72	4	5,44
3	4,10	9	12,30
4	5,38	16	21,52
5	6,72	25	33,60
		55	74,20

Man erhält

$$A = \frac{74,20}{55} = 1,349\ldots$$

Wir betrachten nun den allgemeinen Fall. Die wahren Werte $A_1, A_2, \ldots, A_r$ gewisser Systemparameter seien unbekannt. Gemessen wurden n Größen $y_1, y_2, \ldots, y_n$, deren wahre Werte $\eta_1, \eta_2, \ldots, \eta_n$ mit den Parametern vermöge

$$\eta_1 = f_1(A_1, A_2, \ldots, A_r)$$
$$\eta_2 = f_2(A_1, A_2, \ldots, A_r)$$
$$\ldots\ldots\ldots\ldots\ldots\ldots$$
$$\eta_n = f_n(A_1, A_2, \ldots, A_r)$$

zusammenhängen. Dann hat man gemäß der Methode der kleinsten Quadrate für $A_1, A_2, \ldots, A_r$ diejenigen Werte zu wählen, für die die Größe

$$Q = (\eta_1 - y_1)^2 + (\eta_2 - y_2)^2 + \cdots + (\eta_n - y_n)^2$$

ein Minimum annimmt.
Falls mit gegebener Funktion $F(x; A_1, A_2, \ldots, A_r)$

$$f_i(A_1, A_2, \ldots, A_r) = F(x_i; A_1, A_2, \ldots, A_r), \quad i = 1, 2, \ldots, n,$$

gesetzt werden kann, so ist die Größe

$$Q = \sum_{i=1}^{n} (F(x_i; A_1, A_2, \ldots, A_r) - y_i)^2$$

durch geeignete Parameterwahl zu minimieren.
Beispiel 1. Gerade durch n Punkte. Zur Bestimmung der Parameter A_0 und A_1 der Geraden

$$y = A_1 x + A_0$$

wurden an den Stellen $x_1, x_2, \ldots, x_n$ Messungen durchgeführt, als deren Resultate die fehlerbehafteten Werte $y_1, y_2, \ldots, y_n$ erhalten wurden. Wie sind A_0 und A_1 zu wählen?

Der Fehler der i-ten Einzelmessung ist $A_1x_i + A_0 - y_i$.

Der GAUSSsche Ansatz gibt

$$\sum_{i=1}^{n} (A_1x_i + A_0 - y_i)^2 = \text{Minimum}.$$

Durch Differenzieren nach A_0 bzw. A_1 erhält man daraus

$$2\sum_{i=1}^{n} (A_1x_i + A_0 - y_i) = 0$$

$$2\sum_{i=1}^{n} (A_1x_i + A_0 - y_i)\, x_i = 0.$$

Wir führen die auf GAUSS zurückgehenden Abkürzungen

$$[x] = \sum_{i=1}^{n} x_i,\quad [xx] = \sum_{i=1}^{n} x_i^2,\quad [y] = \sum_{i=1}^{n} y_i,\quad [xy] = \sum_{i=1}^{n} x_iy_i$$

ein. Damit läßt sich das Gleichungssystem in der Form

$$nA_0 + [x]\,A_1 = [y]$$

$$[x]\,A_0 + [xx]\,A_1 = [xy]$$

schreiben. Hieraus lassen sich die gesuchten Parameter A_0 und A_1 berechnen.

Beispiel 2. Polynom m-ten Grades durch n Punkte ($n \geqq m + 2$). Es sollen die Zahlen $A_0, A_1, \ldots, A_m$ so bestimmt werden, daß das Polynom m-ten Grades

$$y = A_mx^m + A_{m-1}x^{m-1} + \cdots + A_1x + A_0$$

die an den Stellen $x_1, x_2, \ldots, x_n$ gemessenen Werte $y_1, y_2, \ldots, y_n$ möglichst gut annähert. Es ergibt sich analog zum vorigen Beispiel der Ansatz

$$\sum_{i=1}^{n} (A_mx_i^m + A_{m-1}x^{m-1} + \cdots + A_1x_i + A_0 - y_i)^2$$
$$= \text{Minimum},$$

woraus man durch Nullsetzen der Ableitungen nach $A_0, A_1, \ldots, A_m$ und unter Verwendung zum vorigen Beispiel analoger Abkürzungen das Gleichungssystem

$$\begin{array}{lllll} nA_0 & + [x]A_1 & + \cdots + [x^m]\,A_m & = [y] \\ [x]\,A_0 & + [x^2]\,A_1 & + \cdots + [x^{m+1}]\,A_m & = [xy] \\ \cdots\cdots & \cdots\cdots & \cdots\cdots & \cdots\cdots \\ [x^m]\,A_0 & + [x^{m+1}]\,A_1 & + \cdots + [x^{2m}]\,Am & = [x^my] \end{array}$$

erhält. Daraus lassen sich die gesuchten Zahlen berechnen.

Beispiel 3. Frequenzbestimmung. Bei einem Schwingungsvorgang, der zur Zeit $t = 0$ beginnt, werden die aufeinander folgenden Nulldurchgänge bestimmt. Es werden die Zeiten t_1, t_2, t_3, t_4 gemessen. Der Parameter α in

$$x = \sin \alpha t$$

soll im Sinne der Methode des kleinsten quadratischen Fehlers optimal bestimmt werden.

Wir nehmen an, daß bei der Zeitmessung kleine Fehler unterlaufen sind. Die exakten Durchgänge durch die Nullagen werden durch

$$\alpha \bar{t}_k = k\pi \qquad k = 1, 2, 3, 4,$$

gegeben. Zu erwarten sind also die Zeiten

$$\bar{t}_1 = \frac{\pi}{\alpha}, \ \bar{t}_2 = \frac{2\pi}{\alpha}, \ \bar{t}_3 = \frac{3\pi}{\alpha}, \ \bar{t}_4 = \frac{4\pi}{\alpha}.$$

Man erhält den Ansatz

$$\sum_{k=1}^{4} \left(\frac{k\pi}{\alpha} - t_k\right)^2 = \text{Minimum}.$$

Durch Differenzieren nach α ergibt sich daraus

$$2 \sum_{k=1}^{4} \left(\frac{k\pi}{\alpha} - t_k\right)\left(-\frac{k\pi}{\alpha^2}\right) = 0,$$

$$\alpha = \frac{30\pi}{\sum\limits_{k=1}^{4} k t_k}.$$

Man beachte, daß sich durch Mittelbildung aus den einzeln errechneten Frequenzen $\alpha_k = \dfrac{k\pi}{t_k}$ ein im allgemeinen von α verschiedener Wert, nämlich

$$\bar{\alpha} = \frac{1}{4} \sum_{k=1}^{4} \alpha_k = \frac{\pi}{4} \sum_{k=1}^{4} \frac{k}{t_k}$$

ergibt.

Beispiel 4. Parameter einer Wachstumskurve. Zur Bestimmung der Qualität von Schleifgeräten wurde die am Schleifobjekt erzielte Glattheit q zu den Zeiten $t_1 = 0{,}5$, $t_2 = 1{,}0$, $t_3 = 2{,}0$, $t_4 = 3{,}0$ mit einer geeigneten Abtastvorrichtung gemessen. Es ergab sich

t	0,5	1,0	2,0	3,0
q	4,4	9,1	13,5	14,6

Die Glattheitszunahme wird theoretisch durch eine Funktion der Gestalt

$$q(t) = Q\left(1 - e^{-\frac{t}{k}}\right)$$

beschrieben. Es sollen Q und k aus den gegebenen Meßdaten optimal bestimmt werden.

Der GAUSSsche Ansatz führt auf

$$M = \sum_{i=1}^{4} \left(Q \left(1 - e^{-\frac{t}{k}} \right) - q_i \right)^2 = \text{Minimum.} \tag{1}$$

Nullsetzen der partiellen Ableitungen nach Q bzw. k gibt zwei nichtlineare Gleichungen, deren praktische Auflösung Schwierigkeiten bereitet.

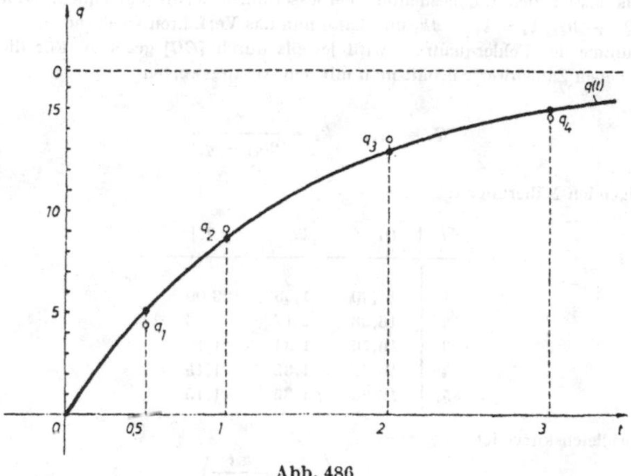

Abb. 486

Man nähert daher die gesuchten Größen Q und k durch ein Iterationsverfahren an. Man bestimmt zunächst erste Näherungen Q_1 und k_1 und setzt mit den noch unbekannten Verbesserungen ΔQ_1 und Δk_1

$$Q = Q_1 + \Delta Q_1, \qquad k = k_1 + \Delta k_1 .$$

Es ist in erster Näherung

$$Q\left(1 - e^{-\frac{t_i}{k_1}}\right) = Q_1\left(1 - e^{-\frac{t_i}{k_1}}\right) + \Delta k_1\left(-\frac{Q_1 t_i}{k_1^2}\, e^{-\frac{t_i}{k_1}}\right) + \Delta Q_1\left(1 - e^{-\frac{t_i}{k_1}}\right),$$
$i = 1, 2, 3, 4.$

Wir verwenden die Abkürzungen

$$A_i = 1 - e^{-\frac{t_i}{k_1}}, \qquad B_i = -\frac{Q_1 t_i}{k_1^2}\, e^{-\frac{t_i}{k_1}}$$

und

$$C_i = q_i - Q_1 A_i, \qquad i = 1, 2, 3, 4.$$

Dann geht (1) über in

$$\sum_{i=1}^{4} (A_i \Delta Q_1 + B_i \Delta k_1 - C_i)^2 = \text{Minimum}. \qquad (2)$$

Man erhält durch Nullsetzen der Ableitungen nach ΔQ_1 bzw. Δk_1 aus (2) das Gleichungssystem

$$[AA]\,\Delta Q_1 + [AB]\,\Delta k_1 = [AC],$$

$$[AB]\,\Delta Q_1 + [BB]\,\Delta k_1 = [BC].$$

Hieraus lassen sich die gesuchten Verbesserungen leicht berechnen. Man setzt $Q_2 = Q_1 + \Delta Q_1$, $k_2 = k_1 + \Delta k_1$ und kann nun das Verfahren wiederholen.
Die Summe der Fehlerquadrate wird jeweils durch $[CC]$ gegeben. Für die oben angegebenen Zahlenwerte erhält man mit den Anfangswerten

$$Q_1 = q_4, \qquad k_1 = \frac{q_1}{2(q_2 - q_1)}$$

die folgenden Näherungen:

i	Q_i	k_i	$[CC]$
1	14,60	1,55	23,00
2	16,33	1,17	1,96
3	16,76	1,34	1,15
4	16,81	1,35	1,15
5	16,80	1,35	1,15

Die Ausgleichskurve ist

$$q(t) = 16,80\left(1 - e^{-\frac{t}{1,35}}\right).$$

Ein Vergleich der gemessenen mit den ausgeglichenen Werten liefert

t	$q(t)$	q_{gemessen}
0,5	5,19	4,4
1,0	8,78	9,1
2,0	12,97	13,5
3,0	14,97	14,6

Bemerkung. Das angegebene Verfahren braucht bei ungünstiger Lage der Meßwerte nicht zu konvergieren.

Tabellen

n	x	$p = 0{,}1$	$p = 0{,}2$	$p = 0{,}3$	$p = 0{,}4$	$p = 0{,}5$
1	0	0,9000	0,8000	0,7000	0,6000	0,5000
	1	1,0000	1,0000	1,0000	1,0000	1,0000
2	0	0,8100	0,6400	0,4900	0,3600	0,2500
	1	0,9900	0,9600	0,9100	0,8400	0,7500
	2	1,0000	1,0000	1,0000	1,0000	1,0000
3	0	0,7290	0,5120	0,3430	0,2160	0,1250
	1	0,9720	0,8960	0,7840	0,6480	0,5000
	2	0,9990	0,9920	0,9730	0,9360	0,8750
	3	1,0000	1,0000	1,0000	1,0000	1,0000
4	0	0,6561	0,4096	0,2401	0,1296	0,0625
	1	0,9477	0,8192	0,6517	0,4752	0,3125
	2	0,9963	0,9728	0,9163	0,8208	0,6875
	3	0,9999	0,9984	0,9919	0,9744	0,9375
	4	1,0000	1,0000	1,0000	1,0000	1,0000
5	0	0,5905	0,3277	0,1681	0,0778	0,0313
	1	0,9185	0,7373	0,5282	0,3370	0,1875
	2	0,9914	0,9421	0,8369	0,6826	0,5000
	3	0,9995	0,9933	0,9692	0,9130	0,8125
	4	1,0000	0,9997	0,9976	0,9898	0,9688
	5	1,0000	1,0000	1,0000	1,0000	1,0000
6	0	0,5314	0,2621	0,1176	0,0467	0,0156
	1	0,8857	0,6554	0,4202	0,2333	0,1094
	2	0,9841	0,9011	0,7443	0,5443	0,3438
	3	0,9987	0,9830	0,9295	0,8208	0,6563
	4	0,9999	0,9984	0,9891	0,9590	0,8906
	5	1,0000	0,9999	0,9993	0,9959	0,9844
	6	1,0000	1,0000	1,0000	1,0000	1,0000
7	0	0,4783	0,2097	0,0824	0,0280	0,0078
	1	0.8503	0,5767	0,3294	0,1586	0,0625
	2	0,9743	0,8520	0,6471	0,4199	0,2266
	3	0,9973	0,9667	0,8740	0,7102	0,5000
	4	0,9998	0,9953	0,9712	0,9037	0,7734
	5	1,0000	0,9996	0,9962	0,9812	0,9375
	6	1,0000	1,0000	0,9998	0,9984	0,9922
	7	1,0000	1,0000	1,0000	1,0000	1,0000
8	0	0,4305	0,1678	0,0576	0,0168	0,0039
	1	0,8131	0,5033	0,2553	0,1064	0,0352
	2	0,9619	0,7969	0,5518	0,3154	0,1445
	3	0,9950	0,9437	0,8059	0,5941	0,3633
	4	0,9996	0,9896	0,9420	0,8263	0,6367
	5	1,0000	0,9988	0,9887	0,9502	0,8555
	6	1,0000	0,9999	0,9987	0,9915	0,9648
	7	1,0000	1,0000	0,9999	0,9993	0,9961
	8	1,0000	1,0000	1,0000	1,0000	1,0000

Tabelle. Die Binomialverteilung (Fortsetzung)

$p = 0,5$

x	$n = 9$	$n = 10$	$n = 11$	$n = 12$	$n = 13$	$n = 14$	$n = 15$	$n = 1$
0	0,0020	0,0010	0,0005	0,0002	0,0001	0,0001	0,0000	0,000
1	0,0195	0,0107	0,0059	0,0032	0,0017	0,0009	0,0005	0,000
2	0,0898	0,0547	0,0327	0,0193	0,0112	0,0065	0,0037	0,002
3	0,2539	0,1719	0,1133	0,0730	0,0461	0,0287	0,0176	0,010
4	0,5000	0,3770	0,2744	0,1938	0,1334	0,0898	0,0592	0,038
5	0,7461	0,6230	0,5000	0,3872	0,2905	0,2120	0,1509	0,105
6	0,9102	0,8281	0,7256	0,6128	0,5000	0,3953	0,3036	0,227
7	0,9805	0,9453	0,8867	0,8062	0,7095	0,6047	0,5000	0,401
8	0,9980	0,9893	0,9673	0,9270	0,8666	0,7880	0,6964	0,598
9	1,0000	0,9990	0,9941	0,9807	0,9539	0,9102	0,8491	0,772
10		1,0000	0,9995	0,9968	0,9888	0,9713	0,9408	0,894
11			1,0000	0,9998	0,9983	0,9935	0,9824	0,961
12				1,0000	0,9999	0,9991	0,9963	0,989
13					1,0000	0,9999	0,9995	0,997
14						1,0000	1,0000	0,999
15							1,0000	1,000
16								1,000

Tabelle. Die Binomialverteilung (Fortsetzung)

$p = 0{,}5$

x	$n = 17$	$n = 18$	$n = 19$	$n = 20$	$n = 21$	$n = 22$	$n = 23$	$n = 24$
0	0,0000	0,0000	0,0000	0,0000	0,0000	0,0000	0,0000	0,0000
1	0,0001	0,0001	0,0000	0,0000	0,0000	0,0000	0,0000	0,0000
2	0,0012	0,0007	0,0004	0,0002	0,0001	0,0001	0,0000	0,0000
3	0,0064	0,0038	0,0022	0,0013	0,0007	0,0004	0,0002	0,0001
4	0,0245	0,0154	0,0096	0,0059	0,0036	0,0022	0,0013	0,0008
5	0,0717	0,0481	0,0318	0,0207	0,0133	0,0085	0,0053	0,0033
6	0,1662	0,1189	0,0835	0,0577	0,0392	0,0262	0,0173	0,0113
7	0,3145	0,2403	0,1796	0,1316	0,0946	0,0669	0,0466	0,0320
8	0,5000	0,4073	0,3238	0,2517	0,1917	0,1431	0,1050	0,0758
9	0,6855	0,5927	0,5000	0,4119	0,3318	0,2617	0,2024	0,1537
10	0,8338	0,7597	0,6762	0,5881	0,5000	0,4159	0,3388	0,2706
11	0,9283	0,8811	0,8204	0,7483	0,6682	0,5841	0,5000	0,4194
12	0,9755	0,9519	0,9165	0,8684	0,8083	0,7383	0,6612	0,5806
13	0,9936	0,9846	0,9682	0,9423	0,9054	0,8569	0,7976	0,7294
14	0,9988	0,9962	0,9904	0,9793	0,9608	0,9331	0,8950	0,8463
15	0,9999	0,9993	0,9978	0,9941	0,9867	0,9738	0,9534	0,9242
16	1,0000	0,9999	0,9996	0,9987	0,9964	0,9915	0,9827	0,9680
17	1,0000	1,0000	1,0000	0,9998	0,9993	0,9978	0,9947	0,9887
18		1,0000	1,0000	1,0000	0,9999	0,9996	0,9987	0,9967
19			1,0000	1,0000	1,0000	0,9999	0,9998	0,9992
20				1,0000	1,0000	1,0000	1,0000	0,9999
21					1,0000	1,0000	1,0000	1,0000
22						1,0000	1,0000	1,0000
23							1,0000	1,0000
24								1,0000

Tabelle. Die POISSON-Verteilung

x	$\mu = 0{,}1$		$\mu = 0{,}2$		$\mu = 0{,}3$		$\mu = 0{,}4$		$\mu = 0{,}5$	
	$f(x)$	$F(x)$	$f(x)$	$F(x)$	$f(x)$	$F(x)$	$f(x)$	$F(x)$	$f(x)$	$F(x)$
0	0,9048	0,9048	0,8187	0,8187	0,7408	0,7408	0,6703	0,6703	0,6065	0,6065
1	0,0905	0,9953	0,1637	0,9825	0,2222	0,9631	0,2681	0,9384	0,3033	0,9098
2	0,0045	0,9998	0,0164	0,9989	0,0333	0,9964	0,0536	0,9921	0,0758	0,9856
3	0,0002	1,0000	0,0011	0,9999	0,0033	0,9997	0,0072	0,9992	0,0126	0,9982
4	0,0000	1,0000	0,0001	1,0000	0,0003	1,0000	0,0007	0,9999	0,0016	0,9998
5							0,0001	1,0000	0,0002	1,0000

x	$\mu = 0{,}6$		$\mu = 0{,}7$		$\mu = 0{,}8$		$\mu = 0{,}9$		$\mu = 1$	
	$f(x)$	$F(x)$	$f(x)$	$F(x)$	$f(x)$	$F(x)$	$f(x)$	$F(x)$	$f(x)$	$F(x)$
0	0,5488	0,5488	0,4966	0,4966	0,4493	0,4493	0,4066	0,4066	0,3679	0,3679
1	0,3293	0,8781	0,3476	0,8442	0,3595	0,8088	0,3659	0,7725	0,3679	0,7358
2	0,0988	0,9769	0,1217	0,9659	0,1438	0,9526	0,1647	0,9371	0,1839	0,9197
3	0,0198	0,9966	0,0284	0,9942	0,0383	0,9909	0,0494	0,9865	0,0613	0,9810
4	0,0030	0,9996	0,0050	0,9992	0,0077	0,9986	0,0111	0,9977	0,0153	0,9963
5	0,0004	1,0000	0,0007	0,9999	0,0012	0,9998	0,0020	0,9997	0,0031	0,9994
6			0,0001	1,0000	0,0002	1,0000	0,0003	1,0000	0,0005	0,9999
7									0,0001	1,0000

Tabelle. Die Poisson-Verteilung (Fortsetzung)

x	$\mu = 1{,}5$		$\mu = 2$		$\mu = 3$		$\mu = 4$		$\mu = 5$	
	$f(x)$	$F(x)$	$f(x)$	$F(x)$	$f(x)$	$F(x)$	$f(x)$	$F(x)$	$f(x)$	$F(x)$
0	0,2231	0,2231	0,1353	0,1353	0,0498	0,0498	0,0183	0,0183	0,0067	0,0067
1	0,3347	0,5578	0,2707	0,4060	0,1494	0,1991	0,0733	0,0916	0,0337	0,0404
2	0,2510	0,8088	0,2707	0,6767	0,2240	0,4232	0,1465	0,2381	0,0842	0,1247
3	0,1255	0,9344	0,1804	0,8571	0,2240	0,6472	0,1954	0,4335	0,1404	0,2650
4	0,0471	0,9814	0,0902	0,9473	0,1680	0,8153	0,1954	0,6288	0,1755	0,4405
5	0,0141	0,9955	0,0361	0,9834	0,1008	0,9161	0,1563	0,7851	0,1755	0,6160
6	0,0035	0,9991	0,0120	0,9955	0,0504	0,9665	0,1042	0,8893	0,1462	0,7622
7	0,0008	0,9998	0,0034	0,9989	0,0216	0,9881	0,0595	0,9489	0,1044	0,8666
8	0,0001	1,0000	0,0009	0,9998	0,0081	0,9962	0,0298	0,9786	0,0653	0,9319
9			0,0002	1,0000	0,0027	0,9989	0,0132	0,9919	0,0363	0,9682
10					0,0008	0,9997	0,0053	0,9972	0,0181	0,9863
11					0,0002	0,9999	0,0019	0,9991	0,0082	0,9945
12					0,0001	1,0000	0,0006	0,9997	0,0034	0,9980
13							0,0002	0,9999	0,0013	0,9993
14							0,0001	1,0000	0,0005	0,9998
15									0,0002	0,9999
16									0,0000	1,0000

Tabelle. Die normierte Normalverteilung $\Phi(x)$

x	0,00	0,01	0,02	0,03	0,04	0,05	0,06	0,07	0,08	0,09
0,0	0,5000	5040	5080	5120	5160	5199	5239	5279	5319	5359
0,1	5398	5438	5478	5517	5557	5596	5636	5675	5714	5753
0,2	5793	5832	5871	5910	5948	5987	6026	6064	6103	6141
0,3	6179	6217	6255	6293	6331	6368	6406	6443	6480	6517
0,4	6554	6591	6628	6664	6700	6736	6772	6808	6844	6879
0,5	6915	6950	6985	7019	7054	7088	7123	7157	7190	7224
0,6	7257	7291	7324	7357	7389	7422	7454	7486	7517	7549
0,7	7580	7611	7642	7673	7703	7734	7764	7794	7823	7852
0,8	7881	7910	7939	7967	7995	8023	8051	8078	8106	8133
0,9	8159	8186	8212	8238	8264	8289	8315	8340	8365	8389
1,0	8413	8438	8461	8485	8508	8531	8554	8577	8599	8621
1,1	8643	8665	8686	8708	8729	8749	8770	8790	8810	8830
1,2	8849	8869	8888	8907	8925	8944	8962	8980	8997	9015
1,3	9032	9049	9066	9082	9099	9115	9131	9147	9162	9177
1,4	9192	9207	9222	9236	9251	9265	9279	9292	9306	9319
1,5	9332	9345	9357	9370	9382	9394	9406	9418	9429	9441
1,6	9452	9463	9474	9484	9495	9505	9515	9525	9535	9545
1,7	9554	9564	9573	9582	9591	9599	9608	9616	9625	9633
1,8	9641	9649	9656	9664	9671	9678	9686	9693	9699	9706
1,9	9713	9719	9726	9732	9738	9744	9750	9756	9761	9767

Tabelle. Die normierte Normalverteilung $\Phi(x)$. (Fortsetzung)

x	0,00	0,01	0,02	0,03	0,04	0,05	0,06	0,07	0,08	0,09
2,0	9772	9778	9783	9788	9793	9798	9803	9808	9812	9817
2,1	9821	9826	9830	9834	9838	9842	9846	9850	9854	9857
2,2	9861	9864	9868	9871	9875	9878	9881	9884	9887	9890
2,3	9893	9896	9898	9901	9904	9906	9909	9911	9913	9916
2,4	9918	9920	9922	9925	9927	9929	9931	9932	9934	9936
2,5	9938	9940	9941	9943	9945	9946	9948	9949	9951	9952
2,6	9953	9955	9956	9957	9959	9960	9961	9962	9963	9964
2,7	9965	9966	9967	9968	9969	9970	9971	9972	9973	9974
2,8	9974	9975	9976	9977	9977	9978	9979	9979	9980	9981
2,9	9981	9982	9982	9983	9984	9984	9985	9985	9986	9986
3,0	9987	9987	9987	9988	9988	9989	9989	9989	9990	9990
3,1	9990	9991	9991	9991	9992	9992	9992	9992	9993	9993
3,2	9993	9993	9994	9994	9994	9994	9994	9995	9995	9995

Tabelle. Die Chi-Quadrat-Verteilung. Auflösung der Gleichung $F(x) = \alpha$ bei m Freiheitsgraden

$F(x)$	m													
	1	2	3	4	5	6	7	8	9	10	11	12	13	14
0,001	0,00	0,00	0,02	0,09	0,21	0,38	0,60	0,86	1,15	1,48	1,83	2,21	2,62	3,04
0,005	0,00	0,01	0,07	0,21	0,41	0,68	0,99	1,34	1,73	2,16	2,60	3,07	3,57	4,07
0,01	0,00	0,02	0,11	0,30	0,55	0,87	1,24	1,65	2,09	2,56	3,05	3,57	4,11	4,66
0,025	0,00	0,05	0,22	0,48	0,83	1,24	1,69	2,18	2,70	3,25	3,82	4,40	5,01	5,63
0,05	0,00	0,10	0,35	0,71	1,15	1,64	2,17	2,73	3,33	3,94	4,57	5,23	5,89	6,57
0,1	0,02	0,21	0,58	1,06	1,61	2,20	2,83	3,49	4,17	4,87	5,58	6,30	7,04	7,79
0,25	0,10	0,58	1,21	1,92	2,67	3,45	4,25	5,07	5,90	6,74	7,58	8,44	9,30	10,17
0,5	0,45	1,39	2,37	3,36	4,35	5,35	6,35	7,34	8,34	9,34	10,34	11,34	12,34	13,34
0,75	1,32	2,77	4,11	5,39	6,63	7,84	9,04	10,22	11,39	12,55	13,70	14,85	15,98	17,12
0,9	2,71	4,41	6,25	7,78	9,24	10,64	12,02	13,36	14,68	15,99	17,28	18,55	19,81	21,06
0,95	3,84	5,99	7,81	9,49	11,07	12,59	14,07	15,51	16,92	18,31	19,68	21,03	22,36	23,68
0,975	5,02	7,38	9,35	11,14	12,83	14,45	16,01	17,53	19,02	20,48	21,92	23,34	24,74	26,12
0,99	6,63	9,21	11,34	13,28	15,09	16,81	18,48	20,09	21,67	23,21	24,73	26,22	27,69	29,14
0,995	7,88	10,60	12,84	14,86	16,75	18,55	20,28	21,96	23,59	25,19	26,76	28,30	29,82	31,32
0,999	10,83	13,82	16,27	18,47	20,52	22,46	24,32	26,13	27,88	29,59	31,26	32,91	34,53	36,12

Tabelle. Die Chi-Quadrat-Verteilung (Fortsetzung)

$F(x)$	m													
	15	16	17	18	19	20	21	22	23	24	25	26	27	28
0,001	3,48	3,94	4,42	4,90	5,41	5,92	6,4	7,0	7,5	8,1	8,7	9,2	9,8	10,4
0,005	4,60	5,14	5,70	6,26	6,84	7,43	8,0	8,6	9,3	9,9	10,5	11,2	11,8	12,5
0,01	5,23	5,81	6,41	7,01	7,63	8,26	8,9	9,5	10,2	10,9	11,5	12,2	12,9	13,6
0,025	6,26	6,91	7,56	8,23	8,91	9,59	10,3	11,0	11,7	12,4	13,1	13,8	14,6	15,3
0,05	7,26	7,96	8,67	9,39	10,12	10,85	11,6	12,3	13,1	13,8	14,6	15,4	16,2	16,9
0,1	8,55	9,31	10,09	10,86	11,65	12,44	13,2	14,0	14,8	15,7	16,5	17,3	18,1	18,9
0,25	11,04	11,91	12,79	13,68	14,56	15,45	16,3	17,2	18,1	19,0	19,9	20,8	21,7	22,7
0,5	14,34	15,34	16,34	17,34	18,34	19,34	20,3	21,3	22,3	23,3	24,3	25,3	26,3	27,3
0,75	18,25	19,37	20,49	21,60	22,72	23,83	24,9	26,0	27,1	28,2	29,3	30,4	31,5	32,6
0,9	22,31	23,54	24,77	25,99	27,20	28,41	29,6	30,8	32,0	33,4	34,4	35,6	36,7	37,9
0,95	25,00	26,30	27,59	28,87	30,41	31,41	32,7	33,9	35,2	36,4	37,7	38,9	40,1	41,3
0,975	27,49	28,85	30,19	31,53	32,85	34,17	35,5	36,8	38,1	39,4	40,6	41,9	43,2	44,5
0,99	30,58	32,00	33,41	34,81	36,19	37,57	38,9	40,3	41,6	43,0	44,3	45,6	47,0	48,3
0,995	32,80	34,27	35,72	37,16	38,58	40,00	41,4	42,8	44,2	45,6	46,9	48,3	49,6	51,0
0,999	37,70	39,25	40,79	42,31	43,82	45,32	46,8	48,3	49,7	51,2	52,6	54,1	55,5	56,9

Tabelle. Die Chi-Quadrat-Verteilung (Fortsetzung)

$h = \sqrt{2m - 1}$

$F(x)$	m									
	29	30	40	50	60	70	80	90	100	>100 (Näherung)
0,001	11,0	11,6	17,9	24,7	31,7	39,0	46,5	54,2	61,9	$\frac{1}{2}(h - 3{,}09)^2$
0,005	13,1	13,8	20,7	28,0	35,5	43,3	51,2	59,2	67,3	$\frac{1}{2}(h - 2{,}58)^2$
0,01	14,3	15,0	22,2	29,7	37,5	45,4	53,5	61,8	70,1	$\frac{1}{2}(h - 2{,}33)^2$
0,025	16,0	16,8	24,4	32,4	40,5	48,8	57,2	65,6	74,2	$\frac{1}{2}(h - 1{,}96)^2$
0,05	17,7	18,5	26,5	34,8	43,2	51,7	60,4	69,1	77,9	$\frac{1}{2}(h - 1{,}64)^2$
0,1	19,8	20,6	29,1	37,7	46,5	55,3	64,3	73,3	82,4	$\frac{1}{2}(h - 1{,}28)^2$
0,25	23,6	24,5	33,7	42,9	52,3	61,7	71,1	80,6	90,1	$\frac{1}{2}(h - 0{,}67)^2$
0,5	28,3	29,3	39,3	49,3	59,3	69,3	79,3	89,3	99,3	$\frac{1}{2}h^2$
0,75	33,7	34,8	45,6	56,3	67,0	77,6	88,1	98,6	109,1	$\frac{1}{2}(h + 0{,}67)^2$
0,9	39,1	40,3	51,8	63,2	74,4	85,6	96,6	107,6	118,5	$\frac{1}{2}(h + 1{,}28)^2$
0,95	42,6	43,8	55,8	67,5	79,1	90,5	101,9	113,1	124,3	$\frac{1}{2}(h + 1{,}64)^2$
0,975	45,7	47,0	59,3	71,4	83,3	95,0	106,6	118,1	129,6	$\frac{1}{2}(h + 1{,}96)^2$
0,99	49,6	50,9	63,7	76,2	88,4	100,4	112,3	124,1	135,8	$\frac{1}{2}(h + 2{,}33)^2$
0,995	52,3	53,7	66,8	79,5	92,0	104,2	116,3	128,3	140,2	$\frac{1}{2}(h + 2{,}58)^2$
0,999	58,3	59,7	73,4	86,7	99,6	112,3	124,8	137,2	149,4	$\frac{1}{2}(h + 3{,}09)^2$

Tabelle. Students t-Verteilung.

Auflösung der Gleichung $F(x) = \alpha$ bei m Freiheitsgrade

$F(x)$	m = 1	2	3	4	5	6	7	8	9	10	11	12	13	14
0,5	0,00	0,00	0,00	0,00	0,00	0,00	0,00	0,00	0,00	0,00	0,00	0,00	0,00	0,00
0,6	0,33	0,29	0,28	0,27	0,27	0,27	0,26	0,26	0,26	0,26	0,26	0,26	0,26	0,26
0,7	0,73	0,62	0,58	0,57	0,56	0,55	0,55	0,55	0,54	0,54	0,54	0,54	0,54	0,54
0,8	1,38	1,06	0,98	0,94	0,92	0,91	0,90	0,89	0,88	0,88	0,88	0,87	0,87	0,87
0,9	3,08	1,89	1,64	1,53	1,48	1,44	1,42	1,40	1,38	1,37	1,36	1,36	1,35	1,35
0,95	6,31	2,92	2,35	2,13	2,02	1,94	1,90	1,86	1,83	1,81	1,80	1,78	1,77	1,76
0,975	12,7	4,30	3,18	2,78	2,57	2,45	2,37	2,31	2,26	2,23	2,20	2,18	2,16	2,15
0,99	31,8	6,97	4,54	3,75	3,37	3,14	3,00	2,90	2,82	2,76	2,72	2,68	2,65	2,62
0,995	63,7	9,93	5,84	4,60	4,03	3,71	3,50	3,36	3,25	3,17	3,11	3,06	3,01	2,98
0,999	318,3	22,3	10,2	7,17	5,89	5,21	4,79	4,50	4,30	4,14	4,03	3,93	3,85	3,79

$F(x)$	m = 15	16	18	20	22	24	26	28	30	40	50	100	200	∞
0,5	0,00	0,00	0,00	0,00	0,00	0,00	0,00	0,00	0,00	0,00	0,00	0,00	0,00	0,00
0,6	0,26	0,26	0,26	0,26	0,26	0,26	0,26	0,26	0,26	0,26	0,26	0,25	0,25	0,25
0,7	0,54	0,54	0,53	0,53	0,53	0,53	0,53	0,53	0,53	0,53	0,53	0,53	0,53	0,52
0,8	0,87	0,87	0,86	0,86	0,86	0,86	0,86	0,86	0,85	0,85	0,85	0,85	0,84	0,84
0,9	1,34	1,34	1,33	1,33	1,32	1,32	1,32	1,31	1,31	1,30	1,30	1,29	1,29	1,28
0,95	1,75	1,75	1,73	1,73	1,72	1,71	1,71	1,70	1,70	1,68	1,68	1,66	1,65	1,65
0,975	2,13	2,12	2,10	2,09	2,07	2,06	2,06	2,05	2,04	2,02	2,01	1,98	1,97	1,96
0,99	2,60	2,58	2,55	2,53	2,51	2,49	2,48	2,47	2,46	2,42	2,40	2,37	2,35	2,33
0,995	2,95	2,92	2,88	2,85	2,82	2,80	2,78	2,76	2,75	2,70	2,68	2,63	2,60	2,58
0,999	3,73	3,69	3,61	3,55	3,51	3,47	3,44	3,41	3,39	3,31	3,26	3,17	3,13	3,09

Tabelle. Natürlicher Logarithmus

N	0	1	2	3	4	5	6	7	8	9
1,0	0,0000	0,0100	0,0198	0,0296	0,0392	0,0488	0,0583	0,0677	0,0770	0,0862
1,1	0,0953	0,1044	0,1133	0,1222	0,1310	0,1398	0,1484	0,1570	0,1655	0,1740
1,2	0,1823	0,1906	0,1989	0,2070	0,2151	0,2231	0,2311	0,2390	0,2469	0,2546
1,3	0,2624	0,2700	0,2776	0,2852	0,2927	0,3001	0,3075	0,3148	0,3221	0,3293
1,4	0,3365	0,3436	0,3507	0,3577	0,3646	0,3716	0,3784	0,3853	0,3920	0,3988
1,5	0,4055	0,4121	0,4187	0,4253	0,4318	0,4383	0,4447	0,4511	0,4574	0,4637
1,6	0,4700	0,4762	0,4824	0,4886	0,4947	0,5008	0,5068	0,5128	0,5188	0,5247
1,7	0,5306	0,5365	0,5423	0,5481	0,5539	0,5596	0,5653	0,5710	0,5766	0,5822
1,8	0,5878	0,5933	0,5988	0,6043	0,6098	0,6152	0,6206	0,6259	0,6313	0,6366
1,9	0,6419	0,6471	0,6523	0,6575	0,6627	0,6678	0,6729	0,6780	0,6831	0,6881
2,0	0,6931	0,6981	0,7031	0,7080	0,7129	0,7178	0,7227	0,7275	0,7324	0,7372
2,1	0,7419	0,7467	0,7514	0,7561	0,7608	0,7655	0,7701	0,7747	0,7793	0,7839
2,2	0,7885	0,7930	0,7975	0,8020	0,8065	0,8109	0,8154	0,8198	0,8242	0,8286
2,3	0,8329	0,8372	0,8416	0,8459	0,8502	0,8544	0,8587	0,8629	0,8671	0,8713
2,4	0,8755	0,8796	0,8838	0,8879	0,8920	0,8961	0,9002	0,9042	0,9083	0,9123
2,5	0,9163	0,9203	0,9243	0,9282	0,9322	0,9361	0,9400	0,9439	0,9478	0,9517
2,6	0,9555	0,9594	0,9632	0,9670	0,9708	0,9746	0,9783	0,9821	0,9858	0,9895
2,7	0,9933	0,9969	1,0006	0,0043	1,0080	1,0116	1,0152	1,0188	0,0225	1,0260
2,8	1,0296	0,0332	1,0367	1,0403	1,0438	1,0473	1,0508	1,0543	1,0578	1,0613
2,9	1,0647	0,0682	1,0716	1,0750	1,0784	1,0818	1,0852	1,0886	1,0919	1,0953

(Fortsetzung)

N	0	1	2	3	4	5	6	7	8	9
3,0	1,0986	1,1019	1,1053	1,1086	1,1119	1,1151	1,1184	1,1217	1,1249	1,1282
3,1	1,1314	1,1346	1,1378	1,1410	1,1442	1,1474	1,1506	1,1537	1,1569	1,1600
3,2	1,1632	1,1663	1,1694	1,1725	1,1756	1,1787	1,1817	1,1848	1,1878	1,1909
3,3	1,1939	1,1969	1,2000	1,2030	1,2060	1,2090	1,2119	1,2149	1,2179	1,2208
3,4	1,2238	1,2267	1,2296	1,2326	1,2355	1,2384	1,2413	1,2442	1,2470	1,2499
3,5	1,2528	1,2556	1,2585	1,2613	1,2641	1,2669	1,2698	1,2726	1,2754	1,2782
3,6	1,2809	1,2837	1,2865	1,2892	1,2920	1,2947	1,2975	1,3002	1,3029	1,3056
3,7	1,3083	1,3110	1,3137	1,3164	1,3191	1,3218	1,3244	1,3271	1,3297	1,3324
3,8	1,3350	1,3376	1,3403	1,3429	1,3455	1,3481	1,3507	1,3533	1,3558	1,3584
3,9	1,3610	1,3635	1,3661	1,3686	1,3712	1,3737	1,3762	1,3788	1,3813	1,3838
4,0	1,3863	1,3888	1,3913	1,3938	1,3962	1,3987	1,4012	1,4036	1,4061	1,4085
4,1	1,4110	1,4134	1,4159	1,4183	1,4207	1,4231	1,4255	1,4279	1,4303	1,4327
4,2	1,4351	1,4375	1,4398	1,4422	1,4446	1,4469	1,4493	1,4516	1,4540	1,4563
4,3	1,4586	1,4609	1,4633	1,4656	1,4679	1,4702	1,4725	1,4748	1,4770	1,4793
4,4	1,4816	1,4389	1,4861	1,4884	1,4907	1,4929	1,4951	1,4974	1,4996	1,5019
4,5	1,5041	1,5063	1,5085	1,5107	1,5129	1,5151	1,5173	1,5195	1,5217	1,5239
4,6	1,5261	1,5282	1,5304	1,5326	1,5347	1,5369	1,5390	1,5412	1,5433	1,5454
4,7	1,5476	1,5497	1,5518	1,5539	1,5560	1,5581	1,5602	1,5623	1,5644	1,5665
4,8	1,5686	1,5707	1,5728	1,5748	1,5769	1,5790	1,5810	1,5831	1,5851	1,5872
4,9	1,5892	1,5913	1,5933	1,5953	1,5974	1,5994	1,6014	1,6034	1,6054	1,6074

(Fortsetzung)

N	0	1	2	3	4	5	6	7	8	9
5,0	1,6094	1,6114	1,6134	1,6154	1,6174	1,6294	1,6114	1,6233	1,6253	1,6273
5,1	1,6292	1,6312	1,6332	1,6351	1,6371	1,6390	1,6409	1,6429	1,6448	1,6467
5,2	1,6487	1,6506	1,6525	1,6544	1,6563	1,6582	1,6601	1,6620	1,6639	1,6658
5,3	1,6677	1,6696	1,6715	1,6734	1,6752	1,6771	1,6790	1,6808	1,6827	1,6845
5,4	1,6864	1,6882	1,6901	1,6919	1,6938	1,6956	1,6974	1,6993	1,7011	1,7029
5,5	1,7047	1,7066	1,7084	1,7102	1,7120	1,7138	1,7156	1,7174	1,7192	1,7210
5,6	1,7228	1,7246	1,7263	1,7281	1,7299	1,7317	1,7334	1,7352	1,7370	1,7387
5,7	1,7405	1,7422	1,7440	1,7457	1,7475	1,7492	1,7509	1,7527	1,7544	1,7561
5,8	1,7579	1,7596	1,7613	1,7630	1,7647	1,7664	1,7681	1,7699	1,7716	1,7733
5,9	1,7750	1,7766	1,7783	1,7800	1,7817	1,7834	1,7851	1,7867	1,7884	1,7901
6,0	1,7918	1,7934	1,7951	1,7967	1,7984	1,8001	1,8017	1,8034	1,8050	1,8066
6,1	1,8083	1,8099	1,8116	1,8132	1,8148	1,8165	1,8181	1,8197	1,8213	1,8229
6,2	1,8245	1,8262	1,8278	1,8294	1,8310	1,8326	1,8342	1,8358	1,8374	1,8390
6,3	1,8405	1,8421	1,8437	1,8453	1,8469	1,8485	1,8500	1,8516	1,8532	1,8547
6,4	1,8563	1,8579	1,8594	1,8610	1,8625	1,8641	1,8656	1,8672	1,8687	1,8703
6,5	1,8718	1,8733	1,8749	1,8764	1,8779	1,8795	1,8810	1,8825	1,8840	1,8856
6,6	1,8871	1,8886	1,8901	1,8916	1,8931	1,8946	1,8961	1,8976	1,8991	1,9006
6,7	1,9021	1,9036	1,9051	1,9066	1,9081	1,9095	1,9110	1,9125	1,9140	1,9155
6,8	1,9169	1,9184	1,9199	1,9213	1,9228	1,9242	1,9257	1,9272	1,9286	1,9301
6,9	1,9315	1,9330	1,9344	1,9359	1,9373	1,9387	1,9402	1,9416	1,9430	1,9445

(Fortsetzung)

N	0	1	2	3	4	5	6	7	8	9
7,0	1,9459	1,9473	1,9488	1,9502	1,9516	1,9530	1,9544	1,9559	1,9573	1,9587
7,1	1,9601	1,9615	1,9629	1,9643	1,9657	1,9671	1,9685	1,9699	1,9713	1,9727
7,2	1,9741	1,9755	1,9769	1,9782	1,9796	1,9810	1,9824	1,9838	1,9851	1,9865
7,3	1,9879	1,9892	1,9906	1,9920	1,9933	1,9947	1,9961	1,9974	1,9988	2,0001
7,4	2,0015	2,0028	2,0042	2,0055	2,0069	2,0082	2,0096	2,0109	2,0122	2,0136
7,5	2,0149	2,0162	2,0176	2,0189	2,0202	2,0215	2,0229	2,0242	2,0255	2,0268
7,6	2,0281	2,0295	2,0308	2,0321	2,0334	2,0347	2,0360	2,0373	2,0386	2,0399
7,7	2,0412	2,0425	2,0438	2,0451	2.0464	2,0477	2,0490	2,0503	2,0516	2,0528
7,8	2,0541	2,0554	2,0567	2,0580	2,0592	2,0605	2,0618	2,0631	2,0643	2,0656
7,9	2,0669	2,0681	2,0694	2,0707	2,0719	2,0732	2,0744	2,0757	2,0769	2,0782
8,0	2,0794	2,0807	2,0819	2,0832	2,0844	2,0857	2,0869	2,0882	2,0894	2,0906
8,1	2,0919	2,0931	2,0943	2,0956	2,0968	2,0980	2.0992	2,1005	2,1017	2,1029
8,2	2,1041	2,1054	2,1066	2,1078	2,1090	2,1102	2,1114	2,1126	2,1138	2,1150
8,3	2,1163	2,1175	2,1187	2,1199	2,1211	2,1223	2,1235	2,1247	2,1258	2,1270
8,4	2,1282	2,1294	2,1306	2,1318	2,1330	2,1342	2,1353	2,1365	2,1377	2,1389
8,5	2,1401	2,1412	2,1424	2,1436	2,1448	2,1459	2,1471	2,1483	2,1494	2,1506
8,6	2,1518	2,1529	2,1541	2,1552	2,1564	2,1576	2,1587	2,1599	2,1610	2,1622
8‘7	2,1633	2,1645	2,1656	2,1668	2,1679	2,1691	2,1702	2,1713	2,1725	2,1736
8,8	2,1748	2,1759	2,1770	2,1782	2,1793	2,1804	2,1815	2,1827	2,1838	2,1849
8,9	2,1861	2,1872	2,1883	2,1894	2,1905	2,1917	2,1928	2,1939	2,1950	2,1961

(Fortsetzung)

N	0	1	2	3	4	5	6	7	8	9
9,0	2,1972	2,1983	2,1994	2,2006	2,2017	2,2028	2,2039	2,2050	2,2061	2,2072
9,1	2,2083	2,2094	2,2105	2,2116	2,2127	2,2138	2,2148	2,2159	2,2170	2,2181
9,2	2,2192	2,2203	2,2214	2,2225	2,2235	2,2246	2,2257	2,2268	2,2279	2,2289
9,3	2,2300	2,2311	2,2322	2,2332	2,2343	2,2354	2,2364	2,2375	2,2386	2,2396
9,4	2,2407	2,2418	2,2428	2,2439	2,2450	2,2460	2,2471	2,2481	2,2492	2,2502
9,5	2,2513	2,2523	2,2534	2,2544	2,2555	2,2565	2,2576	2,2586	2,2597	2,2607
9,6	2,2618	2,2628	2,2638	2,2649	2,2659	2,2670	2,2680	2,2690	2,2701	2,2711
9,7	2,2721	2,2732	2,2742	2,2752	2,2762	2,2773	2,2783	2,2793	2,2803	2,2814
9,8	2,2824	2,2834	2,2844	2,2854	2,2865	2,2875	2,2885	2,2895	2,2905	2,2915
9,9	2,2925	2,2935	2,2946	2,2956	2,2966	2,2976	2,2986	2,2996	2,3006	2,3016

Tabelle. Übergang vom natürlichen zum dekadischen Logarithmus (Multiplikation mit $M = \log e = 0{,}4342945$)

	0	10	20	30	40	50	60	70	80	90
0	0,0000	4,3430	8,6859	13,0288	17,3718	21,7147	26,0577	30,4006	34,7436	39,0865
1	0,4343	4,7772	9,1202	13,4631	17,8061	22,1490	26,4920	30,8349	35,1779	39,5208
2	0,8686	5,2115	9,5545	13,8974	18,2404	22,5833	26,9263	31,2692	35,6122	39,9551
3	1,3029	5,6458	9,9888	14,3317	18,6747	23,0176	27,3606	31,7035	36,0464	40,3894
4	1,7372	6,0801	10,4231	14,7660	19,1090	23,4519	27,7948	32,1378	36,4807	40,8237
5	2,1715	6,5144	10,8574	15,2003	19,5433	23,8862	28,2291	32,5721	36,9150	41,2580
6	2,6058	6,9487	11,2917	15,6346	19,9775	24,3205	28,6634	33,0064	37,3493	41,6923
7	3,0401	7,3830	11,7260	16,0689	20,4118	24,7548	29,0977	33,4407	37,7836	42,1266
8	3,4744	7,8173	12,1602	16,5032	20,8461	25,1891	29,5320	33,8750	38,2179	42,5609
9	3,9086	8,2516	12,5945	16,9375	21,2804	25,6234	29,9663	34,3093	38,6522	42,9952

Tabelle. Übergang vom dekadischen zum natürlichen Logarithmus (Multiplikation mit $\frac{1}{M} = \ln 10 = 2{,}302585$)

	0	10	20	30	40	50	60	70	80	90
0	0,0000	23,026	46,052	69,078	92,103	115,129	138,155	161,181	184,207	207,233
1	2,3026	25,328	48,354	71,380	94,406	117,431	140,458	163,484	186,509	209,535
2	4,6052	27,631	50,657	73,683	96,709	119,734	142,760	165,786	188,812	211,838
3	6,9078	29,934	52,959	75,985	99,011	122,037	145,062	166,089	191,115	214,140
4	9,2103	32,236	55,262	78,288	101,314	124,340	147,365	170,391	193,417	216,443
5	11,513	34,539	57,565	80,590	103,616	126,642	149,668	172,694	195,720	218,746
6	13,816	36,841	59,867	82,893	105,919	128,945	151,971	174,997	198,022	221,048
7	16,118	39,144	62,170	85,196	108,221	131,247	154,273	177,299	200,325	223,351
8	18,421	41,447	64,472	87,498	110,524	133,550	156,576	179,602	202,627	225,653
9	20,723	43,749	66,775	89,801	112,827	135,853	158,878	181,904	204,930	227,956

Tabelle. Die Exponentialfunktion e^x

	0	1	2	3	4	5	6	7	8	9
0,0	1,0000	1,0101	1,0202	1,0305	1,0408	1,0513	1,0618	1,0725	1,0833	1,0942
0,1	1,1052	1,1163	1,1275	1,1388	1,1503	1,1618	1,1735	1,1853	1,1972	1,2092
0,2	1,2214	1,2337	1,2461	1,2586	1,2712	1,2840	1,2969	1,3100	1,3231	1,3364
0,3	1,3499	1,3634	1,3771	1,3910	1,4049	1,4191	1,4333	1,4477	1,4623	1,4770
0,4	1,4918	1,5068	1,5220	1,5373	1,5527	1,5683	1,5841	1,6000	1,6161	1,6323
0,5	1,6487	1,6653	1,6820	1,6989	1,7160	1,7333	1.7507	1,7683	1,7860	1,8040
0,6	1,8221	1,8404	1,8589	1,8776	1,8965	1,9155	1,9348	1,9542	1,9739	1,9937
0,7	2,0138	2,0340	2,0544	2,0751	2,0959	2,1170	2,1383	2,1598	2,1815	2,2034
0,8	2,2255	2,2479	2,2705	2,2933	2,3164	2,3396	2,3632	2,3869	2,4109	2,4351
0,9	2,4596	2,4843	2,5093	2,5345	2,5600	2,5857	2,6117	2,6379	2,6645	2,6912
1,0	2,7183	2,7456	2,7732	2,8011	2,8292	2,8577	2,8864	2,9154	2,9447	2,9743
1,1	3,0042	3,0344	3,0649	3,0957	3,1268	3,1582	3,1899	3,2220	3,2544	3,2871
1,2	3,3201	3,3535	3,3872	3,4212	3,4556	3,4903	3,5254	3,5609	3,5966	3,6328
1,3	3,6693	3,7062	3,7434	3,7810	3,8190	3,8574	3,8962	3,9354	3,9749	4,0149
1,4	4,0552	4,0960	4,1371	4,1787	4,2207	4,2631	4,3060	4,3492	4,3929	4,4371
1,5	4,4817	4,5267	4,5722	4,6182	6,6646	4,7115	4,7588	4,8066	4,8550	4,9037
1,6	4,9530	5,0028	5,0531	5,1039	5,1552	5,2070	5,2593	5,3122	5,3656	5,4195
1,7	5,4739	5,5290	5,5845	5,6407	5,6973	5,7546	5,8124	5,8709	5,9299	5,9895
1,8	6,0496	6,1104	6,1719	6,2339	6,2965	6,3598	6,4237	6,4883	6,5535	6,6194
1,9	6,6859	6,7531	6,8210	6,8895	6,9588	7,0287	7,0993	7,1707	7,2427	7,3155
2,0	7,3891	7,4633	7,5383	7,6141	7,6906	7,7679	7,8460	7,9248	8,0045	8,0849
2,1	8,1662	8,2482	8,3311	8,4149	8,4994	8,5849	8,6711	8,7583	8,8463	8,9352
2,2	9,0250	9,1157	9,2073	9,2999	9,3933	9,4877	9,5831	9,6794	9,7767	9,8749
2,3	9,9742	10,074	10,176	10,278	10,381	10,486	10,591	10,697	10,805	10,913
2,4	11,023	11,134	11,246	11,359	11,473	11,588	11,705	11,822	11,941	12,061

(Fortsetzung)

	0	1	2	3	4	5	6	7	8	9
2,5	12,182	12,305	12,429	12,554	12,680	12,807	12,936	13,066	13,197	13,330
2,6	13,464	13,599	13,736	13,874	14,013	14,154	14,296	14,440	14,585	14,732
2,7	14,880	15,029	15,180	15,333	15,487	15,643	15,800	15,959	16,119	16,281
2,8	16,445	16,610	16,777	16,945	17,116	17,288	17,462	17,637	17,814	17,993
2,9	18,174	18,357	18,541	18,728	18,916	19,106	19,298	19,492	19,688	19,886
3,0	20,086	20,287	20,491	20,697	20,905	21,115	21,328	21,542	21,758	21,977
3,1	22,198	22,421	22,646	22,874	23,104	23,336	23,571	23,807	24,047	24,288
3,2	24,533	24,779	25,028	25,280	25,534	25,790	26,050	26,311	26,576	26,843
3,3	27,113	27,385	27,660	27,938	28,219	28,503	28,789	29,079	29,371	29,666
3,4	29,964	30,265	30,569	30,877	31,187	31,500	31,817	32,137	32,460	32,786
3,5	33,115	33,448	33,784	34,124	34,467	34,813	35,163	35,517	35,874	36,234
3,6	36,598	36,966	37,338	37,713	38,092	38,475	38,861	39,252	39,646	40,045
3,7	40,447	40,854	41,246	41,679	42,098	42,521	42,948	43,380	43,816	44,256
3,8	44,701	45,150	45,604	46,063	46,525	46,993	47,465	47,942	48,424	48,911
3,9	49,402	49,899	50,400	50,907	51,419	51,935	52,457	52,985	53,517	54,055

Tabelle. Unbestimmte Integrale

1. Funktionen, die eine ganzzahlige Potenz von $a + bx$ enthalten

1) $\int \frac{dx}{a + bx} = \frac{1}{b} \ln (a + bx) + C.$

2) $\int (a + bx)^n \, dx = \frac{(a + bx)^{n+1}}{b\,(n + 1)} + C, \qquad n \neq -1.$

3) $\int \frac{x\,dx}{a + bx} = \frac{1}{b^2} [a + bx - a \ln (a + bx)] + C.$

4) $\int \frac{x^2\,dx}{a + bx} = \frac{1}{b^3} \left[\frac{1}{2} (a + bx)^2 - 2a\,(a + bx) + a^2 \ln (a + bx)\right] + C.$

5) $\int \frac{dx}{x(a + bx)} = -\frac{1}{a} \ln \frac{a + bx}{x} + C.$

6) $\int \frac{dx}{x^2(a + bx)} = -\frac{1}{ax} + \frac{b}{a^2} \ln \frac{a + bx}{x} + C.$

7) $\int \frac{x\,dx}{(a + bx)^2} = \frac{1}{b^2} \left[\ln (a + bx) + \frac{a}{a + bx}\right] + C.$

8) $\int \frac{x^2\,dx}{(a + bx)^2} = \frac{1}{b^3} \left[a + bx - 2a \ln (a + bx) - \frac{a^2}{a + bx}\right] + C.$

9) $\int \frac{dx}{x(a + bx)^2} = \frac{1}{a(a + bx)} - \frac{1}{a^2} \ln \frac{a + bx}{x} + C.$

10) $\int \frac{x\,dx}{(a + bx)^3} = \frac{1}{b^2} \left[-\frac{1}{a + bx} + \frac{a}{2(a + bx)^2}\right] + C.$

2. Funktionen, die $a^2 + x^2$, $a^2 - x^2$, $a + bx^2$ enthalten

11) $\int \frac{dx}{1 + x^2} = \arctan x + C.$

12) $\int \frac{dx}{a^2 + x^2} = \frac{1}{a} \arctan \frac{x}{a} + C.$

13) $\int \frac{dx}{a^2 - x^2} = \frac{1}{2a} \ln \frac{a + x}{a - x} + C.$

14) $\int \frac{dx}{a^2 - x^2} = \frac{1}{2a} \ln \frac{x + a}{x - a} + C.$

15) $\int \frac{dx}{a + bx^2} = \frac{1}{\sqrt{ab}} \arctan x \sqrt{\frac{b}{a}} + C$ für $a > 0$ und $b > 0$.

Wenn a und b negativ sind, so setzt man das Minuszeichen vor das Integral. Wenn a und b verschiedenes Vorzeichen haben, so verwendet man Nr. 16.

16) $\int \frac{dx}{a - bx^2} = \frac{1}{2\sqrt{ab}} \ln \frac{\sqrt{a} + x\sqrt{b}}{\sqrt{a} - x\sqrt{b}} + C.$

17) $\int \frac{x\,dx}{a + bx^2} = \frac{1}{2b} \ln\left(x^2 + \frac{a}{b}\right) + C.$

18) $\int \frac{x^2\,dx}{a + bx^2} = \frac{x}{b} - \frac{a}{b} \int \frac{dx}{a + bx^2}.$

Für die weitere Integration s. Nr. 15 oder Nr. 16.

19) $\int \frac{dx}{x(a + bx^2)} = \frac{1}{2a} \ln \frac{x^2}{a + bx^2} + C.$

20) $\int \frac{dx}{x^2(a + bx^2)} = -\frac{1}{ax} - \frac{b}{a} \int \frac{dx}{a + bx^2}.$

Für die weitere Integration s. Nr. 15 oder Nr. 16.

21) $\int \frac{dx}{(a + bx^2)^2} = \frac{x}{2a(a + bx^2)} + \frac{1}{2a} \int \frac{dx}{a + bx^2}.$

Für die weitere Integration s. Nr. 15 oder Nr. 16.

3. Funktionen, die $\sqrt{a + bx}$ enthalten

22) $\int \sqrt{a + bx}\,dx = \frac{2}{3b} \sqrt{(a + bx)^3} + C.$

23) $\int x\sqrt{a + bx}\,dx = -\frac{2(2a - 3bx)\sqrt{(a + bx)^3}}{15b^2} + C.$

24) $\int x^2 \sqrt{a + bx}\,dx = \frac{2(8a^2 - 12abx + 15b^2x^2)\sqrt{(a + bx)^3}}{105b^3} + C.$

25) $\int \frac{x\,dx}{\sqrt{a + bx}} = -\frac{2(2a - bx)}{3b^2} \sqrt{a + bx} + C.$

26) $\int \frac{x^2\,dx}{\sqrt{a + bx}} = \frac{2(8a^2 - 4abx + 3b^2x^2)}{15b^3} \sqrt{a + bx} + C.$

27) $\int \frac{dx}{x\sqrt{a + bx}} = \frac{1}{\sqrt{a}} \ln \frac{\sqrt{a + bx} - \sqrt{a}}{\sqrt{a + bx} + \sqrt{a}} + C \quad$ für $\quad a > 0.$

28) $\frac{dx}{x\sqrt{a + bx}} = \frac{2}{\sqrt{-a}} \arctan \sqrt{\frac{a + bx}{-a}} + C \quad$ für $\quad a < 0.$

29) $$\int \frac{dx}{x^2\sqrt{a+bx}} = \frac{-\sqrt{a+bx}}{ax} - \frac{b}{2a}\int \frac{dx}{x\sqrt{a+bx}}.$$

Für die weitere Integration s. Nr. 27 oder Nr. 28.

30) $$\int \frac{\sqrt{a+bx}\,dx}{x} = 2\sqrt{a+bx} + a\int \frac{dx}{x\sqrt{a+bx}}.$$

Für die weitere Integration s. Nr. 27 oder Nr. 28.

4. Funktionen, die $\sqrt{x^2+a^2}$ enthalten

31) $$\int \sqrt{x^2+a^2}\,dx = \frac{x}{2}\sqrt{x^2+a^2} + \frac{a^2}{2}\ln\left(x+\sqrt{x^2+a^2}\right) + C.$$

32) $$\int \sqrt{(x^2+a^2)^3}\,dx = \frac{x}{8}(2x^2+5a^2)\sqrt{x^2+a^2} + \frac{3a^4}{8}\ln\left(x+\sqrt{x^2+a^2}\right) + C.$$

33) $$\int x\sqrt{x^2+a^2}\,dx = \frac{\sqrt{(x^2+a^2)^3}}{3} + C.$$

34) $$\int x^2\sqrt{x^2+a^2}\,dx = \frac{x}{8}(2x^2+a^2)\sqrt{x^2+a^2} - \frac{a^4}{8}\ln\left(x+\sqrt{x^2+a^2}\right) + C.$$

35) $$\int \frac{dx}{\sqrt{x^2+a^2}} = \ln\left(x+\sqrt{x^2+a^2}\right) + C.$$

36) $$\int \frac{dx}{\sqrt{(x^2+a^2)^3}} = \frac{x}{a^2\sqrt{x^2+a^2}} + C.$$

37) $$\int \frac{x\,dx}{\sqrt{x^2+a^2}} = \sqrt{x^2+a^2} + C.$$

38) $$\int \frac{x^2\,dx}{\sqrt{x^2+a^2}} = \frac{x}{2}\sqrt{x^2+a^2} - \frac{a^2}{2}\ln\left(x+\sqrt{x^2+a^2}\right) + C.$$

39) $$\int \frac{x^2\,dx}{\sqrt{(x^2+a^2)^3}} = -\frac{x}{\sqrt{x^2+a^2}} + \ln\left(x+\sqrt{x^2+a^2}\right) + C.$$

40) $$\int \frac{dx}{x\sqrt{x^2+a^2}} = \frac{1}{a}\ln\frac{x}{a+\sqrt{x^2+a^2}} + C.$$

41) $$\int \frac{dx}{x^2\sqrt{x^2+a^2}} = -\frac{\sqrt{x^2+a^2}}{a^2x} + C.$$

42) $\int \frac{dx}{x^3\sqrt{x^2+a^2}} = -\frac{\sqrt{x^2+a^2}}{2a^2x^2} + \frac{1}{2a^3}\ln\frac{a+\sqrt{x^2+a^2}}{x} + C.$

43) $\int \frac{\sqrt{x^2+a^2}\,dx}{x} = \sqrt{x^2+a^2} - a\ln\frac{a+\sqrt{x^2+a^2}}{x} + C.$

44) $\int \frac{\sqrt{x^2+a^2}\,dx}{x^2} = -\frac{\sqrt{x^2+a^2}}{x} + \ln(x+\sqrt{x^2+a^2}) + C.$

5. Funktionen, die $\sqrt{a^2-x^2}$ enthalten

45) $\int \frac{dx}{\sqrt{1-x^2}} = \arcsin x + C.$

46) $\int \frac{dx}{\sqrt{a^2-x^2}} = \arcsin\frac{x}{a} + C.$

47) $\int \frac{dx}{\sqrt{(a^2-x^2)^3}} = \frac{x}{a^2\sqrt{a^2-x^2}} + C.$

48) $\int \frac{x\,dx}{\sqrt{a^2-x^2}} = -\sqrt{a^2-x^2} + C.$

49) $\int \frac{x\,dx}{\sqrt{(a^2-x^2)^3}} = \frac{1}{\sqrt{a^2-x^2}} + C.$

50) $\int \frac{x^2\,dx}{\sqrt{a^2-x^2}} = -\frac{x}{2}\sqrt{a^2-x^2} + \frac{a^2}{2}\arcsin\frac{x}{a} + C.$

51) $\int \sqrt{a^2-x^2}\,dx = \frac{x}{2}\sqrt{a^2-x^2} + \frac{a^2}{2}\arcsin\frac{x}{a} + C.$

52) $\int \sqrt{(a^2-x^2)^3}\,dx = \frac{x}{8}(5a^2-2x^2)\sqrt{a^2-x^2}$

$$+ \frac{3a^4}{8}\arcsin\frac{x}{a} + C.$$

53) $\int x\sqrt{a^2-x^2}\,dx = -\frac{\sqrt{(a^2-x^2)^3}}{3} + C.$

54) $\int x\sqrt{(a^2-x^2)^3}\,dx = -\frac{\sqrt{(a^2-x^2)^5}}{5} + C.$

55) $\int x^2\sqrt{a^2-x^2}\,dx = \frac{x}{8}(2x^2-a^2)\sqrt{a^2-x^2} + \frac{a^4}{8}\arcsin\frac{x}{a} + C.$

56) $\int \frac{x^2\,dx}{\sqrt{(a^2-x^2)^3}} = \frac{x}{\sqrt{a^2-x^2}} - \arcsin\frac{x}{a} + C.$

57) $\int \frac{dx}{x\sqrt{a^2-x^2}} = \frac{1}{a}\ln\frac{x}{a+\sqrt{a^2-x^2}} + C.$

58) $\displaystyle\int \frac{dx}{x^2\sqrt{a^2-x^2}} = -\frac{\sqrt{a^2-x^2}}{a^2x} + C.$

59) $\displaystyle\int \frac{dx}{x^3\sqrt{a^2-x^2}} = -\frac{\sqrt{a^2-x^2}}{2a^2x^2} + \frac{1}{2a^2}\ln\frac{x}{a+\sqrt{a^2-x^2}} + C.$

60) $\displaystyle\int \frac{\sqrt{a^2-x^2}}{x}\,dx = \sqrt{a^2-x^2} - a\ln\frac{a+\sqrt{a^2-x^2}}{x} + C.$

61) $\displaystyle\int \frac{\sqrt{a^2-x^2}}{x^2}\,dx = -\frac{\sqrt{a^2-x^2}}{x} - \arcsin\frac{x}{a} + C.$

6. Funktionen, die $\sqrt{x^2-a^2}$ enthalten

62) $\displaystyle\int \frac{dx}{\sqrt{x^2-a^2}} = \ln\left(x+\sqrt{x^2-a^2}\right) + C.$

63) $\displaystyle\int \frac{dx}{\sqrt{(x^2-a^2)^3}} = -\frac{x}{a^2\sqrt{x^2-a^2}} + C.$

64) $\displaystyle\int \frac{x\,dx}{\sqrt{x^2-a^2}} = \sqrt{x^2-a^2} + C.$

65) $\displaystyle\int \sqrt{x^2-a^2}\,dx = \frac{x}{2}\sqrt{x^2-a^2} - \frac{a^2}{2}\ln\left(x+\sqrt{x^2-a^2}\right) + C.$

66) $$\int \sqrt{(x^2-a^2)^3}\,dx = \frac{x}{8}(2x^2-5a^2)\sqrt{x^2-a^2} + \frac{3a^4}{8}\ln\left(x+\sqrt{x^2-a^2}\right) + C.$$

67) $\displaystyle\int x\sqrt{x^2-a^2}\,dx = \frac{\sqrt{(x^2-a^2)^3}}{3} + C.$

68) $\displaystyle\int x\sqrt{(x^2-a^2)^3}\,dx = \frac{\sqrt{(x^2-a^2)^5}}{5} + C.$

69) $$\int x^2\sqrt{x^2-a^2}\,dx = \frac{x}{8}(2x^2-a^2)\sqrt{x^2-a^2} - \frac{a^4}{8}\ln\left(x+\sqrt{x^2-a^2}\right) + C.$$

70) $\displaystyle\int \frac{x^2\,dx}{\sqrt{x^2-a^2}} = \frac{x}{2}\sqrt{x^2-a^2} + \frac{a^2}{2}\ln\left(x+\sqrt{x^2-a^2}\right) + C.$

71) $\displaystyle\int \frac{x^2\,dx}{\sqrt{(x^2-a^2)^3}} = -\frac{x}{\sqrt{x^2-a^2}} + \ln\left(x+\sqrt{x^2-a^2}\right) + C.$

72) $\displaystyle\int \frac{dx}{x\sqrt{x^2-1}} = \operatorname{arcsc} x + C.$

73) $\displaystyle\int \frac{dx}{x\sqrt{x^2-a^2}} = \frac{1}{a}\operatorname{arcsc}\frac{x}{a} + C.$

74) $\displaystyle\int \frac{dx}{x^2\sqrt{x^2-a^2}} = \frac{\sqrt{x^2-a^2}}{a^2x} + C.$

75) $\displaystyle\int \frac{dx}{x^3\sqrt{x^2-a^2}} = \frac{\sqrt{x^2-a^2}}{2a^2x^2} + \frac{1}{2a^3}\operatorname{arcsc}\frac{x}{a} + C.$

76) $\displaystyle\int \frac{\sqrt{x^2-a^2}\,dx}{x} = \sqrt{x^2-a^2} - a\arccos\frac{a}{x} + C.$

77) $\displaystyle\int \frac{\sqrt{x^2-a^2}\,dx}{x^2} = -\frac{\sqrt{x^2-a^2}}{x} + \ln\left(x+\sqrt{x^2-a^2}\right) + C.$

7. Funktionen, die $\sqrt{2ax-x^2}$, $\sqrt{2ax+x^2}$ enthalten

Funktionen von $\sqrt{2ax-x^2}$ integriert man mit Hilfe der Substitution $t = x - a$. Damit geht $\sqrt{2ax-x^2}$ über in einen Ausdruck der Form $\sqrt{a^2-t^2}$, und das resultierende Integral gehört zur Gruppe 5 dieser Tafel. Wenn es in der Tafel nicht enthalten ist, so versucht man, es auf eine Form zu bringen, die bereits tabelliert ist.
Dasselbe gilt auch für Funktionen, die den Ausdruck $\sqrt{2ax+x^2}$ enthalten. In diesem Fall führt die Substitution $t = x + a$ auf ein Radikal der Form $\sqrt{t^2-a^2}$ (Gruppe 6 dieser Tafel).

8. Funktionen, die $a + bx + cx^2$ $(c > 0)$ enthalten

78) $$\int \frac{dx}{a+bx+cx^2} = \begin{cases} \dfrac{2}{\sqrt{4ac-b^2}}\arctan\dfrac{2cx+b}{\sqrt{4ac-b^2}} + C, & \text{wenn } b^2 < 4ac. \\[2ex] \dfrac{1}{\sqrt{b^2-4ac}}\ln\dfrac{2cx+b-\sqrt{b^2-4ac}}{2cx+b+\sqrt{b^2-4ac}} + C, & \text{wenn } b^2 > 4ac. \end{cases}$$

79) $\displaystyle\int \frac{dx}{\sqrt{a+bx+cx^2}} = \frac{1}{\sqrt{c}}\ln\left(2cx+b+2\sqrt{c}\sqrt{a+bx+cx^2}\right) + C.$

80) $$\int \sqrt{a+bx+cx^2}\,dx = \frac{2cx+b}{4c}\sqrt{a+bx+cx^2} - \frac{b^2-4ac}{8\sqrt{c^3}}\ln\left(2cx+b+2\sqrt{c}\sqrt{a+bx+cx^2}\right) + C.$$

81) $$\int \frac{x\,dx}{\sqrt{a+bx+cx^2}} = \frac{\sqrt{a+bx+cx^2}}{c} - \frac{b}{2\sqrt{c^3}}\ln\left(2cx+b+2\sqrt{c}\sqrt{a+bx+cx^2}\right) + C.$$

9. Funktionen, die $a + bx - cx^2$ $(c > 0)$ enthalten

82) $$\int \frac{dx}{a + bx - cx^2} = \frac{1}{\sqrt{b^2 + 4ac}} \ln \frac{\sqrt{b^2 + 4ac} + 2cx - b}{\sqrt{b^2 + 4ac} - 2cx + b} + C.$$

83) $$\int \frac{dx}{\sqrt{a + bx - cx^2}} = \frac{1}{\sqrt{c}} \arcsin \frac{2cx - b}{\sqrt{b^2 + 4ac}} + C.$$

84) $$\int \sqrt{a + bx - cx^3}\, dx = \frac{2cx - b}{4c} \sqrt{a + bx - cx^2} + \frac{b^2 + 4ac}{8\sqrt{c^3}} \arcsin \frac{2cx - b}{\sqrt{b^2 + 4ac}} + C.$$

85) $$\int \frac{x\, dx}{\sqrt{a + bx - cx^2}} = -\frac{\sqrt{a + bx - cx^2}}{c} + \frac{b}{2\sqrt{c^3}} \arcsin \frac{2cx - b}{\sqrt{b^2 + 4ac}} + C.$$

10. Weitere algebraische Funktionen

86) $$\int \sqrt{\frac{a + x}{b + x}}\, dx = \sqrt{(a + x)(b + x)} + (a - b) \ln \left(\sqrt{a + x} + \sqrt{b + x}\right) + C.$$

87) $$\int \sqrt{\frac{a - x}{b + x}}\, dx = \sqrt{(a - x)(b + x)} + (a + b) \arcsin \sqrt{\frac{x + b}{a + b}} + C.$$

88) $$\int \sqrt{\frac{a + x}{b - x}}\, dx = -\sqrt{(a + x)(b - x)} - (a + b) \arcsin \sqrt{\frac{b - x}{a + b}} + C.$$

89) $$\int \sqrt{\frac{1 + x}{1 - x}}\, dx = -\sqrt{1 - x^2} + \arcsin x + C.$$

90) $$\int \frac{dx}{\sqrt{(x - a)(b - x)}} = 2 \arcsin \sqrt{\frac{x - a}{b - a}} + C.$$

11. Exponentialfunktionen und trigonometrische Funktionen

91) $\int a^x\, dx = \dfrac{a^x}{\ln a} + C.$ 92) $\int e^x\, dx = e^x + C.$

93) $\int e^{ax}\, dx = \dfrac{e^{ax}}{a} + C.$ 94) $\int \sin x\, dx = -\cos x + C.$

95) $\int \cos x\, dx = \sin x + C.$ 96) $\int \tan x\, dx = -\ln \cos x + C.$

97) $\int \cot x\,dx = \ln \sin x + C$.

98) $$\int \operatorname{sc} x\,dx = \ln(\operatorname{sc} x + \tan x) + C = \ln \tan\left(\frac{\pi}{4} + \frac{x}{2}\right) + C.$$

99) $$\int \csc x\,dx = \ln(\csc x - \cot x) + C = \ln \tan \frac{x}{2} + C.$$

100) $\int \operatorname{sc}^2 x\,dx = \tan x + C$.

101) $\int \csc^2 x\,dx = -\cot x + C$.

102) $\int \operatorname{sc} x \tan x\,dx = \operatorname{sc} x + C$.

103) $\int \csc x \cot x\,dx = -\csc x + C$.

104) $$\int \sin^2 x\,dx = \frac{x}{2} - \frac{1}{4}\sin 2x + C.$$

105) $$\int \cos^2 x\,dx = \frac{x}{2} + \frac{1}{4}\sin 2x + C.$$

106) $$\int \sin^n x\,dx = -\frac{\sin^{n-1} x \cos x}{n} + \frac{n-1}{n}\int \sin^{n-2} x\,dx.$$

Diese Formel wendet man mehrmals an, solange bis sich ein Integral der Form $\int \sin x\,dx$ oder $\int \sin^2 x\,dx$ ergibt (je nachdem, ob n gerade oder ungerade ist). Diese Integrale findet man unter Nr. 94 und Nr. 104.

107. $$\int \cos^n x\,dx = \frac{\cos^{n-1} x \sin x}{n} + \frac{n-1}{n}\int \cos^{n-2} x\,dx$$

(s. obige Bemerkung; Rückführung auf die Integrale in Nr. 95 oder Nr. 105).

108) $$\int \frac{dx}{\sin^n x} = -\frac{1}{n-1}\cdot\frac{\cos x}{\sin^{n-1} x} + \frac{n-2}{n-1}\int \frac{dx}{\sin^{n-2} x}.$$

Man wendet diese Beziehung solange an, bis man auf ein Integral $\int dx$ (bei geradem n) oder ein Integral $\int \frac{dx}{\sin x}$ (bei ungeradem n) kommt. Das letzte Integral findet man in Nr. 99.

109) $$\int \frac{dx}{\cos^n x} = \frac{1}{n-1} + \frac{\sin x}{\cos^{n-1} x} + \frac{n-2}{n-1}\int \frac{dx}{\cos^{n-2} x}$$

(s. obige Bemerkung; Rückführung auf ein Integral wie unter Nr. 98).

110) $$\int \sin x \cos^n x\,dx = -\frac{\cos^{n+1} x}{n+1} + C.$$

111) $$\int \sin^n x \cos x\,dx = \frac{\sin^{n+1} x}{n+1} + C.$$

112) $$\int \cos^m x \sin^n x\, dx = \frac{\cos^{m-1} x \sin^{m+1} x}{m+n} + \frac{m-1}{m+n} \int \cos^{m-2} x \sin^n x\, dx.$$

Diese Beziehung wendet man solange an, bis der Grad des Faktors $\cos x$ entweder 0 (gerades n) oder 1 (ungerades n) wird. Im ersten Fall verfährt man weiter nach Nr. 106, im zweiten Fall nach Nr. 111. Diese Formel verwendet man nur für $m < n$. Bei $m > n$ verwendet man besser die Formel:

113) $$\int \cos^m x \sin^n x\, dx = -\frac{\sin^{n-1} x \cos^{m+1} x}{m+n} + \frac{n-1}{m+n} \int \cos^m x \sin^{n-2} x\, dx$$

(s. obige Bemerkung; Rückführung auf Integrale wie unter Nr. 107 oder Nr. 110).

114) $$\int \sin mx \sin nx\, dx = -\frac{\sin(m+n)x}{2(m+n)} + \frac{\sin(m-n)x}{2(m-n)} + C.$$

115) $$\int \cos mx \cos nx\, dx = \frac{\sin(m+n)x}{2(m+n)} + \frac{\sin(m-n)x}{2(m-n)} + C.$$

116) $$\int \sin mx \cos nx\, dx = -\frac{\cos(m+n)x}{2(m+n)} - \frac{\cos(m-n)x}{2(m-n)} + C.$$

$(m \neq n)$ (gilt für 114–116)

117) $$\int \frac{dx}{a + b\cos x} = \frac{2}{\sqrt{a^2-b^2}} \arctan\left(\sqrt{\frac{a-b}{a+b}} \tan\frac{x}{2}\right) + C,$$ wenn $a > b$.

118) $$\int \frac{dx}{a + b\cos x} = \frac{1}{\sqrt{b^2-a^2}} \ln \frac{\sqrt{b-a}\tan\frac{x}{2} + \sqrt{b+a}}{\sqrt{b-a}\tan\frac{x}{2} - \sqrt{b+a}} + C,$$ wenn $a < b$.

119) $$\int \frac{dx}{a + b\sin x} = \frac{2}{\sqrt{a^2-b^2}} \arctan \frac{a\tan\frac{x}{2} + b}{\sqrt{a^2-b^2}} + C,$$ wenn $a > b$.

120) $$\int \frac{dx}{a + b\sin x} = \frac{1}{\sqrt{b^2 - a^2}} \ln \frac{a\tan\frac{x}{2} + b - \sqrt{b^2 - a^2}}{a\tan\frac{x}{2} + b + \sqrt{b^2 - a^2}} + C,$$

wenn $a < b$.

121) $$\int \frac{dx}{a^2\cos^2 x + b^2\sin^2 x} = \frac{1}{ab}\arctan\left(\frac{b\tan x}{a}\right) + C.$$

122) $$\int e^x \sin x\,dx = \frac{e^x(\sin x - \cos x)}{2} + C.$$

123) $$\int e^{ax}\sin nx\,dx = \frac{e^{ax}(a\sin nx - n\cos nx)}{a^2 + n^2} + C.$$

124) $$\int e^x \cos x\,dx = \frac{e^x(\sin x + \cos x)}{2} + C.$$

125) $$\int e^{ax}\cos nx\,dx = \frac{e^{ax}(n\sin nx + a\cos nx)}{a^2 + n^2} + C.$$

126) $$\int x^n e^{ax}\,dx = \frac{e^{ax}}{a^2}(ax - 1) + C.$$

127) $$\int x^n e^{ax}\,dx = \frac{x^n e^{ax}}{a} - \frac{n}{a}\int x^{n-1}e^{ax}\,dx.$$

Diese Formel wendet man solange an, bis der Grad von x gleich 1 wird. Dann liegt ein Integral wie unter Nr. 126 vor.

128) $$\int x a^{mx}\,dx = \frac{x a^{mx}}{m\ln a} - \frac{a^{mx}}{m(\ln a)^2} + C.$$

129) $$\int x^n a^{mx}\,dx = \frac{a^{mx}x^n}{n\ln a} - \frac{n}{m\ln a}\int a^{mx}x^{n-1}\,dx.$$

Diese Formel wendet man solange an, bis der Grad von x gleich 1 wird. Dann liegt ein Integral wie unter Nr. 128 vor.

130) $$\int e^{ax}\cos^n x\,dx = \frac{e^{ax}\cos^{n-1}x\,(a\cos x + n\sin x)}{a^2 + n^2} + \frac{n(n-1)}{a^2 + n^2}\int e^{ax}\cos^{n-2}x\,dx.$$

Diese Formel wendet man solange an, bis der Grad von $\cos x$ gleich 0 (bei geradem n) oder gleich 1 (bei ungeradem n) wird. Im zweiten Fall verfährt man weiter wie unter Nr. 122.

131) $\int \sinh x\,dx = \cosh x + C.$

132) $\int \cosh x\,dx = \sinh x + C.$

133) $\int \tanh x\,dx = \ln\cosh x + C.$

134) $\int \coth x \, dx = \ln \sinh x + C.$

135) $\int \coth x \, dx = 2 \operatorname{arctanh} e^x + C.$

136) $$\int \operatorname{cosech} x \, dx = \ln \tanh \frac{x}{2} + C.$$

137) $\int \operatorname{sech}^2 x \, dx = \tanh x + C.$

138) $\int \operatorname{cosech}^2 x \, dx = -\coth x + C.$

139) $\int \operatorname{sech} x \tanh x \, dx = \operatorname{sech} x + C.$

140) $\int \operatorname{cosech} x \coth x \, dx = -\operatorname{cosech} x + C.$

141) $$\int \sinh^2 x \, dx = -\frac{x}{2} + \frac{1}{4} \sinh 2x + C.$$

142) $$\int \cosh^2 x \, dx = \frac{x}{2} + \frac{1}{4} \sinh^2 2x + C.$$

12. Logarithmische Funktionen

Wir geben nur Funktionen, die den natürlichen Logarithmus enthalten. Falls man ein Integral einer Funktion benötigt, die den Logarithmus bei einer anderen Basis enthält, so formt man diese Funktion vorerst mit Hilfe der Formel $\log_a x = \dfrac{\ln x}{\ln a}$ um und verwendet dann die Tabelle.

143) $\int \ln x \, dx = x \ln x - x + C.$

144) $$\int \frac{dx}{x \ln x} = \ln (\ln x) + C.$$

145) $$\int x^n \ln x \, dx = x^{n+1} \left[\frac{\ln x}{n+1} - \frac{1}{(n+1)^2} \right] + C.$$

146) $\int \ln^n x \, dx = x \ln^n x - n \int \ln^{n-1} x \, dx.$

Diese Formel wendet man solange an, bis sich das Integral $\int \ln x \, dx$ ergibt, das aus Nr. 143 zu finden ist.

147) $$\int x^m \ln^n x \, dx = \frac{x^{m+1}}{m+1} \ln^n x - \frac{n}{m+1} \int x^m \ln^{n-1} x \, dx.$$

Diese Formel verwendet man solange, bis sich das Integral aus Nr. 145 ergibt.

Sachverzeichnis

Printed in the United States
By Bookmasters